U0923626

中国土壤学会第十一届全国会员代表大会暨
第七届海峡两岸土壤肥料学术交流研讨会 论文集

土壤科学与社会可持续发展
(中)

土壤科学与资源可持续利用

中国土壤学会

中国农业大学出版社

编辑委员会

序

土壤是最基本的和不可再生的重要自然资源，它的数量与质量直接影响人类的生存与发展，在粮食安全、环境保护和生态系统功能发挥等方面有着重要作用。

随着人们对土地持续高强度地利用，人地矛盾日趋尖锐。我国的问题尤其严重，一方面耕地资源数量匮乏，整体质量欠佳，土壤环境质量日趋恶化。另一方面耕地资源空间分布不均衡，水土资源匹配不协调；耕地后备资源不足，开发整理复垦难度大等危及资源、环境与粮食安全的严重问题。土壤科学作为解决上述问题的核心学科，既面临前所未有的挑战，同时也是难得的发展机遇。

土壤学在解决全球粮食问题和人类社会可持续发展中发挥了巨大作用。土壤资源保护与土壤肥力培育是现代土壤学的重要内容；土壤生态环境安全与农业可持续发展是现代土壤学的根本任务；土壤环境质量改善是我国农产品质量安全及人民健康的重要基础。这说明，土壤研究具有学科交叉性与综合性的特点，在解决国民经济的重大问题中，将更加注意土壤与环境、土壤质量和肥力、生态和健康之间的影响。从研究土壤本身转向研究土壤与人口、资源、生态、环境、社会经济发展相协调，在不断丰富和发展土壤学自身的研究内容的同时，使土壤学研究参与并服务于国家重大战略，保障我国人口—资源—环境—经济—社会这个大系统协调与可持续发展。

在这样的前提下，中国土壤学会决定在北京召开第十一次全国会员代表大会暨第七届海峡两岸土壤肥料学术交流研讨大会，围绕土壤科学与农业可持续发展、土壤科学与资源可持续利用、土壤科学与生态安全和环境健康等三个方面进行研讨，并编辑出版《土壤科学与社会可持续发展》会议论文集。

该论文集的出版反映了我国土壤肥料科学的繁荣与进步，也体现了广大会员对学会的关心与支持！希望该文集能为全国广大土壤和肥料科学工作者提供借鉴，启迪创新思想，掌握新知识，促使土壤科学研究不断创新，为我国土壤科学与社会可持续发展贡献一份力量。

中国土壤学会理事长　周健民

2008 年 9 月

前　言

2008年是中国最不平凡的一年，从年初的南方冰雪灾害到5月12日的汶川大地震、从全民抗灾到北京奥运会，中国人民表现出了惊人的团结和坚强。与此同时，全球范围内暴发的粮食和能源危机影响世界各国的经济与社会发展，而中国却依然保持着经济的高速发展，为世人所瞩目。然而，中国做为人口与资源环境及经济发展矛盾最为突出的国家，只有通过全国人民的艰苦奋斗和共同努力，才能解决不断出现的比其他国家更为严峻的各种各样的问题，最终实现可持续发展。在这样一个对土壤科学工作者来说，既面临严峻挑战，又是大好机遇之际、在北京成功举办奥运会一个月之时，中国土壤学会第十一届全国会员代表大会暨第七届海峡两岸土壤肥料学术交流研讨会将于2008年9月24—27日在北京召开。这是中国土壤学会成立60年来第一次在北京召开的盛会，将会极大地促进土壤和肥料科学工作者在新的形势下为国家粮食安全、环境保护、资源高效利用做出更大的贡献。

土壤是陆地生态系统的基础、农业生产的基本资料、人类社会可持续发展的必备支撑条件。从人类的吃、穿、住、行到生产、生活的方方面面，人类的一切活动都要依靠土壤功能的发挥。为此大会确定的主题是“土壤科学与社会可持续发展”，会议将围绕土壤科学与农业可持续发展、土壤科学与资源可持续利用和土壤科学与生态安全和环境健康等三个方面，对土壤资源现状、土壤性质与演变过程、土壤与环境退化、土壤资源利用与粮食安全、肥料高投入对土壤质量与生态环境的影响、工业化和城市化对土壤资源变化的影响、农业与环境平衡的土地资源利用策略、生态环境协调与粮食安全保障、土地资源的保护与合理利用、土壤在社会、环境和农业可持续发展中的作用、土壤资源合理利用和提高土壤质量的政策与建议、土地资源利用—生态环境友好—粮食安全保障和谐的政策、措施与建议等具体内容展开学术交流和讨论。

为了开好这次会议，在中国土壤学会的领导下，承办单位北京土壤学会、中国农业大学、中国科学院南京土壤研究所、中国农业科学院农业资源与农业区划研究所、中国科学院生态环境研究中心、北京市农林科学院、农业部种植业司、全国农业技术推广服务中心、北京市农业局和土肥站、中国科学院沈阳应用生态研究所、南京农业大学等单位和有关人员做了一年多辛苦的筹备工作，通过中国土壤学会各省分会和各专业委员会在全国范围内进行了论文征集，广大会员积极性高，踊跃投稿；台湾中华土壤肥料学会也积极组织会员投稿；为加强中国土壤科学家与国际土壤科学家的联系，组委会还邀请了国际知名土壤学家到会做土壤科学最新进展的学术报告并提交相应的论文。

会议共收到中英文论文全文、详细摘要、摘要共245篇，本着全面反映土壤和肥料科学近年来的研究进展，积极扩大此次会议学术交流成果的宗旨，经编辑委员会认真评审，选用了225篇论文和详细摘要，分上、中、下三册编辑出版。

上册“土壤科学与农业可持续发展”包括了土壤养分化学与土壤肥力、植物营养学、施肥科学与技术三方面内容；中册“土壤科学与资源可持续利用”包括了土壤物理与水分利用、土壤地理与土壤资源、水土保持、盐渍土资源利用、土壤计量学与信息技术应用、土地利用与耕地保护方面内容；下册“土壤科学与生态安全和环境健康”包括了土壤生物与生态、土壤环境化学、土壤科学与全球变化方面内容。每册当中文章的排序是按上述各方面内容顺序分类后，再按题目的汉语拼音为序进行排列。

由于时间紧、任务重，编辑水平有限，文集中不当之处，恳请广大会员和读者指正。

张福锁

2008年8月

前言

目　录

WRSIS在灌溉农业水土环境修复中的应用及其展望*

王海燕[1]　邵孝侯[1]　廖林仙[1]　徐征[2]　鞠茂森[2]　茆智[1]

(1.河海大学农业工程学院,南京　210098;2.水利部综合事业局,北京　100053)

摘要:农业面源污染已成为限制我国经济与社会可持续发展的重要因素,WRSIS作为一种旨在控制、减少乃至解决农田面源污染和修复水土环境的以水利技术为主的新型综合管理系统,已在美国21个州推广并取得了良好的增产及生态改善效果。该系统能在其内部形成良好水循环,构建完整生态系统,具有减少农田污染物排放,提高灌溉保证率、水分利用效率和粮食产量以及保护与修复农业水土环境等作用。本文综述了WRSIS在农业水土环境修复中的应用,对WRSIS在我国农业水土环境修复中的应用前景进行了展望。

关键词:WRSIS;农业面源污染;水土环境修复

当前农业面源污染已成为我国重要污染类型之一,是限制我国经济与社会和谐发展的重要因素。要控制、降低农业面源污染,除合理施肥和减少农药使用外,还必须采取农业水土环境修复措施。我国业已采用了一些水土环境修复技术和措施,但由于它们或效果缓慢,或措施复杂、投资大、管理难,尚难于实际推广。因此,有必要开发出效果好、投资省、易于推广的农业水土环境修复技术与方法。

在治理农业面源污染及修复水土环境等方面,美国自20世纪70年代起,对湿地净化水质的功能开展研究,90年代末期研究开发了与农田地下排水系统和地下灌溉系统及湿地相结合的"灌溉-排水-湿地"系统,该系统是为修复水土环境而采取的以水利技术为主的综合系统,已在美国的许多地方得到应用,取得了良好的增产及生态改善效果。

1　WRSIS概述

WRSIS(Wetland Reservoir Sub-irrigation System)是由美国俄亥俄州立大学研究人员于20世纪90年代提出的,是为了控制、减少乃至解决农田面源污染问题、修复水土环境而采取的以水利技术为主的综合管理系统。

WRSIS由灌溉、排水和湿地三个子系统构成,各子系统之间通过一定灌溉排水设施连接为一个有机的整体(图1)。

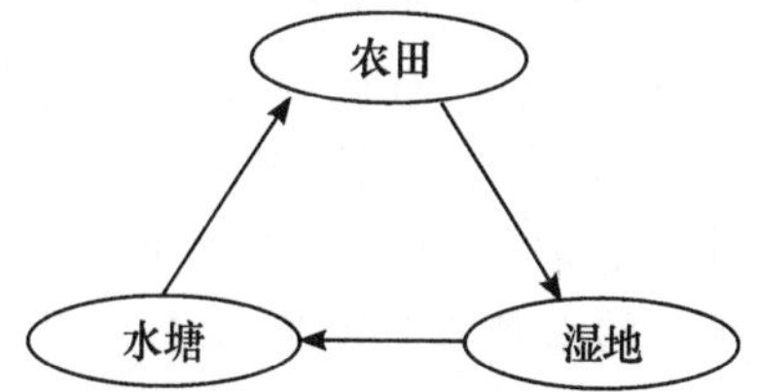

图1　WRSIS中各部分(农田、水塘、湿地)组成的关系示意图

Fig. 1　The relationship diagram of the three parts(farmland, reservoir, wetland) in WRSIS

灌溉子系统包括水塘和灌溉控制设施;排水子系统包括田间沟、管和农田水位控制设施;湿地子系统通过管道或明渠与灌溉和排水两个子系统相连接。WRSIS各部分的功效分别是补充灌溉水源、地下排水、对

* 基金项目:水利部2008年行政事业项目"WRSIS在我国旱地灌溉农业水环境修复中的应用研究"的部分研究内容

排出水(包括:地表水、地下水)进行净化。系统通过三部分的有机结合及合理应用,形成节水、增效、减污的循环系统。

2 WRSIS 改善水质与促进作物增产机理分析

2.1 WRSIS 净化水质机理分析

WRSIS 净化水质的主要原理是:通过田间沟道和地下排水管网收集地表径流和农田排水,并输送至湿地,被降雨所侵蚀的表土可以滞留在湿地中,减少水土流失,并利用湿地中的土壤吸附、植物吸收、生物降解等作用来降低农田排水中氮、磷的含量,经过湿地净化后的水再输送到水塘中储存,农田需要灌溉时,再由灌溉设施供水到田间。减少富营养化和农药残留等对环境的负面影响,且使水资源重复利用,达到节水效果。

WRSIS 中的净化作用主要是依靠湿地系统来完成的。湿地在去除农业面源污染方面是一个简单而有效的工具[1]。在人工湿地中氮主要是通过微生物的硝化和反硝化作用[2]、植物的吸收、氨的挥发及基质的吸附和过滤等过程去除。Chescheir[3] 等通过模型研究表明湿地可以净化 79% 的总氮、82% 的硝酸盐氮、81% 的总磷。

理论上,磷的去除可通过土壤的吸附、过滤、植物吸收、微生物转化等过程。但据研究报道[1,4~6],磷含量的下降实际上主要依靠土壤的吸附和沉淀作用,仅少数种类的水生植物可以吸收磷。此时,土壤在某种程度上起到了“磷缓冲器”的作用[7]。

湿地具有从径流中去除杀虫剂、杀真菌药和除草剂等的潜能。实验表明,它对毒死蜱、百菌清、阿特拉津和伏草隆(除草剂)均有一定的截留和去除效果;使用标志(sentinel)物种 Ceriodaphnia dubia 和 Pim ephales prom elas 在人工湿地中试系统中来模拟去除暴雨径流中的毒死蜱和百菌清,径流中的毒性分别下降 98% 和 100%[5,8,9]。

2.2 WRSIS 促进作物增产机理分析

WRSIS 促使作物增产是通过合理的农田水位控制来实现的。合理的农田水位管理目的是使地下水位能够一直维持在一个有效的地下水位范围,作物可以稳定地得到生长所需的水分从而减小水分胁迫,同时,通过控制水位也防止了作物根系受涝。另外,地下暗管排水减少了地表径流对氮、磷和表土的侵蚀,使得土壤的养分残留更多,且暗管排水有利于土壤通气性增加,改善土壤结构,更有利于作物的生长。

3 WRSIS 的应用研究状况

3.1 国内外研究情况

目前国内外在农业生产中补充水源的取水方式基本相同,主要采取就近从江河取水,从湖、库取水,打井取水三种方式。在节水灌溉方面技术比较多,也比较成熟,如喷灌、滴灌、渗灌等。在排水方面有暗管排水、鼠洞排水等。在对农业排出水的净化方面,湿地的净化作用在理论上得到证实,但在实际农业生产中主要依靠湿地有效解决农业(面源污染问题)排出水的净化问题的技术模式尚未得到认可或广泛应用。在地下灌排方面,目前国内外情况大致相同,要么单一的采取地下灌溉,要么是单一的采取地下排水。在同一生产条件下,“灌排合一”的模式很少报道。由于 WRSIS 能在增加粮食产量的同时,减少农业生产对环境造成的压力,因此它已在美国 21 个州得到推广和应用。WRSIS 成功推广应用的关键是该系统将农业生产中所需的条件有机地结合起来,形成了一个较合理、适用、可接受的模式,并产生了良好的效果。

3.2 WRSIS 在美国的应用状况

近几年,在美国农业部的支持下,该系统在美国东北部以排水为主的几个州得到了推广应用。应用结果表明该系统具有减少农田污染物质排放、提高灌溉保证率和水分利用率以及粮食产量的作用;同时由于湿地面积的增加,丰富了生物的多样性,有利于生态系统保护与修复。

研究人员抽取美国 Defiance 州 WRSIS 试验区的灌溉地两英尺处深的土壤水样，经检测发现水样中 NO_3-N 的平均浓度为 1.38 mg/L（中值浓度为 0.28 mg/L），而在四英尺深的水样中其浓度为 1.09 mg/L（中值浓度为 0.12 mg/L）。这证明 WRSIS 的运行至少在去除氮素方面，没有对地下含水土层造成环境上的负面影响。2003—2005 年美国 Defiance 州 WRSIS 试验区湿地的水质情况如表 1 所示，从中可以看出湿地能有效降低农田排水中氮、磷的含量，WRSIS 确实能减少农田污染物的排放量，降低富营养化的可能性。

表 1　2003—2005 年美国 Defiance 州 WRSIS 试验区中湿地水质情况
Table 1　Preliminary Water Quality Results of Defiance County WRSIS Wetland: 2003—2005

	平均浓度(mg/L)		中值浓度(mg/L)	
	NO_3-N	TP	NO_3-N	TP
进入湿地的表面流	1.60	0.11	0.10	0.08
进入湿地的地表灌溉水	8.03	0.07	2.22	0.07
湿地出水	1.47	0.06	0.91	0.05

美国的研究还表明，与对照区相比，利用该系统地下灌溉农田，玉米和大豆产量在干旱年分别增加了 34.5%和 38.1%；在平水年分别增加了 14.4%和 9.7%，而湿润年分别增加了 19.6%和 17.4%（表 2）。在干旱年应用 WRSIS 可使玉米和大豆产量提高 30%以上；在平水年和湿润年可提高 10%，总体平均提高幅度在 15%以上。

表 2　1997—2001 年美国 WRSIS 试验点的玉米和大豆产出量
Table 2　Corn and Soybean Crop Yields: 1997—2001

WRSIS 试验点	年份	玉米(kg/ha)			大豆(kg/ha)		
		地下灌溉	对照区	差额	地下灌溉	对照区	差额
Defiance 州	1997	9 995	8 360	1 635	—	—	—
	1998	8 172	—	—	3 621	—	—
	1999	8 738	7 732	1 006	2 374	1 497	877
	2000	4 526	4 526	0	526	681	−155
	2001	4 803	5 180	−377	1 062	728	334
Fulton 州	1997	11 943	10 686	1 257	4 248	4 073	175
	1998	13 201	11 692	1 509	4 464	4 248	216
	1999	12 006	8 549	3 457	4 639	3 675	964
	2000	11 378	10 309	1 069	3 688	3 378	310
	2001	12 060	4 570	7 490	4 902	3 247	1 655
Van Wert 州	1997	9 052	9 322	−270	3 129	3 183	−54
	1998	9 498	10 171	−673	2 765	2 778	−13
	1999	11 918	9 844	2 074	3 506	2 643	863
	2000	10 912	9 687	1 225	3 581	3 216	365
	2001	12 911	11 855	1 056	3 634	3 608	26

WRSIS 在美国试验研究成功后，在 21 个州进行了推广，并取得了良好的增产效益和环境改善效果。

4　WRSIS 效益分析

WRSIS 的应用结果表明它具有减少农田污染物排放，提高灌溉保证率、水分利用效率和粮食增产以及保护与修复农田生态系统等作用，通过对应用结果的分析，可得出 WRSIS 有如下效益：

1)减少农业面源污染，有利于水资源可持续利用：通过排水再利用和节水灌溉措施的使用，农田肥料的流失显著减少，农田废水排放量也得到减少；同时，湿地可有效净化水质、降解污染，美国方面的实测数据显示，WRSIS 能减少农田排水中 TN 和 TP 含量的 50%以上。

2)减少水土流失、削减洪峰流量:由于通过节水灌溉、排水再利用、以湿地调控和净化排水水质等手段进行环境修复,会增加降雨在农田的入渗量、减少地面径流,同时,因湿地对洪水的持蓄和延缓,减少了洪峰流量和水土流失量。

3)增加作物产量,节约用水,提高经济效益:在开展 WRSIS 的试点的实验研究表明,使玉米和大豆不同程度地增产,又由于节水灌溉、排水再利用,节约了用水量,农民可获更多的经济效益,随着推广面积的加大,推广年份的增长,该效益将大幅增加。

4)为农田提供良好的生态环境,保护生物多样性:由于充分利用湿地资源,提高了人们对湿地的认识并且增加了人们保护现有湿地的意识,而湿地的有效保护和湿地面积的增加,有利于保护农田生物多样性[10],使一些和农作物生长有紧密关联的动物(如鸟类、蛙类、蛇类、蚯蚓等)得以繁衍生息,从而减少害虫造成的损失;湿地动植物调查结果表明,植物群落的种类增加了 10%～20%,动物数量和种类也有一定的增加[11]。

5 WRSIS 在我国的应用展望

探索适合我国国情运作的农业增产、减污、改善农业水土环境的新型模式是当前之急需。WRSIS 在美国的成功应用表明,如何解决农田面源污染问题已进入一个全新的时代,需要有崭新的理念。为解决我国当前所面临的农业水土环境恶化及农业面源污染造成的水体富营养化问题,应充分利用美国已有的经验与成果,通过在国内开展试验研究,将理论分析和实验观测相结合,形成符合我国实际情况的解决农业面源污染和保护农业水土环境的技术方案。

当然 WRSIS 作为一种新型修复农田水土环境的管理系统应用到我国还需作进一步的完善,要在试验研究、现场考核、开发与示范基础上提出适合我国各地实际的运行管理方式等。再为重要的是需要完善符合我国各地灌溉农业实际的主要农作物施用化肥的指导标准;湿地与农田灌溉排水系统相结合进行农业面源污染控制的技术要素(如结合形式、设计参数、影响因素等)。我们相信随着 WRSIS 的不断成熟及其在我国的研究与示范应用,必将为解决我国农业面源污染和保护农业水土环境做出重要贡献。

参考文献

[1] David A K,David M B,Gentry L E,Starks K M,and Cooke R A. Effectiveness of constructed wetlands in reducing nitrogen and phosphorus export from agriculture tile drainage [J]. J Environ Qual,2000,29:1262-1274

[2] 沈耀良,王宝贞. 人工湿地系统的除污机理[J]. 江苏环境科技,1997,3:1-6

[3] Chescheir G M,Skaggs R W and Gilliam J W. Evaluation of wetland buffer areas for treatment of pumped agricultural drainage water [J]. Transaction of the American Society of Agricultural Engineers,1992,35:175-182

[4] Farahbak hshazad N,Morrison G M and Filho E S. Nutrient removal in a vertical upflow wetland in Piracicaba,Brazil [J]. Ambio,2000,29(2):74-77

[5] 丁疆华,舒强. 人工湿地在处理污水中的应用[J]. 农业环境保护,2000,19(5):320-封三

[6] Rickerl D H,Janssen L L and Woodland R. Buffered wetlands in agricultural landscapes in the Prairic Pothole Region: environmental agronomic, and economic evaluations [J]. Journal of Soil and Water Conservation,2000,55(2):220-225

[7] Chescheir G M,Skaggs R W and Gilliam J W. Evaluation of wetland buffer areas for treatment of pumped agricultural drainage water [J]. Transactions of American Society of Agricultural Engineers,1992,35:175-182

[8] Moore M T, Rodgers J H, Cooper C M, et al. Constructed wetlands for mitigation of atrazine-associated agricultural runoff Environmental Protection, 2000, 110(3), 393-399

[9] Sherrard R M, Bearr J S, Murray-Gulde C L, et al. Feasibility of constructed wetlands for removing chlorothalonil and chlorpyrifos from aqueous mixtures Environmental Pollution, 2004, 127(3), 385-394

[10] 陈芳清, Jean Marie Hartman. 退化湿地生态系统的生态恢复与管理——以美国 Hackensack 湿地保护区为例、自然资源学报, 2004. 3, Vol. 19(2)

[11] 董斌. WRSIS 系统:修复湿地水环境. 中国水利报, 2006. 11

Application and Prospect of WRSIS in Restoration of Water and Soil Environment in Irrigation Agriculture

Wang Haiyan[1], Shao Xiaohou[1], Liao Linxian[1], Xu Zheng[2], Ju Maosen[2], Mao Zhi[1]

(1. Department of Modern Agriculture Engineering, Hohai University, Nanjing Jiangsu, 210098;
2. Bureau of Comprehensive Development of Ministry of Water Resources of P. R. China, Beijing 100053, China)

Abstract Agricultural non-point source pollution has become an important factor which restricts the sustainable and harmonious development of economy and society in China. As a new technology-based integrated management system, WRSIS can control, reduce, resolve the problem of non-point source pollution of farmland and restore the agricultural water and soil environment. It is generalized to 21 states in U. S. A. and it got a good procreative and ecological effects. The system forms a water cycle in its interior, it is a complete ecosystem, it has the functions of reducing the emissions of pollution from farmland, improving the guaranteed rate of irrigation, advancing the water use efficiency, increasing the grain yield, protecting and restoring the agricultural water and soil environment. This paper reviews the application of WRSIS in restoration of agricultural water and soil environment, and it prospects the application of WRSIS in restoration of agricultural water and soil environment in China.

Key words WRSIS; agricultural non-point source pollution; water and soil environment

不同灌溉施肥方式香蕉生长效应*

臧小平[1]　刁金根[1]　张承林[2]　祁寒[1]　孙光明[1]

（1.中国热带农业科学院南亚热带作物研究所，广东湛江　524091；
2.华南农业大学资源环境学院，广东广州　510640）

摘要：本研究通过大田小区试验，比较了几种不同灌溉施肥方式对香蕉生长和产量的影响。试验共设5种灌溉方式，依次为传统浇灌（CK）、喷水带、滴灌带、微喷灌、滴灌。试验结果表明：与浇灌相比，滴灌在香蕉周年生长中的灌水量仅为浇灌处理的27%，产量增加15.6%；微喷灌灌水量为浇灌处理的31.6%，产量增加5.6%。

关键词：灌溉施肥；香蕉；生长；产量

香蕉是大水大肥作物，一年内要施肥多次，灌溉也非常频繁。雷州半岛是我国华南地区香蕉的主要产区，然而，由于该地区的季节性、区域性干旱以及香蕉园绝大部分分布于丘陵坡地等原因，灌溉和施肥是香蕉生产中花费劳力最多的工作。传统的灌溉和施肥方法很难满足和适应集约化香蕉生产的需要，而且还费水费肥、效率低。为此，探索一种高效的香蕉灌溉和施肥方法，提高香蕉水肥管理水平势在必行[1~7]。本研究应用先进的节水灌溉施肥技术，研究了不同灌溉施肥方式对香蕉生长和产量的影响，旨在为香蕉产业的发展和标准化生产提供理论依据和技术支持。

1　材料与方法

试验于2006年3月至2007年2月在广东省湛江市湖秀新村中国热带农业科学院南亚热带作物研究所科研基地进行。供试土壤为砖红壤，质地为砂黏土。土壤基本性状为：有机质2.0%，全氮0.12%，有效磷1.2 mg/kg，速效钾126.5 mg/kg，代换钙1.3 meq/100 g土，代换镁1.88 meq/100 g土，pH4.8。供试香蕉品种为8818。

试验设5种灌溉方式，分别为传统浇灌（简称T1）、喷水带（T2）、滴灌带（T3）、微喷灌（T4）、滴灌（T5）共5个处理，每个处理5次重复，大田随机排列。其中喷水带流量为30 L/h/m；滴灌带流量为4 L/h/m；微喷灌采用以色列ENTAL公司微喷头，流量50 L/h，每株树安装1个微喷头。滴灌采用压力补偿滴头，流量2.3 L/h，滴头间距70 cm。每个处理种植香蕉株数分别为：T1：91，T2：81，T3：77，T4：77，T5：77。香蕉每株用肥量为氮400g，五氧化二磷910 g，氧化钾1 090 g，硫酸镁350 g，猪粪5 000 g（基肥），试验用肥料氮肥为尿素、磷肥为过磷酸钙、钾肥为氯化钾。除T2-T5处理中N和K随灌溉系统进行施肥外，其余肥料均为土施。

灌溉系统由过滤系统、管道系统、施肥系统组成。过滤系统采用西班牙阿速德120目叠片式过滤器，施肥采用美国Dosmatic柱塞泵施肥，管道系统由干管（直径63 mm）、支管（直径32 mm）以及毛管组成，毛管为PE管（直径16 mm）。

香蕉于2006年3月29日种植（株行距为2 m×2 m），2007年1～2月收获。在香蕉抽蕾期（2006年9～10月），每个处理随机选择生长中等的3株香蕉，采集香蕉倒数第三叶片进行养分含量分析并进行香蕉农艺性状调查。果实生长参数测量的取样方法为在第3梳蕉中随机取3条进行测量。香蕉产量测定为各处理按固定位置选择5株调查单株产量。土壤各项理化指标和植株养分含量的测定用常规方法分析。

* 广东省财政厅“广东省果树综合节水节肥技术研究与示范”项目和2007中央级公益性科研院所基本科研业务专项资助

2 结果与分析

2.1 不同灌溉施肥方式下香蕉叶片养分含量

表 1 表明，不同灌溉方式下香蕉对氮、磷、钙的吸收差异不显著，但对钾、镁的吸收则表现出一定的差异性。其中，在滴灌和微喷灌条件下香蕉叶片钾的含量显著高于滴灌带、喷水带和传统浇灌处理；而四种不同设施灌溉处理间香蕉叶片镁的含量表现为差异不显著，但均显著高于传统浇灌处理香蕉叶片镁的含量。由此可见，不同灌溉方式对香蕉吸收钾镁的影响要大于对磷的吸收。

表 1 抽蕾期不同处理的香蕉叶片养分含量(干样，g/kg)

Table 1 Nutrient contents in banana leaf of different treatments during floral emergence (on the basis of dry weight, g/kg)

处理 Treatments	N	P	K	Ca	Mg
T1	24.80±1.11a	1.23±0.07a	17.27±2.48b	6.70±0.31a	4.87±0.19b
T2	25.07±0.54a	1.30±0.10a	14.37±0.64b	7.73±0.63a	6.70±0.27a
T3	25.70±1.44a	1.23±0.03a	16.33±0.63b	7.77±1.13a	6.57±0.64a
T4	24.23±1.20a	1.27±0.07a	25.53±2.52a	7.20±0.31a	6.60±0.29a
T5	24.27±1.44a	1.23±0.03a	25.03±0.22a	6.23±0.27a	6.23±0.43a

注：表中数据为 3 次重复的平均值，"±"后数据为 3 次重复的标准误，每一列数据后不同字母表示差异达 5% 显著水平(DMRT 法，$p=0.05$)，下同。Data in table are average of 3 replications±standard error ;Different letters means significant difference at 5% level (DMRT, $P=0.05$).

2.2 不同灌溉施肥方式对香蕉生长势的影响

香蕉生长状况的好坏将直接影响到香蕉产量的高低和品质的优劣。在抽蕾期对香蕉生长势的调查结果(表 2)表明，不同灌溉处理对香蕉株高、假茎围、青叶数、叶片长度、宽度等的作用效果差异显著。其中，滴灌、微喷灌、喷水带三种灌溉方式间香蕉的株高、假茎围、叶片长度、宽度均表现为差异不显著，但显著大于滴灌带处理香蕉的株高、假茎围、叶片长度、宽度；而滴灌和微喷灌处理的有效叶片数要显著多于喷水带处理。总体而言，在五种不同的灌溉处理中以滴灌、微喷灌更有利于香蕉的生长。

表 2 抽蕾期不同处理的香蕉长势

Table 2 Growth status of banana plant of various treatments during floral emergence

处理 Treatments	株高(cm) Plant height	假茎围(cm) Pseudostem girth	青叶数 Leaf No.	叶长(cm) Leaf length	叶宽(cm) Leaf width
T1	181.3±3.0b	46.7±1.2b	8.7±0.3bc	182.0±1.2ab	75.3±1.8a
T2	203.7±4.9a	54.3±1.5a	8.0±0.0c	193.3±7.2a	73.3±2.9a
T3	182.7±2.9b	47.3±1.5b	9.0±0.0ab	178.0±1.2b	66.7±2.4b
T4	212.3±6.9a	56.0±2.6a	9.7±0.3a	196.0±5.0a	79.0±1.0a
T5	203.7±3.2a	56.0±1.7a	9.3±0.3ab	195.3±2.9a	79.3±1.5a

2.3 不同灌溉施肥方式对香蕉果实生长的影响

在香蕉生产中，香蕉果指长、果指围及果指个数是构成香蕉产量的重要参数。从表 3 数据可以看出，滴灌和微喷灌处理香蕉果指长和果指围要显著大于喷水带和传统浇灌处理，而与滴灌带处理间则表现为差异不显著。不同灌溉方式对香蕉果指个数的影响差异不显著。

表 3 不同处理对香蕉果实生长的影响
Table 3 Fruit parameters of various treatments

处理 Treatments	果指长(cm) Finger length	果指围(cm) Finger girth	每梳果指个数 Finger No. per hand
T1	17.8±0.8b	9.6±0.4c	13.3±0.7a
T2	17.8±0.3b	10.7±0.1b	14.9±0.2a
T3	19.3±1.4ab	10.9±0.6ab	13.4±0.7a
T4	21.7±1.0a	12.2±0.5a	14.8±1.1a
T5	21.1±0.3a	12.3±0.5a	14.2±0.5a

2.4 不同灌溉施肥方式增产及节水效应分析

从不同灌溉施肥处理香蕉产量的统计结果来看(表 4),滴灌处理香蕉单株产量与微喷灌处理的产量相当,差异不显著,但显著高于传统浇灌、喷水带、滴灌带处理香蕉的单株产量。与传统浇灌相比,增产15.6%。在整个生长周期内,香蕉对水分的需求主要来源于灌溉和降雨两部分。对不同处理灌水量的统计结果表明:传统浇灌、喷水带、滴灌带、微喷灌、滴灌等处理香蕉整个生育期内总的灌水量依次为:32 36 L/株、2 395 L/株、710 L/株、1 021 L/株和 883 L/株。其中,滴灌和微喷灌的灌水量仅为传统灌水量的 27%和 31.6%,在不影响香蕉产量的条件下取得了显著的节水效果。

表 4 不同灌溉施肥方式下的香蕉产量结果
Table 4 Banana yield per plant among different treatments

处理 Treatments	单株产量 Yield per plant(kg/株)	比浇灌增产(%) Yield increase over T1
T1	16.42±0.61bc	—
T2	15.84±0.55bc	−3.5
T3	14.48±0.43c	−11.8
T4	17.34±0.70ab	5.6
T5	18.98±1.03a	15.6

3 讨 论

适宜的水、肥、气、热条件同样是香蕉生产取得高产、稳产的基本保证。本研究中,不同处理间香蕉产量相对较低,其中可能的原因有:一是生产管理中的问题,在香蕉生长前期水分、养分供应不及时,供应量不足,影响了植株的营养生长;二是气候原因,在香蕉花芽分化时期恰逢多雨季节,错过了最佳施肥时间,香蕉抽蕾后气温又开始下降,影响了香蕉果实的生长、膨大。

另外,在几种不同灌溉方式中,滴灌带和滴灌是属于同一形式的两种灌溉方式,但在香蕉上的使用效果却表现出极大的差异性,这其中可能的原因是:首先,本研究所使用的滴灌带为小流量滴灌带,而试验地土壤为砂黏土,其保水性能并不好,因此在滴灌带流量与土壤质地的匹配选择上可能存在问题;其次,在试验过程中出现部分滴灌带堵塞现象,影响了灌溉施肥效果。虽然在香蕉的生长周期内,滴灌带处理的灌水量很少,也就是说具有显著的节水效果,但这是以降低香蕉的产量为代价的。因此,有关滴灌带在香蕉生产中的真实应用效果则有待于在今后的研究中作进一步的探讨。此外,通过调查还发现,在几种不同灌溉方式中,传统施肥处理香蕉抽蕾日期为 10 月 10—20 日,比另外 4 个处理晚 15～20 d。在果实收获日期上比较,传统施肥处理为 2 月 8—15 日,比其余 4 个处理迟 20～30 d。因此可以初步认为,灌溉施肥条件下可以缩短香蕉生育期,达到提早成熟的效果。

综合几种灌溉施肥方式在香蕉生产中的节水、节肥效果及其在香蕉生长势、香蕉果实农艺性状、香蕉产量等参数表现来看,滴灌和微喷灌施肥将是香蕉生产中理想的灌溉施肥方式。但从对灌溉设施的投入角度考虑，显然，在同等条件下滴灌施肥要比微喷灌施肥成本更低，也更适合于在香蕉生产中推广应用。但是，在推广应用过程中，应该把香蕉的营养特性、需水需肥规律和每种单质肥料的特性有机结合起来，实现作物、土壤、肥料、水分间的协调统一以及经济效益和生态效益间的和谐统一。

参考文献

[1] Dasberg S and Bresler E. Drip irrigation manual [M]. International irrigation information center. Publication No. 9, Bet Dagan, Israel, 1985

[2] Goldberg D, Gornat B and Rimon D. Drip irrigation principles, design and agricultural practices[M]. Drip irrigation scientific Publications, K far Shmariahu, Israel, 1976

[3] Neilsen D, Parchomchuk P et al. Using soil solution monitoring to determine the effects of irrigation management and fertigation on nitrogen availability in high density apple orchards [J]. J. Am. Soc. Hortic. Sci. , 1998, 123(40): 706-713

[4] Bar-Yosef B. Advances in fertigation[J]. Advances in Agronomy, 1999, 65: 3-5

[5] Alva A K, Paramsivam S and Graham W D. Impact of nitrogen management practices on nutritional status and yield of Valencia orange trees and groundwater nitrate [J]. J. Environ. Qual. , 1998, 27(4): 904-910

[6] 李伏生，陆申年. 灌溉施肥的研究和应用. 植物营养与肥料学报，2000，6(2)：233-240

[7] 李冬光，许秀成，张艳丽. 灌溉施肥技术. 郑州大学学报(工学版)，2002，23(1)：78-81

[8] 姚丽贤，周修冲，彭志平，等. 巴西蕉的营养特性及钾镁肥配施技术研究. 植物营养与肥料学报，2005，11(1)：116-121

Effect of different fertigation methods on banana

Zang Xiaoping[1], Xi Jingen[1]
Zhang Chenglin[2], Qi Han1, Sun Guangming[1]

(1. South Subtropical Crops Institute, CATAS, Zhanjiang, Guangdong 524091)
(2. College of Resources and Environment, South China Agricultural University, Guangzhou, Guangdong 510640)

Abstract In the field plot trials, effect of four fertigation methods on banana growth and yield were compared. Five irrigation methods were arranged as traditional flooding (as CK, fertilizers were broadcast), percolated tape irrigation, drip tape irrigation, micro-sprinkler irrigation and drip irrigation. The results indicated that, as compared with flooding, the total irrigation amount of drip irrigation and microsprinkler irrigation during the whole banana growth period was only 27% and 31.6%, respectively. And the yield was increased by 15.6% and 5.6%, respectively.

Key words fertigation, banana, growth, yield

不同集雨补灌方式对谷子产量和水分利用率的影响*

妥德宝[1]　李焕春[1]　段玉[1]　赵沛义[1]　刘茂[2]

（1. 内蒙古农牧业科学院植物营养与分析研究所，呼和浩特市　010031；
2. 内蒙古清水河农业技术推广中心）

摘要：通过田间试验，研究了不同集雨补灌措施对旱地谷子产量及水分利用率的影响，结果表明：不同处理均使谷子的株高和茎粗增加。苗期，垄盖沟植的植株最高，拔节期和乳熟期，覆膜坐水＋膜灌处理株高、茎粗值最大，全生育期平均，株高和茎粗的表现一致，为覆膜坐水＋膜灌＞覆膜坐水种＞覆膜＞带水＋滴灌＞带水条播＞对照。不同处理增加了谷子产量，其中覆膜坐水＋膜灌最高，秸秆（干重）和籽粒产量分别达到 4 285.5 kg/hm^2、3 228.0 kg/hm^2，不覆膜的两个处理带水条播＋滴灌和带水条播总体增产幅度最小。不同处理增加了作物的水分利用率和生育期耗水量，最大值出现在覆膜坐水＋膜灌处理中，分别为 0.83 kg/m^3 和 3 873.0 m^3/hm^2。总体上看，补灌水量与土壤水利用量和补灌水的利用效率呈负相关；在补水量相似的情况下，覆膜处理的水分利用率较高。

关键词：谷子；集雨补灌；产量；水分利用效率

谷子是小杂粮作物之一，具有很好的粮用和饲用价值，目前我国谷子年种植面积约有 140×10^4 hm^2，年总产 280×10^4 t 左右，居世界第一位。因其利用自然光、热资源的效率高，具有耐旱耐贫瘠等特点，所以在华北干旱地区广泛种植，内蒙古、河北和山西已成为种植谷子的三大省区，几乎占全国谷子种植面积的60%[1,2]。研究表明，合理的种植方式可以有效提高水分利用率和作物产量[3]。例如油菜通过垄膜沟植和旱作沟播的方式可达到节肥节种，增产增收的效果[4]，在宁夏南部山区，马铃薯起垄覆膜种植效果最好，其次是起垄未覆膜[5]，小麦空行种植的产量及水分利用效率优于常规种植。秸秆覆盖具有明显的节水增产作用[6]。此外合理的灌溉和集雨方式对作物增产和水分高效利用都很有意义，在黄土高原半干旱区的研究表明，采用工程集水、覆膜坐水、滴灌等措施，均能在一定程度上增加土壤有效水分，减少田间土壤水分损失，增加产量，达到防旱抗旱的目的[7]。而关于干旱地区如何合理对谷子进行补灌是个重要但缺乏研究的问题，为此本文研究并阐述了不同补灌和种植方式对谷子产量和水分利用率的影响，以期为干旱地区谷子等作物高效生产提供科学依据，促进我国粮食生产结构优化。

1　材料与方法

1.1　试验地概况

本试验于 2004 年在内蒙古呼和浩特市清水河县农业推广中心试验基地进行，试验区多年平均降雨量 397.1 mm，降水时空分布不均，多集中于夏秋季，7～9 月份降水占全年降水总量的 60%～70%；年平均日照时数 2 955.5 h，气温 7.1 ℃；无霜期约 135 d。该地区位于黄土高原边缘地带，土壤为栗钙土，受黄土母质影响，区内有大面积的黄棉土和少量的黑垆土，土壤质地为轻粉质壤土，容重 1.3 g/cm^3，田间持水量（体积）25%。试验田土壤养分含量为：有机质 5.5 mg/kg，全氮 0.43 mg/kg，速效磷 2.3 mg/kg，速效钾 75.5 mg/kg。

1.2　试验设计

供试品种为当地主推品种小香谷，小区全部起垄，谷子在沟内条播，根据补水方式和覆膜情况设六个处

* 项目基金："十一五"科技支撑项目（2006BAD29B09）

理(表 1),带水和坐水在播种时进行,灌水和滴灌均在拔节期前进行,随机区组设计,三次重复,播种时施基肥尿素 75 kg/hm^2、磷酸二铵 67.5 kg/hm^2 和氯化钾 37.5 kg/hm^2。

表 1 试验处理
Table 1 Treatments

处理名称 Treatment	种植方法 Planting method	补水量 Water amount (m^3/hm^2)
对照 (CK)	不覆膜,不补水	0
垄盖沟植 film planting in furrow(FP)	覆膜,不补水	0
带水播种 sow with water(SW)	不覆膜,带水种	30
覆膜坐水 film and sow with water (FSW)	覆膜,坐水种	45
带水+滴灌 (SW+DI) sow with water+drip irrigation	不覆膜,带水种,滴灌 1 次	210
覆膜坐水+膜灌 (FSW+FI) film and sow with water+flood irrigation on film	覆膜,坐水种,膜上灌水 1 次	285

2 结果与分析

2.1 不同集雨补灌对谷子生长的影响

如表 2 所示,与对照区相比,不同补灌措施在不同时期均使谷子的株高和茎粗增加。在苗期,各处理的株高提高 2.7～4.3 cm,其中,垄盖沟植植株最高,达 16.5 cm,带水条播株高较对照增加幅度最小,为 22.1%;到拔节期时,覆膜与补灌效果明显,各处理的株高平均增加 20.7 cm,覆膜坐水+膜灌处理株高值最大,达 49.9 cm,比对照增加 94.9%。各处理茎粗比对照增加 0.07～0.29 cm,而且不同处理对株高和茎粗的影响规律相同;到乳熟期,不同处理株高较对照增加 5.1～16.0 cm,茎粗增加 0.1～0.16 cm,覆膜坐水+膜灌的株高和茎粗最高,分别为 151.0 cm 和 0.87 cm。三个时期的平均值比较,各处理对株高和茎粗的影响表现一致,覆膜坐水+膜灌>覆膜坐水种>覆膜>带水+滴灌>带水条播>对照。可见,补水与覆膜相结合效果最好,而且由于微地形集雨效应,覆膜对谷子生长的促进作用比单独补水效果好。

表 2 不同集雨补灌对谷子生长状况的影响(cm)
Table 2 Effect of different supplemental irrigation on millet growth

处理 Treatment	苗期(5.20) Seedling	拔节期(6.28) Jointing		乳熟期(9.7) Milk time		平均 Average	
	株高 Height	株高 Height	茎粗 Stem diameter	株高 Height	茎粗 Stem diameter	株高 Height	茎粗 Stem diameter
对照 CK	12.2	25.6	0.24	135.6	0.71	57.8	0.48
垄盖沟植 FP	16.5	48.6	0.43	145.6	0.81	70.2	0.62
带水条播 SW	14.9	39.1	0.31	140.1	0.83	64.7	0.57
覆膜坐水种 FSW	16.2	49.7	0.43	149.3	0.80	71.7	0.62
带水+滴灌 SW+DI	15.2	44.3	0.39	148.7	0.83	69.4	0.61
覆膜坐水+膜灌 FSW+FI	15.8	49.9	0.53	151.0	0.87	72.2	0.70

2.2 不同集雨补灌对谷子产量的影响

通过对谷子的产量进行测定分析(表 3)可知,不同处理的产草量(干重)与对照相比,增加 1 548～

2 421 kg/hm²,增产幅度达 83.0%~129.8%。各处理的产草量相比,覆膜坐水+膜灌最高,带水+滴灌其次,分别为 4285.5 kg/hm²,3 909.0 kg/hm²。带水条播产量最低,为 3 412.5 kg/hm²。

表 3 不同集雨补灌对谷子产量的影响

Table 3 Effect of different rain catchments and supplementary irrigation on millet yield

处理 Treatment	产量(kg/hm²) Yield		增产(kg /hm²) Yield increased		增产(%) Yield increased		生物学产量(kg/hm²) Biological Yield
	秸秆 straw	籽粒 seed	秸秆 straw	籽粒 seed	秸秆 straw	籽粒 seed	
对照 CK	1 864.5	1 411.5	—	—	—	—	3 276.0
垄盖沟植 FP	3 876.0	2 829.0	2 011.5	1 417.5	1 07.9	100.4	6 705.0
带水条播 SW	3 412.5	1 846.5	1 548.0	435.0	83.0	30.8	5 259.0
覆膜坐水种 FSW	3 556.5	2 679.0	1 692.0	1 267.5	90.7	89.8	6 235.5
带水+滴灌 SW+DI	3 909.0	2 172.0	2 044.5	760.5	109.7	53.9	6 081.0
覆膜坐水+膜灌 FSW+FI	4 285.5	3 228.0	2 421.0	1 816.5	129.8	128.7	7 513.5

与对照相比,各处理均提高了籽粒与生物学产量,且影响规律相似,都是覆膜坐水+膜灌最高,其次是垄盖沟植和覆膜坐水种,增产幅度较小的是带水条播+滴灌和带水条播,籽粒增产幅度范围为 128.7%~30.8%,最大增产量达 18 16.5 kg/hm²,生物学产量增产幅度为 129.3%~60.5%,最大增产量 4 237.5 kg/hm²。说明采用不同集雨补灌措施对谷子均有显著的增产作用,而且覆膜处理效果更好。

2.3 谷子补灌水利用效率与作物水分利用效率

在 2004 年全年有效降雨量为 365 mm 的情况下,对谷子进行不同补灌,总体上看,补灌水量与土壤水利用量成负相关。表 4 显示,垄盖沟植、对照和带水条播平均灌水 10 m³/hm²,消耗土壤水平均值为 408 m³/hm²,覆膜坐水、覆膜坐水+膜灌和带水+滴灌三个处理平均补灌 180 m³/hm²,利用土壤水平均值为 276 m³/hm²。补灌水的利用效率和补灌量大体也成负相关,只在播种时少量带水的两个处理平均值为 22.65 kg/m³,在拔节期进行二次补水的两个处理平均值为 5.35 kg/m³。在补水量相似的情况下,覆膜处理的水分利用率较高。从图 1 可见,与对照相比,不同处理均增加了作物的水分利用率和生育期耗水量,其中水分利用率在覆膜坐水+膜灌处理中最高,其次是垄盖沟植和覆膜坐水,分别为 0.83 kg/m³、0.78 m³/hm² 和 0.75 m³/hm²;带水+滴灌和带水条播的水分利用率较小,分别为 0.57 kg/m³、0.51 kg/m³;生育期耗水量最大的处理是灌水较多的覆膜坐水+膜灌和带水+滴灌,分别为 3 873m³/hm² 和 3 792 m³/hm²,其次是垄盖沟植、覆膜坐水和带水条播,差异不大。

表 4 不同处理的补灌水分利用率及作物水分利用率

Table 4 Utilization efficiency of supplemental water and total water

处理 Treatment	补灌水量 Amount of supplemental Water(m³/hm²)	有效降雨量 Quantity of Rainfall(mm)	土壤水利用量 water from soil(m³/hm²)	生育期耗水 water consumption (m³/hm²)	补灌水利用效率 U. E. of supplemental Water(kg/m³)	作物水分利用效率 U. E. of water (kg/m³)
对照 CK	0	365	372.0	3546.0	—	0.4
垄盖沟植 FP	0	365	525.0	3624.0	—	0.78
带水条播 SW	30	365	327.0	3589.5	15.4	0.51
覆膜坐水种 FSW	45	365	265.5	3591.0	29.9	0.75
带水+滴灌 SW+DI	210	365	289.5	3792.0	3.9	0.57
覆膜坐水+膜灌 FSW+FI	285	365	273.0	3873.0	6.8	0.83

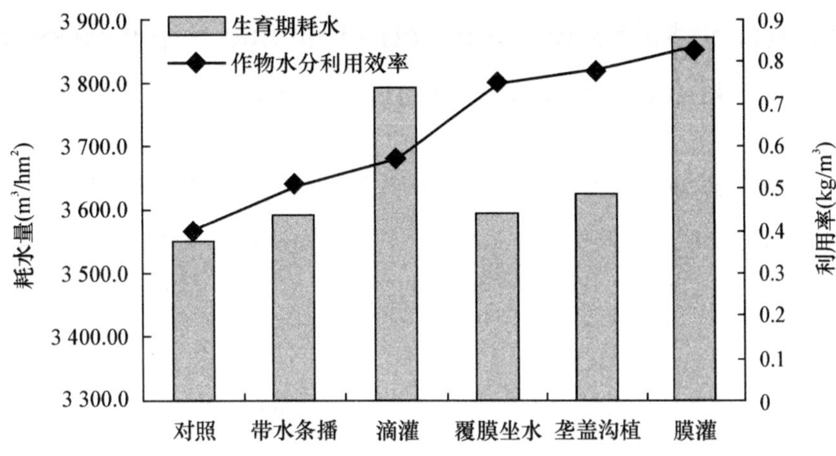

图 1　谷子生育期耗水量与水分利用率的关系

Fig. 1　Relation between water consumption and its utilization coefficient of millet

3　结果与讨论

1)不同集雨补灌措施下的株高和茎粗均有所增加。在苗期，覆膜的增温促进了植株生长，作用大于灌水；拔节期和乳熟期规律相似，覆膜和灌水的正交互作用增强，与单独补水处理比株高和茎粗都明显提高；另外由于拔节期的补灌，使带水＋滴灌处理的生长量增大，减小了与覆膜处理的差异。从平均值看，覆膜坐水＋膜灌长势最好，垄盖沟植由于微地形集雨效应，虽然未补灌，谷子长势也较好。

2)采用不同集雨补灌措施对谷子均有增产作用。秸秆的产量随着补水量的增加而增加(垄盖沟植除外)，籽粒的产量在覆膜不补水的处理(垄盖沟植)中为 2 829.0 kg/hm²，比单独补水的处理平均产量 2 009.3 kg/hm²提高 40.8%，生物学产量提高 1 035 kg/hm²。可见，覆膜处理增产效果最显著，分析原因，一方面是由于地膜覆盖的保水作用，可使生育前中期耕层土壤水分平均提高 1.5%～2.0%。一方面是由于地膜增温效应，出苗早，苗期生长快，抽穗提早 10～13 d，成熟提早，受霜冻影响轻。

3)灌水减少了谷子从土壤中对水分的获取，不灌水的两个处理土壤水利用量平均为 448.5 m³/hm²，灌水的四个处理平均为 288.8 m³/hm²，相差 159.7 m³/hm²。在相似补水量情况下，覆膜能有效提高补灌水的水分利用率，但由于补水量较大(和 SW＋DI)，水分利用率降低。覆膜有效增加了作物水分利用率，覆膜的三个处理(FP，FSW 和 FSW＋FI)比对照增加 97.5%，比单独补水的两个处理(SW 和 SW＋DI)平均值增加 0.25 kg/m³，增幅 46.3%。

参考文献

[1] 王计平. 谷子科学种植技术. 北京：中国社会出版社，2006

[2] 石建业，张明，等. 旱地机械穴播地膜谷子高效栽培技术. 农业科技与信息，1999(05)

[3] 曹玉琴，刘彦明，等. 旱作农田沟垄覆盖集水栽培技术的试验研究. 干旱地区农业研究，1994(01)

[4] 田恩梅. 浅析不同播种方式对油菜作物的影响. 青海农林科技，2005(03)

[5] 杜艳萍，王效瑜. 宁南丘陵地区马铃薯抗旱节水增产技术探讨. 内蒙古农业科技，2008(02)

[6] 王照霞，郭贤仕. 旱地春小麦秸秆覆盖空行种植对产量和水分利用效率的影响. 耕作与栽培，2005(01)

[7] 马兰忠，程满金，等. 北方半干旱区集雨补灌技术与灌溉制度研究. 雨水利用与社会经济环境可持续发展分会场论文集. 中国水利学会 2007 学术年会

Effect of Different Modes of Rain Collecting and Supplemental Irrigation on the Millet Yield and Water Utilization Efficiency

Tuo Debao[1], Li Huanchun[1], Duan Yu[1], Zhao Peiyi[1], Liu Mao[2]

(1. Plant Nutrition and Analysis Institute Inner Mongolia Acadmy of Agriculture Sciences, Huhhot 010031,
2. Extending Station of Agricultural Technique, Qingshuihe Couty in Huhhot City, Inner Mongolia)

Summary Field experiment was carried out to study the effect of different measures of rain collecting and supplemental irrigation on millet yield and water utilization efficiency. The results showed that plant height and stem diameter increased by irrigating or mulching film, the average showed that the effects were FSW+FI>FW>FP>SW+DI>SW>CK. Dry grass and crop yield of millet were maximum in FSW+FI, and were 4 285.5 kg/hm^2、3 228.0 kg/hm^2 respectively. The yield of SW+DI and SW were lower. The water utilization efficiency and consumption were increased compared with the CK and the maximum were 0.83 kg/m^3 和 3 873.0 m^3/hm^2 in FSW+FI. It is negative correlation between supplemental water content and its utilization efficiency and consumption of soil water. The utilization rate of water was higher in the treatment with film than without film when the supplemental water content was near.

Key words millet, supplemental irrigation by rain collecting, yield, utilization efficiency of water

长期施肥下水稻土中水稻性团聚体及其有机质分布规律*

刘小粉[2]　任图生[1]　刘树福[1]　杨光立[2]　肖小平[2]

(1. 中国农业大学土壤与水系　100193;2. 中国湖南省长沙市土肥站　410125)

摘要:在我国粮食主产区,以农家肥为主的传统施肥方式正在向以单施化肥、化肥为主并辅以农家肥以及秸秆还田等多样化的模式转变。这种转变对土壤有机质以及与其相关的土壤结构的影响还不清楚。本研究利用长期施肥定位试验,探讨集约种植下施肥对水稻土水稳性团聚体组成及其中有机质分布的影响规律。试验位于湖南省宁乡县,始于1986年,设60%猪粪+化肥(M_{60}+CF)、30%猪粪+化肥(M_{30}+CF)、秸秆还田+化肥(R+CF)、化肥(CF)和无肥(CK)五个处理。分0～10 cm和10～20 cm两层采集土样,分别测定不同处理下团聚体组成和其中的有机质含量。结果表明,四个施肥处理都显著提高了大团聚体(> 5 mm)的含量,减少了小团聚体(<0.25 mm)含量;对于同一团聚体粒级,各处理有机质含量的趋势为:CK<CF<R+CF<M_{30}+CF<M_{60}+CF;不同粒级有机质含量的分布规律为:1～2 mm含量最大,小于0.25 mm和大于5 mm含量最小,0.25～1 mm、1～2 mm和2～5 mm含量居中;团聚体含量与其中有机质含量呈线性相关。总之,有机肥与化肥混施增加了土壤及各级团聚体的有机质含量,提高了团聚体稳定性;秸秆还田和化肥混施效果比猪粪和化肥混施要好;单施化肥对土壤有机质和团聚体没有显著改善。因此,在集约化稻区,应当强调有机肥和化肥配合施用,有机肥肥源较缺的地区应当重视秸秆还田。

关键词:水稳性团聚体;几何平均直径;有机质

在我国粮食主产区,以农家肥和化肥并重为主的施肥方式正在向以化肥为主、辅以农家肥和秸秆还田的模式转变。施肥模式的改变是否会导致土壤物理质量下降,影响农业可持续发展?秸秆还田能否在一定程度上替代有机肥?单施化肥是否会破坏土壤结构?研究表明,秸秆还田和施用有机肥能有效提高土壤有机质含量[1～3];单施化肥对土壤有机质的影响结论不一致[4～6]。团聚体中的有机质是反映土壤团聚体结构稳定性和功能的重要指标,增加土壤有机质含量,可以提高团聚体的稳定性[7,8]。有机肥尤其是堆肥和农家肥能更好地增加有机质含量[9～11],并有利于大团聚体的形成[12],从而提高团聚体稳定性。另外,土壤团聚体不仅能够使其内部有机质受到物理保护作用,可以免受生物降解,保持土壤肥力[13],而且能够促进土壤孔隙发育,改善透气状况[9]。在集约化种植条件下,土壤物理性质的退化与土壤有机质含量的降低密切相关[4]。尽管国内外已经作了大量的相关研究,但关于集约种植下,长期施肥对水稻土物理性质影响的相关数据还很缺乏。本研究以湖南水稻土为对象,利用长期施肥定位试验,探讨集约种植下施肥对土壤团聚体稳定性及其有机质含量的影响,并确定不同粒径团聚体分布与其中有机质含量的关系。

1　材料与方法

1.1　实验设计

试验地位于湖南省宁乡县(28°07′N,112°18′E),供试土壤为第四纪红壤上发育的水稻土(潴育性亚类,河沙泥土属,河沙泥土种)。耕层土壤为粉粘壤土(砂粒13.71%,粉粒57.73%,黏粒28.56%)。本试验开始于1986年,种植制度为早稻-晚稻-紫云英一年三熟,1993年后改为早稻-晚稻-大麦。小区面积为66.7 m^2,设置以下五个处理(其中化肥按纯养分计,秸秆是风干重,猪粪是鲜重)。(1)无肥(CK);(2)化肥(CF):化肥N、P和K施用量分别为早稻143、12和56 $kg \cdot ha^{-1} \cdot yr^{-1}$;晚稻157、16和52 $kg \cdot ha^{-1} \cdot yr^{-1}$;大

* 国家科技支撑计划课题“保护性耕作技术体系研究与示范”(2006BAD1502)

麦 167、16 和 52 kg・ha^{-1}・yr^{-1}；(3)秸秆还田＋化肥(R＋CF)：化肥 N、P 和 K 施用量分别为早稻 117、12 和 0 kg・ha^{-1}・yr^{-1}；晚稻 131、12 和 0 kg・ha^{-1}・yr^{-1}；大麦 131、12 和 0 kg・ha^{-1}・yr^{-1}。早稻、晚稻和大麦的秸秆还田量分别为 2 850、3 000 和 3 000 kg・ha^{-1}・yr^{-1}；(4)猪粪＋化肥(M_{30}＋CF)：化肥 N、P 和 K 施用量分别为早稻 92、12 和 26 kg・ha^{-1}・yr^{-1}；晚稻 111、18 和 18 kg・ha^{-1}・yr^{-1}；大麦 111、0 和18 kg・ha^{-1}・yr^{-1}。猪粪施用量早稻、晚稻和大麦分别为 11 250、10 275 和 10 275 kg・ha^{-1}・yr^{-1}；(5)猪粪＋化肥(M_{60}＋CF)：化肥 N、P 和 K 施用量分别为早稻 39、0 和 0 kg・ha^{-1}・yr^{-1}，晚稻 62、36 和 0 kg・ha^{-1}・yr^{-1}，大麦 62、0 和 0 kg・ha^{-1}・yr^{-1}。猪粪施用量早稻、晚稻和大麦分别为 22 500、20 550 和 20 550 kg・ha^{-1}・yr^{-1}。表 1 给出了各处理的 N、P 和 K 有机和无机来源。

表 1 不同处理有机肥和化肥所提供的养分数量

Table 1 Mineral nutrient from manure and chemical fertilizer for the long-term experiment.

处理 Treatment	稻草/猪粪(kg・hm^{-1}・yr^{-1}) Rice straw or manure			化肥(kg・hm^{-1}・yr^{-1}) Chemical fertilizer			合计(kg・hm^{-1}・yr^{-1}) Total		
	N	P	K	N	P	K	N	P	K
CF	0	0	0	457	44	160	457	44	160
R＋CF	81	12	167	378	36	1	459	48	168
M30＋CF	147	56	106	313	30	61	460	86	167
M60＋CF	293	111	211	164	36	0	457	147	211

稻草(风干)中 N、P 和 K 的含量分别为 0.91%、0.13%、1.89%，猪粪(鲜)中 N、P 和 K 的含量分别为 0.461%、0.1746%、0.332%。

For air-dry rice straw, the N, P, and K contents are 0.91, 0.13, and 1.89% respectively, and the corresponding values are 0.461, 0.174 6, and 0.332% for the fresh manure.

1.2 土壤水稳性团聚体及其有机质含量测定分析

2006 年 4 月 28 日大麦收获后，分别采集 0～10 cm 以及 10～20 cm 土层的 6 个点混合样土样，风干后过 10 mm 筛。土壤团聚体湿筛测定方法[14]：用四分法称取约 150 g 的风干土样，分别过 5 mm 和 2 mm 的干筛，把＞5 mm、2～5 mm 和＜ 2 mm 的粒级按质量百分比配成 50 g 混合样；将样品放置于孔径自上而下为 5、2、1、0.5、0.25 mm 的套筛顶端；用去离子水快速湿润土样；垂直上下振荡 10 min(湿筛垂直上下约 25 次 min^{-1}，上下移动垂直距离约 3.8 cm)；把筛上的各级团聚体转移至铝盒中，在烘箱温度为 60 ℃时烘干至恒重。每个样品做 3 个平行。各级团聚体的质量百分比含量为 各级团聚体的烘干重与各级团聚体烘干重总和的比值。土壤团聚体几何平均直径的计算：

$$GMD = \exp\left(\frac{\sum w_i \ln x_i}{\sum w_i}\right)$$

式中：GMD 是土壤团聚体几何平均直径(mm)，w_i 是每一粒径土壤团聚体的重量(g)，$\ln x_i$ 是该粒径土壤团聚体平均直径的自然对数。

有机质采用 $K_2Cr_2O_7$ 容量法(外加热法)测定[15]，重复三次。

测定结果用 SPSS12.0 进行统计分析。

2 结果与分析

2.1 长期施肥下各级水稳性团聚体分布及其稳定性

图 1 显示了不同施肥处理下土壤水稳性团聚体的质量百分比分布。在 0～10 cm 以及 10～20 cm 土层，相同处理不同粒径团聚体含量分布基本是：1～2 mm 粒级含量最大，小于 0.25 mm 粒级和大于 5 mm 粒级含量最小，0.25～1 mm 粒级、1～2 mm 粒级和 2～5 mm 粒级含量居中。总之，大于 5 mm 与小于 0.25 mm 粒径的团聚体在各处理中含量最高，处理间差异也最显著：对于大于 5 mm 的团聚体，各处理含

量基本是 CK＜CF＜R＋CF＜M_{30}＋CF＜M_{60}＋CF，而小于 0.25 mm 团聚体则正好相反：CK＞CF＞R＋CF＞M_{30}＋CF＞M_{60}＋CF。其中，M_{60}＋CF 处理的大于 5 mm 的团聚体约占到近 40%，小于 0.25 mm 团聚体占近 20%，而 CF 处理大于 5 mm 团聚体的只占到 20%左右，＜0.25 mm 团聚体却占了 40%。其他四种团聚体（0.25～0.5 mm、0.5～1 mm、1～2 mm 和 2～5 mm）含量在处理间也存在明显差异，但其总和（即 0.25～5 mm 粒级）差异不明显，这说明经过复杂的转变过程之后，施肥最终使小于 0.25 mm 的微团聚体向大于 5 mm 的大团聚体转变，也许是由于添加的肥料作为微生物活动的催化剂诱导土壤颗粒黏结成大团聚体[16,17]。

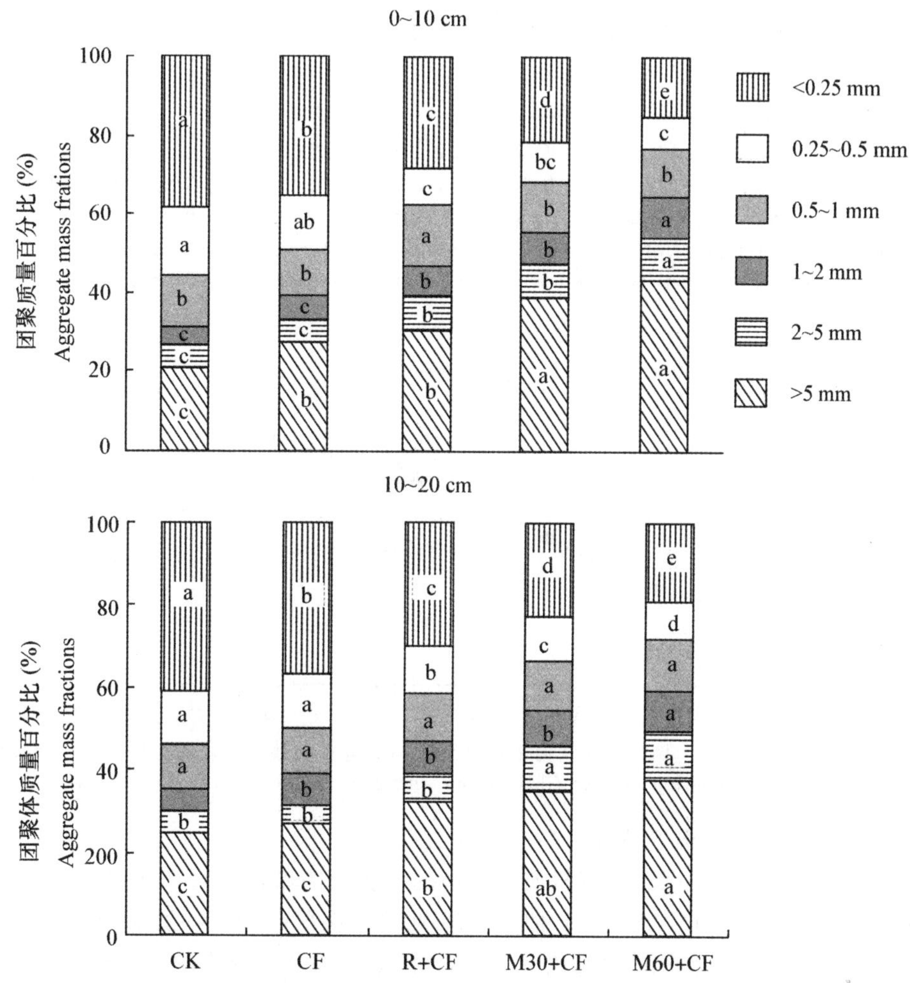

图 1 长期施肥处理下土壤团聚体质量百分比分布。不同的字母代表处理间差异达到显著水平（$p<0.05$）。

Fig. 1 Aggregate mass fractions as influenced by long-term fertilization treatments. The different letters in the charts indicates the differences are significant at $p<0.05$.

研究还表明，施肥处理明显影响土壤团聚体的几何平均直径（*GMD*）（图 2）。同一处理，上层（0～10 cm）团聚体的 GMD 大于下层（10～20 cm）（CK 除外）；不同层次 *GMD* 分布规律均为：M_{60}＋CF＞M_{30}＋CF＞R＋CF＞CF＞CK。在 0～10 cm 土层，M_{60}＋CF 的 *GMD* 比 R＋CF、CF 和 CK 分别增大 1 倍、2 倍和 3.6 倍；CF 和 CK 的 *GMD* 之间也有显著性差异；10～20 cm 土层 *GMD* 的变化有类似趋势。进一步分析表明，*GMD* 和土壤有机质含量呈显著正相关（图 3）。以往研究指出，有机质含量在 3%～3.5%之间时有效提高团聚体稳定性[18]，且水稳性团聚的数量和稳定性都与土壤有机质含量正相关[19,20]，也许是增加新鲜有机质会提高微生物活动，使团聚体稳定性增加。总之，单施化肥效果不明显，有机物料和化肥混施尤其是猪粪和化肥混施，显著提高了土壤有机质含量，进而改善了土壤团聚体的稳定性。

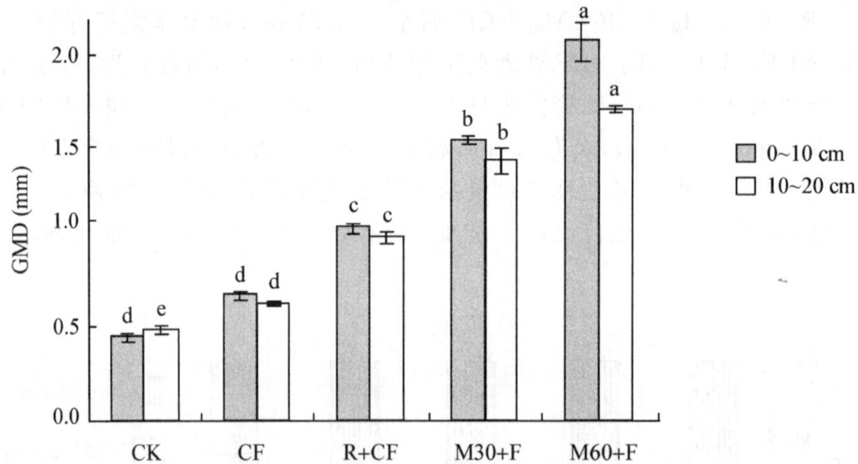

图 2　长期施肥处理下土壤团聚体几何平均直径(GMD)分布。误差线指平均值的标准误差。误差线上方不同字母表示各施肥处理之间差异显著(p<0.05)。

Fig. 2　Geometric mean diameter (GMD) of soil aggregates as influenced by long-term fertilization treatments. The error bars indicate the standard deviation of the means. Different letters above the error bars indicate the differences are significant at p<0.05.

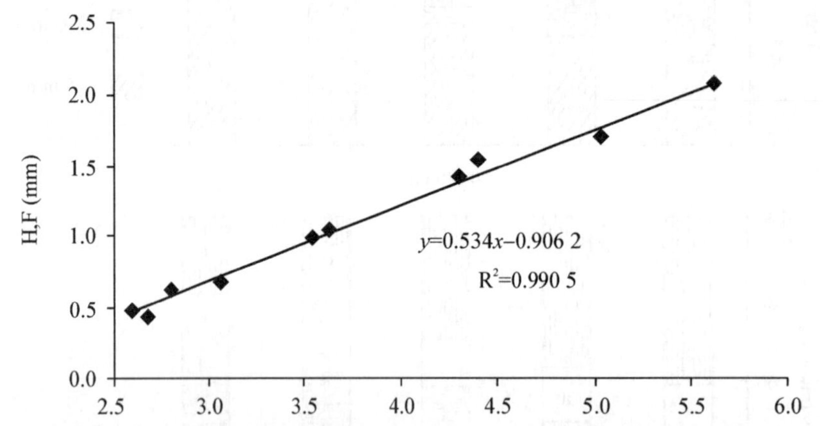

图 3　在 0～20 cm 土层土壤团聚体几何平均直径(GMD)与有机质含量(SOM)的关系(n=10)

Fig. 3　The relationship between GMD of soil aggregates and SOM at 0～20 cm layer.

2.2　长期施肥下团聚体中有机质分布规律

图 4 表明了不同的施肥处理下团聚体有机质分布情况。各级团聚体有机质含量都大于 3.5%。在 0～10 cm 土层，不同处理相同粒级比较，M_{60}+CF 团聚体有机质含量最高，其次是 M_{30}+CF 和 R+CF，CF 和 CK 则最低。同一处理，不同粒径有机质含量也大不相同，但呈现出一致趋势：0.25～2 mm 粒径有机质含量较高，基本以 0.5～1 mm 粒径有机质含量为最高点，向两侧呈下降趋势，大致呈现出不规则的抛物线形(图 4 中以处理 M_{60}+CF 为例大概给出了抛物线形状)。在 10～20 cm 土层，有机质含量也有同样的变化规律，各级团聚体有机质含量 M_{60}+CF>M_{30}+CF>R+CF>CF>CK。Maysoon 等[21]也发现：经过 10 年耕作，无论免耕还是常规耕作，0.25～2 mm 粒径有机质含量总是最高。孙天聪等[22]由长期施肥研究表明，与 CK 相比，有机质在不同粒级团聚体中的含量差异较大，并有极强的规律性，各处理均表现为 0.25～1 mm 粒级中的有机质含量最高；2～5 mm 团聚体含量与土壤有机质呈显著正相关关系，并认为 2～5 mm 团聚体是土壤有机质的主要载体。在本研究中，0.25～5 mm 粒级范围的大团聚体有机质含量显著高于<0.25 mm 微团聚体，与上述研究相同；大于 5 mm 大团聚体与小于 0.25 mm 微团聚体的有机质含量无显著差异，CF 处理下大于 5 mm 团聚体的有机质含量甚至低于小于 0.25 mm 的，可能是 CF 团聚体的形成机制与施有有机物料的其他处理不同，这有待于进一步研究。大团聚体(>0.25 mm)有机质含量一般情况下高于微团聚体，是因为大小团聚体稳定性所需要的胶结剂不同所致[7,23]。Elliott[24]认为大团聚体是由小团聚体黏结而成，

可用团聚体等级模型解释,该模型假定微团聚体是由含碳量高的不稳定的黏结剂(真菌菌丝、根系、微生物和植物源的多糖)黏结成大团聚体,故大团聚体(大于 0.25 mm)中会含有比微团聚体(小于 0.25 mm)中更多的有机质[25]。

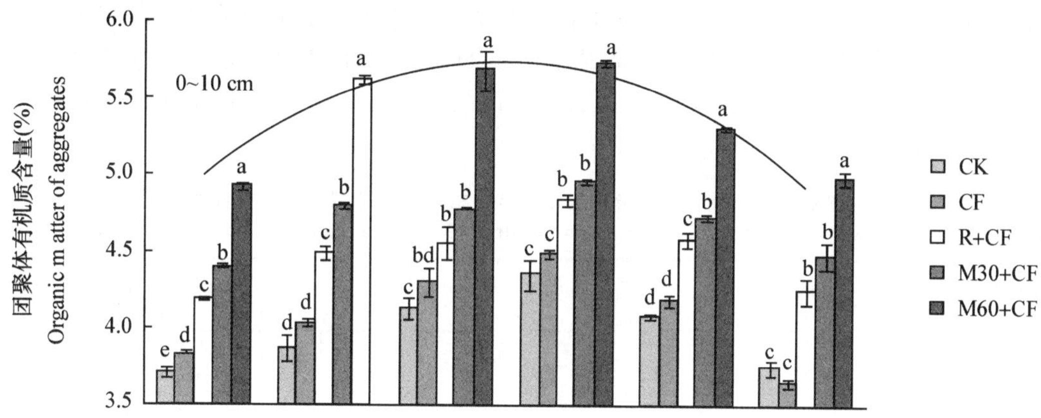

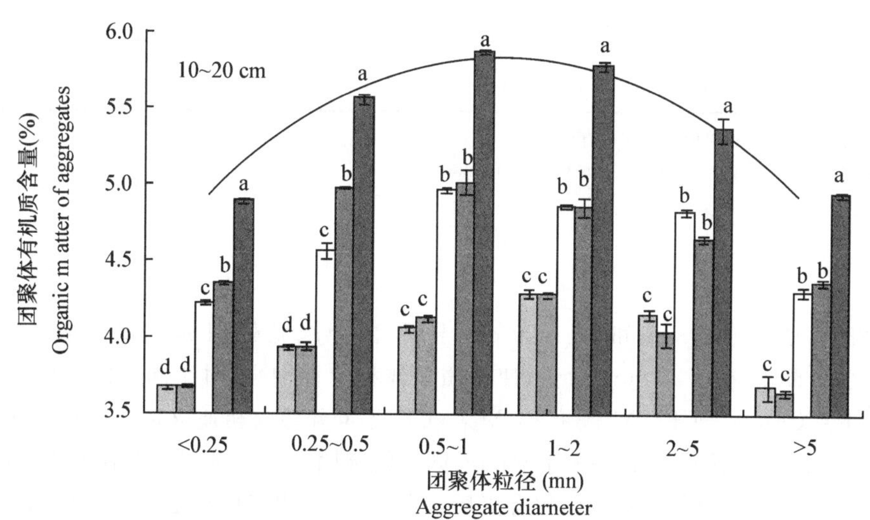

图 4　长期施肥处理下土壤各级团聚体中有机质含量分布。误差线上方不同字母代表不同施肥处理之间差异显著($p<0.05$),误差线指标准误差。

Fig. 4　Distribution of soil organic matter within different aggregate sizes under long-term fertilization treatments. Different letters above the error bars means significance among treatments.

总之,施肥明显提高了各级土壤团聚体有机质含量,说明新添有机物料转化成了土壤养分;但同一处理各粒径有机质分布存在很大差异,可能原因是:经过 20 年的处理,处于中间粒径团聚体(0.25～2 mm)的有机质含量已经达到最大平衡状态,变化幅度受施肥影响已很小;大团聚体由于体积大且结构疏松,受到外界影响较大,其有机质含量不容易达到平衡,因此有机质含量尽管比微团聚体(<0.25 mm)高,却不是最高;尽管微团聚体含量变化很大,但其结构不易被破坏,且不像其他大团聚体那样能通过有机胶结剂黏结而成,因此其有机质含量总是最少的(CF 除外)。

2.3　长期施肥下土壤团聚体及其中有机质分布相关性分析

图 1 和图 4 表明团聚体的分布和其中有机质的分布都是有规律的,那么两者之间是否存在相关性?表 2 显示了同一粒径团聚体质量百分比与其中有机质含量的线性相关关系。其中,<0.25 mm 与>0.25 mm

的团聚体含量与对应的有机质含量显著正相关性，复相关系数分别达 0.938 和 0.888；对于 5～10、2～5 和 1～2 mm三个粒径相关性稍小，复相关系数分别为 0.804、0.688 和 0.789；0.25～0.5 mm 的团聚体与其有机质含量则表现出负相关性(R^2=0.656)；而 0.5～1 mm 团聚体与其中有机质含量却不存在线性相关。为什么团聚体含量与其中有机质含量会表现出不同的相关性，甚至不存在相关性？研究表明，大团聚体(＞0.25 mm)的有机质含量要高于微团聚体，是因为大团聚体是由微团聚体通过含碳量高的不稳定的黏结剂黏结而成[24,25]。团聚体含量极其中的有机质含量仅仅是简单的线性相关，还是存在更复杂的非线性关系，还需要进一步研究。

表 2 施肥处理下团聚体百分比含量与其中机质含量的相关性分析(n=30)

Table 2 Relationship between aggregate mass fractions and organic matter (OM) within aggregates under different fertilization treatments.

团聚体粒径(mm) aggregate sizes	线性回归方程 linear regress equation	复相关系数 R^2
5～10	Y=6.106 x−9.787	0.804
2～5	Y=2.291 x−6.561	0.688
1～2	Y=1.554 x−3.698	0.789
0.5～1	Y=−0.000 x+6.167	0.000
0.25～0.5	Y=−1.686 x+13.52	0.656
＜0.25	Y=9.175 x+52.79	0.938
＞0.25	Y=0.597 x+1.695	0.888

注：变量 Y 表示团聚体百分含量(%)，X 表示对应团聚体中有机质含量。

Y is aggregate mass fractions; x is the OM content within corresponding aggregates.

3 结　论

长期定位施肥研究表明，在 0～10 cm 和 10～20 cm 土层，四个施肥处理都显著提高了大团聚体(＞5 mm)的含量，减少了小团聚体(＜0.25 mm)含量，使得团聚体稳定性增强；对于同一团聚体粒级，各处理有机质含量的趋势为：CK＜CF＜R+CF＜M_{30}+CF＜M_{60}+CF；不同粒级有机质含量的分布规律为：小于 0.25 mm＜0.25～1 mm＜1～2 mm＞2～5 mm＞大于 5 mm；同一粒级团聚体含量与其中有机质含量呈线性相关。有机肥与化肥混施增加了土壤及各级团聚体的有机质含量，提高了团聚体稳定性；单施化肥对土壤有机质和团聚体没有显著改善。在水稻主产区应当强调有机肥和化肥配合施用，有机肥肥源较缺的地区应当重视秸秆还田。

参考文献

[1] Aggelides S M, Londra P A. Effect of compost produced from town wastes and sewage sludge on the physical properties of a loamy and a clay soil. Bioresource Technol., 2000, 71: 253-259

[2] Shirani H, Hajabbasi M A, Afyuni M, et al. Effects of farmyard manure and tillage systems on soil physical properties and corn yield in central Iran. Soil Till. Res., 2002, 68: 101-108

[3] 郑立臣，宇万太，马强，等. 农田土壤肥力综合评价研究进展. 生态学杂志，2004(05)

[4] Schj∅nning P, Christensen B T, Carstensen B. Physical and chemical properties of a sandy loam receiving animal manure, mineral fertilizer or no fertilizer for 90 years. European J. of Soil Sci., 1994, 45: 257-268

[5] Altieri M A, Clara I, Nicholls. Soil fertility management and insect pests: harmonizing soil and plant

health in agroecosystems. Soil Till. Res. ,2003,72:203-211

[6] 陈士平. 中国肥料结构刍议. 土壤肥料,1984,4:21-24

[7] Tisdall J M,Oades J M. The effect of crop rotation on aggregation in a red-bow earth. Aust. J. Soil Res. 1980,18:423-433

[8] 卢金伟,李占斌. 土壤团聚体研究进展. 水土保持研究,2002,9(1):81-85

[9] Celik I,Ortasa I,Kilicb S. Effects of compost,mycorrhiza,manure and fertilizer on some physical properties of a Chromoxerert soil. Soil Till. Res. 2004,78:59-67

[10] Pagliai M,Vignozzi N,Pellegrini S. Soil structure and the effect of management practices. Soil Till. Res. 2004,79:131-143

[11] Pagliai M,Vigozzi N,Pellegrini N. Soil structure and the effect of management practices. Euro. J. Agron. 2004. 13:39-45

[12] 陈欣,史奕,鲁彩艳,等. 有机物料及无机氮对耕地黑土团聚体水稳性的影响. 植物营养与肥料学报,2003,9(3):284-287

[13] Tisdall J M,Oades J M. Organic matter and water stable aggregates in soils. J. Soil Sci. 1982,33:141-163

[14] Kemper W D,Rosenau R C. 1986. Aggregate stability and size distribution. In:Methods of soil Analysis,Part 1. Physical and Mineralogical Methods. Agronomy Monograph no. 9. Society of Agronomy/Soil Sci. Soc. Am. J. pp. 425-442

[15] Tiessen H,Moir J O. 1993. Total and organic carbon,in Carter,M. R. (Ed.),Soil Sampling and Methods of Analysis. Can. Soil Sci. Soc. Lewis Publishers:Boca Raton,FL

[16] 黄运湘,王改兰,冯跃华,等. 长期定位试验条件下红壤性水稻土有机质的变化. 土壤通报,2005,36(2):198-184

[17] Six J,Elliot E T,Paustian K. Aggregate and soil organic matter dynamic under conventional and no-tillage systems. Soil Sci. Soc. Am. J. 1999,63:1350-1358

[18] Boix-Fayos C,Calvo-Cases A,Imeson A C,et al. Influence of soil properties on the aggregation of some Mediterranean soils and the use of aggregate size and stability as land degradation indicators. Catena. 2001,44:47-67

[19] 魏朝富,谢德体,陈世正. 紫色水稻土有机无机复合与土壤团聚体关系. 土壤学报,1996,33(1):70-76

[20] 章明奎,何振利,陈国潮. 利用方式对红壤水稳定团聚体形成的影响. 土壤学报,1997,34(4):359-366

[21] Maysoon M Mikha,Charles W Rice. Tillage and manure effects on soil and aggregate-associated carbon and nitrogen. Soil Sci. Soc. Am. J. 2004,68:809-816

[22] 孙天聪,李世清,邵明安. 长期施肥对褐土有机碳和氮素在团聚体中分布的影响. 中国农业科学,2005,38(9):1841-1848

[23] Jastrow J D,Boutton T W,Miller R M. Carbon dynamics of aggregate-associated organic matter estimated by 13C natural abundance. Soil Sci. Soc. Am. J. 1996,60:801-807

[24] Elliott E T. Aggregate structure and carbon,nitrogen,and phosphorus in native cultivated soils. Soil Sci. Soc. Am. J. 1986,50:627-633

[25] Oades J M. Soil organic matter and structural stability:mechanisms and implications for management. Plant Soil. 1984,76:319-337

Soil Aggregates and Organic Matter Distribution under Long-term Fertilizer Practices

Liu Xiaofen[1], Ren Tusheng[1], Liu Shufu[1], Yang Guangli[2], Xiao Xiaoping[2]

(1. Department of Soil and Water, China Agricultural University, Beijing 100193, China;
2. Soil and Fertilizer Institute of Hunan Province, Changsha 410125, China)

Abstract In China's major agricultural regions chemical fertilizer input is increasing rapidly as continue while manure application shows continuous decline. The consequences of this change on soil quality are unclear. This study aimed to investigate the influences of a long-term fertilizer management practices on soil aggregate distribution as related to organic matter content within aggregates under an intensive cropping system. The experiment was initiated in 1986 in Ningxiang County of Hunan province. Five fertilizer treatments were established: 60% manure plus chemical fertilizer (M_{60}+CF), 30% manure plus chemical fertilizer (M_{30}+CF), crop residue plus chemical fertilizer (R+CF), chemical fertilizer alone (CF), and no fertilizer application (CK). Soil samples were collected in 2006 to analyze aggregates distribution and stability, and organic content within different aggregate fractions. Comparing with the CK, fertilizer application increased the fraction of macro-aggregates (>5 mm) and lowered the fraction of micro-aggregates (<0.25 mm). For the same aggregate size, organic matter content was in the order of CK<CF<R+CF<M_{30}+CF<M_{60}+CF. For organic matter content in different aggregate sizes, the midsize aggregates (1-2 mm) had the highest, followed by the 0.25-1mm and 2-5mm fractions, and the smallest (<0.25 mm) and the largest (>5 mm) had the least. In addition, for the same size there was a linear relationship between aggregate content and organic content within the aggregate. Organic materials significantly increased aggregate stability and organic content, but the improvement from the chemical fertilizer alone was limited. We concluded that integrated application of manure and chemical fertilizer was essential for maintaining high soil quality. Under conditions where there were limited manure resources, it was necessary to return crop residue into the field.

Key words Water-stable aggregates; Geometric mean diameter; Organic matter

氮肥品种对砖红壤中 NO_3^--N 淋溶特征的影响*

林清火　林钊沐　罗微　茶正早

（中国热带农业科学院橡胶研究所，农业部热带作物栽培生理学重点开放试验室，海南儋州　571737）

摘要：通过室内盆栽试验研究不同氮肥品种对砖红壤中 NO_3^--N 淋溶特征的影响，研究结果表明，各氮肥品种在砖红壤中形成 NO_3^--N 的过程可分为三个阶段：前期平缓阶段中期上升阶段后期下降阶段。将 NO_3^--N 淋溶量 Y_t (gN)与时间t(d)的关系进行拟合，结果表明尿素、碳铵和复合肥以抛物线方程 $Y_t^{1/2}=a+bt$ 拟合效果最好，而复混肥以双曲线方程 $1/Y=a+b1/t$ 的拟合效果最优；从种植玉米处理各氮肥品种以 NO_3^--N 形态的淋溶总量来看，尿素、碳铵、复合肥和复混肥淋溶总量分别占施入的氮素的 42.17%、39.90%、45.20%和 69.70%。对土壤剖面中 NO-N 含量进行分析表明，种植玉米处理 NO-N 含量均低于对应的休闲处理且合肥处理显著高于对应的其他氮肥品种。

关键词：氮肥品种；硝态氮；砖红壤；淋溶

砖红壤是我国热带地区雨林、季雨林下，生物物质转化迅速，强烈脱硅铝富铝风化，铁铝氧化物高度密集的一类红色土壤，具有酸性强、CEC 低等特点[1]。研究结果表明，在降雨量大、高渗透性、低阳离子交换量的土壤上，淋失作用是导致化肥利用率低的主要原因[2]。目前国内研究土壤养分淋失主要集中在水稻土和北方旱地土壤的氮素淋失形态和过程，但对南方酸性旱地土壤中氮素的淋失过程缺乏系统研究[3]。影响氮素淋失的因素很多，如土壤状况、降雨、肥料品种、耕作方式、作物种类、休闲等，其中肥料品种结构是影响氮素淋失的重要因素[4]。因此，有必要了解在热带气候条件下化肥形态转化的特点，探索不同肥料品种投入与土体中氮素养分的淋溶动态及损失量的关系，以作出砖红壤区化肥养分淋失可能性的理论评价，为制定有利环境健康的肥料管理措施提供科学依据。

1　材料与方法

1.1　研究材料与装置

本试验在中国热带农业科学院橡胶研究所温室大棚进行。供试土壤采自中国热带农业科学院试验场五队芒果园，在田间分 0～10 cm，10～20 cm，20～30 cm 三层采土，风干后过 2 mm 筛用于土柱模拟试验，各层土壤基本理化性质如表 1 所示。试验用内径 30 cm，高 35 cm 的铁桶作为容器，装土 30 cm，以模拟氮肥品种对 NO_3^--N 在砖红壤土体内的迁移及淋溶特征的影响。装土时将土样按田间自然层次依次装入铁桶内，并保持与田间容重一致。供试作物为甜玉米，由中国热带农业科学院试验场提供。

表 1　供试土壤基本理化性质

Table 1　Physical and chemical properties of soil tested

土壤深度 (cm)	全 P ($g\cdot kg^{-1}$)	全 K ($g\cdot kg^{-1}$)	NH_4^+-N ($mg\cdot kg^{-1}$)	NO_3^--N ($mg\cdot kg^{-1}$)	速效 P ($mg\cdot kg^{-1}$)	速效 k ($mg\cdot kg^{-1}$)	pH	容重 ($g\cdot cm^{-3}$)
0～10	1.11	14.7	17.80	10.02	68.00	54.5	5.36	1.30
10～20	0.88	15.0	10.85	6.93	31.73	34.0	4.98	1.35
20～30	0.85	14.7	2.11	5.33	9.99	39.5	5.18	1.40

* 海南省自然科学基金项目(80513)和科技部科研院所社会公益研究专项(2005DIB4J044)

1.2 试验设计

试验共设置 5 种肥料处理,其中 1 种为对照(CK,不施肥),另外 4 种氮肥分别为尿素(全 N46.67%)、碳铵(全 N17.22%,pH8.25)、复合肥(全 N15.18%,其中 NH_4^+-N 含量为 0.06%,NO_3^--N 含量为 0.24%,$P_2O_5$15%,K_2O15%,pH8.11)和复混肥(全 N14.78%,其中 NH_4^+-N 含量为 8.54%,NO_3^--N 含量为 2.9%,K_2O9%,pH4.45),其中复合肥和复混肥由中国热带农业科学院试验场自行配置。供试肥料 N、P_2O_5、K_2O 用量均为 562.5 kg · hm^{-2},实际施加用量 N、P_2O_5、K_2O 均为 3.96 g/桶。施用时以氮素为标准,缺乏的磷肥和钾肥均用过磷酸钙(含 P_2O_5 12.0%)和氯化钾(含 K_2O 60%)补足。每种处理均分休闲和种植玉米两种,各设三次重复。

待玉米移栽至八叶期后,肥料与表土充分混合后均施于表土,第二天后开始灌水,隔 6 d 加 1 次水,加水量为 2 L,相当于 30 mm 降雨量。试验共进行 90 d,总加水量 30 L,相当于降雨量 450 mm。

玉米于移栽后第 84 天收割,之后再灌水 1 次,于次日用土钻采集土壤样品,采取五星型取样。每隔 5 cm 深采取土样,共分 6 层,测定土壤中的 NO_3^--N 含量。

1.3 测定项目与方法

在每次收到渗漏水后,将其充分混匀,测量渗漏液体积并分析水样,用紫外分光光度法测定 NO_3^--N。用渗水量与 NO_3^--N 浓度计算每次淋失量,每次淋失量相加得累计淋失量。土样采集后立即用 2 mol · L^{-1} KCl 溶液浸提土壤 NO_3^--N,浸提液中 NO_3^--N 用紫外分光光度法测定[5]。土样基本理化性质用常规法测定[6]。

2 结果与分析

2.1 不同氮肥品种渗漏液中 NO_3^--N 浓度变化

图 1 为各氮肥品种处理渗漏液中 NO_3^--N 浓度随时间的变化曲线。从图中可以看出,前期各种氮肥品种渗漏液中 NO_3^--N 含量随时间的推移而下降且休闲和种植玉米两种处理渗漏中 NO_3^--N 浓度无显著差别,从而表明这部分 NO_3^--N 主要来自土壤自身残留的氮素。在试验后期,除了复混肥和 CK 外,各种肥料休闲处理均比种植玉米处理渗漏液中 NO_3^--N 浓度低,这有如下三种可能:第一由于休闲处理的肥料没有经过作物的拦截作用,大部分快速以肥料形态和其他形态氮素形式(如氨态氮或酰氨态氮)直接向下层移动,并淋出土体外,因此后期土壤中可转化为 NO_3^--N 的氮素含量较少;而种植玉米则能截获相对多含量的肥料,而在后期慢慢转化,并以 NO_3^--N 的形式淋出土体外。第二由于作物叶面蒸腾消耗大量水分,使下渗的水分总量减少,NO_3^--N 向下移动变慢,易于累积从而浓缩了 NO_3^--N 浓度,导致种植玉米处理的渗漏液中 NO_3^--N 浓度相对较高。第三到试验后期,作物根系停止生长并有所萎缩,这样容易形成大孔隙,形成"优势流",使有的养分不经过土壤的过滤作用直接淋出土体外,导致渗漏液中浓度偏高[7]。至于复混肥则可能是由于肥料部分是以 NO_3^--N 形态存在的(NO_3^--N 占肥料的 2.9%),因此,肥料不经过转化直接快速的随水向下移动,灌溉 60 mm 后水即可被淋出土体外,而玉米在初期需氮量大,根系可吸附或吸收部分 NO_3^--N,因此种植玉米促使 NO_3^--N 高峰期相对延迟。

另外从图中还可以看出除了复混肥处理外,其他各种肥料两种处理间的变化趋势大致相同。其中 CK 处理随着时间的推移,NO_3^--N 浓度一直下降;尿素、碳铵和复合肥处理渗漏液中 NO_3^--N 浓度先随着时间的推移缓慢下降,到 24 d 左右到达最低点,而后随着淋水量的增加和肥料中转化为 NO_3^--N 含量增加,NO_3^--N 浓度近成线形增加,到 60 d 左右达到最大值,而后又呈下降趋势。而复混肥休闲处理在 12 d 后即迅速上升,到 36 d 就已达到最高峰,这仍然是由于复混肥部分可不经过转化,而其他肥料均需转化,最后才以 NO_3^--N 的形式淋出土体。

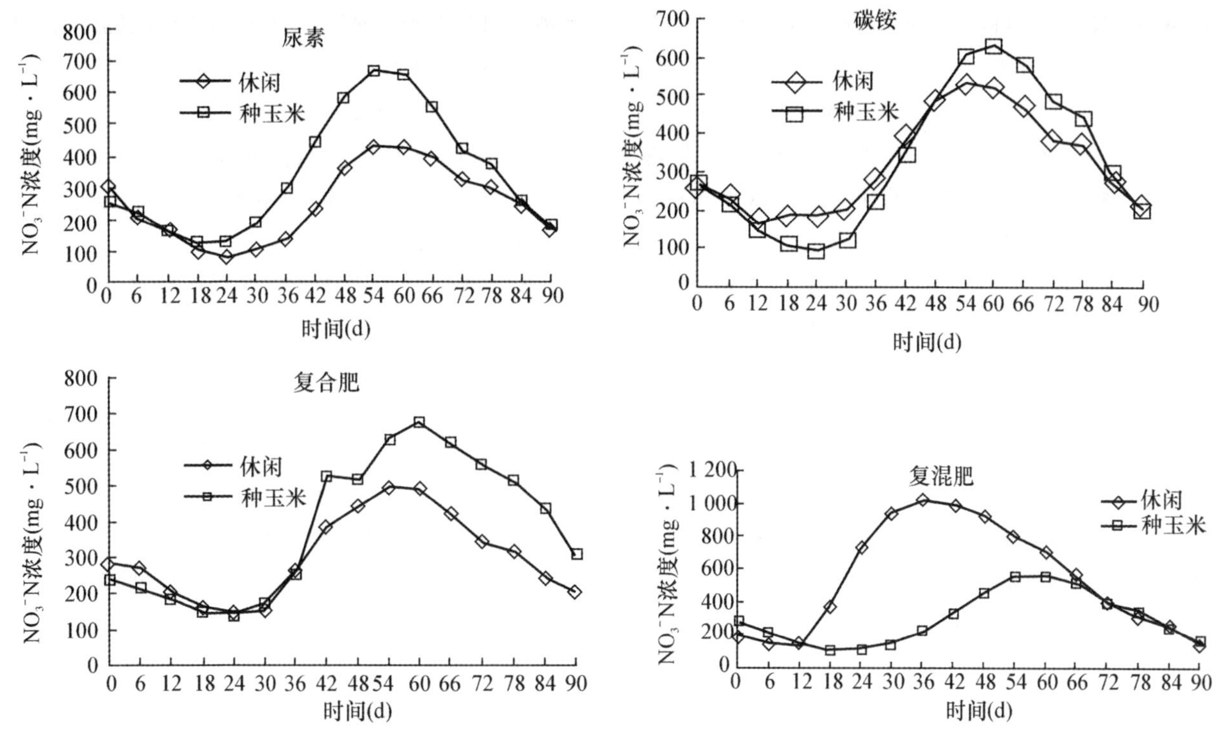

图 1 各种处理渗漏液中 NO_3^--N 浓度变化

Fig. 1 Concentration of NO_3^--N in leaching water with different treatments

2.2 不同氮肥品种渗漏液中 NO_3^--N 淋溶特征曲线拟合

各氮肥品种在本试验期间渗漏液中 NO_3^--N 累计淋溶含量随淋洗时间的变化关系如图 2 所示。在本试验中各处理渗漏液中 NO_3^--N 淋溶特征可分为三个阶段。第一阶段：前期平缓阶段（其中复混肥处理为 12 d，其他为 24 d），NO_3^--N 淋溶量随时间的推移缓慢上升，且各施肥处理间无明显差别，可推断此阶段 NO_3^--N 的淋溶主要来自土壤自身残留量；第二阶段：中期上升阶段，各处理渗漏液中 NO_3^--N 淋溶量随时间的推移迅速增加，曲线斜率不断增大，淋溶速率加快，是个快速淋溶 NO_3^--N 的过程；第三阶段：后期下降阶段，曲线斜率平缓，淋溶速率下降，NO_3^--N 累计淋溶量增加速度减缓。若随着淋洗的进一步进行，曲线斜率将继续下降，到达某一点后斜率为零，曲线达到最高点，这一点就是各种肥料在本试验条件下渗漏液中的最大淋溶量。

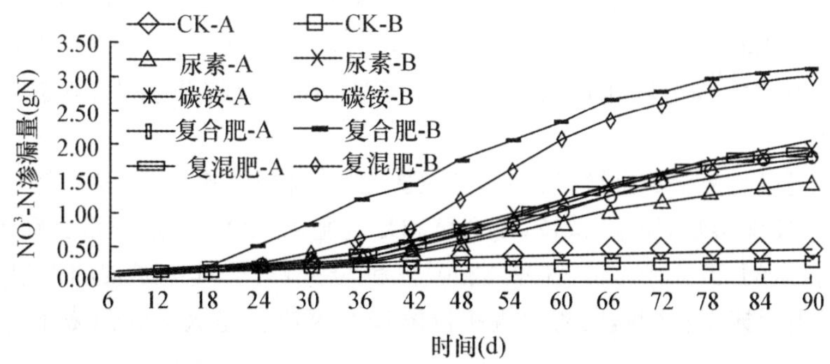

图 2 不同氮肥渗漏液中 NO-N 累计淋溶量（A. 休闲；B. 种植玉米）

Fig. 2 Accumulation amount of NO_3-N in leaching water with different N fertilizer applied (A. bare; B. plant corn)

对各处理渗漏液中 NO_3^--N 淋溶量 Y_t 随时间 t 的变化用 7 种方程进行拟合。结果（表 2）显示，各方程拟合砖红壤中氮肥 NO_3^--N 的淋溶量与时间的关系，r^2 值均达到极显著水平，表明他们都能很好地描述渗漏

液中 NO_3^--N 淋溶量随时间的动态变化。其中对于 CK 处理，尤以双曲线方程 1/Y＝a＋b1/t 最高，复相关系数均达到 99％以上，故以双曲线方程来表示土壤自身 NO_3^--N 淋溶量与时间的关系是适宜的[8]。

对于尿素处理，以抛物线方程 $Y^1/2_t$＝a＋bt 拟合效果最好，复相关系数均达到 98％以上，将方程两边平方后得 $Y_t=(a+bt)^2$。其中 a^2 表示 NO_3^--N 初始淋溶量，即当 t＝0，在释放和吸附平衡的 NO_3^--N 含量；b 表示 $Y_t^{1/2}$ 淋溶量随时间变化的速率。从休闲和种植玉米两种处理的 b 值来看，种植玉米稍高于休闲处理，这可能是由于生物作用，使得尿素分解较快，导致 NO_3^--N 淋溶速率加快。

对于碳铵和复合肥处理，也以抛物线方程 $Y^1/2_t$＝a＋bt 拟合效果最好，说明尿素、碳铵和复合肥三种肥料渗漏液中 NO_3^--N 淋溶量随时间的变化趋势相似，这可从图 2 中得到验证。而复混肥以双曲线方程 1/Y＝a＋b1/t的拟合效果最优。

2.3 不同氮肥品种渗漏液中 NO_3^--N 累计淋溶量

从图 3 可以看出，CK、碳铵和复混肥处理中休闲处理比种植玉米处理 NO_3^--N 累计淋溶量高外，尿素和复合肥中休闲处理则显的更低。NO_3^--N 累计淋溶量的决定因素有二：一为渗漏液中 NO_3^--N 浓度，另一为渗漏水量。在本试验中，虽然碳铵渗漏液中种植玉米处理 NO_3^--N 浓度明显高于其对应的休闲处理，但由于休闲处理没有作物的蒸腾吸收作用，从而导致渗漏水量较大，掩盖了浓度效应，最终导致两种处理中累计淋溶总量无显著差别。

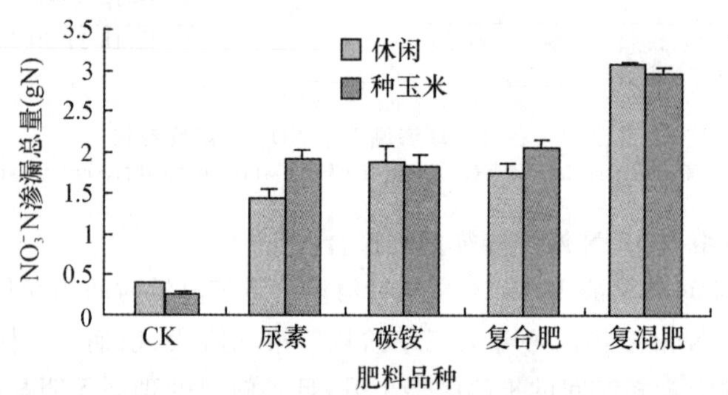

图 3 不同处理 NO_3^--N 淋溶总量

Fig. 3 Accumulation amount of NO_3^--N in leaching water with different treatments

另外，从各处理 NO_3^--N 淋溶量来看，种植玉米处理的各肥料品种中，复混肥＞复合肥＞尿素＞碳铵。如果扣除对照由土壤残留的 N 引起的 NO_3^--N 淋溶量，则尿素、碳铵、复合肥和复混肥以 NO_3^--N 淋溶量分别为 1.67、1.58、1.79 和 2.76 gN，分别占施入的氮素的 42.17％、39.90％、45.20％和 69.70％。这可能是由于在本试验条件下，土壤 pH 值较低，导致土壤生物数量和活性较低，从而造成各种肥料在砖红壤中转化较慢[9]，从开始释放到释放高峰期需要 40 d 左右，而此时玉米生长已到后期，肥料需要量有限，因此大部分随水淋出土体外。可见，若在短期作物中，在砖红壤上施用上述几种氮肥应提前施入为宜。

若从休闲地来看，仍然是复混肥淋溶量最大，碳铵次之，复合肥再次之，尿素最低。扣除休闲对照区由土壤残留 N 引起的 NO_3^--N 淋溶量，尿素、碳铵、复合肥和复混肥以 NO_3^--N 淋溶量分别为 0.99、1.43、1.27 和 2.64 gN，分别占施入氮素的 25.00％、36.11％、32.07％和 66.67％。其中尿素的淋溶率比不同施肥量处理的模拟土柱低，可能是由于尿素在较短距离内直接以酰铵态氮或氨态氮形式而来不及转化为 NO_3^--N 就被淋溶出去[10]。

2.4 氮肥品种与 NO_3^--N 在土壤剖面的分布特征

从玉米收割后各处理土壤剖面 NO_3^--N 含量来看，各施肥处理中 0～5 cm 土层内 NO_3^--N 含量均比 5～10 cm 处高，这可能是由于在表层土壤通透性好，NH_3^--N 易于硝化并被转化为 NO_3^--N，从而导致表土 NO_3^--N 含量累积。对于 CK 处理而言，各土层含量大致相等，但均比原始土样的含量高，可能是由于在试验

表 2 不同处理 NO_3^--N 淋溶量 Y_t(gN)与时间 t(d)的拟合方程(A. 休闲;B. 种植玉米)

Table 2 The modeling equation between time and leaching amount of NO_3^--N with different treatments(A. bare;B. plant corn)

处理	$Y_t=a+bt$			$Y_t=a+bt^{1/2}$			$Y_t^{1/2}=a+bt$			$\ln Y_t=a+b\ln t$			$\ln Y_t=a+bt$			$Y_t=a+b\ln t$			$1/Y=a+b1/ta$		
	a	b	r^2	a	b	r^2	a	b	r^2	a	b	r^2	a	b	r^2	a	b	r^2	a	b	r^2
CK-A	0.14	0.004	0.92**	0.001	0.05	0.98**	0.39	0.01	0.86**	−3.22	0.55	0.97**	−1.89	0.01	0.77**	−0.17	0.13	0.99**	1.66	56.24	0.99**
CK-B	0.12	0.002	0.79**	0.06	0.02	0.90**	0.35	0.01	0.73**	−3.09	0.39	0.92**	−2.14	0.01	0.67**	−0.02	0.06	0.98**	3.51	57.96	0.99**
尿素-A	−0.19	0.02	0.96**	−0.74	0.21	0.88**	0.19	0.01	0.98**	−4.88	1.13	0.93**	−2.37	0.03	0.97**	−1.29	0.53	0.73**	0.52	71.37	0.93**
尿素-B	−0.36	0.03	0.96**	−1.14	0.30	0.87**	0.11	0.02	0.98**	−5.70	1.39	0.93**	−2.60	0.04	0.96**	−1.92	0.76	0.73**	0.03	90.60	0.93**
碳铵-A	−0.26	0.02	0.97**	−1.01	0.29	0.91**	0.20	0.01	0.99**	−5.18	1.28	0.97**	−2.27	0.04	0.95**	−1.78	0.73	0.78**	−0.18	80.64	0.98**
碳铵-B	−0.36	0.02	0.93**	−1.07	0.28	0.84**	0.09	0.01	0.97**	−5.66	1.35	0.90**	−2.70	0.04	0.97**	−1.76	0.69	0.69**	0.33	89.42	0.91**
复合肥-A	−0.20	0.02	0.97**	−0.88	0.26	0.91**	0.23	0.01	0.99**	−4.80	1.17	0.96**	−2.16	0.03	0.96**	−1.57	0.65	0.77**	0.15	66.97	0.97**
复合肥-B	−0.41	0.03	0.94**	−1.18	0.30	0.85**	0.08	0.02	0.98**	−5.79	1.40	0.92**	−2.70	0.04	0.98**	−1.95	0.76	0.69**	0.12	93.07	0.93**
复混肥-A	−0.34	0.04	0.98**	−1.73	0.51	0.96**	0.25	0.02	0.94**	−5.96	1.64	0.98**	−2.07	0.04	0.82**	−3.24	1.34	0.87**	−1.73	119.77	0.98**
复混肥-B	−0.59	0.04	0.96**	1.88	0.49	0.89**	0.10	0.02	0.97**	−6.04	1.59	0.96**	−2.43	0.05	0.93**	−3.20	1.26	0.78**	−0.61	91.25	0.96**

注:** 表示 $p<0.01$;* 表示 $p<0.05$。

的过程中，部分和土壤中的有机质经过矿化，最终以 NO_3^--N 的形式存留在土壤中[11]。从各氮肥品种之间土壤剖面上 NO_3^--N 含量来看，复合肥处理显著高于对应的其他氮肥品种，这部分残留在土壤中的氮素有可能被作物重新吸收，但若在下茬作物生长之前，存在大量降雨或灌溉的进行，这部分养分含量则有重新被淋洗出去的可能，不仅造成肥料资源的浪费，也污染了环境。

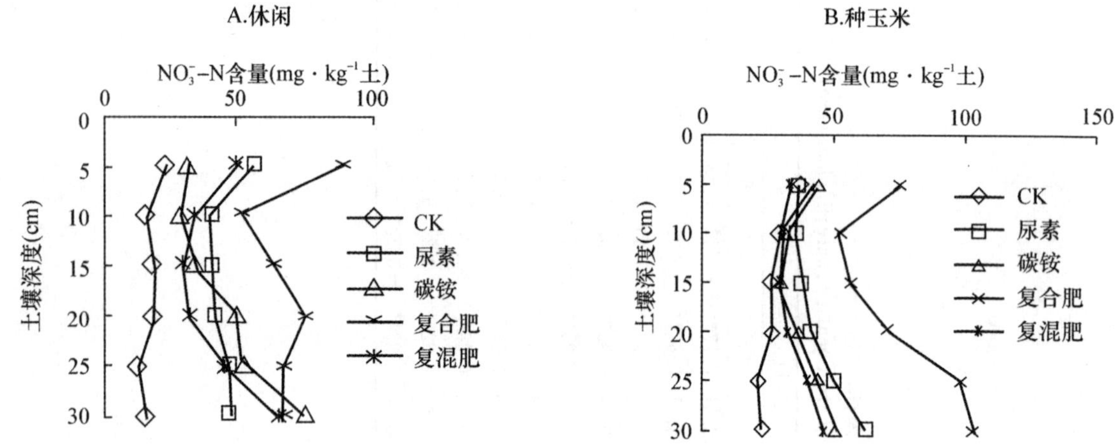

图 4 不同处理土壤剖面 NO_3^--N 分布

Fig. 4 Distribution of NO_3^--N content in soil profile with different treatment A. bare; B. plant corn

从休闲处理和种植玉米两种处理中土壤剖面 NO_3^--N 含量来看，种植玉米高于对应的休闲处理，这一方面是由于玉米由于蒸腾作用，吸收水分减少渗漏量，导致养分淋溶量减少从而保存在土体中；另一方面是由于根系周围富含有机质，能吸附部分 NO_3^--N。这部分残留在土壤中的氮若被下茬作物重新利用，则可提高肥料的利用率。

3 小 结

在本试验中，除复混肥和 CK 外，其他氮肥品种中种植玉米处理渗漏液 NO_3^--N 浓度均比休闲处理高，但碳铵两种处理间 NO_3^--N 累计淋溶量无显著差别。肥料 NO_3^--N 淋溶量随时间的变化可分为三个阶段，其变化曲线用方程进行拟合，其中 CK 和复混肥以双曲线方程 $1/Y=a+b1/t$ 拟合效果最好，尿素、碳铵和复合肥以抛物线方程 $Y_t^{1/2}=a+bt$ 拟合效果最好。玉米收割后对土壤剖面养分含量分析结果表明，各氮肥处理土壤剖面中 NO_3^--N 含量表层含量较高，这与上层土壤中通透性好，NH_4^+-N 易转化为 NO_3^--N 有关，种植玉米处理 NO_3^--N 含量均高于对应的休闲处理。

参考文献

[1] 全国土壤普查办公室. 中国土壤. 北京：中国农业出版社，1998：96

[2] Pleysier J L, Juo A S R. Leaching of fertilizer ions in a Ultisol from the high rainfall tropics: leaching through undisturbed soil columns. Soil Sci. Soc. Am. J. 1981, 45: 754-760

[3] 孙波，王兴祥，张桃林. 红壤养分淋失的影响因子. 农业环境科学学报，2003，22(3)：257-263

[4] 贾继元，吴建军，张苗. 肥料结构对红壤氮素淋失的影响及防治措施. 农机化研究，2005(1)：57-58

[5] 鲁如坤. 土壤农业化学分析方法. 北京：中国农业科技出版社，2000：129，132

[6] 劳家柽. 土壤农化分析手册. 北京：农业出版社，1988：552-553

[7] 章明奎，王丽平. 旱耕地土壤磷垂直迁移机理的研究. 农业环境科学学报，2007，26(1)：282-285

[8] 章明清，陈防，林琼，等. 施肥对菜园土壤养分淋溶流失浓度的影响. 植物营养与肥料学报，2008，14(2)：

291-299

[9] 张萍华，申秀英，许晓路，等. 酸雨对白术土壤微生物及酶活性的影响. 土壤通报，2005，36(2)：227-229

[10] 林清火，罗微，屈明，等. 尿素在砖红壤中的淋失特征Ⅱ-NO_3^--N 的淋失. 农业环境科学学报，2005，24[4]：638-642

[11] 赵明，蔡葵，赵征宇，等. 不同有机肥料中氮素的矿化特性研究. 农业环境科学学报，2007，26(增刊)：146-149

Effects of Different Nitrogen Fertilizers on Leaching Characteristics of NO_3^--N in Latosol

LIN Qinghuo，LIN Zhaomu，LUO Wei，CHA Zhengzao

(Rubber Research Institute & Ministry of Agriculture Key Laboratory for Tropical Crops Physiology，CATAS，Danzhou，Hainan 571737)

Abstract Effects of different nitrogen fertilizers on leaching characteristics of NO_3^--N in latosol were studied with a pot experiment. Results are as follows：Leaching of NO_3^--N with different fertilizer sorts can be divided into three stages：equilibrium，ascending，descending. Used dynamics equation to express the relation between the accumulation amount of NO_3^--N leaching and time：Urea、ammonium－bicarbonate and composed fertilizer can be expressed as equation $Y_t^{1/2}=a+bt$，complex mixed fertilizer can be expressed as equation $1/Y=a+b1/t$. The accumulation leaching ratios of NO_3^--N with Urea、ammonium－bicarbonate、composed fertilizer and complex mixed fertilizer are 42.17%、39.90%、45.20% and 69.70% respectively. Analyzed the contend of available NO_3^--N in the soil profile，the fertilized treatments were lower than the corresponding bare ones and composed fertilizer treatment is significantly higher than the other fertilizer ones.

Key words different nitrogen fertilizers；NO_3^--N latosol；leaching

稻田免耕对水稻产量和土壤肥力的影响*

吴建富[1,2]　潘晓华[2]　石庆华[2]

（1.江西农业大学 国土资源与环境学院，南昌　330045；

2.江西农业大学农学院，江西省作物生理生态与遗传育种重点实验室，南昌　330045）

摘要：于2005～2006年在双季稻田研究了稻田免耕对水稻生长、产量和土壤肥力的影响。结果表明：免耕抛秧水稻根干重低于翻耕移栽稻，根系绝大部分分布在表层土壤，根系活力比翻耕处理的高，分蘖时间比翻耕移栽的早而比翻耕抛秧的迟；每公顷有效穗数略低于翻耕抛秧而高于翻耕移栽，结实率高于翻耕处理，两年四季的水稻平均产量免耕抛秧处理的分别比翻耕抛秧和翻耕移栽提高了2.27%和7.18%，随着免耕次数的增加，各处理产量基本持平；免耕1年有利于土壤物理性质的改善，免耕有利于土壤养分在表层土壤富集。

关键词：稻田；免耕；双季稻；产量；土壤肥力

土壤耕作和移栽是水稻栽培技术上的两个重要环节。在有机肥料不施或补充不足的条件下，传统的耕翻易加剧土壤有机质矿化，不利于土壤肥力的维持[1～3]。免耕具有省工节本、提高劳动生产率、缓和季节矛盾、保护土壤等优点。60多年来，国内外关于免耕对作物和土壤肥力的影响作了较多的报道[4～11]，而在稻田免耕抛栽的条件下对水稻生长发育、产量和土壤肥力的影响研究报道却很少[12～14]。为此，我们通过定位试验，研究了不同耕作方式对水稻产量和土壤肥力性状变化的影响，旨在为南方稻区土壤合理耕作和水稻栽培提供科学依据。

1　材料与方法

于2005年开始在南昌市农科所进行早、晚稻定位试验，供试土壤为冲积性砂壤土，试前土壤的基本理化性质为：容重1.25 g/cm^3，总孔隙度52.37 %，非毛管孔隙度6.41%，有机质30.38 g/kg，全N1.259 g/kg，碱解N107.45 mg/kg，有效P45.05 mg/kg，速效K120.4 mg/kg，pH5.64。

试验设3个处理：①免耕抛秧（No-tillage cast transplanted，缩写为NCT）。即不进行耕整，抛秧前用除草剂灭茬（2004年冬作为紫云英，2005年为冬闲）。②翻耕抛秧（Conventional-tillage cast transplanted，缩写为CCT）。按传统方法耕田、整平后进行抛秧。③翻耕移栽（手插）（Conventional-tillage transplanted，缩写为CT）。按传统方法耕田、整平后进行移栽。各处理小区面积60 m^2，4次重复，随机区组排列，各处理肥料施用量每公顷分别为N150 kg，$P_2O_5$21 kg，K_2O157.5 kg，所用肥料为尿素，钙镁磷肥和氯化钾，氮肥按基肥∶分蘖肥∶孕穗肥∶粒肥＝5.5∶1.5∶2∶1施用，钾肥按分蘖肥∶孕穗肥＝7∶3施用，磷肥作基肥一次施用，N、P基肥在抛（栽）秧前一天施下。抛秧栽培处理采用434孔塑盘进行旱育秧，移栽处理采用无盘湿润育秧（2005年）和旱床育秧（2006年）。不同处理的基本苗一致，2005年早、晚稻均为60万/hm^2，2006年均为90万/hm^2。供试水稻品种（组合）2005年早、晚稻分别为金优974和中优288，2006年分别为金优225和金优207，抛秧后采用浅水灌溉以促进立苗，其他管理措施一致。

水稻抛（移）栽后5 d开始，每隔4 d调查一次（每处理定株10蔸，共4～5个点）总茎蘖数，直至抽穗期为止。在晚稻成熟期采用土柱法（取样直径20 cm）各处理取3蔸，按0～5 cm、5～10 cm、10～15 cm三层进行根量分析，各处理按5点法分0～5 cm、5～10 cm、10～15 cm三层取土壤样品供土壤养分测定，土壤养分均

* 资助项目：国家科技部“国家粮食丰产科技工程”（2004ba520a04）和江西省教育厅资助项目

按常规分析法测定[15]，土壤容重、总孔隙度、非毛管孔隙度用环刀法测定[15]；在各主要生育时期每处理挖取3蔸根系采用α-奈胺法[16]测定根系活力。

2 结果与分析

2.1 不同耕作方式对水稻产量及其构成因素的影响

试验结果表明(表1)，无论是早稻还是晚稻，免耕抛秧处理的水稻产量最高，其次为翻耕抛秧处理，而翻耕移栽处理水稻产量最低。处理间产量差异主要是有效穗数不同所致。年份间相同处理早、晚稻产量差异较大，这可能是供试水稻品种不同。两年四季的平均产量免耕抛秧处理分别比翻耕抛秧和翻耕移栽处理的增产2.27%和7.18%，经方差分析差异不显著。抛秧两处理水稻产量总体上没有差异，经过1季免耕，免耕处理的产量与翻耕移栽处理相比，产量差异达显著水平，而翻耕两处理的水稻产量差异不显著。经过2季免耕，抛秧两处理与移栽处理比较，水稻产量差异均达显著水平。随着免耕时间的延长，各处理间水稻产量的差异由显著发展到不显著水平。由此看来稻田免耕不应超过4季，否则不利于水稻产量的提高。

表1 不同耕作方式对水稻产量的影响

Table 1 Effects of different methods of tillage on rice yield

kg/hm²

处理 Treatment	2005年 早稻 Early rice	2005年 晚稻 Later rice	2006年 早稻 Early rice	2006年 晚稻 Later rice	平均值 Average
NCT	7 600.1a	7 133.4a	6 726.3a	8 199.6a	7 414.9a
CCT	7 467.0ab	7 019.6a	6 482.3ab	8 032.1a	7 250.3a
CT	7 003.7b	6 449.1b	6 380.3b	7 839.6a	6 918.2a

注(Note)：同列数据不同字母表示差异达到5%的显著水平，下同。
Different letters in the same column mean significant at the 5% level, same as follows.

2年定位试验结果(表2)表明，无论是早稻还是晚稻，每公顷有效穗数抛秧处理显著高于移栽处理，免耕抛秧稻的有效穗数比翻耕抛秧稻略低，而比翻耕移栽稻多13.60万～40.65万/hm²，增幅为3.81%～11.26%。每穗粒数免耕处理比其他处理少，而结实率、成穗率、千粒重和收获指数均比其他处理略高，经方差分析处理间差异不显著。

表2 不同处理对水稻产量构成因素的影响

Table 2 Effect of different treatments on yield components of rice

处理 Treatment	有效穗数 (10^4/hm²) Effective Panicle number	每穗粒数 Spikelet Number Per panicle	结实率(%) Filled grain percentage	千粒重(g) 1000-weight	成穗率(%) Productive Tiller percentage	收获指数(%) Harvest index
早稻 NCT	401.75a	102.8a	80.48a	25.11a	72.64a	0.45a
Early CCT	407.10a	112.5a	73.52a	24.83a	66.58a	0.44a
rice CT	361.10b	110.2a	78.47a	24.96a	70.61a	0.44a
晚稻 NCT	370.80a	120.5a	81.44a	25.35a	68.93a	0.48a
Later CCT	376.75a	122.9a	77.66a	25.29a	65.77a	0.47a
rice CT	357.20b	124.1a	80.23a	25.21a	68.78a	0.47a

注(Note)：两年的平均值 Average of two years.

2.2 对水稻分蘖动态的影响

由图1可以看出，无论是早稻还是晚稻，抛栽后前期不同耕作方式水稻茎蘖数差异不大，但从抛栽后第

12 d 开始免耕水稻茎蘖数明显少于翻耕栽培。这是因为免耕抛秧稻有一个扎根立苗过程，影响了水稻分蘖。随后免耕抛秧水稻苗数高于翻耕移栽而低于翻耕抛秧，翻耕抛秧水稻分蘖出现的时间早，分蘖速度快，分蘖达到高峰期的时间比免耕抛秧和翻耕移栽提前 4～5 d。但由于免耕抛秧秧苗前期生长稍慢，中期生长较快，分蘖高峰期过后回落较慢，后期生长较平稳，弥补了前期生长缓慢之不足，有利于提高成穗率和增加有效穗数，从而提高产量。

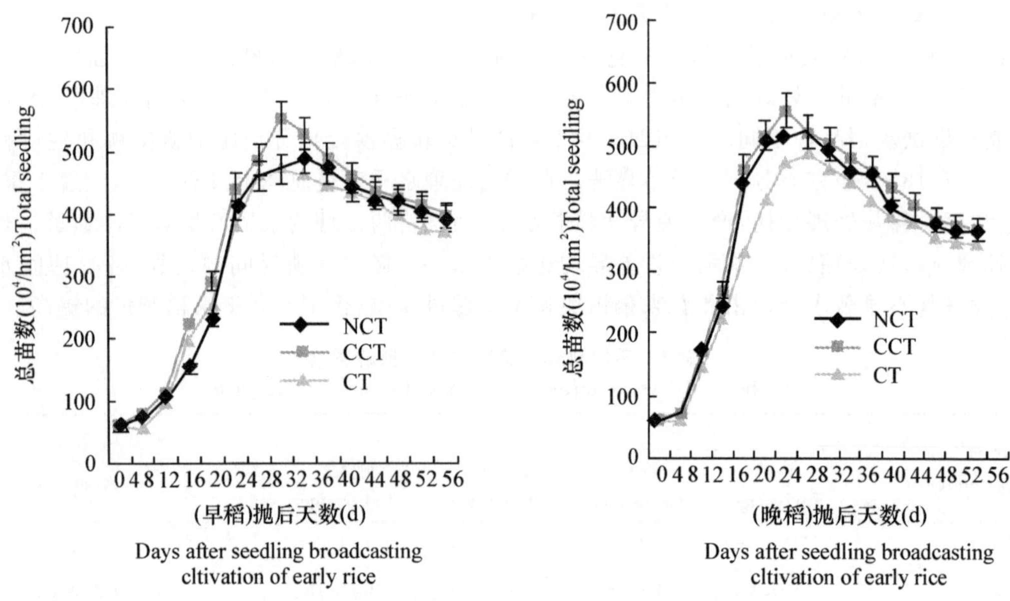

图 1 不同处理水稻分蘖动态(2005 年)

Fig. 1 Dynamic of rice tiller with different treatments in 2005 year

2.3 不同耕作方式对水稻根系的影响

2.3.1 对水稻根量及其分布特征的影响

对不同处理早、晚稻成熟期根系测定结果表明(表 3)：整个生育时期，水稻根系的总量呈现出翻耕移栽处理的大于抛秧处理的，这可能与移栽前秧苗根量不同有关。免耕抛秧处理的略大于翻耕抛秧处理的，这与免耕抛秧根系活力有关。根系在土壤剖面 0～5 cm、5～10 cm、10～15 cm 的分布，不同耕作栽培方式之间的差异均达显著或极显著水平。无论是免耕还是翻耕，抛秧栽培的水稻根系均随土层深度而明显减少，而翻耕移栽水稻根系在土壤 5～10 cm 土层表现最多，其次是 0～5 cm 土层，而 10～15 cm 土层最少，且差异显著。

表 3 不同耕作方式对水稻根量(g/穴)及剖面分布(%)的影响 (2006 年)

Table 3 Effects of different methods of tillage on the root dry weight (g/hill) and profile distribution(%) of hybrid rice in 2006 year

季别 Season	处理 Treatment	0～5 cm		5～10 cm		10～15 cm		总干重 Dry Weight
		g	%	g	%	g	%	
早稻	NCT	3.28aA	77.36	0.88bB	20.75	0.07cC	1.65	4.24bB
Early	CCT	2.95bB	70.82	0.95bB	22.78	0.27bB	6.47	4.17bB
Rice	CT	2.60cC	41.47	3.32aA	52.95	0.35aA	5.64	6.27aA
晚稻	NCT	4.23aA	84.65	0.71cC	14.11	0.06cC	1.22	4.99bB
Later	CCT	3.21bB	66.65	1.27bB	26.32	0.34bB	7.05	4.82cC
rice	CT	2.65cC	41.31	3.29aA	51.31	0.47aA	7.83	6.41aA

由图 2 见，随着免耕时间的延长，0～5 cm 土层根系逐渐增加，这与免耕稻田表层土壤养分富集有关。与免耕 1 季相比，免耕 3 季和 4 季 0～5 cm 土层土壤中根系分布的比例分别增加 9.37%～16.66%，且差异达显著或极显著水平，免耕 4 季的 0～5 cm 土层土壤中根系分布的比例比免耕 3 季的增加 7.29%，且差异达显著或极显著水平，而 5～10，10～15 cm 土层根系却逐渐减少，与免耕 1 季相比，免耕 3 季和 4 季的根量分别减少 8.52%、1.08%和 15.16%、1.51%，且差异达显著或极显著水平。由此可见，稻田免耕时间过长不利于水稻根系向土层伸展，因而不利于吸收土壤深处的养分，所以应适当控制免耕季别。

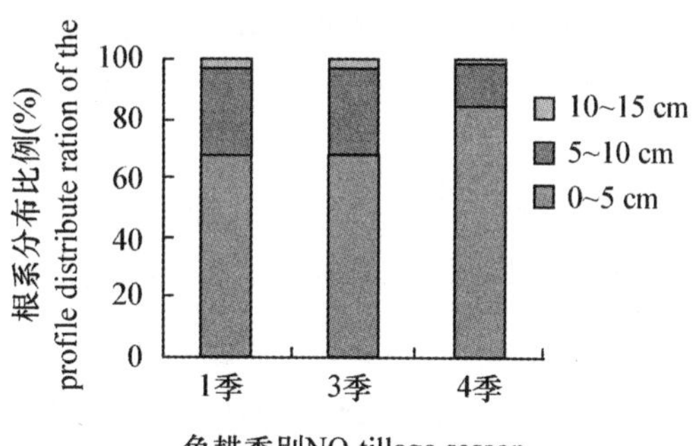

图 2 连续免耕对水稻根系分布的影响

Fig. 2 Effect of continmous no-tillage on the profile distribution ration of rice root

2.3.2 对水稻根系活力的影响

根系活力(a-NA 氧化力)是反映根系发育状况的一个重要指标。由图 3 可以看出，随着水稻生育进程的推进，根系活力逐渐下降，早、晚稻下降幅度均呈 CT 处理＞CCT 处理＞NCT 处理。由于免耕抛秧水稻根系大部分分布在土壤表层，水稻各主要生育期根系活力均呈 NCT 处理＞CCT 处理＞CT 处理的趋势，尤其是生育后期，免耕水稻根系活力高于其他处理，经方差分析处理间差异不显著。说明免耕抛秧有利于后期根系活力的提高，水稻后期不易早衰，因而有利于结实率和产量的提高，经相关分析，水稻后期根系活力与产量呈正相关，相关系数早稻为 0.927 7，晚稻为 0.970 3。

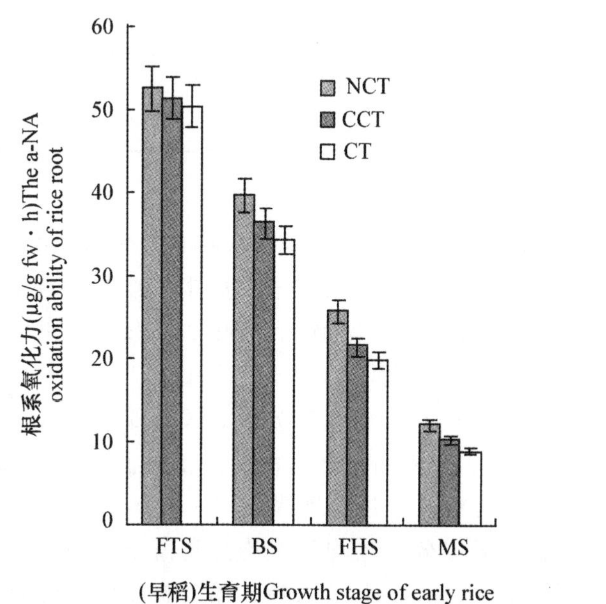

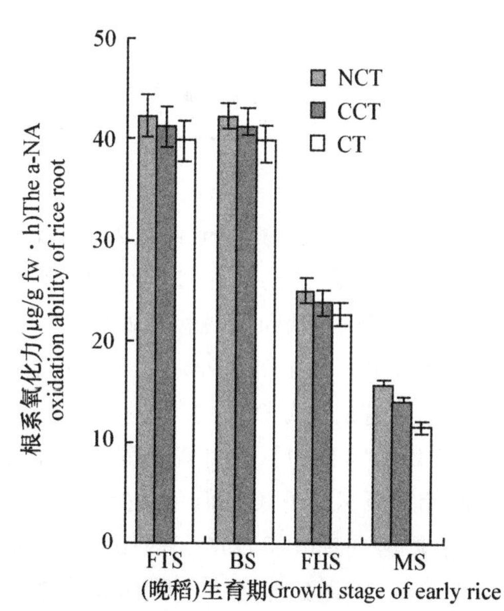

图 3 不同处理水稻根系活力(2005 年)

Fig. 3 The a-NA oxidation ability of rice root with different treatments in 2005 year

(注：分蘖盛期(FTS)——Fully tillering stage；孕穗期(BS)——Booting stage；齐穗期(FHS)——Fully heading stage；成熟期(MS)——Maturity stage)

2.4 不同耕作方式对土壤肥力的影响

2.4.1 对土壤物理性质的影响

土壤容重是衡量土质疏松程度的一个指标，在一定范围内，容重越小，土质越疏松，容重越大土质越板结。稻田经过连续2年4季试验结果表明(表4)：免耕1年(2季)后稻田表层土壤的容重比试前减少0.02 g/cm^3，比翻耕处理的减小0.02 g/cm^3，经方差分析，其差异达显著水平。总孔隙度比翻耕处理的增加1.87%，经方差分析，其差异不显著。非毛管孔隙度比翻耕处理的增加45.47%，经方差分析，其差异达显著水平。而翻耕两处理的与试前相比差异极小。说明免耕1年有利于提高土壤的通气性和调节土壤水、肥、气、热状况。随着免耕时间(4季)的延长，稻田表层土壤的容重开始增加，比试前增加0.015 g/cm^3，比翻耕两处理分别增加0.021～0.04 g/cm^3，增幅1.68%～3.25%，达显著水平。总孔隙度比试前分减少0.29%，比翻耕两处理下降1.31%～2.45%，差异不显著。非毛管孔隙度比试前减少1.25%，比翻耕两处理下降18.7%～23.3%，差异达显著水平。由此可以看出，稻田土壤免耕时间不宜过长，否则易导致土壤板结，不利于水稻生长。

表4 不同耕作方式对土壤物理性质的影响

Table 4 Effects of different methods of tillage on soil physic properties

耕作年份 Tillage Year	处理 Treatment	容重 Soil density(g/cm^3)	总孔隙度 Total porosity (%)	非毛管孔隙度 Non-capillary porosity (%)
2005	NCT	1.234b	53.36a	9.31a
	CCT	1.256a	52.38a	6.26b
	CT	1.256a	52.37a	6.54b
2006	NCT	1.269a	52.08a	5.16b
	CCT	1.248b	52.77a	6.35a
	CT	1.229b	53.39a	6.73a

2.4.2 对土壤养分含量的影响

不同耕作方式对土壤养分含量及其在土层的分布有较大的影响(表5)。免耕1年(2季)后，0～5 cm土层土壤有机质含量比试前增加0.07 g/kg，比5～10 cm、10～15 cm土层分别增加1.82 g/kg和4.87 g/kg，比翻耕抛秧和翻耕移栽处理0～5 cm土层土壤有机质分别增加1.22和0.56 g/kg，这与紫云英表层施用有关。而翻耕两处理0～5 cm土层有机质含量比试前分别减少0.56～1.15 g/kg，且0～5 cm、5～10 cm土层有机质分布较均匀，这可能与土壤频繁扰动加速土壤有机质的分解有关。随着免耕年限的延长，免耕2年(4季)后，各处理不同土层土壤有机质含量均低于免耕1年后的同一土层土壤，这与2005年早稻前茬为紫云英有关。但免耕处理0～5 cm土层土壤有机质含量显著高于5～10 cm和10～15 cm土层，而翻耕两处理0～5 cm与5～10 cm土层变化相似，有机质分布较均匀但均显著高于10～15 cm土层。免耕1年，不同处理同一土层有机质含量差异不大，而免耕2年后，亚表层土壤有机质含量远低于表层土壤和翻耕处理的同一层土壤。说明免耕土壤有机质有富集于表土的趋势，并随免耕年限而增加，这与有关研究相似[8,14]。

表 5 不同耕作方式对土壤养分含量的影响

Table 5 Effect of different treatments on contents of nutrients

耕作年份 Tillage Year	处理 Treatment	土层 Depth (cm)	有机质 OM (g/kg)	全 N Tot. N (g/kg)	碱解 N Alkal-hydrol. N (mg/kg)	有效 P Avail. P (mg/kg)	速效 K Avail. K (mg/kg)
2005	NCT	0～5	30.45a	1.268a	103.90a	45.21a	189.8a
		5～10	28.63a	1.144a	100.70a	40.61a	167.9a
		10～15	25.58a	0.955b	87.93ab	36.03c	156.9a
	CCT	0～5	29.23a	1.260a	96.73b	42.73ab	182.5a
		5～10	28.70a	1.197a	95.93a	45.26a	175.2a
		10～15	26.08a	1.121b	83.94b	37.26c	160.6a
	CT	0～5	29.89a	1.246a	91.84b	40.06b	127.7d
		5～10	29.73a	1.197a	80.16c	46.21a	124.1d
		10～15	23.84b	0.923b	71.95c	37.46c	131.4c
2006	NCT	0～5	29.04ab	1.244a	106.03a	38.06b	167.4bb
		5～10	25.21b	1.099a	103.42a	31.54b	151.7b
		10～15	24.78b	1.017b	92.52a	31.43c	143.7b
	CCT	0～5	28.08b	1.235a	101.87a	41.20ab	153.8c
		5～10	27.78a	1.194a	95.64ab	45.12a	141.8c
		10～15	23.07b	1.015b	83.16b	36.49c	131.5c
	CT	0～5	27.89b	1.239a	98.57ab	40.28b	145.4c
		5～10	27.54a	1.184a	93.56b	41.65a	115.7e
		10～15	23.54b	0.966b	72.77c	37.14c	123.7c

注(Note):2 年的平均数据同一层次进行统计比较,不同字母表示差异达到 5%的显著水平。Average data of two year in the same soil depth was statistical analysis, the different letters mean significant at 5% level.

土壤全 N、碱解 N 的变化趋势与有机质的变化相似。土壤有效磷的变化免耕处理的随土层深度而降低,而翻耕两处理则以 5～10 cm 土层为最高。土壤速效钾在土壤剖面的分布不同于有效磷,免耕处理 0～5 cm土层速效钾显著高于翻耕两处理,抛秧处理的土壤速效钾均随剖面深度而降低,而移栽处理的 10～15 cm土层速效钾反而增加,这可能与免耕土壤肥料表施及水稻根系活动有关。随着耕作年限的延长,免耕稻田 0～5 cm、5～10 cm 土层土壤养分变化明显,而翻耕稻田耕作年份间相同土层土壤养分变化不大。总体看来,免耕处理有利于土壤养分富集于表土的趋势,因而有利于水稻生长和产量的提高。

3 讨 论

水稻免耕抛秧栽培是指稻田在收获上一季作物后未经任何翻耕犁耙,先使用除草剂灭除杂草植株和落粒谷幼苗,抑制再生苗,摧枯稻桩、稻草或绿肥作物后,灌水并施肥沤田,待水层自然落干或排浅水后,将塑盘秧或纸筒秧苗抛栽到大田中的一项新型的水稻耕作栽培技术。它与常耕抛秧或常耕移栽技术比较,在耕作方式上明显不同,必然带来土壤理化和生物学性状的改变,不同的土壤类型其变化结果也不尽相同[17]。本试验结果表明,稻田免耕 1 年(2 季),有利于土壤物理性状的改善和提高表土的养分含量,随着免耕时间(4 季)的延长,土壤容重也增加,表明土壤开始板结,而 0～5 cm 土层土壤有机质的富集现象更明显。

迄今为止,对免耕抛秧水稻是否高产颇有争议。有研究认为,免耕抛秧有利于提高产量,其增产的原因是根系发达,低节位分蘖多,无效分蘖时间短,营养消耗少,成穗率高,有效穗多,穗大粒多,千粒重高[18,19]。而李华兴等[12]研究认为,免耕抛秧水稻分蘖数、有效穗数和实粒数较低,水稻产量显著低于传统翻耕抛秧。本试验结果表明,无论是早稻还是晚稻,抛秧处理水稻的有效穗数差异较小,但均高于翻耕移栽处理,各处理水稻的实粒数、千粒重差异较小。水稻产量免耕处理与翻耕抛秧处理总体上没有差异,但免耕处理高于翻耕移栽处理,其差异程度与免耕季别有关。

免耕条件下稻田土壤环境明显不同于翻耕土壤[20],因而对水稻根系生长分布将产生不同的影响。关于免耕对水稻根系生长的影响,有研究认为,垄作免耕水稻的根长、根总数、根干重、白根率均显著高于翻耕[21]。而卢维盛等[22]认为在抛秧条件下免耕水稻根总量显著低于翻耕。本研究认为,在抛秧条件下,无论是早稻还是晚稻,免耕抛秧稻与翻耕抛秧稻根系差异较小,而免耕水稻根干重显著低于翻耕移栽稻,且免耕水稻根系大部分集中在 0～5 cm 土层,随着免耕时间的延长,这种趋势更明显。

总之,在南方稻区推广免耕抛秧栽培技术,应适当控制免耕次数,这样有利于水稻产量的提高和土壤肥力的改善。

参考文献

[1] 陆欣来. 免耕与少耕[J]. 中国耕作制度研究通讯,1985,17(2):18-23
[2] 曹敏建. 耕作学[M]. 中国农业出版社,2002:168-176
[3] 马世均. 国外旱地农业的发展现状[J]. 中国农学通报,1989,7(2):30-31
[4] 肖剑英,张磊,谢德体,魏朝富. 长期免耕稻田的土壤微生物与肥力关系的研究[J]. 西南农业大学学报,2002,24(1):82-85
[5] 谢德体,魏朝富,杨剑虹. 自然免耕下的稻田生态系统[J]. 应用生态学,1994,5(4):415-421
[6] 冯跃华,邹应斌,王淑红,敖和军. 免耕对土壤理化性状和直播稻生长及产量形成的影响[J]. 作物研究,2004:(3):137-140
[7] 王昌全,魏成明,李延强,孙凤琼. 不同免耕方式对作物产量和土壤理化性状的影响[J]. 四川农业大学学报,2001,19(2):152-154,187
[8] Xu Y-C(徐阳春),Shen Q-R(沈其荣). 2002. Effects of zero-tillage and application of manure on soil microbial biomass C,N,and P after sixteen years of cropping[J]. Acta Pedol Sin,39(1)89-95(in Chinese)
[9] Shipitalo MJ,Parotz R. 1987. Comparison of morphology and porosity of a soil under conventional and zero tillage. Can J Soil Sci,67(3)445-456
[10] 谢德体. 水稻半旱式增产效果及机理研究[J]. 西南农业大学学报,1985,7(4):23-28
[11] 徐阳春,沈其荣,雷宝坤,等. 水旱轮作下长期免耕和施用有机肥对土壤某些土壤肥力性状的影响[J]. 应用生态学报,2000,11(14):549-552
[12] 李华兴,卢维盛,刘远金,等. 不同耕作方式对水稻生长和土壤生态的影响[J]. 应用生态学报,2001,12(4):553-556
[13] 朱炳耀,黄建华,黄永耀,刘建. 连续免耕对中稻产量及土壤理化性质的影响[J]. 福建农业学报,1999,14(增刊):159-163
[14] 刘怀珍,黄庆,李康活,等. 不同耕作方法对抛秧稻的群体结构和土壤理化性状的影响[J]. 耕作与栽培,2003(3):7-10
[15] 史瑞和. 土壤农化分析[M]. 北京:农业出版社,1981
[16] 张宪政. 作物生理研究法[M],北京:农业出版社,1992
[17] 刘怀珍,黄庆,李康活,等. 连续免耕抛秧对土壤理化性状变化的研究初报[J]. 广东农业科学,2000(5):8-11
[18] 刘敬宗,李云康. 杂交水稻免耕抛秧栽培技术研究初报[J]. 杂交水稻,1999,14(3):33-34
[19] 李康活,黄庆,陆秀明,刘怀珍,等. 双季稻免耕抛秧栽培技术试验初报[J]. 广东农业科学,1997,(3):2-5
[20] 李新举,张志国,赵美兰,赵维亮,等. 免耕对土壤养分的影响[J]. 土壤通报,2000,31(6):267-269
[21] 高明,车福才,魏朝富,谢德体,等. 垄作免耕稻田水稻根系生长状况的研究[J]. 土壤通报,1998,29(5):

236-238

[22] 卢维盛,李华兴,刘远金,陈喜崇,等.不同耕作方式对抛秧水稻生长和氮素利用的影响[J].华南农业大学学报,2001,22(4):8-10

Effects of Paddy Field No-tillage on Rice Yield and Soil Fertility

Wu Jianfu[1,2], Pan Xiaohua[2], Shi Qinghua[2]

(1. College of land resources and Environment, JAU, Nanchang 330045 China;
2. College of Agronomy, JAU, Key Laboratory of Crop Physiology,
Ecology and Genetic Breeding of Jiangxi Province, Nanchang 330045 China)

Abstract Field experiments were conducted in double cropping rice field during 2005—2006 to study the effects of paddy field no-tillage on the changes of rice growth, its yield and the soil fertility. The results showed that the root dry weight in No-tillage cast transplanted treatment was lower than that in conventional tillage transplanted treatment, the root activity and filled grain percentage was higher than that in conventional tillage treatment, the profile distribute of the root amount was mainly on the 0～5 cm soil layer, the tiller time was earlier than that in conventional tillage transplanted treatment, but was slower than that in conventional tillage cast transplanted treatment. The effect panicle number was lower than that in conventional tillage cast transplanted treatment, while was higher than that in conventional tillage transplanted treatment, and the average yield of two years increased by 2.27% than conventional tillage cast transplanted treatment, and by 7.18% than conventional tillage transplanted treatment, as the times of no-tillage prolong, the rice yield with different treatments were the same; The no-tillage treatment of one year improved the physic properties, and was beneficial to the contents of the surface soil nutrients increasing.

Key words Paddy field; No-tillage; Double cropping rice; Yield; Soil fertility

鄂尔多斯沙地土壤生物结皮物理特性研究*

吕贻忠　于雅琼　高原

（中国农业大学资源与环境学院　100193）

摘要：土壤生物结皮是监测沙地荒漠化进程的重要指示生物。本文通过野外调查和室内分析，对内蒙古鄂尔多斯地区几种沙地植物下的土壤生物结皮的物理特性进行初步分析。结果表明：沙地固定时间越长，其上生物结皮发育越好，结皮中0.05～0.02 mm粗粉砂所占比例也随之增大；发育良好的结皮饱和持水量明显增加，结皮出现明显的斥水性，显著改变了沙地局部降水入渗的状况。实验期望通过对鄂尔多斯区土壤生物结皮的分析研究，初步掌握荒漠化地区土壤生物结皮的物理特性并对其生长和发育的规律进行更深一步的探讨。

关键词：荒漠化；鄂尔多斯；土壤生物结皮；物理特性

1　研究概况

土壤生物结皮通常是指由不同种类的苔藓、地衣、藻类、真菌以及细菌等生物成分与其下层很薄的土壤共同形成的一个复合生物土壤层[1]，多见于荒漠化严重的干旱半干旱地区。土壤生物结皮中的苔藓、地衣和藻类等生物是常见的先锋拓殖生物，研究证明这些生物不仅能在严重干旱缺水、营养贫瘠的环境中生长繁殖，并且能通过其生活代谢方式影响和改变其生存环境。因此土壤生物结皮的研究对于认识荒漠地区土壤水分运动、养分循环、土壤侵蚀等过程有着十分重要的现实意义。

对土壤生物结皮的研究起步很早，20世纪初就有一些国外学者针对土壤生物结皮的生态意义开展了研究。近几十年来，国内外学者围绕土壤生物结皮进行了大量的定性、定量研究，综合来看，主要集中在土壤生物结皮的组成与成分、土壤生物结皮对水分和养分循环的影响、土壤生物结皮干扰后的恢复以及土壤生物结皮在防止土壤侵蚀中的作用等几个方面。

2　实验地点及方法

2.1　实验地点

实验采样点选择在中科院植物研究所鄂尔多斯沙漠草地生态研究站站区（N39°29′，E110°10′）附近。该实验站地处鄂尔多斯高原东部，毛乌素沙漠边缘，行政区划上属于内蒙古自治区伊金霍洛旗霍洛乡石龙庙村。站区在气候上属于半干旱区向干旱区的过渡带，年降水量约为355 mm，降水时间分布不均，主要集中在每年7～9月份；区内植被以稀疏低矮的沙生灌丛植物为主，主要种类有油蒿、沙地柏、沙柳、羊柴等；站区平均海拔约1 300 m，热量资源丰富，区内风大且频，由于地表物质松散沙源物质丰富，风沙活动强烈[2]。

2.2　样品的采集与分析

在中科院植物研究所鄂尔多斯沙地草地生态研究站站区附近，分别采集该地区典型的4种沙地灌丛植物（油蒿，沙地柏，沙柳，羊柴）下的土壤生物结皮，使用容器妥善保存，带回实验室内对其主要物理性质进行分析。分析项目包括：结皮及结皮下流沙的机械组成测定、结皮容重、孔隙度、毛管持水量测定，不同种类结皮厚度、斥水性测定（主要分析方法见表1）。另外在样品采集点选择沙地柏结皮发育较好的地块利用细孔

* 资助项目："十一五"国家科技支撑项目（2006bao15b01）资助

喷壶模拟降雨，在降水过程中和降水后的不同时间段使用 TDR 对土壤剖面不同层次的水分状况进行连续的测定，分析土壤生物结皮对水分入渗的影响。

样品采集地点，4 种灌丛植物均呈聚居状分布，表现为不同的植被群落类型。沙地柏群落多呈匍匐状生长，冠层高度 0.5～1 m，覆盖度在 90%以上；沙柳、油蒿灌丛的覆盖度均在 50%～60%，羊柴的覆盖度较低，30%左右；经调查得知研究区域内油蒿、沙地柏沙地固定时间约 20 年，羊柴沙地固定时间 12 年左右。

表 1 实验测定项目及方法

Table 1 The experiment items and methods

测定项目	测定方法
结皮厚度	直尺测定
结皮及流沙机械组成	吸管法
结皮容重	蜡封法
结皮毛管持水量	环刀饱和法
结皮下土壤含水量	TDR 测定
结皮斥水性	滴水穿透时间法(WDPT)

3 结果与分析

3.1 不同结皮基本物理性质分析

实地测定显示不同植被下土壤生物结皮的厚度不同(见表 2)。其中沙地柏下结皮厚度最大，羊柴下结皮厚度最小。结皮厚度存在差异，分析其原因可能在于以下两点：一是各处沙丘固定的时间不同导致结皮厚度不同。沙地柏、沙柳和油蒿等植物已固定数十年，而羊柴的固定时间仅为 10 年左右。二是结皮厚度与地表植被生物特性及覆盖度相关。例如沙地柏为匍匐植物，覆盖度大，地表遮阴良好，这种特性有利于低等喜荫植物如藻类和苔藓的生长，因此结皮厚度较大。

表 2 不同生物土壤结皮的主要物理性质

Table 2 Main physical properties of soil microbiological crusts

	植物盖度 (%)	结皮厚度 (cm)	结皮容重 ($g \cdot cm^{-3}$)	孔隙度 (%)	毛管持水量 (%)
沙地柏下结皮	90～100	1.5	1.89	28.68	57.13
油蒿下结皮	50～60	1.2	1.87	29.43	53.35
沙柳下结皮	50～60	1.2	1.81	31.70	45.26
羊柴下结皮	30	0.4	1.73	34.72	23.50
流沙	0	0.0	1.50	43.34	20.05

实验测定流沙的容重为 1.5 $g \cdot cm^{-3}$，而几种土壤生物结皮的容重都在 1.7 $g \cdot cm^{-3}$以上，显然土壤生物结皮的容重与流沙的容重相比差异较为显著。流沙的容重较结皮更小，主要因为流沙中粗砂含量高，孔隙度较大。不同植被下的结皮容重相差并不大，只是油蒿下结皮的容重稍小，这是由于各种结皮的形成条件和形成母质基本相同。另外土壤生物结皮的容重(蜡封法测定)与流沙的容重(环刀法测定)测定方法的差异也可能是实验结果误差较大的原因。另外对比结皮厚度数据还发现随着生物结皮厚度增大，其容重值也有随之增大的趋势。

分析结果还显示了土壤生物结皮在毛管持水量上的特点(见表 2)。一般认为土壤生物结皮容重越大，则其质地越紧实，孔隙度也就越小，毛管持水量也应该相应减少。但分析结果却跟预测相反，沙地柏下结皮的毛管持水量最大，其次是油蒿下结皮，羊柴下结皮的毛管持水量最小。各种结皮的毛管持水量除羊柴下结皮低于其孔隙度外，其他均显著地高于各自的孔隙度。这种反常的现象可能与结皮中的有机物质含量较高有关，几种土壤生物结皮均含有大量的苔藓、地衣、藻类等低等植物，而这些植物普遍具有极强的吸水性[3]，最终导致了上述现象。这种超常的吸水特性可以使降雨更多地保留在土壤结皮的表面，有利于低等生物的生长和繁殖。

通过对不同种类土壤生物结皮和结皮下流沙的机械组成分析得知(见表3),几种土壤生物结皮的机械组成都是以细砂(0.25～0.05 mm)和粗粉砂(0.05～0.02 mm)为主,其他粒径颗粒含量较低。流沙以及几种结皮中粉粒与黏粒所占比例都只占总量的10%左右,这说明由流动沙丘转化为固定沙丘并形成生物结皮的过程中土体的颗粒组成仍就以砂粒为主。对比土壤生物结皮以及流沙的颗粒组成,可以发现粗粉砂粒含量以沙地柏下结皮最高,流沙粗粉砂含量最低,土壤生物结皮中土壤颗粒有明显的细化倾向,这可能与生物结皮中的低等植物对降尘中的细小颗粒固定作用有关。另外流沙中黏粒含量极低,土壤生物结皮中黏粒的含量普遍是流沙中的3～4倍,说明生物结皮对黏粒有一定的富集作用。

表3 不同生物结皮及流沙的颗粒组成

Table 3 Texture of several kinds of soil microbiological crusts

	土壤粒级(mm)含量(%)				
	1～0.25	0.25～0.05	0.05～0.02	0.02～0.002	<0.002
沙地柏下结皮	2.26	50.34	36.96	3.78	6.66
油蒿下结皮	17.96	49.8	22.58	4.18	5.48
沙柳下结皮	7.36	62.44	20.32	4.98	4.9
羊柴下结皮	14.67	70.83	6.22	1.64	6.64
流沙	23.35	71.57	2.31	1.99	1.68

3.2 不同结皮的斥水性分析

土壤斥水性是指水分不能或很难湿润土壤颗粒表面的物理现象,为了能够进一步了解土壤生物结皮对水分入渗的影响,实验利用采集的原状沙地柏下结皮和油蒿下结皮以及两种结皮下的流沙分别进行斥水性实验,实验方法为滴水穿透时间法(WDPT),测定结果如表4所示。

表4 油蒿和沙地柏下结皮的斥水性

Table 4 The water repellency of soil microbiological crusts

	穿透时间(s)	斥水性
油蒿下结皮	6.49±1.34b	轻微斥水
沙地柏下结皮	10.01±1.41a	轻微斥水

注:表中穿透时间为均值±标准差,$p<0.05$,可认为差异明显。

Mean±SE values with different letters are significantly different at $p<0.05$ within a crusts type.

依照表5所示土壤斥水性的评价标准,无论是油蒿下结皮还是沙地柏下结皮在斥水性实验中均表现出了轻微的斥水性。同等条件下对两种结皮下的流沙进行斥水性实验发现,水分在均匀的流沙表面下渗速度很快(≤5s),因此可以认为结皮下流沙基本无斥水性。两种结皮中,沙地柏下结皮斥水性略强,初步分析是因为结皮表面苔藓等低等生物发育较之油蒿下结皮更好,结皮厚度更大更致密的原因。另外,实验中结皮烘干过程的差异,结皮表面微形态的差异也都可能是导致实验数据存在误差的因素。

表5 土壤斥水性评价标准[4]

Table 5 The standard of soil water repellency

滴水穿透时间(s)	≤5	5～60	60～600	600～3 600	≥3 600
评价	无斥水性	轻微斥水	强烈斥水	严重斥水	极度斥水

3.3 结皮对土壤水分入渗的影响

在样品采集点选择沙地柏下结皮发育良好的地块利用细孔喷壶模拟降雨,在降水过程中和降水后分别使用TDR对土壤剖面不同层次的水分状况进行了连续的测定。图1中的曲线ck表示土壤剖面的原始含水量,0 h表示模拟降雨结束后立即测定的土壤含水量,曲线24 h、48 h分别表示从降雨开始后第24 h、48 h测定的土壤各层含水量。实验剖面土层划分以每间隔10 cm为一层进行。

观察图 1 中可以发现，在有结皮的固定沙地上，5 mm 的降雨量仅能湿润第一层土壤，第二层以下的各层土壤的含水量几乎没有任何变化；而当降雨量为 50 mm 时，第 1 层和第 2 层土壤含水量均发生了变化，降雨 48 h 后第 2 层以下的土层含水量也监测到了明显的变化，说明 50 mm 的降水可在 48 h 后入渗至较深的土层。与此形成鲜明对比的是，在流动沙地上发生 5 mm 的降雨后，0～10 cm、10～20 cm 两层土壤的含水量均发生了变化，而流动沙地 50 mm 的降雨则可直接对剖面底部的土壤含水量产生影响。

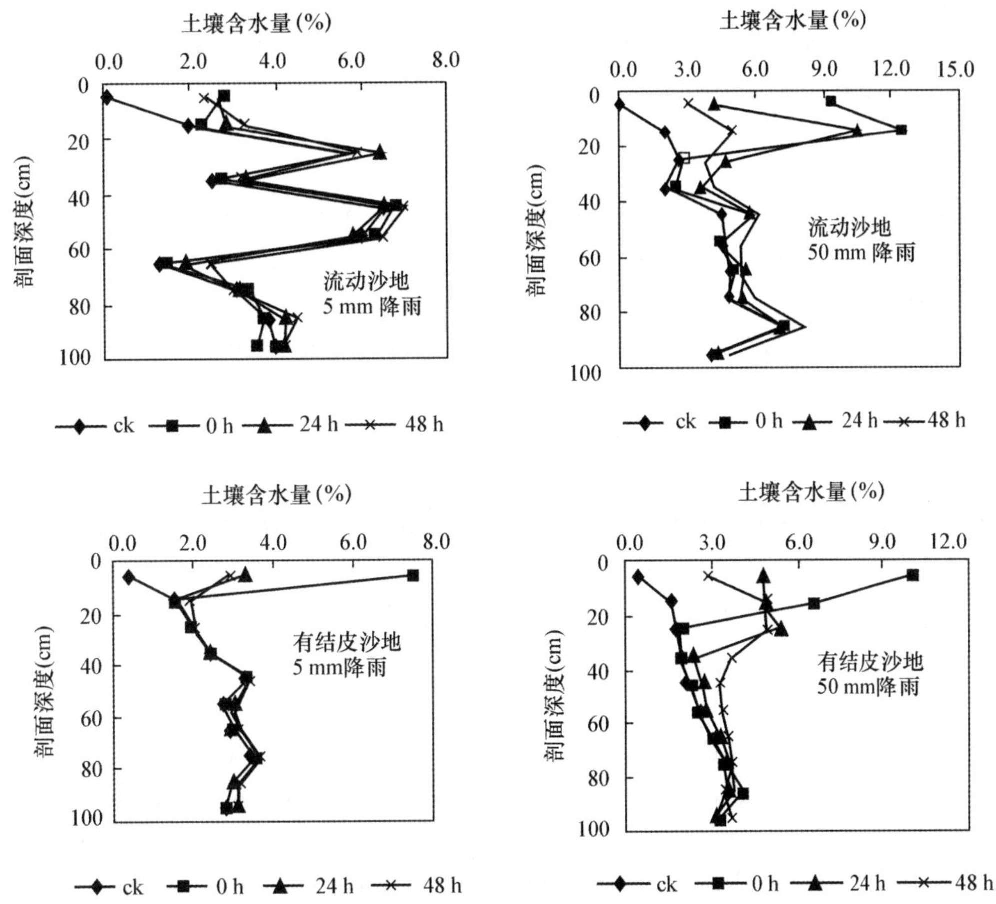

图 1 不同模拟降雨量条件下有结皮沙地和流动沙地土壤剖面上水分变化

Fig. 1 Soil moisture changes in different depth of dune with crust and without crust after sublimated rainfall

4 结 论

通过对几种结皮物理特性的分析，可知结皮本身独特的内部结构和较高的有机质含量明显区别于结皮下流沙，对沙地土壤水分的入渗产生了至关重要的影响。

进一步的人工降水实验证明，该地区 5 mm 左右的降雨量对于有结皮的固定沙地来讲基本属于无效降雨，无法起到补充下层土壤水分的作用。而对于流动沙地或半固定沙地来说，5 mm 的降雨就可以使水分入渗至较深的土层，这对于流动沙地土壤水分的保持和恢复提供了保证。对研究区域近 40 年降雨次数和降雨量的统计表明该地区小于 5 mm 的降雨次数占总降雨次数的 76.4%，降水量占累积降雨量的 20.89%。可知该地区有接近 1/5 的降雨在固定沙丘上无效，这对固定沙丘的生态演化不可避免地产生重要影响，也可能是固定沙地自然衰退的原因之一。

通过对内蒙古鄂尔多斯地区几种沙地植物下的土壤生物结皮物理特性的一系列研究，可得出以下主要结论：

1)数据显示沙地固定的时间越长,土壤生物结皮厚度也越大;随着结皮的发育,其中粗粉粒含量会逐渐增加。植被覆盖度越大。沙地固定时间越长,这种差异越为明显。

2)几种土壤生物结皮容重差异不大,但由于结皮有机质含量普遍较高,导致其毛管持水量几乎都大于各自的空隙度,持水性较强。

3)对不同结皮的斥水性测定结果表明各种土壤生物结皮在土壤水分的入渗过程中均表现出轻微的斥水性(尤其在干燥后)。

4)土壤生物结皮较高的持水特性和一定程度的斥水性导致在沙地中结皮较厚的地方,少于 5 mm 的降雨只保留在表层土壤生物结皮中,难以下渗到结皮下的植物根层。

参考文献

[1] 吴玉环,高谦,程国栋. 生物土壤结皮的生态功能. 生态学杂志,2002,21(4):41-45

[2] 崔燕,吕贻忠,李保国. 鄂尔多斯沙地土壤生物结皮的理化性质. 土壤,2004,36 (2):197-202

[3] 胡春香,张德禄,刘永定,等. 荒漠结皮的胶结机理. 科学通报,2002,47(12):931-937

[4] 吴延磊,李子忠,龚元石. 两种常用方法测定土壤斥水性结果的相关性研究. 农业工程学报, 2007,23 (7):8-13

Physical Properties of Soil Microbiological Crusts on the Erdos Desert

Lu Yizhong, Yu Yaqiong, Gao Yuan

(College of Resources and Environmental Sciences, China Agricultural University 100193, China)

Abstract Soil microbiological crust is a kind of important indicator organism for monitoring Desertification. By field investigation and indoor analysis, the physical properties of several kinds of soil microbiological crusts on the Erdos Desert were studied. The results indicated that the longer the sand dunes fixed, the thicker the bio-crusts on it, and the coarse sands of 0.05～0.02mm also increase. With the developing of crusts, saturated water content increasing remarkably and changing the infiltration of soil water. In all, by primary study to soil microbiological crust on the Erdos Plateau, we anticipate mastering the physical properties of soil microbiological crusts and discussing their growth orderliness in the further.

Key words Desertification; Erdos; Soil microbiological crusts; Physical properties

黑土反射光谱特征影响因素分析*

刘焕军　宇万太　沈善敏　张璐　马强　周桦

（中国科学院沈阳应用生态研究所，沈阳　110016）

摘要：以黑土高光谱反射率为研究对象，运用去包络线处理、光谱角度/特征匹配方法，分析黑土反射光谱特征主要影响因素。结论如下：成土母质决定了土壤反射光谱的基本特征；有机质是小于 1 000 nm 范围黑土反射光谱特征的决定因素，同时由于有机质与土壤水分、机械组成的相关关系，间接影响着大于 1 000 nm 的波谱范围；土壤光谱反射率随含水量的变化过程可以用三次方程模型进行定量描述；铁对黑土反射光谱特性影响较小；粗糙度主要影响土壤反射率的大小；秸秆覆盖对土壤反射率大小与形状特征的影响均较大；不同耕作措施土壤反射率大小依次为免耕、翻耕、组合、少耕、旋松。

关键词：反射光谱；母质；有机质；水分；耕作措施

土壤光谱反射率是土壤内在理化性质光谱行为的综合反映[1]，土壤高光谱遥感利用土壤的反射光谱信息与遥感影像数据，可以实现土壤参数的快速测定，揭示土壤时空变异规律[2～4]，为精准农业和陆地生态系统相关研究提供支持。但严格地讲，没有一个通用的遥感模型适用于地表的各种环境，遥感分析模型需要足够的区域参数，建立体现地域差异和特色的遥感模型，才能逼近地球表层的客观存在[5]。

不同类型土壤的反射光谱特征不同；不同研究区，选取的反射光谱波段也不尽相同。由于土壤理化性质、耕作制度、气候条件等差异，不同土壤的反射光谱特征主要影响因素不同。为实现基于土壤反射光谱特征的土壤理化参数快速测定，对于特定的研究区、特定土壤类型，必须明确土壤反射光谱特征的主要影响因素，忽略次要因素，提高土壤理化参数高光谱遥感模型精度。本文以松嫩平原黑土区典型黑土的高光谱反射率，为研究对象，运用去包络线处理、光谱角度/特征匹配方法，分析黑土反射光谱特征主要影响因素，为黑土理化参数高光谱模型建立、该区土壤定量遥感研究提供理论支持。

1　材料与方法

1.1　土壤样品

黑龙江省海伦市黑土及其母质；吉林省德惠市黑土。

1.2　光谱测试

利用地物高光谱仪 ASD FieldSpec® 3 对土样进行室内与野外光谱测试[6]。野外测试时，每个采样点随机选择 3 个测试点，每个测试点测定 4 条光谱反射率曲线，即每个采样点共获取 12 条土壤反射率光谱曲线，算术平均后得到该土样的实际野外光谱反射率。其他操作见文献[6]。

1.3　分析方法

光谱角度匹配/特征匹配[7]；去包络线处理[6]。

2　结果分析

2.1　土壤类型

由于不同土壤的组成成分、物理性质的差异，土壤的光谱特征差异显著。图 1 列出了不同土壤的反射光

*　中科院知识创新方向性项目（KZCX2-YW-405）和国家支撑计划项目（2006BAD05B01）资助

谱特征。可以发现，采自南方的红壤(Red)和潮土(Flu)在小于1 000 nm范围内光谱曲线形状复杂，存在多个波峰、波谷；与其相比，黑土反射光谱曲线比较平滑，在该波段范围反射光谱近似直线，只在940 nm附近有一个微弱的水分吸收带。

2.2 成土母质

岩石矿物在内外因素作用下，通过风化过程形成土壤母质(PM)，岩石矿物的化学成分、风化特点和分解产物决定了土壤母质的性质。土壤矿物质一般占土壤固体物质重量的95%左右，是土壤最基本的物质。黑土黏粒级(<2 μm)的矿物组成主要以蒙脱石和伊利石为主(占80%~90%)[8]。

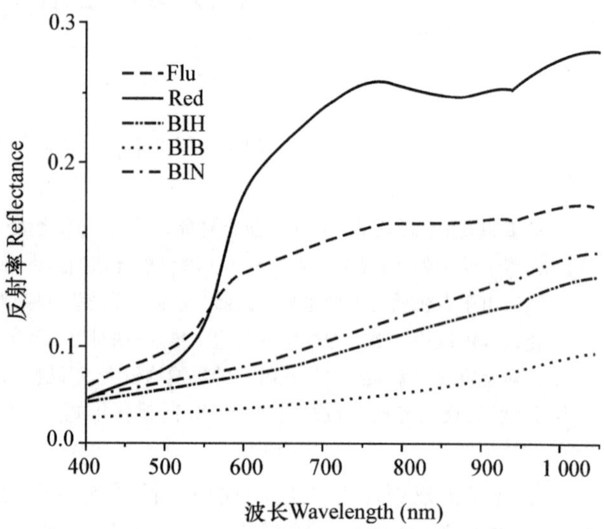

图1 不同土壤的反射光谱特征

Fig. 1 Reflectance characteristics of different soils

为分析成土母质对土壤光谱反射率的影响机理，利用光谱角度/特征匹配方法分析黑土母质光谱反射率与美国地质调查局(USGS)矿物光谱数据库[9]中不同矿物反射光谱的关系，确定黑土成土母质及其反射光谱特征。

将黑土母质光谱反射率与USGS光谱数据库中各种矿物光谱反射率进行光谱角度匹配分析(Spectral Angle Mapper，SAM)与光谱特征匹配分析(Spectral Feature Fitting，SFF)，用于分析黑土母质光谱反射率与哪种矿物的光谱特征相配。结果表明，黑土母质光谱反射率与编号“montmor9”矿物(即Montmorillonite + Illi CM37，伊利石蒙脱石混合矿物)反射率光谱曲线角度匹配相似度最高，SAM值高达0.927；黑土母质反射光谱与编号“montmora”矿物(即Montmorillonite + Illi CM42)光谱曲线特征匹配相似度最高，SFF值高达0.762；证明了黑土的主要成土母质为蒙脱石与伊利石。

图2列出了黑土及其成土母质，伊利石、蒙脱石及二者混合矿物的反射光谱曲线与相应去包络曲线。可以发现黑土母质(BS0.4)与伊利石蒙脱石混合矿物(MontIlli)的光谱反射率波形相似，二者在反射率数值上的差异主要是由于不同测试过程中室内光源、矿物(母质)粒径大小的不同造成的，对应去包络曲线(BS0.4c、MontIllic)的五个主要吸收谷的位置均相同(490、920、1415、1 910、2 210、2 350 nm，分别命名为G_1、G_2、G_3、G_4、G_5)。与伊利石(Illite)相比，黑土母质光谱反射率与蒙脱石(Mont)的波形特征更相似。由于有

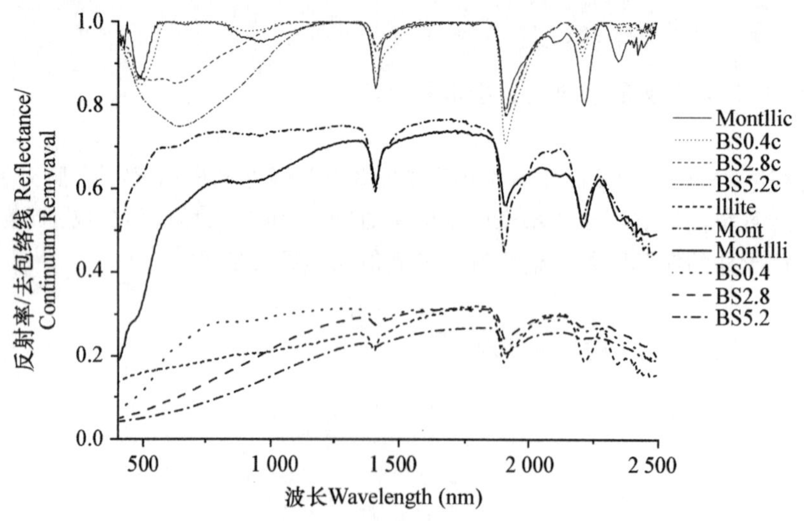

图2 黑土母质、矿物、黑土的光谱反射率及其去包络曲线

Fig. 2 Spectral reflectance and its continuum removal curves of minerals, Black soil and its parent matereal

注：“Mont、Illite、MontIlli”分别为蒙脱石、伊利石及二者混合矿物的反射光谱曲线，“BS0.4、BS2.8、BS5.2”分别是有机质含量为0.4%、2.8%、5.2%的黑土母质及黑土反射光谱曲线，“MontIllic、BS0.4c、BS2.8c、BS5.2c”分别为相应反射光谱的去包络曲线。

机质、机械组成、铁等土壤属性的影响，黑土的光谱反射率不同于黑土母质，反射率在小于 1 300 nm 的波段范围远小于后者，且呈下凹状，一般有机质含量越高，反射率越低，下凹程度越大；在大于 1 300 nm 的波段范围，二者的波形相似。黑土去包络曲线特征也证明了上述分析。成土母质决定了土壤反射光谱的基本特征。

2.3 有机质

黑土有机质(OM)的主要光谱响应波段为 620～810 nm[10]。由于有机质含量的不同引起的黑土反射光谱曲线在 450～930 nm 范围内呈现单/双峰现象，有机质是小于 1 000 nm 范围黑土反射光谱特征的决定因素。当有机质含量较低时，有机质掩盖黑土母质光谱特征的能力较弱，黑土去包络曲线继承了黑土母质的去包络曲线(见图 2“BS0.4c”)特征，在 500 和 640 nm 处有两个吸收谷(分别命名为 G_1、G_2)，有机质含量越低，G_2 的面积越小，G_1 与 G_2 的面积比越大；随着有机质含量的增加，G_1 的吸收深度越来越小，G_2 的吸收深度、宽度、面积越来越大，G_2 吸收谷的中心值(最低值)向长波方向移动，直到 660 nm 附近，G_1 与 G_2 的差异越来越小(见图 2“BS2.8c”)。当有机质达到一定含量(5%左右)，黑土成土母质的反射光谱特征完全被有机质所掩盖，土壤光谱去包络曲线呈单吸收谷特征，600 nm 处的反射峰特征完全消失。

基于有机质含量与黑土高光谱反射率及其数学变换形式之间的定量关系，可以实现黑土有机质含量的速测[10]。

2.4 土壤水分

以单一黑土作为研究对象，采用新的土壤含水量调节方法①，获得含水量间隔较小的大量土样，研究土壤水分对可见光近红外波段黑土光谱反射率的影响。

图 3 是 OM=10.94%的土壤在 1 000 nm 波段的光谱反射率随含水量变化的散点图及相应三次方程模拟模型。可以看出，土壤光谱反射率随含水量的增加(从风干土到饱和含水量)，先呈下降趋势；但当达到一定含水量(本文称其为“临界值”)时，土壤光谱反射率反而增加。该变化过程可以用三次方程模型进行模拟，模型的决定系数 R^2 在 0.95 以上，说明三次方程可以准确描述从风干土到饱和含水量土壤相应光谱反射率的变化过程。土壤水分主要影响土壤光谱反射率的大小，对反射光谱曲线的形状特征影响相对较小。

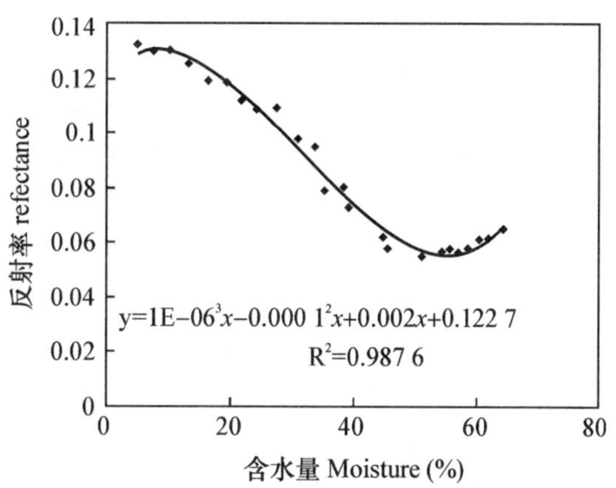

图 3 OM=10.94%光谱反射率(10 00 nm)

Fig. 3 The varying process of soil reflectance with OM=10.94% and changing moisture

2.5 铁

铁是土壤矿物中的主要元素之一，氧化铁是土壤颜色的重要成分，也是可见光谱中最活跃的因素[11]。氧化铁是影响我国南方主要土壤光谱特性的重要因子，表现在土壤中全铁或游离铁含量与光谱反射率都呈现极显著相关性[12,13]。但铁对黑土光谱反射率的影响较小，该结论与南方土壤的研究结论不同，这是由于土壤的成土过程不同(富铝化成土过程，腐殖质累积过程)[14]。

①Liu H J, Zhang Y Z, Zhang B, *et al*. Quantitative analysis of soil moisture effects on Black soil reflectance. Pedosphere, in press.

2.6 土壤粗糙度

不同粗糙度土壤反射光谱曲线形状几乎无变化，反射率略有差异，粗糙度主要影响土壤光谱反射率的大小[15]。

2.7 秸秆覆盖

图 4 是田间玉米秸秆不同覆盖度土壤光谱反射率及其去包络曲线。可以看出，作物秸秆(JGcover)、多秸秆覆盖土壤(WFJGm)的光谱反射率均呈现衰老植被的特征，在小于 1 800 nm 的可见光近红外波段范围内光谱反射率显著高于土壤的反射率，在 1 480、2 100、2 280、2 340 nm 等处存在典型的纤维素吸收特征，在 1 450、1 680、2 270、2 330、2 380 nm 处存在木质素吸收特征[16]，另外在 1 210 nm 处也存在显著的吸收特征，其中部分吸收波段被用于构建估测秸秆覆盖度的光谱指标。在小于 2 000 nm 的波谱范围内，光谱反射率由大到小依次为秸秆、秸秆覆盖土壤、土壤；在大于 2 000 nm 的范围，由于植物纤维的吸收作用，秸秆与土壤的反射光谱曲线交叉。

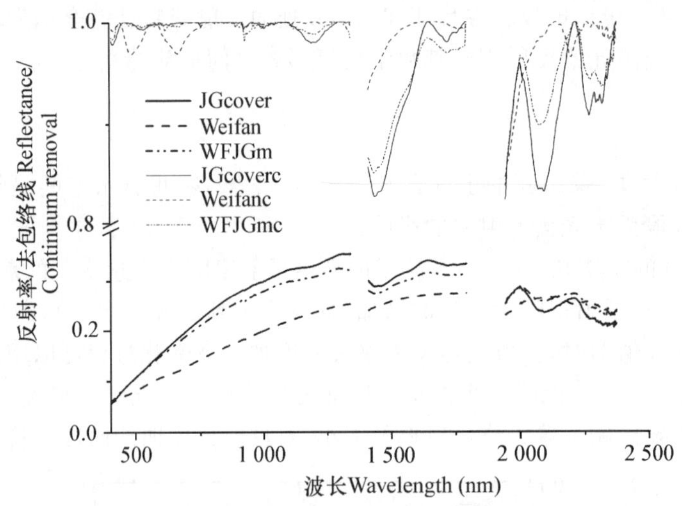

图 4 田间不同秸秆覆盖土壤光谱反射率及其去包络线

Fig. 4 Spectral reflectance and its continuum removal curves of soils with different straw covering degree

注：JGcover、Weifan、WFJGm 分别为田间秸秆、田间土壤、多秸秆覆盖土壤的光谱反射率；JGcoverc、Weifanc、WFJGmc 分别为对应反射率的去包络线(野外反射光谱数据去除信噪比较低的 1 351～1 420 nm、1 801～1 950 nm、2 381～2 500 nm 范围数据)。

去包络曲线(考虑到大气窗口及光谱仪三个传感器结合部(1 000、1 800)光谱数据噪声大等因素，去除 1 351～1420 nm、1 801～1 950 nm、2 381～2 500 nm 范围内的野外反射光谱数据)更能揭示土壤与秸秆的反射光谱特征。德惠黑土光谱反射率在 400～2 500 nm 范围内也主要有五个吸收谷；而秸秆的吸收波段主要在1 210、1 450、1 730、2 080、2 280、2 340 nm；二者的主要差别在于秸秆光谱反射率在土壤 G_1、G_2 附近没有明显的吸收特征，而在 2 080、2 280、2 340 nm 附近存在显著的吸收特征，有别于土壤光谱吸收特征，其他吸收特征被土壤水分吸收谷(G_3、G_4、G_5)掩盖，这一特征可以用于判断土壤是否被秸秆覆盖。

因此，秸秆覆盖对土壤光谱反射率的影响较大，在土壤遥感研究过程中，必须考虑秸秆对土壤光谱反射率的影响。

2.8 不同耕作措施

为研究不同耕作措施对土壤光谱反射率的影响，选择张兴义研究员在中国科学院黑龙江海伦农业生态系统国家野外科学观测研究站的不同耕作长期定位试验。该试验始于 2003 年 10 月，设 5 种耕作措施，3 次重复，随机区组排列。大豆和玉米轮作。小区规格 40.0 m×8.4 m。措施①：平翻耕作，秋季收获后翻地起垄；措施②：少耕耕作，夏季垄沟深松，收获后留茬越冬；措施③：免耕耕作，免耕播种，不进行任何耕翻，秋收后秸秆粉碎覆盖；措施④：组合耕作，玉米夏季垄沟深松，秋季收获后旋松起垄，大豆原垄越冬，春耙茬直播；措施⑤：旋松耕作，秋收后旋松起垄。除耕作措施不同外，五种耕作制度其他管理措施相同。

图 5a 中不同耕作措施土壤光谱反射率由大到小依次为免耕、翻耕、组合、少耕、旋松；图 5b 中土壤反射率由大到小依次免耕、翻耕、组合、旋松、少耕。因此，可以得出不同耕作措施土壤光谱反射率大小依次为免耕、翻耕、组合、少耕、旋松。耕作措施不同，耕地表面土壤光谱反射率大小差异较大。

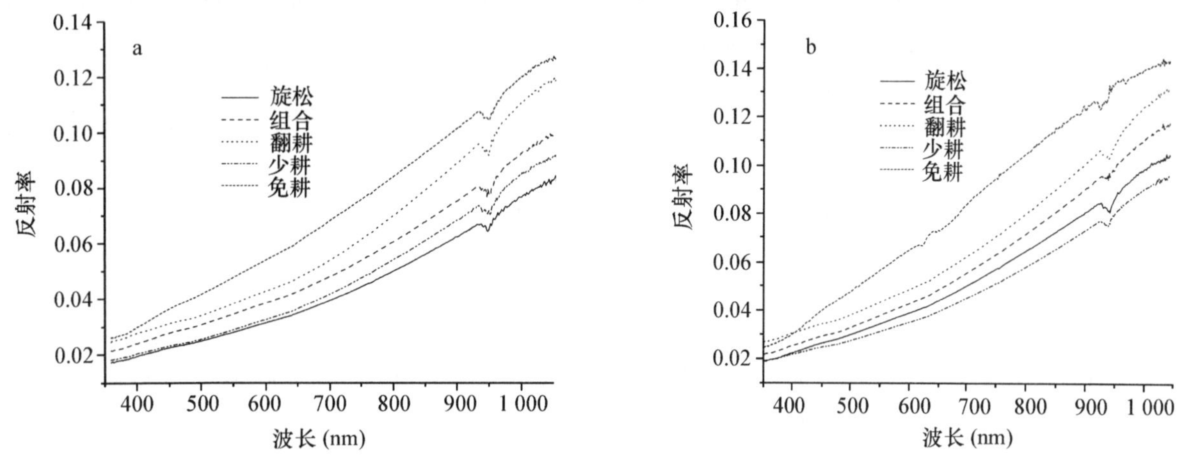

图 5 不同耕作制度对土壤光谱反射率的影响
Fig. 5 The effect of different tillage practices on Black soil reflectance

由于免耕措施不进行任何耕翻，土壤比较紧密，而且其上覆盖粉碎的秸秆，如前所述，秸秆对土壤光谱反射率的影响较大，因此免耕措施土壤主要表现为秸秆光谱反射率特征，与土壤反射光谱特征差异较大。其他四种耕作措施土壤表面秸秆相对较少，因此表现为黑土光谱反射率特征，形状特征差异较小。翻耕措施虽然很好地疏松了土壤，但降低了耕层土壤的田间持水能力，不利于土壤持水保水，表层土壤含水量较低，光谱反射率较大。而介于免耕和翻耕之间的少耕和组合耕作措施可提高土壤的田间持水能力，表层土壤含水量较高，因而其反射率低于翻耕土壤。旋松土壤土质疏松，土壤孔隙度大；与其他耕作措施相比，太阳光与土壤表面作用过程中散射与透射的比例较大；另外，旋松耕作将大部分作物秸秆翻耕到土壤表层以下，因此光谱反射率最低。

3 结 论

土壤母质的矿物组成及质地是土壤反射光谱的重要决定因素。光谱分析方法证明黑土母质的矿物组成主要以蒙脱石和伊利石为主。有机质是黑土小于 1 000 nm 范围反射光谱特征的决定因素。有机质含量较低时，有机质掩盖黑土母质光谱特征的能力较弱，黑土去包络曲线在小于 1 000 nm 的范围内呈现双峰特征；当有机质含量较高时，黑土去包络曲线在该波段范围内呈现单峰特征。对于同一 OM 含量的土壤，土壤光谱反射率随含水量的变化过程可以用三次方程模型进行定量描述。与南方土壤研究结果不同，铁对黑土反射光谱特性的影响较小。粗糙度主要影响土壤光谱反射率大小，对光谱曲线形状特征的影响较小。秸秆覆盖对土壤光谱反射率的大小及其形状特征影响均较大。耕作措施不同，土壤反射率大小不同，除免耕外，光谱曲线形状特征变化也较小。

因此，进行土壤遥感研究时，针对不同的研究目的、研究时相与研究区，确定土壤光谱反射率主要影响因素与次要影响因素，提高土壤理化参数高光谱预测模型的精度。

参考文献

[1] 徐彬彬. 土壤剖面的反射光谱研究. 土壤，2000，6：281-287

[2] Martin P D, Malley D F, Manning G, *et al*. Determination of soil organic carbon and nitrogen at the field level using near-infrared spectroscopy. Can. J. Soil Sci, 2002, 82: 413-422

[3] Fox G A, Sabbagh G J. Estimation of Soil Organic Matter from Red and Near-infrared Remotely Sensed Data Using a Soil Line Euclidean distance Technique. Soil Sci. Soc. Am. J. , 2002, 66: 1922-1929

[4] Odlare M, Svensson K, Pell M. Near infrared reflectance spectroscopy for assessment of spatial soil variation in an agricultural field (In Chinese). Geoderma, 2005, 126(3-4): 193-202

[5] 陈述彭. 序. 张仁华. 实验遥感模型及地面基础. 北京：科学出版社，1996

[6] 刘焕军，张柏，张渊智，等. 基于反射光谱特性的土壤分类研究. 光谱学与光谱分析，2008，28(3)：624-628

[7] Kruse F A, Lefkoff A B, Boardman J W, *et al*. The Spectral Image-Processing System (SIPS)—interactive visualization and analysis of imaging spectrometer data. Remote Sensing of Environment, 1993, 44: 145-163

[8] 冯君，张立新，杨志超，等. 吉林省中部黑土黏粒矿物的组成分析. 世界地质，2006，25(4)：380-384

[9] Clark, R N, Swayze G A, Wise R, *et al*. USGS Digital Spectral Library splib05a, U. S. Geological Survey, Open File Report 03-395. 2003

[10] 刘焕军，张柏，赵军，等. 黑土有机质含量高光谱模型研究. 土壤学报，2007，44(1)：27-32

[11] Madeira N J. Spectral reflectance properties of soils. Photo－Interpretation, 1996, 2: 59-76

[12] 黄应丰，刘腾辉. 土壤光谱反射特性与土壤属性的关系：以南方主要土壤为例. 土壤通报，1989，20(4)：158-160，176

[13] 何挺，王静，程烨，等. 土壤氧化铁光谱特征研究. 地理与地理信息科学，2006，3(2)：30-34

[14] 刘焕军，张柏，刘志明，等. 松嫩平原主要土壤光谱特征分析及其应用研究. 中科院研究生院学报，2007，24(4)：439-445

[15] 刘焕军，张柏，宋开山，等. 基于室内光谱反射率的土壤线影响因素分析. 遥感学报，2008，12(1)：119-127

[16] Bannari A, Pacheco A, Staenz K, *et al*. Estimating and mapping crop residues cover on agricultural lands using hyperspectral and IKONOS data. Remote Sensing of Environment, 2006, 104(4): 447-459

Study on the Influencing Factors of Black Soil Spectral Characteristics

Liu Huanjun, Yu Wantai, Shen Shanmin, Zhang Lu, Ma Qiang, Zhou Hua

(Institute of Applied Ecology, Chinese Academy of Sciences, Shenyang 110016, China)

Abstract With the help of continuum removal, spectral angle match, spectral feature fitting methods, hyperspectral reflectance was studied to analyze the main influencing factors of Black soil spectral characteristics. The results are as follows: Soil parent material determines the basic characteristics of Black soil reflectance. Organic matter is the main factor influencing soil reflectance characteristics at the region less than 1000 nm, and indirectly influences the reflectance more than 1000 nm because of the correlation with soil moisture and mechanical composition. The varying process of soil reflectance with changing soil moisture can be quantitatively described with cubic equation. Black soil reflectance is not influenced significantly by

Fe. Roughness mainly impacts on the size of soil reflectance. Straw impacts both on the size and curve shape of soil reflectance. Because of different soil tillage measurements, the order of soil reflectance high to low is no tillage, moldboard tillage, combination tillage, reduced tillage, rotary tillage.

Key words Spectral reflectance; Parent material; Organic matter; Soil moisture; Tillage practice

利用随机网络模型和CT数字图像预测近饱和土壤水分特征曲线*

吕菲[1,2]　刘建立[2]　何娟[1,2]

(1.中国科学院研究生院，北京　100049；
2.中国科学院南京土壤研究所，南京　210008)

摘要：近饱和土壤的水分特征曲线是采用模型定量模拟水分和溶质在非饱和带中运动的最重要的物理参数，它与土壤孔隙的几何形态和拓扑性质有着直接的联系。本文通过对连续土壤切片CT图像的分析，定量获取了土壤孔隙的大小分布情况。在此基础上建立了基于土壤孔隙形态学特征的随机网络模型，在孔隙尺度模拟了土壤中的水分运动过程并预测了近饱和土壤水分特征曲线。实验结果表明，通过选取合适的模型参数，基于土壤孔隙形态学特征建立的随机网络模型可以模拟出与土壤样本实测值非常接近的水分特征曲线，可以作为一种快速测量的方法。

关键词：CT；图像分析；随机网络模型；土壤水分特征曲线

引　言

土壤水分特征曲线是非饱和土壤的重要水力性质，直接决定了水分和溶质在非饱和带中的运移情况，是采用数值模型进行定量模拟的关键物理参数，它与土壤孔隙的几何形态和拓扑性质有着直接的联系[1]。采用传统的土壤物理分析方法实验周期过长，损耗了大量的实验时间与精力。间接测定方法虽然能够较快的提供足够精度的水力性质的估计值，但是由于这多是由经验参数或拟合的方法得到的，结果本身缺少明确的物理意义。而网络模型(network model)可以通过直接测定的孔隙结构特征建立与有效水力性质之间的关系模拟出土壤水分特征曲线，为快速获取试验数据提供了一种有效的方法。

网络模型的方法自从被提出以后更多的应用于石油工程领域[2,3]，近年来才逐渐的应用到土壤学、水文学等领域[4~6]。自20世纪80年代，CT等非侵入、非破坏性图像获取技术逐渐被引入土壤科学研究中，更是为获取建立网络模型所需的孔隙结构图像提供了可靠的技术保证。国内不少学者通过获取土壤内部二维平面图像对孔隙结构、孔隙大小分布等方面进行了一些研究[7~9]，但是如何利用这些二维平面图像建立表达实际孔隙结构的三维模型并模拟土壤水分特征曲线的研究还非常少见。本文将利用CT扫描技术对土壤样品的内部结构进行无损测定，在对所得连续土壤切片进行图像分析的基础上，构建符合三维土壤孔隙结构形态特征的随机网络模型，并通过调整模型参数模拟土壤水分特征曲线。

1　材料与方法

1.1　供试土壤

供试土壤取自黄淮海冲积平原的中国科学院河南封丘生态实验站内，土壤质地为壤质黏土(国际制)。按常规分析方法测定土壤的理化性质(表1)。

表1　土壤基本理化性质

Table 1　Physical and chemical properties of the soils

土壤质地	容重/g·cm^{-3}	孔隙度[1)]	pH值[2)]	有机质含量/g·kg^{-1}
壤质黏土	1.54	0.42	8.48	0.72

注：1)土壤密度均使用标准值2.65 g·cm^{-3}；2)水土质量比5∶1。

* 基金项目：中国科学院南京土壤研究所知识创新工程领域前沿项目(ISSASIP0719)资助；国家863计划专题课题(2006AA10Z208)；国家自然科学基金项目(40401027)

CT扫描样本用高20 cm、内径10 cm的PVC管采集，采样深度35～70 cm。在同一位置另外采集5个样本，用于室内测定基本理化性质（容重、有机质含量等）和土壤水力学性质。其中，水分特征曲线用压力膜法测定（分7个压力级别），水力传导率函数通过室内填装土柱的多步出流试验确定。饱和含水量和饱和水力传导率测定结果分别为0.42 $cm^3 \cdot cm^{-3}$和57.92 cm/d。CT样本运至中国科学院兰州寒区旱区研究所进行测定，采用Siemens公司生产的SOMATOM-PLUS螺旋式CT机，综合图像处理系统为FLS-7。最大扫描分辨率为62.5 μm，相邻两层切片间距为1 mm。选取样本中形状保留完好的2 cm厚土柱进行扫描，共获得连续切片数字图像20张。图1为原状土柱CT扫描获得的8层图片。

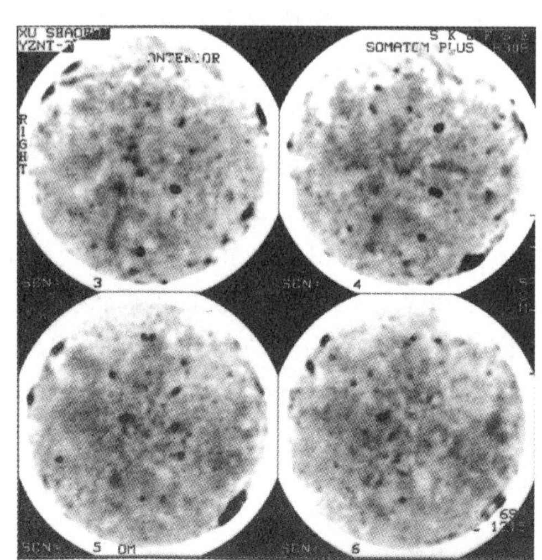

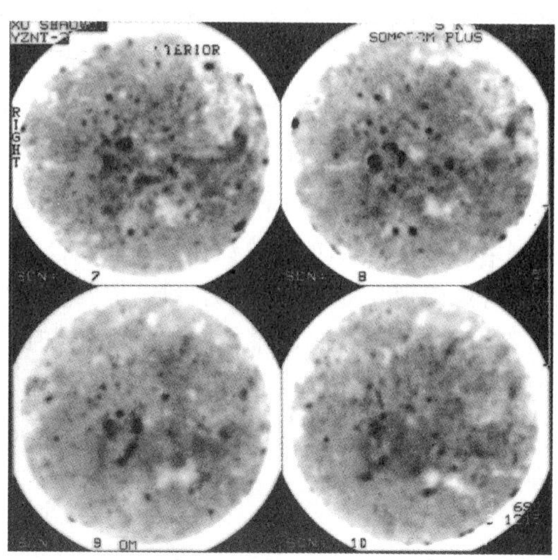

图1 河南封丘壤质黏土的CT扫描图像
（CT参数：电压137 kv，电流220mA，时间2 s，层厚1 mm）
Fig. 1　CT images of loam clay collected at Fengqiu, Henan

1.2　孔隙结构分析

原始CT图像的分辨率为1024×1024个像素，每像素代表的实际大小为62.5 μm。在各层图片的同一位置截取256×256个像素的局部图像（实际样本大小为1.6 cm^2）（图2a），利用自行编制的C语言数字图像分析软件定量分析土壤孔隙结构。主要包括以下步骤：

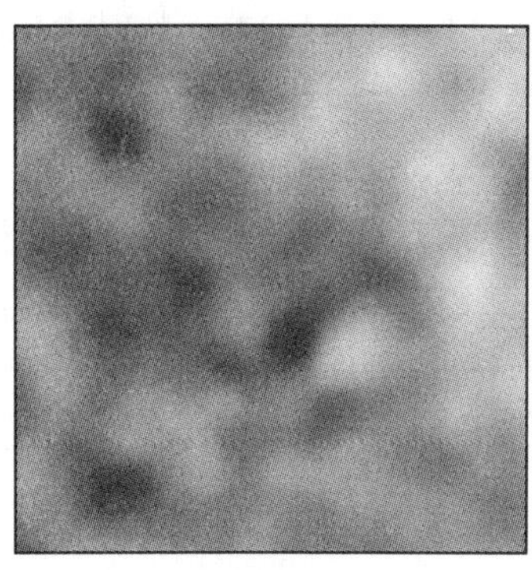

a.灰度图像

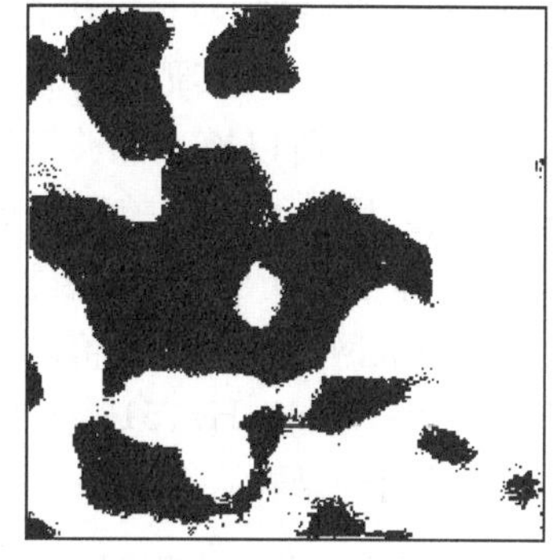

b.二值图像

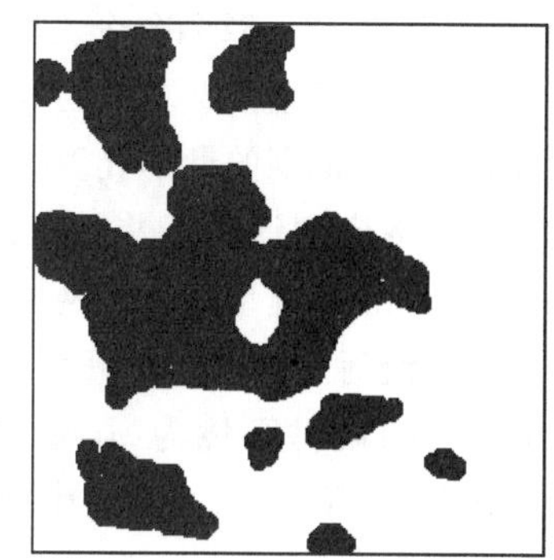

c.开操作图像

a. 灰度图像　b. 二值图像　c. 开操作图像

图2　CT数字图像分析过程（256×256像素，黑色为孔隙）
Fig. 2　Analysis of CT images of sequential sample sections

1）通过灰度图像的二值化处理将土壤孔隙从固体基质中识别出来。为降低采用目测法或自动阈值法时产生的不确定性，处理中根据实际土壤的孔隙度进行反复调试以确定全局阈值。分割后的黑白二值图像见图2b。

2）通过二值图像的数学形态学开操作获取孔径大小分布。即采用腐蚀和膨胀这两个基本的数学形态学算子对二值图像用 9 个直径级别的球状结构体(直径 62.5 μm～2 mm)腐蚀之后再采用同样大小的结构体进行膨胀操作,剔除小于对应级别的孔隙,得到对应于不同级别的孔隙大小分布。图 2c 是采用直径为 250 μm 的球状结构体进行开操作后得到的图像,其中直径小于 250 μm 的孔隙被剔除掉了。

2 基于孔隙形态学特征的随机网络模型

本文的孔隙网络模型采用面中心立方体网格,网格节点之间的连接线段(配位键)代表毛细管,孔隙空间就是由布置在规则网格上的圆柱状毛细管来表示。每个节点位置的有效配位键个数(配位数)决定了相邻孔隙间的连通性[1]。

生成网格时,首先要使网格的配位键长度和有效配位数与图像分析得到的孔隙空间的形态学特征一致。利用图像分析得到的孔隙大小分布将孔隙空间划分成若干个级别,根据三维孔隙结构可以得到各级别孔隙的体积、某个配位键属于特定孔隙级别的概率以及配位键长度、有效配位数与孔隙大小分布之间的函数关系[1,10]。通过随机调整孔隙网络的结构参数(如配位数、网格节点数)生成符合实测孔径分布的随机网络。经过反复调试后的随机网络就可以很好地模拟介质的有效水力性质,但其连通性却通常不能代表实际土壤孔隙的连通状况。

生成网络模型之后,在假定整个网络完全饱和的前提下,可根据 Young-Laplace 方程(式 1)得到第 i 个孔隙级别的圆柱状毛细管开始排水时的压力水头 $\Psi(d_i)$。对每个压力水头 $\Psi(d_i)$ 进行迭代,直到整个网络达到平衡状态,这样就可以得到网络模型的水分特征曲线。

$$\Psi = \frac{4\sigma\cos\gamma}{\rho_w g d} \tag{1}$$

式中:σ 是表面张力,γ 是接触角,ρ_w 是水的比重,g 是重力加速度。

3 结果与讨论

随机网络模型需要通过调整孔隙网络的配位数生成符合实测孔径分布的随机网络来模拟土壤水分特征曲线,而模型的节点个数又关系到配位键的分布与个数,对计算结果也有影响,因此针对这两个变量在实验中我们分别假设孔隙网络的配位数为 1、2、3,设置模型的节点个数分别为 8×8×8=512 个、16×16×16=4 096个、32×32×32=32 768 个。由此共产生 9 组模型,对模型进行编号 Model 8-1、Model 8-2…Model 32-3(Model 8-1 表示模型节点个数为 8×8×8,配位数为 1,其他编号以此类推)。

CT 图像能够识别的最小孔隙大小为 62.5 μm,所以模型能够模拟的最大压力水头为 47.5 cm。由于实测值与随机网络模型计算值并不在同一数值范围内无法比较两组数据间的误差大小,因此我们采用 van Genuchten-Mualem 模型对随机网络模型的计算值进行拟合(各组模型拟合曲线的相关性均大于0.95),用拟合后与实测值对应的数据点评价实测值与随机网络模型计算值之间的误差大小。

模型运行的硬件环境为:Intel 奔腾 4 CPU 2.4 GHz、512 M 内存、GeForce4 显卡;软件环境为:Microsoft Windows XP SP2。各组模型的运算时间记录在表 2 中。

表 2 均方根误差与模型运算时间

Table 2 RMS error and run time of models

模型	Model 8-1	Model 8-2	Model 8-3	Model 16-1	Model 16-2	Model 16-3	Model 32-1	Model 32-2	Model 32-3
均方根误差	0.028 692	0.084 105	0.021 185	0.005 63	0.065 972	0.057 449	0.033 583	0.080 513	0.083 185
运算时间(s)	2	2	2	50	50	50	662	668	664

如表 2 所示网格节点数不同但配位数同为 1 的三组模型相对其他几组配位数为 2 和 3 的模型均方根误差明显偏小，证明配位数选取为 1 比较合适(Model 8-3 例外)。在这四组模型(Model 16-1、Model 8-1、Model 8-3、Model 32-1)中，Model 32-1 由于网格节点数过多(为 32×32×32)模型运算时间高达 11 min 以上，而均方根误差也要比其他三组模型高，所以 Model 32-1 的参数选择也不十分合适。综合考虑均方根误差与模型的运算时间 Model 16-1、Model 8-1 及 Model 8-3 三组模型的参数选择比较合适，其中均方根误差最小的是 Model 16-1。

图 3 为 Model 16-1、Model 8-1 及 Model 8-3 三组模型生成的三维随机孔隙结构图，图中密布的网格节点与节点间相连的配位键形成的灰黑色圆柱状管道就代表了土壤中的孔隙。由于 Model 8-1 与 Model 8-3 模型中网格节点数较少所以在生成的孔隙结构中存在的孔隙特别是细小孔隙与 Model 16-1 模型相比缺少很多，影响了模型的计算精度。

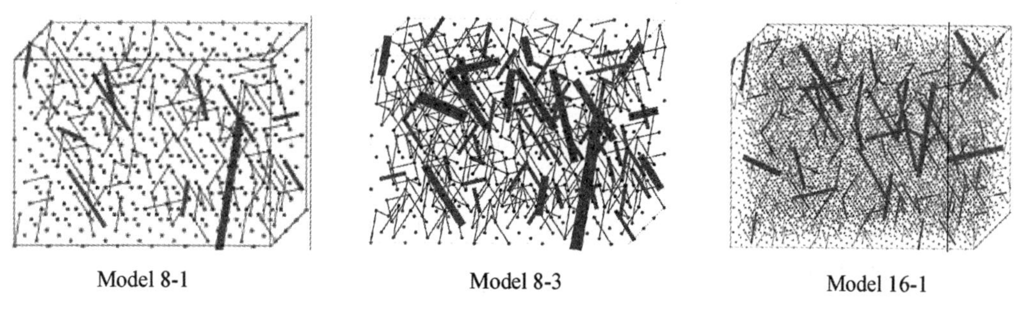

图 3 三组模型生成的三维随机孔隙结构

Fig. 3 three dimensions random network model constructed by different parameters

图 4 为在相同压力水头下 Model 16-1、Model 8-1 及 Model 8-3 三组模型的计算值与实测值的对比关系，图中 Model 16-1 模型的对应点在标准线附近分布，说明此模型的计算值与实测值较为接近，Model 8-1 与 Model 8-3 模型的对应点大多在标准线以下，说明模型的计算值与实测值相比整体偏小。图 5 显示了 Model 16-1、Model 8-1 及 Model 8-3 三组模型模拟的水分特征曲线，Model 8-1 与 Model 8-3 模拟的水分特征曲线大多在实测值以下，计算出的体积水分含量数值偏小，与实测值误差较大。Model 16-1 模拟的水分特征曲线正好穿过实测值，计算出的体积水分含量与实测值较为接近，模拟效果最好。

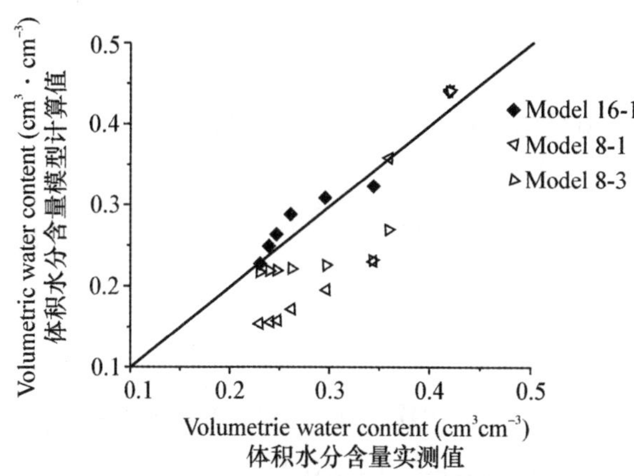

图 4 三种模型模拟体积水分含量的精度对比

Fig. 4 Precision contrasting of simulated and measured volumetric water content

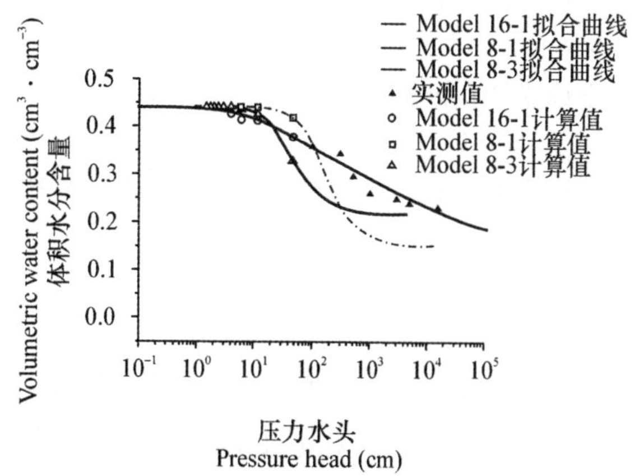

图 5 Model 16-1、Model 8-1、Model 8-3 模拟水分特征曲线

Fig. 5 Water retention curve of loam clay calculated from morphology-based random network model

4 结 论

1)综合考虑随机网络模型的运算时间、模拟水分特征曲线的精度以及模型生成的三维随机孔隙结构的效果等方面的因素，模型的网格节点数选为 16×16×16 每个节点位置的配位数选为 1 时模型模拟出的水分特征曲线与实测值比较相符。只要选取的模型参数合适，基于土壤孔隙形态学特征建立的随机网络模型可以模拟出与土壤样本实测值非常接近的水分特征曲线，可以作为一种快速测量的方法。

2)CT 测量的精度直接影响模型的计算能力，常规商用 CT 的分辨率一般在 50～100 μm，大大限制了随机网络模型的计算范围，如果能在扫描精度上获得进一步突破，就可为今后更小尺度上的研究提供更准确、翔实的数据，使网络模型能更逼真地反映小孔隙对土壤水分持留与传输的影响。

3)随机网络模型的参数选择并不是唯一的，使得运用模型计算时需要根据不同土壤质地调整模型参数，而且随机网络模型虽然能够较好的模拟土壤水分特征曲线，但是却不能很好的模拟水力传导率函数，想要解决这一问题就必须模型中加入能够反映实际孔隙连通状况的连通性函数，基于孔隙形态学特征建立相关网络模型才能更准确的研究水分和溶质在非饱和带中的运移情况。

参考文献

[1] Vogel H J,Roth K. A new approach for determining effective soil hydraulic functions[J]. European Journal of Soil Science,1998,49:547-556

[2] Chartzis I,Dullien F A L. Modeling pore structure by 2-D and 3-D networks with application to sandstone[J]. Journal of Canadian Petroleum Technology,1977,16:97-108

[3] Chandler R,Koplik J,Lerman K,Willemsen J F. Capillary displacement and percolation in porous media [J]. Journal of Fluid Mechanics,1982,119:249-267

[4] Ferrand L A,Celia M A. The effect of heterogeneity on the drainage capillary pressure—saturation relation[J]. Water Resources Research,1992,28:859-870

[5] Rajarama H,Ferrand L A,Celia M A. Prediction of relative permeabilities for unconsolidated soil using pore-scale network models[J]. Water Resources Research,1997,33:43-52

[6] Blunt M,P King. Macroscopic parameters from simulations of pore scale flow[J]. Physical Review A, 1990,42:4780-4787

[7] 冯杰，郝振纯. CT 扫描确定土壤大孔隙分布[J]. 水科学进展,2002. 13(5):611-617

[8] 李德成，Velde B，张桃林. 利用土壤的序列数字图像技术研究孔隙小尺度特征[J]. 土壤学报,2003,40:524-528

[9] 李德成，B Velde，J F Delerue，张桃林. 用于研究土壤孔隙三维结构的连续数字图像的制备. 土壤与环境，2001,10:108-110

[10] 吕菲，刘建立，何娟. 利用 CT 数字图像和网络模型预测近饱和土壤水力学性质[J]. 农业工程学报，2008. 24(5)

Prediction of Near Saturated Soil Water Retention Curve Using by CT Images and Random Network Model

Lü Fei[1,2] ,Liu Jianli[2] ,He Juan[1,2]

(1. Graduate University of Chinese Academy of Sciences,Beijing 100049,China)

(2. Institute of Soil Science,Chinese Academy of Sciences,Nanjing 210008,China)

Abstract Water retention curve of near saturated soil is a key parameter in quantitative modeling of water flow and solute transport in the vadose zone, which has direct relation with soil pore geometry and topology. In this paper, digital images of sequential soil sections were obtained by computerized tomography (CT) and pore-size distribution were determined by digital image analysis. A spatially-random network model by using measured pore morphology was then set up to simulate the pore scale flow processes, and to predict the soil water retention curve near saturation. Result indicate that, to adjust the parameters, the random network model can agree well with water retention curve measured on laboratory samples, this method can be used as a fast detection.

Key words CT; image analysis; random network model; soil water retention curve

生活污泥施用于上海滩涂土壤的氮磷淋失研究*

张琪　方海兰

(上海市园林科学研究所,上海　200232)

摘要:污泥土地利用时,其中富含的氮、磷可能会对地下水造成污染。本研究通过测定模拟土柱淋洗液,分析了两种污泥中氮、磷在上海滩涂土壤中的迁移性。测定项目包括:pH、EC、硝态氮、全磷。结果表明,土壤淋洗液的pH变化不大,电导率、硝态氮、全磷则明显增大,并随淋洗次数的增多逐渐恢复到空白水平;淋洗液的电导率与硝态氮和全磷含量间存在较好的正相关关系;硝态氮和全磷的淋失总量与污泥施用量间存在较好的正相关关系。施用量程桥污泥控制在20%不会对地下水造成氮、磷污染,竹园污泥由于硝态氮含量较高极易造成氮的污染。

关键词:污泥;地下水;氮;磷;淋滤

上海位于长江口、杭州湾交汇处,拥有丰富的滩涂资源,现有土地的62%是通过两千多年不断圈围形成的[1]。近年来,随着上海对临港新城和崇明三岛开发力度的加大,这些区域将导入大量的人口,随之而来对现有的绿化提出了更高的要求,但这些区域的滩涂土壤普遍存在pH过高、有机质和养分含量低的特性,不能满足城市绿化的需要,因此急需富含有机质和养分的有机物料进行改良。城市生活污泥pH较低,富含有机质和氮、磷等养分。研究表明,生活污泥中病原菌在土壤中的存活率及有毒重金属在作物中的累积量都极低,施用污泥对作物增产、培肥地力以及修复和改良土壤的效果较显著[2~4]。另外,生活污泥应用到园林绿化上,不进入食物链,比污泥的其他土地利用方式更安全。因此,在不污染环境的前提下,进一步提高污泥在园林绿化上的利用比例,不但可节省化肥和土壤改良物质的用量,更有助于合理处置污泥,具有经济和环境双重效益。但目前对于污泥施用过程中,其富含的氮、磷对地下水的影响尚不清楚。为此,本研究采用模拟土柱的方法,研究了淋滤条件下生活污泥中氮、磷的下渗特性,为城市生活污泥的合理与广泛应用提供一定的科学依据。

1　材料与方法

1.1　实验装置

土柱材料为有机玻璃,内径10 cm,高100 cm,底部5 cm处为钻有2 mm孔径过滤板,过滤板上是8 cm装有卵石的过滤层,淋滤液通过过滤层和过滤板后从底部出水口流出,见图1。考虑到上海的地下水位多在80 cm左右,设置过滤层上土柱的工作长度也为80 cm,其中上部25 cm为按一定重量比例混有污泥的本底土壤,空白土柱则全是本底土壤。

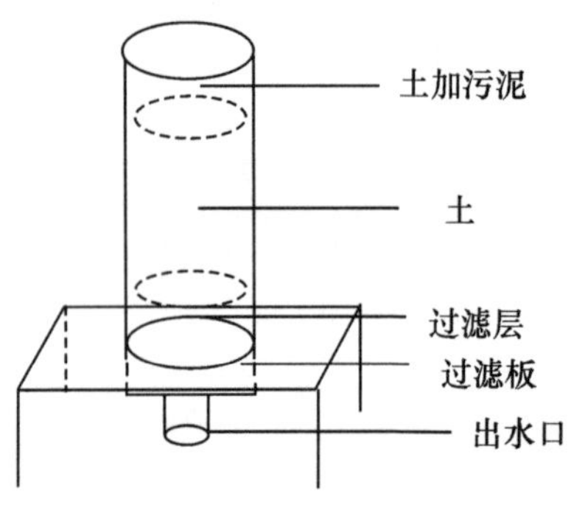

图1　土柱示意图
Fig. 1　The sketch map of soil columns

1.2　实验方法

实验所用的土壤取自上海白龙港码头,风干后过2 mm筛。供试污泥有2种,一种来自上海竹园污水处理厂,腐熟度程度较高;另一种为程桥污水处理厂的半腐熟污泥。其理化性能见表1。土壤与竹园污泥的重量混合比例为10%、20%、30%,与程桥污泥的混合比例为5%、10%、20%,

* 上海市标准专项(05dz05041)

每个处理重复3次。装柱时使下层土壤接近自然状态下的容重(1.33 g/cm³),上层混有污泥的土壤则自然沉实。土柱装好后从底部出水口供水,使土壤通过毛管上升水湿润达饱和状态后,开始从土柱上部加水,每次800 mL,每4天1次,共10次,所浇水量相当于上海市1年的总降雨量。实验所用水为去离子水。在出水口用塑料瓶收集淋滤液,测定淋滤液中硝态氮、全磷、pH、电导率(electric conductivity,简称EC)。

表1 供试土壤和污泥的理化性能

Table 1 Chemical properties of the soil and sewage sludge

	pH	EC (ms·cm^{-1})	有机质 OM (g·kg^{-1})	全氮 Total N (g·kg^{-1})	全磷 Total P (g·kg^{-1})	水解氮 Hydrolyzable N (mg·kg^{-1})	硝态氮 Nitrate (mg·kg^{-1})	速效磷 Available P (mg·kg^{-1})	黏粒 Clay (%)
竹园污泥 Zhuyuan sludge	6.20	6.23	339.6	14.0	36.0	1 966	481.1	115	—
程桥污泥 Chengqiao sludge	5.61	9.90	736.1	32.8	16.0	5 592	33.93	531	—
土壤 Soil	8.76	0.11	4.64	0.67	0.67	—	—	—	15.7

1.3 分析方法

土壤理化分析按森林土壤分析方法林业行业标准(LY/T 1210～1275—1999)规定执行[5]。其中pH用LY/T 1239—1999方法测定,全盐量采用电导法用LY/T 1251—1999测定,有机质用LY/T 1237—1999,全氮用LY/T 1228—1999测定,全磷用LY/T 1232—1999测定,水解性氮用LY/T 1229—1999测定,硝态氮用LY/T 1230—1999测定,速效磷用LY/T 1233—1999测定,黏粒用LY/T 1225—1999测定。淋滤液总磷用《水质 总磷的测定 钼酸铵分光光度法》GB 11893—89[6];硝态氮用《水质 硝酸盐氮的测定 酚二磺酸分光光度法》GB 7480—87[7];pH、EC用《森林土壤水化学分析》LY/T 1275—1999[5]。

1.4 数据处理

数据统计采用SPSS13.0软件,图表在Excel2003中制作完成。

2 结果与讨论

2.1 淋滤液pH的变化

图2、图3是土柱淋滤液pH的变化曲线图。由图2可以看出,由于土壤本身具有很强的缓冲能力,施入污泥后土壤淋滤液的pH值较空白没有明显变化。图3显示第3、4次淋滤液的pH较空白降幅较大,且污泥比例越高,pH越小。当污泥比例为30%时,淋滤液pH在第3、4次时比空白低0.9左右。这是由于程桥污泥pH比供试土壤低很多,因此污泥比例越高,所加入的酸性物质越多,pH在淋滤初期的降幅也越大。当易淋溶的酸性物质基本渗漏完后,pH上升,并与空白差别不大,一直稳定在8.2左右。

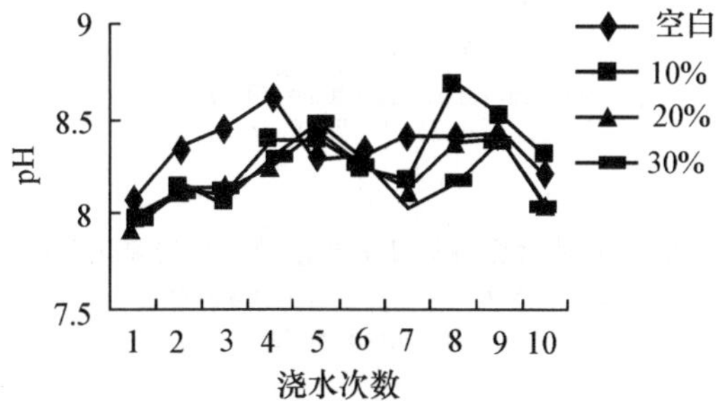

图2 竹园污泥各处理淋滤液的pH值曲线

Fig. 2 pH curve of leachates from soils receiving zhuyuan sludge

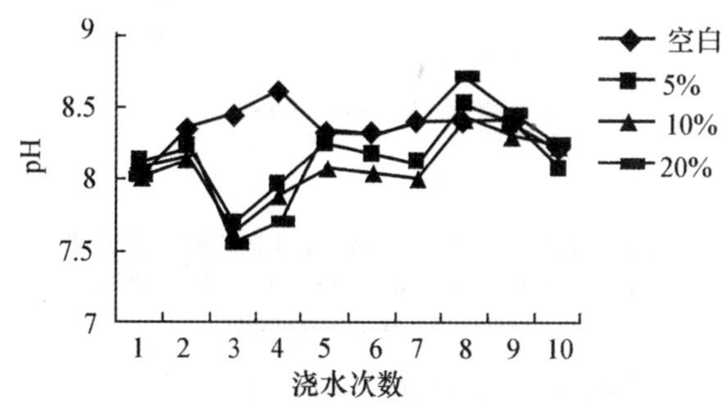

图3 程桥污泥各处理淋滤液的pH值曲线

Fig. 3 pH curve of leachates from soils chengqiao sludge

2.2 淋滤液电导率(EC)的变化

EC值是衡量水溶液中离子态物质总含量的一个指标。土柱淋滤液的EC值越高,所淋滤出来的盐基离子越多,对地下水造成污染的风险越大。从图4、5可以看出,2种污泥处理的土壤淋滤液EC值变化曲线基本一致。在淋滤初期,混有污泥的土壤淋滤液EC值均迅速升高,并分别在第4次、第3次达到最大值,且污泥比例越高,EC的最大值越大。这是由于污泥施入土壤后,离子在土壤中有一个溶解—固定、吸附—解吸的过程。前几次淋洗,平稳时间过短未能达到平衡,第4次或第3次淋洗时,土壤中的离子达到平衡,淋出量最大,所以测得的EC值最大。之后随着淋滤次数的增加,EC值迅速下降,最后EC值接近于空白土壤。这说明引起淋滤液EC值变化的主要是污泥中存在的大量溶于水,不易被土壤吸附的盐类物质,它们随淋滤液从土柱中迅速迁移出来,从而可能对地下水造成污染。

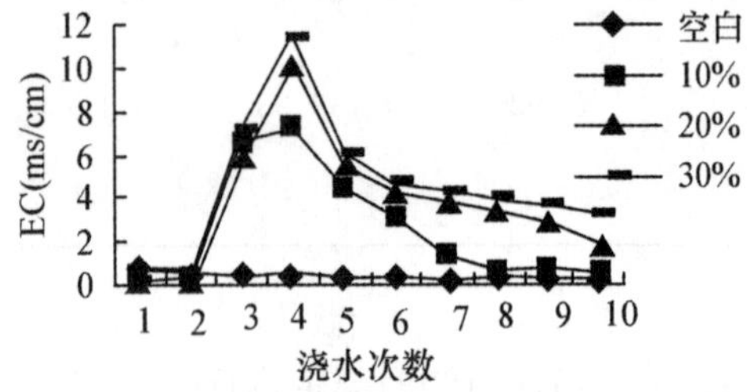

图4 竹园污泥各处理淋滤液的EC值曲线

Fig. 4 EC curve of leachates from soils receiving receiving zhuyuan sludge

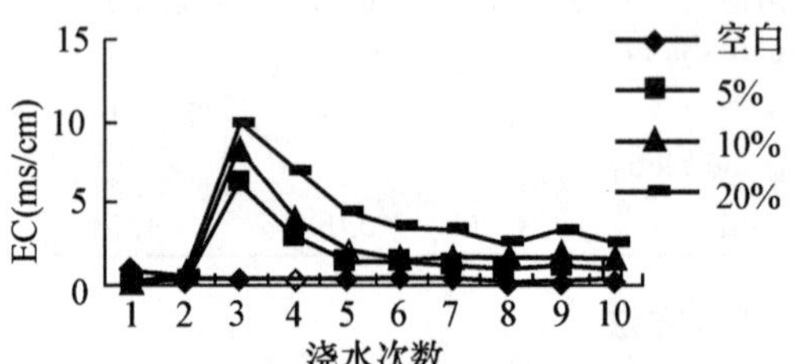

图5 程桥污泥各处理淋滤液的EC值曲线

Fig. 5 EC curve of leachates from soils chengqiao sludge

2.3 淋滤液中硝态氮含量的变化

污泥中的氮素以有机及无机状态存在,它们与土壤胶体间发生着各种物理、化学等综合作用,一部分氮素形成N_2、N_2O散逸到空气中,另一部分经硝化作用形成硝态氮,随水在土壤中移动,污染地下水[8]。由于硝态氮具有易溶性及不易被土壤吸附的特性,若污泥施用过量,就会对地下水的水质造成威胁。图6、图7为淋滤液中硝态氮含量的变化曲线图。从图中可以看出,硝态氮在淋滤初期就迅速上升,在第4次或第3次达到最大值。竹园污泥10%、20%、30%比例的淋滤液NO_3最大值分别为107.31、489.92、568.58 mg/L,存在较大的污染可能性。程桥污泥5%、10%、20%比例NO_3最大值为1.75、3.06、4.53 mg/L,分别符合地下水质量一类(≤2 mg/L)和二类标准(≤5 mg/L)[9]。竹园污泥处理的淋滤液中NO_3的含量要远远大于程桥污泥处理,这是因为竹园污泥已充分腐熟,氮元素主要以硝态氮的形态存在,而程桥污泥腐熟程度不高,硝态氮含量较低。

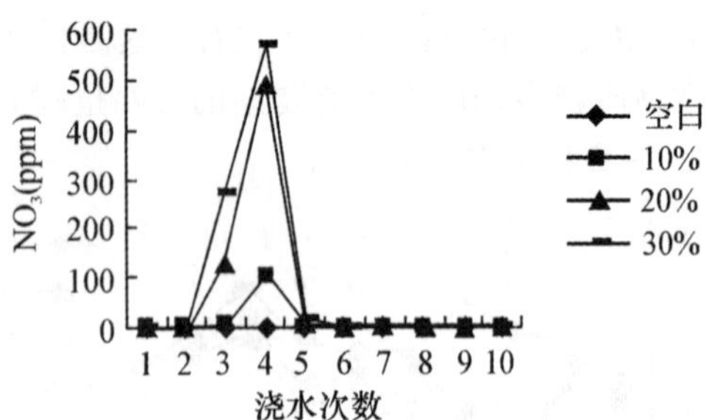

图6 竹园污泥各处理淋滤液硝态氮的变化曲线

Fig. 6 NO_3 curve of leachates from soils receiving receiving zhuyuan sludge

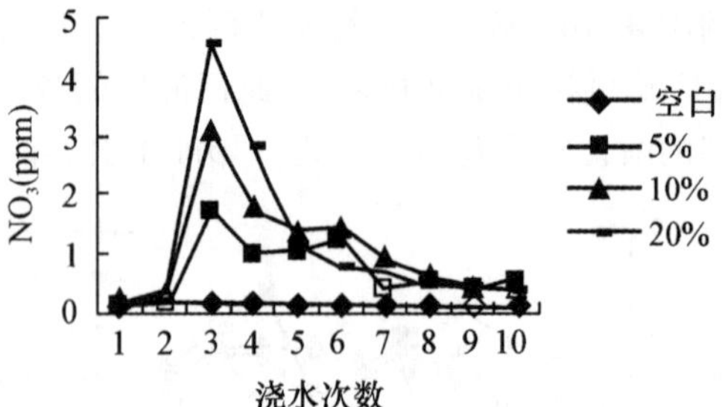

图7 程桥污泥各处理淋滤液硝态氮的变化曲线

Fig. 7 NO_3 curve of leachates from soils chenqiao sludge

2.4 淋滤液全磷的变化

图8、图9为淋滤液中全磷浓度随浇水次数的变化曲线图。从图中可以看出,在淋滤初期淋滤液中全磷浓度迅速上升,在第4次达到最大值后迅速下降至空白水平,且淋滤液中程桥污泥处理的全磷含量远大于竹

园污泥处理，这是因为淋滤液中的磷主要是易于随土壤溶液迁移的速效磷，而程桥污泥中速效磷的含量远大于竹园污泥。竹园污泥 10%、20%、30%处理的渗滤液全磷最大值分别为 0.30、0.72、0.82 mg/L，程桥污泥 5%、10%、20%比例全磷最大值分别为 1.11、2.81、6.62 mg/L。《农田灌溉水质标准》(GB 5084—92)[10]中规定水作时水质全磷≤5 mg/L，旱作全磷≤10 mg/L。因此施污泥后，土柱淋滤液的全磷会增加，但对地下水造成污染的风险较小。

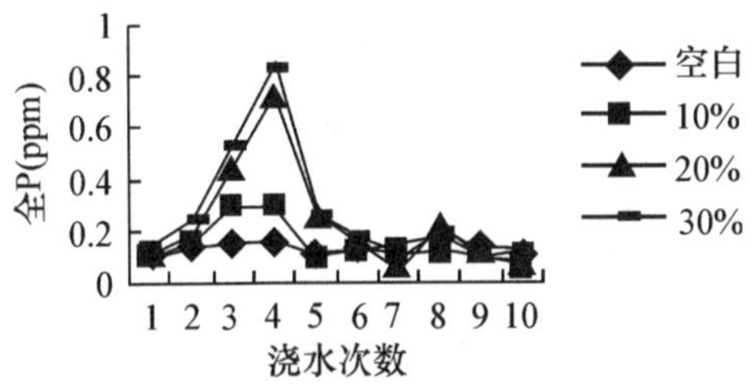

图8 竹园污泥各处理淋滤液全磷的变化曲线

Fig. 8 P curve of leachates from soils receiving zhuyuan sludge

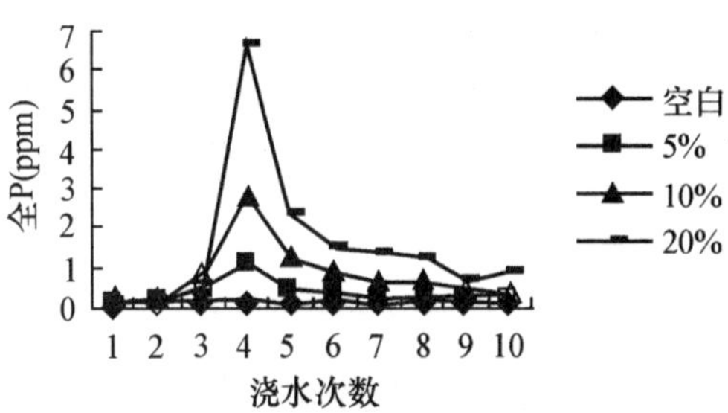

图 9 程桥污泥各处理淋滤液全磷的变化曲线

Fig. 9 P curve of leachates from soils receiving chenqiao sludge

由图 6 至图 9 可知，每种处理硝态氮、全磷的渗漏量都有不同程度的增加，但本实验是在不种植物，水分主要是从上到下运动的条件下进行的，忽略了土壤溶液横向运动的影响，因此，可以认为这是土壤养分的最大淋失潜力。如果存在地面植被，污泥中氮、磷的渗漏量会由于植物根系的吸收和阻隔而大大降低。另外，本研究实验用水为去离子水，而城市降雨由于存在酸沉降，pH 值偏酸，这可能会增加氮、磷的渗漏，因此污泥的土地利用应尽量避开雨季。

2.5 淋滤液硝态氮、全磷、pH、EC 间的相关性

表 2、表 3 为各处理淋滤液中硝态氮、全磷、pH、EC 间的相关系数表。由表中可知，各种处理淋滤液中，EC 与硝态氮和全磷都呈正相关，绝大部分处理的相关系数都达到显著、极显著水平，而且硝态氮和全磷在土柱中的淋滤量也较大，因此硝态氮和全磷的淋滤是引起淋滤液 EC 增大的原因之一。表 2、表 3 的结果还表明，硝态氮和全磷也呈正相关关系，大多也达到显著、极显著水平，这说明淋滤的磷多为速效态，易于随水迁移。

表 2 竹园污泥处理淋滤液各因素的相关系数(n=10)

Table 2 Correlation coefficients between various parameters determined in the leachates from soils receiving zhuyuan sludge

	10%			20%			30%		
	EC	NO_3	P	EC	NO_3	P	EC	NO_3	P
NO_3	0.673*			0.816**			0.836**		
P	0.828**	0.691*		0.852**	0.932**		0.823**	0.977**	
pH	−0.014	−0.151	0.148	0.426	−0.043	0.194	0.453	0.141	0.194

注：* 为显著水平，** 为极显著水平，下同。

表 3 程桥污泥处理淋滤液各因素的相关系数(n=10)

Table 3 Correlation coefficients between various parameters determined in the leachates from soils receiving chenqiao sludge

	5%			10%			20%		
	EC	NO_3	P	EC	NO_3	P	EC	NO_3	P
NO_3	0.835**			0.928**			0.954**		
P	0.498	0.566		0.399	0.514		0.408	0.333	
pH	−0.748*	−0.578	−0.421	−0.732*	−0.793**	−0.368	−0.648*	−0.799**	−0.315

2.6 污泥施用量与氮磷渗漏量的关系

土柱硝态氮淋失量与污泥施用量有较好的相关关系，其中竹园污泥处理中两者有显著相关（r=0.968 4）（图 10），程桥污泥处理也有较好的相关性（r=0.888 5）（图 11）。土柱的全磷淋失量与污泥的施用量也存在较好的相关性，其中竹园污泥处理存在显著相关（r=0.971 6）（图 12），程桥污泥处理存在极显著相关（r=0.995 8）（图 13）。

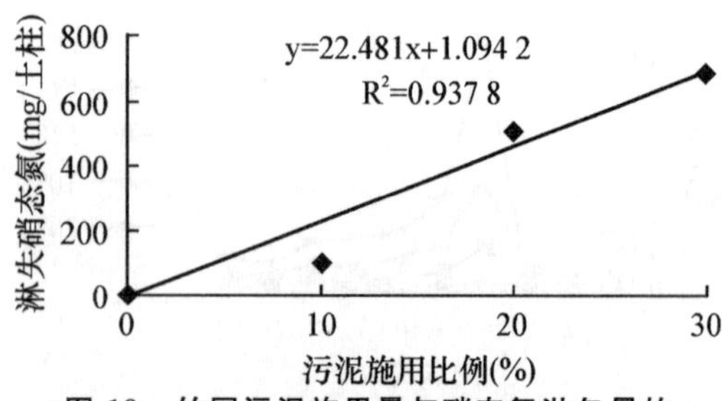

图 10 竹园污泥施用量与硝态氮淋失量的相关性的相关性

Fig. 10 Correlation between Zhuyuan sludge content and NO_3 leaching

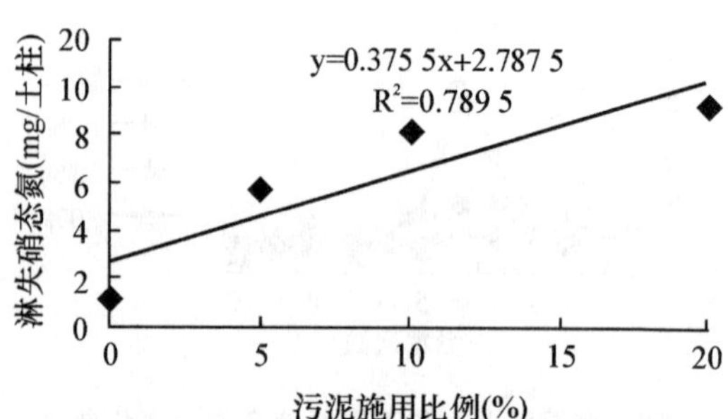

图 11 程桥污泥施用量与硝态氮淋失量

Fig. 11 Correlation between Chenqiao sludge content and NO_3 leaching

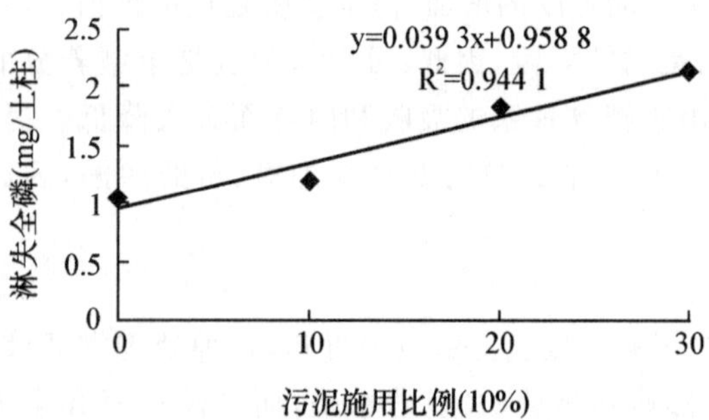

图 12 竹园污泥施用量与全磷淋失量的相关性

Fig. 12 Correlation between Zhuyuan sludge content content and total P leaching

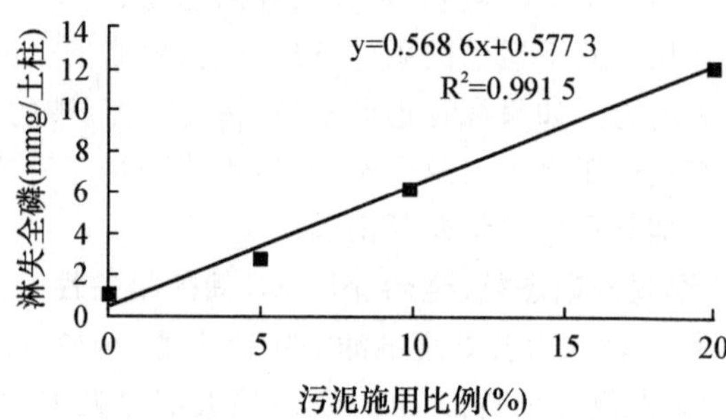

图 13 程桥污泥施用量与全磷淋失量的相关性

Fig. 13 Correlation between Chenqiao sludge and total P leaching

3 结 论

1）施用污泥后各处理淋滤液的 pH 较空白会有不同程度的下降，但由于土壤具有较大的缓冲能力，在淋滤末期各处理淋滤液与空白基本无差异。

2）各处理在淋滤初期可溶性的盐基离子迅速迁移出土体，使淋滤液 EC 值多在第 3、4 次的淋滤过程中达到最大值，随后迅速下降。

3）各处理淋滤液的硝态氮含量都较空白有所增加。程桥污泥与土壤的混合比例在 20%以内不会引起地下水的污染。竹园污泥硝态氮含量极高，容易引起硝态氮对地下水的污染。

4）各处理淋滤液的全磷含量都较空白有所增加，但都符合《农田灌溉水质标准》，因此对地下水造成磷污染的可能性较小。

5）土柱硝态氮、全磷的淋失量与污泥施用比例存在较好的相关关系。

6）将污泥土地利用的前提是不造成环境的污染，因此必须考虑污泥本身的性质和施用条件。对于盐分含量高的污泥可以在施用前进行预先淋洗。另外在选择施用地时，尽量选择有机质含量较高、土壤质地粘重的地块，这样可增加土壤对氮、磷的吸附，较大程度的减少它们的向下淋洗。

参考文献

[1] 李九发,戴志军,应铭,等.上海市沿海滩涂土地资源圈围与潮滩发育演变分析.自然资源学报,2007,22(3):361-371

[2] 周立祥,胡霭堂,戈乃玢,等.城市污泥土地利用研究.生态学报,1999,19(2):185-193

[3] 王新,陈涛,梁仁禄,等.污泥土地利用对农作物及土壤的影响研究.应用生态学,2002,13(2):163-166

[4] 李贵宝,尹澄清,林永标,等.城市污泥对退化森林生态系统土壤的人工熟化研究.应用生态学报,2002,13(2):159-162

[5] LY/T 1210～1275—1999 森林土壤分析方法,北京:中国标准出版社,2000:57-334

[6] GB 11893—89.水质 总磷的测定 钼酸铵分光光度法.1989

[7] GB 7480—87.水质 硝酸盐氮的测定 酚二磺酸分光光度法.1987

[8] 陈涛,熊先哲.污泥的农林处置与利用、生态学杂志,2000,19(6):54-57

[9] GB/T 14848—93 地下水质量标准.1993

[10] GB 5084—92 农田灌溉水质标准,1992

Leaching Characters of Nitrogen and Phosphorus in Tidal-flat Soil Receiving Sludge in Shanghai

Zhang Qi, Fang Hailan

(Shanghai Institute of Landscape Gardening, Shanghai 200232)

Abstract Nitrogen and phosphorus in sludge may polluted underground water when sludge is applicated to soil, then their leaching ability in tidal-flat soil was assessed by application of two kinds of sludges onto soil columns. The soil had been applied 5%, 10% and 20% for Chenqiao sludge; 10%, 20% and 30% for Zhuyuan sludge. The leachates were analyzed for pH, EC, nitrate and total phosphorus. The results showed that: the leachates' pH had little variance, but EC, nitrate and total phosphorus increased significantly, then quickly returned to control experiment level with irrigating. EC has positive correlation with nitrate and total phosphorus, besides leaching of nitrate and total phosphorus has positive correlation with sludge content. In addition, underground water will not be polluted by nitrate and phosphorus when the application of sludge was controlled within the range of 20% for Chenqiao sludge but will be polluted by nitrate for Zhuyuan sludge.

Key words sludge; underground water; nitrogen; phosphorus; leachability

水分亏缺和施肥对玉米干物质积累和水分利用的影响*

王熊军　李伏生　曾黎明　陆文娟　银秋玲

（广西大学农学院，广西南宁　530005）

摘要：本文通过盆栽试验，研究了在不同施肥条件下，水分亏缺对玉米（Zea *Mays* L.）干物质积累以及水分利用的影响。结果表明：玉米苗期—拔节前期轻度缺水（A_3）和拔节后期—抽穗期轻度缺水（B_2）不会明显减少干物质总量积累。与正常灌水相比，F_1 和 F_2 条件下，A_3B_2 提高玉米水分利用效率（WUE）；不同施氮条件下，玉米不同生育期进行不同水分亏缺处理一般提高 WUE。此外，在一定施氮范围内，玉米 WUE 随着氮肥的增加而增加。

关键词：玉米；水分亏缺；水分利用；施肥

调亏灌溉（Regulated Deficit Irrigation，RDI）是一种是根据作物的遗传、生理、生态特性在其生育期内的某一特定时期人为主动地施加一定程度的水分胁迫，调节其光合作用产物向不同组织器官分配，调控地上和地下生长动态的灌溉新技术[1]。目前该技术已在果树、小麦和棉花上取得了较好的应用效果。Tatura 中心[2-3]在果园内的研究表明，水分亏缺会直接威胁果树长势使之产生萎蔫现象，但光合作用和有机物由叶片向果实的运输过程所受影响甚小。早期适度水分亏缺在某些作物上有利于增产[4]。Rowson 和 Turner[5]的向日葵试验表明，控水使光合产物的分配发生迁移，与不受水分胁迫处理相比较能多产籽粒。蔡焕杰和康绍忠[6]在陕西长武、甘肃民勤等地的小麦和棉花的试验结果也得出，水分亏缺程度可达到田间持水量的45%～50%而对作物的产量没有不利影响，但可明显提高作物水分利用效率。目前有关玉米不同生育时期进行水分亏缺调控也有不少试验研究。如孟兆江等[7]在对夏玉米不同程度的调亏研究中发现，产量最高的处理比对照提高 54.19%，节水 14.75%；另有 3 个处理分别比对照增产 39.68%，17.42%和 11.94%，节水 6.71%～116.07%。但国内外有关玉米不同时期连续进行水分亏缺和施肥量相结合的研究报道还很少。因此本文研究了在不同施肥条件下，不同时期连续进行水分亏缺对玉米干物质积累和水分利用的效应，以期为南方酸性红壤上的玉米科学灌水施肥提供一定依据。

1　材料与方法

1.1　供试材料

盆栽试验均在广西大学农业资源与环境专业温网室内进行。供试土壤采自本校农场第四纪红色黏土发育的赤红土，经风干、碾碎，并过 5 mm 孔径的筛。盆栽试验 1 土壤 pH 为 5.5，碱解氮（N）86.6 mg/kg，速效磷（P）44.4 mg/kg，速效钾（K）117.3 mg/kg，田间持水量为 30%。盆栽试验 2 土壤 pH 为 5.5，碱解氮（N）85.0 mg/kg，速效磷（P）38.5 mg/kg，速效钾（K）118.0 mg/kg，田间持水量为 30%（质量百分数）。两试验供试玉米品种均为豫玉。

1.2　试验方法

试验 1 设 2 个因素，即：施肥水平、不同生育时期水分亏缺。试验共 14 个处理，每个处理重复 4 次，共56 盆。

①施肥水平：设 2 个水平：低肥（F_1）和高肥（F_2）。F_1：N 0.075 g/kg，P_2O_5 0.05 g/kg，K_2O 0.075 g/kg；

* 基金项目：广西教育厅项目（2006-26），国家重点基础研究发展计划课题（2006CB403406）

F_2:N 0.15 g/kg,P_2O_5 0.1 g/kg,K_2O 0.15 g/kg。此外,每盆用 $CaCO_3$ 作基肥中和土壤酸性(CaO 1 g/kg 土)。氮肥用尿素(含 N46%),其中 60%作基肥,40%作追肥;磷肥施用磷酸二氢钾(含 P_2O_5 52%);钾肥施用磷酸二氢钾(含 K_2O34%)和氯化钾(含 K_2O60%)。其中 60%氮肥和钾肥以及全部磷肥作基肥。

②设 7 个不同生育时期水分亏缺(表 1):各水分亏缺处理未提及的生育期均进行正常灌水。

表 1 玉米不同时期水分亏缺处理

Table 1 Treatment of water deficit in different growth stages of maize

水分亏缺 Water deficit	代号 Symbol	苗期—拔节前期(A) Seedling-early joining stage	拔节后期—抽穗(B) Later joining-heading stage
苗期—拔节前期重度	A_1	30%~40%θ_f	60%~70%θ_f
苗期—拔节前期中度	A_2	40%~50%θ_f	60%~70%θ_f
苗期—拔节前期轻度	A_3	50%~60%θ_f	60%~70%θ_f
苗期—拔节前期轻度+拔节后期—抽穗期轻度	A_3B_2	50%~60%θ_f	50%~60%θ_f
拔节后期—抽穗期中度	B_1	60%~70%θ_f	40%~50%θ_f
拔节后期—抽穗期轻度	B_2	60%~70%θ_f	50%~60%θ_f
对照(正常灌水)	CK	60%~70%θ_f	60%~70%θ_f

注:θ_f 为田间持水量。

试验 2 也设 2 个因素,即:施氮水平、不同生育时期水分亏缺。试验采用完全设计,共 21 个处理,每个处理重复 3 次,共 63 盆。

①施氮水平:设 3 个水平:N_1:施用 0.075 g N/kg 土;N_2:施用 0.15 g N/kg 土;N_3:施用 0.2 g N/kg 土。所有处理均施入 0.1 g P_2O_5/kg,0.15 g K_2O/kg。此外,每盆用 $CaCO_3$ 作基肥中和土壤酸性(CaO 1 g/kg 土)。氮肥用尿素(含 N46%),其中 60%作基肥,40%作追肥;磷肥施用磷酸二氢钾(含 P_2O_5 52%);钾肥施用磷酸二氢钾(含 K_2O 34%)和氯化钾(含 K_2O 60%)。其中 60%氮肥和钾肥以及全部磷肥作基肥。

②设 7 个不同生育时期水分亏缺(表 1):各水分亏缺处理未提及的生育期均进行正常灌水,此外,抽穗后统一控水为 70%~80%θ_f。

试验 1 和试验 2 各处理均在塑料桶(上部开口直径 33 cm,底部直径 24 cm,高 23 cm)中进行,桶内各靠边缘中间置放两个内径 2 cm 的 PVC 管用于供水(置于土壤中 PVC 管部分均匀打数个小孔,底部与四周均有细塑料纱网布包裹,这样可以防止土壤因灌水而引起的土壤板结)。种植前每个处理均灌至田间持水量的 70%。

试验 1 于 2006 年 10 月 12 日在各处理每盆播种经催芽 1 d 的玉米 6 粒,待长至两叶一心期,每桶留长势均匀的植株各 2 株。待玉米长至 3、4 叶时,于 10 月 27 日进行苗期—拔节前期水分控制,于 11 月 15 日结束(播后 15~34 d);11 月 16 日进行拔节后期—抽穗期水分控制,12 月 5 日结束(播后 35~54 d)。灌水量控制在各自设定范围内,用称重法测定其土壤含水率,通过水量平衡法计算耗水量和灌水量,称重间隔时间为 1 d,用量筒量取灌水量,并记下每次各个处理的灌水量。试验于 2006 年 12 月 15 日结束。

试验 2 于 2007 年 3 月 12 日每盆各播 6 粒已催芽种子,待长至两叶一心期,每桶留长势均匀的植株各 2 株,3 月 22 日间苗。待玉米长至 3—4 叶时,3 月 17 日进行苗期—拔节前期水分控制,于 4 月 15 日结束(播后 15~34 d);4 月 16 日进行拔节后期—抽穗期水分控制,5 月 5 日结束(播后 35~54 d)。进行水分控制。灌水量控制在各自设定范围内,用称重法测定其土壤含水率,通过水量平衡法计算耗水量和灌水量,称重间隔时间为 1 d,用量筒量取灌水量,并记下每次各个处理的灌水量。试验于 2007 年 5 月 15 日结束。

试验结束后,植株经烘干后测定干物重。玉米冠层水分利用效率(WUE)用下式计算:

$$冠层水分利用效率(\mathrm{kg/m^3})=\frac{干物质总质量(冠干物质+根系干物质)}{耗水量}$$

1.3 统计方法

试验数据方差分析采用DPS数据处理软件进行分析[8]。玉米各生育时期水分亏缺试验的方差分析包括水分亏缺，施肥水平及它们之间的交互效应。多重比较用Duncan法，小写字母不同差异显著(5%水平)，小写字母相同者表示不显著。

2 结果分析

2.1 水分亏缺与施肥水平对植株干物质积累的影响

由表2可知，水分亏缺对玉米地上部干物重有极显著影响。与CK相比，F_1和F_2条件下，玉米苗期—拔节前期(A)和拔节后期—抽穗期(B)水分亏缺处理的地上部干物重都有所减少。与CK相比，F_1中，A_1到B_2降幅分别为35.38%、19.30%、11.79%、18.95%、17.76%、24.87%，并且A_1和B_2相对CK差异显著；F_2中，A_1到B_2降幅分别为32.66%、25.11%、18.81%、22.64%、15.64%、14.78%，并且A_1、A_2、A_3B_2相对CK差异显著。由此可知，F_1条件下，水分亏缺不利于玉米地上部干物质积累；而F_2条件下，玉米苗期—拔节前期和拔节后期—抽穗期轻度缺水则不会造成地上部干物质积累明显减少。此外，施肥一般增加玉米地上部干物重。

表2 水分亏缺与施肥水平对玉米植株干物质积累的影响
Table 2 Effect of water deficit and fertilization level on dry mass accumulation of maize

施肥水平 Fertilization level	水分亏缺 Water deficit	地上部(g/株) Shoots (g/plant)	根系(g/株) Roots (g/plant)	干物质总量(g/株) Total (g/plant)
F_1	A_1	36.90±5.43d	5.19±0.55efg	42.09±5.70 d
	A_2	46.08±5.17bcd	7.29±0.69bcdef	53.37±4.69 bcd
	A_3	50.37±11.01abcd	7.88±2.37abcd	58.25±13.38 abc
	A_3B_2	46.28±5.20bcd	5.42±0.74defg	51.70±4.81 cd
	B_1	46.96±6.33bcd	4.76±1.49fg	51.72±7.83 cd
	B_2	42.90±7.30cd	4.56±1.32g	46.46±7.55 cd
	CK	57.10±1.47ab	10.09±0.76a	67.19±1.95 ab
F_2	A_1	41.38±8.63cd	6.28±1.02cdefg	47.66±10.76 cd
	A_2	46.02±3.74bcd	7.79±1.44abcde	53.81±4.90 bcd
	A_3	49.89±2.03abcd	8.44±1.71abc	58.33±2.89 abc
	A_3B_2	47.54±7.80bcd	7.40±0.39abcde	54.94±7.80 abcd
	B_1	51.84±2.68abc	9.17±0.34ab	61.01±2.87 abc
	B_2	52.37±3.90abc	8.43±1.28abc	60.80±5.19 abc
	CK	61.45±4.47a	8.40±0.31abc	69.85±4.47 a
施肥水平		*	ns	*
水分亏缺		**	ns	**
施肥水平×水分亏缺		ns	**	ns

注：表中数值代表平均值±标准误差，小写字母a、b、c等表示同一列在$P_{0.05}$水平下的统计显著性差异，如不同小写字母，则处理之间差异显著(DPS，$p<0.05$)，如相同小写字母，则处理之间差异不显著(DPS，$p>0.05$)。

与CK相比，F_1时玉米苗期—拔节前期进行轻度缺水处理的地下部干物重有所减少，但是中度和重度水分亏缺则明显下降，减少了27.75%和48.56%。拔节后期—抽穗期进行不同程度水分亏缺后，地下部干物重均分别显著下降52.82%和54.81%。与CK相比，F_2时A_3、B_1、B_2提高了0.48%、9.17%和0.36%，其余水分亏缺处理略低于CK，降幅为25.24%、7.26%、11.90%。由此可知，F_1条件下，水分亏缺均不利于玉米地下部干物质积累;而 F2 条件下,玉米苗期—拔节前期轻度缺水和拔节后期—抽穗期缺水则不会造成地下部干物质积累减少。此外,施肥能在一定程度上增加玉米地下部干物重。

地下部与地上部之和组成玉米干物质总量。水分亏缺、施肥水平对玉米总干物量分别有显著和极显著影响。从表 2 可以看出,干物质总量变化与地上、地下部变化一致。与 CK 相比,F_1 中玉米苗期—拔节前期进行轻度缺水处理干物质总量略有减少,但中度和重度水分亏缺则显著下降,分别减少了 20.57%和 37.36%。拔节后期—抽穗期进行不同程度水分亏缺后,干物质总量均分别显著下降 23.02%和 23.02%。F_2 中,A_1 到 B_2 各水分亏缺处理均比 CK 小,降幅分别为 31.77%、22.96%、16.49%、21.35%、12.66%、12.96%,并且 A1、A2 与 CK 差异显著。由此可知,F_1、F_2 条件下,苗期—拔节前期重度和中度缺水不利于玉米干物质总量积累;而 F_2 条件下,玉米苗期—拔节前期轻度缺水和拔节后期—抽穗期缺水则不会明显减少干物质总量积累。此外,玉米干物质总量的变化为高肥>低肥。由表 3 可看出,水分亏缺和施氮水平对玉米干物质总量的影响均显著。与 CK 相比,N_1 时除 B_2 增加 1.31%外,其余不同时期各水分亏缺处理干物质总量都有所减少,但减少幅度不明显;N_2 时除 A_1 干物质总量显著下降 26.20%外,其余不同时期各水分亏缺处理干物质总量都未显著减少;N_3 时除 A_3 增加 4.33%外,其余不同时期各水分亏缺处理干物质总量都有所减少,但减少幅度不明显。与 N_1、N_2 中情况相似,N_3 中 A_3 干物质总量高于 A_1 和 A_2,且 B_2 高于 B_1,这说明且各水分亏缺处理中,干物质总量在轻度缺水均高于重度和中度缺水。N_1、N_2、N_3 中,都有 A_3>A_3B_2。随着施氮量的增加,N_2 中各水分亏缺处理玉米干物质总量均高于 N_1 中相应处理且大都具有显著性差异,并且玉米苗期—拔节前期轻度缺水(A_3)和拔节后期—抽穗期轻度缺水(B_2)不会明显减少干物质总量积累(表 3)。

表 3 水分亏缺与施氮水平对玉米植株干物质积累的影响

Table 3 Effect of water deficit and N level on dry matter accumulation of maize

水分亏缺 Water deficit	施氮水平 N level		
	N_1	N_2(g/plant)	N_3
A_1	21.07 ±2.03 h	22.76 ±2.32 fgh	24.81 ±2.51 bcdefgh
A_2	20.48 ±0.68 h	28.08 ±1.01 abcde	26.86 ±2.21 abcdef
A_3	23.19 ±0.38 efgh	28.64 ±1.05 abcd	31.09 ±2.82 a
A_3B_2	21.38 ±1.11 gh	26.45 ±0.25 abcdefg	29.03 ±1.43 abc
B_1	22.85 ±1.12 fgh	29.13 ±0.39 abc	26.37 ±0.74 abcdefg
B_2	23.99 ±0.63 cdefgh	30.79 ±1.18 a	27.42 ±2.39 abcdef
CK	23.68 ±1.04 defgh	30.84 ±5.76 a	29.80 ±0.62 ab
施氮水平		**	
水分亏缺		*	
施氮水平×水分亏缺		ns	

注:表中数值代表平均值±标准误差,小写字母 a、b、c 等表示的意义见表 2。

2.2 水分亏缺与施肥水平对玉米水分利用的影响

表 4 表明,水分亏缺对玉米耗水量的影响极显著。F_1、F_2 中各水分亏缺处理玉米耗水量均比 CK 处理有所降低,水分亏缺灌溉能在一定程度上减少玉米耗水量,F_1 条件下,各处理耗水量均比 CK 小,降幅分别为 23.03%、14.22%、7.69%、32.00%、25.34%、21.04%,F_2 中各处理与 F_1 相似,各处理耗水量相对 CK 分别下降 19.96%、13.56%、5.16%、21.72%、10.49%、13.56%。可见,苗期—拔节前期、拔节后期—抽穗期进行水分亏缺灌溉后玉米耗水量降低,且 F_1、F_2 条件下,A_1 和 A_3B_2 耗水量显著低于 CK 处理。表 5 表明,水分亏缺对玉米耗水量的影响极显著,因而控水灌溉玉米耗水量减少。N_1、N_2、N_3 中各水分亏缺处理玉米耗水量一般都比 CK 处理有所降低。N_1 中,A_1、A_2、A_3 的耗水量分别为 A_1<A_2<A_2,B_1 和 B_2 的耗水量变化为 B_1<B_2,且在 N_2、N_3 中都有相似规律。此外,N_2 各水分亏缺处理耗水量大都高于 N_1 相应水分处理。

表 4　水分亏缺与施肥水平对玉米水分利用的影响
Table 4　Effect of water deficit and fertilization level on water use in maize

施肥水平 Fertilization level	水分亏缺 Water deficit	耗水总量 Total water use(kg/plant)	水分利用效率 WUE (kg/m³)
F_1	A_1	24.03±1.76 bcdef	1.75±0.21c
	A_2	26.78±3.38abc	1.99±0.13abc
	A_3	28.82±4.72ab	2.02±0.15abc
	A_3B_2	21.23±0.60d f	2.44±0.24a
	B_1	23.31±3.61cdef	2.22±0.34ab
	B_2	24.65±1.13 bcdef	1.93±0.29bc
	CK	31.22±1.26 a	2.15±0.15abc
F_2	A_1	24.50±2.13 bcdef	1.95±0.34bc
	A_2	26.46±1.50 abcd	2.03±0.26abc
	A_3	29.03±0.88 ab	2.01±0.06abc
	A_3B_2	23.96±2.50bcdef	2.29±0.10ab
	B_1	27.40±1.60abc	2.23±0.05ab
	B_2	26.46±0.51 abcde	2.30±0.22ab
	CK	30.61±1.51a	2.28±0.16ab
施肥水平		ns	ns
水分亏缺		**	*
施肥水平×水分亏缺		ns	ns

注:表中数值代表平均值±标准误差,小写字母 a、b、c 等表示的意义见表 2。

表 5　水分亏缺与施氮水平对玉米水分利用的影响
Table 5　Effect of water deficit and N level on water use in maize

施氮水平 N level	水分亏缺 Water deficit	耗水总量 Total water use (kg/plant)	水分利用效率 WUE (kg/m³)
N_1	A_1	8.89±0.35f	2.36±0.14bcdef
	A_2	9.82±0.79ef	2.10±0.15cdef
	A_3	11.16±0.52bcd	2.08±0.13def
	A_3B_2	10.52±0.38bcde	2.03±0.13f
	B_1	9.79±0.04ef	2.33±0.10bcdef
	B_2	11.67±0.30ab	2.06±0.08ef
	CK	11.70±0.18ab	2.02±0.09f
N_2	A_1	8.67±0.40f	2.62±0.21ab
	A_2	11.04±0.41bcde	2.54±0.02ab
	A_3	11.55±0.01abc	2.48±0.09abc
	A_3B_2	10.77±0.31bcde	2.46±0.09abcd
	B_1	10.66±0.30bcde	2.73±0.07ab
	B_2	11.69±0.16ab	2.63±0.11ab
	CK	12.56±0.49a	2.44±0.42abcde
N_3	A_1	8.83±0.66f	2.80±0.10a
	A_2	10.20±0.14de	2.63±0.18ab
	A_3	11.58±0.69ab	2.68±0.08 ab
	$A_3B_2A_3$	10.74±0.83bcde	2.71±0.11ab
	B_1	10.28±0.89cde	2.58±0.16ab
	B_2	10.63±0.55bcde	2.57±0.13ab
	CK	11.47±0.30abcd	2.60±0.12ab
施氮水平		ns	**
水分亏缺		**	ns
施氮水平×水分亏缺		ns	ns

注:表中数值代表平均值±标准误差,小写字母 a、b、c 等表示的意义见表 2。

玉米冠层水分利用效率(WUE)指单位耗水量所生产的玉米总生物量。由表4可见,水分亏缺对玉米WUE的影响显著,施肥水平及两者的交互作用对玉米WUE的影响不显著。与CK相比,F_1时A_3B_2和B_1的玉米WUE分别提高13.49%和3.26%;F_2时A_3B_2和B_2处理的玉米WUE也分别提高了0.44%和0.88%。由此可见,在一定的生育时期进行适当的有限灌溉,其作物WUE要比充分灌溉高。由表5可知,与CK相比,N_1时A_1、A_2、A_3、A_3B_2、B_1和B_2的玉米WUE分别提高16.83%、3.96%、2.97%、0.50%、15.35%和1.98%;N_2时,上述各水分处理的玉米WUE也分别提高7.38%、4.10%、1.64%、0.82%、11.89%和7.79%;N_3时除B_1和B_2的WUE比CK稍有下降外,其余各水分处理增幅为1.15%~7.69%。由此可知,不同施N条件下对玉米不同生育期进行不同水分亏缺处理能有效地提高水分利用效率,达到节水的效果。从表3-4中还可以发现,施氮水平对玉米WUE影响极显著。N_2各水分亏缺处理WUE大都大于N_1相应的水分处理,这说明合理施用N肥,玉米WUE增加。

由此可见,水分亏缺处理虽然未显著提高玉米生物产量,但其水分利用效率基本是高于对照。虽然苗期—拔节前期重度耗水量明显减少,但不利于产量的提高。

3 讨 论

Viets[9]指出,尽管植物根系吸收水分和养分是两个独立的过程,但由于水分有效性影响土壤微生物活性、物理化学特性及植物体内生理生化过程,使得土壤水分和养分密切而复杂地联系在一起。水分既影响土壤养分的有效性,也影响作物生长及养分吸收、转运、转化和同化,水肥之间有明显的交互作用[10,11]。郭安红等[12]发现水分显著影响小麦根系发育及在土壤的分布,合适的水分供应可促进根系生长,特别是下层根系大量延伸。本研究试验1表明,F_2条件下A_3、B_1、B_2处理中的玉米根系均大于CK,这说明在玉米苗期或拔节期给予适当的水分亏缺可促进其根系生长。金轲等[13]的研究表明,欠水年土壤水分很低的情况下,协调水分和养分供应,冬小麦亦能获得较高产量。赵炳梓等[14]发现,低量灌水条件下,小麦氮、磷、钾的吸收量随施氮量增加而升高,灌水量过高反而降低作物对养分的吸收。本研究试验2发现,相同水分亏缺处理中,玉米WUE一般为$N_2>N_3>N_1$,这说明增施N肥(一定量范围内),可以改善缺水土壤的水分供应状况,提高水分利用效率和作物生产力。这可能是因为增施N肥后,土壤水分蒸发减少,作物吸收和运转土壤水分的能力增强,水分利用效率大大提高[15]。同时,增施N肥可促进营养器官中的光合产物向籽粒运转,提高收获指数,增加籽粒产量。

在高水分条件下,施肥的增产作用比低水分条件下显著,水分利用效率也得到极大提高。刘安能等[16]在中国农科院灌溉所商丘试验站防雨测坑中对玉米进行了调亏灌溉,结果表明:施肥能显著提高产量和水分利用效率。董国锋等[17]的结果也证明了轻度水分亏缺下苜蓿水分利用效率得到显著提高。还有研究结果指出,在一定范围内,无论作物处于水分充足或胁迫状况下,施肥都能明显促进作物对水分的吸收与利用[18]。玉米试验1和试验2有类似的结果。从试验2中还可以得出,在玉米苗期—拔节前期进行轻度水分亏缺,可达到既不显著降低产量又提高水分利用效率的双重目的,这与康绍忠等[19]的研究结果一致。其原因可能是苗期—拔节前期调亏可增加玉米抵御干旱的能力,为加强后期调节和补偿能力创造了条件。拔节期经受调亏处理恢复充分供水后调节和补偿能力减弱,因此,拔节期调亏应以轻度亏水为宜[20,21]。

4 结 论

本文发现玉米苗期—拔节前期轻度缺水(A_3)和拔节后期—抽穗期轻度缺水(B_2)不会明显减少干物质总量积累。与正常灌水相比,F_1和F_2条件下,A_3B_2提高玉米水分利用效率(WUE);不同施N条件下,玉米不同生育期进行不同水分亏缺处理一般提高WUE。此外,在一定施氮范围内,玉米WUE随着氮肥的增加而增加。

由于时间关系,本文玉米试验未进行大田试验,因此还需进一步通过大田试验来证明相关结论,以期能更全面地为南方酸性红壤地区合理灌溉施肥提供科学依据。

参考文献

[1] 康绍忠,蔡焕杰.作物根系分区交替灌溉和调亏灌溉的理论与实践.北京:中国农业出版社,2002

[2] Chalmers D J. Productivity of peach trees affecting dry—weight distribution during tree growth. Ann. Bot,1975,39:423-432

[3] Chalmers D J,Wilson I B. Productivity of peach trees:tree growth and water stress in relation to fruit growth and assimilate demand . Ann. Bot,1978,42:285-294

[4] Turner N C. Plant water relations and irrigation management. Agri Water Manage. 1990,17:59-75

[5] Rawson H M,Turner N C. Irrigation timing and relationship between leaf area and yield in sunflowers. Irri Sci. 1983. 4:167-175

[6] 蔡焕杰,康绍忠.作物调亏灌溉的调亏程度的研究.农业工程学报,2000,5:24-27

[7] 孟兆江,刘安能,庞鸿宾,等.夏玉米调亏灌溉的生理机制与指标研究.农业工程学报,1998,14(4):88-92

[8] 唐启义.实用统计分析及其DPS数据处理系统,北京:科技出版社,2002

[9] Viets F. G. Water deficits and nutrient availability. In:KozLowski,Water deficits and plant growth. 1972,217-236

[10] 吴海卿,杨传福,孟兆江.应用15N示踪技术研究土壤水分对氮素有效性的影响.土壤肥料,2000(1):16-18

[11] Ohashi Y,Saneoka H and Fujita K. Effect of water stress on growth,photosynthesis,and photoassimilate translocation in soybean and tropical pasture legume Siratro. Soil Science. 2000,46(2):417-425

[12] 郭安红,魏虹,李凤民.土壤水分亏缺对春小麦根系干物质累积和分配的影响.生态学报,1999,19(2):179-184

[13] 金轲,汪德水,蔡典雄,等.水肥耦合效应研究:不同降雨年型对N、P水配合效应的影响.植物营养与肥料学报,1999,5(1):1-7

[14] 赵炳梓,徐富安.水肥条件对小麦、玉米N、P、K吸收的影响.植物营养与肥料学报,2000,6(3):260-266

[15] 魏其克,李红霞.肥力对冬小麦开花后营养休内光合产物积累和运转及产量的影响[J].干旱地区农业研究,1996,14(4):12-16

[16] 刘安能,孟兆江.玉米调亏灌溉效应及其优化农艺措施.农业工程学报,1999,15(3):108-111

[17] 董国锋,成自勇,张自和,等.调亏灌溉对苜蓿水分利用效率和品质的影响.中国农业工程学报,2006,22(5):201-203

[18] 胡明芳,田长彦,马英杰,等.不同水肥条件下棉花苗期的生长、养分吸收与水分利用状况.干旱地区农业研究,2002,20(3):35-37

[19] 康绍忠,史文娟,胡笑涛,等.调亏灌溉对玉米生理指标及水分生产效率的影响.农业工程学报,1998,14(2):82-87

[20] 王密侠,康绍忠,蔡焕杰,等.山西霍泉灌区玉米调亏灌溉研究.中国农业工程学会农业水土工程委员会.农业高效用水与水土环境保护.西安:陕西科学技术出版社,2000:290-294

[21] 王密侠,康绍忠.调亏对玉米生态特性及产量的影响.西北农业大学学报,2000,2:31-36

Effect of Water Deficit and Fertilization on Dry Mass Accumulation and Water Use of Maize

Wang Xiongjun,Li Fusheng,Zeng Liming,Lu Wenjuan,Yin Qiuling

(College of Agriculture,Guangxi University,Nanning,Guangxi 530005)

Abstract This paper dealt with the effect of water deficit on maize (Zea *Mays* L.) dry mass accumulation and water use under different fertilization level. Results shows that slight water deficit in the seedling-early jointing(A_3) and later jointing-heading(B_2) stages did not reduce total dry mass of maize significantly. Compared to conventional irrigation treatment, A_3B_2 increased water use efficiency of maize(WUE_{maize}) under F_1 and F_2 conditions, and different water deficit treatments in different stages generally increased WUE_{maize} under different N treatments. Furthermore, the WUE_{maize} was increased with the application of N fertilizer in certain range of N level.

Key words maize, water diffict, water use efficiency, fertilize

土壤二向反射特性及水分含量对其影响研究*

程街亮　史舟

（浙江大学农业遥感与信息技术应用研究所，杭州　310029）

摘要：土壤二向反射特性的研究是进行地表温度、地表反照率等方面反演必须解决的问题，同时也是全球地面覆盖遥感研究所要考虑的背景因素，对定量遥感及土壤遥感技术的本身发展有着重要意义。本文在对不同类型土壤进行室内二向反射率测定的基础上，分析了其在可见光及近红外波段随观测角度变化规律，得出以下结论：在不同的观测方位角，土壤二向反射率都随着观测天顶角的增加而增加，在垂直主平面方向是对称的；并且在后向散射方向达到最高，在前向散射方向达到最低。并利用基于辐射传输理论的 Hapke 二向反射模型对不同类型土壤的二向反射率进行了较好的模拟。此外，土壤湿度对单次散射反照率具有明显的影响，随着土壤逐渐变干，其单次散射反照率在整个波段都呈增加的趋势，并且单次散射反照率不受测量时条件的影响。因此可以利用单次散射反照率来反演土壤水分含量。

关键词：土壤光谱；二向反射特性；BRDF 模型；水分含量

遥感信息定量化是遥感发展的必然结果。而遥感的定量化要求传感器获取的信息能准确反映地表特征，只有将不同入射角和观测角的影响归一化，才能进一步进行地表参数的定量遥感反演。二向性反射是自然界中最基本的宏观现象之一，用来表达物体表面对外来辐射的反射，即反射不仅具有方向性，而且这种方向性还因入射辐射的方向不同而异。地物的二向反射特性是多角度遥感观测技术的研究基础，也是当前定量遥感研究的热点，无论是在遥感模型还是在遥感反演中都扮演着重要的角色[1]。

在陆地上，植被的二向反射特性表现得更为明显[2]。同植被一样，土壤也具有二向反射特性，且其二向性反射是决定地表反照率最重要的因素之一。各种尺度的研究[3~7]都表明裸露土壤表面是高度的、强烈后向散射的各向异性。此外，土壤二向反射特性还潜在地携带有土壤的一些属性如土壤湿度、有机质含量、矿物、粒径分布以及表面粗糙度等的信息。通过研究土壤的二向反射特性，不仅能够反演土壤的部分属性，也有助于研究影响土壤表面辐射收支和能量交换的因素，如土壤颗粒大小和反射率测试的条件等[8]。因此，土壤二向反射特性的研究对定量遥感及土壤遥感技术的本身发展有着重要意义，是进行土壤含水量调查、地表温度、地表反照率反演等方面定量遥感必须解决的问题，同时也是全球地面覆盖遥感研究所必须考虑的背景因素[9]。由此可见，开展土壤二向性反射分布函数（Bidirectional Reflectance Distribution Function，BRDF）的数学模型及模型验证研究、多角度模型反演是当前土壤定量遥感研究的热点和难点之一。

当前，土壤二向反射特性的研究主要集中在两个方面：一是土壤 BRDF 模型的研究和建立；二是利用 BRDF 模型进行的土壤参数反演，特别提取土壤表面空间结构信息，并进而获取土壤团聚结构、质地、厚度、温度、水分等信息[10~12]，并用于提高遥感的精度和稳定性。当前，描述土壤二向反射特性的模型可分为三类：辐射传输模型、几何光学模型及经验模型。辐射传输模型是目前应用最为广泛的二向反射模型，该模型从辐射传输理论对多次散射进行定量描述，进而推导出土壤二向反射特性的物理模型。本文在对浙江省三种主要类型土壤反射率进行室内多角度测量的基础上，探讨了不同土壤类型二向反射率与观测角度的关系，利用基于辐射传输理论的 Hapke 模型对土壤二向反射率进行了模拟及模型参数的反演，并研究了不同表面粗糙度及水分含量对模型参数的影响。

---

* 基金项目：国家自然科学基金（40001008，40571066），国家科技支撑计划项目（2006BAD10A09）资助

1 数据与方法

1.1 样品的采集和制备

野外采集了浙江省具有代表性的三种土壤，分别是水稻土(小粉土)、滨海盐土(粗粉砂涂)和红壤(黄红泥土)的表层(0～10 cm)，风干后，剔出杂质，适当磨细后过 2 mm 孔径筛，装入半径为 5 cm、深 1.5 cm(认为是光学上无限厚)的深色容器中，以消除容器过浅可能对土壤光谱的波动性和离散性的影响[13]，并用电子天平称量容器及装入土壤样品的重量。土壤样品的性质见表 1。其中土壤有机质测定方法采用重铬酸钾容量法即稀释热法，机械组成测定采用比重计法，颜色采用孟塞尔比色卡对比获得，pH 值采用酸度计测得。

从容器边上缓缓注入蒸馏水直至土壤达到过饱和状态，在土壤表面的自由水消失后(大概在注水后 24 h)，在土壤变干的过程中频繁地测量土壤的二向反射率，在测量反射率的同时称量此时土壤样品的重量，用于计算每一次光谱测量时土壤样品的质量含水量，并用数码相机拍下此时土壤表面状况的照片。图 1 为一个滨海盐土样品风干土在加水后由湿变干过程时，即不同质量含水量时的表面状态。可以看出，土壤在含水率较高时，其表面颜色较深，而随着其水分含量的逐渐降低，表面又逐渐变亮。

表 1 土壤样品性质

Table 1 Some characteristics of the soils used in the experiments

样品名称	有机质 OM(%)	pH	孟塞尔颜色 Munsell colour	含水量 Moisture (%)	机械组成 Mechanical components(%)		
					0.02～2 mm	0.02～0.002 mm	<0.002 mm
红壤 Red soil	1.59	5.03	10YR 7/6	0.8	30.2	36.7	33.1
水稻土 Paddy soil	1.87	6.14	5Y 6/2	1.0	42.2	34.5	23.3
滨海盐土 Coastal saline soil	0.81	8.29	2.5Y 6.5/2	1.4	79.7	12.8	7.5

A:风干土;B:41.3%;C:30.1%;D:10.0%;E:1.2%

图 1 不同水分含量土壤样品表面状况

Fig. 1 Surface condition of a coastal saline soil sample with different water content

1.2 土壤室内二向反射率的测定

土壤室内二向反射光谱测试在暗室进行，使用 ASD FieldSpec 光谱仪获得 350～2500 nm 波长范围内的土壤光谱二向反射率。将土壤样品水平放置于实验桌，8°视场角的探头距土样表面的垂直距离为 15 cm。一个 50 W 的卤光灯距土壤表面 40 cm，光源与一电源稳压设备相连避免电压波动造成的影响。光源与土样测试点夹角分别为 30°和 53°。测定不同视场方位角上各观测角度的二向反射率，在测试过程中土壤样品每次都放在探测器下面相同的位置，这样做的目的是使探测器在每个角度测量时的视场相同，以减少二向反射率测量的误差[14]。土壤二向反射率的观测方位角（观测方向在水平面的投影与太阳方向在水平面投影的夹角，取值范围为 0～360°）为两个：0°，90°；观测天顶角（观测方向与水平法线方向的夹角，取值范围为 0～90°）从 0°～60°，每隔 10°观测一次，每一个土壤样品的观测角度共有 52 个，相应的观测角度设置见表 2。探测器对着光源方向时其方位角为 0°。因此，0°和 180°方位角分别表示前向散射（观测方向正对着光线入射方向的方向）和后向散射方向（观测方向与光线入射方向一致的方向）[15]。光谱仪进行优化后，测试 25 cm×25 cm 优良朗伯性漫射材料聚四氟乙烯标定白板获得绝对反射率，每次测量前后都进行标准版的测量以校准光谱仪。为减少误差，每个土样测 5 组反射率，最后取平均值。

表 2　土壤二向反射率测量光源与传感器方位表(°)

Table 2　Geometries of measurement for bidirectional reflectance measurement(degree)

光源		探测器
天顶角	方位角	观测天顶角
30	0	0，−10，−20，−30，−40，−50，−60，+10，+20，+30，+40，+50，+60
	90	0，−10，−20，−30，−40，−50，−60，+10，+20，+30，+40，+50，+60
53	0	0，−10，−20，−30，−40，−50，−60，+10，+20，+30，+40，+50，+60
	90	0，−10，−20，−30，−40，−50，−60，+10，+20，+30，+40，+50，+60

1.3 Hapke 模型及其应用

1.3.1 Hapke 模型介绍

Hapke 模型的理论基础是半无限介质中的辐射传输，该模型成功地描述了地物与入射辐射之间相互作用过程[16]，最初的 Hapke 模型及其后续的加入“热点”订正因子的 Hapke 模型[17]一直是遥感中广泛运用的土壤二向反射模型[18]，其优点之一就是其可逆性。Hapke 模型假定在一个 Z=0 的平面表面包含着许多不规则和随机分布的比波长大的颗粒，平行光从天顶角 i 方向照射到这个介质上，传感器在天顶角 e 方向对介质进行观测（见图 2），二向反射率 r 可以表达为：

$$r(i,e,\varphi)=\frac{\omega}{4}\frac{1}{4\ \cos i+\cos e}\{[1+B(g)]P(g,g')+H(\cos i)H(\cos e)-1\} \tag{1}$$

$$\cos g=\cos i\cos e+\sin i\sin e\cos\varphi \tag{2}$$

$$\cos g'=\cos i\cos e-\sin i\sin e\cos\varphi \tag{3}$$

$$B(g)=\frac{1}{1+(1/h)\tan(g/2)} \tag{4}$$

$$P(g,g')=1+b\cos g+c\ \frac{3(\cos^2 g-1)}{2}+b'\cos g'+c'\frac{3(\cos^2 g'-1)}{2} \tag{5}$$

$$H(x)=\frac{1+2x}{1+2\ \sqrt{(1-\omega)x}} \tag{6}$$

式中：φ 为相对于太阳方位的观测方位角，ω 为单次散射反照率（散射能力与被颗粒散射或吸收的总能力之比）。相角 g 定义为光线入射和出射方向的夹角，g' 是描述光滑土壤表面散射时镜面和出射光线之间的夹角。$B(g)$ 是后向散射函数，它是相角和粗糙度参数 h 的函数，h 与介质表面的空隙度、颗粒大小分布有关。相函数 $P(g,g')$ 用于描述光线被陆地土壤散射时的角度分布情况；$H(\cos i)H(\cos e)-1$

项近似的表达了混合散射对土壤二向反射率的贡献。由上面的公式可见，Hapke 模型中需要六个参数：ω,h,b,c,b',c'。

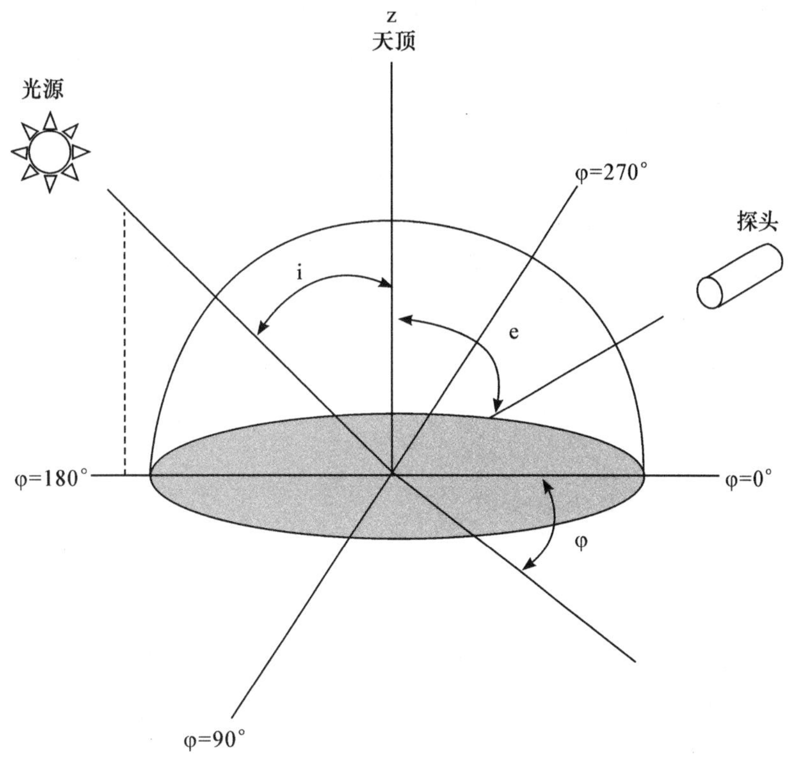

图 2　二向反射率观测角度设置示意图

Fig. 2　Illumination and viewing angles of bidirectional reflectance measurement

1.3.2　模型的应用

Pinty 等[9]认为遥感数据利用的主要问题是如何利用所测光谱数据来描述土壤表面的物理量。通过对实测的二向反射率进行模型参数的反演，可以描述土壤表面的性质和土壤内在的光学性质。本文使用 Levenberg-Marquardt 法来解决二向反射率的模拟问题。对于每一种土壤，非线性优化的过程是寻找最小 δ^2 值时的模型参数，优化的精度用均方根误差（RMSE）及相关系数的平方（R^2）来判断。优化函数为：

$$\delta^2 = \sum_{k=1}^{n}[R_k - R(i_k, e_k, g_k)]^2 \tag{7}$$

这里是在几何设置下所测得的二向反射数据，是相同测量条件下模拟的二向反射率。Pinty 等[9]已经对这种算法的适应性和准确性进行了测试，并指出相函数与对波长不敏感，证明这种算法过程具有很强的适应性。

2　分析与结果

2.1　室内土壤二向反射特性

2.1.1　土壤二向反射率随观测天顶角的变化情况

研究表明：可见光和近红外波段的光谱曲线携带有许多土壤信息，如土壤的有机质含量、含水量、机械组成、母质等[19～24]。因此，本研究选择资源卫星 Landsat 的第二波段 TM2：520～600 nm（绿光波段）和第四波段 TM4：760～900 nm（近红外波段）的平均值作为土壤二向反射率特性研究的代表性波段。

图 3 是室内测得的滨海盐土、红壤及水稻土样品过 2 mm 筛子后的风干土样在 TM2 绿光波段及 TM4 近红外波段处的二向反射率随观测天顶角变化曲线。图中所示为：TM2P 和 TM4P 分别表示其

TM2 绿光波段和 TM4 近红外波段在主平面方向(光源入射方向与通过观察对象的垂直线所成的平面,该平面的观测方位角为 0°和 180°)的反射率,天顶角为正表示在后向散射方向,天顶角为负表示在前向散射方向;TM2V 和 TM4V 分别表示 TM2 绿光波段和 TM4 近红外波段在垂直主平面方向(与主平面垂直的平面,该平面的观测方位角为 90°和 270°)的反射率,天顶角为正表示观测方位角为 90°,天顶角为负表示观测方位角为 270°。从图中可以看出,在不同的观测方位角,无论是在可将光波段还是近红外波段,各类型土壤的二向反射率基本上都是随着观测天顶角的增加而增加的,出现这种现象的原因是:土壤表面的微小坡面的倾斜使部分反射光发生多次散射,导致被吸收的入射光的比例增大,微小坡面的倾角越大,发生多次散射的入射光比例越大,反射率越低,使得二向反射率随着观测天顶角的变化而变化[12]。而随着观测天顶角的增加,视场内观测到的表面土壤颗粒之间互相遮蔽所形成的阴影区域所占的面积和比例随之减少,因此反射率也越高。

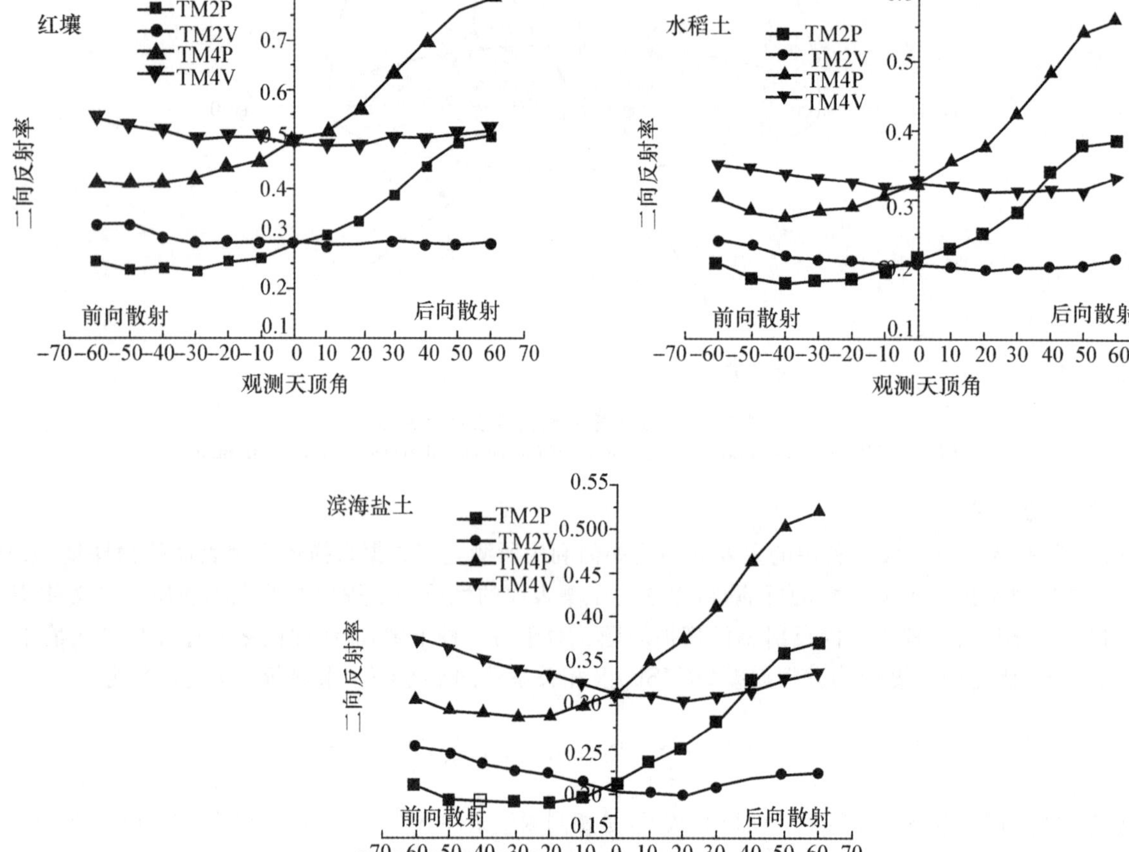

图 3 室内不同类型土壤在可见光及近红外波段二向反射率随观测天顶角和方位角变化分布图

Fig. 3 Bidirectional reflectance distribution of different soils in the laboratory varied with viewing zenith and azimuth angles in visible and near infrared waveband region

2.1.2 土壤二向反射率随观测方位角的变化情况

土壤二向反射率会随着观测方位角的变化也有一定的变化规律。这一点也可以从图 3 中看出:3 种类型土壤的二向反射率在垂直主平面方向上基本是对称的;在所有的四个方位角中,后向散射方向的反射率最高,而前向散射方向的反射率最低,这其中又以红壤在后向散射方向时的反射率最高,这是因为在后向散射方向,探测器方向与光源入射方向一致,进入视场内的组分为光源直接照射的部分,土壤颗粒之间的阴影较少，因此在该方向的反射率达到最大；当探测器从后向散射方向向其他方向移动时，视场中观测到的阴影增加，光源直接照射的部分减少，从而造成反射率的减少。在前向散射方向，有较多不被光源直接照射的组分进入视场，因此视场内所观测到的阴影部分较多，造成反射率在前向散射方向较低。上面曾提到过土壤的二向反射率是随着观测天顶角的增加而增加的，此时这个因素占主导地位，因此反射率的最低点发生在前向散射方向中靠近天顶(天顶角为 0°)的地方，随后反射率随天顶角的增加又继续增加。

2.2 土壤二向反射率的模拟

我们对不同类型土壤在不同湿度状况时的二向反射率进行了整条光谱曲线(400～2 400 nm)的模拟。为了检验模拟的效果，从每一个样品中任意选择了一个角度的二向反射率进行模拟。其中，对滨海盐土－1 模拟的相关系数的平方 R^2 为 0.987、均方根误差 RMSE 为 0.018；对红壤－1 模拟时的 R^2 为 0.996、RMSE 值为 0.019；对水稻土－1 模拟时的 R^2 为 0.993、RMSE 值为 0.006；对水稻土－1 模拟的 R2 为 0.995、RMSE 值为 0.004。可见，无论是对于不同湿度条件下的不同类型的土壤，还是对于这些土壤在不同角度下测得的二向反射率，Hapke 模型对其模拟都有比较好的效果。图 4 是对各个土壤样品在不同含水量状态下的模拟值与实测值的散点图。从图中也可以看出，除了在少数波段的值偏离 1∶1 直线较远以外，大部分的数据点都分布在这条直线的附近，由此可见，利用这个模型进行多角度反射率的模拟是可行的。

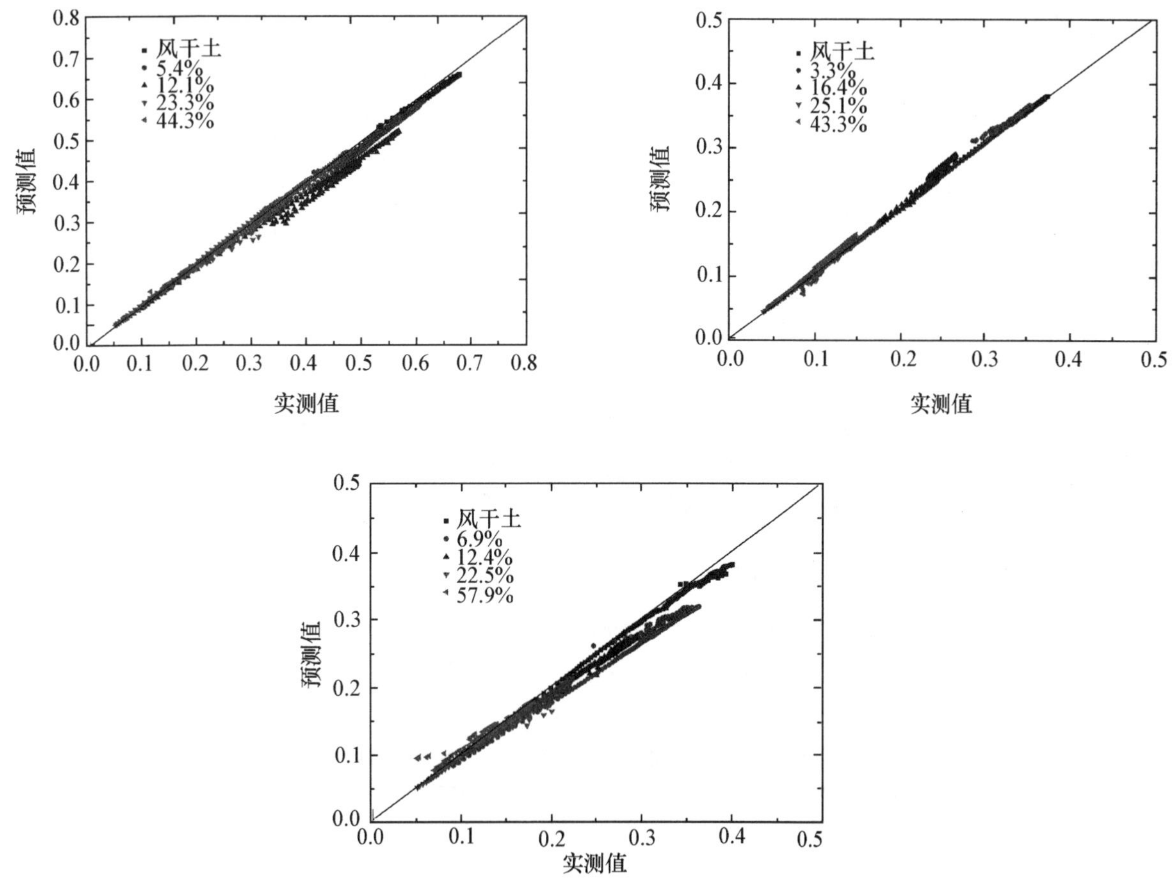

图 4 400～2400 nm 波段范围内不同类型土壤实测与预测二向反射率的比较

Fig. 4 Comparison between measured and simulated bidirectional reflectance spectra (400～2400 nm) of soils with different water content

2.3 土壤水分含量对单次散射反照率的影响

土壤水分含量能改变从可见光到中红外的土壤光学性质[25,26]。水分含量是决定土壤光谱的一个重要因素，与土壤粗糙度一样，一定范围内的土壤湿度的增加也是使土壤反射率降低的因子。这两种因素造成的反射率降低在可见光波段极为相似。但在红外波段,特别是水吸收带附近有明显区别,因为随着水分含量的增加,会导致土壤反射率在水吸收波段处急剧降低,而粗糙度的增加并不会有这样的效果。

对于水分含量不同的土壤,它们的单次散射反照率也是不同的,而且土壤质地的不同也会影响水分含量对单次散射反照率的影响,但是单次散射反照率不受测量时的条件(入射与观测方向)的影响。图 5 是滨海盐土、红壤及水稻土的单次散射反照率在不同土壤湿度条件随波长的变化曲线。可以看出,随着土壤逐渐变干,其单次散射反照率在整个波段都呈增加的趋势,这也是通常干燥土壤比湿润的土壤显得亮一些的原因[8]。随着土壤湿度的逐渐增加,单次散射反照率曲线在 1 450、1 950 nm 及 2 200 nm 波段处水吸收特征峰的深度和宽度也逐渐增大,并且其吸收峰的位置也有右移的倾向,这一点跟水分含量对反射率的影响效果是相似的。可见,土壤湿度对其单次散射反照率具有明显的影响,因此,很有可能利用单次散射反照率来反演土壤湿度。

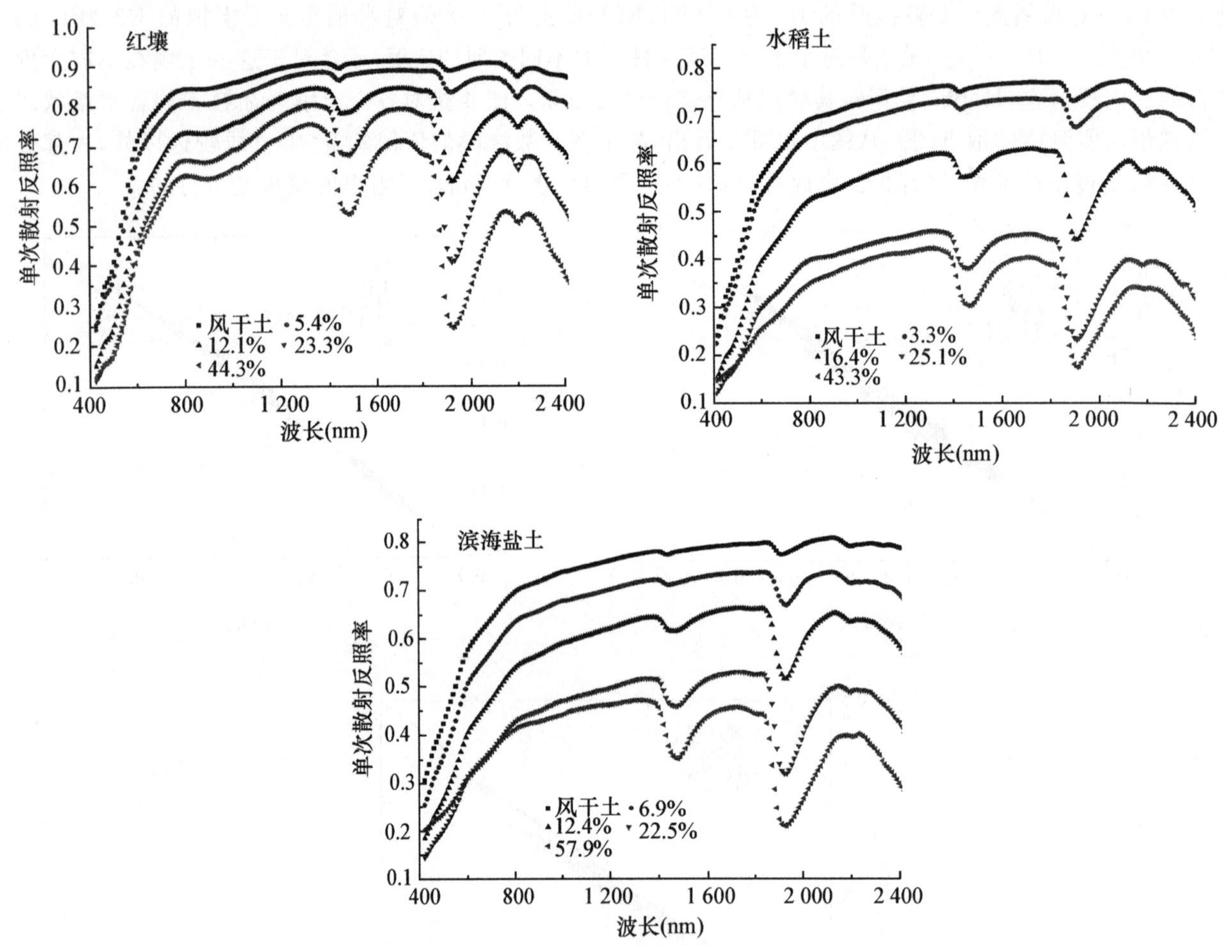

图 5　水分含量对不同类型土壤的单次散射反照率的影响

Fig. 5　Effects of water contents on the single scattering albedo for differenr soils

3　结　论

当前,遥感应用已进入定量分析阶段,应该考虑土壤二向反射特性,特别是野外耕作条件下的土壤。土壤二向反射特性研究作为定量遥感重要的发展方向之一,必须开展大量的前期研究,获取大量的地面实测数据和验证结果。通过对浙江省 3 种主要类型土壤一水稻土、滨海盐土及红壤各自代表性土种的室内光谱二向反射率的测定,分析了土壤在可见光波段和 TM4 近红外波段二向反射率随观测角度的变化规律,得出以下结论:在不同的观测方位角,土壤二向反射率都随着观测天顶角的增加而增加,土壤的二向反射率在垂直主平面方向是对称的;反射率在后向散射方向达到最高,在前向散射方向达到最低。这些变化都跟光侧角度变化时探测器视场内观测到的表面土壤颗粒之间互相遮蔽所形成的阴影的变化有关。

利用基于辐射传输理论的Hapke模型对不同水分含量状况下各类型土壤的室内二向反射率进行了模拟并反演了模型参数。结果表明,利用该模型可以较好地模拟实测的二向反射率。此外,模型中的单次散射反照率参数不受测量时条件的影响,土壤湿度对单次散射反照率具有明显的影响,随着土壤逐渐变干,其单次散射反照率在整个波段都呈增加的趋势,因此可以利用单次散射反照率来反演土壤湿度。可以为研究野外自然状态下土壤的二向反射特性及其表面特性的反演提供新思路,并为提高土壤定量遥感的反演精度提供研究基础。

参考文献

[1] Alfredo,R H. Extension of soil spectra to the satellite:Atmosphere,geometric,and sensor considerations. Photo-Interpretation,1996,2:101-117

[2] 牛铮.植被二向反射特性研究新进展.遥感技术与应用,1997,12(3):49-57

[3] Taylor,G R. ,and Stowe,L L. Reflectance characteristics of uniform Earth and cloud surfaces derived from Nimbus-7 ERB. J. Geophys. Res,1984,89:4987-4996

[4] Salomonson,V V. ,and Marlatt,W E. Anisotropic Solar Reflectance over White Sand,. Snow,and Stratus Clouds,J. Appl. Meteorol. 1968,7:475-483

[5] Eaton,F D. ,and Dirmhirn,I. Reflected irradiance indicatrices of natural surfaces and their effect on albedo,Appl. Opt,1979,18:994-1008

[6] Kimes,D S. ,Newcomb,W W. ,Tucker,C J. ,et al. Directional reflectance factor distributions for cover types of Northern Africa. Remote Sens. Environ. 1985,18:1-19

[7] Walthall,C L. ,Norman,J M. ,Welles,J M. ,Campbell,G. ,and Blad,B L. Simple equation to approximate the bidirectional reflectance from vegetation canopies and bare soil surfaces. Appl. Opt. ,1985,24:383-387

[8] Jacquemoud,S. ,Baret,F. ,and Hanocq,J F. Modeling spectral and bidrectional soil reflectance. Remote Sens. Environ. ,1992,41:123-132

[9] Pinty,B. ,Verstraete,M M. ,and Dickson,R E. A physical model for predicting bi-directional reflectances over bare soil. Remote Sens. Environ. ,1989,27:273-288

[10] Liang,S. An investigation of remotely-sensed soil depth in the optical region. Int. J. Remote Sens,1997,18(16):3395-3408

[11] Snyder,W C. ,Wan,Z. ,Zhang,Y. ,et al. Thermal infrared (3~14 μm) bidirectional reflectance measurements of sandsand soils. Remote Sens. Environ,1997,60:101-109

[12] 邓孺孺,田国良,柳钦火.基于多次散射的植被-土壤二向反射模型.遥感学报,2004,8(3):193-200

[13] Henderson,T L. ,Baumgardner,M F. ,Franzmeier,D P. ,et al. High dimensional Reflectance analysis of soil organic matter. Soil Sci. Soc. Am. J. ,1992,56:865-872

[14] Chappell,A. . ,Zobeck,T. ,Brunner,G. Using bi-directional soil spectral reflectance to model soil surface changes induced by rainfall and wind-tunnel abrasion. Remote Sensing of Environment,2006,102(3-4):328-343

[15] Kimes,D S. Dynamics of directional reflectance factor distributions for vegetation canopies. Applied optics. 1993,22(9):1364-1372

[16] Hapke,B. Bidirectional reflectance spectroscopy. 1. Theory. J. Geophys. Res. ,1981,86:3039-3054

[17] Hapke, B. Bidirectional reflectance spectroscopy. 4. The extinction coefficient and the opposition effect. Icarus,1986,67:264-280

[18] Liang,S. ,and Townshend,J R G. A Modified Hapke Model for Soil Bidirectional Reflectance,Remote Sens. Environ. 1996,55:1-10

[19] Drake,N A. . Reflectance spectra of evaporite minerals(400～2500 nm):applications for remote sensing. Int J Remote Sensing,1995,16:2555-2571

[20] Krishnan,P. ,Alexander,J D. ,Butler,B J. ,and Hummel,J W. Reflectance technique for predicting soil organic matter. Soil Sci. Soc. Am. J. ,1980,44:1282-1285

[21] Dalal,R C. ,Henry,R J. Simultaneous determination of moisture,organic:carbon,and total nitrogen by infrared reflectance spectrometry. Soil Sci. Soc. Am. J. ,1986,50:120-123

[22] Ben-dor,E. ,and Banin,A. Near-infrared analysis as a rapid method to si-muhaneously evaluate several soil properties. Soil Sci. Soe. Am. J. ,1995,59:364-372

[23] 田国良. 土壤水分的遥感监测方法. 环境遥感,1991,6(2):89-98. Tian G L. Soil moisture remote sensing monitoring methods (In Chinese). Remote Sensing of Environment China,1991,6(2):89-98

[24] 孙建英,李民赞,郑立华. 基于近红外光谱的北方潮土土壤参数实时分析. 光谱学与光谱分析,2006,26(5):426-429

[25] Idso,S B. ,Jackson,R D. ,Reginato,R J. ,et a1. The dependence of bare soil albedo on soil water content. Journal of Applied Meteorology,1975,14:109-113

[26] Bedidi,A. ,Cervelle,B. ,Madeira,J. Moisture effects on spectral characteristies (visible) of lateritic soils. Soil Sci. ,1992,153:129-141

Soil bidirectional reflectance characteristics and the effect of moisture

Cheng jieliang,Shi zhou

(Institute of Agricultural Remote Sensing and Information Technology Application
Zhejiang University,Hangzhou 310029,China)

Abstract Study of bidirectional reflection properties of soil is meaningful to the quantitative remote sensing and the development of remote sensing technology,which must be solved for the inversion problem of surface temperature,surface roughness,albedo,etc. In this study,the bidrectional spectral reflectance for three soils (i. e. red soil,paddy soil and coastal saline soil) were measured in laboratory. The results showed that soil bidirectional reflectance increased with increasing off-nadir view angle for all azimuth directions, because the shadow which formed by obscuring each other among the soil grains in the field of view decreased as the view angles increasing. Soil bidirectional reflectance was azimuthally symmetric in the perpendicular plane,and the reflectance was highest in backscattering direction,which because the shadow observed by the detector was lowest due to the detector and the illumination in the same direction and most of the soil grains was irradiated directly. Contrarily,the reflectance was lowest in forwardscattering direction because of the increasing of the shadow in the field of view. Bidirectional reflectance of soil with different surface condition measured in the laboratory could be simulated very well utilizing Hapke's model which derived from radiative transfer theory. Moreover,single scattering albedo for wavelength between 400 nm and 2400 nm calculated by the model increased as drying of the soil,and it was independent of the illumination and observation conditions. This study indicated clearly that Hapke model could be used to simulate the whole spectra curve,then to retrieve the soil surface characteristics.

Key words Soil sperctral;bidirectional reflectance characteristics;BRDF model;Water content

土壤温湿度对人工杨树林土壤呼吸影响

谭炯锐　查同刚

（北京林业大学水土保持学院，北京 100083）

摘要： 在 2007 年的 1 月到 12 月期间对北京大兴区的人工杨树林的土壤 CO_2 释放通量进行每半小时一次的测量，以研究土壤温度（Ts）和土壤含水量（W）对土壤呼吸（Rs）在季节和日间尺度上的影响。日平均土壤呼吸在 3 月达到最低值 0.30 $\mu mol \cdot m^{-2}\ s^{-1}$，在 8 月上旬达到最大值 5.10 $\mu mol \cdot m^{-2}s^{-1}$。全年范围内土壤表面下 5 cm 处的土壤温度与土壤呼吸有显著的指数函数关系，土壤温度可以单独解释人工杨树林 68.9%的土壤呼吸速率变化。人工杨树林的土壤呼吸的温度敏感性（Q10）是 1.63。在生长季中，土壤含水量和土壤呼吸速率具有三次方函数关系，R^2 为 0.328。将生长季的土壤温湿度与土壤呼吸进行线性回归得知，土壤温、湿度可共同解释 62%的土壤呼吸共速率变化，当土壤含水量大于 6%时，这个数字达到 82% 。总体来说土壤呼吸受土壤温度影响较大，但是在生长季，如果土壤水分过低，即使在同等的土壤温度条件下土壤呼吸也会受到抑制。

关键词： 人工杨树林；土壤呼吸；土壤温度；土壤水分

Interpreting the Dependence of Soil Respiration on Soil Temperature and water content in a polar plantation

TAN Jiong-rui, Zha Tong-gang

(College of water and soil conservation, Beijing Forestry University, Beijing 100083)

Abstract Continuous half-hourly measurement of soil CO^2 efflux made between January and December 2007 in a polar plantation located at DaXing district of Beijing were used to investigate the seasonal and diurnal dependence of soil respiration (Rs) on soil temperature (Ts) and water content (W). Daily mean Rs varied from a minimum of 0.30$\mu mol \cdot m^{-2}s^{-1}$ in May to a maximum of 5.10$\mu mol \cdot m^{-2}s^{-1}$ in early-August. Daily mean Ts at the 5 cm depth and Rs had exponential relationship in the whole year. Ts can individually explain 68.9% of Rs variation. The temperature sensitivity of Rs (Q10) is 1.63 in the polar plantation. W and Rs had cubic relationship in the growing season, and R^2 is 0.328. A linear regression of Ts, W and Rs shows that Ts and W can explain 62% of Rs variation which increased to 82% when W is higher than 6%. Generally, Ts is more effective to Rs than W in the whole year. But in growing season, Rs can be inhibited by W even if at the same Ts when W is too low.

Key words polar plantation, soil respiration, soil temperature, water content of soil

不同植被覆盖与施肥管理对黑土活性有机碳及碳库管理指数的影响

张迪[1,2,3]　韩晓增[1,2]　李海波[1,3]　宋春[1,3]　侯雪莹[1,3]

(1. 中国科学院东北地理与农业生态研究所,长春　130012;2. 东北农业大学资源与环境学院,哈尔滨 150030;3. 中国科学院研究生院,北京　10049)

摘要:通过长期定位试验,研究了不同植被覆盖与施肥管理对黑土活性炭库形成的影响以及碳库管理指数的动态变化。土壤活性有机碳用 $KMnO_4$ 氧化法测定,采用 3 种浓度 $KMnO_4$(33、167、333 mmol・L^{-1})将土壤活性有机碳分为高活性有机碳、中等活性有机碳、活性有机碳 3 部分。结果表明,在相同的时段、相同的母质、地形和气候条件下,不同植被覆盖与施肥管理对黑土的活性有机碳库的形成及碳库管理指数均有显著的影响。人工模拟自然生态系统草地处理,经过 22 年土壤 0～20 cm 土层土壤有机碳的含量增加 13.2%,活性有机碳增加 39.9%,CMI 增加 51.4;而农田生态系统的化肥配施有机肥处理,经过 15 年土壤 0～20 cm 土层土壤有机碳的含量增加 25.48%,而活性有机碳平均增加 30.71%,CMI 增加 33.0。通过相关性分析 CMI 与各活性有机碳的相关性为活性有机碳(0.982)＞高活性有机(0.955)＞中等活性有机碳(0.652)。总有机碳、氮与三种活性有机碳也有显著或极显著的相关性。

关键词:黑土;有机碳;活性有机碳;碳库管理指数

土壤活性有机碳指在一定的时空条件下受植物、微生物影响强烈,具有一定溶解性,在土壤中不稳定、易氧化、易分解矿化,有利于植物、微生物利用的那一部分土壤有机碳[1]。这部分有机碳与土壤肥力、土壤养分、作物生长关系极为密切,同时它也是土壤中碳库的源汇转化最活跃的部分,对于大气环境的优劣也具有重要意义。在自然生态系统中,相同的地带性土壤的活性有机碳数量变化主要决定于植被覆盖,Russell et al.,(2004)研究发现不同的凋落物对热带雨林生态系统的碳氮的转化与碳库的形成有重要的影响[2],Gregorich et al.,(2000)在研究植物残体转化成土壤有机质时发现不同的植物纤维对土壤有机质的形成有重要影响[3];在农田生态系统中,土壤活性有机碳数量变化取决施肥和耕作等管理方式,Armstrong et al.,(1999);Blair et al.,(1995);Conteh et al.,(1997)研究发现减少土壤的搅动强度以及良好的施肥措施可以增加土壤有机碳的含量,特别是增加了活性有机碳的含量[6～8]。Campbell et al.,(2001)研究了加拿大薄层黑钙土在长期轮作制度下土壤有机碳库的形成,结果表明相同的轮作制度下,施用不同类型的肥料土壤有机碳库的组成不同[4];Biederbeck et al.,(1994)研究了在干旱环境中不同耕作措施对土壤活性有机质的形成也有显著影响[5]。

我国的徐明岗等人利用此种方法研究了长期不同施肥下红壤活性有机质与碳库管理指数变化[6],但是在中国东北黑土区利用不同覆盖与施肥管理的长期试验研究活性有机质与碳库管理指数变化工作较少。中国东北黑土因其有机质含量高而被列为少数几个高肥力土壤之一,是我国重要的商品粮生产基地,也是粮食安全的重要保障基地,因此黑土有机碳库的贮量和质量对农业生态系统的可持续发展起重要作用并将最终影响到食品安全和大气圈、生物圈的可持续发展,因此本文主要探讨了在长期不同覆盖与施肥管理下黑土的活性有机碳库和碳库管理指数的变化。

1　材料与方法

1.1　材料与设计

不同覆盖和不同施肥管理长期定位试验始于 1985 年,设在中国科学院海伦农田生态系统国家野外科学观测研究站，地理位置 N 47°26′，E126°38′，海拔 240 m，年均温度 1.5 ℃，年均降雨量 550 mm，无霜期 120 d，土壤为黄土状亚黏土母质上发育的中厚黑土。供试前土壤基本理化性质为：pH 6.1，有机碳 26.9 g·kg^{-1}，总氮2.0 g·kg^{-1}，有效磷 21.0 mg·kg^{-1}，速效钾 191 mg·kg^{-1}。采样地开垦前植被为草原草甸植被，土地利用年限大约 100 年，分为三个阶段：第一阶段，开垦后的前 60 年间不施肥；第二阶段，接下来 20 年间施用农家肥；第三阶段，后 20 年主要施用化学肥料。自土地开垦第三阶段设计了两种覆盖与三种施肥共 5 个处理：Ⅰ.草地覆盖（Grassland fallow，GF）：1985 年退耕休闲，草原化草甸植被自然恢复；Ⅱ.裸地无覆盖（Bare land fallow，BF）；1985 年退耕休闲，植物生长季定期将植物地上部铲除，模拟无植被覆盖下黑土退化过程；Ⅲ.耕地不施肥，（No fertilizer ，NF）；Ⅳ.耕地施用化肥（NP chemical fertilizer applied，NP），施纯 N 150 kg·hm^{-2}，P_2O_5 75 kg·hm^{-2}；Ⅴ.耕地施用化肥＋有机肥（Chemical fertilizer ＋ organic manure，NPOM）。Ⅲ、Ⅳ、Ⅴ是 1993 年开始的长期定位试验，为玉米-大豆-小麦轮作，小区面积约 60 m^2，4 次重复。施用的化学折算为纯 N 150 kg·hm^{-2}，P_2O_5 75 kg·hm^{-2}，施入有机肥为猪粪，其养分含量为有机碳 473.5 g·kg^{-1}，总氮22.1 g·kg^{-1}，总磷 2.6 g·kg^{-1}，总钾 2.4 g·kg^{-1}。种植小麦每年施用有机肥 15 000 kg·hm^{-2}，种植玉米每年施用有机肥 30 000 kg·hm^{-2}，种植大豆每年施用有机肥 15 000 kg·hm^{-2}。土壤样品采自于 2007 年 4 月 26 日，蛇形布点法采样，每样采集 0～20 cm 表层土壤 5 kg，将每个处理的所采样品混匀，风干备用。

1.2 土壤活性有机质测定与碳库管理指数计算

用 KMnO4 氧化法测定土壤中的活性有机碳：称取约含 15 mg C 土壤样品于离心管中，加入一定20 mL浓度为 33 mmol·L^{-1}、167 mmol·L^{-1}和 333 mmol·L^{-1} $KMnO_4$，振荡 1 h，然后 2 000 r·min^{-1}下离心 5 min，将上清液用去离子水以 1∶250 稀释，在分光光度计 565 nm 下测定稀释样品的吸光度，由不加土壤的空白与土壤样品的吸光度之差，计算出 $KMnO_4$ 浓度的变化，并进而计算出氧化的碳量即活性有机碳（氧化过程中 1 mmol·$L^{-1}$$KMnO_4$ 消耗 0.75 mmol ·L^{-1} C 或 9 mg C ）。由此测定出的三组活性有机碳分别称其为高活性有机碳、中活性有机碳和活性有机碳。土壤全量有机质的碳、氮含量采用碳氮氢元素分析仪（VarioEL elementar，Germany）测定。土壤基本理化性质采用土壤常规测定方法[7]。

碳库管理指数 CMI 计算方法：

$$\text{活性指数(LI)}=\frac{(CL/CNL)_{样}}{(CL/CNL)_{标}}$$

$$\text{碳库指数(CPI)}=\frac{CT_{样}}{CT_{标}}$$

$$\text{碳库管理指数(CMI)}=CPI\times LI\times 100$$

式中：CT 为总碳量；CL 为活性有机碳；CNL 为非活性有机碳；以 1985 年土壤样品为基准标准。

1.3 统计分析

文中数据用 SASV9 软件进行单因素方差分析和相关分析，用 *Duncan* 新复极差方法分析处理间平均数在 $p<0.05$ 和 $p<0.01$ 水平的差异显著性。

2 结果与分析

2.1 不同植被覆盖与施肥管理对黑土有机碳氮含量变化的影响

不同植被覆盖对土壤的有机碳、氮的含量有显著的影响。如图 1 所示，与裸地相比，草地总有机碳和氮分别增 29.45％和 24.99％，达到差异及显著水平。这主要是由于在同一时间段、相同母质和水热条件条件下，土壤有机碳库的形成主要取决于有机碳库的输入（投入土壤的有机物料的种类和数量）和输出（微生物和植物的利用率）。草地作为人工恢复的自然生态系统与裸地相比，总碳增加 29.45％，总氮增加 24.99％，差

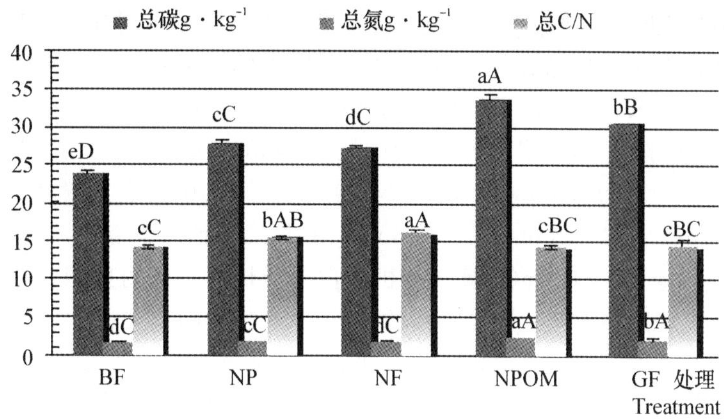

图 1 长期不同土地管理模式下黑土有机碳氮含量的变化

Fig. 1 The content of organic C and N of black soil i n different land use management systems

注(note):GF:草地 Grassland fallow;BF:裸地 Bareland fallow;NF:无肥处理 No fertilizer;NP:单施化肥处理 NP chemical fertilizer applied;NPOM:化肥+有机肥处理 Chemical fertilizer+ organic manure. 下同 The same as below. Duncan 新复极差方法分析处理间平均数在 $p<0.05$和 $p<0.01$ 水平的差异显著性,大写字母表示 $p<0.01$ 的极显著水平,小写字母表示 $p<0.05$ 的显著水平,误差线为标准差。

异显著;而 C/N 却减小 1.99%,差异不显著。说明虽然草地生态系统常年的地表的凋落物均回归土壤,但并未改变土壤中 C/N 的比例,从微生物种群的营养条件上来说,未发生改变。这与李海燕等 2006 年[8]在甘肃丘陵黄土上研究裸地休闲和春小麦生长条件下土壤 C/N 比的变化不同,这可能是由于黑土的有机质基础背景值大,因此土壤质量的短期变化反应较慢。

不同的施肥管理措施对土壤有机碳、氮含量也有显著的影响。与不施肥的农田土壤相比,施用化肥耕地有机碳,氮分别增加了 2.58%,7.63%,差异显著。而施用化肥配施有机肥的耕地的有机碳,氮分别增加了 24.06%,40.27%,达极显著水平。但是三个处理 C/N 比为 NF>NP>NPOM,差异达显著水平。说明在人工土壤生态系统中,人为施肥措施会使得土壤质量在短期内发生较大的变化。

2.2 不同植被覆盖与施肥管理下黑土活性有机碳含量及其碳库管理指数变化

从表 1 可以看出,不同植被覆盖下,虽然裸地与草地的 C/N 无显著差异,但长期的地表凋落物还田依然显著地增加了土壤的活性有机碳、中等活性有机碳、高活性有机碳的含量,增加幅度分别为 69.05%,9.52%,123.91%。从黑土活性有机碳的组成成分中可以看出,与裸地相比,草地的 33 mmol·L^{-1} $KMnO_4$ 氧化有机碳占总活性有机碳的比例以及 167~333 mmol·L^{-1} $KMnO_4$ 氧化有机碳占总活性有机碳的比例分别高出 3%和 23.5%;而草地的 33~167 mmol·L^{-1} $KMnO_4$ 氧化有机碳占总活性有机碳的比例显著低于裸地 26.4%。这一变化说明,地表凋落物还田显著增加了土壤中极易被氧化的有机碳的含量,主要是可溶性物质,如简单的糖类、蛋白质、有机酸等。从裸地和草地的碳库管理指数来看,经过 22 年的人工模拟实验证明,地表无植被和凋落物的覆盖下,碳库管理指数降低 38.5,说明土壤逐渐向着质量退化方向发展,而退耕还草,碳库管理指数增加 51.4,说明这种方式有利于土壤质量向着良性方向发展。

表 1 不同覆盖与施肥管理下黑土活性有机碳与碳库管理指数含量变化

Table 1 The content of the active organic carbon and CMI of black soil in long-term different land management

处理	活性有机碳 (g·kg^{-1})	中等活性有机碳 (g·kg^{-1})	高活性有机碳 (g·kg^{-1})	33 mmol·L^{-1} $KMnO_4$ 氧化 OC/LOC	33~167 mmol·L^{-1}KMnO_4 氧化 OC/LOC	167~333 mmol·L^{-1} $KMnO_4$ 氧化 OC/LOC	CMI
BF	5.04dC	3.36cB	0.46bB	9.1%	57.5%	33.3%	61.5eE
NP	6.09cB	3.52bcB	0.54bB	8.9%	48.9%	42.2%	100 cC
NF	5.32dBC	3.41cB	0.49bB	9.2%	54.9%	35.9%	84.6 dD
NPOM	7.96bA	4.44aA	0.96aA	12.1%	43.7%	44.2%	133.0bB
GF	8.52aA	3.68bB	1.03aA	12.1%	31.1%	56.8%	151.4aA

注(note):Duncan 新复极差方法分析处理间平均数在 $p<0.05$ 和 $p<0.01$ 水平的差异显著性,大写字母表示 $p<0.01$ 的极显著水平,小写字母表示 $p<0.05$ 的显著水平.表中 CMI 计算根据活性有机碳为 333 mmol·L^{-1} $KMnO_4$ 氧化量,1985 年总有机碳 26.9g·kg^{-1};活性有机碳为 6.09 g·kg^{-1}。

不同的施肥管理措施对土壤活性炭库的形成也有显著的影响。在不同施肥处理的活性有机碳,中等活性有机碳,高活性有机碳的含量变化趋势均为NPOM>NP>NF,说明长期施用有机肥有利于增加土壤的活性炭库的库容,这与徐明岗等人在红壤上研究的长期施肥对土壤活性炭库的影响结果一致。这说明无论土壤有机质基础值大或是小的情况下,施用有机肥均有利于土壤活性炭库的增加,特别是活性有机碳含量的增加。从表1中也可以看出,33～167 mmol・L^{-1} $KMnO_4$ 氧化有机碳占总活性有机碳的比例变化趋势为NF>NO>NPOM,而167～333 mmol・L^{-1} $KMnO_4$ 氧化有机碳占总活性有机碳的比例变化趋势为NPOM>NP>NF。33 mmol・L^{-1} $KMnO_4$ 氧化有机碳占总活性有机碳的比例变化趋势为NPOM>NF>NP。不同的施肥管理也显著影响土壤碳库管理指数,NF处理使得碳库管理指数下降25.4,而NPOM处理碳库管理指数增加33.0,NP处理未发生变化。说明在黑土这样有机质背景值较高的土壤上,在短时期内施用化肥,作物残茬回归土壤,不会显著影响碳库管理指数。而在施用化肥配施有机肥情况下,能显著改善土壤的质量,使得土壤向良性发展。

2.3 不同植被覆盖和施肥管理下黑土活性有机碳、氮与总有机碳相关性分析

对黑土三种不同活度的活性有机碳与总有机碳、氮、C/N及库管理指数(CMI)进行相关性分析。如表2所示,高活性有机碳与活性有机碳之间相关系数为0.989,达极显著水平。可见,三种活性有机碳之间,以活性有机碳和高活性有机碳的关系最为密切。它们与CMI也存在极显著相关性,CMI与各活性有机碳的相关性为活性有机碳(0.982)>高活性有机(0.955)>中等活性有机碳(0.652)。总有机碳、氮与三种活性有机碳也有显著或极显著的相关性。其中,中等活性有机碳与总有机碳的相关系数为0.909,达极显著水平;中活性有机碳与总有机氮也极显著相关,相关系数为0.941。CMI与总碳呈相关性,而与总氮不相关,与活性有机碳呈极显著相关。三种活性有机碳与总有机碳的相关性说明,活性有机碳既区别于总有机碳又与总有机碳紧密相连,它们是土壤总有机碳的一部分。

表2 不同覆盖和施肥管理下黑土活性有机碳与总有机碳、氮及碳库管理指数相关性分析(皮尔逊双侧显著检验)

Table 2 Correlation coefficients between labile organic matter and total organic C and N in black soil (Pearson 2-tailed test of significance)

项目	总有机碳	总氮	C/N	活性有机碳	中等活性有机碳	高活性有机碳	CMI
总有机碳	1	0.942**	−0.208	0.865*	0.909**	0.858*	0.871*
总氮	0.942**	1	−0.524	0.903**	0.941**	0.918**	0.849
C/N	−0.208	−0.524	1	−0.448	−0.428	−0.502	0.525
活性有机碳	0.865*	0.903*	−0.448	1	0.711	0.989**	0.982**
中等活性有机碳	0.909**	0.941**	−0.428	0.711	1	0.738	0.652
高活性有机碳	0.858*	0.918**	−0.502	0.989**	0.738	1	0.955**
CMI	0.871	0.849	0.525	0.982**	0.652	0.955**	1

* 在0.05水平上相关性显著(n=5);** 在0.01水平上相关性显著(n=5)。

3 讨论与结论

不同植被覆盖对土壤活性有机碳研究结果表明,在人工模拟自然生态系统中,地上部的植被凋落物回归土壤,不仅会增加土壤中有机碳含量,而且显著增加土壤活性有机碳的含量。这主要是由于有机质在土壤中的分解和积累受到土壤条件、有机质的化学组成与施入量等多种因素有关[10]。在相同的土壤条件下,主要决定于施入有机质的化学组成和施入量。从相关性分析可以看出,增加凋落物的回田使得总氮与所有有机碳的组分均极显著正相关。Edwards and lofty(1982)在农田土壤上研究表明,稻草还田使得全氮与全碳及轻组有机碳显著相关,同时与地上部稻草去除相比,能显著增加碳的贮量[11]。

不同的施肥管理也对土壤活性有机碳形成有显著的影响。结果表明施用化肥配施有机肥在中国科学院海伦国家野外观测站的典型黑土上，经过15年的耕作，总有机碳平均增加25.48%，而活性有机碳平均增加30.71%。与总有机碳相比，活性有机碳增加更大。活性有机碳的这种增加可能是由于有机肥分解产生更多活性成分并使得土壤中残存的有机残体进一步分解所致. Whitbread et al.(1998)在新南威尔士东西部地区调查结果显示，短期的土壤管理措施的变化通常导致活性有机碳变化更大[12]。而33～167 mmol・L^{-1} $KMnO_4$氧化有机碳占总活性有机碳的比例为NPOM处理最小，而其他组分所占比例最大，这可能是由于与作物秸秆相比，畜禽粪便堆肥中含有大量的难于分解木质素。Paustian et al.(1992)研究发现，畜禽粪便堆肥中所有大量木质素，且难于分解[13]。

碳库管理指数这一概念主要作为土壤生态系统碳动力学变化的一个指标。这一值本身并不重要，关键是它作为土壤生态系统对不同管理措施下碳的响应指标[14]，是评价长期土壤管理方式下对土壤质量的影响以及土壤可持续利用性的重要参比值[15]。土壤表层有凋落物覆盖与没有凋落物覆盖相比，CMI显著增加。同样，化肥配施有机肥，与无肥和单施化肥相比，CMI也显著增加。Sudhir Verma et al.(2007)研究得出相似结果[16]。说明这两种土地管理模式在土壤长期利用情况下，土壤质量并未退化，且向着可持续利用的方向发展。

因此，通过22年的长期定位试验证明，无论是自然生态系统的凋落物覆盖还是人工生态系统的化肥配施有机肥处理，均能显著提高土壤0～20 cm土层土壤有机碳的含量，特别是不同活度的活性有机碳的含量，且这两种处理与其他处理相比均能显著提高CMI。说明这两种土地利用模式有利于土壤的可持续利用。

在进一步的研究中，将涉及到更多区域不同的土壤类型，不同的气候条件，加入不同类型和数量有机质，以便确定一个在土壤养分循环中最佳有机质的投加量，使得土壤有机碳库是一个可持续利用的稳定体系。

参考文献

[1] 沈宏，曹志洪，胡正义. 土壤活性有机碳的表征及其生态效应[J]，生态学杂志，1999，18(3)：32-38

[2] Russell, A. E., C. A. Cambardella, J. J. Ewel, and T. B. Parkin. Species, rotation, and life-form diversity effects on soil carbon in experimental tropical ecosystems [J]. Ecol. Appl. 2004. 14:47-60

[3] Gregorich, E. G., C. M. Monreal, M. Schnitzer, and H.-R. Schulten. 1996b. Transformation of plant residue into soil organic matter: Plant tissue, isolated soil fractions, and whole soils [J]. Soil Sci. 2000, 161:680-693

[4] Campbell, C. A., F. Selles, GP. Lafond, VO. Biederbeck, and R. P. Zentner. Tillage-fertilizer changes: Effect on some soil quality attributes under long-term crop rotations in a Thin Black Chernozem [J]. Can. J. Soil Sci. 2001. 81:157-165

[5] Biederbeck, V. O., H. H. Janzen, C. A. Campbell, and R. P. Zentner. Labile soil organic matter as influenced by cropping practices in an arid environment [J]. Soil Biol. Biochem. 1994. 26:1647-1656

[6] 徐明岗，于荣，王伯仁. 长期不同施肥下红壤活性有机质与碳库管理指数变化[J]，土壤学报，2006，43(5)：723-729

[7] 鲁如坤. 土壤农业化学分析方法[M]. 北京：中国农业科技出版社，2000

[8] 李海燕，贾国梅，方向文等. 裸地休闲和春小麦生长条件下土壤微生物量和土壤有机质动态研究[J]，兰州大学学报(自然科学版)，2006，42(4)：34-36

[9] Kendra K. McLauchlan, Sarah E. Hobbie. Comparison of Labile Soil Organic Matter Fractionation Techniques [J]. Soil Sci. Soc. Am. J. 2004. 68:1616-1625

[10] 杨林章，徐琪. 土壤生态系统[M]. 北京：科学出版社，2005

[11] Edwards, C. A., Lofty, J. R. Nitrogenous fertilizers and earthworm populations in agricultural soils [J]. Soil Biol. Biochem. 1982. 14, 515-521

[12] Whitbread, A. M. , Lefroy, R. D. B. , Blair, G. J. , A survey of the impact of cropping on soil physical and chemical properties in north-western New South Wales[J]. Aust. J. Soil Res. 1998. 36, 669-681

[13] Paustian, K. , Parton, W. J. , Persson, J. Modeling soil organic matter in organic-amended and nitrogen-fertilized long-term plots[J]. Soil Sci. Soc. Am. J, 1992. 56, 1173-1179

[14] Blair, G. J. , Lefroy, R. D. B. , Lisle, L. Soil carbon fractions, based on their degree of oxidation, and the development of a carbon management index for agricultural systems [J]. Aust. J. Agric. Res. 1995. 46, 1459-1466

[15] Carter MR, Soil quality for sustainable land management: Organic matter and aggregation interactions that maintain soil functions [J]. Agron J 2002 94: 38-47

[16] Sudhir Verma, Pradeep Kumar Sharma. Effect of long-term maturing and fertilizers on carbon pools, soil structure, and sustainability under different cropping systems in wet-temperate zone of northwest Himalayas [J]. Biol Fertil Soils. 2007, 44: 235-240

LABILE ORGANIC CARBON AND CARBON MANAGEMENT INDEX IN DIFFERENT LONG-TERM FERTILI ZATION MANAGEMENT AND CULTIVATION

ZHANG Di[1,2,3], HAN Xiao-Zeng*, LI Hai-Bo[1,3], SONG Chun[1,3], HOU Xue-Ying[1,3]

([1]Northeast Institute of Geography and Agricultural Ecology, Chinese Academy of Sciences, Changchunl 30012, China[2]; Northeast Agricultural university Resources and Environment Institute, harbin 150030, china[3]; Graduate University of Chinese Academy of Sciences, Beijing 100039, China)

Abstract Effects of long-term fertilization on labile organic carbon and carbon management index (CMI) in different long-term fertilization management and cultivation were studied in order to assess soil quality. Soil labile organic matter was measured by oxidation of $KMnO_4$ with three fractionations, namely, high labile organic matter(measured by oxidation of 33 m • mol L^{-1} $KMnO_4$), middle labile organic matter (measured by oxidation of 167 mmol L^{-1} $KMnO_4$), and low labile organic matter (measured by oxidation of 333 mmol L^{-1} $KMnO_4$). The result indicated that, under the same time section, the same parent material, the terrain, the climatic conditions, the different land management pattern has the remarkable influence to the black soil labile organic carbon formation. During 22years cultivation, the black soil organic carbon contents of 0-20 cm soil of grassland follow(GF) treatment increased 13. 2%, labile organic carbon content of this soil increased39. 9%, carbon management index(CMI) increased 51. 4. Otherwise, the fertilizer + organic mature treatment, during 15years cultivation, the black soil organic carbon contents of 0-20 cm soil increased 25. 48%, labile organic carbon content of this soil increased30. 71%, carbon management index (CMI) increased 33. 0. It is analyzed that the correlation between CMI with the content of labile organic carbon: labile organic carbon (0. 982)>high labile organic carbon (0. 955)>Medium labile organic carbon (0. 652). Total organic carbon, nitrogen and labile organic carbon also have significant or very significant correlation.

Key words Mollisol; organic carbon; labile organic carbon; carbon management index

滇西南亚热带山地不同植被类型土壤养分效应研究*

赵筱青[1,2]　杨树华[1]

(1. 云南大学资源环境与地球科学学院；2. 云南大学生态学与地植物学研究所，昆明　650091)

摘要：水土流失是滇西南热带山地生态环境退化的主体表现，论文以滇西南澜沧县为研究区，研究了滇西南亚热带多年生常绿阔林、思茅松林和3a生人工桉树林土壤养分含量及在土壤剖面中的垂直分布规律。结果表明：①常绿阔叶林地土壤中有效Fe、Zn、P的含量最多；有效Mg、Mn，速效P，全P、K、N的含量最少；②思茅松林地土壤中有效Ca、Mg、K，速效P、速效K、全H的含量最多；有效Fe、P的含量最少；③桉树林地土壤中有效Cu、Mn、全P、全K、全N的含量最多；有效Ca、Zn，速效K的含量最少；④土壤元素含量垂直分布规律因元素种类而异，少数元素与植被类型有关；⑤从土壤元素含量与临界值相比较，三种植被类型土壤中都不缺有效Fe；常绿阔叶林和思茅松林地土壤中缺有效Cu；常绿阔叶林和桉树林地土壤中缺有效K；三种森林土壤中有效B的含量都为0，有效态微量元素Zn、Mn含量也较少，三种植被类型下土壤中都缺有效B、Zn、Mn。

关键词：滇西南山地，水土流失，植被类型，土壤养分，生态建设

山地是具有一定海拔高度和坡度的特殊自然-人文综合体，又可称为山地系统或山区系统[1]，山地环境固有的脆弱性导致山地生态系统的不稳定性和生物生产力提高的困难性，并决定了山地生态系统反馈机制弱和破坏容易恢复难的特性，从而制约着山地资源开发利用和山区经济社会的发展。山地资源的不合理开发利用，极易导致山地人地关系的不协调，造成水土流失和生态退化，水土流失是山区生态环境退化的主体表现。滇西南亚热带山地由于降雨强度、山高坡陡等自然因素以及人类历史上对植被破坏的影响，山地生态系统脆弱，水土流失严重，地力下降，影响了当地人类的生产和生活。山地植被恢复效应的研究，对山区生态建设具有重要的指导作用。论文主要分析山地生态系统中，不同植被类型下土壤养分特点。由于不同植物对营养元素的选择吸收以及吸收能力的不同，必然造成土壤剖面上养分差异。同时，土壤养分状况反过来又对植被的生长状况产生影响。因此，研究不同植被恢复下的土壤养分特征，不仅可以反映植被恢复对土壤养分状况的影响，同时为植被恢复的环境评价提供依据[2,4,5]，对合理利用资源和生态环境建设具有重要意义。

1　研究区概况

研究区选择在具有典型亚热带山地特点的云南省西南部的澜沧县(99°29′～100°35′E，22°01′～23°16′N)，光、热、水资源比较充足，全年最多日照2316小时，最少日照1940小时，光照充足，年降雨量1634 mm，年平均气温19.4 ℃。地形以中山为主，最高海拔2 516 m，最低海拔580 m。土壤以赤红壤、红壤为主。植被种类随海拔高低有明显的分布差异，海拔580～800 m之间的澜沧江湿热河谷地区为地带性植被主要是热带季雨林，热带植物丰富；800～1 700 m之间的河谷盆坝、低山丘陵一带为亚热带季风常绿阔叶林和以思茅松(*Pinus khasya*)为代表的暖热性针叶林，常见的阔叶树种有栲类(*Castanopsis spp.*)、红木荷(*Schima wallichii*)等；海拔1 700～2 516 m之间属半湿润常绿阔叶林，常见的树种有滇青冈(*Cyclobalanopsis glaucoides*)、元江栲(*Castanopsisorthacantha*)等植物，以云南松(Pinus yunnanensis)为代表的暖温性针叶林。

2　采样与测定方法

2.1　土壤样品采集与处理

选择土壤本底条件基本一致的常绿阔叶林、思茅松林和2003年种植的桉树林，在各植被类型下选择具

* 云南省政府科技专项项目之部分成果

有代表性地段，拉 10×10 m 的样方，选取 3 株平均木 ，分别在离树干 2/3 树冠投影处挖掘土壤剖面，按 0～20 cm 和 20～40 cm 分层采集土样，分层混匀后取 1 kg 土壤分析样品。样品带回室内在洁净环境中用白纸垫着风干，用塑料滚筒磨碎过尼龙网筛后供分析用。测定项目包括全 N、全 P、全 K、速效 P、速效 K，有效 Ca、Mg、Zn、Cu、B、Mn、Fe、P、K。

2.2 土壤元素测定方法

目前已报道的土壤元素测量方法归纳起来有：原子吸收光谱法、电感耦合等离子体原子发射光谱/ 质谱法、分光光度法、荧光分析法、化学发光法、极谱法、离子选择电极法和中子活化分析法等。在诸多的方法中，电感耦合等离子体原子发射光谱法(ICP-AES)由于具有检出限低、精密度高及准确度较好、基体效应小、线性范围宽和多元素同时测定、分析速度快，操作简便，用于实际样品的测定，结果满意，已在土壤微量元素分析中得到广泛应用。

所以本研究中有效 Ca、Mg、B、Cu、Zn、Mn、Fe、P、K，速效 P、K 和全 P、K 均用日本岛津公司生产的型号为 ICPS-1000Ⅱ的扫描型等离子体光谱仪测定。而全 N 均用德国 Vario EL 有机元素分析仪测定。

全 P、K 的测定用 0.5 g 土壤样品加 10 mL 王水和 2 mL $HClO_4$，然后用高纯水定容至 100 mL，最后上机测定；速效 P、K 的测定用 5 g 土壤样品加 25 mL，2%$(NH4)_2CO_3$ 浸提剂，震荡 30 min 后用滤纸过滤，最后上机测定；有效 Ca、Mg、B、Cu、Zn、Mn、Fe、P、K 的测定用 M3 通用浸提剂法测定。其中 M3 浸提剂的配制：用 27.78 g NH_4F 溶于 120 mL 水中，加入 14.61 g EDTA，用高纯水定容至 200 mL，配成 NH_4F-EDTA 贮备液，贮于塑料瓶中保存。再配 M3 试剂，即用 20.0 g NH_4NO_3 溶于约 500 ml 水中，加 4.0 mL NH4F-EDTA 贮备液，再加 11.5 mL 冰醋酸(17.4 mol/L)和 0.82 mL 浓 NHO_3(15.8 mol/L)，用高纯水定容至1 L，pH 为 2.5±0.1，贮备于塑料瓶。测定步骤：5.00 g 土样加 50 mL M_3 浸提剂，25 ℃振荡 5 min(振速 200 r/min)，过滤测定后上机测定。

3 结果与分析

3.1 不同植被类型下土壤养分含量水平

选取常绿阔叶林、思茅松林和桉树林三种植被类型下的 16 个土壤样点，其中常绿阔叶林地土壤样点 3 个；松树林地土壤样点 4 个；桉树人工林地土壤样点 9 个。计算每种植被类型下土壤养分含量的平均值，得到不同植被类型土壤养分含量如图 1 所示。

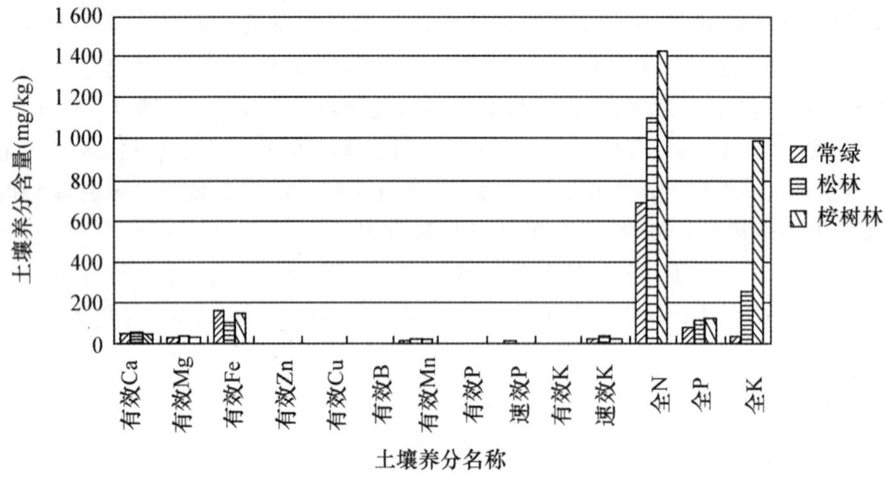

图 1 三种植被类型下的土壤养分含量

Fig. 1 The soil nutrient content of three types of vegetation

常绿阔叶林中有效 Ca 含量范围为 30.86～66.58 mg/kg，平均含量为 44.25 mg/kg；思茅松林中有效 Ca 含量范围为 29.83～120 mg/kg，平均含量为 53.3 mg/kg；桉树林土壤有效 Ca 含量范围为 0～126.48 mg/kg，平均含量为 38.54 mg/kg。有效 Ca 的含量水平为思茅松林土壤＞常绿阔叶林土壤＞桉树林土壤。

常绿阔叶林中有效 Mg 含量范围为 15～31.19 mg/kg，平均含量为 24.37 mg/kg；思茅松林中有效 Mg 含量范围为 12.73～63.13 mg/kg，平均含量为 30.6 mg/kg；桉树林土壤有效 Mg 含量范围为 8.71～73.09 mg/kg，平均含量为 28.08 mg/kg。有效 Mg 含量水平为思茅松林土壤＞桉树林土壤＞常绿阔叶林土壤。

常绿阔叶林中有效 Fe 含量范围为 104.55～204 mg/kg，平均含量为 166.98 mg/kg；思茅松林中有效 Fe 含量范围为 56.01～173 mg/kg，平均含量为 100.32 mg/kg；桉树林土壤有效 Fe 含量范围为 63.39～310.51 mg/kg，平均含量为 143.04 mg/kg。有效 Fe 含量水平为常绿阔叶林土壤＞桉树林土壤＞思茅松林土壤。

常绿阔叶林中有效 Zn 含量范围为 0～3.25 mg/kg，平均含量为 1.34 mg/kg；思茅松林中有效 Zn 含量范围为 0～1.1 mg/kg，平均含量为 0.14 mg/kg；桉树林土壤有效 Zn 含量范围为 0～1.6 mg/kg，平均含量为 0.09 mg/kg。有效 Zn 含量水平为常绿阔叶林土壤＞思茅松林土壤＞桉树林土壤。

常绿阔叶林和思茅松林中有效 Cu 含量都为 0，说明在研究区这两种植被类型土壤中缺有效 Cu；桉树林土壤有效 Cu 含量范围为 0～33.93 mg/kg，平均含量为 2.04 mg/kg。有效 Cu 含量水平为桉树林土壤＞常绿阔叶林土壤＝思茅松林土壤。

常绿阔叶林中有效 P 含量范围为 0～1.76 mg/kg，平均含量为 0.99 mg/kg；松林中有效 P 含量为 0 mg/kg，平均含量为 0 mg/kg；桉树林土壤有效 P 含量范围为 0～2.22 mg/kg，平均含量为 0.78 mg/kg。有效 P 含量水平为常绿阔叶林土壤＞桉树林土壤＞思茅松林土壤。

澜沧县三种植被类型的土壤中，有效 B 的含量都为 0。

常绿阔叶林中有效 Mn 含量范围为 5.91～9.17 mg/kg，平均含量为 7.01 mg/kg；思茅松林中有效 Mn 含量范围为 5.3～23.54 mg/kg，平均含量为 13.99 mg/kg；桉树林土壤有效 Mn 含量范围为 0～30.52 mg/kg，平均含量为 14.99 mg/kg。有效 Mn 含量水平为桉树林土壤＞思茅松林土壤＞常绿阔叶林土壤。

常绿阔叶林和桉树林土壤中有效 K 含量都为 0；思茅松林中有效 K 含量范围为 0～69.23 mg/kg，平均含量为 8.65 mg/kg。有效 K 含量水平为思茅松林土壤＞常绿阔叶林土壤＝桉树林土壤。

常绿阔叶林中速效 P 的含量范围为 0～5.31 mg/kg，平均含量为 3.10 mg/kg；而思茅松林土壤中速效 P 的含量范围为 0～5.79 mg/kg，平均含量为 4.03 mg/kg；桉树林土壤中速效 P 的含量范围为 0～12.09 mg/kg，平均含量为 3.71 mg/kg。速效 P 含量水平为思茅松林土壤＞桉树林土壤＞常绿阔叶林土壤。

常绿阔叶林中速效 K 的含量范围为 0～112 mg/kg，平均含量为 18.67 mg/kg；而思茅松林土壤中速效 K 的含量范围为 0～187 mg/kg，平均含量为 35.1 mg/kg；桉树林土壤中速效 K 的含量范围为 0～251.49 mg/kg，平均含量为 13.97 mg/kg。速效 K 含量水平为思茅松林土壤＞常绿阔叶林土壤＞桉树林土壤。

常绿阔叶林中全 P 的含量范围为 49.09～131 mg/kg，平均含量为 76.08 mg/kg；而思茅松林土壤中全 P 的含量范围为 58.01～169 mg/kg，平均含量为 108.08 mg/kg；桉树林土壤中全 P 的含量范围为 41.58～224.36 mg/kg，平均含量为 120.10 mg/kg。全 P 含量水平为桉树林土壤＞思茅松林土壤＞常绿阔叶林土壤。

常绿阔叶林中全 K 的含量范围为 0～129 mg/kg，平均含量为 21.5 mg/kg；而思茅松林土壤中全 K 的含量范围为 0～1 148 mg/kg，平均含量为 247.63 mg/kg；桉树林土壤中全 K 的含量范围为 0～5 750 mg/kg，平均含量为 978.17 mg/kg。全 K 含量水平为桉树林土壤＞思茅松林土壤＞常绿阔叶林土壤。

常绿阔叶林中全 N 的含量范围为 430～910 mg/kg，平均含量为 681.67 mg/kg；而思茅松林土壤中全N的含量范围为630～1 590 mg/kg，平均含量为1 096.25 mg/kg；桉树林土壤中全N的含量范围为140～5 220 mg/kg，平均含量为1 419.44 mg/kg。全N含量水平为桉树林土壤＞思茅松林土壤＞常绿阔叶林土壤。

3.2 三种植被类型土壤养分垂直变化规律

对常绿阔叶林、思茅松林与桉树林土壤剖面垂直分析，可知：在常绿阔叶林地中，随着土壤深度增加，有效Ca、Fe、Mn含量升高，而有效Zn、全P、N、H含量降低；在桉树林地中，随着土壤深度增加，有效Ca、Fe、Mn、全H含量降低，全P含量升高；其他元素则没有变化规律；在松树林地中，随着土壤深度增加，速效P含量升高，而有效Fe、Mn、全P、N、C、H含量降低；在桉树林地中，随着土壤深度增加，有效Ca、Fe、Mn、P、速效K含量升高，速效P、全N、C、H含量降低；其他元素则没有变化规律。

3.3 三种植被类型下土壤微量元素含量丰缺比较

澜沧县三种植被类型土壤中，常绿阔叶林土壤中有效Fe的含量在104.55～204 mg/kg之间，平均含量为153.64 mg/kg，处在临界值水平之上（一般规定3 mg/kg为土壤缺Fe临界值[3]）；思茅松林土壤中有效Fe的含量在56.01～173 mg/kg之间，平均含量为100.32 mg/kg，处在临界值水平之上；桉树林土壤中有效Fe的含量在63.39～310.51 mg/kg之间，平均含量为143.04 mg/kg，也处在临界值之上。说明三种植被土壤中都不缺有效Fe。

三种植被土壤中，有效Zn在常绿阔叶林土壤中含量在0～3.25 mg/kg之间，平均值为1.34 mg/kg，低于缺Zn临界值（2 mg/kg[3]）；思茅松林土壤中有效Zn的含量在0～1.1 mg/kg之间，平均值为0.14 mg/kg，低于缺Zn临界值；桉树林土壤中有效Zn的含量在0～1.6 mg/kg之间，平均值为0.09 mg/kg，低于缺Zn临界值。三种植被土壤中都缺有效态微量元素Zn。

三种植被土壤中，有效Cu在常绿阔叶林、思茅松林土壤中含量均为0 mg/kg，低于缺Cu临界值（2 mg/kg[3]）；桉树林土壤中有效Cu含量在0～33.93 mg/kg之间，平均值为2.04 mg/kg，高于缺有效Cu临界值。常绿阔叶林和思茅松林中都缺有效态微量元素Cu；桉树人工林不缺有效Cu。

三种植被土壤中，有效Mn在常绿阔叶林土壤中含量在5.91～9.17 mg/kg之间，平均值为7.01 mg/kg，低于缺Mn临界值（100 mg/kg[3]）；思茅松林土壤中有效Mn含量在5.3～23.54 mg/kg，平均值为13.99 mg/kg，低于缺Mn临界值；桉树林土壤中有效Mn含量在0～30.52 mg/kg之间，平均值为14.99 mg/kg，低于缺Mn临界值。三种植被土壤中都缺有效态微量元素Mn。

三种植被土壤中，有效B的含量均为0，低于缺B临界值（0.5 mg/kg）。三种森林土壤中都缺有效态微量元素B。

由此可以看出，三种植被类型土壤中都不缺有效Fe；但是都缺乏有效态微量元素Zn、Mn、B，而常绿阔林和松树林都缺有效Cu。

4 结　论

三种植被类型下土壤养分具有以下特点：

1）常绿阔叶林地土壤中有效Fe、Zn、P的含量最多；有效Mg、Mn，速效P，全P、K、N的含量是最少的，说明常绿阔叶林对有效Mg、Mn，速效P，全P、K、N元素的消耗比其他两种植被大。

2）思茅松林地土壤中有效Ca、Mg、K，速效P、速效K、全H的含量最多；有效Fe、P的含量是最少的，说明思茅松林对有效Fe、P的消耗比其他两种植被要大。

3）桉树林地土壤中有效Cu、Mn、全P、全K、全N的含量最多；有效Ca、Zn，速效K的含量是最少的，说明桉树林对有效Ca、Zn，速效K的消耗要比其他两种植被要多。

4）土壤元素含量垂直分布规律因元素种类而异，少数元素与植被类型有关。

5）与土壤含量临界值相比较，三种植被类型土壤中都不缺有效Fe；常绿阔叶林和思茅松林对有效Cu的消耗要比桉树林大；常绿阔叶林和桉树林对有效 K 的消耗比思茅松林多；研究区土壤本底中缺有效 B、Zn、Mn 等元素。

通过以上研究建议在生态环境建设和林业生态系统管理中，根据地区土壤状况，选择适当的植被类型恢复生态系统；并注意地力及其消耗状况，适时对所缺土壤元素的输入，保持森林生态系统的可持续发展，这对于山地水土流失区地力恢复、生态环境的改善和山地的可持续发展有很大的意义。

参考文献

[1] 余大富．山地学的研究对象和内容浅议[J]．山地研究（现《山地学报》），1998，16(1)：69-72
[2] 王军，傅伯杰，邱扬，等．黄土高原小流域土壤养分的空间异质性[J]．生态学报，2002，22(8)：1173-1178
[3] 熊毅，李庆逵．中国土壤(第二版)[J]．北京：科学出版社，1988：517-536
[4] 王作梅，宋秀琴．不同林分类型土壤养分状况的调查研究[J]．辽宁林业科技，1995(6)：42-43
[5] 何婕平，康师安．主成分分析在研究草原土壤养分评价中的应用[J]．内蒙古林学院学报，1994，16(2)：52-57

Analysis on the Soil Nutrients of the Different Vegetation Types in the Subtropical Mountainous Zone of Southwest Yunnan

Zhao Xiaoqing[1,2], Yang Shuhua[1]
(1. Institute of Ecology and Geobotany, Yunnan University;
2. School of Resource Environment and the Earth in Yunnan University, Kunming, 650091, China)

Abstract Soil erosion is the main manifestation of the degradation of the ecological environment in the subtropical mountainous zone of southwest Yunnan. Choosing Lancang County as the research area. This paper studied the soil nutrient content and the vertical distribution regularity in the soil profile of perennial evergreen broad-leaved forest, forest of pinus kesiya var. langbianensis and the man-made 3a eucalyptus forest in the subtropical mountainous zone of southwest Yunnan. The main conclusions are as follows: (1) The available content of Fe、Zn、P are most in the evergreen broad-leved forest, but the content of available Mg、Mn, total P、K、N are lowest; (2) The available content of Ca、Mg、K, the content of fast-acting P、K and total H are most; but the available content of Fe、P are lowest in the forest of pinus kesiya var. langbianensis; (3) The available content of Cu、Mn and the content of total N、P、K are most. But the available content Ca、Zn and the fast-acting K are lowest in the eucalyptus forest; (4) The vertical distribution regularity of soil elements content in the soil profile varies according to elements. The regularity of a few elements is related to the vegetation type; (5) Comparison on the soil content and the critical level, the three vegetations types are not luck of Fe. The soil of evergreen broad-leaved forest and forest of pinus kesiya var. langbianensis are lack of available Cu. The soil of evergreen broad-leaved forest and the eucalyptus forest are luck of the available K. The available content B of the three vegetation types soils are zero. The available content of the microelements of Zn and Mn are low too. The soil of three vegetation types are lack of the available element of B、Zn and Mn.

Abstract Mountainous of Southwest Yunnan; Soil erosion; The vegetation types; Soil nutrients; Ecological construction

抚顺市耕地土壤肥力状况

康　恕

（抚顺市土肥站，辽宁抚顺　113006）

摘要：2004年抚顺市土肥站在全市采集土壤样品377个，对有机质、全氮、碱解氮、有效磷、速效钾、有效硅、交换性钙、交换性镁、有效硼、有效铁、有效锰、有效铜、有效锌等13项土壤养分指标进行了测试分析。结果表明：抚顺市土壤有机质含量较高，氮素含量丰富，钾素不足；中量元素远远高于临界指标，说明很丰富；微量元素硼比较缺乏，其他很丰富。总体上菜田的土壤肥力最高，水田次之，旱田最低。水田有效磷、各种类型土壤的速效钾含量均较低。

关键词：耕地；土壤肥力；评价

为了配合国家、辽宁省“无公害食品行动计划”工作，抚顺市农委组织开展了全市耕地环境检测与评价工作。2004年抚顺市土肥站在市区、清原县、新宾县、抚顺县共采集土壤样品377个，对13项土壤养分指标进行了测试分析，对全市土壤肥力水平进行了评价。

1　材料与方法

1.1　样品采集与制备

按照地形地貌、土壤类型和耕作制度，选出有代表性的并能充分反映土壤特性的农田进行采样，采样深度20 cm，每个土样由10点混合而成，代表333 hm^2 耕地。共采集土壤样品377个（市区43个，清原县130个，新宾县153个，抚顺县51个）。其中，旱田土壤样品260个（市区28个，清原县115个，新宾县78个，抚顺县39个），水稻田土壤样品96个（市区5个，清原县42个，新宾县42个，抚顺县7个），蔬菜地土壤样品21个（市区10个，清原县10个，抚顺县1个）。土壤样品的采集与制备按照《土壤样品采集制备技术规程》（DB21/T 1289—2004）进行。

1.2　测试分析方法

土壤样品的测试分析方法按照有关标准和测试方法进行。详见表1。

表1　土壤肥力检测项目与分析方法

检测项目	检测方法	依据的标准名称
有机质测定	重铬酸钾法	NY/T 85—1988
全氮测定	凯氏定氮法	NY/T 53—1987
碱解氮测定	碱解扩散法	DB 21-599—1991
有效磷测定	钼蓝比色法	DB 21-601—1991
速效钾测定	火焰光度计法	DB 21-603—1991
pH值测定	酸度计法	DB 21-605—1991
有效铜、锌、铁、锰测定	DTPA浸提—原子吸收分光光度法	DB 21-614—1991
有效硼测定	分光光度法	NY/T 149—1990
有效硅测定	分光光度法	《土壤农业化学分析方法》
交换性钙、镁测定	原子吸收分光光度法	《土壤农业化学分析方法》

1.3　土壤肥力评价方法

土壤有机质、大量元素和土壤有效态微量元素的评价按照《第二次全国土壤普查技术规程》（表2、表3）进行。

表 2　土壤有机质及大量营养元素含量分级表

Table 2　Some characteristics of the soils used in the experiments

分级	有机质 (%)	全氮 (%)	碱解氮 (mg/kg)	全磷 (P_2O_5,%)	速效磷 (P,mg/kg)	全钾 (K_2O,%)	速效钾 (K,mg/kg)
丰	>4	>0.2	>150	>0.1	>40	>2.5	>200
较丰	3～4	0.15～0.2	120～150	0.081～0.1	20～40	2.01～2.5	150～200
中等	2～3	0.1～0.15	90～120	0.061～0.08	10～20	1.51～2.0	100～150
较缺	1～2	0.075～0.1	60～90	0.041～0.06	5～10	1.01～1.5	50～100
缺	0.6～1	0.05～0.075	30～60	0.02～0.04	3～5	0.05～1.0	30～50
极缺	<0.6	<0.05	<30	<0.02	<3	<0.05	<30

表 3　土壤有效态微量元素含量分级表　mg/kg

分级	硼 (mg/kg)	钼 (mg/kg)	锰 (mg/kg)	锌 (mg/kg)	铜 (mg/kg)	铁 (mg/kg)
很丰	>2.0	>0.3	>30	>3.0	>1.8	>20
丰富	1.1～2.0	0.21～0.3	16～30	1.1～3.0	1.1～1.8	11～20
中等	0.51～1.0	0.16～0.2	5.1～15	0.51～1.0	0.21～1.0	4.6～10
缺	0.21～0.5	0.11～0.15	1.1～5.0	0.31～0.5	0.11～0.2	2.6～4.5
很缺	<0.2	<0.1	<1.0	<0.3	<0.1	<2.5

2　结果与分析

2.1　土壤肥力水平

2.1.1　有机质、全氮、碱解氮、有效磷、速效钾

土壤有机质平均含量为 3.21%,属于较丰水平。其中,市区土壤有机质平均含量为 3.13%;清原县土壤有机质平均含量为 3.49%;新宾县土壤有机质平均含量为 3.13%;抚顺县土壤有机质平均含量为 3.07%。采集的样品中有机质丰富水平的占 21.35%,较丰水平的占 33.51%,中等水平的占 27.84%,较缺水平的占 14.86%,缺乏水平的占 1.89%,极缺水平占 0.54%。

土壤全氮平均含量为 0.19%,属于较丰水平。其中,市区土壤全氮平均含量为 0.15%;清原县土壤全氮平均含量为 0.22%;新宾县土壤全氮平均含量为 0.20%;抚顺县土壤全氮平均含量为 0.21%。清原县、抚顺县属于丰富水平,市区、新宾县属于较丰水平。

土壤碱解氮平均含量为 117.66 mg/kg,属于中等水平。其中,市区土壤碱解氮平均含量为 70.40 mg/kg;属于较缺水平,清原县土壤碱解氮平均含量为 90.60 mg/kg,属于中等水平;新宾县土壤碱解氮平均含量为 182.5 0 mg/kg,属于丰富水平;抚顺县土壤碱解氮平均含量为 127.13 mg/kg,属于较丰水平。采集的样品中碱解氮丰富水平的占 33.88% ,较丰水平的占 11.92% ,中等水平的占 17.62% ,较缺水平的占 22.49% ,缺乏水平的占 12.47%,极缺水平的占 1.63% 。

土壤有效磷平均含量为 26.72 mg/kg,属于较丰水平。其中,市区土壤有效磷平均含量为 50.30 mg/kg,属于丰富水平;清原县土壤有效磷平均含量为 18.07 mg/kg,属于中等水平;新宾县土壤有效磷平均含量为 18.34 mg/kg,属于中等水平;抚顺县土壤有效磷平均含量为 17.46 mg/kg,属于中等水平。采集的样品中有效磷丰富水平的占 12.70%,较丰水平的占 20.54%,中等水平的占 32.97%,较缺水平的占 21.35%,缺乏水平的占 5.14%,极缺水平占 7.30%。

土壤速效钾平均含量为 110.52 mg/kg,属于中等水平。其中,市区土壤速效钾平均含量为 107.10 mg/kg,属于中等偏低水平;清原县土壤速效钾平均含量为 101.87 mg/kg,属于中等偏低水平;新宾县土壤速效钾平均含量为 130.37 mg/kg,属于中等水平;抚顺县土壤速效钾平均含量为 102.73 mg/kg,属于中等偏低水平。采集的样品中速效钾丰富水平的占 6.50%,较丰水平的占 15.72%,中等水平的占

30.89%,较缺水平的占39.30%,缺乏水平的占4.88%,极缺水平占2.71%。

表4 有机质及大量营养元素含量分级状况

测定项目	各级土壤样品个数(个)					
	丰富	稍丰	中等	稍缺	缺乏	极缺
有机质	79	124	103	55	7	2
碱解氮	125	44	65	83	46	6
有效磷	47	76	122	79	19	27
速效钾	24	58	114	145	18	10

表5 各种土壤样品所占比例(%)

测定项目	各级土壤样品个数(个)					
	丰富	稍丰	中等	稍缺	缺乏	极缺
有机质	21.35	33.51	27.84	14.86	1.89	0.54
碱解氮	33.88	11.92	17.62	22.49	12.47	1.63
有效磷	12.70	20.54	32.97	21.35	5.14	7.30
速效钾	6.50	15.72	30.89	39.30	4.88	2.71

2.1.2 中量营养元素

目前国内外土壤有效硅临界值含量为85～117 mg/kg,辽宁省水稻土有效硅的临界指标为117 mg/kg。采集的样品土壤有效硅平均含量为273.28 mg/kg,其中,市区土壤有效硅平均含量为126.09 mg/kg;清原县土壤有效硅平均含量为299.71 mg/kg;新宾县土壤有效硅平均含量为296.45 mg/kg;抚顺县土壤有效硅平均含量为370.86 mg/kg。均远远超过临界指标。

土壤交换性钙含量临界值为100 mg/kg。采集的样品土壤交换性钙平均含量为2 767.55 mg/kg,其中市区土壤交换性钙平均含量为2 443.54 mg/kg;清原县土壤交换性钙平均含量为2 656.30 mg/kg;新宾县土壤交换性钙平均含量为2 788.50 mg/kg;抚顺县土壤交换性钙平均含量为3 181.87 mg/kg。均远远超过临界指标。

土壤交换性镁含量临界值为100 mg/kg。采集的样品土壤交换性镁平均含量为288.01 mg/kg,其中市区土壤交换性镁平均含量为382.02 mg/kg;清原县土壤交换性镁平均含量为230.64 mg/kg;新宾县土壤交换性镁平均含量为266.99 mg/kg;抚顺县土壤交换性镁平均含量为272.37 mg/kg。均远远超过临界指标。

2.1.3 微量营养元素

采集的样品土壤有效硼平均含量为0.49 mg/kg,属于缺乏水平。其中市区土壤有效硼平均含量为0.64 mg/kg,属于中等水平;清原县土壤有效硼平均含量为0.51 mg/kg,属于中等偏缺水平;新宾县土壤有效硼平均含量为0.41 mg/kg;抚顺县土壤有效硼平均含量为0.40 mg/kg,均属于缺乏水平。

采集的样品土壤有效铁平均含量为187.79 mg/kg。其中市区土壤有效铁平均含量为220.14 mg/kg;清原县土壤有效铁平均含量为252.24 mg/kg;新宾县土壤有效铁平均含量为163.54 mg/kg;抚顺县土壤有效铁平均含量为115.22 mg/kg。均属于丰富水平。

采集的样品土壤有效锰平均含量为35.35 mg/kg。其中市区土壤有效锰平均含量为34.69 mg/kg;清原县土壤有效锰平均含量为36.23 mg/kg;新宾县土壤有效锰平均含量为35.93 mg/kg;抚顺县土壤有效锰平均含量为34.54 mg/kg。均属于丰富水平。

采集的样品土壤有效铜平均含量为3.80 mg/kg。其中市区土壤有效铜平均含量为5.26 mg/kg;清原县土壤有效铜平均含量为3.77 mg/kg;新宾县土壤有效铜平均含量为2.97 mg/kg;抚顺县土壤有效铜平均含量为3.21 mg/kg。均属于很丰富水平。

采集的样品土壤有效锌平均含量为 8.35 mg/kg，属于丰富水平。其中市区土壤有效锌平均含量为 18.59 mg/kg；清原县土壤有效锌平均含量为 3.84 mg/kg；新宾县土壤有效锌平均含量为 6.02 mg/kg；抚顺县土壤有效锌平均含量为 4.94 mg/kg。均属于丰富水平。

2.2 不同利用类型土壤养分状况

2.2.1 有机质及大量元素

1)旱田土壤养分状况：旱田土壤有机质平均含量为 3.02%，属于中等较丰水平。其中市区旱田土壤有机质平均含量为 3.08%，属于中等较丰水平；清原县旱田土壤有机质平均含量为 3.13%，属于较丰水平；新宾县旱田土壤有机质平均含量为 2.77%，属于中等水平；抚顺县旱田土壤有机质平均含量为 3.09%，属于中等较丰水平。

旱田土壤碱解氮平均含量为 110.93 mg/kg，属于中等水平。其中市区旱田土壤碱解氮平均含量为 70.4 mg/kg，属于较缺水平；清原县旱田土壤碱解氮平均含量为 77.4 mg/kg，属于较缺水平；新宾县旱田土壤碱解氮平均含量为 171.22 mg/kg，属于丰富水平；抚顺县旱田土壤碱解氮平均含量为 124.71 mg/kg，属于较丰水平。

旱田土壤有效磷平均含量为 25.42 mg/kg，属于较丰水平。其中市区旱田土壤有效磷平均含量为 42 mg/kg，属于丰富水平；清原县旱田土壤有效磷平均含量为 20.16 mg/kg，属于中等偏丰水平；新宾县旱田土壤有效磷平均含量为 21.38 mg/kg，属于较丰水平；抚顺县旱田土壤有效磷平均含量为 18.14 mg/kg，属于中等水平。

旱田土壤有效钾平均含量为 111.12 mg/kg，属于中等水平。其中市区旱田土壤有效钾平均含量为 102 mg/kg，属于中等偏低水平；清原县旱田土壤有效钾平均含量为 90.25 mg/kg，属于较缺水平；新宾县旱田土壤有效钾平均含量为 150.96 mg/kg，属于较丰水平；抚顺县旱田土壤有效钾平均含量为101.25 mg/kg，属于中等偏低水平。

2)水田土壤养分状况：水田土壤有机质平均含量为 3.05%，属于中等较丰水平。其中市区水田土壤有机质平均含量为 2.60%，属于中等水平；清原县水田土壤有机质平均含量为 3.45%，属于较丰水平；新宾县水田土壤有机质平均含量为 3.26%，属于较丰水平；抚顺县水田土壤有机质平均含量为 2.90%，属于中等较丰水平。

水田土壤碱解氮平均含量为 115.32 mg/kg，属于中等水平。其中市区水田土壤碱解氮平均含量为 53.8 mg/kg，属于缺乏水平；清原县水田土壤碱解氮平均含量为 82.6 mg/kg，属于较缺水平；新宾县水田土壤碱解氮平均含量为 186.17 mg/kg，属于丰富水平；抚顺县水田土壤碱解氮平均含量为 138.70 mg/kg，属于较丰水平。

水田土壤有效磷平均含量为 15.56 mg/kg，属于中等水平。其中市区水田土壤有效磷平均含量为 19.6 mg/kg，属于中等较丰水平；清原县水田土壤有效磷平均含量为 14.35 mg/kg，属于中等水平；新宾县水田土壤有效磷平均含量为 16.38 mg/kg，属于中等水平；抚顺县水田土壤有效磷平均含量为 11.89 mg/kg，属于中等偏低水平。

水田土壤有效钾平均含量为 99.94 mg/kg，属于较缺水平。其中市区水田土壤有效钾平均含量为 106.2 mg/kg，属于中等偏低水平；清原县水田土壤有效钾平均含量为 91.60 mg/kg，属于较缺水平；新宾县水田土壤有效钾平均含量为 90.65 mg/kg，属于较缺水平；抚顺县水田土壤有效钾平均含量为 111.30 mg/kg，属于中等偏低水平。

3)菜田土壤养分状况：采集的土壤样品中，只有市区和清原县有菜田样品。

菜田样品土壤有机质平均含量为 3.87%，属于较丰水平。其中市区菜田土壤有机质平均含量为 3.85%，属于较丰水平；清原县菜田土壤有机质平均含量为 3.89%，属于较丰水平。

菜田样品土壤碱解氮平均含量为 95.15 mg/kg，属于中等水平。其中市区菜田土壤碱解氮平均含量为 78.5 mg/kg，属于较缺水平；清原县菜田土壤碱解氮平均含量为 111.80 mg/kg，属于中等水平。

菜田样品土壤有效磷平均含量为59.43 mg/kg,属于丰富水平。其中市区菜田土壤有效磷平均含量为99.16 mg/kg,远远高于丰富指标;清原县菜田土壤有效磷平均含量为19.70 mg/kg,属于中等水平。

菜田样品土壤有效钾平均含量为121.53 mg/kg,属于中等水平。其中市区菜田土壤有效钾平均含量为119.3 mg/kg,属于中等水平;清原县菜田土壤有效钾平均含量为123.76 mg/kg,属于中等水平。

2.2.2 中量营养元素

旱田、水田、菜田土壤的有效硅、交换性钙、交换性镁都远远高于临界值。只有市区的水田土样有效硅平均含量(96.2 mg/kg)低于辽宁省117 mg/kg的临界值。

2.2.3 微量元素

1)旱田土壤养分状况:旱田土壤有效硼平均含量为0.47 mg/kg,属于缺乏水平。其中市区旱田土壤有效硼平均含量为0.67 mg/kg,属于中等水平;清原县旱田土壤有效硼平均含量为0.41 mg/kg;新宾县旱田土壤有效硼平均含量为0.42 mg/kg;抚顺县旱田土壤有效硼平均含量为0.39 mg/kg,均属于缺乏水平。

表6 微量元素含量平均值设置(mg/kg)

土地利用类型	测定项目				
	有效硼	有效铁	有效锰	有效铜	有效锌
旱田	0.47	133.49	35.71	3.59	7.98
水田	0.47	265.41	32.80	4.25	6.24
菜田	0.63	270.27	34.30	4.58	15.71

旱田土壤有效铁平均含量为133.49 mg/kg。其中市区旱田土壤有效铁平均含量为201.43 mg/kg;清原县旱田土壤有效铁平均含量为107.56 mg/kg;新宾县旱田土壤有效铁平均含量为109.61 mg/kg;抚顺县旱田土壤有效铁平均含量为115.35 mg/kg。均远远高于丰富水平指标。

旱田土壤有效锰平均含量为35.71 mg/kg。其中市区旱田土壤有效锰平均含量为36.29 mg/kg;清原县旱田土壤有效锰平均含量为35.55 mg/kg;新宾县旱田土壤有效锰平均含量为36.60 mg/kg;抚顺县旱田土壤有效锰平均含量为34.41 mg/kg。均属于丰富水平。

旱田土壤有效铜平均含量为3.59 mg/kg。其中市区旱田土壤有效铜平均含量为5.23 mg/kg;清原县旱田土壤有效铜平均含量为3.15 mg/kg;新宾县旱田土壤有效铜平均含量为2.81 mg/kg;抚顺县旱田土壤有效铜平均含量为3.17 mg/kg。均属于丰富水平。

旱田土壤有效锌平均含量为7.98 mg/kg。其中市区旱田土壤有效锌平均含量为17.03 mg/kg;清原县旱田土壤有效锌平均含量为3.05 mg/kg;新宾县旱田土壤有效锌平均含量为6.70 mg/kg;抚顺县旱田土壤有效锌平均含量为5.13 mg/kg。均高于丰富水平指标。

2)水田土壤养分状况:水田土壤有效硼平均含量为0.47 mg/kg,属于缺乏水平。其中市区水田土壤有效硼平均含量为0.59 mg/kg,属于中等水平;清原县水田土壤有效硼平均含量为0.47 mg/kg;新宾县水田土壤有效硼平均含量为0.35 mg/kg;抚顺县水田土壤有效硼平均含量为0.45 mg/kg,均属于缺乏水平。

水田土壤有效铁平均含量为265.41 mg/kg。其中市区水田土壤有效铁平均含量为392 mg/kg;清原县水田土壤有效铁平均含量为312.43 mg/kg;新宾县水田土壤有效铁平均含量为303.40 mg/kg;抚顺县水田土壤有效铁平均含量为53.8 mg/kg。均远远高于丰富水平指标。

水田土壤有效锰平均含量为32.80 mg/kg,属于很丰富水平。其中市区水田土壤有效锰平均含量为20.19 mg/kg,属于丰富水平;清原县水田土壤有效锰平均含量为42.36 mg/kg、新宾县水田土壤有效锰平均含量为40.64 mg/kg,属于很丰富水平;抚顺县水田土壤有效锰平均含量为28 mg/kg,属于丰富水平。

水田土壤有效铜平均含量为4.25 mg/kg。其中市区水田土壤有效铜平均含量为5.24 mg/kg;清原县水田土壤有效铜平均含量为4.27 mg/kg;新宾县水田土壤有效铜平均含量为3.97 mg/kg;抚顺县水田土壤有效铜平均含量为 3.52 mg/kg。均属于很丰富水平。

水田土壤有效锌平均含量为 6.24 mg/kg。其中市区水田土壤有效锌平均含量为 10.62 mg/kg;清原县水田土壤有效锌平均含量为 3.86 mg/kg;新宾县水田土壤有效锌平均含量为 6.03 mg/kg;抚顺县水田土壤有效锌平均含量为 4.45 mg/kg。均高于很丰富水平指标。

3)菜田土壤养分状况:采集的土壤样品中,只有市区和清原县有菜田样品。

菜田土壤有效硼平均含量为 0.63 mg/kg,属于中等水平。其中市区菜田土壤有效硼平均含量为 0.60 mg/kg;清原县菜田土壤有效硼平均含量为 0.65 mg/kg 均属于中等水平。

菜田土壤有效铁平均含量为 270.27 mg/kg。其中市区菜田土壤有效铁平均含量为 203.8 mg/kg;清原县菜田土壤有效铁平均含量为 336.73 mg/kg。均远远高于丰富水平指标。

菜田土壤有效锰平均含量为 34.30 mg/kg,属于很丰富水平。其中市区菜田土壤有效锰平均含量为 37.81 mg/kg,属于很丰富水平;清原县菜田土壤有效锰平均含量为 30.78 mg/kg 属于丰富水平。

菜田土壤有效铜平均含量为 4.58 mg/kg。其中市区菜田土壤有效铜平均含量为 5.26 mg/kg;清原县菜田土壤有效铜平均含量为 3.89 mg/kg。均高于于很丰富水平。

菜田土壤有效锌平均含量为 15.71 mg/kg。其中市区菜田土壤有效锌平均含量为 26.81 mg/kg;清原县菜田土壤有效锌平均含量为 4.61 mg/kg。均高于很丰富水平指标。

3 讨 论

1)抚顺市土壤有机质含量较高,氮素含量较丰富,钾素不足;中量元素远远高于临界指标,说明很丰富;微量元素硼比较缺乏,其他很丰富。

2)采集的样品中旱田的有效磷较高、速效钾最低;水田的有机质、碱解氮、有效磷最低;菜田的有机质、有效磷、速效钾最高。总体上菜田的土壤肥力最高,水田次之,旱田最低。

3)我市耕地应当继续增施有机肥,在此基础上,旱田应增施氮肥、钾肥,适当减少磷肥;水田应增施氮肥、磷肥、钾肥;菜田应适当减少磷肥的施用,适当增施氮肥和钾肥。

目前全市土壤有机质、全氮、碱解氮和速效磷属于丰富水平,速效钾属于中等水平。土壤有效硅、交换性钙、交换性镁平均含量大于临界值,这说明全市土壤不缺硅、钙、镁。有效铜、有效锌、有效铁、有效锰属于很丰富水平,有效硼属于较缺水平。土壤肥力整体水平较高。

根据全市的耕地土壤肥力现状,在农业生产上应增施有机肥,调整氮肥的施用量,适当减少磷肥的施用量,增施钾肥。在此基础上,应配合施用硼肥。

Soil Fertility Condition of Cultivated Land in Fushun City

Kang Shu

(Station of Soil Fertilizer of Fushun City, Fushun 113006, China)

Abstract In 2004 377 soil samples were collected by Station of Soil fertilizer of Fushun City in Fushun City. Thirteen soil properties, including: organicmatter, total nitrogen, basehydrolysable nitrogen, avaioable phoaphorus, available potassium, available silicon, abailable calcium, abailable magnesium, abailable baron, abailable iron, abailable manganese, abailable manganese, available coper, available zine, were determined. The results showed that soil organic matter in FushunCity was higher; nitrogen were not deficient, potasaiunwere elements were deficient;Mediumelements were not deficient;Microelement were abundance except boron;Content of point of view,soil fertility was in the order of:vegetable soil>paddy soil and garden soil>dry land.

Key words Cultrivated land;Soil fertility;Assessment

基于"3S"技术的区域土地利用变化研究*

赵小敏

（江西农业大学国土资源与环境学院，南昌 330045）

摘要：土地利用/土地覆盖变化(Land Use/Land Cover Change，LUCC)研究是全球变化研究的重要组成部分。本文在遥感与地理信息系统等技术支持下，采用典型相关分析，立足于景观生态及生态系统服务价值等有关理论，分析了鄱阳湖区近20年来的土地利用变化及其驱动力。

关键词："3S"技术，土地利用变化，驱动力，鄱阳湖地区

土地利用/土地覆被变化是全球环境变化的重要组成部分和主要原因之一[1]，是可持续发展的核心问题[2]，土地利用方式与土地覆盖类型的变化是人类开发利用自然环境所带来的直接后果，是人类与各种自然和人文环境之间的关系在地球表面的投影。人口增长和人类活动的驱动力研究是当前LUCC研究的焦点，Gunther[3]提出用模型的方法来研究土地利用/覆被变化机制；Yukio[4]考虑到人类活动的差异，比较了日本和中国土地利用/覆被变化方式的不同，进而探讨了造成这种差异的根源。

鄱阳湖是我国最大的淡水湖，在长江流域中发挥着巨大的调蓄洪水和保护生物多样性等特殊生态功能。独特的地理位置和地域特色、特有的景观和生态功能使得鄱阳湖区成为生态问题研究的中心区域[5]。对鄱阳湖地区土地利用变化及其驱动力进行定量研究，对护该区生态资源和可持续发展具有重要意义，可为区域生态恢复与生态评价提供科学依据和决策支持。

1 研究区概况

本研究中的鄱阳湖地区是指环鄱阳湖的11个县：包括南昌县、新建县、进贤县、余干县、鄱阳县、都昌县、湖口县、九江县、星子县、德安县、永修县，位于东经115°49′～117°46′，北纬28°24′～29°46′，土地面积19 760 km^2。属于亚热带温暖湿润气候，年平均气温16.8～17.8℃，年降水量为1 400～1 900 mm。湖区地貌形态多样，山、丘、岗、平原相间，由边及里，由高及低，构成环行地貌。草滩植被繁茂，物种多样性丰富。土壤资源丰富，类型多样，主要有草甸土、草甸沼泽土、水下沉积物、水稻土、潮土和红壤等[6]。

2 研究材料与方法

主要采用1985年、1995年、2000年和2005年4个时期的Landsat TM (1-7波段)影像，其他的数据有1∶5万地形图、1∶5万土地利用现状图、土壤普查资料、水文地质资料、鄱阳湖区统计年鉴(1981～2006年)等资料。

将4期的TM数据与地形图进行配准，利用ERDAS软件进行监督分类并结合人工目视解译获得鄱阳湖区1985年、1995年、2000年和2005年4个时期的土地利用类型图。采用ArcGIS中的栅格数据叠加分析土地利用变化并进行土地利用类型转移阶段特征分析，应用典型相关分析进行土地利用变化驱动力分析。

3 结果与分析

3.1 近20年鄱阳湖区土地利用总体变化分析

比较4个年份中各土地利用类型(表1)，20年来鄱阳湖区土地利用各类用地总的变化趋势为：以1998

* 基金资助：国家自然科学基金项目(30760048)的一部分

年鄱阳湖区实施"退田还湖，移民建镇"为拐点，耕地、林地都表现为先增加后减少再增加，耕地总体增长了9 657.7 hm^2，林地总体增长了7 437.18 hm^2；居民点和工矿用地不断增加，20年总体增长了16 059.43 hm^2；水域、未利用地先减后增；草地不断减少。

表1 鄱阳湖区不同年份土地利用类型的比重

Table 1 The proportion of land use type of Poyang Lake region in different years

年份	总面积	耕地	林地	草地	水域	城乡工矿居民点用地	未利用地
1985	1 995 007.87	898 301.90	500 000.10	70 584.90	389 585.20	47 116.20	89 419.57
1995	1 995 007.87	912 856.90	502 166.20	70 521.10	371 764.10	48 793.10	88 906.47
2000	1 995 007.87	894 863.80	499 550.20	70 296.20	391 922.20	49 387.50	88 987.97
2005	1 995 007.87	907 959.60	507 437.28	45 016.73	380 969.18	63 175.63	90 449.45
总体变化	0.00	9 657.70	7 437.18	−25 568.17	−8 616.02	16 059.43	1 029.88

仔细分析近20年鄱阳湖区土地利用二级类型变化可知，耕地总体变化率为6%，其中水田减少了1%，旱地面积增加了7%；林地中，有林地增加了13%，其他林地都在不同程度上减少，特别是灌木林地减少近17%；草地变化的幅度最大，高覆盖草地、中覆盖草地都在减少，而低覆盖草地有所增加，总体上呈现出减少和退化的趋势；建设用地中无论是城镇用地、农村居民点用地和其他建设用地都在不同程度的增长；水域受水位的影响，均有不同程度的减少；未利用地中裸地和裸岩石砾地在减少，沼泽地有所增加，主要受"退田还湖"及水位的影响。

3.2 近20年鄱阳湖区各县土地利用结构变化分析

从1985到2005年，鄱阳湖区各县土地利用变化有差异，耕地九江县、进贤县变化较大；林地都昌县、余干县变化较大；草地南昌县、进贤县、都昌县、余干县变化较大；水域南昌县、余干县、波阳县变化较大；居民点及工矿用地新建县、德安县、星子县变化较大；未利用土地九江县、湖口县、德安县变化较大。变化主要集中在耕地、林地、水域、居民点及工矿用地上，而草地、未利用地等变化幅度很大，但变化的面积并不多。

3.3 近20年鄱阳湖区土地利用类型转移总体特征分析

运行Arcview的空间分析拓展模块Geoprocessing，执行菜单中Geoprocessing Wizard命令以及Intersect two themes程序，将不同年份的两期土地利用图进行空间叠加分析，对其属性表数据进行处理，统计各种土地利用类型中发生转移(流入、流出)的土地面积，得到1985～2005年鄱阳湖区土地利用变化转移矩阵(表2)。

表2 鄱阳湖区1985～2005年土地利用变化转移矩阵

Table 2 The land use change convert matrix in Poyang Lake region from 1985 to 2005

1985～2005年		耕地	林地	草地	水域	城乡居民点及工矿用地	未利用地	1985年合计(hm^2)
耕地	流出(%)	96.32	1.51	0.06	0.67	1.40	0.04	898 301.85
	流入(%)	95.30	2.67	1.14	1.58	19.86	0.38	
林地	流出(%)	4.34	94.60	0.39	0.08	0.58	0.00	500 000.06
	流入(%)	2.40	93.22	4.33	0.11	4.62	0.00	
草地	流出(%)	10.63	27.41	58.99	1.77	1.20	0.00	70 584.87
	流入(%)	0.82	3.81	92.49	0.33	1.34	0.00	
水域	流出(%)	3.28	0.35	0.15	95.57	0.16	0.50	389 585.22
	流入(%)	1.41	0.27	1.30	97.73	0.98	0.22	
居民点工矿	流出(%)	1.04	0.19	0.14	0.44	98.14	0.06	47116.24
	流入(%)	0.05	0.02	0.15	0.05	73.19	0.03	
未利用	流出(%)	0.16	0.12	0.30	0.86	0.01	98.55	89 419.40
	流入(%)	0.02	0.02	0.60	0.20	0.00	97.43	
2005年合计(hm^2)		907 959.62	507 437.28	45 016.73	380 969.18	63 175.63	90 449.43	1 995 007.87

总的看来，鄱阳湖区耕地主要流向是林地(1.51%)、居民点及工矿用地(1.40%)、水域(0.67%)；林地主

要流向是耕地(4.34%)、居民点及工矿用地(0.58%);草地主要流向是林地(27.41%)、耕地(10.63%);水域主要流向是耕地(3.28%)、未利用地(0.50%);居民点及工矿用地主要流向是耕地(1.41%)、水域(0.44%);未利用地主要流向是水域(0.86%)。

从流入情况看,转为耕地的主要是林地(2.40%)、水域(1.41%)、草地(0.82%);转为林地的主要是耕地(2.67%)、草地(3.81%);转为草地主要是林地(4.33%)、耕地(1.14%)、水域(1.30%);转为水域主要是耕地(1.58%)、草地(0.33%);转为居民点及工矿用地主要是耕地(19.86%)、林地(4.62%)、草地(1.34%);转为未利用地主要是耕地(0.38%)、水域(0.86%)。

鄱阳湖区土地利用变化在1985～1995年间相对较小,而在1995－2005年间变化相对较大。各种土地利用类型流出、流入的比例都5%以上,在所有一级地类相互之间的转变中,转变比例高于1%的达到20项,占整个几率的33.33%。最大的几种转变比例发生在草地转为林地(27.29%)、草地转为耕地(10.90%)、耕地转变为建设用地(增长的建设用地18.21%来自耕地)。土地利用类型之间的转变不仅比例大,而且相对复杂,除未利用地外,其他所有类型的土地相互之间都存在转变关系。这种变化的后果导致土地利用更加破碎化。

3.4 土地利用变化驱动力分析

自然环境条件是土地利用分布的基础条件,它在大环境背景上控制着土地利用变化的基本趋势与过程,社会、经济、技术等人文因素则对土地利用的时空变化具有决定性的影响,在一定时期是土地利用变化的主要驱动力[7]。本文主要从社会经济及政策的角度分析土地利用变化的驱动力影响,揭示鄱阳湖区土地利用变化的主导驱动力及其驱动机制。

针对鄱阳湖区土地利用变化的驱动机制分析,选取第一组变量(标准变量组)Y为各年段土地利用变化值,其中:Y_1-耕地面积变化值,Y_2-林地面积变化值,Y_3-草地面积变化值,Y_4-水域面积变化值,y_5-城乡居民点及工矿面积变化值,Y_6-未利用地面积变化值。选取第二组变量X为社会经济条件的变化值,为各年段对应各项指标在这个时段内变化的差值。其中:X_1-年末总人口变化值,X_2-城市人口变化值,X_3-GDP变化值,X_4-财政总收入变化值,X_5-农业总产值变化值,X_6-林业产值变化值,X_7-牧业产值变化值,x_8-渔业产值变化值,X_9-工业总产值变化值,X_{10}-第三产业产值变化值,X_{11}-粮食总产量变化值,X_{12}-农村居民人均纯收入变化值,X_{13}-境内公路里程变化值。运用统计软件SPSS,调用CANCORR子程序,执行以下命令,直接对数据进行典型相关分析,得出运行结果(表3),然后进行检验。

表3 鄱阳湖区土地利用变化与社会、经济典型相关分析表

Table 3 Correlation analysis between land use change and social-economy factors

湖区	X_1	X_2	X_3	X_4	X_5	X_6	X_7	X_8	X_9	X_{10}	X_{11}	X_{12}	X_{13}
Y_1	0.023 8	−0.581 9	0.698 1	0.630 6	0.947 0	0.789 1	0.921 4	0.746 3	−0.986 9	0.206 4	0.070 6	0.957 9	−0.981 1
Y_2	−0.557 2	0.944 5	0.683 3	0.962 8	0.588 2	0.290 2	0.528 4	0.493 6	−0.901 2	0.369 5	0.633 1	0.948 1	0.689 7
Y_3	0.876 6	0.209 8	−0.957 0	−0.979 3	−0.150 7	0.182 1	−0.079 0	−0.934 5	−0.597 4	0.326 5	−0.918 0	−0.695 9	−0.279 7
Y_4	−0.154 0	0.470 9	−0.598 7	−0.523 9	−0.980 8	−0.862 5	−0.964 2	−0.653 0	−0.957 5	−0.563 2	0.060 1	−0.912 2	−0.797 9
Y_5	0.956 0	0.970	0.977 0	0.992 3	0.228 8	−0.103 5	0.157 9	0.398 0	0.901 7	0.362 0	0.883 7	0.750 8	0.355 1
Y_6	−0.978 1	−0.906 8	0.832 7	0.879 3	−0.140 7	−0.457 9	−0.211 8	0.792 1	0.340 8	0.213 4	−0.993 4	0.459 3	−0.009 0

从表3可以看出,土地利用类型面积与各个行业的经济产值总量有着非常密切的相关关系。不同的社会经济因素对不同的土地利用类型的相关性有明显的差异。研究所选取的13个社会经济指标对土地利用类型的相关系数有两大走向,一个是X_5、X_6、X_7、X_8、X_{12}这5个经济指标对农业相关的土地利用类型都呈比较强的正相关关系,而与建设用地相关的土地利用类型都呈比较强的负相关关系。其他8个社会经济因子正好与X_5、X_6、X_7、X_8、X_{12}的相关分布趋势相反,它们对农业相关的土地利用类型呈较强的负相关关系,对与建设用地相关的工地利用类型呈较强的正相关关系。这些社会经济指标集中体现了人口发展、城市化进展等方面的社会发展状况。

鄱阳湖区耕地面积变化与农业总产值、农民人均纯收入、工业总产值、境内公路里程有较大的相关性，其相关系数分别达 0.947 0、0.957 9、−0.986 9、−0.981 1。随着围湖造田的展开，鄱阳湖区耕地面积增加的同时，农民收入也有一定程度的增加。鄱阳湖区在工业化进程中，为了满足工矿用地的需求，占用了一部分耕地，公路的建设，一方面占用了耕地，另一方面也促进了经济的发展和用地量的扩张，使其与耕地数量的变化有高度的负相关性。

林地面积和城市人口、财政总收入、农民人均纯收入表现出了较强的正相关关系，其相关系数分别为 0.944 5、0.962 8、0.948 1，与工业总产值表现出较强的负相关关系，其相关系数达−0.901 2，说明鄱阳湖区移民建镇及城镇化率的提高，有利于保护森林资源，财政及农民收入的提高在一定程度上依赖于林业的发展。工业的发展，占用了一部分林地，工业部分依赖于林业提供工业原料，两者表现出较强的负相关。

草地面积的变化与 GDP、财政收入、渔业产值、粮食总产量存在较强的负相关关系，其相关系分别为−0.957 0、−0.979 3、−0.934 5、−0.918 0，说明草地的减少给 GDP、财政收入、渔业产值、粮食总产量的增加都带来了巨大的负效应。

水域的变化几乎与上述指标都存在不同程度的负相关关系。与水体面积相关性较高的农业总产值、牧业产值、工业总产值、农民人均纯收入，其相关系数分别为−0.980 8、−0.964 2、−0.957 5、−0.912 2，湖区与水争地的现象较严重，水域面积的减少并未带来经济的增长。实际上水体面积基本上可以看成是一个自然的因子，它却和诸多的社会经济因子表现出密切的关系，一方面说明相对面积较大和人口较多的区域，水体面积也相对较多，而经济产值相对较高，因此间接地表现出了相关关系。

城乡居民点及工矿用地的发展与总人口及城市人口、GDP、财政总收入、工业产值的增加密不可分，其相关系数分别为 0.956 0、0.970、0.977 0 和 0.901 7。

未利用地面积的变化与总人口、城市人口及粮食总产量表现出了较强的负相关关系，其相关系数分别为−0.978 1、−0.906 8、−0.993 4，说明随着城镇化的发展，大量人口迁往城市，耕地存在一定的撂荒现象，也在一定程度上影响了粮食总产量。

4 结　论

应用遥感与地理信息系统等技术，可以比较准确进行区域土地利用变化（包括数量变化、结构变化和空间分布变化），但应考虑比例尺和遥感数据空间分辨率，鄱阳湖地区，在遥感与地理信息系统等技术支持下，采用典型相关分析，TM 或 ETM 有较理想的效果。采用典型相关分析，可以进行土地利用变化的驱动力分析，得出某区域土地利用变化的主要驱动力。

在鄱阳湖地区，从土地利用的数量变化上看，耕地总体增长了 9 657.7 hm^2，林地总体增长了 7 437.18 hm^2；居民点和工矿用地不断增加，20 年总体增长了 16 059.43 hm^2；水域、未利用地先减后增；草地连年不断减少。取 1985 年与 2005 年的土地利用类型变化比较分析，湖区土地利用结构总体变化中，有林地、低覆盖草地、城镇用地等有所增加，而水田、高覆盖草地、裸地等有所减少，其中面积变化较大的是有林地、旱地、水田、灌木林，比例变化较大的是低覆盖草地、建设用地。

鄱阳湖区耕地面积变化与农业总产值、农民人均纯收入、工业总产值、境内公路里程有较大的相关性；林地面积变化和城市人口、财政总收入、农民人均纯收入表现出了较强的正相关关系，与工业总产值表现出较强的负相关关系；草地面积的变化与 GDP、财政收入、渔业产值、粮食总产量存在较强的负相关关系；水域的变化几乎与所有指标都存在不同程度的负相关关系。与水体面积相关性较高的有农业总产值、牧业产值、工业总产值、农民人均纯收入，湖区与水争地的现象较严重；城乡居民点及工矿用地的发展与总人口及城市人口、GDP、财政总收入、工业产值的增加密不可分；未利用地面积的变化与总人口、城市人口及粮食总产量表现出了较强的负相关关系。

参考文献

[1] 陈百明,刘新卫,杨红. LUCC 研究的最新进展评述. 地理科学进展,2003,22(1):22-29

[2] 刘彦随,陈百明. 中国可持续发展问题与土地利用/覆被变化研究. 地理研究,2002,21(3):324-330

[3] GUTHER F. Modeling land use and cover changes in Europe and Asia[C]. Proceeding of International Conference on Land Use/Cover Change Dynamics,Beijing:LUCCD,2001:1-2

[4] YUKIOH. Some thoughts on human aspects of LUCC in Japan and China Proceeding of Intemational Conference on Land use/Cover change Dynamics,Beijing. LUCCD,2001:17-26

[5] 郑国强,江南,于兴修. 长江下游沿线土地利用区域结构演化分析[J]. 自然资源学报,2003,18(5):568-574

[6] 江西省土地利用管理局、江西省土壤普查办公室编[M]. 江西土壤. 北京:中国农业科技出版社,1991:50-58

[7] 薛达元. 生物多样性经济价值评估一长白山自然保护区案例研究[M]. 北京:中国环境科学出版社,1997:21-58

Abstract Land use/land cover change (LUCC) is one of key research fields in global change. Under the support of Remote Sensing and Geographic Information System and by using of correction analysis,the land use change and its driving factors in Poyang lake region for 20 years was analyzed based on the theories of landscape ecology and ecologic system service.

Keywords "3S" technology,land use change,driving factor,Poyang lake

基于 ArcIMS 的土壤养分信息发布系统研制

杨联安

（西北大学城市与资源学系　710127）

摘要：随着 WebGIS 技术的不断成熟和完善，基于 WebGIS 的土壤养分信息系统的建立与应用已成为必然的发展趋势。以陕西省周至县猕猴桃适生区为试验区，建立该区土壤养分地理空间和属性数据库，研制基于 ArcIMS 的土壤养分信息发布系统，应用于土壤养分信息管理，实现土壤养分数据共享，推动周至县猕猴桃产业发展，加快农业信息化建设进程。

关键词：WebGIS，ArcIMS，土壤养分，发布

1　引　言

土壤是作物生产的重要基础条件，应用计算机技术管理土壤养分信息并为农业生产服务成为农业信息技术的重要环节。建立土壤养分管理信息系统，并使用 WebGIS 平台将土壤养分信息发布到互联网或是部门的企业内部网上，达到土壤养分数据的共享，以最高的效率管理土壤养分信息和进行土壤养分信息的交流，使其得以最大限度地利用，有助于以较小的代价快速的更新土壤养分信息数据库，推动传统农业向高产、优质、高效、生态、安全方向发展。

2　ArcIMS 的体系结构

ArcIMS (Internet Map Server)是 ESRI 最新推出的第二代互联网地理信息系统平台，包括了 ArcView IMS 和 MO IMS 两种 WebGIS 及制图产品的所有功能。具备了成熟的客户/服务器体系结构，允许对各层进行直接定制，从而扩展 WebGIS 的网站功能。其结构经过特别设计用来满足在 Internet 上提供地理数据和服务的需要。ArcIMS 主要用于在 Internet 上提供 GIS 服务，可以很容易地制作地图服务（Map Services）、开发与地图服务进行通讯的 Web 页面，并且进行站点管理。

ArcIMS 的其他重要特征还包括：支持要素数据流方式，支持不同来源的数据整合以及使用辅助工具。通过要素数据流方式，ArcIMS 不仅能够向客户端传输影像数据，而且还可以传输矢量数据。它还允许进行一些制图以外的功能，如数据的空间叠加、地理分析等。ArcIMS 通过要素数据流方式，不仅可以通过网络访问远程数据，而且还可以使用本地机上的数据。辅助工具包括客户端的要素编辑工具——EditNotes 和共享某些特殊地理信息的工具——MapNotes。ArcIMS 与其他 IMS 产品有所不同的一个特征是，ArcIMS 是作为 NT 服务运行的，这一特征使得许多现有用户可以有效地访问网站。

ArcIMS 是一个由客户端部件和服务器端部件和数据管理部件组成的分布式系统。客户经过 Internet 或 Intranet 服务器向 ArcIMS 发出请求，ArcIMS 服务器处理该请求，并将结果返回到浏览器。ArcIMS 的三层服务体系结构见图 1 所示。

各个不同层之间通过 ArcXML 进行通讯。ArcXML 是 ArcIMS 版本的 XML，即可扩展的标记语言（extensible Markup Language）。

ArcIMS 具体运行机制为：从客户端发送的请求被传回到 Web Server，再通过 Connector 将请求传到 GIS 的 Application Server，Application Server 则根据具体请求和客户端的类型和配置将请求提交给 Spatial Server，Spatial Server 则完成数据的处理，并将处理的结果按相反的路线返回给客户端。Spatial Server 是

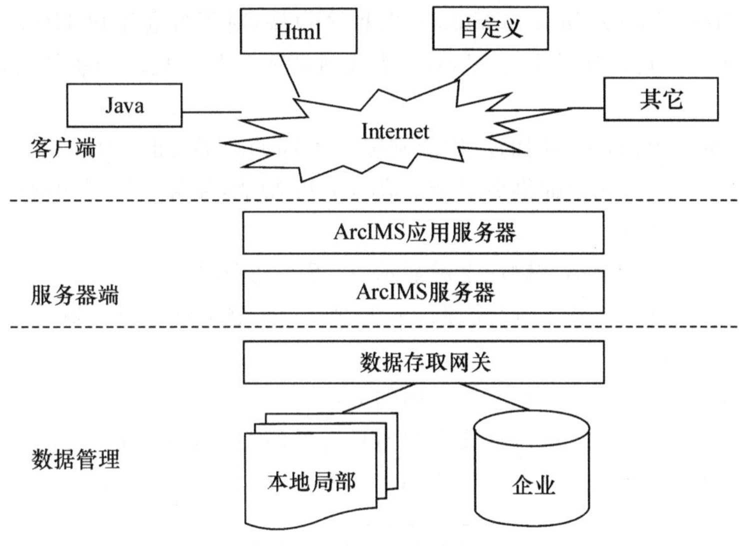

图 1　ArcIMS 的三层服务体系结构

ArcIMS 的核心部分，它完成数据的检索、处理、地址配备及对图形的处理等任务。所以 Spatial Server 的负荷最重，必要的时候可以将其放在多个服务器上。

3　基于 ArcIMS 的土壤养分信息发布系统研制

3.1　设计思想和目标

选择陕西省西安市周至县猕猴桃适生区作为研究区，进行基于 ArcIMS 的土壤养分信息发布系统的研制。周至县位于秦岭北麓，北连武功县，东接户县，南邻佛坪县，西依眉县，是农业部定点的全国唯一的猕猴桃标准化栽培示范县，国务院农业发展中心已将周至县确定为全国最大的猕猴桃基地。猕猴桃适生区位于周至县北部种植密集区，东西长 45 km，南北宽 19 km，总面积 765 km^2，海拔在 149～241 m 之间，地势南高北低，跨三个自然地貌单元，依次为秦岭山地、黄土台塬、渭河平原，境内有渭河支流黑河和田峪河。土壤类型以黄土、黑油土、潮土为主。系统以土壤养分采样点为基础，通过土壤养分分区管理技术、土壤类型和其他的基础数据，在 ArcIMS 的 WebGIS 平台下实现对土壤类型和土壤养分信息的管理和发布，使相关部门可以快速、方便地了解当地的土壤类型和土壤养分信息，为他们提供施肥决策支持。主要实现绝大部分用户能够在线浏览和查询，通过设定不同的用户级别，使管理人员可以通过下载插件来进行高级的交互功能，从而实现系统的远程维护。

3.2　系统客户端浏览模式的选取

ArcIMS 9.0 支持胖瘦两种类型的客户端，通过 ArcIMS Designer 定制的客户端有 Html Viewer 和 Java Viewer 两种。Html Viewer 几乎所有功能都在服务器端完成，属于瘦客户端型。Java Viewer 则通过在客户端嵌入 Java Applet，使 WebGIS 的简单的功能都可以在客户端实现，属于胖客户端型。Java Viewer 需要用户在首次使用时下载 Java Applet 至本地，对终端有较高的要求，但 Java Viewer 比 Html Viewer 具有更多的功能，如添加更新图层、编辑要素、在图上进行标注等，且 Java Viewer 是以矢量数据的形式传送数据到客户端，大大加快了 WebGIS 的反应速度。Html Viewer 则需通过服务器端将矢量数据转换成 PNG、JPG、GIF 等图片格式后再发送到客户端，因而 Html Viewer 的速度较慢。

采用 Html Viewer 的网页以栅格图像显示地理信息，尽管在资料上的互动与功能受到限制，但是提供了最佳的性能和灵活性，因为它支持所有大众化的浏览器与电脑平台。适合简易的应用方案。而功能较强的 WebGIS 应用需要 Java Applet 技术的支持。

本系统同时提供 Html Viewer 和 Java Viewer 两种客户端，对于普通用户 Html Viewer 所提供的功能就可以满足要求，而高级用户可以通过 Java Viewer 实现远程实时数据更新和系统管理。

3.3 系统功能

系统通过登陆区分用户级别，为不同的用户级别提供不同的功能(图 2、图 3)。对普通用户提供基本的浏览、查询、统计等功能。对高级用户提供更复杂的高级 GIS 功能，如矢量图形的编辑、地理分析等。

提供给普通用户的基本功能：

(1)地图的浏览功能　放大、缩小、漫游、全图显示、设置活动图层等。

(2)地物的选择、检索及查询　基于点、线、圆、不规则多边形选取地物及对属性的查询。基于 SQL 语句对图形数据的查询。

(3)辅助要素　图例、比例尺、概览图、专题地图的显示。

具有管理员身份的高级用户除了具有普通用户所具有的所有功能外，还有图层更新(即将本地数据添加到地图中)、地物标注、图形编辑、地理分析、MapNotes、EditNotes 等提供了高级功能。

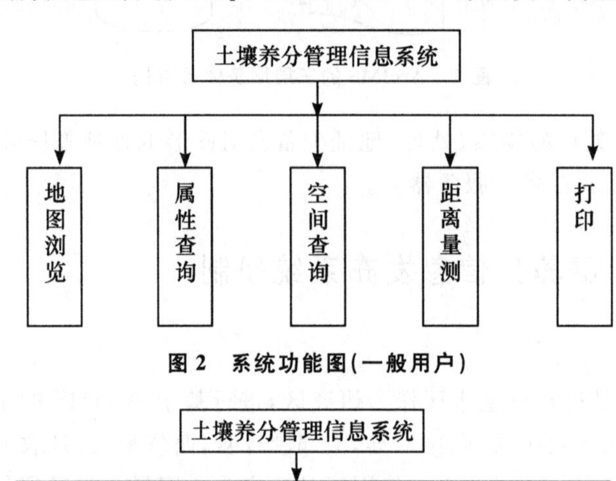

图 2　系统功能图(一般用户)

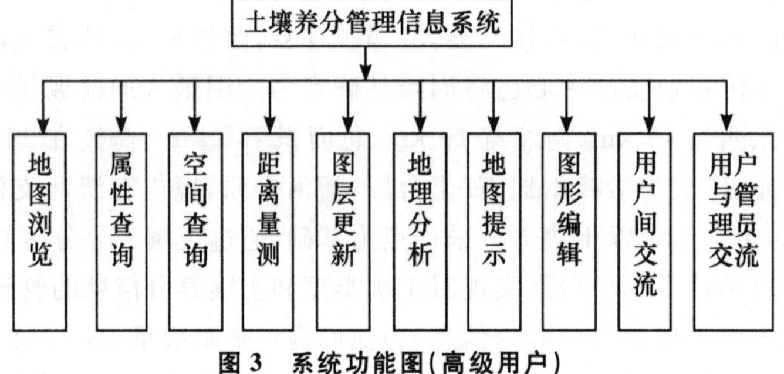

图 3　系统功能图(高级用户)

3.4 系统实现

通过虚拟地图服务 FeatureServer 客户端 Java Custom Viewer；虚拟地图服务 FeatureServer 客户端 Java Standard Viewer；虚拟地图服务 ImageServer 客户端 Java Custom Viewer；虚拟地图服务 ImageServer 客户端 HTML Viewe 虚拟地图服务 ImageServer 客户端 HTML Viewer 实现客户端浏览功能。使用 Identify，Query Builder，Query Builder，Buffer，MapNotes 和 EditNotes 等工具实现查询，缓冲区分析，用户交流等功能。MapNotes 和 EditNotes 反映一种协作性 GIS 的思想。其中 MapNotes 提供了一种客户间协作交流的方式，而 EditNotes 提供了一种客户端用户与服务器端管理员之间交流协作的方式。MapNotes 允许多个客户使用“虚拟地理公告牌”进行交流。互相连接的某个用户可以看到其他用户的注释，甚至可以用空间数据进行注释。可以把 MapNotes 比喻成餐馆里的顾客之间的谈话。MapNotes 存储在服务器端的某个特殊目录下。EditNotes 允许用户把他们的修改意见传送给服务器端的管理人员。数据管理人员可以根据其选择接收或忽略修改意见。使用好 ArcIMS 这两个非常重要的工具有利于用户与用户、用户与各个管理部门以及各管理部门间的交流与合作，能实现最大限度的土壤养分数据共享，加快土壤养分数据的更新，有利于推动农业信息化建设。

对于数据来源多样，数据量大的土壤养分数据，ArcIMS 具有灵活的数据处理方式，其强大的 ArcSDE 可以将图形、属性数据一并存储到在 IBM DB2、Informix、Oracle 或者 Microsoft SQL Server 等商业 RDBMS 中，为系统的数据安全提供了保障。同时 ArcIMS 提供了多用户的数据管理和并发访问机制，极大地提高了系统集成化水平，简化了数据的管理和维护。

4 结 论

1）基于 ArcIMS 的土壤养分信息发布系统是在 ESRI 公司最新推出的第二代 WebGIS 平台 ArcIMS 的基础上，基于其强大的智能化发布向导而建立起来的。该系统实现了土壤养分数据共享，推动了周至县猕猴桃产业发展，加快了农业信息化建设进程。

2)系统应进一步与 RS、GPS 结合，并着手进行。相关数据，如采样点的往年施肥量、作物产量这些数据对分析土壤养分对作物影响及对往年的施肥状况评价有重要作用。利用 OpenGIS 标准实现数据接口的兼容，对 GPS 数据、RS 监测数据的实时反馈，及时更新土壤养分数据库。

3)系统功能需丰富和完善。使用 ArcIMS 平台进行二次开发，提供更丰富的功能与更人性化的操作界面，为广大用户提供更直观的表现方式：如各种关系的统计对比、统计表的图形表达等。将系统与专家知识库相结合，利用土壤养分数据与专家知识实现作物的平衡施肥，指导农民科学施肥。

参考文献

[1] 刘南，刘仁义. Web GIS 原理及其应用. 北京：科学出版社，2002
[2] 朱凌. WebGIS 及其常用软件比较. 测绘通报，2002(9)：60-62
[3] 谢建华，陶红，李培铮. 开发 WebGIS 的 ArcIMS 新技术应用分析. 地球信息科学，2003(3)：51-54
[4] ESRI，Getting_Started_with_ArcIMS，1999

Development on Soil Nutrient Data Release System Based on Arcims

YANG Lian-an
(Department of urban and resource sciences ，Northwest University 710127)

Abstract With WebGIS technology has mature and perfecting，the construction and application of soil information system has expanded to be a key trendency based on WebGIS . Soil attribution and geographic spatial database of Gooseberry in Zhouzhi County，Shaanxi Province were built based on ArcIMS，applying to deal with soil nutrient data，achieving sharing soil nutrient data，propelling Gooseberry industry development，speeding the construction pace of agricultural information.

Key words WebGIS ；ArcIMS；soil nutrient data；release

基于GIS的醴陵市耕地土壤肥力变异研究*

周卫军[1]　黄利红[1]　田　珂[1]　李江林[2]　薛　涛[1]

(1.湖南农业大学资源环境学院,长沙　410128;2.湖南省醴陵市农业局,醴陵　412200)

摘要:土壤肥力变异研究可以为精准农业的土壤养分管理提供依据。本文利用GIS技术研究了醴陵市耕地土壤肥力的空间变异特征和时间稳定性变异特征,得出主要结果如下:土壤碱解氮的块金值最大;土壤pH、碱解氮、有效磷和速效钾的拟合理论模型均为指数模型;土壤pH、碱解氮、有效磷和速效钾的基底效应均在25%~75%之间;土壤pH降低,碱解氮、有效磷和速效钾的含量均提高,其中pH下降的速度和有效磷提升的速度最快;土壤pH值在时间变异稳定性研究中属于中等稳定的MI级,土壤碱解氮属于中等稳定的MIII级,土壤速效钾和速效磷属于不稳定的UIII级。

关键词:土壤肥力;空间插值;时空变异;耕地土壤

在土壤质地相对均一的区域内,土壤的特性(如土壤物理、化学及生物性质等)参数和土壤水分运动的某经验参数以及土壤中的有关状态变量的数值,在同一时刻不同空间位置并不相等的性质称为土壤空间变异性。土壤特性的空间变异研究越来越受到人们的重视,特别在土壤养分管理上,以精准为特征的养分管理正成为土壤养分管理的新思路。研究某一区域土壤养分空间分布特征,旨在为充分发挥土壤的生产潜力,提高肥料利用率,为保护生态环境提供有关科学理论依据和发展模式。本文采用克里格法对湖南省醴陵市的耕地土壤养分进行半方差函数分析和模型拟合,并进行了空间插值,以期为精准施肥的实现提供科学依据。

1　材料与方法

1.1　数据来源

所使用的数据来自湖南省醴陵市农业局土肥站,使用的是2005年建立的醴陵市1∶1万土地利用现状图,耕地土壤肥力数据使用的是2006年醴陵市耕地土壤普查所测得的数据,包括3 925个采样点的经度、纬度、pH、碱解氮、有效磷和速效钾,以及1982年全国第二次土壤普查时相应点的数据,包括pH、碱解氮、有效磷和速效钾。我们利用这次土壤普查的数据生成了醴陵市的采样点位图,提取了醴陵市的耕地,然后利用ARCGIS的地统计模块对醴陵市的土壤肥力进行空间变异分析和空间插值,等值线图与耕地相叠加得出耕地的等值线图,并与第二次土壤普查的空间插值结果进行对比分析,并得出醴陵市耕地土壤肥力的时间稳定性变异特征。

1.2　研究方法

采用ARCGIS中地统计模块进行地统计分析和Kriging空间插值,从而获知空间分布信息。具体步骤如下:

(1)进行正态分布检验,剔除异常值。

(2)进行趋势效应分析,在局部变异分析过程中剔除全局趋势,目的是为了使局部变异分析过程少受全局趋势的影响。

(3)半方差函数分析:半方差函数反映了土壤特性的空间变异结构,是描述区域化随机变量空间变异结构的一个定量工具,空间插值研究的本质就是通过空间建模来拟合生成充分逼近要素空间分布特征的函数[1],半方差函数图是利用半方差函数研究土壤特性空间变异并产生合适的空间变异模型,它是解释土壤特性空间变异结构的基础,通过ArcGIS地统计分析模块,以所有样点对的土壤养分测试值的平均理论半方差计算结果为纵坐标,采样距离(单位为米,缩小1 000倍)为横坐标,绘制其变异函数曲线图,ArcGIS地统计分析模块提供了Spherical, Gaussion, Exponential, Circular, Spherical等11种模型,通过计算r(h)-h散点图,分别用不同类型的模型来拟合,各模型的拟合参数选取插值精度较高的模型,最后用Cross-Validation交叉验证法来对模型的参数不断进行修改,直达

* 基金项目:湖南省发展改革委员会重点基础研究项目;农业部基础研究项目

到一定的精度。变异函数模型的选择标准：预测误差均值(MEAN)尽可能接近于 0，预测误差均方根(Root Mean Square，RMS)、平均标准差(Mean Standardized MS)和平均预测标准差(Average Standard Error ASE)尽可能小，尤其是预测误差均方根越小越好，标准均方根预测误差(Root Mean Square Standardized RMSS)尽可能接近 1，估计值与实测值的相关系数尽可能大[2]。

土壤变异参数中，块金值为间距 h 为 0 时的半方差值，代表随机变异的量，表现为在最小距离内由实验误差和小于实验取样尺度上施肥、耕作措施、种植制度等随机因素引起的方差，较大的块金值表明在较小的尺度上某种过程不容忽视。

基底效应为块金值与基台值之比，表示由随机因素引起的变异占系统内总变异的百分数，可以反映土壤特性空间变异的空间相关程度。按照区域化变量空间相关性程度的分级标准，变量基底效应＜25％时，具有强烈的空间相关性，变异主要由空间自相关因素引起，在 25％～75％之间，变量具有中等的空间相关性，＞75％时，变量的空间相关性较弱，变异由主要随机因素引起[3,4]。

变程为变异函数达到基台值所对应的距离，表示某土壤特性的空间自相关距离，某土壤养分观测值之间的距离大于该值时，说明它们之间是相互独立的；若小于该值时，说明它们之间存在一定的空间相关性。

(4)时间变异性分析：时间变异性用时间稳定性图表示。时间稳定性图通过计算每个样点多次采样得到的实测值的变异系数，并经过克里格法内插得到。变异系数 CVt_i 的计算公式如下：

$$CVt_i = \frac{\sqrt{(n \times \sum_{t=1}^{n} y_{it}^2 - (\sum_{t=1}^{n} y_{it})^2)/n \times (n-1)}}{(\sum_{t=1}^{n} y_{it})/n}$$

式中：y_{it} 表示第 i 个样点在第 t 个采样日期上所测得的土壤属性的实测值，n 是采样次数。

该方法最初由 Blackmore 提出并应用于粮食作物产量的时间稳定性评估[5]。

每种土壤属性所有采样点的平均变异系数值可用 $\overline{CVt}$ 来表示，$\overline{CTt}$ 越大表示该土壤属性的时间变异性越大。其计算公式为：

$$\overline{CVt} = (\sum_{t=1}^{n} CVt_i)/m$$

式中：m 为样点数。

$\overline{CVt}$ 可进一步划分为几个如表 1 所示的类别和子类[6]。

表 1 变异的稳定性类别划分

Table 1 The stability grade of variation

级别 Grade	CVti 类 CVti sort	CVti 子类 CVti sub-sort	
	范围 rang	表示法 representation	范围 rang
稳定性 Stability	0～10％	SI	0～2.5％
		SII	2.5％～5％
		SIII	5％～10％
中等稳定性 Middling stability	10％～25％	MI	10％～15％
		MII	15％～20％
		MIII	20％～25％
不稳定性 Instablity	25％～100％	UI	25％～30％
		UII	30％～50％
		UIII	＞50％

2 结果与分析

2.1 地统计分析

从表 2 中可以看出，土壤碱解氮的块金值(Nugget)最大为 1 344，这说明在最小间距内影响土壤碱解氮变异的过程作用很强；其他养分的块金值相对小些，范围在 0.003 352 1～0.373 22 之间，这说明在最小间距内的变异分析过程中引起误差较小。

表 2 土壤养分的 Kriging 插值模型及模型参数

Table 2 The Kriging insert value model and parameter of soil nutrients

项目 Item	最优模型 Best-fitted Model	块金值 Nugget	基台值 Sill	基底效应（%） Nugget/ Sill	标准差 S. D.	变程 Range（m）
pH	E	0.00 335 21	0.006 459 4	51.89	0.08	8 196.86
碱解氮 Alkaline hydrolyzation nitrogen	E	1 344	2 078.22	64.67	45.59	53 264.5
有效磷 Available phosphorus	E	0.373 22	0.517 37	72.14	0.72	18 451.8
速效钾 Available potassium	E	0.178 45	0.262 236	68.05	0.51	13 228.8

醴陵市耕地土壤 pH、碱解氮、有效磷和速效钾的基底效应均在 25%～75%之间，说明其系统空间相关性中等，空间变异性主要由随机性因素（外在因子）和非人的因素（内在因子）共同引起。

醴陵市耕地土壤中碱解氮的变程最大，为 53 264.5 m，最小的为 pH，8 196.87 m，而取样间距为 258 m，远小于最大变程，说明对土壤有效养分含量进行空间插值是可行的。

2.2 土壤肥力空间结构的变异分析

从图 1 和表 3 可以看出，1982 年醴陵市耕地的土壤的 pH 主要分布在 5.5～6.4 之间，面积为374.21 km^2，占总面积的 59.79%，属于弱酸性；低于 5.5 的总共只有 6.76 km^2，占总面积的 7.08%。2006 年醴陵市耕地土壤的 pH 较低，呈酸性。大部分区域位于 4.5～5.4 之间，面积达 463.59 km^2，占总面积的 74.07%，属于酸性区域；低于 4.5，属强酸性的耕地土壤面积有 9.68 km^2，占总面积的 1.55%，主要分布在城区，东乡的南部也有部分斑块；高于 7.5，属弱碱性的耕地土壤很少，只有 0.48 km^2，占总面积的0.08%，位于南乡的中部。两次结果进行比较和分析可以看出，醴陵市的耕地土壤 pH 明显下降了，高于 5.5 的变少了，而低于 5.5 的变多了。

图 1 土壤养分的分级图

Fig. 1 The classification of soil nutrients in Lilin County

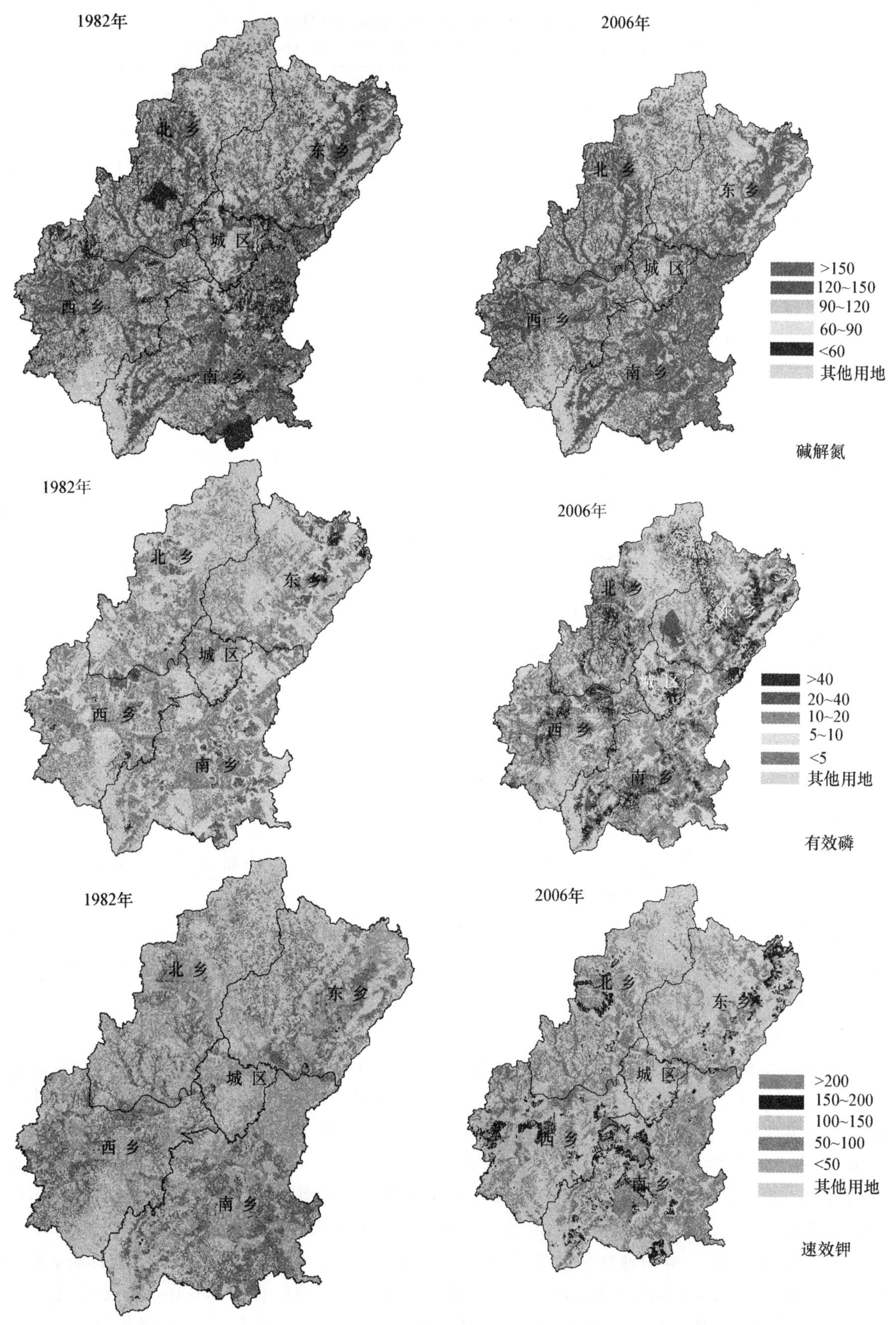

续图1　土壤养分的分级图

表 3 土壤肥力因子的空间插值面积统计表

Table 3 The proportion statistic of spatial insert value on soil nutrients

项目 Items	年份 Years	范围 range	面积统计 the proportion statistics				
			<4.5	4.5～5.4	5.5～6.4	6.5～7.5	>7.5
pH	1982	面积(km²) area	0.03	6.73	374.21	244.15	0.73
		面积百分数(%) area percent	0.01	1.07	59.79	39.01	0.12
	2006	面积(km²)area	9.68	463.59	144.67	7.42	0.48
		面积百分数(%) area percent	1.55	74.07	23.12	1.19	0.08
碱解氮 Alkaline Hydrolyzation nitrogen	年份 years	范围 (mg/kg) range	<60	60～90	90～120	120～150	>150
	1982	面积(km²) area	1.07	6.81	35.27	125.16	457.54
		面积百分数(%) area percent	0.17	1.09	5.64	20.00	73.11
	2006	面积(km²) area	0.01	0.60	2.54	17.59	605.11
		面积百分数(%) area percent	0.00	0.10	0.41	2.81	96.69
有效磷 Available phosphorus		范围(mg/kg) range	<5	5～10	10～20	20～40	>40
	1982	面积(km²) area	356.00	193.17	65.50	7.32	3.85
		面积百分数(%) area percent	56.88	30.87	10.47	1.17	0.62
	2006	面积(km²) area	19.66	84.10	251.59	207.98	62.52
		面积百分数(%) area percent	3.14	13.44	40.20	33.23	9.99
速效钾 Available potassium		范围(mg/kg)range	<50	50～100	100～150	150～200	>200
	1982	面积(km²) area	276.46	293.18	54.13	1.51	0.57
		面积百分数(%) area percent	44.17	46.84	8.65	0.24	0.09
	2006	面积(km²) area	45.49	291.14	186.08	65.37	37.78
		面积百分数(%) area percent	7.27	46.52	29.73	10.44	6.04

1982 年碱解氮的含量较高，高于 150 mg/kg 的地块有 457.54 km^2，占总面积的 73.11%。到 2006 年醴陵市耕地土壤的碱解氮含量高于 150 mg/kg 的耕地面积达到 605.11 km^2，占总耕地面积的 96.69%，可见，醴陵市耕地土壤碱解氮的含量有所提高。

1982 年醴陵市耕地土壤的有效磷含量属于低下水平，大部分土壤的含量都低于 5 mg/kg，面积达到 356.00 km^2，占总面积的 56.88%；高于的 40 mg/kg 的只有 3.85 km^2，仅占 0.62%。2006 年醴陵市耕地土壤速效磷的含量处于中等偏上水平，大部分都高于 10 mg/kg，处于 10～20 mg/kg 之间的面积最多，达到 251.59 km^2，占总面积的 40.20%；高于 40 mg/kg 的耕地 62.52 km^2，占总面积的 9.99%；而低于 5 mg/kg 的耕地只有 19.66 km^2，零星分布在东乡的东北部，南乡的北部和东南部，西乡的北部，北乡的南部，以及城区的北部。两次结果进行比较分析可以看出，醴陵市耕地土壤有效磷的含量大大提高了。

1982 年醴陵市耕地土壤的速效钾含量处于低下水平，低于 100 mg/kg 的占了绝大部分，其中低于 50 mg/kg的耕地 276.46 km^2，占总面积的 44.17%，高于 100 mg/kg 的仅有 56.21 km^2，占总面积的8.98%。2006 年大部分耕地速效钾含量都处于 50～100 mg/kg 之间，面积达 291.14 km^2，占总面积的 46.52%；而低于 50 mg/kg，处于极低水平的耕地面积为 45.49 km^2，占总面积的 7.27%，零星分布在东乡的西部，南乡的东部和南部,西乡的北部,北乡的南部和北部;高于200 mg/kg的耕地为37.78 km^2,占总面积的6.04%,主要分布在南乡的中部和北乡的中部,东乡、西乡和城区各有零星的斑块。两次结果进行比较分析可以看出,醴陵市耕地土壤的速效钾含量有所提升,但是提升的速度不是很快。

2.3 土壤肥力的时间变异稳定性研究

从表4和图2可以看出,醴陵市耕地土壤pH值从整体上是属于中等稳定的MI级,大部分属于稳定类,在东南-西北线上分布着的中等稳定类,而只有极少部分属于不稳定性,主要位于城区;土壤碱解氮从整体上是属于中等稳定的MIII级,部分属于稳定性的,主要分布在醴陵市的南半边,属于不稳定性的耕地均匀分布在醴陵市的各地;土壤速效钾和有效磷从整体上的变异系数都大于50%,属于不稳定的UIII级,从图2可以看出,有效磷除了极少部分属于不稳定区的UII级外,几乎都在不稳定区的UIII级,而速效钾还有一小块区域是在中等稳定区域。

表4 各土壤属性的时间变异性
Table 4 Temporal variability of soil property

土壤属性 Soil property	pH	碱解氮 Alkaline Hydrolyzation N	有效磷 Available P	速效钾 Available K
$\overline{CVt}$(%)	13.30	20.25	81.91	55.28

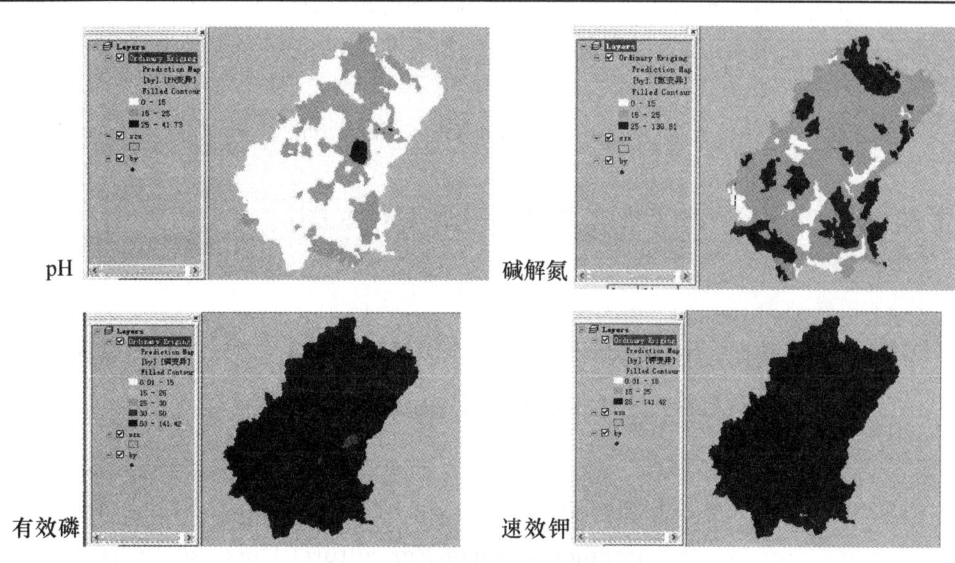

图2 土壤属性的时间稳定性图
Table 2 Spatial stability of soil property

上述地统计计算结果中,pH、碱解氮、有效磷和速效钾的基底效应分别为51.89%、64.67%、72.13%和68.05%,均在25%~75%之间,其系统空间相关性中等,空间变异性主要由随机性因素(施肥、耕作措施、种植制度等各种人为活动)和结构性因素(母质、地形、气候及水文)共同引起。土壤pH的基底效应相对其他肥力因素要小一些,处于25%~75%的中等位置,所以在时间稳定上就表现为中等稳定状态。碱解氮的基底效应也相对来说属于较小的,其在时间稳定上的表现也较为稳定。而土壤有效磷和速效钾的基底效应接近75%,所以其空间变异性偏重于由随机因素(施肥、耕作措施、种植制度等各种人为活动)引起,在时间稳定上就表现为不稳定状态。一般规律是土壤对P有吸附作用,其移动性差,时间稳定性也应该高些,但本研究中结果与此相反,而与黄金生等在研究土壤有效养分时空变异特征时的结果相同,估计可能与施肥不均有关。

3 结 论

1)土壤肥力的块金效应:醴陵市耕地土壤碱解氮的块金值(Nugget)最大,在最小间距内影响土壤碱解氮变异的过程作用很强;其他肥力因子的块金值相对小些,在最小间距内的变异分析过程中引起误差较小。

2)土壤肥力的空间相关性:醴陵市耕地土壤 pH、碱解氮、有效磷和速效钾的拟合理论模型均为指数模型。土壤碱解氮、有效磷、速效钾、缓效钾、pH 和有机质的基底效应均在 25%~75%之间,说明其系统空间相关性中等,空间变异性主要由随机性因素(外在因子)和非人的因素(内在因子)共同引起。

3)土壤肥力的空间变异:醴陵市的耕地土壤 pH 明显下降了,高于 5.5 的变少了,而低于 5.5 的变多了。醴陵市耕地土壤碱解氮的含量有所提高。土壤有效磷的含量大大提高了,主要区域由 5 mg/kg 提高到 10~20 mg/kg转变。速效钾含量有所提升,但是提升的速度不是很快。

4)土壤肥力的时间变异稳定性:从时间变异稳定性研究中发现,醴陵市土壤 pH 值从整体上是属于中等稳定的 MI 级,土壤碱解氮从整体上是属于中等稳定的 MIII 级,土壤速效钾和速效磷属于不稳定的 UIII 级。

参考文献

[1] 朱会义,刘述林,贾绍凤. 自然地理要素空间插值的几个问题[J]. 地理研究,2004,23(4):425-431

[2] Kevin. Tohnston, et al. Using_ArcGIS-Geostatistical_ Analyst. 2001:190-191

[3] Cambardella CA, Moorman TB, Novak JM, Parkin TB, Karlen KL, Turco RE, Konopka E. Field-scale variability of soil properties in central Iowa soils. Soil Sci. Soc. Am. J., 1994, 58:1501-1511

[4] 程先富,史学正,于东升,等. 江西省兴国县土壤全氮和有机质的空间变异及其分布格局. 应用与环境生物学报,2004,10(1):064-067

[5] Blackmore S. The interpretation of trends rom multiple yield maps. Comput. Electron. Agric., 2000, 26(1):37-51

[6] 史舟,李艳. 地统计学在土壤中的应用. 北京:中国农业出版社,p112

Study on the Changes of the Cultivated Soil Fertility in Liling County Based on GIS

HUANG Li-hong[1], ZHOU Wei-jun[1], Tian Ke[1], Li Jiang-lin[2], Xue Tao[1]

(1. College of Resources and Environment, Hunan Agricultural University, Changsha 410128;
2. Liling County Agricultural Bureau, Liling 412200)

Abstract The spatial and temporal change of cultivated soil quality was studied in Liling county of Hunan province, based for the management of the soil nutrition in precision agriculture. The results showed: the available nitrogen nugget was largest. The substrate effect of the pH, available nitrogen, soil available phosphorus and available potassium was from 25% to 75%. The soil pH decreased, while the available nitrogen, soil available phosphorus and available potassium improved, where the speed of the pH and the soil available phosphorus was fast. According to the research of temporal variations stability, the soil pH was generally the middle-class stability (MI level), the soil available nitrogen was generally the middle-class stability (MIII level), while the available potassium and available phosphorus was generally the middle-class instability (UIII level).

Abstract soil fertility; spatial interpolation; spatiotemporal variation; cultivated soil

基于 WebGIS 的农田生态安全预警系统研究*

马友华[1]　赵艳萍[1]　王强[2]　方灿华[1]　王鹏举[1]　江云[1]　董建军[1]

（1. 安徽农业大学资源环境与信息技术研究所，合肥　230036；2. Western Kentucky University，USA）

摘要：为保障农产品安全，对源头产地农田的生态安全性进行及时的预测预警尤为必要。基于先进的 WebGIS 平台，使用 B/S 结构模式，集成开发了农田生态安全预警系统，实现了农田生态系统中农田肥力，酸化，盐渍化，水土流失，沙化，重金属污染与农药残留以及农田整体生态安全状况的不良状态、恶化速度，演变趋势的可视化定量预测预警，不同权限的用户可以通过网络进行预警信息的浏览，查询等操作。使用该系统对合肥市江淮分水岭地区的农田生态安全状况进行了预测预警。本系统可为有机农产品、无公害农产品和绿色农产品生产基地的选择，以及农产品产地安全管理提供科学依据与技术支撑。

关键词：农田；土壤；生态安全；WebGIS；预警

1　引　言

在过去的 50 年中，世界范围内 40%的农业用地出现退化，生态系统遭到破坏和污染。我国耕地人均占有量不足世界水平的 1/3，而土壤的贫瘠化、酸化、盐渍化、污染、缺水及沙漠化等原因导致的中低产田又占我国耕地总量的一半以上。同时，不少地方农田土壤的退化还有进一步恶化的趋势。这不但削弱了农田生态系统提供服务功能的能力，更引发了一系列的环境生态安全、食品安全等问题，威胁到人类社会的发展[1～5]。

当前我国主要农产品已由数量不足转变为优质农产品数量不足，这里隐含着严重的农业环境污染和粮食质量安全问题。据农业部 2000 年底对我国 14 个经济发达的省会城市 2110 个样品的检测结果，蔬菜中农药、重金属和亚硝酸盐超标率分别高达 31.1%、23.5%和 12.1%。据北京、天津、河北等 21 个省（区、市）的不完全统计，截止到 2001 年底，基本农田土壤样点（1 565 个）污染物超标率约 11.9%，农产品样点（1 215 个）超标率为 12%；2001 年因污染损失粮食、果蔬、畜禽水产品等超过 3 500 万 kg[6]。2003 年重庆市主要农产品水稻、玉米、蔬菜、茶叶抽样监测结果表明，市场大米受到重金属铅、镉、汞污染，特别是铅、汞污染严重，样本超标率 48.3%；玉米重金属含量，样本超标率 33.93%；蔬菜监测样本超标率 26.5%，主要污染物是农药残留，特别是出现了禁用农药氧乐果、甲胺磷、呋喃丹、三氯杀螨醇；茶叶样本超标 27.8%，主要是重金属铅，六六六、滴滴涕仍有不同程度的检出[7,8]。据国家环保总局调查，目前中国约有 1 000 万 hm^2 耕地受到不同程度的污染，约占我国耕地面积的 1/10 以上，这一状况直接影响着农产品安全和人民群众的身体健康。据估算，全国每年因重金属污染的粮食达 1 200 万 t，造成的直接经济损失超过 200 亿元，总体相当严峻。

国家 2001 年农业部启动了《无公害食品行动计划》，目标是从产地和市场两个环节人手，对农业食品实行“从农田到餐桌”全过程的质量安全控制，把净化产地环境，从源头上把好农产品质量安全关作为推进措施之一。在此基础上，2006 年国家又颁布了《农产品质量安全法》，并开始实施《农产品产地安全管理办法》，实行了农产品产地安全监测评价与发展趋势年度报告等制度。同时，2002 年全国农业生态环境与可再生能源建设工作会议提出，尽快建立健全国家、省、地、县四级农业生态环境监测与预警系统，保障农业生产环境安全和农产品质量，为政府决策和农业生产服务。2005 年中央一号文件提出，加大土壤肥力调查和监测工作力度，尽快建立全国耕地质量动态监测和预警系统，为农民科学种田提供指导和服务。

* 安徽省高校学科拔尖人才项目和合肥市技计划重点项目（社）字 2005-1001）资助

可见，源头产地安全，农田生态安全是农业生产安全，农产品安全，食品安全以及人们健康安全的重要基础[3,9]。为保障农产品安全，对源头产地环境安全，农田生态安全性预警，以及以此为基础的农业生态安全预警尤为必要[10]。农田生态安全预警是对农田生态环境质量和生态系统逆化演替、退化、恶化的及时报警，具有先觉性、预见性的超前功能，具有对演化趋势、方向、速度、后果的警觉作用。农田生态安全预警的研究可为有机农产品、无公害农产品和绿色农产品生产基地的选择，以及农产品产地安全管理提供科学依据。因此，本文利用先进的 WebGIS 平台，研究开发了农田生态安全预警系统，可提高预警信息的及时性，全面性和可靠性，为农业和相关环境部门的管理者在农业生产、结构调整和农业生态环境保护等方面提供科学的信息技术平台。

2 系统总体设计

2.1 系统总体目标

生态预警类型主要包括：①恶化状态预警。对现在或未来将处于退化或恶化的农田生态系统状态做出预警。②恶化趋势预警。对目前虽处于理想状态，或良好状态，但按目前的演化趋势，如果不采取有效措施，农田生态系统将会向退化或恶化状态变化做出预警，以使采取必要措施，抑制农田生态系统继续退化或恶化。③恶化速度预警。对从比较好或不坏的状态向恶化方向发展，且恶化趋势迅猛，有可能在短时间内达到恶化的状态做出预警[11]。因此本系统总体目标是通过农田生态安全预警系统实现农田生态系统在各种环境条件下与人为作用影响下，农田肥力，酸化，盐渍化，水土流失，沙化，重金属污染与农药残留以及农田整体生态安全状况，恶化速度，演变趋势等，在不同时空尺度上，可视化的定量预测预警。不同权限的用户通过网络可以进行预警信息的浏览，查询，操作，上传与发布。

2.2 系统开发平台与环境

WebGIS(万维网地理信息系统)是基于 Internte 平台、客户端应用软件采用 WWW 协议运行在万维网上的地理信息系统，是地理信息系统技术和互联网技术相结合产生的一种新技术，使基于地图(图形、图像)的应用系统得以通过互联网技术在各行业中得到广泛的应用。实现了空间信息网络化。GIS 通过互联网使功能得以扩展，从互联网的任意一个节点，Internet 用户都可以浏览万维网 GIS 站点中的空间数据、制作专题图，以及进行各种空间检索和空间分析[12]。

农田生态安全预警系统的 WebGIS 平台选择惠图科技公司的 TopMap Word 6.1。Web 服务器选用微软公司的 IIS 5.1。开发语言采用 ASP 与 JavaScript。数据库采用 SQL Server 2000。

2.3 系统总体结构

系统的总体结构采用 B/S (Browser/Server)模式，是典型的“瘦客户端/胖服务器” 结构。B/S 结构是随着 Internet 技术的兴起，对 C/S 结构的一种变化或者改进的结构[13]。在逻辑上分为 3 层，即客户机、应用服务器与 Web 服务器、数据库服务器。客户机负责数据结果的显示和用户请求的提交；地图应用服务器和 Web 服务器负责响应和处理用户的请求；而数据库服务器负责数据的管理工作。所有的地图数据和应用程序都放在服务器端，客户端只是提出请求，所有的响应都在服务器端完成，只需在服务器端进行系统维护即可，因此可大大降低系统的工作量[14,15]。在这种结构下，用户界面完全通过浏览器实现，一小部分事务逻辑在前端实现，但是主要事务逻辑在服务器端实现。B/S 模式主要是利用了不断成熟的 WWW 浏览器技术，结合浏览器的多种 Script 语言(VBScript、JavaScript 等)、ActiveX 或者 Java Applet 技术，用通用浏览器实现了原来需要复杂专用软件才能实现的强大功能，并节约了开发成本，是一种全新的软件系统构造技术[13]。在开发时主要是服务器端的开发[14]。

2.4 系统功能模块

根据总体目标，系统共建立开发了 9 个功能模块，系统功能模块的结构见图 1。

1)数据库管理模块：数据库管理模块包括数据农田生态环境监测数据的输入、增加、修改、删除等操作功能。设置了用户管理功能，不同的用户对数据库有不同的管理操作权限，提高了系统的安全性。数据库的数据内容包括采样点编号、位置坐标、地点、各项指标的监测值，监测时间，以及其他调查数据。

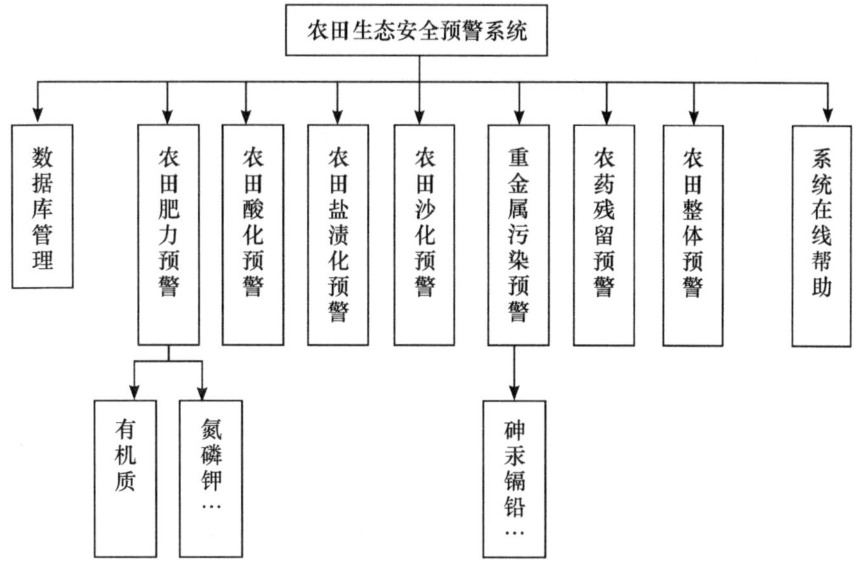

图 1 农田生态安全预警系统功能模块图

Fig. 1 Functional modules of farmland ecological security early-warning system

2)农田重金属污染预警模块：农田重金属污染预警模块可以对未来某一时间，研究区域大气干湿沉降等环境条件以及农田灌溉、施肥等耕作措施下，农田生态系统中土壤有毒有害重金属砷、汞、镉、铅等的含量进行定量化的预测，并在此基础上分别对农田重金属的单因子污染以及综合污染作出状态预警、趋势预警、速度预警。

3)农田肥力预警模块：农田肥力预警模块可以对研究区域农田生态系统在不同耕作措施、秸秆还田量下，有机质累积转化量作出定量化的预测，在此基础上分别对有机质的丰缺状况、累积分解趋势、累积速度作出预警，同时可以对农田生态系统中氮磷钾以及中微量元素的分缺状况进行评价预警。

4)农田酸化预警模块：农田酸化预警模块可以对研究区域农田生态系统在目前的酸性降雨条件，肥料种类与施肥量的情况下，土壤的酸碱度 pH 值的变化作出定量化的预测，在此基础上并对土壤酸碱性状况，酸化趋势，酸化速度作出预警。

5)农田盐渍化预警模块：农田盐渍化预警模块可以对研究区域农田生态系统在降雨蒸发等气象条件，以及种植作物，不同的灌溉水质、灌溉量的条件下，土壤含盐量进行定量化的预测，在此基础上对农田生态系统的盐渍化状态，盐渍化趋势、速度作出预警。

6)农田沙化预警模块：农田沙化预警模块可以对研究区域农田生态系统在目前沙化面积增加与植被减少的速度下，农田生态系统的沙化率，植被覆盖率作出定量化预测，在此基础上对农田沙化状态、沙化趋势、速度作出预警。

7)农田水土流失预警模块：农田水土流失预警模块可以研究区域农田生态系统在不同的降雨条件，耕种管理因素以及土壤保持措施因素的条件下，土壤的侵蚀量作出定量化的预测。在此基础上对农田水土流失的状态、水土流失变化趋势、速度作出预警。

8)农田农药残留预警模块：农田农药残留模块可以对研究区域农田生态系统在不同农药施药量情况下，有机氯农药的残留量进行定量化预测。在此基础上对农田农药残留状态、变化趋势、速度作出预警。

9)农田整体预警模块：农田整体预警模块可以对未来时间的农田生态系统的安全状况进行预警。输入预警的时间年份可查询农田整体生态安全情况与各分项指标安全情况。

(10)系统在线帮助：用户可以通过系统帮助模块查询到系统使用的各种基本信息，也可以通过网络直接询问获得帮助。

2.5 预警系统预测模型

预测是进行预警的基础与必要环节[16]。从定性的主观经验预测向使用定量化的数学模型预测发展是生态环境预警研究的一个趋势。模型具有预测(Prediction)、解释(Explanation)和推断(Extrapolation)功能。预测是指用模型作可被实验或调查证实的数量化阐述;解释指用模型解释观察现象的更深层次的原因;推断是指利用模型进行时间预测,或空间预测[4]。一个好的模型具有的基本性质有[17]:①由与拟分析系统主要问题相联系的因素构成,这些因素代表着系统的全部;②各因素间的联系得到了比较充分的反应;③抽象后的模型能够进行正常运算;④输入的数据能够获得;⑤输出的结果能够被使用者正确理解。该预警系统中的通用预测模型有:有机质动态模型、重金属沉积通量模型、酸化模型、水盐动态平衡模型、沙化模型、农药残留模型。其中重金属污染预测模型与有机质预测模型如下。

1)农田重金属污染预测模型:重金属进入农田后,参与农田生态系统的物质循环,根据其迁移途径,可将农田生态系统分为:水源、农作物、土壤、地下水、农田退水、大气干湿沉降 6 部分。在一定区域内,土壤系统中重金属等有毒有害物质的主要物质流动途径:表征输入的物流包括大气干湿沉降、灌溉、施肥等,在工矿业地区附近,其输入量受人为作用的影响比较明显。输出的物流,包括作物收获、地表径流、耕作层淋溶等[18]。其中淋溶途径相比其他途径的重金属输出量较少,可以忽略不计。因此一定区域内,输入量、输出量、与现存量之间的关系可用下式表示[19]:

$$S=B+W+R+F-P-D-E$$

式中:S=土壤中给定元素总量;B=土壤中给定元素背景含量;W=灌溉水的输入量;R=干湿沉降的输入量;F=施肥、秸秆还田等输入量;P=农作物收获的输出量;D=排水的输出量;E=随地表径流作用的输出量。以上各项均以给定重金属元素在单位面积耕层土壤中存在输入、输出的总量计。

2)农田有机质预测模型:有机质是反映农田土壤肥力的重要指标[20,21]。有机化合物进入土壤后,在矿化过程与腐质化过程的作用下达到新的平衡[22]。有机质的动态预测模型[23]如下:

$$OK_t=C_0\varphi^t+\frac{\varphi-\varphi^{t+1}}{1-\varphi}\times\frac{RU}{W}$$

$$\varphi=e^{-k}$$

式中:t 为时间;OM_t 为第 t 年后的土壤有机质含量;C_0 为开始时土壤有机质含量;k 为土壤有机质矿化率;Xt 为 t 年内由于人工归还有机质形成的土壤有机质含量;R 为每年有机物归还量;U 为有机物腐殖化系数;W 为耕层土重。

3 系统的实现

3.1 系统建立与运行

依据基于 WebGIS 农田生态安全预警系统的设计思路,进行预警系统集成,完成各系统模块的开发。将研究区农田生态系统大气、土壤、作物、灌溉水和施肥等分析和调查数据整理好后输入农田生态安全预警系统的数据库,同时将矢量化后的研究区地图导入系统,建立该地区的空间数据库和属性数据库,实现系统的运行。通过系统可以在数据库管理系统对数据进行修改查询等管理,在各预警模块中进行不良状态、趋势、恶化速度等各项预测预警分析操作,进行研究区的农田生态安全预警。目前该系统已获国家计算机软件著作权。

3.2 系统主要功能界面

用户可通过浏览器直接访问本系统,系统界面采用框架结构进行开发,功能分区清晰。主要功能界面分为：①主要功能模块区，用户点击功能模块名称，可直接跳转到各模块的界面；②模块的功能操作区，各功能模块的具体操作功能都集中在此区域显示；③数据显示区，各功能操作后与反馈给用户的各类数据和操作界面均在此区域中显示。界面中设置了地图操作工具栏，可以对预警分区图进行整屏显示、拉框放大、拉框缩小、自定义比例尺的缩放，漫游，图层控制，保存，输出等操作，以满足不同的浏览与显示要求。其中有机质预警功能界面与重金属污染预警数据库管理界面见图 2 和图 3。

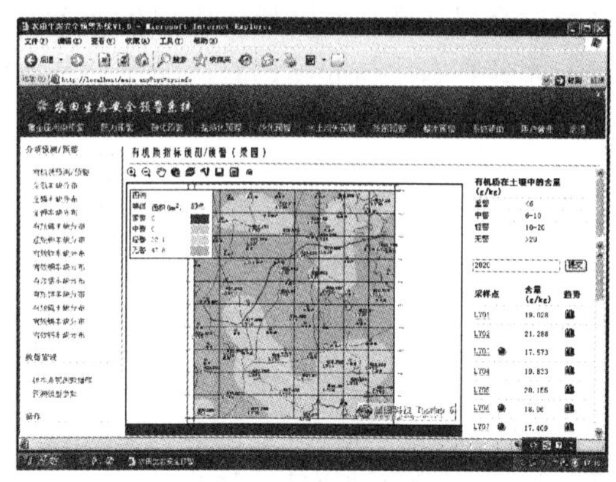

图 2　农田生态安全预警系统有机质预警主界面

Fig. 2　Main interface of organic matter early-warning module

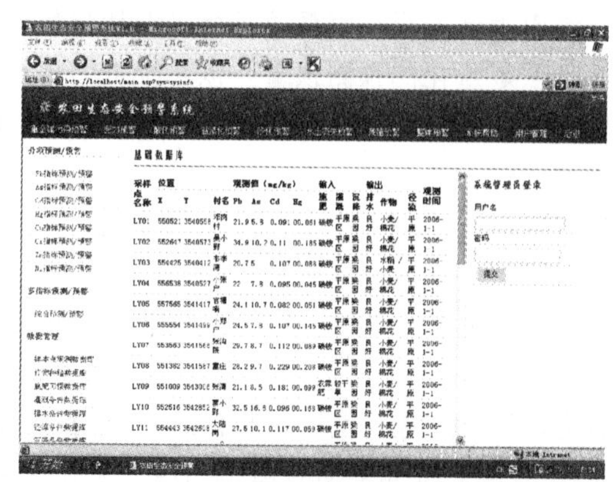

图 3　重金属污染预警数据库管理模块界面

Fig. 3　Data base administration interface of heavy metal early-warning module

4　合肥市江淮分水岭地区农田生态安全预警

4.1　研究区概况

安徽省江淮分水岭地区指长江、淮河之间隆起的狭长地带，包括安徽的合肥、六安、滁州、巢湖、蚌埠、淮南等 6 市 22 县(市、区)400 多个乡镇，总面积 45 万 hm^2，耕地面积 1 949 万亩。该区地处皖中腹地、省会周围，与淮南、蚌埠、滁州等大中城市相连，邻近经济发达的长江三角洲地区，交通便捷，区位优势明显。

合肥市江淮分水岭地区在主灌区、圩畈区、塘坝集中区的部分乡镇集中建设优质稻基地；在长丰北部乡镇建设优质专用小麦基地；在粮食集中区发展接茬优质油菜生产基地；在肥东、肥西发展优质花生生产。长丰县“弱筋”小麦，肥东县“低油”花生，长丰、肥东、肥西三县的“双低”油菜和蔬菜已列入安徽省优势农产品区域布局规划。其中，专用小麦、“双低”油菜已列入农业部制定的优势农产品区域布局规划。

4.2　农田生态安全预警分析

利用江淮分水岭农田生态系统地球化学评价获得大气、土壤、作物、肥料、水等样品的调查与检测分析数据，通过农田生态安全预警系统，对合肥市江淮分水岭地区的农田生态安全性进行预测预警分析。结果表明该地区农田有机质、酸化、重金属在局部地区目前出现轻度警情，而其他盐渍化、沙化、农药残留等均处于安全级别，未出现警情。预警结果表明，目前局部地区已出现污染，主要零散分布在个别城镇郊区，但在未来几十年内，如果农田生态系统不改变，90%以上的农田一直在安全级别内，仅极少面积农田土壤中汞与镉的含量超过安全警戒限，出现轻警；砷与铅基本处于较低的含量。

根据预警系统数据库中的分析数据统计显示，江淮分水岭地区大气干湿沉降是重金属的主要输入途径。同时施肥带入的重金属也是一个重要方面，尤其是对于砷和汞。因此一方面要查明局部地区大气中重金属含量较高的原因，以便于采取有效的治理措施；另一方面需要指导科学施肥，确定合理的施肥量，减少农田污染与农业面源污染。在调查区增施有机肥或进行秸秆还田将有助于提高农田有机质的含量，以及土壤钾与磷的有效性，减少化肥的使用量。

5 结 语

生态环境预警研究涉及到诸多复杂生态要素，而地理信息系统GIS具有强大的空间数据管理、分析和制图能力，利用GIS对生态环境进行管理评价已成为当前国内外主要趋势。本文对基于先进的WebGIS平台建立农田生态安全预警系统进行了设计与集成，并使用该系统对合肥江淮分水岭地区农田生态系统安全状况进行了定量化的预测预警。该系统可为该地区有机农产品、无公害农产品和绿色农产品生产基地的选择，以及农产品产地安全管理提供科学依据与技术支撑，对农业生态环境领域预警信息系统的研究与建立是一个有益的探索。

参考文献

[1] 曹志洪. 解译土壤质量演变规律，确保土壤资源持续利用. 世界科技研究与发展，2001，23(3)：28-32

[2] 韩俊，罗丹. 产地环境控制与食品安全. 农业质量标准，2005(4)：14-16

[3] 李青丰. 生态安全对防止耕地隐性流失和保证粮食安全的意义. 干旱区资源与环境，2006，20(3)：11-15

[4] 肖笃宁，陈文波，郭福良. 论生态安全的基本概念和研究内容. 应用生态学报，2002，13(3)：354-358

[5] 尹飞，毛任钊，傅伯杰，等. 农田生态系统服务功能及其形成机制. 应用生态学报，2006，17(5)：929-931

[6] 李瑞敏，侯春堂，王轶. 农业地质研究进展及主要研究问题. 水文地质工程地质，2004，31(2)：110-113

[7] 黄昀，赵中金，周优良. 重庆市农业资源环境问题与可持续发展对策研究. 农业环境科学学报，2006，25(增刊)：456-460

[8] 刘萍，张进忠. 重庆市主要农产品的重金属污染现状变化趋势及对策. 微量元素与健康研究，2005，22(1)：31-33

[9] 梁文举，武志杰，闻大中. 试论农田生态系统健康与农产品安全生产. 李文华，王如松. 生态安全与生态建设. 北京：气象出版社，2002：222-226

[10] 陈高潮，马友华，赵艳萍，等. 农业生态系统安全性预警与预警系统的建立. 中国农学通报，2005，21(10)：330-333

[11] 陈国阶，何锦峰. 生态环境预警的理论和方法探讨. 重庆环境科学，1999，21(4)：8-11

[12] 刘南，刘仁义. WebGIS原理及其应用——主要WebGIS平台开发实例. 北京：科学出版社，2002. 32

[13] 张鸿辉，刘友兆. 缪瑞林. 基于WebGIS技术的耕地预警信息系统的初步设计. 国土资源信息化，2003，(5)：22-25

[14] 黄诗峰，李纪人，徐美. 基于WebGIS的全国水环境信息系统的设计与初步实现. 水文，2003，23(4)：22-25

[15] 江畅，崔春龙. 基于WebGIS的农用地定级估价信息系统成果应用模块研究. 地理空间信息，2005，(2)：8-10

[16] 陈国阶. 对环境预警的探讨. 重庆环境科学，1996，18(5)：1-4

[17] 徐强. 区域环境与经济预警[M]. 北京：中国环境科学出版社，2001：173

[18] 杨忠芳，奚小环，成杭新，等. 区域生态地球化学评价核心与对策. 第四纪研究，2005，25(3)：275-284

[19] 成杭新，杨忠芳，赵传冬，等. 区域生态地球化学预警：问题与讨论. 地学前缘，2004，11(2)：607-615

[20] 张勇，庞学勇，包维楷，等. 土壤有机质及其研究方法综述. 世界科技研究与发展，2005，27(5)：72-78

[21] 朱静，黄标，孙维侠，等. 长江三角洲典型地区农田土壤有机质的时空变异特征及其影响因素. 土壤，2006，38(2)：158-165

[22] 黄昌勇. 土壤学. 北京：中国农业出版社，1999：34

[23] 庄恒扬,曹卫星,沈新平. 还田秸秆分解与氮素释放的动态模拟. 生态学报,2000,20(5):766-770

Study on farmland ecological security early-warning system based on WebGIS

Ma Youhua[1], Zhao Yanping[1], Wang Qiang[2], Fang Canhua[1], Wang Pengju[1], Jiang Yun[1], Dong Jianjun[1]

(1 Institute of Resource, Environment and Information Technology, Anhui Agricultural University, Hefei 230036, China)
(2 Western Kentucky University, USA)

Abstract To guarantee agricultural products safe, the producing area and farmland ecological security early-warning is especially necessary. The farmland ecological security early-warning system based on advanced WebGIS was designed and integrated using B/S structure. The security status, evolvement tend, deteriorate speed in certain space and time of the farmland fertility, acidigication, salification, water and soil loss, desertification, metal pollution, pesticide residue and the whole can be to visual and quantitative forecast and early warning. The security of farmland ecosystem in He Fei Jiang Huai watershed area was early warned using the system. This system can offer science bases and to be back-up technology for the choices and manage of Organic Food, Green Food and Pollution-Free Agriculture Products producing area. eliminate eliminate eliminate eliminate

Key words Farmland; Soil; Ecological security; WebGIS; Early-warning

人工重建植被对荒漠土壤特性的影响研究

——以克拉玛依城市外围人工生态防护林为例

郑路[1,2]　胡秀琴[3]　姜逢清[1]　邱文成[3]

(1. 中国科学院新疆生态与地理研究所,乌鲁木齐　830011;

2. 中国科学院研究生院,北京　100039;3. 克拉玛依区园林局园林科研所)

摘要:研究了克拉玛依市区北郊人工生态防护林地及相邻荒漠区的土壤养分及盐分,结果表明:人工生态防护林土壤养分较荒漠区有明显提高,尤其是土壤 N 素含量增加显著;有机质及速效养分主要集中在土壤表层,且随着土层深度的增加,人工生态防护林的培肥作用减弱;土壤 pH 值趋向中性;主要离子组成更加集中;可溶性盐主要集中在 40～60 cm 深度。

关键词:人工重建植被;荒漠;土壤特性

我国西北干旱区大多气候恶劣,夏季酷热干燥,冬季寒冷多风,沙尘暴、干热风等自然灾害频繁。人们为改变此环境状况,在城市外围的荒漠戈壁营造了大型城市防护绿地体系,为有效缓解和减弱城市自然环境灾害、改善城市人居环境,发挥了巨大的生态功能。

大量研究结果表明,当土地利用变化之后,土体结构及各种环境因子发生了改变,土壤养分也必然发生一系列的变化[1～4]。本研究对克拉玛依市区北郊人工生态防护林地及相邻荒漠区的土壤,进行相同立地条件下的对比取样,研究荒漠生态系统在人为干预下转变为人工林生态系统后对土壤养分及盐分的影响,为干旱区人工林近自然管护技术及稳定性研究提供科学依据。

1　研究区概况与研究方法

1.1　研究区概况

研究区位于准噶尔盆地西北缘,加依尔山南麓,克拉玛依市区西北郊,北纬 45°36′30″～45°37′57″,东经 84°50′01″～84°52′30″,地处山前冲积戈壁,海拔 280～300 m。具有典型的大陆性气候特征,夏季炎热,最高气温达 44 ℃,冬季寒冷,最低温度达−35.9 ℃,年平均气温为 8 ℃。干燥少雨,年均降水量为 101.7 mm,年蒸发量为 3 545.2 mm。风沙危害严重,年均大风日数为 76 d(≥8 级风),其中 9 级以上风的日数为 14 d,主风向西北。土壤为灰棕色荒漠土,土壤空隙大,砾石含量高。荒漠区植被稀少,矮小,多属耐干旱、抗风沙、耐盐碱的藜科植物,平均盖度 0.2。紧邻荒漠区为一片 2003 年建设完成的人工生态防护林,南北宽 700 m,东西长 4 000 m,面积 264 hm^2,主要树种有新疆杨(*Populus alba* var. pyramidalis Bge.)、尖果沙枣(*Elaeagnus oxycarpa* Sohlecht.)、胡杨(*Populus euphratica* Oliv.)、白榆(*Ulmus pumila* L.)、紫穗槐(*Amorpha fruticosa* L.)等。林地灌溉方式为滴灌。

1.2　采样与分析方法

2007 年 9 月在人工生态防护林林地内及林外荒漠区,分别挖土壤剖面,深度 80 cm,机械分层取样,每 20 cm为一层,每剖面取四层土样,带回实验室作土壤养分、盐分分析。其中林地内挖土壤剖面 15 个,取土样 60 个,林外荒漠区挖土壤剖面三个,取土样 12 个。分析指标有:土壤有机质(OM)、PH 值、全氮(TN)、全磷(TP)、全钾(TK)、有效氮(AN)、有效磷(AP)、速效钾(AK)及土壤水溶性盐分等。

土壤有机质测定采用重铬酸钾容量法，全N测定采用高氯酸-硫酸消化法，有效N采用碱解蒸馏法，全P、有效P采用采用钼锑抗比色法，全K、速效K采用火焰光度法，水溶性盐总量的测定采用残渣洪干-质量法和电导法。

2 结果与讨论

2.1 人工生态防护林对土壤有机质的影响

土壤有机质(S0M)是土壤的重要组成成分，是表征土壤质量的重要因子。尤其在干旱荒漠化地区，土壤有机质含量直接影响该地区土壤质量的高低，并对荒漠化地区的生态演化有直接的影响[5]。由表1可以看出：人工生态防护林地与荒漠区相比，土壤各层有机质含量均有增加，其中以0～20 cm层增加最多，达73.9％，40～60 cm层增加最少，为30.5％，随着深度的增加，人工生态防护林的培肥作用减弱，有机质增幅减小。0～80 cm层有机质含量增加了49.6％，说明人工生态防护林对土壤有机质增加有显著影响。这是因为营造人工生态防护林后，每年有大量的枯枝落叶归还土壤，经微生物分解转化为土壤有机质，使土壤有机质含量在短期内大幅度提高[6-8]。

表1 不同深度土壤有机质含量
Table1 Soil organic matter content of different depth

深度(cm)	人工生态防护林地(g/kg)	荒漠区(g/kg)	变化率(％)
0～20	6.23	3.58	73.9
20～40	3.45	2.46	40.4
40～60	2.77	2.12	30.5
60～80	2.14	1.59	34.6
0～80	3.65	2.44	49.6

垂直方向，随土层深度增加，有机质含量均逐渐降低，且第一层与第二层之间下降幅度很大，尤以人工生态防护林最为明显，0～20 cm层有机质含量与0～40 cm层之间降幅达80.5％，其含量占0～80 cm四层总含量的42.7％，表明土壤有机质主要集中在表层。

2.2 人工生态防护林对土壤养分元素N、P、K的影响

从测定结果看(表2)，全量N含量增加明显，达68.7％，全量P、全量K含量变化不显著；有效N、有效P含量亦有明显增加，其中以有效N含量增加最大，增幅达146.3％，速效K因土壤本身含量很高，所以变化不显著。

表2 土壤养分元素N、P、K含量
Table2 Soil nutrient N,P,K content

地类	全量(g/kg)			mg/kg		
	N	P	K	有效N	有效P	速效K
人工生态防护林地	0.22	0.60	17.72	7.61	3.36	119.70
荒漠区	0.13	0.62	16.42	3.08	2.91	132.84
变化率(％)	68.7	−3.2	7.9	146.3	15.5	−9.9

表3与表4分别列出了人工生态防护林地和荒漠区不同深度的土壤N、P、K含量。比较表3、表4可以看出，不同深度土壤全量N、P、K含量及有效N、P和速效K含量无论是有林地还是无林地均呈现如下规律：随土层深度的增加，各元素含量逐渐降低，说明土壤养分随土层深度的增加而减少。其中有效N、有

效 P、速效 K 含量 0～20 cm 层均远高于其下各层，说明速效养分主要集中在土壤表层。由图 1、图 2 可以看出，人工生态防护林地的这种表现比荒漠区更加明显，荒漠区速效养分元素 N、P、K 含量占 0～80 cm 四层总含量百分比分别是 54.9%，35.9%和 46.1%，而人工生态防护林地分别是 62.0%，44.6%和 46.9%。说明干旱区的人工林内，其枯枝落叶在短期内发挥了培肥地力的作用，越靠近土壤表层，这种作用越显著[9]。

表 3 人工生态防护林地不同深度 N、P、K 含量

Table3 N,P,K content of different depth at artificial shelterbelt

深度(cm)	全量(g/kg)			mg/kg		
	N	P	K	有效 N	有效 P	速效 K
0～20	0.34	0.70	18.24	18.87	5.99	224.50
20～40	0.22	0.58	17.92	3.42	2.94	116.31
40～60	0.17	0.58	17.50	4.56	2.58	77.19
60～80	0.14	0.55	17.23	3.61	1.92	60.81

表 4 荒漠区不同深度 N、P、K 含量

Table4 N,P,K content of different depth in desert zone

深度(cm)	全量(g/kg)			mg/kg		
	N	P	K	有效 N	有效 P	速效 K
0～20	0.18	0.73	17.03	6.77	4.18	245.00
20～40	0.12	0.58	16.11	1.95	2.76	160.00
40～60	0.10	0.60	16.78	2.26	2.66	74.00
60～80	0.10	0.57	15.74	1.36	2.03	52.33

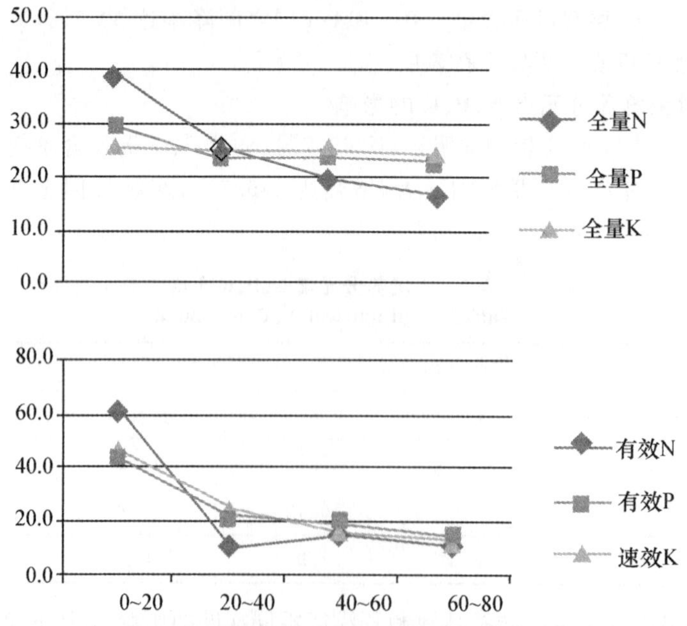

图 1 人工生态防护林地各层养分元素 N、P、K 含量占 0～80 cm 层总含量百分比

Fig. 1 N,P,K content of different depth account for the total content percentage of the 0～80 cm level at artificial shelterbelt

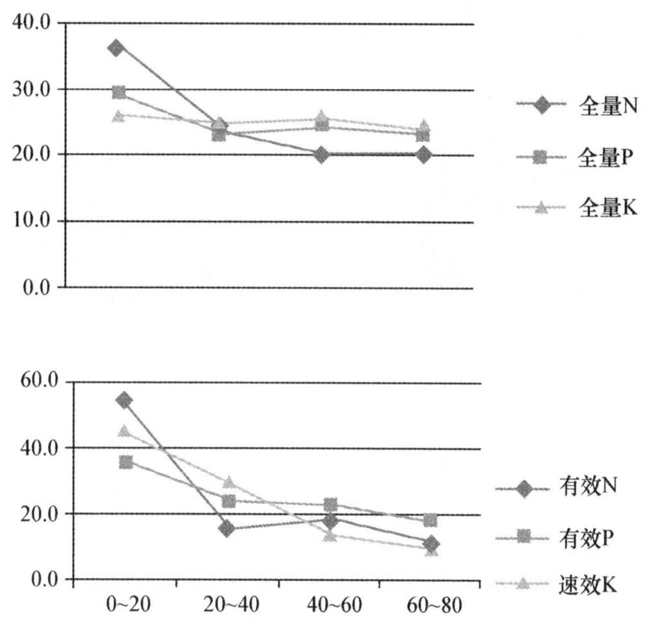

图 2 荒漠区各层养分元素 N、P、K 含量占 0～80 cm 层总含量百分比

Fig. 2 N, P, K content of different depth account for the total content percentage of the 0～80 cm level in desert

2.3 土壤水溶性盐分的变化

表 5 列出了人工生态防护林地和林外荒漠区土壤水溶性盐分含量。由表 5 可知，人工生态防护林地与荒漠区相比，总盐含量增加明显，达 90.8%，这可能是人工生态防护林长期采用滴灌的灌溉方式造成的[10]。在盐分离子组成中，Ca^{2+} 和 SO_4^{2-} 含量显著增加，分别增加了 160.8% 和 96.3%，而 Cl^- 含量明显减少，下降了 55.3%，这是由于氯化物盐有高的溶解度和迁移能力，因为灌溉的原因，在水的淋溶下，向土壤深处运动，故土壤 Cl^- 含量较低，而 SO_4^{2-} 常与 Ca^{2+} 结合，形成 $CaSO_4$ 积聚在土壤中，所以含量较高。土壤 pH 值下降了 0.98，由强碱性土壤变为碱性土壤，向着有利于植物生长的方向发展。

表 5 土壤水溶性盐分含量

Table5 Soluble salts content of soil

地类	pH (1∶5)	g/kg									
		总盐	全盐	CO_3^{2-}	HCO_3^-	Cl^-	SO_4^{2-}	Ca^{2+}	Mg^{2+}	Na^+	K^+
人工生态防护林地	8.13	2.79	2.69	0.01	0.17	0.08	1.62	0.53	0.03	0.22	0.02
荒漠区	9.11	1.46	1.77	0.02	0.17	0.19	0.83	0.20	0.02	0.31	0.03
变化率	−0.108	0.908	0.523	−0.451	−0.023	−0.553	0.963	1.608	0.543	−0.278	−0.188

图 3 为人工生态防护林地和荒漠区各离子占全盐百分比。分析各离子占全盐百分比，由图 3 可以看出，人工生态防护林与荒漠区相比，主要离子组成略有变化，人工生态防护林地以 SO_4^{2-}（60.4%）、Ca^{2+}（19.6%）为主，占全盐的 80.0%，荒漠区以 SO_4^{2-}（46.8%）、Na^+（17.5%）、Ca^{2+}（11.8%）和 Cl^-（10.6%）为主，占全盐的 86.3%。由荒漠区到人工生态防护林地，主要离子组成更加集中，由 4 种集中到 2 种。

图 4 为人工生态防护林地和荒漠区不同深度土壤总盐含量。由图 4 可知，荒漠区土壤总盐含量表现为 40～60 cm 层最高，60～80 cm 层其次，20～40 cm 层较低，0～20 cm 层最低，说明通过淋溶作用，可溶性盐主要集中在 40～60 cm 深度；人工生态防护林地亦有相似规律，说明采取滴灌方式，由于水量不大，下渗深度受到限制，未能使盐分向更深处淋溶，仍主要集中在 40～60 cm 层。由图 5 看出，土壤 pH 值人工生态防护林地及荒漠区各层之间均变化不大，有由上至下缓慢降低的趋势。

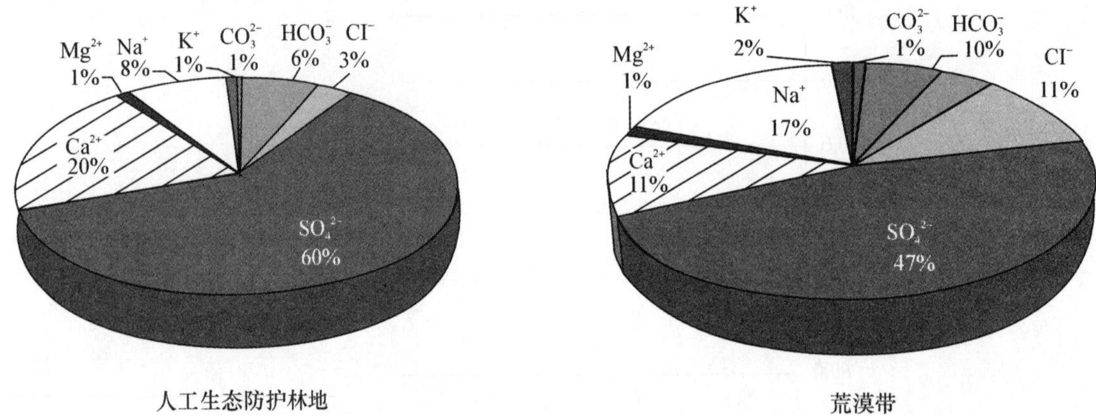

图 3　各离子占全盐百分比

Fig. 3　Various ions account for the total ion amount percentage

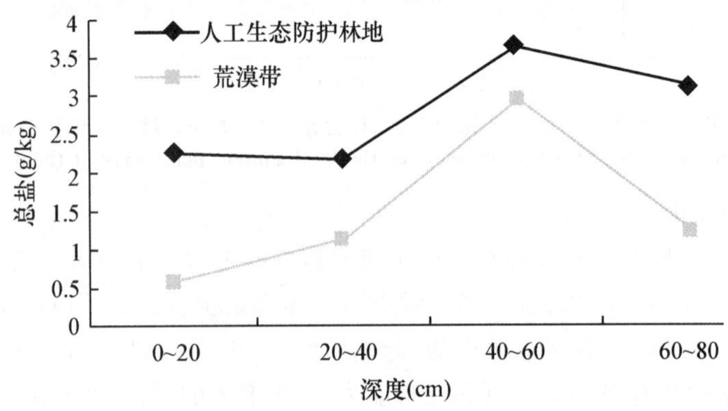

图 4　不同深度土壤总盐含量

Fig. 4　The salt content of soil of different depth

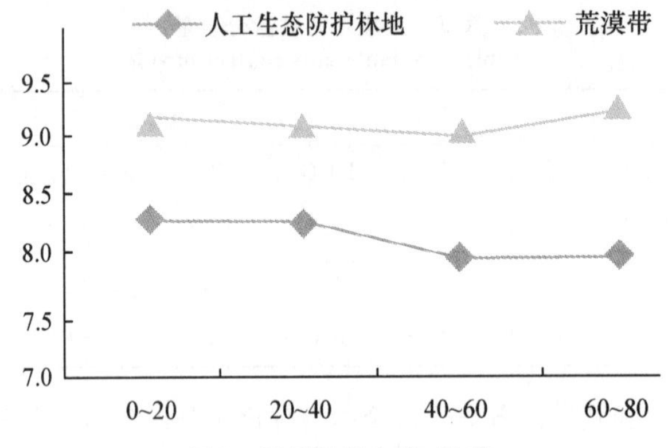

图 5　不同深度土壤 pH 值

Fig. 5　The soil pH of different depth

3　结　论

通过对人工生态防护林地与荒漠区土壤养分、盐分比较分析，可以得出以下结论：

1)人工生态防护林增加了土壤有机质含量；使土壤 N 素含量在短期内得到明显提高；土壤 pH 值下降了 0.98，由强碱性土壤变为碱性土壤；主要离子组成更加集中，由 4 种集中到 2 种；土壤总盐增加明显。

2)在垂直方向上，无论人工生态防护林地还是荒漠区，土壤养分随土层深度的增加而减少；随着深度的增加，人工生态防护林的培肥作用减弱；人工生态防护林地由于枯枝落叶的作用，养分主要集中在土壤表层，反映了植被对土壤养分的表聚效应[11~12]；可溶性盐主要集中在 40～60 cm 深度。

3)由于该处人工生态防护林建设时间较短(4～6 年)，造林对土壤养分和盐分的上述影响是否持续下去，还是会向其他方向发展，需要今后继续监测和研究。

参考文献

[1] 傅伯杰，郭旭东，陈利顶，等. 土地利用变化与土壤养分的变化——以河北省遵化县为例[J]. 生态学报，2001，21(6)：926-931

[2] 孔祥斌，张凤荣，齐伟，等. 集约化农区土地利用变化对土壤养分的影响——以河北省曲周县为例[J]. 地理学报，2003，58(3)：333-342

[3] 苏永中，赵哈林，张铜会，等. 科尔沁沙地不同年代小叶锦鸡儿人工林植物群落特征及其土壤特性[J]. 植物生态学报，2004，28(1)：93-100

[4] 赵学勇 ，贺丽萍. 科尔沁沙地生态系统典型土壤养分空间分布特征[J]. 中国沙漠，2002，22(4)：328-332

[5] 黄元仿，周志宇，苑小勇，等. 干旱荒漠区土壤有机质空间变异特征[J]. 生态学报，2004，24(12)：2776-2781

[6] 张伟华，张吴，李文忠，等. 青海大通中国沙棘人工林对土壤有机质和含氮量的影响[J]. 干旱区资源与环境，2005，19(1)：154-158

[7] 牛西午，张强，杨治平，等. 柠条人工林对晋西北土壤理化性质变化的影响研究[J]. 西北植物学报，2003，23(4)：628-632

[8] 王清奎，汪思龙，高洪，等. 土地利用方式对土壤有机质的影响[J]. 生态学杂志，2005，24(4)，360-363

[9] 阿迪力·吾彼尔，袁素芬，赵万羽. 准噶尔盆地新建防护林对林下土壤理化性状的影响[J]. 干旱区地理，2007，30(3)：420-425

[10] 杨玉海，陈亚宁，李卫红，等. 准噶尔盆地西北缘新垦绿洲土地利用对土壤养分变化的影响[J]. 中国沙漠，2008，28(1)：94-100

[11] 许明祥，刘国彬. 黄土丘陵区刺槐人工林土壤养分特征及演变[J]. 植物营养与肥料学报，2004，10(1)：40-46

[12] 巩杰，陈利顶，傅伯杰，等. 黄土丘陵区小流域植被恢复的土壤养分效应研究[J]. 水土保持学报，2005，19(1)：93-96

Effects of Vegetation of Artificial Reconstruction on Soil Characteristics in Desert

——A Case Study on Artificial Shelterbelt in Outer Space Karamay

Zheng Lu[1,2], Yin Lin-ke[1], Hu Xiu-qin[3], Jiang Feng-qing[1], Qiu Weng-cheng[3]

(1. Xinjiang Institute of Ecology and Geography, Chinese Academy of Science, Urumqi 830011, China;
2. Graduate School of the Chinese Academy of Science, Beijing 100039, China; Landscape Research Institute of Karamay District Bureau of Parks, Karamay 834000, China)

Abstract The effects of the shelterbelt system on soil characteristics are evaluated in peri-urban Karamay. The emphasis in this paper is to measure the soil nutrients and salinity properties between artificial shelterbelt and desert zone. The results indicate that the soil nutrients at artificial shelterbelt are improved noticeably than the one of desert zone, especially nitrogen matter content of the soil. Organic matter and available soil nutrients are mainly at the surface of the soil, and along with the increasing of soil depth, the fertilization role weakened. The soil pH tends to neutral. Main ion composition becomes more focused. Soluble salts mainly concentrated in the 40～60 cm depth.

Key words Vegetation of Artificial Reconstruction; desert; Soil Characteristics

深圳郊野公园土壤理化性质及肥力评价

曾曙才[1]　廖业佳[2]　叶金盛[2]

(1.华南农业大学林学院,广州　510642;2.广东省林业调查规划院,广州　510500)

土壤研究过去主要集中在农业土壤和森林土壤。随着城市规模的不断扩大,对于城市土壤和绿地土壤的研究受到人们的关注,特别是20世纪80年代以来,城市土壤研究尤为活跃,研究内容主要包括城市土壤重金属污染、城市土壤动物、改良过程中的土壤理化性质变化、城市花园与运动场土壤特征及城市化对于生物多样性的影响等[1~2]。城市郊野公园土壤兼有城市土壤和自然土壤的双重属性,目前研究报道相对较少。

深圳是我国的经济特区,是经济最发达的地区之一,城市化进程十分迅速。深圳郊野公园是深圳城的绿色屏障,承担着维护城市生态平衡、吸碳放氧、涵养水源、保护和维持生物多样性、提供休闲旅游场所、科学实验和科普教育等多重功能。本文旨在通过对深圳几个郊野公园的土壤性状分析和肥力水平评价,并与城市绿地土壤进行比较,为林地土壤管理和保护提供科学依据,同时为研究城市郊野公园土壤质量的演化和发展动态提供基础数据。

1　材料与方法

1.1　研究地概况

深圳位于广东省东南部,地理坐标为东经113°46′～114°37′,北纬22°27′～22°52′,属亚热带海洋性气候。其气候特征是炎热、湿润、干湿季分明。土壤形成过程中富铝化作用和生物循环作用强烈,不断促进各种盐基的风化淋溶。本次研究共选取了深圳6个郊野公园作为研究对象,包括三洲田、排牙山、围岭、马峦山、南山和平峦山。三洲田公园位于深圳市东郊大鹏湾北岸,出露的岩性有燕山期不同时期侵入的花岗岩类。排牙山公园位于深圳市东郊大亚湾以西,出露的岩性主要为沉积岩类,在南部和北部边缘外围出露有少量花岗岩类。围岭公园位于罗湖区北部布心-草埔片区,出露的地层为早白垩世百足山群一套内陆湖泊相碎屑岩建造,原生植被多被破坏。马峦山郊野公园位于龙岗区坪山镇,植被主要有鸭脚木、毛叶青冈,鼠刺、芒箕、山乌桕等。南山公园位于南山区,母岩为石英砂岩,植被主要为桉树和相思。平峦山公园为深圳宝安区在建的郊野公园。现有林分主要包括桉树人工林、相思人工林、荔枝林和小面积经过改造的阔叶树混交林。地表多岩石出露,土壤中多石砾,枯落物和地被物保存完好。

1.2　土壤调查与采样方法

在查阅相关资料和路线踏查基础上,在各郊野公园内确定土壤调查采样点。土壤剖面设在公园内代表性地段和典型植物群落内。调查记录附近植被和地形因子,在每个选定的植物群落内选择代表性地段,挖掘土壤剖面,深约80 cm或至母质层,划分剖面层次,记载剖面形态特征。按0～20 cm、20～40 cm、40～60 cm和60～80 cm由下而上分层采集土壤分析样品,用以测定土壤的养分含量、有机质含量、机械组成和pH值等。然后由上往下分层用环刀取土,每层采环刀样3个,用于测定土壤容重、毛管持水量、最大持水量和孔隙度等。在采集环刀样的附近用小铝盒取土,每层采小铝盒样3个,用于测定土壤自然含水量。土壤调查中共挖掘剖面32个,采集土壤分析布袋样品98个。

1.3　样品分析方法

室内分析测定的指标主要包括吸湿水含量、自然含水量、容重、毛管持水量、最大持水量(全容水量)、机械组成、pH值、有机质含量、全氮、速效氮、磷、钾等。其中,土壤吸湿水含量采用经典烘干法,土壤自然含水量用酒精燃烧法，土壤容重、孔隙度、毛管持水量和最大持水量用环刀法，土壤机械组成用简易比重计法，质地分类标准采用卡庆斯基制，土壤 pH 分别用蒸馏水和中性 KCl 溶液浸提、电位法测定，土壤有机质含量采用重铬酸钾氧化-远红外加热法，全氮和碱解氮采用扩散吸收法，土壤速效磷采用 0.03NH_4F-0.1NHCL 浸提-钼蓝比色法，土壤速效钾用 1N 醋酸铵溶液浸提-火焰光度法测定[3]。

2 结果与分析

2.1 土壤主要理化性质

2.1.1 土壤水分状况

各公园土壤自然含水量在 46.1～285.9 g·kg^{-1}之间，平均为 145.2g·kg^{-1}。土壤毛管持水量在 74.3～424.9 g·kg^{-1}之间，平均为 238.2 g·kg^{-1}，变异系数为 30.6%。南山公园土壤毛管持水量为 180.6 g·kg^{-1}，显著低于其他 5 个公园，而这 5 个公园间则无显著差异。最大持水量在 208.0～847.9 g·kg^{-1}，平均为 394.4 g·kg^{-1}，变异系数为 23%(表 1)。在几个公园中，马峦山公园土壤的最大持水量最高，达到 536.5 g·kg^{-1}，与其他公园差异显著；围岭公园次之，平均为 428.9 g·kg^{-1}，三洲田、排牙山、南山和平峦山四个公园无显著差异。

表 1 深圳郊野公园土壤含水量状况

地点	自然含水量(g·kg^{-1})					毛管持水量(g·kg^{-1})					最大持水量(g·kg^{-1})				
	最小值	最大值	平均值	标准误	变异系数	最小值	最大值	平均值	标准误	变异系数	最小值	最大值	平均值	标准误	变异系数
三洲田	119.6	254.1	196.3a	18.2	26.2%	202.1	355.1	285.1a	25.3	25.1%	236.3	463.8	353.3c	38.0	30.4%
排牙山	141.8	272.1	193.2a	14.2	20.8%	208.1	416.2	278.6a	20.9	21.2%	208.0	539.4	320.6c	34.4	30.3%
马峦山	73.9	138.5	115.2b	12.4	24.1%	173.3	424.9	301.7a	47.4	35.2%	322.9	847.9	536.5a	95.7	39.9%
南山公园	46.1	124.3	80.8c	5.7	26.2%	74.3	282.4	180.6b	13.9	28.7%	240.6	441.2	341.5c	12.6	13.8%
围岭公园	127.7	285.9	172.5a	17.3	28.4%	221.5	423.3	289.2a	22.5	22.0%	322.0	575.0	428.9b	32.8	21.6%
平峦山	136.4	225.9	162.9a	15.6	21.3%	247.6	411.3	307.5a	26.6	19.3%	321.9	477.3	385.6c	25.7	14.9%
总体	46.1	285.9	145.2	10.8	43.8%	74.3	424.9	238.2	12.3	30.6%	208.0	847.9	394.4	13.1	23.0%

由于不同土层中土壤结构体、孔隙性(孔隙数量及大小孔隙比例)和有机质含量等往往存在一定差异，所以不同土层中各种水分含量也相应地会有差异。0～20 cm、20～40 cm 和 40～60 cm 层的自然含水量分别为 151.7、141.3 和 145.6 g·kg^{-1}，相互间无显著差异。毛管持水量和最大持水量的情形则不同。0～20 cm 层土壤毛管持水量为 280.2 g·kg^{-1}，显著高于下层土壤，20～40 cm 和 40～60cm 层则差异不显著。最大持水量与毛管持水量情形相似，表层(0～20 cm)土壤的最大持水量为 428.1 g·kg^{-1}，显著高于 20～40 cm 和 40～60 cm 土层(分别高出 38.6%和 41.5%)，后二者则无显著差异。

2.1.2 土壤容重

深圳郊野公园土壤容重值在 0.81～1.71 g·cm^{-3}之间，变异系数较小，仅为 10.4%(表 2)。容重平均值为 1.32 g·cm^{-3}，低于深圳城市绿地土壤平均容重(1.55 g·cm^{-3})[4]，主要因为郊野公园人为活动相对较少，机械压实作用不明显，而深圳城市绿地土壤则强烈受到人类活动的干扰，表层土壤长期受到人为踩踏、机械压实作用，土体紧实，故容重大于郊野公园土壤。

不同土层土壤容重存在显著差异。表层土壤(0～20 cm)容重平均为 1.26 g·cm^{-3}，20～40 cm 和 40～60 cm 层土壤容重分别为 1.47 和 1.48 g·cm^{-3}，表层显著低于下层，而 20～40 cm 和 40～60 cm 间则无显著差异。林地表土层的容重较小，主要因为地表有枯落物层，枯落物分解转化过程中形成的腐殖质使表层土壤形成良好团粒结构，使其疏松多孔。

表 2 深圳郊野公园土壤容重

地点	最小值	最大值	中值	平均值	准误	变异系数
	g·cm^{-3}					
三洲田	1.19	1.63	1.29	1.40a	0.07	15.0%
排牙山	1.09	1.71	1.50	1.45a	0.06	12.2%
马峦山	0.81	1.44	1.12	1.14c	0.12	22.9%
南山公园	1.22	1.62	1.40	1.40a	0.02	6.6%
围岭公园	1.05	1.43	1.26	1.25b	0.05	11.0%
平峦山	1.17	1.43	1.32	1.32b	0.04	7.3%
总体	0.81	1.71	1.44	1.32	0.02	10.4%

2.1.3 土壤孔隙状况

深圳郊野公园土壤总孔隙度在45.73%～68.68%，平均为49.9%，这表明土壤孔隙数量比较理想，有利于植物生长发育。土壤毛管孔隙度在9.1%～48.1%之间，平均为29.1%；非毛管孔隙度在5.7%～44.7%之间，平均20.7%。通气孔隙度在8.7%～57.5%之间，平均为29.3%(表3)。以上数据表明，深圳郊野公园土壤总孔隙度较大，毛管孔隙与非毛管孔隙比例比较合理，土壤通气、保水能力总体上比较协调，蓄水和通气性能好，有利于降水的入渗和在土壤中的再分布，有利于土壤水分贮存。深圳城市绿地土壤的总孔隙度为39.7%[4]，比深圳郊野公园土壤低10.2%，主要因为城市绿地土壤受人类活动频繁影响所致。

表 3 深圳郊野公园土壤孔隙状况

地点	总孔隙度(%)					毛管孔隙度(%)					非毛管孔隙度(%)				
	最小值	最大值	平均值	标准误	变异系数	最小值	最大值	平均值	标准误	变异系数	最小值	最大值	平均值	标准误	变异系数
三洲田	38.5	55.2	47.3b	2.8	16.7%	12.4	29.9	21.5c	2.9	37.8%	25.1	27.1	25.8a	0.2	2.5%
排牙山	35.6	58.8	45.1b	2.4	14.8%	12.2	38.1	19.9c	2.6	37.6%	20.7	29.6	25.2a	0.9	10.5%
马峦山	45.7	68.7	56.6a	4.3	17.1%	24.5	36.9	32.3a	2.5	17.3%	11.6	34.1	24.3a	3.4	30.9%
南山公园	39.0	53.8	47.3b	0.9	7.3%	9.1	38.8	25.4b	2.1	30.5%	9.1	44.7	21.8a	2.7	47.1%
围岭公园	46.0	60.4	52.7a	1.8	9.9%	29.5	45.3	35.6a	1.7	13.2%	10.6	26.2	17.0b	1.8	29.7%
平峦山	46.0	55.8	50.3a	1.6	7.3%	34.8	48.1	40.1a	2.3	13.0%	5.7	15.0	10.2c	1.8	39.6%
总体	35.6	68.7	49.9	0.9	11.9%	9.1	48.1	29.1	1.3	33.0%	5.7	44.7	20.7	1.2	30.0%

表层土壤总孔隙度为52.2%，显著高于下层。20～40 cm和40～60 cm土层总孔隙度分别为44.5%和44.2%，两者无显著差异。这种变化规律与土壤容重是一致的。表层土壤毛管孔隙度(31.5%)显著高于20～40 cm(20.6%)和40～60 cm(21.4%)，后二者差异不显著。0～20 cm层通气孔隙度为32.8%，与下层土壤有显著差异。20～40 cm和40～60 cm土层的通气孔隙度分别为23.5%和22.1%，两者无显著差异，但均显著低于表层土壤。

2.1.4 土壤质地

深圳郊野公园土壤质地以中壤土最多，占样品总数的50%，其次为轻壤土，占26%，重壤土占14.6%。其他质地类型土壤所占比例均较低。壤质土占土壤样品总数的94.8%。所以，深圳郊野公园土壤质地总体上比较理想，有利于植物生长和养分转化。不过，据卢瑛等的研究，深圳城市绿地(包括市内公园、道路和小区绿地)土壤质地则主要为砂壤土，占84%，且20～40 cm层砂土较多，占42%，土壤质地构型不良，不利于土壤保水保肥和植物生长[4]。这主要是因为城市绿地在城市建设中遭受了强烈人为干扰，许多建筑垃圾和工业废物等非土成分或粗骨土进入城市绿地土壤，严重改变了土壤中的颗粒组成和比例。

从图1可知，表层土壤物理性黏粒含量与20～40 cm层接近，但随着土层继续加深，物理性黏粒含量呈逐渐上升趋势，尤其是60～80 cm土层的物理性黏粒含量显著高于其他深度土层，从整个剖面看显示出土层由上往下呈现粘化趋势。这种趋势在该地区的许多自然土壤中均存在[5]。华南地区高温多雨，土壤淋溶作用强烈，上层土壤中的细黏粒往往会伴随下行水的运动而被带到下层土壤，并淀积下来，这可能是下层土壤粘化的主要原因。

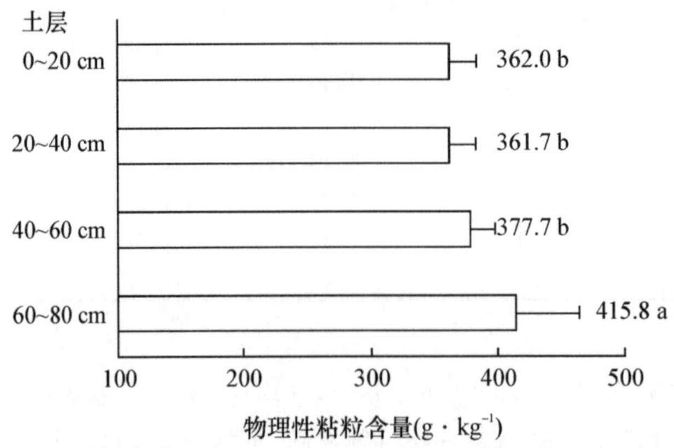

图 1 深圳郊野公园不同土层物理性黏粒含量

2.1.5 土壤酸碱性

深圳郊野公园土壤 pH(H_2O)在 4.09～6.34 之间，平均为 4.68，变异系数为 7.0%；pH(KCl)在 2.84～4.92之间，平均为 3.89，变异系数为 8.1%(表 4)。pH(H_2O)和 pH(KCl)存在显著相关关系，相关系数为 0.28($p<0.05$)。各公园土壤活性酸差异不显著，交换性酸度除平峦山显著高于其他公园外，其余均无显著差异。根据土壤酸碱性分级标准，深圳郊野公园强酸性土壤(pH<4.5)所占比例为 33.7%，酸性土壤(pH4.5～5.5)所占比例为 65.3%，弱酸性土壤(pH5.5～6.5)所占比例为 1%，所以土壤全部呈酸性反应。然而，深圳城市绿地土壤 pH 基本上都在 5.5 以上，中性土壤(pH6.5～7.5)所占比例超过 60%，土壤 pH 较郊野公园土壤明显增高，这是由于城市土壤中常常混有建筑废弃物、水泥、砖块和其他碱性混合物等，其中的 Ca 向土壤中释放；另外，大量含碳酸盐的灰尘的沉降，水泥风化向土壤中释放 Ca，土壤中碳酸盐与碳酸反应形成重碳酸盐等因素，使城市土壤 pH 与自然土壤差异明显[6]。

表 4 深圳郊野公园土壤酸碱性

地点	pH(H_2O)					pH(KCl)				
	最小值	最大值	平均值	标准误	变异系数	最小值	最大值	平均值	标准误	变异系数
三洲田	4.09	4.88	4.56a	0.07	5.2%	3.68	3.94	3.80b	0.03	2.4%
排牙山	4.33	4.85	4.64a	0.04	3.3%	3.31	3.79	3.55b	0.05	5.3%
马峦山	4.26	5.29	4.45a	0.07	6.6%	3.66	4.92	3.92b	0.08	8.3%
南山公园	4.39	5.06	4.75a	0.06	4.6%	3.74	4.11	3.87b	0.03	2.6%
围岭公园	4.32	6.34	4.92a	0.08	7.9%	2.84	4.52	3.89b	0.07	8.6%
平峦山	4.13	4.77	4.57a	0.06	4.3%	4.02	4.49	4.31a	0.04	3.4%
总体	4.09	6.34	4.68	0.03	7.0%	2.84	4.92	3.89	0.03	8.1%

2.1.6 土壤有机质

深圳郊野公园土壤有机质的变幅为 0.84～61.19 g · kg^{-1}，平均为 17.01 g · kg^{-1}，不同土壤间差异很大，变异系数高达 76.6%(表 5)。根据全国第二次土壤普查土壤肥力状况分级标准[7]，深圳郊野公园土壤有机质含量处于一级水平的占 6.2%，处于二级的占 4.1%，处于三级的占 16.5%，处于四级水平的比例最大，占 36.1%，处于五级和六级水平的各占 18.6%，平均含量处于四级水平。以往一些研究结果指出，城市土壤的有机碳含量比城郊土壤明显更高，积累现象明显[8～10]。但本次研究中，城市郊野公园土壤有机质含量高于深圳城市绿地土壤[4]，这可能是由于森林覆被下土壤有机碳分解慢而积累多。

有机质在土壤剖面中的含量变化规律是，随着土层加深，有机质含量显著下降(图 2)。表层有机质平均含量为 27.11g·kg^{-1}，属三级水平，20～40 cm 层有机质平均含量为 15.16 g·kg^{-1}，属四级水平，40～60 cm 层平均含量为 10.06 g·kg^{-1}，处于四级水平的下限值，而 60～80 cm 层有机质平均含量仅有 6.08 g·kg^{-1}，属 5 级水平。有机质含量在土壤剖面中的这种变化规律主要与自然土壤有机质来源有关。各郊野公园土壤有机质主要来自地表枯落物的分解和腐殖质的合成。离地表越近的土壤，进入其中的有机质越多。

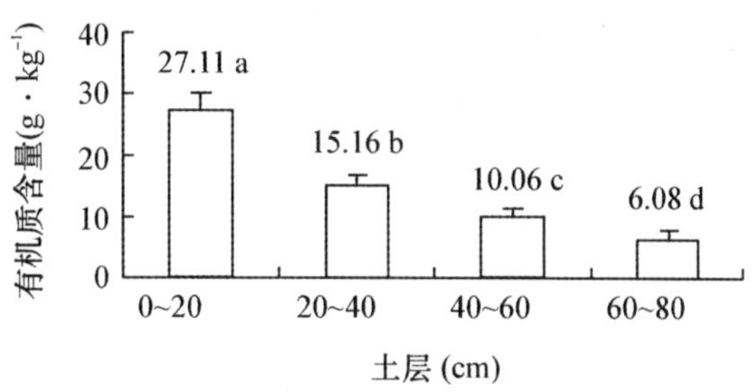

图 2　不同土层土壤有机质含量

2.1.7　土壤养分状况

1)土壤氮素　深圳郊野公园土壤全氮含量变幅在 0.04～4.85 g·kg^{-1}之间，平均含量为0.68 g·kg^{-1}(表 5)，属于五级水平，高于深圳城市绿地土壤全氮含量。不同土壤全氮含量差异大，变异系数为 89.2%。土壤全氮含量水平分级中，六级占的比例最大，达 44.3%，五级其次，为 21.6%，一级和二级的均非常少。全氮(y，g·kg^{-1})和有机质(x，g·kg^{-1})之间的关系，用直线方程和二次多项式均能较好拟合，但最优方程是指数方程，具体方程为 y=0.0761x0.735(R^2=0.619，p=0.000)。以往研究多用直线方程拟合全氮与有机质的关系。

深圳郊野公园土壤碱解氮含量在 10.64～568.33 g·kg^{-1}之间，平均含量达 87.48g·kg^{-1}，变异系数高达 85%。碱解氮含量水平高于深圳城市绿地土壤。碱解氮(y，mg·kg^{-1})与全氮(x，g·kg^{-1})间的最佳拟合方程为 $y=96.469x^{0.463}$，R^2=0.301，p=0.004；碱解氮(y，mg·kg^{-1})与有机质含量(x，g·kg^{-1})之间的最佳拟合方程为 $y=18.305x^{0.527}$，R^2=0.447，p=0.003。土壤碱解氮含量水平分布频率不同于全氮。由一级到五级，比例逐渐增加，五级所占比例最大，六级所占百分比仅为 13.4%。

表 5　深圳郊野公园土壤有机质和养分含量

地点	有机质(g·kg^{-1})			全氮(g·kg^{-1})			碱解氮(mg·kg^{-1})			速效磷(mg·kg^{-1})			速效钾(mg·kg^{-1})		
	平均值	标准误	变异系数	平均值	标准误	变异系数	平均值	标准误	变异系数	平均值	标准误	变异系数	平均值	标准误	变异系数
三洲田	14.71c	3.02	68.0%	0.72b	0.14	62.6%	72.25b	13.34	61.2%	1.41c	0.28	65.8%	29.11a	4.96	56.6%
排牙山	10.72c	2.39	80.3%	0.67b	0.14	74.1%	57.72c	11.30	70.6%	3.95b	1.35	122.9%	25.85a	4.23	59.0%
马峦山	12.33c	2.67	86.7%	0.49c	0.07	60.6%	72.29b	10.43	57.7%	1.88c	0.58	124.1%	23.36a	3.53	60.5%
南山公园	12.48c	2.44	73.1%	0.49c	0.10	72.8%	84.20b	9.12	40.5%	3.31b	0.52	59.3%	23.94a	2.74	42.8%
围岭公园	19.89b	2.64	67.6%	0.59c	0.07	63.6%	74.92b	7.70	52.4%	0.88c	0.06	37.1%	29.20a	2.75	48.0%
平峦山	31.26a	4.21	46.7%	1.32a	0.34	89.6%	183.32a	42.95	81.2%	6.86a	1.63	82.6%	34.02a	3.51	35.8%
总体	17.01	1.32	76.6%	0.68	0.06	89.2%	87.48	7.55	85.0%	2.72	0.36	67.3%	27.53	1.41	50.5%

2)土壤速效磷　深圳郊野公园土壤速效磷含量差异较大，最低为 0.31 mg·kg^{-1}，最高的达 21.09 mg·kg^{-1}，平均为 2.72 mg·kg^{-1}，属极低水平。其中，平峦山公园速效磷含量最高，平均为 6.86 mg·kg^{-1}，其次为排牙山公园，为 3.95 mg·kg^{-1}，南山公园为 3.31 mg·kg^{-1}，围岭公园最低，仅有 0.88 mg·kg^{-1}。深圳城市绿地土壤速效磷平均含量在 10.6～13.60 mg·kg^{-1}之间，远高于郊野公园土壤，这主要是因为城市化过程中人类活动增加了土壤磷的投入，另外，土壤酸性减弱也提高了速效磷含量。

根据全国第二次土壤普查土壤肥力状况分级标准[7]，深圳郊野公园土壤速效磷含量多属于四至六级水平，其中六级水平占 72.2%，一级水平的比例为 0，二级和三级分别仅占 1%和 3.1%。所以，土壤速效磷含量水平很低，成为土壤肥力的重要制约性因子。

3)土壤速效钾　深圳郊野公园土壤速效钾含量变幅不大，在 15.11～73.72 $mg \cdot kg^{-1}$ 之间，平均为 27.53 $mg \cdot kg^{-1}$，远远低于深圳城市绿地土壤的速效钾平均含量(后者平均含量在 120 $mg \cdot kg^{-1}$ 以上)[4]。不同公园间速效钾含量大小顺序为平峦山＞围岭≈三洲田＞排牙山＞南山＞马峦山，不过，差异并不显著。根据全国第二次土壤普查土壤肥力状况分级标准[7]，深圳郊野公园土壤速效钾含量分属四至六级水平，其中，六级水平所占比例最大，达 73.2%，五级水平占 18.6%。低钾水平与该地区土壤彻底风化和强烈的雨水淋洗作用有关。

4)土壤氮磷钾含量在土壤剖面中的变化　从图 3 可以看出，全氮、碱解氮、速效磷和速效钾含量均随土层加深而呈下降趋势，但不同养分的变化趋势并不完全相同。全氮含量表层显著高于下层，20～40 cm层显著高于 40～80 cm 层，而 40～60 cm 和 60～80 cm 层则十分接近，无显著差异(图 3A)。碱解氮的变化规律与全氮完全一致(图 3B)。速效磷则是随着土层加深，含量显著下降，不同层次间差异显著(图 3C)。速效钾含量表层土壤最高，与其他土层有显著差异，下层土壤虽然呈现随土层加深含量下降的趋势，但相互间差异不显著(图 3D)。

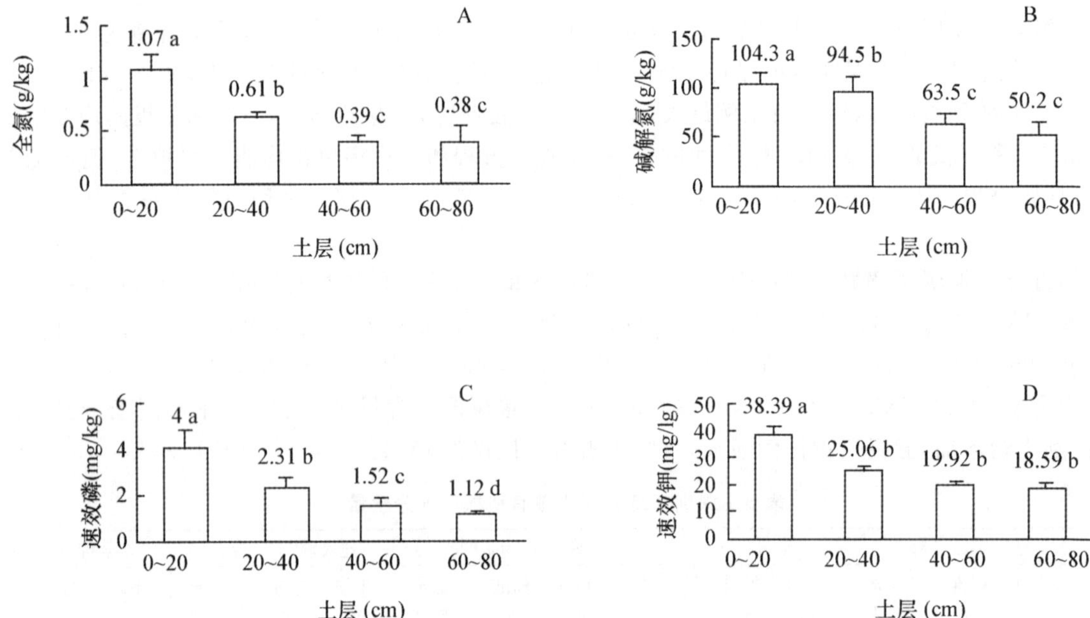

图 3　深圳郊野公园不同土层土壤养分含量变化

2.2　土壤肥力综合评价

2.2.1　土壤综合肥力系数计算和肥力评价

土壤肥力是包括诸多土壤因子的综合性指标，仅从几个独立指标难以综合反映土壤肥力水平的高低。为了比较全面客观地反映土壤肥力状况，土壤学界提出了许多土壤肥力综合评价方法[11～13]。这些方法各有其优点和不足，因此尚未很好地广泛使用。阚文杰和吴启堂提出用修正的内梅罗(Nemoro)综合指数法对土壤肥力进行定量综合评价[14]，方法简单，评价结果与土壤现实肥力水平和植物生长表现十分吻合[15]。

因此，本文采用修正的内梅罗(Nemoro)综合指数法对深圳郊野公园土壤肥力进行定量综合评价。选取 pH(H_2O)、有机质、全氮、碱解氮、速效磷、速效钾等 6 个属性作为评价指标。首先对选定的土壤参数进行标准化，以消除各参数之间的量纲差别。标准化处理方法如下：

当属性值属于差一级时，即 $Ci \leqslant Xa$

$$Pi=\frac{Ci}{Xa}(Pi \leqslant 1) \tag{1}$$

当属性值属于中等一级时，即 $Xa<Ci\leqslant Xc$

$$Pi=1+\frac{Ci-Xa}{Xc-Xa}(1<Pi\leqslant 2) \tag{2}$$

当属性值属于较好一级时，即 $Xc<Ci\leqslant Xp$

$$Pi=2+\frac{ci-Xc}{Xp-Xc}(2<Pi<3) \tag{3}$$

当属性值属于好一级时，即 $Ci>Xp$

$$Pi=3 \tag{4}$$

以上(1)～(4)式中，Pi 为分肥力系数，即土壤属性 i 的肥力系数，Ci 为第 i 个属性的实际测定值，Xa、Xc、Xp 为分级指标，具体见表6。各土壤属性值分级标准（Xa-差（或低）、Xc-中等、Xp-好（或高））主要参照第二次全国土壤普查标准[7]。

表6　土壤各属性分级标准值

土壤指标	Xa	Xc	Xp
pH	4.5	5.5	6.5
有机质($g\cdot kg^{-1}$)	10	20	30
全氮($g\cdot kg^{-1}$)	0.75	1.5	2.0
碱解氮($mg\cdot kg^{-1}$)	60	120	180
速效磷($mg\cdot kg^{-1}$)	5	10	20
速效钾($mg\cdot kg^{-1}$)	50	100	200

采用修正的内梅罗(Nemoro)公式计算综合肥力系数：

$$p=\sqrt{\frac{(p_{平均})^2+(p_{最小})^2}{2}}\times\left(\frac{n-1}{n}\right)\cdots\cdots \tag{5}$$

式中：p 为土壤综合肥力系数，$p_{平均}$为土壤各属性分肥力系数平均值，$p_{最小}$为土壤各分肥力系数中的最小值，n 为参评土壤属性的项数。将土壤各分肥力系数分别假定为3、2和1，再根据 n 值（本研究中 $n=6$），按式(5)计算得出对应的综合肥力系数 p_3、p_2 和 p_1，分别为2.500，1.667和0.833。当某土壤肥力系数 $p>=2.500$时，表示土壤很肥沃；$1.667<=p<2.500$ 时，表示土壤肥沃；$0.833<=p<1.667$ 时，表示土壤肥力一般；$p<0.833$ 时，表示土壤肥力贫瘠。运用上述方法计算深圳郊野公园土壤pH、有机质、全氮、碱解氮、速效磷和速效钾等指标对应的分肥力系数，并计算相应的 $p_{平均}$、$p_{最小}$和 p 值，最后对土壤综合肥力水平作出评价。

深圳郊野公园绝大多数土壤处于“贫瘠”水平，占样品总数的76.5%，23.5%的土壤肥力水平达到“一般”，未有“肥沃”的土壤。造成土壤综合肥力水平低的主要原因是土壤酸性强，全氮含量低，尤其是速效磷和速效钾含量太低。

表7　土壤各肥力因子水平分布频率　　%

水平	pH	有机质	全氮	碱解氮	速效磷	速效钾	p
>2.500(很肥沃)	1.0	19.6	3.9	7.8	2.0	0.0	0.0
1.667～2.500(肥沃)	4.9	17.6	6.9	20.6	4.9	0.0	0.0
0.833～1.667(一般)	89.2	29.4	30.4	39.2	12.7	15.7	23.5
<0.833(贫瘠)	4.9	33.3	58.8	32.4	80.4	84.3	76.5

由表7可以看出，pH分肥力系数为一般水平的占89.2%，全氮分肥力系数属于“贫瘠”水平的占58.8%，速效磷分肥力系数属于“贫瘠”水平的达80.4%，速效钾分肥力系数属于“贫瘠”水平的达84.3%。

所以，根据 Lieberg 最小因子定律，要想提高土壤肥力，关键在于增加土壤速效磷和钾的含量水平。另外，要适当补充氮素供应。

2.2.2 各公园土壤综合肥力比较

不同郊野公园土壤的综合肥力水平存在一定差异(图 4)。6 个公园中，马峦山的土壤综合肥力系数最低，三洲田和排牙山也很低且十分接近，南山和围岭公园土壤综合肥力系数稍高，以上 5 个公园肥力水平均属“贫瘠”，平峦山土壤综肥力系数最高，土壤肥力水平为“一般”。

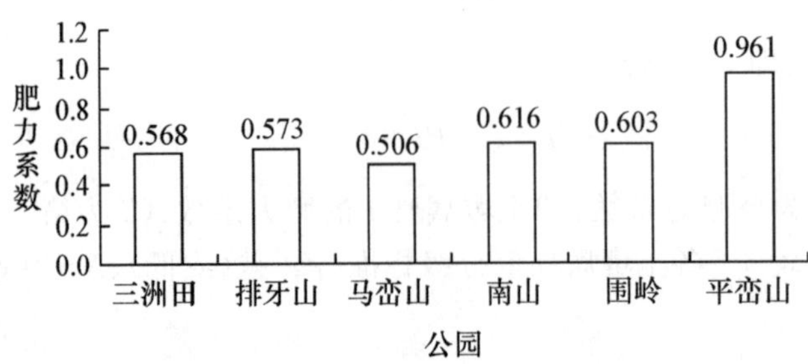

图 4 各公园土壤综合肥力系数比较

2.2.3 综合肥力系数在土壤剖面中的变化

土壤剖面中不同土层的土壤综合肥力系数存在显著差异(图 5)。表层土壤的综合肥力系数最高，并且与其他土层差异显著，肥力水平为“一般”。下层土壤(20～80 cm)综合肥力系数均较低，肥力水平为“贫瘠”，其中，20～40 cm 层显著高于 40～60 cm 及 60～80 cm 层，而后二者十分接近，无显著差异。综合肥力系数在土壤剖面中的变化规律与有机质和氮磷钾养分在剖面中的变化十分相似，这也说明了采用修正的内梅罗(Nemoro)综合指数法对土壤肥力进行综合评价，其结果与土壤肥力状况是十分吻合的，该法用于评价深圳郊野公园土壤肥力水平是合适的。

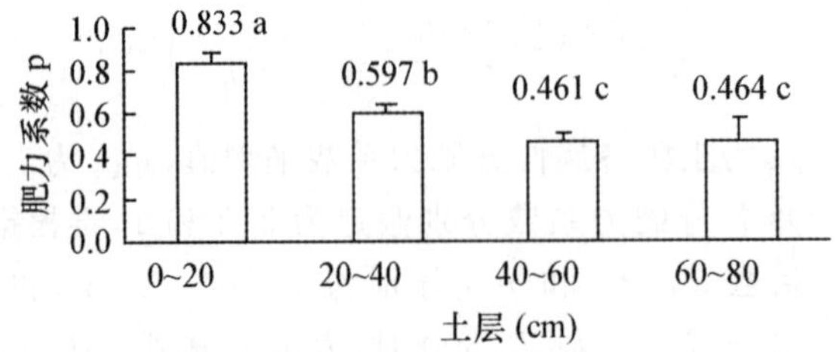

图 5 深圳郊野公园各土层土壤综合肥力系数比较

3 结论与讨论

3.1 结论

深圳郊野公园土壤物理性质良好，有利于植物生长和通气保水。土壤容重在 0.81～1.71 g · cm^{-3}之间，平均为 1.32 g · cm^{-3}，总孔隙度在 45.7%～68.7%之间，平均为 49.9%，土壤毛管孔隙度平均为29.1%，非毛管孔隙度在 20.7%，通气孔隙度平均为 29.3%。土壤毛管持水量平均为 238.2 g · kg^{-1}，最大持水量平均为 394.4 g · kg^{-1}。

深圳郊野公园土壤质地主要为壤质土，占土壤样品的 94.8%，其中，中壤土最多，占样品总数的 50%，轻壤土占 26%，重壤土占 14.6%。

深圳郊野公园土壤呈酸性反应，pH(H_2O)在 4.09～6.34 之间，平均为 4.68。其中，强酸性土(pH＜4.5)占 33.7%，酸性土(pH4.5～5.5)占 65.3%，弱酸性土(pH5.5～6.5)仅占 1%。

深圳郊野公园土壤有机质和养分含量水平较低。有机质平均含量为 17.01 g · kg^{-1}，属于 4 级水平，全氮平均含量为0.68 g·kg^{-1}，属于5级水平，碱解氮平均含量为87.48 g·kg^{-1}，属于4级水平，速效磷平均含量为2.72 mg·kg^{-1}，属于6级水平，速效钾平均含量为27.53 mg·kg^{-1}，亦属于6级水平。

应用修正的内梅罗(Nemoro)综合指数法对深圳郊野公园土壤肥力进行定量综合评价，得出的土壤综合肥力系数在0.231～1.505之间，平均为0.624。根据评价标准，76.5%的土壤肥力属“贫瘠”水平，23.5%的土壤属“一般”水平。分析发现，速效磷、钾缺乏是土壤肥力低下的主要原因。

深圳郊野公园土壤与深圳城市绿地公园土壤有显著差异。郊野公园土壤容重小于城市绿地土壤，孔隙度高于绿地土壤，质地优于绿地土壤，pH值低于绿地土壤，有机质、全氮高于绿地土壤，而速效磷、钾远低于绿地土壤。

随着土层加深，土壤基本理化性质、养分含量等呈明显的变化规律。随着土层加深，毛管持水量和最大持水量下降，容重增加，总孔隙度减小，物理性拈粒含量增加，土壤有机质含量、氮磷钾养分含量下降，综合肥力系数下降降。

3.2 讨论

表层土壤的肥力水平和生态效能均明显优于下层土壤，而表层土壤是最容易遭到破坏或侵蚀的土层。所以，郊野公园管理中要尽量减少土壤干扰和地表裸露，减少对表土的机械压实，增加地表植被和地被物覆盖，维护和提高土壤的肥力和生态功能。

深圳郊野公园土壤与深圳城市绿地土壤相比，有许多差异。主要原因是郊野公园土壤由于受人为干扰相对较少，土壤在较大程度上保持了自然土壤的属性。而城市绿地土壤受到强烈的干扰，土层扰动大，土壤中的侵入体数量多，植物的凋落物很难回归土壤，同时污染严重，从而造成绿地土壤紧实、砂性强、pH上升、有机质少而磷钾养分高。

表层土壤与下层土壤存在显著的差异性，各项土壤指标均表现出随土层变化而变化的规律，如随土层加深，容重增大，水分含量下降，黏粒含量增加，有机质和养分含量下降等。之所以出现以上变化规律，主要与自然土壤的有机质来源和土壤发育过程中的物质淋溶淀积有关。

土壤肥力评价的方法很多，但是其评价结果的科学性和可靠程度因土壤条件不同会有一定差异，即各种评价方法有一定的适用条件和范围。运用内梅罗综合指数法评价深圳郊野公园的土壤，其评价结果与土壤肥力的现实表现相符。但是否为最适合的评价方法，尚不能确定。所以，若能用几种方法同时进行分析并比对分析结果，则能筛选出最优方法，结果的科学性更强。

参考文献

[1] Jim C Y. Soil compaction as a constraint to tree growth in tropical & subtropical urban habitats. Environmental Conservation，1993，20(1)：35-49

[2] 杨元根，PatersonE，CampbellC. 城市土壤中重金属元素的积累及其微生物效应. 环境科学，2001，22(3)：44-48

[3] 鲁如坤. 土壤农业化学分析方法. 北京：中国农业科技出版社，2000

[4] 卢瑛，甘海华，史正军，等. 深圳城市绿地土壤质量评价及管理对策. 水土保持学报，2005，19(1)：153-156

[5] 曾曙才，崔大方，谢佐桂，等. 深圳莲花山公园的土壤资源及其合理开发利用. 中山大学学报(自然科学版)，2002，41(增刊(2))：14-18

[6] 卢瑛，龚子同，张甘霖. 城市土壤的特性及其管理. 土壤与环境，2002，11(2)：206-209

[7] 王绍强，周成虎，李克让，等. 中国土壤有机碳库及空间分布特征分析. 地理学报，2000，55(5)：533-544

[8] 何跃，张甘霖. 城市土壤有机碳和黑碳的含量特征与来源分析. 土壤学报，2006，43(2)：177-182

[9] 章明奎，周翠. 杭州市城市土壤有机碳的积累和特性. 土壤通报，2006，37(1)：19-21

[10] 全国土壤普查办公室. 中国土壤. 北京：中国农业出版社，1998

[11] 何同康.土壤(土地)资源评价的主要方法及其特点比较[J].土壤学进展,1983,11(6):1-12
[12] 严昶升.土壤肥力研究方法[M].北京:农业出版社,1988:11-27
[13] 吕晓男,陆允甫,王人潮.1999.土壤肥力综合评价初步研究[J].浙江大学学报(农业与生命科学版),25(4):378-282
[14] 阚文杰,吴启堂.一个定量综合评价土壤肥力的方法初探.土壤通报,1994,25(6):245-247
[15] 曾曙才,俞元春.苗圃土壤肥力评价及肥力系数与苗木生长的相关性.浙江林学院学报,2007,24(2):179-185

天山北坡中段山地草地类型组成与结构格局

冯缨[1,2]　许鹏[2]　安沙舟[2]

（1.中国科学院新疆生态与地理研究所　830011；2.新疆农业大学草业工程学院　830000）

摘要：天山北坡中段山地草地类型垂直带谱，由高到低，从适寒类型、湿润适温向旱适温类型逐渐有规律更替。是新疆草地类型比较丰富的地区之一。统计表明：天山北坡中段草地为7类，41组，241型。在天山北坡最具典型性与地带性。分析了影响草地类型不同的组成格局，从草地类型物种 α 多样性指数的角度反映物种水平上群落结构、组成多样性、异质性程度，研究从不同角度对天山北坡中段山地草地类型的生态学问题加以深入理解。

关键词：天山北坡中段；草地类型；组成特点

天山北坡中段是指从乌鲁木齐到乌苏完整统一的自然综合体。该区地理坐标为：东经 84°65′～87°78′，北纬 43°74′～44°37′，南起天山分水岭，北至古尔班通古特沙漠中心，东西长约 230 km，总面积 141 471 km^2。本区域含乌鲁木齐市、昌吉市、石河子市、呼图壁县、玛纳斯县、沙湾县和乌苏县等广大区域，是“八五”与“九五”期间我国国土综合开发的19个重点片区之一，国民生产总值占全疆的 42.38%[1]。丰富多样的草地类型，为草地畜牧业提供了广阔的发展前景，为开发新疆，繁荣经济提供着物质基础。

天山北坡中段草地类型是由特定的生态环境和植物生物学特性组成的相互依赖、相互制约的复杂生态系统，为了认识它们的整体性、综合性，本文应用生态学原理，由表及里地透视它们的基本性质和相互关系，从而更深刻、全面和动态地认识天山北坡中段草地类型，为新疆草地的科学经营管理、发挥生产潜力提供科学依据。

1　天山北坡主要草地类型垂直分布特点

天山属温带中亚荒漠隆起发育的格局多样的山地，所处的地理位置受到大气环流影响，使得天山北坡的西段（中天山—伊犁山地）、中段（北天山—乌苏—乌鲁木齐山地）、东段（巴里坤山地），从西向东山地草地形成了不同的草地类型垂直带谱[2]（图1）。

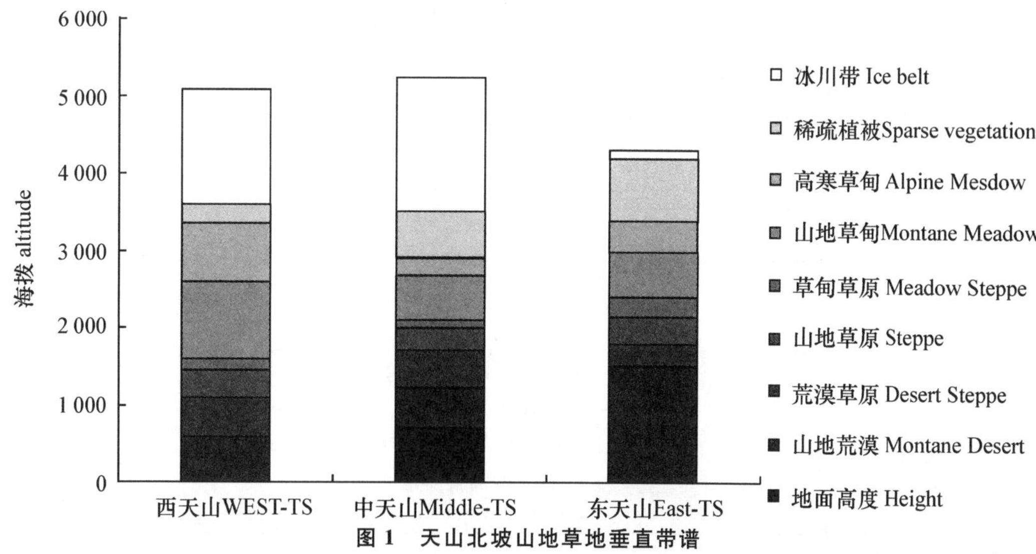

图1　天山北坡山地草地垂直带谱

Fig. 1　The grassland spectrum of vertical belts in northern stop of Tianshan Mountains

天山北坡的西段得益于朝西的开口，有利于里海湿润气流和巴尔喀什暖流的进入，形成较多的降水，使西天山成为整个天山地区最湿润的区域，山地的基带从荒漠草原开始，以其丰盛的山地草甸被特征（垂直带幅达 1 500 m 以上）[3]。中天山山体高峻承受较多西来湿气流，使得冰川积雪比较发育，但来自西方的暖湿气流在翻越阿拉套山后，大部分又变为干热风，使得山地垂直带明显上升，多亏前山带的发育缓冲了准噶尔盆地干旱气流对山区草地的影响，使得整个山区气候显得比较湿润，温度随山体升高而递减，降水则在山地最大降水线以下随地势升高而递增[4,5]，形成了较完整的草地植被垂直带结构，在天山北坡最具典型性与地带性。相反，天山北坡的东段来自西部远洋的水汽已难以波及，为蒙古高压控制，更趋于干旱，加之山体相对矮小，故成为天山北坡最干旱地段，其中最东段的伊吾山区，荒漠带上升到海拔2 000 m，山地草甸被山地草原所替代。因此地理位置、地貌格局的变化所引起水热的梯度差异，是草地类型分异的最根本原因。

2 天山北坡中段草地类型分布特征

依照中国草地类型分类的划分标准和中国草地分类系统[6,7]，根据新疆维吾尔自治区草地资源图集中草地类型分布情况[8]，将天山北坡中段研究区内乌鲁木齐（W）、昌吉（C）、呼图壁（H）、玛纳斯（M）、石河子（SH）、沙湾（S）、乌苏（WS）地区草地类型分布列表统计[4]，如表 1 所示。

表 1 天山北坡中段山地草地组成概况

Table 1 The grassland group distributing in the middle part of northern slop of Tianshan Mountains

草地类 grassland class	草地亚类 grassland sub-class	草地组 grassland group	草地型 grassland types			合计 Total
			W	C、H、M	SH、S、WS	
A. 高寒草甸 Alpine meadow	一、高山高寒草甸亚类 Alpine Meadow Sub-class	1. 小莎草类 small sedges	4	4	4	
		2. 具灌木、小莎草类 Shrub and small sedges	1	0	1	14
B. 山地草甸 Montane meadow	一、山地草甸亚类 Montane meadow Sub-class	1. 根茎禾草 Rhizomatous grasses	1	0	1	
		2. 丛生禾草 Thick grasses	1	1	1	
		3. 杂类草 Herbs	3	6	1	
		4. 小莎草类 Small sedges1	2	3		
		5. 具灌木丛生禾草 Shrub and thick grasses	1	2	2	
	二、亚高山地草甸亚类 Sub- Montane meadow Sub-class	1. 丛生禾草 Thick grasses	1	0	1	
		2. 杂类草 Herbs	1	2	1	
		3. 小莎草类 Small sedges	1	1	2	36
C. 草甸草原 Meadowsteppe	一、山地草甸草原亚类 Meadowsteppe Sub-class	1. 丛生禾草 Thick grasses	2	4	2	
		2. 小莎草类 Small sedges	1	1	1	
		3. 杂类草 Herbs0	1	1		
		4. 蒿类半灌木 Sagebrush	1	2	1	
		5. 具灌木丛生禾草 Shrub and thick grasses	1	0	3	
		6. 具灌木蒿类半灌木 Shrub and Sagebrush	0	3	0	24

续表 1

草地类 grassland class	草地亚类 grassland sub-class	草地组 grassland group	草地型 grassland types W	 C、H、M	 SH、S、WS	合计 Total
D. 典型草原 Montanesteppe	一、山地草原亚类 Steppe Sub-class	1. 丛生禾草 Thick grasses	9	7	8	
		2. 蒿类半灌木 Sagebrush	1	0	0	
		3. 具灌木丛生禾草 Shrub and thick grasses	1	2	7	
		4. 具灌木小莎草类 Shrub and thick grasses	0	1	0	
		5. 具灌木蒿类半灌木 Shrub and Sagebrush	2	1	1	
		6. 具灌木丛生禾草 Shrub and thick grasses	1	0	0	41
E. 荒漠草原 Desert steppe	一、山地荒漠草原亚类 Desert steppe sub-class	1. 丛生禾草 Thick grasses	5	4	4	
		2. 蒿类半灌木、丛生禾草 Sagebrush and Thick grasses	1	0	0	
		3. 盐柴类半灌木、丛生禾草 Salinized shrub and Thick grasses	0	1	0	
		4. 具灌木丛生禾草 Shrub and thick grasses	5	1	4	
		5. 具灌木蒿类半灌木、丛生禾草 Sagebrush and Thick grasses	0	2	3	
		6. 具灌木蒿类半灌木、小莎草类 Sagebrush and Small sedges	1	0	0	36
F. 草原化荒漠 Steppe desert	一、沙砾质草原化荒漠亚类 SandSteppe desert sub-class	1. 蒿类半灌木、丛生禾草 Sagebrush and Thick grasses	0	1	1	
		2. 盐柴类半灌木、丛生禾草 Salinized shrub and Thick grasses	0	0	1	
		3. 盐柴类半灌木、杂类草 Salinized shrub and Herbs	0	0	1	
		4. 具灌木丛生禾草 Shrub and Thick grasses	0	1	3	
		5. 具灌木蒿类半灌木 Shrub and Sagebrush	0	1	0	11
G. 山地荒漠 Montaned esert	一、沙砾质温性荒漠亚类 Gravel montane desert sub-class	1. 蒿类半灌木 Sagebrush	1	3	5	
		2. 盐柴类半灌木 Salinized shrub	4	2	13	
		3. 具灌木蒿类半灌木 Shrub and Sagebrush	1	1	2	
		4. 具灌木盐柴类半灌木 Shrub and Salinized shrub	7	2	0	
	二、土质温性荒漠亚类 Terrene montane desert sub-class	1. 蒿类半灌木 Sagebrush	1	3	7	
		2. 盐柴类半灌木 Salinized shrub	2	10	0	
		3. 具灌木盐柴类半灌木 Shrub and Salinized shrub	2	7	1	
		4. 一年生草本 Annual herb	1	3	1	79
合计 Total(7)	8	41	65	88	88	241

统计数据表明：天山北坡中段草地分为7类，9亚类，41组，241型。和新疆草地类型相比[2]，草地类占63%，亚类占34%，组占31%，型占35%，因此，天山北坡中段是新疆草地类型比较丰富的地区之一。其中高寒草甸类有14个草地型，山地草甸类有36个草地型，温性草甸草原有24个草地型，温性草原有41个草地型，温性荒漠草原有36个草地型，温性草原化荒漠有11个草地型，温性荒漠有79个草地型。由此可见，温性荒漠草地型最多，这正是天山北坡中段所处的温带大陆性气候环境决定的，是荒漠气候的产物，在一定气候带内，必然发育有一定的草场类型，决定了植物种和种群的空间分布格局。温性荒漠草地在新疆分布广、面积大，居第一位，它不仅占据着天山各山地的山前倾斜平原、冲积平原、湖积平原和部分沙漠，而且上升到低山带[9]。

3 天山北坡中段山地草地类型组成特点

在天山北坡中段垂直分布的五个主要草地类中，各草地类生境差异、草群组成、草地可利用方式均复杂多样，现将天山北坡中段草地类主要特性多样性评述于下。

表2显示了天山北坡中段山地草地类型垂直带谱，由高到低，从适寒类型、湿润适温向旱适温类型逐渐有规律更替。地带性草地类型与降水递减趋势、干燥度变化相吻合；草地生物量递减规律也与降雨量的递减规律相一致，复杂的草地生态系统，构成了自然资源可持续利用的基础，是植物立地的基础，直接影响草类营养、发育、种类组成和草场利用方式等。草地的镶嵌性提高了草地利用率，森林与草甸的组合，草原复合，灌丛相间，山地荒漠中优质蒿类半灌木的发育等，多种类型草地的分布为牲畜提供了具有各种不同营养成分的牧草，牲畜游走于各类草地就食，既可提高对饲草利用率，又可调节牲畜对牧草的利用适口性，季节轮牧有利于牧草更新能力的提高。

草地植被的基本结构是由建群种组成的层片，所以在研究草地类型多样性时，必须从草地群落的层片结构组成入手，层片结构决定草地类型在种群组合上的异质性[7]，从而表现出群落的大小、结构的镶嵌（表3）。

根据对表3的层片分析，影响草地类型组成格局的因子大致可归纳为两类：一是物种本身的生物学特性，二是环境的差异。不同地带生活型表现了其特殊性，灌木、半灌木适应能力较强，分布于天山北坡中段各草地组，而且向荒漠过渡的各草地类的生物量中灌木所占比重逐渐增加，蒿类半灌木只存在于草原、荒漠带；小莎草类多分布于高山带。由于草地生态环境从西向东、从南向北逐渐旱化，组成草地植被的牧草种类的成分也从中生植物逐渐转为旱生植物，也导致了种群密度（多度）逐渐降低，由集群分布变为随机分布。随着海拔高度的不断降低，气温随之不断增加，使得地面芽植物越来越少，地上芽植物越来越多，到了炎热的沙漠带出现了小高位芽植物（小半乔木-白梭梭）；在荒漠带开始出现短生、类短生植物，在恶劣的气候来临时，这些植物以种子形式躲避不良的季节。但天山北坡中段草地类型层片组成格局单一（最多三层），结构易被破坏。应对生境倍加保护，一旦破坏，很难再次恢复。

4 草地类型的量化分析

天山北坡中段地形、地貌是新疆研究山地草地植物多样性垂直分布格局的理想场所，通过野外样地调查，根据草地分类原则，以主要层片优势种的重要值>10%的作为划分草地类型级的指标[7]，将调查区草地类型定为以下17个草地类型，并以优势种的重要值为运算单位，比较各草地类型的α多样性[10,11]，即植物的物种多样性指数（H′、D）、均匀指数（J）和物种丰富度指数（S），计算公式如下：

(a)物种丰富度 S＝N（样方内出现的物种总数目）

(b)Simpson 指数

$$D=1-\sum pi^2$$ （式中 Pi 种的重要值占群落中总重要值的比例）

表 2　天山北坡中段垂直带草地主要特点

Table 2　The grassland genus characteristic in the middle part of northern slop of Tianshan Mountains

草地类 The grassland genus	海拔 Altitude (m)	分布区 Distributing	降水量 Rainfall (mm)	植被组成 Vegetation composing	盖度 Coverage (%)	草层高度 Height (cm)	鲜草产量 Fresh weight (kg/hm2)	利用季节 Season in use	利用方式 Utilization styles
Alpine meadow	2 600～3 200	高山冰雪带下部 Iceberg below	450	寒中生小莎草、小杂类草、小丛禾草 Cold mesophytes vegetation	80～90	10～15	2 310～3 150	Warm Season	graze
Montane meadow	1 600～2 800	山地中山、亚高山带 Subalpine belt	400～600	中生禾草、杂类草 Mesophytes vegetation	85～100	50～80	3 500～6 375	Warm Season	graze mowing
Meadow steppe	1 800～2 100	中山带针叶林下缘 Middle montane belt 草甸带阳坡 草原带阴坡	350～450	中旱生多年生禾草、杂类草 Mesophytes vegetation	60～70	30～40	3 510～4 560	Cold Season	graze mowing
Montane Steppe	1 400～2 000	呈带状分布山地中山、低山带 Middle-low montane belt	250～350	多年生旱生草本 Xerophytes vegetation	50～60	20～25	1 410～2 295	Cold Season	graze
Desert steppe	1 100～1 700	中山下缘、低山 Low montane belt	150～300	旱生丛生禾草和旱生半灌木 Xerophytes vegetation	15～40	10～30	855～1 200	Cold Season	graze
Montane desert	1 200	低山、山麓洪积扇 Foothill	＜150	盐柴类、蒿类半灌木 Xerophytes shrub	5～30	10～30	450～1 410	Cold Season	graze

表 3 天山北坡中段典型草地组层片组成格局多样性

Table 3 The diversity of grassland synusia structure in the middle part of northern slop of Tianshan Mountains

草地类 Grassland genus	典型草地组 Typicalgrassland group	优势种 Dominant species	层片组成格局 Synusia structure
Alpine meadow	1. small sedges	Kobresia capillifolia、Carex stenocarpa、Polygonum viviparum	小莎草类草本 cop^3 高 20～30 ㎝组成单一层片 Small sedges cop^3, high20～30 cm, build up singleness synusia
	2. Shrub and small sedges	Caragana jubata、C. melanantha、K. capillifolia	上层小叶灌木 cop^1 高 60～140 ㎝、下层小莎草类草本 cop^2 高 20～30 ㎝ Super stratum is Shrub cop^3, high60～140cm, Substrate is small sedges cop^3, high20～30 cm
Sub- Montane meadow	1. Herbs	Alchemilla tianschanica、Trifolium repens、Phlomis pratensis	小杂类草 cop^3 高 20～30 ㎝组成单一层片 Herbs cop^3, high20～30cm, build up singleness synusia
	2. Small sedges	C. atrofusca、A. tianschanica、P. viviparum	小莎草类草本 cop^3 高 10～20 ㎝组成单一层片 Small sedges cop^3, high10～20cm, build up singleness synusia
Montane meadow	1. Rhizomatous grasses	Bromus inermis、Geranium pratense、Ph. pratensis	根茎中禾草 cop^2 高约 90 ㎝ 、杂类草 cop^3 高 40～70 ㎝组成二层片 Super stratum is rhizomatous grasses cop^{2}high90 cm, Substrate isherbscop^{3}high40～70 cm
	2. Thick grasses	Poa angustifolia、Dactylis glomerata、G. pratense	疏丛禾草 cop^2 高约 100 ㎝ 、杂类草 cop^3 高 60～90 ㎝组成二层片 Super stratum is thick grasses cop^{2}high100 cm, Substrate isherbscop^{3}high60～90 cm
	3. Herbs	G. pratense、Ph. pratensis、Iris ruthenica	直立杂类草 cop^3 高 30～50 ㎝组成单一层片 Herbs cop^3, high30～50cm, build up singleness synusia
Meadow steppe	1. Thick grasses	Stipa capillata、C. turkestanica、Ph. pratensis	密丛禾草 cop^2 高约 20 ㎝、杂类草 cop^1 高约 40 ㎝组成二层片 Super stratum is thick grasses cop^{2}high20 cm, Substrate isherbscop^{1}high40 cm
	2. Sagebrush	Ajania fastigiata、Festuca valesiaca、C. turkestanica	上层蒿类半灌木 cop^1 高约 20 ㎝、下层多种草本 cop^3, 高 30～40 ㎝, 组成二层片 Super stratum is Sagebrush cop^{1}high20 cm, Substrate isherbscop^{3}high30～40 cm
Montane steppe	1. Thick grasses	S. capillata、Artermisia frigida、C. turkestanica	密丛禾草 cop^2 高约 20 ㎝组成单一层片 Thick grasses cop^2, high20 cm, build up singleness synusia
	2. Shrub and Sagebrush	Spiraea hypericifolia、A. fastigiata、S. glareosa	上层小叶灌木 cop^1 高约 40 ㎝、中蒿类半灌木 cop^1 高约 20 ㎝、下层密丛禾草 cop^1 高 20 ㎝ Super stratum is herbs, middle-level is Sagebrush, Substrate is thick grasses, cop^{1}high20～40 cm
	3. Shrub and thick grasses	Rose platyacantha、C. pumila、F. valesiaca、C. turkestanica	上层宽叶灌木 cop^1 高约 120 ㎝、下层密丛禾草 cop^1 高 20 ㎝ Super stratum is herbs cop^{1}high120 cm, Substrate is thick grasses cop^{1}high20 cm
Desert steppe	1. Thick grasses	S. glareosa、Seriphidium borotalense、S. kaschgaricum	丛生禾草 Thick grasses build up singleness synusia
	2. Sagebrush and Thick grasses	S. kaschgaricum、S. glareosa、S. borotalense	上层蒿类半灌木 cop^1 高约 30 ㎝、下层密丛禾草 cop^2 高 20 ㎝ Super stratum is Sagebrush cop^{1}high30 cm, Substrate is thick grasses cop^{2}high20 cm
	3. Shrub and thick grasses	C. pumila、S. caucasica、S. borotalense	上层小叶灌木 cop^1 高约 90 ㎝、中蒿类半灌木 cop^1 高约 20 ㎝、下层密丛禾草 cop^1 高 20 ㎝ Super stratum is herbs cop^{1}high90 cm, middle-level is Sagebrush, Substrate is thick grasses high20 cm
Montane desert	1. small arbor	Haloxylon persicum、Calligonum leucocladum、Aristida pennata、Salsolaarbuscula	上层小半乔木 sp 高约 120 ㎝、中层灌木 sp 高约 100 ㎝、下层一年生禾草 sp 高约 20 ㎝ Super stratum is small arbor, middle-level is herbs, Substrate is annual grass, sp high20～120 cm
	2. Sagebrush	S. borotalense、S. transillense	上层蒿类半灌木 sp 高约 30 ㎝、下层草本植物 sp 高约 20 ㎝ Super stratum is Sagebrush sp high30 cm, Substrate is grass, sp high20 cm
	3. Salinized shrub	Nanophyton erinaceum、Ceratocarpus arenarius、S. brachiata	上层盐柴类半灌木 sp 高约 10 ㎝、下层一年生草本 sp 高约 10 ㎝ Super stratum is Salinized shrub sp high10 cm, Substrate is annual grass, sp high10 cm
	4. Annual herb	S. brachiata、Reaumuria soongorica、Petrosimonia sibirica	一年生杂类草 sp 高约 30 ㎝组成单一层片 Annual herbs high10～20cm, sp, build up singleness synusia

(c)Shannon-wiener 指数

$$H/=-\sum PilnPi$$

(d)Pielou 均匀度指数

$$J=(-\sum PilnPi)/lnS$$

通过草地类型物种多样性指数的量化分析来反映群落物种多样性和各种间个体分布的均匀性程度,以及物种水平上群落结构、组成多样性、异质性程度[12],更加深入地对天山北坡中段山地草地类型的生态学问题加以剖析。

从多样性指数的测度结果看(表 4),本研究区植物群落物种多样性的垂直分布规律在植物群落不同的层次得到了明显的表达。在 17 个主要草地类型中,群落间的植物多样性指数 H/、D、J 的变化趋势基本一致(图 2)。且在同一带内的几个草地类型间多样性指数相差不大,表明小尺度生境异质性不明显。但从整个垂直带上多样性指数大小来看,山地草甸>亚高山草甸>草甸草原>草原> 荒漠草原>高寒草甸>荒漠。上述结果反映了生境异质性沿着水、热生态梯度的变化规律,其中分布于山地草甸的鸭茅+老鹳草+杂类草、老鹳草+杂类草+禾草群落物种多样性指数和 H′、D 最大,而分布于荒漠带的土质荒漠的散枝猪毛菜+角果藜群落、小蓬群落 H′ 、D 最小。

这一情况的出现,可能受两方面因素的影响。首先是植被类型,在不同的海拔高度,由于特殊的水热条件和小气候与小地形的影响,发育了与其立地条件相适应的植被类型;第二个主要原因在于影响植被发育的外部条件的差异。研究区内,海拔 3 000 m 以上为高寒气候带,高寒草甸类型(代表样地 1、2、3)是在高山寒冷、湿润气候条件下发育起来的。该群落的立地基质土层瘠薄,基本上都是高山带基岩风化作用而形成的倒石堆。由寒中生小莎草、小杂类草和小丛禾草等三大类植物组成。具有草层低矮、结构简单、层次分化不明显,产草量低等特点。热量是该地区的主要的限制因素之一。只能在 6～8 月利用 90～100 d,使得此地区生物多样性指数比较低。分布于海拔 2 400～3 000 m 的山地草甸(代表样地 6、7、8)是新疆草地的精华,山梁宽厚,土壤富含有机质 ,在最湿润气候条件下形成的类型 ,由于水、热、土壤条件配合合理,以中生禾草和杂类草组成群落,植物组成极为丰富。导致了生物多样性在此梯度上达到最大,是新疆割草和放牧的重要基地。亚高山草甸是介于高寒草甸和山地草甸之间狭窄区域分布的一种过渡类型,由于山高气凉,发育了以低草为主的草地类型,物种丰富度比较高,物种多样性指数亦很高。而干旱-半湿润的草原气候几乎控制了 2 000 m上下的整个山体,山地草原主要分布海拔 1 500～2 050 m 的范围内,植物组成主要由丛生禾草、苔草、草原蒿类三大类组合(代表样地 9、10、11、12、13、14)。影响该地带草原植被发育的主要因素是水分条件 ,草地类型随坡向的变化很明显,常是荒漠草原、草原、草甸草原组合成的复合体。荒漠草地分布于山麓冲积-洪积扇(代表样地 15、16、17),海拔 870～1 200 m,蒸发势超过降水量十倍以上,干燥度 4～10。受荒漠气候的影响,发育与之相适应的一些超旱生的盐柴类半灌木和蒿类半灌木,形成简单的单优种群落。因此.这两个群落的多样性水平最低。虽然草地群落稀疏,产草量低,但蒿类半灌木的营养价值较高 ,在利用上是春秋牧场的重要组成部分。由于荒漠生态系统极其脆弱,极易受到破坏, 利用上要十分注意草场的保护。地带性山地草地植物群落的多样性指数的变化规律,与区域内水热梯度变化密切相关,气候与地形的环境梯度影响了植被的发育类型。因此,垂直带间草地类型的变化规律是现代生境特征和环境演变对该地区植物分布共同作用的结果[13,14]。

上述分析结果充分说明,植被对环境的反应最敏感,生物调节最强烈,环境胁迫最容易发生,对植物多样性最大的威胁莫过于生境的恶化、物种的灭绝。保护物种多样性最关键的手段是保护天山山地这样的生态敏感地区,因其特殊的地理位置和地形地势,决定了它的生态作用对新疆的山盆系统具有重要的保护意义。

表 4 天山北坡草地类型的多样性指数

Table 4 The diversity indices of grassland types

样地 Plot No	海拔(m) Elevation	地区 Spot	土壤水分 Watercon ent	草地类型 grassland tpyes	总盖度(%) Cove	Simpson 指数 H′	Shannon-wiener 指数 D	均匀度 指数 J	物种 丰富度 S
1	3586	Alpine meadow	34.6	K. capillifolia + C. stenocarpa + Forbs	90	1.25	0.71	0.52	11
2	3562	Alpine meadow	48.6	C. stenocarpa + K. capillifolia + Forbs	95	1.22	0.66	0.48	13
3	3530	Alpine meadow	51.0	P. alpina+C. stenocarpa+K. capillifolia	100	1.52	0.77	0.55	16
4	2550	Alpine Meadow Sub-class	44.0	A. tianschanica+T. repens+P. supina	85	1.63	0.79	0.50	24
5	2670	Alpine Meadow Sub-class	43.0	C. stenocarpa + P. viviparum+Forbs	80	1.59	0.78	0.49	27
6	2140	Montane meadow	46.0	D. glomerata+G. pratense+Forbs	100	1.71	0.82	0.49	33
7	2099	Montane meadow	47.7	B. inermis + Ph. pratensis+Forbs	100	1.86	0.84	0.55	30
8	2082	Montane meadow	41.8	G. pratense + Forbs + Grasses	100	1.81	0.65	0.35	29
9	1748	Meadow steppe	15.8	A. fastigiata+Grasses+Ph. pratensis	60	1.44	0.73	0.49	19
10	2050	Meadow steppe	34.8	I. ruthenica+Ph. pratensis+Grasses	100	1.63	0.79	0.54	21
11	1800	Montanesteppe	18.0	F. ovina+S. capillata	50	1.59	0.78	0.60	15
12	1726	Montanesteppe	10.9	A. fastigiata+S. capillata+C. liparocarpos	40	1.54	0.78	0.64	11
13	1625	Desert steppe	4.2	S. caucasica+S. borotalense+ F. ovina	30	1.47	0.74	0.64	10
14	1519	Desert steppe	10.3	C. pumila+S. glareosa	25	1.5	0.77	0.72	8
15	1270	Montane d esert	12.1	S. borotalense	30	0.72	0.56	0.52	6
16	1189	Montane d esert	4.2	N. erinaceum	15	0.64	0.45	0.46	4
17	870	Montane d esert	10.5	S. brachiata+C. arenarius	25	0.52	0.33	0.32	5

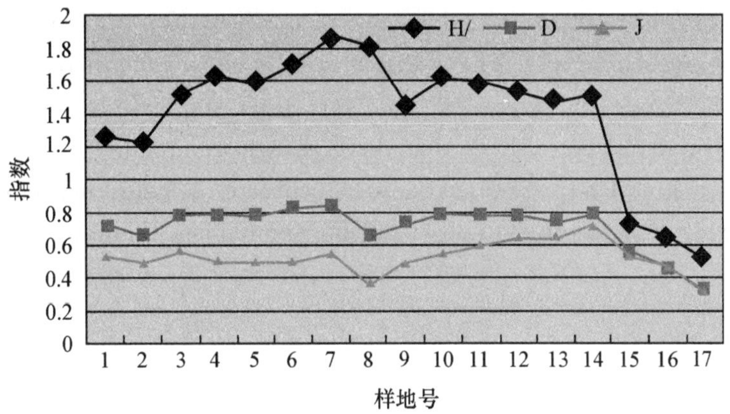

图 2 样地多样性指数变化

Fig. 2 The diversity indices on samp ling sites

参考文献

[1] 陈毕业. 构建中国新疆天山北坡经济带[J]. 中国软科学,2002(3). 92-95

[2] 许鹏. 新疆草地资源及其利用[M]. 乌鲁木齐:新疆科技卫生出版社,1993

[3] 胡汝骥. 中国天山自然地理[M]. 北京:中国环境科学出版社,2004

[4] 高子毅,等. 新疆中天山北坡 400a 夏季降水量变化[J]. 中国沙漠,2003,23(5):581-585

[5] 周霞. 天山北坡中段气候垂直分异研究[J]. 干旱区地理,1994,5(2):84-86.

[6] 廖国藩,等. 中国草地资源[M]. 北京:中国科学技术出版社,1996

[7] 许鹏. 中国草地分类原则与系统讨论[J]. 四川草原,1985(3):1-7

[8] 郭选政,等. 新疆维吾尔自治区草地资源图集[M]. 西安:西安地图出版社,1999

[9] 中国科学院新疆综合考察队,等. 新疆植被及其利用[M]. 北京:科学出版社,1978

[10] 姜恕,等. 草地生态研究方法[M]. 北京:农业出版社,1988.

[11] 马克平. 生物群落多样性的测度方法[M]. 北京:中国科学技术出版社,1994:141-165

[12] 贺金生,等. 陆地植物群落物种多样性的梯度变化特征[J]. 生态学报,1997(1)

[13] 刘学录,任继周. 河西走廊山地-荒漠-绿洲复合生态系统的景观要素及其成因类型[J]. 草业学报,2002,11(3):40-47

[14] 李镇清,刘振国. 中国典型草原区气候变化及其对生产力的影响[J]. 草业学报,2003,12(1):4-10

The grassland types composing and structure situation in middle zone of northern slop of TianShan Mountains

Feng ying[1,2], XU Peng[2], AN Sha-zhou[2]

(1. Xinjiang Institute of Ecology and Geography, Chinese Academy of Science, Urumqi 830011, China)

(2. Part Departmaent of Grassland Science, The Xinjiang August-College of Agriculture, Urumuqi, Xinjiang 830052)

Abstract The regular changes of the grassland type vertical belt while the mountain are from high to low and the temperature from cold to warm in middle zone of northern slop of TianShan Mountains. It is the one of richer area of he grassland types. The statistics results show that there are 7 grassland class, 41 grassland groups and 241 grassland types. So there are type and belt in northern slop of TianShan Mountains. Using α- diversity index reflects that the grassland community、composing diversity and the heterogeneity of habitat of grassland 。From vary angle lucubrate ecological matter of the grassland types.

Key words in middle zone of northern slop of TianShan Mountains ; the grassland type ;composing feature.

延边地区土壤硼元素生态地球化学特征及其对苹果梨品质的影响*

王冬艳　李月芬　尚媛　玄兆业

（吉林大学地球科学学院，长春　130061）

摘要：在延边苹果梨主产区采集40个土样和苹果梨样品，研究了硼元素的分布特征、迁移转化及其影响因素、硼元素对苹果梨果质的影响。研究结果表明：四个区域土壤中硼元素的全量平均值在22.4～29.0 mg/kg之间，有效量在0.29～0.32 mg/kg之间，果实中硼元素含量平均值在12.99～16.44 mg/kg之间。不同的地层特征和土壤类型，是四个区土壤中硼元素全量差异的首要原因。四个地区土壤硼元素有效态的转化系数平均值大小顺序为：珲春（1.88%）＞图们（1.79%）＞龙井（1.69%）＞三合（1.02%），果实硼元素累积倍数平均值大小顺序为：珲春（71.05）＞龙井（51.16）＞图们（50.92）＞三合（33.39）。随着土壤pH值升高，土壤供硼能力下降。同时，此次研究中发现随着果实硼含量提高，可溶性固形物、糖酸比、总糖下降，而总酸呈上升趋势。

关键词：延边；硼元素；生态地球化学特征；苹果梨果质

硼(B)是果树生长不可缺少的重要矿质元素。土壤中硼元素含量能否满足果树正常生长发育的需要，直接影响着果树的新梢生长、花芽分化、授粉受精和果实发育[1]。同时硼元素对农作物品质的影响研究也日益受到重视[2～5]。延边是我国苹果梨的原产地，苹果梨也是当地重要的特色水果产品。本研究对这一地区果园土壤硼全量、有效量以及果实进行了取样分析，目的在于揭示土壤中的硼元素在土壤-果树系统中地球化学迁移转化特征、影响机理及其生态效应，为这一地区苹果梨种植规划提供依据。

1　材料与方法

1.1　研究对象

本研究以吉林省延边朝鲜族自治州的龙井、图们、珲春主要的苹果梨生产基地为研究对象，其中在龙井市又分为龙井和三合两个工作小区（图1），不同的研究区域在地质背景、土壤类型等方面具有明显的差异。

1.2　样品的采集

此次研究中根据地质背景、地球化学特征等因素的不同，在延边苹果梨几个主产区，选择品质、产量具有代表性的区域，穿过主要地质单元、土壤类型，呈“S”形布设水平剖面，在剖面上根据土壤类型变化等因素布置采样点（图1）。以1∶5万地形图作为采样手图，参照地形地物，采用手持GPS卫星定位仪进行野外定点，并储存地理坐标。

地表土壤样品采集时，由树冠周围布设采样点，先刮去地表植物凋落物，连续取地表至地下60 cm（果树根系集中的区域）的土柱或根据土层厚度采至实际深度。在样点周围50 m范围内每个样品由10个采样点土壤组成，用四分法取样，最后留1 kg左右，放入样品袋内。

苹果梨果品样品采集时，挑选树龄、株型、生长势、载果量等一致的正常株为样株，在同一果园同一品种的果树中选5～10株为代表株，从每株的全部收获物中选取大、中、小和向阳及背阴的果实组成平均样品；总重不少于5 kg。

* 中国地质调查局和吉林省政府联合资助项目“吉林农业地质调查”项目资助

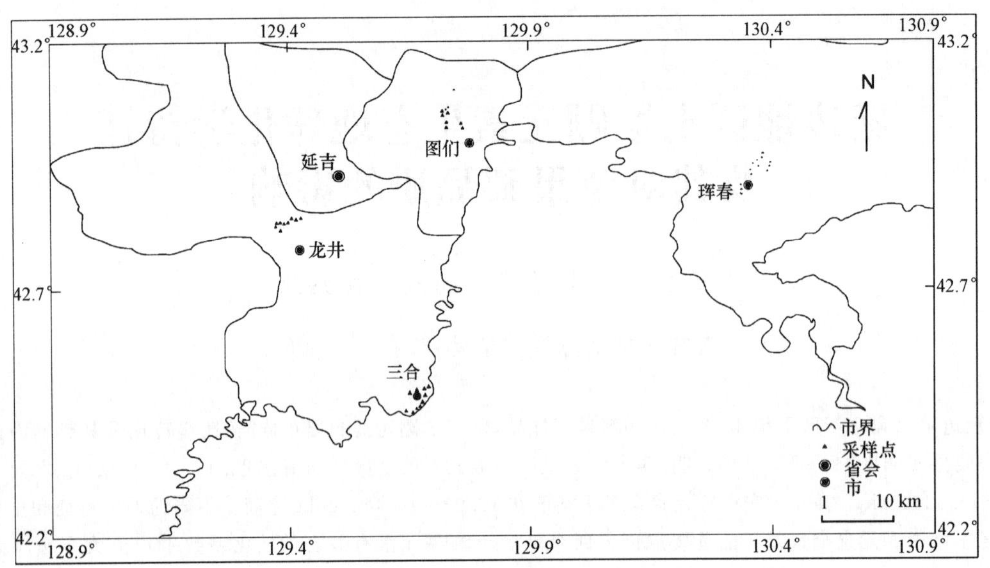

图 1 研究区位置及采样分布示意图

Fig. 1 The distraction sketch map of soil sample collection

在采收过程中，特别注意避免碰伤。采收时留有果柄和原套果袋，避免机械伤和病虫害侵袭。用包装物(如保鲜纸、保鲜袋等)对果实进行包装，并用泡沫网状袋套装后放入瓦楞纸板箱。装车时轻拿轻放，减少机械损伤。苹果梨样品采集后在规定的时间内送实验室进行分析测试。

1.3 样品的分析测试

土壤样品中硼元素全量按照 ZY 0103 标准，采用发射光谱仪测定；有效态硼按照 LY/T 1258—1999 标准，采用全谱直读等离子发射光谱仪测定；果实中的硼元素全量依据 DD 2005—03 标准，采用 ICP-AES 测定。

苹果梨果质测定了中选择了果实总糖、总酸、可溶性固形物等指标，其中总糖含量根据 GB/T 5009.8—2003 标准测试；总酸依据 GB/T 12456—1990 标准测试；可溶性固形物依据 GB/T 12295—1990 测定。测试结果见表 1。

表 1 研究区土壤、果实中的硼含量及果质测试结果表

Table 1 test results of soil boron content and boron content of fruit and fruit quality index in research area

区域 Area	样号 Samples	有效硼 (mg/kg) Effective boron	全量硼 (mg/kg) Total boron	果实硼 (mg/kg) Boron of fruit	总酸(%) Total acid	总糖(%) Total sugar	可溶性固形物 (%)TSS	土壤类型 Soil type	地层 Formation
龙井区	LJ-01	0.270	27.4	10.89	2.53	7.90	12.6	硅质暗棕壤	白垩系下统龙井组地层
	LJ-03	0.325	16.2	11.81	1.89	9.10	13.6	硅质暗棕壤	
	LJ-08	0.239	19.9	16.03	2.07	8.70	14.9	硅质暗棕壤	
	LJ-09	0.282	29.1	15.92	2.12	8.40	14.2	硅质暗棕壤	
	LJ-10	0.331	26.8	23.90	1.85	8.20	13.0	草甸型淹育水稻土	
	LJ-13	0.321	10.2	11.62	1.99	8.00	14.2	草甸型淹育水稻土	
	LJ-14	0.329	16.0	22.57	2.4	8.00	13.1	硅质暗棕壤	
	LJ-18	0.457	42.0	15.90	1.81	8.70	13.8	硅质暗棕壤	
	LJ-20	0.357	23.3	15.41	1.7	7.60	14.1	硅质暗棕壤	
	LJ-30	0.361	13.2	20.33	1.59	7.60	13.1	冲积土型淹育水稻土	
	平均值	0.327	22.4	16.44	2.00	8.22	13.7		

续表 1

区域 Area	样号 Samples	有效硼 (mg/kg) Effective boron	全量硼 (mg/kg) Total boron	果实硼 (mg/kg) Boron of fruit	总酸(%) Total acid	总糖(%) Total sugar	可溶性固形物 (%)TSS	土壤类型 Soil type	地层 Formation
三合区	SH-03	0.342	31.9	12.21	2.46	8.00	13.8	麻砂质灰化暗棕壤	下第三系渐组新-古新统珲春地层。出露船底山组玄武岩
	SH-04	0.274	24.4	13.87	2.22	8.60	14.7	麻砂质灰化暗棕壤	
	SH-08	0.316	19.6	13.24	2.83	10.70	17.4	麻砂质灰化暗棕壤	
	SH-10	0.417	42.3	21.29	2.15	9.10	14.1	麻砂质灰化暗棕壤	
	SH-12	0.292	23.2	5.84	2.46	9.50	16.1	麻砂质灰化暗棕壤	
	SH-14	0.374	27.2	14.78	1.92	8.00	12.8	麻砂质灰化暗棕壤	
	SH-19	0.237	28.2	3.66	1.52	7.70	13.1	麻砂质灰化暗棕壤	
	SH-21	0.212	17.4	11.71	2.24	9.60	16.1	暗矿质暗棕壤	
	SH-23	0.314	44.3	3.24	1.71	9.70	15.3	暗矿质暗棕壤	
	SH-27	0.321	63.3	11.77	2.51	9.60	15.6	麻砂质灰化暗棕壤	
	SH-29	0.331	70.1	3.54	1.97	9.40	16.9	麻砂质灰化暗棕壤	
	平均值	0.320	29.0	13.45	2.18	9.08	15.1		
图们区	TM-01	0.252	4.1	14.28	2.06	8.20	13.4	麻砂质暗棕壤	二叠系山谷旗组地层和花岗闪长岩出露
	TM-06	0.265	29.0	6.09	2.24	8.00	13.4	麻砂质暗棕壤	
	TM-11	0.252	24.4	13.12	1.72	7.90	13.2	麻砂质暗棕壤	
	TM-13	0.173	29.8	11.76	2.94	7.90	13.1	非石灰性冲积土	
	TM-18	0.248	83.1	26.99	3.52	6.70	13.3	麻砂质暗棕壤	
	TM-19	0.215	22.9	8.04	3.25	8.90	14.0	麻砂质暗棕壤	
	TM-23	0.206	8.5	6.53	1.95	9.10	15.0	麻砂质暗棕壤	
	TM-28	0.218	11.2	6.56	1.72	7.10	11.4	麻砂质暗棕壤	
	平均值	0.296	28.4	12.99	2.45	7.97	13.4		
珲春区	HC-01	0.252	14.1	19.95	2.96	8.60	12.7	草甸型淹育水稻土	下第三系渐新-古新统珲春组地层
	HC-05	0.514	13.7	22.07	3.47	8.40	12.3	冲积质灰化暗棕壤	
	HC-06	0.257	16.1	21.18	3.3	8.00	13.2	浅位黄土质白浆土	
	HC-12	0.297	15.8	21.85	2.59	7.80	12.7	浅位黄土质白浆土	
	HC-16	0.323	11.0	8.33	3.31	8.00	12.8	冲积质灰化暗棕壤	
	HC-23	0.394	16.8	19.00	2.6	7.50	12.3	浅位黄土质白浆土	
	HC-25	0.221	13.6	18.27	2.96	7.90	12.7	浅位黄土质白浆土	
	HC-30	0.232	17.7	15.36	2.86	8.20	12.4	浅位黄土质白浆土	
	HC-31	0.145	19.3	13.87	3.08	8.00	12.9	浅位黄土质白浆土	
	HC-35	0.306	20.8	12.32	2.35	7.80	12.9	非石灰性冲积土	
	HC-41	0.183	15.1	26.46	3.08	8.00	13.3	非石灰性冲积土	
	平均值	0.293	25.2	14.29	2.96	8.02	12.7		

2 结果讨论

2.1 硼元素在研究区的分布特征

从表 1 中可以看出，延边地区主要苹果梨产区土壤中硼元素的全量平均含量在 22.4～29.0 mg/kg之间，其中以三合小区土壤硼元素的平均含量最高。有效态的硼含量相差不大，平均含量在0.29～0.32 mg/kg之间，从土壤硼元素的有效量看，龙井和三合小区含量较其他两个小区高。果实当中的硼元素含量平均值在 12.99～16.44 mg/kg 之间，其中也以龙井小区果实中硼元素的平均含量最高。

四个小区从土壤全量、有效态含量到果实中的硼元素平均含量来看,差别还是存在的。其基底具有不同的地层特征,这是成为四个研究区硼元素含量差异的首要原因。从土壤类型上看,龙井、三合以及图们研究区,以暗棕壤为主,珲春以白浆土为主,这两种类型的土壤中,硼元素全量差别明显。进一步证明母质差别是元素全量差别的主要原因。

2.2 硼元素的迁移转化特征及其与pH值之间的关系

由表2硼元素全量-有效态转化系数(指有效态含量占全量的百分数)可见,四个地区转化系数平均值大小顺序为:珲春(1.88%)>图们(1.79%)>龙井(1.69%)>三合(1.02%)。而硼元素有效态-果实的累积倍数(指果实中硼元素的含量占土壤中有效态含量的百分数)平均值大小顺序为:珲春(71.05)>龙井(51.16)>图们(50.92)>三合(33.39),图们和龙井两个地区的累积倍数仅仅相差0.24,所以从转化系数和累积倍数来看,四个地区的变化趋势基本一致。

以往的研究表明,土壤pH值是影响土壤硼供给的最主要因子之一[4,5],从表2中pH平均值来看,四个地区的大小顺序为:三合(6.42)>龙井(6.36)>图们(6.2)>珲春(5.54),其变化趋势与转化系数和累积倍数正好相反,这说明随着pH值的升高,土壤的供硼能力下降。从图2和图3中可以看出土壤pH值与转化系数和累积倍数的相关系数分别达−0.407和−0.345(n=40),呈现出负相关关系。

表2 硼元素在土壤-果实体系中的迁移转化特征统计表

Table 2 migration and transformation features of B elements in the soil-fruit system

区域 Area	送样号 Samples	全量-有效态转化系数(%) Transformation coefficient of total amount-effective amount	有效态-果实累积倍数 Accumulated multiples of Effective amount-fruits	pH
龙井区	LJ-01	0.99	40.32	6.79
	LJ-03	2.00	36.37	6.01
	LJ-08	1.20	67.10	5.80
	LJ-09	0.97	56.56	6.46
	LJ-10	1.23	72.26	6.10
	LJ-13	3.15	36.15	6.66
	LJ-14	2.06	68.50	6.51
	LJ-18	1.09	34.80	6.64
	LJ-20	1.53	43.16	6.52
	LJ-30	2.73	56.39	6.06
	平均值	1.69	51.16	6.36
三合区	SH-03	1.07	35.73	6.07
	SH-04	1.12	50.63	6.86
	SH-08	1.61	41.88	6.23
	SH-10	0.99	51.09	6.42
	SH-12	1.26	20.03	6.26
	SH-14	1.37	39.55	6.63
	SH-19	0.84	15.43	6.6
	SH-21	1.22	55.29	6.24
	SH-23	0.71	10.33	6.96
	SH-27	0.51	36.64	6.22
	SH-29	0.47	10.68	6.12
	平均值	1.02	33.39	6.42

续表 2

区域 Area	送样号 Samples	全量-有效态转化系数(%) Transformation coefficient of total amount-effective amount	有效态-果实累积倍数 Accumulated multiples of Effective amount-fruits	pH
图们区	TM-01	6.15	56.65	6.59
	TM-06	0.91	22.96	6.35
	TM-11	1.03	51.96	6.04
	TM-13	0.58	68.06	6.31
	TM-18	0.3	108.66	6.22
	TM-19	0.94	37.31	5.88
	TM-23	2.43	31.68	6.22
	TM-28	1.95	30.11	6.02
	平均值	1.79	50.92	6.20
珲春区	HC-01	1.79	79.19	5.35
	HC-05	3.75	42.93	5.14
	HC-06	1.6	82.46	5.36
	HC-12	1.88	73.58	5.78
	HC-16	2.94	25.79	5.37
	HC-23	2.35	48.23	5.40
	HC-25	1.63	82.54	5.60
	HC-30	1.31	66.14	5.58
	HC-31	0.75	95.7	5.78
	HC-35	1.47	40.3	5.73
	HC-41	1.21	144.68	5.80
	平均值	1.88	71.05	5.54

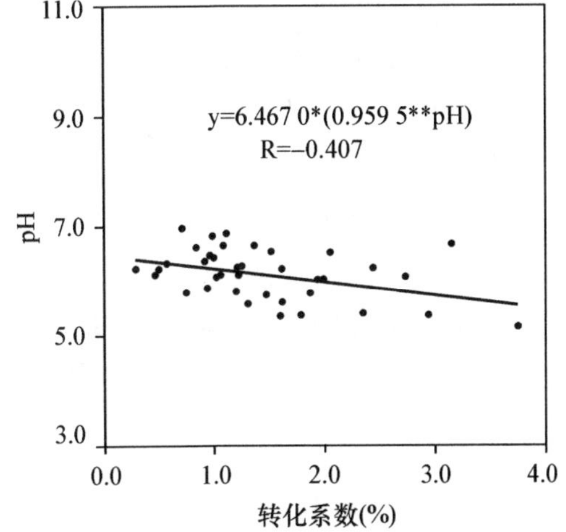

图 2　转化系数——pH 关系图

Fig. 2　the relations of transformation coefficient and pH

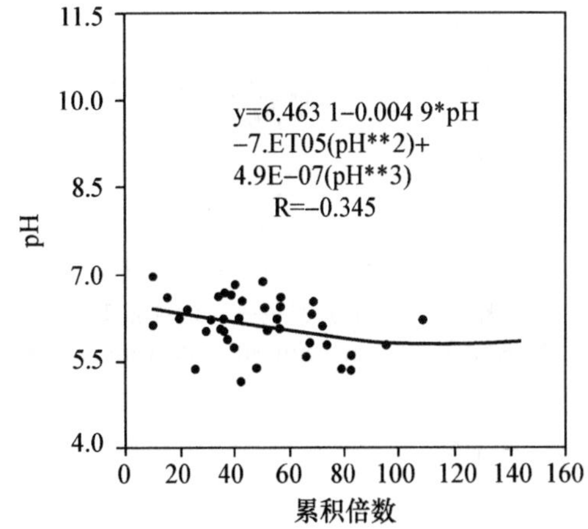

图 3　累积倍数——pH 关系图

Fig. 3　the relations of accumulated multiples and pH

2.3　硼元素对苹果梨果质的影响分析

从表 1 和图 4、图 5 和图 7 可以看出，果实硼元素和可溶性固形物($R=-0.372$)、糖酸比($R=-0.498$)、总糖($R=-0.349$)呈现负相关关系，即随着苹果梨果实中硼元素含量增加，可溶性固形物、糖酸比、总糖呈下降的趋势；从图 6 可看出，果实硼元素和总酸($R=0.37$)呈现正相关关系，即随着苹果梨果实中 B 元素含量增加，总酸含量呈现上升趋势。根据以往研究[1]，B 元素对提高农作物的糖含量起促进作用，本研究从土壤硼元素生态地球化学特征来看，随着果实中硼元素含量的增加，对果糖合成呈现抑制的趋势，而果酸含量则随着果实中硼元素的增加呈现出上升的趋势。这在很大程度上取决于土壤条件、作物种类[8]以及土地利用方式。

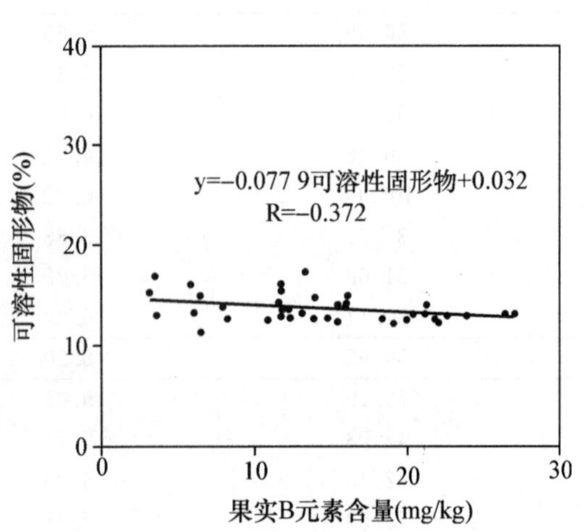

图4 果实B元素——可溶性固形物关系图

Fig. 4 the relations of boron element in the fruit and TSS

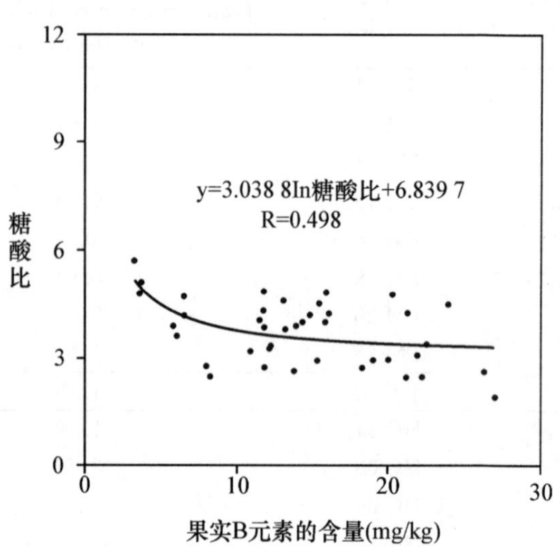

图5 果实B元素——糖酸比关系图

Fig. 5 the relations of boron element in the fruit and sugar/acid

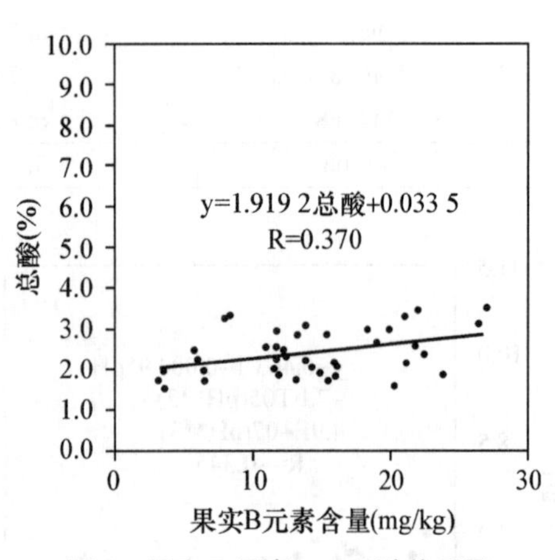

图6 果实B元素——总酸关系图

Fig. 6 the relations of boron element in the fruit and total acid

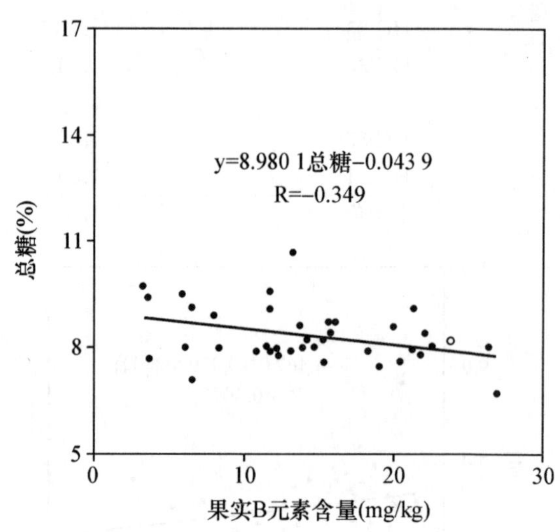

图7 果实B元素——总糖关系图

Fig. 7 the relations of boron element in the fruit and total sugar

3 结 论

1)延边地区主要苹果梨产区土壤全量、有效态含量和果实中的硼元素平均含量存在差异,基底不同的地层特征和土壤类型的差异是四个研究区硼元素含量差异的首要原因。

2)从转化系数和累积倍数来看,四个地区的变化趋势基本一致。土壤 pH 值是影响转化系数和累积倍数的主要因素之一。

3)随着果实硼含量提高,可溶性固形物、糖酸比、总糖下降,而总酸上升。

参考文献

[1] 田世恩,王伟民.果树硼素营养及应用现状[J].烟台果树,1998(3):15

[2] 曾绍华.农业生态与土壤环境中硼元素的关系[J].江苏环境科技,2002,15(4):35-36

[3] 周锦芳.配方施肥对甘蔗生长发育、产量和含糖量的影响[J].湖南农业科学,2000,2:28-29
[4] 韩冰,郑克宽.镁、锌、硼、锰元素对烤烟产量及质量影响的研究[J].内蒙古农牧学院学报,1999,20(1):72-77
[5] 叶燕萍,李杨瑞,李永健,等.硼、锌对甘蔗一些生理生化特性及产量、品质的影响[J].甘蔗,2000,7(2):7-11
[6] 杜应琼,廖新荣,黄志尧,等.pH 和质地对土壤供硼影响的研究[J].土壤与环境,2000,9(2):125-128
[7] 宋时奎,李文华,严红,等.土壤性质与硼有效性的关系[J].东北农业大学学报,2004,35(1):113-118
[8] 覃永爱,陆国盈,韩世健.锌、硼对新植蔗产量和品质及一些生理指标的影响[J].广西蔗糖,2005,38(1):14-16

Study on Eco-geochemical characteristics of Soil Boron and Effect on Fruit quality of apple pear in Yanbian area

WANG Dong-yan, LI Yue-fen, SHANG Yuan, XUAN Zhao-ye

(College of Earth Sciences, Jilin University, Changchun 130061)

Abstract 40 soil and fruit samples were collected in the major apple-pear-producing areas of Yanbian to study the distribution characters of the boron element, migration and conversion of the boron element and factors of effecting on migration and conversion of the boron element, and the impact of boron element on apple pear fruit. The results indicate that the average total boron value of Boron in the soil is between 22.4 mg / kg and 29.0 mg / kg, and effective amount is between 0.29 mg / kg and 0.32 mg/kg, and the average value of the boron element of the fruit is between 12.99 mg/kg and 16.44 mg/kg. The differences of formation and soil type are the primary reason of the different value of the boron element in the four areas. The average of the transformation coefficient of the four regions in order is: Hunchun (1.88%)> Tumen (1.79%)> Longjing (1.69%)> Sanhe(1.02 percent), the average of the boron element accumulated multiples in order is: Hunchun (71.05)> Longjing (51.16)> Tumen (50.92)> Sanhe (33.39). the curves of transformation coefficient and accumulated multiples show that the content of boron element in the soil are decreased with the increase of the soil pH value. Meanwhile, this research result show that with the increase of the volume of boron in the fruit, TSS, sugar acid ratio, and total sugar whose volume drops, but the volume of total acid goes up.

Key words Yanbian; Boron; Eco-geochemical characteristics; Fruit quality of apple pear

中国土壤数据的集成与拓展研究*

史学正　王洪杰　于东升　孙维侠　赵永存

（土壤与农业可持续发展国家重点实验室，中国科学院南京土壤研究所，南京　210008）

土壤是人类赖以生存和发展的物质基础，是陆地生态系统的核心组成部分。为了在全球尺度、国家尺度和区域尺度上解决资源、环境和生态等问题，有必要集成土壤信息，建立中国土壤信息系统（SISChina：Soil Information System of China）（史学正等，2007a）。土壤信息系统作为建设"数字土壤"的基础在国内外开展已有多年，国际上公认最早建立并运行的土壤信息系统是加拿大土壤信息系统（CANSIS）（Dumanski T，et al.，1975）。随后世界各国根据本国情况相继建立了土壤信息系统，并不断完善，如美国建立了国家土壤信息系统（NASIS），该系统由土壤工作数据库、土壤解译数据库及土壤地理数据库三个部分组成，其中土壤解译数据库包括全美的 13 400 个土系，可用于美国土壤制图（Lytle D. J. 1999）。欧亚和地中海国家加入新的土壤属性数据和补充新的资料后形成了新的欧盟土壤数据库（第 3 版）。众多土壤学家为我国土壤信息系统的发展作出了贡献，使我国土壤信息建设取得了长足的进展（周慧珍，1993；周慧珍，1994；王效举等，1997；史周等，1997；潘剑君等，1999；张甘霖等，2001；张学雷，2001；原立峰，2005；汪善勤，2005），但 2003 年之前多数研究工作以区域性为主，全国性的只有 1∶400 万的土壤数据库，存在比例尺偏小以及土壤空间数据与属性数据融合程度低等问题，这种现状显然不能满足土壤资源学科发展和国民经济建设的需要。为此，经过 10 多年的实践提出了建立中国土壤信息系统（SISChina）的设想和整体框架，初步建成了 SISChina 中的最重要组成部分——中国土壤数据库（史学正等，2007a）。

1　国际化中国土壤数据库的系统集成

我国长期只有全国 1∶400 万的数字化土壤图，已不能适应学科和社会发展的需求，为此，经过多年的努力，到目前为止建成了全国土壤空间数据库、土壤属性数据库和土壤参比数据库，土壤空间数据库包括全国尺度的 1∶1 400 万系列、1∶400 万系列、1∶250 万和 1∶100 万数字化土壤图，区域尺度的 1∶50 万、1∶20 万和 1∶5 万数字化土壤图，以及土壤地球化学类型图和有效态微量元素图等，总计达 1 000 余幅（史学正等，2007a；史学正等，2007c）。土壤属性和参比数据库分别由全国 7 292 个土壤剖面属性数据以及可与国内外不同分类系统参比的参比数据组成，土壤分析数据量达到 100 余万个（全国土壤普查办公室，1993）。针对国际上土壤空间数据与属性数据分离，缺乏这两类数据的融合集成方法，不能满足学科和社会发展需求的现状，提出了基于土壤发生学理论的土壤空间与属性数据融合集成的 PKB（Pedological Knowledge Based method）方法，实现了土壤剖面属性数据与土壤空间数据的融合集成。通过全国 1∶100 万数字化土壤图与 7 292 个土壤剖面参比数据的融合，集成了分别基于美国土壤系统分类、国际土壤参比基础（WRB）和中国土壤系统分类的中国 1∶100 万数字化土壤图，在国际上提出了基于多个土壤分类系统的建库理论，美国报道土壤调查与数据库建设方面的杂志"Soil Survey Horizons"在封面上以"中国土壤图正迈向数字化"为题介绍了这一工作的进展（Shi et al.，2004a）。目前已建成了全国性土壤类型齐全、空间分辨率较高、数据量大、集成系统以及国际化程度较好的中国土壤信息库，该库成为联合国国际粮农组织（FAO）归一化国际土壤数

* 国家自然科学基金（40621001）、国家重点基础研究发展计划项目（2007CB407206）和中国科学院知识创新工程领域前沿项目（ISSASIP0715）资助

据库(HWSD)的重要组成部分(史学正等,2007a)。

2　拓展成中国 2 km×2 km 栅格的土壤属性数据集

土壤是地球表层系统的核心,自从土壤圈层理论提出之后,得到了国内外的广泛认同。土壤不再仅仅是生产粮食的基础,而是整个陆地生态系统的核心,它与水圈、大气圈、生物圈和岩石圈的物质与能量交换每时每刻都在进行。为了采用模型模拟田块尺度、小流域尺度、区域尺度和全国尺度的这些过程,就特别需要全国空间化的土壤属性栅格数据,这是模型技术应用于土壤、生态等相关学科研究工作的需要,也是微观结合宏观研究土壤系统过程的需要,为此,利用中国 1∶100 万土壤空间(94 000 个图斑)和属性(7 292 个土壤剖面)融合集成数据库,分别生成不同层次的土壤属性空间化的栅格数据。

将不同层次的土壤属性空间数据与土地利用类型空间数据叠加和分割,生成全国耕地栅格土壤数据、林地土壤栅格数据和草地土壤栅格数据。目前土壤属性包括砂粒、粉粒、黏粒、pH 值、有机质等 10 多项,土壤层次的深度分别为 0～10 cm、10～20 cm、20～30 cm、30～70 cm 和>70 cm 这样 5 个层次。根据不同的土地利用和不同的层次深度,共计建成了近 150 个层面的土壤栅格数据,表 1 显示其中某一个土地利用类型的中国土壤栅格数据及其文件名,这些数据目前已广泛应用于作物和森林生长模拟、水土保持、水文、碳循环和面源污染预报等各个方面(Shi et al., 2004a)。

表 1　中国土壤栅格属性数据及其文件名

土层深度(cm)	容重(g/cm^3)	砂粒(%)	粉粒(%)	黏粒(%)	田间持水量(cm^3/cm^3)	凋萎系数(cm^3/cm^3)	pH	有机质(%)	全氮(%)
0～10	bulkd0010	sand0010	silt0010	clay0010	wci0010	lgi0010	ph0010	om0010	tn0010
10～20	bulkd1020	sand1020	silt1020	clay1020	wci1020	lgi1020	ph1020	om1020	tn1020
20～30	bulkd2030	sand2030	silt2030	clay2030	wci2030	lgi2030	ph2030	om2030	tn2030
30～70	bulkd3070	sand3070	silt3070	clay3070	wci3070	lgi3070	ph3070	om3070	tn3070
> 70	bulkd70-	sand70-	silt70-	clay70-	wci70-	lgi70-	ph70-	om70-	tn70-

3　中国土壤参比系统研究方面的拓展

至今国际上还没有一个统一的土壤分类,只是美国土壤系统分类(ST)和国际土壤参比基础(WRB)作为国际主流土壤分类得到广泛应用。我国长期采用的土壤发生分类系统,在历史上对中国土壤学科的发展作出了应有的贡献,但在目前国际化的背景下,对我国科学家进行国际交流和合作带来了困难,如何建立起不同分类系统间的桥梁一直是各国土壤科学家遇到的难题(史学正和于东升,2007b)。国际上基于土壤剖面数据的单个土体参比研究始于上个世纪 70 年代 (http://www.isric.org, 2005)。荷兰的国际土壤参比中心曾到中国共计采集了 51 个土壤剖面,1994 年完成了参比总结报告(ISS-AS&ISRIC, 1994),促进了中国土壤参比工作的发展,但并不能完全解决中国土壤类型参比内联外接问题。本研究群体基于全国 7 292 个土壤剖面数据,解译出每个剖面美国土壤系统分类、国际土壤参比基础(WRB)和中国土壤系统分类的名称,并与全国 1∶100 万数字化土壤图集成,编制了美国土壤系统分类等不同分类系统的中国 1:100 万数字化土壤图。在国际上率先提出土壤参比度的定义,提出了国家尺度、区域尺度和单个土体尺度参比的建立方法,以及中国土壤分类参比基准(Shi et al.,2004b;于东升等,2004;Shi et al., 2006b;于东升等,2004)部分研究成果在 2006 年第 1 期国际土壤学著名杂志 SSSAJ(Soil Science Society American Journal)上以封面文章刊出,这是该杂志首次以封面文章刊出中国土壤学家的成果(Shi et al.,2006a)。建成了基于 WebGIS 的中国土壤发生分类与美国土壤系统分类和中国土壤系统分类的智能化网络参比查询系统,其中后者的查询界面见图 1(杨国祥等,2007)。开通不到 6 月,就有全国高校和研究院所的 300 多用户使用该系统,促进了土壤及其相关学科的发展。

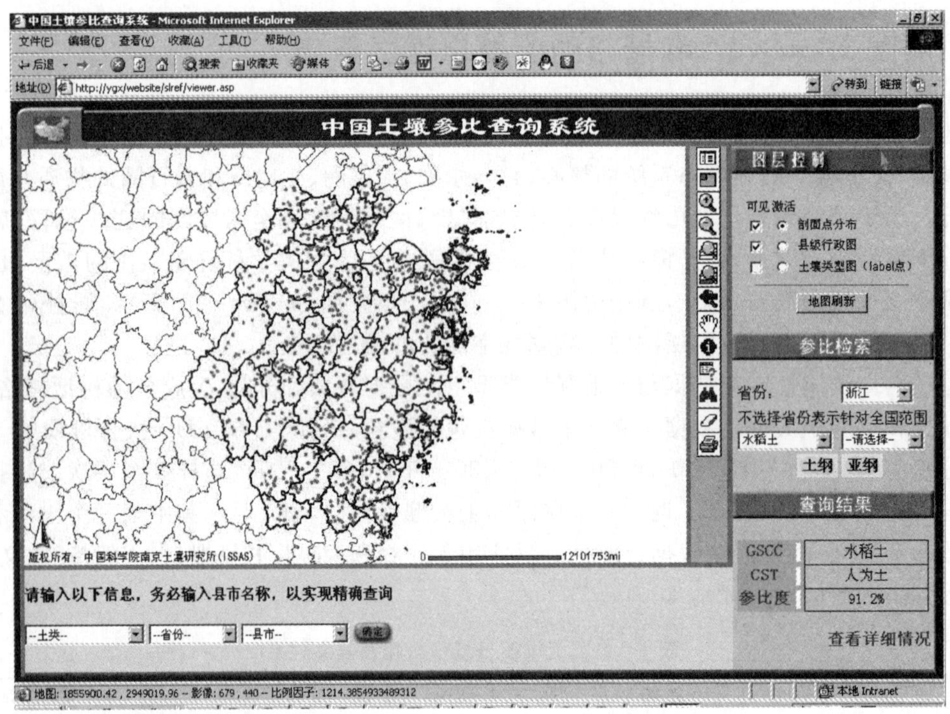

图 1 区域尺度中国土壤发生分类(GST)参比到中国土壤系统分类(CST)的查询界面

4 陆地生态系统碳循环研究方面的拓展

土壤是陆地生态系统的核心之一，土壤性质对陆地生态系统碳循环起着举足轻重的作用。土壤有机碳库(SOC pool)是陆地生态系统碳库的重要组成部分。据初步估算，全球以有机质的形态赋存于土壤中的碳大约有 1 500 Gt，相当于大气圈、水圈和生物圈含碳量的总和。土壤有机碳库的微小变化，都会对大气温室气体浓度及全球变化产生相当大的影响。全球气候变暖已是不争的事实，2005 年 2 月 16 日《京都议定书》已正式生效，成为一部国际法。随着我国工业化和现代化的推进，能源消耗将逐年增加，随之 CO_2 的排放也将增加，我国已成为美国之后全球第二大 CO_2 排放国，2020 年前后将成为第一大排放国。虽然目前还没有规定发展中国家 CO_2 的减排义务，但随着欧盟国家开始减排 CO_2，不久的将来我国肯定会面临这个非常严重的问题。从现在起如何应对这种严峻的形势，是应该认真考虑的战略问题。已有研究表明 CO_2 是最主要的温室气体，同时陆地生态系统碳循环非常活跃，如果土壤能固定大量的碳，那么就能减缓大气 CO_2 浓度的增加。通过土壤积碳而抵消 CO_2 排放是国际社会应对全球变化而实施《京都议定书》的主要措施，也是国际社会实现减排最为重要途径之一。要预测预报中国土壤的固碳潜力，就必须要精确估算现在中国土壤碳的密度和储量。有关中国土壤有机碳密度和储量的估算方面，过去 10 多年中有 10 多位科学家对我国的土壤有机碳进行了估算，不同科学家之间的估算结果相差 3 倍多，这个问题终始得不到一个可以肯定的结论，基于本研究群体所建成的中国 1∶100 万土壤数据库进行拓展估算，解决了这个问题，这个结果将成为今后我国有机碳密度及其空间分布的基准数据。基于中国 1∶100 万土壤数据库进行估算表明，图斑之间的土壤碳密度和碳储量差异十分突出，土壤碳密度最小为 1.43 t C hm^{-2}，最大为 4 462.5 t C hm^{-2}(表 2)。我国土壤分布面积共有 928.10×10^4 km^2，有机碳储量为 89.14 Pg，土壤平均碳密度 96.0 t C hm^{-2}。其中有机碳密度在 50～100 t C hm^{-2}、10～50 t C hm^{-2} 和 100～200 t C hm^{-2} 的土壤面积分别占 31.8%、28.3%和 18.1%，大于 600 t C hm^{-2} 的土壤面积占 0.8%(表 3)(于东升等，2005；于东升等，2007)。

表 2 图斑单元碳密度及碳储量统计结果

项目	图斑数	平均值	最大值	最小值	标准方差
碳密度(t C hm^{-2})	85 180	106.45	4 462.5	1.43	164.08
碳储量(10^3 t)	85 180	1 046.5	1 804 000	0.005	8 918.8

表 3 不同等级碳密度面积分布

碳密度(t C hm^{-2})	<10	10～50	50～100	100～200	200～400	400～600	600～1 000	>1 000	合计
面积 (10^4 km^2)	96.81	262.6	295.6	168.1	87.4	10.04	4.63	0.29	928.10
%	10.4	28.3	31.8	18.1	9.4	1.1	0.5	0.3	100.0

5 结 语

通过对中国土壤数据的系统集成，初步建成了中国土壤数据库，这对土壤及相关学科的发展起到了积极的作用，但土壤数据的集成与拓展这两个方面都需要加强，在土壤空间数据库建设过程中，需要增加中比例尺和大比例尺的土壤空间信息，与此同时，土壤属性数据方面，也需要继续增加土壤剖面的数量。其次，要根据不同区域和土地利用特征，发展土壤空间数据与属性数据的融合集成的理论与方法。第三，针对土壤数据可拓展领域的特点，如何通过土壤属性特征信息的综合集成，提出应用模型和计算方法。第四，受人为作用影响大的土壤性质，要根据恰当的时间尺度进行更新，提出土壤数据更新的理论与方法。总之，通过深入了解中国土壤数据的集成与拓展，就能更好地利用土壤数据资源为农业生产和生态环境建设服务，并推动我国土壤学科的发展。

参考文献

[1] 于东升，史学正，王洪杰，孙维侠，陈志诚，龚子同. 铁铝土的发生分类与系统分类参比特征. 地理学报，2004，59(5)：671-679

[2] 于东升，史学正，孙维侠，王洪杰，刘庆花，赵永存，基于 1：100 万土壤数据库的中国土壤有机碳密度及储量研究\应用生态学报，2005，16(12)：2279-2283

[3] 于东升，史学正，王洪杰、杜国华，龚子同、发生分类半淋溶土在中国土壤系统分类中的归属特征. 应用生态学报，2006，17(1)：60-64

[4] 赵其国，史学正，等. 土壤资源概论. 北京：科学出版社，2007：479-515

[5] 王效举、龚子同，张西森. 地理信息系统辅助土壤质量变化图的编制. 土壤，1997，29(1)：37-42

[6] 全国土壤普查办公室. 中国土种志(第一卷). 北京：中国农业出版社，1993：1-924

[7] 赵其国，史学正，等. 土壤资源概论，北京：科学出版社，2007：120-153

[8] 赵其国，史学正，等. 土壤资源概论，科学出版社，北京，2007：222-250

[9] 史学正，于东升，高鹏，王洪杰，孙维侠，赵永存，龚子同. 中国土壤信息系统(SISChina)及其应用基础研究. 土壤，2007，39(3)：329-333

[10]杨国祥，史学正，于东升，王洪杰，孙维侠，赵永存，金洋. 基于 WebGIS 的中美土壤参比查询系统研究. 2007a，土壤学报，44(1)：1-6

[11]张甘霖，龚子同，骆国保，张学雷. 国家土壤信息系统的结构、内容与应用. 地理科学，2001，21(5)：401-405

[12] 潘剑君，靳婷婷，孙维侠. 江西省余江县土壤信息系统建造研究. 土壤学报，1999，36(4)：522-527

[13] 史舟，王人潮. 大比例尺红壤资源信息系统的研制. 浙江农业大学学报，1997，23(6)：707-710

[14] 原立峰，谢永生. 黄土高原土地信息系统数据库的建设. 土壤，2005，37(4)：333-336

[15] 汪善勤，周勇，张甘霖. 基于 GIS 的中国土壤分类专家系统设计. 土壤学报，2005，42(3)：705-711

[16] 张学雷,张甘霖,龚子同.海南岛土壤质量的指标与量化表达研究.应用生态学报,2001,12(4):549-552
[17] 周慧珍.土壤地理信息系统.土壤学进展,1993,21(6):32-36
[18] 周慧珍.海南岛土壤与土地数字话数据库及其制图.北京:科学出版社,1994:1-88
[19] Dumanski T, et al., 1975, Concepts, Objectives and Structure of the Canada Soil Information System. Canada Journal of Soil Science, 55(2): 181-187
[20] Lytle D. J. 1999, United States soil survey database. In: M E Summer ed. Hand Book of Soil Science. New York:CRC Press, H53-H67
[21] Shi X. Z., D. S. Yu, E. D. Warner, X. Z. Pan, G. W. Petersen, Z. G. Gong, and D. C. Weindorf, 2004a, Soil Database of 1:1,000,000 Digital Soil Survey and Reference System of the Chinese Genetic Soil Classification System. Soil Survey Horizons, 45(4): 129-136
[22] http://www.isric.org, 2005
[23] ISS-AS&ISRIC, 1994. Soil Reference Profiles of the People's Republic of China, Field and Analytical Data. Country Report 2 pp. 1-128
[24] Shi, X. Z., Yu, D. S., Warner, E. D., Sun, W. X., Petersen, G. W., Gong, Z. T., 2006a. Cross-reference system for translating between Genetic Soil Classification of China and Soil Taxonomy. Soil Science Society America Journal 70(1), 78-83
[25] Shi X. Z. D. S. Yu, W, X. Sun, H. J. Wang, Q. G. Zhao and Z. T. Gong, 2004b, Reference benchmarks relating to great groups of genetic soil classification of China with soil taxonomy. Chinese Science Bulletin, 49(14): 1507-1511. (SCI)
[26] Shi X. Z., D. S. Yu, G. X. Yang, H. J. Wang, W. X. Sun, G. H. Du, Z. T. Gong,2006b,Cross-reference Benchmarks for Correlating the Genetic Soil Classification of China and Chinese Soil Taxonomy. Pedosphere 16(2):147-153

不同水土保持措施对榆树大沟土壤质量的影响*

张玉斌　曹宁　闫飞　杨振明

（吉林大学植物科学学院，长春　130062）

摘要：本文针对东北黑土流失区典型流失区水土流失综合防治工程中的不同水土保持措施对土壤质量的影响进行了研究。结果表明：生态修复林地（辽东栎）对于土壤有机质、养分含量等土壤质量因子的提高或恢复具有明显的积极作用。从目前的研究结果可以看出，生态修复林地（辽东栎）是恢复或保育土壤质量的最佳水土保持措施。

关键词：水土保持措施；榆树大沟；土壤侵蚀；土壤质量；黑土；影响

东北黑土区是我国重要的工业和商品粮生产基地，以盛产大豆、玉米和水稻著称。黑土理化性状好，生产力高，是我国自然肥力最高的土壤，素有“土中王”之称。但由于黑土区坡地长期被大量垦殖，经营粗放、重用轻养，没有实施全面、有效的防治土壤退化和水土流失的措施，面蚀、沟蚀日益加剧。两三百年来，由于人类不合理的开发利用，引起土壤冲刷，使黑土进入“加速侵蚀”阶段，现已成为我国六大水土流失地区之一。严重的水土流失不但造成黑土层厚度锐减，耕地面积减小，而且还导致肥力下降，粮食产量大幅度下降。到目前为止，东北黑土区因水土流失形成的沟蚀和面蚀已造成每年粮食减产 1 921 万 t[1～9]。如不采取有效措施，控制黑土层的流失和黑土肥力的锐减，粮食减产的幅度还会加大[10,11]。自 20 世纪 80 年代以来，黑土流失区如克山、拜泉等地已开始进行水土流失治理，不但控制了水土流失，而且生态效益得到明显改善，经济效益显著提高，社会效益良好[12,13]。前人的研究多集中于黑土的退化机理，水土保持措施对黑土侵蚀强度，如减水减沙等方面的研究，较少进行水土保持措施对土壤质量的影响等方面的研究[14～18]。鉴于此，本文首先对 2005 年以来实施水土流失综合防治工程的榆树大沟的土壤质量变化进行了研究，这将为前文所提及的进行了多年的水土流失治理小流域的土壤质量变化研究提供参考。因此，研究黑土区不同水土保持措施对土壤质量的影响，可以为当前生态文明建设、生态恢复和重建、土壤生态环境效应评价提供理论依据。

1　材料与方法

1.1　研究区概况[19]

本研究的供试土壤样品采自于吉林省榆树市刘家镇合心村榆树大沟南大沟，东北黑土区榆树大沟南大沟水土流失综合防治工程试点，地理坐标为 44°42′N～44°43′N，126°10′E ～126°11′E。该大沟位于吉林省榆树市刘家镇沿松花江沿岸 15 km 范围内，面积约 0.91 km^2，共形成侵蚀沟 306 条，其中大型侵蚀沟 49 条，深达 10～40 m，支沟 257 条，深度＜10 m，沟壑密度达 4 400 km/km^2，沟壑总长度 65 km，侵吞耕地达 275 hm^2，是我国东北地区有名的复式大侵蚀沟群，侵蚀程度和发展速度极快。该镇的合心村，20 世纪 60 年代还是柞树密织，野鸡野兔经常出没的地方。由于陡坡开荒和不合理耕作，现已形成了平均深度 53 m，宽 200～300 m 的特大型侵蚀沟，并由 15 条支沟组成的复式侵蚀沟群。据调查，1945～1984 年间，因沟蚀发展吞噬农田 209 hm^2，年均 5.2 hm^2，共减产粮食 1 900 万 kg，由于侵蚀沟纵横发展。使原本完整的农田变得支离破碎，如现有 73.5 hm^2 农田被切割成 11 个孤岛。

* 资助项目：国家科技支撑计划项目（2006BAD09B01）；吉林大学农学部引进人才启动基金项目（430505010299）

1.2 样品采集与分析

根据榆树大沟南大沟的水土流失综合防治工程总体规划和分布，随机选择了6种水土保持措施，与对照裸露坡地和农田进行对比分析（见表1）。在坡面上按照坡上、坡中、坡下S形多点采集样品，台地和农田采用多点混合取样的方法，在表层0～20 cm采集土壤样品供测试分析。

表1 榆树大沟南大沟水土保持措施及植被概况

Table 1 Soil and water conservation measures and vegetation condition in south gully of Yushu gully

编号	水土保持措施(地形)	主要植被	坡度(°)
1	生态修复林地(坡地)	云中杨(*Populus*)	8
2	生态修复林地(坡地)	辽东栎(*Quercus liaotungensis*)	10～15
3	生态修复草地(坡地)	针茅(*Stipa bungeana*)	10～15
4	石谷坊(沟底)	水稗草(*Echinochloa crusgalli*)	0
5	等高玉米秸秆篱笆(坡地)	无	30～40
6	柳谷坊(台地)	柳树(*Salix matsudana Koidz*)	0
7	无(裸露坡地)	无	30～40
8	无(农田)	玉米(Zea mays L.)	0

土壤理化性质分析参考文献[20]，pH值用酸度计法，土壤容重用环刀法，有机质用丘林法（即$K_2Cr_2O_7$-H_2SO_4外加热法），碱解氮用碱解扩散吸收法，速效磷用碳酸氢钠浸提－钼锑抗比色法（即Olsen法），速效钾用NH_4Ac浸提-火焰光度法，土壤颗粒组成用比重计法测定。数据处理采用SAS统计分析软件，不同水土保持措施之间的差异采用LSD法进行多重比较。

2 结果与分析

2.1 土壤有机质的变化

由表2可以看出，相对于裸露坡地，生态修复林地、草地、柳谷坊等水土保持措施下土壤有机质的含量明显增高，而石谷坊、等高玉米秸秆篱笆等措施的土壤有机质含量则差异不显著或明显少于裸露坡地。相对于农田，除生态修复林地（辽东栎）的土壤有机质明显高于农田外，其他措施的土壤有机质含量均明显低于农田的有机碳含量。这说明，由于土壤侵蚀的影响，土壤有机质含量急剧降低，即使采取相应的水土保持措施也无法使土壤有机质的含量在短时间内得到较好的恢复，同时，采取生态修复措施（林、草）对于土壤有机质的累积具有明显的积极作用。

2.2 土壤养分的变化

不同水土保持措施土壤养分的分析结果见表2。可以看出，生态修复林地（辽东栎）土壤碱解氮、速效磷、速效钾的含量明显高于裸露坡地，接近或超过农田土壤含量。生态修复林地（云中杨）、石谷坊、等高玉米秸秆篱笆3种措施土壤碱解氮含量明显小于裸露坡地，生态修复草地（针茅）、柳谷坊的土壤碱解氮含量大于裸露坡地。同时，所有的措施土壤碱解氮的含量均明显小于农田。即生态修复措施土壤碱解氮的含量总体上大于工程措施。对于土壤速效磷来说，农田＞生态修复林地（辽东栎），等高玉米秸秆篱笆＞裸露坡地＞生态修复林地（云中杨），生态修复草地（针茅），石谷坊，柳谷坊，这可能与土壤侵蚀后露出的母质本身含磷量较低，再加上缺乏补充，导致多数措施土壤速效磷的含量较低。而对于土壤速效钾来说，除石谷坊外，其他措施的土壤速效钾的含量均低于裸露坡地；除生态修复林地（辽东栎）土壤速效钾的含量大于农田外，其他措施均小于农田。这说明除石谷坊外，所有的水土保持措施对于土壤速效钾的恢复都有着较好的效果。

表 2　不同水土保持措施的土壤理化性状

Table 2　Soil physical and chemical properties in different soil and water conservation measures

编号	pH	容重 Bulk density (g·cm^{-3})	有机质 Organic matter (g·kg^{-1})	碱解氮 Alkalysable N (mg·kg^{-1})	速效磷 Av. P (mg·kg^{-1})	速效钾 Av. K (mg·kg^{-1})	土壤颗粒组成 Soil particle composition(%)		
							2～0.02 mm	0.02～0.002 mm	<0.002 mm
1	7.26±0.17cd	1.49±0b	18.05±0.06d	17.50±0f	17.32±0.48f	204.63±0e	77.40±2.83	6.60±0	16.00±2.83
2	7.05±0.01e	1.17±0h	44.57±1.25a	127.40±1.98b	90.23±4.13b	400.39±0a	89.40±0	0.60±0	10.00±0
3	7.56±0.03b	1.33±0d	19.88±0.64c	69.30±5.94c	18.56±0.32f	240.58±0d	85.40±2.83	6.60±0	8.00±0
4	7.94±0.02a	1.70±0.02a	5.94±0.01f	20.83±0.74f	12.94±0g	72.79±4.00g	89.40±4.00	4.60±1.41	6.00±1.41
5	7.37±0.02c	1.30±0.01e	4.15±0.35g	39.73±0.74e	34.96±0.64c	168.67±0f	71.40±0	9.60±1.41	19.00±1.41
6	7.23±0.02d	1.27±0f	8.67±0.40e	56.00±2.47d	24.40±0.32e	288.53±0c	63.40±5.66	10.60±5.66	26.00±0
7	7.03±0.04e	1.41±0.01c	5.77±0.19f	43.40±5.44e	31.25±0.48d	166.67±2.83f	62.40±1.41	12.60±0	25.00±1.41
8	6.61±0.01f	1.24±0.01g	31.03±0.84b	156.80±5.95a	125.95±2.54a	384.41±0b	75.40±0	6.60±0	18.00±0

注:表中不同字母表示差异达 5%显著水平。Different letters indicated significant difference at 5% level.

2.3 土壤物理特性的变化

由表 2 可知，生态修复林地(辽东栎)土壤容重最小，而石谷坊措施土壤容重最大，其他措施，包括农田土壤的容重均小于裸露坡地的土壤容重。同时，在土壤颗粒组成中，黏粒含量普遍不高(6%～26%)，柳谷坊措施土壤中的黏粒最多(26%)，石谷坊措施的黏粒含量最低(6%)。由此可知，水土保持措施对土壤质地的影响甚小。

3 结论与展望

东北黑土区，特别是典型黑土区在当地，乃至全国国民经济发展中占有很重要的地位，针对黑土水土流失区进行水土流失综合防治工程是土壤肥力质量的恢复、保育和定向培育生态环境建设的重要内容，也是退耕还林还草工程后续产业发展亟待解决的问题。因此，对不同水土保持措施或生态恢复措施、生态系统恢复重建模式及其环境效应、土壤质量演变机理进行研究，对指导生产和农田生态系统管理有重要理论和现实意义。

综上可知，榆树大沟水土流失综合防治工程中不同水土保持措施下土壤质量发生了明显的变化，其中，尤以生态修复林地(辽东栎)措施对于土壤有机质、养分含量等土壤质量因子的提高或恢复具有明显的积极影响。从目前的研究结果可以看出，生态修复林地(辽东栎)是恢复或保育土壤质量的最佳水土保持措施。

但水土保持措施对黑土流失区土壤质量的影响机制研究还需进一步加强。如研究土壤土酶活性的变化，特别是土壤脲酶、蔗糖酶和磷酸酶等生物酶活性的变化，以及根据土壤机械(颗粒)组成的变化研究土壤团聚体和微团聚体的变化，同时，对不同水土保持措施对黑土土壤质量的影响进行评价。

参考文献

[1] 范昊明，蔡强国，陈光，崔明. 世界三大黑土区水土流失与防治比较分析[J]. 自然资源学报，2005(3)：72-78

[2] 于丹，沈波，谢军. 东北黑土区水土流失危害及其防治途径[J]. 水土保持通报，1992，12(2)：25-34

[3] 范昊明，蔡强国，王红闪. 中国东北黑土区土壤侵蚀环境[J]. 水土保持学报，2004，18(2)：66-70

[4] 徐晓斌，王清. 我国黑土退化研究现状与展望[J]. 地球与环境，2005(S1)：596-600

[5] 崔海山，张柏，于磊，等. 中国黑土资源分布格局与动态分析[J]. 资源科学，2003，25(3)：64-68

[6] 刘兴土，佟连军，武志杰. 东北地区粮食生产潜力的分析与预测[J]. 地理科学，1998，18(6)：501-509

[7] 郑北鹰，朱伟光. 黑土会在 50 年内消失吗？[R]. 光明日报，2001-01-12

[8] 李发鹏，李景玉，徐宗学. 东北黑土区土壤退化及水土流失研究现状[J]. 水土保持研究，2006，13(3)：28-31

[9] 范昊明，蔡强国，郭成久，等. 东北黑土区土壤容许流失量与水土保持治理指标探讨[J]. 水土保持学报，2006，20 (2)：22-26

[10] 赵兴实，田中雨，刘岩，等. 卫片目视解译在土壤侵蚀现状调查中的应用[J]. 水土保持通报，1996(1)：149-152

[11] 王玉玺，解运杰，王萍，等. 东北黑土区水土流失成因分析[J]. 水土保持科技情报，2002，(3)：27-29

[12] 王丽杰，张立国. 克山县黑土区治理的成效与经验[J]. 黑龙江水利科技，2005，33(4)：136-137

[13] 沈波，范建荣，潘庆宾，等. 东北黑土区水土流失综合防治试点工程项目概况[J]. 中国水土保持，2003(11)：7-8

[14] 杨学明，张晓平，方华军，等. 20 年来部分黑土耕层有机质和全氮含量的变化[J]. 地理科学，2004，24(6)：710-714

[15] 王铁宇，颜丽，关连珠，等. 长期定位监测黑土有机物质的变化[J]. 农业环境科学学报，2004，23：76-79

[16] 王其存,齐晓宁,王洋,等.黑土的水土流失及其保育治理[J].地理科学,2003,23 (3):361-365
[17] 李双异,刘慧屿,张旭东,等.东北黑土地区主要土壤肥力质量指标的空间变异性[J].土壤通报,2006,37(2):220-225
[18] 陈光,范海峰,陈浩生,等.东北黑土区水土保持措施减沙效益监测[J].中国水土保持科学,2006,4(6):13-17
[19] 科学考察简报第十六期(2006 年第 4 期). http://www.mwr.gov.cn/ztbd/sbkkzt/20060329/69462.asp [EB/OL]. 2006-03-29
[20] 南京农业大学.土壤农化分析[M].北京:农业出版社,1985

The Change of Soil Quality of Black Soil as affected by Different Soil and Water Conservation Measures in Yushu Gully

ZHANG Yu-bin, CAO Ning, YAN Fei, YANG Zhen-ming

(College of Plant Science, Jilin University, Changchun 130062, China)

Abstract The change of soil quality of black soil as affected by different soil and water conservation measures was studied in Yushu gully. The result indicated that ecological restoration forest, Quercus liaotungensis, had positive function on the recover of soil organic matter and nutrition, and it would be the best measure for soil quality recover in Yushu gully district.

Key words soil and water conservation; Yushu Gully; soil erosion; soil quality; black soil; effect

滴灌带不同埋置深度对西红柿生长的影响研究

郑雅莲　张娜　邱虹

（北京市通州区农业技术推广站，北京市通州区玉桥东路42号）

摘要：本文在保护地中选择适合温室种植的西红柿品种“佳粉15”，研究不同滴灌带埋置深度，分别为地表、地下10 cm、地下20 cm、地下30 cm，对西红柿生长及土壤硝态氮和铵态氮含量的影响，为选择合理的滴灌带埋置提供科学依据。结果表明，滴灌带埋置在地下20 cm的处理，在西红柿的生长发育、经济产量、水分生产效率等方面都优于其他处理，滴灌带埋置在地下10 cm的处理次之。埋置在地表和埋置在地下30 cm的处理产量差异不大，但在土壤硝态氮和铵态氮含量方面有一定差异。

关键词：西红柿；滴灌；埋置深度；水分利用效率

西红柿品种“佳粉15”是北京市农科院蔬菜研究中心培育的冬、春、秋保护地及春露地栽培均适合的西红柿品种。本试验研究在同一日光温室不同的滴灌带埋置方式对此品种的生长发育、水分利用及土壤的硝态氮、铵态氮含量等特性进行研究，以期为选择西红柿作物合理的滴灌方式提供科学依据。

1　材料与方法

1.1　试验地自然概况

试验在北京市通州区潞城镇八各庄大运河配菜基地试验地进行。本地区属半湿润大陆性气候，气候特点是四季分明，热量条件好，＞10 ℃积温 4 185.4 ℃，＞0 ℃的积温 4 618.0 ℃。试验地土壤为两合土，0～20 cm 土层有机质含量为1.59%，碱解氮含量为89.22 mg·kg^{-1}，Olsen-P 含量为35.87 mg·kg^{-1}，有效钾含量为121 mg·kg^{-1}，种植前的土壤含水量为17.62%，容重为1.25。

1.2　试验设计

在一个温室内将滴灌带埋置在四个不同的土壤深度，分别是地表、地下10 cm、地下20 cm、地下30 cm。供试作物为西红柿，品种为“佳粉15”，2006年2月22日定植，3月16日采收第一次果，5月底采收结束。

1.3　灌溉与施肥

2006年2月20日底施鸡粪5方。3月15日、4月12日、5月3日、5月20日用“一特”冲施肥（含量50%）追肥，每次10 kg/亩，随追肥罐追施。

1.4　测定项目与方法

1.4.1　土壤含水量

2006年3月14日至5月30日，每隔15 d对每个埋置处理用土钻取0～10 cm、10～20 cm、20～40 cm、40～60 cm四个深度土样，采用烘干法测定各层土壤含水量。

1.4.2　硝态氮和铵态氮含量

2006年3月14日至5月30日，每隔15 d对各埋置处理用土钻取0～20 cm深度土样。铵态氮含量用蒸馏法测定，硝态氮含量用紫外分光光度法测定。

1.4.3　植株高度、植株叶绿素含量

2006年3月14日至5月30日，每隔半个月从各埋置处理中取具有代表性的西红柿植株10株，从茎的最基部到顶端的距离为植株高度。并用叶绿素快速测定仪测定每株西红柿第五叶的叶绿素含量。

1.4.4 西红柿产量

每个处理单收单计产，测定各埋置处理的西红柿产量。

2 结果与讨论

2.1 各埋置处理的土壤测定值

2.1.1 土壤各层次的含水量

西红柿是需水量较大的作物，在生长期间灌溉次数较多，所以土壤中的含水量是影响西红柿产量的重要因素[1]。从3月20日后每隔7 d灌溉1次，西红柿定植16 d后，每隔15 d测定各层次土壤含水量。具体数据如下：

从表1和图1。的含水量表格看，土壤中0～10 cm和10～20 cm的含水量差异不大。而且从表中看，滴灌带在地表，0～20 cm的水分含量相对于其他两层要高，西红柿根系在向下生长时没有足够的水分供应，所以在这种埋置处理下，西红柿不能充分的吸收水分，所以这种滴灌带的埋置方式并不是最理想的方式。

表1 滴灌带在地表的土壤含水量 %

日期(月、日)	层次			
	0～10 cm	10～20 cm	20～40 cm	40～60 cm
3.14	23.36	20.15	20.35	19.65
4.10	20.25	21.10	19.51	17.11
4.15	21.74	21.82	18.85	19.77
4.30	22.11	21.26	20.25	20.14
5.15	22.98	20.10	19.77	19.14
5.30	22.23	22.12	20.64	20.19

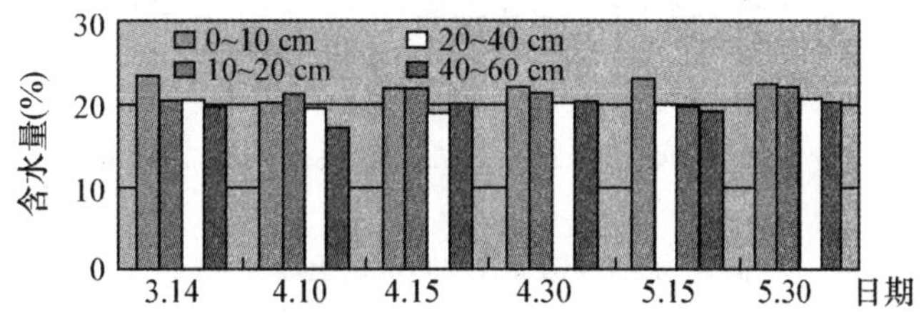

图1 滴灌带在地表的土壤含水量

从表2和图2滴灌带在地下10 cm的埋置方式中看，在西红柿的整个生育期土壤前3层的水分相差并不大，这说明在滴灌带在地下10 cm，滴灌带滴出的水分分别向地上和地下两面渗透，使0～40 cm的土层水分相对平均，西红柿根系在0～40 cm可吸收的水分很均匀地分布在根系周围，这非常有利于西红柿对水分的吸收。但由于西红柿的根系相对较长，所以在它向下生长时40～60 cm的水分相对少，所以这种埋置方式也有一定的不利[3]。

表2 滴灌带在地下10 cm的土壤含水量 %

日期(月、日)	层次			
	0～10 cm	10～20 cm	20～40 cm	40～60 cm
3.14	21.40	23.08	21.10	19.26
4.10	18.97	20.59	19.18	17.48
4.15	18.57	21.30	20.68	18.23
4.30	22.41	23.66	22.32	19.47
5.15	18.29	19.18	20.53	17.10
5.30	21.56	23.35	21.09	19.54

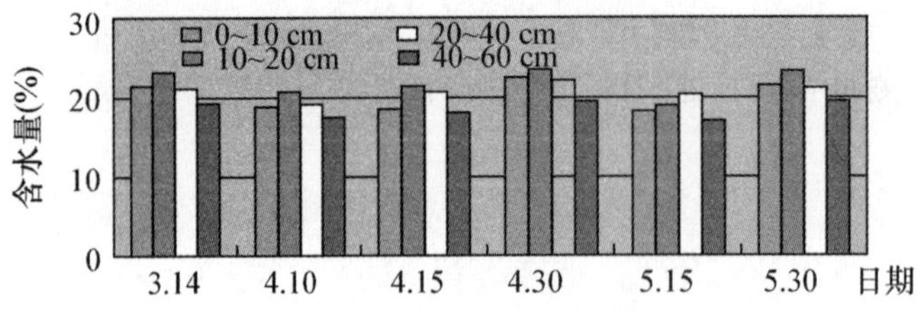

图 2 滴灌带在地下 10 cm 的土壤含水量

从表 3 和图 3 看，滴灌带在地下 20 cm 的各土层含水都相差不大，在西红柿的整个生育期没有特别明显的水分高峰值。这说明在滴灌带在地下 20 cm，滴灌带滴出的水分分别向地上和地下两面渗透，使 0～60 cm 的土层水分相对平均。西红柿根系可吸收的水分很均匀的分布在根系周围，这非常利于西红柿对水分的吸收。

表 3 滴灌带在地下 20 cm 的土壤含水量 %

日期(月、日)	层次			
	0～10 cm	10～20 cm	20～40 cm	40～60 cm
3.14	22.36	24.83	20.39	20.37
4.10	20.95	22.53	21.86	18.63
4.15	20.57	21.01	19.72	18.71
4.30	20.81	23.84	21.69	19.61
5.15	20.93	20.13	19.64	19.36
5.30	20.55	23.27	20.53	19.65

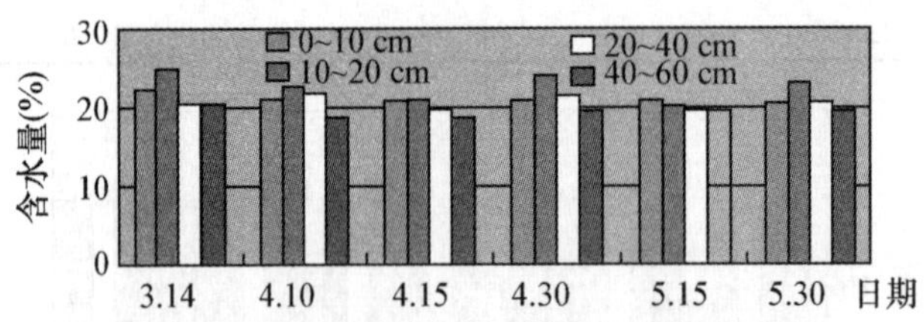

图 3 滴灌带在地下 20 cm 的土壤含水量

这对于西红柿根系吸收水分非常有利。从后面的产量表格上也可以近一步说明滴灌带在地下 20 cm 的埋置方式有利于西红柿的增产。

从表 4、图 4 看，滴灌带在地下 30 cm 的水分在西红柿生长初期和生长后期 4 个层次的水分并无太大差别，四层水分相对平均。但在 4 月 15 日至 5 月 15 日，10～20 cm 和 20～40 cm 的水分含量高于其他层次，特别是 20～40 cm 的水分含量最高，西红柿可吸收利用的表层水分很低，所以这种埋置方式也不利于西红柿的生长[4,5]。

表 4 滴灌带在地下 30 cm 的土壤含水量 %

日期(月、日)	层次			
	0～10 cm	10～20 cm	20～40 cm	40～60 cm
3.14	19.18	20.54	24.68	19.56
4.10	17.65	20.32	22.82	17.99
4.15	16.47	21.22	20.63	15.86
4.30	18.05	18.56	19.69	17.25
5.15	19.59	21.92	22.15	21.41
5.30	18.65	19.51	19.24	19.23

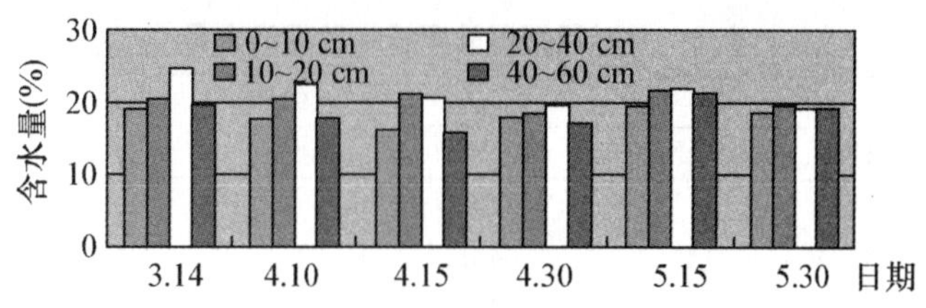

图 4 滴灌带在地下 30 cm 的土壤含水量

2.1.2 土壤各层次的硝态氮和铵态氮含量

为了了解植株对施入肥料的吸收情况，每隔 15 d 左右对每个处理的 0～20 cm 的土壤取样测定。具体数据如下(表 5)：

表 5 各时期不同处理土壤硝态氮和铵态氮含量 ppm

日期	铵态氮				硝态氮			
	地表	地下 10 cm	地下 20 cm	地下 30 cm	地表	地下 10 cm	地下 20 cm	地下 30 cm
4.1	0.223 0	0.971 8	0.366 4	0.366 4	109.3	118.8	67.8	50.5
4.15	2.474 8	1.924 7	0.214 5	0.142 4	114.5	102.2	56.8	69.3
4.30	5.736 1	4.461	5.417 4	7.010 2	161.2	80.9	20.5	62.5
5.15	6.324 2	5.236	3.995 3	6.478 4	182.6	70.5	15.3	52.6
5.30	4.410 4	3.381 2	3.822 4	5.292 1	113.5	62.5	6.3	48.1

从图 5、图 6 看，从 4 月中旬西红柿进入旺盛期开始，滴灌带埋置在地表、地下 10 cm 和地下 20 cm 的处理对养分吸收量大，养分消耗大，特别是埋置在地下 20 cm 的处理硝态氮的含量最低，说明这种埋置方式，有利于西红柿的养分吸收[6]。

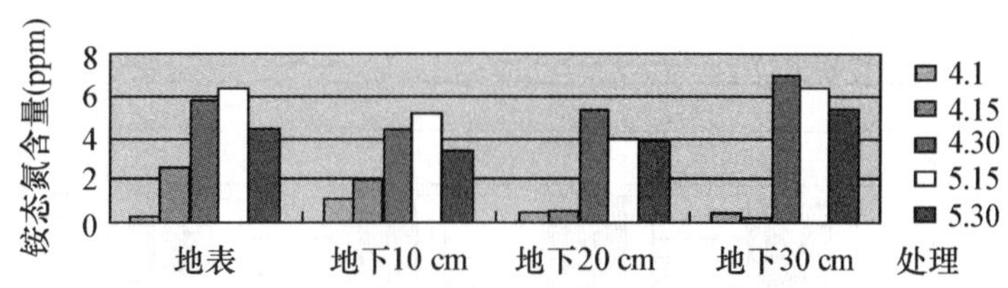

图 5 各埋置处土壤铵态氮变化图

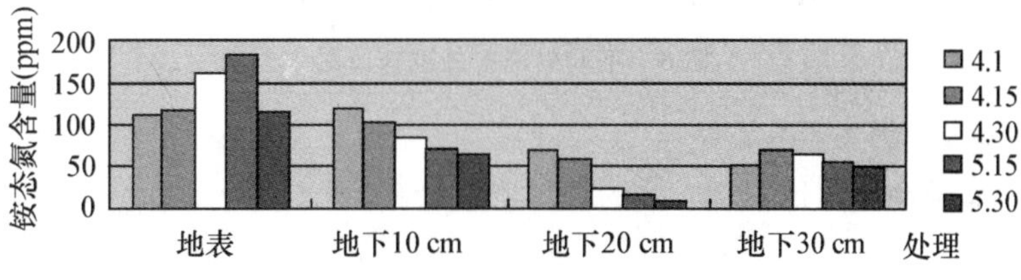

图 6 各埋置处理土壤硝态氮变化图

2.2 各埋置处理的植株测定值

2.2.1 植株叶绿素含量

从表 6、图 7 看，各处理叶绿素的含量在西红柿的生长前期和生长后期差异不大，但在 4 月 15 日至 5 月 15 日西红柿生长最旺盛的时期，滴灌带在地表和在地下 10 cm 两个处理的叶绿素含量增长较快，SPAD 值也最高。

表 6 各时期不同处理植株叶绿素含量 SPAD

日期	叶绿素			
	地表	地下 10 cm	地下 20 cm	地下 30 cm
3.14	37.6	38.5	40.3	37.1
4.1	41.9	43.2	43.7	41.5
4.15	43.0	42.9	45.8	43.9
4.30	46.8	47.0	49.4	46.3
5.15	48.1	49.9	50.4	48.5
5.30	46.5	48.9	49.4	46.5

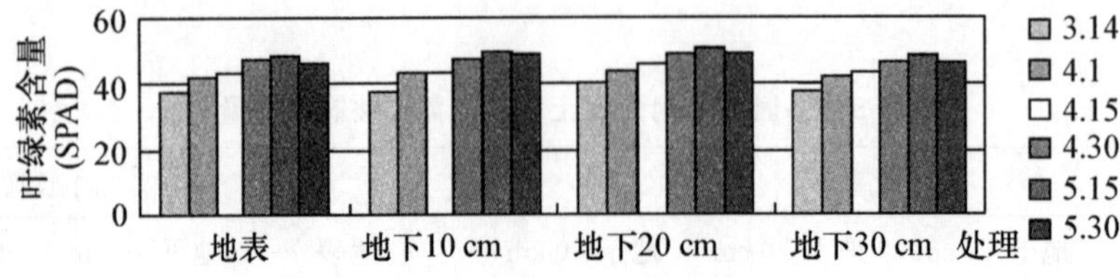

图 7 不同处理中绿素含量图

2.2.2 植株株高测定值

从表 7、图 8 看,各处理从整个生育期的株高上无太大差别。

表 7 不同处理株高图 m

日期	株高			
	地表	地下 10 cm	地下 20 cm	地下 30 cm
3.14	0.40	0.45	0.46	0.43
4.01	0.74	0.80	0.80	0.68
4.15	1.31	1.38	1.39	1.35
4.30	1.30	1.39	1.43	1.42
5.15	1.40	1.42	1.45	1.43
5.30	1.40	1.42	1.45	1.43

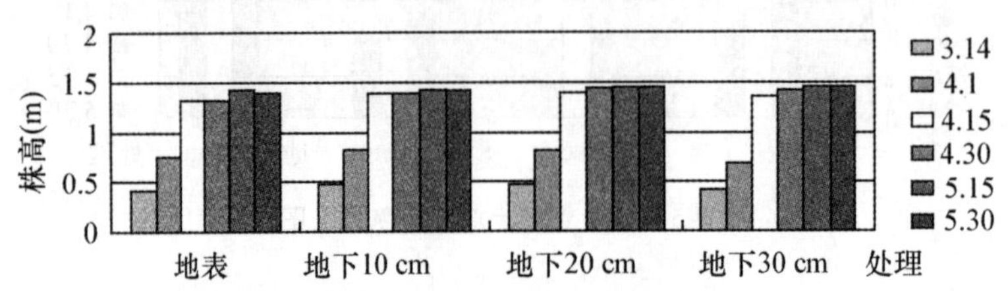

图 8 不同处理各处理株高图

2.3 各埋置处理的产量

从表 8、图 9 看,滴灌带埋置在地下 20 cm 的处理产量最高,埋于地下 10 cm 的次之,这和上面分析的水分含量图的分析相符合。

表 8 各处理产量表 kg/亩

滴灌带深度(cm)	产量	与 CK 相比
地表(0)	4 560	0
10	5 110	+12.1%
20	5 230	+14.7%
30	4 650	+2.0%

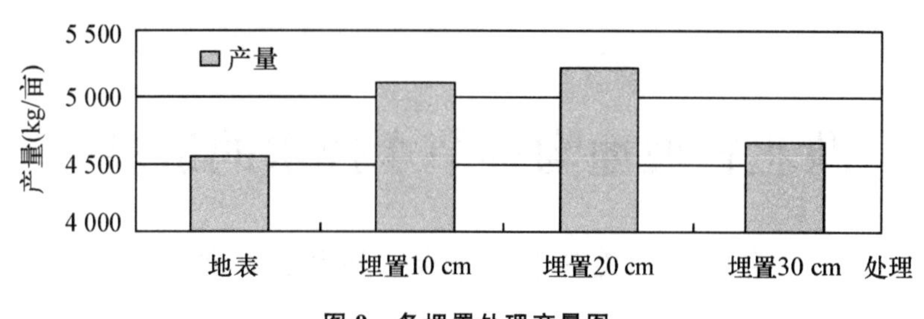

图 9 各埋置处理产量图

2.4 不同埋置处理西红柿水分利用率(见表 9)

表 9 不同埋置处理西红柿的水分利用情况

处理	产量(kg)	灌水量(t)	土壤初始水量(t)	土壤最终水量(t)	耗水总量(t)	耗水系数(kg/kg)	水分生产效率(kg/t)
地表	4 560	255	81.9	57.6	279.3	61.3	16.3
地下 10 cm	5110	255	81.9	53.3	283.6	55.5	18.0
地下 20 cm	5 230	255	81.9	56.8	280.1	53.6	18.7
地下 30 cm	4 650	255	81.9	52.8	284.1	61.1	16.4

3 结 论

从试验来看，西红柿为需水量较大的作物，通过西红柿品种“佳粉 15”的产量、叶绿素、株高等数据的分析，滴灌带埋置在地表、地下 10 cm、地下 30 cm 的表现都比埋置在地下 20 cm 的效果差。从此试验看，土壤中水分含量对西红柿这种高耗水作物的产量影响很大。埋置在地下 20 cm 的处理水分蒸发相对于地表要慢，起到一定的保水作用，也比较有利于西红柿的根系对水分和养分的吸收。所以在此试验中，滴灌带埋置在地下 20 cm 的处理是西红柿品种“佳粉 15”的最佳埋置方式。

参与文献

[1] 乔立文，陈友，齐红岩，陈克农. 温室大棚蔬菜生产中滴灌带灌溉应用效果分析. 农业工程学报，1996，12(2)：34-39

[2] 毛学森，李登顺. 日光温室黄瓜节水灌溉研究. 灌溉排水，2000，19(2)：45-47

[3] 赵淑银，郭克贞，杨志勇. 膜下滴灌对保护地黄瓜产量及病害的影响. 内蒙古农牧学院学报，1994，15(3)：95-98

[4] 曾向辉，王慧峰，戴建平，彭庆彬. 温室西红柿滴灌灌水制度试验研究. 灌溉排水，1999，18(4)：23-26

[5] 战洪成，王得次，王翠高. 大棚蔬菜滴灌与畦灌应用的对比研究. 节水灌溉，1999，5：30-31

[6] 隋方功，王运华，长友诚，樗木直也，乌尼木仁，稻永醇二. 滴灌施肥技术对大棚甜椒产量与土壤硝酸盐的影响. 华中农业大学学报，2001，20(4)：358-362

湖北省坡地沟种节水技术的试验*

鲁明星　梁华东　徐辉　杨文兵　郭凯

（湖北省土壤肥料工作站，武汉　430070）

摘要：坡地沟种节水技术以改土节水培肥为目的，变坡地的“陡、薄、瘠、蚀、旱”为“平、厚、肥、保、墒”，为农作物创造一个地平、土厚、地肥、保墒的良好土壤环境。全省在不同地形地貌试验、示范坡地沟种小麦、红苕、玉米、绿豆等多种作物，节水增产效果明显，增产率均在10%以上。

关键词：沟种；节水；试验

干旱缺水是新世纪全球面临的重大资源环境问题，水资源危机已对我国社会和经济的发展构成严重威胁。农业用水约占用水总量的70%以上，建立节水型农业，不但关系到农业本身的可持续发展，也关系到整个社会和经济发展的大局。

本试验针对结合湖北省鄂北岗地和西部山区实际和外省经验，摸索出的改良开发丘陵、山区低产坡耕地的有效方法——坡地沟种节水技术，探讨了坡地沟种节水技术在湖北省的技术特点、节水效果和增产机理。

1　材料和方法

1.1　试验区域干旱概况

虽然湖北省素称“千湖之省”，但全省人均占有水资源量仅 1 719 m^3，居全国第 17 位，远低于全国 2 630 m^3 的平均水平，接近国际公认的 1 700 m^3 的严重缺水警戒线。湖北省也是全国容易发生干旱的省份之一，根据近 52 年的资料统计，旱灾受灾面积累计达 42 10.6 万 hm^2，平均每年受灾面积达 81 万 hm^2，约占播种面积的 10%，耕地面积的 17%。成灾面积累计 21 97 万 hm^2，平均每年成灾 42.3 万 hm^2，占播种面积的 5.3%。

湖北省农田干旱表现出以下明显的特点：一是具有半干旱地区的特征。二是呈季节性干旱。三是生态脆弱，水土流失严重。

1.2　坡地沟种技术要点

坡地沟种节水技术可简单概括为“水平线，绕山转，半米深，一米宽”。即沿等高线以 1 m 宽为单元，掀表土于一旁，在其外缘留 20 cm 宽的生土埂，松翻内缘 80 cm 和 40 cm 深的底土，增施有机肥，然后在整个单元内将表土还原整平，其技术关键有如下几点：

1）沿等高线耕作，这样可以拦截径流，增加土壤渗漏量，减少地表径流和水土流失。

2）底土深翻（至少 40 cm），以加厚土层，有利于作物特别是直根系作物根系下扎，也有利于保水保肥。

3）表土还原，不打乱土层，充分利用熟土肥力。

4）增施有机肥，每 667 m^2 施农家肥 2 000 kg 以上，实行氮、磷 、钾、微肥配合施用，达到改良土壤，培肥地力，提高产量的目的。

5）实行高秆作物与矮秆作物、粮食作物与经济绿肥作物、耐旱作物与喜湿作物、稀播作物和与密植作物

---

*　农业部 2007—2008 年优势农产品重大技术推广项目

等合理轮作和间套种，充分利用光能，产生高效益。

6)开好三沟(坡顶防洪沟、埂头排水沟、地间排水沟)、配好三池(蓄水池、沤肥池、沉沙池)，做到旱有水保苗，涝有沟排洪，水肥协调，措施配套。

1.3 田间试验方法

1)试验、示范处理：坡地沟种，按照坡地沟种技术要点处理，种植作物；对照：在等高坡地按当地农民习惯顺坡种植作物。

2)试验处理重复 2～3 次，示范处理重复 1～2 次。试验、示范小区面积 20 m^2 以上。

3)试验、示范播种、施肥及田间管理均结合当地习惯，统一、等量、同时播种、施肥和田间管理。

4)统一观察记载试验、示范田土壤理化变化及节水效果，农作物生长及产量变化等数据。

2 结果与分析

经过多年、多点试验、示范表明，坡地沟种节水技术具有良好的固土保墒、改土培肥的作用。

2.1 减少水土流失

据试验测定，在坡度 12°～20°时，沟种较顺坡种对照，径流量减少 12.81 m^3/667 m^2，水含砂量减少 11.95 g/kg，径流模数减少 19,202.1 t/km^2，侵蚀深减少 0.651 mm，侵蚀模数减少 930.5 t/km^2；在坡度 20～25°时，沟种较顺坡种对照，径流量水含砂量、径流模数、侵蚀深和侵蚀模数则分别减少 11.37 m^3/667 m^2，5.54 g/kg，17 049.8 t/km^2，0.397 mm 和 567.3 t/km^2(见表 1)。

表 1 坡地沟种水土流失效果

坡地沟种比顺坡种	径流量(m^3/667 m^2)	水含砂量(g/kg)	径流模数(t/km^2)	侵蚀深(mm)	侵蚀模数(t/km^2)
坡度 12°～20°时减少	12.81	11.95	19 202.1	0.651	930.5
坡度 20°～25°时减少	11.37	5.54	17 049.8	0.397	567.3

2.2 增厚土层，提高保肥能力

据全省 20 个调查，沟种比坡种土层厚度平均增加 20～30 cm，耕层厚度增加 10～15 cm。据十堰市土肥站试验测定，种三季作物后，沟种较坡种对照，沟种土壤有机质高 0.25%～0.29%，碱解氮高 2～7 mg/kg，速效磷高 0.23～1.4 mg/kg，速效钾高 1～42 mg/kg。每 667 m^2 耕地土壤流失量减少 0.6 t，年减少损失的土壤氮、磷、钾养分相当于 3 kg 尿素、5 kg 过磷酸钙和 7.5 kg 硫酸钾。

2.3 优化结构，改善土壤环境

2.3.1 土壤微团粒增加

据取样分析，沟种地土壤团粒结构组成为：<0.01 mm 粒级含量为 49.5%，0.01～0.1 mm 粒级含量为 38.5%，0.1～1 mm 粒级含量为 12.0%。沟种与坡种比较，沟种土壤团粒<0.01 mm 粒级，绝对量高 10.2%，相对高 20.6%；0.01～0.1 mm 粒级，绝量低 7.6%，相对低 16.5%；0.1～1 mm 粒级绝对量低 2.6%，相对低 17.8%。从这可以明显看出，沟种可以增加土壤<0.01 mm 粒级微团粒结构。

2.3.2 提高土壤含水量

据郧西县调查，沟种小麦，苗期 20～30 cm 深处土壤含水量与对照相比，冬前高 1.6%，冬后高 2.0%；沟种玉米，0～15 cm 土壤含水量与对照相比高 2.2%，保墒节水效果十分明显(见表 2)。

表 2 坡地沟种土壤含水量变化

坡地沟种与顺坡种比较	20～30 cm 土壤含水量		0～15 cm 土壤含水量
	冬前	冬后	
绝对数增%	1.6	2.0	2.2

2.3.3 提高土壤温度

据郧县观测，沟种小麦 10 cm 深处土壤温度，冬前比对照高 1.1 ℃，冬后比对照高 0.8 ℃；丹江口市玉米试验，15 cm 深处土壤温度沟种较对照高 0.2 ℃。

2.4 促进生长，提高作物产量

2.4.1 小麦

据郧县试验，沟种小麦每 667 m^2 产量为 222 kg，比对照的 188 kg 增产 18%。主要表现为：一是促进小麦增根增蘖。冬前，单株次生根增加 2.2 条，单株茎蘖增加 0.6 个，叶面积指数增加 1.9；冬后，单株次生根增加 11.1 条，单株茎蘖增加 4.2 个，叶面积指数增 2.5。二是提高穗数和千粒重，每 667 m^2 成穗数比对照高 5 万～9 万穗，每穗粒数增加 3.5 粒，千粒重高 1.5 g。

2.4.2 红苕

据竹山县调查，沟种红苕平均茎蔓长 67.5 cm，比对照（顺坡）增 18. 1cm；单株分枝沟种平均 5.2 个，较对照多 1.6 个；沟种每穴产红苕（块根）0.62 kg，比对照每穴高 0.285 kg。而且沟种每穴都有数量不等的块根，没有空穴现象；对照膀根多，空穴率达 20%。沟种红苕每 667 m^2 产达 1 600 kg，对照为 719.5 kg。

2.4.3 玉米

据试验，沟种可以明显地改善玉米生物学性状。沟种玉米与对照相比，株高增 15.0 cm，茎粗增 2.3 mm；穗位叶面积大 21.4 cm^2；单株根系重 12.5 g，增 20.8%；单株鲜重增 137.5 g，增 24.6%；穗行数多 1.9%，行粒数多 32.2%；穗粒数多 30.1%，千粒重多 2.0%；果穗粗大 1.6%，果穗长 12.2%，果穗秃顶度少 23.8%。玉米籽粒产量，沟种每 667 m^2 产量为 371.7 kg，比对照每 667 m^2 增产 54.65 kg，增产率 17.2%。

3 结 论

1）坡地沟种节水技术以改土节水培肥为目的，变坡地的“陡、薄、瘠、蚀、旱”为“平、厚、肥、保、墒”，为农作物创造一个地平、土厚、地肥、保墒的良好土壤环境。坡地沟种节水技术适于在坡度 15°～25°，土壤质地轻、土层薄的坡耕地上实施。多年来，全省在不同地形地貌试验、示范坡地沟种小麦、红苕、玉米等多种作物，增产效果明显，增产率均在 10%以上。

2）坡地沟种技术的应用，可以较好地治理坡耕地土层薄、石头多、水土流失严重，跑土跑肥跑水，土壤养分缺乏的顽症，达到粮、果、牧同步发展，旱、洪、灾自我调控，生态系统走向良性循环。

3）坡地沟种具有用工少，见效快，适应性强的优点。每挖 667 m^2 的沟需 30～40 个人工，仅相当于修 667 m^2 的“坡改梯”用工的十分之一。而且当季耕作，当季培肥，当季节水，当年增产。是山区当家地建设的重要措施之一。

4）全省现有旱耕地面积 130.5 万 hm^2，其中 6°～25°坡耕地面积 65.58 万 hm^2，坡耕地占全省旱地面积的 63.5%。15°～25°坡耕地面积按 30 万 hm^2 实施沟种，以每 667 m^2 增产 100 kg 粮食计算，每年就可以增产粮食 4.5 亿 kg。湖北省坡耕地主要集中在恩施、十堰等老少边穷山区，推广坡地沟种，对于减轻山区粮食压力，解决温饱，带动和促进山区畜牧业、食品加工业以及多种经济的发展，从而实现脱贫致富，具有重要意义。

参考文献

[1] 湖北省土壤肥料工作站. 湖北省旱作节水农业技术研究及推广应用资料汇编. 2004

[2] 全国农业技术推广服务中心. 节水农业技术理论与实践. 北京：中国农业出版社，2004

STUDY ON WATER SAVING TECHNIQUE FOR FURROW SEEDINGS IN SLOP LANDS IN HUBEI PROVINCE

Lu Mingxing, Liang Huadong, Xu Hui, Yang Wenbing, Guo Kai

(The Soil And Fertilizer stantion of Hubei Provinec, Wuhan 430070, China)

Abstract Water saving technique of furrow seeding in slop land aimed at improving soil, saving water and cultivating fertilizer. It could turn the steep, thin, poor and erosive slop land into the flat, thick, fertile, conserving and humid one. As a result, it could create a favorable soil environment for crops including flat land, thick soil, fertile land and moisture retention. The demonstration of furrow seeding such as wheat, sweat potato, and mung bean and so on in slop land showed the effects on water saving. The increases of yields were higher than 10% in different terrains and landforms for the whole province.

Key words Furrow seeding; Water saving; Test

淮河流域伏牛山区土壤侵蚀经济损失评估*

宋轩　张学雷

（郑州大学自然资源与生态环境研究所，郑州　450001）

摘要：在遥感和地理信息技术的支持下，利用通用土壤流失方程，对淮河流域伏牛山区土壤侵蚀所造成的经济损失进行了分析计算。结果表明 2006 年研究区土壤侵蚀造成经济损失 12 738 万元。直接经济损失 2 316.27 万元，其中土壤侵蚀导致的养分总损失达 57%，泥沙损失滞留与淤积损失分别占直接经济损失的 37%和 4%，水分损失占经济损失的 1%。间接的经济损失约为 10 422 万元以上，县市行政区的直接经济损失和相对经济损失表现出明显的地域性。

关键词：土壤侵蚀，经济损失

土壤侵蚀所造成的危害是多方面的，侵蚀使土壤肥力下降、土层减薄甚至导致基岩裸露、土地石漠化，堆积的泥沙、石块淤埋耕地、道路、建筑物，造成土地沙化或石漠化，淤积江河、塘库等水利工程，导致工程失事或使用年限降低。同时土壤侵蚀加剧引起生态系统恶化，导致更加贫困，已经成为土壤侵蚀频发地区可持续发展的主要障碍。然而该领域国内外的研究焦点主要集中于对土壤侵蚀的发生机制与演变动态、时空分布规律及未来变化预测与恢复重建对策等方面，至于如何评估土壤侵蚀造成的生态经济损失则刚刚开始[1~6]。因此本文在遥感与GIS技术的支持下，利用环境经济学的替代花费法、影子工程法、生产成本法等基本方法，以像元为评价单元，从土壤侵蚀造成众多损失中选择养分流失（包括全氮、有效磷、有效钾）、泥沙滞留、淤积和水分等损失作为衡量土壤侵蚀经济损失的主要指标，估算 2006 年伏牛山区土壤侵蚀经济损失。从而警示人们土壤侵蚀的危害，使人们采取相应措施和手段防御土壤侵蚀，协调社会效益、经济效益、生态效益之间的关系，满足可持续发展和资源管理的需要，达到可持续发展的目的。

1　研究区概况与研究方法

1.1　研究区概况

淮河流域伏牛山区，位于东经 111°55′～114°08′、北纬 33°04′～34°57′之间，主要是从海拔 100 m 左右的浅山丘陵地区，到海拔 2 000 m 的高山，总面积约 20 110 km²，占河南省总面积的 13%，占淮河流域山丘陵地区面积的 24%，属于北亚热带向暖温带过渡的地区，年降水量在 600～1 400 m 之间，且主要分布在夏季。

1.2　研究方法

土壤侵蚀经济损失的估算本身就是一个复杂的问题，若从整体上来估算，难度很大.因而，研究采用分析综合法将土壤侵蚀经济损失分解为直接经济损失、间接经济损失和土壤侵蚀后恢复费用；直接经济损失又可分为养分损失、水分损失和泥沙损失，而养分损失又可细分为 N 素损失、P 素损失、K 素损失以及有机质损失，泥沙损失也可以细分为泥沙滞留损失和泥沙淤积损失等等.这样，通过对各个具体因素逐一加以计算，再将各项计算值汇总起来，就得到总的土壤侵蚀经济损失值。

1.2.1　土壤侵蚀量计算

根据通用土壤流失方程 VSLE 进行土壤侵蚀量的计算，其方程为：

$$A=R\times K\times LS\times C\times P \tag{1}$$

* 基金项目：河南省重大公益性项目（081100911500-1）；淮河水利委员会资助项目

式中:A 为降雨及其径流使坡面上出现细沟或细沟间侵蚀所形成的多年平均土壤流失量;R 为降雨-径流因子,用多年平均年降雨侵蚀力指数表示;K 为土壤可蚀因子,表示为标准小区下单位降雨侵蚀力形成的单位面积上的土壤流失量;标准小区定义为 22.13 m(72.6 英尺)长、9%坡度、连续保持清耕休闲状态,且实行顺坡耕作的小区。其余 4 个变量:L 为坡长因子,S 为坡度因子,C 为植被因子,P 为土壤侵蚀控制措施因子,它们都是无量纲因子,分别表示为各自实际条件下的土壤流失量与对应标准小区条件下土壤流失量的比值,可根据相应的公式进行计算。

1.2.1.1 降水侵蚀力 R 因子计算 采用 Wischmeier 经验公式,来计算 2006 年的降水侵蚀力。

$$R = \sum_{i=1}^{12} 1.735 \times 10^{1.5\times \lg \frac{p_i^2}{p_i} - 0.8188} \tag{2}$$

式中:P 为研究区 2006 年平均降雨量(mm),p_i 为 2006 年各月平均降雨量(mm)。

1.2.1.2 土壤可蚀性 K 值 采用 Willams 等 1990 年提出的公式来计算土壤可蚀性:

$$R=\{0.2+0.3\exp[-0.0256SAN(1-SIL/100)]\}\times\left(\frac{SIL}{SLA+SIL}\right)^{0.3} \times\left[1.0-\frac{0.25C}{C+\exp(3.72-2.95C)}\right]\times\left[1.0-\frac{0.7SN_1}{SN_1+\exp(-5.51+2.95SN_1)}\right] \tag{3}$$

式中:SAN 为砂粒含量,%;SIL 为粉粒含量,%;SLA 为黏粒含量,%;C 为有机质含量,%;$SN_1=1-SAN/100$。

1.2.1.3 LS 因子的计算 在研究区数字高程的支持下,使用 USLE 经典法计算坡长因子:

$$L=\left(\frac{\lambda}{22.13}\right)^m \tag{4}$$

式中:λ 为坡长(单位:m),m 为坡长指数,其取值范围为:

$$m=\begin{cases}0.2,\theta<1\% \\ 0.3,1\%\leqslant\theta<3\% \\ 0.4,3\%\leqslant\theta<5\% \\ 0.5,\theta\geqslant 5\%\end{cases} \tag{5}$$

采用刘宝元等[7]对 9%~55%的陡坡土壤侵蚀的研究结果来计算坡度因子:

$$\begin{cases}S=10.8\sin\beta+0.03,\beta<5^\circ \\ S=16.8\sin\beta-0.50,5^\circ\leqslant\beta<10^\circ \\ S=21.9\sin\beta-0.96,\beta\geqslant 10^\circ\end{cases} \tag{6}$$

1.2.1.4 水土保持因子 C、P 值的计算 利用中巴资源卫星 2006 年 7 月获得的分辨率为 19.5 m 的遥感影像,在 Eradas 9.0 的支持下,采用监督分类的方法获得研究区的土地利用现状数据. 根据植被覆盖度与土地利用结合测定的 C 因子值,大致确定研究区不同土地利用方式和植被覆盖度下的 C 值(表 1)。水土保持措施因子 P 是采用专门措施后的土壤流失量与顺坡种植时的土壤流失量的比值。值尚没有定量公式,一般取经验值,变化于 0~1 之间,0 代表水保措施比较完善,基本上不发生侵蚀的地区,1 代表未采取任何控制措施或顺坡种植的地区。参考前人研究结果,确定不同土地利用方式下的 P 值(表 1)。

表 1 不同土地利用类型的 C、P 因子

土地利用类型	交通用地	工矿及居民点	水域	林地	耕地
C 值	0.24	0.35	—	0.017	0.45
P 值	1	1	—	1	0.35

1.2.2　土壤侵蚀经济损失计算

1.2.2.1　土壤侵蚀量的计算　1997 年水利部颁布了“土壤侵蚀分类分级标准”，将研究区的土壤容许侵蚀量指标定为 200 t/(km^2 · a)，来计算研究区的土壤侵蚀量，其公式为：

$$S=A_2\times 1\,150+A_3\times 3\,550+A_4\times 6\,300+A_5\times 11\,300+A_6\times 15\,000 \quad (7)$$

式中：S 为土壤侵蚀量(吨)，A_2 为轻度侵蚀面积，A_3 为中度侵蚀面积，A_4 为强度侵蚀面积，A_5 为极强度侵蚀面积，A_6 为剧烈侵蚀面积，式中各相应数字为各级别土壤侵蚀模数中间值减去土壤容许侵蚀量的差值。

1.2.2.2　土壤侵蚀直接经济损失分析

(1)土壤养分流失的经济损失：采用替代花费法来计算土壤养分流失经济损失的计算，即将因水土流失而丧失的 N、P、K 养分而将施用等量化肥的费用作为其经济损失费用。土壤侵蚀养分流失的货币化计算公式如下：

$$N = Z_k\times P_i\times E_j\times 10^{-4} \quad (8)$$

式中：N 为伴随土壤流失土壤养分素经济损失(万元/a)；Z 为养分的流失量(t)；P 为 N、P、K 养分的折算为硫酸铵、过磷酸钙和氯化钾的系数(分别为 4.81，5.13，1.82)；E_j 为硫酸铵、过磷酸钙和氯化钾 2006 年的市场平均价格(分别为 680 元/t，500 元/t，1300 元/t)。

有机质流失经济损失也采用市场替代法来计算，公式为：

$$N_O=Z_O\times E_O\times 10^{-4} \quad (9)$$

式中：N_O 为伴随土壤流失土壤有机质经济损失(万元/a)；Z_O 为有机质的流失量(t/a)；E_O 为有机质的市场平均价格(53.1 元/t)。

(2)土壤水分流失的经济损失：选用“影子工程法”来计算。即通过计算出能替代被流失的土壤水分的补偿工程所需的费用，可用农用水库工程作为替代物，故土壤水分流失的经济损失也就是该地所流失的土壤水含量与修建每立方米(m^3)农用水库所需投资费用的乘积。其公式为：

$$W_w=Z_w\times E_w\times 10^{-4} \quad (10)$$

式中：W_w 为水分流失损失(万元/年)；Z_w 为伴随土壤流失的土壤水分流失量(t/a)；E_w 为修建每立方米(m^3)农用水库投资费用(1.2 元/m^3)。

(3) 泥沙淤积的经济损失：土壤侵蚀中滞留泥沙、淤积泥沙和入海泥沙分别约占 33%、24%和 37%，据此可以计算泥沙滞留和泥沙淤积的量。泥沙滞留采用恢复费用法，即利用清除滞留泥沙的经济费用作为泥沙滞留于当地、掩埋农田、交通设施等造成的经济损失。根据农业部门的农田基本建设工作定额，一个农村劳动力平均每天可挖土方 2.6 m^3；每一个农村劳动力平均每天创造的经济价值为 20 元。这样就可计算出清除泥沙的成本为 7.7 元/m^3。

$$S_R=(Z_r/B_d)\times E_r\times 10^{-4} \quad (11)$$

式中：S_R 为土壤侵蚀中泥沙滞留经济损失(万元/a)，Z_r 为土壤泥沙滞留量(t/a)，E_r 为清除泥沙成本(7.7 元/m^3)，B_d 为土壤容重 1.25(t/m^3)。

采用“影子工程法”来计算泥沙淤积部分的损失，即用假设重新修建一个农用水库工程来弥补泥沙淤积减少的水库库容量所需要投资的费用作替代物，即一地的泥沙流失经济损失就是该地的泥沙流失量与拦截每立方米(m^3)泥沙工程的投资费用之乘积。

$$S_F=(Z_f/B_d)\times E_f\times 10^{-4} \quad (12)$$

式中：S_F 为土壤侵蚀中泥沙淤积经济损失(万元/a)；Z_f 为土壤泥沙淤积量(t/a)；E_f 为修建拦截每立方米

(m^3)泥沙工程的投资费用(1.30 元/ m^3);B_d 为土壤容重。

2 土壤侵蚀量及经济损失分析

根据公式 6,在 ARCGIS9.2 地理信息系统中空间分析模块的支持下,获得研究区的土壤侵蚀量预测值。然后再根据公式 8-12,利用研究区矢量化的行政边界,第二次土壤普查土壤养分分布图、土壤水分含量分布图等图件,通过空间叠加运算分析获得研究区各县级行政区土壤侵蚀的经济损失价值.计算结果见表 2。

表 2 不同地区土壤侵蚀的经济损失计算结果 万元

县市名称	养分损失		泥沙损失		水分	总损失
	N,P,K 损失	有机质损失	滞留损失	淤积损失		
郑州市区	2.2	0.4	0.7	0.1	0.1	3.4
巩义市	17.4	4.6	17.9	2.0	0.6	42.6
荥阳市	12.3	2.0	15.8	1.8	0.6	32.5
新密市	33.2	6.3	49.5	5.6	1.5	96.1
新郑市	6.6	1.1	5.9	0.7	0.3	14.5
登封市	113.5	23.2	101.3	11.5	3.4	252.9
嵩县	129.3	23.4	181.3	20.6	2.9	357.4
汝阳县	198.2	48.7	90.1	10.2	5.9	353.1
平顶山市	5.6	0.9	5.0	0.6	0.2	12.3
宝丰县	13.7	3.1	12.5	1.4	0.5	31.3
叶县	11.1	1.1	11.1	1.3	0.4	25.0
鲁山县	298.2	68.5	96.7	11.0	8.7	483.1
郏县	19.5	3.7	19.8	2.2	0.6	45.8
舞钢市	9.4	1.7	21.6	2.4	0.4	35.5
汝州市	107.7	24.0	89.9	10.2	2.8	234.5
许昌市	0.0	0.0	0.0	0.0	0.0	0.0
许昌县	0.1	0.0	0.0	0.0	0.0	0.2
襄城县	6.4	0.8	8.0	0.9	0.2	16.3
禹州市	54.1	11.4	80.7	9.1	2.2	157.5
长葛市	0.7	0.1	0.4	0.1	0.0	1.3
南召县	3.3	0.3	1.8	0.2	0.1	5.8
方城县	51.5	5.6	51.0	5.8	1.7	115.6
总计	1 093.9	231.0	861.0	97.6	32.9	2 316.3

2.1 研究区土壤侵蚀的经济损失分析

2006 年研究区土壤侵蚀造成的经济损失 2 316.27 万元,其中氮、磷、钾与营养元素损失 1 093.9 万元,占总损失的 47%,有机质损失占 10%,土壤侵蚀导致的养分总损失达 57%。泥沙损失滞留损失与淤积损失分别为 861.0 万元和 97.6 万元。分别占总经济损失的 37%和 4%。水分损失占经济损失的 1%。可见,土壤侵蚀造成的养分损失最大,泥沙的淤积与滞留次之。说明土壤侵蚀最直接和最严重的损失就是土壤肥力下降,造成土地生产力下降.其次是泥沙淤积,堵塞河道,导致泄洪不畅,引起水灾。

还有难以计量的间接经济损失,如由于土壤侵蚀及其衍生危害导致地质灾害而引起的运输和通讯中断,疾病增加或健康受损、水利设施使用寿命缩短以及环境恶化等造成的经济损失。国际一般按照直接经济损失与间接经济损失 1∶4.5 的比例来算间接的经济损失,这样研究区的间接的经济损失价值在 10 422 万元以上。因此研究区 2006 年土壤侵蚀导致的经济损失在 12 738 万元以上,占同期当地第一产业总产值 4.5%。

2.2 研究区不同地区土壤侵蚀经济损失的差异分析

不同行政区的土壤侵蚀所造成的经济损失并不一样(见图1),而且县市区间土壤侵蚀造成经济损失的程度存在明显的差异。土壤侵蚀直接经济损失大于100万元的地区有7个,为登封市、嵩县、汝阳县、鲁山县、汝州市、方城县和禹州市,这7个县市的土壤侵蚀的经济损失占整个区域经济损失的84%,其余14个县市土壤侵蚀的经济损失仅占16%。

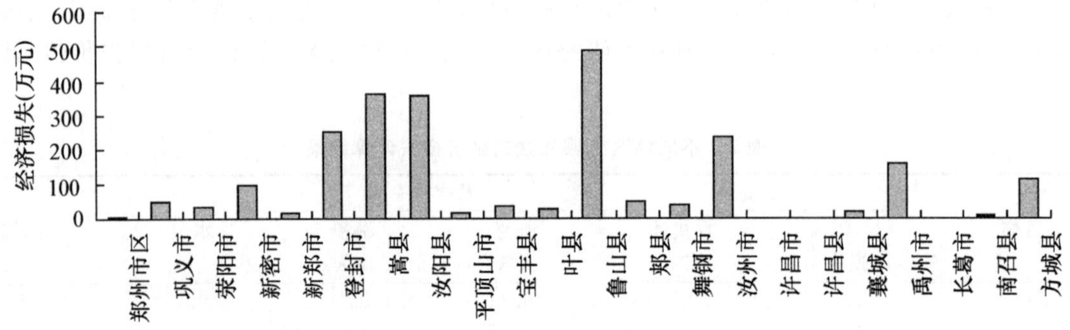

图1 不同县市土壤侵蚀总的直接经济损失(万元)

总的直接经济损失除以各县市的面积,即可得到单位面积的经济损失(图2)。其中单位面积的土壤侵蚀经济损失大于1 000元·km^{-2}有8个县市,它们由大到小分别是巩义市、嵩县、汝阳县、登封市、南召县、鲁山县、汝州市和禹州市.其余的小于1 000元·km^{-2}有13个县市,其中相对经济损失最小的是许昌县,仅为2元·km^{-2}。

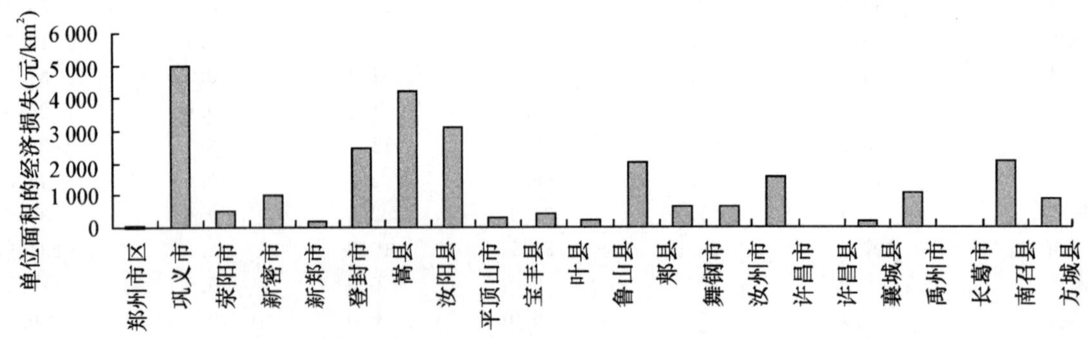

图2 不同县市土壤侵蚀引起单位面积的直接经济损失(万元)

3 结 论

1)对淮河流域伏牛山区土壤侵蚀引起的经济损失进行计算,表明2006年研究区土壤侵蚀造成的直接经济损失2 316.27万元,其中土壤侵蚀导致的养分总损失达57%。泥沙损失滞留损失与淤积损失分别为861.0万元和97.6万元,分别占总经济损失的37%和4%。水分损失占经济损失的1%。间接的经济损失约为10 422万元以上。不同区域的经济损失也不一样,直接损失大于100万元的县市有7个县市,占到研究区总的经济损失的84%。相对经济损失中较大的是巩义市,最小的是许昌县,这和这些县市位于流域内的山丘面积和地形因素相关。

2)由于土壤侵蚀经济损失评估仍处于探索阶段,目前还没有统一的评估准则,本研究主要借鉴相关思路对经济损失的进行初步探讨,具体的评估模型与方法还有待进一步研究完善。

参考文献

[1] 许月卿,蔡运龙.土壤侵蚀经济损失分析及价值估算——以贵州省猫跳河流域为例[J].长江流域资源与

环境,2006,15(4):470-474
[2] 王强,姚孝友,张玉堂,李伟,孙希华.山东沂沭泗河流域土壤侵蚀经济损失估值研究[J].水土保持研究,2006,13(4): 154-157
[3] 夏建国,胡萃,刘芸.川西低山区土壤侵蚀经济损失及其评估模式——以名山县蒙山为例[J].生态学报,2006,26(11): 3696-3703
[4] 杨洁,龙明忠.喀斯特峡谷区土壤侵蚀的经济损失初步估值与分析——以花江示范区为例[J].贵州师范大学学报(自然科学版),2005,23(4):13-17
[5] 杨志新,郑大玮,李永贵.北京市土壤侵蚀经济损失分析及价值估算[J].水土保持学报,2004,18(3):175-178
[6] 邓培雁,屠玉麟,陈桂珠.贵州省水土流失中土壤侵蚀经济损失估值[J].农村生态环境,2003,19(2):1-5
[7] Liu B Y,Nearing M A,Risse L M. Slope gradient effects on soil loss for steep slopes [J]. Transactions of the ASAE,1994,37:1835-1840

The economic loss assessment of soil erosion in Funiu mountain areas of the Huai River basin

SONG Xuan,ZHANG Xuelei

(Institute of Nature Resources and Eco-enviroment,Zhengzhou University,Zhengzhou 450001,China)

Abstract Based on RS and GIS technology,UELE modal,the value losses of soil erosion of Funiu Mountain areas of Huai River basin was analyzed and estimated. The results showed that the total economic loss of water and soil loss was more than 127. 38 million yuan in 2006. And the direct economic loss value was 23. 16 million yuan,the losse of nutrient and organic matter was 57% of total direct economic loss,the losses of abandoned soil moisture and soil detained and deposite was 41% and 1%,respectively. The direct economic losses and indirect losses showed difference and among counties.

Key words soil erosion;economic losses

三峡库区水土流失与面源污染问题及防治对策探讨

夏立忠　杨林章

(南京土壤研究所，南京　210008)

摘要：本文在监测、调查和综合现有研究成果的基础上，分析了三峡库区水土流失与农业面源污染形成的原因及可能演变趋势，阐述了防治水土流失与农业面源污染的对策。认为由于特殊的地形、地貌和地质、土壤条件，三峡库区生态系统原本十分脆弱，再加上人地矛盾与不合理的农业开发，从而引发三峡库区严重的水土流失。三峡库区水土流失是农业面源污染形成的一个重要原因，而随着农业化学物质的大量使用和人类生产、生活废弃物资源化程度降低，库区农业面源污染将愈加多元化、复杂化，因此，必须积极采取措施加以防治。首先必须加强对三峡库区水土流失与农业面源污染监测与防治的综合技术体系研究，其次，要采用工程治理与生物治理相结合，重点防治与典型示范相结合，农业生产的管理与农村居民生活环境管理相结合，完善现有土地管理体制与加强居民素质教育相结合，在降低库区人口负荷，发展农业生产的同时，切实保护库区生态环境。

关键词：三峡库区，水土流失，面源污染，防治措施

1　引　　言

三峡大坝正常蓄水 175 m 水位，形成 5 年一遇回水区域面积约 1 045 km^2 的狭长、河道型水库，淹没涉及 21 个县(区)。由于所处区域山地为主，人地矛盾比较突出，库区蓄水前人均耕地面积为 0.06 hm^2，部分地区人均耕地仅 0.05 hm^2，垦殖系数高，水土流失引起的生态退化比较严重。蓄水后的水库不仅水面大大增加，库湾面积比例增高，河道水文过程也产生显著的变化，流速减缓促进泥沙淤积、降低水体对污染物稀释功能，不但会造成库容降低，而且带入的污染物还会污染水体[1,2]。三峡工程的成功兴建，大大地促进了区域社会经济的快速发展，人们的生产、生活方式也发生了很大的改变，而农业面源污染的来源也将呈现多样化，形成机制更为复杂化，充分研究新的形势下三峡库区农业面源污染的形成、分布和可能的变化趋势，是三峡库区农业面源污染的防治重要的基础工作，不可掉以轻心。三峡水库不仅是我国长江流域重要的水源地，随着南水北调工程的实施，必将成为我国北方缺水地区的重要水源地，三峡库区水环境保护具有重要的战略意义。本文结合监测、调查工作，在综述现有研究成果的基础上进行分析，探讨三峡库区水土流失与农业面源污染防治对策。

2　库区水土流失与农业面源污染产生原因、现状及可能演变趋势分析

2.1　区域土地资源利用与水土流失问题

2.1.1　区域生物气候资源和地形、地貌条件与水土流失

三峡库区位于东经 106°～110°50′，北纬 29°16′～31°25′之间，地处湿润亚热带季风气候区，具有冬暖春早，夏热伏旱等特点。区域年平均温度为 17～19 ℃，年均降雨量为 1 140～1 200 mm，4～10 月份降水量占全年 80%以上，无霜期为 300～340 d，1 月份平均气温为 3.6～7.3 ℃，≥10 ℃活动积温 5 000～6 000 ℃，生态条件因海拔高度的变化而呈垂直梯度变化，一般海拔每上升 100 m，温度降低 0.4～0.6 ℃。低山河谷坪坝地区冬暖夏热，属准南亚热带气候类型；其上依次是中亚热带、山地北亚热带、暖温带和温带。植被主要为常绿针叶林、落叶针叶林、常绿阔叶林、常绿阔叶和落叶阔叶混交林、竹林、经济林和灌丛等，物种资源丰富，生物群落复杂。库区有维管植物 2 787 种，适合开发的资源植物 2 021 种，目前经济林木和作物包括柑橘、蚕

桑、油桐、乌桕、中药材、茶叶、烟草、小麦、水稻、玉米、红苕、土豆、芝麻、花生、油菜、榨菜等[3]。库区农业以传统的粮食作物种植为主，柑橘、榨菜和中药材等特色经济作物产品也久负盛名，如秭归是我国著名的甜橙之乡，涪陵榨菜也远销海内外。

适宜的气候条件和丰富的动植物资源为库区农业开发提供了有利的条件。但是库区土地以山地为主，人口密度高，人地矛盾较为突出，植被破坏、农田基础设施和科技投入长期不足，加上农业管理粗放，过度开发引起的水土流失已经造成了严重的生态退化，并对三峡水库生态环境的保护构成威胁。

三峡库区在地质构造上由川东褶皱带和川、鄂、湘、黔隆起带构成，自燕山运动以来，本区处于上升运动中，历经长期外力剥蚀与侵蚀作用，区域群山绵延、沟壑纵横。据有关文献介绍[4]1999 年库区土地面积为 5.72 万 km^2，其中山地占 74%，丘陵台地面积占 21.7%，平原岗、坝地面积占 4.3%。农业耕地 142.3 万 hm^2，占总土地面积的 24.9%。耕地中旱坡地占 80%以上，陡坡地(≥25°)所占比例高于 30%。从耕地的海拔分布来看，20 世纪 90 年代初期 300～1 000 m 海拔高度耕地面积占耕地总面积的 90.5%，300 m 以下低海拔河谷地带和 1 000 m 以上高山区域耕地分布较少。从耕地坡度来看，水田 73.1%分布于 15°以下缓坡地带，21.5%分布于 15°～25°较陡地带；旱坡地以 15°～25°地带分布最高，占旱坡地的 46.5%，≥25°旱坡地占 25%，坡度为 7°～15°的旱坡地比例为 23.8%[5]。地形复杂，山地坡度较高是容易遭受土壤侵蚀内因之一。

2.1.2 母岩、母质和土壤条件与水土流失

由于新构造运动的上升与水流切割、剥蚀作用，三峡库区出露地层除泥盆系下统、石炭系上统、白垩系和第三系以外，从前震旦系到第四系均较完整[6]，以奉节为界，奉节以东以古生代、中生代碳酸盐类地层为主，夹红色碎屑岩，奉节以西主要为中生代侏罗系红色碎屑岩，以中生代红色碎屑岩类出露最广。侏罗系上统的蓬莱镇组(J_{3P})、沙溪庙组(J_{3S})和遂宁组(J_{3Sn})均以紫红色页岩、砂岩，或紫红色砂页岩与白色或灰绿色砂岩互层，中统和下统主要为粉沙岩、细砂岩类。紫色砂页岩类矿物以粘土矿物为主，其次为石英和长石，粘土矿物主要成分为伊犁石，其次为绿泥石、蒙脱石和少量高岭石，与紫色砂页岩类成土母质及其发育的紫色土矿物组成和化学组成基本相近，紫色土没有脱硅富铝性质，说明物理风化为主，化学风化微弱[7]。紫色砂页岩类吸热强、昼夜温差大，尤其在高温的雨季，冷热和干湿交替引起的物理风化强烈，崩解为碎屑物，进一步冻晒、淋溶风化形成砂性较强的土壤，由于紫色土主要分布在南方多雨地区，土壤侵蚀较为严重，特别在植被覆盖度较低的情况下，土壤侵蚀尤为严重。已有研究表明[8]，耕种条件下，降雨径流使坡地紫色土 0.2～0.02 mm 颗粒和≤0.002 mm 的黏粒大量流失，不利于化学、生物成土过程和土壤熟化的进一步进行，从而使紫色土处于幼年状态。在强降雨条件下甚至使初步风化的碎屑物被径流冲走，侵蚀模数高达 6 260 t/(km^2 · a)，结果形成风化、侵蚀和再风化、再侵蚀的恶性循环。强烈的水土流失引起紫色土薄层化、粗骨化、养分贫瘠化、保水和保肥能力差，地表植被逆向演替，造成生态退化[7]。三峡库区沿江与紫色砂、页岩相间分布一定数量的二叠纪和三叠纪石灰岩，石灰岩岩体坚硬，风化成土慢，化学溶蚀是主要成土过程。石灰岩母质发育的土壤允许侵蚀量低，过度侵蚀会造成薄层化，引起生态退化。花岗岩风化壳厚度较高，结构松散，砂性强，透水性好，水稳性差，主要组成矿物有长石、石英、黑云母、角闪石等，常为粒状结构，矿物颜色反差大，膨胀系数不均，容易因温差而崩解，进而淋溶、风化形成次生矿物，成土后容易遭受溅蚀和细沟侵蚀，由于花岗岩风化体深厚，陡坡地带甚至形成崩塌。即使采用等高种植和间作套种复合模式，花岗岩发育的黄壤坡地种植常规农作物(30°)的侵蚀模数仍然达 4 700～5 100 t/(km^2 · a)[9]。三峡库区耕作土壤的成土母质 78.8%为紫色砂页岩类，14.8%为石灰岩，各种母质包括花岗岩类母质发育的地带性黄壤、黄红壤仅占 6.5%[5]，区域土壤易受侵蚀的特点是三峡库区水土流失的一个重要内在因素。

2.1.3 农业管理与水土流失

据 1970～1989 年日降雨资料统计[10]，三峡库区面平均雨深≥25 mm 的强降雨最早出现于 4 月份，最迟出现于 10 月份，88.7%出现于 5～9 月份；≥50 mm 的暴雨次数平均每年 12 次，其中 6 月份出现次数最高，占全年的 50%，其次为 9 月、7 月和 5 月。由于雨热同季，相应的农事活动也都集中雨季，坡地夏季粮食作物一般在 5～6 月份耕地播种，9～10 月份再次耕翻准备下茬作物的播种，而红苕、土豆类作物必须掏挖收

获，脐橙施肥一般采用环状施肥，必须掏挖，保果肥、壮果肥也都集中于雨季施肥(表 1)。耕翻后的旱坡地基本处于零覆盖状态，耕层土壤松软，当与强降雨甚至暴雨相遇时，强烈的溅蚀和冲刷，引起严重的水土流失。

表 1 不同海拔农业种植模式与耕作管理措施

山地海拔高度	种植制度	耕作时间与方式	水土保持措施
600 m 以下	坡地柑橘园 柑橘园套种玉米、芝麻	一般施肥局部掏挖年度 2～4 次 4～6 月耕翻、施肥掏挖 2～4 次	梯田、坡耕地配沟厢排洪
600～1 000 m (中)	麦-稻 麦-玉米 麦-土豆 红苕	5～6 月、9～10 月耕翻 2 次 6 月、9～10 月耕翻 2 次 5～6 月耕翻 1 次 5～6 月、9～10 月耕翻 2 次	梯田、坡耕地配沟厢排洪
1 000 m 至(高)	油菜-四季豆 单季玉米、土豆轮作 麦-稻	6、10 月耕翻 2 次 冬耕晒垡、4 月耙平 6、10 月耕翻 2 次	梯田、坡耕地配沟厢排洪

有研究表明，三峡库区实施坡改梯，可以在一定程度上明显控制水土流失[11]，但是，坡改梯投入成本过高，四川宁南县对 25°～30°实施坡改梯工程，同时完善农田排、灌设施，取得了较好的生态效益和社会效益，但投入成本达 3.75°～6.00 万元/hm^2[12]。1989 年，三峡库区被列为国家水土流失重点防治区，大规模的水土流失的工程治理取得了较好的效益，截止到 2000 年底[13]，三峡库区共修建石坎梯田 13 868.06 hm^2，土坎梯田 3 147.94 hm^2，加上营造水保林、发展经济林等，共治理水土流失面积达 218 899.62 hm^2，占库区水土流失总面积的 7.41%，而其中农用坡耕地水土流失治理比例不足 1.2%，可见，在投入有限的条件下，单靠坡改梯工程措施，难以很快扭转水土流失的局面。

耕地库区人口为 1 946 万人，平均人口密度为 340 人/km^2，低海拔区域人口较为集中，密度更大[4]，人地矛盾十分突出。三峡蓄水后淹没耕园地面积 2.45 万 hm^2，而且被淹耕地主要为库区优质耕(园)地，百万移民主要后靠安置，从而更加剧了对坡地的过度开发。

2.2 水土流失与农业面源污染

监测表明，库区坡耕地土壤氮、磷养分径流流失总量中泥沙态氮、磷养分占有较高的比例(表 2)。常规管理条件下，坡地脐橙园、小麦-花生小区泥沙态氮素流失量分别占氮素流失总量的 50.43%和 57.98%，泥沙磷素流失量分别占总流失量的 94.57%和 96.76%。类似的研究结论基本与这一监测结果吻合[14]。说明三峡库区由于水土流失而引起的农业面源污染负荷在总负荷中占有较高的比例。此外，除草剂、农药以及重金属类化学污染物也容易以吸附态通过泥沙进入水体。

表 2 周年坡地径流小区泥沙态、水溶态氮和磷流失量及所占比例(2005 年)

指标	氮(N mg/m^2)					磷(P mg/m^2)				
	泥沙态		水溶态		总量	泥沙态		水溶态		总量
	流失量	占(%)	流失量	占(%)		流失量	占(%)	流失量	占(%)	
果园	173.04	50.43	170.08	49.57	343.12	42.33	94.57	2.43	5.43	44.76
旱坡地	168.63	57.98	122.21	42.02	290.84	47.85	96.76	1.60	3.24	49.45

注：中国科学院三峡工程生态环境秭归实验站 2005 年度监测数据。果园为坡地脐橙单作，旱坡地为小麦-花生轮作。

2.3 农业化学物质使用与农业面源污染

农业化肥、农药和除草剂的过量施用，已经是库区农业面源污染生成的主要污染源。国家环保局的三峡公告显示，2003～2005 年，库区化肥施用总量按纯量计算为 8.84 万～12.87 万 t，其中，氮肥 5.85 万～7.79 万 t，磷肥 2.20 万～2.79 万 t，钾肥 1.03 万～1.22 万 t，其中 2003 年氮磷钾比为 1∶0.28∶0.13，重氮、少磷、钾肥施用严重不足，这种趋势在其后几年略有缓和[15]。我们在库首县(区)多年的连续试验表明，该地区脐橙的合理施肥配比为 1：(0.55～0.70)：(0.75～0.90)，水稻和小麦的合理施肥配比分别为 1：(0.20～0.40)：(0.39～0.50)和 1：(0.44～0.50)：(0.44～0.50)，而实际施肥磷素偏少，钾肥严重不足*。不合理的配方施肥加上粗放式管理，一方面降低经济效益，另一方面降低了养分利用率，增加了养分向水体迁移的比例。有统计表明[1]，1998 年三峡库区农田径流全氮、全磷、COD_{Cr}、BOD_5 进入水体的数量分别占各类入库总量的 80.38%、84.27%、52.88%和 62.79%。目前，库区氮、磷的作物利用率分别约为 35.16%和 34.16%，大量养分元素残存于土体或进入水体[15]。库区低山河谷地带为我国柑橘产业基地之一，柑橘为高需肥作物，如脐橙，按目标产量 22 500 kg/hm^2 计算，综合考虑中等土壤肥力土壤养分供应、肥料养分元素利用率、树体养分需求，需施用纯量 N、P_2O_5、K_2O 共计 783.6 kg/hm^2，而一般盛果期的脐橙肥料实际施用量更高。柑橘带与库区消落带相邻，如果不能控制水土、养分流失，污染物则直接通过消落带进入库岸水体。

库区坡地地形复杂多变，不同部位土壤肥力水平和养分元素供应差异较大，而现有的联产承包制下的农户土地分布分散，施肥管理主要凭经验，缺乏配方施肥基本知识，难以做到合理施肥，农业病虫害防治也由于不能做到群防群治，防与不防、防治不能同步相互影响，大大地增加了农药施用量。三峡库区 2005 年农药施用量为 541.05 t，其中有机磷为 257.64 t，有机氮 136.45 t，菊酯类 48.55 t，除草剂 38.24 t，平均用量为3.11 kg/hm^2[15]。

近期的研究表明[2,16,17]，三峡库区耕地土壤和作物存在不同程度的重金属污染，Cd、As、Hg、Pb、Ni、Cu、Zn 污染均有发现，叶菜类、茄果类、豆类、瓜类和鱼类均出现重金属铅超标，以库区城市的城郊区、近郊区和工矿区超标较为严重，紫色土污染较黄壤重。一方面，企业“三废”排放引起重金属污染，另一方面，农业化学物质使用不合理也是一个重要原因。重金属污染加重了库区生态风险，污染严重的地区，会出现生物链富集现象，被污染的食品直接威胁人类生存安全；土壤固定的重金属，由于水土流失而向水体迁移，污染水体。

2.4 消落区污染物释放

库区水位抬升淹没涉及 21 个县区的 277 个乡镇，被淹陆地面积达 6.32 万 hm^2，其中耕(园)地面积为 2.45 万 hm^2，而且被淹耕地主要为库区优质耕(园)地。由于淹没前河谷地带人口较为集中，长期耕作熟化的土壤有机质、养分元素含量较高，淹没后养分元素释放进入水体提高了水体养分元素含量，尤其在水体稀释能力较差的库湾地带，容易引发水华。三峡工程生态环境监测系统已经多次监测到了水华的发生[15]。由于受淹后土壤养分元素的释放受水体溶氧状况、水深、水流速度、水体温度和土壤自身的化学、矿物学组成、土层厚度、剖面性状等多重因子的影响，目前难以做出准确估算。此外，位于 145～175 m 的季节性消落区的耕(园)地，自然条件适宜农业开发，可能会成为减轻库区人地矛盾的后备开发资源，消落区以上低海拔区域依然是库区居民生产生活集中的地带，种植、养殖、人类生活废弃物等，如果不能得到有效的管理，都会成为库岸带的污染源[18～20]。

2.5 农业面源污染多元化发展趋势

随着畜禽养殖业的发展，畜禽粪尿废弃物数量稳步增长。库区畜禽粪便排放量 1998 年为 2 350 t，2000 年为 3 400 t，年增速达 45%，现仍快速增长，大量畜禽粪便对农业环境污染加剧[21]，以三峡库区重庆段为例，畜禽粪尿数量和产生氮磷的负荷量从 1996 年到 2001 年稳步增长[22]。库区传统的养殖业以农户小规模养殖满足自身消费为主，养殖废弃物基本实现资源化利用，对环境危害较小。随着库区畜禽规模养殖业的不断发展，集约化养殖场畜禽粪尿废弃物如不能得到合理的资源化利用，将会对水环境构成威胁，我国发达地区的经验教训值得借鉴[23,24]。而且，一方面随着经济的发展，劳动力价值不断提高，中小规模养殖户粪、尿废弃物资源化也将会受到影响，随意堆放的粪尿会直接或间接进入水体；另一方面随着生活质量的逐步改善，人们的消费、生活方式逐步发生变化，生活垃圾、污水的组成成分和处理方式也会发生改变，如果不能得到妥善应对，其资源化程度将会降低，形成来自农村聚落的面源污染。

---

* 三峡工程生态环境秭归监测实验站：《1996—2003 年度技术报告》，104～205 页。

3 防治对策探讨

针对三峡库区水土流失和农业面源污染问题，我们必须切实在做好预防与治理工作的基础上，继续充分利用区域自然资源，发展生态农业，实现区域社会、经济可持续发展，同时要保护好青山绿水，造福子孙后代。

3.1 加强对三峡库区水土流失与农业面源污染监测与研究

我国水土流失研究工作与农业面源污染的研究工作起步较晚，但近十多年来已经取得了不少成果，在水土流失与农业面源污染形成机理、时空分布等方面有较多的积累，基于3S(GIS、RS、GPS)技术的水土流失与农业面源污染监测系统在我国其他地区都以取得了成功的应用。早在上世纪80年代有关三峡库区水土流失与农业面源污染的研究工作已经开始，取得了基于当时条件下的阶段性成果，近年来，也有采用AGNPS监测系统进行相关研究，但是由于缺乏实测的检验，而且很多参数均参照国外相关资料，工作系统性不强。充分利用我国有关科技资源，建立针对三峡库区的水土流失与面源污染监测系统，不仅能提升国内相关研究的水平，而且还有利于三峡库区水土流失与农业面源污染防治的决策。

针对三峡库区农用坡耕地水土流失的特点进行保护性耕作措施的研究。一方面根据库区农业产业化发展方向合理调整作物轮作套种模式，进行少、免耕技术的实验与示范，在确保农业增产的同时，确保雨季地面植被覆盖和减少或避免雨季耕翻，从而保持水土。

对三峡库区主要类型土地利用方式，进行坡耕地生态系统养分循环过程与经济产量形成机理的研究，动态分析土壤养分供应能力的变化规律，为合理配方施肥提供理论依据。同时进行主要作物肥料运筹、养分高效利用技术体系的试验和示范。

促进科研院所与农业管理部门的沟通与数据共享，加快科技成果的转化，同时有利于及时发现生产管理各个环节的实际问题，提高研究工作的针对性。

3.2 工程治理与生物技术相结合

继续加强农用地坡改梯和≥25°坡耕地退耕还林、还草工程建设。对≥25°经济林果类(如柑橘类)用地实行坡改梯工程，对≥25°的坡耕地严格实行退耕还林、还草，坡度25°以下坡耕地采用坡改梯与生物篱技术结合的方式，控制水土流失。经济效益高、投资回报快的种植用地，宜采用坡改梯，积极鼓励农民自觉实施坡改梯工程。投入不足，无法坡改梯的旱坡地常规粮食种植，宜采用等高种植与生物篱技术，篱笆植物选用经济、生态效益较好的品种，既能保持水土，又能确保农民的收益。同时，因地制宜，根据流域水文特点合理规划、配套实施排、灌、蓄水工程，维护工程设施的有效运行，避免因排水不畅引起的坍塌、滑坡和泥石流，同时满足季节性干旱的灌溉需求。

大力发展农业循环经济，提高废弃物资源化率，延长生物链，实现能量多级利用和养分多级循环，提高资源利用效率。如积极鼓励农户采用猪—沼—果模式，提倡秸秆还田和施用有机肥，减少化肥施用，发展庭院经济等。

环境质量较好的区域积极实施绿色或有机食品生产技术，提高农产品质量档次，一般地区应提倡无公害生产，提高农产品安全性，同时有利于减轻环境污染。

3.3 集成农业、环保技术建立环库生态产业区和流域综合治理示范点

三峡水库低海拔河谷地带人口聚集，自然、社会资源相对优越，是库区重要的农业产业区，也是人类活动最为频繁的区域，直接与消落带相毗邻，水土流失与农业面源污染对库区水体威胁最大。因此，集成现有实用技术，优化农业管理模式与村镇聚落环境管理模式，加强消落区的合理利用与管理，对于库区生态环境保护大有裨益。

三峡库区由众多的小流域单元组成。小流域单元边界清晰，地面水文与物质迁移过程便于分析，生态资源垂直分布明显，多种土地利用模式并存。优化典型小流域土地利用与管理模式，集成实用技术体系，进行小流域综合治理，具有较强的代表性和示范性，有利于三峡库区总体生态环境的改善和农村社会、经济的可

持续发展。

3.4 农业产业化发展与农业土地管理体制改革

积极完善土地承包制,多种途径加强坡耕地基础设施建设,采取适宜途径,强化病虫害群防群治管理,积极稳妥地实行农业规范化管理,降低资源的浪费,减少环境污染。

3.5 加强库区教育提高人口素质,

加强基础教育和职业培训,提高库区人口素质和就业竞争力,变被动输出为主动寻找就业途径,减轻库区人口压力。

参考文献

[1] 黄真理,李玉樑.三峡水库水质预测和环境容量计算.北京:中国水利水电出版社,2006:1-568

[2] 刘光德,李其林,黄昀.三峡库区面源污染现状与对策研究.长江流域资源与环境,2003,12(5):422-466

[3] 徐宝华.环境状况,翁立达,三峡工程生态环境影响研究.武汉:湖北科技出版社,1997:8-17

[4] 陈国阶,等.三峡工程对社会经济与生态环境影响的跟踪研究.见虞孝感.长江流域可持续发展研究.北京:科学出版社,2003:327-378

[5] 徐琪,刘亦农,等.库区自然资源的特点与评价.见陈国阶.三峡库区移民环境容量研究.北京:科学出版社,1993:11-30

[6] 陆法扬.三峡库区生态修复之我见.中国水土保持,2004(1):9,29

[7] 蒋顺清,李青云.长江上游紫色土岩土特性与水土流失的关系.长江科学院院报,1995,12(4):52-57

[8] 黄丽,张光远,丁树文,等.侵蚀紫色土土壤颗粒流失的研究.土壤侵蚀与水土保持学报,1999,5(1):35-39,85

[9] 向万胜,梁称福,李宏卫.三峡库区花岗岩坡耕地不同种植方式下水土流失定位研究.应用生态学报,2002,12(1):47-50

[10] 周瑾.长江三峡之间暴雨天气成因分析.人民长江,1996,27(8):17-18

[11] 黄丽,丁树文,张光远,彭业轩.三峡库区坡地紫色土的耕作利用方式与水土流失初探.华中农业大学学报,1998,17(1):45-49

[12] 张信宝,付仕祥.长江上游重点水土流失区陡坡耕地的出路.中国水土保持,1999(9):38-40

[13] 赵俊华,尤凤.三峡库区水土流失动态分析.中国水土保持,2004(2):19-20

[14] 孟庆华,杨林章.三峡库区不同土地利用方式的养分流失研究.生态学报,2000,20(6):1028-1036

[15] 国家环保局.自然生态环境状况,三峡公告,2003、2004、2005、2006,http\www.zhb.gov.cn\

[16] 许书军,魏世强,谢德体.三峡库区耕地重金属分布特征初步研究.水土保持学报,2003,17(4):64-66,89

[17] 许书军,魏世强,黄进.三峡库区农田养分动态及非点源污染情势.能源环境保护,2003,17(4):52-55

[18] 黄川,谢红勇,龙良碧.三峡湖岸消落带生态系统重建模式的研究.重庆教育学院学报,2003,16(3):63-66

[19] 李殿球,孙春霞,蒋建东.三峡水库消落区土地防护利用规划及其评价.人民长江,1999,30(11):18-20

[20] 石孝洪.三峡水库消落区土壤磷素释放与富营养化.土壤肥料,2004(1):40-44

[21] 刘光德,赵中金,李其林.三峡库区农业面源污染现状及其防治对策.中国生态农业学报,2004,12(2):172-175

[22] 杜军,张宏华,李劲松.三峡库区重庆段富营养化物质氮磷污染负荷比较研究.重庆交通学院院报,2004,23(1):121-125

[23] 翁伯琦.防治畜禽养殖污染刻不容缓.农业环境保护,2002(6): 288

[24] 丁疆华.广州市畜禽粪便污染与防治对策.环境科学研究,2000,13(3):57-59

COUNTERMEASURES FOR PREVENTION FROM SOIL LOSS AND NON-POINT SOURCE POLLUTION IN THREE GORGES REGION

Lizhong Xia, Linzhang Yang

(Institute of Soil Science, Chinese Academy of Sciences, Nanjing 210008)

Abstract On the basis of monitoring, investigation, and summarizations of the reference, the factors which has caused the soil loss and non-point source pollution in the Three Gorges Region were elucidated, and the countermeasures to prevent from it were also put forward. The mountainous region with purple like terrane revealed largely (78. 8%), supplying with purple like parent materials for the purple soils, is threatened with soil erosion and agriculture non-point source pollution, due to irrational agricultural cultivation, over use of chemicals, the increase of waste from livestock and residential area. Further research should be conducted on the estimation of soil loss and pollution loads, and the best management practices for the control of regional soil erosion and non-point source pollution is of great importance nowadays.

Key words Soil erosion and agricultural non-point source pollution of the Three Gorges Region, Countermeasures.

西藏山体水土保持对西藏耕地及粮食安全的影响

关树森

（西藏农牧科学院农业研究所）

摘要：西藏国土总面积为 120 km^2，海拔 4 000 m 以下，农用面积约占总面积十分之一，其中耕地 22.27 万 km^2，占总面积的 0.19%，2007 年生产粮油 93.86 万 t，基本满足全区 284 万人口的吃饭问题，近些年来，随着西藏经济建设和社会发展，西藏山体水土流失，冲毁水利设施，淤积河江道、抬高江河床，淹没农田和大面积连片平地退耕栽树退耕种草等，每年以 0.45 万 hm^2 左右的速度在不断减少有效耕地面积，这些都直接威胁全区粮食生产安全基数，而且有随时间逐渐递增和扩大的趋势，非常值得各级政府的关注并尽早采取措施，尤其是西藏的山体水土流失与保持，不仅直接影响耕地、粮食安全大问题，并且加速对西藏生态环境的破坏，影响西藏高原生态系统物质生产能力和水源涵养，西藏人民子孙万代永续发展，我国东部地区沙尘减弱，国际河流生态系统安全，全球生物多样性生态平衡气候稳定大的问题。

关键词：西藏山体；水土保持；耕地；粮食安全

1 西藏山体水土现状

西藏国土总面积为 120.48 万 km^2，其中分布在海拔 5 000 m 以上的巍峨高峻的群山占 20%，除作体育运动的登山外，农牧业无法利用；在海拔 4 000～5 000 m 坡度缓和和高原丘陵、山地和湖盆宽谷约占 70%，少部分可以为牧业利用；在海拔 4 000 m 以下的山间平地和幽深狭窄的峡谷约占 10%，是西藏主要的农牧区，目前西藏 284 万人口集中在以雅鲁藏布江中部流域和藏东南的澜沧江、怒江、金沙江的三江流域，耕地面积仅有 22.27 万 km^2，占全区面积的 0.19%，由于受自然因素和人为因素的影响，整个西藏水土流失面积比较大，也比较严重，据水利部第二次土壤侵蚀遥感调查结果显示，西藏侵蚀总面积为 102.52 万 km^2，占全区总面积的 83.46%，其中在 4 500 m 以上受冻融侵蚀面积为 91.26 万 km^2，占侵蚀面积 89.01%，在 4 500 m 以下受水侵蚀面积为 6.27 万 km^2，受风侵蚀面积为 4.99 万 km^2，分别占 6.12%和 4.87%。

因为 284 万人口分布在海拔 4 000 m 以下的江河流域中下游，那里水热条件较好动植物丰富，雅鲁藏布江干流中游及其主要支流拉萨河、年楚河、尼洋河等中下游，其次是朋曲、雄曲、狮泉河、象泉河江河流等中游，昌都地区的澜沧江、怒江、金沙江三江流域两岸，因为河谷、峡谷、山体高地势较徒，坡度较大，260 多万农牧民为了生计，在其生活居住地采柴，为了增加采柴量，在采柴时，连其柴的根一起刨掉，挖掉一株柴(树)，将永远地消失一株柴，随着人们采柴脚步所及，山体上柴(树)永久地消失面积不断地扩大，山坡上的植被不断地减少，助长自然降水和刮风的侵蚀力，山体上的水土不断地下移，水土流失程度逐渐加重。

2 水土流失与耕地和水利

从近些年的西藏个别县案例调查，自然植被遭到毁灭性的破坏，生态严重恶化，水土流失加剧，河床、江床抬高，洪汛期的洪水冲毁河堤，越过江岸淹没农田，水灾连片。旱季时，小河干、大河水少，满足不了灌溉用水量，水旱灾害率上升。例 1，林周县的松盘乡、牛马乡 1980～1998 年近 18 年发生的灾害比 60～80 年代的 20 年一遇性灾害增加 5 倍多。例 2，贡嘎县杰德秀镇几乎每年都有水灾，其中 1998 年一场洪水淹没了农田 3 986 亩，占耕地面积 80%以上，同时毁坏大量农田水利设施和少部分公路交通及桥涵，全县直接经济损失达 5 000 多万元。例 3，贡嘎县甲日水库是 1990 年开始修建的，1997 年开始受益，1998 年时库容积因水土流失，被淤积 1/3，仅贡嘎县仍有部分乡镇 1998 年的水灾后许多农田至今都没有恢复，生产力下降，经济建设受阻。例4，拉萨河床因上游水土流失，比1950年抬高2 m，比现在的拉萨市街面高1 m，一到汛期，拉萨河的洪水时刻威胁着西藏自治区人民政府、拉萨市人民政府及居住在拉萨市的40万人民的生命、财产的安全。例5，雅鲁藏布江的中下游平缓地段是西藏的主产粮农区，两岸分布有大量的农田、因山上水土流失、土随水下山，到平缓地段沉积下来，把江床抬高，江床由原来低于田面变为现在的高于田面，近些年来江水常年积留在田内，使贡嘎县吉雄镇、杰德秀镇，扎朗县的扎塘镇、扎其乡，乃东县的泽当镇、乃东镇的许多沿江两岸的大面积一等农田变为涝洼田，不能正常耕种，农田有效利用面积大幅度减少，直接威胁西藏农业生产和粮食自给的这个安全问题。

3 耕地与粮食安全

根据西藏自治区统计局的年鉴数字分析，西藏总有效播种面积逐年减少，主要因土水流失和建筑占地造成农田有效利用面积减少，实际播种面积与耕地总面积不相等，这个差距有随着时间的推移在不断地增大，而相应的粮油产与2000年的产100万t在不断地下降，2007年全区粮油总产93.86万t，其中粮食面积明显下降，粮食总产明显地减少，详见表1。

表1 西藏2000年播种面积与粮油总产量统计

时间	项目									西藏人口（万人）
	播种面积与总产、单产			粮食作物			油菜作物			
	面积（万 hm^2）	总产（t）	单产（kg）	面积（万 hm^2）	总产（t）	单产（kg）	面积（万 hm^2）	总产（t）	单产（kg）	
2000年	21.755	1 001 798	306.99	20.144	962 234	318.45	1.611	39 564	163.70	251.23
2001年	21.594	1 025 977	316.75	19.912	982 508	328.95	1.682	43 469	172.29	253.70
2002年	21.54	1 029 127	318.52	19.501	983 970	336.40	2.039	45 157	147.65	255.44
2003年	20.776	1 015 379	325.82	18.612	966 001	346.00	2.164	49 378	152.10	259.21
2004年	20.414	1 013 894	331.11	17.978	959 950	355.95	2.435	53 944	147.70	263.44
2005年	20.379	995 082	325.53	17.768	933 918	350.40	2.611	61 164	156.15	269.18
2006年	19.578	978 178	333.09	17.166	923 688	358.75	2.412	54 490	150.60	275.34
2007年	19.000	938 662	333.39	16.99	900 162	368.30				284.56

虽然随着科学技术普及和农业投入增大，生产条件改善，粮食作物亩产量不断地提高，但这个单产增产的速度还是抵不上减少有效播种面积而减少总产的速度，相反，近些年西藏的人口在大幅度地增加，由2000年全区总人口251.23万人增加到2007年284.56万人，净增加33.33万人，2000年人均占有量粮油398.75 kg，2007年人均占有量粮油为333.9 kg，人均占有粮油总量下降64.85 kg，这64.85 kg是个警示，如果再不采取措施阻止山体水土流失，阻止有效耕地面积的减少，阻止建筑占用耕地，阻止把大面积连片耕地退耕栽树、退耕种草，西藏的粮食安全问题将上升到影响社会稳定，影响西藏特点的社会主义新农村建设的因素之一。目前，国际上粮食价大幅度上涨，我们西藏粮食总量减少，人均占有量下降势必影响粮食安全和粮价，尤其是在境外分裂分子达赖蓄意制造谣言、制造矛盾、搞“藏独”的条件下，西藏的粮食安全问题、生态环境问题更显得突出的重要，请各级领导务必注意。

4 关于西藏山体水土保持技术和组织实施设想

4.1 西藏山体水土保持技术方案设想

1）在拉萨河流域或雅鲁藏布江中下游流域选择有代表性的中高山体，选择11.4 hm^2 坡度（15°～35°）基本一致，高4 000 m，坡平面宽288 m的荒山基点3 500或3 600 m，山顶4 000 m，一个典型被掠夺的山沟，从底部每隔100 m测量、定点划一等高试验带，划到4 000 m共4～5个试验带，移栽灌木或乔木树种，进行封山。

2)在每个试验带划分(含对照)12 个试验区,每个区安排一个树种,即杨树、红柳、沙刺、火炬、云杉、落叶松、马尾松、刺榆树、刺槐,沙生槐、紫穗槐、对照(空白),每个区 24 m,树间种草,如多年生的禾本科白茅(然巴草)、黑麦草、多年生的豆科苜蓿等。总需试验面积为(3 600～4 000 m×12 个小区×24 m)=115 200 m^2,即宽 288 m,高 400 m,15°～35°的山体为基地。

3)每个试验区划分两个试验组:①春季移栽种;②夏季移栽种(12 m)。

4)每个试验组又分浇水和不浇水的两个处理(6 m)。

5)每个处理又分衡向沟栽沟种、穴栽穴种两种(3 m)。

6)每种又分覆地膜、不覆地膜两样(1.5 m)。

挖沟的采用在围绕山坡等高挖坑或挖沟时,深达 60 cm,把表层熟土放在坡上,把底层生土放在坡下,把坑或沟挖完后,再把表层熟土回填坑内或沟内,蓄夏秋季雨水后栽树种草。

7)在其中的一个或两个试验区内树空间又分多年生禾本科的白茅(然巴草)、高羊毛、黑麦草、老芒麦、多年生豆科的苜蓿草等几个草种的栽种,例如把多年根茎繁殖的然巴草根切成 5～10 cm 小段均匀的埋在土 5～15 cm 中,尽量做到随挖随切、随栽不过夜,以此耐旱繁殖力强的草增加地表植被覆盖度的林草间作固土保水(种子的按两个季节及时播种)。

8)五年后在以上试验区下面挖一条宽 2 m、深 2 m、长 10 m 的水土流测接收沟。每次降水后观察、记载、计算。

以上处理经过三年试验,筛选出效果好有苗头的从第四年开始进行大面积示范植树,进一步安排 4 hm^2。

4.2 西藏山体水土保持组织方案设想

1)自治区农牧科学院农业研究所单位承担,具体技术由首席专家(项目主持人)负责,项目执行人由主持人提名,院所党委主要负责人定期检查工作,进行全面监督。项目主持人全面掌管项目经费的开支,项目经费在所里单独设账本,单独核算,专人打考勤,可以根据项目工作的需要选用和辞退项目执行人员,执行人员在项目实施的期间原则上稳定不变,由始至终参与项目工作,每年在适当时期召开现场会,进行现场项目验收,提交下一年度工作计划和经费预算报告,年终进行项目工作总结并正式提交总结报告,项目的最终的总的总结是以各年度总结为基础。

2)划分好试验带各个试验区的行车路:①施工行走;②现场检查验收用;③护林管理用。建苗圃 0.33 hm^2,修平房 5 间,苗圃四周砌 1.6 m 高围墙。或者直接从内地购买上述苗木。

3)在试验区成立以农牧户为主体的水土保持植树种草科技组,在项目组的领导下按方案实施项目,劳动付工资,实行责任制和承包的办法,把育林护草和利益结合起来,把育林护草所有权和使用权分到农牧民户主,在成林恢复草地前农民有保护权,成林和恢复草地后,农牧民有使用权,使用时写申请经村委会或镇政府和林牧业部门主管批准后方可使用。

5 搞好西藏山体水土保持效益分析

5.1 技术经济效益分析

1)农区的荒山 10 年后,每公顷 4 500 株成材的树,每株按最低价 100 元,每公顷产值 45 万元,14 hm^2 直接增收 630 万元。投产比为 227.42∶630=1∶2.78。

2)增加有效耕地面积,增加粮食总产 7 万 t,直接增收 1.4 亿元。

5.2 社会效益分析

首先,粮食安全了、社会稳定了、社会主义的各项事业将很好的发展。

林木多了,每年剪修下来的树枝,可以解决农民燃料问题,退出牛、羊粪使施到农田,使农田施肥量增加,土壤肥力提高，亩产量增高；山上植被多了，水土流失减少了，河床不再淤积泥沙，河床也不再提高，洪水不再冲毁河床淹没农田，现有的农田保住了，粮食生产基地有了保证，自然水灾减少，农民收入有了保证，社会相对要稳定多了。气候好了，有效地保护西藏的生态环境，许多人可以来西藏投资，搞项目，发展西藏各行各业，促进西藏的淡水资源、水能水利资源、矿产资源、耕地资源等可获得很好的保护、开发和利用，把这些自然优势转变成经济优势，增强区域和全国的可持续发展能力推动西藏快速发展。在实施项目过程中，加强了对农牧民的科技培训，提高了他们的科学文化知识水平，促进农牧业产业结构的调整，增加就业机会等。社会效益是无法估量的。

5.3 推广应用前景及生态环境效益分析

秃山植树造林后，荒山的草地恢复后，降水能被植被吸收并保持和蓄存，《规划》实施后，林草生态系统年水源涵养量可增加 211 亿 m^3，江河源区生态环境的有效保护，可保证河流水资源的永续利用，保障国际河流生态系统安全。大幅度减少了水土流失，减少泥沙 4 959 亿 t，有效地发挥水源涵养和水土保持功能，不仅恢复西藏 1998 年全区土壤普查耕地 680 万亩，而且还可以开发利用宜农地为农田，大幅度扩大西藏耕地面积，充分利用西藏的水热光田资源，生产更多粮食支援内地耕地面积少的兄弟省市。为全国粮食安全做贡献。同时因为有了绿色植被覆盖面积增大，使西藏高原生态系统每年因碳量增加 2 450 万 t，比规划实施前提高 16.3%，碳汇功能增强，在全球碳平衡中发挥重要作用，为应对全球变化作出重大贡献。太阳辐射后水蒸气蒸发时间长而持久，易形成云雨，水的循环协调，旱情减少，也就是说，有了较好的林木、草地、绿色植被，山青了、水绿了、天也蓝了，可使冬季风减弱，减少沙尘对我国东部地区的影响，可以减少水灾和旱灾，缓解自然灾害的严重程度，改善了西藏干旱半干旱生态环境，有效地保护和改善野生动植物的栖息环境，野生动植物也多了，物种丰富了，使西藏高原成为名副其实的全球重要的生物物种基因库，在全球生物多样性保护中做出重要贡献。生态效益也是无法估量的。

蚌埠地区设施土壤盐分累积特征研究*

邹长明[1]　孙善军[2]　张晓红[1]　汤永玲[2]

(1.安徽科技学院,安徽凤阳　233100;2.蚌埠市土肥站,安徽蚌埠　233000)

摘要:通过测定土壤剖面各层次中的盐分总量和 Na^{+}、K^{+}、NH_4^{+}、Ca^{2+}、Mg^{2+}、NO_3^{-}、$H_2PO_4^{-}$、Cl^{-}、SO_4^{2-}、HCO_3^{-} 等离子的含量,对蚌埠市怀远和固镇两地不同年限设施土壤的盐分累积特征进行了研究。结果表明,大棚内土壤表层的盐分总量是露地土壤相同层次的2.4～5.7倍,盐分主要聚积在0～15 cm土层中,尤其是0～5 cm层次中;随着大棚使用年限的延长,盐分总量有增加趋势;除 Na^{+} 和 HCO_3^{-} 外,NH_4^{+}、Ca^{2+}、Mg^{2+}、NO_3^{-}、$H_2PO_4^{-}$、SO_4^{2-} 在大棚表层土壤中都有明显的累积,尤以 Ca^{2+} 和 NO_3^{-} 累积严重。

关键词:设施土壤;盐分累积;剖面;离子组成

设施(大棚或温室)栽培的特点是采用人工措施改变局部生态环境,充分利用光能和热能,对提高蔬菜产量和调剂上市品种起到了重要作用。这种土地集约利用方式,不仅丰富了城乡居民的菜篮子,也极大地提高了农民的收入。这使设施农业在近年来成为我国农业的重要组成部分,在许多地区(尤其是城市郊区)已经成为当地的支柱产业。但是,设施蔬菜基地在持续一定年限后,普遍存在土壤质量退化和产量品质下降的现象。据研究,次生盐渍化是设施土壤退化的主要特征之一[1～4]。20世纪70年代,日本就有70%～80%的保护地菜田土壤因为盐分含量超标而不适宜于作物生长[5];90年代,上海菜区玻璃温室和塑料大棚土壤耕层积盐均较明显,全盐含量分别是露地的11.8倍和4.0倍,一般3～5年便出现盐害造成蔬菜大幅减产[6],哈尔滨蔬菜产区大棚土壤总盐量高于露地2.1～13.4倍,8年以上连作大棚土壤大部分出现盐渍化,盐类浓度已达到危害程度[7]。最近几年,随着保护地面积的迅速扩大,盐分累积问题也日益突出。除盐分总量外,研究者们对设施土壤盐分组成及累积特征也进行了调查[8～14],由于各地的土壤环境条件和施肥情况不同,土壤的盐渍化速度和盐分组成也有差异。为了对蚌埠地区的设施土壤盐分累积情况有个明确的认识,本文对怀远、固镇两地蔬菜大棚土壤的盐分累积特征进行了调查分析,旨在为本地区设施土壤保护与改良提供依据。

1　材料与方法

调查地点及其基本情况:蚌埠市怀远县裔湾和固镇县简庙一新马桥地区。怀远裔湾的土壤类型为淮河冲积物上发育的潮土,质地为壤土,管理方式为间歇性大棚(冬季搭棚,夏秋季无棚,有棚覆盖的时间为4～5个月),主要种植茄果类、萝卜、白菜等蔬菜,蔬菜种类较多,肥料主要是鸡粪、尿素和复合肥,用量是小麦的8～10倍;固镇县简庙-新马桥地区的土壤类型为砂姜黑土,质地为粘土,管理方式为固定大棚(夏季掀棚休闲,有棚覆盖的时间为8个月),蔬菜种类单一,长年种植西红柿,施肥与裔湾基本相同,个别大棚土壤表层有白色积盐或紫球藻。

调查方法:在以上地区采集不同种植年限的蔬菜大棚土壤,以相邻的露地菜园土壤为对照,采样深度分别为0～5 cm,5～10 cm,10～15 cm,15～20 cm,20～40 cm,40～60 cm,共6个层次。样品风干磨细过筛后用常规分析方法测定总盐及各种阴阳离子含量[15]。

* 蚌埠市科技项目(蚌科[2005]18号)和安徽科技学院自然科学基金课题(ZRC200571)资助

2 结果与分析

2.1 不同种植年限大棚土壤盐分总量变化情况

通过对大棚土壤盐分总量的分析，证明大棚内盐分累积有明显的表聚现象。土壤表层(0～5 cm)的盐分总量是露地土壤相同层次的2.4～5.7倍，是底层土壤(40～60 cm)的2.3～4.1倍，随着大棚使用年限的延长，盐分总量有增加趋势(表1)。

表1 不同年限大棚土壤剖面中的盐分总量变化

Table 1 Content of soil salt in different greenhouse soils

g·kg^{-1}

土壤层次 Soil depth (cm)	怀远 Soils in Huaiyuan					固镇 Soils in Guzhen			
	露地 Open field	5a 棚 For 5a	10a 棚 For 10a	17a 棚 For 17a	20a 棚 For 20a	露地 Open field	3a 棚 For 3a	5a 棚 For 5a	9a 棚 For 9a
0～5	0.976 ab	2.363 a	3.271 a	3.191 a	2.857a	0.945 a	2.751 a	2.833 a	5.352 a
5～10	0.990 a	1.729 b	3.278 a	2.674 b	2.831 a	0.908 ab	1.894 b	2.109 b	3.706 b
10～15	0.971 ab	1.280 c	1.764 b	2.109 c	2.741 a	0.866 ab	1.450 c	1.975 b	2.115 c
15～20	0.862 b	1.118 d	1.216 c	1.324 d	1.742 b	0.804 ab	1.160 d	1.246 c	1.599 d
20～40	0.835 b	1.078 d	1.079 c	1.128 e	1.492 c	0.789 b	1.087 de	1.064 d	1.469 de
40～60	0.771 b	1.009 d	1.082 c	1.058 e	1.205 d	0.760 b	0.982 e	1.018 d	1.308 e

注：同一列中相同字母表示层次间差异未达5%差异显著水平，下表同。Note: In a column, data followed by the same letters denote LSD less than 5%. The same below.

据资料[15]，当设施土壤盐分总量大于1.2 g·kg^{-1}时，标志着土壤盐分开始超标，不耐盐蔬菜吸收水分养分受阻，需要控制肥料(盐分)的投入；当土壤盐分总量大于2.8 g·kg^{-1}时，标志着土壤已经盐渍化，作物出现生理障碍，产量显著降低，需要采取措施改良土壤。从表1可看出，怀远潮土上的大棚使用5a、固镇砂姜黑土上的大棚使用3a，0～15 cm土层中的盐分总量即超过1.2 g·kg^{-1}，怀远大棚使用10a、固镇大棚使用5a后，0～5 cm表土层中的盐分总量大于2.8 g·kg^{-1}。说明怀远大棚5a内盐分超标、10a内盐渍化；固镇大棚3a内盐分超标、5a内盐渍化，对蔬菜生长状况的调查也支持这一观点。不同地区产生差异的原因主要是管理措施不同所致，如怀远大棚的年覆盖时间只有4～5个月，而固镇大棚年覆盖时间有8个月，后者较少接受自然雨水的淋洗且多年连作西红柿，是盐渍化速度快而严重的主要原因。

表1还说明，盐分随着剖面层次的上升而迅速增加，这一点在使用年限长，盐渍化程度大的土壤中更明显，说明大棚土壤盐分有表聚现象，这符合普遍的盐分随水运动规律，此处不再赘述。

对表1中各剖面层次的盐分含量进行统计分析，可看出，除时间最长的大棚外，盐分累积很少出现在15 cm以下，15 cm为明显的分界线，上下各个层次差异明显，说明肥料主要施在0～15 cm这个层次内，这是因为大棚内多为人力翻耕而很少机械旋耕，耕作深度较浅，形成的耕层只有15 cm厚。根据这个结果，在大棚土壤改良时，比如换土客土时，为减轻工作量，建议最多取走0～15 cm土层，对于使用年限较短(如5a以内)的大棚，甚至可以仅更换0～5 cm表层土壤，因为根据表1可以计算得出：0～5 cm土层所含的盐分占耕作层的40%左右。一般来说，5a以内的大棚可仅更换0～5 cm土壤，10a以上的大棚应该更换0～10 cm土壤，15a以上的大棚，应该更换0～15 cm土壤。

2.2 大棚土壤盐分离子的组成特征

2.2.1 大棚土壤阳离子的组成特征

将怀远20a大棚和固镇9a大棚土壤各层次的Na^+、K^+、NH_4^+、Ca^{2+}、Mg^{2+}等阳离子与露地比较，可看出不同阳离子在不同的土壤中有不同的分布特征。大棚土壤中的Na^+与露地无显著差异，K^+则依土壤不同而有相反的结果，而NH_4^+、Ca^{2+}、Mg^{2+}等在大棚土壤中有成倍的增加，见表2。

表 2 大棚土壤剖面中阳离子的含量

Table 2 Cation distribution in greenhouse soil profiles g·kg^{-1}

采样地点 Region	层次 Soil depth (cm)	Na^+		K^+		NH_4^+		Ca^{2+}		Mg^{2+}	
		露地 Open field	大棚 Green-house	露地 Open field	大棚 Green-house	露地 Open field	大棚 Green-house	露地 Open field	大棚 Green-house	露地 Open field	大棚 Green-house
怀远 Soil in Huai-yuan	0～5	0.129 a	0.108 a	0.076 a	0.049 b	0.017 a	0.058 a	0.231 a	0.597 a	0.042 a	0.093 a
	5～10	0.144 a	0.111 a	0.079 a	0.049 b	0.017 a	0.059 a	0.235 a	0.591 a	0.040 a	0.097 a
	10～15	0.149 a	0.117 a	0.076 a	0.051 b	0.017 a	0.059 a	0.238 a	0.572 b	0.039 a	0.094 a
	15～20	0.139 a	0.115 a	0.083 a	0.057 ab	0.017 a	0.026 b	0.216 a	0.353 c	0.031 a	0.073 b
	20～40	0.137 a	0.115 a	0.084 a	0.059 ab	0.017 a	0.018 b	0.210 ab	0.298 d	0.029 a	0.068 b
	40～60	0.109 b	0.081 b	0.079 a	0.064 a	0.016 a	0.018 b	0.194 b	0.236 e	0.028 a	0.046 c
固镇 Soil in Guzhen	0～5	0.133 a	0.124 a	0.084 a	0.527 a	0.015 a	0.100 a	0.215 a	1.799 a	0.056 a	0.154 a
	5～10	0.130 a	0.120 a	0.082 a	0.516 a	0.016 a	0.092 a	0.215 a	1.187 b	0.058 a	0.113 b
	10～15	0.128 a	0.129 a	0.082 a	0.496 a	0.015 a	0.089 a	0.213 a	0.464 c	0.050 a	0.091 c
	15～20	0.124 a	0.125 a	0.087 a	0.268 b	0.015 a	0.052 b	0.189 b	0.415 d	0.048 a	0.085 c
	20～40	0.123 a	0.124 a	0.088 a	0.224 c	0.015 a	0.043 b	0.182 b	0.403 d	0.048 a	0.083 c
	40～60	0.104 b	0.079 b	0.081 a	0.162 d	0.014 a	0.027 c	0.161 c	0.380 e	0.049 a	0.083 c

在剖面中，多数阳离子在 40 cm 以下的土层中显著减少，尤其是在大棚土壤中，多种离子有明显的表聚现象。如 NH_4^+、Ca^{2+}、Mg^{2+} 含量，0～5 cm 表层土是 40～60 cm 土壤的 1.9～4.7 倍。K^+ 则依土壤不同而有相反的结果：固镇大棚土壤因为有大量的 K+ 累积，表聚现象明显；怀远大棚土壤由于钾肥施用量少，导致耕层土壤(0～15 cm)钾素亏缺而显著低于底层土壤。

大棚与露地比较，以表层土壤(0～5 cm)为例，大棚土壤 Na^+ 略有减少，固镇大棚土壤 K^+ 增加而怀远大棚土壤 K^+ 减少，两地大棚土壤 NH_4^+ Ca^{2+}、Mg^{2+} 含量都有大量增加，是露地土壤的 2.2～8.4 倍，尤以固镇大棚土壤的 K^+、NH_4^+、Ca^{2+} 累积严重。

2.2.2 大棚土壤阴离子的组成特征

将怀远 20a 大棚和固镇 9a 大棚土壤各层次的 NO_3^-、$H_2PO_4^-$、Cl^-、SO_4^{2-}、HCO_3^- 等阴离子与露地比较，可看出不同阴离子在不同的土壤中有不同的分布特征。大棚土壤中的 Cl^- 与露地无显著差异，NO_3^-、$H_2PO_4^-$、SO_4^{2-} 等离子在大棚土壤中有成倍的增加，而 HCO_3^- 则有相反的结果(见表 3)。

表 3 大棚土壤剖面中阴离子的含量

Table 3 Anion distribution in greenhouse soil profiles g·kg^{-1}

采样地点 Region	层次 Soil depth (cm)	NO_3^-		$H_2PO_4^-$		Cl^-		SO_4^{2-}		HCO_3^-	
		露地 Open field	大棚 Green-house	露地 Open field	大棚 Green-house	露地 Open field	大棚 Green-house	露地 Open field	大棚 Green-house	露地 Open field	大棚 Green-house
怀远 Soil in Huai-yuan	0～5	0.083 a	0.865 a	0.044 a	0.166 a	0.030 a	0.031 a	0.023 a	0.114 a	0.255 a	0.179 c
	5～10	0.086 a	0.824 b	0.039 a	0.140 b	0.031 a	0.033 a	0.021 a	0.090 b	0.262 a	0.186 c
	10～15	0.080 a	0.784 c	0.029 b	0.137 b	0.030 a	0.032 a	0.021 a	0.088 b	0.253 a	0.190 c
	15～20	0.034 b	0.419 d	0.014 c	0.051 c	0.029 a	0.028 a	0.017 a	0.067 c	0.245 a	0.209 b
	20～40	0.022 b	0.328 e	0.010 c	0.030 d	0.029 a	0.027 a	0.016 a	0.062 c	0.243 a	0.211 b
	40～60	0.018 b	0.271 f	0.008 c	0.025 d	0.030 a	0.027 a	0.014 a	0.024 d	0.247 a	0.238 a
固镇 Soil in Guzhen	0～5	0.060 a	1.061 a	0.033 a	0.238 a	0.031 a	0.035 a	0.032 a	0.211 a	0.243 a	0.151 d
	5～10	0.036 b	0.607 b	0.020 b	0.133 b	0.031 a	0.032 a	0.032 a	0.185 b	0.238 a	0.164 cd
	10～15	0.028 b	0.030 c	0.019 b	0.127 b	0.029 a	0.027 a	0.031 a	0.123 c	0.221 ab	0.175 c
	15～20	0.021 b	0.026 c	0.012 c	0.058 c	0.027 a	0.027 a	0.027 a	0.075 d	0.204 b	0.186 bc
	20～40	0.019 b	0.025 c	0.011 c	0.041 d	0.026 a	0.026 a	0.026 a	0.063 e	0.200 b	0.192 b
	40～60	0.019 b	0.023 c	0.010 c	0.033 d	0.029 a	0.027 a	0.025 a	0.062 e	0.216 b	0.211 a

在剖面中，多数阴离子在 15 cm 以下的土层中显著减少，尤其是在大棚土壤中，多种离子有明显的表聚现象。如 NO_3^-、$H_2PO_4^-$、SO_4^{2-} 含量，0～5 cm 表层土是 15～20 cm 土壤的 1.7～44.4 倍，是 40～60 cm 土壤的 3.2～45.4 倍。HCO_3^- 则有相反的结果：两地大棚土壤因为棚内 CO_2 供应不足和作物大量消耗，导致大棚土壤 HCO_3^- 浓度降低且表土低于底土，这与普通盐碱地完全不同。

大棚与露地比较，以表层土壤(0～5 cm)为例，两地大棚土壤 NO_3^-、$H_2PO_4^-$、SO_4^{2-} 含量都有大量增加，是露地土壤的 3.8～17.7 倍，尤以固镇大棚土壤的 NO_3^- 累积严重。

2.3 各种盐分离子在大棚土壤次生盐渍化中所起的作用

将怀远 20a 大棚和固镇 9a 大棚土壤各层次的 Na^+、K^+、NH_4^+、Ca^{2+}、Mg^{2+}、NO_3^-、$H_2PO_4^-$、Cl^-、SO_4^{2-}、HCO_3^- 共 10 种离子所占比例(以 10 种离子的总和为基数)列于表 4。

表 4 大棚土壤各离子所占比例

Table 4 Percent of different ions in total salt in greenhouse soil profiles %

采样地点 Region	层次 Soil depth(cm)	Na^+	K^+	NH_4^+	Ca^{2+}	Mg^{2+}	NO_3^-	$H_2PO_4^-$	Cl^-	SO_4^{2-}	HCO_3^-
怀远 Soil in Huaiyuan	0～5	4.8	2.2	2.6	26.4	4.1	38.3	7.3	1.4	5.0	7.9
	5～10	5.1	2.2	2.7	27.1	4.4	37.8	6.4	1.5	4.1	8.5
	10～15	5.5	2.4	2.8	26.9	4.4	36.9	6.5	1.5	4.1	8.9
	15～20	8.2	4.1	1.9	25.2	5.2	30.0	3.7	2.0	4.8	14.9
	20～40	9.5	4.8	1.5	24.5	5.6	27.0	2.5	2.3	5.1	17.4
	40～60	7.9	6.2	1.8	22.9	4.4	26.2	2.4	2.7	2.4	23.1
固镇 Soil in Guzhen	0～5	2.8	12.0	2.3	40.9	3.5	24.1	5.4	0.8	4.8	3.4
	5～10	3.8	16.4	2.9	37.7	3.6	19.3	4.2	1.0	5.9	5.2
	10～15	7.4	28.3	5.1	26.5	5.2	1.7	7.2	1.6	7.0	10.0
	15～20	9.5	20.4	4.0	31.6	6.4	1.9	4.4	2.0	5.7	14.1
	20～40	10.1	18.3	3.5	33.0	6.8	2.0	3.3	2.2	5.1	15.7
	40～60	7.3	14.9	2.5	34.9	7.6	2.1	3.1	2.5	5.7	19.4

由表 4 可看出，怀远大棚土壤的盐分主要由 Ca^{2+}、NO_3^- 组成，这两种离子占耕层(0～15 cm)土壤盐分离子总量的 63.8%以上，其含量与盐分总量(表 1)有极显著的正相关(盐分总量与 Ca：$r=0.9946$，$n=10$，$y=5.1322x-0.1753$；盐分总量与 NO_3^-：$r=0.9960$，$n=10$，$y=2.4782x+0.735$)。固镇大棚土壤的盐分主要由 K^+、Ca^{2+}、NO_3^- 组成，这三种离子占表土层(0～10 cm)土壤盐分离子总量的 73.3%以上，其含量与盐分总量(表 1)有极显著的正相关(盐分总量与 K：$r=0.8828$，$n=10$，$y=6.7875x+0.193$；盐分总量与 Ca：$r=0.9942$，$n=10$，$y=2.8236x+0.3482$；盐分总量与 NO_3^-：$r=0.9561$，$n=10$，$y=4.1333x+1.0452$)。可见，Ca^{2+} 和 NO_3^- 是土壤中累积的最主要盐分离子，这与许多研究者的结论相似[8～11]。Ca^{2+} 和 NO_3^- 主要来源于化学肥料，因此，大棚种植过程中应严格控制氮肥和含钙肥料(如过磷酸钙、硫酸钙、含钙复合肥等)的施用量以减少盐分累积。另外，K^+ 在某些土壤中(如固镇砂姜黑土)也是次生盐渍化的重要因素，但有些土壤(如怀远潮土)又严重缺钾，各地应因地制宜地根据需要合理使用钾肥。

2.4 其他离子的重要性

将表 2 和表 3 中的 10 种离子含量累计后除以表 1 中的盐分总量来计算“盐分回收率”，结果表明：露地土壤的盐分回收率平均为 95.0%，变异系数 1.16%，大棚土壤的盐分回收率平均为 81.6%，变异系数 3.32%。而且不同地区、不同层次间大体在平均值±5%以内波动，如表 5 所示。

表 5 说明，露地土壤的盐分回收率较高，本文所测定的 10 种离子基本上能反映其盐分总量，其他未测离子所占份额很少；而大棚土壤的盐分回收率低一些，也就是说，大棚土壤除了本文列出的 10 种离子外，还有相当数量的其他离子存在于土壤中，如 H^+、NO_2^-、CO_3^{2-} 和 Fe、Mn、Cu、Zn、Cd、Cr、Pb、As 等金属和非金属离子[14,16,17]，它们主要是长期大量施用磷肥时带入而累积，这些离子的累积，也可对土壤造成污染，对植物和动物产生危害。

表 5　所测定盐分离子的盐分回收率

Table 5　The salt recover ratio for the ions

采样地点 Region	层次 Soil depth (cm)	①离子累计 Total ion (g·kg⁻¹)		②盐分总量 Total salt (g·kg⁻¹)		回收率①/② (%) Recover ratio	
		露地 Open field	大棚 Greenhouse	露地 Open field	大棚 Greenhouse	露地 Open field	大棚 Greenhouse
怀远 Soil in Huaiyuan	0～5	0.930	2.260	0.976	2.857	95.3	79.1
	5～10	0.954	2.179	0.990	2.831	96.3	77.0
	10～15	0.933	2.124	0.971	2.741	96.1	77.5
	15～20	0.824	1.399	0.862	1.742	95.6	80.3
	20～40	0.796	1.214	0.835	1.492	95.4	81.4
	40～60	0.744	1.031	0.771	1.205	96.4	85.6
固镇 Soil in Guzhen	0～5	0.903	4.399	0.945	5.352	95.5	82.2
	5～10	0.857	3.150	0.908	3.706	94.4	85.0
	10～15	0.816	1.750	0.866	2.115	94.2	82.7
	15～20	0.754	1.316	0.804	1.599	93.8	82.3
	20～40	0.739	1.224	0.789	1.469	93.7	83.3
	40～60	0.708	1.086	0.760	1.308	93.2	83.1

以 H^+ 为例，大棚土壤的 pH 值随种植年限的延长而逐渐下降，固镇 9a 棚的土壤 pH 值比露地低 1 个 pH 单位[18]，因为化学肥料中含有较多的游离酸，有机肥料中含有大量有机酸，它们都可造成土壤 pH 值下降，强酸性阴离子 NO_3^- 和 SO_4^{2-} 的累积等都可加快土壤酸化过程。

3　讨　论

设施土壤退化常常伴随着盐分累积、土壤酸化和重金属的积累，这是设施土壤退化的重要特征。其中盐分累积是设施土壤退化的根本原因，在所调查的蚌埠市设施土壤中，Ca^{2+} 和 NO_3^- 是土壤累积的最主要盐分离子，施肥不当(总量过多而养分又不平衡)是盐分累积的重要原因。因此，应从合理施肥入手防治设施土壤次生盐渍化。

1)合理施肥：应采用科学配方平衡施肥技术，有机肥与无机肥配合，氮磷钾肥与微量元素肥料配合施用，防止偏施氮磷肥，尽量少施或不施含较多重金属的过磷酸钙和含钙复合肥，严格控制氮肥用量。

2)合理轮作：在蔬菜后茬安排根系发达、吸肥力强、生长快、生物产量高的作物如玉米、高粱、苏丹草等，不施肥，以吸收带走部分盐分。如能在蔬菜后茬种植水稻，进行水旱轮作，则效果更好，因为在水稻生长时，水分下渗可带走盐分，防止盐分累积。

3)灌溉排水：根据“盐随水来”又可“随水而去”的规律，首先在大棚周围和大棚中间开挖深沟，降低地下水位，减轻土壤返盐；第二，减少大棚覆盖时间，利用降雨淋溶土壤，洗走部分盐分；第三，以洗盐为目的灌溉时，一次灌足以冲洗盐分，切勿“小水勤浇”；第四，当土壤干燥，地下水因为土壤毛管断裂而不能向上移动时，需要补充作物水分，以此为目的进行灌溉时，应以滴灌特别是膜下滴灌为好，切勿漫灌和沟灌，以防止灌溉水渗到耕层以下接通地下水导致地下盐分向上移动引起表聚。

4)排土客土：根据盐分表聚的原理，积盐严重的大棚可排除 0～15 cm 表土，积盐较轻的大棚可排除 0～10 cm 或0～5 cm 表土，然后客土(换上肥力高的露地土壤)。

参考文献

[1] 李廷轩，张锡洲，王昌全，等. 保护地土壤次生盐渍化的研究进展[J]. 西南农业学报，2001，14(增刊)：103-107

[2] 房云波，孟春玲. 保护地内土壤次生盐渍化对土壤性状的影响及对策[J]. 辽宁农业科学，2006(6)：40-41
[3] 何文寿. 设施农业中存在的土壤障碍及其对策研究进展[J]. 土壤，2004，36(3)：235-242
[4] 黄毅，张玉龙. 保护地生产条件下的土壤退化问题及其防治对策[J]. 土壤通报，2004，35(2)：212-216
[5] 内海修一著，王志刚，汪维景译. 保护地园艺：环境与作物生理[M]. 北京：农业出版社，1984. 216
[6] 童有为，陈淡飞. 温室土壤次生盐渍化的形成和治理途径研究[J]. 园艺学报，1991，18(2)：159-162
[7] 刘德，吴凤芝. 哈尔滨市郊区蔬菜大棚土壤盐分状况及影响[J]. 北方园艺，1998(6)：1-2
[8] 姚春霞，陈振楼，许世远. 上海市郊保护地土壤盐分研究[J]. 环境科学，2007，28(6)：1372-1376
[9] 余海英，李廷轩，周建民. 设施土壤盐分的累积、迁移及离子组成变化特征[J]. 植物营养与肥料学报，2007，13(4)：642-650
[10] 余海英，李廷轩，周建民. 典型设施栽培土壤土壤盐分变化规律及潜在的环境效应研究[J]. 土壤学报，2006，43(4)：571-576
[11] 余海英，李廷轩. 辽宁设施栽培土壤盐分累积变化规律研究[J]. 水土保持学报，2005，19(4)：80-83
[12] 茅国芳，陆利民，杨晓华，等. 沪郊西瓜黄瓜设施栽培土壤次生盐渍化的基本特性与防治技术研究[J]. 上海农业学报，2005，21(1)：58-66
[13] 艾天成，李方敏，黄志新. 设施土壤盐分组成特征分析[J]. 湖北农业科学，2006，45(3)：316-317
[14] 杜慧玲，冯两蕊，郭平毅. 不同使用年限蔬菜大棚土壤溶质含量变化的试验研究[J]. 农业工程学报，2005，21(5)：127-130
[15] 鲍士旦. 土壤农化分析[M]. 北京：中国农业出版社，2000：178-199
[16] 李德成，花建明，李忠佩，等. 不同利用年限蔬菜大棚土壤中微量元素含量的演变[J]. 土壤，2003，35(6)：495-499
[17] 李见云，侯彦林，化全县，等. 大棚设施土壤养分和重金属状况研究[J]. 土壤，2005，37(6)：626-629
[18] 邹长明，张多姝，张晓红，等. 蚌埠地区设施土壤酸化和盐渍化状况测定与评价[J]. 安徽农学通报，2006，12(9)：54-55

Study on salt accumulation in greenhouse in Bengbu region

Zou Changming[1], Sun Shanjun[2], Zhang Xiaohong[1], Tang Yongling[2]

(1. Anhui Science and Technology University, Fengyang in Anhui Province, 233100;
2. Bengbu Soil and Fertilizer Station, Bengbu in Anhui Province, 233000)

Abstract By investigating content of total salt and Na^+, K^+, NH_4^+, Ca^{2+}, Mg^{2+}, NO_3^-, $H_2PO_4^-$, Cl^-, SO_4^{2-}, HCO_3^- in the soil profiles in Bengbu region of Anhui Province, the salt accumulation and ion composition in greenhouse soils profiles were studied. The results indicated that salt content in greenhouse soils was higher than that in open field soils. Salt in surface soil of the greenhouse was 1.4～4.7 times higher than that in the neighboring open field surface soil. Salt accumulation in the greenhouse soil profiles was chiefly in 0～15 cm layers particularly in 0～5 cm layer. Salt accumulation was serious in the old greenhouse soils such as 10a or older greenhouse soils. The longer the age of the greenhouse was, the higher salt content was in the soils. Apart from Na^+ and HCO_3^-, the content of NH_4^+, Ca^{2+}, Mg^{2+}, NO_3^-, $H_2PO_4^-$, Cl^-, SO_4^{2-} increased significantly in greenhouse soils, and Ca^{2+} and NO_3^- were the major ions in the soils.

Key words greenhouse soil; salt accumulation; profile; ion composition

滨海盐土三维土体电导率空间变异研究*

李洪义　史舟

(浙江大学环境与资源学院农业遥感和信息技术应用研究所,杭州　310029)

摘要:本研究利用 EM38 在地表不同高度获取的表征电导率,采用 EM38 电导率线性响应模型结合 Tikhonov 正则化方法反演剖面不同深度的电导率作为三维空间变异研究的数据源,利用三维普通克立格插值方法预测三维土体电导率的空间变异情况,并实现了电导率在三维空间上的连续表达。同 2D 普通克立格法相比,3D 普通克立格方法土壤电导率预测估值所产生的均方根误差(*RMSE*)减少了 33.42%,预测值与实测值之间的相关系数(r)提高了 5.13%。研究结果表明,3D 普通克立格法考虑了上下土层电导率之间的相互影响,该方法可以更加准确的预测三维土壤特性空间变异。

关键词:电导率;EM38;空间变异;3D 普通克立格

土壤是一个三维自然空间实体,各方向上很短的距离内土壤属性变异非常大,但是目前土壤属性空间变异研究主要集中在水平方向上。即使是以土壤属性三维变异特性描述为研究目的,也仅仅局限于用一系列水平层来描述土壤不同深度土层的属性变化,没有考虑上下层之间的相互影响[1]。土壤盐分作为滨海盐土区农业生产的一个重要限制性因子,影响着土壤质量和作物产量,严重时导致农用土壤的荒弃[2]。1 m 深度范围内,滨海盐土土壤盐分随降雨、蒸发、微地形等因素变化明显[3]。因此,研究滨海盐土盐分的空间变异,特别是三维土体盐分的空间变异对于海涂土壤改良、滨海盐土区农业的精确管理,实现海涂农业可持续发展具有重要意义。

在水平和垂直方向上采集大量的数据是进行三维土壤特性空间变异研究的基础,通过 EM38 大地电导率仪(Geonics Ltd. ,Mississauga,Ont. ,Canada)非接触的方式在地表不同高度测量的土壤表征电导率(Apparent electrical conductivity,ECa)利用线性或非线性模型来预测剖面电导率被认为是探测剖面电导率最有潜力、最快捷的方法[4]。这种基于电磁物理学原理,通过求非负最小二乘问题来推导剖面电导率的方法,与经验线性模型相比,应用推广时不需再进一步的校正。但通过该方法获得的电导率只是三维分布的离散点,还需要进行三维空间插值才能更加准确的了解盐分的空间变异状况。

目前,三维空间变异插值方法主要逆距离权重法(IDW)和克立格插值法(Kriging)。前者假定实测点对预测结果的影响随离预测点的距离的增大而减少[5]。后者是在给定一个随机过程的实测值的条件下,得到该过程的无偏最优估计。它是一种局部估值的加权平均,但它对各实测点权重的确定是通过半方差分析获取的[6]。相对 IDW 方法,kriging 方法不仅能够预测未采样点的值,而且能利用标准偏差和区域平均值来定量分析预测点的预测误差[7]。近年来,土壤养分[1]、液化势[8]三维空间变异有所报道,但这方面的研究极其有限,特别是对三维土壤电导率、盐分空间变异的报道还没有。因此,本研究采用电导率线性响应模型结合 Tikhonov 正则化方法反演土壤剖面不同深度的电导率[9],并以此作为土壤电导率三维空间变异研究的数据源,采用三维普通克立格方法进行土体电导率的三维空间变异研究。

1　材料与方法

1.1　研究区和数据采集

研究区位于浙江省上虞市西北地区、杭州湾南岸的海涂实验农场。以近似格网采样法在每个格网点

* 基金项目:国家自然科学基金(40571066,40701007)

1 m 的圆周范围内采集有代表性的成熟水稻植株 3 丛，共采集 192 个水稻产量样品，并用 DGPS 对采样点进行定位。水稻样品经自然风干后测量其平均穗重作为该网格点的水稻产量，采样时间是 2006 年 10 月 20 日。EM38 在地表 0，10，20，30，40，50，60，75，90，100，120，150 cm 等 11 个不同高度同时采集水平、垂直模式下的 ECa，共采集了 56 个样点，采样时间为 2006 年 12 月 20 日。研究区及采样点的空间分布模式如图 1 所示。

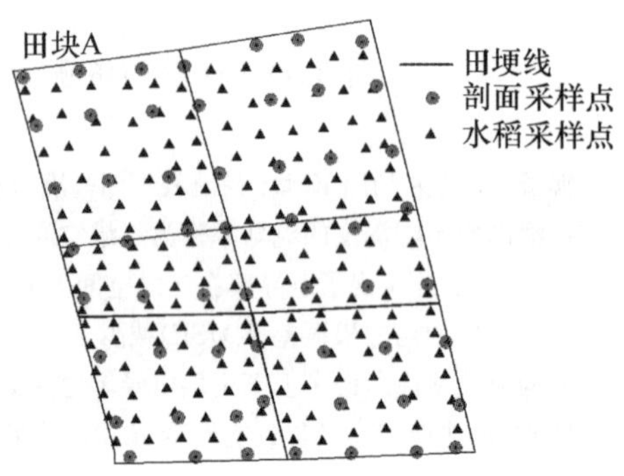

图 1 研究区及采样点的空间分布模式

Fig. 1 Location of the study site and spatial distribution pattern of sampling points

1.2 EM38 剖面电导率反演

McNeill(1980)提出 EM38 在深度 z 处水平、垂直模式下的灵敏度 Φ 模型[10]：

$$\phi^H(z)=2-\frac{4z}{(4z^2+1)^{1/2}} \tag{1}$$

$$\phi^V(z)=\frac{4z}{(4z^2+1)^{3/2}} \tag{2}$$

Borchers 等[4]在该模型的基础上通过土壤表面不同高度 h 获取的电导率 $\sigma^H(h)$ 来预测土壤不同深度的电导率，在水平方向：

$$\sigma^H(h)=\int_0^{\infty}\phi^H(z+h)\sigma(z)dz \tag{3}$$

式中，$\sigma(z)$ 表示在深度 z 处的土壤电导率，灵敏度函数 $\Phi^H(z)$ 如公式(1)所示。同理，在垂直方向上不同高度的表观电导率：

$$\sigma^V(h)=\int_0^{\infty}\phi^V(z+h)\sigma(z)dz \tag{4}$$

式中，灵敏度函数 $\Phi^V(z)$ 如公式(2)所示。采集不同高度 $h_1,h_2,\cdots h_n$ 处的表观电导率，利用方程(3)、(4)提供的线性正向反演模型预测土壤剖面电导率。向量 σ 表示土壤各层的电导率，向量 $m(\sigma)$ 表示预测的土壤电导率：

$$m(\sigma)=[m^V(h_1),m^V(h_2),\cdots,m^V(h_n),m^H(h_1),m^H(h_2),\cdots,m^H(h_n)]^T \tag{5}$$

则模型(1)到(4)可简化为：

$$m(\sigma)=K\sigma \tag{6}$$

$$
\text{式中，} K = \begin{bmatrix}
\int_0^{t_1} \phi^V(z+h_1)dz \cdots \int_{t_1+t_2+\cdots t_{M-1}}^{\infty} \phi^V(z+h_1)dz \\
\vdots \quad \vdots \quad \vdots \\
\int_0^{t_1} \phi^V(z+h_n)dz \cdots \int_{t_1+t_2+\cdots t_{M-1}}^{\infty} \phi^V(z+h_n)dz \\
\int_0^{t_1} \phi^H(z+h_1)dz \cdots \int_{t_1+t_2+\cdots t_{M-1}}^{\infty} \phi^H(z+h_1)dz \\
\vdots \quad \vdots \quad \vdots \\
\int_0^{t_1} \phi^H(z+h_n)dz \cdots \int_{t_1+t_2+\cdots t_{M-1}}^{\infty} \phi^H(z+h_n)dz
\end{bmatrix} \tag{7}
$$

通过 EM38 不同高度水平、垂直模式下实际测得的电导率(向量 d)来预测土壤剖面不同深度电导率(向量 σ)，向量 d 中 m_i^V，m_i^H 表示不同高度水平、垂直模式下测量得到的电导率。

$$d=[m_1^V, m_2^V, \cdots, m_n^V, m_1^H, m_2^H, \cdots, m_n^H]^T \tag{8}$$

根据公式(1)到(6)，预测的目标是使预测值 $m(\sigma)$ 和实际测量值 d 的差异最小，考虑到电导率不能为负值，因此，可简化为解非负最小二乘问题。本问题的特殊之处在于病态矩阵 K 对于向量 d 的细小误差相当敏感，EM38 在实际测量时容易受到噪声的影响。而 Tikhonov 正则化[4]是克服向量 d 误差敏感度的有效方法，调整后如公式(9)所示。

$$\min \| K\sigma - d \|^2 + \lambda^2 \| L\sigma \|^2 \quad (\sigma \geqslant 0) \tag{9}$$

为了获得一个平滑的土壤电导率预测剖面，本研究选择 2 阶 Tikhonov 正则化。另外，L 曲线法[11]是 Tikhonov 正则化中确定参数 λ 值的最佳方法，上述线形模型及反演过程通过 Matlab 命令实现[9]。

1.3 三维普通克立格方法

克立格法是利用原始数据和半方差函数的结构性，对未采样点的区域化变量进行无偏最优估值的一种插值方法。三维普通克立格意味着首先必须在三维空间上进行采样，进而分析三维方向上的半方差。在本征平稳假设条件下，下列变异函数成立[1]：

$$\gamma(h_3) = \frac{1}{2N(h_3)} \sum_{i=1}^{N(h_3)} [Z(x_i) - Z(x_i + h_3)]^2 \tag{10}$$

其中 h_3 表示点对之间的三维空间距离，$\gamma(h_3)$ 为所有空间相距 h_3 的点对的平均方差，$N(h_3)$ 是在空间上具有相同间隔 h_3 的离散点对数目，$Z(x_i)$ 和 $Z(x_i+h_3)$ 分别为点 x_i 和与 x_i 相距 h_3 的点的观测值。

在本研究中，首先单独分析水平、垂直方向的半方差，然后组合这两个方向上的半方差为 3D 半方差模型计算三维半方差[12]。如果变异函数分析的结果表明该属性的空间相关性存在，则可以利用三维普通克立格进行插值。其公式为：

$$Z^*(x_0) = \sum_{i=1}^{n} \lambda_i Z(x_i) \tag{11}$$

其中 $Z^*(x_0)$ 为待估点 x_0 处的估计值，$Z(x_i)$ 为实测值，λ_i 为根据半方差分配给每个实测值的权重且 $\sum \lambda_i = 1$。n 为参与 x_0 点估值的实测值的数目。

1.4 交叉检验

交叉检验(Cross-validation)用来评价 2D 普通克立格和 3D 普通克立格的预测精度。均方根误差($RMSE$)、预测值与实测值的相关系数(r)用来表征预测的精度。均方根误差越小、相关系数越大则预测的精度越高[1]。

2 结果分析

2.1 剖面电导率反演结果分析

利用线性响应模型结合 Tikhonov 正则化方法反演 56 个剖面在 0.05、0.15、0.25、0.35、0.45、0.55、0.675、0.825、0.95、1.10 m 等 10 个深度的土壤电导率值（图 2）。预测结果统计分析如表 1 所示。从表可知，整个土壤剖面的电导率最大值为 410.61 mS/m，最小值为 25.33 mS/m；从单个土层电导率来看，最大值、平均值、变异系数随着深度的增加而增加；从图 1 可直观的看出，研究区的东南部分电导率明显大于北部地区；土体剖面上下层电导率空间变化相对较大，底层的电导率明显大于上层土壤，说明随着深度的增加土壤盐分越来越高。最后，在每个剖面中，随机选择 2 个点作为交叉检验样点，其他 8 个样点进行三维空间预测插值。

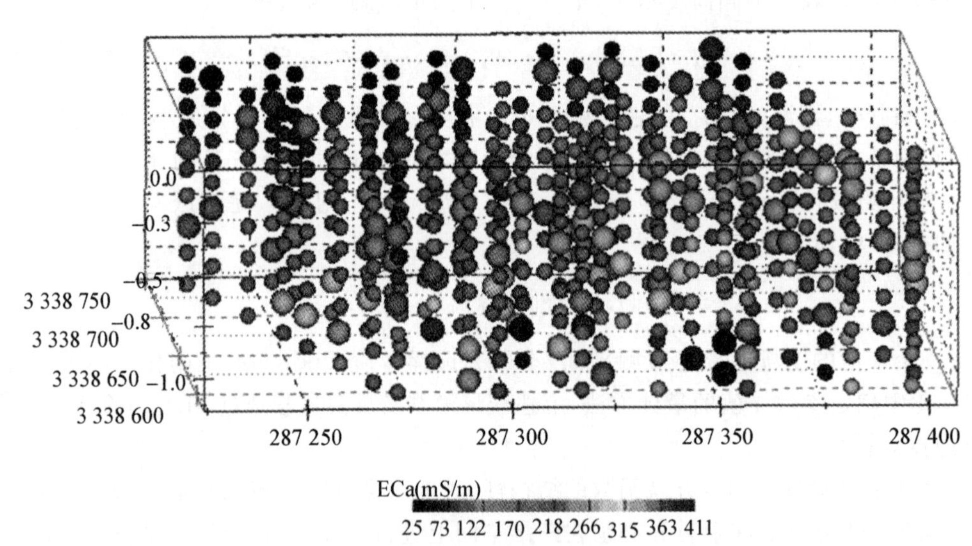

图 2 土壤电导率预测点
Fig. 2 Soil electrical conductivity predicted sites

表 1 不同土层土壤电导率描述性统计
Table 1 Descriptive statistics of soil electrical conductivity in different depth layer

深度 Depth(m)	范围 Range	平均 Mean(mS/m)	标准差 SD*	变异系数 CV** (%)
0.05	25.33～206.98	104.49	52.23	49.99
0.15	40.15～228.54	119.53	52.41	43.85
0.25	50.58～244.96	133.00	51.95	39.06
0.35	59.24～260.70	146.95	50.10	34.10
0.45	55.39～286.12	159.90	52.02	32.53
0.55	51.38～311.94	173.30	53.18	30.69
0.675	54.08～354.01	190.66	63.58	33.35
0.825	60.33～366.39	197.68	65.10	32.93
0.95	67.13～398.48	218.72	87.02	33.79
1.10	56.56～410.61	236.69	83.84	31.42

* Standard Deviation, ** coefficients of variations

2.2 半方差函数分析

通过联合水平、垂直半方差模型，构建一个包含一个块金效应模型和三个球状模型的三维各向同性半方差套合模型，表 2 提供了各模型的参数。3D 半方差模型的解释如下：

表 2 三维各向异性半方差套合模型参数

Table 2 Parameters of the three-dimensional variogram of soil electrical conductivity C_1, Sill, a range

模型	第一套合结构 球状模型	第二套合结构 球状模型	第三套合结构 球状模型	第四套合结构 块金效应模型
C_0(mS/m)	10	—	—	—
C_1(mS/m)	—	1 289	94	777
a(水平方向)	—	87.7	0.000 000 1	1 000 000
a(垂直方向)	—	0.75	0.75	0.75

1)第一套合结构表示一个非常小的 3D 全向性块金效应模型(对应于垂直半方差函数模型的块金值)。

2)第二套合结构表示一个 3D 各向异性模型,包括全向性基台值 C1 和一个方向变程。水平方向的变程为 87.7 m,垂直方向上的变程为 0.75 m(在图 3 中显示为 75 m)。

3)第三套合结构对水平半方差模型增加了一个块金效应,但不针对垂直半方差模型,由于极短的水平方向变程(0.000 000 1 m)和正常的垂直方向变程(0.75 m)。组合前面三个结构模型产生了一个 X－Y 平面上是全向性的水平半方差模型。

4)第四个套合结构增加了垂直方向上的基台值,但没有影响到水平方向。通过设定水平方向上极大的变程(1 000 000 m),垂直方向则为正常的变程(0.75 m)。

由于垂直变程 0.75 m 相对水平变程 87.7 m 较小,根据套合模型进行三维半方差可视化时不能较好的表达垂直变程对三维半方差的影响,故将垂直变程放大 100 倍到水平变程相当数量级。图 3 中角度 a、b 分别表示待预测点与实测点之间的连线与 X 轴和 XY 水平平面的夹角。由于半方差函数结构不存在各向异性,因此角度 a 的变化对半方差值没有影响。图 3 为半方差值随角度 b 变化的三维半方差图,其中 0°、180°、360°表示水平方向,90°、270°表示垂直方向。从图可以看出,由于不考虑各向异性,和二维各向同性半方差模型一样,模型具有对称性。

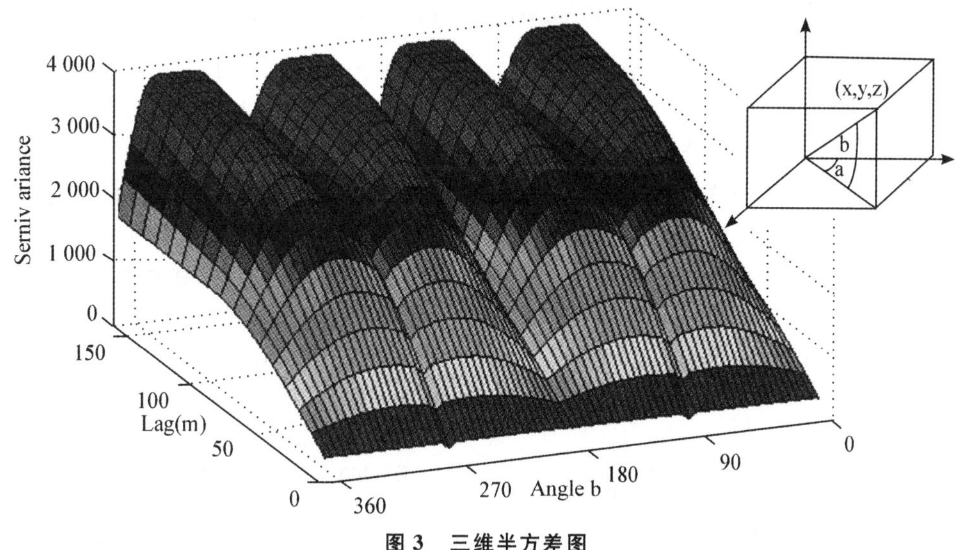

图 3 三维半方差图

Fig. 3 Visualisation of the 3D variogram along angle b, representing the angle of a circle oriented perpendicular to the horizontal (X－Y) plane; the lag distance was exaggerated by a factor of 100 in the vertical (Z) direction.

2.3 电导率三维变异插值

采用三维克立格方法进行土壤电导率空间插值,由于垂直方向(Z)的变化范围比较小,为了获得更佳的可视化效果,垂直方向扩大 50 倍(图 4)。图 4(a)为研究区三维土体 1.1 m 深度范围内土壤电导率的空间变异图。该图展示了二维空间图不能获得的三维超视觉效果,电导率在三维空间上的变异能清楚的描述出来。电导率越高,土壤盐分越高。从表层土壤电导率分布图可清晰的看出土壤盐分高低的空间分布状况,有助于土壤肥料管理和应用农业措施。从电导率等值线可以看出,东部角落的土壤盐分较高。这是由于东面边缘有一些鱼塘,地下水渗透到东部区域土壤底层,随着水分的蒸发盐分向上层土壤流动而盐分升高。

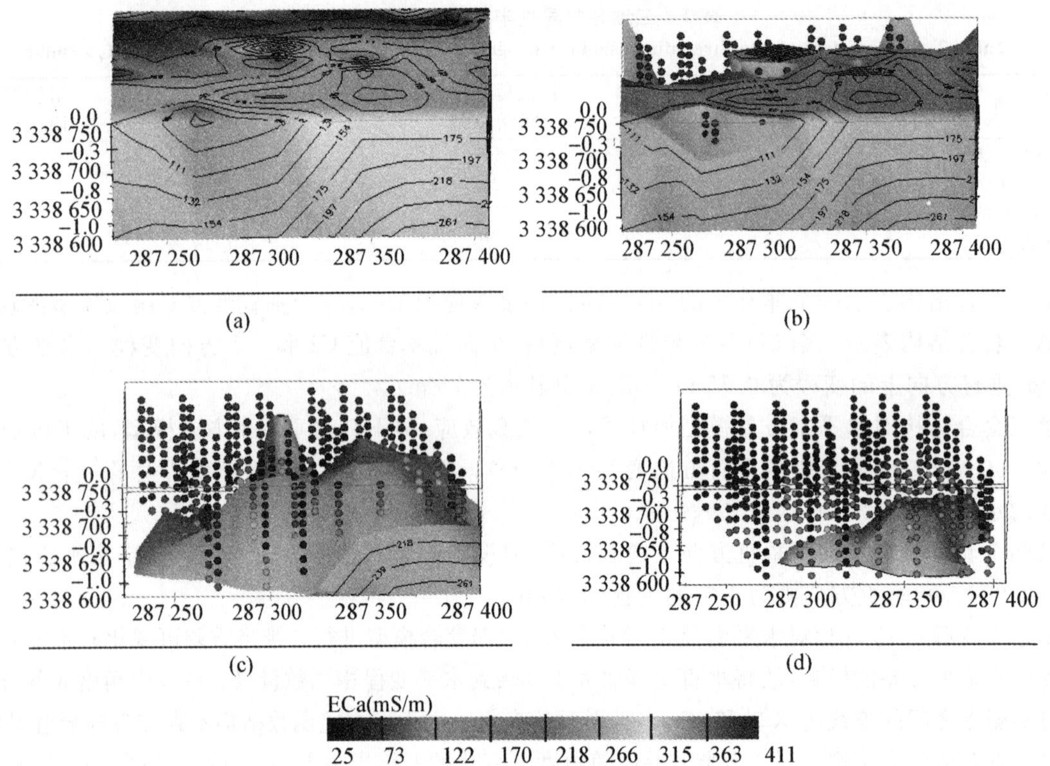

图 4 土壤电导率分别大于 0(a)、100(b)、200(c)、300(d)mS/m 三维可视化图(垂直方向放大 50 倍)

Fig. 4 3D visualization of soil electrical conductivity more than 0(a), 100(b), 200(c) and 300(d)mS/m. Vertical exaggeration is 50 times

图 4(b)、(c)和(d)分别为研究区三维土体 1.1 m 深度范围内电导率大于 100、200、300 mS/m 的土壤空间分布图。从图可以明显看出,随着土壤土壤电导率的增加,土壤体积明显较少。电导率越大,土壤盐分也越高。在三维空间上,北部土壤盐分也明显低于东南部,且随着深度的增加,土壤盐分也越来越大。

按照 3D 插值结果对 112 个样点进行交叉检验分析;同时采用 2D 普通克立格法分别对各土层电导率进行预测,对 112 个样点进行交叉检验分析。分析可知,由于采样点相对比较密集,两种方法的预测精度都较高,3D 克立格法相比 2D 克立格法的误差精度有较大提高。2D 、3D 克立格插值方法的均方根误差(*RMSE*)分别为 41.29、27.49 mS/m,3D 克立格方法较 2D 克立格方法 *RMSE* 降低了 33.42%。预测值和实测值之间的相关系数(r)也由 2D 克立格法的 0.858 提高到 3D 克立格法的 0.902(图 5),提高了 5.13%。

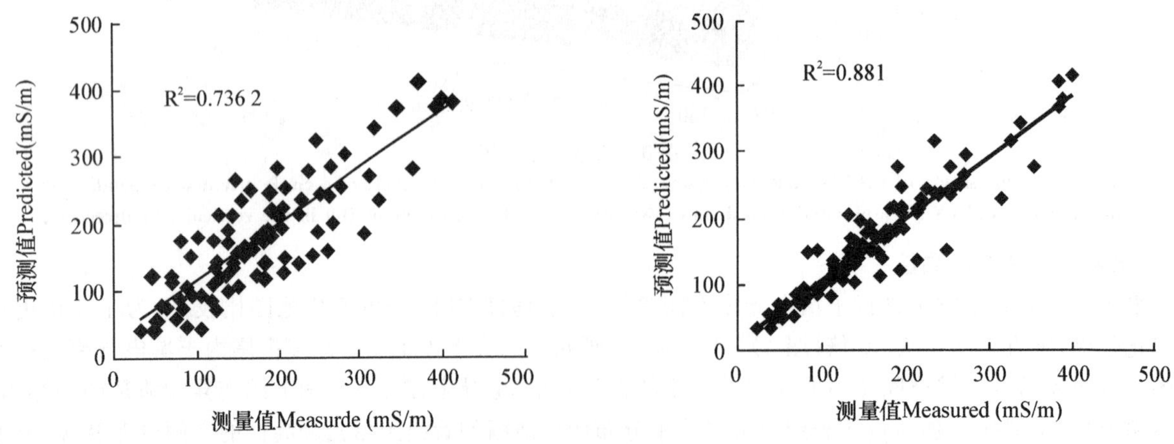

图 5-2 D 克立格(a)和 3D 克立格(b)交叉检验结果

Fig. 5 Cross-validation results of 2D kriging(a) and a 3D kriging(b)

3 讨 论

研究的最终目的是确定调查区受盐分影响的程度及其空间分布，协助农民制定种植方式和选择种植品种，进行有效的盐分管理。本研究区，由于盐分较高一直都以棉花作为种植方式，但随着土壤的改良，在粮价上涨的利益驱动下，改为水稻种植。据 Rhoades 和 Miyamoto[13] 的研究结果，水稻的耐盐性电导率阈值为 300 mS/m。如果仅仅考虑表层土壤的盐分，从图 4(a)可得水稻在本研究区适宜种植。据报道，对于滨海盐土粗糙的沙壤质地土壤，盐分很容易随雨水淋溶而下渗，随水分蒸发而向表层土壤聚集。对于浙江滨海盐土区，在干燥的月份地底 3 m 深度处的盐分也能随地下水向上聚集到表土。如果在制定种植方式时能考虑更深层土壤的电导率，那么生产决策就会有很大的改进。图 6 的灰色区域为 1.1 m 深度处土壤电导率大于 300 mS/m 的区域，从野外调查的实际情况来看，该灰色区域部分水稻根本没办法生长，而是长满了耐盐性强的杂草。图 7 为每穗水稻重量的产量空间分布图，产量低的区域与盐分高的区域空间分布一致。因此，在制定种植决策时，如果能考虑深层土壤的盐分影响，将大大提高决策的准确性。

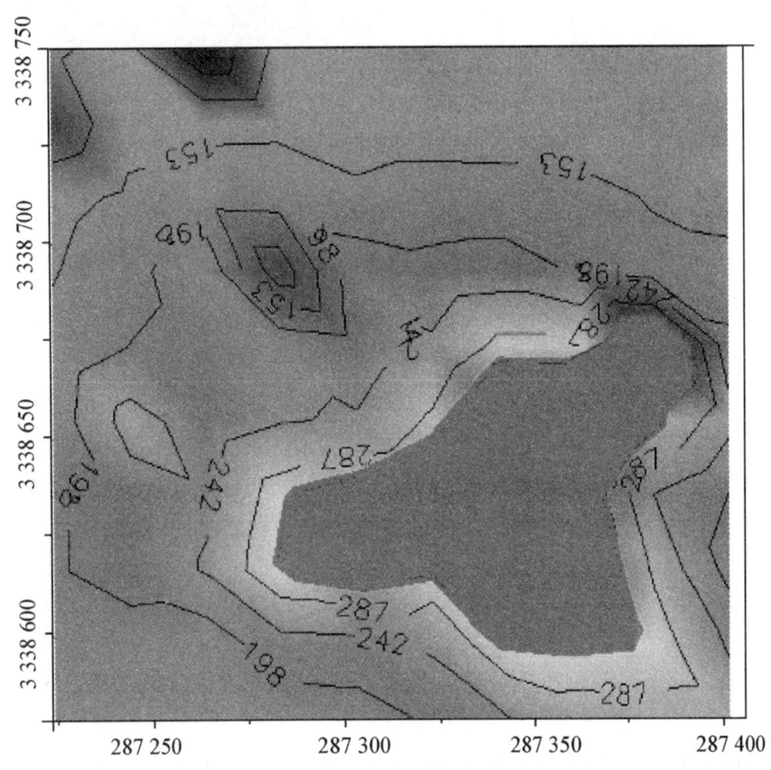

图 6 1.1 m 深度处土壤电导率大于 300 mS/m 的子区域(灰色表示部分)

Fig. 6 Sub-region (gray area) of ECa greater than 300 mS/m at the depth of 1.1 m

4 结 论

本文利用 EM38 在地表不同高度获取的表征电导率采用 EM38 电导率线性响应模型结合 Tikhonov 正则化方法反演 0～1.1 m 深度土体 10 个不同深度的电导率，并以此作为后续三维空间变异研究的数据源，采用三维普通克立格方法进行电导率三维预测插值研究，并实现了电导率在三维空间上的连续表达。研究结果表明，3D 普通克立格法考虑了上下土层之间的关系，可以较大的提高土壤剖面电导率的预测精度。在制定种植规划时，如果考虑更深土层的电导率空间分布情况，将有助于制定更加准确的种植决策。

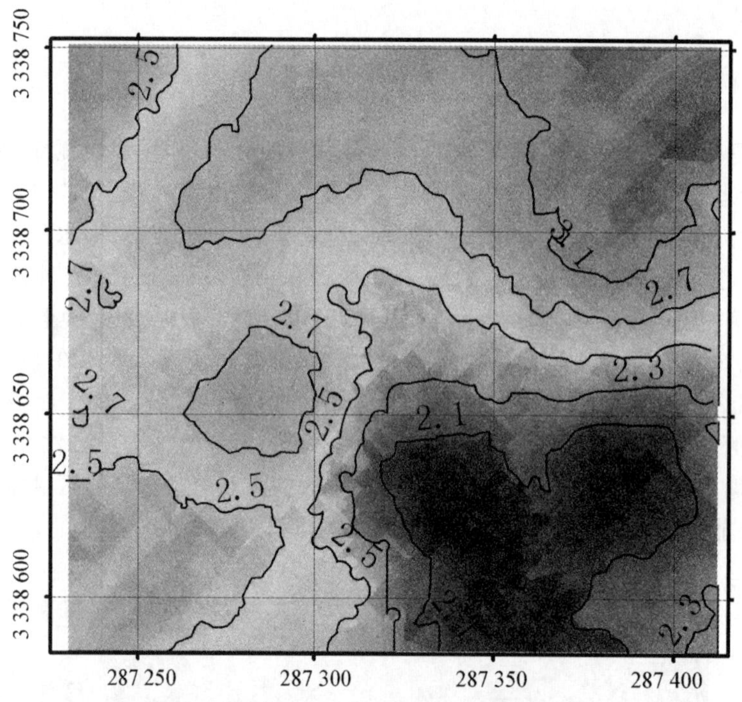

图 7 水稻平均穗重空间分布图

Fig. 7 Spatial variability of rice average weight per spike

由于土壤盐分的随雨水向下淋溶和随水分蒸发向上富集非常频繁，为了掌握滨海盐土的土壤盐分时空间变异情况，可继续开展土壤盐分三维时空变异等方面的研究工作。

参考文献

[1] Meirvenne M V, Maes K, Hofman G. Three-dimensional variability of soil nitrate-nitrogen in an agricultural field. Biol Fertil Soils. 2003, 37: 147-153

[2] Amezketa, E. An integrated methodology for assessing soil salinization, a pre-condition for land desertification. Journal of Arid Environments, 2006, 67: 594-606

[3] 傅庆林，厉仁安，葛正豹. 浙江省海涂农业科技示范园区建设研究与实践. 杭州：浙江大学出版社，2000

[4] Hendrickx J M H, Borchersb B, Corwinc D L, et. al. Inversion of soil conductivity profiles from electromagnetic induction measurements: theory and experimental verification. Soil Sci. Soc. Am. J, 2002, 66: 673-685

[5] Longley P A, Goodchild M F, Maguire D J, et al. Geographic Information Systems, Vol 1. : Principles and Technical Issues, 2nd edition, John Wiley and Sons, New York, 1999

[6] Burrough P A, McDonnell R A. Principles of Geographical Information Systems, Oxford University Press, United States, 1998

[7] Urska D, Kirlna S. Use of GIS and 3D visualisation to investigate radon problem in groundwater. Proceedings, ScanGIS'2005, 2005

[8] Dawson K M, Baise, LG. Three-dimensional liquefaction potential analysis using geostatistical interpolation, Soil Dynamics and Earthquake Engineering, 2005, 25: 369-381

[9] 李洪义，史舟，程街亮，等. 基于 EM38 的土壤剖面电导率预测研究，中国农业科学，2008, 41(1): 295-302

[10] McNeill J D. Electromagnetic terrain conductivity measurement at low induction numbers. Tech. Note TN-6. 1980. Geonics, ON, Canada

[11] Tikhonov A N, and Arsenin V Y. Solution of ill-posed problems. John Wiley and Sons, New York, 1977

[12] Armstrong M. Basic linear geostatistics. Springer, Berlin Heidelberg New York, 1998

[13] Rhoades JD, Miyamoto S. Testing soils for salinity and sodicity Soil testing and plant analysis. In: Westerman RL(ed) Soil Science Society of Amercian, Inc. Madison, Wisconsin USA, 1990

Three-dimensional spatial variability of soil electrical conductivity in a saline land

Li Hongyi, Shi Zhou

(Institute of Agricultural Remote Sensing and Information Technology Application, Zhejiang University, Hangzhou 310029)

Abstract In the present study, the apparent electrical conductivity data, which inversed by a procedure for estimating soil apparent electrical conductivity (ECa) profiles that combines the EM38 linear model with Tikhonov regularization from aboveground EM38 measurements, were selected as the data source of 3D spatial variability. 3D ordinary kriging method was used to predict the three-dimensional spatial variability of ECa. Plume model was used to present ECa spatial distribution, and presented a superior visualization of spatial distribution of ECa in 3D space directly that 2D interpolation can't achieve. Compared with the 2D ordinary kriging, the root-mean-square error produced by 3D ordinary kriging decreased by 33.42%, and the correlation coefficient between the predicted value and the observed value increased by 5.13%. In this 3D interpolation method, Soil variation is modeled at every depth with considered the soil ECa above or below it. The analysis results indicated that the 3D interpolation method can predicted more precise than the 2D interpolation method.

Key words Electrical conductivity; EM38; Spatial variability; 3D ordinary kriging

不同插值方法对成分数据空间预测结果的影响*

——以土壤连续分类模糊隶属度为例

檀满枝[1,2]　陈杰[1]

(1,土壤与农业可持续发展国家重点实验室,中国科学院南京土壤研究所,南京　210008;
2,中国科学院研究生院,北京　100049)

摘要:地球科学中成分数据(compositional data)非常普通,其在进行空间插值时必须满足四个条件:每一位置各组分之和为常数,每一组分为非负,插值结果无偏最优。本文以土壤连续分类模糊隶属度为例,数据经对数正态变换、非对称对数比转换、对称对数比转换后进行普通克里格插值结果和成分克里格插值(compositional kriging)结果进行比较。结果表明,对原始数据和经对数正态变换后数据进行插值,每一位置预测结果隶属度之和不能满足常数1。经非对称对数比转换后,插值结果虽然满足各个位置组分之和为1,但是预测结果精度较低,且预测结果空间分布连续性不明显。数据经对称对数比转换后插值结果和成分克里格插值结果,都能满足成分数据空间插值的四个条件,但二者各有优势。相比较而言,对称对数比转换方法得到的预测结果更能体现土壤空间连续渐变特征,而成分克里格插值结果能保证隶属度本身是最优无偏估计。

关键词:成分数据,对称对数比转换,非对称对数比转换,成分克里格

地球科学中成分数据(compositional data)非常普通,数据常常表达为分数或百分比。例如土壤颗粒组成、岩石的化学组成,沉积物中花粉和有孔虫目的组成等[1]。另外,不明显的成分数据有指示数据和经模糊c-均值分类得到的土壤连续分类模糊隶属度值。各组分之和为常数,且每一组分为非负。因此组分相关性中含由闭合效应引起的伪相关,而且不服从正态分布,给统计分析带来了很大困难[2]。由于成分数据结构的特殊性,在进行地统计学空间预测之前,必须进行特殊的处理,插值同时满足以下四个条件:每一位置各个组分插值结果为非负,且之和为常数,误差最小化和无偏估计[3,4]。国外进行过土壤颗粒组成空间预测方法的对比研究,结果表明原始数据经对称对数比转换后进行克里格插值取得的结果最理想,而直接对原始数据进行克里格插值的方法不可取[5]。在国内有关成分数据空间预测的实际研究中,定和和非负限制常常被有意或无意地忽略,从而造成插值结果不符合实际情况,例如土壤颗粒组成空间预测常常是这种情况[6,7]。基于离散样点土壤属于每一类别的模糊隶属度值,进行土壤模糊连续制图,国外在这方面的研究较多[4,8～12],但没有研究对模糊隶属度值空间预测的各种方法进行过系统地比较和分析。因此本文选取区域土壤样点属于不同类别的模糊隶属度值,数据经各种方法转换后插值结果和成分克里格插值结果进行系统地分析和比较,总结出各种方法的优势和不足,为今后自然界中诸如此类成分数据的空间预测提供方法借鉴。

1　土壤连续分类模糊隶属度值

作为地球表面的自然连续体,土壤的连续性特征不仅表现于地理空间上的分布,同时也表现于属性空间上的变异。土壤样本往往表现出对于不同土壤类型的多重相似性。换言之,土壤样本对于一个特定土壤类型的隶属关系不是非0则1,而是对于一个以上的土壤类型均表现出部分隶属关系,即模糊隶属关系。模糊隶属关系的理论基础是模糊逻辑或模糊集理论[14,15]。根据部分隶属关系把土壤样本划分入不同的类别

* 基金项目:国家自然科学基金项目(40571065,40701070)和中国科学院南京土壤研究所创新前沿项目(ISSASIP0716)资助

(子集),所得每个样品属于不同类别的模糊隶属度值,即模糊子集。20 世纪 80 年代末期,模糊逻辑结合地统计学方法开始广泛应用在土壤分类连续制图领域,国内是最近两年才刚刚发展起来的。模糊 c-均值算法是土壤科学应用最广泛的土壤连续分类方法,结果得到每一样点属于不同类别的隶属度之和为 1,且隶属度值均为非负。从模糊隶属度数据结构来看,它是一类成分数据。

2 研究方法

2.1 非对称对数比转换

Aitchison 于 1982 和 1986 年提出成分数据的对数比转换方法,将成分数据变换成其组分的比值对数(称"对数比"),其对数比将近似地服从正态分布,就这样,对数比转换同时解决了成分数据统计分析中的闭合效应和统计分析这两个问题[16,17]。Pawlowsky 等将对数比方法与地质统计学方法相结合,提出了成分数据的区域化统计方法[3]。常用的对数比转换又称为非对称对数比转换[8,9](asymmetry Logratio transform),有的文献中又称为加和对数比转换[5](additive logratio transform),具体计算公式如下:

$$\mu'_{ij}(x) = \ln \frac{\mu_{ij}(x)}{\left(\prod_{j=1}^{c} \mu_{ij}(x)\right)^{1/c}} \tag{1}$$

转回公式为:$$\mu_{ij}(x) = \frac{\exp\mu'_{ij}(x)}{\sum_{j=1}^{c} \exp\mu'_{ij}(x)} \tag{2}$$

其中,$\mu_{ij}(x)$为第 i 个样点的土壤对于第 j 个聚类类别的隶属度,$\mu'_{ij}(x)$为第 i 个样点的土壤对于第 j 个聚类类别的隶属度的对称对数比转换值。

2.2 对称对数比转换

对称对数比转换[8,9](symmetry Logratio transform)有的文献中称改进的加和对数比转换[5](modified additive logratio transform),公式为:

$$\mu'_{ij}(x) = \ln \frac{\mu_{ij}(x) + \eta_j}{\left(\prod_{j=1}^{c} (\mu_{ij}(x) + \eta_j)\right)^{1/c}} \tag{3}$$

转回公式为:$$\mu_{ij}(x) = \left(\frac{\exp\mu'_{ij}(x)}{\sum_{j=1}^{c} \exp\mu'_{ij}(x)} - \frac{\eta_j}{1 + \sum_{j=1}^{c} \eta_j} \right) \left(1 + \sum_{j=1}^{c} \eta_j\right) \tag{4}$$

其中 $\mu_{ij}(x)$为第 i 个样点的土壤对于第 j 个聚类类别的隶属度,$\mu'_{ij}(x)$为第 i 个样点的土壤对于第 j 个聚类类别的隶属度的对称对数比转换值,η 为常数,取研究区除 0 外最小隶属度值的一半。

2.3 成分克里格

没有一种现成的克里格插值方法考虑到成分数据的特殊性,由 J. J. De Gruijter 等 1997 年提出的成分克里格是一种专门针对这类数据的插值方法[4],该方法是在普通克里格插值基础上发展起来的。然而它与协同克里格插值不同,它不能保证成分结构数据之间的线性相关性,此外,不能获取交叉一变量图模型。考虑到无偏限制,和普通克里格一样,成分克里格也是最小化估计方差。最小化估计方差通过设置联合拉格朗日乘数一阶偏导数,也就是对于一阶线性方程 α_c,μ_c 或者 β 为 0。

$$\sum_{j=1}^{n_c} \lambda_{jc} C_{ijc} + \mu_c + \alpha_c z_{ic} + \beta z_{ic} = C_{i0c} \ \forall_i, c \tag{5}$$

$$\sum_{i=1}^{n_c} \lambda_{ic} = 1 \quad \forall \mathrm{c} \tag{6}$$

$$\sum_{c=1}^{k}\sum_{i=1}^{n_c}\lambda_{ic}z_{ic}=1\text{，并且 }a_c\geqslant 0\quad\forall c \tag{7}$$

$$\sum_{c=1}^{k}\sum_{i=1}^{n_c}\lambda_{ic}z_{ic}=1 \tag{8}$$

式中 λ_{jc} 对于隶属类别 c（成分数据）赋值于观察点 j 点的权重值。C_{ijc} 为观察点 i 和 j 隶属 c 类别隶属度的协方差。C_{i0c} 为观察点 i 和预测点隶属 c 类别隶属度的协方差。n_c 为用于预测类别 c 的观察点的数量。因此，特定预测点的隶属度值可以通过式子计算：

$$\hat{z}_c=\sum_{i=1}^{n_c}\lambda_{ic}z_{ic}\quad\forall c \tag{9}$$

估计方差可以通过代数处理经替代的权重更有效地表示为：

$$\sigma_{RC}^2=\sigma_c^2-\sum_{i=1}^{n_c}\lambda_{ic}C_{i0c}-\mu_c-(\alpha_c+\beta)\hat{z}_c\quad\forall c \tag{10}$$

式中，σ_{RC}^2 为隶属于类别 c 预测误差的方差，σ_c^2 为隶属于类别 c 的方差。

3 案例研究

3.1 研究区土壤模糊连续分类

研究区位于江苏省南京市东郊麒麟镇东流村附近，面积约为 1 km^2。在对研究区进行野外调查的基础上，在不同母质来源、地形部位和土地利用方式下开挖土壤剖面 31 个，钻取土壤样点 85 个，深度为 120 cm（或至基岩）。对土壤剖面形态特征进行观察、描述与记录，并分层采集土壤样品，同时记载样点的地理位置及其周围的景观信息。结合土壤样品实验室分析数据，在对研究区主要发生层进行细分、归整的基础上，划分出 9 个具有重要土壤发生学意义与分类典型性的特征土层[18]。

基于研究区 116 个样点发育的 9 种特征土层的厚度数据，建立样点对应特征土层类型厚度数据矩阵，样点对应缺失的特征土层类型厚度值用“0”表示。应用模糊 c-均值算法（FCM），定量化确定最佳分类参数，把研究区土壤自动分为 4 类，用 A、B、C、D 表示。FCM 输出结果包括类别质心值和样点属于每一类别的模糊隶属度值。

3.2 各种数据转换方法空间预测结果比较

直接用模糊隶属度值进行普通克里格插值，4 种类别隶属度栅格图加和平均值虽然为 1，但是有 40.7% 的栅格之和大于 1，有 59.3% 的栅格隶属度之和小于 1，没有一个栅格单元之和等于 1 的情况出现（图 1 Ⅰ）。单一类别隶属度图最小值都为负值，最大值为 1.53。采用对数正态变换，4 种类别隶属度插值栅格图加和，结果有 13% 的栅格隶属度之和大于 1，有 87% 的栅格隶属度之和小于 1，没有一个栅格隶属度之和等于 1 的情况出现（图 1 Ⅱ）。这显然与隶属度实际情况不符。因此结果说明，不考虑成分数据的特殊性，对原始数据直接进行插值，或经正态变换后进行插值，都会存在必然的不确定性或不可靠性。直接对原始数据进行克里格插值的均方根误差虽然较小（表 1），按理来说这应该是理想的预测结果，但实践证明对原始数据进行插值不可靠，这点同时说明依靠一种方法进行预测精度验证也是不可靠的问题。

经非对称对数比转换后进行普通克里格插值生成的单一类别隶属度图，每一栅格单元的隶属度之和虽然都均为 1，但是预测结果精度很低（表 1）。单一类别隶属度预测结果图渐变过渡特征不明显，空间分布格局不合理（图 2）。

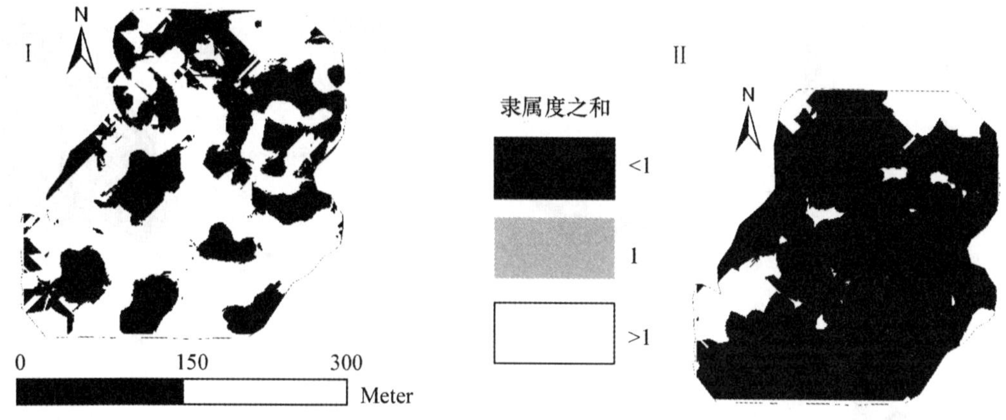

图 1　4 个类别属度栅格加和较(Ⅰ基于原始数据,Ⅱ基于自然对数变换数据)

Fig. 1　Sum of the membership values produces by ordinary kriging of the untransformed soil membershios and transformed bv logarithm to the resulted clusters;exdected sum=1

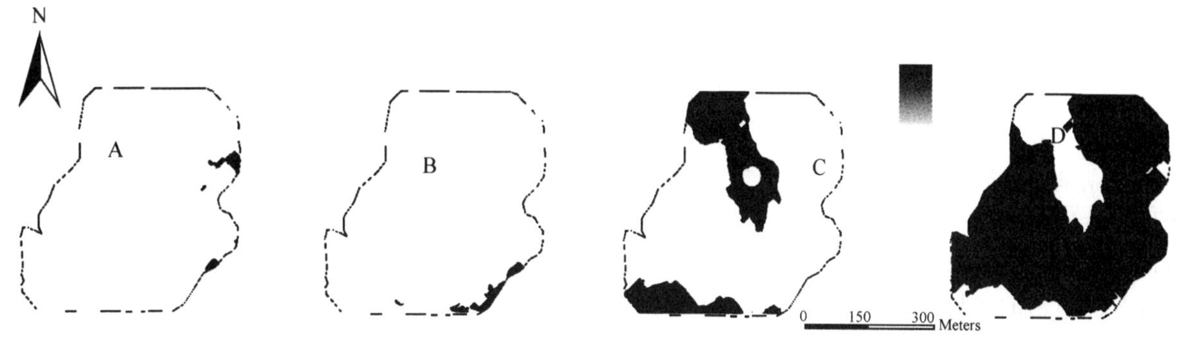

图 2　数据经非对称对数比转换后插值结果

Fig. 2　Interpolation results of membership values transformed by asymmetry log-ratio

经过对称对数比转换后的研究区 4 种类别土壤隶属度空间预测图进行栅格加和,结果每一栅格隶属度之和均为 1,且每一类别隶属度值都在 0～1 之间。同时预测精度也较合理(表 1)。因此,采用对称对数比对土壤隶属度值进行转换,预测结果较理想。

表 1　各种形式数据空间插值精度比较

Table 1　Assessment of spatial interpolation precision of different kinds of data

类别	均方根误差(RMSE)				平均预测误差(ME)			
	原始	自然对数	对称对数比	非对称对数比	原始	自然对数	对称对数比	非对称对数比
	UT	LN	ALR	SLR	UT	LN	ALR	SLR
A	0.168	1.952	1.017	42.77	−0.001	0.024	0.001	−0.105
B	0.261	2.292	1.484	27.31	0.001	0.026	0.002	0.041
C	0.254	2.335	1.863	291.40	−0.010	−0.053	−0.068	−3.656
D	0.373	2.196	2.268	359.40	0.010	0.080	0.050	2.615
平均	0.264	2.194	1.658	180.22	0	0.019	−0.004	−0.276

备注:UT,untransform;CK,compositional kriging;ALR,asymmetry Logratio transform,SLR,symmetry Logratio transform.

3.3　对称对数比转换插值结果和成分克里格插值结果比较

数据经对称对数比转换和成分克里格插值结果均满足成分数据插值的四个条件。对称对数比转换比成分克里格插值结果理想,空间上连续渐变特征明显(图 3)。但对称对数比转换由于不是直接对原始数据进行预测,因此不能进行估计误差方差评价,不能保证转回的隶属度值一定满足最优无偏估计。

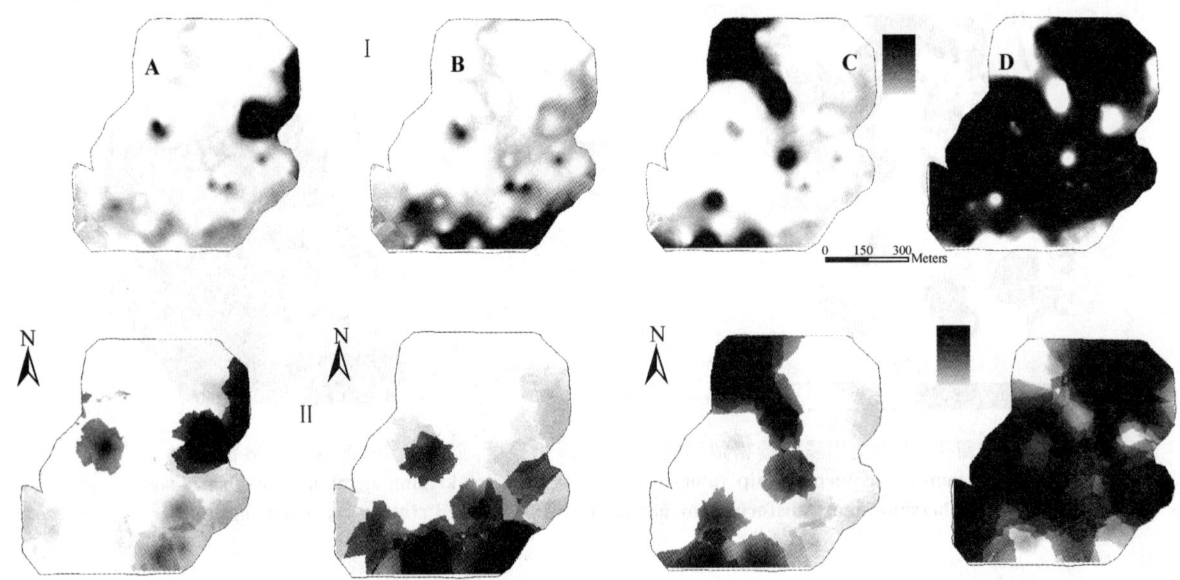

图 3 单一类别隶属度图(Ⅰ.数据经对称对数比转换后进行普通克里格插值 Ⅱ.成分克里格插值)
Fig. 3 Interpolation results of membership values transformed by symmetry log-ratio (Ⅰ) and compositional kriging result (Ⅱ)

成分克里格隶属度插值结果不太理想可能是成分克里格程序由代数控制所引起的，并且成分克里格是基于原始隶属度数据进行插值的，数据可能不像希望中的那样总是有序的(即进行插值的前三个类别与最后插值的那个类别顺序的不同会影响到最后进行插值的那个类别)，而对称对数比转换后的数据总是有序的。但是成分克里格的优势在于直接对原始数据进行插值，因此是对隶属度值无偏最优估计，估计误差的方差图显示(图 4)，插值结果比较理想。

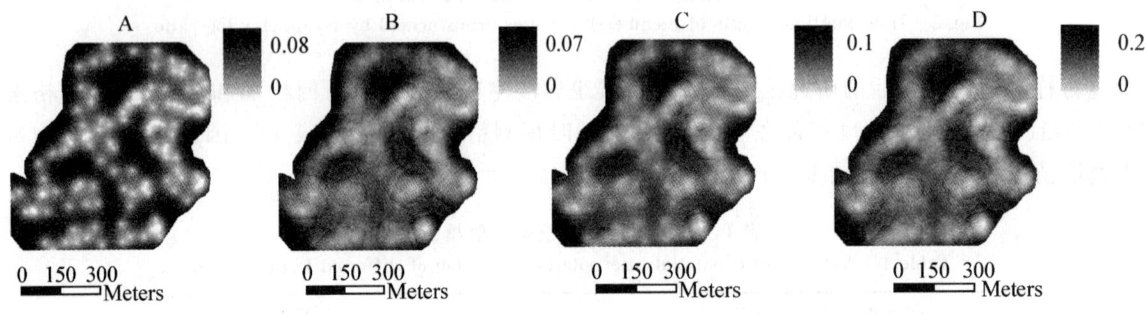

图 4 成分克里格插值估计误差方差图
Fig. 4 Map of variance of prediction error in compositional kriging

4 结 论

本文以区域土壤模糊连续分类隶属度值为例，进行成分数据各种空间预测方法的对比分析。成分数据直接进行插值和经对数正态变换后插值都会存在必然的不确定性或不可靠性。

虽然非对称对数比转换、对称对数比转换和成分克里格插值结果均能满足成分数据插值的四个条件，但三者之间又有差异。从预测精度来看，非对称对数比转换预测精度较低，因此首先被排除。而对称对数比转换和成分克里格插值各有优势，成分克里格插值结果空间分布图连续性特征不如对称对数比转换。而对称对数比转换由于不是直接对原始数据进行预测，因此不能对估计误差方差进行评价，不能保证转回的隶属度值一定满足最优无偏估计，而成分克里格直接对隶属度值进行插值可以进行估计误差方差的评价，能保证隶属度本身是最优无偏估计。

成分数据的结构分析和区域化预测对土壤科学家提出了特定的问题，为了保证得到更确切的预测结果，使用恰当的方法非常重要，例如对称对数比转换或成分克里格。而不是直接对原始数据进行插值或对原始数据进行正态变换，目前已经成为实事。

参考文献

[1] Walvoort, D. J. J. , de Gruijter, J. J. Compositional kriging: a spatial interpolation method for compositional data. Math. Geol, 2001, 33: 951-966

[2] 周蒂. 地质成分数据统计分析—困难和探索. 地球科学—中国地质大学学报, 1998, 23: 147-152

[3] Pawlowsky V, Olea R A, Davis J C. Estimation of regionalized compositions: a comparison of three methods. Mathematical Geology, 1995, 27(1): 105-127

[4] De Gruijter, J. J. , Walvoort, D. J. J. and Van Gaans, P. F. M. Continuous soil maps-a fuzzy set approach to bridge the gap between aggregation levels of process and distribution models. Geoderma, 1997, 77: 169-195

[5] Odeh I. O. A, Todd A. J. , Triantafilis J. Spatial prediction of soil particle-size fractions as compositional data. Soil science, 2003, 168(7): 501-514

[6] 冯娜娜，李延轩，张锡洲，王永东，廖贵堂. 不同尺度下低山茶园土壤颗粒组成空间变异性特征，水土保持学报，2006，20(3)：123-128

[7] 刘付程，史学正，潘贤章，王洪杰. 苏南典型地区土壤颗粒的空间变异特征. 土壤通报，2003，34(4)：247-249

[8] McBratney, A. B. , De Gruijter, J. J. , Brns, D. J. Spatial prediction and mapping of continuous soil classes. Geoderma, 1992, 54(12): 39-64

[9] Triantafilis, J. , Ward, W. T. , Odeh, I. O. , McBratney, A. B. Creation and interpolation of continuous soil layer classes in the Lower Namoi Valley. Soil Sci. Soc. Am. J. , 2001, 65, 403-413

[10] Bragato G. Fuzzy continuous classification and spatial interpolation in conventional soil survey for soil mapping of the lower Piave plain. Geoderma, 2004, 118: 1-16

[11] Burrough P. A. , van Gaans P. F. M. and Hootsmans R. Continuous classification in soil survey: spatial correlation, confusion and boundaries. Geoderma, 1997, 77: 115-135

[12] Odeh, I. O. A. , McBratney, A. B. , Chittleborough, D. J. Fuzzy-c-means and Kriging for mapping soil as a continuous system. Soil Sci. Soc. Am. J. , 1992a, 56: 1848-1854

[13] Tan M, Z. , Xu F. M. Chen J, Zhang X. L. , Chen J. Z. Spatial prediction of heavy metal pollution for soils in Peri-urban Beijing, China based on Fuzzy Set theory. Pedosphere 2006, 16(5): 545-554

[14] Bezdek, J. C. Pattern Recognition with Fuzzy Objective Function Algorithms. Plenum, New York, 1981, 256pp

[15] McBratney A. B, Deu Gruijter J. J. A continuum approach to soil classification by modified fuzzy k-means with extragrades. Journal of Soil Science, 1992, 43: 159-175

[16] Aitchison, J. The statistical Analysis of Compositional Data. Chapman & Hall, London. 1986

[17] Aitchison, J. The statistical analysis of compositional data. J. Royal Stat. Soc. B. 1982, 44: 139-177

[18] 江苏省江宁县土壤志. 江宁县土壤普查办公室，南京市土壤普查办公室，江苏省土壤普查办公室，1985

Different interpolation methods influences on spatial prediction of compositional data-In case of fuzzy membership values of soil continuous classification

Tan Manzhi[1,2], Chen Jie[1†]

(1. State Key Laboratory of Soil and Sustainable Agriculture, Institute of Soil Science, Chinese Academy of Sciences, Nanjing 210008, China; 2. Graduate School of the Chinese Academy of Sciences, Beijing 100049, China)

Abstract Compositional data is very common in geosciences, which must meet four conditions in spatial interpolation. This includes ensuring positive definiteness and a constant sum of interpolated values at a given position, error minimization, and lack of bias. This study took case of fuzzy membership values of soil continuous classification, applied three methods of data transformation prior to kriging. The three methods were logarithm transformation (LN), asymmetry Logratio transformation (ALR) and symmetry Logratio transformation (SLR). The performance of the transformed values by ordinary kriging was compared with the spatial prediction of the untransformed data using ordinary kringing (UTok), compositional kriging (CK). The results showed that the sum of interpolated values at a given position wasn't equal to constant 1 by UTok and LN. Obviously, the above predictive result was theoretically unauthentic. Contrarily, membership values of all the spatial predicted sites summed to 1 when the membership values of the known soils were transformed by asymmetry Logratio and symmetry Logratio approaches and compositional kriging. Comparatively, symmetry Logratio transform could lead to a better spatial continuous distribution pattern. Interpolation results by compositional kriging could keep membership values either unbiased predictions or minimum prediction error variances.

Key words compositional data, asymmetry Logratio transform, symmetry Logratio transform, compositional kriging

不同磷肥用量对硫酸铝改良后的苏打盐碱土磷素形态及吸附特性的影响*

李月芬[1,2]　赵兰坡[2]　杨有德[1,2]

（1. 吉林大学地球科学学院，长春　130061；2. 吉林农业大学资源与环境学院，长春　130118）

摘要：通过室内模拟盆栽改良试验和吸附实验，结合室内分析，研究了经硫酸铝改良后施用不同用量的磷肥对土壤中磷的形态及吸附特性的影响。结果表明：在硫酸铝用量为 0.3%，施用不同用量磷肥条件下，各级无机磷平均含量较 CK 增长顺序为 $Ca_2-P>Ca_8-P>Al-P>Fe-P>O-P>Ca_{10}-P$。磷的等温吸附曲线结果表明，随磷施用量增加，磷吸附量有逐渐减少的趋势。根据 Langmuir 方程，将$C/\chi/m$对 C 作图，得到的是具有一个折点的直线，表明随着磷平衡浓度的不同，土壤对磷的吸附存在着两个不同能量水平的吸附点位。将χ/m对$\chi/m/C$作图，随着施磷量的增加，总的最大吸附磷量的顺序为 NAP－2>NAP－4>NAP－1>NAP－3>NAP－5。

关键词：苏打盐碱土；硫酸铝改良剂；磷肥；磷形态；磷吸附

吉林省的盐碱土属于温带半干旱草原苏打盐碱土，其主要盐分组成为 Na_2CO_3 及 $NaHCO_3$，含有少量的硫酸盐和氯化物。碱性强，物理性质不良，自然肥力低下。迄今为止，苏打盐碱土的改良措施主要有：种稻改土和井灌井排、草原利用、生物改良、工程改良、化学改良等。在生产实践上，这些措施都曾经发挥了各自的作用，但是每种措施都有其各自的优缺点和应用上的局限性。对于现有的重度以上苏打盐碱化土壤，目前尚无成功的技术和措施加以改良。从 1989 年开始，赵兰坡等用硫酸铝改良苏打盐碱土，硫酸铝施入土壤后，Al^{3+} 发生水解作用，生成单体铝或多聚体铝，产生大量的 H^+，中和土壤中的 OH^-，从而使土壤的 pH 值降低，并促进了土壤中碱土金属碳酸盐的溶解，使交换性 Ca^{2+}、Mg^{2+} 等二价阳离子与 Na^+ 产生交换作用，降低了土壤的碱化度；同时单体铝或多聚体铝离子，促进了土壤胶体凝聚和微团聚体的形成，从而改善了土壤的结构性，降低了土壤容重，增加了土壤孔隙度和膨胀度，增强了土壤的渗透性能及持水能力，提高了土壤的保水保肥性能，为盐分淋洗与作物生长创造了良好的土壤环境[1,2,3]，为盐碱地的改良开辟了一条新的途径。本研究的目的是探讨强碱性苏打盐碱土经过化学改良剂硫酸铝改良后，加入不同用量的磷肥对土壤磷素营养状况以及磷素的吸附特性的影响，以便为苏打盐碱土改良后磷肥的合理施用及科学的管理提供理论依据。

1　材料与方法

1.1　供试土壤及改良剂

吉林省西部松原市前郭县套浩太乡碱巴拉村北重度苏打盐碱土，土壤类型为草甸碱土。化学改良剂为工业硫酸铝，主要成分为 $Al_2(SO_4)_3 \cdot XH_2O$。

1.2　实验设计

共设 5 个处理，3 次重复。每盆装过 2mm 筛的苏打盐碱土 500 g，硫酸铝用量固定为占土重的0.3%[4]。每 500 g 风干土中分别施入磷(P_2O_5)0.025 g(*NAP*－1)、0.05 g(*NAP*－2)、0.075 g(*NAP*－3)、0.15 g(*NAP*－4)和 0.175 g(*NAP*－5)，每盆加 NH_4NO_3 0.214 4 g。将风干土样与磷肥、氮肥和改良剂充分混合，

* 基金项目：吉林省科技厅重点科技攻关项目(98201-04)资助

加蒸馏水至田间持水量，分别装于洗净干燥的塑料盆钵中，然后选择催芽后芽长基本一致的小麦种子进行播种，每盆 10 株，适时浇水，放于室内有阳光的窗台上培养。播种 3d 后，开始测出苗率、株高等，待收获时，测地上部植株干重、鲜重和根部干重、鲜重。

1.3 分析方法

1.3.1 土壤无机磷的分级

土壤无机磷的分级方法参考蒋柏藩石灰性土壤无机磷分级测定方法进行[5]。其特点是：①将土壤无机磷部分的磷酸钙盐分成 3 级，即 Ca_2-P 型、Ca_8-P 型和 Ca_{10}-P 型；②用混合型浸提剂提取磷酸铁盐。

1.3.2 土壤磷的吸附等温线测定

磷吸附等温线测定[6]称取通过 20 目筛孔的风干土样 1.000 0 g 置于 50mL 塑料离心管中，分别准确加入含磷量为 0、10、20、30、40、50 mg·kg^{-1}的 0.01 mol/L KCl(pH=7)溶液 20 mL，为防止微生物活动，每管加氯仿 3 滴，加盖，室温下振荡 30 min，置于 25 ℃恒温箱中平衡培养 6d。此间，每天振荡 2 次(间隔 12 n)，每次 30 min。培养结束，在 4 000 r·min^{-1}离心机中离心 10 min，用钼锑抗比色法测定上清液中的磷，即得到平衡后溶液中磷的浓度，据此计算吸磷量 X 值(P mg·kg^{-1}土)。

2 结果与讨论

2.1 不同磷肥用量对土壤磷素形态的影响

2.1.1 不同磷肥用量对土壤无机磷形态转化的影响

表 1 不同磷肥用量和配施相同用量的硫酸铝和氮肥处理土壤的无机磷测定结果

Table 1 Results of fraction of inorganic phosphorus on soils treated by different amounts of phosphate fertilizer and the same amounts of aluminum sulfate and nitrogen fertilizer mg·kg^{-1}

处量 Treatment	Ca2−P		Ca8−P		Al−P		Fe−P		O−P		Ca^{10}−P		合计
	含量 Content	%	含量 Content	%	含量 Content	%	含量 Content	%	含量 Content	%	含量 Content	%	含量 Total
NAP−1	17.92	9.68	12.42	6.71	29.08	15.71	27.87	15.06	52.31	28.27	45.45	24.56	185.05
NAP−2	22.75	10.44	18.34	8.41	37.81	17.35	28.44	13.05	56.98	26.14	53.63	24.61	217.95
NAP−3	26.92	10.60	24.08	9.48	41.65	16.40	30.97	12.20	82.60	32.53	47.69	18.78	253.91
NAP−4	45.45	15.51	33.89	11.57	52.84	18.03	34.58	11.80	70.87	24.19	55.38	18.90	293.01
NAP−5	55.12	18.19	39.15	12.92	57.69	19.03	38.66	12.76	66.96	22.10	45.47	15.00	303.05
平均值	33.63	12.88	25.58	9.82	43.81	17.30	32.10	12.97	65.94	26.65	49.52	20.37	250.59
CK	9.84	7.08	8.20	5.9	22.12	15.90	19.67	14.18	44.82	28.90	39.08	28.13	138.92
增长幅度	241.77%		211.90%		98.07%		63.21%		47.13%		26.72%		80.39%

按蒋柏藩分类方法[5]，土壤无机磷可分为 Al-P、Fe-P、O-P 和 Ca-p，其中 Ca-P 还可进一步分为 Ca_2-P、Ca_8-P、Ca_{10}-P。由表 1 可知，在施用不同用量的磷肥条件下，随着磷肥用量的增加，各级形态磷含量与无机磷总量普遍呈上升的趋势，各种形态磷的平均含量较不施用磷肥条件下各种形态磷的含量(CK)相比，Ca_2-P 增加了 241.77%，Ca_8-P 增加了 211.90%，Al-P 增加了 98.07%，Fe-P 增加了 63.21%，O-P 增加了47.13%，Ca_{10}-P 增加了 26.72%，各种无机磷总量增加了 80.39%。因此，表 1 的各种形态磷平均含量的变化幅度顺序是 Ca_2-P>Ca_8-P>Al-P>Fe-P>O-P>Ca_{10}-P。由此可见，O-P、Ca_{10}-P 比较稳定，不易受施肥影响。另外，由于磷肥的施用，土壤磷主要以有效磷源 Ca_2-P 及缓效磷源 Ca_8-P、Al-P 积累在土壤中，而 O-P、Ca_{10}-P 是土壤中相对稳定的无机磷组分，施入土壤中的磷肥在较短时间内不易以 O-P、Ca_{10}-P 等磷酸盐积累。因此，施入土壤的磷肥除供给作物吸收利用外，主要以Ca_2-P、Ca_8-P 和 Al-P 形态积累。

2.1.2 各级磷组分之间及其与 Olsen-P 的相关分析

Olsen 方法通常作为测定中性和石灰性土壤有效磷含量的测定方法[7]。并且，可根据各形态磷与 Olsen-P 的相关性来判断各形态磷的有效性。苏打盐碱土经一定用量的硫酸铝改良后，再施加不同用量的磷肥，各形态磷的有效性发生了很大的变化，除了 O-P 和 Ca_{10}-P 与其他各组磷不相关外，Ca_2-P、Ca_8-P、Al-P、Fe-P 相互之间存在着极显著的相关性(相关系数在 0.938 和 0.992 之间，$r_{0.05}=0.754$；$r_{0.01}=0.874$)。由此可见，大量磷肥的施用，尽管提高了有效态 Ca_2-P 和 Al-P 的有效性及迟效态的 Ca_8-P 和Fe-P，但同时也加强了 O-P 和 Ca_{10}-P 的无效化。

2.2 不同磷肥用量对土壤磷素吸附特性的影响

为了了解磷的吸附机制和定量分析土壤对磷的吸附，建立适当的模型加以说明是完全必要的[8]。本研究选用 Langmuir 方程[9,10,11,12,13]来描述磷素等温吸附规律。即：

$$\text{Langmuir 方程：}\chi/m = K_1K_2c/(1+K_1c) \tag{1}$$

$$c/\chi/m = c/K_2 + 1/K_1K_2 \tag{2}$$

式中：χ/m为单位土壤的磷素吸附量；c 为平衡溶液中磷素浓度；K_1 是因土壤性质而异的常数，它代表土壤对磷素结合能的大小；K_2 为土壤对磷素的最大吸附量(μg p/g 土)；a、b 为常数；K_1、K_2 为常数。

根据方程(2)，用$c/\chi/m$对 C 作图，可得到一条直线，从直线上可获得最大吸附量值 K_2(斜率的倒数)和结合能常数 K_1(斜率与截距的比值)。故方程(2)被称为"常规"Langmuir 方程[12,14]。Holford(1979)[15]称 $K_1\cdot K_2$ 值为土壤对磷的吸附特性值，可作为土壤对磷的吸附特性的特征参数，综合反映土壤吸持磷的强度因素和容量因素，故可作为一项判断土壤供磷特性的综合指标。此外，方程(1)还可推导成另一种新的表达形式[14]，即：

$\chi/m=K_2-\chi/m/K_1c$ (3)。根据方程(3)，用χ/m对$\chi/m/C$作图，仍可以得到一条直线，从直线上可直接获得最大吸附量 K_2(y 轴截距)和结合能常数 K_1(斜率的倒数)。因此，方程(3)对应的曲线被称为"Eadie-Hofstee"图[9,14]。

2.2.1 土壤磷的等温吸附曲线

图 1 为不同磷肥施用量处理土壤磷的等温吸附曲线。可以看出，土壤的磷素吸附量均随液相磷平衡浓度增大而增加。在低浓度区，吸附等温线斜率较大；在高浓度区则变得较为平缓[16]。其规律是在硫酸铝用量为 0.3%条件下，随磷施用量增加，磷吸附量则有逐渐减少的趋势。可见，硫酸铝和磷肥的用量对磷的吸附量的大小有直接的影响。

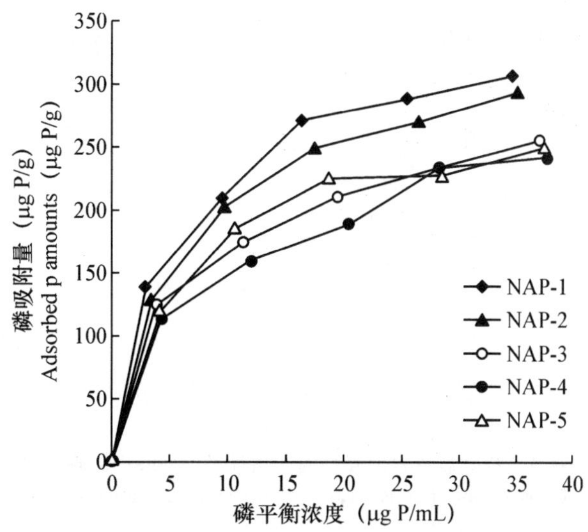

图 1 不同磷肥施用量处理土壤磷的等温吸附曲线

Fig. 1 Phosphorus adsorption isotherm of soils treated by different amounts of phosphate fertilizer

2.2.2 土壤磷的 Langmuir 吸附等温线

根据 Langmuir 方程(2)，用$c/\chi/m$对 C 将图 1 直线化后发现，图 1 是具有一个折点的直线图(见图 2)。

这说明土壤对磷的吸附可能存在不同能量水平的吸附点位[17]，而且每一个吸附点位皆可以用 Langmuir 方程来描述，根据方程(1)可以写出两种表面能情况下的 Langmuir 方程[18~20]，即：

$$\chi/m = K_1^{\text{I}} K_2^{\text{I}} C/(1+K_1^{\text{I}} C) + K_1^{\text{II}} K_2^{\text{II}} C/(1+K_1^{\text{II}} C) \tag{4}$$

由方程(3)可以把方程(4)改为：

$$\chi/m = K_2^{\text{I}} - \chi/m^{\text{I}}/K_1^{\text{I}} C + K_2^{\text{II}} - \chi/m^{\text{II}}/K_1^{\text{II}} C \tag{5}$$

式中，Ⅰ和Ⅱ分别指Ⅰ区(与较低平衡磷浓度相对应的直线部分)和Ⅱ区(与较高平衡磷浓度相对应的直线部分)。

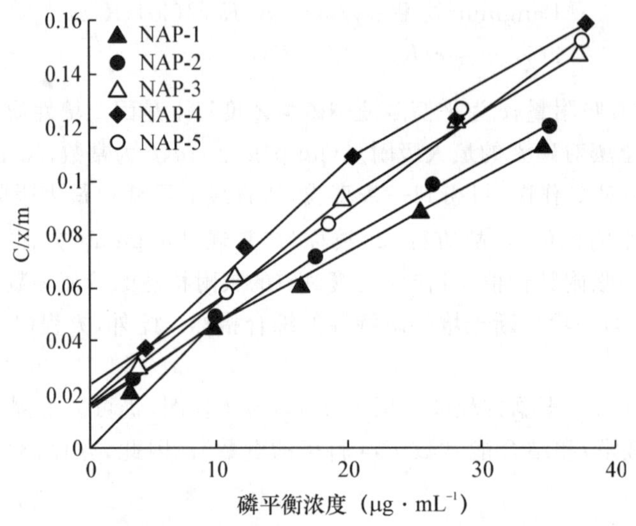

图 2 不同磷肥施用量对磷的 Langmuir 吸附等温线的影响

Fig. 2 Effect of different amounts of phosphate fertilizer on Langmuir isotherm of p adsorbed

2.2.3 土壤磷的"Eadie-Hofstee"图

为了求得Ⅰ区和Ⅱ区的最大吸附量和结合能常数，来评估磷素的吸附情况，利用方程(5)将χ/m对$\chi/m/C$作图，得到图 3。y 轴上的截距即为总的最大吸附量($K_2^{\text{I}}+K_2^{\text{II}}$)。因此，在硫酸铝用量为 0.3%条件下，随着施磷量的增加，其总的最大吸附磷量($K_2^{\text{I}}+K_2^{\text{II}}$)的顺序为 *NAP*-2>*NAP*-4>*NAP*-1>*NAP*-3>*NAP*-5。

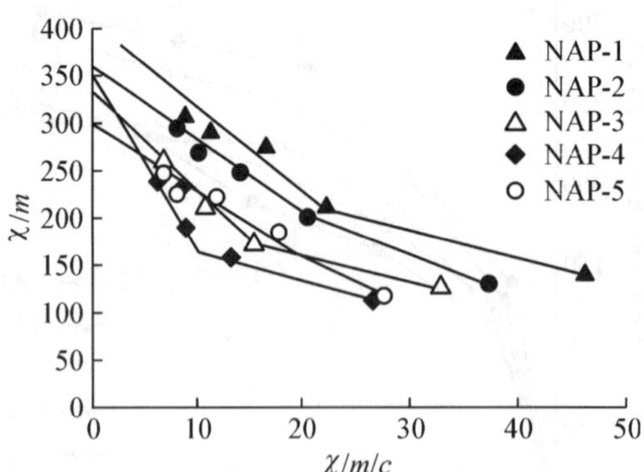

图 3 不同磷肥施用量处理土壤磷的"Eadie-Hofstee"图

Fig. 3 Eadie-Hofstee plot of soils treated by different amounts of phosphate fertilizer

从表 2 可以明显发现，K_2^{I} 普遍很小，而且明显小于 K_2^{II}，这是由于 Langmuir 方程的"Eadie-Hofstee"图将曲线分解成两条直线后过分强调了Ⅰ区的吸附行为，以至于使 K_2^{I} 被低估，但总的最大吸附量与"常规"Langmuir 方程通过线性回归计算得到的结果基本一致，其优点是在低平衡磷浓度范围内其敏感度方程(5)要优于"常规"Langmuir 方程。

表 2 不同用量硫酸铝和磷肥处理土壤的两种表面能情况下 Langmuir 方程的吸附特性

Table 2 Phosphorus adsorption properties of two-surface Langmuir equation of soils treated by different amounts of aluminum sulfate and phosphate fertilizer

处理 Treatment	Ⅰ区 Region Ⅰ		Ⅱ区 Region Ⅱ		$K_2^{I}+K_2^{II}$	K_2^{II}/K_2^{I}	K_1^{I}/K_1^{II}
	K_2^{I}	K_1^{I}	K_2^{II}	K_1^{II}			
NAP－1	22.94	0.249	320.75	0.228	343.69	13.98	1.09
NAP－2	40.73	0.201	314.20	0.131	354.93	7.71	1.53
NAP－3	85.66	0.272	242.89	0.092	328.55	2.84	2.97
NAP－4	130.18	0.247	221.25	0.061	351.43	1.70	4.03
NAP－5	41.39	0.281	266.02	0.145	307.41	6.43	1.93

在硫酸铝用量为 0.3％条件下，施加不同用量的磷肥，并不妨碍土壤中的磷与 Langmuir 方程的吻合性，同样在平衡磷浓度下，其吸附磷量与等温吸附方程有一定的关系。从表中数据来看，总的最大吸附磷量相差不大(307.41～354.93)，最高的 *NAP*-2 处理与最低的 *NAP*-5 处理相比，最大吸附量仅相差 47.52 $\mu g \cdot g^{-1}$ 土，增加了 15.5％。因此，可以推断施加磷肥对磷的最大吸附量影响不大，即使在施用高量磷肥的情况下，也并未在等温吸附曲线上出现异常情况或不规则形状，这说明磷肥的施用并不影响磷的吸附机制。

3 结 论

1)随着磷肥用量的增加，各级形态磷含量与无机磷总量普遍呈上升的趋势，O-P、Ca_{10}-P 比较稳定，不易受施肥影响。施入土壤的磷肥除供给作物吸收利用外，主要以 Ca_2-P、Ca_8-P 和 Al-P 形态积累。

2)土壤磷的等温吸附曲线表明，土壤的磷素吸附量均随液相磷平衡浓度增大而增加。随磷施用量增加，磷吸附量则有逐渐减少的趋势。硫酸铝和磷肥的用量对磷的吸附量的大小有直接的影响。

3)根据 Langmuir 方程，将$C/\chi/m$对 C 作图，发现在施磷条件下，得到的是具有一个折点的直线，表明随着磷平衡浓度的增加，土壤对磷的吸附存在着两个不同能量水平的吸附点位。

4)土壤磷的“Eadie-Hofstee” 图表明，施加磷肥对磷的最大吸附量影响不大。

参考文献

[1] 赵兰坡，王宇，马晶，等. 吉林省西部苏打盐碱土改良研究. 土壤通报，2001，32(专辑)：91-96

[2] 王宇，韩兴，赵兰坡，等. 苏打盐碱土结构性与持水特性的改良研究. 吉林农业大学学报，2006，28(5)：545-548

[3] 王宇，韩兴，赵兰坡. 硫酸铝对苏打盐碱土的改良作用研究. 水土保持学报，2006，20(4)：50-53

[4] 李月芬，杨有德，赵兰坡. 硫酸铝改良剂对苏打盐碱土磷素形态的影响. 水土保持学报，2006，20(4)：44-49

[5] 顾益初，蒋柏藩. 石灰性土壤无机磷分级的测定方法. 土壤，1990，22(2)：101-102

[6] 曹志洪，李庆逵. 黄土性土壤对磷的吸附与解吸. 土壤学报，1988，25(3)：218-226

[7] 傅绍清，宋金玉. 土壤有效磷的测定方法及其与磷素形态关系的研究[J]. 土壤学报，1982，19(3)：305-310

[8] 曹志洪，李庆逵. 黄土性土壤对磷的吸附与解吸. 土壤学报，1988，25(3)：218-226

[9] 夏汉平，高子勤. 磷酸盐在土壤中的吸附. 土壤通报，1992，23(6)：283-287

[10] 张新明，李华兴，刘远金. 磷酸盐在土壤中吸附与解吸研究进展. 土壤与环境，2001，10(1)：77-80

[11] 李世清，谢恩波，刘玉明. 灌漠土的磷素吸附特性与供磷缓冲能力的初步研究. 甘肃农业大学学报，1990，25(2)：184-190

[12] 何振立，朱祖祥，袁可能，等. 土壤对磷的吸附特性及其与土壤供磷指标之间的关系. 土壤学报，1988，25(4)：397-403

[13] Mead,J. A. 1981. A comparison of the Langmuir,Freundlich and Temkin equations to describe phosphate adsorption properties of soils. Aust. J. Soil Res. 19:333-342

[14] Syers J K, Broman M G, Smillie G W, et al. Phosphate sorption by soils evaluated by the Langmuir adsorption equation[J]. Soil Sci Soc Am Proc, 1973, 31: 358-363

[15] Holford,I. R. C. 1979:Evaluation of soil phosphate buffering indices. Aust. J. Soil Res. 17:495-504

[16] 甘海华,梁中龙,卢瑛,等.广东省不同母质赤红壤磷的吸附与解吸.环境化学,2001,20(6):572-576

[17] 赵海洋,王国平,刘景双,等.三江平原湿地土壤磷的吸附与解吸研究.生态环境,2006,15(5):930-935

[18] Garrison Sposito. 1982. On the use of the Langmuir equation in the interpretation of "adsorption" phenomena: Ⅱ. The "two-surface" Langmuir equation. Soil Soc. AM. J. ,Vol. 46:1147-1152

[19] Barrow,N. J. 1978:The description of phosphate adsorption curves. J. Soil Sci. 29:447-462

[20] K. Inoue, L. P. Zhao, and P. M. Huang. 1990. Adsorption of humic substances by hydroxyaluminum - and hydroxyaluminosilicate-montmorillonite complexes. Soil Sci. Soc. AM. J. ,Vol. 54,July-August:1166-1172

Effect of Aluminum Sulfate on Adsorption Properties of Phosphorus in Soda Salinealkali Soil

LI Yue-fen[1,2], ZHAO Lan-po[2], YANG You-de[1,2]

(1. College of Earth Science,Jilin University,Changchun 130061,China; 2. College of Resources and Environmental Science, Jilin Agricultural University, Changchun 130118,China)

Abstract Effects of aluminum sulfate on adsorption properties of phosphorus are studied through indoor model experiments and adsorption experiments. The results show that the changeable sequence of inorganic phosphorus content of soils improved by $Al_2(SO4)_3$ (0. 3%) are followed Ca_2-P>Ca_8-P>Al-P>Fe-P>O-P >Ca_{10}-P. The result of phosphorus adsorption isotherm of soils shows that phosphorus adsorption amount is gradually decreased with the increase of phosphate fertilizer amount. According to the single Langmuir equation, a plot of C/x/m against C gives a linear relationship that is formed by a broken-line plot, indicating that the presence of two population of sites that have a differing affinity. Moreover, the result of a plot of C/x/m against C shows that the sequence of total maximum phosphorus amount is NAP-2>NAP-4> NAP-1>NAP-3>NAP-5 with the increasing of phosphorus amount.

Key words Soda saline-alkali soils; Aluminum sulphate improver; Phosphate fertilizer; Forms of phosphorus; Phosphorus adsorption

氮素营养对盐生植物的根系生长和耐盐性的影响*

原俊凤[1,2]，田长彦[1]，冯固[3]，马海燕[1,2]

（1. 中国科学院新疆生态与地理研究所，乌鲁木齐 830011；

2. 中国科学院研究生院，北京 100039；

3. 中国农业大学资源环境学院植物营养系，北京 100193）

摘要：为了理解氮素营养状况与盐生植物耐盐性的关系，在水培条件下，设计 3 个 NO_3^--N(0.05，5 和 10 mm・L^{-1} NO_3^--N) 和 3 个 NaCl(1，150 和 300 mm・L^{-1} NaCl)水平，研究了盐、氮及其互作对囊果碱蓬(Suaeda physophora Pall.)的根系形态特征、氮营养状况及植物耐盐性的影响。结果表明：囊果碱蓬的根系发育与地上部的生长、氮素营养的累积存在密切关系。与低盐或低氮的对照相比，增加盐或者氮处理均显著增加了囊果碱蓬的地上部和根部干重。不同的盐和氮水平下囊果碱蓬根系的主根长、平均直径、比根长和根系密度没有影响，但显著增加了根系的侧根长、表面积、总吸收面积和活跃吸收面积。除了根系的平均直径和主根长外，地上部干重、有机氮、硝态氮和总吸氮量与根系的侧根长、表面积、总吸收面积和活跃吸收面积均存在极显著的正相关($p<0.01$)。与 1 和 150 mm・L^{-1} NaCl 相比，300 mm・L^{-1} NaCl 水平下，0.05 和 5 mm・L^{-1} NO_3^--N 处理显著降低了囊果碱蓬地上部的氮含量，但 10 mm・L^{-1} NO_3^--N 处理下变化不大，说明囊果碱蓬地上部的需氮量随着盐分水平的增加而增加，而根系活跃吸收面积的变化为这种增加提供了保障。

关键词：盐生植物；囊果碱蓬；根系形态；NaCl；NO_3^-

植物最先感受逆境胁迫的器官是根系。逆境胁迫下根系形态上的变化是最为直观的，但根系却是最不被人们了解的植物器官[1]。盐分引起甜土植物的根系生长下降，导致营养摄取减少，从而依次降低植物所有营养器官的生长。但是这样的关系在盐生植物中多少有些不同，盐生植物的根系在无盐培养基中生长受到抑制[2]。Lacan 和 Durand 认为植物抗盐中最初和最重要的过程存在于植物的根系系统[3]，但关于盐生植物根系的生长发育的研究报道很少。

氮素缺乏可能是盐碱地区植物生长的主要限制因素之一[4]，Skeffington 和 Jeffrey 认为在盐碱地区施加氮肥有利于提高一些盐生植物对盐胁迫的抵抗能力[5]。盐胁迫下增加氮素营养提高植物耐盐性的研究，以地上部分的研究较多，如段德玉等和 Naidoo 均认为地上部脯氨酸的增加导致盐生植物耐盐性的提高[6-7]，沈振国等发现施 N 减少了大麦(*Hordeum vulgare* L.)幼苗地上部的 Na^+ 含量，增加 K^+ 向上运输的选择性[8]，最新研究发现硝态氮在盐生植物囊果碱蓬(*Suaeda physophora* Pall.)的地上部起着重要的渗透调节作用[9]，这一研究结果扩大了对硝态氮的功能认识。根系的形态特征在决定植物对氮素的吸收方面起着重要作用[10]，而根系部分的研究相对较少，究其原因是对根系的作用和功能的认识不足，以至于对根系的认识滞后于地上部的研究。因此，以盐生植物的根系发育为切入点，研究盐生植物的氮素吸收、累积与耐盐性的关系，加强植物的地下和地上部分的联系，对盐生植物耐盐机理的探索是非常必要的。

囊果碱蓬(*S. physophora*)是中药材盐生肉苁蓉(Cistanche salsa(C. A. Mey.) G. Beck.)的主要寄主之一，同时也是干旱荒漠区的主要灌木树种，在盐碱地治理、盐生植物开发利用和发展畜牧业等方面有着重要作用[11]。本试验对不同盐分和 NO_3^- 水平下的囊果碱蓬的根系形态特征、地上部生长和吸氮量以及它们之间的相关性进行了研究，以期理解和探明氮素营养对盐生植物的根系发育的影响及其与耐盐性的关系，并为盐碱地区盐生植物的栽培和合理施肥提供理论依据，对盐土农业的发展和生态系统的恢复具有重要的实践意义。

* 重大基础研究前期研究专项(2005CCA02700)自治区科技攻关项目(200533126)资助

1 材料与方法

囊果碱蓬(*S. physophora*)种子于2006年10月采自新疆盐渍化土壤(N44°09′56″;E87°50′55″),种子置于4 ℃冰箱中保存备用。试验于2007年1月至4月在新疆生态与地理研究所植物生长室进行,以金属卤化物灯为光源,光强为179 μmol·m^{-2}·s^{-1}。室内昼夜温度(30±3)/(25±3)℃,空气相对湿度40%~65%,光暗周期14/10 h。

1.1 植物培养

囊果碱蓬种子用10% H_2O_2浸泡5 min,用蒸馏水反复清洗至无残留H_2O_2。分别置于铺有滤纸的无菌培养皿内,于25 ℃的培养箱中催芽,挑选发芽一致的种子播于装有洗净的石英砂培养介质中的塑料容器内育苗,用蒸馏水培育幼苗,待幼苗长至3 cm左右(出苗后6 d,3片真叶),取大小一致的幼苗用蒸馏水冲洗干净,幼苗移入高30 cm,直径20 cm的塑料桶中培养,苗基部用脱脂棉裹住,桶上部用泡沫塑料板作支持物,塑料桶外部用黑油漆漆黑遮光。每桶12株苗,用通气泵连续通气。1 mmol·L^{-1} NO_3^--N营养液培养30 d。营养液的大量元素成分见表1,Fe及微量元素浓度为:90 μmol·L^{-1} Fe—EDTA,46 μmol·L^{-1} H_3BO_3,9.1 μmol·L^{-1} $MnCl_2$,0.32 μmol·L^{-1} $CuSO_4$,0.76 μmol·L^{-1} $ZnSO_4$和0.56 μmol·L^{-1} Na_2MoO_4。营养液用NaOH和HCl调pH到6.5±0.1,每2 d换一次营养液。

表1 营养液中大量元素的组成成分

Table 1 The chemical composition of large number of elements of nutrient solution

NO_3^-—N (mmol·L^{-1})	$Ca(NO_3)_2$ (mmol·L^{-1})	$CaCl_2$ (mmol·L^{-1})	KNO_3 (mmol·L^{-1})	K_2SO_4 (mmol·L^{-1})	$MgSO_4$ (mmol·L^{-1})	KH_2PO_4 (mmol·L^{-1})
0.05	0.025	2.975	—	2	2	1
5	2.5	0.5	—	2	2	1
10	3	—	4	—	2	1

1.2 试验设计

试验设计为:NaCl水平1、150和300 mmol·L^{-1} 3个水平,NO_3^--N水平0.05、5和10 mmol·L^{-1} 3个水平(表1),营养液中Fe及微量元素浓度不变。试验共9个处理,每个处理3个重复。幼苗在1 mmol·L^{-1} NO_3^--N的基础营养液中培养30 d后,NaCl以75 mmol·L^{-1}作为起始浓度,每天递增75 mmol·L^{-1},达到预定的浓度后(300 mmol·L^{-1} NaCl)幼苗继续培养30 d,每2 d换一次营养液,一次性取样。

1.3 测定指标与方法

1.3.1 鲜重和干重

将植株地上部和根系分开,迅速用去离子水冲洗,用吸水纸吸干表面水分并称重,记录为鲜重(FW)。将地上部与根系的鲜样杀青(105 ℃,30 min)后,80 ℃烘至恒重,为干重(DW)。地上部干样用于有机氮的测定。

1.3.2 根系形态与吸收面积

根系形态的测定:将植株从培养桶中完整取出,地上部用液氮冷冻保存待用,根系用蒸馏水迅速冲洗3次,将根系放入50 ℃,1%的结晶紫溶液中浸泡染色5 min,再用蒸馏水冲洗,将根浸泡于50%的乙醇溶液中,置于冰箱中待用。根系扫描前,用蒸馏水冲洗根系1次,将根系放在装有0.01 mmol·L^{-1}NaOH溶液的玻璃盘子里,用镊子和牙签将根系尽可能分散地放入盘子里,使根系最少的接触和重叠,将放置好的根系在扫描仪上扫描,选择黑白二值图像,设置分辨率600 DPI,比例尺100%,以TIFF格式保存。用Rootedge2.3b软件分析得出根系的总长度、平均直径和表面积[12]。用直尺测量出根系的主根长。每个处理扫描3株,求其平均值。

通过计算得到以下根系指标:①侧根长=总根长-主根长;②主根长百分比(%)=主根长/总根长;③根

系单位重量的根长即比根长＝总根长/根鲜重;④单位面积上根长即根长密度＝总根长/根系表面积。

根系吸收面积的测定:用甲烯蓝法测定根系总吸收面积和活跃吸收面积[13]。

1.3.3 NO_3^-和有机 N 的测定

液氮冷冻的地上部在100℃的去离子水中浸提,过滤后用来测定 NO_3^- 含量。NO_3^- 含量用比色法测定,地上部有机 N 含量用凯氏定氮法测定[14]。

1.4 数据处理

采用 SAS 软件对数据进行双因素方差分析,用 LSD 法在 $p=0.05$ 水平进行多重比较。用统计软件 SPSS 11.5 对数据进行相关性分析。

2 结果与分析

2.1 盐、氮对囊果碱蓬地上部和根干重的影响

从表 2 可以看出,盐分水平显著增加了囊果碱蓬地上部干重(DW),与 1 mmol·L^{-1} NaCl 处理相比,150 和 300 mmol·L^{-1} NaCl 处理分别比对照增加了 179%和 519%。根系的生物量也表现出相同的规律。

在相同的盐水平条件下,提高供氮水平囊果碱蓬地上部和根系干重呈现增加的趋势。与 0.05 mmol·L^{-1} NO_3^--N 处理相比,供氮为 10 mmol·L^{-1} NO_3^--N 时生物量的增加达到显著水平;并且,在盐水平提高的条件下,供氮促进囊果碱蓬生长的效应更为明显。比如,300 mmol·L^{-1} NaCl 处理下,10 mmol·L^{-1} NO_3^--N 比对照处理增加了 391%,而 150 mmol·L^{-1} NaCl 水平下仅增加了 120%。这表明高盐和高氮显著促进了囊果碱蓬地上部的生长。

表 2 盐和 NO_3^--N 对囊果碱蓬的干重、地上部有机 N 和 NO_3^--N 含量的影响

Table 2 Effects of NaCl and NO_3^--N on dry weight, the contents of organic N and NO_3^- in shoots of *Suaeda physophora*

处理 treatments NaCl (mmol·L^{-1})	NO_3^--N (mmol·L^{-1})	地上部干重 Shoot DW (g·plant^{-1})	根干重 Root DW (g·plant^{-1})	地上部有机氮 Shoot N_{org} (mg·g^{-1} DW)	地上部 NO_3^- Shoot NO_3^- (mg·g^{-1} DW)
1	0.05	0.025b[1]	0.002 4b	23.3b	4.4c
	5	0.015b	0.002 1b	28.5a	11.7b
	10	0.086a	0.009 4a	26.2ab	14.9a
	mean[2]	0.042C[3]	0.004 7B	26.0A	10.4A
150	0.05	0.067b	0.004 5b	21.7a	2.3c
	5	0.096b	0.007 7ab	27.6a	7.5b
	10	0.189a	0.022 4a	27.3a	12.5a
	mean	0.117B	0.011 5AB	25.6A	7.4B
300	0.05	0.190b	0.004 2b	10.9b	1.1c
	5	0.167b	0.012 2ab	18.3b	5.1b
	10	0.422a	0.034 2a	27.9a	15.9a
	mean	0.260A	0.016 9A	19.0B	7.4B
变异分析 Analysis of Variance (F Values)					
盐分 salinity (S)		20.8***	4.9*	12.6**	12.6**
N 水平 NO_3^- N level (N)		10.9**	11.2**	15.9**	151.3***
盐分×N 水平 (S×N)		1.7NS	1.4NS	4.5*	6.1*

注:* 表示在 $P<0.05$ 水平显著性差异,** 表示在 $P<0.01$ 水平显著性差异,*** 表示在 $P<0.001$ 水平显著性差异,NS 表示不显著。数据表示 F 值,下同。

[1]同一列中同一盐分不同 NO_3-N 处理后面的不同字母表示在 $P<0.05$ 水平差异显著。[2] 不同盐分处理的平均值。[3] 不同盐分处理的平均值后面不同大写字母表示在 $P<0.05$ 水平差异显著,

Notes: significant difference at * $P<0.05$, ** $P<0.01$ and *** $P<0.001$ are indicated; NS indicates no significant difference. F value are shown and same symbol was used for other tables.

[1] Within each column, values with different letter are significantly different at $P<0.05$ level across all NO_3^--N levels. 2 Mean val———ue for each NaCl level. 3 Mean values with different capital letter are significantly different at $P<0.05$ level across all NaCl levels. All data are means of 3 replications

2.2 盐、氮对囊果碱蓬地上部有机氮和硝态氮含量的影响

由表 2 看出，与对照相比，同一氮水平下，150 mmol・L^{-1} NaCl 水平对囊果碱蓬地上部的有机氮没有影响，说明适量的盐分对囊果碱蓬地上部的硝态氮的还原和代谢的影响不大，但显著降低了 NO_3^- 的含量。300 mmol・L^{-1} NaCl 水平下囊果碱蓬地上部的有机氮和 NO_3^- 含量在 0.05 和 5 mmol・L^{-1} NO_3^--N 的水平下均有显著的降低。比如，300 mmol・L^{-1} NaCl 和 0.05 mmol・L^{-1} NO_3^--N 处理下的有机氮和 NO_3^- 含量分别比对照降低了 53%和 75%，而 10 mmol・L^{-1} NO_3^--N 的水平下没有变化。说明较高的盐分胁迫下较低的氮素供应不能满足地上部的生长需求，高盐抑制了地上部氮素的吸收和还原。

相同盐分条件下，增加氮素水平显著增加地上部 NO_3^- 含量，对有机氮的影响不一致。与 150 mmol・L^{-1} NaCl 水平相比，300 mmol・L^{-1} NaCl 水平下，10 mmol・L^{-1} NO_3^--N 显著增加了地上部有机氮含量。盐和氮对地上部的有机氮和 NO_3^- 含量存在显著的交互作用(表 2)。

2.3 盐、氮对囊果碱蓬根系形态特征的影响

相同氮水平下，盐分水平的增加对囊果碱蓬的主根长没有显著影响。同一盐水平条件下，0.05 和 5 mmol・L^{-1} NO_3^--N 的氮水平对囊果碱蓬的主根长没有显著影响，但 10 mmol・L^{-1} NO_3^--N 水平显著增加了 1 和 300 mmol・L^{-1} NaCl 处理下的主根长的长度(图 1 a)。通过计算得到囊果碱蓬的主根长仅占总根长的 2%～11%。

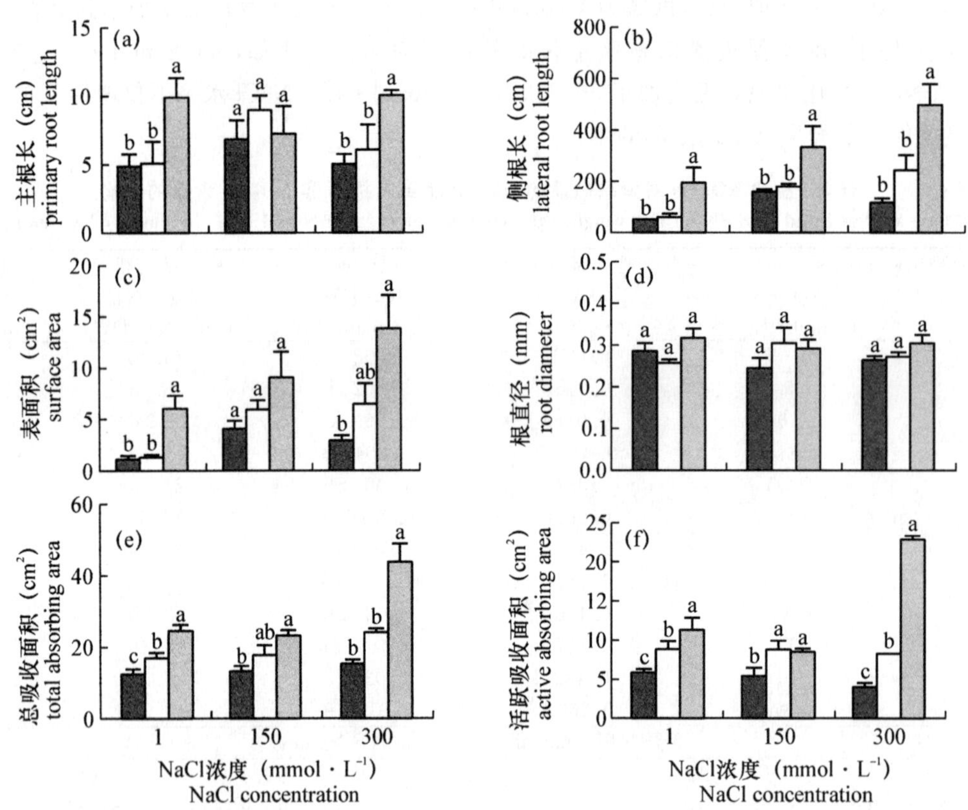

图 1 盐和氮对囊果碱蓬的主根长、侧根长、平均直径、表面积、总吸收和活跃吸收面积的影响

Fig. 1 The effects of NaCl and NO_3^--N on primary root length, lateral root lenght, average diameter, surface area, absorbing area and active absorbing area of roots of *Suaeda physophora*.

注：字母表示 $p<0.05$ 差异显著性 Note: Letters indicate significance of differencd at $p<0.05$ levels

相同氮水平下，盐分水平的增加显著增加了囊果碱蓬的侧根长，比如 5 mmol・L^{-1} NO_3^--N 水平下，150 和 300 mmol・L^{-1} NaCl 处理下的侧根长度分别是对照的 3.3 倍和 4.6 倍。相同盐水平条件下，0.05 和 5 mmol・L^{-1} NO_3^--N 的氮水平对囊果碱蓬的侧根长没有显著影响，但 10 mmol・L^{-1} NO_3^--N 水平显著增加了其侧根长。比如，300 mmol・L^{-1} NaCl 处理下，10 mmol・L^{-1} NO_3^--N 的侧根长分别是 0.05 和

5 mmol·L^{-1} NO_3^--N的 5.4 倍和 1.6 倍(图 1 b)。盐和氮互作对囊果碱蓬的侧根长影响不大。囊果碱蓬根系表面积的变化趋势与侧根相似(图 1c)。

不同盐、氮水平以及盐氮互作对囊果碱蓬根系的平均直径均没有显著影响(图 1d)。

由图 1e 可知,相同氮水平下,盐分水平的增加对囊果碱蓬的根系总吸收面积的影响不一致。与对照相比,150 mmol·L^{-1} NaCl 水平下没有显著变化,但 300 mmol·L^{-1} NaCl 水平下显著增加根系的总吸收面积,尤其是 10 mmol·L^{-1} NO_3^--N 水平时,300 mmol·L^{-1} NaCl 处理下根系总吸收面积是对照的 1.7 倍。相同盐水平下,随着氮水平的增加囊果碱蓬根系的总吸收面积显著增加,300 mmol·L^{-1} NaCl 水平下的总吸收面积的随着氮水平的增加幅度显著高于 1 和 150 mmol·L^{-1} NaCl。盐和氮对囊果碱蓬根系的总吸收面积存在显著的交互作用($F=7.6, P<0.01$)。根系的活跃吸收面积也表现出相似的规律(图 1 f)。

比根长和根长密度决定根系吸收养分和水分的能力,在反映根系生理生态功能方面可能比生物量更有意义[15]。但是,本试验结果表明,不同盐分水平,氮水平以及盐氮互作对囊果碱蓬的比根长和根长密度均没有显著影响(图未列出)。

2.4 囊果碱蓬的根系形态特征与地上部干重及吸氮量的相关性

植物的生长发育及其生理过程是相互关联,相互影响的。试验结果表明,除了主根长和根系的平均直径外,囊果碱蓬的地上部的干重以及有机氮、NO_3^-、总吸氮量与根干重、侧根长和表面积等形态特征均存在极显著的正相关(表 3),这种相关性反映了囊果碱蓬地上部的生长、氮素营养累积与根系发育的相互响应程度。

表 3　囊果碱蓬根系形态与地上部干重及吸氮量的相关性

Table 3　Correlation analysis between dry weight, N uptake of shoot and root morphologic characteristics of *Suaeda physophora*

根系形态 Root morphologic characteristics	地上部干重 Shoot DW (g·$plant^{-1}$)	有机氮 N_{org} (mg·$plant^{-1}$)	硝态氮 NO_3^- (mg·$plant^{-1}$)	总吸氮量 Total N uptake (mg·$plant^{-1}$)
根干重 Root DW(g)	0.833**	0.967**	0.955**	0.967**
主根长 Primary root length(cm)	0.478	0.634	0.646	0.637
侧根长 Lateral root length(cm)	0.893**	0.949**	0.926**	0.949**
根直径 Root diameter(mm)	0.371	0.503	0.517	0.506
表面积 Root surface area(cm^2)	0.869**	0.935**	0.911**	0.935**
总吸收面积 Total absorbing area(cm^2)	0.861**	0.943**	0.952**	0.944**
活跃吸收面积 Active absorbing area(cm^2)	0.745**	0.901**	0.934**	0.903**

3 讨　论

盐和氮对盐生植物生长和耐盐能力存在显著的效应。盐分胁迫下盐地碱蓬(*Suaeda salsa* (L.) Pall.)的株高、分枝数等随着营养液中 N 含量的增加而增加。在高 N 养分处理下,0.2 mmol·L^{-1} NaCl 处理下植物未出现盐害,而在 N 不足时,0.1 mmol·L^{-1} NaCl 处理时植株即出现较明显的盐害[6]。Song 等研究发现,在 300 mmol·L^{-1} NaCl 和 10 mmol·L^{-1} NO_3^--N 处理下囊果碱蓬(*S. physophora*)地上部干重比对照

(1 mmol・L^{-1} NaCl)高16.6%[9]。本研究关于地上部生长发育的结果与前人一致,增加盐、氮均显著增加囊果碱蓬的地上部干重。

根系是吸收器官、也是直接感受环境变化的器官,根系的生长发育、形态变化与环境胁迫密切相关。前人的研究大都只关注了盐、氮及其互作对地上部的影响[6-9],而对根系的生长和形态变化的了解很少。本试验观察到盐分明显促进了囊果碱蓬的根系生长和发育,使根干重、侧根长和表面积等显著增加,这与盐分下甜土植物或农作物的根系反应不同。盐分下甜土植物的根系生长受到抑制[16,17],或对盐分不敏感[18]。而囊果碱蓬是稀盐盐生植物[3],试验表明盐分不足(1 mmol・L^{-1} NaCl)显著抑制其根系的发育,这是囊果碱蓬生长需要一定盐分的根系证据。

施用一定数量的氮肥促进植物根系的生长,这在许多农作物的研究中得到证实[19-20]。本试验发现氮不仅增加囊果碱蓬根系的生长,还表现出一定的剂量效应,即低氮或中氮下根系干重、侧根长等形态特征变化不大,但10 mmol・L^{-1} NO_3^--N显著促进了根系的生长和发育。说明囊果碱蓬是一种氮需求量较高的盐生植物,而野外土壤中的低氮条件可能成为囊果碱蓬生长的限制因子[4]。这与Messedi等的研究结果相似,他认为盐生植物 *Sesuvium portulacastrum* 耐盐能力的限制因素是N素而不是K^+和Ca^{2+}[21]。Okusanya和Ungar指出盐分条件下增加营养促进盐生植物的生长,对甜土植物影响较小是由于养分对盐生植物是主要的生长限制因子,而甜土植物是盐分[22]。因此,高盐胁迫下施加氮肥对甜土植物的根系生长影响较小或降低根系的干重[23~25],而盐和氮的交互作用显著促进了囊果碱蓬根系的总吸收面积。同时,试验结果表明:不同盐、氮水平下囊果碱蓬的初生根长仅占总根长的2%~11%。另外,盐、氮对囊果碱蓬根系的平均直径、比根长和根长密度也没有表现出较强的可塑性,这与Rubinigg等对盐生植物 *Plantago maritima* L.的研究结果相同[26]。说明主根长、根系的平均直径等形态指标对囊果碱蓬盐分下的吸N能力的贡献不大,因而不能作为氮提高盐生植物耐盐性的根系筛选指标。

根系形态的变化与植株地上部氮素累积、植物的耐盐能力存在密切关系。本试验发现,150 mmol・L^{-1} NaCl水平下增加氮素营养对囊果碱蓬根系的总吸收面积和活跃吸收面积没有影响,相应地地上部的有机氮含量没有显著变化,但在300 mmol・L^{-1} NaCl时,根系的活跃吸收面积在0.05和5 mmol・L^{-1} NO_3^--N水平下分别比对照减少了42%和8%,根系的变化导致地上部氮素吸收和代谢受到影响,引起单位干重的硝态氮和有机氮含量的下降。营养失衡是盐分对植物的毒害机理之一[27],增加氮素营养(10 mmol・L^{-1} NO_3^--N)使囊果碱蓬根系的总吸收和活跃吸收面积显著增加,促进根系的氮吸收,引起地上部硝态氮和有机氮含量的增加,增强了地上部的营养和渗透调节作用,提高了囊果碱蓬的耐盐性。同时,囊果碱蓬的根系性状与地上部的相关性分析结果进一步证实根系的生长发育对地上部的生长和营养累积有重要的调节作用。

盐胁迫下囊果碱蓬地上部的需氮量增加,良好的根系形态发育(尤其是根系的活跃吸收面积)增加了根系对氮素的接触面积,为这种增加提供了保障。这种特征与非盐生植物存在差别,是囊果碱蓬高耐盐性的机理之一。

参考文献

[1] 刘莹,盖钧镒,吕彗能.作物根系形态与非生物胁迫耐性关系的研究进展.植物遗传资源学报,2003,4(3):265-269

[2] 赵可夫,范海.盐生植物及其对盐渍生境的适应生理.北京:科学出版社,2005:72-74

[3] Lacan D, Durand M. Na^+ and K^+ transport in excised soybean roots. Physiologia Plantarum,1995,93(1):132-138

[4] Smart R M,Barko J W. Nitrogen nutrition and salinity tolerance of *Distichlis spicata and Spartina alterniflora*. Ecology,1980,60(3):630-638

[5] Skeffington M J S,Jeffrey D W. Response of *America maritime*(Mill.)Willd. and *Plantago martima* L. from an Irish salt marsh to nitrogen and salinity. New Phytologist,1988,110(3):399-408

[6] 段德玉,刘小京,李存桢,等. N 素营养对 NaCl 胁迫下盐地碱蓬幼苗生长及渗透调节物质变化的影响. 草业学报,2005,14(1):63-68

[7] Naidoo G,Naidoo Y. Effects of salinity and nitrogen on growth,ion relations and proline accumulation in *Triglochin bulbosa*. Wetlands Ecology and Management,2001,9(6):491-497

[8] 沈振国,沈其荣,管红英,等. NaCl 胁迫下氮素营养与大麦幼苗生长和离子平衡的关系. 南京农业大学学报,1994,17(1):22-26

[9] Song J, Ding X D, Feng G, *et al*. Nutritional and osmotic roles of nitrate in a euhalophyte and xerophyte in saline conditions. New Phytologist,2006,171(2):357-366

[10] Schortemeyer M,Feil B,Stamp P. Root morphology and nitrogen uptake of maize simultaneously supplied with ammonium and nitrate in a split-root system. Annals of Botany,1993,72(2):107-115

[11] Song J,Feng G,Tian C Y, *et al*. Osomotic adjustment traits of *Suaeda physophora*, *Haloxylon ammodendron and Haloxylon persicum* in field or controlled conditions. Plant Scicence,2006,170(1):113-119

[12] Ewing T,Kaspar T. 1998. ftp://ftp. nstl. gov/software/rootedge

[13] 高俊凤. 植物生理学实验指导. 北京:高等教育出版社,2006,58-59

[14] 李合生. 植物生理生化试验原理和技术，北京:高等教育出版社,2000:123-191

[15] Fransen B,Kroon H D,Berendse F. Root morphological plasticity and nutrient acquisition of perennial grass species from habitats of different nutrient availability. Oecologia, 1998,115(3):351-358

[16] Bernstein N,Meiri A,Zilberstaine M. Root growth of avocado is more sensitive to salinity than shoot growth. Journal of the American Society for Horticultural Science,2004,192(2):188-192

[17] Shraf M Y. Khtar K A. Sarwar G, et al. Role of the rooting system in salt tolerance potential of different guar accessions. Agronomy for Sustainable Development,2005,25:243-249

[18] Snapp S S, Shennan C. Effects of salinity on root growth and death dynamics of tomato, *Lycopersicon esculentum* Mill.. New Phytologist,1992,121(1):71-79

[19] 王艳,米国华,陈范骏,等. 玉米氮素吸收的基因型差异及其与根系形态的相关性. 生态学报,2003,23(2):297-302

[20] 王东升,张亚丽,陈石,等. 不同氮效率水稻品种增硝营养下根系生长的响应特征. 植物营养与肥料学报,2007,13 (4):585-590

[21]Messedi D,Labidi N,Grignon C, *et al*. Limits imposed by salt to the growth of the halophyte *Sesuvium portulacastrum*. Journal of Plant Nutrition and Soil Science,2004,167(6):720-725

[22] Okusanya O T, Ungar I A. The growth and mineral composition of three species of *Spergularia* as affected by salinity and nutrients at high salinity. American Journal of Botany,1984,71(3): 439-447

[23] Lewis O A M,Leidi E O,Lips S H. Effect on nitrogen source on growth response to salinity stress in maize and wheat. New Phytologicst,1989,111(2):155-160

[24] Papadopoulos I,Rendig V V. Interactive effects of salinity and nitrogen on growth and yield of tomato plants. Plant and Soil,1983,73(1):47-57

[25] Abdelgadir E M,Oka M,Fujiyama H. Nitrogen nutrition of rice plants under salinity. Biologia Plantarum,2005,49(1):99-104

[26] Rubinigg M,Posthumus F,Ferschke M, *et al*. Effect of NaCl salinity on ^{15}N-nitrate and specific root length in the halophyte *Plantago maritima* L. Plant and Soil,2003,250(2):201-231

[27] Leidi E O,Silberbush M,Soares M I M, *et al*. Salinity and nitrogen nutrition studies on peanut and cotton plants. Journal of Plant Nutrition,1992,15(5):591-604

EFFECTS OF NITRATE ON ROOT GROWTH AND SALT TOLERANCE OF SUAEDA PHYSOPHORA

Yuan Junfeng[1,2], Tian Changyan[1+], Feng Gu[3], Ma Haiyan[1,2]

(1 Institute of Ecology and Geography, Xinjiang, Academia Sinica, Urumqi 830011, China)

(2 Graduate School of Chinese Academy of Science, Beijing 100039, China)

(3 Department of Plant Nutrition College of Resource and Environmental Science, China Agricultural University, Beijing 100193, China)

Abstract NO_3^--N plays both a nutritional role and an important osmotic role in the euhalophyte Suaeda physophora under high salinity with adequate NO_3^--N supply. The effects of salinity and nitrate on root morphologic characteristics and nitrogen accumulation in shoot of *S. physophora* were investigated in this study in order to elucidate relationship between nitrate and salt tolerance. *S. physophora* seedlings were grown under solutions which were sanitized by three salinity treatments (1, 150 or 300 mm@L^{-1} NaCl) and enriched with three NO_3^--N levels (0.05, 5 or 10 mm · L^{-1} NO_3^--N) making nine combination treatments. The results showed that dry weight of the shoot and root were increased with increasing salinity or nitrate levels. Meanwhile, salinity and nitrate obviously increased the lateral root length, surface area, absorbing area and active absorbing area of root in addition to primary root length, root average diameter, specific root length and root density of *S. physophora*. Dry weight and nitrogen uptake of shoot had significant positive correlations with length, surface area, absorbing area and active absorbing area of root. The concentrations of organic nitrogen and nitrate in shoot of S. physophora reduced significantly by 53% and 75% at 0.05 mm · L^{-1} NO_3^--N levels, and the values were 36% and 57% at 1 mm · L^{-1} NO_3^--N levels, with an increase in salinity from 1 to 300 mM NaCl. However, there were no adverse effects at 10 mm · L^{-1} NO_3^--N treatment. Results suggested that nitrogen demand in shoot of *S. physophora* was increase with an increase in salinity and changes of root morphologic characteristics especially root active absorbing area meet the demand.

Key words Halophyte; Suaeda physophora; Root morphology; NaCl; NO_3^-

地统计学方法及其在农田有效磷分布估算中的应用*

蔡德利　陈宝政

（黑龙江八一农垦大学植物科技学院，大庆　163319）

摘要：地统计学是进行土壤特性空间变异分析的有力工具。本文说明了地统计学的基本原理及其实现算法，并应用该算法对研究区域的草甸白浆土有效磷的空间变异特征进行了分析，通过计算的地统计学参数表明了土壤有效磷的具有中等空间相关性，并生成了该养分的空间分布图。

关键词：地统计学；空间插值；空间变异

土壤的物理、化学和生物学性质都具有高度的空间变化特征，分析土壤特性的空间变异可以了解土壤各种特性的变化规律和耕作管理过程对土壤的影响，从而为农业生产提供理论依据[1,2]。一个典型应用就是根据有限的土壤采样点建立区域内的土壤养分分布图。在这种分析中地统计学方法是一种有力的工具，它通过半方差(Semivariogram)描述空间分布模式及空间相关性，不仅可以预测未知点的属性值而且可以通过多种参数定量的说明属性的空间变异程度[3~5]。

1　地统计学的原理

地统计学分析的核心是，假设区域化变量满足二阶平稳和本征假设时，根据样本点确定研究对象（某一变量）随空间位置而变化的规律，以此去推算未知点的属性值。这个规律，就是变异函数，也称半方差函数，是地统计学所特有的基本工具，其计算公式为：

$$\gamma(h)=\frac{1}{2N(h)}\sum_{a=1}^{N(h)}\left[z(u_a)-z(u_a+h)\right]^2 \tag{1}$$

式中：$N(h)$为相隔距离矢量h的所有样点对的个数，$z(u_a)-z(u_a+h)$为相隔距离h的两点$z(u_a)$、$z(u_a+h)$属性值之差，$\gamma(h)$为半方差函数值。

建立半方差函数是进行插值预测的重要过程，其函数本身也是分析空间变异程度的重要工具。

图1所示为有基台值球状模型的基本结构。空间连续性是空间属性常具有的性质，空间中的两样品点相距越近性质越相似，而相距较远的采样点往往取值相差较大，即图1中横坐标值越小纵坐标值也越小，反之横坐标值越大纵坐标值也越大。图中C_0为块金值，表示在同一个采样点的两次采样值通常并不相同，表示随机因素的影响，这通常是由人为因素所引起的误差，包括采样方法、耕作、施肥、种植制度等；C为结构方差，是由结构因子引起的变异，表示规律性因素的影响，主要是由成土因素等引起的[6]。C_0+C是基台值，是所有变异的和，基台值近似于采样方差；A为变程也称空间最大相关有效距离，如果两点间距超过该范围，则半方差不再增大，表示已没有空间相关性，它可以指导采样过程中的采样间隔。

* 基金项目：黑龙江省自然科学基金项目“食品安全产地环境质量信息追踪与评价技术”(G2004-25)，黑龙江省科学技术计划重点项目“黑龙江省食品安全‘数据中心’的研究与开发”(GA06C101-03)、“数字农业示范区农田(地理)信息系统研究”(GB06B601-2)，黑龙江省教育厅2006年科学技术研究面上项目“精准农业农田地理信息系统的研究”(11511256)

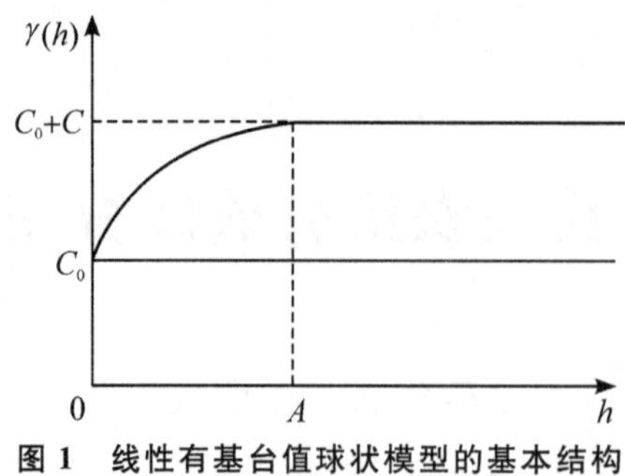

图 1 线性有基台值球状模型的基本结构

2 算法过程

利用地统计学方法进行分析时，通常是已知一定数量的规则或不规则分布的采样点属性值，需要预测其他未知点的属性值，并最终将插值结果表达为栅格图像；或通过半方差函数中的变程、基台值、块金值等参数说明属性数据的空间变异特征。

算法实现时，首先需要确定最终插值结果的栅格图像的坐标范围和像素尺寸。即需要知道预测多大范围内的未知点属性，栅格图像每个像素代表实际地面的多大尺寸，也就是空间分辨率。通常像素多采用正方形，图像范围都是规程的矩形区域，且边长应是像素尺寸的整倍数。这些参数确定之后，实际上也就决定了最终图像的行列数。

然后根据已知采样点计算实验半方差。将所有的已知采样点两两组成样点对，利用公式(1)计算每对间的距离及对应的半方差值。若设已知样点数为 $N(h)$，则共有 $N(h)\cdot[N(h)-1]/2$ 个样点对。随着样点数的增加样点对的数量以平方级数增长。当样点的数量较多时，这就使得进行半方差函数拟合时的计算量大大增加，所以需要下面的半方差装箱步骤。所谓装箱就是按距离和方向将实验半方差值进行分组，计算组内的平均距离和平均半方差，然后利用这些平均距离和平均半方差选择合适的函数模型采样最小二乘法等方法拟合半方差函数。常用的半方差理论模型有球状(Spherical)模型、高斯(Gaussian)模型、指数(Exponential)模型和线性(Linear to sill)模型等[7]。得到半方差函数后也就得到了变程、基台值、块金值等描述数据空间变异特征的参数。

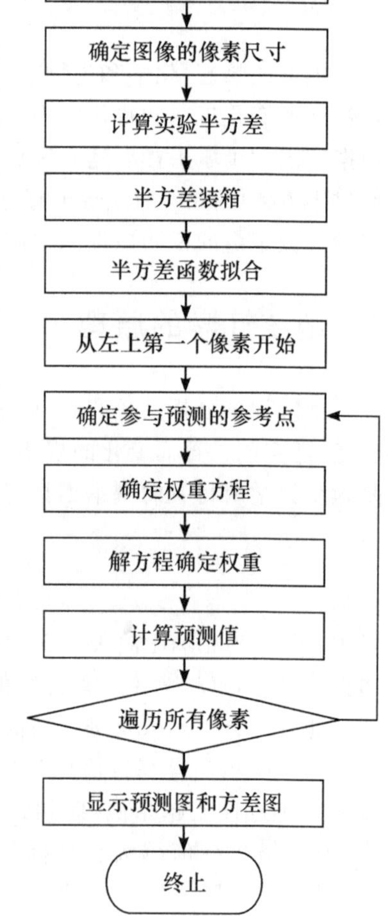

图 2 算法流程图

预测点的属性值通常可按下式进行计算：

$$Z(s_0)=\sum_{i=1}^{n}\lambda_i Z(s_i) \tag{2}$$

其中：n 为参与预测点的个数，$Z(s_i)$ 为参与预测点的属性值，λ_i 为权重。公式(2)表示预测点的属性值等于周围已知点的加权和，所以必须计算除各权重值 λ_i 才能计算出预测点的属性值 $Z(s_0)$。一般有如下的计算公式：

$$\begin{bmatrix}\gamma_{11} & \cdots & \gamma_{11} & 1\\ \vdots & & \vdots & \vdots\\ \gamma_{n1} & \cdots & \gamma_{nn} & 1\\ 1 & \cdots & 1 & 0\end{bmatrix}\times\begin{bmatrix}\lambda_1\\ \vdots\\ \lambda_n\\ m\end{bmatrix}=\begin{bmatrix}\gamma_{10}\\ \vdots\\ \gamma_{n0}\\ 1\end{bmatrix}\ \text{即}\ \begin{bmatrix}\lambda_1\\ \vdots\\ \lambda_n\\ m\end{bmatrix}=\begin{bmatrix}\gamma_{11} & \cdots & \gamma_{11} & 1\\ \vdots & & \vdots & \vdots\\ \gamma_{n1} & \cdots & \gamma_{nn} & 1\\ 1 & \cdots & 1 & 0\end{bmatrix}^{-1}\times\begin{bmatrix}\gamma_{10}\\ \vdots\\ \gamma_{n0}\\ 1\end{bmatrix} \tag{3}$$

或写成如下的矩阵形式：

$$\Gamma \times \lambda = G \tag{4}$$

其中：γ_{ij}为参与预测点中第 i 点和第 j 点对间距离对应的半方差值，可以将两点间的距离代入半方差拟合模型中求得。类似的γ_{i0}为参与预测点中第 i 点和预测点对间距离对应的半方差值。通过上述过程可以确定权重方程，解出方程确定权重系数，则可以利用公式(2)得到该点的预测值。算法的流程图如图 2 所示。

3 应用实例

利用上述的算法对黑龙江省密山市黑龙江八一农垦大学土壤实验点的有效磷空间变异特性进行了研究。研究区域土壤为草甸白浆土，田块长 300 m，宽 100 m，样点间隔 10 m；取样分 0～20 cm(A)和 20～40 cm(B)两层取样，每层各 300 个，两层共 600 个数据。图 3 显示了 A 层速效磷空间分布。

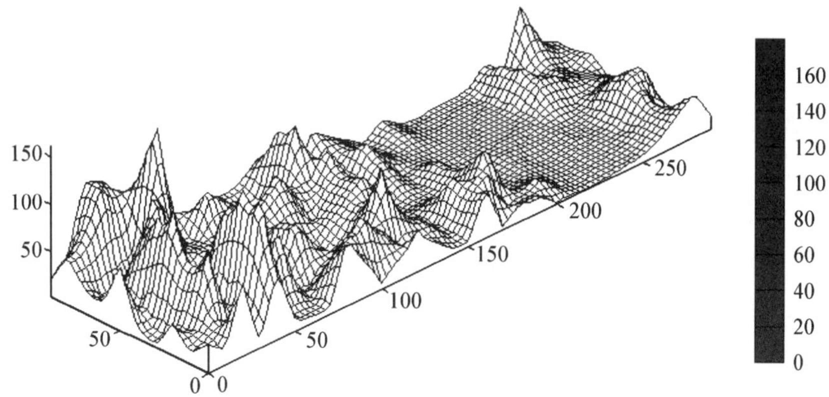

图 3 A 层速效磷空间分布

表 1 为得到的半方差函数参数。一般若 $C_0/(C_0+C)<25\%$，区域变量具有强烈的空间相关性，在 25%～75%为中等空间相关；>75%变量空间相关性弱。由表 1 可以看出，其中速效磷 $C_0/(C_0+C)$ 比值分别为47.63%和 34.87%。因此，土壤速效磷 A、B 两层具有中等相关性。图 4 为 A 层和 B 层空间插值结果。

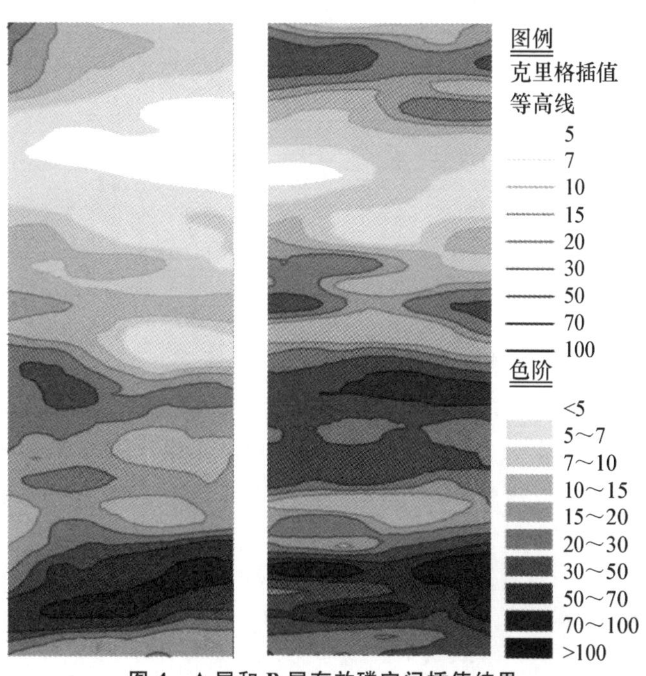

图 4 A 层和 B 层有效磷空间插值结果

表 1 土壤有效磷养分空间变异参数

养分项目	块金方差(C_0)	基台值(C_0+C)	块金方差/基台值($C_0/C+C_0$)	变程(m)	模型
A层	0.299	0.628	0.476	84.86	球状
B层	0.260	0.747	0.348	83.98	球状

参考文献

[1] 邱卫文,王秋兵,雷永振,等.铁岭凡河稻田土壤有效态中、微量元素空间变异特征研究[J].土壤通报,2004,35(6):767-772

[2] 杨玉玲,盛建东,田长彦,等.盐化灌淤土壤速效氮、磷、钾空间变异性与棉花生长关系初步研究[J].中国农业科学,2003,36(5):542-547

[3] 王宏庭,金继运,王斌,等.土壤速效养分空间变异研究[J].植物营养与肥料学报,2004,10(4):349-354

[4] 李亮亮,依艳丽.地统计学在土壤空间变异研究中的应用[J].土壤通报,2005,36(2):265-266

[5] 王绍强,朱松丽,周成虎,等.中国土壤土层厚度的空间变异性特征[J].地理研究,2001,20(2):161-169

[6] 张少良.哈尔滨市农田黑土养分空间分布特征分析[D].黑龙江八一农垦大学硕士学位论文,2007

[7] 王政权.地统计学及在生态学中的应用[M].北京:科学出版社,1999

基于 GIS 的土地利用规划支持系统(STEPP)设计与应用*

陈文波[1]　Gerrit J. Carsjens[2]

(1. 江西农业大学国土资源与环境学院,南昌　330045;
2. 荷兰瓦格林根大学土地规划组,荷兰,瓦格林根,6700AA)

摘要:如何在土地利用规划过程中考虑环境影响是土地利用规划中的一个难点问题。本文详细论述了基于 ArcView GIS 二次开发语言 Avenue 的土地利用规划支持系统 STEPP(Strategic Tool for integrating Environmental aspects in Planning Procedures)的基本概念和设计过程。并以荷兰埃德和维纳多市之间的城乡结合部为研究区进行了案例研究。结果表明,该系统定义的活动,影响域,功能区,敏感度等概念和评价过程能较好的将环境影响融入到规划设计过程中,能适时,直观反映规划措施对环境的影响,方便了规划参与者参与规划过程,为决策者制定科学规划提供了依据。最后本文结合 STEPP,对规划如何提高规划支持系统的应用与推广提出了建议。

关键词:STEPP;规划支持系统;环境影响;土地利用

1　引　言

规划支持系统(Planning Support System, PSS)由土地利用模型的创始人 Britton Harris 于 1989 年提出的[1]。目前,虽然学术界对它没有形成统一概念,但普遍认为它是以计算机技术和空间技术为基础的地理信息工具,它可以在特定的规划环境下为规划过程的顺利进行提供便利[2]。空间规划在欧洲正朝着以区域可持续发展为导向的长期,综合,整体方向发展。规划的多目标性,综合整体性及其利益相关者的多样性需要规划研究者和实践者借助相关工具,分析,解决越来越复杂的空间问题。计算机与 GIS 技术的发展为这些复杂空间规划问题的解决提供了可行途径。另一方面,空间规划在实践也正由“为人规划”(Planning for people)转变为“与人规划”(Planning with people)。参与式空间规划的提出与实践使规划者和参与人之间需要有个良好的交流平台,让参与人可以方便的参与规划过程,并对将来可能的影响做出判断[3]。这些因素在一定程度上促进了 PSS 理论发展和推广应用[4],目前 PSS 已经广泛应用于土地利用规划[5],区域规划[6,7],城市规划[8,9],农业规划[10]等空间规划中。本文系统论述了土地利用规划支持系统 STEPP(Strategic Tool for integrating Environmental aspects in Planning Procedures)的设计与开发过程,该系统是基于 ArcView GIS 的二次开发语言 Avenue 开发的,较好将环境影响融于规划过程中,可以方便回答规划过程中“如果……那么”的规划问题。

2　STEPP 规划支持系统设计

2.1　STEPP 的总体设计思路

如何在土地利用规划过程中,反应土地利用规划对环境的影响,使土地利用规划与环境政策统一于一个综合的 PSS 平台中,方便,直观地从源头上反应和控制土地利用环境问题而不是事后被动进行环境影响评价,是土地利用规划研究的热点问题之一[11]。荷兰政府从 1997 年以来一直致力于开发一个基于 GIS 的工具,它能将环境政策和标准融入土地利用规划中,为土地可持续利用决策服务[12]。STEPP 规划支持系统正是为了实现这一个目标而研制开发的,它包括了分析和规划设计两大模块(见图 1)。它是一个“分析→规

---

* 国家留学基金项目(2004836052),江西省“远航工程”项目资助

划设计→再分析→再规划设计……”的反馈过程，以上一次的土地利用规划设计结果的环境质量，来指导本次的土地利用规划设计，观察土地利用规划设计的对环境质量的影响，并进行再次土地利用规划设计。

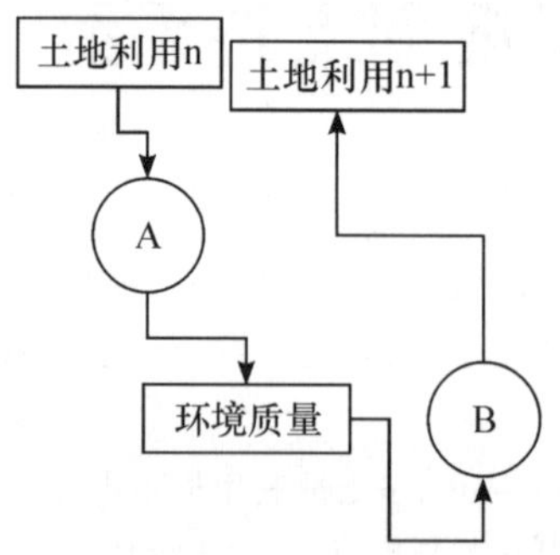

图 1 STEPP 设计思路(A 为分析模块,B 为规划设计模块)
Fig. 1 The basic idea of STEPP design(A: analysis, B: design)quality

2.2 基本概念与参数确定

STEPP 设计的基本概念有：活动（activities），功能区（Functions），影响域（Impact zones），敏感度（Sensitivities），环境质量（Environmental quality）等[13]。

活动在 STEPP 中指的是人们在土地利用空间上安排的各种生产与生活行为。活动总是与具体的土地利用方式联系在一起的，如在耕地上进行种植活动，在交通用地进行运输活动等。活动对环境的影响类型比较典型的有气味（Smell），粉尘（Dust），火、爆炸等危险（Hazard），噪声（Noise）等。根据活动影响的形式和范围，它可以是点状或面状的（如工业区），也可以是线状的（如交通活动）。影响域是指不同活动，不同影响类型发生的空间范围。在 STEPP 中，默认采用的是荷兰城市组织推荐的 VNG 标准[14]。该标准根据活动荷兰的环境标准，定义了 550 种不同活动的各种影响类型（气味，粉尘，危险，噪声及其他因子）的需要离开生活区的距离，并给每种活动唯一编号（SBI），方便查询。功能区是指根据人们对影响类型的不同敏感程度而定义的区域。它也可通过土地利用类型图，通过综合比较，推断得出。STEPP 将其分为 6 种类型，即①较大的区域，如大型商场等；②永久居住区（MEP）：如住宅区等人们的家庭居住场所；③偶然出入区（MEN）：指的是人们偶尔光顾的场地，如休闲场所等；④生态区：主要是指具有生态价值的场所，如自然保护区等；⑤土壤和水域区：如河流，园地等。⑥硬化地区（MA）：如道路，停车场等。敏感度是指各影响类型在不同功能区上的敏感程度。对于不受影响的区域，敏感度定义为 0，对某种影响类型不敏感的功能区，敏感度定义为 1，较敏感的功能区，定义为 2，特别敏感的功能区，定义为 3。在 STEPP 中，默认的参数如表 1 所示。

表 1 各功能区不同影响类型敏感度
Table 1 Sensitivity of different impacts within functions

功能区	标识	敏感度					
		气味	粉尘	噪声	危险	空气污染	土壤污染
积聚区	MEC	3	3	2	3	2	3
永久居住区	MEP	2	2	2	2	2	3
偶然出入区	MEN	2	2	1	2	2	2
生态区	EC	2	2	2	1	3	3
土壤和水域区	BW	1	1	1	1	1	3
硬化地区	MA	1	1	1	1	1	1

环境质量是综合考虑影响域与敏感度的结果。它以影响域和敏感度为基础，采用 GIS 空间叠加法得出，它可以是单因素的，也可以是综合的。环境质量计算的基本原理如图 2 表示。

2.3 基本模块

STEPP 包含两个基本模块：分析模块和规划设计模块（见图 1）。分析模块是如何通过适当的方法和过程，合理表达环境质量的过程（见图 2）。它包括 5 个基本过程：①根据研究区土地利用，确定主要活动和功能区;②确定环境影响类型及其影响域;③根据环境影响类型的影响域和功能区的环境敏感度(见表 1),确定每个影响类型的环境质量;④采用叠加分析法确定综合影响域(见图 2);⑤采用叠加分析法确定综合环境质量(见图 2)。规划设计模块主要是对土地利用方式及其发生在土地空间上的活动进行规划与设计,如新建某一类型的工厂,改变土地利用功能区划(例如从农用地变为工业区),然后利用分析模块,对比分析规划设计前后对环境质量的影响,探寻存在的问题,并通过再次规划设计探讨解决问题的途径。规划设计模块也可以对影响环境质量的参数,如影响域,敏感度等根据不同的标准进行调控。

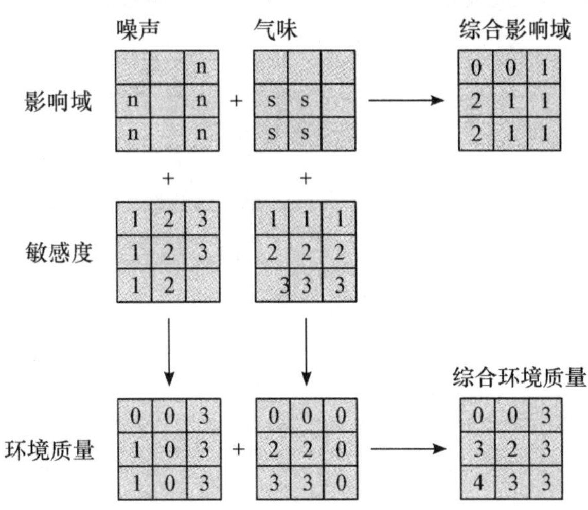

图 2　环境质量的空间表达

Fig. 2　Spatial explanation of environmental

2.4　STEPP 程序及用户界面设计

STEPP 是在 ArcView GIS 系统的基础上,利用它提供的二次开发语言 Avenue 实现的。这种开发方式具有开发成本低,专业模块与 GIS 基本模块相配合,避免 GIS 基本模块(如查询,制图等)重复开发,易将主要精力集中专业模块开发等优点。整个系统由菜单,用户界面,程序等三个层次组成(见图 3)。菜单使用的是 ArcView GIS 的菜单自定义功能,用户界面使用的是 ArcView GIS 的 Dialog 扩展功能,在充分调查用户

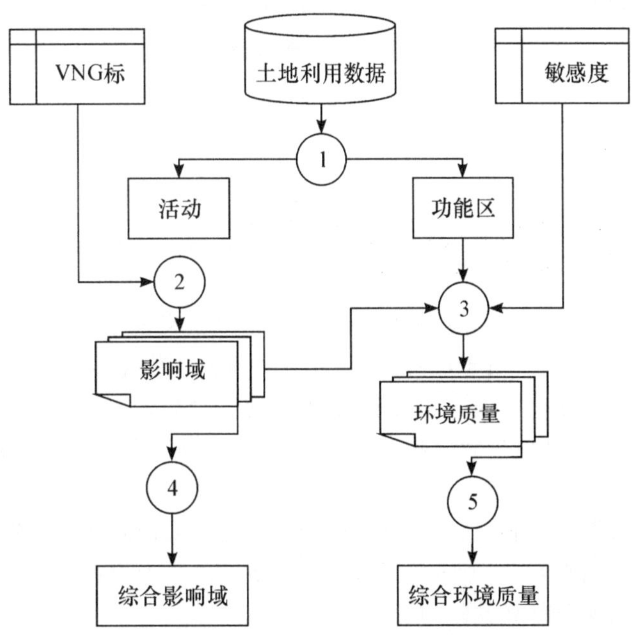

图 3　STEPP 分析模块流程图

Fig. 3　The flow chart of the analysis component of STEPP

需求的基础上设计的，程序则是根据面向对象的程序设计方式，采用脚本语句 Script 实现的。由用户先运行相应菜单，激发相关用户界面，用户与 STEPP 界面进行交互，激发相关 Script 程序，实现系统功能(图 4)。

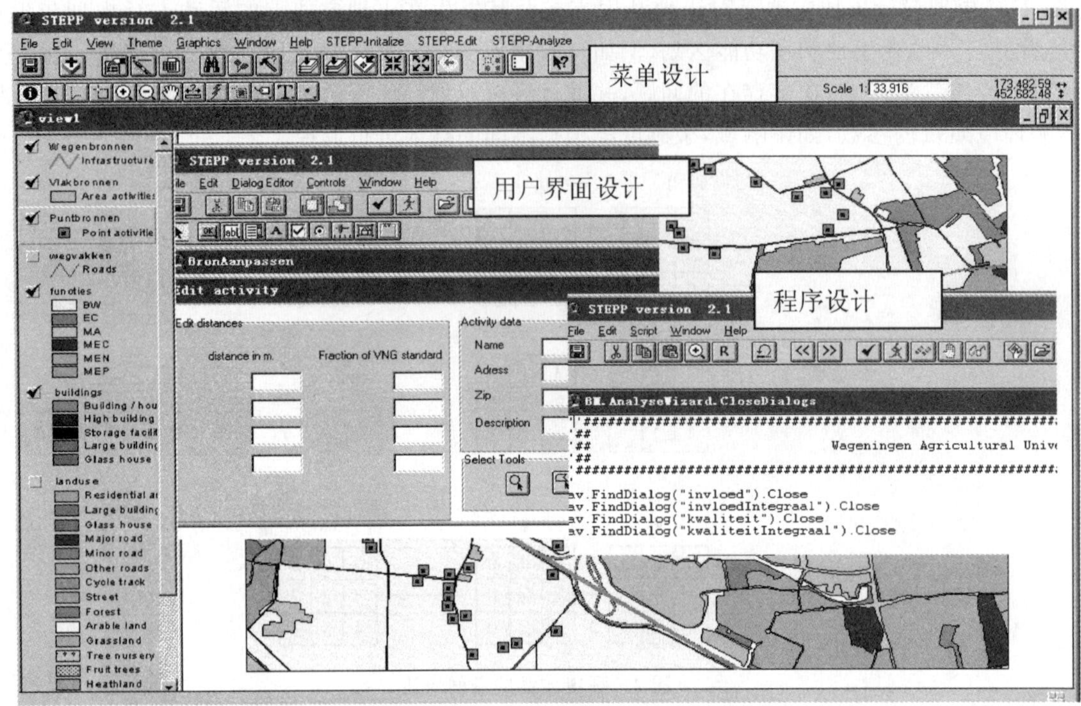

图 4 STEPP 系统设计

Fig. 4 STEPP design

STEPP 的分析模块功能是由 STEPP-Analyze 菜单及其所属的用户界面和 Script 程序实现的；STEPP 的规划设计模块功能是由 STEPP-Edit 和 STEPP-Analyze 菜单及其所属用户界面和 Script 程序功能实现的。利用 STEPP-Analysis 菜单，可以方便的对活动、功能区及其系统参数(如影响域，敏感度等)进行编辑，对原来土地利用进行规划和设计，然后借助 STEPP-Analyze 进行在分析，进行不同方案的比较研究。此外，系统还设置了 STEPP-initialize 菜单，可以方便地进行系统参数初始化及其空间数据调用。

3 案例研究

3.1 研究区概况

研究区位于荷兰中部埃德市(EDE)和维纳多市(Veenendaal)之间，人口 16 万，面积约 30 km²。该区是一个典型的城乡交错区，城市用地以住宅区，工业区，商业区为主，在两个城市之间有面积约为 20 km² 的农用地区(主要土地利用类型有耕地，牧草地，林地，园地等)。该区交通十分便利，两市之间不但通铁路，并且有 A30 和 A12 两条高速公路相连。由于经济的发展，该区的城市化速度正在加快，为了改善城市的居住条件，未来 10 年将要规划较多的住宅用地区。目前，当地政府联合启动了土地空间规划项目，该项目目标之一是评价当前该区的环境，分析环境质量状况和存在主要问题，为将来住宅区规划决策提供依据。

3.2 模型应用与结果分析

根据研究区土地利用数据，识别了功能区和 104 个点状活动(主要分布在两个市之间的城乡结合部，类型为种植，养殖，畜牧等农业活动)，64 个面状活动(主要分布在两个市市区，主要类型有工业，商业服务业等)，线状活动主要是考虑高速公路和铁路的影响。

3.2.1 现有土地利用影响域与环境质量分析

运用 STEPP，对现有土地利用环境影响域和环境质量进行了分析。根据研究区的具体情况，确定活动对环境的影响类型有气味，粉尘，危险，噪声和交通影响(主要为交通噪声)等五类。影响域采用 VNG 标准。功能区和环境敏感度采用表 1 标准。结果如图 5 所示。

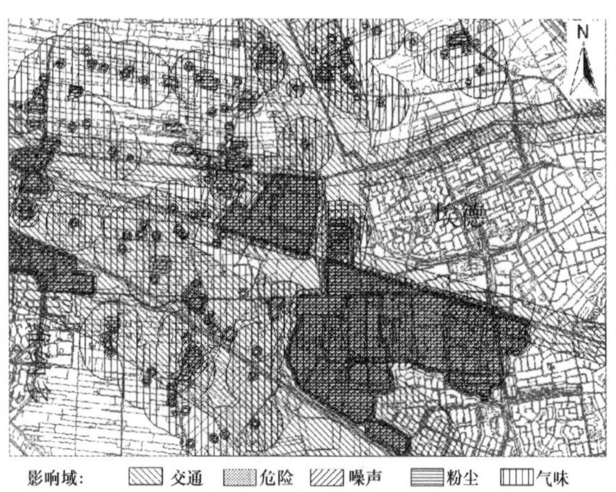

图 5 影响域空间分布图

Fig. 5 Spatial distribution of impact zones environmental quality

由图及统计结果可以看出，该区受交通及气味影响较为广泛，面积为 14.4 km^2 和 14.7 km^2，占总面积的 48%左右。交通影响域较广主要原因是由 A30，A12 和横贯东西的铁路；气味影响域较广的主要是由两市之间分布着较多的养殖企业(养鸡场，养牛场等)，埃德西部和西南部分布的工业区等所导致。粉尘(4.4 km^2)，危险(4.1 km^2)和噪声(6.2 km^2)的分布规律基本相同，主要分布在埃德西部和西南部工业区及其维纳多北部的商业区，它们占总面积的比例较小(<20%)。综合影响域分析表明：影响域主要分布于埃德西部和西南部工业区，维纳多北部商业区空间范围内。不受影响的区域主要分布在埃德和维纳多市的住宅区内，区内仅有少量靠近高速公路和铁路的住宅受到交通噪声的影响。

进一步对综合环境质量进行分析，结果如图 6 所示。由图结合统计结果可以看出，研究区综合环境质量大部分都在 1～3 之间，面积为 16 km^2(占总面积的 53%)。不受影响的面积为 10 km^2(占总面积的 33%)，环境质量在 4～6 间的为 4.4 km^2，环境质量>7 的面积很小。对照各单因子环境质量分析结果，研究区综合环境质量<6 的区域大部分都由单因子敏感度=1(低度敏感)的区域综合而成，因此研究区总体环境质量良好，土地利用空间布局合理。两个综合环境质量>7(如图 6)的区域一个为维纳多市北侧居住区与商业区交为该区正好落在各影响类型影响域交错的区域，功能区为永久居住区，有较高敏感度。还有一错的区域，因

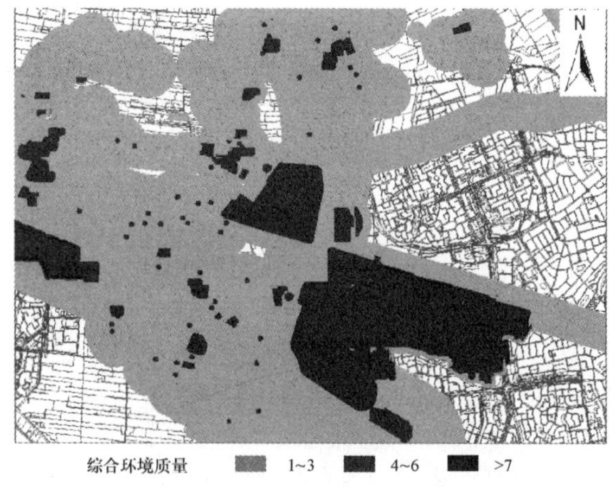

图 6 综合环境质量空间分布图

Fig. 6 Spatial distribution of integrated

个是埃德市南部靠近铁路沿线的区域，该区也是落在各影响类型影响域交错的区域，功能区为生态区，也有较高的敏感度。

3.2.2　住宅区规划分析

前已述及，由于经济的发展，该区的城市化速度正在加快，为了改善城市的居住条件，未来10年将要规划较多的住宅用地区。由于原有居民区无论在基础设施、服务设施等比较完善，所以一个可能的选择是在原有居民点基础上规划新的住宅区(图7)。规划区1主要的土地利用类型是耕地，规划区2土地利用类型有耕地，牧草地，园地及少量建设用地。采用STEPP，对规划区环境质量进行分析，结果如图8和表2所示。

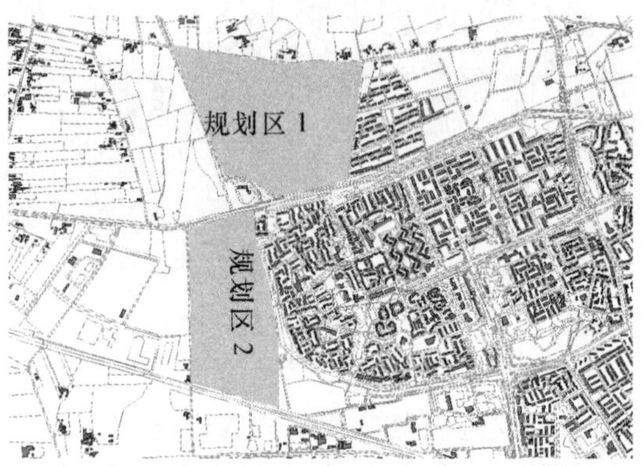

图7　住宅区规划示意图

Fig. 7　Location of residential area under planning

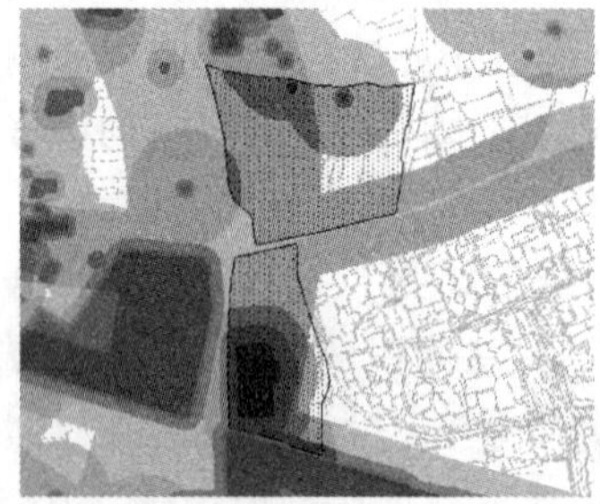

图8　住宅区规划前后综合环境质量变化(左为规划前，中图为规划后，右图为采取措施后)

Fig. 8　The changes of integrated environmental quality before and after planning(The left is the integrated environmental quality before planning, the middle is after planning and the right is after taking measures)

表2　规划区规划前后面积变化

Table 2　The changes of area before and after planning　　m^2

规划区	综合环境质量	0	1	2	3	4	5	6	7	8	9	10
1	规划前	84 396	480 367	113 535	2 806	2 806	0	0	0	0	0	0
	规划后	84 288	216	480 691	0	113 320	0	2 806	0	2 806	0	0
	变化	−108	−480 151	367 156	−2 806	110 514	0	2 806	0	2 806	0	0
	采取措施后	212 698	433	378 394	92 920	0	0	0	0	0	0	0
	变化(相对规划后)	128 409	217	−102 297	92 920	−113 320	0	−2 806	0	−2 806	0	0
2	规划前	22 664	142 135	56 120	110 729	1 727	94 001	0	0	0	0	0
	规划后	23 527	216	142 351	108	70 474	0	114 723	0	1 403	0	74 683
	变化	863	−141 919	86 231	−110 622	68 747	−94 001	114 723	0	1 403	0	74 683
	采取措施后	44 835	62 813	292 838	217	25 558	0	0	0	1 300	0	0
	变化(相对规划后)	21 308	62 597	150 487	109	−44 916	0	−114 723	0	−103	0	−74 683

图8反映出,将区域1,2规划为住宅区由于敏感度的改变导致了综合环境质量的改变,特别是规划区2,敏感度总体上有显著提高,环境质量下降。进一步分析原因发现,规划区1内的一个养牛场和一个养鸡场及规划区2内的一个垃圾处理厂是影响环境的主要原因。如果采取措施,将这些影响环境的活动移除,那么区内敏感度将会大幅度下降,特别是规划区2。表2反映出规划前后及其采取措施后,区内各综合环境质量的面积及其变化。可以看出:采用措施,规划区1移除一个养牛场和养鸡场,规划区2移除垃圾处理场后最明显的变化是不受影响区(综合环境质量=0)面积的大幅度增加和高敏感度曲(综合环境质量>6)的大幅度减少,区内主要影响是交通噪声。

4 讨 论

虽然原理上土地利用规划追求经济、社会和环境的平衡发展,但是实践操作中往往过于突出经济利益。其原因除了主观上决策者往往将经济发展放在首位外,实践中环境影响的不确定性,难于定量、直观评价也是客观原因。如何利用模型方法,空间直观、定量、交互表达规划过程中的环境问题一直以来是土地利用规划研究的热点。STEPP是在土地利用规划和环境影响评价中密切相关的活动、影响域、敏感度、功能区、环境质量等概念基础上,采用GIS二次开发技术研制的规划支持系统(PSS)。案例研究表明,该系统可以方地与规划相关人员在系统的平台上进行信息交互,空间直观、定量的表现规划过程环境影响及其变化,为相关决策提供依据,在一定程度上方便了规划相关人员参与规划过程。

自从PSS概念提出以来,人们认为它在分析,模拟,预测,可视化,预案分析(Scenario analysis)等规划过程中会发挥着重要的作用,但是事实并非如此,PSS与规划过程很好结合在一起的案例并不多见,许多基于GIS的PSS主要功能集中在空间数据查询和专题制图上,通过规划分析解决规划关键问题的能力比较弱[1]。规划问题的多样和复杂性,与其他商用软件相比,PSS相对市场较小,而且开发成本高,也是PSS应用受限制的重要因素[15]。STEPP是采用GIS二次开发技术研制而成的。GIS二次开发具有开发成本低,规划分析模块与GIS基本功能相配合,避免GIS基本模块(如查询,制图等)重复开发,而易将主要精力集中于规划过程,应用方便,重点突出等特点,可以有效缓解PSS发展的瓶颈因素,将是PSS将来发展的主要方向。

参考文献

[1] Harris B. Beyond geographic information systems: computers and the planning professional, Journal of the American Planning Association, 1989, 55: 85-90

[2] Geertman S, Stillwell J, Participatory planning and GIS: a PSS to bridge the gap. Computer Environment and Urban Systems, 2004, 27: 163-180

[3] Brail R K, Kloserman R E. Planning Support Systems, ESRI Press, Redlands, CA, 200.

[4] Geertman S, Stillwell J. Planning Support Systems in Practice. Springer, Berlin, 2002

[5] Sharifi M A, Van Keulen H. A decision support system for land use planning at farm enterprise level, Agricultural Systems, 1994, 45: 239-257

[6] Yeh A G O, Qiao J J. Component-based approach in the development of a knowledge-based planning support system (KBPSS). Part 1: the architecture of KBPSS. Environment and Planning B: Planning and Design, 2004, 31: 517-537

[7] Pettit C J. Use of collaborative GIS-based planning-support system to assist in formulationg a sustainable development scenario for Hervey Bay, Australia. Environment and Plannig B: Planning and Design, 2005, 32: 523-545

[8] 朱广唐,曹伟明,王乘.佛山市城市规划决策支持系统研究.华中科技大学学报(城市科学版),2006,23

(3):58-61

[9] 杜宁睿，李渊. 规划支持系统(PSS) 及其在城市空间规划决策中的应用. 武汉大学学报(工学版)，2005，38(1):137-142

[10] 赵小敏，Carsjens J G，Gerber P G. GIS 在环保型养猪业区域规划中的应用. 农业工程学报，2006，22(9):184-188

[11] Egbu A U, Omolaiye P, Gameson R. A quantitative model for assessing the impact of land use planning on urban housing development in Nigeria. International Development Planning Review，2007，29(2): 215-239

[12] Ministry of VROM. Where there's a will there's world-working on sustainability. 4th National environmental policy planning. Den Haag, Ministry of Housing, Spatial Planning and the Environment，2001

[13] Carsjens GJ, Ligtenberg A. A GIS-based support tool for sustainable spatial planning in metropolitan areas. Landscape and Urban Planning，2007，80(1-2):72-83

[14] VNG. Milieureeks(kgm) Nr 9: Bedrijven en milieuzonering, Vereniging van Nederlandse Gemeenten (VNG), Den Haag: VNG-Uitgeverij，1999

[15] Uran O, Janssen R. Why are spatial decision support systems not used? Some experiences from the Netherlands. Computer Environment Urban System，2003，27:511-526

The Design and Application of a Land-use Planning Support System(STEPP) Based on GIS Technology

Chen Wenbo[1], Gerrit J. Carsjens[2]

(1. College of Land Resources and Environment, Jiangxi Agricultural University, Nanchang 330045, China;
2. Group of Land-use Planning, Wageningen University, Wageningen 6700AA, the Netherlands)

Abstract How to assess the environmental impacts is one of the keys in land-use planning. This article described in detail the concepts and development of STEPP(Strategic Tool for integrating Environmental aspects in Planning Procedures) based on Avenue, the secondary developing language of ArcView GIS. The urban-rural combination area located between EDE and Veenendaal was taken as case study and the results indicated that environment was incorporated well in the planning procedure based on the concepts of activities, impact zones, functions and the assessment process. It can also demonstrate effects of planning measures on environment spatially explicitly and in real-time, facilitating the participation of planning practitioners and decision-making. Finally, some suggestions were proposed on how to extend the application of PSS based on the practice of STEPP.

Key Words STEPP; PSS; Environmental impacts; Land-use

基于 RS 与 GIS 的秭归县植被覆盖度与水土流失关系研究

罗志军

（江西农业大学 国土资源与环境学院，南昌 330045）

摘要：本文首先介绍了水力侵蚀分类分级标准；然后以三峡库区秭归县为例，运用遥感和地理信息系统技术，通过对植被覆盖度、坡度和土地利用指标的综合分析，确定了研究区 1999 年水土流失强度分布情况，并通过与植被覆盖度等级数据的叠加，研究了秭归县水土流失强度与植被覆盖度之间的关系。

关键词：水土流失；遥感；地理信息系统；植被覆盖度；秭归县

植被具有截留降雨、减缓径流、防沙治沙、保土固土等功能，是维持生态环境、发挥有效生态效能的功能体。作为衡量地表植被状况的一个最重要指标，植被覆盖度对评价森林保持水土、涵养水源、调节径流和改善森林小气候等生态功能具有重要意义。植被覆盖度与区域水土流失状况紧密相关，植被覆盖度直接影响着径流系数和土壤侵蚀模数，随着覆盖度的增加，径流系数逐渐减小，土壤侵蚀模数急剧下降，因此，同等条件下，植被覆盖度越高的地方，水土流失越轻微[1]。植被覆盖度与水土流失之间关系如何，如何确定某一区域合理的植被覆盖率，已成为国内外近年来研究的热点之一[2]。本文以三峡库区秭归县为例，在合理确定水土流失分级分类指标的基础上，运用 GIS 和 RS 技术，提取土地利用、坡度、植被覆盖度等信息，通过 GIS 空间叠加分析，快速获取三峡库区秭归县 1999 年的水土流失强度分布特征，并通过与植被覆盖度等级数据的叠加，研究秭归县水土流失强度与植被覆盖度之间的关系。

1 研究区概况

秭归县地处川东褶皱及鄂西八面山坳的会合地带，位于湖北省西部，紧邻三峡大坝，其地理位置为北纬 30°38′14″～31°11′31″，东经 110°00′04″～110°18′41″，国土面积 2 427 km^2，辖 12 个乡镇，总人口 2004 年底为 39.16 万人。长江流径巴东县破水峡入境，横贯县境中部，流长 64 km，于茅坪河口出境。地势西南高，东北低，东段为黄陵背斜，西段为秭归向斜，属长江三峡山地地貌。气候属亚热带大陆性季风气候，年平均降水量为 1 006.8 mm，年平均气温 17.9℃。由于境内地形起伏较大，易风化岩层出露多，降雨多且集中，水土流失极其严重。侵蚀类型主要为面蚀，局部地区有沟蚀，多发生在花岗岩、紫色砂页岩、页岩、泥岩出露地带。

2 水土流失强度获取

2.1 研究思路与技术依据

由于水土流失是发生在地表的过程，一些特殊的侵蚀退化标志（如地表裸露程度、地形地貌、植被覆盖度和土地利用方式的改变等）易于被遥感影像所记录，因此 RS 技术成为对土壤侵蚀进行动态监测的一种先进有效的技术手段。而 GIS 具有强大的空间信息处理能力，可以快速处理大量的遥感数据和非遥感数据，非常适合应用于像土壤侵蚀定量评价这样一个需要对综合多因素进行分析处理的过程。利用 RS 和 GIS 定量评价水土流失量，其技术研究思路是利用数字高程模型（DEM）数据计算坡度，将坡度转换为矢量，然后对 TM 遥感影像进行处理，从影像中提取植被覆盖度和土地利用类型等因子信息，最后在 ARC/INFO 软件支持下将各因子信息叠加，用已建立好的土壤流失模型估算出研究区水土流失量，从而获得研究区水土流失强度分布情况。

这里用的土壤流失模型是建立在侵蚀强度和侵蚀因子之间的定量匹配关系上的，采用水利部颁布的《土壤侵蚀分类分级标准》(SL190－96)[3]，用土地利用类型、植被覆盖度和地形坡度作为水力侵蚀的判别指标，在评价的图斑中分析水土流失强度(见表 1)。根据土地利用类型、植被覆盖度和地面的坡度作为水力侵蚀的判别指标，在评价的图斑中分析侵蚀强度。水土流失强度根据水利部颁布的《土壤侵蚀分类分级标准》(SL190-96)中“土壤侵蚀强度分级标准”之规定[3]，按年水土流失量分为微度(＜500 t/km²)、轻度(500～2 500 t/km²)、中度(2 500～5 000 t/km²)、强度(5 000～8 000 t/km²)、极强度(8 000～15 000 t/km²)和剧烈(＞15 000 t/km²)共 6 级。

表 1 水力侵蚀强度分级指标

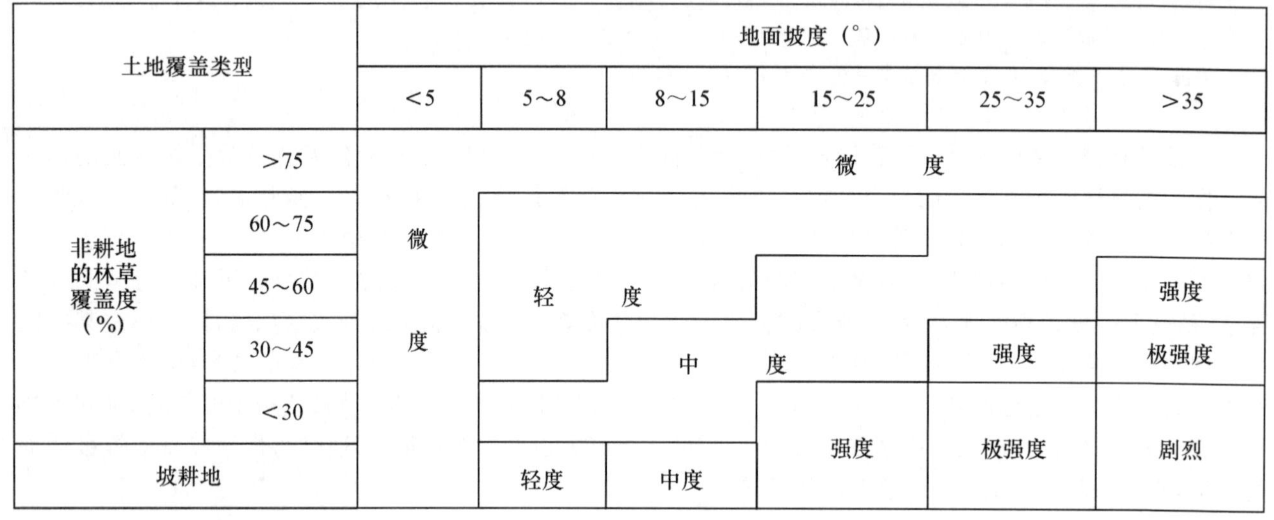

土地覆盖类型		地面坡度(°)					
		＜5	5～8	8～15	15～25	25～35	＞35
非耕地的林草覆盖度(%)	＞75	微度	微度	微度	微度	微度	微度
	60～75	微度	轻度	轻度	轻度	中度	中度
	45～60	微度	轻度	轻度	中度	中度	强度
	30～45	微度	轻度	中度	中度	强度	极强度
	＜30	微度	中度	中度	强度	极强度	剧烈
坡耕地		微度	轻度	中度	强度	极强度	剧烈

2.2 强度分级指标的提取

2.2.1 坡度的提取

本研究中所需的坡度数据是由利用数字高程模型(DEM)数据派生出来的。DEM 中包含高程、坡度等地表形态属性，利用数据源 1∶5 万 DEM 数据计算坡度，然后将坡度分级得到同比例尺的坡度等级图。

2.2.2 植被覆盖度的提取

植被覆盖度是指植被冠层或叶面在地面的垂直投影面积占统计区总面积的百分比[4]。目前利用遥感技术估算植被覆盖度的方法比较多，可概括为回归模型法、植被指数法和像元分解模型法三类[5]。在植被遥感中，归一化植被指数(NDVI)由于具有植被检测灵敏度高、植被覆盖度的检测范围宽、能消除地形和群落结构的阴影和削弱大气所带来的噪音等优点，应用最为广泛。因此，本文采用 NDVI 植被指数法来估算植被覆盖度。NDVI 指数公式为：NDVI＝(波段 4－波段 3)/(波段 4＋波段 3)×100＋127，数据源为 1999 年的 TM4、TM3、TM2 三个波段影像。

在 NDVI 图像中，灰度级别越低，其植被覆盖度越差。用植被指数估算植被覆盖度，最好是赋予 NDVI 值以相应的植被覆盖度含义，把植物指数转化为植被盖度等级，更为直观地反映植被覆盖度的分布。依据本文表 1 所示，秭归县水力侵蚀强度分级标准，将植被覆盖度分为 5 个等级(用 1、2、3、4、5 数字来分别表示植被覆盖度的 5 个等级)，植被指数等级划分标准见表 2。

表 2 植被指数分级标准

植被指数	－0.10～0.15	0.15～0.35	0.35～0.55	0.55～0.75	0.75～1.0
分级 ID	1	2	3	4	5

在 ERDAS/IMAGINE 遥感图像处理软件支持下，首先利用计算机监督分类中的最大似然法对 1999 年

TM432的假彩色合成影像进行土地利用/覆盖分类；然后运用NDVI指数公式，计算各行土地利用/覆盖类型的NDVI值；最后根据植被覆盖度和植被指数的分级标准，来得到研究区植被覆盖度等级分布图。

2.2.3　土地利用类型的提取

土地利用方式可以明显地影响径流和水土流失，人类不合理的土地利用是水土流失发生的主要原因之一。因此，除了植被覆盖度、坡度数据外，划分侵蚀强度等级还需要研究区土地利用类型的分布情况。可结合实际的调查，参考地形地貌、土壤类型、人口密度等，利用ERDAS遥感图像处理软件对TM影像进行土地利用的分类，得到研究区土地利用数据。分类的类型有水田、梯田、坡耕地、园地、林地、灌草地、裸露地、居民点与工矿用地、水域和未利用地等。其中，坡耕地按坡度＜5°、5°～8°、8°～15°、15°～25°、＞25°再分成5级。坡耕地的分级可结合已做好的坡度分级图来进行。

2.3　强度分级结果

在ARC/INFO软件支持下，将坡度等级图、土地利用类型图和植被覆盖度图叠加在一起，评价各图斑的水土流失强度等级，从而得到研究区水土流失强度分级图。依据水力侵蚀强度分级标准，对研究区水土流失强度进行分级，不同的水土流失强度用不同的颜色来表示。利用ARC/INFO软件的自动面积计算功能自动量算出研究区1999年各水土流失强度的面积。从遥感影像提取研究区1999年的水土流失强度面积分布情况如表3所示。

表3　水土流失强度面积分布情况

强度类型	微度	轻度	中度	强度	极强度	剧烈
面积(km^2)	952.84	756.50	541.46	149.99	24.76	1.46
所占比例(%)	39.26	31.17	22.31	6.18	1.02	0.06

3　植被覆盖度与水土流失强度关系分析

通过前面的计算，快速获得了研究区各水土流失强度的面积。然而，不同植被覆盖度下的水土流失分布情况是怎样的？不同强度的水土流失又主要会有着怎样的植被覆盖状况？带着这些问题，下面将植被覆盖度等级数据和水土流失强度等级数据进行空间叠置和统计分析，以分析植被覆盖度与水土流失强度之间的关系。

3.1　不同植被覆盖等级下的水土流失强度特征

为了对不同植被覆盖度等级下的水土流失情况进行比较分析，这里引入能反映不同植被覆盖度等级的水土流失强度的一个综合指标，即水土流失综合指数(Soil loss Index，SEI)，其计算公式如下：

$$SEI_i = \sum_{i=1}^{n}\sum_{j=1}^{m} W_{ij}A_{ij}$$

式中：SEI_i 表示第i类植被覆盖度等级下的水土流失综合指数SEI值；W_{ij} 表示第 i 类第 j 级的水土流失强度的分级值；A_{ij} 表示第 i 类第 j 级的水土流失强度的面积比重。水力侵蚀中的微度、轻度、中度、强度、极强和剧烈的分级值分别为0、2、4、6、8、10，分级值越高表示对水土流失综合指数的贡献越大。

根据蔡崇法等人研究[6]，当植被覆盖度大于78.3%时，地面基本上没有水土流失；而当植被覆盖度小于0.1%，植被对水土流失的抑制作用基本没有。基于此，再参考最常用的植被覆盖度等级划分方法，这里将植被覆盖度划分为＜0.1%、0.1%～20%、20%～40%、40%～60%、60%～80%、80%～100%等6个覆盖度范围，分别对应着1、2、3、4、5、6共6级植被覆盖度等级。将植被覆盖度等级数据和水土流失强度等级数据进行空间叠置，得到不同植被覆盖等级下的水土流失强度分布情况；同时，为了对不同植被覆盖度等级情况下的水土流失综合情况进行比较，分别就各坡度等级计算其水土流失综合指数。具体结果如表4所示。

表 4　不同植被覆盖等级下的水土流失强度分布情况

植被覆盖度等级	轻度以上(%)	微度(%)	轻度(%)	中度(%)	强度(%)	极强度(%)	剧烈(%)	SEI
1	68.21	31.79	6.31	8.26	9.73	16.72	27.19	5.10
2	71.81	28.19	17.72	13.27	10.38	12.08	18.36	4.31
3	66.95	33.05	16.29	21.32	15.38	8.79	5.17	3.36
4	52.62	47.38	25.96	15.25	8.73	2.07	0.61	1.88
5	43.67	56.33	32.75	8.26	2.36	0.3	0	1.15
6	0	100	0	0	0	0	0	0

从表 4 中可以看出，不同植被覆盖度等级下的水土流失强度分布有着一个明显的规律，即随着植被覆盖度等级的增大，水土流失综合指数 SEI 一直降低，这充分说明植被覆盖度是研究区水土流失及其变化的最敏感和最主要的影响因子之一。从等级 2 级开始，轻度以上的水土流失面积比重随着植被覆盖度等级的增大而减少，轻度以上的水土流失面积比重最低为 43.67%，出现在植被覆盖度等级为 6 级，水土流失综合指数的最低值也出现在这一级。同时，极强度和剧烈等级高的水土流失面积比重随植被覆盖度等级的增大而降低；微度、轻度等级低的水土流失面积比重也大致随植被覆盖度等级的增大而降低。在植被覆盖等级 6 级区，没有明显的水土流失发生。由上述分析可知，秭归县水土流失较严重的区域主要分布在人类活动频繁、植被覆盖较低的地区。

3.2　不同水土流失强度下植被覆盖度特征

将植被覆盖度等级数据和水土流失强度等级数据进行空间叠置，其结果还可以表现为不同水土流失强度的植被覆盖度分布情况，具体如表 5 所示。

表 5　不同水土流失强度下的植被覆盖等级分布情况　%

水土流失强度	1	2	3	4	5	6
微度	9.38	1.92	7.65	22.72	31.15	27.18
轻度	0.57	3.62	21.87	46.75	27.19	0
中度	11.72	18.25	33.09	26.81	10.13	0
强度	17.59	27.36	30.12	18.15	6.78	0
极强度	26.71	37.15	23.72	12.16	0.26	0
剧烈	36.87	42.61	19.73	0.76	0.03	0

由表 5 不难发现，等级低的水土流失类型（微度、轻度和中度）多发生在等级较高的植被覆盖区，即多分布在 4、5 两个植被覆盖度等级区；而等级高的水土流失类型（强度、极强度和剧烈）发生区域多分布在等级低的植被覆盖区。这充分说明植被覆盖度在抑制水土流失方面的作用。在其他特征因子不易控制的情况下，植被作为侵蚀动力的重要抑制因子，保护植被、提高植被覆盖度对控制水土流失具有特别重要的意义。

3.3　植被覆盖与水土流失强度的关系

从前面分析可以看出，植被覆盖度与水土流失强度之间具有较强的负相关性。为了进一步认识秭归县植被覆盖状况与水土流失强度之间的关系，这里利用研究区 1985 年和 2002 年的数据[7]，来分析森林覆盖率变化及其相应的水土流失状况（表 6）。17 年间的变化情况表明，秭归县森林覆盖率在上升，而水土流失面积在减少，其土壤侵蚀模数也在降低；森林覆盖率每上升 1 个百分点，水土流失面积将减少 15.84 km^2，年平均侵蚀模数会下降 82.12 t/km^2，反映森林覆盖率的提高，对遏止水土流失具有重要作用。

表6 秭归县森林覆盖率变化与水土流失状况

年份	森林覆盖率(%)	水土流失面积(km^2)	侵蚀模数[t/(km^2·a)]
1985年	24.6	2 030	6 127
2002年	68.0	1 336	2 170
变化量	43.8	−694	−3 597

3.4 植被类型与水土流失强度的关系

根据秭归县多年观测资料，不同植被类型下的土壤侵蚀模数相差很大，林地为750 t/(km^2·a)，灌丛为1 500 t/(km^2·a)，草地为3 000 t/(km^2·a)；而坡耕地高达7 500 t/(km^2·a)，是林地的10倍。20世纪80年代中期，秭归县归州镇和香溪镇主要植被是农作物和灌木林，水土流失严重，流失强度均达极强度。20世纪80年代后，由于农业结构调整，大力发展以柑橘为主的经果林，经过20年的努力，有95%的农田变成柑橘林，水土流失基本得到遏制，水土流失微度的面积增加。至2002年，水土流失的微度面积已占全县总面积的47.74%，说明水土流失强度以轻度侵蚀为主。

4 结语

植被主要通过林冠截留雨量，林地枯枝落叶层吸持降水，林地土壤涵蓄水分等过程，减轻地表径流对土壤冲刷，以减少林地土壤的侵蚀量。研究表明，秭归县水土流失较严重的区域主要分布在人类活动频繁、植被覆盖较低的地区，植被覆盖度越高，水土流失发生的可能性越小；植被覆盖度与水土流失强度之间表现出较强的负相关性。增加植被覆盖是控制水土流失的重要举措，当植被覆盖度高于78%时，地表基本上没有水土流失。因此，秭归县水土流失综合治理可以从改变土地利用方式(实施水土保持措施)和增加植被覆盖度两方面来进行。另外，不同的植被类型及其搭配组合控制水土流失的效益不同，林地的水土保持效果要高于灌丛和草地。所以，这里常用减少水土流失的方法有植树造林和坡改梯两种，坡改梯可减少产沙量60%左右，植树造林则可减少产沙量80%以上[6]。水土保持治理中，采用坡改梯措施将剧烈流失、极强度流失降到中度流失显然不太容易，而植树造林、退耕还林是可行的。而在生态防护林的建设中，不仅要重视森林面积的增加，而且要注重森林质量的提高，这样才能充分发挥森林防止水土流失的作用。

参考文献

[1] 朱连奇，许叔明，陈沛云. 山区土地利用/覆被变化对土壤侵蚀的影响[J]. 地理研究，2003，22(4)：432.438

[2] 麻泽龙，宫渊波，胡庭兴，等. 森林覆盖率与水土保持关系研究进展[J]. 四川农业大学学报，2003，21(1)：54-58

[3] 中华人民共和国水利部. 土壤侵蚀分类分级标准(SL190—96)[M]. 北京：水利电力出版社，1997

[4] 章文波，符素华，刘宝元. 目估法测量植被覆盖度的精度分析[J]. 北京师范大学学报(自然科学版)，2001，37(3)：402-408

[5] 李苗苗. 植被覆盖度的遥感估算方法研究[D]. 中国科学院研究生院(遥感应用研究所)硕士论文，2003

[6] 蔡崇法，丁树文，史志华，等. 应用USLE模型与IDRISI预测小流域水土流失量的研究[J]. 水土保持学报，2000，14(1)：19-24

[7] 郑巍伟. 三峡库区森林和土壤侵蚀关系研究[J]. 防护林科技，2006(6)：45-47

A Study on Relationship between Vegetation Fraction and Soil Loss based on GIS and RS in Zigui County

LUO Zhijun

(College of Land Resources and Environment, Jiangxi Agricultural University, Nanchang 330045)

Abstract Remote Sensing (RS) and Geographical Information System (GIS) are efficient techniques for the study of soil loss. Taking Zigui county in Three Gorge Areas as a case in this paper, by using GIS and RS, the information such as land use, slope, vegetation fraction is collected and further overlaid to obtain the classification map of soil loss intensity in accordance with the established index system in 1999. Furthermore, the map of vegetation fraction is overlaid with the map of soil loss intensity for detecting the status of soil loss at different vegetation fraction as well as the status of vegetation fraction at different soil loss.

Key words Soil loss; RS; GIS; vegetation fraction; Zigui County

吉林省西部土地开发整理重大工程镇赉项目区盐碱土碱化与有机质组成特征

郝翔翔　窦森

（吉林农业大学资源与环境学院，长春 130118）

摘要：吉林省西部地区存在着大面积的盐碱土，给当地的农业生产和生态环境带来了较大的危害。本文中的土样采自吉林省镇赉县，在盐碱土的典型区域，选择了未开发利用的盐碱土和在盐碱土基础上开发为稻田土壤的剖面，测定计算了土壤 pH 值、阳离子交换量（CEC）、交换性 Na^+、碱化度（ESP）和水溶性盐总量等主要碱化特征参数。同时，采用腐殖质组成修改法对该土壤的腐殖物质进行了分组，并对该地区盐碱土中腐殖酸，胡敏酸及富里酸的含量进行了分析。

关键词：吉林西部；盐碱土；pH 值；阳离子交换量；交换性 Na^+；碱化度（ESP）；腐殖质

由联合国粮农组织的资料得知，全世界盐渍土地的总面积约达 9.5 $\times10^8$ hm^2，广泛分布与世界 100 多个国家和地区，占地球陆地面积的 7.26%，我国盐渍土地面积约为 1.0 $\times10^8$ hm^2[1]。20 世纪 50 年代开始，我国东北和西北等地大规模垦殖，但是由于对土壤盐分运移规律和空间变异特征等认识不系统，灌溉系统不健全和不配套，造成了土壤次生盐渍化[2]。目前我国北方几大农业耕作区都不同程度的受盐渍化威胁。黄淮平原盐渍化土壤面积为 200$\times10^4$ hm^2[3]，松嫩平原盐渍化土地面积约 239.3 $\times10^4$ hm^2[4]，占东北地区盐渍土总面积的 39.3%，是世界上三大苏打盐渍土集中分布区之一。

近 50 年，松嫩平原由于农业经济活动频繁，牧业快速发展，水利工程建设等人类活动的影响，导致松嫩平原盐渍化威胁的土地面积不断扩大，土壤盐渍化的程度日益加重，生态环境急剧恶化。吉林省西部处于松嫩平原中西部低洼易涝盐碱地与风沙地交错分布区，属半湿润半干旱地区，是我国土地盐碱化最严重的地区之一，各类盐碱土总面积为 170 万 hm^2，占西部总面积的 8%，是该地区重要的具有开发潜力的土地资源[5,6]。受人类过度利用和自然条件的影响，土地盐碱化近年来呈加速发展的趋势，表现为面积扩大、程度加重[7]。重度盐碱化占盐碱化总面积的比例已由 1958 年的 26.9 %增至 1999 年的 43.17 %，严重制约农业持续发展及人民生活水平的提[8]。

根据国务院《东北地区振兴规划》的要求，吉林省已经确定将在“十一五”末期再增产 50 亿 kg 商品粮，届时粮食总产将达到 300 亿 kg。其中，水稻增产 25 亿 kg，占粮食增产的 1/2。为了实现这一宏伟目标，结合吉林省“十一五”期间三大水利工程，即“引嫩入白工程”、“大安灌区工程”和“哈达山水利枢纽工程”建设的全面启动，总投资 62 亿元的吉林省西部土地开发整理重大项目于 2007 年 9 月在镇赉县正式启动。项目建成后可为吉林省新增水田 27 万 hm^2，年增产大米 16.5 亿 kg。这是吉林省继 20 世纪 80 年代初西部水田开发的又一重大举措，也是吉林省水稻生产的第二次“绿色革命”。

研究该地区盐碱土碱化特征，对研究本区盐碱土壤基本性状、土壤水盐运移规律、盐渍土壤改良与利用以及基本农田水利工程建设等工作都具有十分重要的科研与实际意义，同时，也可建立西部土地开发整理项目区土壤背景资料，为进一步开展科学研究提供参考；为土地开发整理中涉及的相关土壤学问题提供建议，为盐碱地种植水稻提供相应的科学指导。

1　材料与方法

1.1　土壤样品

供试土样取自吉林省镇赉县哈吐气乡。选取了 4 个土壤剖面（ A，B，C，D），其中剖面 A 和 B 是未开发利用的盐碱土，剖面C和D是在盐碱土基础上开发稻田土壤，每一剖面深度为120cm。按20cm均匀间隔，在土壤剖面上取样分析测试。各个剖面的坐标如下：

A：N46°07′26″，E123°35′42″

B：N46°07′26″，E123°35′40″

C：N46°07′21″，E123°35′22″

D：N46°07′21″，E123°35′25″

1.2 测试项目

1.2.1 土壤pH值[9]

采用电位法测定土壤pH值。

1.2.2 阳离子交换量与交换性钠含量[9]

采用乙酸钠法测定阳离子交换量；采用NH_4OAC-NH_4OH火焰光度法测定交换性Na^+含量。

1.2.3 土壤可溶性盐总量[9]

电导法测定土壤可溶性盐总量。

1.2.4 土壤有机质的测定[9]

采用重铬酸钾容量法——外加热法。

1.2.5 土壤腐殖质组分的测定

采用腐殖质组成修改法[1]进行腐殖质的分组。

2 结果与分析

2.1 盐碱土指标的分析

2.1.1 土壤pH值及其垂直变化特征

依据我国碱土的标准，pH值须大于9.0[11]，由表1和图1可看出，4个剖面各土层的最大pH值均大于9.5，达到了我国碱土标准；剖面A、B在0～20 cm土层的pH值均大于10，土壤呈强碱性。

表1 各供试土样土样的性质

Table 1 Selected properties of tested soil

土样编号	pH值	阳离子交换量(cmol/kg)	交换性Na^+(cmol/kg)	可溶性盐总量(g/kg)	碱化度(%)
A_1	10.18	7.009	3.052	0.323	43.548
A_2	9.46	6.600	1.091	0.267	16.539
A_3	8.73	6.739	0.196	0.198	2.903
A4	8.17	8.243	0.143	0.033	1.741
B_1	10.36	6.583	2.643	0.290	40.159
B_2	10.25	7.148	1.991	0.200	27.859
B_3	9.74	6.913	0.596	0.078	8.616 9
B_4	9.03	8.348	0.187	0.034	2.240
C_1	9.67	8.000	1.491	0.130	18.641
C_2	9.88	9.017	2.522	0.137	27.965
C_3	9.88	6.913	2.222	0.120	32.138
C_4	9.5	8.887	0.861	0.061	9.687
D_1	8.74	8.530	0.252	0.048	2.956
D_2	9.15	8.174	0.457	0.044	5.585
D_3	9.6	5.522	0.683	0.052	12.36
D_4	9.68	9.209	0.357	0.043	3.872

注：A,B为未开发利用的盐碱土,C,D为在盐碱土壤上开垦的水稻土，字母下标的1、2、3、4分布代表各剖面0～20 cm、20～40 cm、40～60 cm、60～120 cm的土层深度

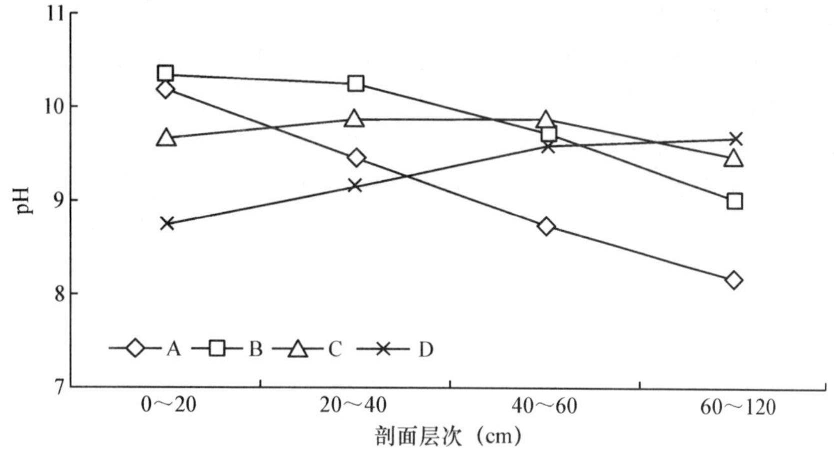

图 1 各剖面层次的 pH 值

Fig. 1 pH of different soil profiles

剖面 A、B 的 pH 值随着土层的加深而减小，而剖面 C、D 的 pH 值变化与 A、B 不同，20 cm 以下土层与 0～20 cm 的 pH 值相比，有增加的趋势。在 0～20 cm，剖面 A、B 的 pH 值大于剖面 C、D，即未开发利用盐碱土的表层 pH 值大于水稻土；而在 60～120 cm，A、B 的 pH 值小于 C、D。此外，剖面 A、B 和剖面 C、D 的 pH 值的垂直变化规律存在着明显的不同，说明盐碱地开发为稻田后，由于水分在剖面的垂直运移，导致土壤剖面各层的 pH 值发生了变化。

2.1.2 阳离子交换量及其垂直变化特征

土壤阳离子交换量(CEC)是土壤的基本特性和重要肥力影响因素之一，它直接反映了土壤保蓄、供应和缓冲阳离子养分的能力，同时影响多种其他土壤理化性质。因此，CEC 常被作为土壤资源质量的评价指标和土壤施肥、改良的重要依据。由图 2 可以看出，0～20 cm、20～40 cm、40～60 cm 3 个土层之间，剖面 A、B 的 CEC 变化较小，CEC 均在 6.5～7.5 cmol/kg，而剖面 C、D 的 CEC 变化幅度较大，从 20～40 cm 到 40～60 cm，剖面 C、D 的 CEC 分别降低了 23.3%和 32.4%，而从 40～60 cm 到 60～120 cm，剖面 C、D 的 CEC 分别升高了 28.6%和 66.8%；从 40～60 cm 到 60～120 cm ，A、B、C、D 的 CEC 都显著增大；剖面 A、B 在的 0～20 cm、20～40 cm 以及 60～120 cm 的 CEC 都比 C、D 小；说明盐碱土开发为水田后，其 CEC 出现了明显的变化，整体而言，稻田土壤的 CEC 比未开发的盐碱土大，土壤肥力有所增加。

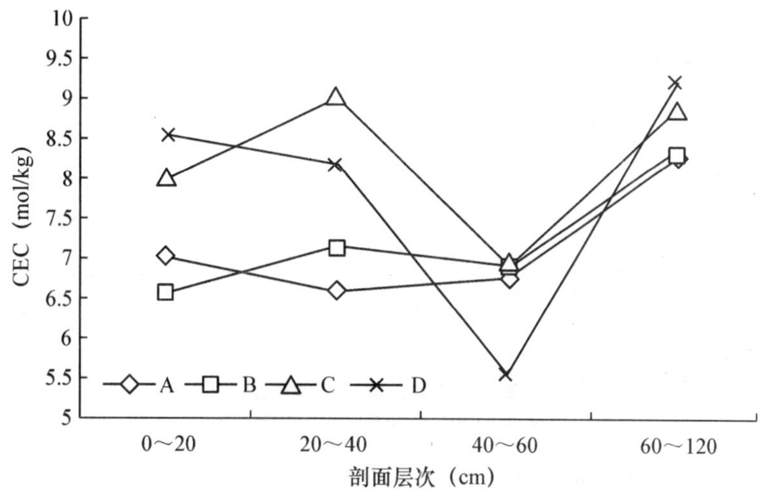

图 2 各剖面层次的阳离子交换量

Fig. 2 CEC of different soil profiles

2.1.3 交换性 Na^+ 及其剖面分布特征

土壤中含有较多的交换性 Na^+ 是土壤碱化的重要特征之一。测试土样的交换性 Na^+ 含量(图 3),可以看出,在 0～20 cm,A、B 的交换性 Na^+ 大于 C、D,且随着土层的加深,A、B 的交换性 Na^+ 不断降低,而 C、D 有增加的趋势,这说明 Na^+ 在水稻土剖面中的分布与在未开发的盐碱土剖面中的分布存在着明显的不同,未开发利用的盐碱土由于蒸发量大于降雨量,Na^+ 随着水分上移,从而在土壤表层聚集;而在盐碱土基础上开发为稻田的土壤,由于水分的介入,在表层聚集的 Na^+ 随水分下渗,使得其在表层的含量降低。

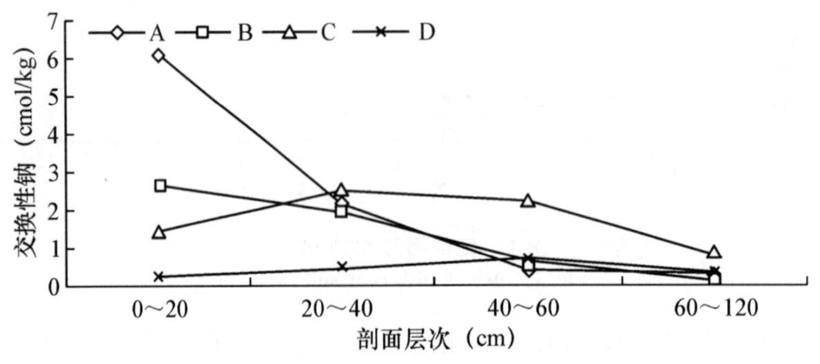

图 3 各剖面层次的交换性 Na^+

Fig. 3 Exchangeable Na^+ of different soil profiles

2.1.4 土壤碱化度(ESP)及其垂直变化特征

土壤碱化度(ESP)是指土壤胶体吸附的交换性钠离子占阳离子交换量的百分率。当土壤 ESP 达到一定程度,可溶盐含量较低时,土壤就呈极强的碱性反应,pH 大于 8.5 甚至超过 10.0[12]。ESP 是目前国内外比较公认的判断土壤是否发生碱化的指标和依据。由图 4 可知,剖面 A、B 在 0～20 cm 的 ESP 均大于 40%,为明显的碱化层,且 ESP 随土壤剖面的加深而增大。剖面 C、D 在 0～20 cm 的 ESP 都小于 20%,它们的曲线变化特征与 A、B 相反,随土壤剖面的加深,ESP 有增大的趋势。剖面 A、B 的最大 ESP 出现在 0～20 cm,剖面 C、D 出现在 40～60 cm。对照图 1 可发现,A、B、C、D 的碱化度在剖面的垂直变化规律与 pH 值大体一致,说明盐碱土开发为水田后,经过水分在剖面中的垂直运移,可以降低土壤的碱化程度,使其 pH 值和碱化度都降低。

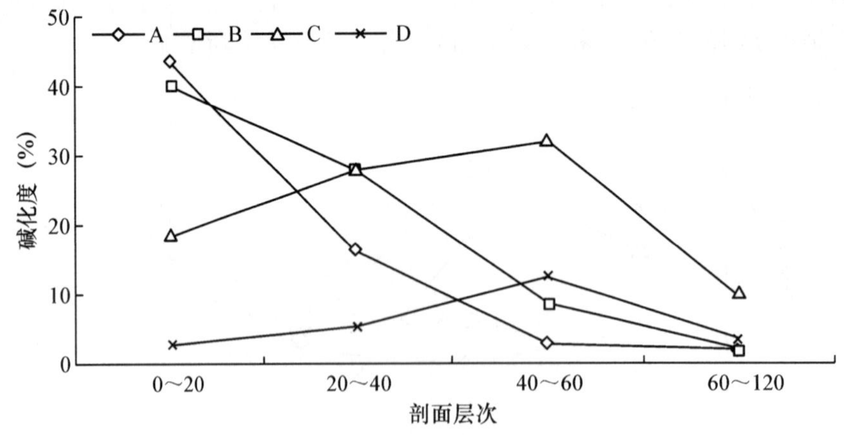

图 4 各剖面层次的碱化度

Fig. 4 ESP of different soil profiles

2.1.5 可溶性盐总量在各剖面层次的分布

土壤可溶性盐总量是盐渍土盐渍化程度的一个重要标志,是抑制植物生长的主要因素[13]。由图 5 可知,剖面 A、B 中的可溶性盐总量在 0～20 cm 最大,且随深度的增加而减小,而可溶性盐总量在剖面 C、D 各层次的分布比较均匀，变化较小，说明未开发利用盐碱土的盐分主要聚集在表层，稻田土壤剖面中由于水分充足，可溶性盐随水分垂直运动，从而在剖面中均匀分布，使其表层含量降低。剖面A、B可溶性盐总量的平均值要大于C、D，A、B分别是0.205 g/kg和0.150 g/kg，C、D分别是0.112 g/kg和0.047 g/kg，这表明，盐碱地开发为水田，可以起到脱盐的作用，证明了“盐随水来，盐随水去”这一盐分运移规律[14]，这也与刘文启[15]等人的研究结果一致。

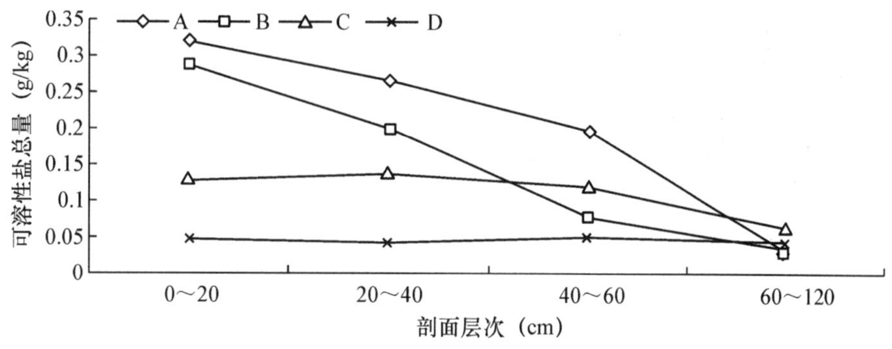

图5 各剖面层次的可溶性盐总量

Fig. 5 Content of water-soluble salty of different soil profiles

2.2 土壤有机质及其腐殖质组成分析

2.2.1 不同剖面中的有机质总量及变化规律

土壤的本质特征是具有结构性和生物性，有机质是土壤具有结构性和生物性的基本物质，它是生命活动的条件，也是生命活动的产物。另外，土壤有机质是植物所需多种营养元素（如N、P）的主要来源，是土壤肥力的重要组成部分，使土壤具有通气性、渗透性和缓冲性。一般来说，土壤有机质含量的多少，是土壤肥力高低的指标。

从图6可看出，A、B、C、D 4个剖面的有机质含量整体较低，肥力水平不高。它们的最高值都出现在0～20 m，且变化规律一致，随着剖面层次的加深而减小，这是由于表层具有一些植被。比较A、B和C、D的有机质含量发现，在0～20 m和20～40 m这两层，C、D的含量高于A、B，说明稻田土壤在表层的有机质含量比未开发利用的盐碱土高，土壤肥力较高，这主要是因为盐碱地开发为水田后，其pH值和可溶性盐含量都降低，使得土壤中的微生物数量增加，活性增强，从而提高了有机质含量。

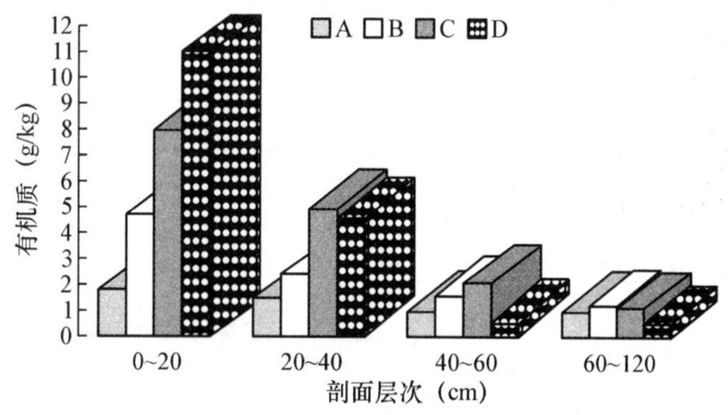

图6 各剖面层次的有机质含量

Fig. 6 Content of organic matter of different soil profiles

2.2.2 腐殖质组分数量特征

各剖面层次腐殖质组分的含量见表2，腐殖酸的分布见图7。可看出，A、B、C、D 4个剖面腐殖酸的最大值均出现在0～20 cm，这与有机质总量的分布一致。A、B的腐殖酸含量在各个层次都要比C、D小，且A、B的腐殖酸含量随着剖面的深度增加有不断降低的趋势，而C、D仅在从0～20 cm向20～40 cm过渡时有降低的趋势，40 cm 以下的含量趋于一致。

表 2 各剖面层次腐殖质组成的有机质碳量
Table 2 Content of organic C of soil humus fractions of different soil profiles

土样编号	有机质总量	腐殖酸	胡敏酸	富里酸	胡敏素＋水浮物	水溶物	胡敏酸/富里酸
A_1	1.838	0.140(7.6)	0.082(4.5)	0.058(3.2)	1.602(87.2)	0.096(5.2)	1.41
A_2	1.527	0.058(3.8)	0.035(2.3)	0.023(1.5)	1.440(94.3)	0.029(1.9)	1.52
A_3	1.025	0.065(6.3)	0.029(2.8)	0.034(3.3)	0.929(90.6)	0.031(3.0)	0.85
A_4	1.089	0.072(6.6)	0.028(2.6)	0.044(4.0)	1.006(92.4)	0.011(1.0)	0.64
B_1	4.748	0.114(2.4)	0.074(1.6)	0.040(0.8)	4.510(94.9)	0.124(2.6)	1.85
B_2	2.405	0.066(2.7)	0.033(1.4)	0.033(1.4)	2.285(95.0)	0.054(2.2)	1.00
B_3	1.651	0.064(3.9)	0.033(2.0)	0.032(1.9)	1.570(95.1)	0.017(1.0)	1.03
B_4	1.177	0.067(5.7)	0.033(2.8)	0.034(2.9)	1.100(93.5)	0.01(0.9)	0.97
C_1	8.023	0.328(4.1)	0.175(2.2)	0.153(1.9)	7.627(95.1)	0.068(0.8)	1.14
C_2	5.011	0.284(5.7)	0.153(3.1)	0.131(2.6)	4.753(94.9)	0.074(1.5)	1.17
C_3	2.084	0.101(4.8)	0.066(3.2)	0.035(1.7)	1.940(93.1)	0.043(2.1)	1.89
C_4	1.149	0.066(4.8)	0.035(3.1)	0.031(2.7)	1.066(92.8)	0.017(1.5)	1.13
D_1	11.031	0.480(4.4)	0.230(2.1)	0.250(2.3)	10.528(95.4)	0.023(0.2)	0.92
D_2	4.678	0.236(5.0)	0.120(2.6)	0.116(2.5)	4.423(94.5)	0.019(0.4)	1.03
D_3	0.811	0.077(9.5)	0.011(1.4)	0.067(8.3)	0.717(88.4)	0.017(2.1)	0.16
D_4	0.617	0.069(11.2)	0.011(1.8)	0.058(7.8)	0.535(86.7)	0.013(2.1)	0.23

注：括号外为绝对含量(g /kg)，括号内为相对含量(%)。A,B 为未开发利用的盐碱土，C,D 为在盐碱土壤上开垦的水稻土，字母下标的 1、2、3、4 分布代表各剖面 0～20cm、20～40cm、40～60cm、60～120cm 的土层深度

剖面 A、B 在 0～20 cm 土层的胡敏酸含量大于富里酸，在 60～120 cm 土层富里酸含量大于胡敏酸，说明盐碱土表层中更有利于 HA 的积累，腐殖化程度较高，而下层中则更有利于 FA 的积累，腐殖化程度较低。剖面 C、D 各土层的胡敏酸和富里酸含量无明显规律，这可能是由于盐碱地开发为水田后，由于土壤含水量增加，使腐殖物质的形成和转化变得复杂。

在 0～20 cm，剖面 A、B 水溶物的百分含量比胡敏酸和富里酸的都要高，而剖面 C、D 在 0～20 cm 的水溶物比胡敏酸和富里酸的含量低，且随着剖面的加深，水溶物的百分含量有减少的趋势，这说明盐碱土表层的水溶物含量比水稻土的高，这可能是由于盐碱地开发为水田后，土壤表层的水溶物随水分逐渐向剖面下部迁移。

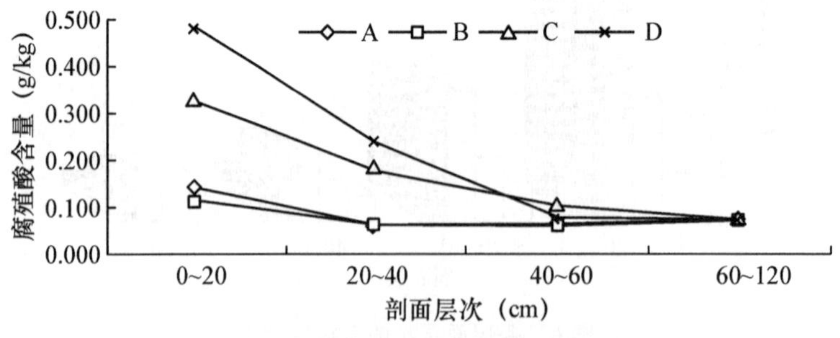

图 7 腐殖酸的分布图
Fig. 7 Content of HE of different soil profiles

实验结果中胡敏酸＋水浮物的含量由总有机质量减去腐殖酸和水溶物而得到，由表 2 可看出，各个剖面的胡敏酸＋水浮物占总有机质的量都在 85%以上，且随着剖面层次的加深而减小。这是因为水浮物中含有一些微生物及动植物残体，含有较多的有机质，而随着剖面的加深，微生物及动植物残体逐渐减少，有机质含

量降低，胡敏酸＋水浮物的量自然也随之降低。

2.2.3 腐殖质组分结特征

本文中，我们采用色调系数（Δlogk）作为指标，初步比较了四个剖面不同层次土壤腐殖质各组分的结构特征。一般认为，色调系数（Δlogk）能够反映腐殖质分子结构的复杂程度，即Δlogk越高，说明其分子结构越简单；反之，Δlogk越低，则说明其分子结构越复杂[16]。各剖面层次的腐殖质组分的Δlogk见表3。

表3 各剖面层次的腐殖质组分的Δlogk

Table 3 Δlogk of soil humus of different soil profiles

土样编号	胡敏酸	富里酸	水溶物
A_1	0.587	0.992	0.593
A_2	0.560	0.928	0.616
A_3	0.566	0.835	0.699
A_4	0.577	0.954	0.243
B_1	0.595	0.827	0.646
B_2	0.582	1.011	0.626
B_3	0.606	1.740	0.611
B_4	0.592	0.891	0.585
C_1	0.590	0.856	0.644
C_2	1.245	0.819	0.617
C_3	1.146	0.804	0.677
C_4	0.151	0.859	0.742
D_1	0.910	0.962	0.609
D_2	1.591	0.936	0.612
D_3	0.802	0.928	0.714
D_4	0.406	1.106	0.720

注：A、B为未开发利用的盐碱土，C、D为在盐碱土壤上开垦的水稻土，字母下标的1、2、3、4分布代表各剖面0～20 cm、20～40 cm、40～60 cm、60～120 cm的土层深度

其中剖面A、B各层次富里酸的Δlogk均大于胡敏酸，即未开发的盐碱土富里酸分子结构比相应的胡敏酸简单。富里酸和胡敏酸的Δlogk在剖面C、D各层的大小规律不明显，但在0～20 cm，其富里酸的Δlogk大于胡敏酸，而在60～120 cm，胡敏酸的Δlogk大于富里酸，说明由盐碱土开发为水田的土壤，剖面底层的胡敏酸结构比富里酸简单。

3 结 论

1）四个剖面各土层的最大pH值均大于9.5，未开发为稻田土壤的ESP＞30％，属于碱土，且其碱化层在0～20 cm之间，因为它们的pH值、交换性Na^+、碱化度以及可溶性盐总量的最大值均出现在该层，碱化特征很明显。在盐碱地基础上开发为稻田后，其pH值、交换性Na^+、碱化度、可溶性盐总量等碱化特征都明显减弱，所以种植水稻可以对盐碱土起到改良作用。

2）不论是未利用的盐碱土还是已开发为水田的盐碱土，有机质的含量与盐碱化参数存在着相关性，其碱化特征越明显，有机质的含量越低，所以要提高盐碱土的肥力，必须先降低其盐碱化程度。

3）盐碱土表层的腐殖质化程度高于底层，其胡敏酸的结构比富里酸复杂。但盐碱土开发为稻田后，由于水分的作用，盐碱化程度减弱，有机质含量有所增加的同时，其结构也发生了变化，腐殖物质的形成和转化变得复杂。

参考文献

[1] 王春裕. 刍议土壤盐渍化的生态防治[J]. 生态学杂志，1997，16(6)：67-71

[2] 王遵亲，祝寿泉，余仁培，等. 中国盐渍土[M]. 北京：科技出版社. 1993，372-374
[3] 石元春. 区域水盐运动监测预报体系[J]. 土壤肥料，1992：(5)：1-2
[4] 宋长春，邓伟. 吉林西部地下水特征及其与土壤盐渍化的关系[J]. 地理科学，2000，20(3)246-250
[5] 吉林省土地管理局. 吉林省土地资源[M]. 北京：中国地质出版社，1994
[6] 吉林省土壤肥料总结. 吉林土壤[M]. 北京：中国农业出版社，1998
[7] 张殿发，王世杰. 吉林西部土地盐碱化的生态地质环境研究[J]. 土壤通报，2002，33 (2) ：90-93
[8] 张殿发，林年丰. 吉林西部土地退化成因分析与防治对策[J] . 长春科技大学学报，1999，29 (4) ：355-359
[9] 鲍士旦. 土壤农化分析[M]. 北京：中国农业出版社，2000：152-199
[10] 窦森. 土壤有机质. 见：李学垣主编. 土壤化学[M]. 北京：高等教育出版社，2001：19-49
[11] 黄昌勇. 土壤学[M]. 北京：中国农业出版社，2000：171-179
[12] 李彬，王志春. 松嫩平原苏打盐渍土碱化特征与影响因素[J]. 干旱区资源与环境，2006，20 (6)：183-191
[13] 潘保原，宫伟光，张子峰，等. 大庆苏打盐渍土壤的分类与评价[J]. 东北林业大学学报，2006，34(2)：33-35
[14] 李秀军，李取生，王志春，等. 松嫩平原西部盐碱地特点及合理利用研究[J]. 农业现代化研究，2002，23 (5) ：361-364
[15] 刘文启，刘世兴，郭艳波. 苏打盐碱土种稻综合技术措施[J]. 黑龙江水利科技，2000 ，(2) ：113-114
[16] 张晋京，窦 森，李翠兰，王淑华. 土壤腐殖质分组研究[J]. 土壤通报，2004，35 (6) ：706-709

The characteristics of salinization and organic matter composition of saline soil in the region of soil development and consolidation great project in the west of Jilin province

Hao Xiang-xiang , Dou Sen

(College of Resource and Environment , Jilin Agricultural University , Changchun 130118,China.)

Abstract There are many saline soils in the west of Jilin province, which is harmful to local agriculture and environment. Saline soils and the rice paddy soils developed on saline soil. were sampled from Zhenlai county of Jilin Province in this paper. The main alkalize characteristic parameters, including pH, cation exchange capacity (CEC), exchangeable Na^+ , exchangeable sodium percentage(ESP) and the content of water-soluble salty, were measured. At the same time, HS were extracted from soils by the modified humus composition method and the content of HE, HA and FA were determined.

Key words the west of Jilin;saline soil;soil pH;CEC;exchangeable Na^+ ;ESP;Humic substance

耐盐碱细菌筛选及对盐碱土团聚体形成和土壤活性的影响

刘彩霞　黄为一

（南京农业大学生命科学学院微生物学系，南京　210095）

摘要：土壤盐碱化是世界上许多干旱和半干旱地区农业产量下降的主要原因。盐碱土有机质含量低、微生物活性差且易板结，因而增加盐碱土壤有机质含量，提高微生物活性、形成团聚体是盐碱地改良的重要步骤。本文探讨耐盐碱细菌和有机物在提高土壤活性及形成团聚体过程中所起的作用。

供试耐盐碱细菌的分离筛选：从江苏丰县、大丰地区盐碱土中分离筛选出耐盐碱细菌两株：代号为 M6、J2，经初步鉴定，J2 属于芽孢杆菌属；M6 鉴定为枯草芽孢杆菌。两株细菌主要特征：在实验室含 0.6%NaCl、pH＝8 摇瓶条件下，菌株 M6 对玉米秸秆 5d 降解率为 24.6%，72 h 胞外多聚物(EPS)产量 6 g/L；菌株 J2 对玉米秸秆 5d 降解率为 33.7%，不分泌胞外聚合物。

盐碱土壤拌入未腐熟玉米秸秆，接种菌株 M6、J2。以细菌总数、水溶性多糖、过氧化物酶、转化酶作为土壤活性指标，以＞2 mm 团聚体，＞0.25 mm 团聚体的形成作为团聚体形成指标，每五天测定以上指标，研究耐盐碱细菌对土壤活性及团聚体的影响。另设两株细菌促进盐碱土壤中玉米生长试验。菌株 M6 在 15 d 内，使盐碱土各种土壤活性及团聚体均呈现大致相同的变化趋势，表现为先上升然后下降再转而上升，除水溶性多糖这一指标在第 15 d 达最低值，其他指标均在 10d 处达最低值；15～20 d 内，团聚体含量继续增大，20 d 时，＞2 mm 团聚体形成量达 50%，而细菌量及过氧化物酶活性则减小。菌株 J2 形成的团聚体变化趋势与菌株 M6 相似，各种土壤活性之间及与团聚体无类似变化趋势，团聚体形成量及两种酶的活性均低于菌株 M6，但菌株 J2 分解秸秆能力高于菌株 M6，土壤中秸秆分解过程中菌株 J2 产秸秆水溶性多糖含量一直高于菌株 M6。15 d 内，添加两株细菌的土壤团聚体含量与细菌总量相关性均达(＋)90%以上。菌株 M6 对盐碱环境玉米种子的萌发及植株生长具有促进作用，接种菌株 J2，种子萌发与植株生长均受抑制。无植被盐碱土添加未腐熟秸秆形成团聚体的能力优于添加腐熟有机肥。

秸秆水溶性多糖对土壤团聚体形成的影响小于细菌产生的胞外多糖。因而兼具分解秸秆能力并产胞外多聚物能力的耐盐碱菌株 M6 更有利于增加盐碱土壤活性及形成土壤团聚体。在盐碱土壤氮源不足，且不人为添加氮源情况下，单纯分解秸秆的细菌与植物生长形成竞争效应。具有多种功能的单一菌株或复合菌剂对提高盐碱土壤活性及形成团聚体的性能优于单一功能菌株或复合菌剂。

关键词：耐盐碱细菌；有机物；盐碱土团聚体；土壤活性

上海市耕地土壤养分空间变异研究

杨佩珍[1]　金继运[2]　王国忠[1]　毕经伟[1]

（1. 上海市农业技术推广服务中心，上海，201103；

2. 中国农业科学院农业资源与农业区划研究所，北京，100081）

摘要：通过对上海市耕地土壤 14 种养分的变异的影响因子的分析，揭示了土壤养分含量地域差异的主要原因是受到土壤类型、母质、土地利用方式、作物类型、施肥习惯、耕作方式、外部环境等因素的影响。将上海郊区耕地划分为岛屿、东部、中部和西部四个区域来管理，有利于分区域制定肥料配方，进行推荐施肥，为实现精准农业安全高效生产管理是可行的。

关键词：土壤养分；空间变异；研究

土壤养分分区管理是耕地保护的前提，利用土壤养分在空间上存在较大的变异又具有空间相关性，研究土壤养分在空间上的相关性，制作养分分布图，划分肥力分区，从而指导科学施肥。本研究首先分析了 14 种土壤养分的基本统计特征和空间变异结构，半方差函数的计算、理论模型的拟合及 Kriging 插值和图形绘制是由 ARCGIS9.0 完成的。在各向同性（Isotropy）和各向异性（Anisotropy）两种情况下，对各土壤养分含量使用半方差函数进行拟合，并进行交叉验证（Cross validation），采用克里金插值法（Ordinary kriging）将矢量的采样点插为栅格的土壤养分空间分布图。

本研究通过精准推荐施肥技术，采用 ASI 方法测土配方施肥，达到精准快速检测技术，为土壤养分的精准管理提供了公共平台。根据作物品种、地力状况，科学合理施用肥料，提高作物的品质、改善农田环境，将传统的经验型管理转变为精确的数字化管理，有效调节作物生产能力，实现提高肥料利用率，节约农业资源，实现“存粮于科技”的战略目标。

通过在不同土壤类型上水稻肥效试验结果表明，研究适合上海市水稻生产的最佳推荐施肥模型，以水稻不同品种试验，进行推荐施肥及土壤养分系统研究，掌握土壤养分空间变异特征，为实现水稻安全高效生产的精准管理，提供了科学的决策，完善精准施肥技术体系，结合先进的栽培技术、有效的病虫防治等措施，从整体上提升上海农业的综合管理水平。

1　材料和方法

上海位于长江三角洲前缘，地处北纬 30″41′～ 31″50′，东经 120″51′～121″45′，属北亚热带季风气候，年平均气温 17.4 ℃ 左右，全年无霜期约 230 d，年平均降水量 1 087 mm 左右，年平均日照时数约 1 700 h。以上海郊区 10 个区县 10.70 万 hm^2 耕地为研究区，在全市范围内以 1 km×1 km 网格采样测试值的统计分析及评价。根据土壤 14 种养分分析结果，首先剔除异常值，即把分布于平均值±3 倍标准差之外的数值剔除，然后应用 DPS 软件进行统计分析。

由于上海的耕地分布在 10 个郊区（县），包括闵行区、嘉定区、宝山区、浦东新区、南汇区、奉贤区、松江区、金山区、青浦区和崇明县，根据土壤形成的地质地貌条件和沉积母质类型的不同，可划分为四个区域，分别是岛屿（崇明县）、东部（浦东新区、南汇区、奉贤区）、中部（闵行区、嘉定区、宝山区）和西部（松江区、金山区、青浦区）。根据土壤样品的测试值，分别对四个区域进行常规统计分析。根据变异系数的大小判断每一种元素的变异程度，变异系数在 0～50％为弱变异，50％～100％为中等变异，大于 100％的为强变异。

2 土壤养分分区统特征

土壤有效养分含量分级指标见表1。

表1 土壤有效养分含量分级指标 mg/L

养分项目	临界值	1级(低)	2级(较低)	3级(中等)	4级(较高)	5级(高)	适宜值
有机质	0.5	<0.7	0.7~0.9	0.9~1.1	1.1~1.3	>1.3	1.5
有效氮	5.0	<4.0	4.0~8.0	8.0~12.0	12.0~16.0	>16.0	15.0
有效磷	12.0	<12.0	12.0~24.0	24.0~36.0	36.0~48.0	>48.0	48.0
有效钾	78.2	<40	40~60	60~80	80~100	>100	196.0
有效硫	12.0	<12.0	12.0~24.0	24.0~36.0	36.0~48.0	>48.0	40.0
有效硼	0.2	<0.4	0.4~0.8	0.8~1.2	1.2~1.6	>1.6	0.8
有效钙	521	<1 500	1 500~1 800	1 800~2 100	2 100~2 400	>2 400	1 202.0
有效镁	121.0	<180	180~240	240~360	360~480	>480	304.0
有效铜	1.0	<3.0	3.0~5.0	5.0~7.0	7.0~9.0	>9.0	3.0
有效铁	10.0	<40	40~80	80~120	120~160	>160	40.0
有效锰	5.0	<5.0	5.0~10.0	10.0~15.0	15.0~20.0	>20.0	12.0
有效锌	2.0	<1.0	1.0~2.0	2.0~3.0	3.0~4.0	>4.0	4.0
pH	5.0	<6.0	6.0~6.7	6.7~7.4	7.4~8.1	>8.1	6.7~7.4
交换性酸	0.04	<0.005	0.005~0.01	0.01~0.02	0.02~0.04	>0.04	0.01~0.02

对岛屿地区，土壤pH值、有机质、有效氮、有效硼、有效锌、有效镁等服从正态分布，其他元素则属于偏态分布。从变异程度来看，有效磷、有效钾、有效硫、有效铜、有效锰、有效锌属于中等变异，有效硼属于强变异，pH值、有机质、有效氮、有效钙、有效镁、有效铁属于弱变异。从肥力指标评价来看，有效氮、有效镁、有效铜、有效铁和有效锌含量较低，有机质、速效磷、有效镁含量中等，有效钙和有效锰含量中等，其余元素含量为高等级水平。

对东部区域，土壤pH值、有机质、有效氮、有效硼、有效锌、有效镁等服从正态分布，其他元素则属于偏态分布。从变异程度来看，有效磷、有效硫、有效铜、有效铁、有效锰和有效锌属于中等变异，交换性酸、有效氮属于强变异，pH值、有机质、有效钾、有效硼、有效钙、有效镁属于弱变异。从肥力指标评价来看，有机质、有效氮、有效钾、有效铜、有效铁、有效锰和有效锌含量中等，有效磷、有效硫、有效硼、有效钙和有效镁含量较高。

对中部区域，土壤pH值、有机质、有效氮、有效硼、有效锌、有效镁等服从正态分布，其他元素则属于偏态分布。从变异程度来看，有效磷、有效钾、有效硫、有效铜、有效铁和有效锰属于中等变异，交换性酸、有效锌属于强变异，pH值、有机质、有效氮、有效钙、有效镁、有效铜属于弱变异。从肥力指标评价来看，有效氮、有效钾、有效锌含量较低，有效磷、有效硼、有效铜、有效锰含量中等，有机质、有效硫、有效钙、有效镁、有效铁含量较高。

对西部区域，土壤pH值、有机质、有效氮、有效硼、有效锌、有效镁等服从正态分布，其他元素则属于偏态分布。从变异程度来看，有效磷、有效锌属于中等变异，交换性酸、有效磷、有效锰属于强变异，pH值、有机质、有效氮、有效钾、有效硼、有效钙、有效镁、有效铜、有效铁属于弱变异。从肥力指标评价来看，有效钾和有效锰含量较低，有机质、有效铜和有效铁含量中等，有效氮、有效磷、有效硫、有效硼、有效镁和有效锌含量较高，有效钙含量为高等级水平。

对全市调查的耕地范围，土壤pH值、有机质、有效氮、有效硼、有效锌、有效镁等服从正态分布，其他元素则属于偏态分布。从变异程度来看，有效氮、有效磷、有效钾、有效硫、有效铜、有效铁、有效锰属于中等变异，交换性酸、有效硼和有效锌属于强变异，pH值、有机质、有效钙、有效镁属于若变异。从肥力指标评价来看，有效氮、有效钾、有效铜和有效锌含量较低，有效磷、有效硫、有效铁和有效锰含量中等，有机质、有效钙和有效镁含量较高，有效硼含量为高级别水平。

通过比较土壤养分元素分区域的评价，得出以下结论：

对有机质，全市评价为较高水平，西部地区有机质最高，其他地区为中等，因此，西部地区推荐氮肥用量应相应减少。

有有效氮，全市评价为较低水平，中部地区为较高，东部为中等，其他地区为较低，因此，应根据有效氮的含量水平，调整氮肥的用量。

对有效磷，全市评价为中等水平，东部和中部为较高，其他地区为中等，因此，在西部和岛屿地区应增加磷肥的投入。

对有效钾，全市评价为较低水平，东部地区为中等，其他地区为较低，因此，除了东部地区以外，应加大钾肥的投入。

对有效锰，全市评价为中等水平，东部、中部和西部为较低，岛屿地区为较高，因此，除了岛屿以外，在推荐施肥时应补充锰肥。

对有效锌，全市评价为较低水平，东部和中部为较高，其他地区为较低，因此，在岛屿和西部地区，在推荐施肥时应补充锌肥。

对有效硫，全市评价为中等水平，岛屿地区较低，其他地区为较高，因此，岛屿地区，在推荐施肥时应补充硫肥。

对有效硼，全市评价为高水平，岛屿为高水平，其他地区为较高，因此，仅在个别缺硼地区需要补充。

对有效钙、有效镁，全市评价为较高水平，因此，在推荐施肥时不推荐。

对有效铜、有效铁，全市评价为较高水平，因此，在推荐施肥时不推荐。

综上所述，上海地区土壤肥力为中等水平，其中大量元素氮、磷、钾（N、P、K）是主要推荐元素，微量元素锌、锰（Mn、Zn）需要适量补充，中微量元素硫、硼（S、B）应作物需要适量补充，其他中量元素钙、镁（Ca、Mg）、微量元素铜、铁（Cu、Fe），当土壤测定值低于临界值时才考虑补充营养，目前不需要补充，微量元素 Cu 有效养分在某些地区含量达到过量标准。

通过对土壤 14 种养分的变异的影响因子的分析，揭示了土壤养分含量地域差异的主要原因是受到土壤类型、母质、土地利用方式、作物类型、施肥习惯、耕作方式、外部环境等因素的影响。将上海郊区耕地划分为岛屿、东部、中部和西部四个区域来管理，有利于分区域制定肥料配方，进行推荐施肥。

3　土壤养分的空间分布特征

土壤是不均一和变化的时空连续体，具有高度的空间变异性。土壤空间变异性的研究已成为土壤科学研究的重要内容，并开始由定性描述转向定量研究，同时还引进了 Kriging、Cokriging Punctual Kriging 等内插技术，并用于土壤制图。20 世纪 90 年代以来，基于 GIS 技术，使得土壤空间变异性研究变得更加广泛和深入。

半方差函数是用来描述区域化变量结构性和随机性并存这一空间特征而提出的，其中块金系数、基台值、变程作为半方差函数的重要参数，用来表示区域化变量在一定尺度上的空间变异和相关程度。有机质的块金值与基台值的比值若大于 50%，说明这两种土壤养分的空间变异主要是由于随机性因素引起的。从随机性因素的角度来看，块金值与基台值的比值可以表明随机变量的空间相关性的程度。如果比值＜25%，说明系统具有强烈的空间相关性；如果比例在 25%～75%之间，表明系统具有中等的空间相关性；若＞75%说明系统空间相关性很弱。土壤养分分布是由结构性因素和随机性因素共同作用的。结构性因素，如气候、母质、地形、土壤类型等可以导致土壤养分强的空间相关性，而随机性因素如施肥、耕作措施、种植制度等各种人为活动使得土壤养分的空间相关性减弱，朝均一化方向发展。变程是指变异函数达到基台值所对应的距离，它表明土壤养分的空间自相关范围。块金值与基台值之比是反映区域化变量空间异质性程度的重要指标，该比值反映了在空间变异的成分中区域因素（自然因素）和非区域因素（人为因素）谁占主导作用。该比值大于 0.5，说明土壤有机质含量的变异由人为因素所引起的变异要大于由区域因素(母质、气候等)所引起的变异；反之则是区域因素的作用大于非区域因素。

土壤养分管理的前提，就是土壤养分在空间上存在较大的变异又具有空间相关性，研究土壤养分在空间上的相关性，制作养分分布图，划分肥力分区，从而指导科学施肥。本研究首先分析了 14 种土壤养分的基本统计特征和空间变异结构，半方差函数的计算、理论模型的拟合及 Kriging 插值和图形绘制是由 ARCGIS9.0完成的。在各向同性(Isotropy) 和各向异性(Anisotropy) 两种情况下，对各土壤养分含量使用半方差函数进行拟合，并进行交叉验证(Cross validation)，采用克里金插值法(Ordinary kriging) 将矢量的采样点插为栅格的土壤养分空间分布图。

3.1 土壤有机质分布现状

耕地土壤有机质含量范围在 0.3～2.2 mg/L 之间，平均含量为 1.01 mg/L＜临界值含量为 1.5 mg/L。全市耕地土壤有机质含量按照评价指标分为 5 个等级：1 级为低含量＜0.70 mg/L 的占 1.75%，2 级为较低含量 0.7～0.9%的占 23.85%，3 级为中等水平 0.9～1.1 mg/L 的占 38.95%，4 级为较高含量的 1.1～1.3 mg/L的占 22.41%，5 级为高含量＞1.3 mg/L 的占 13.04%；全市 62.81%耕地土壤有机质含量处在 0.7～1.1 mg/L 中等水平。

总体趋势：岛屿和中部含量低于东部和西部地区，仅为全市平均值的 4.94%。土壤有机质分布特征见图 1。

3.2 土壤氨态氮分布现状

耕地土壤氨态氮含量范围在 0.7～185.90 mg/L 之间，平均含量为 6.97 mg/L＞临界值含量为 5.0 mg/L。全市耕地土壤氨态氮含量按照评价指标分为 5 个等级：1 级为低含量＜4.0 mg/L 的占 0.64%，2 级为较低含量 4.0～8.0 mg/L 的占 57.46%，3 级为中等水平 8.0～12.0 mg/L 的占 33.02%，4 级为较高含量的 12.0～16.0 mg/L 占的 6.82%，5 级为高含量＞16.0 mg/L 的占 2.06%；全市 90.48%耕地土壤氨态氮含量处在 4.0～12.0 mg/L 中等水平。

总体趋势：岛屿和西部地区平均含量低于东部和中部地区。土壤氨态氮分布特征见图 2。

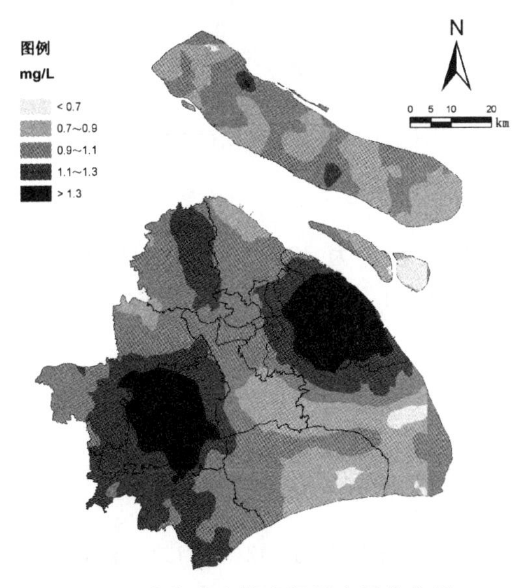

图 1 上海市土壤有机质含量分布图

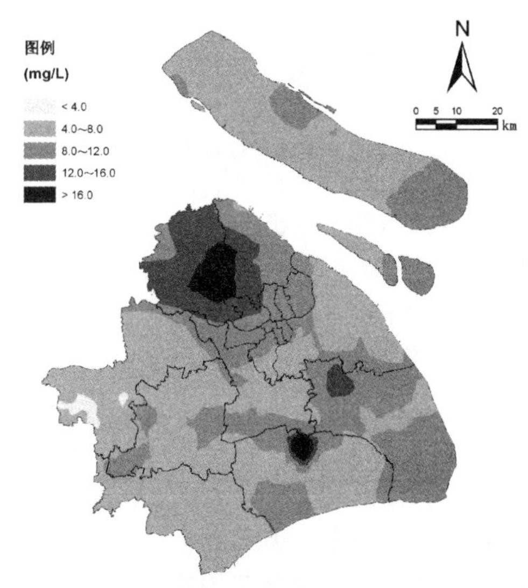

图 2 上海市土壤氨态氮含量分布图

3.3 土壤有效磷分布现状

耕地土壤有效磷含量范围在 1.4～321.80 mg/L 之间，平均含量为 23.46 mg/L＞临界值含量为 12.0 mg/L。全市耕地土壤有效磷含量按照评价指标分为 5 个等级：1 级为低含量＜12.0 mg/L 占 3.02%，

2 级为较低含量 12.0～24.0 mg/L 的占 37.0%，3 级为中等水平 24.0～36.0 mg/L 的占 29.94%，4 级为较高含量的 36.0～48.0.0 mg/L 的占 15.10%，5 级为高含量＞48.0 mg/L 的占 14.94%；全市 66.94%的耕地土壤有效磷含量处在 12.0～36.0 mg/L 中等水平。

总体趋势：岛屿和西部地区平均含量低于东部和中部地区。土壤有效磷分布特征见图 3。

3.4 土壤速效钾分布现状

耕地土壤有效钾含量范围在 0.40～304.20 mg/L 之间，平均含量为 59.15 mg/L＜临界值含量为 78.20 mg/L。全市耕地土壤有效钾含量按照评价指标分为 5 个等级：1 级为低含量＜40.0 mg/L 有占 10.7%，2 级为较低含量 40.0～60.0 mg/L 的占 37.7%，3 级为中等水平 60.0～80.0 mg/L 的占 28.9%，4 级为较高含量的 80.0～100.0 mg/L 占 20.1%，5 级为高含量＞100.0 mg/L 的占 2.6%；全市 66.6%的耕地土壤有效钾含量处在 40.0～80.0 mg/L 中等水平。总体趋势：岛屿和西部地区平均含量低于东部和中部地区。土壤有效钾分布特征见图 4。

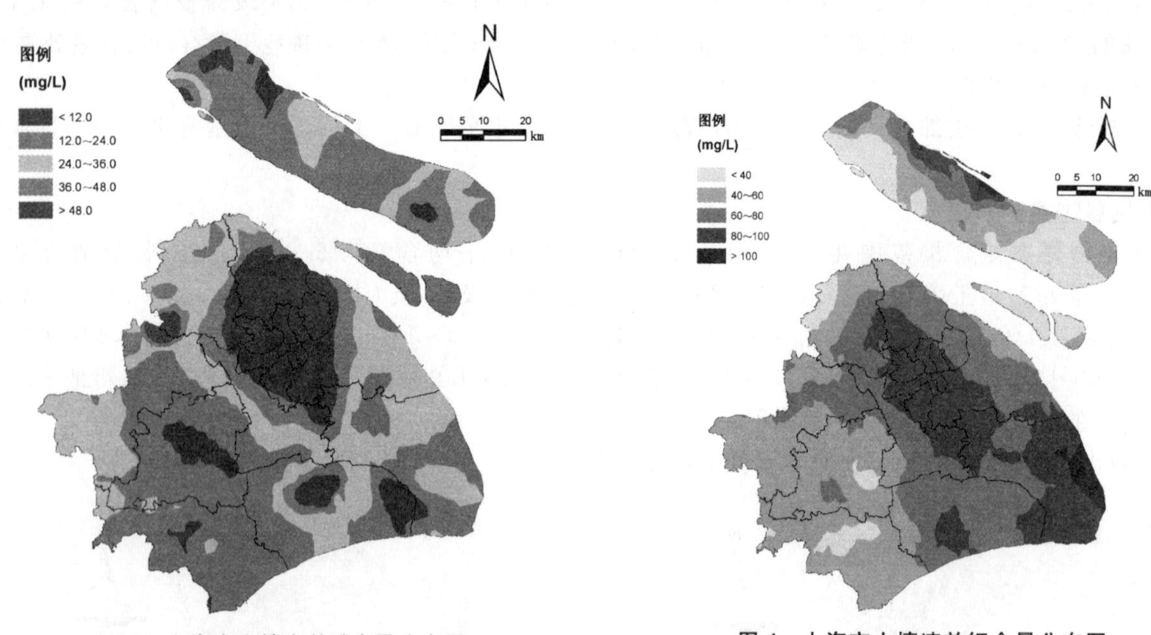

图 3 上海市土壤有效磷含量分布图　　图 4 上海市土壤速效钾含量分布图

3.5 土壤有效硫分布现状

耕地土壤有效硫含量范围在 0.40～255.50 mg/L 之间，平均含量为 33.49 mg/L＞临界值含量为 12.0 mg/L。全市耕地土壤有效硫含量按照评价指标分为 5 个等级：1 级为低含量＜12.0 mg/L 的占 3.9%，2 级为较低含量 12.0～24.0 mg/L 的占 18.1%，3 级为中等水平 24.0～36.0 mg/L 的占 31.4%，4 级为较高含量的 36.0～48.0 mg/L 的占 36.9%，5 级为高含量＞48.0 mg/L 的占 9.7%；全市 68.3%的耕地土壤有效硫含量处在 24.0～48.0 mg/L 的中高水平。

总体趋势：岛屿地区平均含量低于东部、西部和中部地区。土壤有效硫分布特征见图 5。

3.6 土壤有效硼分布现状

耕地土壤有效硼含量范围在 0.09～102.40 mg/L 之间，平均含量为 1.93 mg/L＞临界值含量为 0.2 mg/L。全市耕地土壤有效硼含量按照评价指标分为 5 个等级：1 级为低含量＜0.4 mg/L 的占 0.35%，2 级为较低含量 0.4～0.8 mg/L 的占 7.1%，3 级为中等水平 0.8～1.2 mg/L 的占 21.4%，4 级为较高含量的 1.2～1.6 mg/L 的占 43.4%，5 级为高含量＞1.6 mg/L 的占 27.8%；全市 64.8%的耕地土壤有效硼含量处在 0.8～1.6 mg/L 的中高水平。

总体趋势：西部地区平均含量低于岛屿、东部和中部地区。土壤有效硼分布特征见图 6。

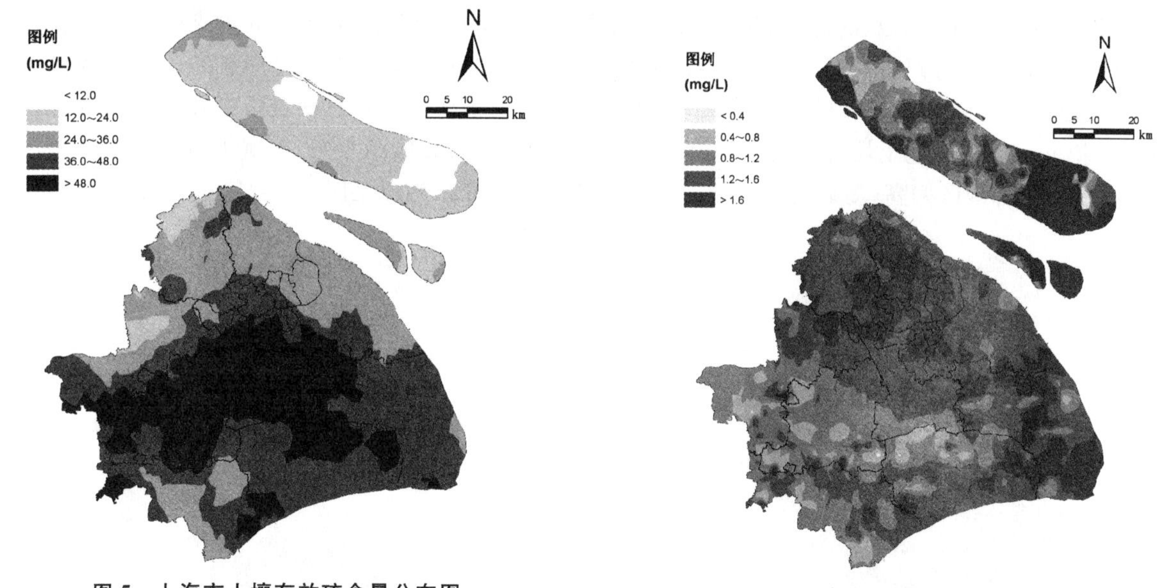

图 5 上海市土壤有效硫含量分布图

图 6 上海市土壤有效硼含量分布图

3.7 土壤有效钙分布现状

耕地土壤有效钙含量范围在 358.25～3244.80 mg/L 之间，平均含量为 1914.25 mg/L＞临界值含量为 521 mg/L。全市耕地土壤有效钙含量按照评价指标分为 5 个等级：1 级为低含量＜1 500 mg/L 的占 2.07%，2 级为较低含量 1 500～1 800 mg/L 的占 19.24%，3 级为中等水平 1 800～2 100 mg/L 的占 58.82%，4 级为较高含量的 2 100～2 400 mg/L 的占 17.17%，5 级为高含量＞2 400 mg/L 的占 2.70%；全市 64.8%的耕地土壤有效钙含量处在 1 800～2 400 mg/L 的中高水平。

总体趋势：岛屿地区平均含量低于东部、中部和西部地区。土壤有效钙分布特征见图 7。

3.8 土壤有效镁分布现状

耕地土壤有效镁含量范围在 66.30～690.90 mg/L 之间，平均含量为 337.21 mg/L＞临界值含量为 121 mg/L。全市耕地土壤有效镁含量按照评价指标分为 5 个等级：1 级为低含量＜180 mg/L 占 0.76%，2 级为较低含量 180～240 mg/L 的占 6.51%，3 级为中等水平 240～360 mg/L 的占 51.36%，4 级为较高含量的 360～480 mg/L 的占 40.46%，5 级为高含量＞480mg/L 的占 0.91%；全市 91.82%的耕地土壤有效镁含量处在 240～480 mg/L 的较高水平。

总体趋势：岛屿地区平均含量低于东部、中部和西部地区。土壤有效钙与有效镁分布相关性比较好，当土壤有效钙分布含量高的地区，土壤有效镁分布含量也高，反之，亦低。从图中可知，上海市土壤有效钙、有效镁平均含量超过 1 200 mg/L、240 mg/L，土壤中钙镁含量丰富，不需要补充。土壤有效镁分布特征见图 8。

3.9 土壤有效铜分布现状

耕地土壤有效铜含量范围在 0.50～61.40 mg/L 之间，平均含量为 4.93 mg/L，临界值含量为1.0 mg/L。全市耕地土壤有效铜按照评价指标分为 5 个等级：1 级为低水平＜3.0 mg/L 的占 4.40%，2 级为较低水平 3.0～5.0 mg/L 的占 20.60%，3 级为中等水平 5.0～7.0 mg/L 的占 59.80%，4 级为较高水平的 7.0～9.0 mg/L 的占 12.84%，5 级为高水平＞9.0 mg/L 的占 2.36%；全市 80.4%的耕地土壤有效铜含量处在 3.0～7.0 mg/L 的中高等水平，土壤中有效铜含量有的地块已经＞20.0 mg/L，超标准指标达到铜污染问题。

总体趋势：岛屿和西部地区平均含量低于东部和中部地区。土壤有效铜含量分布特征见图 9。

3.10 土壤有效铁分布现状

耕地土壤有效铁含量范围在 11.0～500.50 mg/L 之间，平均含量为 95.55 mg/L＞临界值含量为 10.0 mg/L。全市耕地土壤有效铁按照评价指标分为 5 个等级：1 级为低水平＜40.0 mg/L 的占 4.1%，2 级为较低水平 40.0～80.0 mg/L 的占 36.5%，3 级为中等水平 80.0～120.0 mg/L 的占 26.6%，4 级为较高水平的 120.0～160.0 mg/L 的占 24.1%，5 级为高水平＞160.0 mg/L 的占 8.7%；全市 80.4%的耕地土壤有效铜含量处在 3.0～7.0 mg/L 的中高等水平，其中 3.12%的耕地土壤有效铁含量处在＜40.0 mg/L 的较低水平，全市 95.9%的耕地土壤有效铁含量处在 40.0～160.0 mg/L 的高水平，土壤中有效铁含量偏高。

总体趋势：西部地区偏高，岛屿地区偏低。土壤有效铁含量分布特征见图 10。

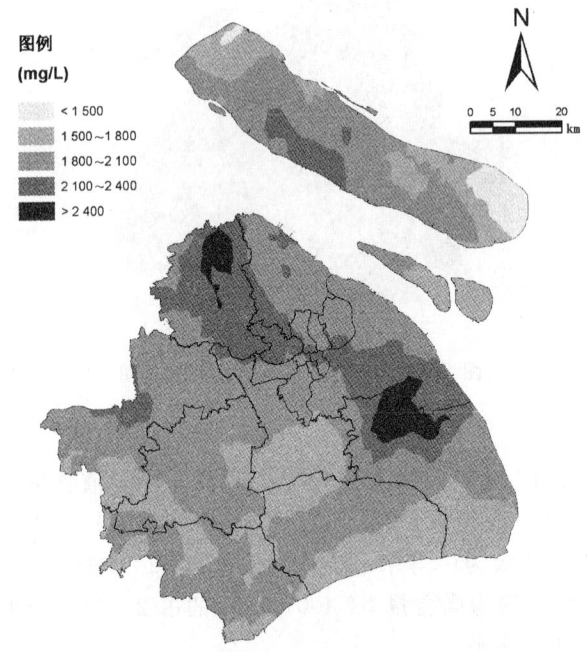

图 7　上海市土壤有效钙含量分布图

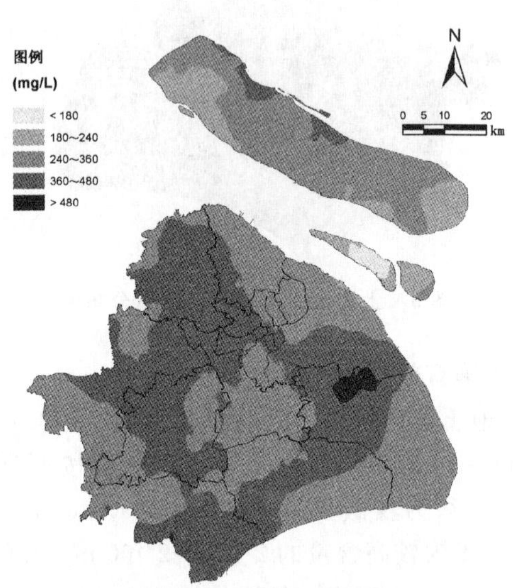

图 8　上海市土壤有效镁含量分布图

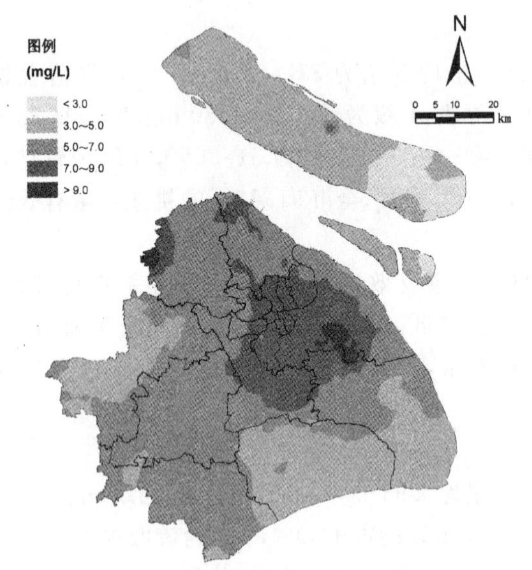

图 9　上海市土壤有效铜含量分布图

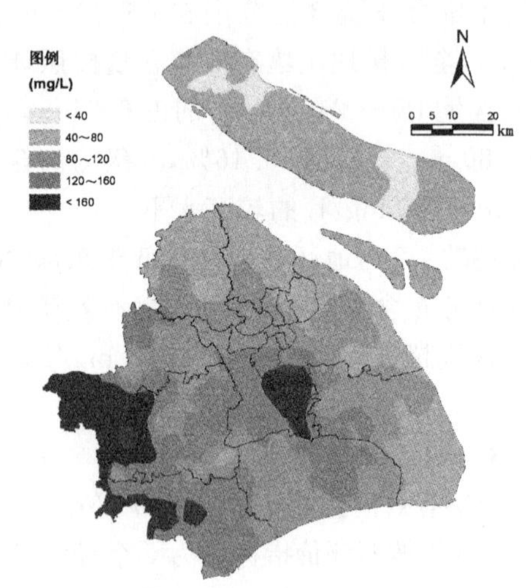

图 10　上海市土壤有效铁含量分布图

3.11　土壤有效锰分布现状

耕地土壤有效锰含量范围在 0.60～73.50 mg/L 之间，平均含量为 10.92 mg/L＞临界值含量为 5.0 mg/L。全市耕地土壤有效锰按照评价指标分为 5 个等级：1 级为低水平＜5.0 mg/L 占 15.41%，2 级为较低水平 5.0～10.0 mg/L 的占 47.17%，3 级为中等水平 10.0～15.0 mg/L 的占 30.19%，4 级为较高水平的 15.0～20.0 mg/L 的占 4.56%，5 级为高水平＞20.0 mg/L 的占 2.67%，全市 77.36%的耕地土壤有效锰含量处在 5.0～15.0.0 mg/L 的中等水平。土壤有效锰含量分布不均匀。西部地区平均含量低，需要施锰肥。总体趋势：西部地区平均含量低于中部、东部和岛屿地区。土壤有效锰含量分布特征见图 11。

3.12 土壤有效锌分布现状

耕地土壤有效锌含量范围在 0.37～71.60 mg/L 之间，平均含量为 1.76 mg/L＜临界值含量为 2.0 mg/L。全市耕地土壤有效锌按照评价指标分为 5 个等级：1 级为低水平＜1.0 mg/L 的占 14.0%，2 级为较低水平 1.0～2.0 mg/L 的占 32.1%，3 级为中等水平 2.0～3.0 mg/L 的占 21.5%，4 级为较高水平的 3.0～4.0 mg/L 的占 10.9%，5 级为高水平＞4.0 mg/L 的占 21.5%，全市 53.6%的耕地土壤有效锌含量处在1.0～3.0 mg/L 的较低等水平。

总体趋势：土壤有效锌含量分布不均匀，在岛屿和西部地区需要补充含量。中部地区最高，岛屿偏低。土壤有效锌含量分布特征见图 12。

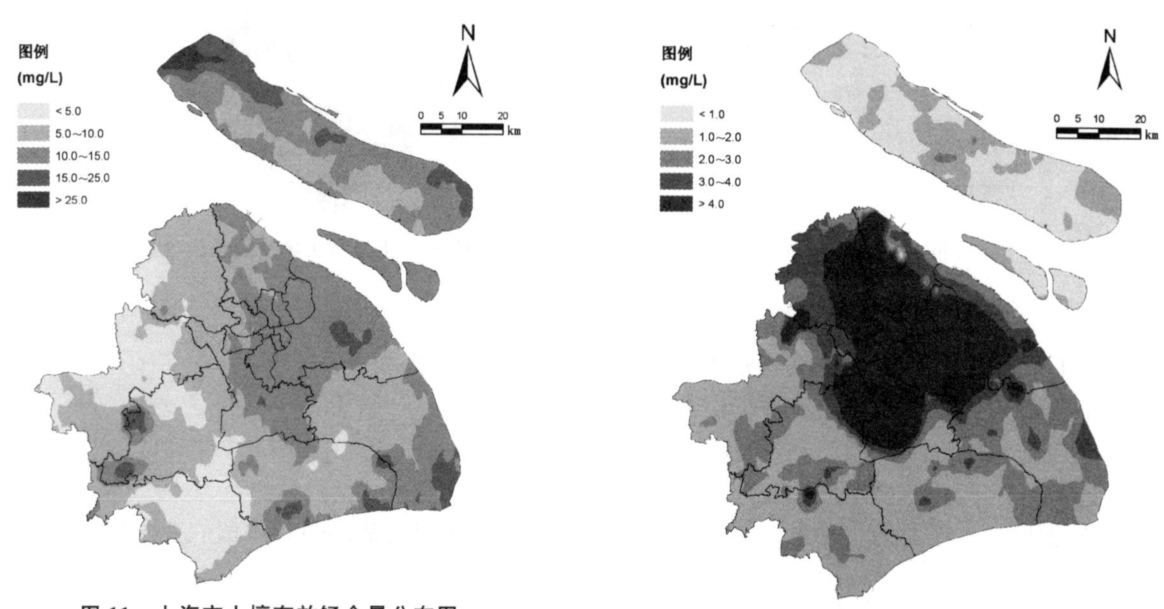

图 11 上海市土壤有效锰含量分布图

图 12 上海市土壤有效锌含量分布图

3.13 土壤酸碱度 pH 分布现状

耕地土壤 pH 范围在 4.50～9.32 mg/L 之间，平均值为 7.46，全市耕地土壤 pH 按照五个评价指标分为 5 个等级：1 级土壤为酸性＜6.0 的占 1.29%，2 级土壤为偏酸 6.0～6.7 的占 11.91%，3 级土壤为中性 6.7～7.4 的占 42.40%，4 级土壤为偏碱的 7.4～8.1 占 16.51%，5 级土壤为碱性＞8.1 的占 27.83%；全市 58.91%的耕地土壤 pH 处在 6.7～8.1 的属中性。其中西部地区平均 pH＜6.7，东部、中部地区 pH6.7～8.1，岛屿及东部沿海地区 pH 则在 8.1 以上，平均值最高为岛屿地区，全市 pH 值最低出现在西部地区，局部地区的个别地块已出现 pH＜5.5 的酸性土壤。总体趋势：岛屿和东部地区平均含量高于中部和西部地区。土壤 pH 值分布特征见图 13。

3.14 土壤交换性酸分布现状

耕地土壤交换性酸范围在 0.00～0.40 mg/L 之间，平均含量为 0.01 mg/L。全市耕地土壤交换性酸按评价指标分为 5 个等级：1 级为中性土壤＜0.005 mg/L 的占 73.3%，2 级为弱酸性土壤 0.005～0.01 mg/L 的占 5.9%，3 级为酸性土壤 0.01～0.02 mg/L 的占 4.5%，4 级为偏酸 0.02～0.04 mg/L 的占 10.75%，5 级为强酸性＞0.04 mg/L 的占 5.54%；全市 20.85%的耕地土壤交换性酸处在 0.01～0.04 mg/L 的较高等水平。其中西部地区平均 0.03，中部地区平均为 0.01，东部和岛屿土壤偏碱性。交换性酸的分布与 pH 值有密切的关系，pH 低的地区交换性酸高，pH 高的地区交换性酸低。总体趋势：土壤交换性酸西部和中部地区高于东部和岛屿地区。土壤交互性酸的分布特征见图 14。

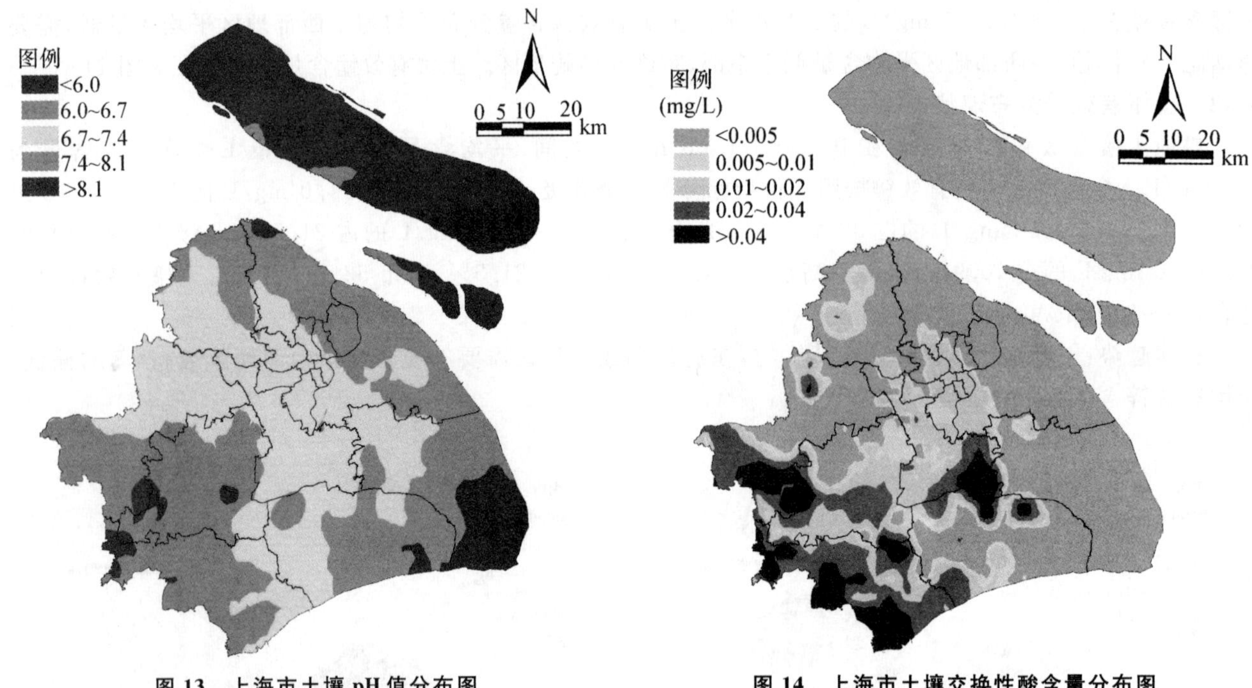

图 13 上海市土壤 pH 值分布图

图 14 上海市土壤交换性酸含量分布图

参考文献

[1] 金继运,白由路.精准农业与土壤养分管理.北京:中国大地出版社,2001,9:69-75

[2] 李崇新.上海郊区统计年鉴,上海市统计局,2005,5:31-42

[3] 侯传庆.上海土壤.上海,上海科学出版社 1992,9:68-169

[4] 中国土壤全国土壤普查办公室,北京:中国农业出版社 1998,3:1247-1253

[5] 吴荣贵,土壤基本肥力的快速分析与前景.土壤养分状况系统研究法.北京,中国农业出版社,1992,2:54-70

[6] 杨丽萍,金继运,梁鸣早,等.ASI 方法测定土壤有效 P、K、Zn、Cu、Mn 与我国常规化学方法的相关性研究.土壤通报,2000,31(6):277-279

[7] 刘付程,史学正,于东升,等.基于地统计学和 GIS 的太湖典型地区的土壤属性制图研究—以土壤全氮制图为例.土壤学报,2004,41(1):20-27

[8] 姜勇,张玉革,梁文举,等.沈阳市郊耕地土壤交换性锰含量的空间变异.土壤,2004(1):61-64

Study on Soil nutrient of spatial variance and Precision Management in Shanghai Suburban area

Yang Peizhen[1], Jin jiyun[2], Wang Guozhong[1], Bi Jingwei[1] bai youlu[2]

(1Institute of Shanghai Agro-technology Extension Service Center, Shanghai 201103, China)

(2Institute of Agricultural Resources and Regional Planning ,CAAS, Beijing 100081, China)

Abstract On Shanghai suburban 10. 70 ten thousand hm^2 research area, used ARCGIS, and gathering 2817soil samples by GPS gridding position. The results showed that when different soil type and kinds and growth mode. The management and Agro Services International Inc(ASI) for Thes research fruit offers science to improve rice paddy environment to offer science according . study method of this paper. Firstly, 4087 soil samples were gathered by 1 000 m×1 000 m gridding space between, which opened out distributing and spatial variance rule of soil nutrient; which researched optimizing fertilizing method for rice; third, in Langxia village of Jinshan Section and two farms of Chongming section, soil samples were gathered by 100 m×100 m gridding space between and fertilizer subarea maps were completed.

Key words soil nutrition manage, spatial variance, RGIS, extract agricultural Precision agriculture

太湖地区土壤中氮、磷的空间变异研究*

朱红霞[1,2]　陈效民[1]　方堃[1]　庚亮[1]

（1.南京农业大学资源与环境学院，南京　210095；2.南京信息工程大学，南京　210044）

摘要：对太湖地区两种主要水稻土类型：白土和乌栅土在土壤剖面中氮素和速效磷含量的空间变异进行了研究。结果表明：NH_4^+-N在土壤剖面中的空间变异为土壤上层到下层呈逐渐递减趋势，以表土层含量为最高，表层以下基本上趋于稳定；硝态氮含量随土层深度的加深呈现逐渐降低的趋势。速效磷的空间变异不如NH_4^+-N明显，从白土的空间变异状况看，速效磷的空间分布呈两边低中间高的趋势，乌栅土基本呈逐渐下降的趋势；pH值变化不大，但呈升高趋势。

关键词：太湖地区；农田土壤；空间变异

太湖地区是我国重要的粮食生产基地之一，长期以来，氮肥的施用量一直保持着较高水平[1]。随着农业的持续发展和集约化程度的不断提高，化学氮肥的施用量还在呈逐年上升的趋势，年平均施氮量高达366 kg·hm^{-2}，已经达到发达国家水平[2,3]。然而，大量研究表明氮肥的当季利用率仅为20%～35%[4-5]。过量地施用氮肥，不仅导致肥料利用率下降，而且未能被作物吸收利用的那部分氮素都不同程度的对环境产生现实的或潜在的污染[6-8]。

据2000年资料统计，流域内水体全面受到严重污染，水质普遍比20世纪80年代降低1～2个类别，大部分水域丧失了原来的供水和环境功能，流域内主要湖泊均呈富营养化状态[9]。

土壤是不均一和变化的连续体，田间实际情况表明，即使在土壤质地相同的区域内，同一时间土壤特性值（物理、化学、生物性质等）在不同空间位置上也具有明显差异，这种属性称为土壤特性的空间变异性[10]。目前，土壤空间变异研究在国内外正处于发展完善阶段。国外已开展了许多有关土壤物理、化学性质方面的空间变异研究，前者主要集中于土壤水分（包括饱和导水率、渗透率等）、容重、机械组成等；后者主要包括有机质、大量营养元素N、P、K，中量元素Ca、Mg及微量营养元素Zn、Mn等。我国的空间变异研究起步较晚，目前研究主要集中于土壤物理特性和表土层化学特性的研究，而自上而下不同土层空间变异的研究报道较少。

本文研究了太湖地区两类典型水稻土在不同土层中氮、磷的空间变异的状况，结合太湖地区的地表水及浅层地下水存在着不同程度的氮、磷污染作了分析，为研究区土地资源的可持续利用和生态环境保护提供科学依据。

1　材料与方法

1.1　研究材料

本研究选择了太湖地区两种典型的水稻土，分别是宜兴的白土和常熟的乌栅土。

1.1.1　宜兴白土的采集

白土采自于宜兴的丁蜀镇，在典型农田中划出南北、东西方向长度均为27 m采样小区，将试验小区按3 m等间距打成网格，生成3 m间距的网格节点100个，即100个取样点（见图1）。采样层次分别为0～12 cm、12～20 cm、20～29 cm共3层。并测定剖面土壤主要的理化性质（见表1）。

1.1.2　常熟乌栅土的采集

乌栅土土壤样品采自中国科学院常熟生态试验站，采样方式与白土的采集相同。采样层次分别为0～

* 基金项目：国家自然科学基金项目“硝态氮在含有大孔隙的农田土壤中运移机理及数学模拟”（40371055）

15 cm、15～28 cm、28～42 cm 三层。并在周边开挖 2 m 深的土壤剖面，并测定剖面土壤主要的理化性质(见表 1)。

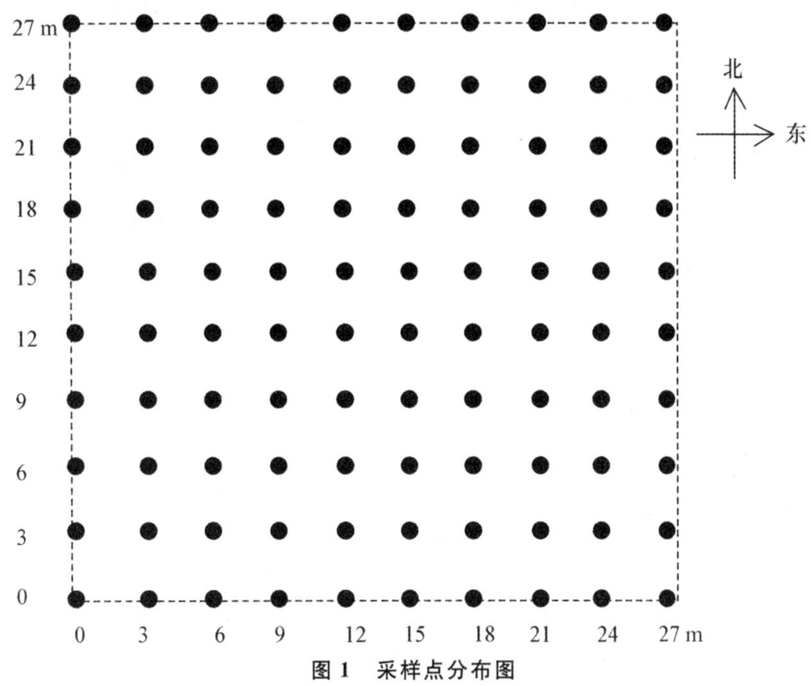

图 1 采样点分布图

表 1 两种供试土壤的基本性质

土种	土壤层次	容重 ($g\cdot cm^{-1}$)	空隙度	黏粒 ($g\cdot kg^{-1}$)	粉砂粒 ($g\cdot kg^{-1}$)	砂粒 ($g\cdot kg^{-1}$)	有机质 ($g\cdot kg^{-1}$)	pH	全磷 ($g\cdot kg^{-1}$)	全氮 ($g\cdot kg^{-1}$)
白土	0～12	1.33	49.81	186.1	472.2	341.7	25.72	6.48	0.70	0.85
	12～20	1.40	47.17	192.6	545.1	262.4	26.39	6.60	0.73	0.65
	20～29	1.60	39.62	249.3	262.8	487.9	14.36	7.00	0.58	0.49
乌栅土	0～15	1.04	60.75	326.1	446.5	227.4	45.72	5.74	1.61	1.41
	15～28	1.28	51.70	361.9	452.5	185.6	25.06	7.85	0.95	0.83
	28～42	1.43	46.04	401.2	506.1	92.7	19.23	7.89	0.56	0.48

1.2 研究方法

1.2.1 土壤基本性质的测定

①土壤容重：环刀法；②土壤颗粒分析：吸管法、国际制分类；③土壤有机质含量：重铬酸钾容量法；④土壤 pH 值：pH 计电位法。

1.2.2 土壤中氮、磷元素的测定

①土壤全氮量：半微量开氏法；②土壤的铵态氮：10%NaCl 浸提-蒸馏法；③土壤的硝态氮：紫外分光光度法；④土壤速效磷的测定：Olsen 法测定；⑤土壤全磷的测定：$HClO_4$-H_2SO_4 钼蓝比色法。测定方法具体见参考文献[12]。

2 结果与分析

2.1 土壤中 NH_4^+-N 在土壤剖面的变化

从图 2、图 3 中我们可以看出乌栅土的 NH_4^+-N 含量要比白土高，各层土之间耕作层的 NH_4^+-N 含量明显要高于犁底层和淋溶层，而犁底层和淋溶层的 NH_4^+-N 含量变化不大。在两种土壤垂直剖面中 NH_4^+-N 含量基本上都是由土壤上层到土壤下层呈逐渐递减的趋势，这种趋势主要是由 NH_4^+-N 的性质决定的。

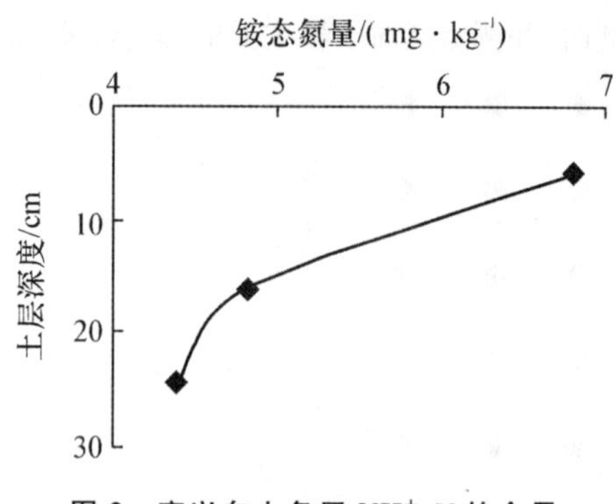

图 2　宜兴白土各层 NH_4^+-N 的含量

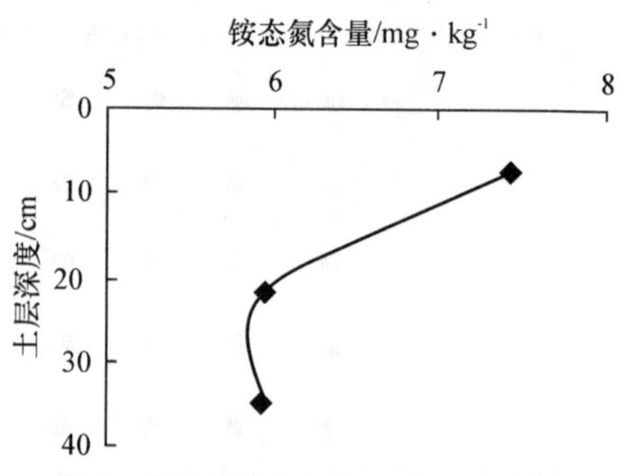

图 3　常熟乌栅土各层 NH_4^+-N 的含量

有研究认为[13]，氮肥在施入土壤后，其转化与运移是十分复杂的物理-化学-生物学的过程。而 NH_4^+-N 在土壤剖面中的分布更直接地决定于作物生长、气候条件、灌溉方式以及土壤性质等因素[14]。NH_4^+-N 进入土壤中的包气带后，由于 NH_4^+-N 带有正电荷可以被土壤颗粒所带的负电荷迅速吸附而呈减少的趋势，当然也不排除有一部分铵离子被 2∶1 型黏土矿物的晶格固定，因而 NH_4^+-N 的浓度随土层的加深而降低。一般是施肥点的表层含量最高，从表层到 40 cm 左右急剧下降，在 40 cm 以下基本上趋于稳定。这是由于 0～40 cm 土层正好是水稻和小麦的耕作层，表施 NH_4^+-N 后 NH_4^+-N 随着浓度梯度不断在土壤剖面中下降。因此，过量地施用氮肥很容易被地表径流带入河流与湖泊，引起湖泊的富营养化发生。由于 NH_4^+-N 不易在土壤剖面中移动，一般对地下水的影响较小[15]。

两种水稻土的母质不同造成空间变异不同，宜兴白土的母质是冲积物，土壤颗粒较粗铵态氮被吸附后容易移动，造成 NH_4^+-N 的含量持续降低；常熟乌栅土的母质是湖积物，土壤颗粒较细，当铵态氮被吸附后很少移动，造成 NH_4^+-N 的含量趋于稳定。

2.2　土壤中速效磷在土壤剖面的变化

从图 4、图 5 可以看出两种土壤中速效磷在各层次变化状况，从白土的空间变异状况看，速效磷的空间分布呈两边低中间高的趋势，这可能是由于施磷肥不均匀造成的。乌栅土基本呈逐渐下降的趋势。一般而言，土壤速效磷含量随施肥量的增加而有明显增加趋势[16]。磷肥施入土壤后，主要以水溶性磷存在于土壤溶液中，而分布于水层中的磷相对较少。过量施磷肥及施肥后短期内水层中磷浓度较高，此时水分管理不当就会造成磷的流失，导致河流和湖泊的水体富营养化[17]。

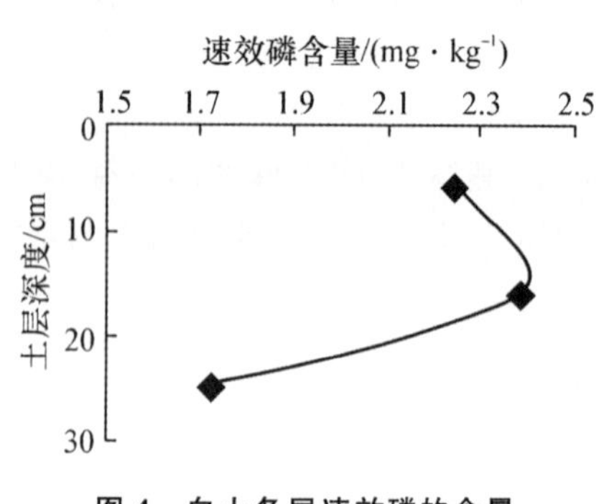

图 4　白土各层速效磷的含量

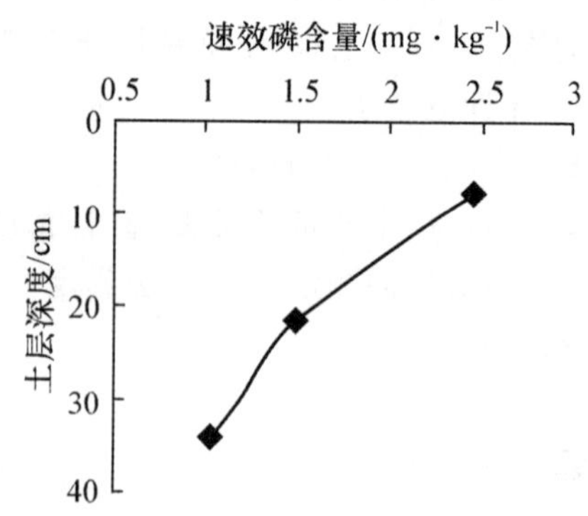

图 5　乌栅土各层速效磷的含量

2.3　白土中硝态氮在土壤剖面的变化

从图 6 可以看出土壤中硝态氮含量随土层深度的加深呈现逐渐降低的趋势。在土壤剖面中上层土壤的硝态氮含量高而底层的硝态氮含量低的状况。这是因为采样时间在收割小麦后的 6 月份，铵态氮转化成硝态氮在表层土壤中积累，导致了土壤剖面中上高下低的现象。

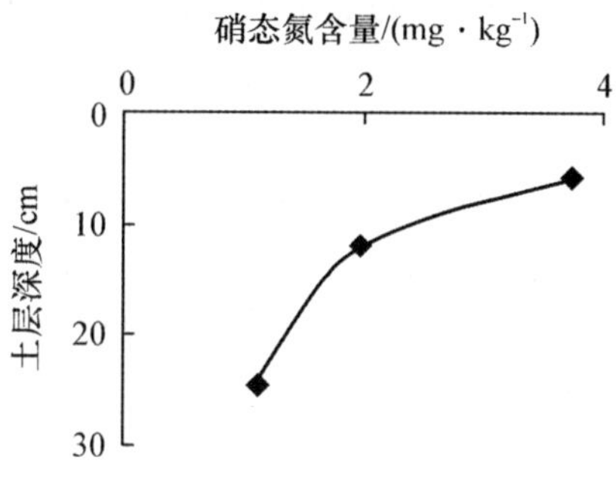

图 6 白土各层硝态氮的含量

2.4 剖面土壤 pH 值的变化

土壤 pH 值的高低实际上是指土壤溶液中 H^+ 和 OH^- 浓度比例的大小。土壤 pH 值对土壤中物质的转化、土壤生物和土壤理化性质等均有很大的影响。从图 7 和图 8 可以看出土壤 pH 值在土壤剖面各层次之间变化不大，但呈升高趋势。土壤剖面中各土层的 pH 值由于土壤中 Fe^{3+} 的还原、有机质分解产生大量的有机酸和二氧化碳，促使各土壤表层的 pH 值变小。

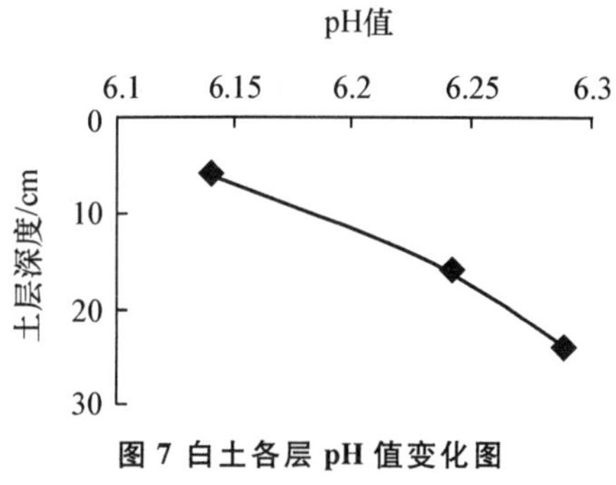

图 7 白土各层 pH 值变化图

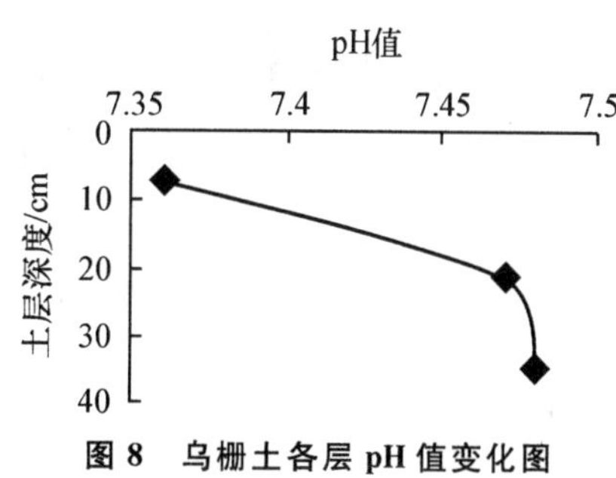

图 8 乌栅土各层 pH 值变化图

3 结 论

1)通过对太湖地区农田土壤中两种主要的水稻土类型的研究，证明这两种土壤中的 NH_4^+-N 存在着空间变异。从土壤上层到土壤下层呈逐渐递减趋势，以表土层含量为最高，表层以下基本上趋于稳定。

2)两种土壤中速效磷在各层次变化状况不同，从白土的空间变异状况看，速效磷的空间分布呈两边低中间高的趋势，这可能是由于施磷肥不均匀造成的。乌栅土基本呈逐渐下降的趋势。

3)土壤中硝态氮含量随土层深度而呈现逐渐降低的趋势。pH 值变化不大，但呈升高趋势。

参考文献

[1] 刑光熹，曹亚澄，施书莲，等. 太湖地区水体氮的污染源和反硝化[J]. 中国科学(B 期)，2001，31(2)：130-137

[2] 王德建，林静慧，孙瑞娟，等. 太湖地区稻麦高产的氮肥适宜用量及其对地下水的影响[J]. 土壤学报，2003，40(3)：426-432

[3] 冯绍元，张瑜芳，沈荣开. 非饱和土壤中氮素运移与转化试验及其数值模拟[J]. 水利学报，1996(8)：8-15

[4] 连纲，王德建，林静慧，等. 太湖地区稻田土壤养分淋洗特征[J]. 应用生态学报，2003，14(11)：1879-1883

[5] 吕耀. 农业生态系统中氮素造成的非点源污染[J]. 农业环境保护，1998，17(1)：35-39

[6] 朱建国. 硝态氮污染危害与研究进展[J]. 土壤学报,1995,32(增刊):62-69

[7] 张国梁,章申. 农田氮素淋失研究进展[J]. 土壤,1998,30(6):291-297

[8] de Vos,J A,Hesterberg D,Raats PAC. Nitrate leaching intile-drained silt loam soil[J]. Soil Sci. Soc. Am. J. 2000,64:1050-1054

[9] 顾祖良,平培良,王林兴. 太湖水旱轮作条件下施用氮肥的环境和经济效益[J]. 土壤,1998,5: 255-257

[10] 陈志熊. 封丘地区土壤水分平衡研究Ⅰ. 田间土壤湿度的空间变异[J]. 土壤学报,1989,26(4):309-315

[11] 鲍士旦. 土壤农化分析[M]:3 版. 北京:中国农业出版社,1999

[12] 李韵珠,李保国. 土壤溶质运移[M]. 北京:科学出版社,1998. 302-304

[13] 黄昌勇. 土壤学[M]. 北京:中国农业出版社,2000:192-198

[14] Richter R, Roelcke M. The N-cycle as determined by intensive agriculture-example from central Europe and China [J]. Nutrient Cycling Agroecosys, 2000,57: 33-46

[15] 娄运生,李忠佩,张桃林. 不同水分状况及施磷量对水稻土中速效磷含量的影响[J]. 土壤,2005,37(6): 640-644

[16] 王建国,杨林章,单艳红,等. 长期施肥条件下水稻土磷素分布特征及对水环境的污染风险[J]. 生态与农村环境学报,2006, 22(3):88-92

Spatial Variability of Nitrogen and Phosphorus in Soil of Taihu Lake Region

HU Hongxia[1,2] ,CHEN Xiaomin[1] ,FANG Kun[1] ,YU Lan[1]

(1. College of Resources and Environmental Sciences, Nanjing Agricultural University, Nanjing. 210095;
2. Nanjing University of Information Science & Technology , Nanjing. 210044)

Abstract Spatial variability of nitrogen and available phosphorous in soil profiles of farmland soil (two main paddy soils: White soil and Wushan soil). The results were as follows: The spatial variability of NH_4^+-N and NO_3-N content in soil profiles was gradually decreased from surface soil layer to bottom soil layer. It was stable below surface soil. The spatial variability of available phosphorus was high on both sides and lower middle. The available phosphorus in wushan soil profile was gradually decreased. The pH value was increasing.

Key words Taihu Lake region;farmland soil;spatial variability

橡胶园土壤养分空间变异特征研究*

池富旺　张培松　茶正早　罗微

（中国热带农业科学院橡胶研究所，儋州　571737）

摘要：利用地统计学的半方差函数，定量研究了中国热带农业科学院试验场三队橡胶园土壤表层（0～20 cm）全氮、速效磷、速效钾、有机质和PH5种养分要素的空间变异规律。结果表明，胶园土壤养分的变异系数在6.72%～128.68%之间，有效磷的变异最大，变异系数达到128.68%，pH的变异最小为6.72%。橡胶园土壤养分具有中等及强烈的空间相关性，土壤养分结构性变异大于随机变异，表明胶园土壤养分受空间结构变异（母质、土壤类型、地形等）的影响大于人为干扰、施肥等栽培措施的影响。胶园土壤养分的变程的范围为383.5～717.1 m。

关键词：橡胶园；土壤养分；空间变异；地统计学

根据土壤养分变异条件和作物需肥情况，对农田实行精确变量施肥是近年来精准农业研究的热点研究领域，也是未来农业施肥发展的方向。随着GPS，GIS和地统计学等方法广泛地被应用于土壤养分的空间变异研究，土壤特性的空间变异越来越受到人们的重视。当前我国橡胶树生产中，较高产量的获得主要依赖于化学物质的不断投入。在胶园施肥管理方面，长期以来，肥料配方主要是根据20世纪80年代划分的不同土壤类型而定的，但根据调查，相同土壤母质胶园其土壤性质（土壤层次、质地、养分等）差异也较大，加上不同农场对肥料的投入水平、施用肥料品种、施肥技术等不同造成小范围内胶园土壤养分状况都相差极大。但目前往往是一大片区使用统一的配方，过于笼统，针对性不强，这样营养诊断指导施肥的效果难以得到充分发挥，施肥未能获得应有的效益。因此准确了解橡胶园土壤养分空间变化规律，掌握胶园土壤养分空间变异特征，将有助于改善一系列种植、施肥与管理等现状，为橡胶树精准施肥技术提供有益的参考。

1　材料与方法

1.1　试验区概况

本研究在中国热带农业科学院试验场进行。该场地处东经109°28.548′，北纬19°32.975′，年平均气温23.3 ℃，雨量充沛。地势平坦，海拔低于150 m，橡胶树种植面积100.6 hm^2，土壤类型为花岗岩砖红壤。

1.2　土壤采集与分析

将该地块图形输入到地理信息系统软件中，采用网格取样方式（图1），网格大小为50 m×50 m，取0～20 cm的表层土壤，以网格为中心，7 m为半径圆形区域内多点混为一个样，共采集土样206个。采样时间为2006年9月。土壤经风干、磨碎及过筛后在实验室进行一系列土壤养分（全氮、有效磷、有效钾、有机质、pH）含量的测定。其中土壤pH采用离子计测定；土壤全氮采用硫酸—重铬酸钾蒸馏法；土壤速效磷采用钼锑抗比色法；土壤速效钾采用火焰光度法测定；土壤有机质采用电位滴定。

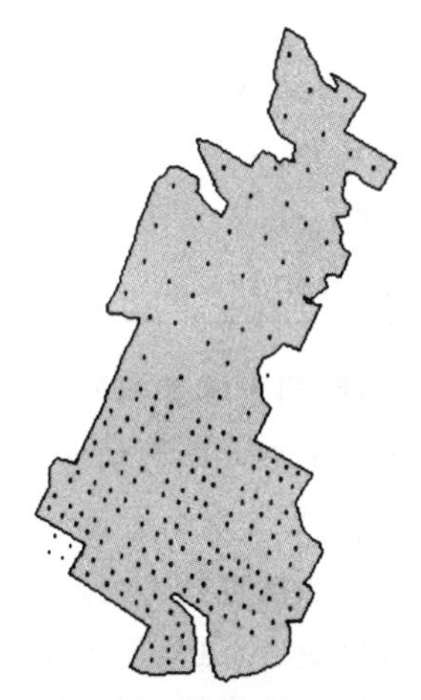

图1　样区采样点分布示意图

Fig. 1　Distribution of sampling sites

1.3　研究方法

本研究采用地统计分析和普通克立格内插的方法。

---

*　海南省自然科学基金（编号：30609）和科研院所社会公益研究项目（编号：2005DIB4J044）资助

地统计学是以区域化变量理论在基础，以变异函数为主要工具，研究那些在空间分布上既有随机性又有结构性，或空间相关和依赖性的自然现象的科学[1]。半方差图描述了随机函数 Z 空间依赖性的组成部分，半方差的 r 反映出变量的空间分异性。

克立格法是地统计中最为常用的插值法，是一种局部估计的加权平均，利用区域化变量的原始数据和变异函数的结构特点，对未采样点的区域化变量的取值进行线性无偏最优估计。

1.4 数据分析与处理

采用 SAS 软计算土壤养分的参数统计特征值，并通过 t-检验判断其分布类型；利用 ArcGIS 的 Geostatistical Analyst 模块对土壤养分进行变异函数的计算、定义和检验，并通过 Kriging 插值生成土壤养分含量分布图。采用区域法识别特异值，使处理后的数据基本满足地统计学分析的要求。

2 结果与讨论

2.1 橡胶园土壤养分的统计特征

运用 SAS 对测试结果进行常规统计分析，其结果如表 1 所示。从表 1 可以看出，试验场土壤的 pH、有机质、全氮、速效钾、速效磷含量的变异系数在 6.72%～128.68%之间，土壤 pH 的变异系数最低为 6.72%属于弱变异[2]。其中，有机质的变异系数为 23.8%，全氮为 26%，速效钾为 45.8%，三者变异系数接近，属于中等变异。pH、有机质、全氮、速效钾变异系数较低，是因为整个试验场橡胶园采用统一的施肥管理，耕种制度、种植制度也基本相同；而速效磷差异最大，变异系数为 128.68%属于强有力变异，南方土壤有效磷的变异总是较高[3]。由于海南高温多雨，胶园土壤表现为偏酸性，对磷的吸附作用强烈，使得磷在土壤中移动性小，造成土壤对橡胶树供磷不足，而出现缺素症状，进而又加强对橡胶园磷肥的施用，这样肥穴周围磷的含量明显高于其他地区，造成土壤速效磷的变异大。从胶园土壤养分的变异也可以看出，通过施肥补充的营养元素一般变异性较大，因此，对土壤中变异性较大的营养元素，应考虑土壤养分的状况，提高平衡施肥的准确性。

表 1 橡胶园土壤养分的描述统计特征值

Table 1 Descriptive feature values of soil nutrients in rubber field

土壤养分	最大值	最小值	中数	平均值	标准差	变异系数(%)
全 N(g/kg)	1.270 8	0.164 6	0.622 3	0.608 3	0.158 5	26.04
速效 P(mg/kg)	116.48	2.263 9	8.517 4	17.506	22.526	128.68
速效 K(mg/kg)	131.08	13.554	36.709	41.862	19.199	45.86
有机质(g/kg)	25.503	5.388 8	13.09	13.019	3.099 3	23.81
酸碱度 pH	5.683	3.885	4.66	4.662 6	0.313 1	6.72

2.2 橡胶园土壤养分的半方差分析

由于半方差函数的计算要求数据符合正态或近似正态分布(偏度值在－1～1 间)[4]，否则可能产生比例效应，从而使实验方差函数产生畸变，抬高基台值和块金值，增加估计误差，甚至会掩盖其固有的结构，因此首先应对数据进行 t 检验，对不符合正态分布的数据应进行对数进行数据转换。对土壤养分进行的 t 检验，土壤有机质、全氮呈正态分布；速效磷、速效钾、pH 呈偏态分布，经过对数转化后呈正态分布。ArcGIS 地统计分析模块提供了球状、环行、指数、高斯等 11 种模型，分别用不同类型的模型来拟合，理论模型的建立应选取预测误差均值(Mean)最接近于零、预测误差均方根(Root-Mean-Square)和平均预测标准差(Average standard Error)最小，标准均方根预测误差(Root-Mean-Square standardized)最接近 1 的模型类型[5]。最后通过交叉验证进行模型的参数的修正，得到土壤养分的插值模型参数，见表 2。

表 2 土壤养分的半方差函数及其拟合参数

Table 2 The theoretical semi-variogram for soil nutrients and their parameter values

	理论模型	块金值	基台值	变程(m)	块金值/基台值(%)	决定系数(r^2)
全 N	指数型	0.012	0.027	510.2	44.4	0.327
速效 P	球型	0.539	1.076	584.2	50	0.803
速效 K	环形模型	0.042	0.212	385.9	19.8	0.569
有机质	指数型	3.97	10.94	717.1	36.3	0.457
pH	指数型	0.000 95	0.056	698.5	1.7	0.556

从表 2 可以看出全氮、有机质、pH 的理论模型与指数模型拟合得较好，决定系数达到 0.327、0.457、0.556；速效磷较好的符合球状模型，决定系数为 0.803；而速效 K 与环形模型拟合较好，决定系数为 0.569。F 测验都达到极显著水平。

块金值表示由抽样分析的误差和小于最小取样尺度引起的随机变异；较大的块金方差表明较小尺度上的某种过程不容忽视；基台值通常表示系统内的总变异，包括结构性变异和随机性变异，基台值越高，表示系统总的空间异质性越高。胶园土壤养分的基台值均为正值，说明存在着由采样误差、短距离的变异、随机和固有变异引起的各种正基底效应[4]。

块金效应是块金值与基台值之比，反映土壤养分的空间依赖性，可表明系统变量的空间相关性的程度。块金效应小于 25%时，空间关系强；在 25%～75%之间时，空间相关性中等；比值大于 75%，空间相关性弱[6]。从表 2 和图 2 可知，试验地土壤几种养分具有良好的半方差结构，表现较好的空间相关性，存在一定的空间变异。pH、速效钾含量的块金效应小于 25%，具有强烈的空间相关性，造成此种特征的原因主要是胶园土壤钾含量主要受成土母质的影响，砖红壤对钾的吸附较弱，容易流失，长期以来胶园比较注重氮、磷肥的施用，而忽视施用钾肥[7]，因此橡胶园速效钾的变异主要来自成土母质、土壤类型等空间结构变异影响；全氮、速效磷和有机质的块金效应在 25%～75%之间，具有中等空间相关性。这三种养分变异除了来自土壤母质、气候等因素外，也来自区域性施肥等人为随机性因素。此外对胶园土壤养分的分析还发现胶园土壤养分的空间异质性中，结构性变异均大于随机性变异。这种空间变异特征与胶园施肥历史较长，胶园特有的耕作制度等有直接关系，与大多数农田土壤的土壤养分空间变异结论相反[8—9]，而与林地土壤养分空间变异结论一致。这一方面说明了农田与胶园养分变异的影响因子大不相同，胶园土壤内在属性如土壤矿物、土壤类型、地形对养分变异的影响较大，在短时间内甚至超过人为因素如栽培管理水平和施肥措施的影响。另一方面，也表明胶园养分变化规律受多因子综合影响，其变化规律比农田更复杂。气候、母质、地形、土壤类型等结构性因素可以导致土壤养分强的空间相关性，而随机性因素如施肥、耕作措施、种植制度等各种人为活动可以使土壤养分的空间相关性减弱，朝均一化发展[10]。

一变程是指影响的范围，反映空间依赖的最大距离[11]。在试验场橡胶园研究区域内，各种养分元素都有较大的空间自相关距，变程变化范围从最小的速效钾(385.9 m)到最大的有机质(717.1 m)。这种结果表明，试验场橡胶园 5 种土壤养分的含量分布趋于大块状变异，由于气候条件比较一致，胶园经过长期的种植和管理，土壤特性空间变异趋于缓和，即由于母质差异等引起的空间变异逐渐减小，可形成表面上大致一致的区域，由图 2 也可得出此结论。因此，对于高度集约型的橡胶树有利于对橡胶园进行养分分区管理，实现橡胶树的精准施肥。

3 结　论

1)试验场三队橡胶园土壤养分在田间尺度内存在一定的空间变异，5 种养分要素都表现出明显的空间相关性。PH 的土壤有效磷的变异最大，变异系数达到 128.68%，pH 的变异最小为 6.72%，主要是因为南方为酸性土壤，磷肥被吸附不易淋失，还具有残积效应，造成局部速效磷过高的现象。

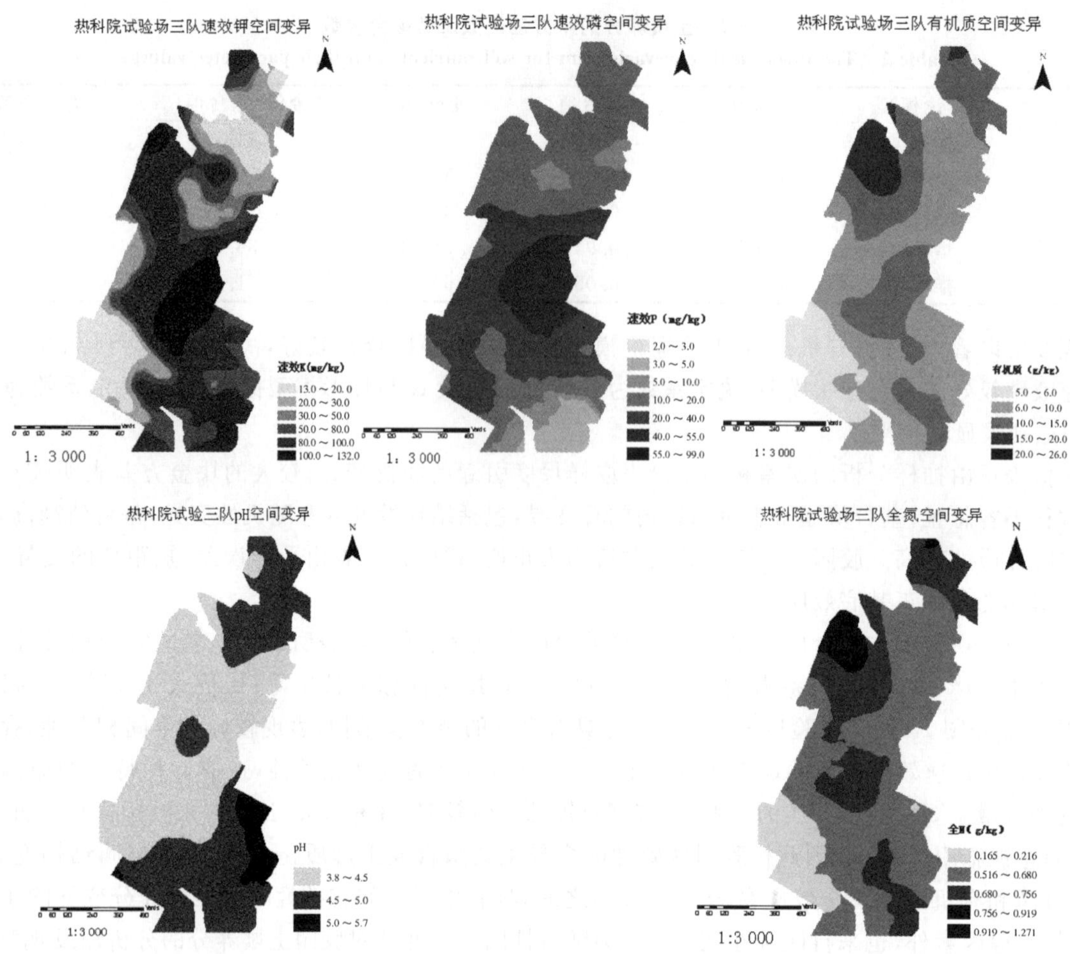

图 2　土壤养分克立格插值图

Fig. 2　Spatial interpolation by Kriging of soil nutrient

2)胶园土壤养分存在着半方差结构，它们的拟合模型多数与指数模型拟合较好。土壤养分都具有强烈或中等空间自相关，表明胶园土壤养分受空间结构变异(母质、土壤类型、地形等)的影响大于人为干扰、施肥等栽培措施对土壤养分的影响。

3)各种土壤养分的变程在 385.9～717.1 m 之间，取样距离 50 m 已完全能满足胶园土壤养分空间变异评价的要求。

4)由于胶园土壤养分主要受空间结构变异的影响，植胶后土壤养分大都有下降的趋势，土壤肥力无法满足橡胶树的需要，因此必须加强胶园的养分管理，考虑和和调整养分的投入，最终实现橡胶树的精准施肥。本研究结果在其他胶园是否具有代表性，还需要在更多农场，更大尺度作进一步研究。

参考文献

[1] 王政权. 地统计学及其在生态学中的应用[M]. 北京：科学出版社，1999

[2] 雷志栋，杨诗秀，许志荣，等. 土壤特性空间变异性初步研究. 水利学报. 1985，9：10-21

[3] 陈防，刘冬碧，熊桂云，等. 东南地区土壤养分的空间变异性与取样策略[J]. 湖北农业科学，2006(7)：432-445

[4] 许红卫，高克异，王珂，J. S. Bailey，等. 稻田土壤养分空间变异与合理取样数研究[J]. 植物营养与肥料学报，2006，12(1)：37-43

[5] Johnston K. et al. Using Arcgis geostatistical Analyst. 2001：190-191

[6] 孙波，赵其国，闾国年. 低丘红壤肥力的时空变异[J]. 土壤学报，2002，39(2)：190-198

[7] 王秉忠. 橡胶栽培学[M]. 北京：农业出版社，1989

[8] 白由路，金继运，杨俐苹，等. 农田土壤养分变异和施肥推荐[J]. 植物营养与肥料报，2001，7(3)：130-133

[9] 金继运，白由路. 精准农业与土壤养分管理[M]. 北京：中国大地出版社，2001

[10] Chien Y J，Lee D Y，Guo H Yet al. Geostatistical analysis of soil properties of mid-west Tai Wan soil [J]. Soil Science，1997，162(4)：151-162

[11] 郭晓敏，牛德奎，郭熙，等. 奉新毛竹林土壤养分空间变异性研究[J]. 植物营养与肥料学报，2006，12(3)：420-425

Spatial variability of soil nutrients in rubber field

Fuwang-Chi，Peisong-Zhang，Zheng Zao-Cha，Wei-Luo

(Chinese Academy of Tropical Agricultural Sciences-Rubber Research Institute，Danzhou，571737)

Abstract The characteristics of topsoil(0～20 cm) nutrition spatial variability have been quantitative studied using semi variogram of geostatistics function in rubber field of experimental farm in Chinese Academy of Tropical Agricultural Sciences . The soil nutrients consisted of total N，available K，available P，OM，soil PH. The results showed that the soil properties varied sharply. The CV between 6. 72％ and 128. 68％，among which CV of available P was highest，while CV of soil PH was the lowest with the values being 128. 68％ and 6. 72％，respectively. There are stongly and middle correlation with soil nutrition in rubber field. The variance of soil nutirent structure was bigger than the anthropic factors，and the influence of the internal on soil(soil parent material、soil type、topography and so on) was bigger than the anthropic、fertilizer measures and cultivate management，The soil variance distance was ranged between 385. 9 and 717. 1 metres.

Key words rubber field；soil nutrients；spatial variability；geostatistics.

小尺度下潮土区林地土壤重金属空间变异研究

李红伟　邢维芹　李立平　赵财　古德宁

(河南工业大学化学化工学院,郑州　450001)

摘要:以 2 m×2 m 网格在河南省原阳县黄河大堤南侧 5*a* 生人工杨树林地内正方形区域内采集 49 个表层(0~20 cm)土壤样品,研究重金属的空间分布。结果表明,Cu、Mn、Pb 和 Zn 的含量分别为 16.53、370.4、66.01 和 33.34 mg·kg^{-1},变异系数分别为 37.2%、19.5%、38.9%和 23.1%。4 种元素的空间分布均是结构性因素和随机性因素共同作用的结果,其中 Pb 的空间分布受随机性因素影响较大。Cu 和 Pb 的空间分布的表面图表现出部分等值线与大堤方向近似平行的现象。Cu 和 Zn、Cu 和 Mn、Pb 和 Zn 含量的相关性均达到 $p<0.05$ 水平。

关键词:林地;重金属;空间分布;潮土;小尺度

潮土是华北平原地区的主要土壤类型,近年来,有研究者探讨了潮土性质的空间变异。杨玉建和杨劲松[1]研究了禹城地区潮土有机质的时间变化规律,结果表明,从 1980 年到 2003 年,土壤有机质含量增加幅度较大,并且随机性因素在土壤有机质空间分布中贡献也增大。朱安宁等[2]研究了华北平原 15 hm^2 农业潮土碱解氮、速效磷和速效钾的空间变异,结果表明,3 种养分中,以速效磷的空间变异较大,0~15 cm 层次土壤养分的空间变异一般大于 15~30 cm 层次。

相对于大尺度,小尺度下研究土壤重金属的空间变异更能反映人为因素对土壤性质的影响。李红伟等[3,4]研究了潮土区农田土壤的重金属空间变异,发现 Cu、Zn、Pb 和 Mn 的空间分布有所不同,重金属的分布等值线大致与耕作方向平行,反映出人为因素对农业潮土重金属空间分布的影响。陆安祥等[5]研究了北京市郊潮土中重金属的含量和空间分布,结果表明菜地土壤重金属含量高于农田。

林地土壤性质的空间变异是土壤性质空间变异研究的一部分。王峰和石辉[6]对山坡林地土壤性质的空间变异研究表明,土壤性质的空间分布受到坡向的影响。阮心玲等[7]通过以 2~10 cm 的间隔在土壤竖直方向上采样,研究了重金属在土壤剖面上的分布,结果显示出大气沉降和淋溶对重金属在土壤剖面上分布的影响。Gallardo[8]在 1 hm^2 的范围内采集 541 个土壤样品,研究了土壤性质的空间变异,结果表明淹水和其他过程影响冲积平原森林土壤大范围的空间分布趋势,这些过程通过生物学过程和地质学过程影响参数及参数的变化速率,从而导致土壤性质出现不均一性。Wang 等[9]以 5m×5 m^2 的网格对 90m×105 m 的森林土壤进行采样,研究了土壤氮的空间变异。以河南省平原地区为例,潮土区土地利用方式以农田为主,农田田块之间有防护林网,这种防护林一般种植 2 行,在黄河河堤附近有面积较大的人工林。目前,对潮土地区林地土壤性质的空间分布研究较少,原因之一可能是潮土区林地所占面积较少。

本研究选择黄河大堤内杨树林作为研究对象,探讨了土壤重金属的空间分布。

1　材料与方法

1.1　研究区概况

研究区位于河南省中部平原地区。该地区属华北平原中部,属暖温带季风气候区,年平均降水量 605 mm,年蒸发量 1 875 mm,年平均气温 13.9 ℃,无霜期 220 d 左右。土壤母质为河流冲积物,土壤类型为潮土(底锈干润雏形土)。

1.2　样品采集与处理

样品于 2005 年 10 月份采集。采样区位于河南省原阳县蒋庄黄河大堤内侧的人工林内,采样区低于大堤约 10 m，大堤内地势平坦。大堤顶部有一条柏油铺面公路，车流量每小时小于 100 辆，并且均为 5 t 以下车辆。人工林地和南边的稻田中间有一地埂，林地高于稻田约 0.5 m。人工林植被为白杨(*Populus alba L*)林，采样时地面无积水，但土壤比较潮湿。地表生长的草本植物盖度小于 20%，估计是由于土壤存在季节性淹水所致。根据调查，杨树林为 2000 年种植，此前该地块是农田。杨树的高度在 12 m 左右，平均每株占地约 6 m^2。采用 2 m×2 m 网格在 196 m^2 的正方形区域内采集样品 49 个。采样深度为 0～20 cm，每个网格内采集 1 个样品，每个样品由网格内 3 点采集的样品混合而成。

样品在洁净塑料布上风干，剔除杂物，过 2 mm 筛，混匀，然后取 5 g 左右用玛瑙研钵研磨，全部过 0.15 mm 尼龙筛备用；取部分 2 mm 土样，研磨过 60 目筛，用于土壤有机质测定。

1.3 样品基本性质测定

从所有样品中随机选择 5 个样品测定土壤基本性质，方法参考《土壤理化分析》[10]。质地测定采用简易比重计法，有机质采用重铬酸钾外加热法，pH 测定采用 1∶2.5 土水比(*W*∶*V*)。测定结果如表 1 所示。

表 1 土壤基本性质

Table 1 Selected properties of the soil samples

项目 Items	pH	有机质 Soil organic matter(g·kg^{-1})	颗粒组成 Texture(%)		
			>0.05 mm	0.05～0.01 mm	<0.01 mm
最大值 Max	8.62	11.68	22.1	27.8	62.3
最小值 Min	8.18	18.25	11.3	26.0	51.9
平均值 Mean	8.45	14.85	16.3	26.9	56.8

1.4 土壤重金属测定

称取 0.25 g 过 0.15 mm 筛的土样，用王水消化，冷却，过滤，定容后用原子吸收法测定其中的 Cu、Mn、Pb 和 Zn 含量。每样品重复 2 次。

1.5 数据处理和分析

土壤重金属含量的平均值、方差、标准偏差(SD)及变异系数等描述性统计分析用 Surfer 软件计算并绘制空间分布的表面图。半方差分析用地统计学软件 Variowin 进行。

2 结果与分析

2.1 土壤重金属描述性统计结果

表 2 为各重金属元素的描述性统计结果。

表 2 土壤重金属全量描述性统计结果

Table 2 Statistical results of soil heavy metals

元素 Element	最小值 Min(mg·kg^{-1})	最大值 Max(mg·kg^{-1})	均值 Mean(mg·kg^{-1})	标准差 SD	变异系数 CV(%)	偏度 Skewness	峰度 Kurtosis
Cu	3.53	26.91	16.53	6.15	37.2	−0.868	−0.098
Mn	144.5	522.1	370.4	72.31	19.5	−1.147	1.255
Pb	16.68	118.4	66.01	25.69	38.9	−0.096	−0.72
Zn	15.44	58.01	33.34	7.71	23.1	0.723	3.128

各元素中以 Cu 和 Pb 的变异系数较大。一般认为，变异系数处于 10%～100%之间为中等变异，本研究中 4 种重金属的变异均属于中等变异。与《河南土壤》所列潮土的元素背景值[11]相比，研究区土壤 Mn、Cu 和 Zn 含量低于相应背景值，Pb 含量明显高于背景值。与本研究组对位于本采样区以东的封丘县的农业潮土的重金属的研究结果[4]相比，该土壤中 4 种研究元素的含量均高于农业潮土的重金属含量。表明不同地

区和利用方式下的潮土重金属含量存在较大的差异。与农业潮土相比，本研究中杨树林地土壤 Cu、Zn 和 Pb 3 种重金属全量的变异系数均大于前者。

土壤重金属元素含量受母质的强烈影响，此外，人为因素也会影响重金属含量。与农田相比，林地土壤受人为影响较小，尤其是通过肥料和其他化学品施用等方式输入的重金属数量减小。在各种化学肥料中，以用磷矿石制造的磷肥中重金属的含量较高。可以推测，在研究地块利用方式由农田变为林地后，肥料施用基本停止，通过这种方式输入的重金属也不存在。在本研究中，3 种土壤重重金属含量低于潮土背景值，这应当主要是由来自母质的重金属较低所致。

2.2 半方差模型及空间变异性分析

块金值反映随机因素引起的变异强度。块金值小，说明在研究尺度上由试验误差和小于试验取样尺度引起的土壤性质的变异均较小；反之，则表明随机因素引起的变异较大。基台值通常表示系统内总变异。块金值与基台值之比为块金效应，表示随机性因素引起的空间异质性占系统总变异的比例，如果块金效应小于25％，说明系统具有强烈的空间相关性；如果在 25％～75％之间，表明系统具有中等的空间相关性；大于75％说明系统空间相关性很弱。

本研究中，Cu 和 Mn 属于指数模型，Pb 和 Zn 属于球状模型（表 3）。4 种重金属的块金效应均在 25％～75％之间，土壤重金属含量的分布具有中等的空间自相关性，说明研究区域内自然因素和人为因素对土壤重金属的空间分布均有影响。这说明，在农田改为林地 5 年后，人为因素对土壤重金属的空间分布的影响仍然存在。4 种元素中，以 Zn 的变程最小，Cu 的变程最大，表明 Zn 的空间分布受随机因素影响较大，Cu 受随机因素的影响较小。

表 3 重金属变异函数模型

Table 3 Semivariogram models of heavy metals

元素 Element	块金值 Nugget(C_0)	基台值 Sill(C_0+C)	块金值/基台值 $C_0/(C_0+C)$	变程 Range(m)	模型 Model	残差 RSS
Cu	0.238	0.79	0.301	11.2	指数	0.002 8
Mn	0.327	0.69	0.477	6.7	指数	0.003 8
Pb	0.393	0.75	0.524	7.0	球状	0.007 1
Zn	0.289	0.72	0.401	3.0	球状	0.005 4

2.3 空间分布

4 种重金属的空间分布的表面图如图 1 所示。从图可以看出，采样区内从北到南（即从距离河堤较近处到距离河堤较远处）Cu 含量出现阶梯形变化。总体来说，含量较低的区域和含量较高区域的面积较小。采样区 Mn 含量差异较小，只是在少数区域出现含量较低的凹陷。Pb 含量变化较大，采样区内北部含量较高，但西北部边缘地区含量变小，表面图上采样区南部出现较大凹陷，但西南部又出现一较高区域。采样区内 Zn 含量变化较小，表面图总体上比较平坦，少数地方现出含量较高的突起及含量较低的凹陷。与 Mn 相比，Zn 的变异较大。

各元素的空间分布的变化大小也与表 2 所列出的变异系数的趋势一致。

总体来说，Cu 和 Pb 的空间分布有部分一致性，二者的等值线基本与大堤方向一致，即为东西方向。这可能暗示了大堤及其上的公路对土壤重金属分布的影响。由于大堤内（即大堤南侧）紧靠大堤位置地势较低，降雨时这里易形成积水，从而导致水分可能对土壤重金属含量形成影响。

与本研究组对农业潮土重金属空间分布的研究结果[4]相比，林地土壤不同重金属空间分布的一致性较差。与农田土壤相比，林地土壤由于缺乏耕作、人为灌溉等过程，因此土壤重金属的空间分布受人为影响的程度也较小。

研究结果未显示出大堤顶部公路对土壤重金属分布的显著影响，这可能与通过公路的车辆较少有关。

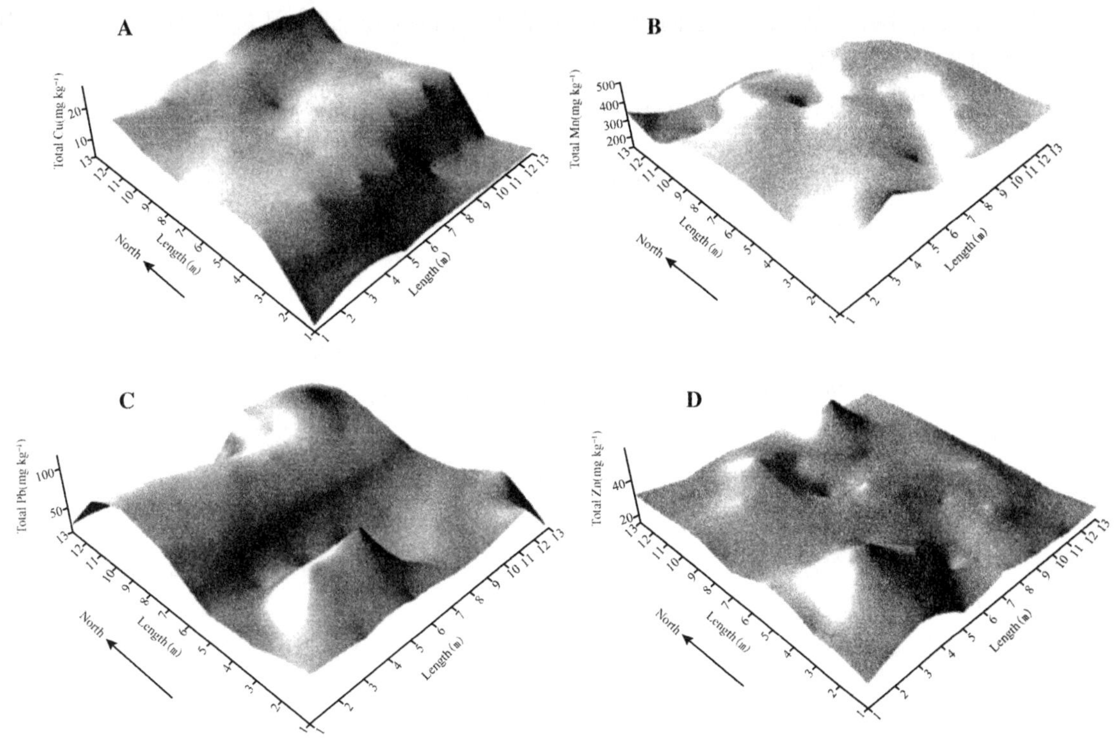

图 1 重金属的空间分布图
Fig. 1 Spatial distribution of heavy metals

2.4 重金属相关性

研究区内不同元素间的相关性并不相同(表 4),Pb 和 Mn 与其他元素的相关性较差。结合 Pb 元素的空间分布和含量变异系数特点分析,Pb 可能与其他元素的来源不同。在农业潮土的重金属研究中,Cu、Mn、Pb 和 Zn 4 种元素间的相关显著性均达到 $p<0.01$ 水平。不同土地利用方式下重金属空间分布的差异与其含量相关性的差异一致。林地土壤中,4 种重金属空间分布的一致性较差,相关分析也表明这 4 种元素的含量相关性较差;农业潮土中 4 种元素的空间分布的一致性较强,4 种元素含量的相关性也较强。陆安祥等[5]对北京市大田和菜地潮土的研究表明,Cu、Mn、Pb 和 Zn 4 种元素中,Cu、Mn、Zn 3 种元素间的相关性均达到 $p<0.01$ 水平,而 Pb 与 Cu、Mn 和 Zn 之间均不存在显著相关性($p>0.05$),除 Mn 元素外,这些相关性结果与本研究中对林地土壤的结果基本一致。

表 4 不同重金属间的线性相关系数
Table 4 Coefficients of linear correlation between different heavy metals

元素 Element	Cu	Mn	Pb
Mn	0.319 4*		
Pb	0.240 8	0.014 1	
Zn	0.514 0**	0.192 4	0.333 6*

注:** 和 * 分别表示在 $p<0.01$ 和 $p<0.05$ 水平上显著。Note: **, * for significant at $p<0.01$ and $p<0.05$, respectively

3 结 论

通过对原阳县黄河大堤南侧 5 年生杨树林地土壤重金属的空间分布的研究表明:

1)土壤 Cu、Mn、Pb 和 Zn 的平均含量分别为 16.53、370.4、66.01 和 33.34 mg·kg^{-1},4 种元素含量的变异系数分别为 37.2%、19.5%、38.9%和 23.1%。

2)根据半方差模型分析,4 种元素的空间分布均是结构性因素和随机性因素共同作用的结果,其中 Pb 的空间分布受随机性因素影响较大。

3)Cu 和 Pb 的空间分布的表面图表现出部分等值线与黄河大堤方向近似平行的现象,表明河堤可能对重金属空间分布有影响。

4)土壤 Pb 和 Mn、Pb 和 Cu、Mn 和 Zn 含量之间相关性不显著($p>0.05$),Cu 和 Zn、Cu 和 Mn、Pb 和 Zn 的相关性均达到一定显著水平($p<0.05$)。

参考文献

[1] 杨玉建,杨劲松. 潮土区土壤有机质含量的趋势演变研究-以禹城市为例. 土壤通报,2005,36(5):647-641

[2] 朱安宁,张佳宝,李立平,等. 华北平原潮土速效 N、P、K 的空间分布及时间变化. 干旱区农业研究,2005,23(4):32-37

[3] 李红伟,李立平,邢维芹. 不同小尺度下潮土重金属有效性空间变异研究. 土壤,2006,38(6):782-789

[4] 李红伟,邢维芹,赵财,等. 长期耕作条件下潮土重金属空间分布及变异性研究. 河南农业科学,2007,(9):67-71

[5] 陆安祥,王纪华,潘瑜春,等. 小尺度农田土壤中重金属的统计分析与空间分布研究. 环境科学,2007,28(7):1578-1583

[6] 王峰,石辉. 林地土壤性质空间变异性与土壤入渗过程的研究水土保持通报,2007,27(1):15-19

[7] 阮心玲,张甘霖,赵玉国,等. 基于高密度采样的土壤重金属分布特征及迁移速率. 环境科学,2006,27(5):1020-1025

[8] Gallardo A. Spatial variability of soil properties in a floodplain forest in Northwest Spain. Ecosystems, 2003,6(6): 564-576

[9] Wang L, Mou P P, Huang J, *et al*. Spatial heterogeneity of soil nitrogen in a subtropical forest in China. Plant and Soil, 2007, 295(1-2):137-150

[10] 中国科学院南京土壤研究所. 土壤理化分析. 上海:上海科学技术出版社,1978: 132-508

[11] 河南省土壤普查办公室. 河南土壤. 北京:中国农业出版社,2004:559-592

SPATIAL VARIABILITY OF HEAVY METALS IN WOODLAND SOIL UNDER SMALL SCALE

LI Hongwei, XING Weiqin, LI Liping, ZHAO Cai; GU Dening

(School of Chemistry and Chemical Engineering, Henan University of Technology, ZhengZhou 450001, China)

Abstract Soil in a poplar (Populus alba L) woods beside the Yellow River bank in Henan province was sampled with 2 m to 2 m grids in a square area (14 m to 14 m) and analyzed for copper (Cu), Manganese (Mn), lead (Pb) and Zinc (Zn). Average contents of these four metals were 16.53、370.4、66.01 and 33.34 mg · kg^{-1}, their CV were 37.2%, 19.5%, 38.9% and 23.1%, respectively. Spatial variability of Cu, Mn, Pb and Zn were controlled by random factors and structural factors as well, while Pb was more affected by random factors. Part of the isolines of Cu and Pb was parallel with Yellow River bank. Significant linear correlations were found between Cu and Zn, Cu and Mn, Pb and Zn ($p<0.05$).

Key words Woodland; Heavy metal; Spatial variability; Chaotu soil; Small-scale

新疆绿洲盐渍化耕地的水盐动态类型及改良分区*

樊自立　乔木　李和平

（中国科学院新疆生态与地理研究所，乌鲁木齐　830011）

摘要：从自然因素和人为因素两个方面分析了绿洲耕地盐渍化的发生原因，按照水盐运移状况划分出稳定脱盐、脱盐不稳定、脱盐积盐反复、表层脱盐、持续积盐、咸水灌溉积盐及潜在盐渍化等7个变化类型。将全疆按生物气候带及大地貌类型划分成南北疆两个改良大区和11个改良亚区，分别提出了今后的改良方向和途径。

关键词：新疆；盐渍化耕地；水盐动态；改良分区

2005年中央发布了《关于进一步加强农村工作提高农业综合生产力若干政策意见》1号文件，要求“坚决实行最严格的耕地保护制度，切实提高耕地质量”，前所未有将提高耕地质量放在党和国家政策高度。影响新疆耕地质量的最主要因素之一就是土壤盐渍化。根据《中国1：100万土地资源数据库》(1991)资料统计，全国盐渍化耕地面积920.9万hm^2，占全国耕地面积6.62%，西北6省区（陕西、内蒙古、甘肃、青海、宁夏及新疆）盐渍化耕地面积344.5万hm^2，占耕地面积13.93%。新疆盐渍化耕地面积126.4万hm^2，占耕地面积30.6%，是全国各省区盐渍化耕地面积比例最高的[1]。又据2005—2006年用遥感方法结合实际调查得出新疆最新耕地面积501.1万hm^2，其中盐渍化耕地面积243.0万hm^2，占耕地面积32.8%。比1991年增加2.2%，这主要是近20多年来新疆开荒扩大耕地面积增加，新开垦的156.6万hm^2土地大多是盐渍土，还没有得到很好改良，尽管这些年新疆采取了多种节水灌溉措施，灌区地下水位得到控制，使老耕地盐渍化有所减轻，但由于新增耕地面积增加，使盐渍化所占比例仍较前高。因此加强耕地盐渍化防治，仍是新疆提高耕地质量的重要措施，对实现农业稳定增产具有十分重要的作用。

1　灌区耕地土壤盐渍化发生原因

1.1　自然因素

1)气候干燥，降水稀少，蒸发强烈，使聚积地表的盐分不能淋溶，而强烈的蒸发，可使含盐地下水通过毛管上升水流不断向地表聚积。

2)内陆封闭地形，盐分无外泄条件，初步计算仅塔里木盆地和准噶尔盆每年随地表径流带入的盐分达7.936×10^7 t，大部积累在耕地中。

3)母岩和母质含盐量高，前山带分布的第三纪和第四纪地层，普遍含盐，可高达50～900 g/kg[2]，山前洪积冲积物有的10 m土层含盐量50～100 g/kg。

4)新开垦的土地多是重盐渍土，一般0～30 cm土层含盐量20～50 g/kg，高者可达50～100 g/kg。

1.2　人为因素

1)水利灌溉方面，大部分地区，特别是南疆，渠道防渗和节水灌溉还较差，毛灌定额仍在10 000～15 000 m^3/hm^2。不少地区还是重灌轻排，达不到应有的灌排比。上排下灌，把上游农田脱出的盐分带到下游耕地，如克孜河每年带给伽师灌区的盐量就达222×10^4 t。平原水库多未防渗，使水库外围地下水位升高，发生沼泽化和盐渍化。

* 基金项目：新疆维吾尔自治区计委新疆灌区盐碱地现状调查项目(0642181)

2)农业生产方面，盲目开垦，多数新开荒地，灌排系统不配套，含盐量高，加大了盐渍土占耕地比例。土地不平整，使得灌水不匀，造成低处积水，高处积盐，盐斑面积可占到地块 30～50%。种植作物单一，除粮食外，大部分是棉花，而养地的苜蓿、绿肥以及豆科作物很少。有机肥施用减少，化肥大量增加，造成土壤板结，影响蓄水保墒及作物抗盐性强。

2 盐渍化耕地的水盐动态类型

“盐随水来，盐随水去”，是土壤中盐分运动的基本规律，土壤的积盐和脱盐，完全受水盐运行过程控制，只有搞清水盐运行状况，才能对盐渍化状况作出客观评价、预测未来发展及提出切实可行的防治措施[3]。新疆盐渍化耕地的水盐运行类型可划分为以下 7 种。

2.1 稳定脱盐型

潜水埋深下降到 2.5～4 m，在临界深度以下，地下水的矿化度<3 g/L，土壤明显脱盐，在正常灌溉和管理条件下，不再发生积盐。如乌鲁木齐河中游灌区，垦前大部分是盐碱沼泽地，虽也挖过排水渠，但没有把地下水埋深控制在 2.0 m 以下。从 1965—1986 年搞竖井排灌运行至今，先后打井 500 多眼，年提取地下水 1.2×10^8 m^3，结果使灌水区地下水位每年下降 0.1～0.3 m，把地下水埋深控制在 3～4 m 或以下，原来挖的排水渠大多失去作用，有的已填平，多数农田改造成稳定高产田。

2.2 脱盐不稳定型

潜水埋深在 1.5～2 m，表土虽已脱盐，但心底土含盐量仍较高，属这种情况多是兵团农场，原开垦土地积盐较重，改良条件较差，但垦后对土壤改良比较重视，有较为健全的排水系统，或采用种稻改良水旱轮作，把表层盐分压到一定深度，但没有实现稳定脱盐，如农一师，农二师大部分农场，垦前 1 m 土层平均含盐量 30～80 g/kg，现下降到 3～14 g/kg，地下水矿化度由 10～35 g/L 下降到 1～6 g/L。但由于地下水埋深乃小于临界深度，地下水矿化度仍较高，盐渍化潜在威胁还很大。

2.3 脱盐积盐反复型

主要是改良措施不稳定造成，如塔里木河下游灌区，原灌溉水源较有保证时实行水旱轮作，大部分耕地土壤处于脱盐状态。后因塔河来水减少，全部改为旱作，土壤又开始返盐。又如焉耆北大渠，在采用明排井排相结合时，地下水位下降到 2.0～2.5 m，0～20 cm 土壤含盐量由 13.6 g/kg 下降到 4.1 g/kg，后竖井停止，明排淤塞，土壤盐分又开始回升，平均以每年 0.6 g/kg 增加。近年来由于博斯湖水位时高时低，低时排水畅通，高时受阻，因而使湖滨三角洲土壤盐渍化时轻时重，还有一些地方开挖了排水渠初期效果好，土壤脱盐；之后不能及时清淤，边坡塌踏，排水受阻，盐渍化又加重。

2.4 表层脱盐型

主要是新垦耕地，多分布在灌区外围，由于灌排渠系不配套，土地不平整，冲洗压盐效果不好，仅表层土壤脱盐，盐分暂时被压在 30～60 cm。由于地下水位和地下水矿化度都很高，时刻都存在着返盐可能，田块中的盐斑少则 20%～30%，多则达到 50%以上，严重者已经弃耕为撂荒地。

2.5 持续积盐型

地下水位仍保持上升状态，且小于临界深度，土壤仍处于不断积盐。这种情况仅出现在地势低平，排水不畅，现还实行大水漫灌地区。如位于布伦托海湖滨的乌伦古河三角洲，由于布伦托海水位上升，地下水埋深在 1.0 m 以内，使福海县城住宅楼的一些地下室也发生积水。布尔津县，大水漫灌，毛灌溉定额高之达 20 000 m^3/hm^2，全县 40%耕地地下水在 1 m 以内，盐渍化沼泽化还在发展。又如阜北农场实行竖井排灌，地下水位有所下降，后改为地表水灌溉，虽使用喷灌等先进灌溉技术，也挖了排水渠，但由于有粘重的障碍土层存在，土壤仍不能脱盐。

2.6 咸水灌溉积盐型

多存在于灌区下游，如喀什地区的伽师、巴楚、岳普湖一些地区和农场用 2～3 g/L，有时 5 g/L 的水灌溉,把灌溉水中的盐分带入土壤,也促进了土壤盐渍化,塔里木河下游 34 和 35 团,在干旱年份用大西海子水库 2～3 g/L 水灌溉,使棉苗成成片死亡,盐斑地扩大。沙雅县托依堡乡一些生产队在缺水时用排渠水灌溉棉田,造成棉田盐斑逐渐扩大。

2.7 潜在盐渍化型

主要在一些新灌区,如克拉玛依 100 万亩大农业基地,夏子街、黄花沟、阿克达拉及 500 水库灌区,当前地下水埋藏虽较深,如果不注意节水灌溉,防止地下水位升,将有可能发生局部或大面积盐渍化。如克拉玛依大农业基地,土壤粘重,透水性差,灌后由于黏土层隔水,不能下渗,干后盐分又向表土聚积。

根据以上对新疆耕地盐渍化状况的分析,能稳定脱盐的仅局部地区,持续积盐的也是只是部分地区,大部分是脱盐不稳定型和脱盐积盐反复型。原有的老耕地,由于采取了节水灌溉和渠道防渗等措施,地下水埋深呈下降趋势。但近年新垦耕地多是由盐渍土荒地开垦而来,地下水位上升,盐渍化危害很大,多是中、重盐渍化,增加了盐渍化耕地面积比例和改良难度。

3 盐渍土土改良分区

就全国而言,新疆属内陆积盐区,但由于其地域辽阔,幅员广大,在区内首先可按生物气候带,以天山分水岭为界,分为北疆温带荒漠半荒漠积盐区和南疆暖温带积盐区;在两个大区之下再按大地貌类型划分亚区,全疆共分为两个大区 11 个亚区[4,5]。

3.1 Ⅰ北疆温带荒漠半荒漠积盐区

年平均气温 4～9 ℃,≥10℃积温 2 400～3 600 ℃,年降水量 100～300 mm,年蒸发量 1 500～2 300 mm。灌溉水质优良,开垦的多是要棕钙土、灰钙土、草甸土及部分盐土,土地条件较好,土壤盐渍化相对较轻,但在有些地区有碱化和苏打盐渍化,全区耕地面积 262.86 万 hm^2,其中盐渍化耕地面积 57.98 万 hm^2,占耕地面积 22.0%;盐渍化耕地中较度占 81.4%,中度占 16.8%,重度占 1.7%。

3.1.1 $Ⅰ_1$ 阿尔泰山前平原额尔齐斯河及乌伦古河平原亚区

气候温凉,地形为第三纪剥蚀平原,松散的第四纪沉积物下为不透水的泥岩和砂岩,灌溉后极易引起地下水位上升,发生盐渍化和沼泽化。全区盐渍化耕地面积 8.87 万 hm^2,占总耕地面 35%,但 85%为轻度,盐渍化类型以苏打-硫酸盐为主,表层总碱度 1.0～10 g/kg,pH9.0 以上。改良途径要完善灌溉区配套工程和节水灌溉外,由于沙砾层较厚应开挖浅、密、通的排水系统。针对福海三角海地下水埋深<1.0 m,必要时开展竖井排或扬排。因为是半农半牧区,农作物种植应扩大饲草饲料作物面积。

3.1.2 $Ⅰ_2$ 塔域盆地亚区

盐渍化主要分布在盆地中部额敏河冲积平上的新垦耕地,在额敏县西南低阶地上也有部分由盐化草甸开垦来的耕地,具轻度盐渍化,全区盐渍化耕地面 2.54 万 hm^2,占耕地总面积 8.05%,无中、重盐渍化。盐渍化类型为苏打-硫酸盐型。改良途径,以节水控灌为主,开挖必要的排水渠;农业方面,加强土地平整,增施有机肥,秸秆还田,增加土壤有机质。

3.1.3 $Ⅰ_3$ 伊犁河谷平原亚区

受谷地地形影响,地下径流条件良好,高阶地上无盐渍化,盐渍化耕地主要分布在低阶地和高位河滩地上。由于地下水矿化度低,土壤积盐不重。全区盐渍化耕地面积 61.9 万 hm^2,仅占全区耕地 7.8%,主要是轻度盐渍化,以硫酸盐类型为主,改良措施在低阶地上开挖配套排渠,在排水不畅地区设立扬排。为了防止伊犁河洪水期向耕地倒灌,在局布低洼地处应设防洪堤。

3.1.4 $Ⅰ_4$ 天山北麓山前平原亚区

由一系列山前洪积冲积平原联结而成,扇形地上部地下水埋藏深,无盐渍化,盐渍化耕地主要分布在扇缘溢出带和部分散流干三角洲上。全区盐渍化耕地面积 41.9 万 hm^2,占耕地总面积 29.0%。以氯化物-硫酸盐为主,部分地区有碱化现象。改良途径,视盐渍化轻重不同,有的开挖骨干排渠,有的必须斗、支、农配套。在扇缘带结合开发地下水，发展竖井排灌。对有黏土层分布地区，用深耕犁打破隔水层，以利土壤脱盐，另要加强平整土地，保证灌水均匀。进行渠道防渗和水库加固除险，以减少渗透漏对地下水补给。在滴灌地区，视地表积盐情况，每隔一定年份，洗盐一次。对碱化土壤，施风化煤或腐殖酸肥改良。

3.2　Ⅱ南疆暖温带荒漠积盐区

本区气候温暖干燥，年平均降水 20～90 mm，蒸发高达 2 300～3 000 mm，对土壤积盐影响很大。耕地有相当部分是由残余盐土，盐土和草甸盐土开垦而来，脱盐较难，土壤盐分组成多以硫酸盐-氯化物或氯化物为主，全区耕地总面积 24.31 万 hm^2，其中盐渍化耕地面积 104.04 万 hm^2，占耕地面积 43%。盐渍化耕地中轻度占 72.7%，中度占 21.1，重度占 6.2%。本区可以下 7 个亚区。

3.2.1　$Ⅱ_1$ 吐鲁番及哈密盆地亚区

气候干燥炎热，水资源十分短缺，土壤积盐重，农田主要由残余盐土开垦而来，大部分是剖面上部脱盐，60～100 深处有不同程度的积盐。由于绿洲多呈小快分布，干排积盐地面积大，加之用坎几井灌溉，能起到地下排水作用，所以耕地盐渍化并不十分严重。盐渍化耕地而积 3.5 万 hm^2，占耕地总面积 19.4%。土壤盐分组成以硫酸盐-氯化物为主，哈密盆地有苏打盐渍土；吐鲁番盆有硝酸盐盐渍土，这是全国所特有的，可能与成土母质有关，最近在吐鲁番发现世界最大的硝矿石，储量超过智利。盐渍化较重的有吐鲁番艾丁湖乡、火焰山乡、鄯善东湖乡及哈密南湖乡，对这些地方除加强土地平整，重点抓好竖井排灌，以解决灌溉水源不足，并全理利用盐渍土，发展久负盛名的哈密瓜。当地人民有用硝土作肥料习惯，含盐量高，施用会增加土壤盐分含量，应特别小心。

3.2.2　$Ⅱ_2$ 天山南麓山前倾斜平原亚区

气候干旱，蒸发强烈，前山带多有含盐地层，随水带到山前，因而盐渍化土壤分布广泛，但主要在洪积冲积扇缘和大河三角洲中下部，这里地下径流不畅，地下水位高容易使土壤积盐。全区盐渍土耕地面积 4 1.6 万 hm^2，占耕地地总面积 43.0%。中、重盐渍化比例较高占 32.5%。土壤盐分组成大部分地区为硫酸盐-氯化物，焉耆盆地和孔雀三角洲还有苏打盐渍化。改良途径是加强渠道防渗，减少渠道渗漏补给地下水，推广各种节水灌溉减田间渗漏，植树造林，发挥生物排水作用。大力开发地下水，实际井灌井排，既能降低地下水位又能防治盐渍化，特别是在焉耆盆地，开发地下水，可减少进入博斯腾湖农田排水，降低湖水矿化度。

3.2.3　$Ⅱ_3$ 塔里木河冲积平原亚区

这里是解放开垦的新垦区，大多为国营农场，地下水位普遍较高，全区盐渍化耕地 12.5 万 hm^2，占耕地面积 69.8%，中重盐渍占到 43%，将近一半。上段阿拉尔应加强渠道防渗，减少对地下水补；中段沙雅-英巴扎多是无计划乱开荒，无正规灌排系统，应退耕地还林草；下段卡拉-铁干里克应进一步完善排灌系统。加强节水灌溉，植树造林，发挥防沙和降低地下水作用。对重盐渍化地块，在丰水年可种稻压盐，消灭耕地中的盐斑。

3.2.4　$Ⅱ_4$ 喀什三角洲亚区

盐渍化耕地主要分布在三角洲中下部，这里地形平坦，土质粘重，地下水排泄不畅，土壤积盐重，盐分组成以硫酸盐-氯化物为主，全区盐渍化耕地面积 15.1 万 hm^2，占耕地总面积 44.6%，中重盐渍面积达 23%。改良方向除节水灌溉，渠道防渗，疏通排水系统外，要实行灌排分离，不能上排下灌。对难排水地段，实际扬排。还可利用热量丰富，在夏粮收获后，种植短期绿肥。

3.2.5　$Ⅱ_5$ 叶尔羌河冲积平原亚区

盐渍化耕地主要分布在扇绿带以下及冲积平原中段，除一般由于灌排渠系不配套引起地下水位升高外，平原水库渗漏对灌区盐渍化影响很大，全区共大、中、小型水库 15 座，年调蓄水量达 15×10^8 m^3，对库区外周土壤盐渍化影响很大。全区盐渍化耕地面积 22.3 万 hm^2，占耕地总面积 48.2%，以轻度为主，占 81.9%，盐分组成以硫酸盐-氯化物为主。在盐渍化方治方面除一般措施外，应特别强调平原水库管理，在可能条件下以修建山区水库取代部分平原水库。

3.2.6 Ⅱ$_6$ 昆仑山山前平原亚区

由一系列山前洪积冲积扇关结而成，盐渍化耕地主要分布在扇缘溢出带及以下及干三角洲。由于土壤质地以砂土为主，透水性好，加之北部为塔克拉玛干沙漠，地下径流条件较好，所以土壤积盐在南疆相对较轻。盐渍化耕地面积 7.75 万 hm^2 占总耕地面积 31.6%，轻度占 84.1%。盐分组成中一部分为苏打盐渍化。改良途径除节水灌溉，渠道防渗，植树造林外，应在扇缘带大力开发地下水。降低地下水位，并解决本区严重春旱。

3.2.7 Ⅱ$_7$ 阿尔金山山前平原亚区

是南疆是干旱地区，蒸发大于降水 20～30 倍，干燥度 60～80，仅有且末、若羌不大的几块小绿洲，由于靠近沙漠，自然排水条件较好，全区盐渍化耕地面积 1.37 万 hm^2，占耕地面积 46.7%。主要分布且末的塔特郎和若羌瓦什峡及塔什赛依的新垦耕地。由于绿洲呈小块状，无需开挖排水系统，以干排盐方式为主，加大播前灌，使盐分向周边侧渗。另外，要扩大耐盐瓜果种植面积，提高经济收入。

参考文献

[1] 中国 1：100 万土地资源图编委会.《中国 1：100 万土地资源资源图》土地资源数据库集[M]. 北京：中国人民大学出版社，1991

[2] 顾国安. 新疆盐渍化土壤的形成与防治[J]. 干旱区地理，1984，7(4)1-17

[3] 樊自立. 中国西部地区耕地土壤盐渍化评估及发展趋势预测[J]. 干旱区地理，2002，25(2)，97-101

[4] 文振旺，等. 新疆土壤地理[M]. 北京：科学出版社，1965

[5] 许志坤. 新疆盐碱土的改良[M]. 乌鲁木齐：新疆人民出版社，1979

The dynamic type of the water-salt and the regionalism of melioration of the oasis salinization cultivated land in Xinjiang

Fan Zili, Qiao Mu, Li Heping

(Xinjiang Institute of Ecology and Geography, Chinese Academy of Sciences, Urumqi 830011, Xinjiang, , China)

Abstract From two aspects of natural factors and artificial factors, this paper analyses on the main causes of cultivated land salinization in oasis, and based on the Soil Water and Salt Movement, cultivated land salinization can be divided into 7 types: steady desalinization soil, unsteady desalinization soil, reversal of desalinization and salt accumulation soil, desalination which occurred in the surface layer of the soil profile, continuous salt accumulation soil, irrigation with saline water salting soil, hidden secondary salinization soil, and so on. According to bioclimatic zone, macro landform, the salinization cultivated land in Xinjiang, 2 big amelioration regions and 11sub regions were generated further, direction and approach of amelioration were proposed respectively.

Key words Xinjiang; salinization of cultivated land; dynamic type of the water-salt; regionalism of melioration

新疆盐渍化土壤上氮肥氨挥发损失特征研究*

徐万里　刘骅　张云舒　汤明尧

（新疆农业科学院土壤肥料研究所，乌鲁木齐市　830000）

摘要：以新疆盐渍化耕作土壤为研究对象，利用室内模拟和田间原位监测方法，研究盐渍化土壤特性与氮肥氨挥发损失关系，以及盐渍化耕作体系中氮肥氨挥发损失对氮肥利用率的影响。主要结果如下：①盐渍化耕作土壤上氮肥氨挥发损失远高于非盐渍化土壤。②同等条件下，硫酸盐－氯化物型盐渍化土壤上氮肥氨挥发损失较氯化物－硫酸盐型盐化土壤氨挥发损失严重；盐化灰漠土上氮肥的氨挥发损失较碱化土壤上严重；碱化和盐化土壤上氮肥氨挥发量（Y）与时间（t）关系均符合 Y＝at2＋bt＋c 动力学方程，相关性呈极显著；氨挥发总量（Y）、氨挥发速率（Y_i）与土壤含盐量（x）呈极显著正相关，与 pH 相关性不显著；氨挥发持续时间随着盐渍化程度的增加而延长。③在盐化程度较高的土壤上，仅仅通过改进施肥方法不能完全抑制氨挥发损失，需要通过其他措施，如降低土壤盐渍化程度来减少氨挥发损失。④应用 3 种不同氨气测定方法，经过 3 年 4 个田间原位监测试验结果表明：在新疆现行的耕作制度下，即氮肥撒施后机械翻施，追肥撒施后马上灌水，氨挥发损失均在总施氮量的 6.26％以下。氨挥发损失不是新疆现行耕作制度下氮肥损失主要途径，绿洲农田氮素损失途径需要进一步研究。

关键词：新疆，盐渍化类型和程度，耕作土壤，氨挥发

STUDY ON THE CHARACTERISTICS OF AMMONIA VOLATILIZATION FROM SALINIZED SOILS IN XINJIANG

XU Wanli，ZHANG Yunshu，LIU Hua and TANG Mingyao

（Institute of Soil and Fertilizer，Xinjiang Academy of Agricultural Science，Urumqi 830091，China）

Abstract　An indoor simulation and a kind of monitoring method in field were used to study salinization soil characteristic and nitrogen ammonia volatilization relation，and the effect of ammonia volatilization to nitrogen utilization ratio in salinization cultivation system. The main results showed that nitrogen ammonia volatilization loss in salinization cultivation soil was further higher that of non- salinization soil. Under the same condition，nitrogen ammonia volatilization loss in SO_4^{2-}-Cl^- salinization cultivation soil was more serious that of Cl^--SO_4^{2-} salinization cultivation soil，and nitrogen ammonia volatilization loss in the salinization grey desert soil was more serious that of alkalinization soil. For alkalinization and salinization soil，the total amount（Y） and rate of ammonia volatilization （Yi） were positively correlated with the salt content in the soil（x），but there was no significant relationship between them and pH. The time of ammonia volatilization was prolonged with increasing salinization degree of the soils. Only through the improvement of the fertilizer application method couldn't suppress the ammonia volatility loss completely in high salinized soils，and it needs other measures，for example，through deceasing the soil salinization degree to reduce ammonia volatility loss. Three different ammonia volatilization determining methods had been used in the four field monito-

* 基金项目：国家自然科学基金（40361005）和新疆维吾尔自治区自然科学基金（200321112）资助

ring experiments for three years. The results showed that under the present cultivation system in XinJiang, nitrogen ammonia volatilization loss was lower the 5% of gross fertilizing in the deeply basal fertilization, turning over immediately and the additional fertilization with water. The ammonia volatilization was not the main way to nitrogenous fertilization loss under the present cultivation system in Xinjiang, and nitrogen loss way in oasis field need further study.

Key words　XinJiang; Salinization type and degree; cultivation soil; ammonia volatilization

盐碱土壤生物改良利用的研究进展*

董晓霞　王学君　刘兆辉　郑东峰　江丽华

（山东省农业科学院土壤肥料研究所，济南　250100）

摘要：本文综述了利用耐盐植物生物改良利用盐碱土壤的研究进展，分别论述了抗盐牧草、农作物、灌木和野生抗盐植物对不同类型盐碱土壤的改良效果，列举了这些耐盐植物的耐盐范围。阐述了利用基因工程选育抗盐农作物取得的成果与存在问题。

关键词：抗盐植物；　盐生植物；　盐碱土壤；　改良效果；　抗盐转基因育种

土壤盐渍化是影响农业生产和生态环境的严重问题之一，在盐胁迫下，植物生长缓慢，代谢受抑制，严重时叶片萎蔫，甚至死亡。我国拥有各类盐渍土 3 600 万 hm^2[1]，仅黄河三角洲地区就有盐荒地26.7 万 hm^2，盐渍化低产田 6.7 万 hm^2，且每年新生盐荒地约 666.7 hm^2，主要土壤类型为滨海盐渍土[2]。近年来，随着生物育种工程的发展，利用生物措施改良盐碱土壤，成为改良效果持久稳定，有利于水土保持和生态平衡的有效措施。多年的研究证明，在治理盐碱地的各项技术措施中，生物措施被普遍认为是最有效的改良途径[3]。

1989 年，美国的 Aronson 根据大量报道材料出版了一本盐生植物——世界耐盐植物汇编，记载了 1 560 余种盐生植物，它们分别属于 117 科和 550 属[4]。据赵可夫等初步调查，中国现有盐生维管植物 421 种，分属 66 科，197 属[5]。耐盐植物能够改良盐碱地的功能主要表现在植物能增加地表覆盖，减缓地表径流，调节小气候，减少水分蒸发，抑制盐分上升，防止返盐；同时，植物的蒸腾作用可降低地下水位，防止盐分向地表积累，植物根系生长可改善土壤物理性状，根系分泌的有机酸及植物残体经微生物分解产生的有机酸还能中和土壤碱性。植物的根、茎、叶返回土壤后又可以增加土壤有机质含量，改善土壤结构和根际微环境，有利于土壤微生物的活动，从而提高土壤肥力，抑制盐分积累[6]。

1　利用抗盐碱牧草改良盐碱土壤

近 20 年来，我国在开发利用野生与筛选栽培抗盐碱牧草的研究取得了一系列成果。经过引种观察的抗盐碱牧草品种 140 多个，试种与大面积推广的禾本科牧草 14 种，豆科牧草 6 种[7]。其中大米草、田菁在江苏滩涂地带氯化物盐碱地推广；小花碱茅草-朝鲜碱茅草主要在内蒙古硫酸盐盐碱地及东北三省苏打碱土上得到推广；高冰草主要在山东滨海氯化物盐碱地与新疆等地区推广；湖南稷子主要在宁夏盐碱化耕地种植；黄白花二年生草木樨在青海、甘肃、新疆各地的轻、中度硫酸盐碱土地区推广；芒草在东北三省碱化草地推广；芦苇在西北各省硫酸型盐碱地开发利用。

吕彪等 1995—1998 年进行种植碱茅草改盐试验，经过三年试验，土壤含盐量由 10.87 g/kg 降低到 2.50 g/kg，脱盐率达 77%，pH 值下降了 0.25，容重降低 0.14 g/m^3，总孔隙度增加 5.29%，团粒结构增加了 23.14%，经过治理后，不仅可种植农作物，而且可变为中高产田[8]。1991 年，在甘肃河西内陆盐碱地区种植碱茅草 7 364 hm^2，经研究表明，碱茅草种子对硫酸盐的最大耐盐度为 3.47%，氯化物为 1.58%，碳酸盐为 1.08%，幼株对硫酸盐忍耐力为 2.5%，成年植株在 5%内尚可生长。在灌溉条件下，3 年生碱茅草地耕层土

* 基金项目：科技部国际科技合作项目（编号：2007DFA30630）提供资助

壤的脱盐率达 66.0～95.0%，耕翻后种植水稻、春麦、甜菜与糜子，单产分别为 1 875～16 150 kg/hm^2、3 750～5 460 kg/hm^2、4.5 万 kg/hm^2、1 650 kg/hm^2，达到了改良利用盐碱地的效果，并建立起盐碱地草地农业生产系统[9]。任崴等通过种植业与养殖业有机结合起来，从而达到改良盐碱地的目的。在土壤盐分含量较高时，种植比较耐盐的禾本科牧草或直根系作物枸杞；当土壤盐分含量较低时，种植耐盐小麦复播草木樨或苜蓿、或耐盐禾本科牧草套种苜蓿。脱盐率以耐盐小麦套播豆科牧草为最高，0～40 cm 脱盐率可达 90.88%，40～100 cm 脱盐率可达 85%[10]。

2 利用抗盐农作物改良盐碱地

世界各国在采用抗盐野生牧草进行盐碱地改良同时，还通过杂交育种与基因工程等技术大力开展抗盐碱作物品种的选育与开发利用，并取得了突破性进展。目前，进行抗盐育种的农作物已超过 40 种，选育成功的水稻、小麦、棉花、番茄等品种已在生产上推广应用。中国科学院新疆阜康生态站在 1987 年复垦盐渍化荒地 13 hm^2，其中 1 m 土层盐分在 1.0%以下的面积占 50%，盐分含量 1.5%以上的面积占 10%。第一年种植耐盐小麦 4 hm^2 的地块中，保苗面积 75%，在保苗较好的区域春后套播苜蓿，第四年 60 cm 土层的盐分小于 0.3%，可以种植敏感性的高产作物；在盐分含量大于 1.5%的地块中，种植碱茅 3 年，30 cm 土层盐分降低到 0.8%，之后翻耕播种耐盐小麦，保苗面积 95%，套播草木樨，当年 9 月份草木樨收获时，80 cm 土层盐分小于 0.25%[11]。罗廷彬等在新疆盐碱地长期生物改良田间试验结果表明：种植耐盐冬小麦套播草木樨，经过 1 年，1 m 土层平均盐分由 1.989%降到 0.282%，脱盐率达 85.82%[12]。

埃及的农业专家将水稻与生长在咸水湖中的芦苇变种进行杂交，培育出能在咸水与海水中生长的水稻新品种，已在地中海沿岸推广种植。英国剑桥作物育种所采用基因工程技术将生长在盐碱地上冰草的抗盐基因转移到小麦染色体中，育成耐盐碱的小麦－冰草杂交种。美国科学家采用基因工程技术培育成功抗盐大麦和番茄品种，已在盐碱地上开发利用。国际水稻所培育出两个适合盐碱地种植的水稻新品种，已在东南亚推广[13]。

我国在抗盐农作物育种研究方面进展迅速，成效十分显著。植物耐盐的分子生物学和植物耐盐基因工程正在成为学术界的研究热点。近年来，植物耐盐基因工程研究受到越来越广泛的关注，一些与植物耐盐性有关的基因相继被克隆并用于转基因研究中，这些基因的表达不同程度地提高了转基因植物的耐盐能力。

我国陈火英等(2004)将 L. peruvionum LAlll、L. cheesmanii LA166、L. pennellii LA716、L. pimpinellifolium LA2184 等野生资源材料的总 DNA，利用花粉管导入法导入鲜丰、矮黄等 2 个番茄栽培种，筛选出一个耐盐新品系[14]。张荃等(2001)年将可调节植物细胞离子均衡的 HAL1 基因转入到栽培种番茄中蔬 5 号，发现转化株表现一定程度的耐盐[15]。杨永杰等(2001)利用细胞工程技术，分离得到了一些稳定的耐盐番茄变异细胞系[16]。Gisbert 等(2000)将酵母 HALl 基因转到番茄植株，有 4 个和 1 个拷贝的转基因株后代均表现较高水平耐盐，转化品系较对照在内部细胞能够保持较高浓度的 K^+[17]。Huang 等(2004)将番茄的乙烯反应因子 TERF1 转化到烟草，植株表现耐盐，而且发现 TERF1 可能是乙烯介导渗透胁迫途径的连接者[18]。Marin-Manzano 等(2004)将酵母钙调素依赖的磷酸酶在番茄进行了表达，转化细胞在组胚中出现质子突出，生长速率降低，转化细胞愈伤组织和悬浮液细胞增加了耐盐性，含有较高的 K^+ 和 Ca^{2+}[19]。顾兴友等对水稻耐盐性的数量性状位点进行了初步检测，从水稻 12 条染色体上共检出 15 个连锁标记，在所涉及的基因组范围内存在 4 个影响苗期耐盐性的 QTL，其增效等位基因均来自耐盐品种 Pokkali[20]。

然而，目前还没有得到真正意义上的抗盐转基因植物。这是因为植物的耐盐机理极其复杂，受多基因控制，涉及到一系列形态和代谢过程的变化。植物在逆境下会产生复杂的生物化学和生理学上的响应，而引起这些响应的分子机制至今尚未完全阐明，转移单个基因往往只能获得部分耐盐性，要获得更高的耐盐性可能需要同时转移多个基因。

3 利用野生与栽培抗盐灌木改良盐碱地

在盐碱地建立防护林网，不但能减少风沙灾害，重要的是通过树木的蒸腾作用，降低地下水位。土壤盐碱化与地下水位有关，地下水的补充源于降雨。当有树木存在时，土壤中由于降雨增加的水分有相当一部分被树木利用或蒸腾，一部分滞留在枯枝落叶层中；而在其他植被或裸地上，降水则大部分补充为地下水。树木枝叶繁茂，根系深广，蒸腾量大，一般情况下，树木根系可直达地下水，通过大量蒸腾，降低地下水位。建立合理的林带结构，还能降低风速，减少地表蒸发，增加水平降水，提高空气湿度，有利于改善作物生长的小气候[21]。

王志刚等在粗放管理模式下对12个树种进行筛选，沙枣、胡杨、沙棘、柽柳属适应于粗放管理模式盐碱地推广造林[22]。沙枣树种可作为改良盐碱地先锋树种。沙枣适应盐渍化土壤的性能较强，在一般乔木不适于生长的土地上，当根层土壤含盐量为0.5%～0.7%时，沙枣树的成活率却高达80%以上。沙枣能在以硫酸盐为主，含盐量0.6%的土壤条件下生长，硫酸盐与氯化物的总盐含量在0.4%以下时也能正常生长。

胡杨对生态的适应性极强，其根系发达且萌生力强，不仅抗盐碱，还耐寒耐旱，是荒漠地区风沙前沿唯一天然分布的高大乔木树种。胡杨能在土壤pH值9.3，含盐量达1.475%的土壤上成林，且生长旺盛。胡杨不但吸收盐碱，而且具有排除盐碱的特殊能力，在硫酸盐、氯化物与苏打盐土上均能生长[23]。

新疆农垦总局农林处研究指出，胡杨体内盐分含量较高，对盐分有选择吸收性，具有较强的耐盐碱能力。胡杨在土壤含盐量为2%、Cl^-含量为0.7%以下时，生长良好，但当总盐量大于4%、Cl^-含量大于1%时，生长逐渐受到抑制，直至失去根蘖能力，甚至成片死亡[24]。侯天侦等的研究也得到了相似的结果[25]。

4 直接利用盐生植物改良盐碱地

直接利用盐生植物进行盐碱地改良，在世界上应用较为普遍。美国亚利桑那州塔可桑农业环境研究所开发利用盐生油料植物海蓬子获得成功，平均公顷收获果实2 218 kg。现已在沙特、墨西哥、美国加州等地的海滩和盐碱地扩大种植，这对开发利用新的野生油料植物及改良利用盐碱地均具有重大价值[26]。印度在新开垦的700 hm^2 盐碱地上种植了一种称作“arrinlex”的奇特植物，进行生物脱盐，同时可以获得木材、木炭和饲料。经试验在一英亩盐碱地上种植这种植物一年，能够脱除耕层1 t以上的盐分。种植几次后，土壤内含盐碱的程度将减轻到能够种植谷类作物。现已在突尼斯和北非等国家的重盐碱地上推广种植超过2万 hm^2[27]。

东营市农业科学研究所在滨海盐渍土种植星星草，两年后土壤含盐量从5.36 g/kg降低到4.13 g/kg，土壤脱盐率为22.9%，土壤有机质从5.7 g/kg上升到9.1 g/kg，较种植前增加了59.7%。土壤全氮增加了64.8%，速效磷增加114.5%，速效钾增加22.6%[28]。沿海地区农科所种植星星草改良盐碱土试验表明，种植3年星星草后的土壤脱盐率高达60%～70%[29]。

参考文献

[1] 俞仁培，陈德明. 我国盐渍土资源及其开发利用[J]. 土壤通报，1999，30(4)：158-159

[2] 东营市土壤肥料工作站. 东营市土壤[M]. 1987

[3] 丁海荣，洪立州，王茂文，杨智青. 星星草耐盐生理机制及改良盐碱土壤研究进展[J]. 安徽农学通报，2007，13(16)：58-5

[4] Aronson J，1989. Halophytes，A database of salt toleranl plants of the world. Office of Arid Land Studies Tueson，pp. 1-77

[5] 赵可夫，李法曾，樊守金，冯立田. 中国的盐生植物[J]. 植物学通报，1999，16(3)：201-207

[6] 张建锋,乔勇进,焦明,等.盐碱地改良利用研究进展[J].山东林业科技,1997(3):25-28
[7] 李培夫.盐碱地的生物改良与抗盐植物的开发利用[J].垦殖与稻作,1999(3):38-40
[8] 吕彪,秦嘉海.河西走廊内陆盐渍土治理复合生物系统研究[J] 干旱区研究,2003(3):72-75
[9] 朱兴运,吴青年,任继周.碱茅草在甘肃内陆盐渍地草地农业生产中的作用.草业科学,1991,8(2)
[10] 任崴,罗廷彬,王宝军,苏逢春.新疆生物改良盐碱地效益研究[J].干旱地区农业研究,2004(4):211-214
[11] Fan S G,Connie C K,Kerning Q,et al. National and International Agricultural Research and Rural Poverty:the Case of Rice Research in India and China[A]. EPTD Discussion Paper No. 109, USA,2003
[12] 罗廷彬,任崴,谢春虹.新疆盐碱地生物改良的必要性与可行性[J].干旱区研究,2001,18(1):46-48
[13] 罗廷彬,任崴,李彦,苏风春,王宝军.北疆盐碱地采用生物措施后的土壤盐分变化[J].土壤通报,2005(3):304-308
[14] 陈火英,张建华,钟建江,俞俊棠.野生番茄耐盐性研究及其利用,华东理工大学学报,2001,27(1):51-56
[15] 张荃,王淑芳,赵彦修,赵可夫,张慧. HAL1 基因转化番茄及耐盐转基因番茄的鉴定,生物工程学报,2001,17(6):658-662
[16] 杨永杰,董树刚,付成秋,刘志鸿,吴以平.栽培番茄耐盐变异系的离体选择,青岛海洋大学学报,2001,31(1):75-78
[17] Gisbert C.,Rus A. M.,Bolarin M. C.,Lopez-Coronado J. M.,Arrillaga I.,Montesinos C.,Caro M., Serrano R.,and Moreno V.,The yeast HAL1 gene improves salt tolerance of transgenic tomato, Plant Physiol.,2000,123(1):393-402
[18] Huang Z.,Zhang Z.,Zhang X.,Zhang H.,Huang D.,an d Huang R.,Tomato TERF 1 modulates ethylene response and enhances osmotic stress tolerance by activating expression of downstream genes,FEBS Lett.,2004,573(1-3):110-116
[19] MatinManzano M. C.,Rodriguez-Rosales M. P.,Belver A.,DonaireJ. P.,and Venema K.,Heterologously expressed protein phosphatase calcineurin downregulates plant plasma membrane H^+-ATPase activity at the post-translational level,FEBS Lett.,2004,576(1-2):266-270
[20] 顾兴友,梅曼彤,严小龙,等.水稻耐盐性数量性状位点的初步检测[J]_中国水稻科学.2000,14(2):65-70
[21] MARCAR N,ISMALL S,HOSSAIN A. Tees,shrub sand grasses for salt lards[M]. Canberra:Australian Centre for International Agricultural Research,1999
[22] 王志刚,包耀贤.12 个树种耐盐性田间比较试验[J].防护林科技,2000(4):9-11
[23] 孙雪新,康向阳,李毅.胡杨的研究现状及发展建议[J].世界林业研究,1993,No4:48-52
[24] 新疆农垦总局农林处.胡杨的特性和育苗造林技术.林业科学,1978 (2):22-23
[25] 侯天侦,等.几种杨树耐盐生理探讨.新疆林业科技,1981(1):13-15
[26] 吕忠进,edward p glenn, roy m hodgs,et al.全海水灌溉作物-北美海篷子(上)[J].世界农业,2001(2):14-16
[27] 李培夫.盐碱地的生物改良与抗盐植物的开发利用[J].垦殖与稻作,1999(3):38-40
[28] 张立宾,刘玉新,张明兴.星星草的耐盐能力及其对滨海盐渍土的改良效果研究[J].山东农业科学,2006(4):40-42
[29] 丁海荣,洪立州,王茂文,等.星星草耐盐生理机制及改良盐碱土壤研究进展[J].安徽农学通报,2007,13(16):58-59

20 年来南京市耕地数量与耕地利用效益的变化*

赵彦锋[1,2]　孙志英[3]

(1.郑州大学自然资源与生态环境研究所,郑州　450001;2.郑州大学环境与水利学院,郑州　450001;
3.河南省国土资源调查规划院,郑州　450016)

摘要:本文根据统计资料,并结合遥感影像数据,对南京市耕地的时空变化、利用结构和利用效益进行分析。结果表明:南京市 1984—2000 年耕地面积减少速度较缓慢,2000 年后减少速度加快,几乎是 2000 年前的 15 倍。1984—2003 年耕地减少总面积的 59%被农村居民点扩张占用,22%被南京市区扩张占用,14%被乡镇扩张占用,5%被县城扩张占用。耕地利用从粮食作物为主发展到粮食作物、蔬菜瓜果和经济作物并重。南京市耕地消耗回报系数和集约化系数都低于全国和江苏省的平均水平,同时存在着化肥和农药施用过量的现象。今后南京市应着重控制农村居民点扩张以提高耕地转化效益,同时应切实推广科学施肥和合理施用农药以保障现有耕地质量。

关键词:耕地资源;时空变化;利用效益;南京市

城市化过程中大量优质耕地被城市建设占用是一个不可避免的过程。但在我国"人多地少"的条件下,必须十分珍惜和合理利用每一寸土地,力争土地利用效益最大化。同时为粮食安全计,也应当保证一定数量的耕地[1—3]。这里的土地利用效益不仅是指土地投入带来的短期经济回报,更重要的是对土地利用集约化程度和土地可持续利用的评价。有学者曾对全国和部分省份的耕地利用效益状况进行过分析[4,5],如庞英等分析了中国耕地资源利用效益发现,尽管 1998—2001 年耕地的消耗回报较高,但投入产出和集约化程度低,污染负荷较大。也有较多学者分析了耕地数量与经济指标的关系[6]。然而目前对于城市化过程中耕地流失去向、耕地利用结构、耕地转化效益、耕地污染负荷等进行系统研究的较少,选择典型城市对这些问题进行深入系统的分析,将有助于理解城市化过程中耕地数量变化和耕地利用效益变化的机制。城市化过程是目前对我国耕地数量及其利用变化影响最大的因素,分析典型城市发展过程中耕地及利用效益的变化也将有助于解读全国和区域尺度上的耕地变化和耕地利用效益特征。

南京市为江苏省会城市,是长江三角洲快速发展地区的典型代表之一,本文即以南京市为例对城市化过程中的耕地面积变化、利用结构变化以及耕地利用效益等问题进行分析,以期进一步搞好该地区城市发展规划、提高土地管理水平,促进城市化向健康合理的方向发展。

1　材料与方法

1.1　研究区概况

南京市位于长江中下游核心地带,江苏省西南部,下辖 11 区和 2 县,总面积 6 516 km^2。统计资料显示,自改革开放后南京市城市化进入了稳定发展阶段,已远远高于江苏省和全国的城市化水平,并且表现出明显的阶段发展特征(图 1),大致可分为缓慢发展(1978—1991 年)、稳步上升(1992—1998 年)和加速发展(1999—至今)三个阶段。2005 年末全市总人口达到了 595.80 万人,GDP 为 2 411 亿元,城镇化水平已达到 73%,耕地面积为 14.745 万 hm^2。

* 基金项目:国家自然科学基金(40671012)

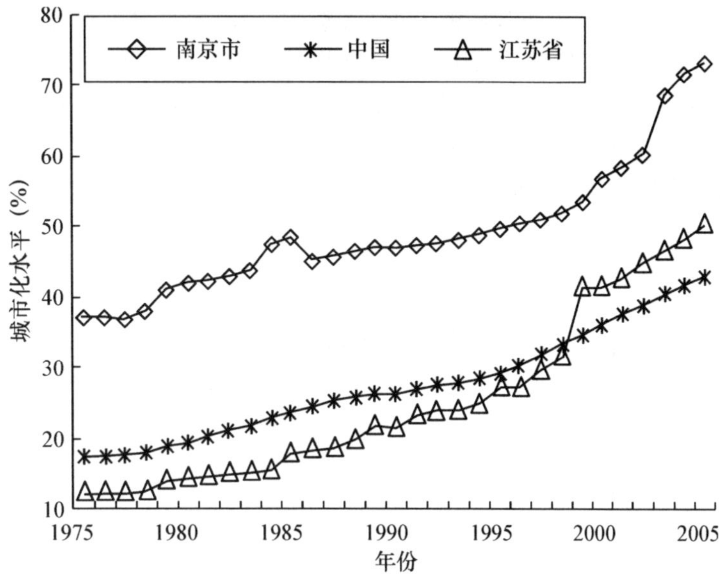

图 1 南京市、江苏省和我国城市化水平发展态势[7]
Fig. 1 Trend of urbanization level in Nanjing, Jiangsu province, and China

1.2 数据来源和研究方法

本文中的耕地面积、农作物播种面积、化肥施用量(折纯量)、农药使用量、GDP、总人口和非农业人口等数据均来源于 1985—2006 年南京市统计年鉴[7],耕地面积的空间变化则是利用多时相(1984 年、1995 年、2000 年和 2003 年)TM/ETM 遥感影像采取人机交互方式勾画出来的。受统计标准差异的影响,南京市耕地面积在 1997 年发生了大幅度增长。为了保证本研究的连续性,参考 1997 年农业普查和常规农业统计数据之间的差异[8],我们对 1997 年以后的南京市耕地面积进行了修正。考虑到统计年鉴中的化肥施用量并不全部用于粮食作物,根据马宏卫等人的调查结果[9],将粮食作物施肥量所占的比例与统计年鉴中化肥施用量相乘,得到南京市粮食作物历年的施肥量。

本文中所指耕地利用效益包括耕地转化的效益和现有耕地利用的生态效益。前者用耕地消耗回报系数(K_1)和耕地利用集约化系数(K_2)表示,后者用耕地施肥效应系数(K_3)和耕地农药污染系数(K_4)表示。其中 K_1 以人均 GDP 增长率(C_1)与人均耕地面积减少率(C_2)的比值表示,K_2 采用城市化水平增长率(U)与耕地面积减少率(C)的比值来表示,K_3 用粮食单产的增长率(Y)和单位面积化肥施用增长率(F)的比值来表示,K_4 用单位耕地面积农药施用量表示。

2 结果与分析

2.1 南京市耕地面积变化分析

图 2 显示,南京市耕地面积减少具有明显的阶段性特征。1984—2000 年,南京市耕地面积从 1984 年的 22.125 万 hm^2 减少到 2000 年的 20.469 万 hm^2,年均减少 973 hm^2,耕地面积减少比较平缓;2001—2003 年耕地面积年均减少 14 783hm^2,是前一阶段年均耕地减少面积的 15 倍,耕地面积减少十分迅速;2004—2005 年耕地面积减少趋于稳定。与 1996—2001 年全国耕地面积逐年增加不同,南京市耕地面积处于减少的趋势,耕地总量动态平衡战略的实施并未对该地区耕地面积的缩减产生实质性的影响。

借助 1984 年、1995 年、2000 后和 2003 年四个时段的 TM/ETM 遥感影像数据对南京市建设占用耕地面积状况统计分析发现近 20 年来,由于农村居民点的扩张导致耕地减少的面积最大,占减少总面积的 59%;其次是市区扩张,侵占的耕地面积占减少总面积的 22%;乡镇扩张导致耕地减少的面积占 14%,而县城仅为 5%。1984—1995 年、1996—2000 年和 2001—2003 年三个时段市区扩张导致耕地面积减少的速度为1∶0.65∶3.19,县城为1∶0.66∶0.97,乡镇为1∶0.81∶1.35,农村居民点为1∶1.09∶2.24,农村居民点扩张为逐步加速趋势。在国内许多学者采用遥感影像资料研究城镇扩张特征时发现城镇扩张是导致耕地面积减少的主要因素[10],但南京市遥感影像解译的结果却表明加速扩张的农村居民点和市区是造成耕地面积减少的主要原因,尤其是农村居民点。因此,严格控制今后农村居民点的扩张,并加强农村居民点的整理应该是今后保持南京市耕地面积稳定的工作中的重点。

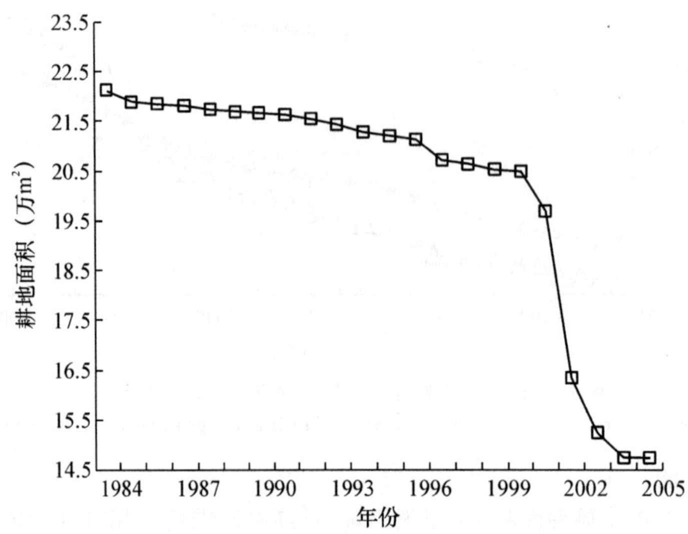

图 2 1984—2005 年南京市耕地面积变化

Fig. 2 Change of arable land in Nanjing city from 1984 to 2005

2.2 南京市耕地利用结构变化分析

图 3 表明,1985—1998 年间,南京市粮食作物播种面积从 1985 年的 32.277 万 hm^2 下降到 1998 年的 28.418 万 hm^2,年均减少 2.76 万 hm^2,且在农作物总播种面积中的所占比例一直高于 60%,可见粮食作物是这一阶段耕地利用的主要方式。自 1999 年粮食作物播种面积迅速下降,并于 2003 年降低最低点,此时所占比例为 30%,年均减少 2.575 万 hm^2。同一时期,蔬菜瓜果类播种面积所占比例快速增长,到 2003 年已达到 35%,超出粮食作物所占的比例;经济作物所占比例也在这时达到最大,所占比例为 26.12%。此时,南京市耕地利用结构已经发生显著变化,从原来的以种植粮食作物为主,转变为以种植粮食作物、蔬菜瓜果

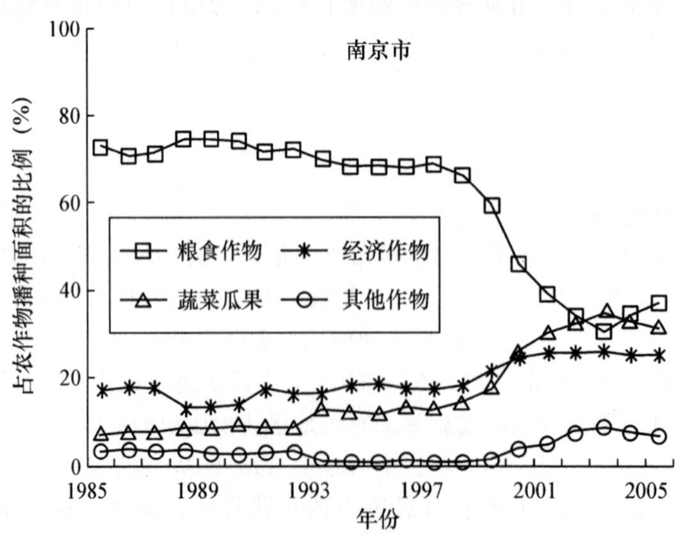

图 3 粮食作物、经济作物、蔬菜瓜果及其他作物播种面积占农作物播种面积的百分比

Fig. 3 Proportion of sown area of grain crops, cash crops, vegetable and fruits, and others in that of farm crops

和经济作物并重。对比南京市的城市化发展趋势(图 1),发现南京市城市化开始加速的年份正是耕地面积大幅度下降和利用结构发生显著变化的年份。可见,快速的城市化发展不仅促进了农业人口向城镇的转移,也改变着人们的膳食结构,从而增加对蔬菜瓜果以及经济作物的需求。

2.3 南京市耕地利用效益分析

表 1 显示,南京市在 1985—1991 年 K_1 分布在 10 左右,1992—1995 年 K_1 在 23.54～28.37 之间;1996—2005 年中 K_1 在 5 左右的年份占 80%。南京市耕地消耗回报系数的这种变化与全国及江苏变化趋势相似,但低于全国和江苏的平均水平[4]。一般情况下,耕地转化为工业建设用地后其经济收益是农业种植的 10 倍以上,转为商业用地是 20 倍以上[11],但南京市 59%的耕地减少面积是被农村居民点扩张侵占的,这是其耕地消耗回报系数低的重要原因。

表 1 南京市耕地资源利用效益

Table 1 Farmland utilization index of Nanjing city

年份	C_1	C_2	K_1	U	C	K_2	Y	F	K_3	K_4
1985	21.1	−2.15	−9.81	2.58	−1.08	−2.38	−3.4	−3.52	0.96	
1986	14.6	−1.42	−10.27	−7.22	−0.19	38.22	3.08	15.57	0.2	
1987	17.9	−1.84	−9.71	1.11	−0.14	−7.77	−2.4	7.06	−0.34	
1988	18.1	−1.96	−9.23	1.85	−0.23	−7.98	−3.6	8.4	−0.42	
1989	6.1	−1.81	−3.37	0.89	−0.22	−3.98	2.86	−4.99	−0.57	
1990	13.9	−1.25	−11.15	0.32	−0.12	−2.71	0.15	3.84	0.04	
1991	13.1	−1.12	−11.67	0.36	−0.21	−1.75	−13	13.57	−0.98	
1992	31.7	−1.12	−28.37	0.84	−0.41	−2.05	14	−9.25	−1.51	
1993	36.2	−1.37	−26.44	1.49	−0.46	−3.22	6.15	9.07	0.68	17.99
1994	36.6	−1.48	−24.66	1.28	−0.81	−1.58	0.65	18.1	0.04	21.60
1995	22.7	−0.96	−23.54	1.39	−0.31	−4.54	3.65	9.21	0.4	20.95
1996	15.5	−1.15	−13.54	1.52	−0.44	−3.43	5.25	2.25	2.33	25.48
1997	11.7	−2.77	−4.21	1.14	−1.96	−0.58	1.07	3.76	0.29	29.38
1998	8.77	−0.79	−11.04	1.79	−0.33	−5.44	−0.7	10.61	−0.07	32.04
1999	7.96	−1.42	−5.59	2.92	−0.47	−6.15	7.11	−0.93	−7.67	29.39
2000	12	−1.72	−6.98	6.36	−0.36	−17.9	5.45	4.05	1.35	29.21
2001	11	−5.31	−2.06	3.09	−3.9	−0.79	4.4	2.61	1.69	30.81
2002	10.8	−18.4	−0.58	2.88	−16.9	−0.17	0.21	−4.51	−0.05	34.91
2003	19.6	−8.25	−2.37	13.61	−6.79	−2	−6.8	−11.3	0.6	34.02
2004	28.6	−5.12	−5.58	4.74	−3.24	−1.47	6.54	−1.67	−3.91	31.34
2005	14.3	−2.03	−7	1.91	0.01	141	−11	−7.44	1.46	40.35

注:农药使用量从 1993 年开始统计。

1985—2005 年南京市 K_2 基本上呈降低趋势,K_2 绝对值低于 5 的年份占到了全部年份的 67%,其中 1989—1996 年 K_2 绝对值的平均为 2.65,在 2001—2004 年中平均值仅为 1.11。全国 1988—1994 年耕地利用集约化系数的绝对值基本上都大于 10,1995 年后在城市化水平继续增长的同时,耕地面积也在增加。江苏省在 1984—2005 年耕地面积为减少趋势,但其利用集约化系数可分为四个阶段:1984—1991 年耕地利用集约化系数的绝对值都高于 10;1992—1996 年该系数绝对值基本上都小于 5;1997—2000 年该系数绝对值都在 40 以上;2001—2005 年小于 5。可见南京市耕地利用集约化系数与全国和江苏省的平均水平有着截然不同的变化趋势,且低于全国和江苏省的平均水平,这说明南京市在城市化过程中存在耕地严重浪费的现象。

在 1985—2005 年中 K_3 绝对值小于 1 的年份占 67%,说明大多数年份粮食变化幅度小于施肥量变化幅度,施肥效应较低。另外,21 年中粮食减产而化肥用量增加的年份有 5 个,粮食增加而化肥用量减少的年份有4个。这说明南京市耕地存在着化肥施用过量、利用效率不高的现象,即使减少单位面积的化肥施用量,也不影响粮食单产的增长。一般情况下蔬菜瓜果类作物的农药施用量是粮食作物的3～8倍[12]。1993—2005年南京单位面积耕地农药施用量(K_4)增加124%,其中最重要的原因可能就是随着城市化进程该地区经济果蔬类作物种植比例的快速增加。

3 结 论

本研究表明,近20年来南京市耕地面积减少具有明显的阶段特征。1984—2000年耕地面积减少速度比较缓慢,2001—2003年耕地面积减少速度加快,2004—2005年耕地面积的变化趋于稳定。快速城市化过程中减少的耕地近60%被农村居民点扩张侵占,南京市区扩张侵占的耕地面积仅占总减少耕地的22%。20年来南京市耕地利用结构产生重大变化,从以种植粮食作物为主变为粮食作物、蔬菜瓜果和经济作物并重。南京市城市化过程中的耕地利用效益较低,表现为耕地的消耗回报系数和集约化系数均低于全国和江苏省的平均水平,耕地施肥效应系数低,耕地农药污染系数增加幅度大。

本研究反映了南京城市化过程中耕地转化和耕地利用的两个重要问题:①城市化并没有促进土地的集约利用,主要原因可能与农民离土不离乡有关,城市人口增加的同时,农村居民点也在快速扩张,而且其扩张幅度是主城区扩张幅度的近3倍。②现有耕地的利用和管理水平较低,耕地的农药、化肥负荷量较大,存在耕地质量退化风险。因此,在今后的工作中一方面要严格控制城市盲目扩张,尤其是要禁止农村居民点的继续扩张;另一方面要切实推广科学施肥和合理施用农药,以维护现有耕地的质量,保证城乡居民的食品安全。

参考文献

[1] Yang Hong, LI Xiu-bin. Cultivated land and food supply in China [J]. Land Use Policy. 2000, 17: 73-88

[2] Skinner M W, Kuhn R G, Joseph A E. Agricultural land protection in China: A case study of local governance in Zhejiang Province [J]. Land Use Policy. 2001, 18: 329-340

[3] 泽强,蔡运龙.中国粮食安全与耕地资源变化的相关分析[J].自然资源学报,2001,16 (4) :313-319

[4] 庞英,张全景,叶依广.中国耕地资源利用效益研究[J].中国人口·资源与环境.2004(5)

[5] 翟荣新,王有邦.山东省耕地资源面积与利用效益变化的经济分析[J].山东国土资源.2005,21(10):44-47

[6] 黄宁生.珠江三角洲耕地面积减少与经济增长的关系分析[J].地理学与国土研究.1998,14(4):17-19

[7] 南京市统计局.南京统计年鉴(1985—2006)[M].北京:中国统计出版社(1985—2006)

[8] 杨基富.农业普查数据与常规农业统计数据衔接中的几点思考.http://www.njtj.gov.cn/_siteId/4/pageId/63/columnId/3546/articleId/52442/DisplayInfo.aspy

[9] 马宏卫,毛久庚,杨金奎.南京市肥料施用存在的问题及对策 http://www.njaf.gov.cn/col1205/col1211/article.html? Id=35443

[10] 孙志英,赵彦锋,李桂林,等.高速城市化地区城镇扩张动态及其与经济发展的关系[J].中国人口·资源与环境,2007,17(4):11-14

[11]王雨濛.耕地利用的外部性分析与效益补偿.农业经济问题[J].2007,3:52-57

[12] 李祖章,刘光荣,袁福生.江西省农业生产中化肥农药的污染状况及防治策略[J].江西农业学报,2004,16(1):49-54

STUDY ON CULTIVATED LAND AREAS AND UTILIZATION BENEFIT CHANGE IN NANJING CITY IN THE LAST 20 YEARS

Zhao Yanfeng[1,2], Sun Zhiying[3]

(1. Institute of Natural Resource and Eco-Environment, Zhengzhou University, Zhengzhou, 450001, China;
2. School of Environment and Water conservancy, Zhengzhou University, Zhengzhou, 450001, China;
3. Academic of land resource survey and planning of henan province, Zhengzhou, 450016. china)

Abstract The spatio-temporal change, utilization structure and utilization benefit of farmland in Nanjing city were analyzed by using statistic data and remote image data in this paper. The result showed that the annual decreased area of farmland in Nanjing in 2001—2003 was almost 15 times as large as that in 1984—2000. From 1984—2003, 59% of total land area transformed from farmland to constructive land was account by expansion of rural residential area, and 22%, 14% and 5% of that were respectively accounted by urban expansion, town expansion and county expansion. With the amount of farmland decreased the structure of farmland use was also changed greatly. The percentage of sowing area of grain crop decreased while that of vegetable, melon and fruit and economy crop increased. In Nanjing, the ratio of economy income to consumed farmland area and the intensive coefficient of land use both were lower than that of average values of China and Jiangsu province. In the meanwhile, the amount of pesticide and chemical fertilizer applied to farmland were superfluous greatly, which increased the risk of land quality degeneration. In order to improve the benefit of farmland transformed to constructive land the expansion of rural residential area should be controlled firstly. In the meanwhile, some scientific strategies about fertilization and applying pesticides should be taken to protect the land quality.

Key words cultivated land; spatio-temporal change; utilization benefit; Nanjing city

3S技术在土地开发整理中的应用展望
——以湖南省沅江市为例

刘建华[1]　匡常贵[1]　李辉[2]　伍超吾[1]　邓奇志[1]　周健[1]

(1.湖南省沅江市农业局,沅江　413100;2.湖南沅江市教育局,沅江　413100)

摘要:地理信息系统(GIS)、遥感(RS)和全球卫星定位系统(GPS)已在国外广泛应用于数字农业工程中,在中国应用还不是很广泛。本文就ARCGISG与ERDAS软件的3S技术在数字土地中的应用进行阐述,分析实现农业信息化和农业可持续发展的重要途径,简要介绍了湖南沅江市在数字土地方面的应用研究,从宏观和微观的角度探索3S技术在数字土地应用中的实践和前景。

关键词:数字土地;GIS;RS;GPS;应用

1　前　　言

随着经济和社会的迅速发展,城市、交通、土地等基础设施建设和工业建设不可避免的要占用耕地,同时我国人口基数大,仍在继续增长,人均耕地呈下降趋势,人地矛盾日益突出。

为实现耕地总量的动态平衡,土地开发整理是增加耕地面积的有效手段和根本途径。土地开发整理是包括土地整理、土地开发和土地复垦。土地整理是指采用工程、生物等措施,对田、水、路、林、村进行综合整治,增加有效耕地面积,提高土地质量和利用效率,改善生产、生活条件和生态环境的活动;土地复垦是指采用工程、生物等措施,对在生产建设过程中因挖损、塌陷、压占造成破坏、废弃的土地和自然灾害造成破坏、废弃的土地进行整治、恢复利用的活动;土地开发是指在保护和改善生态环境、防止水土流失和土地荒漠化的前提下,采用工程、生物等措施,将未利用土地资源开发利用的活动。

2　沅江市土地开发整理现状与认识

2.1　现状

沅江市地处八百里洞庭腹地,全市总面积为2 177.021 km^2,约占湖南省总面积的1.07%。境内丘、岗、平地貌类型齐全,以平原为主,河网纵横。地势西高东低,西南为环湖岗地,沿湖蜿曲多汊湾,岗岭在海拔100 m上下。北部为河湖沉积物形成的平原。低平开阔,沟渠交织,海拔30 m左右。地域接纳湘、资、沅、澧四水,吞吐长江,河湖相通,连接成网,呈"三分垸田三分洲,三分水面一分丘"的地理格局。

沅江市从2002年在三眼塘镇进行土地开发整理试点以来,由点到面,逐步推进土地开发整理工作。至2006年底,沅江市4大土地整理项目区建设基本结束,其中原新华乡界福村和原熙和乡-原北大乡土地整理项目为部级项目,泗湖山镇-原大同乡土地整理项目和黄茅洲镇土地整理项目为省级项目,4大项目区涉步及该市5个乡镇,14个行政村,总投资3 232.16万元,整理土地1 400 hm^2,新增耕地285.3 hm^2亩,使沅江市近10万农民受益。

2.2　认识

1)从土地开发整理理念上,逐渐认识到单纯依靠增加项目并不能有效的保护耕地、调节土地供需平衡,必须向可持续发展土地转变。可持续发展土地这种新的土地管理念强调人与自然的和谐共处,强调对土地资源管理和调配要用全面的、系统的、综合的方法进行整体研究分析,这种新的理念客观上要以先进的技术手段为支持。

2)从技术发展上,现代计算机和通讯技术飞速发展,为整体摸清土地资源这一宏观巨大系统提供了可能。远程遥测自动化技术可以对土地资源进行实时监测,以空间数据库为核心的GIS技术将土地资源与自然的交互作用真实地再现在人们眼前,不断发展的数据库技术使得大量有关土地资源的各类数据存储检索变得容易,卫星遥感技术使大面积土地动态监测和评估成为现实等等。各种先进的技术正在全面推动着土地行业技术升级。

3 沅江市土地整理对3S技术的需求

3.1 海量土地基础数据和图形需要先进的存储传播手段

传统的管理手段利用文字纸张人工进行各种信息的传达,多年的土地整理和管理,积累了大量的资料。由于没有科学的统一分类、保管,使资料检索的工作量愈来愈大,人工管理的负担越来越重。随着时间的推移,有的已经散失、损毁、墨水变质,已不能长期保存。土地信息化建设的任务可以做到无论是文字资料还是图形资料均能储存在计算机中或者刻录在光盘中,不仅能长期保存,还能随时方便地查询。

3.2 海量数据需要快速检索、处理、统计、分析

有效的土地资源管理应对有关土地资源管理的各类空间信息,如土地资源调查的实况、土地监督管理、历史资料和土地利用现状等诸多进行科学地搜集、加工、管理、分析,对管理图像(图形、图像、数据表格)的实体位置、属性现状及预测的结果进行空间展示、空间分析和空间统计。虽然目前的手工管理可以完成日常工作,但随着土地工程资源的转变,手工作业已愈来愈难以满足土地资源管理需要。

3.3 土地管理文献需要快速检索

土地管理事业发展到现在,法律、法规、文件日趋完善,文件、条例、标准都需要随时能够检索和使用。因此,从提高办事效率、文献远程交流来说,需要大量的文献信息流。

3.4 决策支持需要大量的模型实时分析

在土地规划、建设、土地资源评价和土地资源管理,以及土地整理科研中,都需要按技术要求进行大量、繁复的人工设计、计算、绘图。

3.5 土地管理需要数字地图

数字地图上可以表示的信息量远大于普通地图,数字地图可以非常方便地对普通地图的内容进行任意范围的绘图输出,它易于修改,可以极大的缩短成图时间,可以很方便地与卫星影像、航空照片、其他电子地图和其他信息数据库进行整合拟合、挂接显示等,生成各种类别的新型地图,可以利用数字地图记录的信息,派生新的数据,如地图上等高线表示地貌形态,但非专业人员很难看得懂,利用数字地图的等高线和高程点可以生成数字高程模型,将地表起伏以数字形式表现出来,可以直观立体地表现地貌形态,这是普通地形图不可能达到的表现效果。

4 沅江市土地整理“3S”系统初步设计

4.1 系统架构

系统结构主要分为4层:应用层,平台技术,逻辑层,数据层。

应用层:是为人机交互的窗口变通用户提供系统界面,同时也为管理员和专家提供数据库后台管理、系统测试和调试界面。

平台技术:是连接应用层和逻辑层计算机的软件,在本系统中,采用GIS和RS平台,把“应用层”和“逻辑层”联系起来。

逻辑层:是采用C#1NET技术,把模型变成计算机语言。

数据层:是指系统数据和专题数据,主要存储人机交互的信息,以及系统必须的一些专题数据和用户交互信息数据。

4.2 功能设计

土地分类与评价、土地利用规划、城镇土地定级估价是土地资源管理的重要技术手段。全球定位系统具有定位的高度灵活性和准确性,可配合遥感信息进行土地资源调查,土地利用规划、土利利用动态监测和土地利用/土地覆被变化研究,以提高量测和定位精度。

4.3 数据库设计

数据库包括基础数据库和专业数据库。基础数据库包括与系统相关的基础信息和相关专题图,如城市信息、行政区划、交通、水系、人口、城区交通等;专业数据库包括与系统有关的专业数据和相关专题图。

4.4 实施策略

4.4.1 协调管理

当前,土地信息化过程中,一个比较特出的问题是缺乏统筹规划,低水平重复开发和重复建设,条块分割现象依然存在,信息化队伍的综合素质也有待于进一步提高。为了有效地协调建设数字土地,应该在县政府统一领导下,加强沅江市信息化工作领导小组及其办公室的组织领导功能,设立行政管理人员和技术人员组成的工作班子,在制定数字沅江市的发展纲要以及资源共享的政策与标准时,考虑各行各业的实际情况,解决各自为政、互相封锁等问题,使数字土地在市政府的统一领导下健康发展。

4.4.2 基础先行建设好数字土地

首先是搞好基础设施建设,包括网络建设和基础空间数据的生产,这两项可以齐头并进。由电信部门和国土部门利用国家公用网和国土专业网相结合的方式来建立土地宽带网络工程包括中心风网、区域干网和单位局域网。基础空间数据的生产过程则须下大力气尽快完成各种比例尺的空间数据的生产,并建立数据更新机制,保持数据的现时性和权威性。通过遥感卫星影像提取专题信息,建设数字土地的专业空间数据库。

4.4.3 企业行为

中国已进入市场经济时代,IT产业又是一个发展非常迅速的产业。只靠政府行为很难保证各行业信息化包括土地信息化的健康发展,所以在筹划建设数字土地时应考虑引入企业行为。政府需要一定的经费投入,政府的经费可分为两个方面,一个是公用信息平台和公用信息数据。如基础数字地图数据的生产费用,这种数据成本高、生产周期长,属于社会公益数据,需要政府投入。政府投入的第二方面是控股公司,政府作为投资方参股,由公司来建设数字行业包括数字土地涉及到的一些大型工程,这种工程投资大,经济效益也高。

4.4.4 自我发展

虽然数字城市包括数字土地有政府牵头,但持续发展还需要靠企业自身的经济效益支持。就是说要创造一个有效的机制和环境,能让承担建设数字土地的企事业单位从中受益。获得明显的经济效益,使自身不断发展。要充分吸收我国网站公司发展的经验教训,既要有效控制不要一哄而起,又要引导企业不要一味烧钱,要想法让企业赚到钱。政府在数字土地的建设中也要从中受益,这种受益除了加块土地行业发展的社会效益外,也不能仅为数字土地扔钱,政府也要得到直接经济效益。

4.4.5 先易后难

数字土地确实是一个复杂的系统工程。由于它与空间数据有关,数据量又大,使人感到比一般的信息系统要复杂得多。要充分估计数字土地建设的复杂程度和周期,本着先易后难的原则,以需要为导向,实行长远目标与近期目标相结合,分期实施,急用先建,逐步推进。

5 讨 论

土地整理是一项系统的工程,需要很多技术支持。目前,沅江市对土地整理中的行政、经济和法律等方面已有一定研究，但对土地整理中的定量分析和高新技术的应用研究还十分薄弱。“3S”技术是以遥感技术（RS）、地理信息系统（GIS）、全球定位系统（GPS）为基础，将RS、GIS、GPS三种独立技术领域中的有关部分与其他高技术领域（如网络技术、通迅技术等）有机地构成一个整体而形成的一项新的综合技术。它集信息获取、信息处理、信息应用于一身，突出表现在信息获取与处理的高速、实时与应用的高精度、可定量化方面。通过这些技术的综合集成应用，可以实现沅江市土地资源信息的快速采集和处理，为沅江市土地整理决策提供强有力的基础信息资料和决策支持。

参考文献

[1] TD/T1004—2003，中华人民共和国国土资源行业标准. 农用地分等规程[S]

[2] 国土资源部等. 关于进一步做好基本农田保护有关工作的意见（国土资发[2005]196号）. 国土资源通讯[J]. 2005(20)：4-5

[3] 彭建，蒋一军，刘松，等. 标准样地在农用地分等成果汇总中的应用设想[J]. 中国土地科学，2004，18(3)：41-45

[4] 李德仁. 论RS、GIS、GPS集成的定义、理论与关键技术. 遥感学报，1997，1(1)：64-68

[5] 耿玉广. 3S技术在土地资源管理中的应用研究. 中国科技信息，2005(20)

[6] 范金梅. 土地开发整理规划编制探讨[J]. 中国土地，2001(8)：25-28

[7] 李玉珍. 3S技术支持下的土地利用/覆被变化动态监测. 农机化研究，2007，1(1)：197-199

[8] 吴全，田肇壮. 在Arcview平台建设基本农田监管系统. 第三届Arclnfo暨ERDAS中国用户大会论文集，1998

[9] 何香玲，张跃，郑钢，等. GPS全球卫星定位技术的发展现状、动态及应用. 微计算机信息，2002，18(5)：3-5

[10] 刘永能，穆如发. “3S”技术在土壤侵蚀动态监测中应用初探. 水土保持研究，2004，11(3)：48-49

[11] 陆守一，唐小明，王国胜. 地理信息系统实用教程. 北京：中国林业出版社，1998：195-198

[12] 国家空间信息交换中心网站：http://www.nsii.gov.cn

The application of 3S Technique in terra-development and arrange: A Prospect in Yuangjiang city

Liu jianhua[1], Kuang changgui, Li hui[2], Wu chaowu[1], Deng qizihi[1], zhou jian[1]

(1. Agriculture Bureau of Yuanjiang City, Hunan Province, Yuanjiang 413100;
2. Bureau of Education of Yuanjiang City, Hunan Province, Yuanjiang 413100)

Abstract GIS、RS and GPS have been widespreed used in digit agriculture project. In this article, 3S Technique based on ARCGISG and ERDAS and its using in yuangjiang city was introdued and analysised. the prospect of using 3s in digital earth has been explored from macroscopia and microscopia aspect.

Key words Digit earth, GIS, RS, GPS, application

Frontiers of Hydropedology Research and Applications

Hangsheng(Henry) Lin

Dept. of Crop and Soil Sciences, The Pennsylvania State University, University Park, PA 16802, USA. Email: henrylin@psu.edu. Phone: 814-865-6726.

Hydropedology is an emerging interdisciplinary science that integrates pedology, hydrology, geomorphology, and other related bio- and geosciences for holistic studies of soil-water interactions and the landscape-soil-hydrology-ecosystem relationships across space and time. It aims to understand pedologic controls on hydrologic processes and properties, and hydrologic impacts on soil formation, variability, and functions. Hydropedology emphasizes in situ soils in the landscape context, where distinct pedogenic features (e. g., structure, horizonation, and heterogeneity), environmental variables (e. g., climate, landforms, and organisms), and anthropogenic impacts (e. g., land use and management) prevail and interact that determines the landscape water flux. Considerable synergies are expected by bridging classical pedology with soil physics, hydrology, and geomorphology within the framework of hydropedology to advance the frontiers of both soil and water sciences and to stimulate integrated studies of the earth's Critical Zone (i. e., that part of the earth from the top of the vegetation down to the bottom of the aquifer, upon which nearly every life-sustaining resource and all human activities depend).

After an overview of the fundamental issues and practical applications of hydropedology, I will focus on illustrating one of its frontiers - subsurface flow network mapping, monitoring, and modeling - using an example from the Shale Hills Catchment, one of the first national Critical Zone Observatories recently established in the U. S. Although significant progress has been made in the past decades, our ability to determine and predict preferential flow pathways and patterns in the subsurface across space and time remains limited. An internal network structure appears to exist in the subsurface of many hillslopes and catchments, which governs vertical and lateral preferential flow dynamics and a threshold-like hydrologic response under different precipitation inputs, soil types, and antecedent moisture conditions. An integrated approach of soil-landscape mapping, geophysical investigations, advanced hydrometry, tracer studies, and real-time monitoring of soil moisture, precipitation, and stream discharge has been used to understand the subsurface flow networks and their critical nodes in this catchment. Based on the extensive data collected, dominant subsurface flow pathways and different hydropedologic functional units are proposed, which can enhance the modeling and prediction of subsurface preferential flow at the pedon-, hillslope-, and catchment scales.

Restoring Degradded Soils For Aadvancing Food Security And Mitigating Climate Change

R. Lal

(Carbon Management and Sequestration center, The Ohio State University, Columbus, OH USA 43210)

ABSTRACT

World cereal yield increased from 1. 35 Mg/ha to 2. 64 Mg/ha, while the per capita cropland area decreased from 0. 21 ha to 0. 105 ha between 1960 and 2000. Consequently, global cereal production increased from 650 Tg in 1950 to 1900 Tg in 2000. However, world average cereal yield will have to be increased to 3. 6 Mg/ha by 2025 and 4. 3 Mg/ha by 2050 for the same food habits, and to 4. 4 Mg/ha by 2025 and 6. 0 Mg/ha by 2050 with changing dietary preferences. These yield increases must occur in a changing climate driven by increasing atmospheric concentration of CO2(from 280 ppm around 1750 to 387 ppm in 2008) at 0. 5%/yr and other greenhouse gases, degrading soils (about 1094 Mha affected by water erosion, 548 Mha by wind erosion, 136 Mha by nutrient depletion and 79 Mha by physical degradation), and depleting and polluting renewable fresh water resources. Increase in temperatures and decrease in effective rainfall can adversely affect crop yields despite the CO2 fertilization effect. Therefore, restoring degraded soils and improving water resources are essential to adapting to changing climate through carbon sequestration in the terrestrial biosphere. Adaptive practices over short-term include changing time of sowing, converting to no-till farming, choosing appropriate cropping systems, using efficient irrigation practices, and adopting new formulations and rates of applying balanced fertilizers. Adaptive practices over long-term include restoring soil structure, expanding land area under irrigation and using efficient methods of water delivery and application, adaptive innovative farming systems with precision farming and enhancing use efficiency of input. Soil restorative measures must be based on scientific advances including the use of nano-enhanced materials, biotechnology and information technology. Restoring degraded soils and ecosystem is essential to advancing food security, off-setting anthropogenic emissions, and improving the environment.

白浆土心土培肥的改土机理及其效果的研究

刘　峰　匡恩俊

（黑龙江省农业科学院　150086）

摘要：以心土瘠薄的白浆土为对象，采用大田试验、盆栽试验与室内模拟试验相结合的方法，研究明确了心土层对作物产量贡献和心土培肥效果和改土机理。研究表明：良好的心土层对作物产量影响十分明显。黑土厚度从 20 cm 增加到 40 cm，大豆增产 28.9%，增加到 60 cm，增产 40.4%，心土培肥增产效果稳定持久。增产幅度依次为磷培肥＞钙培肥＞心土混层耕＞对照，各处理与对照相比均达到了差异极显著水平；作为心土培肥物料，磷增产效果好于钙，4 年分别增产 13.7%～26.4%和 7.9%～20.8%，磷钙综合培肥增产 13.7%～27.3%。

关键词：白浆土；培肥；效果；机理

改良土壤的化学性质的研究一般多集中在培肥表层土，如有机肥改土、秸秆还田等，而改良物理性质则多集中在心土层，入深松等。有关心土层土壤对作物产量的贡献以及改良心土化学性质的研究却很少。黑龙江省有 1.7 亿亩耕地，其中有 30%以上的土壤存在黑土层厚度薄、心土养分贫瘠等问题，心土层化学养分贫瘠问题是普遍存在的。白浆土就属于心土贫瘠的典型土壤之一。白浆土低产原因，一是黑土层不足 20 cm，养分总储量低；二是白浆层形成障碍层，作物扎根困难，土壤表旱表涝严重，作物产量低而不稳。本研究以白浆土为改良对象，针对白浆土不良理化性质，通过向心土中施入磷钙等改土物料，以其达到彻底改良土壤、提高产量的目的。

1　材料与方法

1.1　试验设计

1.1.1　盆栽试验设计

盆栽试验采用高 60 cm、直径为 30 cm 无底塑料管进行试验，试验分两组进行。

试验主要研究不同土层厚度对作物产量的贡献，指示作物为大豆。设以下 4 个处理：

①黑土 20：表层填装 20 cm 黑土，以下 40 cm 填装河沙（粒径为 0.35～0.5mm）；

②黑土 40：表层填装 40 cm 黑土，以下 20 cm 填装河沙；

③黑土 60：整个管内充填 60 cm 黑土；

④对照 A/E/B：按照白浆土发生层顺序，自上而下，依次为黑土层 20 cm、白浆层 20 cm、淀积层 20 cm。

播种时向黑土层混施尿素 2 g、三料磷肥 4 g、氯化钾 4 g；两组试验同时进行，采用同一对照处理，即为共同对照。试验供试作物为大豆，每个处理 3 次重复。

1.1.2　大田试验

田间试验设 2 个试验地，分别在黑龙江省 853 农场 2 分场 4 队和 1 分场 2 队的岗地白浆土上进行，处理时间分别为 1995 年和 2002 年。

2 分场 4 队试验地设以下 4 个处理。

对照区：采用五铧犁作业，作业深度 20～25 cm；

心土混层耕区：采用心土混层犁作业，作业深度 55～60 cm；

钙培肥区：采用心土培肥犁作业，即在进行处理②作业同时，向 20～40 cm 土层施 $CaCO_3$ 600 kg・hm^{-2}；

磷培肥区：采用心土培肥犁作业，在进行处理②作业同时，向 20～40 cm 土层施三料磷肥 140 kg・hm^{-2}。

试验采用大区对比法，无重复，每区面积 0.4 hm^2，轮作顺序为高粱-大豆-大豆-玉米。作物生育期间田间管理同普通大田。

1 分场 2 队试验地设以下 6 个处理。

①对照区：深松深度为 25～28 cm；

②心土混层耕区：采用心土培肥犁作业，施肥箱中不加任何改土物料，作业深度 55～60 cm；

③钙培肥区：采用心土培肥犁作业，即在进行处理②作业同时，向 20～40 cm 土层施入 $CaCO_3$ 800 kg・hm^{-2}；

④磷培肥区：采用心土培肥犁作业，在进行处理②作业同时，向 20～40 cm 土层施入二铵 150 kg・hm^{-2}；

⑤5 倍磷培肥区：采用心土培肥犁作业，在进行处理②作业同时，向 20～40 cm 土层施入二铵 750 kg・hm^{-2}，施磷量是处理④的 5 倍；

⑥磷钙综合培肥区：心土混层施入石灰 640 kg・hm^{-2}＋二铵 320 kg・hm^{-2}。

试验采用大区对比法，无重复，每区面积 0.15 hm^2，连续 4 年种植大豆。作物生育期间田间管理同普通大田。

每年测定作物产量。作物成熟后，按对角线法采集作物样本，每区 5 点，每点 5 m^2。植物样本进行考种。

1.2 供试土壤

1.2.1 盆栽试验

盆栽试验供试土壤取自哈尔滨市阿城区亚沟镇亚站村人工林落叶松下的岗地白浆土，黑土层（A，10YR5/2）为 0～18 cm，白浆层（E，10YR7/3）为 18～36 cm，淀积层（B，10YR6/3）为 36 cm 以下。土壤基本理化性质表 1 所示。

表 1 供试土壤理化性质

Table 1 Physical-chemical properties of soil

土层 Horizon	全量养分（g・kg^{-1}） Total nutrition			有机质 O. M （g・kg^{-1}）	速效养分（mg・kg^{-1}） Available nutrition			pH		CEC （cmol・kg^{-1}）
	全氮 TotalN	全磷 Total-P	全钾 Total-K		碱解氮 Alkali hydrolyzable N	有效磷 Available P	速效钾 Available K	H_2O	HCl	
A	1.31	0.71	45.60	24.00	74.20	4.37	183.82	6.94	5.66	19.78
E	0.50	0.60	38.20	6.90	22.26	4.05	229.80	5.50	3.80	15.42
B	0.48	0.74	36.40	11.20	37.10	7.64	188.69	5.20	3.68	26.28

注：此处有效磷以 P 计算；Note：Available P is calculated by P.

供试的白浆土属于林下土壤未经人工培肥管理，各层土壤养分总体均很低。按鲁如坤[1]对土壤有效磷水平临界值的判定，属于一切作物施磷均有显著增产的范围内。表层土壤 pH 近中性，以下各层土壤呈弱酸性。

1.2.2 大田试验

大田试验分别在黑龙江省 853 农场 2 分场 4 队和 1 分场 2 队的岗地白浆土上进行。土壤农化性状平均如下：pH（H_2O）6.40，CEC 25.03 cmol・kg^{-1}，碱解氮 169.51 mg・kg^{-1}，有效磷 36.72 mg・kg^{-1}，速效钾 100.10 mg・kg^{-1}。

1.3 供试机械

田间试验采用的心土培肥犁是在三段式心土混层犁[2]基础上改制的（如图 1）。该机械主要由四部分组成：第 1 犁（表土犁，耕幅 46 cm）、第 2 犁（白浆层破碎器，耕幅 30 cm）、第 3 犁（混层破碎器，耕幅 30 cm）和施肥装置。作业时第 1 犁将黑土层平移反转露出白浆层，后面的第 2 犁打破白浆层，第 3 犁再向下耕作 20 cm，白浆层和淀积层被同时抬起，落下时造成土层间的混合。在耕作心土的同时，上方的加料斗将培肥物料通过排肥管撒在第 3 犁的侧方和后方，培肥物料主要分布在 20～30 cm 土层中，肥料浓度分布呈上浓下稀[3]。在耕翻下一幅土时，第 1 犁耕起的表土翻扣在已混合土层上，从而实现了表层土壤位置不变，白浆层和淀积层混合和培肥的双重目的。

图 1 供试的心土培肥犁
Fig. 1 Three-stage subsoilmixing plough

1.4 化验分析方法

土壤化学性质测定均采用常规方法。等温吸附培养试验取风干土样 2.5 g 各 10 份，分别加入一定量的含磷分析纯，置于内含 0.01 mol·L^{-1}KCl 溶液中振荡 1 h 后，置于 25 ℃恒温箱中培养 3d，离心后测定上清液中的磷含量，计算土壤的吸附磷量。等温吸附试验后的残渣土样，用饱和 NaCl 溶液洗 2 次，再加入 0.01 mol·L^{-1}KCl 溶液 50 mL，恒温振荡 1 h，置于 25 ℃恒温箱中培养 3 天，离心后测定上清液中的磷含量，计算解吸磷量。

2 结果与分析

2.1 心土层对作物产量的贡献和心土培肥的增产效果

随着黑土层厚度增加，大豆产量明显增加，结果如表 2 所示。

表 2 土层深度对大豆产量的影响
Table 2 The effect of soybean yield on soil

处理 Treatments	产量 g/盆 Yield	增产率，% Increasing rate	5%显著水平 5% significant level	1%极显著水平 1% significant level
黑土 60 Black soil 60	103.8	40.4	a	A
黑土 40 Black soil	95.2	28.9	b	A
A/E/B CK	77.4	4.7	c	B
黑土 20 Black soil	73.9	—	c	B

由表 2 可知，作物产量随着肥沃土层(黑土层)厚度增加而增加，黑土 40 处理比黑土 20 增产 28.9%，黑

土 60 处理增产 40.4%，均达到差异极显著水平。但白浆土处理由于其心土层养分状况不良，仅比黑土 20 增产 4.7%。说明心土层对作物产量有很大贡献，增加肥沃土层的厚度可以明显提高作物产量。

田间试验结果表明，心土培肥增产效果稳定持久。第一组试验各处理与对照相比，均达到了差异极显著水平，增产幅度依次为磷培肥＞钙培肥＞心土混层耕＞对照(表 3)。

表 3 白浆土心土培肥的增产效果

Table 3 Effect of crops on albic luvisol by subsoil fertilization

地点 Location	年份 Year	作物 Corp	对照 CK	心土混层耕 Subsoil mixing tillage	磷培肥 Subsoil mixing with P	钙培肥 Subsoil mixing with Ca	5 倍磷培肥 Subsoil mixing with P multiplied by 5	磷钙综合培肥 The colligating fertilizer with P and Ca
853 农场 2 分场 4 队 4 team of Subfarm 2 in SF853	1996	高粱	6 487.5	7 330.9	7 674.0	7 543.5	—	—
		Sorghum	100.0%	113.0%	118.3%	116.3%	—	—
	1997	大豆	2 425.5	2 722.5	3 066.0	2 929.5	—	—
		Soybean	100.0%	112.2%	126.4%	120.8%	—	—
	1998	大豆	2 094.0	2 278.5	2 536.5	2 278.5	—	—
		Soybean	100.0%	109.2%	121.6%	109.2%	—	—
	1999	玉米	6 058.5	6 684.0	7 113.0	6 919.5	—	—
		Corn	100.0%	110.3%	117.4%	114.2%	—	—
	平均 average		100.0%	111.2%**	120.9%**	115.1%**	—	—
853 农场 1 分场 2 队 2 team of Subfarm 1 in SF853	2003	大豆	1 965.7	2 120.2	2 450.7	2 205.7	2 454.7	2 501.8
		Soybean	100.0%	107.9%	124.7%	112.2%	124.9%	127.3%
	2004	大豆	2 705.0	3 066.6	3 075.9	3 176.7	3 059.8	3 076.0
		Soybean	100.0%	113.4%	113.7%	117.4%	113.1%	113.7%
	2005	大豆	2 736.9	3 105.6	3 116.5	3 149.3	2 914.4	3 331.6
		Soybean	100.0%	113.5%	113.9%	115.1%	106.5%	121.7%
	平均 average		100.0%	111.6%*	117.4%*	114.9%*	114.8%*	120.9%*

注：%数据为以对照为 100 的相对产量，其余数据为实际子实产量($kg \cdot hm^{-2}$)。* 差异显著，** 差异极显著

Note: The date of % is regard CK as relative yield of 100, and others are deemed to actual seed yield($kg \cdot hm^{-2}$). * stand for significant difference, and ** stand for extremely significant difference.

培肥物料不同，增产效果也不同。磷作为心土培肥物料，增产效果明显，第一年增产 18.3%，第二年增产 26.4%，第三、四年分别增产 21.6%、17.4%；钙培肥 4 年的增产幅度为 9.2%～20.8%，在大豆上的培肥效果要优于其他作物。在试验期内，随着时间推移，每年增产效果下降幅度在 0.66%～1.70%。第二组试验增产幅度依次为磷钙综合培肥＞磷培肥＞钙培肥＞心土混层耕，分别比对照增产 13.7%～27.3%，13.7%～24.7%，12.2%～17.4%，7.9%～13.5%；心土培肥各处理均达到差异显著水平；磷钙综合培肥效果最佳。磷的施用量不宜过大。供试的磷肥为水溶性磷肥，品质虽好，价格昂贵，成本较高，不利于大面积应用，有必要研究磷矿石、磷矿粉等廉价磷肥的使用效果。

2.2 心土培肥对白浆土理化性质的影响

改土处理第二年调查大田各处理区不同土层化学性质的变化。调查结果表明，未经改良对照区的白浆层(E)磷为 1.00 $g \cdot kg^{-1}$，有效磷为 10.00 $mg \cdot kg^{-1}$，磷培肥后原来白浆层所在位置心土层的有效磷含量比改良前提高 10 倍，土壤全磷也有增加趋势。土壤施磷对电导率、pH 影响不明显。白浆土心土施钙后，心土的电导率、交换性钙和 pH 平均提高了 20 $\mu S \cdot cm^{-1}$、1.91 $cmol \cdot kg^{-1}$、0.80 个单位。大量调查研究资料结果表明，白浆土耕层土壤 pH 值一般在 6.5 左右，钙饱和度在 45%～55%，不论从 pH 还是补充钙营养角度看都不宜大量施钙，特别是不宜把大量的钙施在表层土壤中。

2.3 心土培肥对白浆土磷吸附及解吸的影响

作物收获后采取混合层(E+B)土壤进行吸附解吸培养试验,结果如图2、图3所示。钙培肥提高磷的吸附量,平均比混合层增加37.79 mg·kg^{-1};磷培肥土壤中的一些吸附位点已被占据,因此土壤进一步吸附磷的能力明显下降,与比混拌层相比,平均下降了135.67 mg·kg^{-1};磷钙综合培肥处理,由于一部分磷与土壤中的钙结合被固定,因此表现为磷吸附量增加,从而削弱磷的有效性,但总体看,磷钙配合施肥虽然加大了对磷的吸附固定,但仍低于混合层土壤,表明实际应用对于培肥心土、提高土壤磷的肥沃度有一定意义。另一方面,土壤的解吸是吸附的逆过程,涉及到被吸附磷的再利用。不同改土物料对白浆土磷解吸率的影响不同,未经过培肥处理的混合层磷解吸率最低,而磷培肥处理可大幅度提高解吸率(图3)。

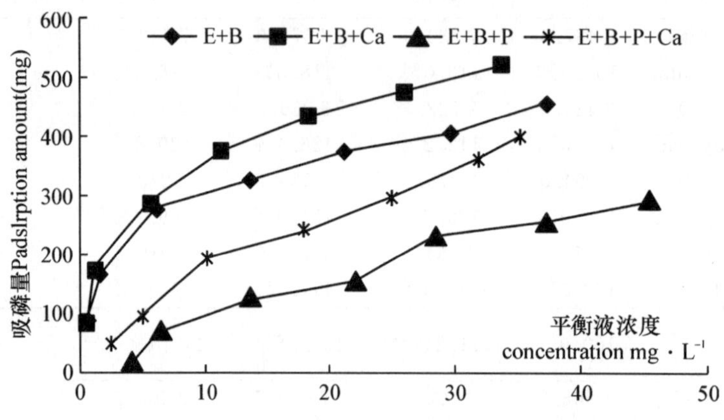

图2　盆栽土各处理土壤对磷吸附的影响

Fig. 2　The P adsorption of different treatments in plot experiment

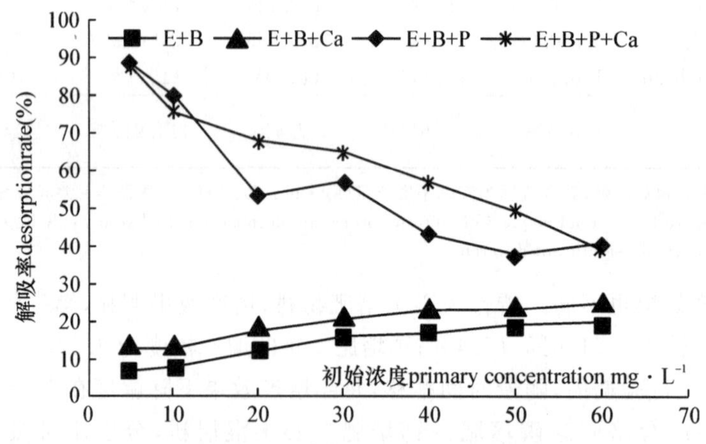

图3　盆栽土各处理土壤对解吸的影响

Fig. 3　The P adsorption of different treatments in plot experiment

2.4 心土培肥对白浆土无机磷组分的影响

供试土壤的各土层无机磷分组如图3所示。各层土壤磷组分存在着差异。土壤施入磷后Ca_2-P、Ca_8-P和Al-P的含量有所增加。磷培肥和钙培肥的Ca_2-P分别比混拌层增加6.58和9.51%,Ca_8-P分别增加8.36%和34.3%,Al-P含量分别增加15.99%和12.8%。Fe-P含量分别降低4.04%和11.19%,O-P含量降低了36.01%、40.38%。磷肥的施入提高了土壤中的有效态磷源。钙培肥区比混拌层Fe-P含量增加7.72%,Ca10-P增加3.82%,O-P降低10.42%。

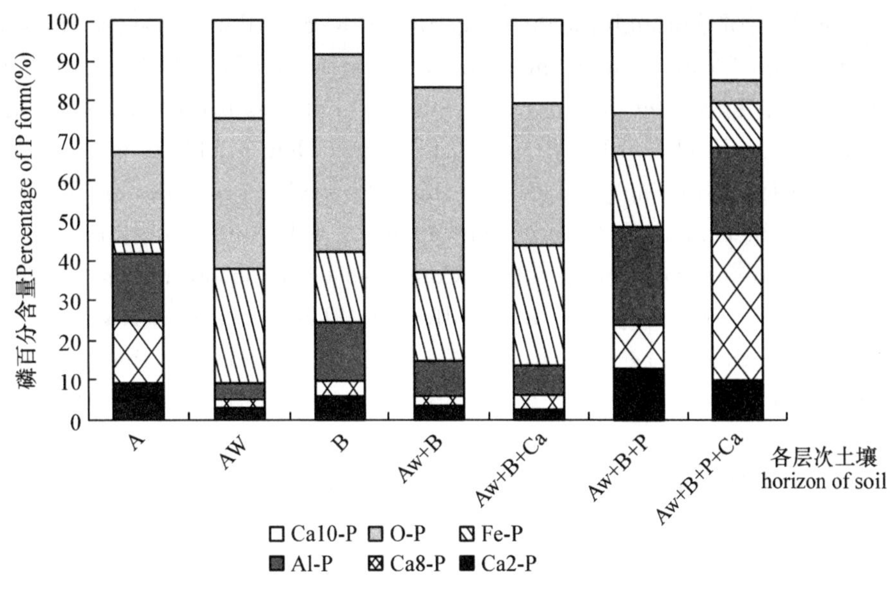

图 4 盆栽各土层磷组分

Fig. 4 The forms of inorganic P in experiment

3 结 论

1)良好的心土层对作物产量影响十分明显。黑土厚度从 20 cm 增加到 60 cm,大豆产量提高 40.45%。

2)心土培肥增产效果稳定持久。增产幅度依次为磷培肥>钙培肥>心土混层耕>对照,各处理比对照均达到了差异极显著水平;作为心土培肥物料,磷增产效果好于钙,4 年平均分别增产 13.7%~26.4%和 7.9%~20.8%。磷钙综合培肥增产 13.7%~27.3%。

3)心土培肥改良白浆土机理是:一是磷培肥后心土层的有效磷含量比改良前提高一个数量级;降低土壤对磷的吸附固定和增加解吸率,提高土壤磷有效性;二是钙培肥对提高心土层土壤电导率和 pH 有效,但降低土壤磷的有效性;三是磷肥施入心土后在土壤中主要转化为 Ca_2-P、Ca_8-P、Al-P 和 Ca_{10}-P。

参考文献

[1] Lu Ru Kun. The feitility and fertilizer use of the important paddy soils of China[J]. Proc. Symp paddy siols. ISSAS(ed). 1980,160-170

[2] 刘峰,张玉龙,等. 三段式心土混层犁及其改良白浆土效果的研究[J]. 农业工程学报,2001,17(3):57-61

[3] F. liu,H. Jia,C. zhang,K. Araya,M. Kudoh. Improvement of Planosol Solum. Part 9: Fertilizer Distributor for Subsoil. J. agric. Engng Res. [J]. 1998,71: 213-219

Mechanism and Effect of Subsoil Fertilization on the Albic Luvisol Improvement

Liu Feng,Kuang Enjun

(Heilongjiang Academy of Agricultural Sciences,Harbin,150086)

Abstract The field tests,the pot experiments and the indoor stimulation experiments were carried out for the poor subsoil of albic luvisol. Through the investagation of the contribution rate of the subsoil, the effect and its mechanism of subsoil fertilization on the albic luvisol were clarified. The results obtained from the experiments are as follows: The effect of better subsoil to yield of crop is obvious. Soybean yield increases 28.9% when the thickness of black soil layer from 20 to 40 cm, when it adds to 60 cm, the yield increases 40.4%. The steady effect for increasing yield can be achieved by subsoil fertilization. The order of yield increasing rate is as follow: the colligating fertilizer with P and Ca>the subsoil fertilization with P>the subsoil fertilization with Ca>the subsoil mixing tillage. Compared with subsoil mixing tillage, the treatments of subsoil fertilization achieve extremely significant difference . The effect of increasing shows that subsoil fertilization with P is better than Ca as the materiel of subsoil fertilization, and the yield increase 13.7%～26.4%, 7.9%～20.8%, respectively for two treaments. Colligating fertilization with P and Ca increases 13.7%～27.3%。

Key words Albic luvisol; Subsoil fertilization; Effect; Mechanism

不同利用方式及施肥对黑土供肥能力的影响*

宋春[1,2]　韩晓增[1]　乔云发[1]　李晓慧[1,2]　严君[2]　朱霞[1,2]

(1.中国科学院东北地理与农业生态研究所,黑龙江　哈尔滨　150081;

2.中国科学院研究生院,北京　100039)

摘要:本试验利用海伦农田生态系统国家野外科学观测研究站长期定位试验区内3种土地利用方式(草地、裸地、耕地)和3种施肥管理(无肥、化肥、化肥配施有机肥)共5种管理方式下的黑土进行盆栽试验,研究了不同利用方式及施肥对黑土供肥能力的影响。结果表明5种管理方式下的土壤生产力大小顺序为化肥配施有机肥耕地>施化肥耕地>草地>裸地>无肥耕地。土壤供氮能力大小顺序为化肥配施有机肥耕地>施化肥耕地>草地>裸地>无肥耕地,供磷能力大小顺序为化肥配施有机肥耕地>施化肥耕地>草地>无肥耕地>裸地,供钾能力大小顺序为化肥配施有机肥耕地>草地>施化肥耕地>裸地>无肥耕地。黑土对钾肥和氮肥的利用率较高,对磷肥的利用率较低(本试验的5种管理方式下为3.4%～24.1%)。

关键词:土地利用方式;施肥;黑土;供肥能力

中国东北黑土区是世界三大黑土区之一,其总土地面积为101.85万km^2,其中由黑土、黑钙土、草甸黑土组成的典型黑土区面积约17.78万km^2[1]。黑土质地肥沃,土地生产力较高,东北黑土区是我国重要的工业和商品粮基地,每年生产约350亿kg的商品粮,而且本区还是我国甜菜、亚麻、向日葵等经济作物的主产区和畜牧业基地。

然而近年来,许多学者提出黑土区土壤退化的概念,黑土退化与修复问题成为当今学术界黑土研究的热点之一[1,2]。前人对黑土肥力的研究主要集中在农田肥料试验区或大面积范围内的不同生态系统中[3,4]。农田黑土经历了从开垦到熟化的一系列演化过程,有研究指出在这个过程中黑土发生了物理退化、化学退化,从而使土壤养分减少,且土壤养分失调、供给能力减弱。然而目前对农田黑土演化过程中黑土是否退化及退化程度尚缺乏定量描述。本研究采用统一尺度,在位于黑龙江省中部典型黑土区的海伦农田生态系统国家野外科学观测研究站,采取了同一地块中模拟农田黑土演化过程的不同利用方式(草地、裸地、耕地)及施肥管理(无肥、化肥、化肥配施有机肥)的田间耕层土壤进行盆栽试验,来定量描述不同利用方式及施肥对黑土供肥能力的影响,以便为探讨黑土区土壤是否退化及退化程度等问题提供依据。

1　材料与方法

1.1　试验材料

供试土壤为2005年采自海伦农田生态系统国家野外科学观测研究站长期定位试验地5个处理(草地、裸地、无肥耕地、化肥耕地、化肥配施有机肥耕地)的耕层土壤,试验地概况简介如下:

试验地土壤类型属典型黑土,开垦前植被为草甸草原植被。1985年试验地设置前为开垦100年左右的农田土壤,开垦后的前60年间不施肥,接下来的20年左右开始施用农家肥,后20年施用化学氮肥。1985年将试验地设为3种土地利用方式,即裸地、草地、耕地,1993年又将耕地设为3个处理:无肥、化肥、化肥+有机肥,种植方式为小麦—玉米—大豆轮作,施肥量为:小麦(N 120 kg·hm^{-2}、P_2O_5 54.96 kg·hm^{-2}、有机肥15 000 kg·hm^{-2})、玉米(N 150 kg·hm^{-2}、P_2O_5 75.00 kg·hm^{-2}、有机肥30 000 kg·hm^{-2})、大豆

---

* 基金项目:国家重点基础研究发展计划(2005CB121101,2003CCB001),中国科学院野外台站基金,黑龙江省攻关项目(GB05C201-01)

(N 32.26 kg·hm^{-2}、P_2O_5 82.44 kg·hm^{-2}、有机肥 15 000 kg·hm^{-2}),有机肥为腐熟猪粪(含 N 22.1 g·kg^{-1}、P 2.6 g·kg^{-1}、K 2.4 g·kg^{-1})。

供试土壤的基本理化性状见表 1。

表 1 供试土壤基本理化性状

Table 1 The basic physical and chemical properties of the soil for experiment

处理 Treatments	有机碳 OC (g·kg^{-1})	全氮 Total N (g·kg^{-1})	全磷 Total P (g·kg^{-1})	全钾 Total K (g·kg^{-1})	碱解氮 Avail. N (mg·kg^{-1})	速效磷 Avail. P (mg·kg^{-1})	速效钾 Avail. K (mg·kg^{-1})	pH (H_2O)
裸地	23.79	1.78	0.64	24.0	222.1	5.0	163.5	6.1
草地	29.42	2.18	0.75	23.5	219.8	6.1	183.2	6.2
无肥	25.60	1.75	0.69	23.2	179.7	11.0	139.7	6.3
化肥	27.79	1.95	0.81	24.4	210.0	36.6	110.0	5.9
化肥+有机肥	32.09	2.45	1.18	26.0	230.9	121.9	174.0	5.8

盆栽试验所用指示作物为玉米(*Zea mays* L. cv. Haiyu 6),是海伦当地主栽品种。

1.2 试验设计

将所采土样过筛后装入 PVC 材料制成的圆柱形小桶(95.0 cm×11 cm)中,每桶中装土 800 g。将每个土样设置 5 个施肥处理:

①CK(不施肥);

②NK(N 0.044 g·kg^{-1}土作基肥;K_2O 0.067 g·kg^{-1}土);

③PK(P_2O_5 0.083 g·kg^{-1}土;K_2O 0.067 g·kg^{-1}土);

④NP(N 0.044 g·kg^{-1}土作基肥;P_2O_5 0.083 g·kg^{-1}土);

⑤NPK(N 0.044 g·kg^{-1}土作基肥;$P_2O_5$0.083 g·kg^{-1}土;K_2O 0.067 g·kg^{-1}土)。

4 次重复。

玉米种子催芽后,于 2006 年 5 月 16 日播种。6 月 21 日各施氮处理追施液态氮肥(追施氮量按 0.044 g·kg^{-1}土计算),7 月 3 日玉米拔节期取样。玉米生长期间各处理土壤含水量始终保持在田间持水量的 80%。

1.3 测定项目及分析方法

(1)土壤基本理化性状参考鲁如坤主编《土壤农业化学分析方法》。

(2)玉米植株生物量测定采用称重法。

(3)玉米植株全氮采用 H_2SO_4-H_2O_2 消煮-蒸馏定氮法。

(4)玉米植株全磷采用 H_2SO_4-H_2O_2 消煮-钼锑抗比色法。

(5)玉米植株全钾采用 H_2SO_4-H_2O_2 消煮-火焰光度法。

试验所得数据用 SAS 软件进行差异显著性分析。

2 结果与讨论

2.1 不同管理方式下黑土生产力

所采 5 个土样在不施肥情况下玉米植株生物量如图 1 所示,3 种土地利用方式下的玉米植株地上部生物量之间,耕地中 3 种施肥管理下的玉米植株地上部生物量间以及地下部生物量间均存在显著差异。

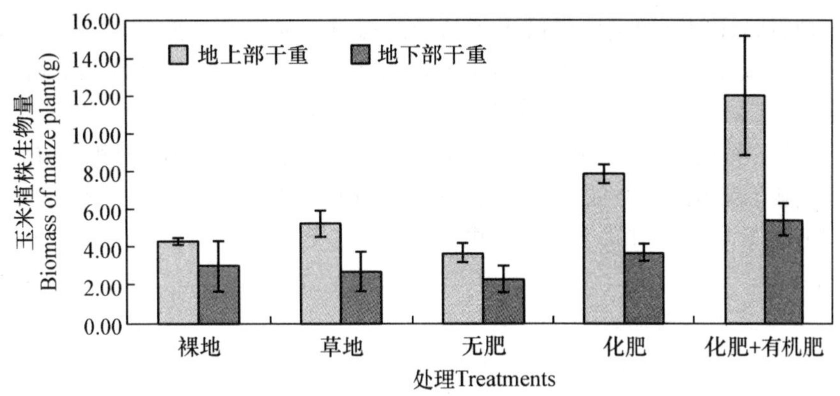

图 1 不同管理方式下玉米植株生物量

3 种土地利用方式下草地上玉米植株地上部生物量比裸地大 21.8%，比无肥耕地大 52.0%，裸地上玉米植株地上部生物量比无肥耕地大 24.9%。结合表 1 中土壤理化性状数据可得出草地比裸地的供肥能力强，裸地比无肥耕地的供肥能力强。原因是草地与裸地相比，植被覆盖避免了暴雨季节土壤养分随地表径流的流失[5]，而且植物的生长可使土壤剖面中深层养分向耕层聚集。而无肥耕地与草地和裸地相比尽管地表有作物覆盖，但覆盖度远不如草地大，且随着作物的连年收获，土地只种不养，使土壤养分耗竭，因此 3 种土地利用方式中，无肥耕地的供肥能力最小。

3 种施肥管理下施化肥耕地上玉米植株地上部生物量是无肥耕地的 2.3 倍，化肥与有机肥配施的耕地上玉米植株地上部生物量是施化肥耕地的 1.9 倍。而且从图 1 中可看出施化肥耕地、施化肥和有机肥耕地上玉米植株地上部生物量远大于草地和裸地。这说明自然土壤开垦后通过施肥措施可弥补作物对土壤养分的耗竭，且与自然土壤相比可提高土壤供肥力。

总的来看，图 1 中所示的 5 种管理方式下的土壤生产力大小顺序为化肥配施有机肥耕地＞施化肥耕地＞草地＞裸地＞无肥耕地。

2.2 不同管理方式下黑土供肥能力

2.2.1 不同管理方式下黑土供氮能力

如图 2，描述了不施肥和施磷钾肥情况下不同土地利用及施肥管理的土壤的供氮能力。3 种土地利用方式下的土壤在不施肥的情况下供给玉米植株的氮量差异显著。草地上玉米植株地上部氮积累量比裸地大 28.6%，比无肥耕地大 68.8%，裸地上玉米植株地上部氮积累量比无肥耕地大 31.3%。从图 2 中可看出 3 种土地利用方式下的土壤施用磷钾肥后均比不施肥情况下提高了土壤供给玉米的氮量，其中裸地提高了 19.0%，草地提高了 7.4%，无肥耕地提高了 12.5%。这说明 3 种土地利用方式下的土壤供氮能力大小顺序为草地＞裸地＞无肥耕地，土壤的供氮潜力大小顺序为裸地＞无肥耕地＞草地。

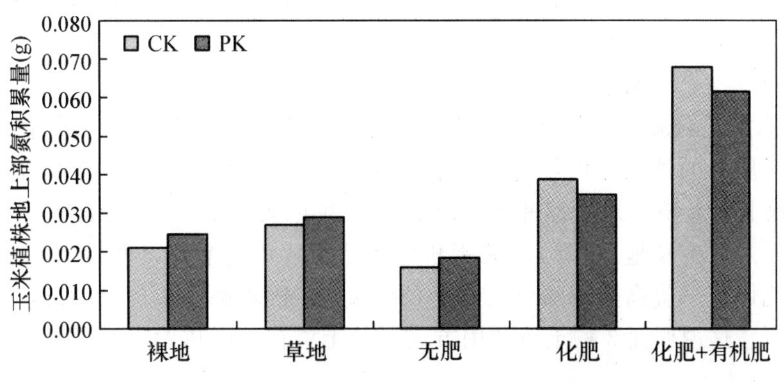

图 2 不同管理方式下黑土供氮能力

如图 2 所示，3 种施肥管理下的土壤供给玉米植株的氮量差异显著。施化肥耕地供给玉米植株的氮量是无肥耕地的 2.4 倍，化肥配施有机肥耕地供给玉米植株的氮量是施化肥耕地的 1.7 倍。从图 2 可看出，施用磷钾肥的处理与不施肥处理相比，无肥耕地提高了土壤供给玉米的氮量，施化肥耕地和化肥配施有机肥耕地降低了土壤供给玉米的氮量，其中施化肥耕地降低了 10.3%，化肥配施有机肥耕地降低了 8.8%。这说明施化肥耕地和化肥配施有机肥耕地的自然供氮力很高，施用磷钾肥没有进一步提高其供给玉米的氮量。

总的来看，图 2 中的 5 种管理方式下的土壤供氮能力大小顺序为化肥配施有机肥耕地＞施化肥耕地＞草地＞裸地＞无肥耕地。

2.2.2 不同管理方式下黑土供磷能力

如图 3，描述了不施肥和施氮钾肥情况下不同土地利用及施肥管理的土壤的供磷能力。3 种土地利用方式下的土壤在不施肥的情况下，草地上玉米植株地上部磷积累量比无肥耕地大 26.4%，比裸地大 45.7%，无肥耕地上玉米植株地上部磷积累量比裸地大 15.2%。这是因为磷在土壤中不易移动，而植物对土壤磷的富集作用很大[6]，所以有植被覆盖的土壤比无植被覆盖的土壤耕层含磷量高，这可从表 1 中的全磷数据得到证实。因而 3 种土地利用方式下的土壤在不施肥的情况下供磷能力大小顺序为草地＞无肥耕地＞裸地。从图 3 中可看出 3 种土地利用方式下的土壤施用氮钾肥后均比不施肥情况下提高了土壤供给玉米的磷量，其中裸地提高了 80.4%，草地提高了 47.8%，无肥耕地提高了 75.5%。这说明 3 种土地利用方式下的土壤因长期没有肥料磷的投入，供磷能力不高，但在施用氮钾肥的情况下可大大提高土壤的供磷能力。

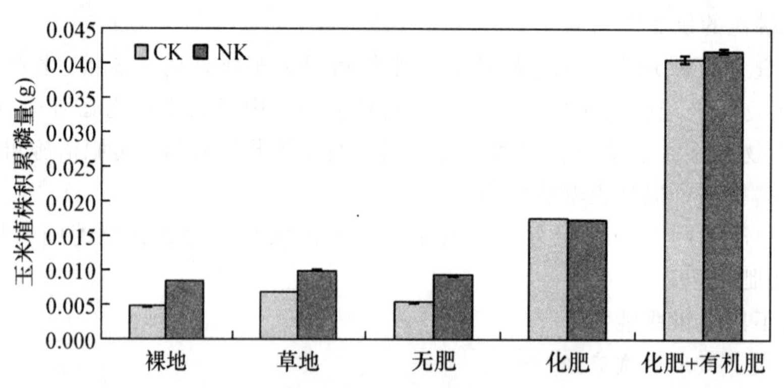

图 3 不同管理方式下黑土供磷能力

如图 3 所示，3 种施肥管理下的土壤供给玉米植株的磷量差异显著。施化肥耕地供给玉米植株的磷量是无肥耕地的 3.3 倍，化肥配施有机肥耕地供给玉米植株的磷量是施化肥耕地的 2.3 倍。从图 3 可看出，施用氮钾肥的处理与不施肥处理相比，土壤供给玉米的磷量除无肥耕地提高了 75.5%之外，施化肥耕地和化肥配施有机肥耕地变化不大。这说明施化肥耕地和化肥配施有机肥耕地的自然供磷能力很高。

综上所述，5 种管理方式下的土壤供磷能力大小顺序为化肥配施有机肥耕地＞施化肥耕地＞草地＞无肥耕地＞裸地。

2.2.3 不同管理方式下黑土供钾能力

如图 4，描述了不施肥和施氮磷肥情况下不同土地利用及施肥管理的土壤的供钾能力。3 种土地利用方式下的土壤在不施肥的情况下供给玉米植株的钾量差异显著。草地上玉米植株地上部钾积累量比裸地大 57.1%，裸地上玉米植株地上部钾积累量比无肥耕地大 57.5%。这表明 3 种土地利用方式下的土壤的供钾能力大小顺序为草地＞裸地＞无肥耕地。从图 4 中可看出 3 种土地利用方式下的土壤施用氮磷肥后均比不施肥情况下提高了土壤供给玉米的钾量，其中裸地提高了 41.3%，草地提高了 44.4%，无肥耕地提高了 82.5%。这说明此 3 种土地利用方式下的土壤在氮磷供给充足的情况下可大大提高土壤的供钾力。

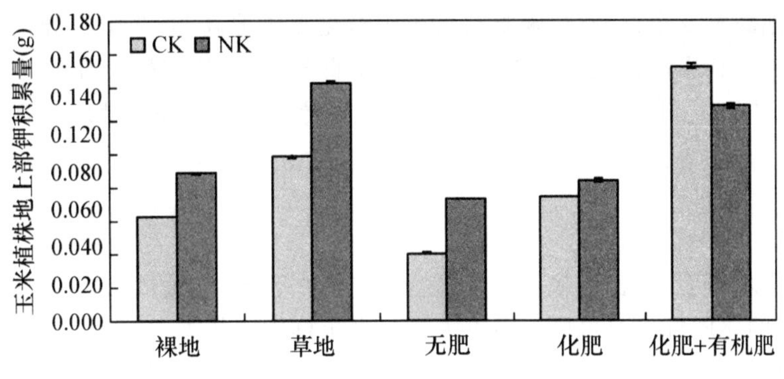

图 4　不同管理方式下黑土供钾能力

如图 4 所示，3 种施肥管理下的土壤供给玉米植株的钾量差异显著。施化肥耕地供给玉米植株的钾量是无肥耕地的 1.9 倍，化肥配施有机肥耕地供给玉米植株的磷量是施化肥耕地的 2.1 倍。从图 4 可看出，施用氮磷肥的处理与不施肥处理相比，土壤供给玉米的钾量除无肥耕地提高了 82.5%之外，施化肥耕地提高了 13.5%，化肥配施有机肥耕地降低了 16.3%。这说明施化肥耕地和化肥配施有机肥耕地的自然供钾能力很高，供给充足的氮磷肥没有促进土壤钾的进一步释放。

综合图 4 中 5 种管理方式下的土壤，其供钾能力大小顺序为化肥配施有机肥耕地＞草地＞施化肥耕地＞裸地＞无肥耕地。

2.3　不同管理方式下黑土肥料利用率

本试验中的肥料利用率是通过施用氮磷钾肥处理各种管理方式下玉米植株吸收的氮磷钾量与不施肥处理玉米植株吸收的氮磷钾量之差再除以每盆使用的氮磷钾量计算出来的。公式如下：

$$N=\frac{(\text{处理⑤吸氮量}-\text{处理①吸氮量})}{\text{处理⑤施氮量}}\times 100\% \tag{1}$$

$$P=\frac{(\text{处理⑤吸磷量}-\text{处理①吸磷量})}{\text{处理⑤施磷量}}\times 100\% \tag{2}$$

$$K=\frac{(\text{处理⑤吸钾量}-\text{处理①吸钾量})}{\text{处理⑤施钾量}}\times 100\% \tag{3}$$

如图 5 所示，描述了不同土地利用及施肥管理下土壤的肥料利用率。从图中可看出 3 种土地利用方式下土壤肥料利用率均较高，以无肥耕地的肥料利用率最高，其中氮肥利用率比草地高 1.5 个百分点、比裸地高 7.2 个百分点，磷肥利用率比草地高 6.9 个百分点、比裸地高 10.3 个百分点，钾肥利用率比草地高 18.2 个百分点、比裸地高 27.3 个百分点。

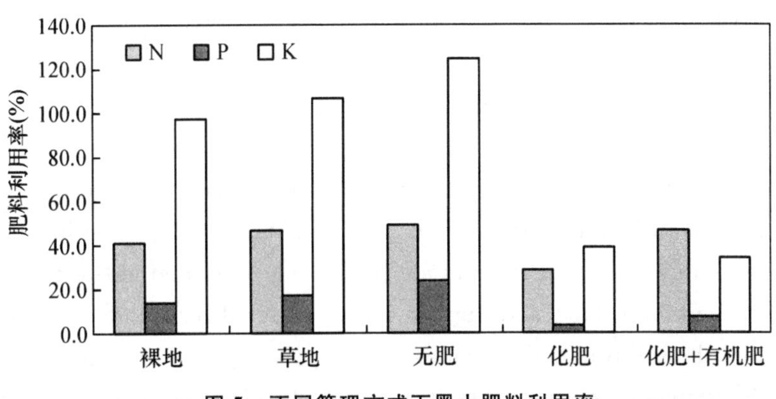

图 5　不同管理方式下黑土肥料利用率

3 种施肥管理下的土壤，无肥耕地的肥料利用率最高，其中氮肥利用率比施化肥耕地高 20.0 个百分点、比化肥配施有机肥耕地高 1.5 个百分点，磷肥利用率比施化肥耕地高 20.7 个百分点、比化肥配施有机肥耕地高 17.2 个百分点，钾肥利用率比施化肥耕地高 86.4 个百分点、比化肥配施有机肥耕地高 90.9 个百分点。

总的来说，5 种管理方式下的肥料利用率大小顺序为无肥耕地＞草地＞裸地＞有机肥＞化肥。

3 结 论

1)自然土壤开垦为农田后，如长期耕种且不施肥，即只种不养，土壤供肥能力略有降低，但经过培肥改土，尤其是现阶段推行的化肥配施有机肥措施可大大提高土壤供肥能力。

2)草地休闲和裸地休闲相比，土壤提供氮磷钾养分的能力和肥料利用率均高出很多，说明有植被覆盖的休闲方式更有利于土壤供肥能力的保持和提高。

参考文献

[1] 李发鹏，李景玉，徐宗学. 东北黑土区土壤退化及水土流失研究现状[J]. 水土保持研究，2006，13(3)：50-54

[2] 刘巍，吕亚泉. 中国黑土地退化成因及生态修复学研究[J]. 东北水利水电，2006，24(258)：59-61

[3] 李双异，刘慧屿，张旭东，等. 东北黑土地 区主要土壤肥力质量指标的空间变异性[J]. 土壤通报，2006，37(2)：220-225

[4] 石长金，李日新，潘庆海. 黑龙江省侵蚀黑土演变及其土壤肥力特点分析[J]. 水土保持科技情报，2005，3：26-28

[5] 郄瑞卿，孙彦君，王继红，等. 不同利用方式及施肥对黑土地表磷素养分流失的影响[J]. 土壤通报，2006，37(4)：701-705

[6] 沈善敏，陈欣. 中国土壤磷素肥力与农业中的磷管理[M]. 沈善敏. 中国土壤肥力，中国农业出版社，1998：212-213

Effect of Fertilization and Land Use Manners on Fertilizer Supplying Capacity of Black Soil

SONG Chun[1,2], HAN Xiaozeng[1], Qiao Yunfa[1], Li Xiaohui[1,2], Yan Jun[1], Zhu Xia[1,2]

(1. Northeast Institute of Geography and Agricultural Ecology, Chinese Academy of Sciences, Harbin 150081, China; 2. Graduate University of Chinese Academy of Sciences, Beijing 100039, China)

The experiment was carried out to study the effects of land use and fertilizer application on fertility supply capacity of black soil in Hailun national field research station. The experiment concludes 3 types of land use and 5 treatments in all. The treatments are grassland, bare land, no fertilizers cultivate land, applied chemical fertilizers cultivate land and applied chemical fertilizer along with pig manure cultivated land. The results showed the soil productivity and soil N supply capacity were in an order of applied chemical fertilizer along with pig manure cultivated land＞applied chemical fertilizers cultivate land＞grassland＞bare land＞no fertilizers cultivate land. The soil P supply capacity was in an order of applied chemical fertilizer along with pig manure cultivated land＞applied chemical fertilizers cultivate land＞grassland＞no fertilizers cultivate land>bare land and the soil K supply capacity was in an order of applied chemical fertilizer along with pig manure cultivated land>grassland>applied chemical fertilizers cultivate land>bare land> no fertilizers cultivate land. Comparatively, the K and N fertilizer use ratio in black soil is high but the P fertilizer use ratio is low.

大城市郊区耕地集约利用程度变化趋势及对土壤养分的影响*

——以北京市大兴区为例

张琳[1]　张凤荣[1]　吕贻忠[1]　孔祥斌[1]　王茹[2]

(1.中国农业大学资源与环境学院,北京　100193;2.北京市国土资源局信息中心)

摘要:本文选择北京市大兴区作为大城市郊区的典型代表区域,分析其1980年以来耕地集约利用的变化情况,同时结合1982年、1990年和2007年三期土壤养分调查数据,揭示了耕地集约利用变化对耕地土壤养分含量所产生的影响。结果显示,大兴区26年来耕地集约利用程度增加迅速,各项农业投入都增加了一倍以上。在此期间,土壤有机质、全氮和有效磷含量显著增加,而土壤速效钾含量则略有降低。2007年的土壤有机质和全氮变异系数比前两期降低,而有效磷和速效钾的变异系数则明显增加,尤其是有效磷变异系数增加幅度较大,说明目前土壤有机质和氮素含量趋同,而磷和钾差异增大。

关键词:耕地;集约;投入;土壤;养分

改革开放以来,随着我国经济发展的加速,很多大城市的迅速扩张使得城郊的农业区县发展产生了巨大的变化,而城市郊区的耕地在利用方式和利用集约度上也发生了很大的变化。目前,关于耕地的集约利用研究已经引起学者的关注,有关耕地集约利用的现状分析及变化研究[1-3],还有耕地集约利用变化的驱动力研究[4],另外还有关于耕地集约利用所产生的效应研究[5,6]。而作为耕地集约利用变化所产生的直接后果之一——耕地土壤养分变化,也有研究进行了探讨[7]。

但是目前关于大城市郊区的集约度变化和土壤肥力变化研究却不多,而大城市郊区虽然耕地数量不多,但是由于其得天独厚的地理区位优势,所以其农业生产的作用和意义十分重大,同时,这些地区也是耕地利用集约度变化最为激烈的地区。因此,本文选择了大城市郊区的一个典型代表——北京市大兴区,研究其改革开放以来耕地集约利用的变化,并通过三期土壤定点调查数据的对比,分析了耕地集约利用程度对于耕地肥力所产生的影响,并探讨了其变化原因,将会对其他城市郊区和经济发达地区发展种植业生产提供借鉴和参考。

1　材料与方法

1.1　研究区域

大兴区位于北京市南郊,东经116°13′～116°43′,北纬39°26′～39°51′之间,总面积1 036 km^2,2005年耕地面积3.84万hm^2。大兴区不仅区位优势得天独厚,而且由于地处南郊平原(属于华北平原的一部分),相对于北京的几个山区县,其农业生产条件十分优越,一直以来都是北京市的主要农业生产区。改革开放以来,随着北京市经济的飞速发展,大兴的经济也受到了强烈的带动,在这种情况下,其农业发展和耕地利用方式受到了经济发展显著的冲击和影响。其耕地利用发展变化过程比较典型,对于其他大城市郊区的农业区县来说,具有比较强的代表性。从土壤特性来说,由于大兴区位于永定河下游东岸,土壤形成受永定河石灰性冲积母质和近河沙性沉积的影响,土壤质地构成复杂多样,但60%以上为砂性和沙性二合土,综合肥力

* 基金项目:国家自然科学基金资助项目(70673104)北京市自然科学基金资助项目(6082015)

较低。

1.2 数据来源

本文的数据来源主要分为以下三类。

1)统计数据:是通过收集相关的统计年鉴和统计资料,得到大兴耕地投入的各项统计数据。

2)土壤养分数据(三期):在收集1982年土壤普查资料、1990年土壤肥力监测资料的基础上,于2007年4月进行野外定点采样(0～20 cm的耕层土样)。样点均匀分布于全区有耕地的10个乡镇,土样采集以GPS定位坐标为中心,在同一地块以30m为半径的范围内采集3～5个土样合成一个混合土样。采样时间为4月,与1982年的取样时间基本一致,且土样采集和分析方法同前两期数据保持一致。全区共采集样点104个,包含了目前大兴主要的种植结构,并且不同种植结构下的样点的比例也与目前全区的种植结构比例基本一致。这使得样点具有更广泛的代表性。

土样采集回来后经实验室分析测定养分含量,测定方法与前两期相同。即:有机质用重铬酸钾氧化一外加热法;全氮用半微量凯氏定氮法;有效磷用Olsen法;速效钾用乙酸铵提取一火焰光度法。同时,为了减少实验室测定误差,土样测定均做两组平行实验。

3)农户调查数据:在土壤采样过程中,对农户的肥料投入状况进行调查而得到。

2 数据分析及结果

2.1 耕地利用集约程度历史变化

根据统计数据,将大兴1980年以来的各种化肥用量、农业机械总动力以及用电量等指标除以历年的耕地面积,得到各指标的单位面积投入量,从而分析耕地集约利用程度。需要说明的是,由于年鉴上1995年之前的耕地统计数据由统计局提供,1995年以后的耕地数据开始采用国土部门土地详查结果和历年耕地变更结果,而土地详查使得以前很多违法占用耕地的数量得到体现,所以会导致耕地数量突变。因此,为了体现数据的连续性,数据处理过程中将突变的数量平摊到之前的十年间,更好的体现了耕地逐步减少的趋势。经过计算处理之后的数据结果见图1和图2。

从各项主要农业投入指标来看(图1,图2),均呈现先增长—徘徊—再度快速增长的态势。化肥总量的投入基本分为三个阶段,20世纪80年代增长比较迅速,而到了90年代,增长趋势变缓,说明这个时期由于京郊经济发展迅速,其他行业的比较效益增高,对种植业生产产生冲击,导致农户对耕地的投入并未随着经济的增长

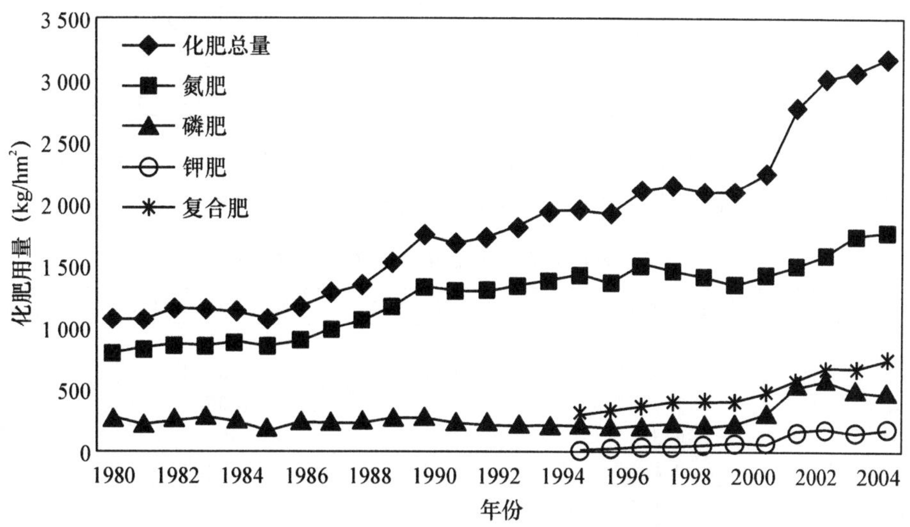

图1 单位面积耕地化肥投入(实物量)历史变化(1980—2005)

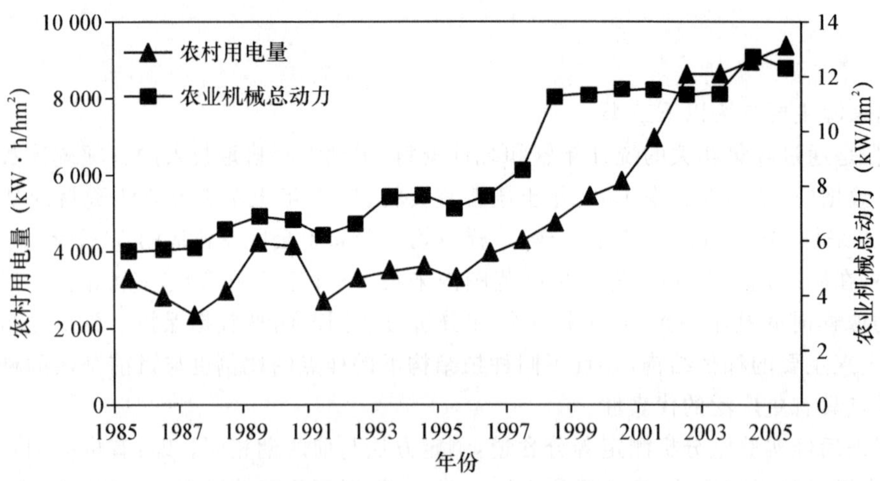

图 2 农业机械总动力及农村用电量投入变化(1980—2005)

而增加,反而进入徘徊期。但是从 90 年代末开始,由于政府采取了一系列政策推广农业结构调整、促进农民增收,从而刺激了农民的种植积极性。加上近些年有部分外出务工农民开始把耕地转租给他人耕种,从客观上也提高了耕地的利用率,因而耕地的投入也相应地开始快速增长。同样的趋势也较明显地表现在农业机械总动力上。

总体看来,耕地的集约利用水平增加迅速,在 1980—2005 年的 26 年间,单位面积的化肥施用量增加了 197%,农业机械总动力增加了 120%,农村用电量增加了 186%。值得注意的是,复合肥和钾肥在近十几年间的增长趋势十分显著,分别增长了 147%和 800%。

2.2 肥料投入及土壤养分现状

通过 2007 年 4 月对耕地投入及土壤的采样调查,得到大兴区 2006 年的肥料投入水平和目前的土壤肥力水平。调查问卷经过整理筛选,有效问卷为 96 份,主要分为 4 种种植制度,其肥料投入水平如表 1 所示,总体看来,大兴区的肥料投入水平较高,尤其是蔬菜西瓜的种植。

表 1 2006 年大兴区肥料投入调查结果

种植制度	有机肥 (m^3/hm^2)	尿素 (kg/hm^2)	磷酸二铵 (kg/hm^2)	碳酸氢铵 (kg/hm^2)	复合肥 (kg/hm^2)	肥料费用 (元/hm^2)	样本量
小麦-玉米	10.5	680.3	296.1	153.8	32.6	2 634	39
西瓜-蔬菜	61.3	1 034.3	349.1	53.6	281.3	7 980	24
蔬菜轮作	83.1	1 071.4	483.2	105.0	322.5	9863	18
一茬大田	3.0	575.0	231.3	0.0	0.0	1 464	15

2007 年土壤养分数据经过分析筛选,结合统计特征以及农户调查数据进行专业判断分析,剔除了 3 个异常值,最终参加数据分析和对比的数据为 101 个,统计分析结果如表 2 所示。

表 2 2007 年大兴区土壤养分数据统计描述表

	有机质(g/kg)	全氮(N g/kg)	有效磷(P mg/kg)	速效钾(K mg/kg)
平均值	12.6	0.7	31.7	84.6
标准差	2.5	0.1	30.2	31.9
变异系数(%)	19.9	20.9	95.0	37.7
方差	6.3	0.0	909.4	1 016.7
偏度系数	0.1	0.0	2.2	1.2
峰度系数	−0.1	0.0	6.2	1.8
最小值	5.9	0.3	3.6	35.8
最大值	18.8	1.0	184.5	208.1
有效样本量	101	101	101	101

根据各项养分含量的平均值(表2),依据全国第二次土壤普查养分分级标准来划分,大兴的土壤有机质含量为4级,全氮含量为5级,均属于较低肥力水平。而土壤有效磷和速效钾含量则属于最高的1级肥力水平[8]。

从各项养分的变异性来看,其中有效磷的变异系数最高,为95.0%;速效钾次之,37.7%,而有机质和全氮含量的变异系数相对较小,在20%左右。另外,从养分分布的偏度系数来看,有机质、全氮基本上服从正态分布,碱解氮和速效钾呈右偏态。而土壤有效磷明显不符合正态分布,其偏度系数也最大,这也同其较大的变异系数相印证。

2.3　土壤养分含量变化

二十几年来耕地集约利用水平的大幅度提高,势必对耕地的土壤肥力水平产生直接的影响。因此本文通过三期数据的对比,分析二十五年来耕地土壤养分的变化趋势。由于本研究采取定点跟踪采样,因此采用配对t检验来分析养分数据变化的显著性,由于前两期数据有缺失值,所以各项自由度不同(表3)。

从表3可知,1982年到2007年,大兴耕地土壤有机质、全氮和有效磷含量显著增加,而土壤速效钾含量则呈现降低趋势。这个趋势与其他研究所证明的很多区域土壤养分收支中氮、磷盈余而钾素亏缺的现象相吻合[9-11]。

表3　大兴土壤养分数据配对t检验结果(三期对比)

		配对差异					t值	自由度	显著性概率
		配对差异平均数	标准差	平均数标准误	95%低	置信区间高			
1982—1990	有机质(g/kg)	2.80	3.76	0.39	2.03	3.56	7.25	94	0.000*
	全氮(N g/kg)	0.03	0.28	0.03	−0.03	0.09	1.14	90	0.259
	有效磷(P mg/kg)	2.69	6.75	0.70	1.29	4.09	3.82	91	0.000*
	速效钾(K mg/kg)	−3.48	33.33	3.42	−10.27	3.31	−1.02	94	0.311
1990—2007	有机质(g/kg)	0.31	3.79	0.39	−0.46	1.09	0.81	94	0.419
	全氮(N g/kg)	0.01	0.19	0.02	−0.02	0.05	0.72	94	0.476
	有效磷(P mg/kg)	21.94	31.18	3.20	15.59	28.29	6.86	94	0.000*
	速效钾(K mg/kg)	1.70	36.59	3.75	−5.76	9.15	0.45	94	0.652
1982—2007	有机质(g/kg)	3.14	2.56	0.26	2.63	3.65	12.23	98	0.000*
	全氮(N g/kg)	0.05	0.23	0.02	0.00	0.09	2.02	94	0.047*
	有效磷(P mg/kg)	22.90	30.50	3.11	16.72	29.08	7.35	95	0.000*
	速效钾(K mg/kg)	−2.12	36.54	3.67	−9.41	5.17	−0.58	98	0.566

注:* 为差异显著,$p<0.05$(双尾检验)

从三期数据两个阶段的养分变化趋势对比来看,在1982—1990年的近10年间,土壤养分的增加趋势比较明显,有机质和有效磷含量显著增加(表3)。而到了1990—2007年的17年间,只有有效磷含量显著增加。同时,土壤有机质和全氮含量从1982年到1990年分别增加了30.5%和4.9%,而到了1990—2007年,增加幅度都下降到2.4%(表4),这说明土壤有机质和氮素含量增加趋势明显减缓。

表4　三期数据养分平均值和变异系数对比

		有机质(g/kg)	全氮(N g/kg)	有效磷(P mg/kg)	速效钾(K mg/kg)
平均值	1982	9.4	0.6	7.4	86.9
	1990	12.3	0.6	10.3	83.5
	2007	12.6	0.7	31.7	84.6
变化幅度(%)	1982—1990	30.5	4.9	39.7	−3.8
	1990—2007	2.4	2.4	208.5	1.3
	1982—2007	33.6	7.4	330.9	−2.6
变异系数(%)	1982	26.1	41.1	50.9	30.4
	1990	28.4	27.2	56.9	32.7
	2007	19.9	20.9	95.0	37.7

2.4 土壤养分统计分布变化

除了配对 t 检验和平均值比较之外，表 3 给出了三期土壤养分的变异系数对比，从中可以清楚地看出：相比于前两期数据，2007 年的土壤有机质和全氮变异系数都降低了，这是因为目前施用氮肥整体水平较高，所以不同地块间的肥力差异减小。与此同时，有效磷和速效钾的变异系数都在增加，尤其是有效磷的变异系数增加幅度较大，主要是因为结构调整使得蔬菜作物与和大田作物之间的磷、钾肥施用量差异增大，导致土壤中磷、钾素的分布差异增大。

同时，为了更好地比较不同时期土壤养分的数据统计分布特征，本文将三期数据的频数分布的趋势曲线相叠加，得到图 3。从中可以清楚地看到，土壤有机质的曲线从 1982 年到 1990 年，整体向数量增加方向移动，但是峰度变小，说明其离散度加大，而到了 2007 年，峰度再度增加，曲线整体向增加方向平移，说明有机质整体水平上升了。全氮的波峰位置基本不变，但是 1990 比 1982 年峰度明显降低，说明离散度加大，但是 1990 年以后分布变化基本不大。速效钾曲线基本不变，说明其数据分布规律变化不大。各项养分中，分布变化最大的是有效磷，前两期数据有效磷的含量主要分布在 0～30 mg/kg 之间，但是到了 2007 年，其分布范围大幅度提高，最高值达到 120 mg/kg 以上，而且其主要的分布集中范围就在 40 mg/kg 左右，比前两期的最大值还高，其离散度也变大了，同时也与其显著增加的变异系数相印证。

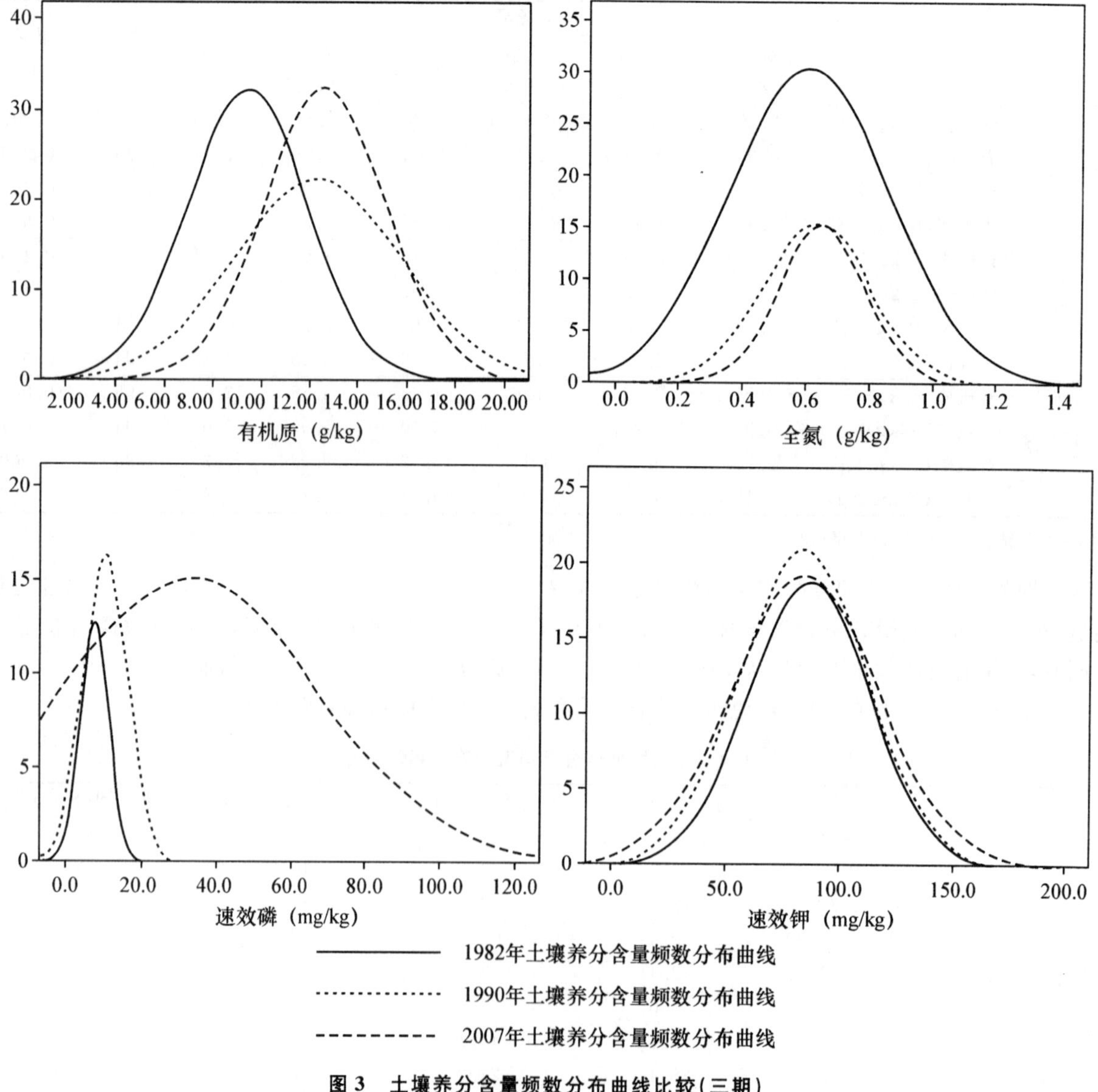

图 3 土壤养分含量频数分布曲线比较(三期)

2.5 耕地投入-养分变化分析

从上文的数据分析结果来看，20世纪在80年代，大兴耕地的土壤养分增加趋势比较明显，增加比例也较高，而在这个阶段，大兴的耕地投入增加速度也很快，说明在改革开放初期，由于耕地的投入水平比较低，其养分水平也较低，因此耕地投入的迅速增加会明显地带动了土壤养分的增加。

但是进入到90年代以后，耕地的集约利用程度已经上升到一个较高的水平，尤其是氮肥施用量一直持续增加，但是，如果投入增加到一定水平，将会超过最佳施肥量。根据统计资料显示，目前大兴的氮肥投入折纯量约540 kg/hm^2[12]，已经高出黄淮海地区一般大田作物的推荐施肥量[13]，而且还未包括施用有机肥和复合肥中的氮素。由此可见，大兴区的氮肥投入水平已经很高，多余的氮肥会分解挥发进入大气或者被淋洗到地下水中[14,15]。而从土壤全氮含量来看，1990—2007年的17年间只上升了2.38%，基本上停滞不变，同时其变异系数下降，这就说明氮肥投入普遍较高，从而土壤全氮含量差异逐渐减小。

另一方面，大兴耕地投入的磷肥和钾肥在近十几年间的增长趋势十分明显，根据统计数据计算，目前的磷肥和钾肥投入折纯量平均分别为65 kg/hm^{2}和43 kg/hm^2[12]，并未超过推荐施肥量，也说明了磷和钾还有一定的需求空间。同时，由于结构调整导致不同种植结构下磷钾肥的施用量差异增大，从而使得土壤中磷、钾的含量变异系数也增大。

3 结论和讨论

1)大兴区的耕地利用集约程度在1980年以来经历了上升期—徘徊期—快速上升期三个阶段，尤其是以化肥投入的阶段性表现比较明显。总体看来，耕地的集约利用水平增加迅速，在1980—2005的26年间，单位面积化肥施用量增加了197%，农业机械总动力增加了120%，农村用电量增加了186%。

2)从1982年和2007年的土壤养分数据配对t检验结果可知，大兴区土壤有机质、全氮和有效磷三项养分都显著增加，而土壤速效钾含量则略有降低。其中有效磷增加幅度最大，增加了331%。

3)三期数据两个阶段的养分变化趋势对比来看：第一阶段1982—1990年间，大兴区土壤养分的增加趋势比较明显，有机质和有效磷含量显著增加；第二阶段1990—2007年间，只有有效磷含量显著增加，而且有机质和全氮的增加幅度也从第一阶段的30.5%和4.9%下降到第二阶段的2.4%，这说明土壤有机质和氮素增加趋势明显减缓。

4)目前，大兴区土壤有效磷的变异系数是四种养分中最大的。从三期养分变异系数和频度分布对比可知，1982年以来，土壤有机质和全氮含量的变异系数降低了，而有效磷和速效钾的变异系数明显增加，尤其是有效磷含量的变异系数增加幅度最大。

5)从耕地肥料投入来看，目前大兴的氮肥投入已经超过推荐施肥量，而土壤全氮含量却徘徊不前，过量的氮肥有可能会带来环境污染。但是磷肥和钾肥还未超过推荐量，还有一定施肥空间。

参考文献

[1] Li Xiubin, Wang Xiuhong. Changes in agricultural land use in China: 1981—2000[J]. Asian Geographer, 2003, 22 (1-2): 27-42

[2] 郭春华，余德贵，柯建国. 耕地生态经济系统集约度的测算[J]. 长江流域资源与环境，2001，10(4)：329-334

[3] 庞英，张全景，叶依广. 中国耕地资源利用效益研究[J]. 中国人口·资源与环境，2004，14(5)：32-36

[4] 孔祥斌，张凤荣，徐艳，等. 集约化农区耕地利用变化及其驱动机制分析：以河北省曲周县为例[J]. 资源科学，2003，25(3)：57-63

[5] 张桃林，李忠佩，王兴祥. 高度集约农业利用导致的土壤退化及其生态环境效应[J]. 土壤学报，2006，43(5)：843-850.

[6] 董章杭，李季，孙丽梅．集约化蔬菜种植区化肥施用对地下水硝酸盐污染影响的研究--以“中国蔬菜之乡”山东省寿光市为例[J]．农业环境科学学报，2005，24(6)：1139-1144
[7] 孔祥斌，张凤荣，齐伟，等．集约化农区土地利用变化对土壤养分的影响[J]．地理学报，2003，58(3)：333-342
[8] 全国土壤普查办公室．中国土壤普查技术[M]．北京：农业出版社，1992．5：87
[9] 曲日涛，周长青，宋海燕，叶优良．小麦玉米高产区肥料施用状况与养分平衡研究[J]．中国农学通报，2005，21(12)：225-229
[10] 高超，张桃林，孙波，等．1980 年以来我国农业氮素管理的现状与问题[J]．南京大学学报（自然科学），2002，38(5)：716-721
[11] 陈明昌，张强，程滨，等．山西省主要农田施肥状况及典型县域农田养分平衡研究[J]．水土保持学报，2005，19(4)：1-5
[12] 北京市大兴区统计局．大兴区“十五”时期社会经济统计资料汇编．北京．2006：8
[13] 寇长林．华北平原集约化农作区不同种植体系施用氮肥对环境的影响[D]．中国农业大学博士论文，2004
[14] 张永帅，郭金强，王娟，等．不同施氮量下氮肥在土壤中的空间分布与作物吸收后残留规律[J]．西北农业学报，2007，16 (2)：70-74
[15] 朱兆良．农田中氮肥的损失与对策[J]．土壤与环境，2000，9(1)：1-6

Cultivated land use intensity changes in suburb of big city and their influences to soil nutrients

——a case study of Daxing District in Beijing

ZHANG Lin[1], ZHANG Feng-rong[1], Lü Yi-zhong, KONG Xiang-bin[1], WANG Ru[2]

(1. College of Resources and Environmental Sciences, China Agricultural University, Beijing 100193,
2. Beijing Municipal Bureau of State Land and Resources Information Center)

Abstract In this paper, we analyzed the cultivated land use changes from 1980 to 2007 in Daxing District of Beijing City, and studied their influences to soil nutrients based on the soil survey datum in 1982, 1990 and 2007. Results showed that, intensity degrees of cultivated land increased obviously during the twenty-six years. All kinds of agricultural inputs, such as fertilizer, agricultural machinery and electricity inputs, have increased more than 100%. At the same time, soil organic matter, total nitrogen and available phosphorus all increased significantly while available potassium decreased slightly from 1982 to 2007, and available phosphorus increased most. Furthermore, the variation coefficients of organic matter and total nitrogen decreased in 2007 compared with 1990 and 1982, but variation coefficients of available phosphorus and available potassium both increased obviously during the same period.

Key words cultivated land; intensity; soil; nutrient

大都市区农田的功能与空间规划、作物种植区划与土壤质量管理

张凤荣

（中国农业大学资源与环境学院，北京　100193）

摘要：随着生活水平的提高，人们越来越重视生态环境。大都市区农田的功能也由以生产功能为主，向生态服务与景观文化功能为主转变。因此，在农田布局方面，要与城市空间结构协调，在不同的区位与空间规划出农田保护区，使农田充分发挥其景观文化服务功能和生态服务功能。在作物生产布局方面，要在不同的区位或空间，根据农田土壤质量状况，安排适宜作物安全生产，并与城市生态环境保护要求相符，与景观相协调的作物。在农田土壤管理上，不能为追求高产而无限地培肥地力，而是要将肥力控制在保证水环境安全的养分水平上。出于对食物安全的要求，大都市居民对农田土壤的健康更关心，如果不能够修复重金属或农药污染的土壤，则用工程治理去除污染土壤，或通过种植非食源性作物规避污染。

关键词：农田功能；空间布局；作物区划；土壤质量管理；都市区

过去土壤学研究的课题大多数是围绕着培肥地力，支持作物高产而开展的。虽然，高产在未来相当长的一段时间内依然是重要的研究课题；但随着社会经济的发展和人民生活水平的提高，清洁环保生产越来越受到重视。农田的功能也正在从单一的生产功能向兼具生产功能、生态服务功能和景观文化服务功能的多功能性转变；这在大都市区愈益彰显。研究大都市区农田的功能，进行合理的农田空间布局和作物区划，搞好服务于多功能的农田土壤质量管理，具有很现实的意义。

1　大都市区农田的功能

长期以来，人们仅仅认识到农田的功能就是农产品生产功能，而忽视了农田的市场价值之外的生态功能。农田不仅有生产价值和社会价值，更有生态价值。农田甚至还有历史文化承载和审美价值等[1]。特别是在大都市区，农田的生态功能/价值与景观文化功能/价值可能比其生产功能/价值更加明显[2]。

1.1　农田的生产服务功能

无可置疑，农田的首要功能是其生产功能，为人类提供日常生活必须的农产品。人类生存所需要的绝大部分的农产品，以及多种轻工业的原材料，都来自于农田。农田很大程度上保障了社会发展与人民对于农产品的需求，具有无可非议的生产服务功能。

1.2　生态服务功能

与各种自然植被、湖泊、沼泽等相似，农田还具有重要的生态服务功能，在水分和各种营养物质的贮存与循环、降解有害有毒物质、减轻自然灾害等方面有重要作用。据杨志峰、何孟常等[3]，广州市农田在吸收SO_2、滞尘、供氧等生态服务功能价值上与草地、花坛相等，且在保育土壤的价值上，尤其是减轻泥沙淤积上优于其他任何生态单元。国外许多大都市同样很重视农地的生态服务功能，如日本，在东京内部保留 7 处面积大于 5 km^2 的片状农田和许多面积不大的点状农田，这些土地呈点、片状镶嵌在大城市中，发挥着绿化环境，改善城市生态系统的功能[4]。另据杨志新等对 2002 年北京郊区农田生态服务价值的研究，在现有的耕作制度下，京郊农田调节大气成分和净化环境价值占农田生态系统总服务价值的 77%（净化环境占 37.51%，调节大气成分占 39.48%）[5]。北京农田的生态服务价值要远大于其直接的产品价值[2]。

1.3 景观文化服务功能

现代社会，人们的物质需要得到很大满足，而具有美学功能的稀缺性生态景观越来越受到人们重视。农田在农村可能算不上景观，但在大都市的“楼宇森林”中，农田就成为稀缺性生态景观。农田景观或与城市人文景观“相谐调”，或与人的文化需求“相融合”，其美学功能就能充分表现出来。如北京颐和园与周边原有的稻田、藕塘等农业景观、西山自然景观融为一体，展现了富于田园色彩的园林景观的视觉美感。

同时，农业的演替又形成多样的农耕文化，而每一种农耕文化都以自己特有的农田类型为最基本的特点和内核，并以此为自己的传统农耕文化的标志[6]，如云南哈尼族梯田（稻田）、广西的龙胜梯田（稻田）、甘肃的黄土梯田，重庆巫山的石坎梯田等，具有传播农业知识、农耕文明和提高人们惜土意识等特殊的教育功能；城市居民特别是广大青少年可以在田野上接触农业科技，体验本土农业文化和农耕文明。

1.4 旅游观光休闲服务功能

随着工业化和城市化的快速推进，生活空间狭小、生存环境严重恶化使城市居民普遍有回归大自然的强烈愿望，使得环境幽静、空气清新、生活安逸的乡村田园风光令人向往。而长期的城市生活使城市居民对传统农业、农村、农事操作等产生了新鲜感。据北京市农业局统计，2004 年北京市有市级观光农业示范园 30 个，观光农业项目近 2 000 项。据杨志新等测算，2002 年北京农田的观光游憩价值高达 30.45 亿元[5]。

1.5 大都市区农田的生态服务功能与景观文化功能更为重要

农田功能即是农田对人的各种需要的满足。对应于不断变化发展着的城市居民需要，农田各种功能也在不断演变。在城市经济发展的某个阶段，农田的某个功能可能是显性的或者占主导地位，而在另一个城市经济发展阶段，该功能可能处于隐性的或者占次要地位。在经济发展的低级阶段，广大人民，包括城市居民必然以满足温饱需要为目标，则最根本的农田功能——生产功能被看作其固有功能，或称其显性功能；而生态服务功能和社会服务功能可以看作是隐性功能，并不为人们所意识。而在温饱问题解决之后，生活达到富裕水平，特别是进入高收入社会，城市居民不仅追求丰裕的物质生活，也要求精神上的享受，这时，农田的其他功能如旅游观光和休闲功能得到重视并成为显性功能，生产功能则被淡化。

2 大都市区农田布局与农业产业布局

大都市区的农田布局与种植业区划应该与社会经济的发展阶段及都市型现代农业的发展要求相适应，突出农田的生态服务功能与景观文化功能，使农田及其种植的作物在空间上与城市空间结构相协调[2]。

2.1 以景观生态学的原理与方法，进行农田布局

大都市区，应根据区位条件的不同，按照景观生态学的原理与方法，进行农田布局：

1)沿交通干线、河流两侧建设林地与农田交替式的绿色走廊，这个走廊联通其他成片的农田和其他绿地，形成有利于保护生物多样性的生态廊道。同时，将农田代替目前的道路和河流两侧的连绵的宽林带，又能够将交通线两侧的田园风光、村落与城镇景观展现出来，形成一道靓丽的风景线。

2)城乡交错区城镇与农村居民点之间的农田生态系统嵌块体填充。由于城市化，特别是城市发展的郊区化，大城市近郊区的现状农田已经不多，而且大多零散分布于居民点和独立工矿之间。要根据城市空间发展布局，将规划建设区之间的农田作为基本农田保护下来，以斑块农田安插在城市发展的各个方向，形成“绿芯”，有效控制城市“摊大饼”式的蔓延。同时，进行土地整理，对田、路、渠、林进行综合整治；这不但可以发掘和提高农田的生产能力；而且可以改善居民点周围的生态环境，建设优美的田园景观；发挥农田的食物生产和生态环境与景观文化的多重功能。

3)平原远郊区的居民点在农田基质中的镶嵌式分布。这一地区农田集中连片，要将城镇与农村居民点镶嵌在广阔的农田生态系统基质之中，由交通用地廊道连接城市与乡村。同时，加强农田基本建设和保护，改造中低产田，发展现代化生态农业，建设成为城市的主要农副产品基地。

《中华人民共和国土地管理法》第十九条规定，严格保护基本农田，控制非农业建设占用农用地；第四十

五条规定，(建设)征用基本农田由国务院批准。因此，笔者认为，各大都市的土地利用总体规划修编过程中，应充分利用《中华人民共和国土地管理法》中关于基本农田保护这个尚方宝剑，以基本农田作为城市规划确定的绿化隔离带，依此来确保绿化隔离带不再被侵吞，保持各城市组团(卫星城、居住小区、工业小区)之间的隔离性。

2.2 种植业产业布局

不同区位农田上的作物安排，也要根据都市对农业的生态/环保/景观要求，进行合理布局。

2.2.1 城市边缘区的农田安排景观美化作物

该区绝大部分土地为水泥、柏油等封闭的建设用地以及部分城市园林绿化用地，农用地很少，而且呈零星斑块状。

该区为城市发展区，水土污染、大气污染严重，种植业如果是露地，产品质量成问题；因此，种植业不应生产食用性农产品。如果搞温室大棚，与楼宇建筑景观也不协调。本区应逐步退出瓜菜等食用性农产品的生产，鼓励发展花卉、草地等以美化城市环境为目的的种植业。

2.2.2 近郊区的农田安排生态绿化作物

该区属于城乡交错区，城市建设用地、绿化林地和农地犬牙交错，农业生态环境较差。传统上，该区农田以种植蔬菜、果树和大田作物为主。基于营造宜人生态环境、协调城乡景观、保障农产品安全和保持农业产业持续性发展等需要，这里也要剔除塑料大棚、日光温室等构筑物，减少地表封闭；限制高水、肥、劳力投入的瓜菜的种植，鼓励更具有生态功能、景观功能和休闲文化功能的少耗水耗肥的大田作物、果树的种植。这样既发挥农田的绿色生态服务功能，营造田园城市景观，又为市民提供调节城市生活的休闲生活空间。

2.2.3 远郊区农田安排生产性作物

该区远离城市，土地利用覆被变化较为缓慢，农用地集中连片，土壤受到的污染也少，水土气环境比较良好；同时，该区受城市环境保护(特别是水资源保护)的限制少；农业劳动力资源也丰富。因此，这个区域是种植城市居民消费的菜、瓜、果和粮食的重要地带。该区的农业定位应该是发展生态型高效农业、特色种植业，壮大农村经济，促进农民增收，兼顾营造良好的城市生态环境。在农业布局上，应以土地适宜性评价为基础，以服从区域整体功能定位为前提，考虑农业发展基础、市场需求和农民种植习惯，大力发展高效农业、设施农业、农产品加工配送产业。在此基础上，挖掘农业的生态和生活功能，适度发展农业休闲观光产业。

3 大都市区农田土壤质量要求

土壤是农业生产的基础。但作为都市区，农业生产对于农田土壤的质量要求不应仅仅是肥力，环境安全和健康可能是更重要的。

3.1 土壤质量的概念

关于土壤质量的概念有许多讨论。美国土壤学会认为土壤质量是“在自然或人工生态系统内，某种特定土壤维持植物和动物生产力、保持和提高水质和空气质量、支撑人类健康和生活环境的能力”[7]。

自国外 20 世纪 90 年代初提出土壤质量的概念以来，中国学者在研究和实践中对土壤质量给出了具有更深刻内涵的定义[8-11]。笔者认为曹志洪关于土壤质量的概念简明扼要：“土壤保证生物生产的土壤肥力质量、保护生态安全和持续利用的土壤环境质量以及土壤中与人畜健康密切有关的功能元素和有机无机毒害物质含量多寡的土壤健康质量的综合量度”[12]。

3.2 高肥力对都市郊区农田土壤不一定是必要的，环境安全更重要

毋庸置疑，肥力是支持作物生长的基础，土壤肥力质量是农田的本质特性。农业的原始阶段，依靠“草田轮作”来恢复肥力，维持作物生产。化肥革命前，人们依靠使用有机肥使得农田得以连续耕作；但因为农田的

产量低，作为有机肥基本原料的农田生物量少，有机肥所能够提供的养分有限，作物产量只能维持在一个很低的水平。只是到了化肥时代，农业才摆脱了受肥力的限制。人们通过施用大量来自于农田产出之外、来自于化石燃料的化肥，不但可以保持农田的连作，而且使作物产量达到空前的高产。没有化肥，就没有今天的高产农业，也不可能支撑世界60多亿人口的生活。

但是，大量施用化肥也带来了环境问题。目前由施肥不当或过量施肥带来的环境污染问题也越来越突出，其中农田氮、磷流失引起的水体富营养化问题目前已受到科学家的普遍关注；当然，蔬菜中硝酸盐超标更引起不但是科学家，而且包括广大民众的担忧[13-15]。

根据最基本的物理化学原理，养分水平高是高产的基础，只有保持一定的养分势能才能够促进作物生长。但养分势能高，难免通过各种形式的农业径流进入地面或地下水体，造成水环境恶化问题。都市区人口密集，对于饮用水，乃至环境水的要求都很高；保证水体环境安全十分重要。因此，高肥力可能不再是都市区农田土壤的主要指标，保持水环境安全的适度的土壤养分水平可能更重要。目前，对于耕地资源相对匮乏、食物需求压力大的中国来说，有效地解决高强度利用过程中的土壤环境与生态问题，建立既能实现作物持续优质高产而又不导致环境负面效应或环境负面效应较小不至于达到污染水平的土壤质量管理技术体系是土壤学家肩负的重任。

3.3 都市市民更关注农田土壤健康

传统上，郊区农田主要是农民的菜篮子。但张民等研究发现，菜园和粮田中，随着耕地历史的延长，表层土壤中的重金属含量呈增加趋势[16]。农田土壤中的农药残留和塑料残留也主要来自于农业化学品的投入[17]。当然，城市及工业“三废”物质的排放是农田重金属污染的主要源头。由于靠近城市与工矿，城市边缘带土壤重金属污染十分严重[18-21]

随着国民经济的快速发展和生活水平的不断提高，人们对农产品的营养卫生与安全提出了更高要求；城市居民对健康食品的要求更高。土壤健康是保障食物安全与人体健康的基础。没有重金属、农药残留污染等都是健康农田土壤的指标。现实是要做到没有任何重金属污染和农药残留是困难的。当前的工作是，一方面要研究农田健康的标准，二是要通过种植业区划规避那些不符合健康土壤标准的农田，比如污染的土壤不再用于种植业，而作物城市绿化用地，或者种植非食源性作物，如棉花。

综上所述，从服务于建设宜居城市的目的来说，大都市区农田的功能主要是生态服务与景观文化功能，农田土壤的环境质量与健康质量比肥力质量更重要。在农田布局方面，要与城市空间规划想协调，使农田充分发挥其生态服务功能和景观文化功能。在农业产业布局方面，要在不同的区位或空间，根据农田土壤质量状况，安排适宜于安全生产并与城市景观相协调的作物。在农田质量管理方面，不能过分追求高产而无限地培肥土壤，要将肥力控制在保证水环境安全的养分水平上。从保证农产品安全的角度，要修复重金属或农药污染的土壤；如果不能够修复，则通过工程治理去除污染土壤，或通过种植非食源性作物规避污染。

当然，要实现上述的农田空间布局、作物安排和土壤质量管理，政府必须从规划上和政策上给予保障。目前，北京市土地利用总体规划已经将耕地，特别是基本农田纳入城市绿色空间，给予特殊保护。北京市政府《关于开展都市型现代农业产业布局的指导意见》已经提出了根据城市生态环境保护要求和景观建设需要进行农业产业布局，并且在2008年对于种植生态环保型作物的农田在现有各种补贴之外，再给予每亩40元的生态补贴。这说明，研究都市农田功能，作出合理的农田空间布局和农作物区划，进行以保证产品和环境安全为前提的土壤质量管理，具有很大的实践价值。

参考文献

[1] 俞奉庆，蔡运龙．耕地资源价值重建与农业补贴——一种解决“三农”问题的政策取向[J]．中国土地科学，2004，18(1)：18-23

[2] 张凤荣，等．都市型现代农业产业布局[M]．北京：中国农业大学出版社，2007

[3] 杨志峰,何孟常,等. 城市生态可持续发展规划[M]. 北京:科学出版社,2004(6):152-154
[4] 俞菊生,刘文敏. 日本大城市地区的"都市农业"[J]. 上海经济研究,2001(7):65-68
[5] 杨志新,郑大玮,文化. 北京郊区农田生态系统服务功能价值的评估研究[J]. 自然资源学报,2005,20(4):564-571
[6] 李宣林. 独龙族传统农耕文化与生态保护[J]. 云南民族学院学报(哲学社会科学版). 2000,17(6):70-73
[7] Soil Science Society of America. SSSA statement on soil quality[N]. AgronomyNews, June 7, SSSA, Madison, WI. 1995
[8] 张桃林,潘剑君,赵其国. 土壤质量研究进展与方向[J]. 土壤,1999,31(1): 1-7
[9] 周健民. 新世纪土壤学的社会需求与发展[J]. 中国科学院院刊,2003,18(5): 348-352
[10] 徐建民,汪海珍. 土壤质量指标及评价体系研究进展[A]. 见: 面向农业与环境的土壤科学(综述篇)[C]. 北京: 科学出版社,2004:364-372
[11] 陈怀满. 环境土壤学[M]. 北京: 科学出版社,2005
[12] 曹志洪. 土壤质量演变规律与持续利用研究的进展[A]. 见: 面向农业与环境的土壤科学(综述篇)[C]. 北京: 科学出版社,2004:354-364
[13] 张维理,田哲旭,张宁,李晓齐. 我国北方农用氮肥造成地下水硝酸盐污染的调查[J] . 植物营养与肥料学报,1995,1(2)80-87
[14] 金相灿,等. 中国湖泊富营养化. 北京:中国环境科学出版社,1992
[15] 刘占锋,傅伯杰,等. 土壤质量与土壤质量指标及其评价[J]. 生态学报. 2006,26(3):901-908
[16] 张民,龚子同. 我国菜园土壤中某些重金属元素的含量和分布[J]. 土壤学报,1996,33 (1):85-93
[17} 崔玉亭. 化肥与生态环境保护[M]. 北京:化学工业出版社,2000
[18] 张孝飞,林玉锁,俞飞,等. 城市典型工业区土壤重金属污染状况研究[J]. 长江流域资源与环境,2005,14(4):512-515
[19] 丁爱芳,潘根兴. 南京城郊零散菜地土壤与蔬菜重金属含量及健康风险分析[J]. 生态环境,2003,12(4):409-411
[20] 郑海龙,陈杰,邓文靖,等. 城市边缘带土壤重金属空间变异及其污染评价[J]. 土壤学报,2006,43(1):239-245
[21] 孟飞,刘敏,史同广. 上海农田土壤重金属的环境质量评价[J]. 环境科学. 2008,29(2):428-433

Spatial planning of farmlands, crop planting and soil quality management in Beijing Municipals

ZHANG Fengrong

(College of Resource and Environmental Sciences, China Agricultural University Beijing, 100193)

Abstract With people's living standard reaching a higher level, people pay more and more attention to the environment and ecology, as well as scenery enjoying. The main functions of farmlands have been transferring to ecological and sightseeing functions from productive function in metropolis region. To realize multiply functions of agriculture, the farmlands should be put into the green space of the city spatial structure, and made it harmony with the city scenery; the spatial arrangement of crop planting also should be coincidence with the environment protection and farmland quality for sustainable and security production. For farmland management, high fertility may not be important; the fertility of soil should be kept in a suitable level that could not made water polluted. Concerning of food security, the citizens of metropolis put much attention to the soil pollution of farmlands. If the polluted soil could not be reclaimed, the removement engineering of polluted soil should be considered, or planted the crops that are not for eaten material production.

Key words farmland function, spatial planning, crop zoning, soil quality management, metropolis region

稻草还田对耕层土壤理化性状的影响研究

肖汉乾[3]　靳志丽[1]　梁文旭[2]

（1.中国烟草中南农业试验站，长沙　417000；2.永州职业技术学院，永州　425000）

摘要：在湖南永州对稻草翻压、稻草覆盖、地膜覆盖、不还田不覆盖进行了连续三年定位试验。结果表明，两种稻草还田方式均能改善土壤结构，稻草覆盖比稻草翻压的改土效果更为明显；稻草覆盖在烤烟生根期的保温作用不如地膜覆盖，烤烟进入旺长期以后，稻草覆盖土壤温湿度变幅较小，能够维持相对适宜的温湿度状况，而地膜覆盖及裸栽处理烤烟整个生育期土壤温湿度变幅较大，不利于烤烟生长。

关键词：稻草还田；耕作层；土壤；理化性状

湘南烟稻轮作区为一年两熟制，由于轮作周期短、作物单一、不合理的耕作制度等原因，致使土壤营养环境逐步变劣，这已经成为优质烤烟生产可持续发展的重要障碍因素，因此坚持改良土壤、培肥地力是提高烟叶质量、实现烤烟生产可持续发展的必要途径[1]。

高温干旱是烟草生长后期的主要障碍因子[2]。湘南烟区烤烟生长中后期气温普遍较高，特别在上部叶形成的成熟期，当地俗称的“火南风”使烟叶产生“高温逼熟”现象。因此需要寻找适宜的覆盖栽培模式来缓解这一现实矛盾。

稻草还田对补偿土壤有机质消耗、改良土壤、培肥地力有十分重要的作用[3]。近年来云南、福建等烟区对稻草等秸秆还田方式进行了一些探索，但缺乏对土壤营养状况和温湿度等理化性状方面全面、深入研究[4,5,6]。湘南烟稻轮作区稻草来源丰富，有必要针对该区的自然条件，开展稻草还田方式和覆盖仔培模式研究，为寻求优质烤烟可生产持续发展的有效途径提供理论依据。

1　材料与方法

1.1　试验地情况

2002—2004 年，连续三年在湖南省宁远、新田、兰山、江永、江华等县和永州烟科所试验基地的烟稻轮作区，开展定位试验，试验结果趋势一致，本文针对 2004 年永州基地的试验结果进行具体分析。供试土壤为红壤，田块平整，肥力均匀，排灌水便利，前作为晚稻。土壤基础肥力见表 1。

表 1　土壤基础肥力

有机质(g/kg)	全氮(g/kg)	全磷(P_2O_5)(g/kg)	全钾(K_2O)(g/kg)	碱解氮(mg/kg)	有效磷(P_2O_5)(mg/kg)	速效钾(K_2O)(mg/kg)
21.3	1.28	0.43	11.4	114	7.3	100

1.2　试验设计

采用单因子随机区组设计，4 个处理，T1：不覆盖、不翻压；T2：不翻压稻草、地膜覆盖；T3：稻草翻压（干稻草 6 000 kg/hm^2）、地膜覆盖；T4：稻草覆盖（干稻草 6 000 kg/hm^2），三次重复，小区面积 66.7 m^2。

1.3　田间管理

1.3.1　农事操作

供试烤烟品种为云烟 87，3 月 10 日移栽，移栽后立即覆盖地膜或稻草。T3 处理于晚稻收割后，将

120 kg稻草切成 10～15 cm 长，均匀撒于 3 个小区田面上，并翻耕入土深 15 cm，随后浅水浇灌，保持干湿交替。T4 处理在烟田施肥及移栽后，将 120 kg 的稻草均匀铺洒在 3 个小区垄面上，将垄土盖严，稻草压实，烟苗地上部分露出。地膜覆盖处理于 4 月 19 日上午揭膜培土。

1.3.2 施肥量及方法

各处理的施肥量一致，N：P_2O_5：K_2O=1：1：2.5，纯氮用量为 9 kg。供试肥料：过磷酸钙（$P_2O_5$13%）；硝酸铵（N34%）；硫酸钾（K_2O50%）。T1、T4 处理 50%的氮、40%的钾肥和 T2、T3 处理 60%的氮、50%的钾肥用作基肥，其余用作追肥，所有处理磷肥全部作基肥。基肥在移栽前穴施，硝酸铵在移栽当天穴施，追肥在移栽后的 20 d、35 d 和 45 d 施入，多雨天气追肥以开穴干施，干旱天气以开穴浇施，穴深 15～20 cm。

1.4 测定项目

整地施肥前及烟株杀秆后分别以小区为单位采集土壤多点混合样品，土壤理化性状分析按照文献[7]的方法。

从烤烟移栽当天开始每 10 天一次，取 0 cm～10 cm 土样，用烘干法测定土壤含水量。并在土深 0、5、10 cm处置入地温计，从烤烟移栽当天开始，分早（8 时）、中（14 时）测定地温，每隔 10 天观测一次。

2 结果与分析

2.1 对耕层土壤理化性质的影响

从表 2 来看，不进行稻草还田的 T1、T2 的土壤理化性状基本一致，稻草还田两处理 T3、T4 的土壤容重均低于 T1、T2，总孔隙度均高于 T1、T2。T3、T4 土壤容重分别低于 T2 7.3%和14.6%，总孔隙度分别高于 T2 10.4%和 21.9%。说明经过三年的稻草还田，土壤结构得到了明显改善，以 T4 作用更为明显，土壤容重与 T1、T2 的差异均达到显著水平。T3、T4 土壤有机质和全量养分有升高的趋势，土壤碱解氮稍高于 T1、T2，而有效磷、速效钾含量稍低，除碱解氮外，其余几项指标的差异均未达到显著水平。产生差异的原因特别是速效钾含量下降的原因还有待进一步研究。

表 2 各处理土壤理化性状

处理	土壤容重	总孔隙度（%）	有机质（g/kg）	全氮（g/kg）	全磷（P_2O_5）（g/kg）	全钾（K_2O）（g/kg）	碱解氮（mg/kg）	有效磷（P_2O_5）（mg/kg）	速效钾（K_2O）（mg/kg）
T1	1.66 a	38.45 ab	21.3 a	1.28 a	0.40 a	11.4 a	114 b	17.3 a	176 a
T2	1.64 ab	37.68 b	21.5 a	1.31 a	0.38 a	11.7 a	118 b	20.6 a	180 a
T3	1.52 bc	41.61 ab	21.7 a	1.38 a	0.42 a	11.9 a	123 ab	15.7 a	160 a
T4	1.40 c	45.95 a	23.5 a	1.44 a	0.48 a	11.9 a	133 a	14.2 a	160 a

注：各列数字后不同小写字母表示差异达 5%显著水平

2.2 对耕层土壤含水量的影响

灌水试验表明，不论在干旱还是湿润条件下，烟田的耗水量、耗水强度（单位面积的植物群体在单位时间内的耗水量）和耗水模系数（植物某一生育期耗水量占全生育期总耗水量的百分比）均为旺长期最大，成熟期次之，伸根期最小。研究结果表明不同生育期烤烟的适宜土壤水分相对含量（土壤含水量占田间最大持水量的百分比）为：伸根期 61.5%～62.7%，旺长期 80.5%～83.5%，成熟期 75.3%～80%[8]。从图 1 烤烟生育期连续检测结果来看，距地表 10 cm 深的耕作层，烤烟整个生育期各处理土壤相对含水量有较大变化，综合各影响因素，土壤相对含水量受气温和降雨量的影响更大。在揭膜之前的烤烟伸根期（3 月 10 日～4 月 19 日），对照 T1 相对含水量变幅较大，其他处理相对稳定，稻草覆盖还田的 T4 略低于 T2、T3。揭膜之后烤烟旺长和成熟期，各处理土壤水分受降雨量的影响变幅较大，稻草覆盖还田 T4 土壤含水量高于其他处理并处于相对适宜水平。由表 3 来看，距地表 20 cm 深的土层，各处理土壤水分动态变化规律和 10 cm 深处相似，仍以对照土壤水分变幅较大，稻草覆盖还田处理在烤烟生长中后期维持相对适宜的水分含量，相比之下，

20 cm深处土壤含水量比 10 cm 深处普遍提高。

表 3　烤烟整个生育期土层 20 cm 深土壤相对含水量(℃)

	3.21	3.31	4.10	4.20	4.30	5.10	5.20	5.30	6.9	6.19	6.29	7.9
T1	81.6	73.6	76.9	81.0	81.2	71.2	80.7	69.9	62.6	78.0	67.7	78.7
T2	79.6	80.3	84.5	82.0	81.1	79.1	81.3	70.6	66.4	69.1	68.6	79.3
T3	74.2	72.9	85.1	82.1	83.8	80.0	76.0	72.8	62.9	69.8	70.5	78.7
T4	84.5	75.2	83.6	80.5	87.6	88.2	80.5	77.1	64.1	68.4	71.7	79.2

注:第一行为土壤水分测定日期(月/日),以下同

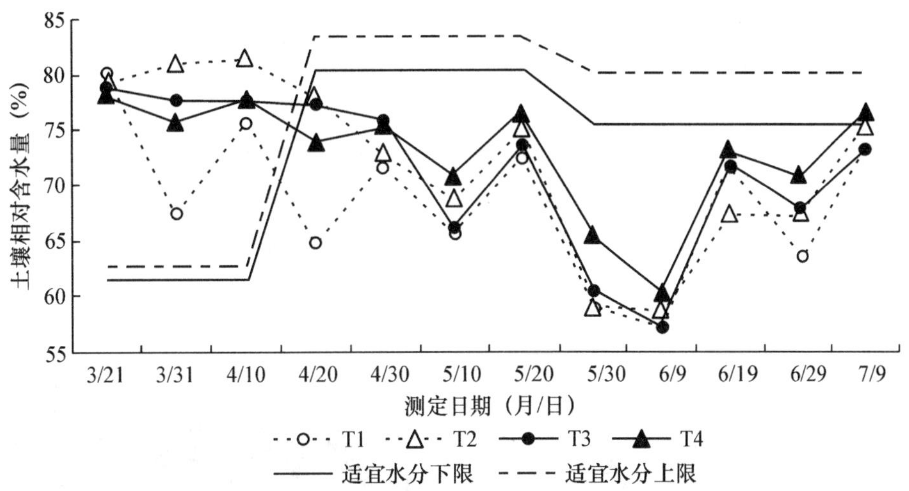

图 1　烤烟整个生育期土层 10 cm 深土壤相对含水量

2.3　对耕层土壤温度的影响

烤烟为喜热作物,大田生长期的适宜温度为 22～28 ℃,对温度条件的要求是前期较低。

中期最高,成熟期温度必须在 20 ℃以上,一般在 24～25 ℃下持续 30 d 左右最为有利[8]。

从图 2、3、4 和表 4、5 来看,烤烟整个生育期 5 个土层之间的温度变化规律性基本相似,同时随着土层的加深,土壤温度有缓慢降低的趋势,同时受外界气温的影响程度逐渐减弱,各时期处理之间的地温差异随土层加深而逐渐减小。揭膜之前的烤烟生根期(3 月 10 日～4 月 19 日),不同土层以地膜覆盖的 T2、T3 地温普遍高于 T1、T4,在午后 2 点表现较为明显。揭膜之后,烤烟旺长期(4 月 19～5 月 17 日)各处理地温基本一致。随烟株进入成熟期(5 日 17 日～7 月 14 日),各处理地温差异明显加大,随土层加深,处理之间温度差异逐渐减少,但规律性基本一致,均以 T1 为最高,T2、T3 基本一致而稍低于 T1,稻草覆盖的 T4 温度变幅较小,并且处于烤烟生长相对适宜水平。

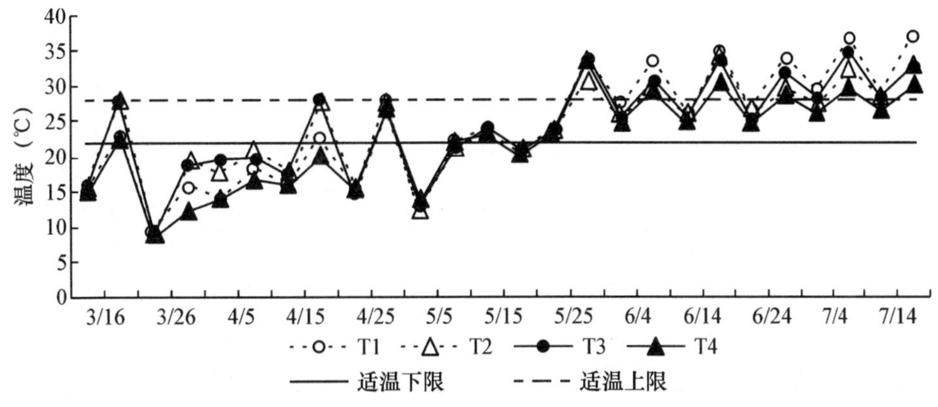

图 2　烤烟整个生育期地表土壤温度

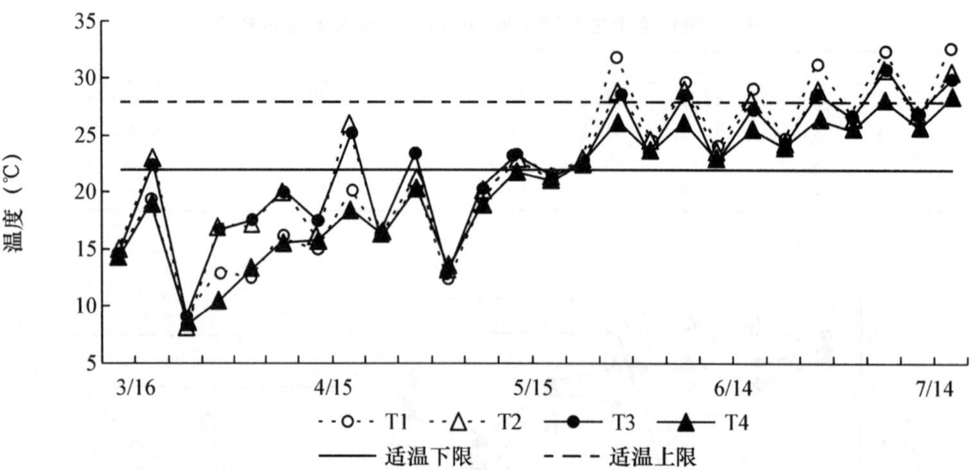

图 3 烤烟整个生育期各土层 5 cm 深土壤温度

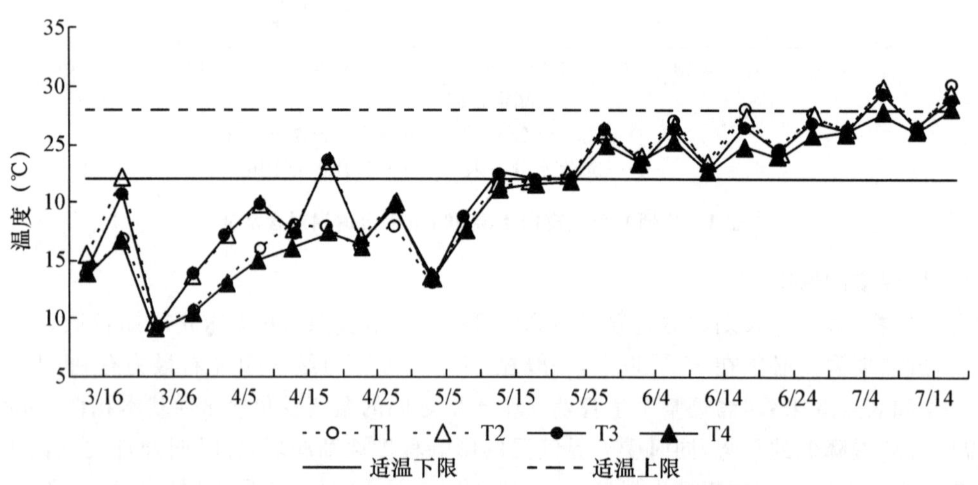

图 4 烤烟整个生育期各处理土层 10 cm 深土壤温度

表 4 烤烟整个生育期土层 15 cm 深土壤温度(℃)

	3/16		3/26		4/5		4/15		4/25		5/5		5/15	
	8:00	14:00	8:00	14:00	8:00	14:00	8:00	14:00	8:00	14:00	8:00	14:00	8:00	14:00
T1	13.7	15.1	8.6	9.3	13.5	15.1	16.1	17.1	17.1	18.1	13.6	16.1	21.1	21.6
T2	15.5	18.5	9.5	11.7	17.5	19.5	18.5	20.5	17.5	18.5	14.0	17.0	22.5	22
T3	14.5	18.1	9.7	11.7	17.9	19.7	18.7	21.5	17.2	18.2	14.2	17.7	22.5	22.2
T4	13.7	14.7	9.5	10.3	13.5	14.5	16.5	16.9	16.5	18.0	15.0	16.5	21.5	21.5

	5/25		6/4		6/14		6/24		7/4		7/14	
	8:00	14:00	8:00	14:00	8:00	14:00	8:00	14:00	8:00	14:00	8:00	14:00
T1	22.3	24.1	23.3	25.1	23.1	25.1	24.1	26.1	26.5	28.3	26.7	28.6
T2	22.5	24.5	23.5	25.5	23.3	24.5	24.5	25.5	26.3	27.5	26.5	27.8
T3	22.5	24.7	23.5	25.7	23.1	24.7	24.7	25.7	26.3	28.3	26.5	27.6
T4	22.5	23.5	23.1	24.1	22.7	23.5	23.9	24.9	25.9	26.5	26.1	26.8

表 5 烤烟整个生育期土层 20 cm 深土壤温度(℃)

	3/16		3/26		4/5		4/15		4/25		5/5		5/15	
	8:00	14:00	8:00	14:00	8:00	14:00	8:00	14:00	8:00	14:00	8:00	14:00	8:00	14:00
T1	13.1	13.7	9.7	8.9	13.9	13.9	15.9	16.5	17.4	17.9	14.4	14.9	20.9	21.6
T2	15.3	16.3	9.3	10.3	18.3	18.7	18.3	19.3	18.3	18.3	15.3	15.8	22.3	21.8
T3	14.1	16.5	9.5	10.5	18.5	18.9	19	19.5	18.5	18.5	15.5	16.5	22.3	22.0
T4	13.0	13.4	9.2	9.2	13.4	14.0	16.4	16.2	18.5	17.5	15.5	16.0	21.2	21.0

	5/25		6/4		6/14		6/24		7/4		7/14	
	8:00	14:00	8:00	14:00	8:00	14:00	8:00	14:00	8:00	14:00	8:00	14:00
T1	22.7	22.9	23.1	24.9	22.9	23.9	23.9	24.9	26.5	26.9	26.9	27.4
T2	22.3	23.3	23.8	24.3	23.1	23.5	24.3	24.3	26.5	26.7	26.7	27
T3	22.5	23.5	23.5	24.1	23.3	23.7	24.5	24.9	26.9	27.3	26.7	27.1
T4	22.0	23.0	23.0	23.6	23.0	23.0	24.0	24.6	26.8	26.8	26.3	26.8

湘南烟区烤烟上部叶扩展的成熟期，往往处于一年中的高温干旱季节[2]，导致上部叶难以充分开片，叶片厚、小，烟叶品质普遍不高。在烤烟旺长期和成熟期，烟田稻草覆盖均能维持相对适宜的土壤温湿度，这对烤烟根系活力的维持和中上部叶片扩展非常有利。而没有进行稻草覆盖的其他处理在烤烟旺长和成熟期土壤温湿度受环境条件的影响较大，温湿度状况不利于烤烟生长，特别是烤烟成熟期的晴天下午 2 时，0～5 cm 土层范围内普遍超过 28 ℃(烤烟生长适宜温度上限)的土壤温度，加速根系老化[8]，不利于烤烟上部叶充分开片。

3 结　论

1)烟田稻草翻压和覆盖均有改良土壤物理性状的作用，但稻草覆盖对土壤结构的改良作用效果更为明显；两种稻草还田方式对土壤营养状况的影响规律性较一致。

2)揭膜之前烤烟生根期，稻草翻压还田结合覆盖地膜，土壤温度高于稻草覆盖，短期内有利于烤烟的前期生长。揭膜后，烤烟整个旺长期和成熟期，稻草覆盖的土壤温湿度条件明显优于稻草翻压还田，表现为，土壤温湿度在这一时期变化幅度较小，而且有利于增加烟田湿度、平抑低温，有利于烤烟生长和烟叶充分成熟。

3)烟田稻草覆盖栽培作为湘南烟区稻草还田和覆盖栽培的有机结合，能够持续改良土壤、改善烟田温湿度条件，并且替代地膜后能够有效减少烟区大量的白色污染，促进烟区生产的可持续发展。

参考文献

[1] 赵其国，孙波，张桃林. 土壤质量与持续环境. Ⅰ. 土壤质量德定义及评价方法[J]. 土壤，1997，3：113-120
[2] 陆魁东，吴文信，黄虎辉. 湖南烟叶生长期主要灾害及防御对策[J]. 湖南烟草，2005，3
[3] 吴玉林. 稻草覆盖栽培技术与农业可持续发展[J]. 作物研究，2002，3：68-169
[4] 刘添毅、赖禄祥. 福建省植烟土壤改良技术应用初报[J]. 中国烟草学报，2003 年增刊：26-29
[5] 介晓磊，黄元炯，刘世亮，等. 河南平原区烤烟“前膜后秸”覆盖栽培效果初报[J]. 中国农学通报，2005，21(8)：148-152
[6]尚志强，张晓海，邵岩，等. 秸秆还田和覆盖对烤烟生长发育及品质的影响[J]. 烟草科技，2006，1：50-53
[7] 鲁如坤. 土壤农业化学分析方法[M]. 北京：中国农业科技出版社，1999
[8] 刘国顺. 烟草栽培学[M]. 北京：中国农业科技出版社，2003

The study on effect of straw returned to field on soil properties of physics and chemistry of topsoil

Xiao Han-qian[1], Jin Zhi-li[1], Liang Wen-xu[2]
(1. South Agricultural Experimental Station of China Tobacco, Changsha 417000;
2. Yongzhou Vocational Technical Institute, Yongzhou 425000)

Abstract In yongzhou of hunan, with fixed position plot trials, the effect of straw returned to field, straw mulching, film mulching, no mulching and no returning had been compared for series three years. The result showed that, two ways of straw returned to field improved the structure property of soil, yet the effect of treatment with straw mulching on soil structure property was better than the treatment with straw returned to field directly. The heat-preserved property of straw mulching was not as good as film mulching during root spreading stage of flue-cured tobacco. After the rosette stage of flue-cured tobacco, the temperature-humidity change range of soil was little and relatively fitting to tobacco growing with straw mulching. However, the temperature-humidity change range of soil was great and maked against growth of flue-cured tobacco with else treatment during whole procreating stage.

Key words straw returned to field; topsoil; soil; properties of physics and chemistry

高光谱遥测在精准农业之应用

王淑姿[1]　何素鹏[2]　申雍[1]

（1. 中兴大学土壤环境科学系，2. 中兴大学兽医学系）

摘要：高光谱影像可提供大面积区域近似连续分布之地表反射光谱资讯，极适合用于需探讨地表地物反射光谱之细微变化的遥测工作，例如于精准农业之应用。国家实验研究院仪器科技研究中心自制的高光谱影像仪适时提供了国内研发精准农业技术时所欠缺的影像资料，本研究以如何获取中兴大学位于台中县外埔乡之水稻精准农耕研究样区产量、重要生育性状、以及氮营养状态的空间分布图为例，说明高光谱遥测在精准农业上之应用。

关键词：高光谱影像；反射光谱；精准农业

0 前　言

典型植被的反射光谱可分成可见光区（400～700 nm）、近红外光区（700～1300 nm）、和中红外光区（1 300～2 500 nm）三大部分（图 1）。在可见光区，由于叶绿素 a、b 是叶片中主要的色素，而叶绿素 a、b 的主要吸收峰分别位于 430 nm 和 660 nm 以及 460 nm 和 630 nm，所以在蓝光段与红光段有较强之吸收，但在绿光段则有较强的反射（Guyot，1990）。在近红外光区，叶片色素与细胞壁对日射能量的吸收很少，但由于细胞和细胞间隙中空气的折射指数不同，产生散射的效应，因此造成植被的反射光谱在此波段呈现一个高台（plateau），且反射率的高低与叶片的解剖构造，诸如叶肉细胞的层次、大小、排列方式，以及细胞的内容物有密切的关系。在中红外光区，植被的反射光谱主要受叶片中水分含量的影响，尤其在 1 450、1 950、和 2500 nm 处，叶片中的水分会产生很强的吸收，因而道致反射光谱在此波段出现两个高峰。

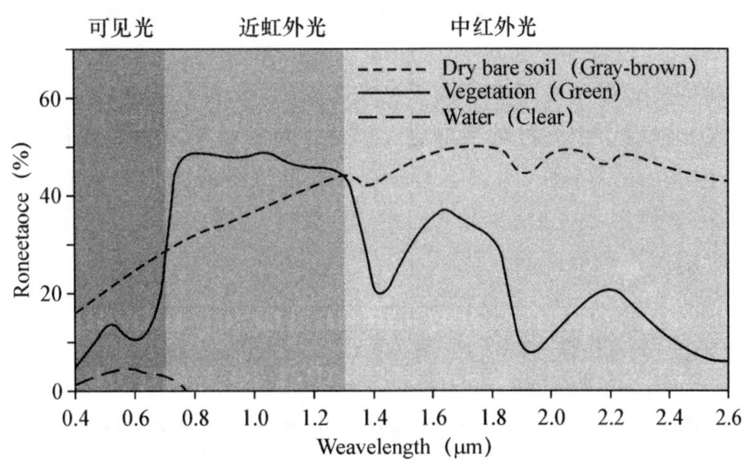

图 1　典型的地物反射光谱（取自 Lillesand and Kiefer，2000.）

依据上述对植被反射光谱之说明，可知作物反射光谱具有其独特的特征，可称为作物的特征光谱或光谱指纹，且会受生育阶段、土壤水分和养分之供应、病虫害等多种环境因素的影响。例如，受叶片细胞的排列结构的影响，阔叶树叶片在近红外波段的反射值高于针叶树叶片（Kalensky and Wilson，1975）；双子叶植物叶片的反射光谱高于单子叶植物（Sinclair et al.，1971）。当叶片老化时，由于叶绿素的崩解，可见光区的黄绿波段和红光段的反射值将增加，近红外光区的反射值将随细胞间隙增加而提高，中红外光区的反射值亦随叶片中水分减少而提高(Guyot,1990)。当干旱时,叶片之反射光谱因细胞膨压降低而有全域提高的现象(Thomas et al.,1971)。当氮缺乏时,叶片在可见光区的反射值会因叶绿素浓度降低而增加,但是在近红外光区的反射值将因细胞层数之减少而降低(Thomas and Oerther,1972;Blackmer et al.,1996)。Fe、S、Mg、Mn 等微量元素缺乏,叶片反射光谱将会产生明显之红位移现象(Masoni,1996)。病虫害则可能因道致叶片黄化、产生坏疽、或产生新色素等方式改变叶片的反射光谱(Guyot,1990)。植被的反射光谱除受叶片反射光谱的影响外,尚与植丛的型态与结构(Kimes,1984;Verhoef,1984;Jackson and Pinter,1986;Goel,1988;Lee et al.,2007)、背景土壤之反射光谱和植被的覆盖率(Huete,1987;Maas,1998)等因素有关。

就农业之应用而言,由于影响田间作物生产的关键期为时甚短,且作物的生长性状不仅依生育阶段,且亦受环境影响而呈现动态的变化。因此必须能及时提供田间作物生育、营养状态、病虫害、产量、土壤性质与肥力状态等各种有关生长及可影响生长之环境因素的空间分布资讯,作为进行精准施肥、喷药等田间管理措施之依据,才可能有效提高施肥和喷药的经济效益,并达到减少农业生产过程中产生的非点源污染,以及维护生态环境的积极意义(Blackmore et al.,1995;Castelnuovo,1995;Pierce and Sadler,1997)。目前农业界对于作物栽培、土壤与肥培管理、病虫害防治等不同专业之知识与技术已有相当程度之掌握,较为欠缺的则是相关知识与技术的整合,其中尤如何能夠快速且准确的鑑别并区分出田间作物生长性状、营养状况、和土壤限制因数的空间分布,并据以规划出田间作物的管理组图,是当前「精准农业」多种面向研究中最关键的技术(申,2001)。「遥感探测」利用非直接接触的方法进行地物性状的测定,能快速进行田间大面积的调查,不仅可以达到及时提供所需资讯的要求,并可节省所需的时间、经费、和人力,因此遥测技术将成为绘制「精准农耕」所需之田间作物性状空间分布图的最佳工具。

但是,「精准农业」中所要求的遥测技术,并非遥测影像的地表型态之分类工作而已,必须进一步设法利用植被的反射光谱间接推测作物的生育性状,亦即必须有适当的遥测模式才能将植被的反射光谱资讯转化成所需的物理量。国内自 2000 年开始有系统的进行精准农业相关研究以来,在遥测技术之研发方面,除利用掌上型高光谱仪系统性的累积地真反射光谱资料外,也已逐步利用收集的地面反射光谱研发出可鑑别水稻氮营养状态(申等,2000;Lee et al.,2008)和产量(Chang et al.,2005;章等,2006)的遥测模式。但是国内经常使用之资源卫星或航测飞机并无法提供必需之高光谱影像,国外虽已开发出可装设于飞机上的高光谱影像拍摄系统,但由于价格昂贵并未引进国内,因此国内许多需要应用高光谱影像进行的精准农业研究工作乃遭遇瓶颈。

国家实验研究院仪器科技研究中心开发的高光谱仪于 2004 年自制成功,适时提供了实施精准农业所需的高光谱影像。目前中兴大学在台中县外埔乡濒临大甲溪河畔选择有一整块面积约 200 公顷的水稻田区作为进行精准农业相关研究的样区之|(图 2),以下乃分别就获取该样区水稻产量和重要生育性状参数之空间分布图的详细步骤,以及配合应用 Lee et al.(2008)模式所产生之样区水稻的氮营养状态空间分布图,对高光谱遥测在精准农业之应用作一简单说明。

1 水稻产量与重要生育性状参数遥测模式之推道

即使采用相同的管理措施,田间作物的生育表现常受土壤性质之影响(Dobermann et al.,1994;1995),因此道致田间作物生长和产量具有空间分布不均的现象。如何由田间作物的遥测影像,快速且精确的掌握田间作物生长与土壤性质之空间变異特性,尤其是产量、株高、槁重、和产量构成要素(穗数、每穗粒数、稔实率、千粒重)等重要生育性状参数在田间的空间分布图,以利间接推测土壤的性质,或协助判释土壤性质的空间分布特性,是实施精准农耕的基础。

本研究以外埔水道精准农耕样区主要栽种的台农 11 号为例,说明如何利用高光谱影像进行水稻产量与其他重要生育性状参数遥测模式推道之重要项目与步骤,这些项目与步骤可同样适用于未来其他需应用高光谱影像仪将植被反射光谱资讯转化成所需之物理量的研发工作。

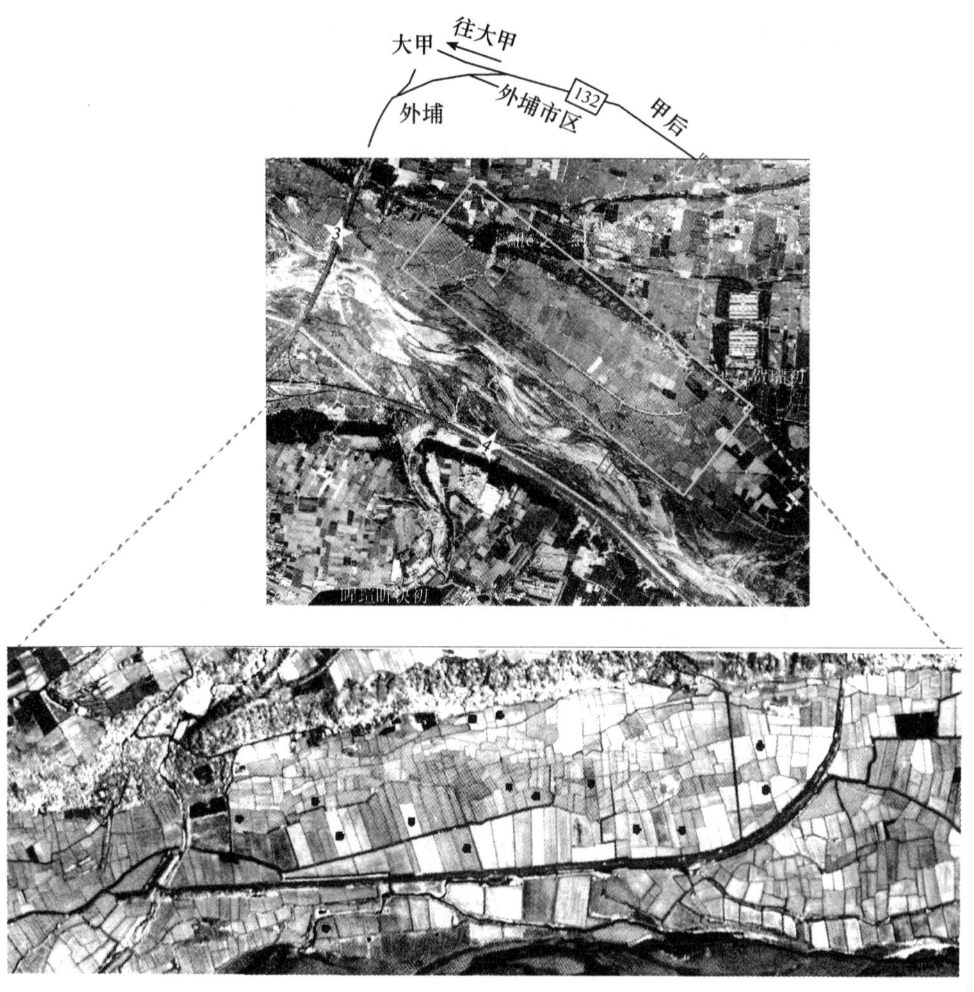

图 2 外埔试验样区及地真调查样点位置分布图

1.1 地真资料收集

正确的地真资料是建立所需之遥测推估模式的基础，本研究于样区内种植台农 11 号的 15 处采样点(图 2)，于收获时(1996/06/13)采集所需样本进行产量和生长特性的调查分析(表 1)。除株高分布范围界于平均值±1 倍标准差外，其他项目的分布范围都界于平均值±(1.5～3.0)倍标准差内，显示出田间水稻生长确实呈现有空间分布不均的现象。

表 1 外埔水稻精准农耕样区台农 11 号产量与生长性状调查结果叙述统计

	产量 (g/plant)	株高 (cm)	槁重 (g/plant)	穗数	每穗粒数	稔实率 (%)	千粒重 (g)
最小值	13.5	94.0	31.6	22.2	62.8	28.5	6.3
最大值	40.1	113.8	51.5	53.9	115.9	88.1	18.9
平均值	29.9	105.5	39.1	28.4	87.3	64.9	14.7
标准误差	6.7	5.4	6.2	7.4	17.8	15.2	3.4
变異数	44.5	29.5	39.0	54.1	316.9	232.6	11.5
峰度	1.5	0.4	−0.6	12.2	−1.4	0.9	1.2
偏态	−0.7	−0.7	0.5	3.3	0.4	−0.7	−1.1
样本数	15	15	15	15	15	15	15

1.2 高光谱影像拍摄

地真调查通常因牵涉到人员和器材的调配安排，因此调查日期通常不易变更，然而影像拍摄日期则常需视天气状况而机动调整，因此影像拍摄日期通常无法与地真调查日期相同。此外，作物植被反射光谱的动态变化速度很快(图3)，因此除非有特殊的理由，否则在建立推估作物植被相关物理量的遥测模式时，应该取植被反射光谱动态变化幅度较小的时段，才容易获得适用性较广的遥测模式。因此进行高光谱影像拍摄前，必须依研究目标选择适当拍摄时机。对水稻而言，通常会选择在最大分蘖期至抽穗期之间进行影像拍摄工作，主因此时段水稻植被反射光谱的动态变化幅度最小，且此时段涵盖水稻营养生长的末期及生殖生长的初期，属于水稻生长最为旺盛的时段，不仅植被已完全覆盖田区，叶片也多属于完全展开的状态，植被反射光谱应该含有充分的资讯可供解读。而且，田间土壤若有限制因数存在，应该已有相当之影响时日可供显现。本研究所用影像的拍摄日期为96年5月15日，当时样区内多数水稻正处于幼穗形成阶段。

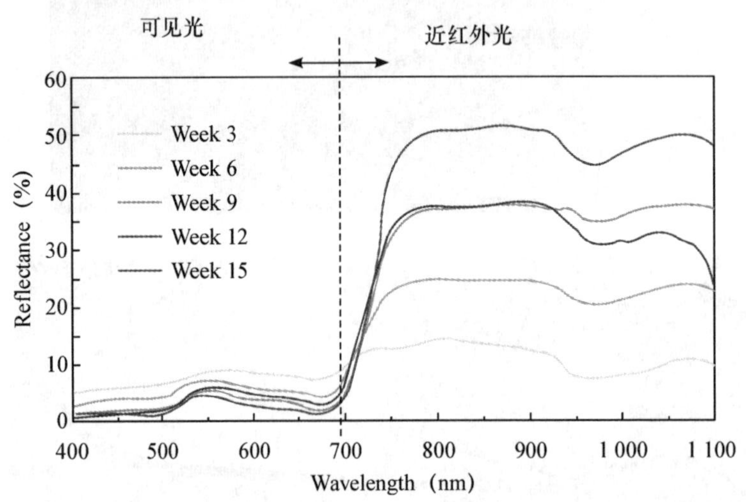

图3 不同生育时期水稻植被反射光谱之变化

1.3 遥测影像处理

由于仪科中心自制的高光谱仪系采用線性扫描(Line Scan)方式取样，影像常因飞机飞行姿态变化而呈现扭曲的现象，利用仪科中心所提供之影像几何和光辐射度校正程式已可初步修复扭曲变形的部分，惟该程式仍还有改进的空间。

经过几何和光辐射度校正后的影像仍需再进行大气改正和反射率计算的校正作业。本研究于样区内选择适当的地表(如农路、水塘、……)约10点作为进行大气改正和计算影像中各像元反射率的控制点，利用可攜式光谱仪进行地真反射光谱测定。再由影像中找出对应于各控制点的灰度值资料，以Empirical Line法(Chavez,1996)将影像中各像元每一波段的灰度值都转成对应的反射率。经大气改正和反射率校正后由550 nm(B)、660 nm(G)、和880 nm(R)三波段所组成的样区彩色红外線图则如图4所示。

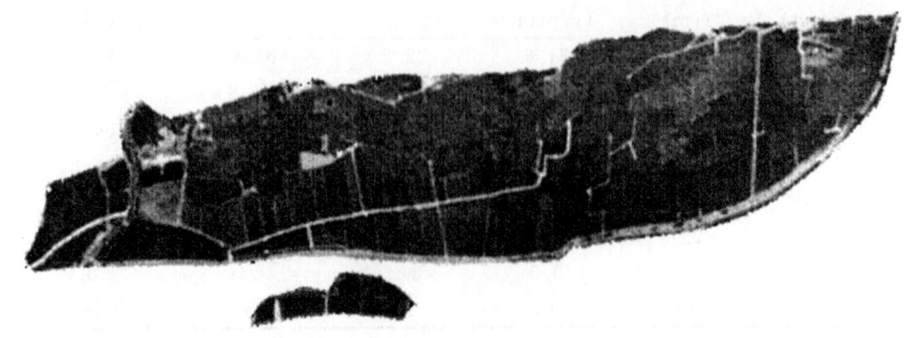

图4 外埔样区2007/05/15彩色红外線图

1.4　统计模式推道

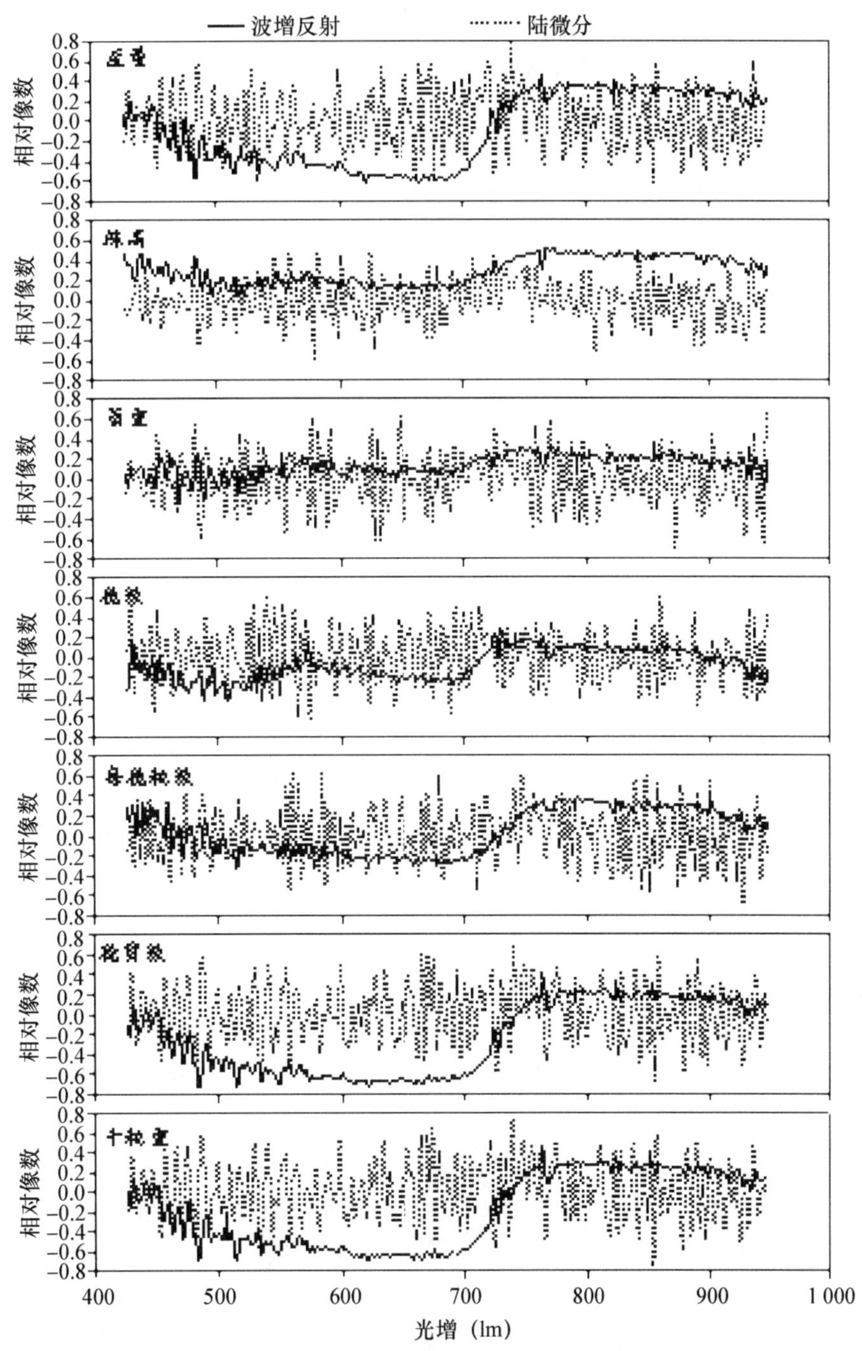

图 5　产量和生育性状与波谱反射值和一阶微分值间的相关分布图

先依据水稻地真资料采样定位资料，由已转换成反射率之影像中选取与采样点位置相同的像元，取得建模所需之对应的水稻植被反射光谱地真资料。由于高光谱影像的波谱数多且呈近似连续的分布，因此除原始的波谱反射数据外，尚可对波谱进行一阶微分以放大波谱上的细微变化，并去除土壤背景干扰。本研究产量和各重要生育性状与植被反射光谱之反射值和一阶微分值间的相关关系如图 5 所示，利用统计上的逐步迴归法(Stepwise Regression)即可筛选出建模最适的自变数组合。虽然增加自变数数目可以获得很高的 R2 值，但为使模式具有通用性，因此建模时不宜追求太高的 R2 值，并应尽量避免以一阶微分值为自变数，以减少因一阶微分将影像杂讯放大而产生的不合理误差。表 2 列出本研究针对产量、株高、槁重、穗数、每穗粒数、稔实率和千粒重等生育性状，以逐步廻归法筛选出的推估模式自变数组合和 R2 结果。

表 2 应用高光谱资讯推估水稻产量与生育性状之模式

项目	模 式	R^2
产量	$Y=-16.34R_{664}+16.56R_{511}+11.56$	0.74
株高	$Y=5.15R_{774}-10.59R_{841}+7.76R_{874}+45.31$	0.71
槁重	$Y=5.29R_{771}-3.62R_{900}-2.50R_{943}+11.99$	0.73
穗数	$Y=-10.33R_{489}+28.74R_{573}-19.20R_{549}+11.83$	0.73
每穗粒数	$Y=31.97R_{790}-41.79R_{865}+32.07R_{924}-20.22R_{946}-2.84$	0.84
稔实率	$Y=-33.01R_{485}+18.89R_{477}+167.47$	0.82
千粒重	$Y=-8.40R_{621}+6.07R_{523}+30.18$	0.72

注：R 为反射值

2 样区水稻产量与产量构成要素之空间分布

结合表 2 的模式和 2007/05/15 拍摄之高光谱影像，即可产生试验样区中水稻产量和生育性状的空间分布图(图 6)。为便于辨识，各分布图皆分为四个等级，数值由小至大，分别以红、黄、绿和蓝色展示。由产量和各生育性状的分布图可知，各像点分类等级以黄色和绿色为主，其数值多分布在表一敘述统计所列的平均值附近。极端值的分布范围分别大于和小于表一所列之最大和最小值，其数值亦属合理。整体而言，图 6 显示样区內水稻产量和生育性状具有明显之空间分布差異。但除了千粒重外，其他生育性状和产量还呈现条状分布的现象，且線条分布方向与飞机飞航方向相同，此现象似乎不可能是由于田间土壤或栽培管理的因素所造成，但也不存在于各波段的影像中(图 4)，因此似乎也不可能是由修复原始扭曲变形影像之几何和光辐射度校正程式所造成，真正的原因仍有待深究。

氮肥是提高和稳定水稻生产最重要的肥料，但也是最不容易正确施用的肥料，因为即使水稻在生育期中吸收有等量的氮素，但由于吸收的时期不同，稻株的型态和产量构成要素常常不同，产量也随之变动。由于很难以目视方法正确判别稻株的氮营养状况，采用植体化学分析则缓不济急，因此唯有利用以幼穗形成期植被反射光谱在 735 nm的一次微分值(dR/dλ | 735)为自变数建立稻株氮营养遥测模式(Lee et al. ,2008)，搭配机载高光谱仪所获得之影像，方可快速绘出田间稻株氮营养状态的空间分布图，提供做为田间穗肥精准施用的依据。

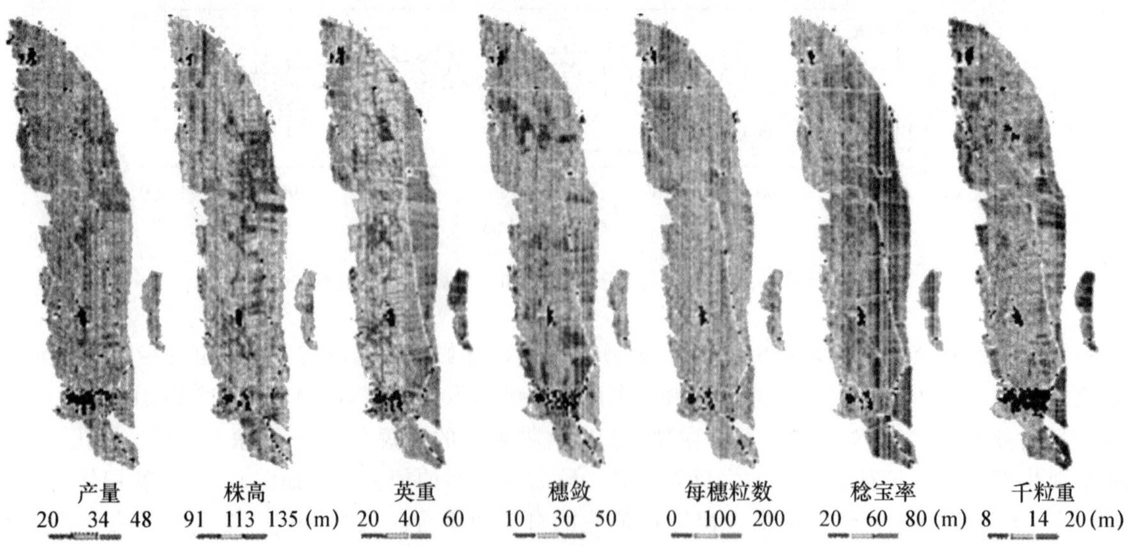

图 6 外埔样区水稻产量和重要生育性状参数空间分布图

图 7 为利用 Lee et al.(2008)模式产生之氮营养分布图,显示样区之氮营养含量主要分布于 1.8～3.6%,氮含量以六分种苗附近相对较高。现地访查发现,该区域之灌溉引水部分源自山之地下水,大部分源自大甲溪引水。该区域主要有 2 处灌溉沟渠,其中灌溉沟渠 1 之上游处有鱼塭、养鸭场和养豬场分布,水中硝酸盐含量较灌溉沟渠 2 高,如根据 2007/06/13 和 2007/07/03 采集分析,灌溉沟渠 1 硝酸态氮含量为 7.65 mg/L,而灌溉沟渠 2 则为 3.31 mg/L,但农民卻施用相同量的肥料,因此引用灌溉沟渠 1 之田区的稻株氮含量较引用灌溉沟渠 2 之区域为高。

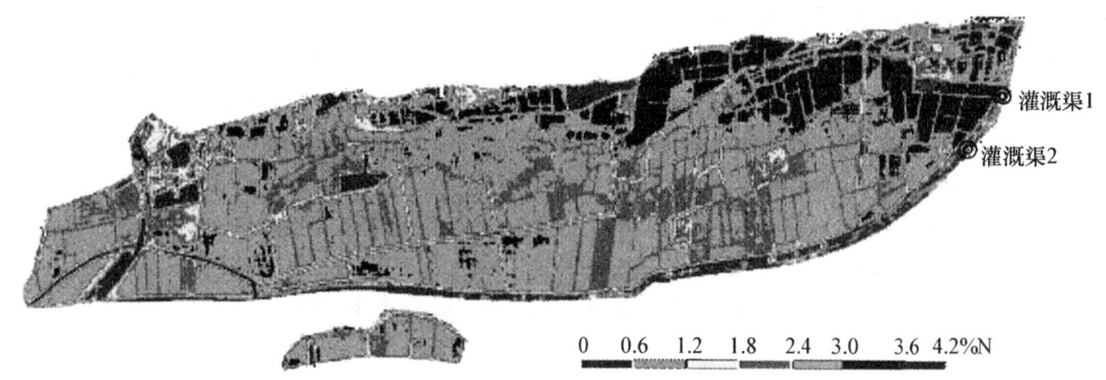

图 7 外埔样区稻株体内 N 含量空间分布图

若比对氮含量(图 7)和产量及生育性状(图 6)之空间分布图,引用灌溉沟渠 1 之田区,由于氮素营养供给多,虽然株高、槁重和每穗粒数相对较多,但是其稔实率卻相当差,对于产量和米质而言是相当不利的。因此引用该灌溉沟渠水源之农田,其氮肥用量应适当减量,以避免因氮营养过高所造成的伤害,不仅可以减少肥料的支出,亦能降低对环境与生态的毒害(Follett and Hatfield,2001;Galloway and Cowling,2002),进而达到精准农业提高生产、保护环境的目标(Pan et al.,1997;Pampolino et al.,2007)。

3 结 语

高光谱影像较多光谱影像能供给足夠的变数以建立必要之遥测推估模式,得以绘制田间水稻产量、株高、槁重、产量构成要素(穗数、每穗粒数、稔实率、千粒重)、和氮营养状态等重要生育性状参数之空间分布图,不仅方便研究者进Ⅰ步探讨形成空间分布变異的原因,并有助于田区实际操作之栽培管理措施的改良运用。

国家实验研究院仪器科技研究中心自制的高光谱影像仪,已能初步满足国内精准农业研究对高光谱影像的迫切需求,未来应还可进一步扩及如田间病虫害发生状况、重金属污染农地检测等国内有迫切需要,但尚无法有效进行大面积侦检的农业相关应用领域。

参考文献

[1] 申雍.罗正宗,郑世朋.2000.稻株氮营养状况遥测技术之建立.中华农业气象,7:23-32

[2] 申雍,2001,第八章精准农业体系整合应用.「精准农业」pp.186-203。陈俊明主编.中兴大学农学院农业自动化中心出版

[3] 章国威,王淑姿,申雍,罗正宗,黃鼎名,蔡和霖.2006。应用多光谱航照影像预估水稻产量之研究。航测及遥测学刊 11:27-38

[4] Blackmer,T. M.,J. S. Schepers,G. E. Varvel and E. A. Walter-Shea. 1996. Nitrogen deficiency detection using reflected shortwave radiation from irrigated corn canopies. Agron. J. 88:1-5

[5] Blackmore,B. S.,P. N. Wheeler,J. Moris,R. M. Moris and R. J. A. Jones. 1995. The role of precision

farming in sustainable agriculture: A European perspective. In: Site-Specific Management for Agricultural Systems. Robert, P. C. , R. H. Rust and W. E. Larson (eds.). p. 777-793. ASA, CSSA, SSSA

[6] Castelnuovo, R. 1995. Enviro nmental concerns driving site-specific management in agriculture. In: Site-Specific Management for Agricultural Systems. Robert, P. C. , R. H. Rust and W. E. Larson (eds.). p. 867-880. ASA, CSSA, SSSA

[7] Chang, K. W. , Y. Shen, and J. C. Lo. 2005. Predicting rice yield using canopy reflectance measured at booting stage. Agron. J. 97: 872-878

[8] Dobermann A. , J. L. Gaunt, H. U. Neue, I. F. Grant, M. A. Adviento and M. F. Pampolino. 1994. Spatial and temporal variability of ammonium in flooded rice field. Soil Sci. Soc. Am. J. 58: 1708-1717

[9] Dobermann A. , M. F. Pampolino and H. U. Neue. 1995. Spatial and temporal variability of transplanted rice at the field scale. Agron. J. 87: 712-720

[10] Follett, R. F. and J. L. Hatfield (eds). 2001. Nitrogen in the Enviro nment: Sources, Problems, and Management. Elsevier

[11] Galloway, J. N. and E. B. Cowling. 2002. Reactive nitrogen and the world: 200 years of change. Ambio 31: 64-71

[12] Guyot, G. 1990. Optical properties of vegetation canopies. In: Applications of Remote Sensing in Agriculture. Steven, M. D. and J. A. Clark. (eds.) p. 19-43. Butterworths

[13] Goel, N. S. 1988. Models of vegetation canopy reflectance and their use in estimation of biophysical parameters from reflectance data. Remote Sensing Rev. 4: 1-222

[14] Huete, A. R. 1987. Soil dependent spectral response in a developing plant canopy. Agron. J. 79: 61-68

[15] Jackson, R. D. and P. J. Pinter, Jr. 1986. Spectral response of architecturally different wheat canopies. Remote Sens. Environ. 20: 43-56

[16] Kalensky, Z. and D. A. Wilson. 1975. Spectral signature of forest trees. Proc. 3rd. Can. Symp. Remote Sensing. p. 155-171

[17] Kimes, D. S. 1984. Modeling the directional reflectance from complete homogeneous vegetation canopies with various leaf-orientation distributions. J. Opt. Soc. Am. 1: 575-588

[18] Lee, Y. J. , C. M. Yang, and Y. Shen. 2007. Changes in leaf internal structure of rice plants to application of varied rates of nitrogen fertilizer. Crop, Enviro nment & Bioinformatics. 4: 119-128

[19] Lee, Y. J. , K. W. Chang, J. C. Lo, and Y. Shen. 2008. Field Test of the Simple Spectral Index using 735 nm in Mapping of Nitrogen Status of Rice Canopy. Agron. J. 100: 205-212

[20] Lillesand, T. M. and R. W. Kiefer. 2000. Remote Sensing and Image Interpretation. (4th ed.) John Wiley & Sons, Inc

[21] Masoni, A. , L. Ercoli and M. Mariotti. 1996. Spectral properties of leaves deficient in iron, sulfur, magnesium, and manganese. Agron. J. 88: 937-943

[22] Maas, S. J. 1998. Estimating cotton canopy ground cover from remotely sensed scene reflectance. Agron. J. 90: 384-388

[23] Pan, W. L. , D. R. Huggins, G. L. Malzer, C. L. Douglas, Jr. and J. L. Smith. 1997. Field heterogeneity in soil-plant nitrogen relations: Implications for site-specific management. In: The State of Site Specific Management for agriculture. Pierce, F. J. and E. J. Sadler (eds.). p. 81-99. ASA, CSSA, SSSA

[24] Pampolino, M. F. , I. J. Manguiat, S. Ramanathan, H. C. Gines, P. S. Tan, T. N. Chi, R. Rajendran, and R. J. Buresh. 2007. Enviro nmental impact and economic benefits of site-specific nutrient management (SS nm) in irrigated rice systems. Agricultural Systems 93: 1-24

[25] Pierce, F. J. and E. J. Sadler (eds.). 1997. The State of Site Specific Management for Agriculture. ASA, CSSA, SSSA

[26] Sinclair, T. R., R. M. Hoffer and M. M. Schreiber. 1971. Reflectance and internal structure of leaves from several crops during a growing season. Agron. J. 63:864-868

[27] Thomas, J. R., L. N. Namken, G. F. Oerther and R. G. Brown. 1971. Estimating leaf water content by reflectance measurements. Agron. J. 63:845-847

[28] Thomas, J. R. and G. F. Oerther. 1972. Estimating nitrogen content of sweet pepper leaves by reflectance measurements. Agron. J. 64:11-13

[29] Verholf, W. 1984. Light scattering by leaf layers with application to canopy reflectance modeling: the SAIL model. Remote Sensing Environ. 16:125-141

Applications of Hyperspectral Imager on Precision Agriculture

Wang Shu-zi[1], He Su-peng, Shen Yuan

Department of Soil and Enviro nmental Sciences, National Chung Hsing University

Hyperspectral imager provide7s nearly continuous reflectance spectrum of ground surface for large areas. This makes it particularly suitable for remote sensing studies that require to delineate minor changes in reflectance spectrum, such as applications in precision agriculture. The hyperspectral imager, ISIS, made by ITRC of NARL supplied the needed image data for researchers in Taiwan to develop the technologies for precision agriculture. In this study, the applications of hyperspectral imager on precision agriculture were illustrated by obtaining the spatial distribution of yield, important growth characteristics, and nitrogen status in a precision rice cultivation site, located in Taichung county, of NCHU.

Key Words Hyperspectral Image, Reflectance Spectrum, Precision Agriculture.

果园土壤养分动态的分析*
——以北京市平谷区为例

孔祥银[1]　高如泰[2]　何跃东[1]　任慧勤[3]　陈清[3]　黄元仿[3]　贾小红[4]

(1.北京平谷区农业科学研究所，北京　101200；2.河北农业大学资源与环境科学学院，保定　071001；3.中国农业大学资源与环境学院，北京　100193；4.北京市土肥工作站，北京　100029)

摘要：本文以北京市平谷区为例，探讨25五年来，种植业结构变化对果园土壤养分状况的影响。结果表明：果园种植面积从1980年的6217.76 hm^2 发展到2005年的13 369.26 hm^2，占农用地面积的52.2%。园地氮、磷(P_2O_5)和钾(K_2O)投入养分养分量分别为1,000.3、599.8和539.7 kg/hm^2，园地氮磷钾元素的总体投入水平都表现出不同程度的盈余，多投入N、P_2O_5、K_2O养分分别为806.0、522.6、281.2 kg/hm^2，N、P_2O_5、K_2O养分平衡指数分别为5.15、7.77、2.09，均过量现象严重。平谷区桃园土壤养分上升快，土壤有机质含量平均增加3.68 g/kg，增幅为31.10%；桃园土壤有效磷含量平均增加了45.49 mg/kg，增幅高达195.50%；桃园土壤速效钾总体含量平均增加了19.60 mg/kg，增幅为9.45%。随着种植年限加长，土壤养分含量越高。

关键词：种植结构；土壤养分；果园种植系统

土壤养分含量是土壤肥力、土壤生产力的重要基础，土壤肥力的变化对农业可持续发展具有直接影响。包括田间管理措施在内的人为因素是影响土壤养分含量变化的重要因素，自20世纪80年代以来，随着农业集约化程度的不断提高和农业种植结构的调整，由于不同作物的经济效益存在很大差别，生产者对不同种植体系下的养分投入也有很大差异，导致不同种植体系间土壤养分含量产生一定的变化。种植结构变化意味着种植业生产方式和土壤资源利用方式的变化，必然会引起土壤养分等土壤资源环境状态的变化，研究种植结构变化对土壤养分的影响在理论上和实践上具有重要意义[1-6]。

近30年来，平谷区的种植结构发生了很大的变化，菜地的种植面积比例有所增加。本文从种植结构调整的角度，研究菜地土壤养分变化的特点和主要影响因素，为该区为科学调整种植结构，合理利用土壤资源和农业可持续发展提供科学依据。

1　研究方法

1.1　样点布设

土壤样本的采集是运用GPS技术，采用间距为400 m的方形格网与土地利用现状图(只选择农用地，包括耕地和园地)叠加，确定交叉样点。同时，在网格采样的基础上，根据土壤类型、控制面积、土地利用类型、农业种植结构调整、优势农产品区域布局、水源保护区分布情况等因素，并参照第二次土壤普查样点分布图和剖面位置记载表，进行分层抽样。在平谷区布设采集点1 156个，其中园地布点729个，样点采集深度为0～20 cm。采样时间为大华山镇在2004年4～6月，其他乡镇在2005年4～6月。

1.2　调查内容

在采集土壤样本的同时，针对农田管理措施和经营状况进行了农户调查。调查点通过布点形成的经纬

* 基金项目：北京自然科学基金项目(6072017)；国家科技支撑计划(2006BAD10A01)；国家高技术研究发展计划(863计划)项目(2008AA10Z216，2006AA10Z224)和教育部新世纪优秀人才支持计划(NCET-06-0107)

度确定的农户484个地块，调查内容包括：样点的地理位置、立地条件及地块的权属；样点所在地块全年生产管理情况，包括土地利用方式（果园、粮田、菜地）以及不同利用方式下的种植制度、作物品种、施肥状况、种苗投入、农药使用、各类肥料施用量、农机投入、农膜或套袋投入、水利设施、灌溉水源、灌溉投入、劳动力投入、种植面积和亩产量、销售价格以及对种地的满意程度等。调查中，以GPS仪器确定并记录调查点的地理坐标和海拔高程。

1.3 分析测定办法

土壤基础五项指标：样品风干处理后进行土壤有机质、全氮、碱解氮、有效磷、速效钾等指标分析。土壤有机质采用重铬酸钾容量法；全氮采用半微量凯氏法；碱解氮采用碱解扩散吸收法；有效磷采用0.5 mol/L的$NaHCO_3$浸提一分光光度法（Olsen法）；速效钾采用醋酸铵浸提火焰光度计法。

土壤微量元素含量：有效铜、有效锌、有效铁、有效锰等采用DTPA提取一原子吸收光谱法分析。

1.4 养分投入计算

养分投入量＝有机肥养分投入量＋化肥养分投入量（氮磷钾）

其中，

化肥养分投入量＝（基肥化肥量＋追肥化肥量）× 氮磷钾养分含量

有机肥养分量＝有机肥用量×有机肥养分含量

不同有机肥养分含量见表1。有机肥养分数量按照1方鲜基有机肥重1 000 kg，1方干基有机肥重600 kg计算。

表1 有机肥养分含量

Table 1 Nutrient content of different manures in the survey

有机肥种类 Manure	鲜基(%) Fresh weight basis			干基(%) Dry weight basis		
	N	P_2O_5	K_2O	N	P_2O_5	K_2O
鸡粪	1.03	0.95	0.86	2.14	2.01	1.83
猪粪	0.55	0.56	0.35	2.04	1.87	1.30
牛粪	0.38	0.22	0.28	1.56	0.88	1.08
羊粪	1.01	0.50	0.64	1.97	1.05	1.54
马粪	0.44	0.31	0.46	1.35	0.99	1.50
鸭粪	0.71	0.83	0.66	1.64	1.80	1.51
猪圈肥	0.38	0.36	0.36	0.93	1.01	1.14
牛栏粪	0.50	0.30	0.86	1.30	0.74	2.18
羊圈肥	0.78	0.35	0.89	1.26	0.62	1.60
堆肥	0.35	0.25	0.48	0.64	0.49	1.26
有机肥	0.69	0.56	0.54	1.78	1.43	1.46
厩肥	0.55	0.34	0.70	1.16	0.79	1.64

数据来源：中国农业技术推广服务中心编著《中国有机肥料养分志》

Sources: "Chinese Organic fertilizer Nutrient records" compiled by the China agricultural technology extension service center

1.5 养分平衡指数计算

根据养分平衡方法，养分盈余量＝养分投入量－养分吸收量，养分平衡指数＝养分投入量/养分吸收量，其中养分吸收量＝产量（kg/hm^2）/1 000×每形成1 000 kg商品作物所需要的养分量，计算需要的产量数据通过调查获得，形成100 kg桃获带走氮、磷（P_2O_5）、钾（K_2O）量为为0.5、0.2、0.7 kg。

2　结果与分析

2.1　平谷区种植业结构调整情况

根据北京市国土资源局平谷分局公布的2004年土地利用现状统计数据显示，全区土地总面积95 012.8 hm^2，农用地总面积71 292.9 hm^2，占全区土地总面积的75%，土地利用类型以林地、园地、耕地为主，三者面积之和占全区农用地总面积的95%，占全区土地总面积的71%。按照2004年平谷区1∶10 000土地利用图的图斑面积统计，总研究面积25 596.81 hm^2。其中桃园面积13 369.26 hm^2，占总研究面积的52.2%，主要分布在中低山区。

根据平谷区1980年土地利用现状统计数据，当时农用地面积40 253.42 hm^2。其中，园地面积为6 217.76 hm^2（含果粮间作农地5 098.53 hm^2），占农用地面积的15.4%；2004年的果园比例相对于1980年增加了2.4倍。

为探讨种植结构调整对土壤肥力变化的影响，本文进一步对种植结构调整过程中农用地利用方式（园地、菜地、粮田）的变化情况进行分析。图1是将2004年和1980年的平谷区土地利用现状图的农用地部分进行叠加得到的种植结构调整图。

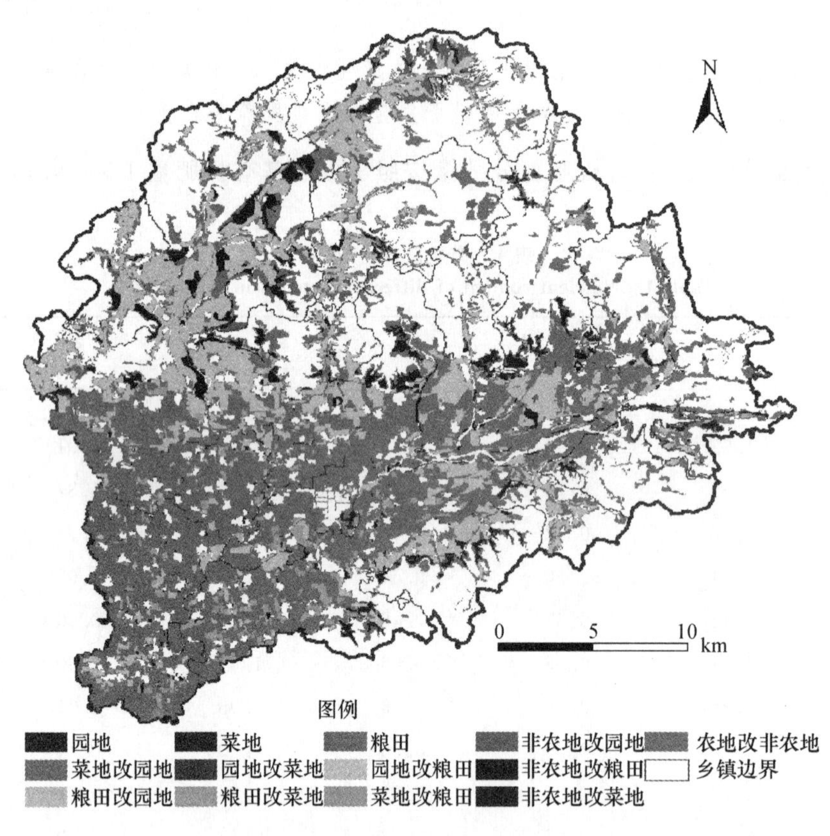

图1　1980—2004年平谷区种植结构调整图

Fig. 1　Adjustment map of cropping systems in Pinggu from 1980 to 2004

图中，“园地”、“菜地”和“粮田”均指该时间段内种植体系未发生改变的农用地类型，“农地改非农地”是指原为农用地，后改为建设用地或退耕为林地，这里的“非农用地”只包括种植结构结构调整涉及到的土地。对图斑面积进行统计，得到各种农地类型转换结果如表2所示。

统计结果表明，2004年的园地大部分是由原粮田调整过来的，约占总面积的66.9%。这主要是由于园地的经济效益要明显高于粮田，同时，平谷区把桃产业作为农业的一个重要发展方向，提供了多环节的技术和经济支持，激发了农民栽培果树的积极性，因此，园地中除了约15.5%是继承的原园地外，还有约17.4%是由非农用地（主要是荒地）开发出来的。

表 2 1980—2004 年平谷区种植结构调整面积变化表 (hm^2)

Table 2 Area change of cropping systems change in Pinggu from 1980 to 2004

原有种植类型	调整后种植类型							
	菜地	%*	粮田	%	园地	%	非农用地	%
菜地	85.53	5.49	136.95	1.28	30.95	0.23	799.77	4.50
粮田	1 093.98	70.24	10 039.54	94.09	8 938.66	66.86	12 910.29	72.70
园地	3.41	0.22	87.09	0.82	2 079.14	15.55	4 048.12	22.80
非农用地	374.57	24.05	406.46	3.81	2 320.52	17.36	—	—
合计	1 557.49		10 670.04		13 369.27		17 758.18	

* %—各有关种植结构调整类型面积占调整后种植类型面积的百分比

* %—The range of planter structure change type area in the type area of after the change plants

2.2 园地养分投入和盈余分析

2.2.1 园地养分投入量分析

经过对调查数据整理后，得到的平谷区园地的氮磷钾养分投入状况如表 3 所示。

表 3 平谷区不同种植体系的氮磷钾养分投入状况

Table 3 The input of NPK in the surveyed farmer's orchard with different cropping system in Pinggu

种植体系 Cropping system	样本数 Number of sample	肥料类型 Fertilizer type	N (kg/hm^2)	P_2O_5 (kg/hm^2)	K_2O (kg/hm^2)	N ∶ P_2O_5 ∶ K_2O
园地	488	有机肥	532.0 (0～5 560.5)*	424.3 (0～5 070.7)	382.3 (0～4 599.5)	1 ∶ 0.80 ∶ 0.72
		无机肥	468.2 (0～5 156.4)	175.5 (0～1 800.0)	157.4 (0～2 280.0)	1 ∶ 0.37 ∶ 0.34
		总量	1 000.3 (0～6 521.85)	599.8 (0～5 070.7)	539.7 (0～4 599.5)	1 ∶ 0.60 ∶ 0.54

* 用量范围；* Range

农地利用方式直接与施肥、浇水等田间管理措施密切相关，且不同作物对养分的需求量、养分形态及养分间比例等均有较大的差异，也导致了作物从土壤中吸收的养分比例的差异，因此会对土壤养分含量产生十分深远的影响。农户调查发现，果园由于经济价值较高，管理精细，施肥量较大，因此其土壤养分含量也较高。其他一些研究结果也显示果园和菜地种植体系养分投入水平常常高于粮田种植体系[7,8]。进一步论证了对于不同种植体系的研究是区域养分研究管理的重要内容。

2.2.2 园地养分盈余及平衡指数分析

根据表 4，园地种植体系氮、磷分别盈余 806.0 kg/hm^2 N 和 522.6 kg/hm^2 P_2O_5，平衡指数分别为 5.2 和 7.8，但不同调查样本的养分投入存在较明显的不平衡，有部分样本养分亏缺，存在一定程度的两极分化现象。氮、磷元素，特别是氮素的过量投入，往往会导致果品质量下降，并造成一系列的环境问题，因此必须引起密切关注。钾素在果园种植体系下都表现为稍有盈余，养分平衡指数为 2.1。

表 4 平谷区氮磷钾养分的盈余及平衡指数分析 (kg/hm^2)

Table 4 NPK nutrien surplus and nutrient balance index in Pinggu

种植体系 Cropping system	样本数 Sample size	项目	N	P_2O_5	K_2O
园地	448	作物吸收量	194.2 (0～3330.0)*	77.2 (0～1332.0)	258.4 (0～4662.0)
		养分投入量	1 000.3 (0～6521.85)	599.8 (0～5070.7)	539.7 (0～4599.5)
		养分盈余	806.0 (−2571.3～6191.9)	522.6 (−650.1～5022.8)	281.2 (−3976.8～4431.5)
		养分平衡指数	5.15	7.77	2.09

* 用量范围 * Range

2.3 种桃对土壤养分状况的影响

随着农业结构调整的深入，园地种植体系在平谷的农业生产领域所占的位置越来越重要。平谷粮食和蔬菜生产分别仅占北京市的5.2 %和8.6 %，而果园面积和果园产值分别占北京市的19.4 %和29.9 %，其中桃园更具特色，桃园面积和桃园产值分别占北京市的76.6 %和60.7 %。因此，以大桃为代表的果品生产已经成为平谷农业经济的支柱产业，而提高桃园养分资源综合管理技术是生产高品质桃果的一项重要途径。本节重点从种植结构调整的角度探讨以桃园为代表的园地养分状况的变化。

2.3.1 桃园养分投入量分析

为全面了解平谷地区桃园的栽培管理水平、施肥现状及存在问题，我们对当地的桃园栽培管理状况，特别是养分投入及土壤养分变化状况进行了详细调查，调查地块356个，调查面积287.3 hm^2，并结合2004年对桃产业的代表乡镇—大华山镇的典型调查资料，对桃园的投入情况进行分析(表5)。

桃园氮肥的年施用量平均为1 096 kg/hm^2 N，是桃树氮素推荐量(每年100～200 kg/hm^2 N左右，表6)的6.5～11倍，其中化学氮素为563 kg /hm^2 N，有机氮素为533 kg /hm^2 N，分别占总氮素用量的51%和49%。并且，随着树龄的增长，氮素的使用量呈增加趋势，但不同树龄阶段的氮素用量均严重超出了桃树的氮素需求量。调查显示，不同农户之间氮素用量差异较大，总氮投入量高于200 kg/hm^2 N的农户占总调查数的80%以上，15%的农户总氮投入量高达1 000～2 000 kg/hm^2 N，而氮素投入量适宜的农户仅占10%左右。平谷田间试验的结果表明，在施用72 kg/hm^2 N有机肥时，化学氮素用量在150 kg/hm^2 N时，品质最佳；当化肥氮素用量超过300 kg/hm^2 N后，继续增加氮素施用量不仅无助于产量增加，反而会引起树体旺长，导致果实着色不良，降低果实品质[9]。在调查中所发现的果实裂核，软腐病等问题都可能与果农过量施氮有关[10,11]。

表5 不同树龄桃园的氮磷钾养分投入状况(kg/hm^2)

Table 5 The input of NPK in the surveyed farmer's orchard with different peach tree age

树龄 Tree age(year)	果园数 Number of orchards	肥料类型 Fertilizer type	N	P_2O_5	K_2O	$N:P_2O_5:K_2O$
0～5	66	有机肥	573 (0～5 417)*	446 (0～3 821)	430 (0～4 185)	1∶0.78∶0.75
		无机肥	469 (0～3 090)	130 (0～1 725)	143 (0～1 875)	1∶0.28∶0.30
		总量	1 042 (15～5 417)	576 (0～3 853)	572 (0～4 185)	1∶0.55∶0.55
6～10	166	有机肥	578 (0～5561)	462 (0～5071)	411 (0～4600)	1∶0.80∶0.71
		无机肥	493 (0～3544)	186 (0～1576)	170 (0～2250)	1∶0.38∶0.34
		总量	1071 (0～6522)	648 (0～5071)	581 (0～4599)	1∶0.61∶0.54
11～15	83	有机肥	546 (0～3951)	432 (0～3919)	384 (0～2542)	1∶0.79∶0.70
		无机肥	559 (0～5156)	212 (0～1800)	164 (0～923)	1∶0.38∶0.29
		总量	1104 (0～5403)	644 (0～3919)	548 (0～3235)	1∶0.58∶0.50
>15	41	有机肥	518 (0～3131)	419 (0～3078)	365 (0～2012)	1∶0.81∶0.70
		无机肥	751 (0～3413)	303 (0～1688)	297 (0～1688)	1∶0.40∶0.40
		总量	1269 (57～4271)	722 (25～3303)	662 (28～2255)	1∶0.57∶0.52

* 用量范围； * Range

表 6 成龄桃园的养分建议用量

Table 6 Recommended fertilizer rate in orchard with mature peach tree planting

编号 No.	产量水平 Target Yield(t/hm^2)	养分投入量 Nutrient input (kg/hm^2)			国家 Country	来源 Reference
		N	P_2O_5	K_2O		
1	20	120	20	140	法国	Hilaire and Giauque, 2003
	35	140	30	180		
	50	160	40	200		
2	20	141	98	127	日本	Hiraoka et al., 2000
3	16	100	—	50～100	意大利	Tagliavini et al., 2002
4	11	225	—	—	中国	李付国, 2006

磷素的年平均用量为 642 kg /hm^2 P_2O_5，是桃树磷素养分需求量的 6.5 倍左右，调查结果显示，有 66% 的农户超出了桃园的磷素推荐量 100 kg /hm^2 P_2O_5，其中来自有机肥和化肥的磷素用量分别占总用量的 70% 和 30%，其中有 58% 的农户不施化学磷肥。不同桃园的磷素用量差异悬殊，总体随着树龄的增长，磷素的使用量呈增加趋势，用量均明显高于推荐用量，但桃园产量并不随磷肥用量的增加而增加[12]。

钾素平均用量为 581 kg/hm^2 K_2O，与推荐的桃园钾素用量 100～200 kg/hm^2 K_2O 相比（表 5），平均投入水平为推荐施肥量的 3～6 倍，过量严重，同时也存在不同桃园之间的钾素用量差异悬殊的现象。调查结果显示，4% 的农户常年不施用钾肥，42% 和 23% 的农户钾素投入量分别小于 100 kg/hm^2 K_2O 和高于 200 kg/hm^2 K_2O。平均来看，来自有机肥和无机肥的钾素用量比例为 7∶3，约 57% 的农户不施用化学钾肥。

2.3.2 桃园养分盈余及平衡指数分析

根据表 7，桃园氮磷钾元素的总体投入水平都表现出不同程度的盈余，盈余量最大的是氮素，达 892 kg/hm^2 N；其次为磷，达 560 kg /hm^2 P_2O_5；钾素的盈余量为 296 kg/hm^2 K_2O，均过量现象严重。从盈余的平均值来看，随着树龄的增长，三种养分的盈余值呈上升趋势。从平谷桃园氮磷平衡指数（养分平衡指数＝养分投入量/养分吸收量）来看，氮磷钾均表现为 6～10 年树龄的桃园平衡指数最大，树龄大的桃园较小，但都养分的投入都远远超出需求。同时，不同调查样本的养分投入存在较明显的不平衡，有部分样本养分亏缺，存在一定程度的两极分化现象。

表 7 桃园不同树龄之间养分的盈余及平衡指数分析(kg/hm^2)

Table 7 Nutrient surplus and nutrient balance index in peach orchards with different peach tree age

树龄 Tree age(year)	样本数 Number of sample	项目 Term	N	P_2O_5	K_2O
0～5	66	作物吸收量	201 (0～3 330)	81 (0～1 332)	282 (0～4 660)
		养分投入量	1 042 (15～5 417)	576 (0～3 853)	572 (0～4 185)
		养分盈余	841 (−2 571～5 312)	496 (−650～3 779)	290 (−3 977～4 038)
		养分平衡指数	5.18	7.11	2.03
6～10	166	作物吸收量	180 (0～619)	72 (0～248)	252 (0～866)
		养分投入量	1 071 (0～6 522)	648 (0～5 071)	581 (0～4 599)
		养分盈余	891 (−272～6 192)	576 (−105～5 023)	329 (−513～4 432)
		养分平衡指数	5.99	9.00	2.31

续表 7

树龄 Tree age(year)	样本数 Number of sample	项目 Term	N	P_2O_5	K_2O
11～15	83	作物吸收量	243 (38～660)	97 (15～264)	340 (53～924)
		养分投入量	1 104 (0～5 403)	644 (0～3 919)	548 (0～3 235)
		养分盈余	861 (－629～4 778)	546 (－264～3 820)	208 (－924～2 706)
		养分平衡指数	4.54	6.64	1.61
＞15	41	作物吸收量	226 (23～1031)	90 (9～413)	316 (32～1 444)
		养分投入量	1 269 (57～4 271)	722 (25～3 303)	662 (28～2 255)
		养分盈余	1 043 (－335～3 899)	631 (－37 ～3 154)	346 (－789 ～1 909)
		养分平衡指数	4.62	7.01	1.09

以 2 年时间为间隔，用养分盈余的均值作出桃园不同树龄的氮磷钾养分盈余柱状图(图 2)。图中三种养分元素表现出来的趋势基本一致，6 年树龄前氮磷钾积累速度很快，到达一个高峰后基本持平，在 18 年树龄时有所降低，然后上升到一个新的高峰。总体来看，桃园土壤中氮、磷、钾养分均处于富集状态，尤其是成龄桃园，由于养分投入量大，富集量也大于幼龄桃园。因此，为防止过量施肥引起的果品品质下降和环境污染等问题，应建立科学的施肥管理体系。

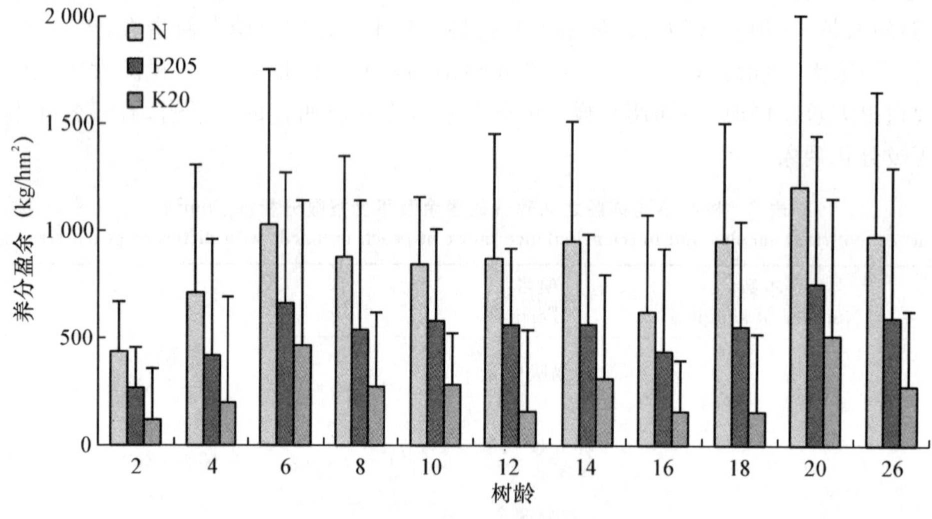

图 2 不同树龄桃园氮磷钾养分盈余

Fig. 2 N, P_2O_5, K_2O surplus in peach orchard of different peach tree age

2.3.3 种桃对桃园有机质含量的影响

平谷区桃园土壤有机质含量与 1980 年相比有明显的增加，平均增加 3.68 g/kg，增幅为 31.1%。其中，果园改桃园的调整方式有机质增加值最大，平均为 4.31 g/kg，这里所指的果园是在种植结构调整以前种植苹果、梨等作物的园地，从 1980 年有机质含量可以看出，当时果园有机质含量并不高，均值甚至还低于粮田。其次为粮田改桃园的调整方式，有机质增加值平均为 3.67 g/kg，根据北京市耕地土壤养分分等定级标准，这两种调整方式有机质含量都达到中等水平，其增加值也都明显大于粮田种植体系的均值(2.63 g/kg)。菜地改桃园的调整方式，有机质增幅略小于粮田体系，其有机质含量为低等级水平(表 8)。桃园土壤有机质整体含量较高，主要是由于养分,特别是有机肥投入量大,有机质的长期积累形成的。有研究表明,施用有机肥料对结构性差、氮素尤为缺乏的新垦殖果园的土壤改良极为有效[13]。另有研究表明[14],施用化肥和有机肥都可以提高土壤有机质的含量,但对腐殖质结合形态的影响不同,无机肥和有机肥配合施用有利于提高土壤有机质的品质。

表 8 种植结构调整对桃园土壤有机质含量的影响

Table 8 Effect of cropping systems change on SOM of orchard cropping system

种植结构变化 Cropping System change	样本数 Sample size	1980 年含量 Content in 1980 (g/kg)	2005 年含量 Content in 2005 (g/kg)	有机质含量变化 Change of SOM (g/kg)				
				最大值 Max	最小值 Min	均值 Men	标准差 MSE	变异系数 Coefficientof variation(%)
果园改桃园	42	11.26	15.57	13.20	−5.57	4.31	4.19	97.3
菜地改桃园	11	11.29	13.33	11.22	−5.66	2.04	4.30	210.8
粮田改桃园	291	11.95	15.61	16.57	−12.49	3.67	4.86	132.5
合计(平均)	347	11.84	15.54	16.57	−12.49	3.68	4.77	129.6

对于粮田改桃园的调整方式,本文将其建园时间(树龄)与土壤有机质含量增值进行了回归分析,未能得到达显著水平的拟合方程。可看出不同树龄桃园中土壤有机质含量变化的大致规律,树龄在 16 年以前,有机质含量的增值呈增加趋势,在 16 年树龄(1988 年—1989 年建园)以后增幅开始下降,但仍然是正增长。调查结果(表 7)显示,在本区的管理水平下,桃树的高产期一般在 11～15 年树龄,此后果树出现生产力下降、品种老化等现象,开始进入品种更新和改造阶段,由于这一阶段经济效益的下降,所以无机肥和有机肥的投入量都要明显少于前三个时间段,有机质的积累速率减缓,导致有机质含量增幅下降。

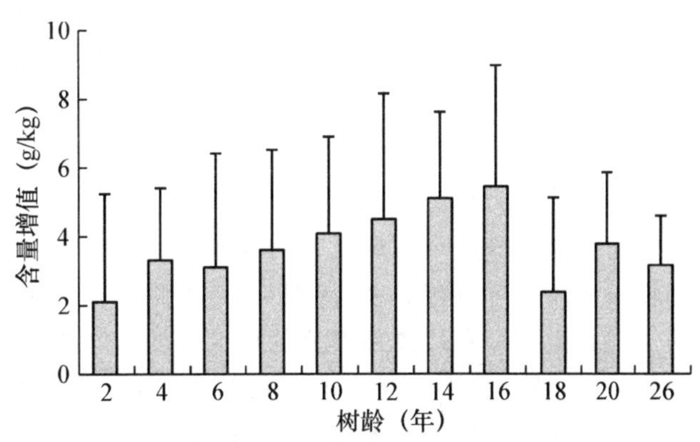

图 3 树龄与桃园土壤有机质含量关系

Fig. 3 Relationship between SOM contents and peach tree age

2.3.4 种桃对桃园有效磷和速效钾含量的影响

与 1980 年相比,桃园土壤有效磷含量(表 9)平均增加了 45.49 mg/kg,增幅高达 195.5%。按调整方式来比较,增加值表现为:粮田改桃园>果园改桃园>菜地改桃园。2005 年桃园土壤有效磷已由 1980 年的低级水平上升到中级水平。而与之相反,粮田种植体系土壤中有效磷平均降低−1.18 mg/kg,这主要是由于粮田体系中磷素盈余基本持平,而由于投入的磷素不能被全部吸收,实际上造成磷素的亏缺。而桃园中有效磷的盈余量平均 560 kg/hm^2 P_2O_5,平衡指数大于 7,投入远大于需求量,因此能够在土壤中积累。

与 1980 年相比,桃园土壤速效钾(表 10)总体含量平均增加了 19.60 mg/kg,增幅为 9.45%,其中粮田改桃园、果园改桃园两种调整方式速效钾含量分别增长了 23.42 mg/kg 和 12.78 mg/kg,而菜地改桃园的调整方式速效钾却整体下降了 36.59 mg/kg。同时,调查样本间的差异悬殊,变异系数高达 700%以上。但与粮田种植体系下降 76.10 mg/kg 的水平相对比,桃园总体来说还是能够维持钾素水平并略有增长的。按照平谷区土壤肥力指标的分级标准,2005 年桃园土壤速效钾含量已达到高等级,但两极分化现象严重,对于缺钾的园地应采取必要的措施加以补充。

表 9 种植结构调整对桃园有效磷含量的影响

Table 9 Effect of cropping systems change on available P of orchard cropping system

种植结构变化 Cropping System change	样本数 Sample size	1980 年含量 Content in 1980 (g/kg)	2005 年含量 Content in 2005 (g/kg)	有效磷含量变化 Change of available P (mg/kg)				
				最大值 Max	最小值 Min	均值 Men	标准差 MSE	变异系数 Coefficientof variation(%)
果园改桃园	42	23.99	56.77	121.75	−23.31	32.75	37.50	114.5
菜地改桃园	11	24.72	50.09	100.86	−23.60	25.37	32.83	129.4
粮田改桃园	291	23.70	58.16	239.08	−39.09	34.46	47.15	136.8
合计(平均)	347	23.78	57.65	239.08	−39.09	33.86	45.49	134.3

表 10 种植结构调整对桃园速效钾含量的影响

Table 10 Effect of cropping systems change on available K of orchard cropping system

种植结构变化 Cropping System change	样本数 Sample size	1980 年含量 Content in 1980 (g/kg)	2005 年含量 Content in 2005 (g/kg)	速效钾含量变化 Change of available K (mg/kg)				
				最大值 Max	最小值 Min	均值 Men	标准差 MSE	变异系数 Coefficientof variation(%)
果园改桃园	42	177.52	190.30	315.75	−133.39	12.78	95.04	743.7
菜地改桃园	11	175.95	139.36	144.69	−132.73	−36.59	78.10	−213.4
粮田改桃园	291	179.20	202.62	337.15	−192.72	23.42	101.20	432.1
合计(平均)	347	178.85	198.45	337.15	−192.72	19.60	100.11	510.8

有效磷含量增值散点图如图 4,拟合得到的最佳方程为直线形式,该方程 F=7.525,Sig.=0.007,达到极显著水平。说明桃园土壤有效磷含量随着树龄的增长以一个稳定的增幅增加,这与桃园磷素养分的盈余规律是一致的(表 7)。对土壤速效钾含量增值的散点图拟合得到二次曲线(图 5),F=5.046,Sig.=0.007,达到极显著水平。表明建园的中早期,土壤速效钾的增值随树龄增加,当树龄在 17～19 年时增值最大,随后增值虽呈降低趋势,但在本研究时段内仍为正值。

土壤中有效磷、钾养分变化与桃园养分盈余曲线反映的规律基本一致,说明由于粮田改为桃园的调整过程,调整时间的长短与养分的投入和盈余有直接关系,特别是 15 年树龄以下的桃园,磷钾养分的盈余都是呈不断增加的趋势,与之相关的土壤有机质和有效磷钾养分的稳定增加。但同时,桃园养分投入的两极分化现象严重,对土壤养分资料的统计分析表明,1980 年养分有机质和磷钾养分虽然整体偏低,但分布趋势趋于平均,而 2005 年的测定结果,养分的变异程度显著增大,这主要是由于种植结构多样化,养分投入的个体差异很大造成的。至于树龄 16～18 年的桃园养分增幅下降的现象,有可能是由于树龄老化和品种改造过程中养分投入减少造成的,也可能是这种个体差异的集中体现。

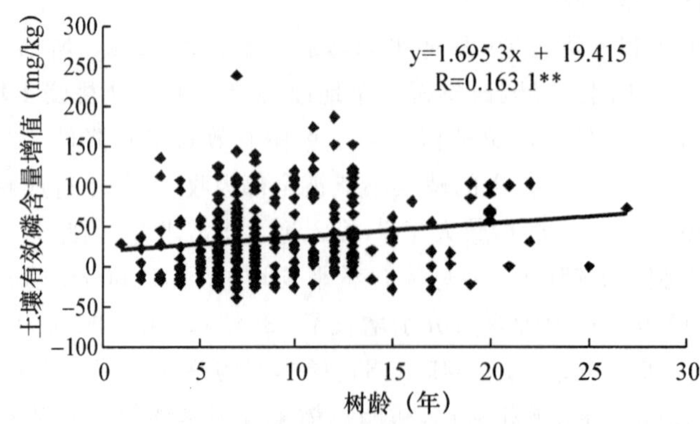

图 4 树龄与桃园土壤有效磷含量关系曲线

Fig. 4 Relationship between soil available P contents and peach tree age

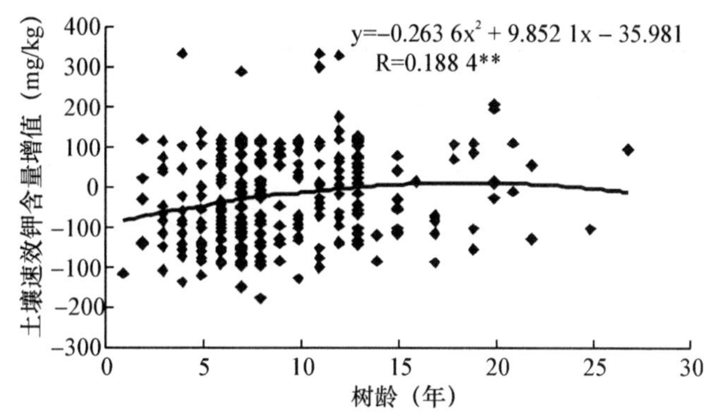

图 5 树龄与桃园土壤有效钾含量关系曲线

Fig. 5 Relationship between soil available K contents and peach tree age

总之，经过多年的养分投入，平谷区桃园的土壤养分发生了很大变化，2005 年测定的土壤有机质、有效磷与速效钾的平均含量比 1980 年第二次土壤普查时相应的土壤养分含量都有大幅度的提高，土壤有效磷含量比 1980 年提高了近 2.0 倍，土壤有机质与速效钾含量也有明显的提高，这主要是由于长期大量施用有机肥以及过量养分投入所造成的。京郊桃园有机肥的大量投入在短期内可以迅速提高土壤有机质的含量，有益于地力的培肥和桃树的生长，但是从长远来看，若盲目向果园投入有机肥料，由有机养分矿化所带来的氮磷的过量供应将会给环境带来较大的负面影响。在这种情况下，养分的合理调控对于果园土壤质量及优质桃的可持续生产非常重要。

2.3.5 种桃对桃园微量元素含量的影响

根据表 11，与 1980 年相比，2005 年桃园土壤有效态铁、铜和锌含量均有不同程度的增加。其中，有效态锌的增幅最大，达到 648.8%，这主要是由于锌是作物生长过程中合成生长素的重要微量元素，为防治果树缺锌导致的小叶病，果树通常施用锌肥；其次为有效态铁，增幅为 66.3%；有效态铜的增幅为 32.3%，这与果园使用波尔多液等含铜杀菌剂有关。无论是其增加的平均数值还是增幅比例，比粮田种植体系都有大幅度的提高（有效态铁增加 1.65 mg/kg，有效态铜增加 0.32 mg/kg，有效态锌增加 1.62 mg/kg）。桃园有效态锰比第二次土壤普查时的水平下降了 16.6%，相应的粮田体系土壤的有效态锰含量下降了 25.3%。

表 11 种植结构调整对桃园微量元素含量的影响

Table 11 Effect of cropping systems change on microelements contents of orchard cropping system

微量元素 Microelement	种植结构变化 Cropping System change	样本数 Sample size	1980 年含量 Content in 1980 (mg/kg)	2005 年含量 Content in 2005 (mg/kg)	含量变化 Content change (mg/kg)			
					均值 Men	标准差 MSE	变异系数 Coefficientof variation(%)	增幅 Increased range(%)
EDTA-Fe	果园改桃园	42	13.71	20.71	7.00	12.59	179.8	51.1
	菜地改桃园	11	13.81	20.01	6.20	6.20	100.0	44.9
	粮田改桃园	291	13.71	23.26	9.55	14.91	156.1	69.7
	合计(平均)	347	13.72	22.80	9.09	14.39	158.3	66.3
EDTA-Cu	果园改桃园	42	1.55	2.09	0.55	1.26	228.7	35.5
	菜地改桃园	11	1.52	2.00	0.48	0.65	135.6	31.6
	粮田改桃园	291	1.55	2.04	0.49	1.71	349.5	31.6
	合计(平均)	347	1.55	2.05	0.50	1.63	325.9	32.3
EDTA-Zn	果园改桃园	42	0.42	3.16	2.74	1.97	71.7	652.4
	菜地改桃园	11	0.41	2.89	2.48	1.95	78.6	604.9
	粮田改桃园	291	0.41	3.06	2.65	2.09	78.7	646.3
	合计(平均)	347	0.41	3.07	2.66	2.06	77.5	648.8

续表 11

微量元素 Microelement	种植结构变化 Cropping System change	样本数 Sample size	1980 年含量 Content in 1980 (mg/kg)	2005 年含量 Content in 2005 (mg/kg)	含量变化 Content change (mg/kg)			
					均值 Men	标准差 MSE	变异系数 Coefficientof variation(%)	增幅 Increased range(%)
EDTA-Mn	果园改桃园	42	15.42	11.31	−4.11	4.92	−119.7	−26.7
	菜地改桃园	11	14.89	11.37	−3.51	3.46	−98.7	−23.6
	粮田改桃园	291	15.45	13.17	−2.28	7.67	−336.5	−14.8
	合计(平均)	347	15.42	12.87	−2.56	7.27	−284.1	−16.6

为了说明种植结构调整对桃园土壤中微量元素含量的影响，本文按调整年限对粮田改桃园结构方式下土壤微量元素含量的状况进行了分析(图 6)。可以看出，随着建园时间(树龄)的增长，土壤中有效态铜和锌含量的增幅基本上呈持续增加趋势，其含量不断增大，拟合得到的方程均为直线形式，F 检验结果均达到极显著水平。有效态铁和有效态锰的变化规律未能得到具显著性水平的拟合方程，但从柱状图中也可以看出含量增值随树龄的变化趋势。有效态铁的含量增值随树龄变化呈"W"型，在树龄 15 年以前呈大幅度的持续增长并到达增幅高峰，随后增幅急剧下降至−0.19 mg/kg，随后又上升至以前的中等水平；有效态锰含量的变化始终处于下降过程，曲线呈"M"型，树龄在 10 年前的阶段效态锰含量降低速度呈大幅度的持续减少，在 10～16 年树龄时到达增幅高峰并接近于零，随后下降幅度显著增加，可能是由于树龄老化和品种改造过程中养分投入减少或调查数据精度造成，但显然桃园土壤的微量元素含量变化规律与种植结构调整的时间长短有明显的联系。

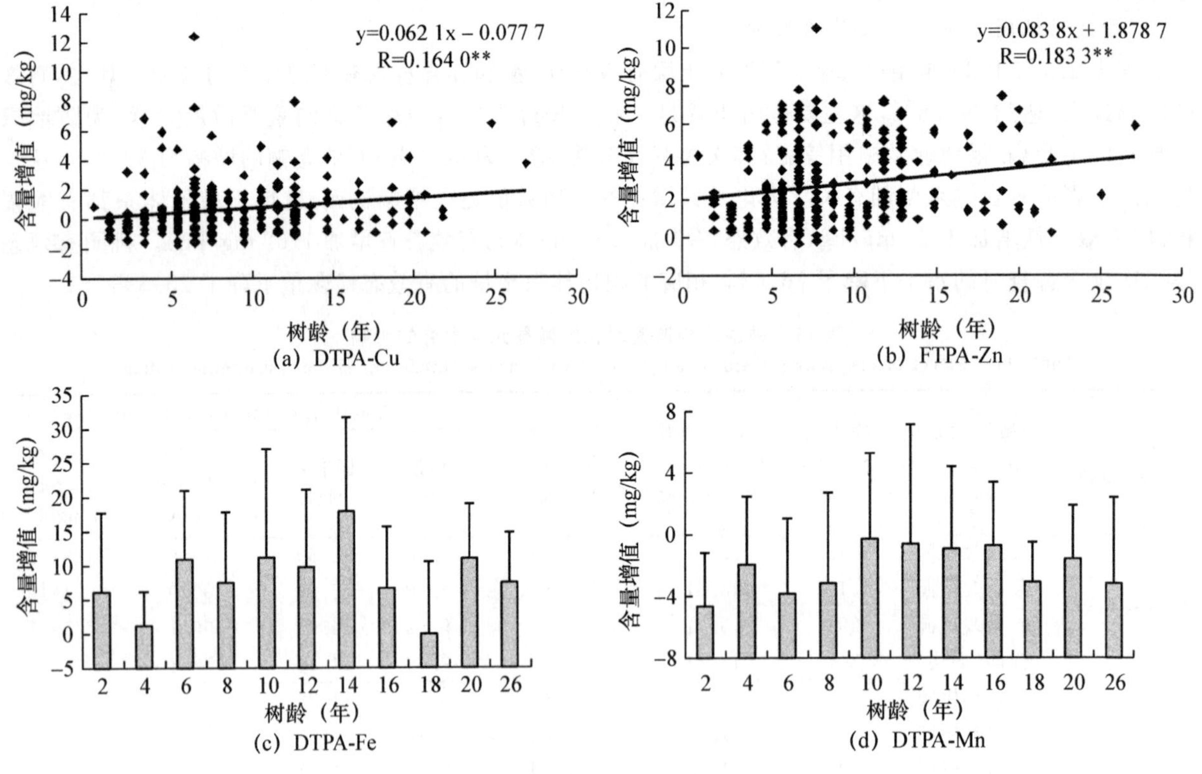

图 6 不同树龄桃园土壤微量元素含量变化规律

Fig. 6 Relationship between soil microelements contents and peach tree age

3 结 论

1)随着种植结构调整，平谷区桃园种植面积大幅度增加，从 1980 年的 6 217.76 hm^2(含果粮间作农地

509 853 hm^2)发展到 2005 年的 13 369.26 hm^2，占农田面积的 52.2%。

2)园地氮、磷(P_2O_5)和钾(K_2O)投入养分养分量分别为 1 000.3、599.8 和 539.7 kg/hm^2，园地氮磷钾元素的总体投入水平都表现出不同程度的盈余，多投入 N、P_2O_5、K_2O 养分分别为 806.0、522.6、281.2 kg/hm^2，N、P_2O_5、K_2O 养分平衡指数分别为但 5.15、7.77、2.09，均过量现象严重。

3)平谷区桃园土壤养分上升快，土壤有机质含量平均增加 3.68 g/kg，增幅为 31.1%；桃园土壤有效磷含量平均增加了 45.49 mg/kg，增幅高达 195.5%；桃园土壤速效钾总体含量平均增加了 19.60 mg/kg，增幅为 9.45%。随着种植年限加长，土壤养分含量越高。从土壤养分变化图可看出，平谷区土壤中有机质、全氮、有效磷、速效钾增加最多的是桃园，主要分布在大华山、刘家店和南独乐河镇。

参考文献

[1] 赵其国. 21 世纪土壤科学展望[J]. 地球科学进展，2001，16(5)：704-709

[2] 马文奇，毛达如，张福锁. 种植结构变化对肥料消费的影响[J]. 磷肥与复肥，2001，16(4)：1-3

[3] 孔祥斌，张凤荣，王茹，等. 城乡交错带土地利用变化对土壤养分的影响——以北京市大兴区为例[J]. 地理研究，2005，24(2)：213-221

[4] 于林，张民，宋付朋，等. 沿海经济发达区种植结构变化对土壤养分的影响[J]. 水土保持学报，2006，20(4)：67-71

[5] Doran J W，Parkin T B. Defining and assessing soil quality[A]. Doran J W(eds.). Defining soil quality for a sustainable environment[C]. Madison：ISSSA Spe，1994，35：3-21

[6] Shen Z Q，Shi J B，Wang K，et al. Nenral network ensemble residual kriging application for spatial variablity of soil properties[J]. Pedosphere，2004，14(3)：289-296

[7] 马文奇. 山东省作物施肥现状、问题与对策[D]. 北京：中国农业大学，1999

[8] 鲁如坤. 我国的磷矿资源和磷肥生产消费Ⅱ. 磷肥消费和需求[J]. 土壤，2004，36(2)：113-116

[9] 李付国. 氮素营养对桃树生长、产量和质量的影响[D]. 北京：中国农业大学，2006

[10] Meheriuk M，G H Neilsen and E J Hogue. Influence of nitrogen fertilization and orchard floor management on yield，leaf nutrition and fruit quality of 'FairhMenn' peach. Fruit Varieties Journal. 1995，49(4)：204-211

[11] Jia H J，G Okamoto，K Hirano. Effect of amino acid composition on the taste of 'Hakuhoo' peaches (Prunus Persica Batsch) grown under different fertilizer levels. Journal of the Japanese Society for Horticultural Science. 2000，69(2)：135-140

[12] 孟月华，李付国，贾小红，等. 平谷桃园施肥现状及其问题分析. 中国土壤与肥料，2006，(6)：54-56.

[13] 周学伍，李质怡，吕斌，等. 新垦殖紫色土果园土壤熟化研究. 果树学报，2001，18(1)：15-19

[14] 马俊永，陈金瑞，李科江，等. 施用化肥和秸秆对土壤有机质含量及性质的影响. 河北农业科学，2006，10(4)：44-47

黑龙江垦区耕地地力评价指标体系的建立*

[1]陈宝政 [1]蔡德利 [2]姜国庆 [2]董桂军

(1.黑龙江八一农垦大学植物科技学院,黑龙江大庆 163319;
2.黑龙江省农垦总局农业局,黑龙江哈尔滨 150036)

摘要:耕地地力评价是测土配方补贴项目的重要组成部分,为了有效的对耕地地力进行评价,建立一套合理的评价指标体系是必要的前提基础。本文介绍了黑龙江垦区耕地地力评价指标体系建立的原则,采用特尔斐法选择20个评价指标组成了评价指标集,并且给出了每个指标的权重。

关键词:耕地地力评价;指标体系;指标权重

耕地是农业生产最基本的资源。我国经济建设的发展对耕地资源产生了巨大的影响,使我国耕地资源的地力状况和环境状况也正在逐步发生变化。一方面由于农业投入的增加,大量中低产田得到改造;另一方面我国大量耕地也面临着水土流失、土地沙化、土地生态环境恶化等诸多问题。为了确切的了解我国耕地资源的现状,制定合理的耕地生产措施,提高耕地资源的利用效率,实现耕地资源可持续发展,用科学量化的指标评价耕地地力具有重要的意义[1]。耕地地力是指在特定气候区域以及地形、地貌、成土母质、土壤理化性状、农田基础设施及培肥水平等要素综合构成的耕地生产能力。耕地地力评价则以利用方式为目的,评估耕地生产潜力和土地适宜性的过程,主要揭示生物生产力的高低和潜在生产力,其实质是对耕地生产力高低的鉴定[2-5]。农业部在测土配方补贴项目的基础上,于2007进一步强调在全国推进耕地地力评价的工作。黑龙江垦区根据农业部的部署,建立了本区域的耕地地力评价指标体系。

1 黑龙江垦区概况

黑龙江垦区位于东经123°40′～134°40′和北纬40°10′～50°21′之间,总面积5.43×10^4 km^2,其中耕地2.10×10^6 hm^2。整个垦区大体分布在黑龙江省境内的小兴安岭山地、东南部山地、松嫩平原、三江低平原区、穆兴低平原等五个地貌区内。分布在黑龙江省12个地(市)69个县(市、区),横跨小兴安岭南麓、松嫩平原和三江平原地区。垦区位居世界仅有的三大黑土带之一,主要土壤分布为棕壤、白浆土、黑土、草甸土、沼泽土,其中黑土和草甸土占耕地面积的50%。所处地域属中、寒温带大陆性季风气候区,冬季寒冷干燥而漫长,夏季湿润而短促,春秋气温变化很大。垦区降水较充沛,年平均降水量540 mm,年平均蒸发量900～1 400 mm。年平均气温在－0.9～－0.4 ℃之间。无霜期,东部120～140 d,北部为100～120 d。全年日照时数为2 400～2 900 h。

2 评价指标的选取原则

影响耕地地力的因素很多,农业部提出的"全国耕地地力评价指标体系全集"共包括了66个指标因子。

* 基金项目:黑龙江省科学技术重点项目"黑龙江省食品安全'数据中心'的研究与开发"(GA06C101-03)、"数字农业示范区农田(地理)信息系统研究"(GB06B601-2),黑龙江省教育厅2006年科学技术研究面上项目"精准农业农田地理信息系统的研究"(11511256)

进行耕地地力评价不可能也没有必要选取所有这些因素作为评价指标。所以应该依据一定的原则选择少量合适的因素作为评价指标。

2.1 选择主导性指标,指标间相关性小

各个耕地地力影响因素间并不是完全独立的,很多因素间具有很强的相关性。如果评价指标间具有明显的相关性,则导致信息的冗余,影响评价的效果,所以选择的评价指标间相关性应该尽可能小。具有相关性的各因素间,有些是起主导作用的,这类因素的变化往往影响多个其他因素的变化。因此,所选评价指标应是对耕地地力起主要影响的这些主导因子。如土壤质地是最基本的土壤物理性质,它可影响影响土壤结构、土壤耕性、土壤阳离子交换量、土壤容重等多种因素。所以土壤质地就是一种主导性指标。

2.2 指标能反应耕地生产力

地力评价的结果应该能够反映耕地的生产力情况。首先耕地地力评价的目的是为农业生产提供科学基础。另外评价的结果是否准确也可以通过作物的产量来进行衡量,所以耕地地力过程和耕地的生产力密切相关。

2.3 指标取值变异性大

耕地地力评价的目的之一是为了划分耕地质量的优劣,区别不同质量的耕地。所以选取的评价指标值应有较大的变异。如果评价指标没有变异或变异很小,则对耕地的分等定级作用很小,失去参与评价的意义。指标值的变异程度主要体现在的空间变异和取值范围两个方面。首先评价指标值在评价区域内应具有较大的空间变异,即能够反映耕地地力在不同地理位置上的差异。其次所选择的评价指标值取值范围应比较宽,分布比较均衡合理。

2.4 指标值具有一定的稳定性

评价指标在时间上应表现出一定的稳定性,使得据此指标评判的耕地地力等级在一段时期内稳定,能够表现出耕地在较长一段时期内的地力情况[6]。如果选择易变的评价指标,使划分的耕地等级处于不断变动之中,失去评价的指导意义。如耕层含盐量这一指标表现不稳定,一年内的变化较大,而一米土层含盐量比较稳定,所以后者比前者更适于作为评价指标。

2.5 评价指标应充分反映本地域特点

不同的地域耕地各方面的表现状况不同,选择的指标应充分反映本地域的特点。水型通常是评价水田的重要因素,它反映了水稻土因地下水升降或季节性干湿交替产生的不同类型的土壤。黑龙江垦区虽然水稻种植面积很大,但种植的历史较短,水型表现不明显,所以没有作为评价因子,类似的质地构型等指标在黑龙江土壤上表现的差异都不明显,所以都没有入选。

3 评价指标的选取方法

3.1 特尔斐法

指标选取采用特尔斐法进行。特尔斐法又称专家调查法,是系统分析中一种重要的方法。它是征询有关专家的意见,对意见进行统计处理、归纳和分析。在多次征询的基础上,逐渐使专家的意见趋于一致(收敛),得到一个正确的结论。其中专家的选择对最终的评价结果有重要的影响。参与此次评价的专家有黑龙江省各高校和科研院所的土壤学科和农业方面的专家及项目农场的部分相关人员近20人。

3.2 实施步骤

耕地地力评价指标体系的确定过程中,各位专家匿名的从“全国耕地地力评价指标体系全集”的66个指标因子中选出自己认为重要的评价指标,并按重要程度排序。然后对专家结果进行统计,并计算每个指标的平均排序、标准差、变异系数等统计值。一般如果某个指标的变异系数小于0.1,则说明专家对这一指标的意见趋于一致。而对于专家意见分歧较大的,将各指标的统计结果反馈给每位专家,然后组织专家对这些指标进行讨论后,再进行一个轮次的调查,直至对入选的指标意见趋于一致。实施步骤如下图1所示。

指标集确定之后还要确定每个指标的权重。为了便于操作，减少专家间的意见分歧，指标权重的确定分准则层和指标层两个层次进行。即将入选的指标分别归入气象条件、立地条件、剖面构型、土壤状况、障碍因素、耕地管理等 6 个准则层中，首先为每个准则层确定权重，然后分别确定每个准则层内各指标在该准则层的权重，最后根据准则层权重和各指标在准则层内权重可以得到指标的最终权重。专家意见的集中程度通过统计各权重的平均值、标准差、变异系数等来反映，当变异系数小于 0.1 时则说明专家对这一指标的意见趋于一致，否则将统计结果反馈给各位专家后再组织新一轮的调查。

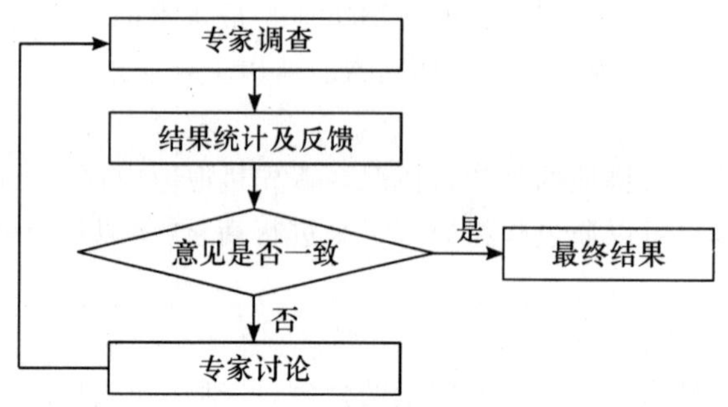

图 1 特尔斐法实施步骤

Fig. 1 Implementation steps of Delphi method

经过多个轮次的调查后共选出了 20 个指标组成黑龙江垦区耕地地力评价指标集，表 1 为各准则层的权重，表为 2 最终入选的评价指标和指标权重。

表 1 准则层权重

Table 1 Weighting of rules

准则	气象准则	立地条件	剖面构型	土壤状况	障碍因素	土壤管理
准则权重	0.1375	0.0958	0.1008	0.3833	0.1200	0.1625

表 2 评价指标及权重

Table 2 Weighting of evaluation indexes

指标	指标权重	指标	指标权重	指标	指标权重	指标	指标权重
≥10℃积温	0.0369	年降水量	0.0394	质地	0.0691	速效钾	0.0447
1 m 土层含盐量	0.0439	潜水埋深	0.0382	容重	0.0644	田面坡度	0.0432
干燥度	0.0279	排涝能力	0.0516	pH	0.0679	地形部位	0.0526
无霜期	0.0333	抗旱能力	0.0526	有机质	0.0717	剖面构型	0.0470
障碍层类型	0.0378	种植制度	0.0583	有效磷	0.0656	耕层厚度	0.0539

参考文献

[1] 李丹. 耕地质量动态变化研究[D]. 南京：南京农业大学，2003

[2] 鲁明星，贺立源，吴礼树，等. 我国耕地地力评价研究进展[J]. 生态环境，2006，15(4)：866-871

[3] 田有国. 基于 GIS 的全国耕地质量评价方法及应用[D]. 武汉：华中农业大学，2003

[4] 李涛. 山东省耕地类型区划分及地力评价研究[J]. 山东农业大学学报，2003，34(2)：217-222

[5] 黄健，李会民，张惠琳，等. 基于 GIS 的吉林省县级耕地地力评价与评价指标体系的研究—以九台市为例[J]. 土壤通报，2007，38(3)：422-426

[6] 张凤荣，安萍莉，王军艳，等. 耕地分等中的土壤质量指标体系与分等方法[J]. 资源科学，2002，24(2)：71-75

ESTABLISHING ON EVALUATION INDEX SYSTEM OF CULTIVATED LAND PRODUCTIVITY FOR HEILONGJIANG RECLAMATION AREA

Chen Bao-zheng[1] ,Cai De-li[1] ,Jing Guo-qing[2] ,Dong Gui-jun[2]
(College of Plant Science and Technology,Heilongjiang August First Land Reclamation University,Daqing,Heilongjiang,163319)
Jiang Guo-qing Dong Gui-jun
(bureau of agriculture,bureau of reclamation of Heilongjiang province,Harbin,Heilongjiang,150036)

Abstract Evaluation on productivity of cultivated land has been an important part of Soil Testing and Fertilization Prescription Project. A reasonable evaluation index system is necessary for this work. The principles of establishing evaluation index system of cultivated land productivity for Heilongjiang reclamation area are introduced. A system of 20 evaluation indexes is established using Delphi method,and weightings of these indexes are given.

Key words Evaluation of cultivated land productivity,Index system,Weighting of index

黑土耕地质量评价及可持续利用对策

胡瑞轩

（黑龙江省土肥管理站，哈尔滨　150090）

摘要：黑土是黑龙江省的主要耕作土壤，属于世界性的稀有资源。近年来，黑土地退化的问题引起了社会各界的广泛关注。本文在深入分析黑土耕地退化现状及成因的基础上，对黑土耕地资源可持续利用对策进行了探讨。

关键词：黑土；耕地质量；退化；利用对策

黑龙江省黑土地面积 1851.15 万 hm^2，占东北黑土带总面积的 61.1%；黑土地耕地面积 988.0 万 hm^2，占东北黑土地耕地面积的 63.9%，占黑龙江省耕地总面积的 85.6%。在黑土耕地中，黑土类耕地面积 360.62 万 hm^2，占 36.5%，主要分布在齐齐哈尔、哈尔滨、绥化等地；黑钙土类耕地 158.91 万 hm^2，占 16.1%，主要分布在齐齐哈尔、绥化、大庆等地；草甸土耕地 302.50 万 hm^2，占 30.6%，主要分布在绥化、佳木斯、齐齐哈尔等地；暗栗钙土等耕地 165.97 万 hm^2，占 16.8%，主要分布在泰来、哈尔滨、大兴安岭等地。

从 20 世纪 80 年代以来，20 多年的时间里，黑龙江省粮食产量增长了一倍多。然而，在粮食增产的背后，耕地质量却呈现出明显下降的趋势。目前黑土耕地质量持续恶化的形势，严重制约了资源的可持续利用，已经成为该地区社会、经济发展的瓶颈，亟待解决。本文在深入分析黑土耕地退化现状及成因的基础上，提出了黑土耕地资源可持续利用对策。

1　黑土耕地质量退化现状

1.1　土壤有机质含量较大幅度减少

与开垦初期相比，开垦 20 年后的黑土地土壤有机质含量平均减少 30%～40%；开垦 40 年后的平均减少 50%～60%。经对双城、五常、宾县、巴彦、呼兰、兰西、青冈、望奎、庆安、绥棱等 23 个黑土区县（市、区）的耕地检测，从 1980 年第二次土壤普查到 2002 年，22 年间耕地土壤有机质平均下降 14.43%，其中下降幅度最大的为 34.12%。第二次土壤普查的科研结果界定，黑龙江省获得农作物高产稳产所必须具备的土壤有机质含量水平，在东、西、南部地区应保持在 3.0%～4.0%，在北部地区应保持在 4.0%～6.0%之间。而目前我省南部地区土壤有机质含量在 2.0%左右，中部地区在 2.5%～3.0%之间，北部地区在 3.5%～4.5%上下，均明显低于土壤有机质最适含量指标。这是造成土壤潜在肥力下降、容重增加、孔隙度和水稳团聚体减少、生物活性降低、保水保肥及抗旱涝能力弱化、土壤板结、耕性劣化和土传病害加重等问题的重要原因。

1.2　耕层土壤养分失衡加剧

就全省而言，同开垦初期比较：耕层全氮含量平均降低了 2.91 $g \cdot kg^{-1}$，降幅为 58.8%；全磷含量平均降低了 1.91 $g \cdot kg^{-1}$，降幅为 70.0%；全钾含量平均下降 5.73 $g \cdot kg^{-1}$，降幅为 22.0%。同第二次土壤普查时相比，耕层土壤全氮含量稍有上升，平均上升 0.5%，碱解氮含量平均上升 0.42%；全磷含量平均下阘 0.03%，有效磷含量平均增加 1.43%；全钾含量平均下降 0.33%，有效钾含量平均下降 30%。黑土耕地属于富钾型土壤，20 世纪 90 年代之前，土壤供钾能力很强，基本不施用钾肥。进入 90 年代后，耕层有效钾含量急速下降，土壤贫钾问题日益突出。同时土壤中微量元素含量也出现了不同程度的亏缺，有 60%以上的耕地缺锌、50%以上耕地缺硫、20%以上耕地缺铜和缺铁、近 20%的耕地缺锰，此外有近 70%的水田缺硅、北部大豆产区普遍缺硼和缺钼。

日益突出的土壤养分失衡问题，不仅造成土壤供肥能力的明显降低，同时也带来施肥结构的变化。20世纪80年代，我省肥料投入基本是氮、磷两元结构，当时流传着“粮食增产一靠政策二靠天三靠美国老二铵”的说法。从90年代开始，钾肥、微量元素肥料投入量逐年增加，形成了氮、磷、钾加微肥的施肥结构，致使农业生产成本大幅度增加。

1.3 土壤物理、生物性状趋于恶化

随着土壤有机质含量的减少，土壤的物理性状也发生了明显的变化，0～20 cm土层土壤容重比开垦初期平均增加0.29 g/cm^3，增幅为39.5%，比第二次土壤普查时增加0.08 g/cm^3，增幅为7.34%；总孔隙度比初垦时减少22.7%，比第二次土壤普查时减少8.12%；田间持水量比初垦时减少33.9%，比第二次土壤普查时减少3.92%；土壤粘粒含量增加，通透性下降，导致了土壤粘重、板结，犁耕阻力越来越大。土壤微生物组成也发生变化，细菌、真菌数量增加，放线菌数量减少，生物活性降低，作物病虫害相对加重。

1.4 黑土腐殖质层变薄

开垦初期黑土腐殖质的层厚度一般为60～80 cm，深的可达100 cm以上。开垦40年的黑土层厚度减至50～60 cm，开垦70年的黑土层厚度减至20～30 cm。第二次土壤普查时，南部地区发育于黄土台地上的薄层黑土层厚度为30 cm左右，到2002年调查仅为25 cm，20多年间减少了5 cm，严重的地方出现了“破皮黄”、“火烧云”。调查结果显示，目前黑土腐殖质层厚度在20～30 cm的面积占黑土总面积的25%左右，腐殖质层厚度小于2 0 cm的占12%左右，完全丧失腐殖质层而心土裸露的占3%左右。据测算，在水土流失严重地区，黑土表层平均每年流失量为0.3～0.5 cm，而形成1 cm厚黑土则需要200～400年的时间。

1.5 土壤盐渍化、沙化、酸化不断扩大

松嫩平原是我省土壤盐渍化、砂化的重灾区，分布于松花江、嫩江、呼兰河流域一二级阶地上和闭流区内的大面积低平易涝黑土和草甸黑土耕地，地势较低，排水不畅，春季地下水位高，盐分上行表土，在耕层土壤中富集，0～20 cm耕层土壤全盐含量为0.13%～0.20%，诱发大豆孢囊线虫病的大面积发生，产量一般为100～130 kg；盐渍化土壤地温冷凉，致使播种期延后5～10 d，遇到低温早霜年份，作物减产30%以上。西部草原因过度放牧和开荒，使固定砂复活，沙化面积东移，齐齐哈尔部分县已出现沙进人退的局面。在我省中、东部地区，由于长期单一、大量施用化学肥料，特别是大量施用氮肥，黑土酸化现象日趋发展。常量施用化学氮肥情况下，耕地土壤pH值一般下降0.7～1.0，过量施用化学氮肥的，土壤pH值下降1.5左右，酸化现象严重地区土壤pH值已降至4～5。土壤酸化致使霉菌、诺卡菌和小单胞菌大量滋生，真菌和放线菌数量相对减少，构成了对农作物生长的危害。抚远县抓吉镇土壤pH值为3.7，大豆根腐病发病率明显增高，每公顷产量仅有600 kg。

1.6 土壤旱涝等灾害频繁

我省自然灾害种类较多，旱灾、涝灾、风灾、水灾、雹灾、霜冻、病虫害等频繁发生。在这些灾害中，旱涝灾害和低温冷害影响最大，一旦大范围发生即造成大幅度粮食减产。特别是近几年干旱灾害有明显加重趋势。

2 黑土耕地质量退化原因

黑土耕地质量退化是自然因素和人为因素综合作用的结果。

2.1 自然因素

自然因素主要是水蚀和风蚀。首先，坡耕地导致水土流失。我省的山前耕地大多发育在漫川漫岗上，绝对落差虽然不大，但是坡面一般较长，可达800～1500 m，由此形成水土流失的主要地形特征。据多年观测，地形坡度在30以下的土壤侵蚀较轻微；30～50的侵蚀较重；50以上坡地侵蚀较严重。在相同降雨量、降雨历时情况下，50坡比30坡径流量增加23.4%，土壤冲刷量增加36.5%。其次，气候因素对土壤侵蚀也有明显影响。我省年降水量不算多，但是分布不均，多集中在7、8、9三个月份，且多为暴雨，大量径流不仅造成表

土大量流失，而且冲刷沟壑，吞食农田。风蚀的危害也不亚于水蚀，而且发生范围广、面积大，几乎遍及全省耕地。我省春季干旱、风多、风大，耕地表土处于干燥裸露状态，极易被大风刮走。西部一些风蚀严重地区耕地年剥失表土达到 1.2～3.0 cm。风害造成积沙、埋苗、晚熟，一般要减产二成年。自然因素所形成的风蚀、水蚀现象是造成耕地黑土层变薄的主要原因。由于耕地表土流失时带走耕层表土和其中的大量有机质、氮磷钾等矿物成分，所以，自然因素侵蚀也是造成耕地肥力降低的主要原因之一。

2.2 人为因素

2.2.1 重用地轻养地，或只用地不养地，造成土壤有机质含量降低

耕地质量退化的核心矛盾是土壤有机质含量入不敷出，长期处于亏损状态。过去主要依靠施用有机肥料补充土壤有机质，近十几年来有机肥施用面积越来越少，20 世纪 90 年代初全省年施用有机肥量达到 2.1 亿 m^2，平均每公顷 $20m^2$ 多。现在全省年施用有机肥量不足 0.7 亿 m^3，有 80％以上的农田只施化肥不施有机肥。农民不施有机肥主要有三方面原因：一是对养地的重要性和耕地质量退化的危害性认识不足，不能将养地与自身利益紧密联系在一起，缺乏主动性和自觉性。二是患有“化肥依赖症”，图施用化肥省工省时省力，嫌施用有机肥搬运量大，费时费力费钱。三是因经营耕地面积较大，有机肥源不足，找不到土壤有机物料投入的适宜途径。

2.2.2 滥施化肥、农药，致使土壤生态环境趋向恶化

目前，农民科学施肥整体水平比较低，盲目施肥、过量施肥现象十分普遍。以水稻施肥为例，2005 年经对五常、庆安、宁安等 11 个水稻产区调查，农户亩纯氮施用量最少的 3.2 kg，最高的施 22 kg，而当地水稻适宜施氮量为每亩 7～7.5 kg。过量施用氮肥不仅造成土壤酸化和水体污染，也诱发了作物病虫害的频繁发生。北部大豆产区，农户热衷于施用磷酸二铵和高磷含量复合肥，大量未溶解磷素多以磷酸钙（石膏的主要成分）的形态固结在土壤中，破坏了土壤结构，造成供氮供钾障碍。近年来“双氯型”复合肥料的应用以及假冒伪劣肥料的泛滥，更加重了土壤环境的负担。1981 年全省农药使用量为 1.8 万 t，2005 年增加到 3.7 万 t，24 年间增长了 1.05 倍，大量的除草剂、杀虫剂、杀菌剂致使有机氯、有机磷在土壤和水体中积累造成污染，对土壤微生物种群造成了致命损害。据有关部门监测，我省耕地土壤中镉、铅、砷等有害元素呈富集苗头。

2.2.3 种植结构单一，重茬连作普遍，加重了土壤养分失衡和土传病害程度

我省过去作物种植为玉米、大豆、水稻和小麦四元结构，由于受市场价格的影响，小麦面积迅速萎缩，造成了南部玉米海、中部水稻海、北部大豆海的局面，不能进行换茬轮作，重作连作现象普遍。由于作物对养分吸收和病害发生都具有一定的选择性，所以连续种植一种作物就会造成土壤中某些养分的过度消耗，使土壤形成缺素性养分失衡状况；同时，也使某种有害病菌、病毒滋生，形成更为严重的危害。科学试验证明，玉米连作一般减产 15％左右，玉米白苗病、大斑病发病率增加 8％～10％；大豆连作一般减产 30％左右，大豆孢囊线虫、菌核病、灰斑病、霜霉病发病率增加 15％～20％，并且随着连作年限的增长呈不断上升趋势。

2.2.4 农机作业小型化，带来土壤结构紧实板结，耕层变浅

由于农户耕地经营规模较小，限制了大型农机具的使用。2004 年统计，全省现有拖拉机动力构成中，大中拖拉机只占 14.2％，而且有 3％集中在国营农场，其余 85.8％是小型拖拉机。小型农机牵引力小，只能承担起垄、运输等轻型作业，无力对土壤实施深松、深翻作业，加之在田间行走次数多对土壤产生压实作用，破坏了土壤结构，致使犁底层越来越厚、越来越硬，隔断了土壤养分和水分输送途径；犁底层抬升增厚，有效耕层变薄变浅，紧实板结，蓄水保肥性能下降，丧失抗旱抗涝能力，并使作物根系发育空间局促，影响作物生长。我们对呼兰、兰西、望奎、北林等地调查，有 80％以上农户的耕地，15～20 年未深松过，有 10％的耕地虽然进行过深松，但没有打破犁底层。近年来，旱、涝灾害频繁、大面积发生，除自然因素外，主要原因一是土壤有机含量降低，导致土壤蓄持水分能力下降；二是日益增厚的犁底层在耕层与心土层之间形成“中梗阻”现象，阻碍了水分输送，降水时，地表水不能下渗，即呈涝象，日晒时，下层水不能上行补墒，即呈旱象。

2.2.5 盲目发展，过度垦殖，加快了黑土耕地的退化进程

20 世纪 50 年代以来，我省大量开垦草原、采伐林木、围垦湿地，使大量的林地和草地变成农田，全省耕

地面积增加了1.6倍,森林、草原面积减少1.3倍。破坏了原有的生态平衡系统,环境条件也随之恶化,灾害性天气发生频率增加,自然灾害种类增多、周期变短,成灾面积扩大。由于生态系统平衡的改变,使黑土农田生态系统的自然属性减弱,生态条件脆弱。加剧了水土流失、土壤沙化、干旱等灾害的发生。

2.2.6 *农业基础设施薄弱,抗御自然灾害能力薄弱*

农业基础建设投资欠账多,农田水利工程不配套,难以形成有效的防灾能力。大部分农田处于"靠天吃饭"的境地,遇到风调雨顺则丰收,遇到旱灾涝灾则减产,粮食总产量波动幅度较大。

3 黑土地退化对农业发展影响的评价

黑土地承载了黑龙江省93%的农村人口,每年可向国家提供200亿~230亿kg的商品粮,维系着我省农村经济建设的基础和国家的粮食安全。回良玉副总理曾经批示:"黑土地是十分宝贵难以再生的资源,是东北粮仓赖以形成的基础。望农业部就黑土地保护问题组织专门调研,以便采取综合措施,促进黑土地的可持续利用。"黑土地退化问题上牵连着国务院领导的心,及到千家万户农民的利益,其影响是多方面的。

3.1 对农业可持续发展的影响

黑土资源的可持续利用是黑龙江省农业可持续发展的基础和必要条件,而黑土地可持续利用的本质特征是其生产能力的保持和持续增长。显然,黑土耕地质量退化是其可持续利用的逆向发展过程,与农业可持续发展的要求背道而驰。应当看到,在修复生态系统的条件下,我省耕地面积已没可扩展空间,靠增加面积来提高其可利用程度已经没有潜力可挖了,我们只有通过采取有效措施,扭转耕地质量下降的逆势,恢复和提升其生产能力,才能在数量有限的情况下保证黑土资源的可持续利用。

3.2 对粮食增产的影响

黑龙江是国家的主要粮食生产基地,在国家粮食安全保障体系中占有举足轻重的地位,被称作"北大仓"和粮食保障的"稳压器"。从20世纪80年代以来,我省粮食总产增长1.5倍,主要靠的是扩大耕地面积、选用良种和大量使用化肥、农药。事实上,这20多年间黑土地质量一直处于下降,这一现象已经在生产实践中突显出来。60年代,农民施用1kg氮肥可以增产15~20kg粮食,到了90年代同样投入只能增产9kg左右粮食。1980—2004年全省化肥施用量增长了3.6倍,其中氮增长3.4倍、磷增长3.8倍、钾增长近5倍,粮食增产对化肥的依赖程度逐年增强。黑土生产能力下降已经成为制约粮食稳定、持续增产的主要矛盾。根据黑土生产潜力分析,目前的产量水平仅达到土壤生产潜力的60%左右,如果黑土质量得到改善提高,还有很大的增产空间。

3.3 对生产投入的影响

黑土地质量退化使土壤供应养分能力下降,则需要靠增加化肥投入量来支撑粮食产量,由此造成了高耗性生产。据调查,农户在粮食生产的物质投入中,化肥投入占60%以上,而西方发达国家化肥投入比重只占35%左右。近两年化肥价格持续攀升,致使生产成本增加,产投比下降,经济效益降低,农民的负担进一步加重。

3.4 对社会主义新农村建设进程的影响

增加农民收入是社会主义新农村建设的中心工作。在我省大多数地区农民的收入主要来源于种植业,黑土地是他们增加收入、走向富裕的基础条件。所以,保护建设黑土地,完全符合农民利益,符合社会主义新农村建设的需要。

4 黑土地可持续利用对策

恢复并不断提升黑土地生产能力是实现农业可持续发展的中心任务,应转变农业发展观念,牢固树立"以土为本"、"藏粮于土"的农业科学发展观,针对黑土地质量退化的实际问题,采取切实可行的对策。

4.1 以提升土壤有机质为核心，大力推行土壤培肥实用技术

就总体情况看，黑土地退化的核心问题是土壤有机质含量的持续降低。因此，培肥地力的关键在于增加土壤有机质。优质农田的土壤有机质总是处于不断地形成、分解和转化的动态平衡状态，随着农业生产的进行，旧的有机质在分解、输出，新的有机质在补给、形成。因此，为了使土壤有机质维持在最适含量水平，必须经常增施有机物料，达到土壤有机质补偿、更新。在这方面，发达国家主要是通过秸秆粉碎还田、休耕和种植绿肥来实现土壤有机质补偿。由于客观条件的限制，我省不能照搬国外的做法。应从实际情况出发，确定适宜的土壤有机质补偿方式。一是恢复积造施用有机肥的传统，号召、鼓励和扶持农民积造、施用有机肥料，充分利用人畜粪便和大量剩余秸秆等农村有机肥源，制造精细有机肥。二是农机农艺相结合，大力推行农作物秸秆还田技术。在水稻、小麦产区普遍推行高留茬(30 cm 以上)收割耕翻还田；在大豆产区实行脱粒后豆秸粉碎还田；在玉米产区实行根茬机械粉碎还田或垄间秸秆覆盖还田，有条件的可以搞秸秆粉碎平翻平作。三是积极发展有机肥料加工生产产业化，以畜禽粪便、草炭、风化煤、无污染工业废料等加工生产有机肥、有机—无机复合肥和生物肥料。四是开发适宜在垄间生长的喜荫性绿肥品种，实行粮、草间作。

4.2 促进土地规模经营，采用大中型农业机械深松轮耕

解决土壤板结、物理性状不良的有效方法是采取耕作措施，其中主要是深松，深松耕法有利于土壤保墒、蓄墒，是适合雨养农业区的行之有效的土壤改良措施。据有关部门试验，土壤深松后总孔隙度增加，空气含量增加，土温可提高 0.4～1.9 ℃，固相比明显减少，土层容重降低 0.05～0.15 g/ cm^3；土壤蓄水能力增加，在降雨 224 mm 时，30 cm 土层，每公顷含水量增加 31 510 t；作物根系扎得深、分枝多，0～20 cm 土层内的根干重增加 34.8%，20～30 cm 增加 135.1%。需要强调的是，土壤深松必须与施用有机肥料、秸秆还田等措施结合实施，以增加松后土层中的有机质含量，保持其所创造的良好结构形态。推广深松耕法的前提是以大中型拖拉机代替小型拖拉机作业。应当因地扩大土地经营规模，促进大型农业机械的应用。同时，注重解决农户小规模经营土地条件下，如何应用大中型拖拉机的问题。

4.3 重新建立区域作物轮作制度

以培育良种为切入点，针对目前的区域“作物海”现象，培育适宜的轮作作物品种，进而重新建立区域作物轮作制度。在南部玉米种植区，积极选育高产大豆品种，建立“米—豆”轮作制；在北部大豆种植区，选育适宜的(高产型)玉米、(高产兼优质型)小麦品种，建立“豆—麦—薯”或“豆—米”轮作制。

4.4 严把生产资料投入关，合理施用化学、农药，防止土壤污染

排除环境因素，耕地土壤污染主要是由投入物质造成的。因此严格把住生产资料等物质投入关，防止有污染物质进入农田，是保护耕地质量的重要方面。首先，应明令禁止使用高毒、高残留农药和含有过量有害物质的肥料产品，并加强农药、肥料产品的生产管理，从源头上消除生产该类产品的隐患。其次，要科学使用肥料、农药、农膜，农业技术推广部门应加强对农户的技术指导，避免因使用不当，或过量使用及清除不彻底，对土壤形成危害。再次，在越来越多的化工日用品进入农村家庭的情况下，要防止由此对耕地造成二次污染现象发生。

4.5 推进生态建设，改善农田环境，防治水土流失

土壤生态系统是自然生态系统的子系统，与自然生态环境之间不断进行着物质循环、能量转换和信息流动，形成二者之间相互联系、制约和依存的关系。因此，保护和修复自然环境，对于建立稳定性土壤生态至关重要。要贯彻保护和建设并重的方针，一方面，对现有林地、草原、水面、湿地实行严格的保护措施，确立禁伐、禁牧、禁渔、禁垦区，实行修养生息，恢复其生态调节属性。另一方面，以植树、种草和小流域综合治理为重点，进行生态修复性建设。西部风沙区应重点抓好防风沙植被培育，建立绿色防护屏障，同时，加强沙化耕地治理，恢复和提高土壤生产能力；丘陵、山前漫川漫岗等水土流失重灾区，应抓好小流域综合治理，从实际情况出发，做到宜林则林、宜草则草、宜水则水、宜农则农，建立独具特色的生态结构；沼泽、湿地区，应重点恢复、扩大芦苇繁殖面积，芦苇素有“第二森林”之称，尤其在林木稀少的干旱、半干旱区，对涵养水源、调节和改善气候条件具有特殊意义；应进一步加强平原地区防护林网建设，全面实现农田林带网格化。水利是农业的命脉，今后农田水利建设的重点应向区域大型水库和农田浇灌网络建设倾斜，增加有效灌溉面积。

4.6 加强对典型低产土壤的治理，提高黑土地整体生产能力

我省典型的低产土壤种类有盐碱土、白浆土，主要分布在松嫩平原山前台地闭流区和三江平原及东部地区，其中盐碱土耕地面积 14 万 hm^2、白浆土耕地面积 116 万 hm^2。改良典型低产土壤对于提升我省耕地整体生产能力意义重大。盐碱化耕地改良应走以有机培肥为主，农机、农艺、水利、化学、生物措施相结合的改良路子。白浆土耕地改良不仅仅是解决土壤养分贫瘠，关键是打破白浆层和淀积层两个障碍土层的机械组织，以消除其物理性质不良的障碍因素。

4.7 完善耕地保养立法，强化黑土地质量管理

法律手段具有强制性、规范性、统一性、公开性、长期性等特点，强化耕地保养的法制化管理，完善有关法律法规，建立耕地质量管理、建设的法律支撑，是搞好耕地质量管理的关键，是实现黑土地可持续利用的根本保障。国家已颁布了《中华人民共和国土地管理法》等法律法规，我省也制订了《黑龙江省耕地保养条例》，将耕地质量管理纳入了法律管理轨道。但是应当看到，法律体系还不够完善，规范内容不够全面，约束力度还不够强。根据耕地保护、建设的需要，必须进一步加强法律建设，明确各级政府保养耕地的职责；明确农民不仅有使用耕地的权力，也有保养耕地的义务；建立地力补偿和耕地质量监督检测机制；理顺现行执法体制等。

4.8 建立健全黑土地质量监测信息网络

运用 GPS 卫星定位系统和 GIS 地理信息系统，建立黑土地土壤养分动态监测体系，对土壤质量、养分变化情况进行经常性的监督、监测，为省政府进行农业决策提供科学依据，为广大农民科学施肥、培肥耕地提供指导。

5 结束语

修复退化黑土耕地是一项利在当今、功及后世的工作。耕地是国家的资源，各级政府应以高度的责任心和事业感，将黑土退化修复工作提到重要工作日程上来，牢固树立"以土为本"的农业科学发展观，并付诸实际行动，力争用 3～5 年的时间，全面遏制黑土耕地退化的趋势，用 5～10 年的时间，使黑土耕地肥力水平有明显提升。为黑龙江省农业持续发展夯实基础，为国家粮食安全提供保障，为建设社会主义新农村增强后劲，为子孙后代留下一方沃土。

参考文献

[1] 黑龙江省土地管理局，黑龙江省土壤普查办公室. 黑龙江土壤. 北京：中国农业出版社，1992
[2] 谢承陶. 盐渍土改良原理与作物抗性. 北京：中国农业科技出版社，1993
[3] 姜志德. 中国土地资源可持续利用战略研究. 北京：中国农业出版社，2004
[4] 陈佑启，唐华俊. 我国农户土地利用行为可持续性的影响因素分析. 中国软科学，1998(9)：95-96

Quality Evaluation of Black Soil and Sustainable Utilization Countermeasures

HU Rui-xuan
(The Soil and Fertilizer Management Station of Heilongjiang prov. ,Harbin 150090,Heilongjiang,China)

Abstract Black soil as the worldwide rare resources is Heilongjiang Province's main cultivated soil. The sustainable utilization countermeasures are proposed based on the analysis of the degradation status of black soil in Heilongjiang Province and its degeneration causes in this paper.

Key words Black Soil；Cultivated Land Quality；Degradation；Utilization Countermeasures

黑土退化阶段与强度分析

孟　凯

（黑龙江大学农业资源与环境学院，哈尔滨　150080）

摘要：综合分析黑土退化的影响因素，黑土退化的主要驱动因子是土壤有机碳的变化，有机碳的变异过程直接影响到土壤各要素的变化。利用新的方法进行分析，提出黑龙江省黑土退化发展的阶段和退化的强度。

关键词：黑土；退化阶段；退化强度

土壤退化（Soil degradation）是指在各种自然，特别是人为因素影响下所发生的导致土壤的农业生产能力或土地利用和环境调控潜力，即土壤质量及其可持续性下降（包括暂时性的和永久性的）甚至完全丧失其物理的、化学的和生物学特征的过程，包括过去的、现在的和将来的退化过程，是土地退化的核心部分。在现有的研究基础上，对退化黑土进行诊断及其综合评价，更加确切地阐明黑土退化发生和发展阶段，退化黑土质量恢复重建的关键技术，为不同区域退化黑土恢复与重建提供理论依据。

国际上土壤退化研究在以下方面取得了重要进展：①从土壤退化的内在动因和外部影响因子（包括自然和社会经济因素）的综合角度，研究土壤退化的评价指标及分级标准与评价方法体系；②从土壤的物理、化学和生物学过程及其相互作用入手，研究土壤退化的过程与本质及机理；③从历史的角度出发，结合定位动态监测，研究各类土壤退化的演变过程及发展趋向和速率，并对其进行模拟和预测；④侧重人类活动（特别是土地利用方式和土壤经营管理措施）对土壤退化和土壤质量影响的研究，并将土壤退化的理论研究与退化土壤的治理和开发相结合，进行土地更新技术和土壤生态功能保护的试验示范和推广；⑤注重传统技术（野外调查、田间试验、盆栽试验、实验室分析测试、定位观测试验等）与高新技术（遥感、地理信息系统、地面定位系统、模拟仿真、专家系统等）的结合；⑥从社会经济学角度研究土壤退化对土壤质量及其生产力的影响。

1　研究方法

1.1　黑土的样品采集

按土壤亚类划分取样：黑土亚类划分为黑土、草甸黑土、白浆化黑土、表潜黑土 4 个亚类；在 4 个黑土亚类中，黑土面积占总面积的 88.49%（其中厚层黑土占 34.00%，中层黑土占 36.60%，薄层黑土占 17.89%），草甸黑土面积占总面积的 3.33%，白浆化黑土面积占总面积的 8.18%。要考虑样品的代表面积；取样的记录，土地的等级、产量（访问）、使用农药、污水等环境污染，应该在取土样同时取植株样品；肥力与作物品质的关系；资料收集。

按区域分布面积取样：在黑龙江省绥化市以北的 11 个县（市），黑土面积占该区域总面积占 40%以上，南部地区狭长分布，东部零星分布。

按利用方式取样：黑土垦殖率较高，主要有农作物和蔬菜，在平原的耕地取样点的代表面积大一些，在漫川漫岗和城市郊区取样点加密。

1.2　黑土退化的评价方法

首先以常规统计学的方法分析了 20 多年来土壤有机质演变过程。然后利用 GIS 平台的地统计学分析方法和克里格插值分析了土壤有机质的空间变异和现状。地统计学是在传统统计学基础上发展起来的空间分析方法，它不仅能够有效地揭示属性变量在空间上的分布、变异和相关特征，而且可以将空间格局与生态过程联系起来，有效地解释空间格局对生态过程与功能的影响。

2 土壤有机质空间变异规律和现状分析

按照该分级标准，从不同的时间变化来看，黑龙江省黑土区域的23个市县在1980年土壤有机质属于1级的地类有17个市县，到2002年属于1级地类的市县降为10个。土壤有机质含量普遍下降，降幅分别为1.07 g·kg^{-1}到22 g·kg^{-1}。和1980年相比下降比率最大的为五常和嫩江，分别下降了34.12%和30.29%，平均每年下降1.48%和1.32%，其他各县也有不同程度的下降。五常市、望奎、呼兰、绥化、庆安、依安、明水7个县由原来的1级地转为2级地类。有的市县虽然仍属于1级地但是指标也有很大程度的下降。2级地降为3级地有3个市县阿城、双城和宾县。由此可见，1980年黑龙江省黑土区域土壤有机质1级地类占73.9%，2002年仅占44%，而2级和3级地类有所上升(4级和5级地类几乎没有)。有机质下降的原因比较复杂，有研究表明，开垦年限、不注重合理地农田管理方式、不合理的土地利用所造成的水土流失是造成土壤有机质下降的最重要原因。

将664个经过GPS采样的土壤样本数据在SUPERMAP_GIS工作平台上将其经纬度坐标转为公里网坐标，然后进行地统计学的分析，再将分析结果叠加到各种相关图件上。其计算的半方差函数和克里格差值图见图10。从图10中可以明显地看出土壤有机质的空间异质性是从北向南逐渐降低。常规统计学分析也表明土壤有机质的变化和纬度有极显著的正相关关系。土壤有机质的最高点出现在五大连池附近。根据第二次土壤普查资料1980年五大连池和北安市的土壤有机质含量在73～74 g·kg^{-1}之间，2002年下降到67～73 g·kg^{-1}之间。中值区域还是在绥化地区，一般在35～40 g·kg^{-1}。最低点出现在南部的哈尔滨市、宾县、双城等地在30 g·kg^{-1}左右。土壤有机质的变化与多种因素有关，以2002年采集的样本为例从地统计学方法分析来看，黑龙江省有机质的变化受结构性因子的影响如占85%，结构性因子主要有土壤形成过程中的成土母质、地形、地下水位及形成的土壤类型等。而农业生产管理过程中施肥、作物布局、耕作措施等随机性因子影响仅占15%。因此，结构性因子影响着黑龙江省黑土带土壤有机质空间变异的总的趋势，而人为因素如开垦年限，施肥和农田管理措施等在不同的程度上影响和改变了土壤有机质的含量。

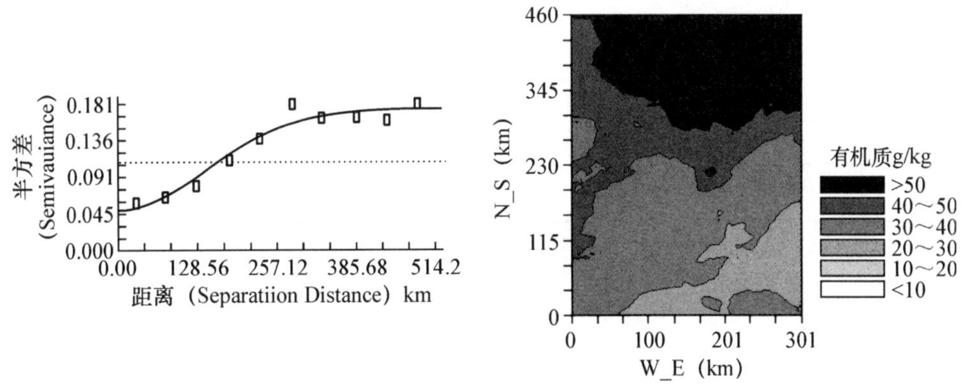

图1 黑龙江省黑土区土壤有机质空间变异

将历史数据和图件收集整理并结合采样数据建立起土壤养分GIS管理系统。利用该GIS平台来分析黑龙江省黑土区23个市县土壤有机质20多年来的变化表明，土壤有机质含量均有不同程度的下降。降幅从1.07～22 g·kg^{-1}。23年来下降比率最大的为五常和嫩江，分别下降了34.12%和30.29%，平均每年下降1.48%和1.32%。1980年至2002年由1级地类降为2级地类的有7个市县，由2级地类降为3级的有3个市县。1980年黑龙江省黑土区域土壤有机质1级地类占73.9%，2002年仅占44%。

从空间分布来看，随着纬度的降低由北到南，土壤有机质逐渐降低，最高区域出现在五大连池附近，中值区在绥化地区，低值区大约在南部哈尔滨市、宾县、双城等地。

3　黑土退化强度与阶段

3.1　黑土退化驱动因子分析

利用主成分分析法选取影响黑土退化的主因子，得到各评价因子主成分的特征值和贡献率，求出各项评价指标的公因子方差，其大小表示该指标对土壤退化总体变异的贡献，由此得出各项肥力指标的权重. 经过统计分析发现特征值大于 1 的主因子有 3 个，其中对土壤退化最具影响的第一个主因子中全 N 和有机 C 贡献最大，第二个主因子主要由有效 P 和速效 K 构成，土壤粘粒含量在第三个因子中所占的比重最大. 三者累积贡献率达到 77％，可以满足信息提取的要求。

利用 SAS 统计软件可实现因子分析的计算和分析过程。表 1 是黑龙江省农田黑土 7 种养分性状含量有机质、全氮、全磷、全钾、碱解氮、有效磷和有效钾的主因子分析结果表。从表中可以看出，在变量初始化阶段，各种养分性状 OM、TN、TP、TK、AN、AP、AK 的原始变量的整体估计值分别为 0.912、0.904、0.699、0.155、0.537、0.362、0.187，7 个变量的整体估计值总和为 3.757。提取 2 个主因子后，OM、TN、TP、TK、AN、AP、AK 的整体估计值均增大，分别达到 0.936、0.915、0.749、0.182、0.566、0.418、0.191，7 个变量的整体估计值总和为 3.956。2 个主因子的累计贡献率达到了 105.3％，其中因子 1 的贡献率就高达 86.3％。因子 5、因子 6、因子 7 的贡献率为负值，且数值较小，贡献率都不超过 5％。单就因子 1 就可概括大部分信息，2 个主因子就能概括全部信息。

表 1　农田黑土养分性状主因子分析表

土壤性状	整体估计值	初始化特征值				整体估计值	因子提取后特征值			
		因子	总计	因子贡献率％			因子	总计	因子贡献率％	累计贡献率％
OM	0.912	1	3.241	86.27	86.27	0.936	1	3.241	86.27	86.27
TN	0.904	2	0.715	19.03	105.31	0.915	2	0.715	19.03	105.31
TP	0.699	3	0.076	2.05	107.35	0.749				
TK	0.155	4	0.014	0.37	107.73	0.182				
AN	0.537	5	−0.038	−1.01	106.72	0.566				
AP	0.362	6	−0.073	−1.96	104.76	0.418				
AK	0.187	7	−0.179	−4.76	100.00	0.191				

表 2　主因子矩阵

性状	因子 1	因子 2
OM	0.952	−0.174
TN	0.954	−0.077
TP	0.801	0.328
TK	−0.232	0.358
AN	0.740	−0.137
AP	0.147	0.629
AK	0.403	0.169

表 2 是土壤养分含量分布主因子分析得出的主因子矩阵，根据该矩阵可以列出主因子表达式：

主因子 1＝0.952×有机质＋0.954×全氮＋0.801×全磷－0.232×全钾＋0.740×碱解氮＋0.147×有效磷＋0.403 有效钾；

主因子 2＝－0.174×有机质＋－0.077×全氮＋0.328×全磷＋0.358×全钾－0.137×碱解氮 0.629×

有效磷+0.169 有效钾。

表 3 主因子标准得分系数

性状	因子 1	因子 2
OM	0.451	−0.837
TN	0.363	0.261
TP	0.110	0.681
TK	−0.001	0.136
AN	0.093	−0.138
AP	0.070	0.298
AK	0.030	0.138

表 3 是主因子标准得分系数矩阵。从表中可以看出,土壤有机质和全氮在第一主因子中占主导地位,因子得分系数分别为 0.451 和 0.363。全磷和有效磷在第二主因子中占主导地位,得分系数分别为 0.681 和 0.298。说明在黑龙江省农田黑土 7 种养分性状中土壤有机质和全氮含量是最主要的,最能反映土壤的养分状况,其次为全磷和有效磷含量。另外,在第二主因子中,土壤有机质的得分系数为负,且高达−0.837,说明有机质对土壤全磷和有效磷具有强烈的作用,高含量的土壤有机质可降低土壤磷的固定,并且促进有效磷的利用,进而降低土壤中有效磷的含量。从主因子分析的结果可以看出,可以将主因子分为 2 组,影响每一组的养分性状不同,而且影响程度也不同。每组中起主要作用的公因子是受结构性因子和随机因子共同作用的,但通过主因子分析的方法找出的公因子,并不能阐述这些因子到底是什么因子,通过聚类分析可对其进一步判读。

3.2 黑土退化阶段与强度分析

土壤有机碳密度是指单位面积一定深度的土层中土壤有机碳的储量,由于排除了面积因素的影响而以土体体积为基础来计算,土壤碳密度已成为评价和衡量土壤中有机碳储量的一个极其重要的指标。某一土层 i 的有机碳密度 SOC_i($\mathrm{kg \cdot m^{-2}}$) 计算公式如下:

$$SOC_i = C_i D_i E_i (1 - G_i) / 10$$

式中.C_i 为土壤有机碳含量(%),D_i 为容重($\mathrm{g \cdot cm^{-3}}$);E_i 为土层厚度(cm);G_i 为大于 2 mm 的石砾所占的体积百分比(%)。

通过对黑土区土壤耕层有机碳和氮的密度时空变异特征分析,揭示黑土退化的强度和阶段,根据 2002 年取样分析的结果与 1980 年取样分析的结果比较,将有机碳密度的年际间变化的差值分为>−1.5 $\mathrm{kg/m^2}$、−1.0～−1.5 $\mathrm{kg/m^2}$、−0.5～−1.0 $\mathrm{kg/m^2}$、<−0.5 $\mathrm{kg/m^2}$ 4 个退化强度等级,在 2002 年取样的 23 个县(市)中>−1.5 $\mathrm{kg/m^2}$ 的为 2 个县(市),−1.0～−1.5 $\mathrm{kg/m^2}$ 的为 8 个县(市),−0.5～−1.0 $\mathrm{kg/m^2}$ 的为 8 个县(市),<−0.15 $\mathrm{kg/m^2}$ 为 5 个县(市)。利用 SAS 统计软件,对所采集黑土样品的 23 个市县的黑土肥力的各项指标的平均值,进行了聚类分析。将这些市县的土壤退化强度分为 4 类,土壤退化强度弱的是北安、五大连池 2 个市县;土壤退化强度较弱的是拜泉、克东、克山、讷河、依安、宝清、海伦这 7 个市县;土壤退化强度中等的是哈尔滨、双城、庆安、绥棱、明水、青冈这 6 个市县;土壤退化强度较强的是巴彦、呼兰、宾县、五常、绥化、望奎、嫩江、阿城 8 个市县。所得结果与土壤质量变异和土壤肥力评价的结果基本一致。

根据黑土退化的强度分析,将黑土退化分为 3 个阶段,既退化的初级阶段,退化的发展阶段,退化的危机阶段。黑土退化初级阶段是黑土肥力的下降超过自然因素影响范围,土壤生产力呈下降趋势;黑土退化的发展阶段是土壤生产力水平不断下降,土壤肥力的等级明显降低;黑土退化的危害阶段是土壤的缓冲性能和自然供肥能力明显减弱,自我调节性能丧失,土壤肥力各项指标处于低等级水平。对黑龙江省 23 个县(市)黑土退化过程进行综合分析,并与黑土肥力评价进行比较,黑土退化初级阶段的有北安、五大连池、宝清 3 个市县;黑土退化处于发展阶段的有嫩江、拜泉、克东、克山、讷河、依安、海伦、绥化、巴彦、哈尔滨、庆安、绥棱、望奎13个市县；黑土退化处于危害阶段的有呼兰、宾县、五常、双城、阿城、明水、青冈7个市县。进一步分析北安、五大连池主要以农场经营为主，耕作制度比较完善，而宝清则属于开垦年限较短，土壤处在熟化与培肥交替阶段。嫩江、克东、克山、讷河近20年土壤退化的速度比较快，尤其是土壤物理性状和有机质变化明显。拜泉、海伦、绥化、巴彦是黑龙江省主要的粮食生产基地，过度的垦殖加剧了土壤退化的进程。依安、庆安、绥棱、望奎黑土的面积相对较少，处在黑钙土、暗棕壤、盐碱土的过度地带，受环境条件的影响土壤退化处于发展之中。哈尔滨属于城郊农业区，受种植方式、品种、施肥水平等影响，在大田作物与蔬菜作物之间土壤的退化进程表现出明显的差异。呼兰、双城土壤退化较为严重，主要是开垦年限长，垦殖率过高，作物品种单一，人为影响等因素。宾县、五常、阿城受水土流失的影响，加剧了土壤的退化。明水、青冈处在脆弱生态区，土壤肥力水平低，受到进一步的干扰后，土壤高强度退化。

4 小　结

综合分析黑土退化的影响因素，黑土退化的主要驱动因子是土壤有机碳的变化，有机碳的变异过程直接影响到土壤各要素的变化。土壤退化强度弱的是北安、五大连池2个市县；土壤退化强度较弱的是拜泉、克东、克山、讷河、依安、宝清、海伦这7个市县；土壤退化强度中等的是哈尔滨、双城、庆安、绥棱、明水、青冈这6个市县；土壤退化强度较强的是巴彦、呼兰、宾县、五常、绥化、望奎、嫩江、阿城8个市县。所得结果与土壤质量变异和土壤肥力评价的结果基本一致。黑土退化初级阶段的有北安、五大连池、宝清3个市县；黑土退化处于发展阶段的有嫩江、拜泉、克东、克山、讷河、依安、海伦、绥化、巴彦、哈尔滨、庆安、绥棱、望奎13个市县；黑土退化处于危害阶段的有呼兰、宾县、五常、双城、阿城、明水、青冈7个市县。

Analysis on the Retrogressive Stages and Intensity of Terra Nera

Meng Kai

(Agricultural Resource and Enviro nment College of Heilongjiang University, Harbin 150080)

Abstract The factors on terra nera retrogression were comprehensively analyzed in this paper. The main reason causing terra nera retrogression is the organic carbon variation, the variance progress of organic carbon directly affect each element change in the soil. The development stages and retrogressive intensity of terra nera in Heilongjiang were put forward, analyzed by the new method.

Key word Terra near; Retrogressive stage; Retrogressive intensity

黄淮海平原耕地质量现状、问题及解决对策*

李晓林　张宏彦

（中国农业大学资源与环境学院，北京　100193）

摘要：黄淮海平原是我国重要的粮食生产基地，在确保国家粮食安全和国民经济发展中占有不可替代的战略地位。但目前该地区仍存在一系列限制土地生产力进一步提高的诸多土壤障碍因素，对农业生产的可持续发展造成了非常不利的影响。本文简要论述了黄淮海平原耕地质量的现状、问题，并在分析这些问题的基础上提出了解决对策。

关键词：黄淮海；耕地质量；问题；对策

1　前　　言

黄淮海平原总面积达 30 万 km^2，占全国平原面积的 30%，耕地占全国的 1/6，是我国最重要的粮、棉、油、肉、果生产基地，在我国粮食安全和国民经济发展中占有不可替代的战略地位。土壤是作物生产的基础，作物产量潜力和水肥资源利用潜力的持续稳定发挥依赖于良好的土壤条件。黄淮海平原历史上曾长期面临“旱、涝、盐、碱”等一系列困扰区域农业发展的问题。从“六五”开始，国家将黄淮海平原区域治理列入国家科技攻关计划，围绕黄淮海平原农业生产与农村经济发展，开展了长期卓越的科技攻关活动。从目前农业生产实践来看，该区域“旱、涝、盐、碱”等主要危害因素已得到控制，但仍然存在限制作物生产力进一步提高的诸多因素。

2　黄淮海地区耕地质量现状和问题

从上世纪 80 年代的调查结果来看，黄淮海平原中低产田占总耕地面积的约 2/3，有障碍因子的低产田占到 37%，超过 1 亿亩。经过长期艰苦的科技攻关和不断治理、改造，这些低产田土壤质量与土地基础生产力已有明显提高，但土壤主要障碍因子并未完全消除，造成水分、养分等资源利用效率低下、作物产量低而不稳。主要表现在以下几个方面：

2.1　土壤有机质含量总体上有所增加，但仍处于较低水平

有机质是土壤的重要组成成分，其不仅是土壤中 N、P 和 S 等养分的主要“库”，而且还在改善土壤物理、化学和生物学性状中发挥着重要的作用[1,2]，提高土壤有机质含量对于改善土壤的“保水、保肥、供水、供肥”性能和抗逆能力、确保粮食高产稳产、提高水肥等资源的利用效率具有重要意义，因而提高土壤有机质含量也是改善土壤质量的核心。为使土壤和水分资源得到可持续利用，土壤有机质的最佳含量含量应在3.5%～8.5%之间[3]，我国黄淮海地区高产栽培对土壤有机质含量的要求也大多在 1.5%以上。近年来，由于秸秆还田比例、有机肥用量及化肥投入量增加导致作物根茬还田量增加等因素，黄淮海平原不同区域土壤的有机质含量有了不同程度的增加。如山东省桓台县土壤有机质量由 20 世纪 80 年代初的 1.3%提高到 90 年代末的1.5%[4]；山东省聊城市土壤有机质含量由二次土壤普查时的 0.79%提高到 2005 年的 0.92%[5]。河北省土壤有机质含量由二次土壤普查时的 1.11%增加到 1996 年的 1.26%[6]及 2004 年的 1.65%[7]，其中

* 国家科技支撑计划（2006BAD05B04）资助

曲周县耕层土壤的有机质含量由1980年的0.88%增加到2000年的1.29%[8]，栾城县耕层土壤有机质含量由1979年的1.1%增加到2000年的1.7%[9]。河南省全省土壤有机质平均含量为0.89%[10]，但主要粮食生产区的45个土壤肥力监测点的土壤有机质含量由第二次土壤普查时的1.21%增加到1998—2004年的1.45%[11]。但也有研究认为，近一二十年来黄淮海平原作物产量和农业生产水平虽然有了较大幅度提高，但潮土有机质含量却保持相对稳定，基本上是在1%左右[12]。总体而言，与国外高产土壤有机质含量以及国内高产栽培对土壤有机质含量的要求相比，黄淮海平原耕地土壤有机质含量总体上仍然处于较低水平。因土壤有机质含量较低而导致的土壤结构差、耕性差、抗逆能力不高、保水保肥和供水供肥能力低已成为该地区粮食高产和稳产面临的重要问题之一。因此，采取措施逐步增加土壤有机质含量是改善黄淮海地区土壤质量、提高土地生产力的关键。

2.2 土壤养分供应失衡，限制性养分由以单一因子为主向多因子转变

随着近年来黄淮海地区高产作物品种的采用、农业集约化程度的提高，同时由于缺乏科学施肥知识和施肥技术，导致农业生产中肥料施用结构不合理，农业生产中重视化肥投入、轻视有机肥投入的现象逐渐普及，氮磷肥投入过多而钾肥和中微量元素肥料投入不足的现象也较为普遍，造成土壤主要养分比例失衡。以耕层土壤氮磷钾养分含量为例，山东省自1982年和1972年开始，作物生产中氮和磷的投入量分别超过产出量，但自1952年以来农田土壤钾则一直处于亏缺状态[13]，导致土壤中氮磷钾养分比例失衡；其中山东省桓台县1982—1998年间，土壤碱解氮和速效磷含量分别由52.4 0mg/kg和5.8 mg/kg增加到64 mg/kg和9.1 mg/kg，速效钾含量却没有明显变化，土壤对作物氮、磷和钾养分吸收的贡献(%)分别由1982年的48.2、37.3和80.2下降到1998年的26.8、26.9和49.8[4]。河北省1996年[6]及1998—2004年[7]主要农田土壤耕层全氮和速效磷含量比二次土壤普查时期明显增加，速效钾含量则明显下降；其中曲周县2000年土壤速效磷含量比1980年增加了69.2%，速效钾含量则降低了46.1%[14]；栾城县农田土壤全氮、碱解氮和速效磷含量2000年分别比1979年上升了27.6%、40.7%和18.8%，速效钾含量则降低了19.4%[9]，这与主要作物生产中施肥结构不合理，氮素投入过量、磷素盈余、钾素亏缺的投肥模式密切相关[9,15]。由于实际生产中农民普遍"重氮磷、轻有机肥、忽视钾素补给"，尤其是有机肥料和无机肥料投入比例不合理等原因，河南省近20年来耕地土壤全氮、碱解氮和速效磷含量增加而速效钾含量明显降低[11]；全省1995年土壤速效钾含量比二次土壤普查的结果下降了30.4 mg/kg，尤以豫东地区下降幅度最大[16]，豫东平原在土壤钾含量明显降低的同时还表现出硝态氮明显累积的特点[17]。中国农业大学植物营养系在华北地区的多年多点的施肥调查结果表明，该区域小麦—玉米轮作体系氮的年平均用量在500～600 kg/hm^2之间，磷肥年平均用量在150～200 kg P_2O_5/hm^2之间，而钾肥年平均用量不足100 kg K_2O/hm^2，基本不施中微量元素；每年作物收获后带走的氮素约为300 kgN/hm^2，磷素约为100 kg P_2O_5/hm^2，钾素约为300 kg K_2O/hm^2，也表现为氮、磷养分盈余、钾素养分亏缺的现象[18]。

由于土壤氮磷钾养分失衡现象不断加剧及作物产量水平的不断增加，目前黄淮海地区作物产量的限制的因子已由原先的一个(氮)或2个(氮、磷)逐渐变为目前的多个(氮、磷、钾及中微量元素)。该地区在20世纪80年代前大多数粮食生产的土壤无需施用钾肥，但自90年代中后期以来一些地区小麦与玉米上不施钾肥时会减产；上世纪大多数时期，黄淮海主要粮食作物生产中微量元素的缺乏现象较少，但近年来硼和锌等微量元素肥料的施用已经成为该地区小麦等作物产量进一步增加的重要限制性因子，生产中也将其施用作为常规的施肥措施。总之，目前黄淮海中低产田限制性养分由以单一因子为主向多因子转变，养分管理的难度也不断增加，需要采取措施加以克服。

2.3 水肥利用效率低下、环境压力增大

黄淮海平原是我国严重缺水地区，人均水资源量小于500 m^3，远低于国际上一般认为的保障人类起码生存条件的最低水资源量占有标准(人均1 000m^3)[19]，不仅如此，黄淮海平原的大部分地区降水(500～800 mm)还存在地区上分布不均、季节间和年际间变化剧烈的特点[20]，水资源严重不足已成为制约黄淮海地区农业乃至国民经济持续健康发展的主要障碍因素。长期以来由于灌溉技术水平不高、土壤质量较差，保

水能力低，土地生产力低而不稳，导致黄淮海地区水资源利用效率低下。根据统计，我国农田灌溉水利用率目前只有43%，每立方水的农业产出只有0.83 kg，比世界平均水平还低30%，黄淮海地区作为我国主要的灌溉农业区，其农业水分利用状况也大体如此。水资源利用效率低接诱发农作物生产中灌水量过大，极大浪费水资源、降低地下水位，加剧工业、农业和生活用水矛盾，造成土壤氮素等养分的流失，使氮肥利用效率低下。不仅浪费大量能源和资源，而且造成严重的环境问题，成为全社会关注的热点。

由于黄淮海地区传统的集约化农业肥料管理不合理，尤其是因土壤质量差，缓冲能力低、使得作物生产养分供应过度依赖于外部肥料的投入，导致该地区肥料资源利用率普遍较低。以氮肥为例，我国大部分地区水稻和麦类氮肥利用率为28%～41%(平均35%)[22]，全国氮肥的当季利用率为30%～35%[21]，而黄淮海地区小麦和玉米的氮肥利用率仅为11%～45%(平均24%)，氮肥用量超过作物需求量导致土壤无机氮大量累积[23]，降低土壤pH值、污染地下水[24]。由于大量施用氮肥和灌水，北京平原农区饮用井、农灌井、手压井和浅层地下水硝态氮含量超标(≥10 mg/L)率分别达13.8%、24.1%、46.3%和80.5%[25]。此外，磷肥利用率低下也是黄淮海地区农业生产面临的重要问题。由于土壤pH值大、碳酸钙含量高，加之不合理的磷肥施用方法，使得磷肥利用效率低下，在土壤中磷的积累量达到较高程度的条件下，作物仍然需要施大量磷肥以提高产量。因此，在不断优化水分和肥料管理的同时，通过改善土壤质量，提高土壤的“保水、保肥、供水、供肥”能力，使黄淮海地区作物产量的提高更多地依赖于土壤自身水分、养分的供应而非过度依赖于外部水肥的投入是解决黄淮海地区水肥利用效率低、环境压力大问题的重要途径。

2.4 耕层变浅与土壤退化

由于不合理的农事操作、农业集约化程度的增加、长期大量施用农用化学品(化肥、农药和农膜等)，黄淮海地区土壤耕层变浅和退化问题近年来有逐渐加重趋势。一方面，在当前黄淮海平原农业生产中，农民为了追求高产与高收益，片面强调高产作物和棉花、果树等经济作物的种植及化肥的增产作用，忽视增施有机肥、秸秆还田和合理轮作等“养地”措施的应用，重用轻养，造成耕层土壤结构变差，蓄水保墒能力下降；另一方面，由于生产中大型耕作机械逐渐为中、小型耕作机械替代，耕作粗放，以旋代耕和以耙代耕等耕作措施逐渐普及，造成该地区土壤耕层变浅，犁底层变硬、厚度增加，表层土壤水分蒸发迅速，引起作物根系发育不良、下扎困难，很难汲取到充足的营养，作物产量年度间波动加大、进一步提高的难度增加，并且产量的提高越来越依赖于外部水肥资源的投入。在黄淮海平原一些生态脆弱区，不合理开垦还造成了严重的土壤退化问题。例如，不合理开荒导致河南沙区的沙地大部分开始活化，风沙危害加重，土壤粗化(粗粒增加而细粒减少)、持水能力下降、容重增加、有机质含量降低，土壤肥力水平和土地生产力下降[26]。一些地区因灌溉不合理以及土壤管理不当导致水土流失面积的增加和土壤沙化现象加重问题[27]。

2.5 盐渍化潜在威胁依然存在，轻度盐渍化时常发生

经过多年治理，黄淮海地区盐渍化土壤面积大大减少，危害程度也大大减轻。但目前相当地区的土壤仍然还面临盐渍化和潜在盐渍化的威胁。滨海地区盐渍化土壤的面积降低幅度不大，且随着地下水的超量开采，治理的难度越来越大；内陆地区盐渍化土壤虽然由于近年来地下水位降低而减少，但深层土壤中仍然积聚着大量的盐分，盐随水行，一旦遭遇暴雨、洪水，水流不畅和滞水，土壤返盐、潜在盐渍化等问题就会发生，因而土壤盐渍化的威胁依然没有完全消除。此外，一些原先非盐渍化的地区由于灌溉不合理也出现了土壤次生盐渍化问题。根据20世纪90年代末期在河北省曲周县的调查结果，该地区近20年来土壤盐渍化和脱盐化作用同时存在着，虽然中度和重度盐渍土和内陆盐土经长期改良治理后表现出明显的脱盐化趋势，但原来的非盐渍土则有盐渍化趋势，轻度盐渍土也有盐渍化加重趋势[28]。此外，近年来黄淮海地区盐渍化土壤分布格局也发生了变化，盐渍土或盐渍化土壤比较分散的局面已经不再存在，土壤盐渍化分布有向某些较大区域集中的趋势[29]。

3 黄淮海地区耕地质量改善的对策

为从根本上改善黄淮海地区土壤质量，需要针对上述存在问题，在长期不懈坚持土壤培肥原则基础上，

通过多种土壤治理技术的综合运用和多种土壤治理技术的系统集成解决限制耕地质量提高的限制性因子，最终达到提升土壤质量、提高作物生产力的目的。主要应采取以下对策。

3.1 不断提高土壤有机质含量，培肥土壤

通过研究建立以增加土壤有机质含量为核心的培肥的适用性新技术，逐步提高土壤有机质含量并改善其质量，增加土壤均衡供应养分的能力并提高土壤养分缓冲能力是当前提高黄淮海地区中低产田土壤质量中面临的关键问题。增加土壤有机质含量通常有三个主要途径，一是通过增加作物种植强度（如两年三熟变一年两熟）增加单位面积土壤上有机物质的生产量，二是增加所生产的有机物质的归还比例，三是减少土壤中有机物质的分解[30]。在农田水平上提高土壤有机质含量主要依靠秸秆或动物废弃物还田[31]。目前在黄淮海地区，由于劳动力资源紧缺、动物饲养向少数地区集中、有机肥用量比例不断减少[13]情况下，秸秆还田则是保持或增加土壤有机质含量的主要途径[32,33]。一些研究认为，在我国华北地区自 1993 年到 20 世纪初有 79.7%的农田表土有机质含量含量上升很大程度上归因于秸秆还田水平的提高[34]。秸秆还田不仅可提高土壤有机质含量，还可增加土壤速效钾和有效磷含量并增大田间持水量，改善土壤的综合肥力[6]，减少水、肥等资源的投入。我国淮海地区拥有丰富的秸秆资源，总量近 2 亿 t/yr，但目前该地区秸秆还田的比例却不高，如山东农业大学 1999 年对山东省部分县市区进行的调查发现，各种秸秆利用方式所处理的秸秆量占秸秆总量的比例分别为：秸秆直接还田 6.89%、过腹还田 14.89%、沤肥用 13.33%，三者合计仅占秸秆总量的 1/3[35]。河北省尽管近年来秸秆换还田的比例较高，但仍有大约 30%的秸秆资源浪费[36]；河南省目前也有大约 30%的秸秆资源未得到利用[37]。因而，通过秸秆还田提高土壤有机质含量有着较大潜力。虽然秸秆还田有利于提高土壤有机质含量，但由于相关技术应用过程中出现的问题（如配套技术差、成本高等），导致一些地区还田比例不高，因而在今后加强秸秆还田技术的研究和应用是改善华北地耕地质量的关键措施。

3.2 优化养分投入，消除土壤限制性养分，使土壤养分比例趋于合理

针对黄淮海平原土壤中氮、磷养分盈余而钾素养分亏缺、部分地区土壤中、微量元素供应不足的问题，需要进一步优化作物生产的养分投入数量及比例。在满足作物高产和提高养分资源利用效率的基础上，进一步降低氮、磷肥的施用水平而逐步增加钾肥和中、微量元素的施用水平，同时通过增加有机肥料的施用水平以及提高秸秆还田水平[9]，消除土壤限制性养分，使土壤养分供应比例逐步趋于合理。中国农业大学资源环境学院最近在黄淮海地区提出的以“总量控制、分期调控”为核心的“基于土壤无机氮（ nmin）测试和植物营养诊断的氮肥实时监控技术”，以“恒量监控”为核心的磷、钾养分管理技术以及“因缺补缺”的中微量元素矫正施用技术[23]，在主要作物生产中获得了较好的提高资源利用效率的目的，也起到了减少土壤氮积累量、保持磷、钾肥养分供应平衡的作用。在该项技术体系研究应用的基础上，针对黄淮海不同地区主要作物生产实际，建立适应不同地区生产的技术模式，对于改善黄淮海地区土壤质量、优化土壤养分比例、提高养分资源利用效率具有重要的意义。

3.3 优化水分投入，提高水肥资源利用效率，解决控盐需水与水资源紧缺的矛盾

黄淮海地区是我国重要的灌溉农业区，一方面作物产量的提高很大程度上以来于灌溉满足程度[20]，另一方面，黄淮海平原目前土壤盐分过高、土壤盐渍化发生的潜在威胁并没有完全消除[28]。传统的盐碱治理强调广掘农田水井、以井水灌溉来降低水位和压盐，依靠大水漫灌、反复灌溉等措施压盐的习惯极为普遍，但在目前水资源紧缺的条件下传统大水压盐的措施显然不利于农业可持续发展。因而，如何解决水资源高效利用和盐分有效控制之间存在极大的矛盾，对于改良盐碱化土壤以及避免土壤潜在盐碱化问题的发生具有十分重要的意义。为此必须大力开展水盐运移规律及主要作物需水规律等方面的研究，在此基础上建立水资源高效利用、协调水肥供应等技术的研究和应用。

为进一步提高黄淮海地区肥料资源的利用能力，一方面需要根据该地区土壤和作物生产特点，以及不同肥料养分的特点，因地制宜地建立相关配套肥料施用技术[23]；另一方面还需要协调农作物水分管理和肥料管理的关系，做到水肥协同，最大限度减少肥料养分损失、提高其利用率。

3.4 通过增加土壤有机质、结合深松打破犁底层等技术，改良土壤结构

一是通过增施有机肥和秸秆还田可有效改善土壤物理性状，增加团聚体数量及团聚体稳定性[1,2]，增加土壤动物数量，降低土壤容重，改善土壤结构。二是在未能实现深耕的地区结合深松等方式打破犁底层，促进水分渗透和根系下扎。三是在有条件的地区逐步实行保护性耕作，减少机械作业次数和对土壤的压实，充分发挥土壤的自我恢复功能，改善耕性。在采取上述措施基础上，研究建立有利于改善土壤结构的综合技术体系。

3.5 解决好土壤培肥与农民增收、作物高产与水肥高效的矛盾

土壤培肥与农民增收、作物高产与水肥高效是在黄淮海平原中低产田综合治理过程中出现的主要矛盾。在黄淮海平原中低产田改良过程中，常常遇到土壤培肥不能增加农民收入，导致土壤培肥措施不能持续运用；盲目加大水肥投入量追求作物高产导致水肥利用效率低、资源浪费严重、环境威胁加大等问题，十分不利于中低产田土壤质量持续提升和农田生态环境保护。因此，在低产田综合治理中，经研究开发并应用兼顾作物高产与水肥高效的土壤培肥和养分均衡供应的适用性新技术，形成土壤培肥—作物高产—水肥高效—农民增收的良性循环，是黄淮海地区中低产田治理的必由之路。

3.6 综合技术运用与技术简便实用化需求的矛盾

综合技术集成与实用化是技术为农民所用、快速推广的前提，也是所有耕地质量提升技术成果能否转化为生产力的关键。如何将已成熟的单项技术集成为综合模式，并简便化、实用化，是今后相当长历史时期需要通过研究解决的关键问题之一。目前，黄淮海平原中低产田表现出区域分布由面到点、障碍因素由单因子到多因子转变的特点，相应的土壤质量的提升也需要由单一因子防控向多因子综合培育转变。以往中低产田治理中形成的很多关键技术没能在农业生产中得到很好的应用，关键问题是技术本身应用繁琐或缺少相关的配套技术体系。因此，中低产区土壤综合治理以及耕地质量的提升，除需要核心技术创新外，针对不同区域类型特点，集成相关核心技术，形成相应的技术模式，并最终实现技术的简单、实用化。

4 结　语

在消除黄淮海地区土壤尤其是中低产田土壤障碍因素的基础上，不断改善黄淮海地区土壤质量对于确保该地区粮食生产的可持续发展具有重要意义。在国家“十一五”科技支撑项目的资助下，我们针对黄淮海平原中土壤有机质不高、耕层退化、土壤盐渍化和水肥利用效率低等问题，在河北曲周、河南浚县、河南封丘、山东德州、山东东营等地区建立研究示范基地，采用模拟试验和田间试验等方法，通过对土壤有机质和土壤质量演变、土壤水肥盐运移等规律的揭示，以期探索土壤快速增碳技术、潜在盐渍化防控技术、水肥高效利用调控技术等关键技术，集成农田耕地质量保育和生产力提升综合技术模式，并进行示范和推广，为实现耕地质量提升和高产高效的目标提供科学和技术依据。

参考文献

[1] Blanco-Canqui H，Lal R. Regional assessment of soil compaction and structural properties under no-tillage farming. Soil Science Society American Journal. 2007，71(6)：1770-1778

[2] Sparling GP，Wheeler D，Vesely ET，et al. What is soil organic matter worth? Journal of Enviro nment Quality. 2006，35：548-557

[3] Lal R. Methods and guidelines for assessing sustainable use of soil and water resources in the tropics，SMSS/USDA-SCS，Washington，D. C. ，1994

[4] 孟凡乔，吴文良，辛德惠. 高产农田土壤有机质、养分的变化规律与作物产量的关系. 植物营养与肥料学报. 2000，6(4)：370-374

[5] 张金萍，张保华，刘子亭. 山东省聊城市耕层土壤有机碳储量动态研究. 河南农业科学，2007，11：67-69

[6] 郭建华，邢竹，李春杰，等. 秸秆还田和施肥对耕层土壤养分变异的影响. 河北农业科学，2003，7(增刊)：1-4

[7] 刘克桐. 河北省主要农田土壤肥力变化趋势. 河北农业科学，2005，9(3)：29-35

[8] 张世熔，黄元仿，李保国，等. 黄淮海冲积平原区土壤有机质时空变异特征. 生态学报，2002，22(12)：2041-2047

[9] 张玉铭，胡春胜，毛任钊，等. 河北栾城县农田土壤养分肥力状况与调控. 干旱地区农业研究. 2003，21(4)：68-72

[10] 荆建军，王小琳，谭梅. 河南省耕地土壤养分状况及施肥建议. 甘肃农业科技，1999，9：40-41

[11] 慕兰，郑义，申眺，等. 河南省主要耕地土壤肥力监测报告. 中国土壤与肥料，2007，2：17-23

[12] 李忠佩，林心雄，车玉萍. 中国东部主要农田土壤有机碳库的平衡与趋势分析. 土壤学报，2002，39(3)：351-360

[13] 叶优良，杨晓梅，曲日涛，等. 山东省肥料施用与养分平衡状况研究. 土 壤通报，2006，37(3)：500-504

[14] 张世熔，黄元仿，李保国，等. 黄淮海冲积平原区土壤速效磷、钾的时空变异特征. 植物营养与肥料学报，2003，9(1)：3-8

[15] 张玲敏，马文奇，刘克桐，等. 河北省粮田氮磷钾养分平衡和去向分析. 中国农业科技导报，2003，5(增刊)：51-54

[16] 李贵宝，尹澄清，孙克刚，等. 河南省土壤库中钾养分资源状况的研究. 自然资源学报，2000，15(2)：138-142

[17] 武继承，龚子同，王志勇，等. 豫东平原土壤养分时空变异特征研究. 土壤与环境. 2000，9(3)：227 -230

[18] 张福锁，马文奇，陈新平. 养分资源综合管理理论与技术概论. 北京：中国农业大学出版社. 2006

[19] 周长春，张清涛. 水资源危机的内涵及黄淮海平原水资源分析. 国土与自然资源研究，2004，1：79-80

[20] 唐华秀，邓祥征，战金艳，等. 黄淮海平原作物灌溉需水与耕地生产潜力的耦合分析. 安徽农业科学. 2008，36(2)：727-731

[21] 李庆逵，朱兆良，于天仁. 中国农业持续发展中的肥料问题. 南昌：江西快乐学技术出版社，1988

[22] 朱兆良. 农田生态系统中化肥氮的去向和氮素管理. 见：朱兆良，文启孝. 中国土壤氮素. 南京：江苏科技出版社，1992. 37-59

[23] 陈新平，张福锁主编. 小麦—玉米轮作体系养分资源综合管理理论与实践. 北京：中国农业大学出版社. 2006

[24] 吴凯，谢贤群. 黄淮海平原化肥用量的时间序列分析及其对农业发展的正负效应. 农业环境保护. 2002，21(6)：516-518，523

[25] 刘宏斌，李志宏，张云贵. 北京平原农区地下水硝态氮污染状况. 土壤学报，2006，43(3)：405-412

[26] 段争虎，刘发民. 黄淮海平原豫北土地风沙化对土壤肥力的影响. 中国沙漠，2000，20(增刊)：176-179

[27] 王振健，张保华，刘道辰. 人为作用对粮食主产区土壤环境质量的影响. 以山东省聊城市为例. 聊城大学学报(自然科学版). 2005，18(4)：63-65

[28] 张世熔，黄元仿，李保国，等. 近 20 年间黄淮海平原典型盐渍土性质的对比分析. 土壤通报，2001，32(S0)：14-17

[29] 白由路，李保国，胡克林. 黄淮海平原土壤盐分及其组成的空间变异特征研究. 土壤肥料，1999，3：22-26

[30] Lal R. Soil carbon sequestration impacts on global climate change and food security. Science，2004，304：1623-1627

[31] Powlson DS，Riche AB，Coleman K，et al. Carbon sequestration in European soils through straw incorporation：Limitations and alternatives. Waste Management 2007

[32] 刘巽浩，高旺盛，朱文珊. 秸秆还田的机理与技术模式. 北京：中国农业出版社，2001

[33] 劳秀荣，吴子一，高燕春. 长期秸秆还田改土培肥效应的研究. 农业工程学报，2002，18 (2)：49- 52
[34] 黄耀，孙文娟. 近 20 年来中国大陆农田表土有机碳含量的变化趋势. 科学通报，2006，51(7)：750-763
[35] 李增嘉. 山东省作物秸秆利用与保护性耕作发展存在的问题与对策. 见：我国秸秆资源利用现状及秸秆还田技术研讨会(未发表资料)，北京：2008-4-10
[36] 张喜英，胡春胜，陈素英. 河北省秸秆还田的现状、存在问题和对策. 见：我国秸秆资源利用现状及秸秆还田技术研讨会(未发表资料)，北京，2008-4-10
[37] 王俊忠. 加快秸秆利用步伐推动持续农业发展. 见：我国秸秆资源利用现状及秸秆还田技术研讨会(未发表资料)，北京，2008-4-10

黄土丘陵土壤钾养分变化*

段建南[1]　王改兰[1]　贾宁凤[2]　黄学芳[3]　池宝亮[3]　张　亮[1]

(1.湖南农业大学资源环境学院，长沙 410128；2.山西大学经济与工商管理学院，太原　030006；
3.山西农科院旱地农业研究中心，太原　0300031)

摘要：在晋西北黄土丘陵区栗褐土上进行的长期定位施肥试验结果表明，18年后不同施肥处理土壤全钾含量无显著差异，而土壤速效钾含量和缓效钾含量则产生了极显著差异。就表层土壤而言，无外源钾补充的三个处理(NP、N、CK)，土壤速效钾含量较低，在78～90 mg·kg^{-1}之间，已接近中等水平的下限，施低量有机肥的三个处理(M1、M1N、M1NP)，土壤速效钾含量为150～185 mg·kg^{-1}，在极高水平指标的左右，施高量有机肥的2个处理(m^2NP、m^2N)，土壤速效钾含量达240 mg·kg^{-1}以上，是土壤速效钾含量极高水平指标的1.45倍多。不同处理对土壤缓效钾含量的影响与土壤速效钾含量基本一致，以施高量有机肥的处理＞施低量有机肥的处理＞不施有机肥的处理，但处理间的变化幅度明显低于土壤速效钾含量的变化幅度。不同处理对20～40 cm土壤速效钾和缓效钾含量也产生了一定影响，变化规律与耕层相似，但没有耕层明显。耕层土壤有机质含量与土壤速效钾和缓效钾含量具有高度的指数相关。

关键词：长期肥料试验；栗褐土；速效钾；缓效钾

钾是植物生长发育所必需的大量元素之一，对提高作物产量和改善农产品品质具有重要作用。土壤是一个庞大的天然钾库，蕴藏着丰富的钾素，钾是土壤中含量最高的大量营养元素[1]。但受长期耕作，土壤钾素消耗较多，自20世纪70年代初南方出现土壤缺钾以来，我国缺钾土壤的面积由南向北迅速扩大，到20世纪90年代，缺钾土壤的面积已占到耕地总面积的40%左右[2]，长江以南有的地区缺钾土壤已占耕地总面积的70%以上[3]，钾的亏缺已是一个近乎全国性的问题[4]。

栗褐土是晋西北的地带性土壤，是褐土向栗钙土过度的一个土类，主要发育于黄土母质[5]，含有比较多的长石和水云母，因而含钾量比较高，土壤全钾含量平均为20 g/kg[6]。长期以来当地施肥以氮肥为主，配施少量的磷肥或有机肥，无视钾肥的施用，土壤钾素主要靠少量的有机肥来补充。在这样的耕作条件下，土壤钾养分变化情况如何，是否需要施用钾肥？探明这些问题，对于指导合理施肥，维持和提高土壤钾素肥力，促进农业生产持续发展具有重要意义。本文结合18年的长期定位施肥试验，重点探讨不同施肥条件下土壤各形态钾的含量变化及其与土壤有机质关系。

1　材料与方法

1.1　供试土壤概况

试验于1988年布置在山西省河曲县砖窑沟流域的沙坪村窑家嘴梁顶平地上，供试土壤按山西省第二次土壤普查分类为轻壤黄土质淡栗褐土(土种)，以中国土壤系统分类为黄土正常新成土(土类)[7]。0～20 cm土壤基本理化性状为：有机质5.64 g·kg^{-1}，全氮0.45 g·kg^{-1}，全磷(P_2O_5)1.23 g·kg^{-1}，碱解氮13.95 mg·kg^{-1}，速效磷2.85 mg·kg^{-1}，阳离子代换量6.97 cmol·100 g^{-1}，pH8.06，容重1.17 g·cm^{-3}。

* 国家自然科学基金(47771040)和湖南农业大学引进人才笠研启动项目(01YJ002)资助

1.2 试验设计

试验设 8 个处理：①不施肥(CK)；②单施氮肥(N)；③氮磷肥合施(NP)；④单施低量有机肥(M1)；⑤低量有机肥与氮肥配合施用(M1N)；⑥低量有机肥与氮磷肥配合施用(M1NP)；⑦高量有机肥与氮肥配合施用(m^2N)；⑧高量有机肥与氮磷肥配合施用(m^2NP)。当时当地土壤无缺钾现象，所以，设计中未考虑钾肥。各处理施肥量见表 1。

表 1 各处理的施肥量(kg・hm^{-2})

Table 1 Application rates of the experiment treatments

处理 treatment	有机肥 farmyard manure	氮肥 nitrogen fertilizer(N)	磷肥 phosphorus fertilizer(P_2O_5)
CK	0	0	0
N	0	120	0
NP	0	120	75
M_1	22 500	0	0
M_1N	22 500	120	0
M_1NP	22 500	120	75
M_2N	45 000	120	0
M_2NP	45 000	120	75

试验设 3 次重复，随机区组排列，小区面积 4 m×6 m，每年试验小区的处理不变。氮肥用含氮 46%的尿素，磷肥用含 P_2O_5 14%的过磷酸钙，有机肥施用当地圈肥。种植作物为糜子(Panicum miliaceum)和马铃薯(Solanum tuberosum)，两种作物每年换茬轮作。耕作管理措施与大田相同。

1.3 分析测定项目与方法

试验于 2004 年和 2006 年作物播种前取样测定了 0～20 cm 和 20～40 cm 土壤全钾、缓效钾、速效钾含量以及土壤有机质含量，均采用常规分析方法测定[8]。

2 结果与讨论

2.1 长期施肥对土壤全钾含量的影响

因土壤钾库大，所以，全钾含量比较稳定。除非长时间的栽培或大量施用钾肥，否则即使是 10 年的不同施肥处理也难以使土壤钾素状况发生显著变化[9]，即使长期施用钾肥，对土壤全钾的影响也无法测出[10,11]。本试验无施化学钾肥处理，但有施高量有机肥、施低量有机肥和不施有机肥之别。

经过了 18 年的不同施肥处理后，无论是 0～20 cm 土层还是 20～40 cm 土层，不同处理间的土壤全钾含量(见表 2)差异不明显，基本上在 19 g・kg^{-1}左右，经方差分析，处理间差异不显著。这也进一步说明了土壤钾库的稳定性和容量大。因此，生产中可采取有效措施[11]，促进土壤钾的有效化，充分利用土壤钾满足作物对钾的需求，以此来缓解我国钾肥资源不足的矛盾。

表 2 不同处理土壤全钾含量(g・kg^{-1})

Table 2 Contents of total potassium in soil of the treatments

处理 treatment	0～20 cm		20～40 cm	
	2004	2006	2004	2006
M_2NP	20.16	19.96	19.36	20.36
M_2N	19.73	19.05	19.67	19.06
M_1NP	19.83	19.68	20.70	19.92
M_1N	19.51	19.06	20.31	19.48
M_1	20.11	19.13	20.07	19.72
NP	18.81	18.07	19.71	19.56
N	19.82	19.70	18.79	20.02
CK	19.81	19.05	19.13	18.62

2.2　长期施肥对土壤速效钾含量的影响

土壤速效钾包括土壤水溶性钾和交换性钾，是当季作物容易吸收的钾，长期以来被广泛用于衡量当季土壤供钾能力。由图1可以看出，尽管没施化学钾肥，不同施肥处理对土壤速效钾含量仍产生了十分明显的影响，不仅表现在表层，而且深入到了20～40 m土层。从表层来看，土壤速效钾含量可明显区分为三组，第一组为施高量有机肥的2个处理(M_2NP、M_2N)，其土壤速效钾含量在三组中位居第一，达240 mg·kg^{-1}以上；第二组为施低量有机肥的三个处理(M_1、M_1N、M_1NP)，其土壤速效钾含量位居第二，在150～185 mg·kg^{-1}之间；第三组为没施有机肥的三个处理(NP、N、CK)，该组的土壤速效钾含量明显低于其他处理，在78～90 mg·kg^{-1}。所有处理总的排序由高到低依次为$M_2N>M_2NP>M_1>M_1N>M_1NP>CK>N>NP$，2006年各施肥处理依次较对照高出211.7%、197.0%、126.2%、90.2%%、88.7%、-3.4%和-3.5%。经方差分析，施高量有机肥的2个处理不仅与未施有机肥的3个处理间差异极显著，与3个施低量有机肥的处理差异也达极显著水平。施低量有机肥的3个处理与未施有机肥的3个处理差异也达极显著水平。施高量有机肥的2个处理间、3个施低量有机肥的处理间、3个未施有机肥的处理间差异均不显著。20～40 cm土层不同处理间土壤速效钾含量的变化规律与表层基本一致，以施高量有机肥的处理>施低量有机肥的处理>没施有机肥的处理，但不同处理间的差异没有表层明显，经方差分析，施高量有机肥的处理与施低量有机肥和未施有机肥的处理间差异极显著，施低量有机肥的处理与未施有机肥的处理间差异不显著，各组内差异也不显著。显然，有机肥对维持和提高栗褐土的供钾能力具有重要作用。这一方面是有机肥本身含有比较丰富的钾，另一方面可能是由于有机胶体其表面具有保持养分的巨大能力的缘故。

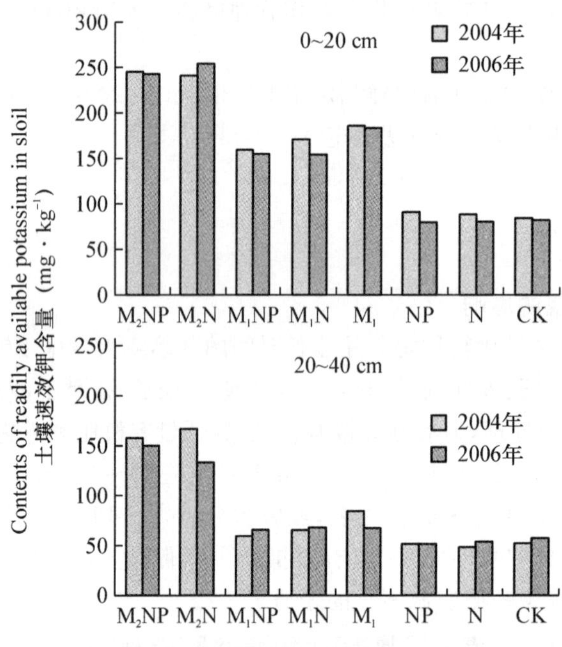

图1　不同处理土壤速效钾含量(mg·kg^{-1})

Fig. 1　Contents of readily available potassium in soil of the treatments

需要指出的是，在没有外源钾补给的三个处理(NP、N、CK)中，单施化肥的两个处理其作物产量显著高于不施肥处理[13]，而其土壤速效钾含量与对照间并无明显差异。说明与不施肥相比，单施氮肥和氮肥与磷肥合施并未加快对土壤速效钾的耗竭。这可能是因为矿物钾和缓效钾不断补充土壤速效钾的缘故。根据黄绍文等人[14]的研究，北方土壤在钾耗竭条件下，非交换性钾和矿物钾是植物的主要钾源，尤其是华北土壤，矿物钾的贡献更高，贡献率平均达56%。

中国科学院南京土壤研究所综合各地的试验结果将土壤速效钾含量划分为5个等级：<33 mg·kg^{-1}为极低，33～69 mg·kg^{-1}为低，69～125 mg·kg^{-1}为中，125～166 mg·kg^{-1}为高，>166 m mg·kg^{-1}为极

高[15]。依此来分析长期不同施肥处理对栗褐土供钾能力的影响，可以看出，连续 18 年不施肥或只施氮肥或氮磷肥合施，土壤速效钾含量已接近中等水平的下限，18 年连续施用 22 500 kg·hm^{-2} 的圈粪，土壤速效钾含量在极高水平指标的左右，18 年连续施用 45 000 kg·hm^{-2} 的圈粪，土壤速效钾含量是极高水平指标的 1.45 倍多。以上结果说明，长期不补充外源钾的栗褐土，已有可能影响到作物对钾的需求，长期施用适量有机肥即使没有化学钾肥也可使土壤有比较高的供钾水平。因此，在如今经济条件还比较差的试验区，应当加倍重视有机肥的施用，积极扩大有机肥源，坚持施用有机肥是维持和提高土壤供钾能力，满足作物钾素营养的有效途径。

2.3 长期施肥对土壤缓效钾含量的影响

土壤缓效钾即土壤非交换性钾，是存在于黏土矿物层间的钾，它与土壤速效钾和矿物钾之间存在着动态平衡，是土壤速效钾的后备，常用来衡量土壤的供钾潜力。表 3 显示，不同处理对表层土壤缓效钾含量有明显影响，不同施肥处理的变化规律与速效钾含量的变化规律一致，以施高量有机肥的处理＞施低量有机肥的处理＞未施有机肥的处理，但处理间的变化幅度明显低于土壤速效钾含量的变化幅度，2006 年施高量有机肥的 m^2NP、m^2N 处理，其土壤缓效钾含量分别较对照高出 27.95％和 25.23％，施低量有机肥的处理 M、M^1N、M^1NP 依次较对照高出 19.22％、12.60％、9.80％，单施化肥的 NP、N 处理较对照高出了 5.68％和－3.27％。经方差分析，2004 年以施高量有机肥的 2 个处理与 3 个没施有机肥的处理间差异极显著，与施低量有机肥的处理间差异不显著，施低量有机肥的处理与没施有机肥的处理间差异显著，2006 年处理间差异显著性加大。不同处理对 20～40 cm 土壤缓效钾含量也有一定影响，处理间的变化与表层相似，但其变化幅度比表层小，m^2NP、m^2N、M、M^1N、M^1NP、NP、N 处理 2006 年依次较对照高出 17.48％、16.34％、4.45％、7.54％、5.78％、－1.48％和 3.43％。由此看来，长期施用有机肥对维持土壤供钾潜力也有一定作用，但主要是补充速效钾。

表 3 不同处理土壤缓效钾含量及差异显著性检验结果(mg·kg^{-1})

Table 3 Contents of slowly available potassium in soil of the treatments and significance testing of difference

处理 treatment	2004		2006	
	0～20 cm	20～40 cm	0～20 cm	20～40 cm
M_2NP	967.7 A a	824.2 A a	948.2 A a	814.3 A a
M_2N	939.5 A a	820.9 A a	928.0 A ab	806.5 A a
M_1NP	859.8 AB abc	720.8 A ab	813.7 BCD d	733.2 B b
M_1N	874.9 AB ab	728.1 A ab	834.5 BC cd	745.5 B b
M1	878.4 AB ab	768.7 A ab	883.5 AB bc	724.0 B b
NP	747.5 B cd	711.1 A b	783.2 ED de	682.9 B b
N	764.1 B bcd	706.0 A b	716.8 ED ef	716.9 B b
CK	728.0 B d	692.0 A b	741.1 E f	693.2 B b

2.4 土壤速效钾、缓效钾与土壤有机质含量的相关性分析

长期施用不同肥料不仅对土壤钾素养分产生了显著影响，对土壤有机质含量也产生了显著影响[16,17]。土壤有机质是土壤肥力的重要组成部分，具有吸附、络合养分离子等功能，因而其含量与土壤矿质养分含量有着密切的关系。图 2 是 2004 年不同处理表层土壤有机质含量与土壤速效钾和缓效钾含量的关系曲线。可以看出，土壤有机质含量与土壤速效钾和缓效钾含量之间均呈正相关关系，用直线方程和指数方程拟合的相关性都很好，尤其是用指数方程拟合的相关度更高，决定系数均在 0.961 6 以上，相关极显著。说明提高土壤有机质含量有利于提高土壤供钾能力和供钾潜力。

3 结　论

栗褐土全钾含量比较稳定，经过 18 年的不同施肥处理，其土壤全钾含量变化未达显著差异。生产中可采取有效措施，促进土壤钾的有效化，充分利用土壤钾满足作物对钾的需求，以此来缓解我国钾肥资源不足

的矛盾。

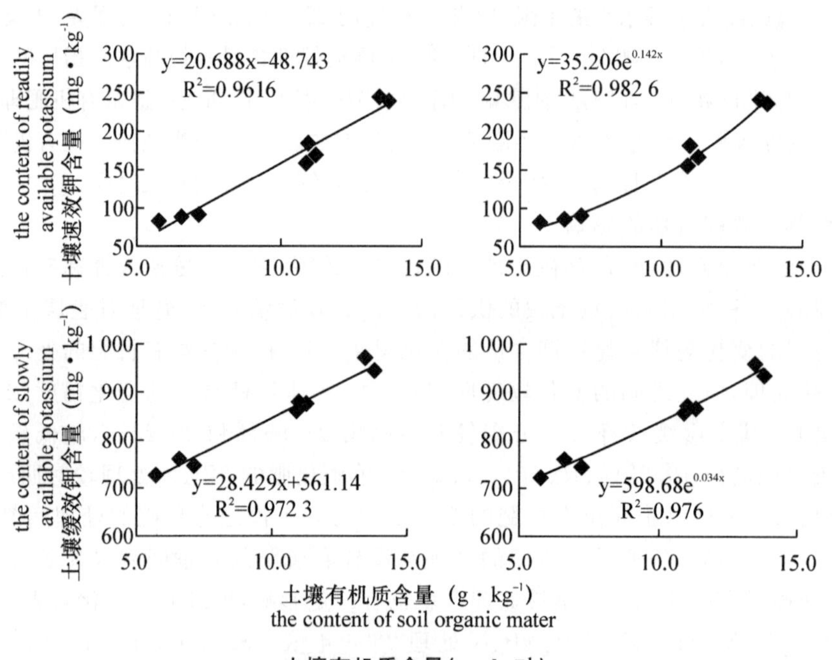

土壤有机质含量(g·kg^{-1})

the content of soil organic mater

图 2　土壤速效钾、缓效钾含量与土壤有机质含量的相关性分析

Fig. 2　Correlation analysis between the content of soil organic mater and the content of readily available potassium and the content of slowly available potassium in surface soil layer

经过长期的不同施肥处理，表层土壤速效钾含量可明显区分为三组，第一组为施高量有机肥的 2 个处理（M_2NP、M_2N），其土壤速效钾含量较高，2006 年是对照处理的 3 倍左右，是土壤速效钾含量极高水平指标的 1.45 倍多；第二组为施低量有机肥的三个处理（M_1、M_1N、M_1NP），其土壤速效钾含量低于施高量有机肥的处理而高于没施有机肥的处理，2006 年分别较对照高出 126.2%、90.2%、88.7%，在极高水平指标的左右；第三组为没施有机肥的三个处理（NP、N、CK），该组的土壤速效钾含量较低，2006 年在 78～90 mg·kg^{-1}，已接近中等水平的下限。不同处理对 20～40 cm 土壤速效钾含量也产生一定影响，不同处理间的差异以施高量有机肥的处理显著高于其他处理，其他处理间差异不显著。坚持施用适量有机肥是维持和提高栗褐土供钾能力的有效途径。

不同处理间对土壤缓效钾含量的影响与土壤速效钾含量相似，以施高量有机肥的处理＞施低量有机肥的处理＞没施有机肥的处理，但处理间的变化幅度明显低于土壤速效钾含量的变化幅度，2006 年 M_2NP、M_2N、M、M_1N、M_1NP、NP、N 表层土壤缓效钾含量依次较对照高出 27.95%、25.23%、19.22%、12.60%、9.80%、5.68%和－3.27%，20～40 cm 土层依次较对照高出 17.48%、16.34%、4.45%、7.54%、5.78%、－1.48%和 3.43% 。长期施用有机肥对维持和提高栗褐土供钾潜力也有一定作用。

土壤有机质含量与土壤速效钾和缓效钾含量之间均呈正相关关系，用直线方程和指数方程拟合的相关性都很好，尤其是用指数方程拟合相关度更高，决定系数达 0.9826 和 0.9760。

参考文献

[1] Reitemeier R F. The chemistry of soil potassium. Adv. Agron. 1951,(3):113-164

[2] 邹春琴，李振声，李继云. 植物高效利用钾资源研究进展. 见：李春俭主编. 土壤与植物营养研究新动态. 北京：中国农业大学出版社，2001. 104-121

[3] 黄绍文，金继运. 土壤钾形态及其有效性研究进展. 土壤肥料，1995,(5):23-29

[4] 周建民.土壤钾素肥力评价与钾肥合理施用.长春:吉林科学技术出版社,2004:38-44
[5] 张维邦.黄土高原整治研究.北京:科学出版社,1992:158
[6] 段建南,李旭霖,王改兰,等.黄土高原土壤过程模拟.北京:中国农业出版社,2001:48
[7] 龚子同,等.中国土壤系统分类.北京:科学出版社,1999:754
[8] 鲍士旦.土壤农化分析.北京:中国农业出版社,2000:25-38,99-109
[9] 陈房,鲁剑巍,万运帆,等.长期施钾对作物增产及土壤钾素含量及形态的影响.土壤学报,2000,37(2):233-241
[10] Mercik S,Nemeth K. Effects of 60-year N. P. K and Ca fertilization on EUF-nutrient fractions in the soil and on yieldsof rye and potato crops. Plant and Soil,1985,83(1):151-159
[11] Bolland M D A,Gilkes R J. Rock phosphate are not effective fertilizers in Western Australian soils:A review of one hundred years of research. Fertilizer Research,1990,22(2):79-95
[12] 王改兰,段建南.土壤矿物钾活化途径.土壤通报,2004,35(6):802-805
[13] 段建南,赵丽斌,王改兰,等.长期施肥条件下土地生产力和土壤肥力的变化.湖南农业大学学报,2002(6):479-482
[14] 黄绍文,金继运,王泽良 等.北方主要土壤钾形态及其植物有效性研究.植物营养与肥料学报,1998,4(2):156-164
[15] 沈善敏.中国土壤肥力.北京:中国农业出版社,1998:296
[16] 王改兰,段建南,李旭霖.长期施肥条件下土壤有机质变化特征研究.土壤通报,2003,34(6):589-591
[17] 王改兰,段建南,贾宁凤,等.长期施肥对黄土丘陵区土壤理化性质的影响.水土保持学报,2006,20(4):82-85,89

CHANGES OF SOIL POTASSIUM NUTRIENT UNDER LONG-TERM FERTILIZER EXPERIMENT IN LOESS HILLY

SDuan Jiannan[1] ,Wang Gailan[1] ,Jia Ningfeng[2] ,Huang Xuefang[3] ,Chi Baoliang 3 ,Zhang liang[1]
(1. College of Resources and Enviro nment,Hunan Agricultural University. ,Changsha 410128,China;
2. College of Economics and Management,Shanxi University,Taiyuan 030006,China;
3. Arid Farming Research Center,Shanxi Academy of Agricultural Sciences,Tayuan 030031,China)

Abstract Soil potassium nutrient is analyzed sampling in the long-term experiment plot on chestnut cinnamon soil,located at Zhuanyaogou experiment area,northwestern Shanxi province,in the Loess Plateau region. The results show that there are no significance of difference in content of total potassium in soil,but there are top significance of difference in content of readily available potassium and slowly available potassium in soil,after 18 years different fertilizer treatments. In surface soil layer (0～20 cm),contents of readily available potassium in three treatments (NP,N and CK),no applications of farmyard manure (no supply of potassium sources),are between78～90 mg·kg^{-1},near the lower limit of medium lever of readily available potassium. The contents in three treatments (M1,M1N and M1NP),fewer applications of farmyard manure,are between 150～185 mg·kg^{-1},around the very high lever. The contents in two treatments (m^2NP and m^2N),more applications of farmyard manure,are more than 240 mg·kg^{-1},about time and a half of the very high lever. The effect of treatments on the content of slowly available potassium is consistent basically with that on the content of readily available potassium in surface soil layers, that is treatments of more applications of farmyard manure>treatments of fewer applications of farmyard manure >treatments of no applications of farmyard manure. But the change extent of the content of slowly available potassium is less than that of readily available potassium in treatments. In subsurface layer (20～40 cm), there are a few effects of treatments on the content of readily available potassium and slowly available potassium. The change of the content is the same situation but no significance of difference as the surface soil layer. There are high exponential correlations between the content of soil organic mater and the content of readily available potassium and the content of slowly available potassium in surface soil layer.

Key words long-term fertilizer experiment; chestnut cinnamon soil; readily available potassium; slowly available potassium

灰色关联方法在均腐土土系质量评价中的应用

张有利

（黑龙江八一农垦大学植物科技学院资源与环境系，黑龙江大庆　163319）

摘要：将有机质、全氮、全磷、全钾、碱化度、pH 值等项目作为评价指标，应用灰色关联度分析方法，对均腐土 28 个土系进行综合评价，结果表明，灰色评价方法得出的结论与实际情况基本一致。

关键词：均腐土；土壤性质；灰色关联；质量评价

客观世界，既是物质的世界又是信息的世界。它既包括大量的已知信息，也包括大量的未知信息与非确定的信息。未知的或非确定的信息称为黑色信息；已知信息称为白色信息。既含有已知信息，又含有未知和非确定信息的系统，称为灰色系统。

土壤质量是一类典型的灰色系统。在这个系统中，许多因素之间的关系是灰色的。即人们很难分清那些因素是主导因素，那些因素是非主导因素，或者他们的关系并不是很明确。因此将灰色关联理论应用到这个系统来对其进行综合评价，不仅为其提供了理论方法，而且通过这种数学方法的处理，将使其结果更加直观的展现出来。本文利用灰色关联方法对黑龙江省均腐土各土系进行了研究，目的在于探讨均腐土各土系土壤性质的差异，为均腐土中 28 个土系的土壤性状提供直观评价。

1　材料和方法

1.1　数据来源

材料取自《黑龙江土系概论》中均腐土土纲建立的 28 个土系及其有关性质，土壤理化分析按“中国土壤系统分类用土壤实验室分析项目及方法规范”和“中国土壤系统分类土壤物理和化学分析方法补充”进行，为了具有对比性，采用加权平均法将各土系的选取指标统一转化为 20 cm。其土壤质量指标见表 1。

表 1　均腐土表层土壤质量

Table 1　Quality of the top soil in Isohumisols

土系	有机碳(C)(g/kg)	全氮(N)(g/kg)	全磷(P)(g/kg)	全钾(K)(g/kg)	容重(g/cm^3)	pH(H_2O)
新兴系	31.3	2.95	0.63	21.7	1.22	7.8
新城系	22.1	2.14	1.2	19.5	1.14	7.8
建国系	14.6	1.47	0.27	29.72	1.25	7
白音讷勒系	7.6	0.65	0.18	18.6	1.27	7
阳春系	21.4	2.21	0.35	20.6	1.29	7.2
连丰系	24.2	2.27	1.14	21	1.21	7.3
向前系	27.9	2.58	0.61	22.5	1.18	7.4
荣生系	31.3	2.95	0.63	21.7	1.21	7.8
太浓系	14.74	1.43	0.76	25.75	1.23	7.9

续表 1

土系	有机碳(C) (g/kg)	全氮(N) (g/kg)	全磷(P) (g/kg)	全钾(K) (g/kg)	容重 (g/cm^3)	pH (H_2O)
先锋系	18.56	1.82	0.49	21.08	1.2	7.2
中和系	26.6	4.86	0.61	21.3	1.21	7
绍文系	19.9	1.89	0.39	19.6	1.17	7.8
富锦系	26.6	2.45	1.57	26.5	1.08	5.8
连国系	40.3	2.76	0.72	22	0.94	6.1
双团系	26.7	2.14	0.79	21.1	1.12	6.5
同心系	29.3	2.37	0.64	21.9	1.19	6.4
李兴业屯系	25.83	2.1	0.6	21.7	1.04	6.7
向阳系	18.4	2.21	1.24	23.3	1.21	7.81
巨宝系	27.48	2.09	0.49	26.2	1.23	8.1
纪家系	16.8	1.58	0.36	25.9	1.2	7.3
腰屯系	25.2	2.05	0.7	20.3	1.21	7
头林系	37.5	3.45	0.94	22.3	1.12	6.5
木兰系	25.8	4.48	1.42	12.4	1.04	5.3
富保系	17.24	1.73	0.98	29.48	1.03	5.34
五常系	16.78	1.47	0.88	21.4	1.16	5.85
名文系	28.8	2.25	1.34	25.7	1.08	5.8
降川系	19.9	1.69	1.14	25.7	1.1	6.1
新发系	37.7	3.21	0.94	19.8	1.13	6

1.2 灰色关联分析方法原理

“灰色系统”理论是我国华中工学院邓聚龙教授20世纪80年代首创的一种新的系统理论。“灰色系统”理论已受到了国内外的重视,并得到了广泛应用。灰色关联度分析法是一种因素比较分析法,是研究事物之间、因素之间关联性的一种方法。它是通过对系统统计数列几何关系的比较来分析系统中多因素的关联程度,即根据事物或因素的时间序列曲线的相似程度来判断其关联程度,两条曲线的形状彼此越接近,说明事物或因素发展态势就越接近,其关联度就越大,反之,关联度就越小。在系统因素分析、方案决策及综合评估等方面,灰色关联度分析法具有广泛的应用[2-3]。

2 土壤质量评价

对表1内的土壤质量评价项目作为综合评价指标。可以根据各项指标对土壤资源质量发生作用的特点,选择上述不同的灰类,这是因为在土壤质量评价过程中,作物生长发育所起的效应可以分为三类:一类因子对作物效应是“S”型曲线,即开始时随着因子数值的增加,效应强度上升迅速,达一定的限度后,随着数量增加,效应值稳定在一定水平线上,如磷、钾含量等;另一类因子的效应则是抛物线形,随着因子数值的增加,效应值表现出开始时增加,然后达到最高点,最后下降的情形,如pH值等,最后一类因子对作物效应是倒“S”型曲线,既含量少时不会影响产量,随着含量的增加作物的产量降低,达到一定含量后作物就很难生长,其主要出现在盐碱化土壤中,如全盐量和碱化度。但无论如何都可以归结为上面的几种情况之中去。采用指标区间化方法对测定数据进行生成处理,处理后各指标均在[0-1]之间变化(表2)。

表 2 土壤质量指标区间化后的结果

Table 2 The interval values of soil quality

土系	有机碳(C) (g/kg)	全氮(N) (g/kg)	全磷(P) (g/kg)	全钾(K) (g/kg)	容重 (g/cm^3)	pH (H_2O)
新兴系	0.72	0.55	0.32	0.54	0.20	0.40
新城系	0.44	0.35	0.73	0.41	0.43	0.40
建国系	0.21	0.19	0.06	1.00	0.11	0.00
白音讷勒系	0.00	0.00	0.00	0.36	0.06	0.00
阳春系	0.42	0.37	0.12	0.47	0.00	0.10
连丰系	0.51	0.38	0.69	0.50	0.23	0.15
向前系	0.62	0.46	0.31	0.58	0.31	0.20
荣生系	0.72	0.55	0.32	0.54	0.23	0.40
太浓系	0.22	0.19	0.42	0.77	0.17	0.45
先锋系	0.34	0.28	0.22	0.50	0.26	0.10
中和系	0.58	1.00	0.31	0.51	0.23	0.00
绍文系	0.38	0.29	0.15	0.42	0.34	0.40
富锦系	0.58	0.43	1.00	0.81	0.60	0.60
连国系	1.00	0.50	0.39	0.55	1.00	0.45
双团系	0.58	0.35	0.44	0.50	0.49	0.25
同心系	0.66	0.41	0.33	0.55	0.29	0.30
李兴业屯系	0.56	0.34	0.30	0.54	0.71	0.15
向阳系	0.33	0.37	0.76	0.63	0.23	0.41
巨宝系	0.61	0.34	0.22	0.80	0.17	0.55
纪家系	0.28	0.22	0.13	0.78	0.26	0.15
腰屯系	0.54	0.33	0.37	0.46	0.23	0.00
头林系	0.91	0.67	0.55	0.57	0.49	0.25
木兰系	0.56	0.91	0.89	0.00	0.71	0.85
富保系	0.29	0.26	0.58	0.99	0.74	0.83
五常系	0.28	0.19	0.50	0.52	0.37	0.58
名文系	0.65	0.38	0.83	0.77	0.60	0.60
降川系	0.38	0.25	0.69	0.77	0.54	0.45
新发系	0.92	0.61	0.55	0.43	0.46	0.50

选择测定项目中各指标最高值作为参考点，组成参考数列，即 $x_0=[1,1,1,1,1,1,1,1]$。按白化函数反映评价指标对灰类的亲疏关系。对于第 i 个土壤质量因子第 j 个灰类，可以用白化函数曲线或关系式表达各个污染因子的白化值分别对 j 个灰类的亲疏关系。

第 i 个土壤质量因子的灰类 1 的白化函数为：

$$f_{i1}*(x)=\begin{cases}1 & x\leqslant x_m \\ \dfrac{x_h-x}{x_h-x_n} & x_m<x<x_h \\ 0 & x\geqslant x_h\end{cases}$$

第 i 个土壤质量因子的灰类($h-1$)的白化函数为：

$$f_{i1}(x)=\begin{cases}0 & x\leqslant x_0\\ \dfrac{x-x_0}{x_m-x_0} & x_0<x<x_m\\ \dfrac{x_h-x}{x_h-x_m} & x_m<x<x_h\\ 0 & x\geqslant x_h\end{cases}.$$

第 i 个土壤质量因子的灰类 h 的白化函数为：

$$f_{i1}(x)=\begin{cases}1 & x\geqslant x_m\\ \dfrac{x-x_0}{x_m-x_0} & x_0<x<x_m\\ 0 & x\leqslant x_0\end{cases}$$

其中土壤质量评价项目中有机碳、全N、全P、全K属于灰类h的白化函数，灰类($h-1$)的白化函数，pH属于灰类($h-1$)的白化函数式中的 X_m 为7，即当pH=7时土壤质量为最好状态。容重在该土纲中属于灰类1的白化函数。根据上述方法对土壤质量指标进行区间化。

土壤质量指标进行区间化后根据公式：

$$\xi_i(k):\xi_i(k)=\frac{\min\limits_i\min\limits_k|x_0(k)-x_i(k)|+\rho\max\limits_i\max\limits_k|x_0(k)-x_i(k)|}{|x_0(k)-x_i(k)|+\rho\max\limits_i\max\limits_k|x_0(k)-x_i(k)|}$$

求得关联系数(表3)，其中 ρ 为分辨系数，取其值在0～1之间，在这里取 $\rho=0.5$。根据2008年黑龙江垦区耕地地力评价指标体系研讨会专家打分确定权重，得到加权关联度(表3)。

表3　土壤质量关联系数表

Table 3　Grey relation coefficients of soil quality

土系	有机碳(C) (g/kg)	全氮(N) (g/kg)	全磷(P) (g/kg)	全钾(K) (g/kg)	容重 (g/cm^3)	pH (H_2O)	关联度	排序
新兴系	0.64	0.52	0.43	0.52	0.38	0.45	0.49	10
新城系	0.47	0.44	0.65	0.46	0.47	0.45	0.49	11
建国系	0.39	0.38	0.35	1.00	0.36	0.33	0.44	22
白音讷勒系	0.33	0.33	0.33	0.44	0.35	0.33	0.35	28
阳春系	0.46	0.44	0.36	0.49	0.33	0.36	0.40	27
连丰系	0.50	0.45	0.62	0.50	0.39	0.37	0.47	17
向前系	0.57	0.48	0.42	0.55	0.42	0.38	0.47	18
荣生系	0.64	0.52	0.43	0.52	0.39	0.45	0.49	12
太浓系	0.39	0.38	0.46	0.69	0.38	0.48	0.45	21
先锋系	0.43	0.41	0.39	0.50	0.40	0.36	0.41	26
中和系	0.54	1.00	0.42	0.51	0.39	0.33	0.52	8
绍文系	0.44	0.41	0.37	0.46	0.43	0.45	0.43	23
富锦系	0.54	0.47	1.00	0.73	0.56	0.56	0.64	3
连国系	1.00	0.50	0.45	0.53	1.00	0.48	0.68	1
双团系	0.55	0.44	0.47	0.50	0.49	0.40	0.48	15
同心系	0.60	0.46	0.43	0.53	0.41	0.42	0.47	19
李兴业屯系	0.53	0.43	0.42	0.52	0.64	0.37	0.48	16
向阳系	0.43	0.44	0.68	0.57	0.39	0.46	0.49	13

续表 3

土系	有机碳(C)(g/kg)	全氮(N)(g/kg)	全磷(P)(g/kg)	全钾(K)(g/kg)	容重(g/cm^3)	pH(H_2O)	关联度	排序
巨宝系	0.56	0.43	0.39	0.71	0.38	0.53	0.49	14
纪家系	0.41	0.39	0.36	0.69	0.40	0.37	0.43	24
腰屯系	0.52	0.43	0.44	0.48	0.39	0.33	0.43	25
头林系	0.85	0.60	0.52	0.54	0.49	0.40	0.57	7
木兰系	0.53	0.85	0.82	0.33	0.64	0.77	0.67	2
富保系	0.41	0.40	0.54	0.97	0.66	0.75	0.61	4
五常系	0.41	0.38	0.50	0.51	0.44	0.54	0.46	20
名文系	0.59	0.45	0.75	0.68	0.56	0.56	0.60	5
降川系	0.44	0.40	0.62	0.68	0.52	0.48	0.52	9
新发系	0.86	0.56	0.52	0.47	0.48	0.50	0.58	6

根据灰色系统理论中关联度分析原则，由于“参考数列”的质量是系统中质量最高的，如果被评价指标的关联度越大，与“参考数列”越接近，表明其质量越高，反之则低。从表 3 可以看出在土壤质量水平排列顺序是：连国系(0.68)＞木兰系(0.67)＞富锦系(0.64)＞富保系(0.61)＞名文系(0.60)＞新发系(0.58)＞头林系(0.57)＞中和系(0.52)＝降川系(0.52)＞新兴系(0.49)＝新城系(0.49)＝荣生系(0.49)＝向阳系(0.49)＝巨宝系(0.49)＞双团系(0.48)＝李兴业屯系(0.48)＞连丰系(0.47)＝向前系(0.47)＝同心系(0.47)＞五常系(0.46)＞太浓系(0.45)＞建国系(0.44)＞绍文系(0.43)＝纪家系(0.43)＝腰屯系(0.43)＞先锋系(0.41)＞阳春系(0.40)＞白音讷勒系(0.35)。

3 结果和讨论

从以上分析可以看出：连国系、木兰系、富锦系、富保系、名文系都达到 0.60 比其他土系的关联度都要高，根据张之一等对连国系、木兰系、富锦系、富保系、名文系生境条件的描述，它们的自然植被丰富，覆盖度高，大部分已开垦为耕地，各土系腐殖质层深厚，有机质等养分含量高，结构好，这与灰色关联评价结果相一致。

灰色关联度在 0.50～0.60 之间的新发系、头林系、中和系、降川系其覆盖度较高在 90%左右，腐殖质层较厚，但较 0.60 的各土壤状况有所下降。

在均腐土中关联度主要集中在 0.45～0.50 而且数值非常接近，它们依次为：新兴系、新城系、荣生系、向阳系、巨宝系、双团系、李兴业屯系、连丰系、向前系、同心系、五常系、太浓系。其覆盖度大多数都降到 60%左右，开垦为农田的土系的小麦公顷产量多在 1 500～2 250 kg，玉米公顷产量 3 000～3 750 kg。

关联度在 0.45 以下的均腐土各土系依次为 建国系、绍文系、纪家系、腰屯系、先锋系、阳春系、白音讷勒系。这与实际情况基本一致，但由于没有考虑到质地和给排水情况，所以在作物产量上出现了与关联度不符的情况，这也是土壤质量评价中需要进一步解决的一个难题。

参考文献

[1] 张之一，翟瑞常，蔡德利. 黑龙江土系概论，哈尔滨地图出版社，2006，7(1)
[2] 罗庆成，等. 灰色关联分析与应用，江苏科学技术出版社，1989，8(1)

[3] 邓聚龙.灰色系统理论教程,华中理工大学出版社,1990,11(1)

APPLY GRAY RELATIVE ANALYSIS TO EVALUATE THE QUALITY OF DIFFERENT SERIES OF ISOHUMISOLS

Zhang Youli
(College of Plant Science and Technology, Heilongjiang August First Land Reclamation University, Daqing 163319)

Abstract The organic matter Total N, Total P, Total K, ESP and pH value were chosen as main indexes for value and the gray relative analysis was used to evaluate twenty-eight series of Isohumisols. The results from the gray relative analysis get the same way with the nature.

Key words Isohumisols; Soil properties; Gray relative; Quality evaluation

基于 GIS 的明光市耕地地力评价*

方灿华[1]　马友华[1]　钱国平[2]　赵艳萍[1]　周福红[2]　王鹏举[1]　游建秋[2]

（1.安徽农业大学资源环境与信息技术研究所，合肥　230036；
2.安徽省土壤肥料工作站，合肥　230036）

摘要：在明光市测土配方施肥和第二次土壤普查资料的基础上，运用 GIS 建立明光市耕地资源数据库。针对明光市三大耕地类型区（平原潮土耕地类型区、稻田耕地类型区、山地丘陵耕地类型区）特点，分别建立其耕地地力评价指标体系。在 GIS 的支持下，利用系统聚类方法、层次分析法、模糊评价等数学方法和数学模型成功地实现了耕地地力自动化、定量化评价。评价获取了明光市各耕地地力等级面积及其分布信息，经实地调查分析符合当地实际，表明运用该技术方法对耕地地力评价的可行性和科学性。

关键词：耕地地力；耕地类型区；模糊评价；GIS

引　言

耕地是农业的基础，也是人们赖以生存和发展的最根本的资源。目前我国耕地资源贫乏，耕地滥垦滥用现象普遍，原有耕地资源数据资料多已过时，传统的调查方法已经落后，已不能满足现代农业生产的需要。引入新的技术和方法，加大耕地管理力度，势在必行。GIS 技术可以有效地管理具有空间特性的耕地资源。近年来随着 3S 等技术的应用，耕地资源管理与使用更加合理。另外计算机技术在土壤科学领域的应用和发展客观上要求对土壤构成要素的数字表达，因此耕地地

力的自动化和定量化成为评价科学的发展趋势之一[1]。鉴于此，本文以安徽省明光市为例，运用 GIS 技术建立了明光市耕地资源数据库系统，并在此基础上对其三大耕地类型区地力分别进行评价，为明光市耕地资源的科学管理和可持续利用提供依据。

1　研究区概况

明光市位于安徽省东北部边缘，地处东经 117°～119°，北纬 32°～34°之间，全市总面积 2 335 km²，丘陵面积占总面积的 50％，山区占 35％，平原占 10％，湖泊占 5％，现有耕地面积 109 185 hm²。明光市处于江淮分水岭北侧，地形复杂，地势起伏较大，南高北低。全市海拔高程由 11.5～393.3 m，相对高程 381.8 m，具有北亚热带与暖温带过渡的气候特点，四季分明，光照充足，梅雨显著，降雨集中，雨热同季，易旱易涝。年均降雨量为 939.7 mm，年平均气温为 14.8～15.0 ℃，年平均日照时数为 2 260.7 h，年均≥10 ℃积温 4849.2 ℃，年平均无霜期为 219 d[2]。总人口 64.3 万人，乡村人口 51 万人，农业资源丰富。发育的土壤有黄棕壤、潮土及水稻土，土层较厚，养分含量高；全市以小麦、水稻种植为主，近年来随着产业结构的调整，农副产品增多，农业经济稳步发展，是国家商品粮和小杂粮基地县、平原绿化先进县和全国水产百强县。

＊　农业部测土配方施肥补贴资金项目

2 耕地资源数据库的建立

2.1 数据资料的整理

数据资料主要包括图件资料和属性数据资料。图件资料包括：明光市地形图、行政区划图、土壤图、基本农田保护块现状图、水利分区图、土地利用现状图、地貌类型分区图、采样点位图等，比例尺为 1∶50 000。属性数据资料包括：明光市土壤普查农化样点资料、4 000 个各类样点的采样分析测试数据、基本农田保护块资料、347 个村近 3 年农业生产基本情况抽样调查资料、粮食产量与种植面积统计资料以及各类图件的属性数据等。

2.2 属性数据库的建立

研究采用字母数字组合的编码格式表示层次型分类编码体系，反映专题要素分类体系的基本特征，如土壤有机质编码为 SO120203[3]。属性数据的录入采用键入法在 Visual FoxPro 下独立进行，建立 DBF 格式数据库。表 1 以有机质为例，说明明光市耕地资源数据库中属性数据库的设计描述。

表 1 有机质量库

字段名	属性	数据类型	宽度	小数位	量纲
code	分级编码	N	4		
0number	有机质含量	N	5	2	g/kg

2.3 空间数据库的建立

空间数据库的建立以 MapGis 和县域耕地资源管理信息系统软件为工具，空间数据的输入采用对图件扫描后进行矢量化的方式进行。用不同的数据库分层方案，分别建立点要素层、线要素层和多边形要素层。对地图数字化过程中的错误，用目视检查结合拓扑检查进行，直到将问题和错误降至符合数据库设计要求。对投影变换后的空间数据与属性数据通过要素关键字段联结。研究中空间数据规范采用 1∶50 000 比例尺作为县级地图空间数据框架基础，采用克拉索夫斯基椭球体参数，高斯.克吕格 60 分带投影，北京 54 坐标系，1956 年黄海高程基准系统；纠正后控制点点位图面值绝对误差不超过 0.2 mm，图幅下方两内廓点的连线与水平线的角度误差不超过 0.20；栅格数据转换为 Grid 格式存储，矢量数据转换为 Shape 格式存储。以减少耕地资源数据来源不统一、格式各异[4]，难以共享的应用困难。

3 耕地地力评价

3.1 评价单元的确定

根据评价目的，将明光市数字化土壤图、土地利用现状图(带行政)进行叠加生成评价单元图斑，然后按 1∶50 000 比例尺最小上图面积 0.04 cm^2 进行综合取舍[5]，产生明光市耕地地力评价单元图，一个图斑即为一个评价单元。明光市耕地地力共划分为 7 686 个评价单元，其中平原潮土耕地类型区 620 个，稻田耕地类型区 2365 个，山地丘陵耕地类型区 4 701 个。

3.2 评价因子的确定

评价因子是指参与评定耕地地力等级的耕地的诸属性。影响耕地地力的因素很多，在评价因子的选取时遵循以下原则[3]：

1)选取的因子对耕地地力有比较大的影响，如土壤因素、灌排条件等。

2)选取的因子在评价区域内的变异较大，便于划分耕地地力的等级。

3)选取的评价因素在时间序列上具有相对的稳定性。

4)选取评价因素与评价区域的大小有密切的关系。

依据以上原则，经专家组充分讨论，同时结合明光市土壤和农业生产等实际情况，针对明光市三大耕地类型区特点，用特尔菲法[6]分别从全国共用的地力评价因子总集中选择如下评价因子作为明光市的耕地地力评价因子，见表2。

表2　明光市耕地地力了评价因子总集

平原潮土耕地类型区		稻田耕地类型区		山地丘陵耕地类型区	
立地条件	地形部位	立地条件	地形部位	立地条件	地形地貌
	成土母质		成土母质		地形部位
理化性状	耕层质地	理化性状	耕层质地		土壤侵蚀程度
	CEC		CEC		地形坡度
	pH		pH		成土母质
养分状况	有机质	养分状况	有机质	理化性状	耕层质地
	有效磷		有效磷		CEC
	速效钾		速效钾		pH
	有效硼		有效硼	养分状况	有机质
	有效锌		有效锌		有效磷
	有效锰	障碍因素	灌溉条件		速效钾
土壤管理	灌溉条件		排涝能力		有效硼
	排涝能力		障碍层类型		有效锌
剖面性状	质地构型		障碍层出现深度		有效钼
	耕层高度		障碍层厚度	障碍因素	灌溉条件
		剖面性状	剖面构型		障碍层类型
			耕层厚度		障碍层出现深度
			土体有效厚度		障碍层厚度
				剖面性状	剖面构型
					耕层厚度
					土体有效厚度
					土体砾石含量

3.3　评价因子权重的确定——以平原潮土耕地类型区为例

单因素的权重通过AHP[7]来确定，根据明光市平原潮土耕地类型区耕地地力指标各个要素间的关系构造其耕地地力要素层次结构图(图1)。然后请专家比较同一层次各因素对上一层次的相对重要性，给出数量化的评估，形成判断矩阵，根据判断矩阵计算矩阵的最大特征根与特征向量，并进行一致性检验，结果均为CR<0.1，具有满意的一致性，最终求得各评价因素的组合权重，即为评价指标的实际权重(见表3)。

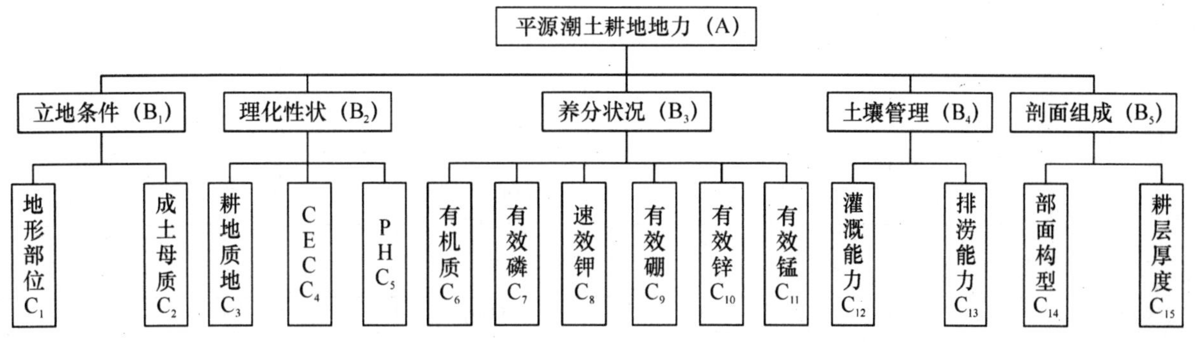

图1　平原潮土耕地类型区耕地地力影响因素层次结构

表 3 明光市耕地地力评价因子权重表

平原潮土耕地类型区		稻田耕地类型区		山地丘陵耕地类型区	
评价指标	组合权重	评价指标	组合权重	评价指标	组合权重
地形部位	0.2481	地形部位	0.0327	地形地貌	0.0172
成土母质	0.2481	成土母质	0.0109	地形部位	0.0172
耕层质地	0.0561	耕层质地	0.1298	土壤侵蚀程度	0.0516
CEC	0.0094	CEC	0.0571	地形坡度	0.0516
pH	0.0231	pH	0.0149	成土母质	0.0172
有机质	0.0371	有机质	0.1003	耕层质地	0.0092
有效磷	0.0371	有效磷	0.0212	CEC	0.0277
速效钾	0.0166	速效钾	0.0495	pH	0.0277
有效硼	0.0061	有效硼	0.0095	有机质	0.0271
有效锌	0.0061	有效锌	0.0212	有效磷	0.0121
有效锰	0.0061	灌溉条件	0.0412	速效钾	0.0121
灌溉条件	0.0595	排涝能力	0.0079	有效硼	0.0045
排涝能力	0.1786	障碍层类型	0.0039	有效锌	0.0045
质地构型	0.0681	障碍层出现深度	0.0179	有效钼	0.0045
耕层厚度	0.0204	障碍层厚度	0.0179	灌溉条件	0.1859
		剖面构型	0.2940	障碍层类型	0.0719
		耕层厚度	0.1209	障碍层出现深度	0.0719
		土体有效厚度	0.0493	障碍层厚度	0.1859
				剖面构型	0.1074
				耕层厚度	0.1074
				土体有效厚度	0.1074
				土体砾石含量	0.0358

3.4 单因素评价指标评语的计算——以平原潮土耕地类型区为例

明光市平原潮土耕地类型区耕地地力评价指标体系由表 2 中的成土母质等 15 个指标组成。根据模糊数学理论，将选定的评价指标与耕地生产能力的关系分为线性和非线性两大类型的隶属函数[8]。对于线性函数，见表 4 用特尔斐法拟合。而概念型指标如地形部位、成土母质等，与耕地生产能力之间是一种非线性的关系，采用特尔菲法直接给出隶属度，见表 5。

表 4 评价因子线性隶属函数

指标	函数	条件	指标	函数	条件
耕层厚度(cm) $f(x)=$	1	$x\geqslant 20$	有效硼(mg/kg) $f(x)=$	1	$x\geqslant 2.0$
	$\{(x-10)/10\}0.75+0.25$	$10<x<20$		$(x-0.25)/1.75$	$0.25<x<2.0$
	0.25	$x\leqslant 10$		0	$x\leqslant 0.25$
有机质(g/kg) $f(x)=$	1	$x\geqslant 15$	有效锌(mg/kg) $f(x)=$	1	$x\geqslant 5.0$
	$x/15$	$x<15$		$(x-0.50)/4.5$	$0.50<x<5.0$
有效磷(mg/kg) $f(x)=$	1	$x\geqslant 20$		0	$x\leqslant 0.50$
	$x/20$	$x<20$	有效锰(mg/kg) $f(x)=$	1	$x\geqslant 230$
速效钾(mg/kg) $f(x)=$	1	$x\geqslant 150$		$(x-1)/29$	$1<x<30$
	$x/150$	$x<150$		0	$x\leqslant 1$
CEC(cmol/kg) $f(x)=$	1	$x\geqslant 20$	pH 值 $f(x)=$	1	$6.5\leqslant x\leqslant 7.5$
	$x/20$	$x<20$		$(x-3.5)/3$	$3.5<x<6.5$
				$(9.5-x)/2$	$7.5<x<9.5$
				0	$x\leqslant 3.5$ 或 $x\geqslant 9.5$

表 5　概念型评价因子隶属度

地形部位		成土母质		耕层质地		灌溉条件		排涝能力		质地构型	
描述	隶属度	描述	隶属度	描述	隶属度	描述	隶属度	描述	隶属度	描述	隶属度
平原	1	壤质河、湖冲沉积物	1	壤土	1	尤	1	尤	1	均质型	1
河流阶地	0.8	壤质洪冲积物	0.9	壤粘土	0.8	良好	0.8	良好	0.8	夹层型	0.8
倾斜平原	0.7	粘质洪冲沉积物	0.7	壤砂土	0.7	一般	0.7	一般	0.7	间层型	0.7
古河床	0.6	砂质洪冲沉积物	0.3	粘土	0.5	差	0.5	差	0.5	身型	0.6
浅平洼地	0.5			砂土	0.4				底型	0.5	
洪积扇	0.4										

3.5　耕地地力综合指数计算与分级

通过以上评价单元图层的制作和数据处理后，对每一个评价单元进行地力评价，用加法模型[9]计算出明光市耕地地力综合指数。采用累加法计算每个评价单元的综合地力指数，公式为：$IFI=\sum(F_i\times C_i)$，式中：IFI 代表耕地地力综合指数；F_i＝第 i 个因素评语（分值）；C_i＝第 i 个因素的组合权重。利用上述模型计算单元综合评价指数，根据综合指数的变化规律，运用累积曲线法分别将平原潮土耕地类型区、稻田耕地类型区、山地丘陵耕地类型区耕地地力分为四级、四级、五级（见表 6），最终形成明光市耕地地力等级图（见图 2）。

表 6　明光市耕地地力等级划分

平原潮土耕地类型区		稻田耕地类型区		山地丘陵耕地类型区	
级别	综合指数	级别	综合指数	级别	综合指数
一级	0.865～1.000	一级	0.800～1.000	一级	0.825～1.000
二级	0.680～0.865	二级	0.690～0.800	二级	0.685～0.825
三级	0.630～0.685	三级	0.600～0.690	三级	0.550～0.685
四级	0.000～0.630	四级	0.000～0.600	四级	0.470～0.550
				五级	0.000～0.470

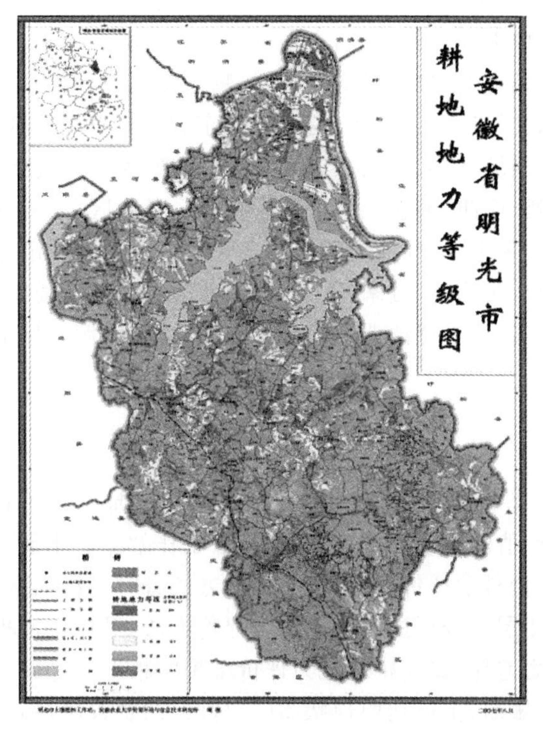

图 2　明光市耕地地力等级图

4 评价结果及其分析

4.1 各等级耕地数量

明光市耕地总面积为 109 185.1 hm^2，占全市总面积的 47.4%，其中平原潮土耕地类型区面积 14 183.2 hm^2，占耕地总面积的13.0%；稻田耕地类型区面积35 644.9 hm^2，占 32.6%；山地丘陵耕地类型区面积为 59 357.0 hm^2，占 54.4%。三大类型区各等级耕地占本区面积及比例见表 7。

表 7 三大耕地类型区耕地地力评价结果面积统计(hm^2)

耕地类型区	一级地		二级地		三级地		四级地		五级地	
	面积	比例	面积	比例	面积	比例	面积	比例	面积	比例
平原潮土耕地类型区	3 000.1	21.2	5 271.4	37.2	5 160.2	36.3	751.5	5.3		
稻田耕地类型区	4 438.6	12.5	21 557.9	60.4	7 514.3	21.1	2 134.1	6.0		
山地丘陵耕地类型区	5 955.7	10.0	23 690.1	39.9	7 060.5	11.9	6 924.5	11.7	15 726.2	26.5

4.2 各等级耕地的空间分布

平原潮土耕地类型区：一级地主要分布于泊岗、柳巷、潘村、女山湖等北部乡镇的沿河湖两岸，该区土层深厚，地势平坦，土壤肥力高，水利设施良好，利用类型大多为优质小麦产地和菜地。二、三级地多分布于女山湖、柳巷、潘村、泊岗等乡镇的河流阶地，明西、古沛等地也有零星分布，成土母质以河流沉冲积物为主，质地多为中壤，土壤主要养分含量较高，农田基础设施配套。四级地面积最小，多是女山湖、潘村、柳巷等乡镇的封闭洼地，仅由淤土和面砂土的评价单元构成，土壤耕性差，存在障碍层次，土壤利用受到一定限制。

稻田耕地类型区：一级地主要分布于苏巷、石坝、女山湖、三界、张八岭等中部乡镇的河流阶地，潘村、古沛、明东等地也有零星分布。此级耕地大多是潴育型水稻土，土壤肥力高，灌溉条件优越。二、三级地大多是苏巷、女山湖、石坝、三界、张八岭、桥头、明西、明南等乡镇的塝田和冲田，潘村、古沛、明东、管店等地也有零星分布。主要养分含量较高，少数田块土壤潜育化严重，但多为旱涝保收农田。四级地主要分布于涧溪、女山湖、石坝、苏巷、明东、招信等中部乡镇的岗地，古沛、桥头、张八岭等地也有零星分布。以岗田为主，土壤侧洗严重，土壤养分含量低，灌溉条件差，障碍层次明显，作物产量低。

山地丘陵耕地类型区：一、二级地主要分布于苏巷、明东、涧溪、石坝等乡镇的山前冲积扇，潘村、桥头、招信等地也有零星分布。该区地面坡度小，土层较厚，无土壤侵蚀，水利设施配套，均属较好的旱涝保收农田。三级地主要分布于石坝、自来桥、明西、桥头、古沛等乡镇的丘岗地区，三界、管店、涧溪等地也有零星分布。该区土壤理化性质较好，养分含量中等，地面坡度较大，有明显的侵蚀作用，灌溉条件相对较差，多为中低产田。四、五级地主要集中在三界、张八岭、自来桥、明南、管店等乡镇的丘陵山地中下部，桥头镇、涧溪镇、明西等地也有零星分布。地面坡度大，土壤侵蚀严重，土层薄，肥力低，水源没保证，土壤利用难度大。

5 结　论

1)通过 GIS 强大的数据处理和分析功能，可以统一管理耕地地力评价过程中的空间数据和属性数据，实现评价单元的计算机划分、数值的自动批量计算，提高了工作效率。本研究表明，利用 GIS 可以快速有效地对耕地地力及其分布特征进行科学评价，比传统的评价方法省时、省工、省力。

2)在耕地地力评价中，利用层次分析法和模糊综合评价方法，可在一定程度上减少评价者主观因素的影响，更能准确地反映耕地的地力差异，提高耕地地力评价结果的精度。

3)评价单元的划分采用土壤图、土地利用现状图(带行政)的叠置法，形成的评价单元空间界线及行政隶属关系明确，有准确的面积，地貌类型与土壤类型一致，利用方式和耕作方法也基本相同，使评价结果更具综合性、客观性，可以较直观地将评价结果落到实地。

4)针对明光市三大耕地类型区(平原潮土耕地类型区、稻田耕地类型区、山地丘陵耕地类型区)的特点,分别建立各自的耕地地力评价指标体系进行评价,其结果与实际情况非常相符,具有较强的指导意义和实用价值。

参考文献

[1] 王瑞燕,赵庚星,李涛,等. GIS支持下的耕地地力等级评价[J]. 农业工程学报,2004,20(1):307-310

[2] 作者嘉山土壤[M]. 安徽:安徽农业出版社,1986

[3] 全国农业技术推广服务中心. 耕地地力评价指南[M]. 北京:中国农业科学技术出版社,2006

[4] 杜道生. 地理信息标准化与数据共享. 测绘信息与工程,1997(1):47-51

[5] 唐群峰,魏志远,唐树梅,等. 基于GIS的县域耕地资源数据库建立及耕地地力评价[M]. 中国农学通报,2006,22(10):390-396

[6] 韩永学. 特尔菲法与"拿来主义". 哈尔滨师专学报,2000,2:67-68

[7] 危向峰,段建南,胡振琪等. 层次分析法在耕地地力评价因子权重确定中的应用[J]. 湖南农业科学,2006(2):39-42

[8] 王建国,单艳红,杨林章. 我国农用地分等定级理论与方法探讨[J]. 农业系统科学与研究,2002,18(2):84-88.

[9] 牛彦斌,许皞,秦双月,等. GIS支持下的耕地地力评价方法研究[J]. 河北农业大学学报,2004,27(3):84-88

Evaluation of the farmland fertility of Mingguang city based on GIS

FANG Can-hua[1], MA You-hua[1], QIAN Guo-ping[2], ZHAO Yan-ping[1], ZHOU Fu-hong[2], WANG Peng-ju[1], YOU Jian-qiu[2]

(1. Institute of Enviro nment and Information Technology in Anhui Agricultural University, Hefei 230036; 2. Workstation of Soil and Fertilizer, Agricultural Department of Anhui Province, Hefei 230036)

Abstract The database of arable land resources of Mingguang city was build on the basis of information in the Balanced Fertilization On Soil Testing and Second Soil Survey with GIS. Then, fertility evaluation index systems were established in each type of cultivated land area, according to the three major types of cultivated land area characteristics in Ming-guang city(Plain influx of farmland soil type, type of paddy cultivated land area, hilly mountain area of arable land types). The automatic and quantitative valuation procedure was realized by adopting various mathematical models and methods such as system cluster, Analytical Hierarchy Program, fuzzy math, etc and supported by GIS techniques. The area and spatial distribution information of cultivated land fertility were acquired in Mingguang city, and the results were consistent with local conditions according to field survey and analysis. The approach was feasible and effective in cultivated land fertility assessment. This research contributes significantly to scientific management and sustainable use of cultivated land resources.

Key words farmland fertility; type of cultivated land area; fuzzy evaluation; GIS

基于GIS的闲置土地管理信息系统功能设计

——以长沙市为例

马兰俊[1]　段建南[1]　李永平[1]　胡德勇[2]

（1.湖南农业大学资源环境学院，湖南长沙　410128；

2.首都师范大学资源环境与旅游学院，北京　100037）

摘要：利用以GIS为代表的信息技术对土地利用进行动态管理是当前的发展趋势。本文以湖南省长沙市为例，针对闲置土地管理的需要，设计基于组件式地理信息系统技术的闲置土地管理信息系统的功能，为开发具备对闲置土地认定、分类、查询、处置、监控和信息发布等功能的信息系统做好技术准备。

关键词：GIS；闲置土地；管理信息系统；长沙市

1　前　言

土地资源是人类赖以生存的物质基础，是人类一切生产和活动的基本载体，是从事农业生产的基本生产资料，也是农业、工业、交通、城镇等发展不可缺少的物质条件，可以说人类的一切生产和生活都与土地有直接或间接的联系，其重要性毋庸置疑[1]。在现阶段，由于人类对土地资源的不合理利用，导致土地质量下降及土地资源浪费严重，人地矛盾也就日益尖锐[2]。

土地闲置是当前土地资源利用和管理中值得关注的问题之一，它加剧了土地市场混乱无序和耕地非农化趋势。据有关专家预测，我国37个特大城市用地规模增长弹性系数已达2.29，超过标准的1.12倍多，城市容积率仅0.3左右，40%以上的土地属于低效利用，5%的土地处于闲置状态[3]。2001年据初步估计，长沙市闲置和存量土地面积达1 666 hm^2，其中闲置土地160多宗，面积6178亩。据2007年8月中国建行研究报告指出：2001年初至2007年5月份，房地产开发商累计购置土地面积21.62亿 m^2，但实际仅开发完成12.96亿 m^2，不足购置面积的60%，相当数量的土地被闲置，造成了土地资源的严重浪费[4]。长沙市国土资源局2007年长沙加强了闲置土地的清理，重点对城区范围内255宗、1 545 hm^2 闲置土地进行了清查和处理。

目前，关于土地管理的信息系统已有许多，对于数量巨大、来源多样、变更频繁的闲置土地依然是靠传统的管理方法，不能满足现代土地管理信息化的需要，建立闲置土地管理信息系统势在必行。

本文以湖南省长沙市为例，针对市域传统闲置土地管理过程中存在的问题，探寻基于组件式地理信息系统技术设计闲置土地管理信息系统，为进一步开发闲置土地管理信息系统奠定基础，进而为国土部门快速查询闲置土地综合信息，并开展相关空间分析与处理，提高闲置土地管理效率，提升土地管理信息化水平。

2　闲置土地的定义

2.1　闲置土地

本研究采纳《国土资源部闲置土地处置办法》中的定义：闲置土地是指土地使用者依法取得土地使用权后未经原批准用地的人民政府同意超过规定的期限（一般为2年）未动工开发利用的土地。具有下列情形之一的也可以认定为闲置土地：①国有土地有偿使用合同或者建设用地批准书未规定动工开发建设日期，自国有土地有偿使用合同生效或者土地行政主管部门建设用地批准书颁发之日起满1年未动工开发建设的;②已动工开发建设但其建设面积不足应开发建设总面积的三分之一或者已投资额占总投资额不足25%且未经批准中止开发建设连续满1年的;③法律、行政法规规定的其他情形[5]。

2.2 闲置土地信息获取与管理

闲置土地信息根据国土资源部闲置土地的认定办法,通过长沙市国土资源局获取,处置办法遵照《长沙市闲置土地处置办法》[6]。

3 数据管理系统设计

系统设计的关键在于如何将市域闲置土地的空间位置数据、属性数据和现状图形有机结合起来,因此采用ArcGIS平台管理图形信息。对于属性数据以及文档的管理,则采用大型关系数据库系统,并采用三层架构的体系结构,利用ArcSDE进行图形数据访问和管理,实现图形一体化的管理,框架结构如图1所示。

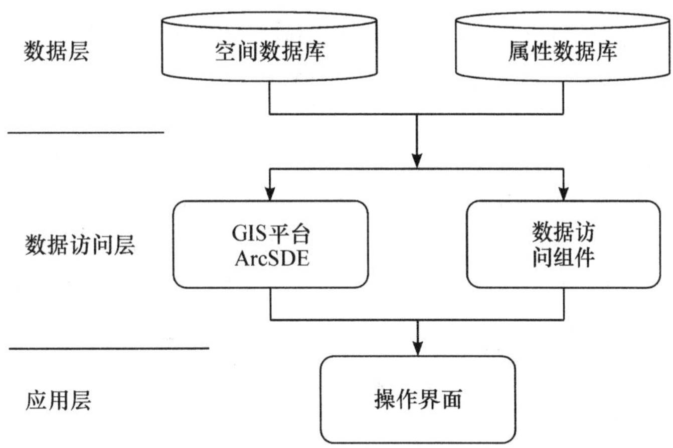

图1 闲置土地数据管理系统框架图

整体系统分为3个层次:数据层、数据访问层、应用层,各个层之间相互协调完成系统的功能。数据层是采用大型关系数据库实现对整个系统数据的管理,提升数据的查询管理能力;数据访问层是采用ArcSDE协同管理空间数据库,并开发数据访问组件,实现属性数据库的访问和管理;应用层是提供面向流程的向导式操作界面和面向功能的菜单式操作两种界面。

4 功能概述及系统功能设计

4.1 功能概述

闲置土地管理信息系统是一种决策支持的土地信息系统。它以闲置土地数据库(包括地理空间和属性数据)为基础,采用地理模型分析方法,实时提供多种空间的、动态的地理信息,是融计算机图形和数据库于一体、储存和处理空间信息的高新技术。它把宗地的地理位置和相关属性(地类、权属、四至、面积、地价及规划用途等)、闲置土地地理位置与案件处理档案有机地结合起来,根据执法监察工作的实际需要准确、及时、图文并茂地输出给用户,并借助其独有的空间分析功能和可视化表达,提供形式多样的辅助决策。

4.2 系统功能设计

闲置土地管理信息系统主要包括以下几个功能模块(图2):

1)用户管理:设计管理员和普通用户两种权限进行登陆管理。管理员负责数据更新、维护等权限,普通用户只具备查询、浏览等操作。

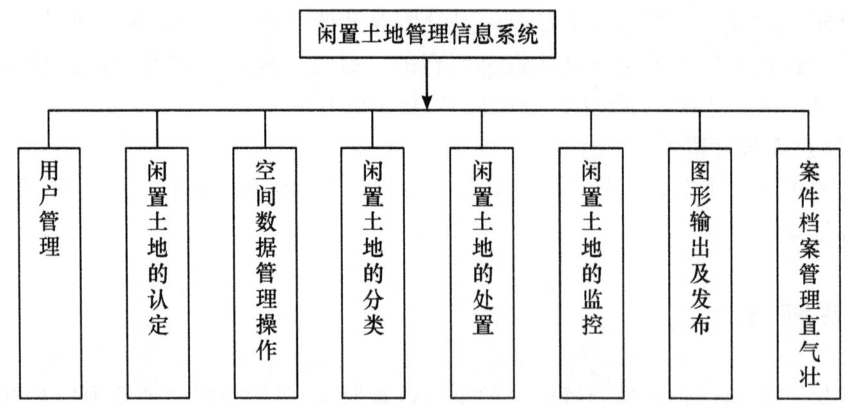

图 2 闲置土地管理系统功能模块图

2)闲置土地的认定:依据《长沙市闲置土地处置办法》设计闲置土地认定模块。

3)空间数据管理操作:由 GIS 提供基本函数库,实现对闲置土地管理和操作,主要功能包括:地图放大、缩小、任意漫游、全图显示功能。可以查看辖区内土地利用信息、规划信息、宗地信息、基准地价信息、闲置土地信息。

用户输入单位名称等查找对应的单位,并在图上标识出其实际的地理位置,显示在屏幕中心。快速、准确地分析、判断闲置土地的地理位置及相关属性,为执法监察人员提供综合信息。

4)闲置土地的分类:依据《长沙市闲置土地处置办法》设计闲置土地分类模块。将闲置土地初步分为以下几类:因政府、政府有关部门行为造成的闲置土地;已经办理审批手续的非农业建设占用耕地,1 年内不用而又可以耕种并收获的;在城市规划区范围内,以出让等有偿使用方式取得土地使用权进行房地产开发的闲置土地,超过出让合同约定的动工开发日期满 1 年未动工开发的;未按《国有土地使用权出让合同》及《土地使用条件》规定使用土地;自闲置土地处置方案批准之日起满三个月,仍未执行闲置土地处置方案的。

5)闲置土地的处置:依据《长沙市闲置土地处置办法》设计闲置土地处置模块。

根据土地执法工作的特点,专门设计针对闲置土地的编辑子系统,方便对其编辑处理(包括收回,收取闲置费用等处理),解决了实际工作中变化较快的问题。建立以高速度、高质量的空间地理信息为背景的综合图形信息系统,实现各级土地行政主管部门和执法检查部门之间的实时信息交换。

6)闲置土地的监控:通过收集执法监察人员、群众举报信息,对闲置土地进行快速查处、监控等管理功能。

7)图形资料输出及网上发布:用户可以选定任意形状,裁剪输出闲置土地分布图、勘测定界图、宗地图等,并且可以输出巡查路线走向图等专业的图件。将这些数据在网上发布,这样用户将可以在网上直接看到闲置土地信息。

利用 GIS 专题图的功能将数据库属性数据的统计数据表达在地图上,可以生成多类统计表,包括闲置土地分布情况统计表、区域案件处理情况统计表等。在案件的办理过程中可以方便地输出各种标准的表格、图形。

8)案件档案管理:可以输入、编辑案件的台账,构造条件对数据进行检索,统计任意区域闲置土地案件及处理结果,供各级监察单位的维护人员和授权用户的数据管理人员使用,以实现对图形和属性数据的入库、实时或准时更新。

5 系统应用前景

本文描述了基于组件式 GIS 技术平台的闲置土地管理信息系统的功能设计,其中充分考虑了国土管理部门的实际需要，凭借GIS技术的整合能力，能够更加快速、高效、直观、实时掌握闲置土地的分布、数量，从而减少土地闲置，为进一步提高国土资源管理效率提供有力的技术支撑。

“基于GIS的闲置土地管理信息系统”将可用于县、市、省各级土地管理部门，为闲置土地管理服务，满足国土资源信息化的发展需要，因而具有广阔的应用空间。

6 结束语

利用GIS强大的空间数据处理技术来建立闲置土地管理信息系统，能够实现对闲置土地信息化管理，是今后闲置土地管理的发展方向。开发、建设与应用闲置土地管理信息系统势在必行。

参考文献

[1] 常庆瑞. 土地资源学[M]. 杨凌：西北农林科技大学出版社，2002
[2] 宋伟东，张永彬，龙学柱. 土地资源的信息化管理[J]. 辽宁工程技术大学学报(自然科学版). 2002，21(1)：18-21
[3] 王小川. 运用规划手段不断提高城市土地使用效率[J]. 中国土地科学，2003(4)：43
[4] 中国建设银行研究部. 下半年经济金融形势分析与预测[R]. 2007：8
[5] 国土资源部令第5号. 国土资源部闲置土地处置办法[S]. 1999
[6] 长沙市人民政府. 长沙市闲置土地处置办法[S]. 1999

基于休耕的我国耕地保有量初探*

揣小伟　黄贤金　钟太洋

（南京大学地理与海洋科学学院，南京　210093）

摘要：土地休耕是土地储备的一种方式，包括年度休耕、季节性休耕、轮作休耕等。休耕会使耕地面积减少，对我国的粮食安全造成负面影响；文中阐述了在污染严重的耕地休耕、中低产田休耕、水土流失严重的耕地休耕以及采用轮作休耕四种不同模式下到2020年我国所需要的耕地保有量。结果显示，18亿亩耕地难以保证我国的粮食安全，耕地面积需要达到21～23亿亩，各种休耕方式会对土壤污染的降解、肥力的保持、减少水土流失等都会起到积极的作用。针对其产生的不利影响，可以通过加大科技投入、进口粮食、控制人口、改良品种、加大水利设施建设等措施来解决。可见休耕是一项有利于耕地可持续发展的措施，我国应该采取这项措施。

关键词：休耕；耕地保有量；粮食安全；生态环境

1　引　言

休耕是保持土壤质量、恢复地力、减少病虫害、减少农业污染以及增强农产品安全性的重要手段。1961年美国政府规定农场主至少要停耕20%的土地[1]；1986年开始实施环保休耕计划（CRP），其主要是针对土壤极易侵蚀或环境敏感的农业用地，并通过对农民进行补贴的方式使其实施10～15年的休耕还林、还草等长期性植被保护恢复措施，最终达到控制土壤侵蚀、改善水质、改善野生动植物栖息地环境等目的。1986至1989年间，全美国共有1360万 hm^2 农用地实施了休耕计划，到1990年，美国农业部对容易发生土壤侵蚀的耕地全部进行了退耕还林（草）或休耕，总面积达4 777万 hm^2，2002年在参与CRP的所有土地中，87%实施了休耕还草，8%实施了休耕还林，另外的5%划为湿地保护区[2]。

欧盟的耕地保有量根据粮食安全状况在不断调整。1992欧盟规定农场主每年必须将一定比例的土地休耕，以保护环境。根据粮食的供应情况，1993年休耕15%，2000年以后均为10%。由于近期粮食问题日益突出，2007年秋季至2008年春季期间欧盟将境内土地休耕率由过去的10%降为零[3]。

我国人多地少，耕地资源一直处于高强度乃至过度开垦的利用状态，但这也带来了农业面源污染严重、水土流失、土壤质量下降、病虫害增加以及农产品安全等问题，休耕问题更没有引起有关研究的系统关注。但是，忽视休耕问题，往往导致农业生产成本以及农业环境成本持续增长，农业生产效率难以提高，农产品安全问题也更加提出。因此，当前分析我国休耕问题，有利于社会进一步认识到耕地保护尤其是耕地质量保护的重要意义。为此，本文开展了一些探讨性的研究。

2　研究方法

针对我国耕地资源利用中的主要问题，这里分别设计了污染型休耕、中低产田休耕、水土流失型休耕以及轮作型休耕等模式，并分别测算出相应的耕地保有量，具体是：

2.1　影响耕地保有量的因素分析

2020年中国人口总数将达到14.36人，人均需求的粮食的消费水平将达到420kg左右。根据图1中耕

* 基金项目：江苏省软科学基金（BR2007039）及江苏省国土资源厅“环太湖地区国土资源承载力及调控政策研究”资助

地复种指数和粮食作物占总播种面积的百分比变化趋势,发现复种指数呈逐年增加趋势,而粮食作物的播种面积占总播种面积的百分比呈现出下降的趋势,两者与年份有显著的线性关系,根据它们之间的线性关系估计出到 2020 年复种指数将达到 1.4 左右,但是复种指数的提高会增加耕地的生态压力,所以假设复种指数保持不变,为 1.3 左右。而粮食作物所占百分比到 2020 年将减小到 61%左右。

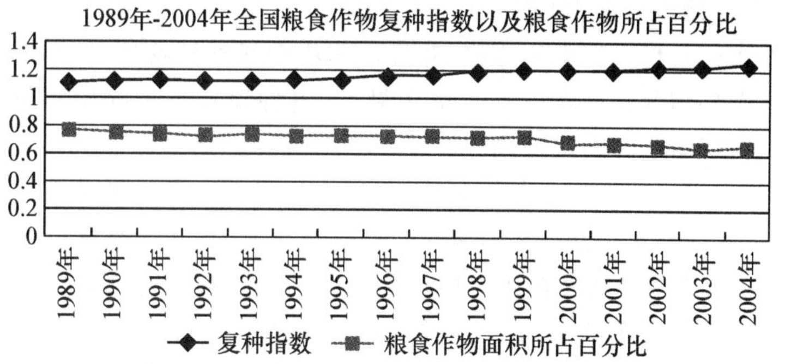

图 1 1989 年—2004 年全国复种指数以及粮食作物所占百分比[4]

Figure 1 The change of the cropland percentage and Multiple-crop index between 1989 and 2004 in china(数据来源:中国统计年鉴)

对粮食单产的预测有多种方法,见(表 1)。根据表中的预测,到 2020 年我国粮食单产将达到 5 760～6 210 kg/hm²。这里取预测结果的中间值,按 6 000 kg/hm² 来计算。

表 1 不同方法的粮食单产预测[5](单位: kg/hm²)

Table 1 The prediction of grain productivity per unit area on different method

不同预测方法	2010 年	2020 年	2030 年
按历史年平均增长预测	5 004	5 776.5	6 504
按品种更新换代预测	5 130～5 370	5 760～6 210	6 240～6 450
按主要粮食作物预测	5 215.35	5 914.35	6 567
按主要粮食产区预测	5 310	6 000	6 450
多种预测方法的综合结果	5 004～5 370	5 760～6 210	6 240～6 570

2.2 基于休耕的耕地保有量的计算方法

假设 Y_1 为需求的粮食总量;Y_2 为保证粮食充足需要的粮食作物播种面积;Y_3 为保证粮食充足所需要的耕地面积;Y_4 为考虑到休耕需要再增加的耕地面积;Y_5 为考虑到休耕地的 2020 年的耕地保有量;I_1 为总人口数;I_2为粮食单产;I_3 为复种指数;I_4 为粮食作物面积所占比例;I_5 为人均粮食需求量。那么计算公式为:

$$Y_1 = I_1 \times I_5$$

$$Y_2 = Y_1 / I_2 = (I_1 \times I_5) / I_2$$

$$Y_3 = Y_2 / (I_3 \times I_4) = (I_1 \times I_5) / (I_2 \times I_3 \times I_4)$$

$$Y_5 = Y_3 + Y_4$$

其中:$I_1 = 14.36$ 亿,$I_2 = 6\,000$ kg/hm², $I_3 = 1.3$,$I_4 = 61\%$,$I_5 = 420$ kg/人。

3 不同休耕模式下的耕地保有量

3.1 模式一:严重污染的耕地进行多年休耕

土壤污染主要包括农药污染和重金属污染。受污染的土壤需要恢复的时间比较长,许多有机化学物质的污染也需要较长的时间才能降解。被某些重金属污染的土壤可能要 100～200 年时间才能够恢复[6]。但是很多植物具有修复功能,可以通过吸收、降解、过滤和固定等功能来净化土壤中的金属元素、有机污染物以及放射性物质。因此可以种植特殊植物来降解污染。

如印度的芥菜可以吸收 Zn、Cd、Cu、Pb 等，在 Cu 为 250 mg/kg，Pb 为 500 mg/kg，Zn 为 500 mg/kg 的条件下能生长。高杆牧草能吸收 Cu；英国的高山莹属类，可以吸收高浓度的 Zn、Cd、Cu、Pb、Mn、Co、Se 等[7]。在 DDT 污染浓度为 0.215 mg/kg 的土壤中种植 10 个品种的草本植物，发现丹麦产的多年生黑麦草(Taya)与美国产的高羊茅去除农药能力最强[8]。

可见，如果对污染严重的耕地进行常年休耕，并且在休耕期间种植特殊的植物，能在很大程度上降解土壤的污染，取得良好的生态环境效益。考虑到土壤污染，在这种模式下把我国污染严重的土壤进行多年休耕，休耕期可以根据污染物降解的时间进行调整。

目前中国土壤污染状况也十分严重。数据表明，目前中国受重金属污染的耕地面积近 2 000 万 hm^2，其中镉污染耕地 1.33 万 hm^2，汞污染耕地 3.2 万 hm^2，涉及 15 个省份 21 个地区[9]。受农药污染的耕地面积达 1 600 万 hm^2，其中严重污染的耕地面积达 2 187 万 hm^2，大约占耕地总面积的 20%左右。

在这种模式下，假设把污染严重的大约 20%的耕地休耕。由于质量不同的耕地都会受到污染，所以受污染耕地的粮食单产按照平均产量来计算。考虑到 18 亿亩耕地的大约 20%严重污染的耕地进行多年休耕，那么则有：

$$Y_3=Y_2/(I_3\times I_4)=(I_1\times I_5)/(I_2\times I_3\times I_4)=19.01\text{ 亿亩}$$

$$Y_4=18\times 20\%=3.6\text{ 亿亩}$$

$$Y_5=19.01+3.6=22.61\text{ 亿亩}$$

3.2 模式二：中低产田休耕，高产田不休耕

耕种多年的土壤一段时间之后肥力则得到一定恢复。不同地区，由于自然条件，耕作条件的不同，所产生的结果也有很大的差异。

对实施 5 年的冬春季休闲田蓄草养草肥田技术的田块进行跟踪调查。稻田有机质含量达到 2.21%，试验初稻田的有机质含量为 1.96%，5 年净增加有机质含量达 0.25% ，平均年递增 0.05%。试验期间，同一地块连续 5 年栽培水稻，土壤肥力没有递减，反而提高了。试验结果证明，冬春季休闲田实施蓄草养草肥田技术，土壤肥力显著提高 [10]。江苏省张家港市农业科学院进行了一次实验，实验时间为 1983—1995 年 12 个年份，分别测定了不同土层深度上在不同土地利用方式下，土壤当中的有机质，全氮含量、可矿化氮含量、速效磷含量、速效钾含量等含量的变化[11](见表 2)。

表 2 不同土地利用方式下土壤中营养物质含量的对比(mg/kg)

Table 2 The comparasion of nutrition element in soil under different land usages

项目	土层 cm	休耕土壤	连续耕作土壤(不施用肥料)	连续耕作土壤(施用化肥)
有机质含量	0～5	55.70	23.80	25.70
	5～15	28.30	16.90	15.20
全氮含量	0～5	2.89	1.48	1.61
	5～15	1.61	1.12	1.03
可矿化氮含量	0～5	217.40	58.00	19.10
	5～15	61.60	21.00	12.80
速效磷含量	0～5	12.40	2.30	8.00
	5～15	5.70	1.80	2.10
速效钾含量	0～5	179.30	55.60	90.10
	5～15	102.50	51.90	56.40

通过表 2 中数据发现：休耕条件下土壤当中的有机质，全氮含量、可矿化氮含量、速效磷含量、速效钾含量均高于在连续耕作条件下的含量。可见，休耕对恢复土壤肥力，改善土壤质量具有重要的作用。

目前中国中产田比例为 30.3%，低产田比例为 41%，两者占耕地总量的 71.3%。虽然各地的标准不

同,但总体来说,中低产田的产量与高产田地的比较,每年粮食单产仅为高产田的 40%～60%[12]。如果按中低产田的产量为高产田的 50%计算,那么中低产田的产量大概为平均产量的 78%左右。中低产田的休耕比例也可以根据粮食产量进行调节,这里假设拿出 18 亿亩耕地中 20%的中低产田进行休耕期为一年的轮流休耕。考虑到 20%的中低产田休耕,则有:

$$Y_3 = Y_2/(I_3 \times I_4) = (I_1 \times I_5)/(I_2 \times I_3 \times I_4) = 19.01 \text{ 亿亩}$$

$$Y_4 = 18 \times 20\% \times 71.3\% \times 78\% = 2 \text{ 亿亩}$$

$$Y_5 = 19.01 + 2 = 21.01 \text{ 亿亩}$$

3.3 模式三:水土流失严重的耕地进行多年休耕

水土流失地区生态环境脆弱,粮食产量很低。如果对这部分耕地进行多年休耕,就可以根据情况在上面种树种草,从而改变地表植被状况,减少水土流失,保持土地生产能力。

陕西省吴旗县 1999 年实施退耕还林(草)工程 10.33 万 hm^2。到 2003 年底,森林覆盖率由 13.2%提高到了 18.7%,土壤侵蚀模数由 1.53 万 t/(km^2・年)下降到了 0.88 万 t/(km^2・年)[13]。宁夏彭阳县建县初期,水土流失普遍发生,每遇暴雨必发山洪,据测算年平均土壤侵蚀模数大于 6 400 t/km^2・年,通过 20 多年的生态建设,土壤侵蚀模数明显下降,年保水能力比建县初提高 38%以上,保土能力提高 40%以上,相对于 2 000 年未开展大面积退耕还林草工程之时,保水能力提高 8%以上,保土能力增加约 10%[14]。可见,休耕以及退耕对这水土保持具有重要的作用。

根据全国第二次土地普查的数据显示,中国耕地水土流失面积 4 541 万 hm^2,占全国耕地总面积的 34.26%;沙化耕地面积 256.21 万 hm^2,占全国耕地总面积的 1.93%。两者和起来占我国耕地总面积的 36%左右。

美国自 1986 年开始实施环保休耕计划。主要针对那些土壤极易侵蚀或环境敏感的农业用地,对农民进行补贴使其实施 10～15 年的休耕还林、还草等长期性植被保护恢复措施,最终达到控制土壤侵蚀、改善水质、改善野生动植物栖息地环境等目的。

我国的这部分耕地的生态环境也非常脆弱,建议也实行 10 年以上的长期休耕。

由于水土流失与沙化土地的单产比较低,所以不能按照平均产量来计算,根据统计年鉴上的数据计算,2003 年 25°以上坡耕地和沙化耕地平均单产分别为 2 025kg 斤和 1 215kg(西北部一些干旱地区则更低)。2003 年的粮食单产为 4 332.6 kg/hm^2,两者分别为平均水平的 46.7%和 28%。这里把水土流失耕地和沙化耕地和在一起做估算,假设需要休耕的这 36%的耕地单产为平均水平的 45%。那么有:

$$Y_3 = Y_2/(I_3 \times I_4) = (I_1 \times I_5)/(I_2 \times I_3 \times I_4) = 19.01 \text{ 亿亩}$$

$$Y_4 = 18 \times 36\% \times 45\% = 2.92 \text{ 亿亩}$$

$$Y_5 = 19.01 + 2.92 = 21.93 \text{ 亿亩}$$

3.4 模式四:轮作休耕方式

轮作是休耕的一种方式,由于作物的生物特性不同,长期耕种一种作物会使土壤当中的某些营养元素持续下降,从而影响粮食产量。通过轮作,更换作物品种,可以有效改善土壤环境。而且有些作物对地力还起到保护作用,比如说豆科植物。

豆科植物能与根瘤菌共生固氮,改良土壤结构,提高土壤肥力,尤其在干旱地区有些豆科植物还可作为先锋植物,豆科植物在各自最适条件下的固氮量为 40～400 kg/hm^2[15]。在豆科与禾本科混播草地上,豆科植物固氮最多可达到草地上部氮积累总量的 46%,被认为足以维持系统的生产力[16]。经试验发现单作麦类作物能引起土壤肥力的匮乏和土壤侵蚀,一个很好的修复办法就是在休闲季种植豆科绿肥,种植结果表明:土壤水分含量、无机氮含量及休耕后的小麦产量,都得以提高。豆科植物所固定的氮还可以对下茬植物产生有益影响,据报道第一茬禾谷类作物中有 280 g/kg^1 的氮是直接从上茬豆科植物中得到的,第二茬为

110 g/kg[1][17]。

可见采用轮作的休耕方式,如果种植一些特殊的农作物,也能对土壤肥力起到一定的保护作用。而且还能节省化肥的使用,对土壤环境起到保护作用。

在这种模式下假设拿出 18 亿亩耕地总量的 20%进行休耕,但休耕地上可以种植一些对地力恢复比较好的农作物品种,比如说豆科植物。如果以大豆为例来进行计算,根据统计年鉴上的数据计算,我国大豆的平均产量大概为粮食作物平均产量的 40%左右,大豆是油料作物,但也可以经过加工进行食用,在这里把它看做是粮食作物。那么有:

$$Y_3 = Y_2/(I_3 \times I_4) = (I_1 \times I_5)/(I_2 \times I_3 \times I_4) = 19.01 \text{ 亿亩}$$

$$Y_4 = 18 \times 20\% \times (1 - 40\%) = 2.16 \text{ 亿亩}$$

$$Y_5 = 19.01 + 2.16 = 21.17 \text{ 亿亩}$$

通过以上几种不同的休耕模式分析,如果要保证粮食充足,需要的耕地面积分别为 22.61 亿亩、21.01 亿亩、21.93 亿亩、21.17 亿亩。在这几种模式下,如果考虑到需要休耕的耕地的面积,18 亿亩的耕地红线难以保障国家的粮食安全。

但是重视粮食安全不等于要追求现实的粮食产量增加,而是要保护粮食生产能力,培育粮食生产潜力和可持续性。在短期内休耕可能对中国的粮食安全带来一定的负面影响,但如果从长期的时间尺度来看,休耕保护了耕地的生产能力,保护了土壤环境,具有可持续发展的长期效应。

4 政策建议

从上述论述可以看出,耕地资源休耕不仅是耕地资源保育的客观要求,也是农产品安全的要求,但由于我国当前耕地保护的压力较大,这一工作的开展需要合理推进,并且在这一过程中要更加重视农业生产能力的建设,相关建议是:

4.1 科学评价耕地休耕的成本与效益

耕地休耕需要政府进行必要的财政补贴,但其可以减少政府在水土保持、土壤质量改良以及农产品安全等方面的投入,需要从多角度科学评价耕地休耕的意义。由于我国幅员辽阔,耕地资源禀赋差异性大,因此,需要针对不同区域的情况规划耕地休耕计划。如生态环境较为脆弱、土壤贫瘠的西部地区,侧重于生态保护型休耕;土壤污染较为严重的东部地区或城市郊区侧重于环境修复型休耕;当粮食供应紧张时,侧重于市场调节型休耕,等等。

4.2 不断提高农业生产的科技支撑能力

培育和推广高产良种是保证粮食产量持续增长的关键。优良品种的培育和推广是提高作物单产最直接和有效的途径。比如说杂交水稻之父袁隆平通过培育良种,解决了建国后中国当时面临的粮食紧张问题。1949 年以来主要作物单产变化趋势表明,进一步提高作物单产变得越来越困难,必须努力应用现代生物技术培育高产优质作物品种,以保持作物单产的增长潜力,才能实现我国未来粮食供求平衡。

4.3 积极改善农业生产基础条件

对粮食生产尤其是农田水利建设的投入保持稳定递增是实现我国未来粮食安全的保证。化肥、农药投入已经比较大,今后主要是提高利用效率,减少浪费和对环境的污染;复种指数继续提高有一定潜力但很有限。目前全国农田灌溉面积比例只有 50%左右,而且以机械灌溉为主,水利灌溉仅约为 30%,而美国 90%为水利灌溉。而且灌溉的区域差异性比较大,广大的北方地区耕地面积广大,但是水资源比较匮乏,有效灌溉率非常低;我国的水利设施也不完善,大水漫灌造成了对水资源的大量浪费,应该吸取发达国家的技术,发展滴灌技术。"水利是农业的命脉",加强水利建设,提高农田灌溉面积比例,是提高我国 21 世纪粮食作物单产的根本所在。通过南水北调缓解我国北方地区的缺水状况,有希望逐渐提高灌溉率。

参考文献

[1] 钟农簿.美国怎样保护耕地[N],经济日报.农村版,2006-5-11,第A10版

[2] 向青,尹润生.美国环保休耕计划的做法与经验[J].林业经济,2006(1):73-78

[3] 粮食供应紧张欧盟暂停休耕[EB/OL]. http://www. cngrain. com/Publish/Finace/200709/336586. shtml 2007-9-28

[4] 国家农业部.中国统计年鉴[Z],北京:农业出版社.(历年)

[5] 卢布,陈印军,吴凯,袁璋,许越先.我国中长期粮食单产潜力的分析预测[J].中国农业资源与区划,2005(2):2-5

[6] 土壤污染的来源及对策[EB/OL],http://www. yichang. ogsgov. cn/guest/Article/showinfo. asp?ID=283.2004-11-4

[7] 蒋先军.重金属污染土壤修复的有机调控研究[J].土壤,2000,32(2):67-70

[8] 安凤春,莫汉宏,郑明辉,等.DDT污染土壤的植物修复技术[J].环境污染治理技术与设备,2002,3 (7):39-44

[9] 常学秀,施晓东.土壤重金属污染与食品安全[J].云南环境科学,2001(20):21-22

[10] 张景樽.冬春休闲田蓄草养草肥田技术[J].农村实用工程技术,1999(9):16

[11] 高亚军,朱培立,黄东迈,王志明,李生秀.水旱轮作地区土壤长期休闲与耕地的肥力效应.中国生态农业学报[J],2001(9):67-69

[12] 张琳,张凤荣,姜广辉,姚慧敏.我国中低产田改造的粮食增产潜力与食物安全保障[J].农业现代研究,2005(1):22-24

[13] 胡普辉,退耕还林(草)工程对西部生态环境的影响分析[J].陕西林业科技,2007(1):63-67

[14] 马德仓,杨正兰,孙玉文.退耕还林(草)工程建设对彭阳县水土流失的影响[J].安徽农学通报,2007,13(2):80

[15] Shearer G,Kohl D H,N 2-fixation in field setting:estimations based on natural 15N abundance[J]. Australian JPlant Physiol,1986,13:699-756

[16] Cadisch G R,Schunke M,Giller K Z,. Nitrogen cycle in monoculture grassland and Legume-grass mixture in BrazilRed soil[J]. Trop Grasslands,1994,(28):43-52

[17] Glasener K M,Wagger M G,MacKown C T,Volk R J,. Contributions of shoot and root nitrogen-15 labeled,legume nitrogen sources to a sequence of three cereal crops[J]. Soil Sci Soc Am J ,2002,(66):523-530

The desk study on the quantity of farming land with the consideration of follow in our country

CHUAI Xiao-wei,HUANG Xian-jin,ZHONG Tai-yang

(School of Geographic & Oceanic Science,Nanjing University,Nanjing,210093)

Abstract As a way of land reserve,it include fallow by year,by season and crop rotation. The area of our cropland will decrease ,and will harm the food security;The needed quantity of farming land by the year of 2020 is discussed in the article under the four fallow patterns :the seriously polluted faming land;the farming land with low output;the farming land of soil erosion and follow by crop rotation. As it shows,18 hundred million units of area is difficult to guarantee the security of grain security, what is needed is 21 to 23 hundred million units of area ,fallow will decrease the soil pollution, holding fertility, decrease soil erosion and so on. According to the negative influence, some measures should be taken, such as increase Science and technology input, import grain, control population, improve grain variety, construct water conservancy facilities and so on. so fallow is a way of sustainable development and should be taken in our country.

Keywords fallow; grain security; ecological environment; the needed quantity of farming.

简易蒸发盆应用于盆栽花卉灌溉莞理之探讨

洪瑞廷[1]　林正钫[2]　蔡秀莉[1]

（1 国立台东专科学校园艺科；2 国立中兴大学土壤环境科学系）

摘要：灌溉的目的主要在保持土壤中的水分含量，使其维持在植物能够正常吸收成长的范围内，以增加作物的产量与品质。因此如何在当前有限的水资源下，进行合理适量的灌溉为一值得探讨之问题，而且农民对于灌溉时机的掌握及每次灌溉量的设定大都缺乏一个确切的管理方法，因此本研究拟借由简易蒸发盆之蒸发量应用于夏堇、鹅掌藤及观音莲灌溉期距与灌溉量的指标，将有助于农民对作物需水量的掌握，提高水资源之利用。

关键词：简易蒸发盆；蒸发量；灌溉期距；灌溉量

1　前　　言

作物的灌溉系以补充根域土壤中所减损之水量为原则，而其目标为决定最适宜的灌溉日期与灌溉量（农业工程研究中心，1993），即解决何时灌溉、灌多少量的问题。Singh（1989）指出，以蒸发盆蒸发量为基础所作的潜势蒸发散量的估算，在整体表现上具一致性且接近实际的状态。由于蒸发盆资料较易于取得，且在应用上兼具准确性与便利性，因此，以蒸发盆之蒸发量作为作物需水量估算的依据与灌溉计划的参考，为一值得探讨之方向。

当植物根系所能吸收的水量不足蒸发散作用所消耗掉的水量时，植物即开始凋萎（郭魁士，1992），而当土壤之水分含量在田间容水量的 50%～60%以下时，作物的光合作用有明显下降的趋势（Hofacker，1996），因此当土壤中的水分降至有效水分 60%～70%时，即为适当的灌溉时机，如此土壤具有较佳的保存水分的能力（Xiloyannis et. al.，1985）。

本试验针对夏堇、鹅掌藤及观音莲三种盆栽植物，利用自制简易蒸发盆之蒸发量作为规划其灌溉量及灌溉期距的依据。经由土壤田间含水量的测定，可以了解植株根域土体之最大有效水分含量，预定总消耗水量之百分比后，得到简易蒸发盆之蒸发量与消耗水量间之相关性。重复几次，待两者之相关性稳定，即可利用简易蒸发盆作为实际栽种管理作业上的参考程序与标准。

2　材料与方法

自制简易蒸发盆所使用的原理，是利用蒸发盆之盆面蒸发量乘上其专有的盆系数来推估不同作物的潜势蒸发散量，中华民国专利新型第 69349 号（林正钫，1991）。此自制简易式蒸发盆乃是以内径 16 cm，深度 19 cm 的塑胶栽培盆作为蒸发盆的指标，外接一 L 型之玻璃连通管，以观察水位变化，玻璃连通管上刻有刻度其最小刻度为 1 mm（图 1），其规格近似气象站之标准 B 型蒸发盆，但其具有价格便宜且取得较为方便的优点。

本试验所选择种植之作物为夏堇（Torenia fournieri）、鹅掌藤（Schefflera arboricola）、观音莲（Alocasia amazonica），试验地点为国立中兴大学土壤环境科学系温室，幼苗购于彰化县田尾乡，栽种期为 1988 年 8 月下旬。灌溉量分别以维持 100%、80% 与 60% 三种不同有效水分补充率作为处理，每种处理五重复，共 15 盆。栽培介质则采用壤土：蛭石：泥炭土其体积比为（2：1：2）。并依作物施肥手册推荐量 2 倍（台湾省政府农林厅，1997）将肥料三要素用量先行混入介质中。

图 1 自制简易蒸发盆
Fig. 1 Simple Evaporator

试验开始之初每个栽培盆内填装栽培土 2.8 kg，栽种后浇水使土壤完全浸透至水分由盆底流出，静置 24 小时之后定义此状态为田间容水量，此时将自制简易蒸发盆的水位以外接 L 型玻璃观测管校正归零。栽培管理方式则采用自制简易蒸发盆之蒸发量作为灌溉期距的指标，控制土壤总有效水分消耗 50% ～ 60% 时进行灌溉，灌溉量以维持 100 %有效水分补充率作为 A 处理，维持 80 % 之有效水分补充率为 B 处理及维持 60 %之有效水分补充率为 C 处理。

试验期间针对不同花卉作物生长势的不同，何时进行第一次灌溉必须给予不同的蒸发盆蒸发量。灌溉时先将固定量的水缓慢且均匀的加入 A 处理盆内，直到多馀之灌溉水由栽培盆底流出。将同一处理之五重复平均，以此平均值作为基准，分别乘上 80% 及 60% 作为 B、C 处理之灌溉水量。灌溉后并将简易蒸发盆之水位归零，直到下次蒸发盆之蒸发量到达设定范围时再进行灌溉。此次亦先将固定量的水缓慢且均匀的加入 A 处理盆内，直到灌溉水由盆底漏出，收集并统计此渗流量。将此处理之五重复灌溉量平均，以平均值作为灌溉量之基准，但是 B、C 两处理此次所添加的灌溉量与 A 处理相同。在假设生长势完全相同之下，这样的方式可以确保 A、B 及 C 三种处理在灌溉后分别达到 100%、80% 及 60% 的有效水分补充率。

经过 2～3 次的灌溉后，即可针对 A 处理取得一个较为稳定的灌溉量，往后即以此趋势作为灌溉量的基准，直到植株生长期有明显的改变，再重复先前的步骤加以调整。并于灌溉前后使用土壤水分张力计作为辅助工具，对土壤水分于灌溉前后之变化作侦测，借以评估以自制简易蒸发盆之蒸发量作为花卉植物灌溉期距指标之可行性，并比较 100 %、80 % 及 60 %三种灌溉处理方式之优缺点。

试验于 88 年 8 月 25 日开始，试验前夏堇与鹅掌藤之植株高约为 10 cm(图 3、图 6)，观音莲于试验前之植株高约为 15 cm(图 9)。夏堇于 1988 年 12 月 10 日做最后一次灌溉，鹅掌藤于 1989 年 1 月 2 日做最后一次灌溉，观音莲于 1989 年 1 月 3 日做最后一次灌溉，而在其完成最后一次灌溉之后分别比较 100%、80% 及 60% 三种处理下植株生长之差異。调查项目则以试验前后植株照片所涵盖之面积以描图纸描绘下来，再以叶面积测定仪量测其面积，以比较各处理间植株生长之差异。

3 结果与讨论

夏堇在 100%、80%及 60%三种不同有效水分补充率处理下所添加水量与简易蒸发盆之蒸发量间的关系于第 3 次灌溉时，达到稳定(图 2)。由盆栽整体之外观显示，夏堇在三种处理下之外观差异不大，由试验后之照片(图 4)，放大后分别剪下三处理所涵盖的范围，经由叶面积测定仪之测定对 100% 、80% 及 60% 三处理

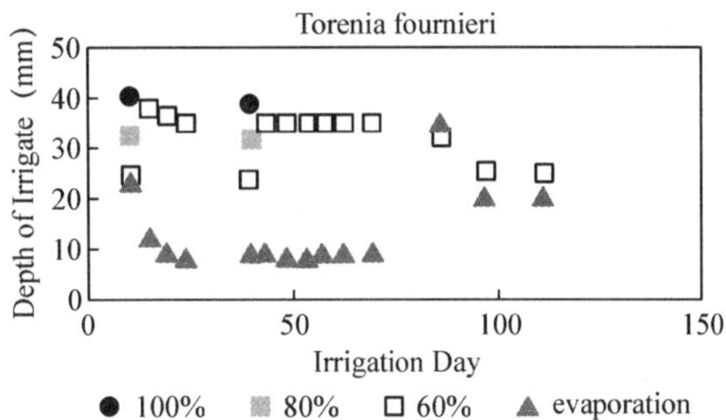

图 2 夏堇于三种灌溉量处理下的添加水量与蒸发量之比较

Fig. 2 Comparing the depth of added water with the evaporation of three different treatments under Torenia fournieri

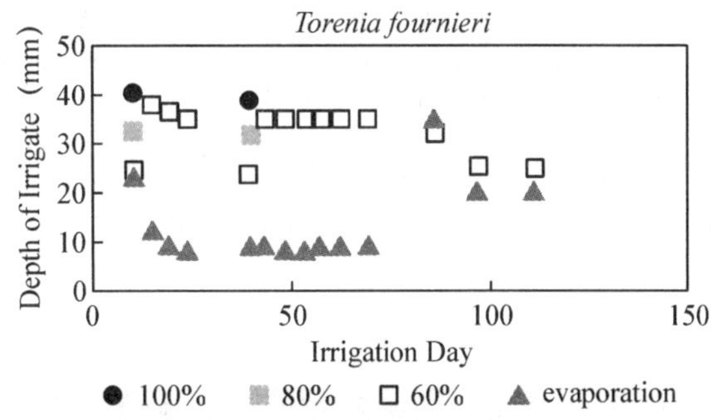

图 3 处理前夏堇生长情形

Fig. 3 The growth of Torenia fournieri before treatment

图 4 夏堇于三种不同有效水补充百分率下之比较

Fig. 4 The comparison of Torenia fournieri by three percentages of available water supplements

之叶片涵盖面积作粗略概算,其比值约为 1∶1.17∶0.98 。图四中花朵数之差異,乃开花不一致所造成,三处理间之花苞数并沒有显著的差異。建议此作物之灌溉水深以 100 %或 80%之有效水分补充率为依据。

鹅掌藤在 100%、80%及 60%三种不同有效水分补充率处理下添加水量与简易蒸发盆之蒸发量间的关系于第 2 次灌溉时,达到稳定(图 5)。而在三种不同处理试验后之生长比较,由盆栽整体之外观显示,B 处理之外观较为茂盛,A 与 C 处理两者之差異不大。由试验结束后之照片(图 7),放大后分别剪下三处理所涵盖的范围,经由叶面积测定仪之测定对 100 %、80 % 及 60 % 三处理之叶片涵盖面积作粗略概算,其比值约为 1∶1.1∶0.75。

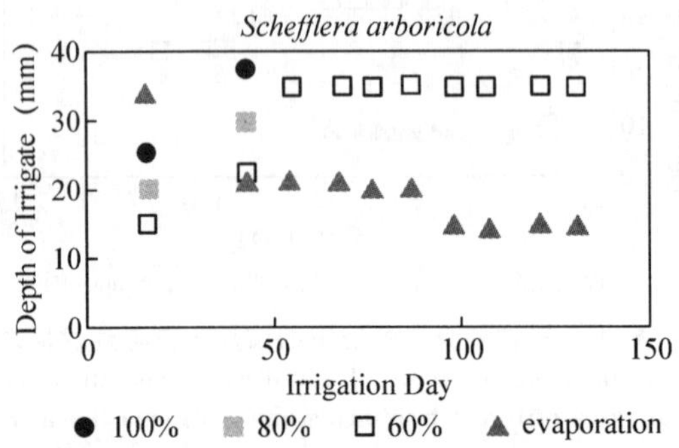

图 5 鹅掌藤于三种灌溉量处理下的添加水量与蒸发量之比较

Fig. 5 Comparing the depth of added water with the evaporation of three different treatments under Schefflera arboricola

鹅掌藤为一叶片眾多之喜溼性植物,叶片之蒸发散消耗了大量的水分,在 C 处理下之土壤水分含量虽然不至于造成水分逆境,但其正常生长之速度有明显减缓的趋势。故建议此作物之灌溉水深以 100%或 80% 之有效水分补充率为依据,可以得到较好的成效。

图 6 处理前鹅掌藤生长情形

Fig. 6 The growth of Schefflera arboricola before treatment.

图 7 鹅掌藤于三种不同有效水补充百分率下之比较

Fig. 7 The comparison of Schefflera arboricola by three percentages of available water supplements

观音莲在 100%、80%及 60%三种不同有效水补充率处理下添加水量与简易蒸发盆之蒸发量间的关系于第 2 次灌溉时，达到稳定(图 8)。栽培期间遭遇到 2 至 3 波的寒流，植株耐寒性差呈现休眠状态，生长减缓，加上观音莲之叶片表面有一层蜡质，减少了植株的蒸发散量，道致 100%、80% 及 60% 三种处理都沒有产生水分逆境。表一显示 A、B、C 三种处理之最大叶面积增加的比例，有些许的差異，但差異不大，各处理间之实际生长的状况皆良好，盆栽整体之外观在各处理间并沒有明显的差異(图 10)。但观音莲习性喜欢较潮湿的环境，故建议此类作物之灌溉水深以 100% 或 80% 之有效水分补充率为依据，可以得到较好的成效。

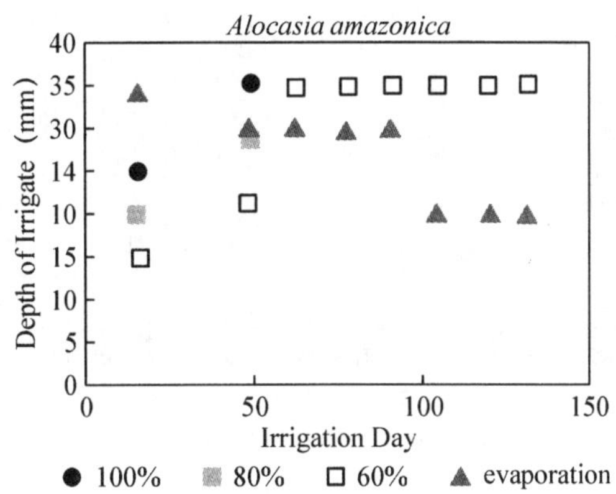

图 8 观音莲于三种灌溉量处理下的添加水量与蒸发量之比较

Fig. 8 Comparing the depth of added water with the evaporation of three different treatments under Alocasia amazonica

表 1 三种有效水补充百分率下观音莲最大片叶之叶面积之比较

Table 1 The comparisons of Alocasia amazonica leaf area of the largest leaf for three percentages of available water supplements.

(cm^2)	100%	80%	60%
Largest Leaf Area before Experiment	75.5±22.7	66.4±9.6	70.1±20.3
Largest Leaf Area after Experiment	280.2±11.2	245.2±7.9	241.8±34.3
Increased Ratio of the Leaf Area	3.71	3.69	3.45

图九 处理前观音莲生长情形

Fig. 9 The growth of Alocasia amazonica before treatment.

图 10 观音莲于三种不同有效水补充百分率下之比较

Fig. 10 The comparison of Alocasia amazonica by three percentages of available water supplements.

4 结 论

以自制简易蒸发盆之蒸发量作为灌溉期距之依据，在三种不同有效水分补充率之水分处理中，其之间的累积总灌溉量差距不大。结果显示，夏堇、观音莲与鹅掌藤之 100% 处理与 80% 处理间并无显著的差異，而 60% 处理之灌溉点有所延迟，而植株在生长上与 100% 处理及 80% 之处理有些许的负面差異，故建议灌溉点应控制在土壤有效水分量消耗 50% ～ 70% 时进行灌溉，而作物之灌溉水深以 100%或 80% 之有效水分补充率为依据，可以得到较好的成效。

综合上述试验之处理步骤及结果，以简易蒸发盆之蒸发量作为盆栽作物灌溉管理之指标为一可行且简便的方法，若再结合水位控制器与计时器等自动控制零件，一套自动化的灌溉管理系统已具雏形，而农民在使用上似乎可以达到更精致且省时省工的管理作业方式。

参考文献

[1] 林正钫,1991,蒸发式自动灌溉结构,中华民国专利,新型第 69349 号

[2] 郭魁士,1992,土壤学,中国书局,修订七版

[3] 农业工程中心翻译,1993,旱作灌溉之新展开-唤醒明日之旱灌:第 199 - 230 页

[4] Hofacker,W. 1976. Investigations on the influence of changing soil water supply on the photosynthesis intensity and the diffusive resistance of vine leaves. Vitis 15. 171-182

[5] Singh,V. P. 1989. Hydrologic systems. Vol. 2,Prentice-Hall,Englewood Cliffs,N. J.

[6] Xiloyannis,C. P. Angelini,and B. Pezzarossa . 1985. Leaf water potential as a parameter in defining plant water status and available soil water. Acta Hort.

The Application of Simple Evaporator to the Flowers Irrigation Management

J. T. Hung[1] ,C. F. Lin[2] ,H. L. Tsai1

(1 Dept. of Horticulture,National Taitung Junior College,Taitung Taiean, ROC. 2 Department of Soil and Environmental Sciences, National Chung Hsing University,Taichung Taiwan,ROC.)

Abstract The purpose of irrigation is to maintain the moisture content in the soil to the appropriate extent for plants to absorb so as to get higher yield and better quality of crops. Therefore,it is worth exploring how to irrigate fields with proper amount of water when we have limited water resources nowadays. Since farmers lack concrete management of irrigation timing and irrigation amount. For the experiment using the evaporating amount of simple evaporator to be the indication for the irrigation period and amount of Torenia fournieri,Schefflera arboricola and Alocasia amazonica. This will be helpful for farmers to know more about water requirement of crops and make better use of water resources.

Key words :simple evaporator,evaporating amount,irrigation period,irrigation amount.

江西省农用地分等定级估价信息系统数据分析

余　敦

（江西农业大学国土资源与环境学院，江西南昌　330045）

摘要：开发农用地分等定级估价信息系统旨在对空间信息和属性信息进行统一管理，提高农用地分等定级估价的科学化和自动化水平。在开发研制农用地分等定级估价信息系统前，要对所研制的系统进行数据分析。本文采用结构化分析方法，从数据流图和数据字典两方面，对江西省农用地分等定级估价信息系统进行数据分析，以便形成新系统的逻辑模型，既为系统设计奠定基础，也为系统的使用和维护提供技术支持。

关键词：江西省；农用地；信息系统；数据分析

系统数据分析一般采用结构化分析的方法，分析的结果用数据流图来表示[1,2]。数据流图是一种图形化技术，它描绘信息流和数据从输入移动到输出的过程中所经受的变换。在数据流图中没有任何具体的物理部件，它只是描绘数据在软件中流动和被处理的逻辑过程。数据流图是系统逻辑功能的图形表示，即使不是专业的计算机技术人员也容易理解它，因此是分析员与用户之间极好的通信工具[3]。此外，设计数据流图时只需考虑系统必须完成的基本逻辑功能，完全不需要考虑怎样具体地实现这些功能，这也是进行软件设计的很好的出发点。在构建农用地分等定级估价信息系统时必须首先对数据的建立、存储、加工、流转进行有效分析，以便形成新系统的逻辑模型，既为系统设计奠定基础，也为系统的使用和维护提供技术支持[4]。本文采用结构化分析方法，对江西省农用地分等定级估价信息系统进行数据分析。

1　数据流图

结构化分析方法的基本思想是自顶向下逐层分解。分解和抽象是人们控制问题复杂性的两种基本手段。对于一个复杂问题，人们一下子很难考虑问题的所有方面和全部细节，通常把一个大问题分解成若干个小问题，每个小问题再分解成若干个更小的问题，经过多次逐层分解，每个最底层的问题都是足够简单、容易解决的，于是复杂的问题也就迎刃而解。数据流图的绘制也是按这种思想，先对系统总的数据流和加工进行分析，然后再逐层分解，画出各子层的数据流图。把所有层次的数据流图综合起来，就得到了系统的数据分析。

1.1　顶层数据流图

江西省农用地分等定级估价信息系统的数据流图的顶层图如图1所示。系统把用户分为专家小组、图形工作小组和外业调查小组。

专家小组专门对分等、定级、估价的理论和模型进行研究，由他们来指导整个工作的完成。专家小组确定评价的因素、权重，选择评价的模型，控制整个系统的运行。

图形工作小组接受专家组的指导对分等、定级、估价用的地图进行数字化，输入和编辑农用地分等的基础图层、分等因素图层、定级修正因素图层和估价样本图层等图件。其中基础图层主要包括行政村界图、土地利用现状图和样点图；分等因素图层包括表层质地图、剖面构型图、有机质含量图、pH值、排水条件图、灌溉保证率图、地形坡度图、土壤侵蚀图和有效土层厚度图；定级修正因素图层包括道路通达度图、耕作距离图、经营效益图、利用现状图、农贸市场图和中心城镇影响度图；估价样点图层包括水田种植样点图、水田承租样点图、旱地种植样点图和旱地承租样点图。

外业调查小组根据专家组设计的调查表到野外调查农用地的自然条件、经济条件、利用条件等情况，并将调查表输入到系统中。

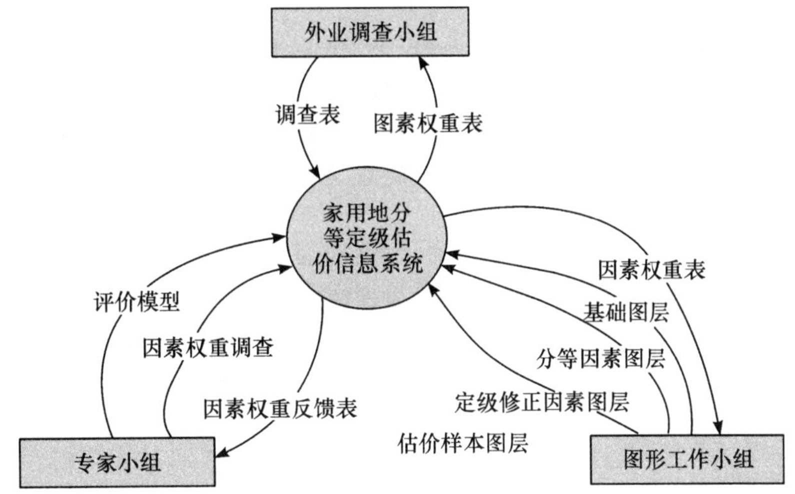

图 1 顶层数据流图

Fig. 1 The top layer data flow diagram

1.2 0层数据流图

对顶层图进行分解就得到系统的 0 层数据流图，如图 2 所示。在 0 层数据流图中，把系统对信息的处理

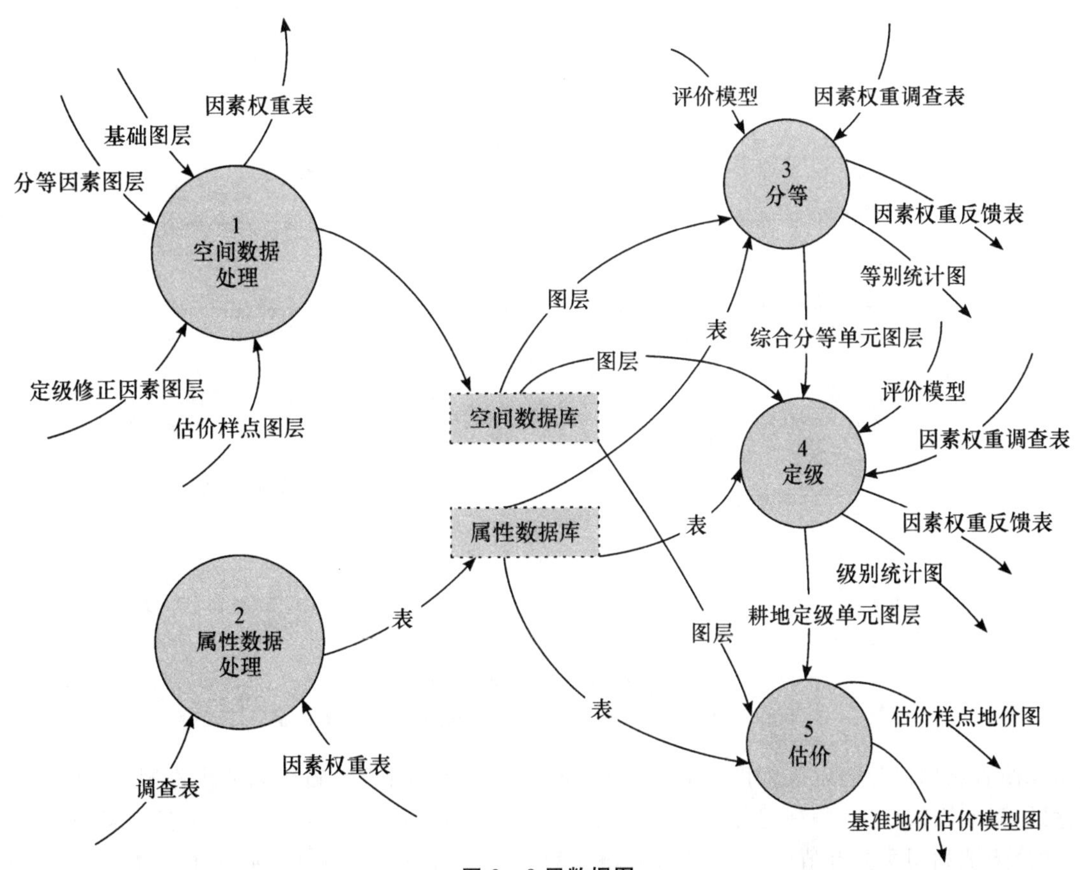

图 2 0层数据图

Fig. 2 The zero layer data flow diagram

(或加工)分为五个部分:空间数据处理、属性数据处理、分等、定级、估价。“空间数据处理”专门处理图形数据,流入系统的图形数据经过编辑集中到空间数据库中。“属性数据处理”专门处理各种调查表,把这些数据加工以后保存到属性数据库中。在属性数据库中主要包括 db 数据库和 land 数据库,这两个数据库都是以 Access 数据库的形式存在。

在 0 层数据流图中最为重要的加工为“分等”、“定级”和“估价”。“分等”根据专家小组选择的因素及其权重和评价模型,利用图形工作小组输入的空间数据和外业调查小组输入的属性数据划分等别;“定级”根据专家小组选择的修正因素及其权重和评价模型,利用图形工作小组输入的空间数据和外业调查小组输入的属性数据划分级别;“估价”根据专家小组选择的评价模型,利用图形工作小组输入的空间数据和外业调查小组输入的估价样点属性数据确定农用地的基准地价。

1.3 1 层数据流图

限于论文篇幅,本文就不细谈“空间数据处理”和“属性数据处理”,而主要介绍“分等”、“定级”和“估价”加工的细节。把 0 层数据流图的“分等”、“定级”和“估价”分别加工继续分解得到“分等”、“定级”和“估价”的第 1 层子图,如图 3、图 4、图 5 所示。第 1 层数据流图更为详细的展现了农用地分等、定级和估价的具体过程。

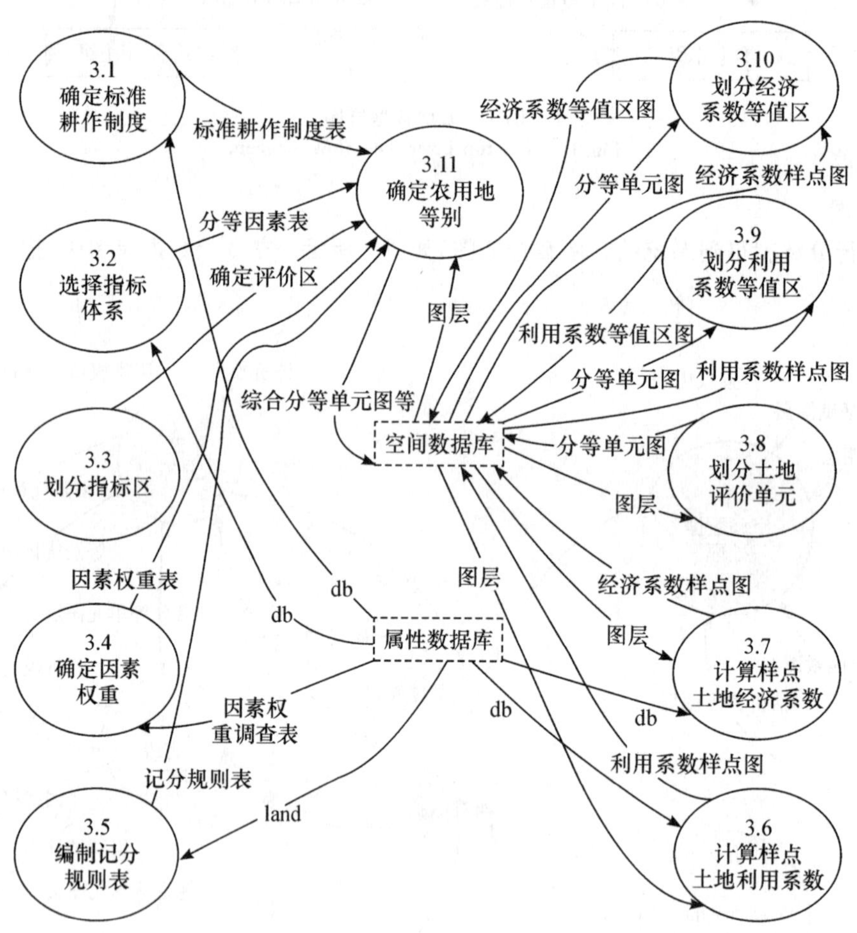

图 3 分等 1 层数据流图

Fig. 3 The first layer data flow diagram of gradation

根据江西省农用地分等定级估价的工作步骤,系统把“分等”细分为确定标准耕作制度、选择指标体系、划分指标区、确定因素权重、编制记分规则表、计算样点土地利用系数、计算样点土地经济系数、划分土地评价单元、划分土地利用系数等值区、划分土地经济系数等值区和确定农用地等别等加工过程。图 3 中详细显示了在农用地分等过程中涉及的十一步工作是怎样具体调用空间数据库和属性数据库的过程。

在图 3 中有 db 数据库和 land 数据库，主要是用来存贮农用地分等、定级和估价中的一些调查表，如在 db 数据库中主要有标准耕作制度调查表、参评用地类型、耕地分等因素表、光温生产潜力指数表、指定作物表、指定作物产量比系数表、最大产量指数表、修正因素表、估价样点参数表、估价样本信息表；而 land 数据库主要用于存储各指定作物记分规则表，如水稻土壤环境指标及其分值、水稻土壤指标及其分值、油菜土壤环境指标及其分值、油菜土壤指标及其分值等。

根据江西省农用地分等定级估价的工作步骤，系统把“定级”细分为确定修正因素体系、确定因素权重、划分定级单元、计算单元定级指数和计算单元级别等加工过程。图 4 中详细显示了在农用地定级过程中涉及的五步工作是怎样具体调用空间数据库和属性数据库的过程。

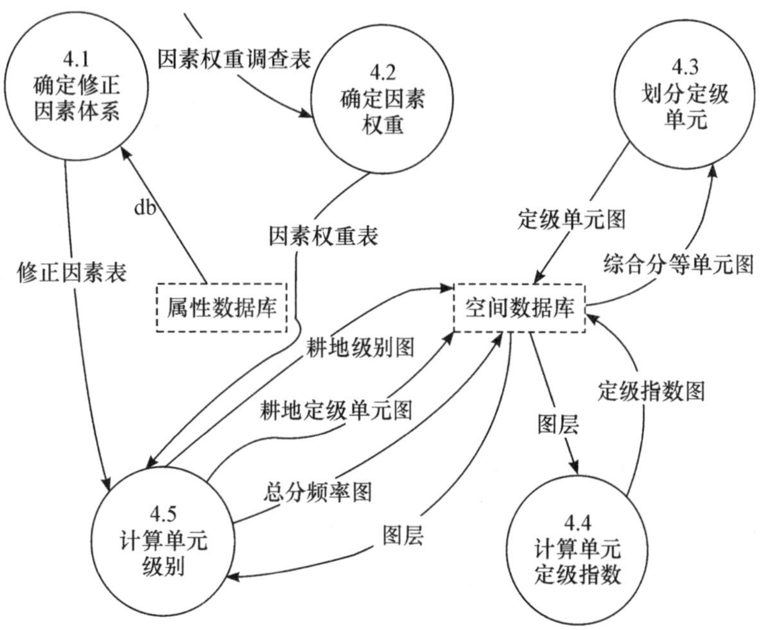

图 4 定级 1 层数据流图

Fig. 4 The first layer data flow diagram of classification

根据江西省农用地分等定级估价的工作步骤，系统把“估价”细分为设置估价样点、计算样点地价、修正样点地价、建立地价模型和计算级别地价等加工过程。图 5 中详细显示了在农用地估价过程中涉及的五步

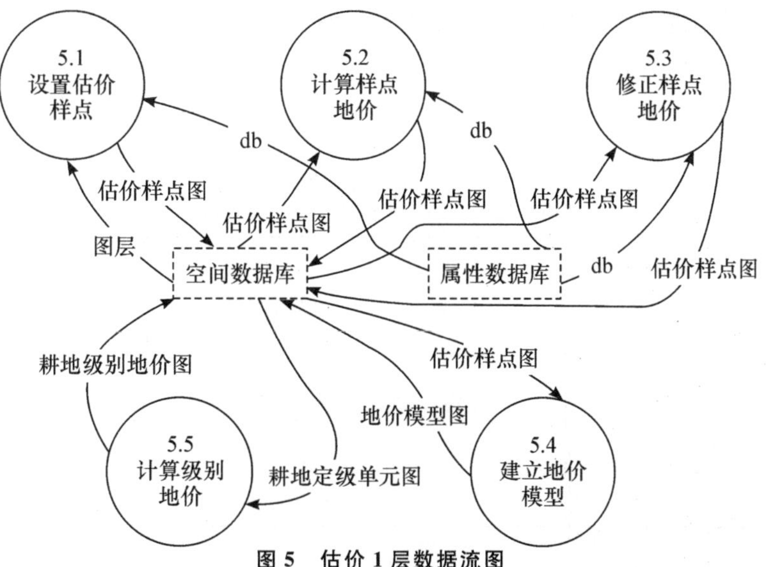

图 5 估价 1 层数据流图

Fig. 5 The first layer data flow diagram of evaluation

工作是怎样具体调用空间数据库和属性数据库的过程。限于论文篇幅，更细层次的数据流图，本文就不再详细介绍了。

2 数据字典

2.1 数据字典的用途

数据字典是关于数据的信息的集合，也就是对数据流图中包含的所有元素的定义的集合。数据字典的用途是多方面的，它在数据库的整个生命周期里起着重要作用。具体来说，数据字典的用途主要表现为：在系统分析阶段，数据字典是用来定义数据流程图中各成分属性与含义；在设计阶段，数据字典提供一套工具以维护对系统设计说明的控制，帮助设计人员保证在早期阶段所确定的需求与实现一致；在实现阶段，提供了元数据描述的生成能力；在调试阶段，辅助产生测试数据，提供数据检查的能力；在运行和维护阶段，可帮助数据库的重新组织和重新构造；在使用阶段，可以作为"用户手册"[5]。

数据字典最重要的用途是作为分析阶段的工具。在数据字典中建立严格一致的定义有助于增进分析员和用户之间的交流，从而避免许多误解的发生。数据字典也有助于增进不同开发人员或不同开发小组之间的交流。同样，将数据流图和对数据流图中的每个要素的精确定义放在一起，就构成了系统的、完整的系统规格说明。数据字典和数据流图共同构成信息系统的逻辑模型，没有数据字典数据流图就不严格，然而没有数据流图数据字典也难于发挥作用。

一个好的数据字典是一个数据标准规范，它可以使数据库的开发者依此来实施数据库的建设、维护和更新，从而减低数据库的冗余度并增强整个数据库的完整性。

2.2 数据字典的实现

目前，数据字典几乎总是作为CASE"结构化分析与设计工具"的一部分实现的。江西省农用地分等定级估价信息系统的数据字典是对江西省农用地分等定级估算系统中信息数据流图中出现的所有被命名的图形要素在数据字典中作为一个词条加以定义，使得每一个图形要素的名字都有一个确切的解释。因此，江西省农用地分等定级估价信息系统的数据字典中所有的定义必须是严密的、精确的，不可有半点含糊和二义性。

由于江西省农用地分等定级估价信息系统的数据涉及很多方面，而且数据处理的过程也很复杂。系统应把这些数据和处理过程进行相应的描述、定义，建成一种特殊的数据库纳入系统中，供系统管理员和编程人员经常阅读使用。在江西省农用地分等定级估价系统中涉及的主要操作或所涉及的文件名的编码见表1、2、3和4所示。

表1 图层操作编码表

Table. 1 The code of map layer manipulation

编码	名称	编码	名称	编码	名称
32 784	新建图层	32 789	浏览图层属性	32 794	下移一层
32 785	增加图层	32 790	显示图层	32 795	移至最下
32 786	删除图层	32 791	锁定	32 796	图层颜色设置
32 787	导出图层	32 792	上移一层	32 797	图层管理器
32 788	图层纠正	32 793	移至最上	……	……

表 2 地图操作编码表

Table . 2 The code of map manipulation

编码	名称	编码	名称	编码	名称
32 817	图形放大	32 831	移动线	32 841	增加顶点
32 818	图形缩小	32 832	删除线	32 842	顶点删除
32 819	浏览全图	32 833	结点移动	32 901	线拉伸
32 820	图形漫游	32 834	结点增加	32 903	复制点
32 821	设置背景色	32 835	结点删除	32 904	坐标输入加线
32 826	鼠标加点	32 836	鼠标添加多边形	32 905	结点咬合
32 827	坐标输点	32 837	多边形复制	32 906	线打断
32 828	删除点	32 838	多边形移动	32 907	线打断
32 829	移动点	32 839	多边形删除	32 908	坐标输入加多边形
32 830	鼠标增加线	32 840	顶点移动	……	……

表 3 计算过程编码表

Table 3 The code of calculation process

编码	名称	编码	名称	编码	名称
32 784	因素法进行分等	32 810	定级因子的删除	32 854	属性表达式查询
32 860	多边形选择	32 814	特尔菲确定权重	32 934	样点地价计算
57 344	农用地分等	32 815	划分定级单元	32 935	样点地价修正
32 805	基础图层选择	32 914	生成分等单元	32 936	建立基准地价模型
32 806	选择用地类型	32 821	计算作用分值	32 943	计算级别基准地价
32 808	定级因子的选取	32 822	确定土地级别	32 948	计算基准地价
32 809	定级因素的选取	32 853	目标空间查询	……	……

表 4 地类型编码表

Table 4 The code of land use type

用地类型	水田	旱地	…
用地类型代码	11	14	…

3 结 论

本研究采用结构化分析方法对江西省农用地分等定级估价信息系统进行数据分析。以便形成新系统的逻辑模型，既为系统设计奠定基础，也为系统的使用和维护提供技术支持。

1)系统数据分析的结果用数据流图出来。数据流图也采用自顶层向下逐层分解。即，先对系统总的数据流和加工进行分析，然后再逐层分解，画出各子层的数据流图。把所有层次的数据流图综合起来，就得到了系统的数据分析。本文针对江西省农用地分等定级估价信息系统进行的数据分析，用数据流图表示为：顶层数据流图、0 层数据流图、分等 1 层数据流图、定级 1 层数据流图、估价 2 层数据流图。

2)数据字典是关于数据的信息的集合，也就是对数据流图中包含的所有元素的定义的集合。数据字典最重要的用途是作为分析阶段的工具。在数据字典中建立严格一致的定义有助于增进分析员和用户之间的交流，从而避免许多误解的发生。数据字典也有助于增进不同开发人员或不同开发小组之间的交流。

数据字典和数据流图共同构成信息系统的逻辑模型，没有数据字典数据流图就不严格，然而没有数据流图数据字典也难于发挥作用。只有数据流图和对数据流图中的每个要素的精确定义放在一起，就构成了系统的、完整的系统规格说明。

参考文献

[1] 余忠国. 基于 Map 组件技术的农用地定级信息系统的研究[D]. 南京农业大学硕士学位论文，2003
[2] 余敦. 农用地分等定级估价信息系统开发及应用[D]. 南京农业大学博士学位论文，2006
[3] 张海藩. 软件工程导论 [M]. 北京：清华大学出版社，2003
[4] 余敦，赵小敏. 江西省农用地分等信息系统设计与开发[J]. 农业工程学报，2006，22(6)
[5] 黄杏元，汤勤. 地理信息系统概论[M]. 北京：高等教育出版社，1989

Data Analysis of Agricultural Land Gradation, Classification and Evaluation Information of Jiangxi Province

Yu Dun

(College of land resource and environment, Jiangxi Agricultural University, Nanchang 330045)

Abstract In order to unified manage spatial and attribute information, and improve scientificity and automation, the agricultural land gradation, classification and evaluation information system was designed. Before the agricultural land gradation, classification and evaluation information system was developed, the data must be analyzed. From data flow diagram and data dictionary two aspects, the data of the agricultural land gradation, classification and evaluation information system of Jiangxi province has been analyzed by the method of structured analysis in this paper, so as to form the new system's logistic model. Data analysis not only lays is the foundation for the system design, but also the technical support for system's use and the maintenance.

Key words Jiangxi province; Agricultural land; Information system; Data analysis

南仁山区低地亚热带雨林之土壤氮动态变化

崔君至　陈尊贤*

（国立台湾大学农业化学系 台北市 台湾）

*：通讯作者，E-mail：soilchen@ntu.edu.tw

摘要：本研究位于垦丁国家公园南仁山生态保护区森林，在冬季东北季风盛行期间进行土壤氮转变之探讨。古湖样区内设置挡风处理区，以管柱法进行现地孵育，并另将土样带回实验室孵育。本研究因试验期间较短，无法证实东北季风是否对土壤氮矿化造成影响。现地孵育的土壤有效氮及氮矿化速率均低，无机态氮以铵氮为主，实验室孵育显示此区硝化作用不强。现地孵育期间微生物生质碳及微生物生质氮无一致性变化，土壤微生物以真菌较占优势；土壤水分增加有助于微生物生长，温度变化则可能改变微生物族群之组成比例。

关键词：南仁山生态保护区；东北季风；氮矿化作用；孵育；亚热带与雨林；微生物生质碳氮

台湾岛低海拔地区自清朝以来大规模的开垦种植，原始天然林几乎已遭破坏殆尽。1982 年台湾成立第一座国家公园垦丁国家公园时，即以最精华的部份划定广达五千多公顷的南仁山生态保护区，因为该地保留了台湾仅存之低海拔原始森林。为了了解陆域生态系生产力的控制因子、养分流失及微生物功能，土壤氮矿化作用及硝化作用速率之测定一直为土壤科学家及生态学家所关注（Schimel and Bennett，2004），然而台湾原始阔叶林养分累积与分布动态变化的资料却极为缺乏。因此本研究目的为：①测定南仁山天然林土壤之氮含量及氮矿化速率，及东北季风是否造成影响；与②探讨与氮动态变化有关的其他环境因子。

1　材料与方法

1.1　研究区域

南仁山保护区位于恒春半岛东侧，终年暖热，夏季盛行西南季风及飑风，以及每年 10 月至翌年 3 月的东北季风都会带来不少雨量。南仁山保护区目前设有四个共同样区，本研究择于其中的古湖样区进行，海拔高度 320～360 公尺，植被组成为南仁山区典型的迎风坡森林。土壤基本性质如表 1 所示。

表 1　古湖样区土壤基本性质（0～15cm）

Table 1　Selected soil properties of Lake Site of Nanjenshan forest soil (0-15cm)

Elevation	pH_{H2O}	pH_{KCl}	O. C	Exchangeable base K	Na	Ca	Mg	Soil classification
—m—			—%—	——cmol（+）kg^{-1}	soil——			
330	4.4	3.5	1.57	0.22	0.31	0.12	0.71	Typic Paleudults

为了探讨东北季风对土壤有效氮之影响，2003 年 9 月划定三个 2 m×2 m 的小区进行挡风处理，以避免来自东北方向的风直接吹向试区土壤；另划定三个 2 m×2 m 的小区作为对照组。东北季风盛行期间，2003 年 10 月及 12 月、2004 年 2 月进行为期四周的现地孵育试验。采用内径 5 cm、高 24 cm 的塑胶管打入土壤中，顶端套上滤网以免新凋落物进入管内。每小区内每次打入 10 管，于孵育第 0、1、2、3、4 周各取二管土壤（0～15 cm）。2004 年 2 月采样亦同时进行实验室孵育（25℃恒温暗室下），与现地孵育结果加以比较。

1.2　采样工作项目

（1）土壤水分及温度：每次采样均以 TDR 测定小区内的土壤体积水分含量（V/V%），并测定土壤温度。

（2）土壤：预定采样日期采得 0～15 cm 表土，放进冰桶中保存，攜回实验室。土壤在湿润状态下以＜5.66 mm 的筛子全部过筛后，4 ℃冷藏并尽速进行分析。

1.3 实验室分析项目

(1)土壤重量水分含量：以 105℃烘干前后之土重计算求得。

(2)土壤无机态氮（NH4$^+$-N，NO_3^--N）量：秤取 10 g 已过筛湿土，加入 100 ml 之 2mol/L KCl 溶液，震荡 1 h 后过滤，再以蒸馏法测定（Keeney and Nelson，1982）。

(3)土壤微生物生质碳氮（microbial biomass C and N)含量：采用氯仿熏蒸孵育法(chloroform fumigation incubation method) 测定（Voroney and Paul，1984）。

2 结果与讨论

2.1 土壤氮含量及矿化作用

2003 年 10 月野外试验开始进行后，除第二周因飓风来袭无法前往采样，其馀试验分析结果如图 1。在

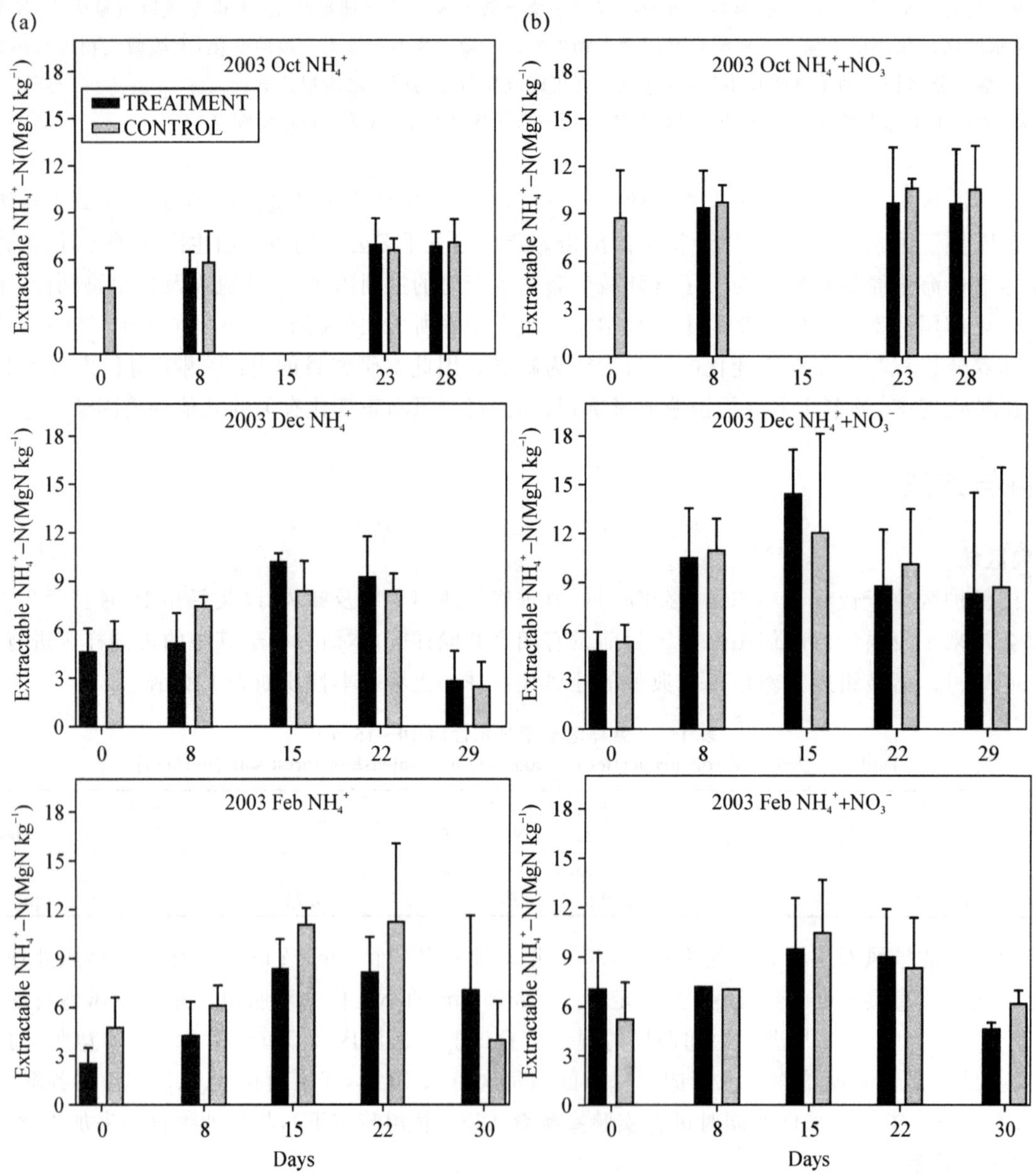

图 1 南仁山古湖样区 2003 年 10 月及 12 月、2004 年 2 月现地孵育之土壤无机态氮含量：(a)铵氮，(b)总无机态氮(NH_4^+ − N ＋ NO_3^- − N)

Fig. 1 Soil inorganic nitrogen content of in-situ incubations conducted in Oct and Dec 2003 and Feb 2004 of Nanjenshan soils: (a) ammonium (NH_4^+ − N), (b) total inorganic nitrogen (NH_4^+ − N ＋ NO_3^- − N)

东北季风盛行期间，挡风处理区（treatment）与对照组（control）的土壤氮含量及矿化量几乎无显著差異，可能因挡风处理的时间相对较短，无法显示出差異。三次试验的矿化作用无相同趋势，土壤氮含量低且矿化量很低；Sun et al.（1996）提出「东北季风影响模式假说」，假设受季风影响的森林土壤有效性氮及矿化速率均低，此部分可由本研究获得证实。

整体而言，古湖样区土壤以铵氮为主要的无机态氮型态，铵氮含量大于硝氮，显示氮可能是本森林区养分之限制因子（Davidson et al.，1990）。此外，样区土壤属强酸性、土壤有机质不高（表一），不利于脱氮作用，推论因脱氮而逸失的氮可不予考虑。另一值得注意的是，不论是否挡风，土壤氮含量在孵育第二、三周达最大量，到了第四周反而降低，可见采用管柱法评估现地矿化速率的试验时间应少于四周（Stenger et al.，1996）。

2004 年 2 月采样的实验室孵育结果如图 2 所示。实验室孵育乃是在水分、溫度均受控制的条件下进行，代表潛在矿化量。由图中可看出，即使土壤无淋洗及植物根的竞爭吸收，实验室长期孵育所矿化出的无机氮量仍偏低且变異大，与野外孵育得到的结果一致，且仍以铵氮为主，表示土壤中的硝化作用并不强。综合野外及实验室孵育的结果，古湖样区土壤并非有效性氮的主要汇池（sink），可能是因为热带森林的养分循环较紧密、较有效率之故（Vitousek，1984）。

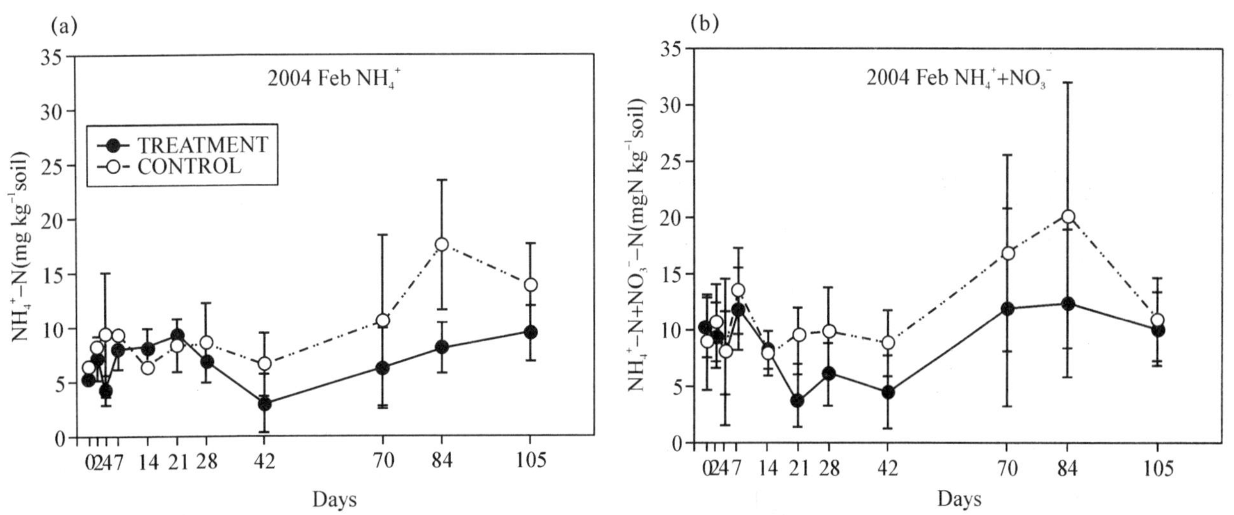

图 2 南仁山古湖样区土壤 2004 年 2 月进行实验室孵育之无机态氮含量
(a)铵氮，(b)总无机态氮(NH_4^+-N + NO_3^--N)

Fig. 2 Soil inorganic nitrogen content of laboratory incubation conducted in Feb 2004 of Nanjenshan soils: (a) ammonium (NH_4^+-N), (b) total inorganic nitrogen (NH_4^+-N + NO_3^--N)

2.2 微生物生质量（Microbial biomass，MB）

微生物生质碳（MBC）及微生物生质氮（MBN）的分析结果如图三所示。挡风处理对微生物生质量沒有造成显著差異，MBC 大致为 500～1 500 mg C kg^{-1}，平均而言 2004 年 2 月较高（图三 a）；MBN 为 30～60 mg N kg^{-1}（图 3b）。土壤有机质分解及养份释出与微生物密切相关，虽然 MB 仅占整体土壤有机物的微小部分，卻是土壤最易变动的有机质，同时也是植物生长重要的有效性养分库（Hennot and Robertson，1994；Kimble et al.，2001）。

图四显示在三次现地孵育试验下，孵育期间 MBC 与 MBN 之比值变化。一般而言，细菌的生质碳氮比值较真菌为低，生质碳氮比值愈高代表真菌愈多（Jorgensen et al.，1995）。Jorgensen et al.（1995）以氯仿薰蒸萃取法测定 38 个德国森林土壤，其微生物生质碳氮比值在 5.4～17.3 之间，碳及氮有效性低则变異增加。相较之下本研究的比值较高，除了分析方法的不同，微生物组成、土壤氮有效性及氮的型态都可能是造成差異的原因（Jorgensen et al.，1995）。Salamanca et al.（2002）即指出氮有效性低伴随著碳有效性高的土壤，会道致微生物生质碳氮比值增加。由研究结果看来，古湖样区土壤微生物

应以真菌较占优势，且在孵育期间微生物相的改变趋势并不一致，可能与土壤环境之变化有关。

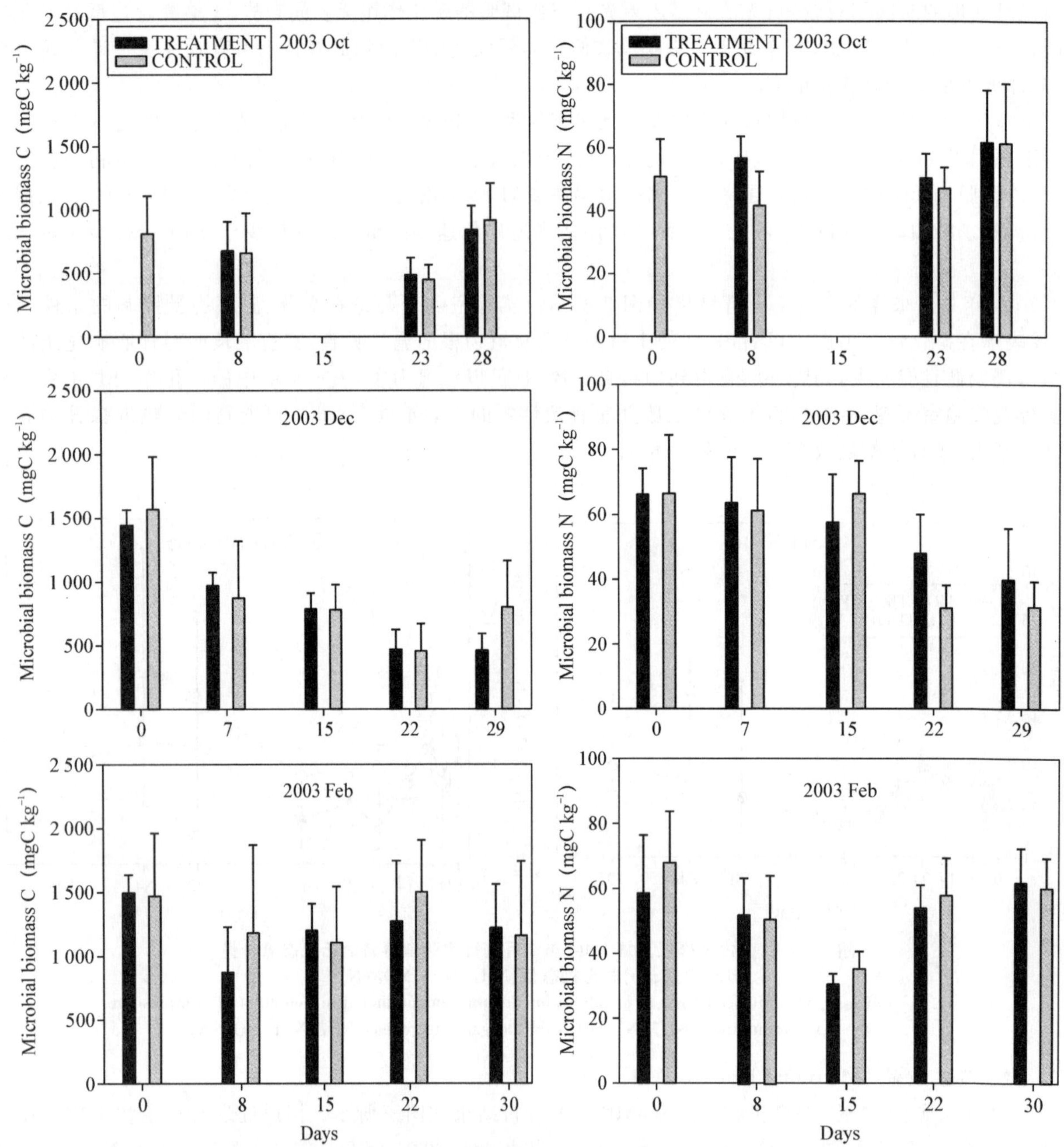

图 3 南仁山古湖样区土壤 2003 年 10 月及 12 月、2004 年 2 月现地孵育之微生物生质量含量
(a)微生物生质碳(MBC)，(b)微生物生质氮(MBN)

Fig. 3 Soil microbial biomass of in-situ incubations conducted in Oct and Dec 2003 and Feb 2004 of Nanjenshan soils: (a) microbial biomass carbon, MBC (mg C kg^{-1}); (b) microbial biomass nitrogen, MBN (mg N kg^{-1})

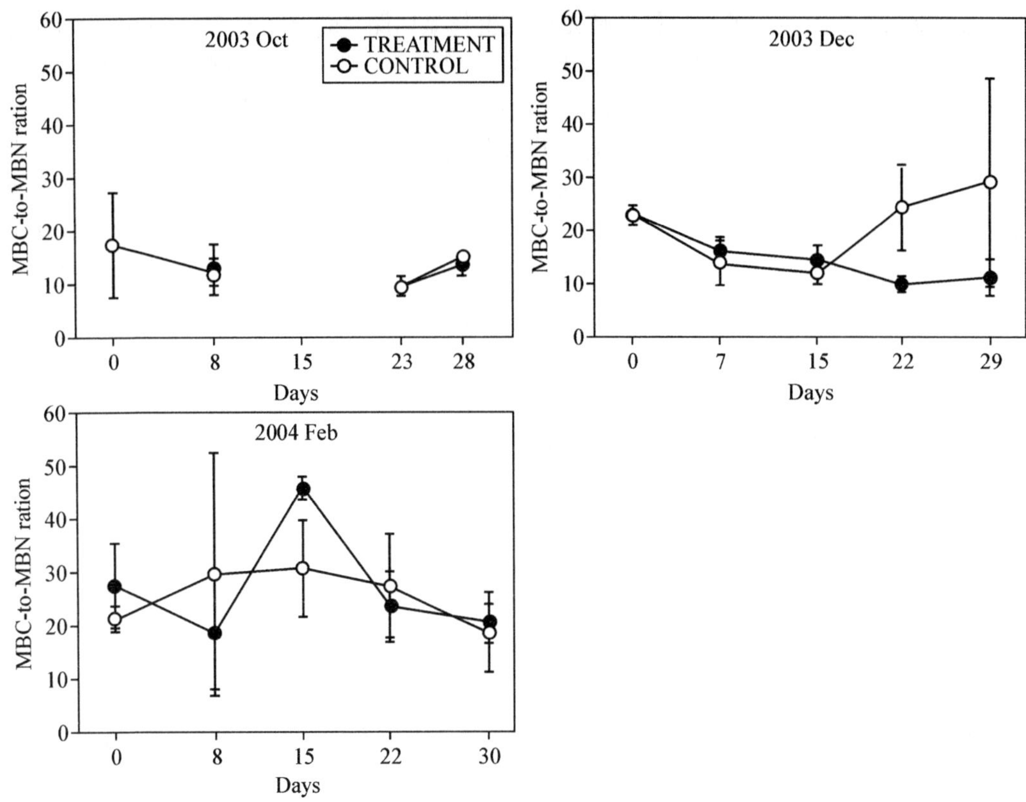

图 4 南仁山古湖样区土壤 2003 年 10 月及 12 月、2004 年 2 月现地孵育之微生物生质碳氮比值
Fig. 4 Soil microbial biomass C-to-N ratio of in-situ incubations conducted in Oct and Dec 2003 and Feb 2004 of Nanjenshan soils

2.3 相关性分析(Person's correlation coefficient)

如前所述，土壤氮矿化速率与微生物生质量在试验期间的变异大，变化也没有一定的趋势。矿化作用及微生物生质量易受环境中的水分、温度所影响，因此将每个小区在每次试验的测定结果与采样当时纪录的水分、温度，进行相关分析，结果如表 2 所示。铵氮与总无机态氮呈显著正相关（$n=79, r=0.64, p<0.001$），此因铵氮为无机态氮的主要型态（图一）；总无机态氮与硝态氮呈显著正相关（$n=70, r=0.65, p<0.001$），表示当土壤矿化出愈多的无机态氮，硝态氮也跟著增加。硝态氮容易随水分移动，但与土壤水分含量则未达显著相关（$p=0.055$）。

表 2 南仁山古湖样区现地孵育土壤无机态氮、微生物生质量与水分温度之 Pearson's 相关分析
Table 2. Pearson's correlation coefficients matrix of soil inorganic nitrogen, microbial biomass (MB), moisture regime and soil temperature of Lake Site of Nanjenshan forest

	NH4	inorg. N&	NO_3	moist. #	TDR #	soil temp.	MBC	MBN	MBC/MBN
NH_4	1.00								
Inorg. N&	0.64***	1.00							
NO_3	0.01	0.65***	1.00						
Moist.	0.08	0.17	0.23	1.00					
TDR	−0.01	−0.09	0.06	0.24 *	1.00				
Soil temp.	−0.18	0.08	0.16	0.00	0.02	1.00			
MBC	−0.07	−0.06	−0.01	0.37***	−0.05	−0.40***	1.00		
MBN	−0.20	−0.01	0.07	0.18	−0.03	−0.09	0.40***	1.00	
MBC/MBN	0.10	−0.02	−0.04	0.32**	−0.06	−0.34**	0.68***	−0.33**	1.00

(*: $p<0.05$, **: $p<0.01$, ***: $p<0.001$)
&: inorganic N concentration
moisture: soil water content by weight (W/w%), TDR: soil water content by volume (V/V%)

Knops et al.(2002)认为生态系中的氮循环是由微生物氮回路(microbial nitrogen loop)占优势,氮从土壤有机物释放出来,被并入微生物生质量中,微生物死亡后再重新并入土壤有机物。微生物所能吸收的铵氮约为植物的5倍(Jackson et al.,1989),研究区土壤的无机态氮含量偏低,是否与微生物竞争有关?由表二可知土壤铵氮含量与微生物生质氮(MBN)有负相关的趋势,但可能因样本变異较大而无法达到显著水准($n=83$,$p=0.065$)。微生物生质碳(MBC)与土壤重量水分含量及微生物生质氮呈显著正相关($n=83$,$p<0.001$),表示土壤中水分增加时有助于微生物生长。微生物生质碳与土溫、微生物生质碳氮比值呈显著负相关($p<0.001$),而微生物生质碳氮比又与土溫呈显著负相关($n=77$,$p<0.01$),即土壤溫度上升时,微生物生质碳氮比值下降;换言之,在东北季风盛行期间,土溫上升有益于细菌族群(如:铵氧化菌、硝化菌等)之增加。

综上所述,南仁山古湖样区在东北季风盛行期间,土壤无机态氮含量可能会受到微生物竞爭的影响,土壤水分增加有助于微生物生长,溫度则可能改变土壤中细菌与真菌所占的比例。

3 结　论

本研究因试验期间较短,无法证实东北季风是否对土壤氮矿化造成影响。现地孵育的土壤有效氮及氮矿化速率均低,无机态氮以铵氮为主,实验室孵育显示硝化作用不强。现地孵育期间微生物生质碳及微生物生质氮无一致性变化,土壤微生物以真菌占优势,水分增加有助于微生物生长,溫度上升可能较有利于细菌之增加。此结果也显示进行野外孵育试验时,现地环境条件(如:水分、溫度)的测定是非常重要的。

参考文献

[1] Schimel J P,Bennett J. Nitrogen mineralization: Challenges of a changing paradigm. Ecology,2004,85(3): 591-602

[2] Keeney D R,Nelson D W. Nitrogen-Inorganic forms. In: Page A L et al. ed. Methods of soil analysis. Part 2. 2nd. ed. Wisconsin,USA: Agron. Monogr. ASA and SSSA,1982. 643-698

[3] Voroney R P,Paul E A. Determination of kC and kN in situ for calibration of the chloroform fumigation-incubation method. Soil Biol. Biochem.,1984,16(1): 9-14

[4] Sun I F,Hsieh C F,Hubbell S P. The structure and species composition of a subtropical monsoon forest in southern Taiwan on a steep wind-stress gradient. In: Turner I M et al. ed. Biodiversity and the dynamics of ecosystems. Kyoto,Japan: DIWPA Series Volume 1: Center for Ecological Research,Kyoto University,1996. 147-169

[5] Davidson M B,Stark J M,Firestone M K. Microbial production and consumption of nitrate in an annual grassland. Ecology,1990,71(5): 1968-1975

[6] Stenger R,Priesack E,Beese F. In situ studies of soil mineral N flux: some comments on the applicability of the sequential soil coring method in arable soils. Plant Soil,1996,183(2): 199-211

[7] Vitousek,P M. Litterfall,nutrient cycling,and nutrient limitation in tropical forests. Ecology,1984,65(1): 285-298

[8] Hennot J,Robertson G P. Vegetation removal in two soils of the humid tropics: Effect on microbial biomass. Soil Biol. Biochem.,1994,26(1):111-116

[9] Kimble J M,Lal R,Follett R F. Methods for assessing soil C pools. In: Lal R et al. ed. Assessment methods for soil carbon. New York,USA: Adv. Soil Sci Series. Lewis Publ,2001. 3-12

[10] Jorgensen R G,Anderson T H,Wolters V. Carbon and nitrogen relationships in the microbial biomass

of soils in beech (*Fagus sylvatica L.*) forests. Biol. Fertil. Soils,1995,19(2~3): 141-147

[11] Salamanca E F,Raubuch M,Goergensen R G. Relationships between soil microbial indices in secondary tropical forest soils. Appl. Soil Ecol. ,2002,21(3): 211-219

[12] Knops J M H,Bradley K L,Wedin D A. Mechanisms of plant species impacts on ecosystem nitrogen cycling. Ecol. Letters,2002,5(3): 454-466

[13] Jackson L E,Schimel J P,Firestone M K. Short-term partitioning of ammonium and nitrate between plants and microbes in an annual grassland. Soil Biol. Biochem. ,1989,21(3): 409-411

Soil Nitrogen Dynamics of a Lowland Subtropical Reserve Rain Forest in Nanjenshan, Southern Taiwan

Tsui Chun-Chih and Chen Zueng-Sang

Department of Agricultural Chemistry,National Taiwan University,Taipei 10617,Taiwan.

*: Corresponding author: Zueng-Sang Chen,E-mail: soilchen@ntu. edu. tw

Lab website: http:/Lab. ac. ntu. edu. tw/soilsc/

Abstract This study was conducted in the Nanjenshan Subtropical Reserve Rain Forest in the Kenting National Park of Southern Taiwan. We set up three replicates wind-block plots and three control plots to evaluate the effects of monsoon on the soil nitrogen mineralization. There was no significant difference of soil inorganic nitrogen content and mineralization rate between treatment plots and control plot,probably because the relatively short term experiment. Both results of in-situ and laboratory incubation indicated that soil inorganic nitrogen content was low,and ammonium nitrogen (NH4+-N) was the dominant inorganic nitrogen form. Net nitrogen mineralization and nitrification rates were also very low. Microbial biomass carbon and nitrogen had no consistent tendency during in-situ incubation; moreover,the microbial biomass C-to-N ratios and their variations were very high. It seemed that fungi was the predominant community than bacteria community in the soil microbial population. Soil moisture regime was positively correlated with microbial biomass carbon. However,microbial biomass C-to-N ratio was negatively correlated with soil temperature. It indicated that composition of microbial communities may be changed by soil temperature.

Key words Nanjenshan forest; monsoon; nitrogen mineralization; in-situ and laboratory incubation; microbial biomass carbon and nitrogen

农村耕地流转中补偿现状的实证分析*

——基于江西省42个县(市、区)的抽样调查

陈美球　何维佳　周丙娟　邓爱珍　肖鹤亮

(江西农业大学国土学院,江西农业大学"三农"研究中心,南昌　330045)

摘要:在江西省42个县74个行政村进行的耕地流转流出现况及农户耕地流转意识的调查的基础上,对当前农村耕地流转补偿的现状进行了深入分析,归纳了耕地流转补偿中存在的问题和特征规律:耕地有偿流转的比重不高,耕地使用权的经济价值未得到真正的体现;耕地流转补偿额普遍偏低,且普遍历年维持不变;耕地流转多以口头协商为主,补偿极不规范。研究表明目前耕地流转的价格补偿机制远远没有形成,建立耕地流转的市场化机制还任重道远。文章最后还提出了推动耕地流转补偿机制建设的两个基本对策:进一步加大对"三农"的扶持力度,显化耕地利用的经济价值;积极培育农业龙头企业,增强耕地吸纳的源动力。

关键词:耕地流转;补偿;实证研究

1　问题的提出

我国农村土地家庭承包责任制的推行,极大地调动了广大农民的生产积极性,农民积蓄多年的生产激情得到爆发,使我国农村社会经济取得了长足的发展,为改革开放后国民经济的飞跃提供了坚实的后盾,也为我国农村生产力的解放和发展建立了不朽的功勋[1]。但是,家庭联产承包经营责任制最大特点是"均田制"性质,使得农户拥有的农地面积少,且农地分散,农业劳动生产率不高。随着农村体制改革的深化和市场环境的变化,这种以小农经济、条块分割为特点的传统生产模式的缺陷也就逐渐显露出了一些不适应生产力发展的弊端,家庭小生产与大市场的矛盾越来越突出[2,3],农村土地适度规模经营难以形成,先进的科学技术手段、机械设备和管理方法的效能不能得以充分发挥,农业生产经济效益低水平徘徊,家庭式的分散经营已在当今高度竞争的市场发展环境中处于劣势。

通过耕地流转,促使耕地向种植能手、经营大户集中,使小块的耕地得到集中、成片整治,进而提高机械化运用程度,是协调我国耕地家庭联产承包责任制与市场经济条件下现代农业建设的必由途径,而建立耕地流转的市场化机制是完善我国耕地流转的改革主导方向[4-5]。价格机制是衡量市场发育程度的一个主要指标,虽然目前我国耕地流转过程耕地使用权作为一种权益的真正价格概念尚未形成,但通过分析现行耕地流转的补偿状况,深入认识当前农户在耕地流转中的补偿现状,有利于了解农民对耕地流转的价值意识,进而为完善耕地流转的市场机制提供积极的参考。

2　调研区域与数据来源

课题组于2006年春节假期和暑假期间,开展了《耕地流转现况及农户耕地流转意识》的专题调研,耕地流转的补偿问题是其中的一个主要内容。调研以问卷调查为主,并结合座谈会、个别访谈等形式,调研对象

* 基金项目:国家自然科学基金(70663003)资助

致谢:参加本次调研的还有江西农业大学国土学院2004、2005级土地资源管理专业的同学,并由2006级研究生洪土林、贺丽华、冯黎妮、姚曦磊、彭云飞、许兵杰等帮助数据输入与整理,特此感谢!

涉及广昌、会昌、瑞金等 42 个县(市、区),在江西省南昌、赣州、新余、宜春、吉安、萍乡、上饶、九江、抚州、景德镇等 10 个市均有分布,在地域上基本能代表了江西的整体水平,每个县随机走访了 40 户农户,获得有效问卷 1396 份,发生耕地流转现象的共计 775 户,其中发生耕地流出的有 439 户,流入的有 323 户,既有流出又有流入有 13 户,无流转的为 621 份。

本文针对农村耕地流转补偿现状这一视角,以农村耕地流出为研究对象,即对 452 份发生耕地流出的问卷进行分析。调查样本基本情况见表 1,从表中可以看出,调查对象在不同地形地貌、年龄结构、文化程度、家庭人口数量等各方面都有分布,基本上反映了研究区域——江西省的代表性。

表 1 被调查对象及家庭基本情况表
Table 1 The situation of the survey samples

类目	分组	按地貌类型统计(452)			
		山地(62)	丘陵(274)	平原(116)	百分比
性别	男	40	182	58	61.95
	女	22	92	58	38.05
年龄	30 岁以下	7	36	36	17.48
	30～40 岁	20	62	32	25.22
	40～50 岁	18	87	27	29.20
	50 岁以上(含 50 岁)	17	89	21	28.10
文化程度	小学	27	108	50	40.93
	初中	25	118	52	43.14
	高中	7	35	9	11.28
	中专以上	3	13	5	4.65
家庭人口	2 人以下(含 2 人)	4	17	6	5.97
	3 人	9	45	27	17.92
	4 人	24	96	28	32.74
	5 人以上(含 5 人)	25	116	55	43.36

3 农村耕地流转补偿现状分析

3.1 耕地有偿流转的比重不高,耕地使用权的经济价值未得到真正的体现

通过实地调研和深度访谈,我们发现,农村耕地流转包括实物补偿(粮食)、货币补偿或无偿三种方式。在被调查的 452 户农户中(见表 2),无偿取得耕地使用权的农户占了绝大部分,高达 217 户(48.01%)之多,而在采取有偿流转补偿方式的农户中,以粮食作为补偿的有 131 户(28.98%),超过有偿补偿农户的半数,以货币作为补偿的有 104 户(23.01%)。依据《江西省统计年鉴》2005 年被调查县市(区)的人均 GDP,将被调查农户耕地流转补偿情况归纳划分为经济水平相对较低(<5 000 元)、经济水平相对一般(5 000～10 000 元)、经济水平相对较高的三组(>10 000 元)(表 2)。分析发现,在经济水平相对较差的 140 户农户中,以粮食作为补偿的高达 62 户(44.29%),将近是以货币补偿的 3 倍,无偿获得耕地的农户比例占绝大数。经济水平相对较差地区的农户本身可自由支配的收入就相对较少,其生活的主要来源大多是依靠自我生产的粮食收成。当耕地发生流转时,粮食也就理所当然的成为最主要的补偿方式之一。而在经济水平相对较好的一般区和较高区,农户选择货币补偿的情况明显增多,在一定程度上验证了经济的发展能够带动耕地经济价值的实现。

表 2 被调查农户耕地流转补偿情况表(户;元;)
Table 2 The compensation for cultivated land transfer household

经济水平状况	平均人均 GDP	调查流出农户数	补偿方式户数及比例					
			粮食	%	货币	%	无偿	%
经济水平相对较差(<5000 元)	4389.17	140	62	44.29	22	15.71	56	40.00
经济水平相对一般(5 000～10 000 元)	6 899.20	227	51	22.47	56	24.67	120	52.86
经济水平相对较好(>10000 元)	20430.90	85	18	21.18	26	30.59	41.00	48.24
平均水平	7 753.54	452	131	28.98	104	23.01	217	48.01

3.2 耕地流转补偿额普遍偏低,且普遍历年维持不变

按 2006 年江西省早稻收购价 1.44 元/kg 进行补偿方式的换算[6],通过统计有补偿行为发生的 235 户农户中,平均耕地补偿为 1 589.57 元/hm^2(105.97 元/亩)。按照补偿水平共分为七组(图 1):在被调查农户当中,耕地流转补偿水平低于 1 000 元/hm^2(66.67 元/亩)的农户有 103 户,将近农户总数的一半。进一步分析,有高达 93.62%的农户得到的耕地流转补偿不到 3 000 元/hm^2(200 元/亩)。

从历年发生耕地流转补偿的动态变化来进一步剖析,绝大多数农户得到的补偿常年保持不变,极少数呈逐年增长趋势。在有偿流转的 235 户调查对象中,80.53%的农户在耕地流转时所得到补偿都是历年不变,仅有 19.47%的农户逐年增加补偿额。在与农户交谈中,发现农户更多的是期待有人继续耕种自己的土地,至于自身能够得到补偿的多少已经无所谓了。

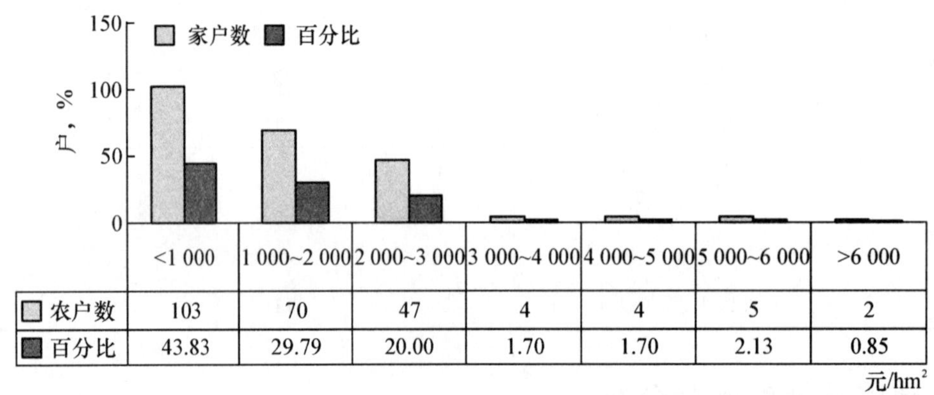

	<1 000	1 000~2 000	2 000~3 000	3 000~4 000	4 000~5 000	5 000~6 000	>6 000
农户数	103	70	47	4	4	5	2
百分比	43.83	29.79	20.00	1.70	1.70	2.13	0.85

元/hm^2

图 1 不同补偿水平分组下农户数量情况
Fig. 1 The household number of different group of compensation for cultivated land transfer

3.3 耕地流转多以口头协商为主,补偿极不规范

合同是当事人之间设立、变更、终止民事法律关系的协议,是实现各当事人之间权利与义务的一种有效形式。然而,在问卷中农户被问及"流转是否签订合同?",有近 90%的农户没有签订流转合同,只有一成的农户签订了合同(表 3),这表明当前我国耕地流转的补偿机制很不规范。经济水平相对较好的农户在耕地流转时签订了合同的比例要略高于经济水平较低的地区,为 18.82%,法律意识表现相对要高。

表 3 耕地流转合同签订情况统计表
Table 3 The contract of cultivated land transfer

人均 GDP	调查农户数	是	百分比	否	百分比
经济水平相对较差(<5 000 元)	140	15	10.71	125	89.29
经济水平相对一般(5 000～10 000 元)	227	16	7.05	211	92.95
经济水平相对较好(>10 000 元)	85	16	18.82	69	81.18
小计	452	47	10.40	405	89.60

4 结论与启示

通过引入市场机制，来引导和规范耕地的流转行为，是完善我国耕地流转的改革方向，而价格机制是衡量市场的一个关键指标。通过本文的研究分析，我们发现，目前耕地流转的价格补偿机制远远没有形成，建立耕地流转的市场化机制还任重道远。同时，研究还告诉我们，要完善农村耕地流转补偿机制，构建耕地使用权流转市场，引导农民有效合理的进行耕地流转，至少要加强以下两方面工作。

4.1 进一步加大对"三农"的扶持力度，显化耕地利用的经济价值

补偿是建立在经济收益基础之上的，同样，耕地流转的经济补偿的一个基本前提就是耕地流入方，能通过对流转的耕种可获得经济效益，进而使耕地利用的价值在经济上得到体现。虽然近年来，国家加大了对"三农"的扶持力度，使农业生产的经济效益得到了提高，但耕地应有的经济价值尚未真正发挥，农民通过运用耕地资源要求来创造新的经济价值的气候远远还没有形成，因此，国家还应进一步加大对"三农"的扶持力度，提高农业生产效益，只有当耕地能作为一个稀缺生产要求参与到农业生产中，并产生相应的经济价值，耕地流转的价格机制才能真正形成，进而推动耕地流转的市场化建设。

4.2 积极培育农业龙头企业，增强耕地吸纳的源动力

调研中发现，耕地流转目前处于供求严重不平衡的状态，供应大大高于需求。特别是随着农民外出打工浪潮的不断涌现，不愿耕种承包地的人群在迅速增加，耕地潜在流出量也在快速增加。而与此形成鲜明对比的是耕地流入方的源动力却一直不强，所以就出现了大量耕地无偿流转，甚至部分地方出现耕地抛荒的现象。农业龙头企业是耕地流入最主要的对象，国家必须重视对农业龙头企业的扶持与培育，通过做大做强各地的农业龙头企业，从而增强对耕地吸纳的源动力，推动耕地流转环境的营造，只有这样，耕地流转的价值机制才有可能形成。

参考文献

[1] 林毅夫. 90 年代中国农村改革的主要问题与展望[J]. 管理世界，1994(3)：139-144
[2] 钱忠好. 农村土地承包经营权产权残缺与市场流转困境：理论与政策分析[J]. 管理世界，2002(6)：35-38
[3] 谭淑豪，曲福田，尼克·哈瑞柯. 土地细碎化的成因及其影响因素分析[J]. 中国农村观察，2003(6)：24-30
[4] 唐晓腾，唐炎华. 当前农村耕地自由流转成本低廉的成因分析：江西省古竹村个案调查[J]. 中国国情国力，2006(1)：15-17
[5] 牟燕，郭忠兴. 农村土地流转市场失灵的博弈分析[J]. 国土资源科技管理，2006(1)：45-48.
[6] 刘晓斌. 当前江西省主要农产品价格走势分析及预测. 江西农业信息网，2006-08-28

Demonstration study on the present situation of Cultivated land transfer compensation

——Based on survey of 42 counties, jiangxi province

Chen mei-qiu, He wei-jia, Zhou bing-juan, Deng ai-zhen, Xiao he-liang

(College of Land Resource and Environment, Institute of "shan nong", Jiangxi Agricultural University, Nanchang 330045)

Abstract Based on the survey "the present situation of cultivated land transfer and the peasant household's consciousness about cultivated land transfer" in 74 villages,42 counties,Jiangxi province,the compensation present situation of cultivated land transfer was analyzed and the questions and characteristic rule were summarized. The results show: The proportion of cultivated land paid transfer was low. The economic value of farmland use right hadn't been really manifested. The compensation of cultivated land transfer was not high but also stable over the years. The Cultivated land transfer was occurred primarily by the oral consultation. The compensation was not extremely standard. The research indicated the price compensation mechanism of cultivated land transfer hadn't formed at present. It was a difficult to establish the marketability mechanism of cultivated land transfer.

Key words Cultivated land transfer; Compensation; Demonstration study

区域土地利用结构变化及驱动因素分析

——以永修县为例

周丙娟　赵丽红　贾婷婷

（江西农业大学国土资源与环境学院，南昌　330045）

摘要：以永修县 1997—2005 年的土地利用详查数据为基础，采用了变化贡献率、年平均强度指数、变化速度以及相对变化率等指标对永修县 1997—2005 年 9 年的土地利用结构变化进行了研究，并分析了影响永修县土地利用结构变化的驱动因素。

关键词：永修县；土地利用结构变化；驱动因素

土地利用结构是指国民经济各部门（如农、林、牧、副、渔）及其内部用地的面积与比例关系，它反映了一个地区土地利用的合理性程度及其生产结构特点。土地利用结构变化与社会经济的发展密切相关，加强对区域土地利用结构变化的研究对区域社会与经济可持续发展具有十分重要的意义[1]。进入 21 世纪以来，伴随着社会生产力的发展，尤其是工业化、城镇化加快，人口的增加和人类活动范围的扩大，使得对土地不断增长的社会需求与土地资源的有限性、土地利用的不可逆转性之间的矛盾日益显著，区域性人地矛盾不断加剧，严重限制了社会经济的高速发展。因此研究土地利用结构变化是了解一个地区自然条件、资源和社会经济发展区域结构及其优化配置的重要途径之一，对区域产业布局、土地合理利用具有指导意义[2~4]。本文对永修县 9 年的土地利用变化进行分析，并对影响土地利用结构变化的主要驱动因素进行探讨，为该区土地利用结构优化配置提供参考依据。

1　研究区概况及资料来源

永修县隶属江西省九江市，交通便利，系赣省南北通衢之要道，古有“洪都门户”之称。该区属于江南丘陵区，西部为低山高丘，中部为低丘，东部为鄱阳湖冲积平原。总体地势为西高东低，呈西向东倾斜之势，修河自西向东流入鄱阳湖，把该县地形分为南北两部。全境属于亚热带湿润性气候，四季分明，热量丰富，无霜期长，年平均气温为 16.9 ℃，平均降雨量为 1 485.3 mm。总面积为 2 035 km^2，2005 年底县城总人口为 36.51 万，辖 4 乡 11 镇两场和两个农垦企业集团。

表 1　1997—2005 年永修县土地面积统计表（亩）

年份	耕地	园地	林地	草地	其他农用地	居民点及工矿用地	交通运输用地	水利设施用地	未利用土地	其他土地
1997	656 591.9	46 771.8	998 784.9	1 062.6	210 362.8	98 857	11 123.2	140 196.6	23 3081.9	60 0361.8
1998	630 063.9	46 766.6	998 817.4	1 062.6	207 019.2	97 604.6	11 123.2	138 852.5	232 495.7	633 388.8
1999	630 063.9	46 935.7	99 8276.1	1 062.6	206 841.7	99 675.8	11 123.2	138 996.8	230 707.3	633 511.4
2000	607 337.6	36 318.7	984 172.8	1 062.6	194 949.6	95 728.4	10 181.9	135 399.5	219 205.9	585 781.8
2001	607 337.6	36 318.7	984 167.9	1 062.6	194 949.5	95 824.2	10 181.9	135 399.5	219 115.1	585 781.8
2002	607 338	36 629.7	983 999.2	1 062.6	195 440.4	96 563.9	10 181.9	135 399.5	217 741.8	585 781.8
2003	588 328.8	35 958.1	1 003 706	1062.6	194 927	98 226.8	10 163.3	135 399.5	216 658.7	585 708
2004	588 328.8	35 958.1	1 003 706	10 62.6	194 927	98 230.7	10 163.3	135 399.5	216 655.1	585 708
2005	588 329.8	35 983.3	1 003 135	1 062.6	194 909	99 466.4	101 63.3	135 399.5	215 982.1	585 708

为了研究永修县土地利用的分异规律，收集了该地区 1997—2005 年的土地统计资料，同时为了分析土地利用结构变化的驱动因素，收集了同期的统计年鉴和相关社会经济资料。表 1、表 2 为本文中所需的基础数据。

表 2 社会经济数据统计表

年份	总人口（万人）	非农业人口（万人）	人均 GDP 值（元）	第一产业生产总值（万元）	第二、三产业生产总值（万元）	财政收入（万元）	固定资产投资（万元）	工业产值（万元）
1997	34.46	7.68	3 207	54 825	55 675	7 235	5 517	20031
1998	34.89	7.89	1964	16 304	52 235	5 320	3 712	21 834
1999	35.18	7.99	3 553	48 048	76 952	8 342	27 360.2	23 950
2000	34.57	8.51	3781	52 893	96 105	9 268	42 752.6	23 950
2001	35.55	8.6	4 239	54 600	110 402	10 626	65 767	26 321
2002	35.75	8.65	4 643	55 600	133 279	13 209	3 4351	3 2516
2003	36.12	9.32	5 291	57 824	153 809	16 869	59 478	41 226
2004	36.51	9.71	6 034	66 508	55 675	19 152	60 402	46 203
2005	36.72	10.82	6 945	68 528	52 235	26 168	188 909	68 195

2 研究方法

2.1 时间尺度土地利用结构变化的分析方法

采用土地利用结构在某一时段内的变化贡献率、变化强度指数和变化速度 3 项指标进行时间尺度上土地利用结构的分析。

变化贡献率是指某类土地利用变化面积占同期土地利用变化总面积的百分比，其公式如下：

$$A_i(\%)=\frac{|Ub_i-Ua_i|}{\sum|Ub_i-Ua_i|}\quad(i=1,2,\cdots\cdots9)$$

式中：A_i 为研究时段内第 i 种土地利用类型的变化贡献率；Uai、Ubi 分别为研究期初和期末第 i 种土地利用类型的面积。

变化强度指数是指某空间单元在研究时期内的土地利用变化面积占其土地总面积的百分比。为了便于比较某一研究时期土地利用变化的强弱或趋势，可计算各空间单元的变化强度指数，它实质就是用各空间单元的土地面积来对其变化速度进行标准化处理，使其具有可比性，其公式为：

$$T_i=\frac{|Ub_i-Ua_i|}{B}\times100\quad(i=1,2,\cdots\cdots9)$$

式中：T 为研究时段内第 i 种土地利用类型的变化强度；U_{ai}、U_{bi} 分别为研究期初和期末第 i 种土地利用类型的面积；B 为研究期末区域总土地面积。

土地利用动态度可定量地描述区域土地利用变化的速度，它对比较土地利用变化区域差异和预测未来土地利用变化趋势都具有积极作用。单一的土地利用动态度可表达区域一定时间范围内，某种土地利用类型的面积变化情况，其表达式为：

$$K_i(\%)=\frac{Ub_i-Ua_i}{Ua_i}\times\frac{1}{T}\times100\%\quad(i=1,2,\cdots\cdots9)$$

式中：K 为研究时段内第 i 种土地利用类型的动态度，U_{ai}、U_{bi} 分别为研究期初和期末第 i 种土地利用类型的面积；T 为研究时段长。当 T 的时段设为年时，K_i 为研究区内第 i 种土地利用类型的年变化率。

2.2 土地利用结构变化区域差异的分析方法

土地利用结构变化不仅表现为时间上的变化，同时还存在着区域上的差异。本文采用相对变化率 R[5] 这一指标来衡量永修县土地利用结构的区域差异性。土地利用相对变化率 R 的计算方法是：

$$R=\frac{|K_b-K_a|\times C_a}{K_a\times|C_b-C_a|}$$

式中：K_a、K_b 分别代表某区域某一特定土地利用类型研究期初和研究期末的面积；C_a、C_b 分别代表全研究区某一特定土地利用类型研究期初和研究期末的面积。如果某区域某种土地利用类型的相对变化率 R>1，则表示该区这种土地利用类型变化较全区域大。

3 土地利用结构变化分析

3.1 土地利用结构时间尺度上的变化

表 3 为 1997—2005 年永修县土地利用结构时间变化分异指数表。从表中可以看出：1997—2005 年永修县土地利用结构总体上并无明显的变化，其主要土地利用类型仍然是耕地、林地、其他农用地、未利用土地、水利设施用地及居民点工矿用地，园地、牧草地和交通运输用地始终占很小的比例。具体分析可以得出，面积增加的地类有林地、居民点及工矿用地，但两者增加的面积都不多，9 年林地增加了 4 349.9 亩，其变化贡献率为 7.88%。居民点及工矿用地面积增加了 609.4 亩，其变化贡献率为 0.44%。其余地类除草地面积保持不变外都有不同程度的降低，9 年耕地减少了 68 262.1 亩，其变化贡献率达到 49.84%，变化强度指数为 2.38。其次是未利用土地、其他农用地、其他土地及园地，分别减少了 17 099.8 亩、15 453.8 亩、14 653.8 亩、10 788.5 亩，交通运输用地和水利设施用地的比重变化都较小。从以上结果可以反映出在永修县土地利用结构变化中起主导作用的土地利用类型是耕地。

表 4 为 1997—2005 年永修县土地利用类型的单一土地利用动态度。由此可知：永修县耕地、园地、其他农用地、交通运输用地、水利设施用地、未利用土地及其他土地都是减少的，其中园地的减少幅度比较大，年递减率为 2.88% ；其次为耕地，年递减率为 1.23%；其他土地的减少幅度较小，仅为 0.31% 。就各镇(乡)而言，耕地都呈递减趋势；园地除了燕坊镇、梅棠镇和永丰垦殖场有所增加外，其余都有所减少或保持不变。桑海经济技术开发区、九合乡和三角乡林地有所减少，但减少的幅度都很小，没有超过 1%。其他农用地、水利设施用地和其他土地除了桑海经济技术开发区的年度变化较大外，其余变化幅度都不大。草地、居民点及工矿用地、交通运输用地和未利用土地的变化幅度各镇(乡)不一，其中草地的变化幅度较小，居民点及工矿用地的变化幅度较大。

表 3 1997—2005 年永修县土地利用结构时间变化的分异指数

用地类型	1997 年面积(亩)	2005 年面积(亩)	变化面积(亩)	变化贡献率(%)	变化强度指数
耕地	65 6591.9	588 329.8	−68 262.1	49.84	2.38
园地	46 771.8	35 983.3	−10 788.5	7.88	0.38
林地	998 784.90	1 003 134.80	4 349.9	3.18	0.15
草地	1 062.60	1 062.60	0	0	0
其他农用地	210 362.80	194 909.00	−15 453.8	11.29	0.54
居民点及工矿用地	98 857.00	99 466.40	609.4	0.44	0.02
交通运输用地	11 123.20	10 163.30	−959.9	0.70	0.03
水利设施用地	140 196.60	135 399.50	−4 797.1	3.50	0.17
未利用土地	233 081.90	215 982.10	−17 099.8	12.48	0.60
其他土地	600 361.80	585 708.00	−14 653.8	10.70	0.51

表 4 1997—2005 年永修县土地利用类型的单一土地利用动态度(%)

镇(乡)	耕地	园地	林地	草地	其他农用地	居民点及工矿用地	交通运输用地	水利设施用地	未利用土地	其他土地
永修县	−1.23	−2.88	0.05	0	−0.92	0.08	−1.08	−0.43	−0.92	−0.31
滩溪镇	−0.15	0	0.08	0.004	0.15	0.01	−3.4	0.002	0.01	0.01
虬津镇	−0.6	0	1.26	0	−0.02	0.002	0	−0.001	−0.001	0.01
八角岭	−0.5	−1.36	2.52	0	0.52	0.74	0	0	−0.47	0.17
燕坊镇	−0.46	2.35	1.24	0.04	−0.21	0.21	0	0	−1.09	1.01
江上乡	−0.74	−0.24	0.12	0	−0.03	0.06	0	−0.01	0.001	0.01
云山集团	−0.49	−1.59	0.14	−0.01	−0.21	2.4	−0.001	0.11	−1.83	−0.24
桑海区	−2.08	0	−0.08	0	−2.92	−2.78	0	−11.33	−0.65	5.29
白槎镇	−0.51	0	0.58	0	0.2	0.05	0	0	−0.01	0.1
柘林镇	−0.41	0	0.04	−0.11	−0.16	0.09	0	0.02	0.004	0.03
梅棠镇	−0.48	0.07	0.35	0	0.06	−0.09	0	0.01	−0.002	0
涂埠镇	−2.24	−0.36	0.001	0	−0.39	−0.34	0	0	0.002	3.48
九合乡	−0.46	0	−0.001	0	−0.11	0.49	0	0	−2.85	1.39
吴城镇	−4.18	0	1.31	0	−0.61	−1.38	0	0	−0.008	0.2
立新乡	−0.55	−0.35	0.62	−0.02	−0.18	3.41	6.22	0	−0.62	0.98
艾城镇	−0.59	0	1.2	−0.001	−0.39	0.85	−0.23	0	−0.02	0.11
马口镇	−0.31	−0.02	0.65	0.28	0.04	0.16	0	0	−0.04	0.04
三角乡	−0.56	0	−0.004	0	−0.12	−0.3	0	0	0	1.51
永丰场	−0.53	0.08	0.25	0.32	0.14	2.63	−0.003	0	−0.05	0.04
恒丰集团	−2.15	−0.51	2.13	0	−0.44	2.2	0	−0.38	−0.47	0.11

3.2 土地利用结构的区域差异

表 5 为 1997—2005 年永修县各乡镇土地利用相对变化率。从总体上看，1997—2005 年间永修县各镇乡土地利用结构变化最大的是恒丰企业集团，该区除了交通运输用地 R 值<1 外，其他各地类的相对变化都较全区域大。其 R 值均>1。其次是桑海经济技术开发区，该区其他农用地、水利设施用地和其他土地的 R 值在全县 19 镇（乡）中都是最大的，只有园地、林地和交通运输用地的 R<1，其余地类的 R 值都>1。立新乡的土地利用结构总体变化也比较显著，其居民点及工矿用地和交通运输用地 R 值分别已高达 5.97 和 22.85，相对变化程度较全区域大得多；园地、林地、未利用土地以及其他土地的值也都大于 1；仅有耕地、其他农用地和水利设施用地的变化较小，但其相对变化率也都在 0.4 以上。燕坊镇的园地相对变化程度在全县是最大的，R 值高达 14.67，其园地面积由 1997 年的 3 005.7 亩增加到 2005 年的 3 570.6 亩，其中有较大一部分是由耕地转化而来的。八角岭垦殖场林地相对变化程度居全县首位，其园地、其他农用地、居民点及工矿用地、未利用土地的 R 值也都大于 1，相对变化均较全县大。另外涂埠镇和吴城镇的耕地和其他农用地相对变化程度也比较大，其 R 值均>2。艾城镇林地、其他农用地、居民点及工矿用地和交通运输用地的 R 值均大于 1，其交通运输用地 R 值高达 11.78。其余镇（乡）的土地利用结构变化都不大，其中梅棠镇和马口镇除了林地 R 值大于 1 外，其余地类的变化都很小。柘林镇是该区中土地利用结构变化最小的，其所有地类的 R 值都小于 1。

表 5 1997—2005 年永修县各乡镇土地利用相对变化率

区域	耕地	园地	林地	草地	其他农用地	居民点及工矿用地	交通运输用地	水利设施用地	未利用土地	其他土地
滩溪镇	0.19	0.003	0.34	0	0.77	0.01	19.35	0.01	0.04	0.01
虬津镇	0.78	0.006	5.34	0	0.11	0.005	0	0.009	0.004	0.03
八角岭	0.65	8.47	10.66	0	2.69	1.3	0.15	0.095	1.81	0.3
燕坊镇	0.59	14.67	5.27	0	1.09	0.37	0.08	0	4.16	1.8
江上乡	0.96	1.47	0.51	0	0.17	0.11	0.09	0.04	0	0.02
云山集团	0.64	0.123	0.61	0	1.09	4.2	0.02	1.08	7.01	0.43
桑海区	2.69	0.002	0.34	0	15.24	4.87	0.18	11.65	2.49	31.55
白槎镇	0.66	0.002	2.44	0	1.07	0.09	0	0.007	0.04	0.18
柘林镇	0.53	0	0.16	0	0.85	0.15	0	0.93	0.01	0.05
梅棠镇	0.62	0.41	1.5	0	0.31	0.16	0.16	0.096	0.007	0.02
涂埠镇	2.91	2.23	0.005	0	2.01	0.59	0	0	0.008	6.26
九合乡	0.59	0.02	0.006	0	0.59	0.86	0.19	0.003	10.91	2.51
吴城镇	5.43	0	5.57	0	3.17	2.41	0	0	0.03	0.37
立新乡	0.71	2.17	2.62	0	0.96	5.97	22.85	0.41	2.36	1.76
艾城镇	0.76	0.004	5.08	0	2.04	1.49	11.78	0.002	0.06	0.21
马口镇	0.4	0.02	2.78	0	0.22	0.27	0	0	0.14	0.07
三角乡	0.73	0.43	0.02	0	0.61	0.52	0.3	0.005	0.000 4	2.71
永丰场	0.68	0.43	1.06	0	0.7	4.6	0.09	0.02	0.18	0.08
恒丰集团	2.79	3.16	9.04	0	2.28	3.85	0.04	3.71	1.8	21.27

4 驱动因素分析

土地利用结构变化是自然和社会经济因素综合作用的结果，其中以人类活动为主的社会经济因素对土地利用结构变化的影响是最重要的。因此，加强土地利用结构变化的社会经济影响因素分析，对合理利用土地资源具有十分重要的意义[6]。从永修县社会经济发展过程和相关数据来看，该县土地利用变化的驱动因素主要涉及人口因素、经济发展及政策因素等各个方面。

4.1 人口因素

人口是人类社会经济活动中最主要的因素，也是最具有活力的土地利用结构变化的驱动力之一，它在某种程度上直接导致了土地利用结构的变化[7]。人口的增加和农村剩余劳动力的就地非农化转移，必然导致城镇用地及工矿用地的增加，并造成对耕地的大量占用，成为土地利用的一种持续的外界压力。1997—2005 年永修县总人口从 34.12 万人增至 36.72 万人，增加了 2.60 万人，非农人口比重也由 1997 年的 22.29%增至 2005 年的 29.47%。同期城镇用地增加了 58.1 亩，工矿用地增加了 1566.7 亩，耕地面积减少了 68 262.1 亩。同时由于人口素质普遍不高，致使土地不合理开发利用，超负载生产，最终导致人地矛盾更加尖锐，耕地的负荷越来越重。

4.2 经济因素

经济杠杆的调节可导致土地利用结构发生变化。改革开放以来，永修县农业产值稳步增长，乡镇企业突飞猛进，第三产业快速发展。2005 年，该县 GDP 达 25.5 亿元，人均 GDP 由 1997 年的 3 207 元增长到 2005 年的 6 945 元。第一产业产值比重由 1997 年的 49.62%降到 2005 年的 26.87%，二三产业产值比重则由 50.38%增至 73.13% ；社会固定资产投资稳步提高，由 1997 年的 5 517 万元增至 2005 年的 188 909 万元；工业总产值由 1997 年的 20 031 万元增至 2005 年的 68 195 万元；财政收入由 1997 年的 7 235 万元增至为 2005 年的 26 168 万元；非农人口比重由 1997 年的 22.29%增至 2005 年的 29.47%。受工业经济的反哺，农业经济结构发生了明显变化。农民为追求比较经济效益，把部分耕地转移到苗圃与养殖生产上。耕地占地比重从21.91%减少到20.48%，未利用地占地比重从7.78%减少到7.52%，林地占地比重从42.80%增加到44.3%，水域占地比重从4.66%增至4.71%。这使耕地、未利用地转向其他经济农业用地，这种转化一定程度上反映了农业生产结构的变化，也是追求经济效益的结果。

此外，虽然永修县整体经济发展水平在全省或更大区域内相对偏低，但随着经济的不断发展，GDP逐年递增，县城范围日益扩展，农村城镇化建设加快，乡镇企业兴起以及农村出现"建房热"都需要占用土地，所以经济的发展必然会使该区土地利用结构发生变化。

4.3　政策因素

土地作为人类生存与发展的主要物质基础，其利用结构变化深受区域政策的影响。政策因素是土地利用结构变化的直接决策因素，引导着社会经济生产活动。它作为土地利用变化的驱动因素，是政府部门根据土地利用反映出的信号强弱作出反应的结果，并且政策制定者往往对强信号产生强烈地反应。因此，国家根据区域土地利用结构的变化对粮食安全、经济发展和生态安全影响强弱制定相应的政策[8]。如在"文革"中，提倡"以粮为纲"，大面积开荒种植，尤其是粮食的种植。改革开放后，党和国家在逐步完善农村家庭联产承包责任制的同时，十分重视生态环境的保护，鼓励在不适宜耕种的土地上退耕还林还草、封山育林，逐步调整农林牧用地结构。9年期间，永修县有很大一部分林地都采用退耕还林的方式增加。目前，为解决农村剩余劳动力转移问题，鼓励小城镇发展、提高城镇水平、城镇建设和城镇规模有了很大发展，城镇用地不断增长，2005年该区城镇用地为7 071.4亩，致使大量土地被占用。这种因政策因素引起的土地利用结构变化是不可避免的。

5　结　论

1)从永修县土地利用结构时间变化上来看：1997—2005年永修县土地利用结构总体上并无明显的变化，其主要土地利用类型仍然是耕地、林地、其他农用地、未利用土地、水利设施用地及居民点工矿用地，在该县土地利用结构变化中起主导作用的是耕地。

2)从永修县土地利用结构区域变化上看：1997—2005年永修县各乡镇土地利用结构变化最大的是恒丰企业集团，其次是桑海经济技术开发区。另外立新乡、艾城镇、燕坊镇、八角岭垦殖场、涂埠镇和吴城镇相对变化程度也较大，其余乡镇土地利用结构变化均不大。

3)从永修县土地利用结构变化驱动因素分析上来看：人口因素、经济因素和政策调控等是影响该县土地利用结构变化的主要驱动因素。

参考文献

[1] 王夏琰，刘学录. 甘肃省土地利用结构变化及其驱动力分析[J]. 甘肃农业大学学报，2007，42(4)：97-102

[2] 周伟，袁春，周小雪. 云南省罗平县土地利用变化及驱动力研究[J]. 资源开发与市场，2006，22(6)

[3] Wang S Q，Zhou Y，Dong Y H，et a1. Design and applications of land resources and ecological environment information system[J]. pedosphere，2002，12(4)：373

[4] 陈军伟，孔祥斌，张凤荣，等. 基于空间洛伦茨曲线的北京山区土地利用结构变化[J]. 中国农业大学学报，2006，11(4)：71-74

[5] 孔伟. 区域土地利用结构变化及预测研究—以江苏省扬州市为例[J]. 广东土地科学，2006，5(6)

[6] 付小艳，陈婕，王占岐. 土地利用变化的驱动力分析[J]. 安徽农业科学，2007，35(7)：2053—2054，2077

[7] 衣华鹏，刘贤赵，张鹏宴. 烟台市土地利用变化及驱动力分析[J]. 山东农业大学学报，2005，36(3)：407—410

[8] 孔祥斌，张凤荣，徐艳，等. 集约化农区近50年耕地数量变化驱动机制分析—以河北省曲周县为例[J]. 自然资源学报，2004，19(1)：12-20

区域土壤有机碳含量变化的农户经济学解释*

徐　艳　张凤荣

（中国农业大学土地资源与管理系，北京 100193）

摘要：通过对我国北方黄淮海平原区、黄土高原区和东北区三个主要农业生态区典型区县土壤有机碳含量的测定，并与二次土壤普查时期比较，结果表明黄淮海平原区和黄土高原区土壤有机碳含量增加，而黑土区土壤有机碳含量降低。通过对不同区域农户对资金、技术、政策等影响因素的不同响应分析了其土地利用选择态度，从而对土壤投入的不同引起土壤有机碳含量发生差异。

关键词：土壤有机碳含量；农户行为；土地利用

全球气候变化问题是研究的焦点，IPCC、IHDP、FAO 和 IGBP 等一系列国际组织和核心项目在积极推动这方面的研究[1-4]。在自然和人类活动（主要是能源消耗和土地利用变化）的共同作用下，近几十年土地利用/覆被发生了很大变化，土壤碳储量也相应发生强烈变化，对全球气候变化也产生了影响[5-11]。其中，耕地土壤受人类活动扰动最大，也是研究热点。影响土壤碳含量的一系列因素，包括制度、土地资源、市场等等，并不能直接影响土壤有机碳储量变化，而是通过社会经济环境影响农户的农业生产经营行为，来影响土壤有机碳变化。所有的经济驱动机制的执行全部都要落实到农户行为上。农户是市场农业微观运行的主体，任何农户都依据自身价值观追求"效用最大化"，而其价值观是在特定的自然、经济、社会、文化等因素综合作用下形成的。所以，在不同的要素环境下，农户经营模式是有差异的。然而，各种在漫长的生产实践中形成的农户行为模式都具有一定的存在合理性。因此，从农户经济学的角度探索性的解释区域土壤有机碳含量的演变具有重要意义。

1　研究区概况

本文选取我国北部主要的农业区，即黄淮海平原区、黄土高原区和东北区的典型区县为研究区域。研究区的自然条件存在较大差异。黄淮海区地处暖温带半湿润气候区，光照充足，热量资源丰富，平均气温 8～15 ℃，≥10 ℃积温 3 600～4 800 ℃，无霜期 170～200 d；年降水量 500 ～950 mm。土壤类型主要是潮土和褐土，土地平坦，土层深厚，土质适宜耕作。黄土高原区地处暖温带地区，平均气温 6～14 ℃，≥10 ℃积温 3 000～4 300 ℃，无霜期 110～210 d；年降水量 400～600 mm。本区海拔多在 1 000～1 500 m，地形为黄土丘陵和台地等，覆盖着深厚的黄土层，易侵蚀，耕作难度大。东北区大部分为温带大陆性季风气候，平均气温 －2～10 ℃，≥10℃积温不到 3 000 ℃，无霜期北部为 60～120 d，南部为 140～200 d，作物均一年一熟；年降水量 500～700 mm；耕作土壤类型主要为黑土、草甸土和棕壤。自然条件的差异决定农业生产活动各具区域特色，也强烈影响着土壤碳库容量。

研究样区分别选取在黄淮海平原区的河北省曲周县和北京市大兴区，黄土高原区的山西省离石市和兴县，东北区的黑龙江省海伦市和吉林省公主岭市。这些县市在本区域具有典型性。其空间地理位置见图 1。

* 基金项目：国家自然科学基金项目（70673104）和国家重点基础研究发展规划项目（G19990118）

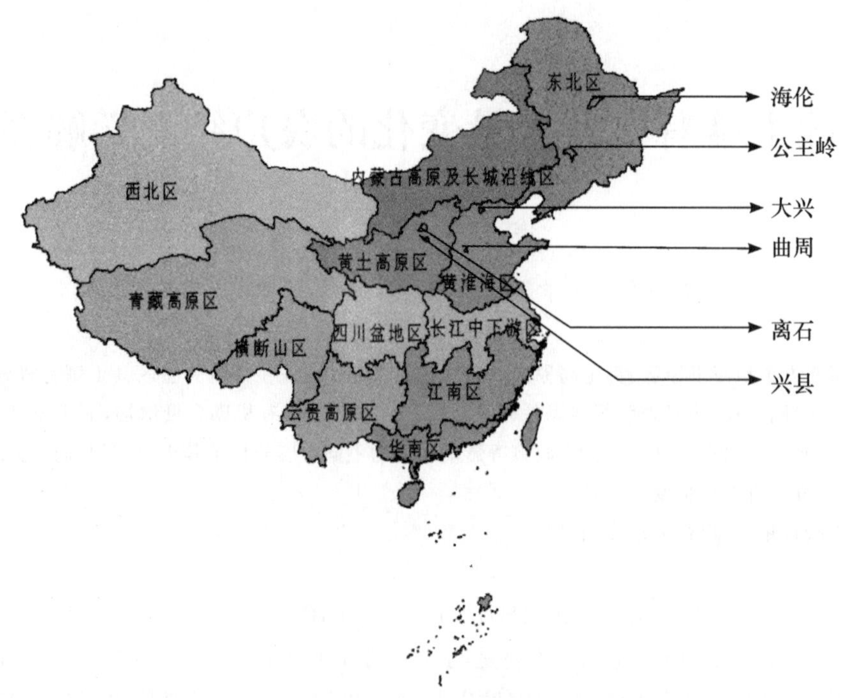

图 1　研究样区分布图

Fig. 1　The distribution of research areas in different agro－ecological regions

2　区域土壤有机碳含量变化

计算耕地土壤有机碳含量变化的基础数据来自于相距 20 年左右的两期土壤有机碳数据。其中，一期数据来自于 1980—1982 年第二次全国土壤普查资料；二期数据为 2000 年采样测定数据和土壤肥力监测数据，主要是土壤耕层数据。土壤有机碳含量采用重铬酸钾—外热源法测定。

耕层土壤有机碳含量的测定结果见表 1。

表 1　20 年来研究区耕层土壤有机碳含量变化

TabLe1　The change of agro-soil organic carbon content (0～20 cm) in research area in recent 20a

样区		采样个数		有机碳均值($g\cdot kg^{-1}$)		变化 ($g\cdot kg^{-1}$)	变幅 (%)	平均变化 ($g\cdot kg^{-1}$)	平均变幅 (%)
		2 000	1 980 s	2 000	1 980 s				
黄淮海平原区	曲周	79	79	6.92	4.91	2.01	40.94	1.81	34.87
	大兴	297	208	7.20	5.59	1.61	28.80		
黄土高原区	离石	70	58	5.55	3.77	1.78	47.21	1.37	39.76
	兴县	70	70	3.89	2.94	0.95	32.31		
东北黑土区	公主岭	70	51	12.37	13.26	−0.89	−6.71	−2.15	−8.75
	海伦	76	56	28.21	31.62	−3.41	−10.78		

从表 1 的统计结果可以看到，黄土高原的离石和兴县的土壤有机碳水平最低，东北黑土区的公主岭和海伦土壤有机碳含量最高，黄淮海平原区居中。经过 20 多年的开发利用，土壤有机碳含量发生了显著变化。其中，黄淮海平原区土壤有机碳含量增加 1.81 $g\cdot kg^{-1}$，增幅为 34.87%；黄土高原区土壤有机碳含量增加 1.37 $g\cdot kg^{-1}$，增幅为 39.75%；东北黑土区土壤有机碳含量减少 2.15 $g\cdot kg^{-1}$，减幅为 8.75%。

3 土壤有机碳储量变化的农户经济学解释

3.1 农户的社会心理探悉

农户是农村社会经济中最基本、最重要的经营决策单元。对其社会心理的探悉有助于解释其农业生产经营行为。

中国农民的性格和行事中体现着求稳和崇俭的品德，家庭观念重。因此，一方面，受中国社会的结构和文化心理影响，会存在某种惯性思维依赖，使得以市场配置资源、通过资本投资提高农作物的生产效率、发展生产工具的模式等等引领农业进步的过程发展比较缓慢。另一方面，1978 年以后，以改革开放为契机的现代化进程加速，拓宽了可供个人追求的利益途径，多元化的价值取向刺激了全体社会成员、人群的价值取向，社会心理偏好和行为规范都发生了变化。流动和进取等特点正在塑造着中国现代社会农民的心理特征。

农户传统社会心理与当今社会发展路径的矛盾和冲突，在不断博弈的过程中形成了现今中国农户独具特色的行为方式和农业经营模式。一方面，易于满足的惰性心理使其追求稳定，自发规避风险；因为，农业是一个风险非常大的行业，农户不仅需要承受来自自然的风险，还必须承受来自市场的风险。而农户在应对自然和市场变化的时候，会自然而然地求稳，其行为所隐藏的原因是为了避免与强势（自然和市场风险）的直接、正面冲突，减少或避免自身利益的损失。另一方面，改革开放，二、三产业的迅速发展，地域对个人迁徙的禁锢也越来越缺乏约束力，视野的开阔强烈冲击着农户原来封闭与狭隘的社会视野和对世界现实的麻痹感，在恐惧风险的同时，又渴望变化，能为农业的发展注入新活力。

农户对于政策和制度变迁存在矛盾心理。中国传统意识、理念和数千年皇朝时期的文化积淀，以及传统计划经济时代政府政策和制度的权威性及其不可挑战性，成就了农户性格里的遵从和谦屈，而且受自身思想狭隘性的影响，也难宏观全面把握农业发展的方向，农业发展大的改革需要政府的政策和制度支持，体现为农户容易跟从政策和制度；但是政策和制度本身可能就存在缺陷，或者在其执行过程中被扭曲，出现"好心、错路、坏结果"。农户性格里的求稳又使得农户重新审视或者抵触政策和制度的执行。农户作为社会的弱势群体不能积极地开展攻势去影响甚至左右政府的政策目标，但是从各自主观利益判断出发做出对政府政策和制度的"合作"或"不合作"的态度。在这个矛盾心理的反复掂量过程中，农户通过多次博弈来选择适合自己的农业经营道路。

农户面对收入分配存在矛盾心理。虽然"不患寡，而患不均"一直是中国老百姓的特点，平均主义的分配倾向虽然还有其强大的社会偏好和倾向，但是按劳动贡献分配和按劳动力价值分配的"按劳分配"正逐渐成为社会收入分配领域的准则。

农户的理性经营行为具有局限性。农户的理性经营行为是建立在土地的投入产出概念上，关注的是最少的经济和劳力投入获得最大的物质产出。在从事农业生产经营的过程中，没有人会去考虑土壤有机碳库变化和全球气候变化，生产行为的外部性由外界环境承担，因此，需要行政手段加以引导才能使农户的生产行为走向全面理性。

3.2 农户土地利用选择分析

农户行为是指农户对应于生活需要及农产品和生产要素价格变动所做出的对农业投入与产出的反应或决策。

研究农户的土地利用选择，首先需要分析农户水平的土地收益情况。一般来说，只有当管理土地所获得的收益大于或等于管理土地的投资时，土地经营者才会继续经营；否则，这个土地利用管理系统就终止了。研究主要基于农户访谈调查的数据，为平均的果蔬、大田作物的价格以及物质、人工费用等。种植方式的选择上则以露地为主。通过三个农业生态区典型农作物的经济效益进行详细的分析，探求农户农业经营变化的内在驱动以及对土壤有机碳含量的影响。数据来自于农户调查访谈，其中冬小麦-夏玉米为黄淮海平原样区的平均水平，调查样本 162 个；大豆为东北样区的平均水平，调查样本 50 个；西瓜为大兴区的平均水平，调查样本 30 个;蔬菜为黄淮海平原样区的平均水平,调查样本 83 个。

农户调查资料的研究结果显示(表 2),依然满足高投入获得高产出的一般生产经营规律,与上节通过社会经济统计年鉴得出的结论一致。种植瓜果和蔬菜所需要的收益分别是 16 850 元/hm^2 和 25 583 元/hm^2,是种植粮食作物收益(3 676 元/hm^2)的 4.58 倍和 6.96 倍。种植瓜果和蔬菜所需要的资金投入分别是 19 900元/hm^2 和 43 057 元/hm^2,是种植粮食作物投入(7 717 元/hm^2)的 2.58 倍和 5.58 倍。东北区主要种植大豆或玉米,但是其热量条件只能满足一茬,总体来讲大豆收益还是强于一茬玉米。由此,可以认为,不同作物的经济收益不同,蔬菜瓜果的经济效益最好,经济作物次之,大田作物最低,投入也呈相应的规律。

表 2　不同作物单位面积的经济效益

TabLe. 2　The economic benefit of different crop

项目	粮食作物		经济作物	瓜果	蔬菜		
	小麦	玉米	大豆	西瓜	菠菜	番茄	白菜
产量(Kg/hm^2)	5 100	5 250	2 250	52 500	34 500	57 900	70 970
产值小计(¥/ hm^2)	5 304	6 090	5 625	36 750	13 110	41 580	13 960
种子费用(¥)	540	135	450	2 250	525	843	564
有机肥费用(¥)	18	12	50	1 650	866	1 457	1 634
化肥费用(¥)	892.5	487.5	300	3 250	1 080	1 386	2 099
农药费用(¥)	75	150	100	525	375	1 014	992
水电费用(¥)	1 500	937	650	1 200	950	678	875
机械费用(¥)	870	120	300	1 275	150	222	264
地膜等费用(¥)	—	—	—	—	—	273	—
物质费用小计(¥)	3 896	1 842	1 850	10 150	3 946	5 873	6 428
人工费用①(¥)	450	375	900	8 250	4 110	15 400	6 100
产值总计(¥/ hm^2)	11 394		5 625	36 750	68 640		
物质费用合计(¥)	5 737		1 850	10 150	16 247		
人工费用合计(¥)	825		900	8 250	25 610		
其他间接费用(¥)	1 155		800	1 500	1 200		
净收益(¥/hm^2)	3 676		2 375	16 850	25 583		

所反映的经济学规律可以用图 2 表示。横坐标是经济发展水平,意味着资金、技术条件逐步变得优越;

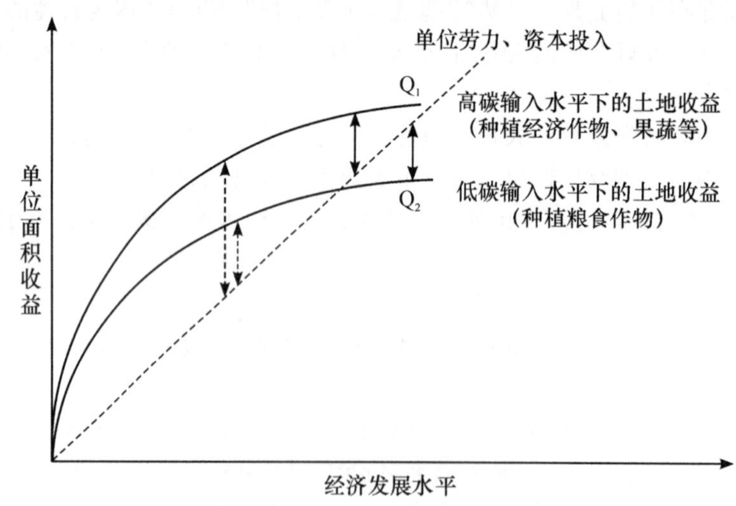

图 2　经济发展与不同投入下的土地收益关系

Fig. 2　The land benefit relation of economic development and different investment

① 这里的人工费用主要是指农民在田间工作投入的工时折合成费用以及雇佣工人的花费,不包括在家闲置时间的机会成本

纵坐标为单位土地面积的收益;两条曲线分别为 Q1 高碳输入水平下(种植经济作物、果蔬等)和 Q2 低碳输入水平下(种植粮食作物)的土地收益。图中体现两个信息:一是曲线 Q1 和曲线 Q2 都随着横坐标即经济发展而呈上升趋势;一是曲线 Q1 在曲线 Q2 的上方。而这两个信息其实传递一个意思,就是土地投入产出的问题,即表 2 反映出的高投入获得高产出的规律。因为,随着经济不断发展,不论种植大田作物还是经济作物或者果蔬,都能够对土地提供更多的投入,包括肥料、农药、灌溉保障等农资投入和技术进步的支持,能够不断发掘土地的生产潜能,增加土地收益。曲线 Q1 在曲线 Q2 的上方,种植经济作物和果蔬的收益是高于种植粮食作物的,也是因为种植经济作物和果蔬的土地投入(农资和技术)更多的缘故。

尽管投入和产出之间存在这样的对应关系,但是并没有出现一窝蜂地大规模种植瓜果、蔬菜的局面。因为农户在进行土地利用选择的时候,受到多重因素的共同制约,必须经过多重博弈才能够做出土地利用选择的决策。

3.2.1 资金

农户总是理性对待投资,在农业生产活动中总是追求在投入一定的情况下,尽可能大的产出;或者在产出一定的情况下,尽可能小的投入,寻求利益最大化。但是其投资行为受到经济实力的约束。种植瓜果和蔬菜所需要的资金投入分别是种植粮食作物投入的 2.58 倍和 5.58 倍,每公顷投入的物质和人力费用在 2～4 万元,不同经济实力的农户会做出不同的土地选择。家境殷实的农户才能够有资金选择高投入的土地利用方式,经济条件一般的农户只能部分选择高投入的土地利用方式。

3.2.2 技术

农产品的收益是由价格和产量共同决定的,对于大田作物而言,价格波动不大,技术含量不高,一个地区作物产量差别也不大。而农产品的品质对于价格具有绝对重要作用,种植瓜果和蔬菜的技术含量比较高,岔口安排都有经验性安排,不同地区和不同农户的生产经营状态不同,农民的实用主义和非理性思维还具有极大的惯性,是否掌握种植技术和是否愿意尝试掌握新技术的农户在土地利用选择的时候存在差异。

3.2.3 消费环境

不同区位条件的县市,果蔬消费量不同,农户必须掂量当地居民的消费能力。比如北京市大兴区农民就不用过多考虑是否能够销售出去的问题,而兴县的农民就必须考虑种植面积多大,才能够获得最好的收益。

3.2.4 自然条件

不同的气候条件和土壤条件是作物生产的基础条件,影响着农户的土地利用选择。例如,大兴区土壤属于砂质,种植西瓜成为当地的特色产业;离石和兴县水土流失严重,立地条件差,只能多种植小杂粮。

3.2.5 政策等

外界(政府、组织、公司等)参与冲击农户心理,影响其土地利用选择。农业结构调整政策在各地方执行过程中,农户会采取观望态度,任何在其经验中所没有的新措施常常要伴随着行政强制才能实施。

农户必须衡量自己占有的资金、技术,还得综合考虑其所处的自然条件和消费环境,以及自身所能承担的风险等,进行土地利用的选择,在这个决策的博弈过程中,协调各种作物之间的种植面积,获得最优种植结构。可以用利润最大化原则加以解释。

农户在有限资源下,如何能使农业生产获得最大的利益。根据规模经济分析,当资本不变时,产品生产收益随生产规模(主要是劳动投入规模)呈上升、平稳和下降三个趋势。换言之,平稳阶段所产出的收益(或利润)最大。如图 3 所示,横轴代表劳动量(L),纵轴代表收益(R)和成本(C),TR 为总收益曲线,TC 为总成本曲线,则从图上可以看出在 P-B 之间(TR-TC)的值最大,即此时获得的利润最大。把 PB 延伸下去与 OL 相交于 E 点,OE 即为最适度的劳动量投入。

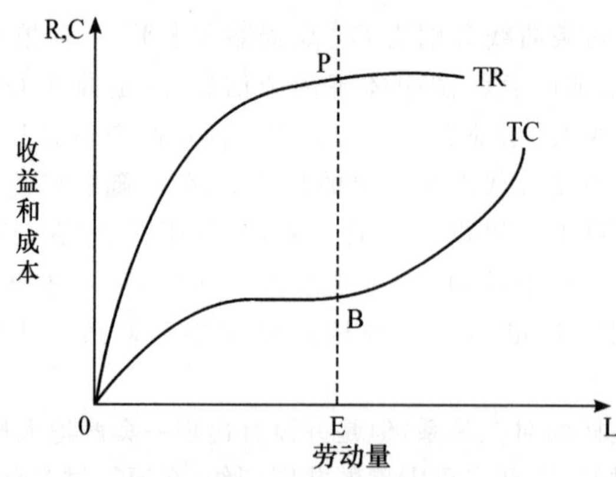

图 3　生产利润最大化：边际收益等于边际成本

Fig. 3　The maximization of production profit: marginal income is equal to marginal cost

如果用 X 代表产量，P 代表利润，则利润可表示为：

$$P = TP(X) - TC(X)$$

要使利润达到最大化，则要求：

$$dP = dTR/dX - dTC/dX = 0$$

由此可以得出利润最大化的条件是

$$dTR/dX = dX/dTC$$

说明利润最大化的条件是边际收益(dTX/dX)等于边际成本(dX/dTC)，即 $MR = MC$。

各地区的农户在农业生产中实践着"边际收益等于边际产出"的利润最大化原则。在不同自然条件和经济发展水平地区，农户对每个生产制约因素的反应不同，每个制约因素都可以划出类似的生产利润最大化曲线，但平稳区域不同。不同地区农户对制约因素的最优选择，使得这多条曲线叠加重合的结果，实现土地投入产出在图 3 中 PE 附近。

但是农户不会一窝蜂地去种植果蔬。因为对于经济发达地区的大兴来讲，自愿从土地上解放出来的农户会选择人力投入少的大田作物，对于离石、公主岭等其他地区来讲，果蔬需求量是有限的，农户会掂量需求过剩的情况下高投入是否还能够获得高产出，因此，耕地也不可能完全来种植果蔬。在这种情景下，土壤有机碳含量和土地投入之间不可能呈现对应增长的关系。具体见图 4 所示。

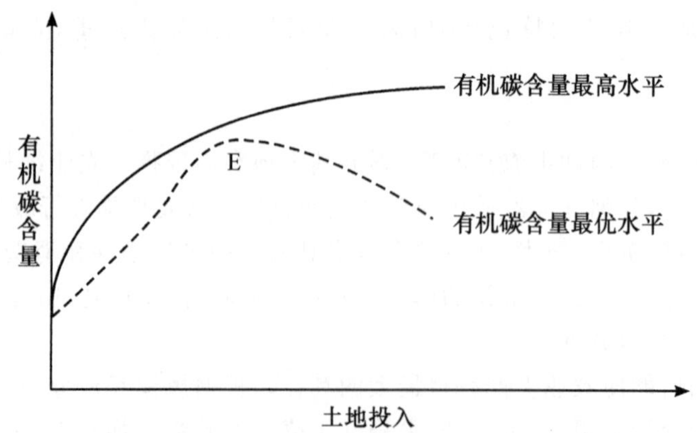

图 4　农业结构调整引发的土地投入变化与土壤有机碳含量的关系

Fig. 4　The relation of the change of land input due to agricultural structure regulation and SCO content

图中实线表示土地投入和土壤有机碳含量之间对应增长的情况，反映的是不同土地投入下土壤有机碳含量能够达到的最高水平；虚线表示土地投入和现实土壤有机碳含量之间的关系。显然，土壤有机碳含量最优水平线始终应在最高水平之下，图中两条曲线的位置关系说明了这个问题。随着土地投入增加，两条曲线初始阶段都呈现增加的趋势，但土壤有机碳最优水平在 E 点出现转折因为现实中土地投入不可能无限增加，不符合现实生产状况，也不经济。

经过多次博弈，东北样区的农户由于拥有肥沃的黑土资源，会根据自然禀赋的优越而减少对耕地的物质投入，减少了碳输入使得土壤有机碳含量降低；而黄土高原样区的农户由于自然条件差会增加物质投入来换取高收益，使得土壤有机碳含量增加；黄淮海平原样区的农户虽然耕作历史悠久，但是依据科技和资金的优势增加对土地的投入也促使土壤有机碳含量增加。

4 讨 论

农业的特殊产业性质使农业经营者的行为具有不同于一般生产者行为的特点。每个农户又是最理性的投资者。在既定的总经营面积和要素投入能力的约束下，农户首先寻求通过合理的安排，使粮食和油料等社会型作物的产量最大化，以尽可能地满足自身基本生活的需要；在此基础上，以收益最大化为目标，安排经济型作物的生产。在这个过程中不同地区的，不同收入水平的农户的土地投入不同，从而对土壤有机碳储量变化的影响也不同。黄淮海平原区耕作历史久，农户会选择追加对土地的投入，提高产量来增加碳输入的同时提高了土壤有机碳含量；黄土高原区土壤瘠薄，农户也会选择增加土地投入，这个过程中也提高了土壤有机碳含量；黑土区土壤肥沃，农户凭借所拥有的优越自然禀赋，对土地不投入或投入很少，土壤碳输出大于碳输入，土壤有机碳含量持续降低。

参考文献

[1] http://www.ipcc.ch/

[2] http://www.ihdp.org/

[3] http://gcte.org/igbp.htm

[4] FAO, Carbon Sequestration For Improved Land Management, World Soil Resources Reports, 2001

[5] Emanuel W. R., Shugart H. A. Stevenson M. P., Climatic change and the broad-scale distribution in terrestrial ecosystem complexes, Climate Ch8ange, 1985, 7: 29-43

[6] Xiaoke W., Zongwei F., Zhiyun O., The impact of human disturbance on vegetative carbon storage in forest ecosystem in China, Forest Ecology and Management, 2001, 148: 117-123

[7] Chevallier T., Voltz M., Blanchart E., Chotte J. L., Eschenbrenner V., Mahieu M., Albrecht A., Spatial and temporal changes of soil C after establishment of a pasture on a long-term cultivated vertisol (Martinique), Geoderma, 2000, 94: 43 - 58

[8] 杨昕，王明星，黄耀. 地-气间碳通量气候响应的模拟 Ⅰ. 近百年来气候变化. 生态学报，2002，22(2)：270-277

[9] 杨昕，王明星，黄耀，地-气间碳通量气候响应的模拟研究Ⅱ. 未来气候变化，生态学报，2002，22(6)：817-821

[10] Alessandra A. F., Pedro L. O., Henrique P. S., Carlos A. S., Francisco S. F., Soil organic carbon and fractions of a Rhodic Ferralsol under the influence of tillage and crop rotation systems in southern Brazil, Soil and Tillage Research, 2002, 64: 221 - 230

[11] 杨景成，韩兴国，黄建辉，潘庆民. 土地利用变化对陆地生态系统碳贮量的影响. 应用生态学报，2003，14(8)：1385-1390

The household economics explanation for the change of regional soil organic carbon content

Xu Yan, ZhANG Feng-rong

(Dept. of Land Resources and Management, CAU, Beijing, 100193, China)

Abstract This study investigates changes in SOC in three different agro-ecological zones, the Huang Huai-hai Plain, the Loess Plateau and the Northeastern China. For analyzing the changes of SOC in 1980-82 and again in 2000, the soil organic carbon content of these samples were analyzed respectively. The results are as followings: the SOC content increased in the Huang Huai-hai Plain; the SOC content increased in the Loess Plateau; the SOCcontent decreased in the Northeastern China. The farmers decided the land use method and land input according to own money, technology, policy, etc.

Key words soil organic carbon content, household behaviors, land use

三江平原白浆土供肥能力在持续利用中的变化

张之一　辛　刚

（黑龙江八一农垦大学植物科技学院，黑龙江　大庆 163319）

摘要：在不施肥的情况下，在三江平原白浆土上，经 18 年连续种植农作物，其产量年度之间差别很大，高低相差 3.5～7 倍，不同作物有所不同。轮作的产量高于连作，其变化基本是同步的，但有的年度其产量相近。土壤农化性状没有发生明显的变化。

关键词：白浆土；土壤供肥能力；轮作；连作

在不施任何肥料的情况下，完全靠土壤提供营养所得到的产量，称谓土壤的供肥能力。本试验是通过连续 18 年（1987—2004）不施肥，并采取轮作和连作方式，种植小麦、大豆、玉米所得到的产量结果，来探讨土壤供肥能力的变化，及其对土壤养分状况的影响。本文是在草甸白浆土上长期试验的一部分。

1　材料和方法

试验是在三江平原草甸白浆土（漂白淋溶土）上进行的，小区面积 79.2 m^2，设玉米、大豆、小麦连作和小麦-小麦-大豆-牧草-玉米-大豆 6 区轮作，8 次重复；供试作物及亩播量是：大豆合丰 25 号 7.5 kg，小麦克丰 3 号 15kg，玉米垦玉 1 号 1.5 kg，牧草为一年生白花草木樨，亩播量为 3.5 kg。除耕翻和中耕除草外，不施用任何物料，在作物成熟期，取大豆、玉米 2 m^2（154 cm×65c m），小麦取 1 m^2，，在室内测产。1986 年秋天在试区内每间隔 10 m 取一个 0～20 cm 深的土样，之后每 6 年一个轮作周期结束时，即 1992 年、1999 年、2004 年于秋季作物收获后，都每个小区取 10 m～20 cm 深的混合样，在室内进行分析。

分析项目和方法：

有机质——重铬酸钾氧化法；

全氮——H_2SO_4-$CuSO_4$-Se 消煮，凯氏定氮法；

碱解氮——碱解扩散吸收法；

全磷——H_2SO_4-$HClO_4$ 消煮，钼锑抗比色法；

有效磷——0.5 mol/L $NaHCO_3$ 浸提，钼锑抗比色法；

有效钾——1 mol/L NH_4OAc 浸提，火焰光度计测定；

阳离子交换量——NH_4OAc 法；

pH——1∶5 土水比，酸度计测定；

电导率——1∶5 土水比，电导仪测定。

2　试验结果和讨论

在不施肥的条件下，采取轮作和连作方式，连续 18 年种植农作物，所得到的产量结果见表 1。从表中可以看出，年际之间差别很大，高低相差 3.5～7 倍。三大作物也有所不同，见表 2。18 年的平均结果，轮作比连作小麦增产 16.5%，大豆增产 19.8%，玉米增产 18.9%。

2.1　小麦产量的变化

小麦产量的变化见图 1，从图 1 可以看出，头 3 年轮作和连作几乎没有差别，以后各年，总的趋势是轮作的产量高于连作，但有的年份，如 1992 年、1998 年、2000 年、2003 年和 2004 年轮作和连作产量相近。不管是轮作还是连作，最高产量均出现在 1992 年，最低产量是在 2004 年。土壤的供肥能力呈曲折状，逐渐有所下降。

表 1 草甸白浆土历年的供肥能力(kg/hm²)

年份	小麦		大豆		玉米	
	轮作	连作	轮作	连作	轮作	连作
1987	603	605	1 020	1 140	2 261	2 462
1988	1 991	1 940	1 254	953	3 722	3 339
1989	927	813	1 149	695	3 812	3 311
1990	1 497	969	1 533	1 512	5 394	4 551
1991	1 305	954	1 692	1 248	4 922	3 852
1992	2 031	2 006	1 287	1 202	5 279	3 150
1993	1 535	1 177	1 087	887	5 386	4 677
1994	985	616	1 947	1 870	4 306	3 740
1995	1 699	1 139	1 631	1 335	5 366	3 914
1996	1 391	1 233	1 743	1 487	4 238	3 384
1997	1 437	1 125	1 351	1 294	6 275	4 644
1998	945	984	756	526	3 319	3 156
1999	1 020	1 054	1 849	1 142	1 058	886
2000	882	784	1 139	981	3 341	3 234
2001	1 392	1 006	1 108	728	3 813	3 079
2002	1 086	848	557	499	3 383	2 751
2003	581	568	902	434	3 145	1 154
2004	380	288	878	631	1 572	1 325
平均	1 204.8	1 006.1	1 271.3	1 030.3	3 921.8	3 144.9

表 2 18 年间三大作物轮作连作最低和最高产量(kg/hm²)

作物	轮作			连作		
	最低	最高	相差倍数	最低	最高	相差倍数
小麦	380	2031	5.3	28 8	2006	7.0
大豆	557	1947	3.5	43 4	1 870	4.3
玉米	1 058	6 275	5.9	88 6	4 677	5.3

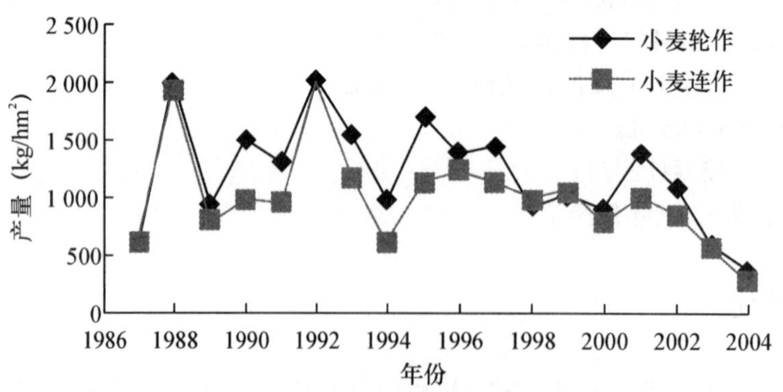

图 1 小麦轮作连作历年产量变化

2.2 大豆产量的变化

大豆产量的变化见图 2。从图 2 看出，大豆轮作和连作的产量头 3 年就有明显差别。但以后的变化大部分是同步的，即轮作产量高低和连作是相应的，也有些年份产量相近，如 1990 年、1992 年、1994 年和 2002

年相差无几，同样有逐渐下降的趋势。

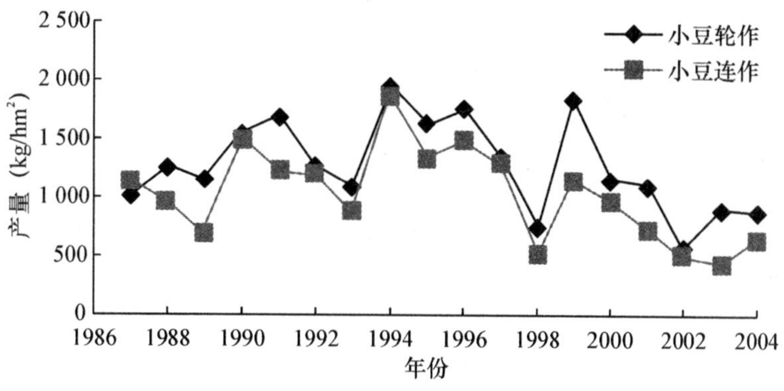

图 2　大豆轮作、连作历年产量的变化

2.3　玉米产量的变化

玉米轮作时的最低产量，为 1999 年的 1 058 kg/hm^2，最高产量是在 1997 年，为 6 275 kg/hm^2，两者相差 5.9 倍；连作最低产量是在 1999 年，为 886 kg/hm^2，最高产量是在 1993 年，为 4 677 kg/hm^2，相差 5.3 倍。轮作比连作增产 16.3%～25.5%。各年的产量变化见图 3。从图 3 可以看出，玉米轮作和连作产量的变化。基本是同步的，即高时都高，低时都低，其中有几年如 1998、1999、2000、和 2004 年，两者产量都是相近的。

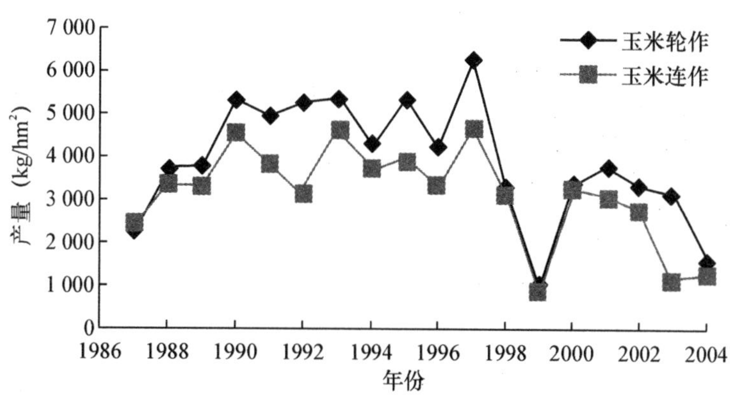

图 3　玉米轮作、连作历年产量的变化

2.4　土壤农化性状的变化

从表 3 可以看出，轮作和连作在样本量相同的情况下，分别进行比较，土壤养分状况没有明显的变化。连作区由于其产量较低，土壤养分含量有稍高于轮作区的趋势。

表 3　土壤农化性状分析结果

年份		有机质 (g/kg)	全氮 (g/kg)	全磷 (g/kg)	碱解氮 (mg/kg)	Olsen-p (mg/kg)	NH_4OAc-K (mg/kg)	CEC (cmol/kg)	pH	电导率 (mS/cm)	样本量 (n)
1986	基础	35.1	2.45	0.53	280.0	5.9	90.5	27.1	6.1	31.6	40
1992	轮作	35.2	1.75	0.53	167.3	8.1	123.8	22.0	6.3	31.1	240
	连作	37.6	1.80	0.56	177.8	7.6	130.2	23.0	6.3	29.5	120
1998	轮作	36.7	1.77	0.59	163.6	8.1	122.8	23.3	6.3	29.5	240
	连作	36.6	1.85	0.55	181.8	8.1	137.7	24.0	6.2	32.0	120
2004	轮作	37.2	1.70	0.55	171.9	8.1	111.2	32.0	6.1	30.3	240
	连作	37.8	1.71	0.57	177.0	8.2	118.7	32.3	6.1	29.2	120

3 结 论

1)在不施肥的情况下,连续种植农作物,其产量总的趋势是逐步下降的,但年度之间差别很大,相差3.5～7倍。

2)轮作和连作产量的变化,基本上是同步的,但三大作物年度之间有不同的表现。

3)在其他条件基本相同的情况下,年度之间出现稳定之后,如不受到土壤侵蚀,单是农作物的消耗,其变化是迟缓的。

4)在地力差减法配方施肥中,是以不施肥的产量为地力,从本试验来看,由于地力受气候的影响,很不稳定。由此可见,在利用地力差减法计算施肥量时,加经验判断的必要性。

台湾都市土壤之特性与土壤分类

简士濠[1]　蔡呈奇[2]　许正一[3]　陈尊贤[4*]

（1.中央研究院生物多样性研究中心，台北 11529；2.国立宜兰大学自然资源系，宜兰 20647

3.国立屏东科技大学环境工程与科学系，屏东 91201；4.国立台湾大学农业化学系，台北 10617）

*：通讯作者，E-mail：soilchen@ntu.edu.tw

摘要：本研究以台湾地区不同型态都市之公园土壤为研究对象，调查其土壤形态特征与基本理化性质，并依据美国土壤检索系统及联合国世界土壤参比系统将之分类。结果发现，本研究中三个经过人为移积及包含人为制品的都市公园土壤在此两分类系统的标准下，仅世界参比系统可将高雄都会公园土壤可分类为 Technosol。此结果显示未来此两分类系统对人为土壤（Anthrosol）的分类标准尚有不足之处，尤其为人为制品（artifacts）的含量标准与土壤经人为移积后再次化育的现象，需更进一步讨论并尝试将之归纳为人为土壤分类的依据。

关键词：人为土；土壤分类；都市土壤

人为土（Anthrosols）在世界各主要土壤分類系统中已逐渐受到重视，其定义大致上是指受人類各种活动（农业、工业或民生）影响，致使土壤改变自然化育的形态特征、理化性质与化育层次，且因回填碎石、砖块及客土等使原土壤被埋藏于下方[1][2]。Meuser and Blume（2001）[3]将德国 Osnabruck 市区土壤，以聯合国分類系统加以分類成 Anthrosols，且包含 Plaggic 与 Hortic 兩个亚類，但以美国土壤新分類系统（Soil Taxonomy）却无法将之分類。Short et al.（1986）[4]曾调查美国华府行道树下人行步道之土壤，建议在 Soil Taxonomy 之 Udorthents 和 Ochrepts 中，从 Fluvial 之亚類中区分出 urbic（砖块、玻璃等）、spolic（客土但不含砖块、玻璃及水泥等）、Garbic（有机废弃物）与 Dredgic（底泥与无机污泥）等亚類。目前为止，针对人为土壤，美国土壤分类系统尚未有统l标准，仅在人为土壤国际委员会（ICOMANTH）的公告信件中有陆续的讨论与定义。而世界土壤参比系统(WRB)中 Anthrosol 与 Technosol 的定义虽已有规定，但订定标准亦尚有人有不同的建议。故本研究之目的为：(1)了解台湾地区都市土壤之形态特征与理化性质；与(2)以美国及欧洲现行土壤分类系统为依据，针对台湾地区都市土壤进行分类，并就分類过程中所遭遇的问题与困难事项，进一步提出人为土的分類问题与建议，以供未來建立之人为土分類上的參考。

1　材料与方法

1.1　土壤研究区域之选择

本研究以台湾地区不同型态都市的公园土壤为研究对象。北部区域在台北市内选择大安森林公园（占地约 26 公顷）、青年公园（占地约 24 公顷）、与新生公园(占地约 19.5 公顷)等三个都会公园；南部区域在高雄市内选择高雄都会公园（占地约 90 公顷）；而东部区域则在宜兰市内选择羅东运动公园（占地约 47 公顷）作为调查研究样区(图 1)。不同型态都市的分类上，台北市属于商业都市，高雄市属于工业都市，而宜兰市则属于休闲都市。

1.2　土壤形态特征描述及物化分析

各样区中，各挖掘两个剖面作为代表性剖面，剖片形态特征描述依照美国农部土壤描述方法[5]。现场采集剖面各层土壤，携回实验室后进行各项物化分析，包括土壤反应（pH 值）、粒径分析、阳离子交换容量、有机碳分析、可交换性盐基与盐基饱和度等基本性质分析。

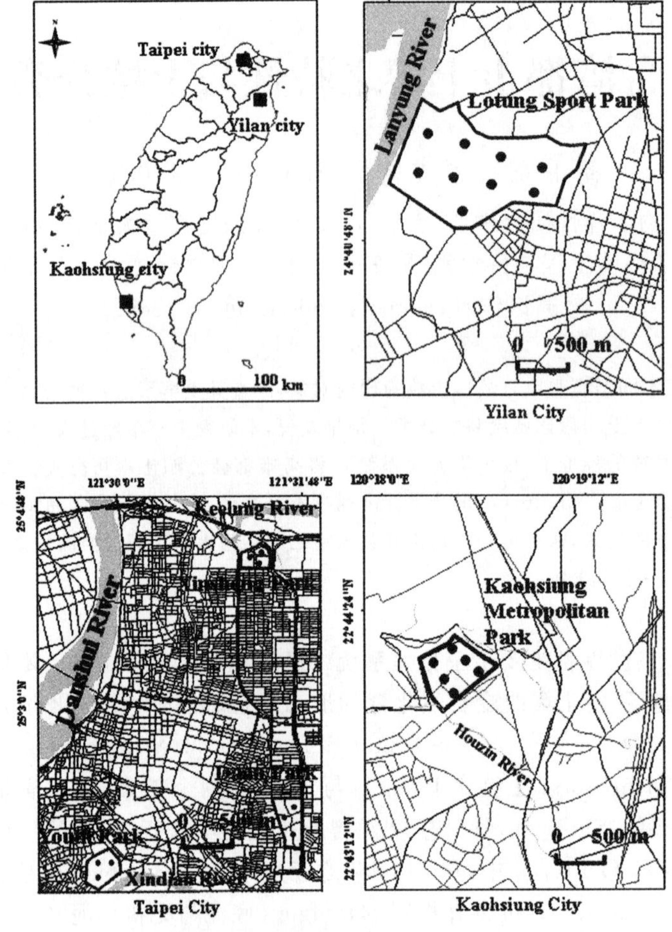

图 1 研究区域及剖面采样位置。

Fig. 1 Location of sampling and study sites.

1.3 土壤分類

依照世界土壤參比系统（WRB system）[6]、美国土壤分类系统（Soil Taxonomy）[7]与人为土壤分類国际委员会（ICOMANTH）所草拟之人为土之诊断性化育层与特征，将所挖掘的土壤剖面予以土壤分類。

2 结果与讨论

2.1 土壤形态特征

位于宜兰市的罗东运动公园乃座落于兰阳溪侧的河阶地处（图 1），所处地已属于兰阳溪较下游部分，可推论应属于河流冲积土壤。由土壤形态特征看来，土壤已属于较弱度化育的状况。根据目前土壤风化的状况，两剖面皆具有变育层（Cambic horizon，Bw），依据美国土壤分类检索系统（Soil Survey Staff，2006），此公园土壤皆可分类为弱育土纲（Inceptisols）。剖面中另外发现具有色值 ≥ 6，色度≥ 4 的氧化还原形态特征（redoximorphic features），显示此土壤排水不良。此外，本公园土壤剖面中，皆无发现人为制品（artifacts），土壤剖面中亦无发现有任何石砾存在（表 1）。

位于台北市之大安森林公园土壤剖面排水皆属良好。剖面一（DP－1）之整层土壤质地皆属较粗质地，A 层为壤土砂土，而亚表层为不同层序堆积层（1^Cu），质地为壤土砂土，土层中含有 25％之不规则状或圆形砾石与 10％之碎裂砖块，属人为土壤国际委员会所公告之人为移积物质（human transported material，HTM）。接续亚表层而下为另一不同层序堆积（2^C），质地属于砂土，颜色较亚表层与下层之案，色度较低

(10YR 4/2)。底部两层亦为另一不同层序之堆积物质(3^C1 及 3^C2),土层中皆包含 20%以上之砾石物质,亦较为坚硬密实。土壤中所含之石砾,推测皆非冲积而来,应属于公园建造初期,人为移积之土层。DP—2 剖面形态特征与 DP—1 剖面类似。

位于高雄市的高雄都会公园为垃圾掩埋场土地利用之都会建设之一。土壤剖面中分别在不同深度中出现中等至多量的(5%～30%)人为制品,如塑料、砖块或金属物等(表 1),显示当时建设公园阶段,经历人为的翻搅或堆积甚钜。此外,高雄都会公园剖面之土壤层次边界皆有一层以上属于突变(abrupt)或清楚(clear)的层界(表 1),故可推论此公园土壤应经过多次翻堆或人为堆积。

表一 台湾地区都市公园土壤之形态特征描述

Table 1 Soil morphological features of urban soils selected from three study cities in Taiwan

Horizon (cm)		Depth Color	MunsellTexture[a]	Structure[b]	Consistence[c]			Roots[d]	Artifact
LSP—1									
^A	0～15	10YR 5/1 (90%) 10YR 6/6 (10%)	L	2vf&f abk	fr,ns&np	m vf&f	—	—	d
^Bw1	15～35	10YR 5/1 (80%) 5YR 5/8 (20%)	L	1vf& abk	fr,ns&np	f vf	—	—	d
^Bw2	35～55	10YR 3/1 (80%) 5YR 5/8 (20%)	L	1vf&f abk	fr,ns&np	—	—	—	cs
2Bwg1	55～85	3/5PB	SL	2vf&f abk	sfi,ns&np	—	—	—	d
2Bwg2	85～100	3/5PB	SL	2vf&f abk	sfi,ns&np	—	—	—	
LSP2									
^A	0～12	10YR 5/2 (80%) 5YR 4/6 (20%)	L	2f&m abk	sfi,ns&np	m vf&f	—	—	gs
^Bw	12～35	10YR 4/1 (80%) 10YR 5/6 (20%)	L	2vf,f&m abk	sfi,ns&np	c vf&f	—	—	cs
2Bwg1	35～55	4/N (90%) 10YR 5/6 (10%)	L	2f&m abk	fi,ns&np	—	—	—	gs
2Bwg2	55～70	3/N	LS	crumb	vfr	—	—	—	d
2Bwg3	70～100	2.5/N	LS	crumb	vfr	—	—	—	
DP—1									
^A	0～5	10YR 3/2 7.5YR 5/8 (15%)	LS	1—vf&f—gr& 2— vf&f—abk	fri—ss—sp	m—vf—f	—	—	cs
1^Cu	5～30	10YR 5/4	LS	2— vf&f—gr& — vf&f—abk	fri—ss—sp	c— vf—f	red bricks (10%)	25%	gs
2^C	30～45	2.5Y 4/2	S	structureless	lo—ns—np	—	—	—	cs
3^C1	45～60	10YR 5/4 10YR 7/8 (15%)	LS	2—vf—f—abk	fri—ss—ps	—	—	20%	d
3^C2	>60	10YR 5/4 10YR 7/8 (15%)	LS	2—vf—f—abk	fri—ss—ps	—	—	20%	d
DP—2									
^A	0～13	10YR 3/3	LS	1— vf&f—gr	vfri—ns—np	m—vf—f	—	—	d
1^Cu	13～33	10YR 4/6	S	structureless	lo—ns—np	c— vf—f	red bricks (5%)	5%	gs
2^C	33～50	10YR 4/3	LS	1—vf&f—gr& 1— vf&f—abk	fri—ss—sp	—	—	30%	gw
3^C	50～70	10YR 4/3 7.5 YR 6/8	LS	1—vf&f—gr& 1— vf&f—abk	fri—ss—sp	—	—	50%	cs
4^Cd	>70	N3/0	LS	1— vf&f—abk	fri—ss—sp	—	—	30%	d
KMP-1									
^A	0～15	5Y 4/2	SL	3—m&c—sbk	vfri—ns—np	f—m	—	—	sd
1^C1	15～30	5Y 3/2	SL	cr	vfri—ns—np	—	—	—	sa
2^C2u	30～48	5Y 4/2	SL	1—m—abk	vfri—ns—np	—	plastics (5%)	—	sc

续表表一

Horizon (cm)		Depth Color	MunsellTexture[a]	Structure[b]	Consistence[c]			Roots[d]	Artifact
LSP－1									
3^C3	>48	5Y 4/2	SL	cr	vfri－ns－np	—	—	—	
KMP-2									
^A	0～20	2.5Y 4/3	SL	2－f－sbk	fri－ns－np	f－f	—	—	sd
1^Cu	20～30	5Y 3/2	SL	1－f－sbk	fri－ns－np	—	plastics (10%) red bricks (10%)	—	wa
2^Cu	>30	5Y 2.5/2	SL	1－f－sbk	fri－ns－np	—	plastics (10%) metal wires (10%) steel slag (30%)	—	—

a: C=clay; L = loam; CL=clay loam; SiC=silty clay; SiL = silty loam; SiCL = silty clay loam.

b: 1 = weak, 2 = moderate, 3 = strong; vf = very fine, f = fine, m = medium; g = granular, abk = angular blocky, sbk = subangular blocky.

c: l = loose, fi = firm, fr = friable, sfi = slightly firm, vfr = very friable; ns = non sticky, ss = slightly sticky, s = sticky, np = non plastic, sp = slightly plastic; p = plastic.

d: c = common, f: = few, m = many; c = coarse, f = fine, m = medium, vc = very coarse, vf = very fine.

e: a = abrupt, c = clear, d = diffuse, g = gradual; b= broken, i = irregular, s = smooth, w = wave.

2.2 土壤理化性质

宜兰市罗东运动公园之土壤，质地属于壤土或砂质壤土，土壤已有构造生成。由基本理化性质结果看来，二剖面的 pH 值范围在 4.0～6.0 间，盐基饱和度平均皆低于 50%（表 2），显示土壤已有化育作用。质地方面，LSP－2 剖面 55 公分以下，砂粒部分由 30%突增至 60%，显示 55 公分以上之土层非为同l层序之土层，而此现象亦可由 CEC 数值得到相同推论。

大安森林公园土壤剖面层次皆为非均质之土壤层序。理化性质分析上，两剖面的有机碳含量随土壤深度呈现不规则减少（表 2）。DP－1 的 1^Cu 层下方的 2^C 层，质地皆为细砂，pH 值由稍酸升至中性偏碱（6.8 升至 7.7），CEC 亦显著降低（7.0 降至 3.9），此些结果显示土层不连续之事实。同样的，DP－2 剖面的 2^C 层在质地、pH 和盐基饱和度上，也显示出土层不连续的事实。

高雄都会公园中两代表性剖面之土壤皆属于砂质壤土，砂粒含量皆高于 59%以上（表 2）。此公园剖面深度皆较浅，深度皆不超过 60 公分。化学性质分析方面，土壤 pH 值除表层因为有机质累积或冲蚀淋洗的关系，导致 pH 值较为降低外，其余土层 pH 值皆在 7.5～8 之间。钙（3.6～16 cmol(＋)/kg)和镁（0.41～1.02 cmol(＋)/kg)为主要盐基离子，盐基饱和度亦皆相当接近 100%。显示土壤之风化程度正处于起始阶段。KMP－1 和 KMP－2 剖面之有机质含量随深度有不规则增减的情形，显示此些土壤受扰动较为剧烈。

2.3 土壤分类

东部地区的罗东运动公园土壤，由于土壤已有些微化育作用，虽形态特征显示剖面中土层的不均质性，但依据目前美国 Keys to Soil Taxonomy (2006)或 WRB System (2007)之分类标准，仅能将之分类为弱育土（Inceptisols 或 Cambisols)（表 3)。而问题在于此公园上部土壤属于人为移积物质（Human transported material)（ICOMANTH ）。根据人为土壤国际委员会的公告标准，未来此公园土壤应可分类为人为土壤。此外，依据世界土壤参比系统之分类标准，由于此土壤中并无发现任何人为制品或人制坚硬石料（technic hard rocks)，故无法分类为 Technosol，仅能分类为 Cambisol，并加上一 Transportic 的后注。此结果显示两分类系统中对移积土壤的分类差异，此现象在未来应可作为参考并继续讨论之，此现象亦被 Dazzi and Moteleone (2007)[8] 所提出并讨论。

位于北部地区的大安森林公园，根据美国土壤分类标准应分类为湿润。

表 2 台湾地区不同都市公园土壤理化性质分析

Table 2 The physical and chemical characteristics in study soils in urban parks in Taiwan

Horizon	Depth	Sand	Silt	Clay	pH		O. C[a]	CEC[b]	Exchangeable				Sum of Cations	BS%c
					H_2O	KCl			K	Na	Ca	Mg		
	cm	——	%——				g/kg			——cmol (+)/kg——				%
LSP—1														
^A	0—15	39.2	41.1	19.7	5.20	4.07	17.0	11.8	0.10	0.12	3.17	0.51	3.89	33.0
^Bw1	15—35	50.4	34.4	15.2	5.43	4.24	9.00	8.50	0.04	0.25	3.30	0.37	3.95	46.0
^Bw2	35—55	53.2	32.2	14.6	5.18	4.27	11.0	9.00	0.04	0.13	3.95	0.43	4.55	51.0
2Bwg1	55—85	45.7	39.6	14.7	5.39	4.56	10.0	7.80	0.05	0.57	3.38	0.33	4.34	56.0
2Bwg2	85—100	52.6	35.3	12.1	5.59	4.56	9.00	6.80	0.05	0.11	3.27	0.36	3.79	56.0
LSP—2														
^A	0—12	31.8	45.5	22.7	5.18	4.18	22.0	15.3	0.08	0.18	5.12	0.43	5.82	38.0
^Bw	12—35	34.6	43.7	21.7	4.94	3.92	16.0	11.2	0.04	0.17	3.34	0.39	3.94	35.0
2Bwg1	35—55	30.5	51.1	18.4	4.60	3.76	8.00	10.1	0.04	0.12	2.38	0.38	2.93	30.0
2Bwg2	55—70	62.7	27.0	10.3	4.47	3.71	6.00	5.10	0.03	0.07	2.63	0.43	3.17	62.0
2Bwg3	70—100	57.8	28.0	14.2	5.03	4.25	7.00	5.40	0.04	0.09	3.60	0.47	4.20	78.0
DP—1														
^A	0—13	75.9	13.6	10.5	5.80	4.40	6.60	7.80	3.60	0.90	0.20	0.50	5.20	66.0
1^Cu	13—33	79.3	10.9	9.84	6.80	5.00	1.60	7.00	3.20	0.90	0.10	0.30	4.50	64.0
2^C	33—50	61.0	24.4	14.5	7.70	6.70	2.10	3.90	3.60	1.50	0.20	0.40	5.70	100
3^C1	50—70	40.5	38.9	20.5	7.60	7.00	3.50	15.0	6.10	3.30	0.30	0.50	10.2	67.0
3^C2	>70	55.1	31.5	13.3	5.90	5.40	6.60	—[d]	—	—	—	—		—
DP-2														
^A	0—5	46.3	31.2	22.5	6.50	5.90	47.0	15.0	6.00	2.00	1.70	0.40	10.1	70.0
1^Cu	5—30	54.7	28.1	17.1	7.80	7.20	4.90	7.10	9.60	1.80	0.30	1.00	12.7	100
2^C	30—45	77.2	13.6	9.15	5.20	4.30	4.30	5.60	3.00	1.00	0.10	0.50	4.60	85.0
3^C	45—60	56.5	25.8	17.7	7.70	7.00	1.20	6.80	7.20	1.80	0.30	0.60	9.90	100
4^Cd	>60	52.0	29.6	18.4	7.70	7.20	3.70	7.90	6.30	1.70	0.30	1.20	9.50	100
KMP—1														
^A	0—15	70.0	16.0	14.0	7.01	6.22	8.80	4.83	0.40	0.11	4.64	0.73	5.88	100
1^C	15—30	70.6	15.8	13.6	7.97	7.18	4.60	3.26	0.22	0.11	6.63	0.43	7.39	100
2^Cu	30—48	74.1	19.3	6.60	7.93	6.76	3.50	4.85	0.16	0.04	4.92	1.02	6.13	100
3^C	>48	77.6	14.7	7.80	7.63	6.22	4.20	3.88	0.17	0.12	3.60	0.41	4.30	100
KMP—2														
^A	0—20	81.0	15.5	3.4	6.21	5.40	13.8	11.7	0.41	0.10	5.66	0.85	7.03	60.0
1^Cu	20—30	74.0	13.9	12.0	7.50	6.74	14.2	7.04	0.15	0.13	16.9	0.45	17.7	100
2^Cu	30—60	59.6	22.1	18.2	7.55	7.11	38.4	13.9	0.19	0.09	16.6	0.88	17.7	100

a: Organic carbon.

b: Cation exchange capacity.

c: Base saturation percentage.

d: Data not available.

表 3 台湾地区都市土壤在美国土壤检索系统与世界土壤参比系统中之分类名称

Table 3 Classification of urban soils in study parks in Taiwan based on WRB system (2007) and Keys to Soil Taxonomy (2006)

Urban soils	WRB system (2007)	Keys to Soil Taxonomy (2006)
Yilan		
LSP－1	Haplic Cambisol (Eutric, Transportic)	Epiaquept
LSP－2	Endogleyic Cambisol (Eutric, Transportic)	Endoqauept
Taipei		
DP－1	Technic Regosol (Eutric, Skeletic)	Typic Udifluvent
DP－2	Colluvic Regosol (Eutric, Skeletic)	Typic Udifluvent
Kaphsiung		
KMP－1	Colluvic Regosol (Eutric, Skeletic)	Typic Udifluvent
KMP－2	Urbic Technosol	Typic Udifluvent

新成土 (Udifluvents)，表土层深度不足，依目前分类标准，尚无法归类为人为表育层 (Anthropic epipedon)或厩积表育层 (Plaggen epipedon)。但由于土壤为不均质之层序，且具有 5%以上的碎砖瓦及 20%以上的石砾 (表 1、表 2)，故属于人为移积土壤。根据人为土壤国际委员会标准，此公园土壤应可分类为人为土壤。另一方面，在世界土壤参比系统之分类标准下，此公园的两代表性土壤分别分类为 Technic Regosol (Eutric, Skeletic)与 Colluvic Regosol (Eutric, Skeletic)。无法分类为 Technosol 的原因在于土壤中人为制品或人造坚硬石料的含量不足 (≤10%)。

位于南部地区的高雄运动公园，除为不均质土层外，土壤中具有 5%以上的塑料制品或 10%以上的砖瓦碎屑和金属物料等人为制品 (表 1、表 2)。根据人为土壤国际委员会标准，此公园土壤亦可分类为人为土壤。在世界土壤参比系统之分类标准下，此公园的两代表性土壤分别可分类为 Colluvic Regosol (Eutric, Skeletic)与 Urbic Technosol。此分类结果显示高雄都会公园中的土壤具强烈的人为扰动性。

针对本研究结果，比较美国土壤检索系统(ST)和世界土壤参比系统(WRB)，虽然美国土壤检索系统尚未对人为土壤进行详细的定义规定，但依据目前人为土壤国际委员会的公告标准，本研究地区的三个公园土壤皆可分类为人为土壤。而针对世界土壤参比系统的土壤分类标准，本研究地区的三个公园土壤虽被分类为不同类型之都市土壤(Regosol、Cambisol 和 Technosol)。但皆无法定义为人为土壤，原因为世界土壤参比系统中之人为土壤的规定仅限于人为耕犁土壤。

3 结 论

(1)世界参比系统的分类标准中，Technic 或 Technosol 的定义为必需在土壤 100 公分内，含有 10%以上人为制品。本研究区域土壤皆浅，甚至有些不到 60 公分，即已出现 5%以上之人为制品，但仍无法分类为 Technic Regosol 或 Technosol。故本研究建议针对人为制品出现的深度与含量规定有需要再讨论的必要。

(2)除人为制品之出现可作为人为土壤分类之标准外，本研究建议人为堆积或移积的影响也可纳入世界参比系统中，作为土壤分类之标准。

参考文献

[1] Buondonno, C., A. Ermice, A. Buondonno, M. Murolo, and M. L. Pugliano. 1998. Human-influenced soils from an iron and steel works in Naples, Italy. Soil Sci. Soc. Am. J. 62(3):694-700

[2] Bidwell, O. W., and F. D. Hole. 1965. Man as a factor of soil formation. Soil Sci. 99:65-72

[3] Meuser, H, and H. P. Blume. 2001. Characteristics and classification of anthropogenic soils in the Osnabruck area, Germany. J. Plant Nutr. Soil Sci. 164:351-358

[4] Short, J. R., D. S. Fanning, J. E. Foss, and J. C. Patterson. 1986. Soils of the Mall in Washington, DC: I.

Statistical summary of properties. Soil Sci. Soc. Am. J. 50:705-710

[5] Schoeneberger, P. L, D. A. Wysocki, E. C. Benham, and W. D. Broderson. 2002. Field book for describing and sampling soils, Version 2.0. Natural Resources Conservation Service, National Soil Survey Center, Lincoln, NE

[6] IUSS Working Group WRB. 2007. World Reference Base for Soil Resources 2006, first update 2007. World Soil Resources Reports No. 103. FAO, Rome

[7] Soil Survey Staff. 2006. Keys to Soil Taxonomy. USDA-NRCS, Agricultural Handbook No. 436, 10th ed., U. S. Gov. Print. Office, Washington, D. C

[8] Dazzi, C and S. Monteleone. 2007. Anthropogenic processes in the evolution of a soil chronosequence on marly—limestone substrata in an Italian Mediterranean environment. Geoderma. 141:201-209

Characteristics and Soil Classification of Urban Soils in Taiwan

Jien Shih-Hao[1], Tsai Chen-Chi[2], Hseu Zeng-Yei[3], and Chen Zueng-Sang[4]*

1. Research Center for Biodiversity, Academia Sinica, Taipei 11529, TAIWAN
2. Department of Natural Resource, National I-Lan University, I-Lan 20647, TAIWAN
3. Department of Environmental Science and Engineering, National Pingtung University of Science and Technology, Pingtung 91201, TAIWAN
4. Department of Agricultural Chemistry, National Taiwan University, Taipei 10617, TAIWAN

*: Corresponding author: Zueng-Sang Chen, E-mail: soilchen@ntu.edu.tw
Lab website: http://Lab.ac.ntu.edu.tw/soilsc/

Abstract The objectives of this study are to survey and classify the urban soils in different cities of Taiwan based on Keys to Soil Taxonomy (2006) and World Reference Base for Soil Resources (WRB) system (2007). The results indicated that all urban soils in Taiwan which have been altered and transported into the urban parks of Taiwan. These urban soils can not certainly be classified as Anthrosols or Technosols. Based on WRB system, Technosols must have the characteristics of amounts of artifacts. In Taiwan, most of the urban soils were deeply disturbed or created by several times of soil transportation. We suggested that this situation should be considered in the soil classification of Anthrosols.

Key words Anthrosol; Technosols, Soil Taxonomy, WRB system; soil classification; urban soils.

新疆绿洲棉田土壤质量演变与评价*

梁智　徐万里　周勃　朱敏　钟新才　丁峰

（新疆农业科学院土壤肥料研究所，乌鲁木齐　830091）

摘要：采用土壤调查、分析测试和数理统计的方法研究了新疆典型绿洲棉田土壤质量的演变规律。研究结果表明，在目前棉花连续种植、秸秆还田和配合施用化肥的种植模式下，随着种植年限的增加，土壤化学质量先增加然后趋于稳定，土壤微生物生态结构由细菌型向真菌型转变，土壤生物质量趋于变差，棉田土壤质量综合指数上升趋势明显，总体趋势较好，但是总体质量不高，土壤质量综合指数较低为0.4～0.65。

关键词：绿洲棉田；种植模式；秸秆还田；土壤质量

新疆是我国最大的优质商品棉生产和出口基地[1,2]，棉田面积超过140万 hm^2，占新疆耕地面积的三分之一，棉花产业已成为新疆农业的主要支柱产业。由于棉花高强调的集约化经营，植棉面积占其耕地面积的比例较大，尤其是宜棉区，植棉面积占其耕地面积的70%～80%，连作现象非常普遍。为了维护地力，提高棉花产量，棉花产区普遍采用秸秆粉碎还田和化肥配施的耕种管理模式。棉田土壤质量是棉花产业可持续发展的重要基础，土壤质量演变趋势已成为现代土壤学研究的前沿和核心问题[3,4,5]。了解新疆棉区目前耕种管理模式下土壤质量的演变趋势，并对棉田土壤质量做出全面合理的评价，这对改进棉田土壤质量管理，保证棉花产业的可持续发展具有重要的理论与实践意义。迄今为止，有关绿洲棉田土壤质量的系统研究还未见报道，尚未对绿洲棉田土壤质量的演变规律和评价方法进行研究。本文通过对新疆绿洲棉田不同耕种年限的土壤化学、生物学指标进行分析，运用逐步回归分析法筛选土壤质量评价指标，以指数和法计算土壤质量综合指数值，进而阐明绿洲棉田土壤质量的演化规律，其结果不仅可以丰富土壤学研究的内涵，而且可为新疆棉田土壤质量管理提供理论依据。

1　材料与方法

1.1　研究区域自然概况

本研究区位于新疆南疆地区的沿天山分布带，位于东经79°7′21″～87°15′24″，北纬39°49′30″～41°26′22″；总面积为20万 hm^2。年平均降水量20～80 mm。年平均气温9～12 ℃。土壤类型主要以棕漠土为主。研究区域是我国主要的棉花主产区。

1.2　土壤样品的采集与分析

于2007年7～9月在研究区选取不同种植方式（棉花连作与棉花/水稻轮作）及不同利用年限的棉田样地132个。在南疆的喀什、阿克苏、巴州等地区选择12个典型区域为采样大区，在采样大区内分别选取棉花连作1、5、10、15、20年的地块5～8块和近年棉花/水稻轮作倒茬棉田2～4块为采样单元。所选样点具有典型性、代表性（具有统计学意义）和一致性（土壤类型、地形等环境条件尽量一致）。以S形取样法打9钻，用土钻取其0～20 cm土壤混合样，取样后在取样点进行棉花产量的测定。测定生物性质的样品在冰箱冷藏保存，其余样品风干。测定32项土壤理化生物属性，其中化学指标包括：全氮、全磷、缓效钾、有机质、活性有机碳（高锰酸钾氧化法）[6,7]、碱解氮、有效磷、有效钾、有效硫、盐分、pH、CEC、有效微量元素铜、铁、锰、锌、硼；物理指标包括：砂粒、物理性粘粒、粘粒、微团聚体、水稳性团聚体、容重、比重；生物指标包括：微生物碳和氮

*　国家重点基础研究发展计划（2006CB708402）和国家科技支撑计划资助项目（2006BAD05B07）

(氯仿熏蒸直接提取法)[8]、磷酸酶(比色法)[9]、蔗糖酶($Na_2S_2O_3$ 滴定法)[9]、脲酶(靛酚比色法)[9]、细菌(培养计数法)[10]、放线菌(培养计数法)[10]、真菌(培养计数法)[10]。除标注参考文献的土壤性质外,其余均按照常规方法测定[11]。

1.3 数据统计分析

采用 Excel2003 和 DPS7.55 统计软件进行统计分析。

2 结果与分析

2.1 土壤化学性质的演变规律

随着种植年限的增加,土壤有机质随之提高,然后增加趋缓(表 1);连作种植年限 5、10、15 和 20 年的棉田土壤有机质含量分别比种植 1 年的土壤增加 56.1%、65.1%、72.0%和 75.3%,轮作种植年限 5、10、和 20 年的土壤有机质含量分别比连作相应种植年限的土壤增加 9.8%、14.6%和 8.5%,多因素方差分析表明,不同种植年限之间土壤有机质含量差异达显著水平($P<0.05$)。随着种植年限的增加,土壤全氮含量不断增加,连作种植 15 年后开始下降(表 1);连作种植年限 5、10、15 和 20 年的棉田土壤全氮含量分别比种植 1 年的土壤增加 8.6%、30.0%、37.5%和 29.6%,轮作种植年限 5、10、和 20 年的土壤全氮含量分别比连作相应种植年限的土壤增加 35.8%、14.1%和 12.0%,多因素方差分析表明,不同种植年限之间土壤全氮含量差异达显著水平($P<0.05$)。随着种植年限的增加,土壤碱解氮含量不断增加,连作种植 15 年后开始下降(表 1);连作种植年限 5、10、15 和 20 年的棉田土壤碱解氮含量分别比种植 1 年的土壤增加 31.4%、39.9%、42.0%和28.2%,多因素方差分析表明,不同种植年限之间土壤碱解氮含量差异达显著水平($P<0.05$)。随着种植年限的增加,土壤全磷含量有增加趋势(表 1),连作种植年限 5、10、15 和 20 年的棉田土壤全磷含量分别比种植 1 年的土壤增加 11.0%、21.3%、24.2%和 29.9%,多因素方差分析表明,不同种植年限之间土壤全磷含量差异不显著($P>0.05$)。随着种植年限的增加,土壤有效磷含量不断增加(表 1),连作种植年限 5、10、15 和 20 年的棉田土壤有效磷含量分别比种植 1 年的土壤增加 53.5%、80.0%、108.3%和 162.5%;轮作种植年限 5、10、和 20 年的土壤有效磷含量分别比连作相应种植年限的土壤减少 10.4%、6.4%和 33.3%;多因素方差分析表明,不同种植年限之间土壤有效磷含量差异达显著水平($P<0.05$)。土壤缓效钾含量随种植年限无显著变化($P=0.35$)。土壤有效钾含量随种植年的限增加虽有下降,但无达到显著水平($P=0.163$)。土壤含盐量随种植年的限增加,先下降,10 年后稳定在一定的含量水平。一般新开荒的农田,先种一年水稻进行压盐,然后开始种植棉花,种植棉花时,土壤含盐量已经降低到一定水平。土壤 pH 随种植年限的增加无显著变化($P=0.571$)。总体来看,土壤有机质含量、土壤全氮含量、土壤碱解氮含量,随着种植年限的增加而增加,连作种植 15 年后开始趋于稳定或稍有下降;土壤全磷含量、土壤有效磷含量,随着种植年限的增加而增加,特别是土壤有效磷含量增加的比较明显。土壤有效钾含量、土壤盐分含量,随着种植年限的增加先下降,10 年后趋于稳定。土壤缓效钾含量、土壤 pH 值随种植年限的增加无明显变化。轮作与连作相比,水旱轮作有增加土壤有机质含量、土壤全氮含量的趋势,但水旱轮作有减少土壤有效磷含量的趋势。

表 1 不同种植年限棉田化学性质的变化

Table 1 Change of cotton soil chemical parameters during planting age

种植方式 planting pattren	种植年限 planting age	有机质 Organic matter (g·kg^{-1})	全氮 Total N (mg·kg^{-1})	碱解氮 Available N (mg·kg^{-1})	全磷 Total P (mg·kg^{-1})	有效磷 Available P (mg·kg^{-1})	缓效钾 Slow available K (mg·kg^{-1})	有效钾 Available K (mg·kg^{-1})	含盐量 Salt content (%)	pH
连作 Monoculture	1	6.268	0.443	37.6	0.682	14.4	644.7	154.6	0.79	7.79
	5	9.784	0.481	49.4	0.757	22.1	790.1	138.6	0.68	7.78
	10	10.346	0.576	52.6	0.827	26.5	757.5	146.1	0.47	7.88
	15	10.783	0.609	53.4	0.847	30.0	873.1	146.9	0.56	7.79
	20	10.987	0.574	48.2	0.886	37.8	837.9	140.8	0.53	7.85

续表 1

种植方式 planting pattren	种植年限 planting age	有机质 Organic matter (g·kg^{-1})	全氮 Total N (mg·kg^{-1})	碱解氮 Available N (mg·kg^{-1})	全磷 Total P (mg·kg^{-1})	有效磷 Available P (mg·kg^{-1})	缓效钾 Slow available K (mg·kg^{-1})	有效钾 Available K (mg·kg^{-1})	含盐量 Salt content (%)	pH
轮作 Rotation	5	10.735	0.563	37.5	0.823	19.8	847.6	144.9	0.58	7.86
	10	11.854	0.663	48.5	0.883	24.8	714.9	138.9	0.52	7.85
	20	11.924	0.643	54.2	0.928	29.2	728.2	131.4	0.49	7.87

表 2 不同种植年限棉田化学性质差异显著性检验

Table 1 Univariate analysis of variance for cotton soil chemical properties during planting age

项目 Item	有机质 Organic matter (g·kg^{-1})	全氮 Total N (mg·kg^{-1})	碱解氮 Available N (mg·kg^{-1})	全磷 Total P (mg·kg^{-1})	有效磷 Available P (mg·kg^{-1})	缓效钾 Slow available K (mg·kg^{-1})	有效钾 Available K (mg·kg^{-1})	含盐量 Salt content (%)	pH
F 检验 F-test	2.988	2.897	2.982	2.464	3.309	1.234	1.422	1.848	0.681
P	0.047 7	0.048 4	0.047 5	0.083 8	0.031	0.350	0.163	0.125 9	0.571

2.2 土壤微生物性质的演变规律

土壤微生物参与有机物质及各种养分的分解和转化，在土壤肥力形成中起着重要作用。从表 3 可看出，在连作 10 年时微生物总数达到 15.66×10^{5}cfu/g 干土，细菌数量也达到最大，为 15.45×10^{5}cfu/g 干土，分别是 1 年的 4.5 倍和 4.65 倍。但随着连作年限的延长微生物总数和细菌数量开始趋向减少，连作 20 年时微生物总量仅为连作 10 年的 63.4%，细菌数量仅为连作 10 年的 63.1%。然而真菌数量总体上呈现增加趋势，连作 20 年时真菌数量最多，达到 44.78×10^{2}cfu/g 干土，分别是种植 1、5、10 和 15 年的 16.9，9.0、1.83 和 2.4 倍。放线菌数量变化规律不明显。以上分析可看出，棉花连作在一定年限内，由于采取耕作、施肥等土地管理措施，对微生物生长起促进作用；但是随着连作年限的延长，土壤微生态发生变化，真菌数量大幅度增加，细菌型土壤向真菌型土壤转化。

土壤微生物中生理菌群的数量及特征通常与土壤氮、碳循环密切相关。从表 3 可以看出连作棉田土壤生理菌群中除氨化细菌数量一直在增加外，自生固氮菌、亚硝化细菌和纤维素分解菌的数量均呈现先增加后减少的趋势，且最大值都出现在连作 10 年的土壤中。这与连作年限对棉田微生物总数和细菌数量的影响是一致的。连作 15 年和 20 年的土壤中好气性自生固氮菌、亚硝化细菌、纤维素分解菌的数量是连作 10 的 21.4%、16.5%，10.16%、10.48%，10.16%、10.48%。可看出连作直接影响了棉田土壤的微生物活性和土壤碳氮的循环。特别是随着连作年限的延长，自生固氮菌和纤维素分解菌等生理菌群数量减少。同时，与土壤矿化作用相关的氨化细菌的数量在一直增加。总之，随着棉田种植年限的增加，微生物总数、细菌、好气性自生固氮菌、亚硝化细菌、纤维素分解菌的数量是先增加，年限为 10 年达到高峰，然后开始下降；而真菌和氨化细菌则随着棉田种植年限的增加而不断增加，土壤微生物生态结构由细菌型向真菌型转变。

表 3 不同种植年限棉田微生物性质的变化

Table 1 Change of cotton soil microbes parameters during planting age

连作年限 continuous cropping years	细菌 Bacteria (×10^5 g^{-1} dry soil)	放线菌 Actinomycete (×10^3 g^{-1} dry soil)	真菌 Fungi (×10^2 g^{-1} dry soil)	好气性自生固氮菌 Azotobacter (×10^5 g^{-1} dry soil)	氨化细菌 Ammoniation (×10^5 g^{-1} dry soil)	亚硝化细菌 Nitrifier (×10 g^{-1} dry soil)	纤维素分解菌 Cytophaga (×10^3 g^{-1} dry soil)
1	3.32a	15.65abc	2.65a	0.266a	0.44a	0.44a	0.266a
5	7.87b	14.82abc	4.97a	2.62a	4.36b	0.78a	0.786a
10	15.45c	20.65c	24.5b	16.534b	7.84b	43.52b	16.538b
15	12.88cd	12.44b	18.54b	3.542a	7.96b	4.42a	2.656a
20	9.75d	17.84abc	44.78c	2.73a	17.3c	4.56a	0.546a

注：表格中同一列有相同字母表示处理间差异未达到显著性水平（$P<0.05$）。Note: The same letters following the data in the same column mean insignificant difference at $P<0.05$

2.3 土壤质量评价

2.3.1 土壤质量评价指标的筛选

本项研究以影响土壤生产力的主导因素为选择目标，以棉花产量为因变量，以土壤属性为自变量，利用DPS数理统计软件进行逐步回归，以F检验的显著性筛选出对棉花产量影响达显著水平（$p<0.05$）的碱解氮、有效磷、有效钾、有机质、总盐、粘粒、容重、有效锌等八项土壤属性作为土壤质量评价指标，这八项土壤属性指标构成新疆绿洲棉田土壤质量指标体系。

2.3.2 评价因素权重的确定

由于各个评价因子对评价目标的重要性不同，因而不能将各个因子等同考虑，简单地将各个因子的指数相加，而应把各个因子重要的影响作用施加到分值中去。然而如何确定单项评价因子的权重系数，这是土壤质量评价的一个关键问题。确定评价因子权重的方法有多种，在以往的研究中，普遍采用人为打分确定，比如层次分析法、特尔菲法等。为了避免人为主观的影响，我们采用因子分析法计算各评价指标的权重值。在本研究中以累计贡献率≥80%为选取主因子的条件作因子分析，得到各评价因子主成分的特征值和贡献率，并由因子载荷矩阵计算土壤质量指标的公因子方差及权重值。

2.3.3 土壤质量综合指数的求取

在获得每个采样单元土壤质量评价指标的单因子指数和各评价因子的权重后，根据模糊数学中的加乘法原则，土壤质量综合评价指数值Q采用下列公式计算：

$$Q=\sum(q_i \times w_i)$$

其中q_i是第i项土壤质量评价指标的隶属度值，w_i是第i项土壤质量评价指标的权重系数。Q取值为0～1之间，其值越高，表明土壤质量越好。

2.3.4 不同种植年限的棉田土壤质量演变趋势

评价土壤质量及其随时间变化的趋势是农业土地可持续管理中一个很重要的思想和指标[12]。我们将巴州、阿克苏、喀什地区各采样单元的土壤质量综合指数按种植年限分别进行统计，并绘制土壤质量综合指数随种植年限而变化的土壤质量趋势图（见图1），从土壤质量趋势图可以看出，随着种植年限的增加，土壤质量有上升的趋势。通过方差分析表明，不同种植年限的土壤质量综合指数达到显著差异水平（$p<0.05$）。由此可见，新疆棉区在目前的耕种方式下（棉花连续种植、秸秆还田、配合施用化肥），随着种植年限的增加，棉田土壤质量不但不会下降，反而有上升的趋势。

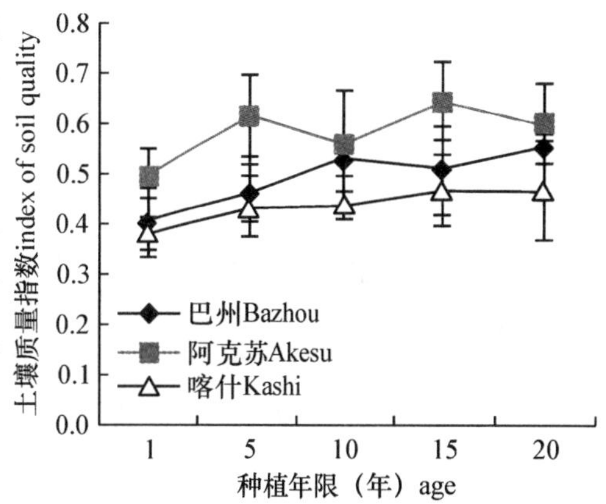

图1 不同种植年限棉田土壤质量演变趋势

Fig. 1 Evolvement trend of soil quality with differ planting age

3 讨论

新疆棉花产区普遍采用长期连作种植、秸秆粉碎还田和化肥配施的耕种管理模式，在这种耕种管理模式，土壤质量将如何演变，如何提高土壤质量，是棉花产区广大干部和科技人员普遍关心的问题。研究结果表明，随着种植年限的增加，土壤有机质、全氮、碱解氮含量先增加，种植15年后开始趋于稳定或稍有下降；土壤全磷、有效磷含量，随着种植年限的增加而不断增加。土壤有效钾含量、土壤盐分含量，随着种植年限的增加先下降，10年后趋于稳定。土壤缓效钾、pH值随种植年限的增加无明显变化。随着棉田种植年限的增加，微生物总数、细菌、好气性自生固氮菌、亚硝化细菌、纤维素分解菌的数量是先增加，年限为10年达到高峰，然后开始下降；而真菌和氨化细菌则随着棉田种植年限的增加而不断增加，土壤微生物生态结构由细菌型向真菌型转变。

随着种植年限的增加，棉田土壤质量综合指数上升趋势明显。

总之，新疆棉区在目前的耕种模式下（棉花连续种植、秸秆还田、配合施用化肥），随着种植年限的增加，土壤化学质量先增加然后趋于稳定，土壤微生物生态结构由细菌型向真菌型转变，土壤生物质量趋于变差，棉田土壤质量综合指数上升趋势明显，总体趋势较好，但是总体质量不高，土壤质量综合指数较低为 0.4～0.65。在目前的耕种模式下，存在以下问题需要改进，一是养分不平衡，磷肥累积较多，种植 20 年的棉田土壤有效磷已达 37.8 mg/kg，今后需要减少施用量；南疆地区土壤有效钾普遍较低，今后需要增加施用量；土壤有机质依然较低，除了继续推行秸秆还田外，需要增加有机肥的投入。二是随着连作年限的增加，土壤生物质量趋于变差，为了改善土壤微生物生态结构，棉花连作 10 年后需要种植水稻 1～2 年，水旱轮作不仅可以改善土壤微生物生态结构，而且有增加土壤有机质含量、土壤全氮含量的趋势。

参考文献

[1] 徐敏，韩晓军，王子胜. 新疆棉花生产膜下滴灌技术应用研究. 作物杂志，2005(6)：56-58

[2] Wang C, Isoda A, Wang P. Growth and yield performance of some cotton cultivars in Xinjiang, China, an arid area with short growing period. Journal of Agroomy and Crop Science, 2004, 190：177-183

[3] Karlen D L, Mausbach M J, Doran J W et al. Soil quality：A concept definition and framework for evaluation Soil Sci Soc Am., 1997, 61：4-10

[4] Warkentin B P. The change concept of soil quality. J Soil Water Conservation, 1995, 50：226-228

[5] Arshad M A, Coen G M, Characterization of soil quality：physical and chemical criteria. American Journal of Alternative Agriculture, 2000, 7：12-16

[6] Graeme JB, Rod DBL, Leanne L. Soil carbon fractions based on their degree of oxidation, and the development of a carbon anagement index for agricultural systems. Aust Agric Res, 1995, 46：1459-1466

[7] 徐明岗，于荣，王伯人. 土壤活性有机质研究进展. 土壤肥料，2000(6)：3-7

[8] 张成娥，梁银丽，贺秀斌. 塑料薄膜覆盖对土壤微生物生物量的影响. 生态学报，2002，22(4)：508-512

[9] 中国科学院南京土壤研究所微生物室. 土壤微生物研究方法. 北京：科学出版社，1985

[10] 姚槐应，黄昌勇，等. 土壤微生物生态与实验技术. 北京：科学出版社，2006

[11] 鲁如坤. 土壤农化分析. 北京：中国农业科学技术出版社，2000

[12] Herrick J E. Soil quality：an indicator of sustainable land management ? Appl. Soil. Ecol., 2000, 15：75-83

Soil Quality Evolvement And Its Assessment in Xinjiang Oasis Cotton Field

LIANG Zhi, XU Wan-li, ZHOU Bo, ZHU Min, ZHONG Xin-Cai, DING Feng

(Institute of Soil and Fertilizer, Xinjiang Academy of Agricultural Sciences, Urumqi 830091)

Abstract A soil investigation, testing and statistics methods was used in this paper to research the evolution of soil quality on the typical oasis cotton fields in Xinjiang. The results showed that in the current planting pattern of cotton continuous cultivation, straw return field and fertilizer application, with the increase of continuous cultivation age, the quality of the soil chemistry increased and then stabilized, soil microbial ecological structure transform by the type of bacteria to fungi, soil biological quality tends to worsen. the generalization index of cotton soil quality increased significantly, overall trend was better, while overall quality was not high. Soil quality composite index was lower for 0.4～0.65.

Key words The oasis cotton field; Planting pattern; Straw return field; soil quality

永济市不同土壤类型的土地利用景观格局分析*

毕如田　郭　慧

（山西农业大学资源环境学院，太谷　030801）

摘要：土壤类型的空间分布在一定程度影响着土地利用景观格局及其变化。本文利用地理信息系统技术和景观格局指数，对山西省永济市不同土壤类型上土地利用的多样性进行了分析。结果表明：石灰性褐土、褐土性土和潮褐土是永济市的主要土壤亚类，耕地和居民工矿用地在各类土壤上均有分布且嵌块数目最多，各类用地在各类土壤上嵌块体平均大小相差不大且都较小，除园地在棕壤上的嵌块体大小最大为 0.71 km^2/个。永济市土壤土地利用的多样性指数高，土壤利用景观的嵌块体密度值和边界密度值都较大，反映了各类土壤利用景观的破碎化程度高，景观被分割破碎的程度高，空间异质性程度高。对于人类利用，要注意交通问题的解决，合理布局交通用地。

关键词：土壤类型；土地利用；景观

引　言

土地资源是人类可持续发展的核心资源，也是人类活动的载体和基地。土壤资源是土地资源的重要组成部分。就现代土壤而论，人类影响因素有重要作用。人类和其他生物利用土壤，既可造成耗损也能对其培育，尤其是人类的合理利用和保护，可能使土壤逐渐改良，如果利用不当，土壤也可能降低甚至丧失其更新能力。Ibánez(1995)指出在地质历史上，控制某类土壤形成的气候、植被、动物等因素都是特定的，某类土壤的消失不仅意味着是过去时间的不存在，而且在未来也将不存在，并首先开始了土壤多样性研究[1]。上个世纪 90 年代初，Ibánez 等在欧盟 CORINE 数据库一部分的数字化 1 : 100 万比例尺的欧盟土壤图基础上[2,3]，对土壤多样性进行了尝试性研究，将生物学中的“嵌套子集理论”(Nested subset theory) [4,5]引入到土壤学研究中来，并引入土壤多样性指数、均匀度指数、丰富度指数等指标的测度方法。Ronald Amundson(2003)对美国土壤多样性进行了研究[6]。从 2001 年开始，我国学者张学雷等在 1:25 万 SOTER 数据库支持下，分别对海南省、山东省进行了土壤多样性研究[7,8]，实现了土壤多样性分析在地理信息系统环境中的数字化表达，并对“嵌套子集理论”引入土壤多样性研究进行了讨论[9]。王子芳等(2006)以重庆岩溶地区为例，探讨岩溶地区土壤类型的多样性与不同土壤类型上土地利用方式的多样性[10]。得出研究区主要土壤类型与各类土地利用的景观格局状况。王成等(2007)分析与探讨了不同地貌条件下景观格局对土地利用方式的响应[11]。表明研究区不同景观类型在同一地貌内的格局特征不同，同一景观要素在不同地貌区的空间也差异。本文以山西省永济市为例，在县域尺度上以土壤亚类为标准对不同土壤类型上土地利用的多样性进行了分析。

1　研究区域

永济市国土总面积 1 211.06 km^2，总人口 42.76 万，地处山西省西南部，运城盆地西南端，晋、秦、豫三省交汇处，位于东经 110°14′～110。45′、北纬 340°40′～35°04′之间。属北温带大陆性气候，四季分明，光热资

* 基金项目：山西省自然科学基金项目(2008011061-1)资助

源丰富。永济市境内有山地、平川、台地等多种地貌类型，中条山地处境域南部，绵延数十千米，海拔多在千米左右。山地占全市总面积的19.01%，平川占37.75%，台地占16.95%，滩涂川道及河滩面积占23.95%，残垣沟壑区面积占2.34%。滩涂流经永济市西界，长约50 km。全市农作物以棉花、小麦为主，并有玉米、谷物、豆类、油料等。工业有机械、电器、电力、纺织、化肥、农副产品加工、建材、家具、印刷、塑料、酿酒和人造板等。工农业相对发达。

2　数据与研究方法

以永济市土地利用现状图、土壤图、地形地貌图作为基本分析图件，底图比例尺均为1∶50 000，采用6。分带的高斯-克吕格投影，坐标系使用北京54/克拉索夫斯基椭球参数，高程系统为1956年黄海高程基数。采用MAPGIS软件分别数字化输入土地利用现状图、土壤图，并生成矢量数据文件(图1、图2)。将土壤类型、土地利用类型等2个图层叠加，建立不同土地利用方式及土壤亚类斑块，并获取斑块的属性数据[12]。依据土地利用现状划分了7类景观嵌块体类型，包括耕地、园地、林地、草地、居民地及工矿用地、未利用地、水域。

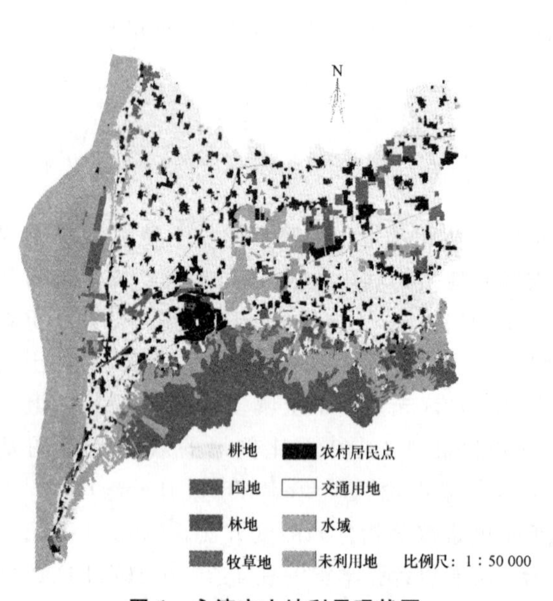

图1　永济市土地利用现状图
Fig. 1　Map of land use patterns in Yongji city

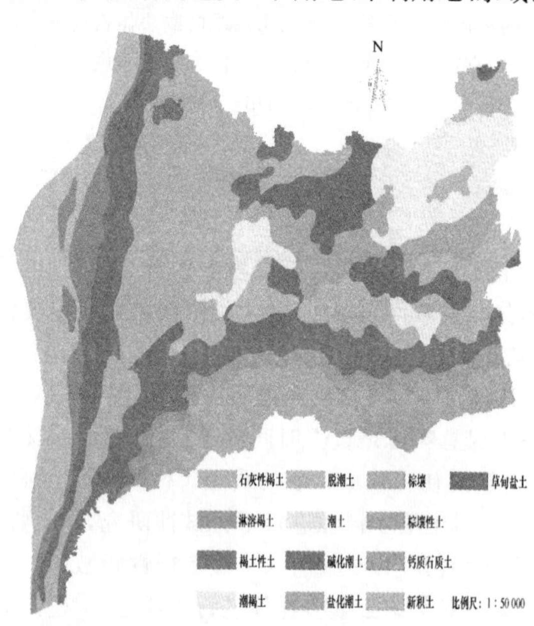

图2　永济市土壤图
Fig. 2　Map of soil subgroup in Yongji city

采用的景观空间格局指数包括景观单元特征指数和景观整体指数，具体有总斑块数目、平均斑块大小、嵌块体的分数维值、嵌块体的形状指数、嵌块体的边界密度、景观多样性指数、景观均匀性指数、景观的优势度指数、分离度指数、破碎度指数、景观丰富度指数、人工干扰指数等[13-14]。

3　结果分析

3.1　土壤类型与分布

永济市的可量算总面积为97.12×10³ hm²，约占幅员面积的80.04%，其面积构成见表1。从表1可知，土壤丰富度指数为13，亚类中以石灰性褐土的面积最大，为24.30×10³ hm²，占土壤面积的25.02%，其次为褐土性土，为15.32×10³ hm²，占土壤面积的15.77%，潮褐土，为11.17×10³ hm²，占土壤面积的11.50%，较少的亚类为草甸盐土，为0.66×10³ hm²，冲占土壤面积的0.69%，最少的亚类为冲积土，为1.6×10³ hm²，占土壤面积的1.65%。由此可见，石灰性褐土、褐土性土和潮褐土是永济市的主要土壤亚类，并且面积相差不大，共同起着支配地位。

表 1　研究区土壤亚类及其面积*

Table 1　Soil subgroup and areas in study region

土壤亚类	S1	S2	S3	S4	S5	S6	S7	S8	S9	S10	S11	S12	S13
面积(10^3hm^2)	24.30	0.93	15.32	11.17	10.03	4.48	4.11	6.70	9.37	4.43	4.02	1.60	0.66
面积比(%)	25.02	0.96	15.77	11.50	10.33	4.61	4.23	6.90	9.65	4.56	4.13	1.65	0.69

*注:S1 石灰性褐土 calcareous soil,S2 淋溶褐土 eluvial cinnamon soil,S3 褐土性土 soil of cinnamon soil,S4 潮褐土 cinnamon soil,S5 脱潮土 flove aquic,S6 潮土 alluvial soil,S7 碱化潮土 alkaline meadow soil,S8 盐化潮土 damp soil,S9 棕壤 brown soil,S10 棕壤性土 browning soil,S11 钙质石质土 calcium soil,S12 冲积土 alluvium soil,S13 草甸盐土 meadow soil

3.2　不同土壤类型与土地利用多样性

由表 2 可见，总体上土地利用景观嵌块体的景观在各类土壤上分布如下：褐土和潮土上 8 种土地利用景观均有分布，石质土和盐土上分布 7 种土地利用景观，棕壤上分布 6 种土地利用景观，新积土分布 5 种土地利用景观。耕地和居民工矿用地在各类土壤上均有分布。耕地和居民工矿用地在褐土和潮土上分布均占优势，耕地和居民工矿用地分别占褐土面积的 62.69%和 13.43%，耕地和居民工矿用地分别占潮土面积的 62.25%和 14.52%。从嵌块体数目来看，耕地和居民工矿用地的嵌块数目最多，耕地在褐土上分布的嵌块数目为 1 621 个，居民工矿用地在褐土上分布的嵌块数目为 448 个，耕地在潮土上分布的嵌块数目为 726 个，居民工矿用地在潮土上分布的嵌块数目为 247 个。从嵌块体平均大小来看，各类用地在各类土壤上嵌块体平均大小相差不大且都较小，除园地在棕壤上的嵌块体大小最大为 0.71 km^2/个。

表 2　永济市土壤利用景观格局特征指数

Table 2　The characteristic index of soil utilization landscape pattern in Yongji

土壤类型	嵌块体类型	面积(hm^2)	周长(hm)	数目(个)	平均大小(km^2/个)	缀块密度(个/km^2)	边界密度(1/km)	面积百分比(%)
棕壤	耕地	214.45	369.93	22	0.06	10.26	172.5	1.55
	园地	8.75	2.82	2	0.71	22.86	32.23	0.06
	林地	10 430.35	4 271.03	118	0.03	1.13	40.95	75.55
	牧草地	177.70	173.91	7	0.04	3.94	97.87	1.29
	居民工矿用地	11.85	56.99	13	0.23	109.70	480.93	0.09
	未利用地	2 962.18	2 855.41	118	0.04	3.98	96.40	21.46
褐土	耕地	32 421.81	34 150.81	1621	0.05	5	105.33	62.69
	园地	2 797.2	2 781.90	126	0.05	4.5	99.45	5.41
	林地	2 148.16	2 347.31	123	0.05	5.73	109.27	4.15
	牧草地	636.69	713.63	32	0.04	5.03	112.08	1.23
	居民工矿用地	6 947.79	8 200.57	448	0.05	6.45	118.03	13.43
	交通	380.76	2 329.65	99	0.04	26	611.84	0.74
	水域	987.42	2 758.06	174	0.06	17.62	279.32	1.91
	未利用地	5 399.39	6 662.80	337	0.05	6.24	123.4	10.44
潮土	耕地	16 774.83	15 790.17	726	0.05	4.33	94.13	66.25
	园地	1 416.38	1 480.83	78	0.05	5.51	104.55	5.59
	林地	407.92	350.54	19	0.05	4.66	85.93	1.61
	牧草地	103.85	174.30	15	0.09	14.44	167.84	0.41
	居民工矿用地	3 675.58	4 187.43	247	0.06	6.72	113.93	14.52
	交通	165.32	922.87	36	0.04	21.78	558.23	0.65
	水域	1 126.24	1 686.36	106	0.06	9.41	149.73	4.45
	未利用地	1 651.75	1 450.40	70	0.05	4.24	87.81	6.52
盐土	耕地	364.67	402.07	22	0.05	6.03	110.26	55.85
	林地	13.68	21.11	2	0.09	14.62	154.31	2.1
	牧草地	16.82	34.84	3	0.09	17.84	207.13	2.58

续表 2

土壤类型	嵌块体类型	面积 (hm^2)	周长 (hm)	数目(个)	平均大小 (km^2/个)	缀块密度 (个/km^2)	边界密度 (1/km)	面积百分比 (%)
	居民工矿用地	36.35	59.62	5	0.08	13.76	164.02	5.57
	交通	11.84	96.96	4	0.04	33.78	818.92	1.81
	水域	9.92	52.97	3	0.06	30.24	533.97	1.52
	未利用地	199.62	174	8	0.05	4.01	87.17	30.57
新积土	耕地	403.72	423.56	20	0.05	4.95	104.91	25.31
	居民工矿用地	101	144.05	7	0.05	6.93	142.62	6.33
	交通	30.91	144.50	3	0.02	9.71	467.49	1.94
	水域	1028.1	524.98	16	0.03	1.56	51.06	64.46
	未利用地	31.24	52.25	6	0.11	19.21	167.25	1.96
石质土	耕地	150.31	243.93	16	0.07	10.64	162.28	3.73
	园地	4.03	8.15	1	0.12	24.81	202.23	0.10
	林地	1 185.95	991.02	39	0.04	3.29	83.56	29.46
	牧草地	156.08	195.19	10	0.05	6.41	125.06	3.88
	居民工矿用地	14.67	50.34	7	0.14	47.72	343.15	0.36
	水域	3.57	10.36	1	0.10	28.01	290.2	0.09
	未利用地	2 511.65	22.52	92	4.09	3.66	0.90	62.38

3.3 不同土壤类型景观格局分析

3.3.1 景观多样性、均匀性和优势度分析

永济市不同土壤类型土地利用景观空间格局指数如表 3 所示。不同土壤类型景观多样性指数都相对大,从 1.2 到 1.59 相差不大,均匀度指数相对较小,从 0.65 到 0.88 相差不大,优势度指数相较小,但从 0.20 到 0.69 相差较大,说明永济市不同土壤类型土地利用的多样化和空间异质化程度高,各类景观分布比例不均匀,在整体上没有占支配地位的景观。其中,盐土土地利用方式的多样性程度最大,褐土土地利用方式的多样性程度次之,其余的土壤利用景观的多样化程度从高到低依次为:新积土、潮土、石质土、棕壤。均匀度的值变幅小,表明永济市土壤利用景观的均匀化的程度相似,而优势度变化幅度较大,从高到低依次为潮土、石质土、褐土、棕壤、盐土、新积土。究其原因,盐土主要分布于山地,盐土土地利用受地形的影响,地形的高低变化大,引起了土地利用的多样性程度高,褐土主要处于丘陵,地形变幅不大,有利于人类的大片利用,所以褐土土地的利用类型优势度最大。

表 3 不同土壤类型土地利用景观空间格局指数

Table 3 Different soil type land utilization landscape space pattern index

土壤类型	面积 (hm^2)	周长 (hm)	数目 (个)	平均大小 (km^2/个)	嵌块密度 (个/km^2)	嵌块边界密度(1/km)	多样性	均匀性	优势度	嵌块分维数	形状指数
棕　壤	13 805.28	7 730.09	280	13 805.30	2.03	55.99	1.20	0.67	0.59	1.59	18.56
褐　土	51 719.22	59 944.73	2 960	51 719.20	5.72	115.90	1.46	0.70	0.62	1.77	74.36
潮　土	25 321.87	26 042.90	1 297	25 321.90	5.12	102.85	1.38	0.67	0.69	1.73	46.17
盐　土	652.90	841.57	47	652.90	7.20	128.90	1.59	0.81	0.36	1.65	9.29
新积土	1 594.97	1 289.34	52	1 594.97	3.26	80.84	1.41	0.88	0.20	1.57	9.11
石质土	4 026.26	1 521.51	166	4 026.26	4.12	37.79	1.26	0.65	0.69	1.43	6.76

3.3.2 景观嵌块体数目、分维数和形状指数分析

从表 3 可以看出,研究区不同土壤类型景观嵌块体数目从盐土的 47 个到褐土的 2 960,嵌块体平均大小从盐土的 652.90 km^2/个到褐土的 51 719.20 km^2/个,两者变化趋势基本一致。即褐土＞潮土＞棕壤＞石质土＞新积土＞盐土。表明各类土壤的面积相差很大,主要土壤类型的面积大,优势度高,以褐土面积最大,

优势度最高,盐土的面积小,优势度最低。对于褐土和潮土对比其分维数和形状指数,褐土的形状指数和分维数均高于潮土,究其原因,褐土主要分布于丘陵,潮土主要分布于盆地,丘陵较盆地地形复杂,其景观嵌块体也随之呈现出较复杂的几何形状。

3.3.3 嵌块体密度和边界密度分析

永济市土壤利用景观的嵌块体密度的值都较大,从 2.03 个/km^2 到 7.20 个/km^2 说明各类土壤单位面积上拥有的景观嵌块体个数都多,土壤利用景观被分割破碎的程度都高,且有极高现象(如盐土的嵌块密度为 7.20 个/km^2),空间异质性程度高,这与景观多样性的指数分析一致。而边界密度值从 37.791/km 到 115.901/km,所有的值都较大,说明了永济市土壤利用景观被边界分割程度高,同样反映出各类土壤利用景观的破碎化程度高,空间异质性程度高。其中,盐土的嵌块体密度和边界密度最大,而结合盐土的分布来看,盐土主要分布于山地,景观异质性程度和破碎化程度主要由地形因素决定。永济市特殊的地形条件决定了土地利用景观的异质性程度大,由此提示我们,应结合土壤资合理布工农业的结构,以盆地发展农业为主,盆地上潮土面积最大,褐土面积也较大,且盆地地形平坦,有利于农业的机器化。相对的丘陵作为建设用地的选址,由于丘陵的地形较盆地复杂,景观利用格局异质性程度高,要注意交通问题的解决,合理布局交通用地,异质性程度越高,越要考虑交通问题,如山地的交通用地面积占研究区面积的比例最大为 0.28% ,盆地的交通用地占研究区面积的 0.23%,丘陵的交通用地占研究区面积的 0.1%。

4 结论与讨论

利用景观格局指数对不同土壤类型上土地利用的多样性进行了分析,得到以下结论,石灰性褐土、褐土性土和潮褐土是永济市的主要土壤亚类,耕地和居民工矿用地在各类土壤上均有分布且嵌块数目最多,各类用地在各类土壤上嵌块体平均大小相差不大且都较小,除园地在棕壤上的嵌块体大小最大为 0.71 km^2/个。永济市土壤土地利用的多样性指数高,土壤利用景观的嵌块体密度值和边界密度值都较大,反映了各类土壤利用景观的破碎化程度高,同时景观被分割破碎的程度也高,空间异质性程度高。其中,研究区盐土的嵌块体密度和边界密度最大,而结合盐土的分布来看,盐土主要分布于山地,可以看出,景观异质性程度和破碎化程度主要由地形因素决定。

建议永济市应结合地形与土壤,合理布局工农业的结构,以盆地发展农业为主,盆地上潮土面积最大,褐土面积也较多,且盆地地形平坦,有利于农业的机器化。相对的丘陵作为建设用地的选址,由于丘陵的地形较盆地复杂,景观利用格局异质性程度高,要注意交通问题的解决,合理布局交通用地。

参考文献

[1] Ronald Amundson,Soil Diversity and Land Use in the United States,Ecosystems.2003(6):70-482

[2] 张学雷,陈杰,龚子同.土壤多样性理论在欧美的实践及在我国土壤景观研究中的应用前景[J].生态学报,2004 24(5):1063-1072

[3] Briggs D J,Martin N H. COR IN E: an Environmental Information System for the European Community. Environment Review ,1988,2:29-34

[4] CEC. Soil Map of the European Communities at 1:1000000. CEC DG V I. Luxembourg,1985

[5] Ibánez J J,De-Alba S,Bo ixadera J. The pedodiversity concept and its measurement: application to soil information system s. In: King,D,Jones,R J A. and Thomasson,A J Eds. European L and Information System for Agro- Environmental Monitoring. JRC,EU,Brussels,1995. b:181-195

[6] 孙燕瓷,张学雷,陈杰,檀满枝.土壤多样性的概念、方法与研究进展[J].土壤通报,2005,36(6):954-958

[7] 刘灿然,马克平,陈灵芝.嵌套性研究方法、形成机制及其对生物保护的意义[J].植物生态学报,2002.26(增刊):68-72

[8] Ibánez J J. Pedodiversity and global soil patterns at coarse scales (with Discussion). Geoderma,1998, 83:171-214

[9] 王辉,张学雷,陈杰.嵌套子集引入土壤多样性研究的讨论[J].土壤通报,2006.37(4):776-781

[10] 王子芳,屈双容,李阳兵.重庆岩溶地区不同土壤类型的土地利用多样性分析[J].水土保持学报,2006. 420(2):153-156

[11] 王成,魏朝富,袁敏.不同地貌类型下景观格局对土地利用方式的响应[J].农业工程学报,2007.923 (9):64-71

[12] 毕如田,王镔,段永红.耕地资源管理信息系统的建立及应用—以永济市为例[J].土壤学报 2004.41 (6):962-968

[13] Zhang X L,Chen J,Zhang G L,etal. Pedodiversity analysis in Hainan Island,China. Journal of Geographical Sciences. 2003 13 (2):181-186

[14] 陈文波,肖笃宁,李秀珍.景观指数分类、应用及构建研究.应用生态学报.2002.13(1),121-125

Analysis on Land Use Landscape Pattern of Different Soil Types in Yongji City

Bi Rutian Guo Hui

(College of Resource and Environmental,Shanxi Agricultural University,Taigu 030801,China)

Abstract It discusses the pedodiversity and land use pattern diversity of different soil types based on a case study of Yongji city in Shanxi province. The result shows that calcareous and cinnamon soil are the main soil subgroup in study area,the farm land and the resident industry land distribute on all kinds of soil,and the numbers of the farm land block and the resident industry land block is the most largest. The average size of different land use block is the same and small,except that the size of garden land block on grown soil is 0.71 km^2/ number. Land use diversity indices are high,block density and boundary density of landscape pattern are large,which indicating that the stave degree of landscape is high and spatial non-uniformity degree is high. For land use,we should resolve the transportation question.

Key words Soil type; Land use; Landscape

种植结构变化对菜地土壤养分含量的影响*

——以北京市平谷区为例

贾小红[1]　高如泰[2]　任慧勤[3]　陈清[3]　黄元仿[3]　梁金凤[1]

（1.北京市土肥工作站，北京　100029；2.河北农业大学资源与环境科学学院，保定　071001；
3.中国农业大学资源与环境学院，北京　100193）

摘要：本文以北京市平谷区为例，探讨 20 年来，种植业结构变化对菜地土壤养分状况的影响。结果表明：菜地养分投入量大，且不同作物间肥料投入和作物带走的量存在很大差别，氮磷养分大量盈余，钾素有个别年份亏缺。粮田改菜田，土壤有机质含量总体平均增加 1.39 g/kg，增幅为 12.6%；有效磷含量总体大幅度增加，平均增加 35.39 mg/kg，增幅达 154.8%；速效钾含量总体平均下降 51.76 mg/kg，降幅达 36.4%。但随着蔬菜种植年限的增长，土壤的有机质、全氮、有效磷、速效钾各种养分均呈增加趋势，且表现为：露地菜 < 大棚菜 < 温室菜。

关键词：种植结构；土壤养分；菜地种植系统

土壤养分含量是土壤肥力、土壤生产力的重要基础，土壤肥力的变化对农业可持续发展具有直接影响。包括田间管理措施在内的人为因素是影响土壤养分含量变化的重要因素，自 20 世纪 80 年代以来，随着农业集约化程度的不断提高和农业种植结构的调整，由于不同作物的经济效益存在很大差别，生产者对不同种植体系下的养分投入也有很大差异，导致不同种植体系间土壤养分含量产生一定的变化。种植结构变化意味着种植业生产方式和土壤资源利用方式的变化，必然会引起土壤养分等土壤资源环境状态的变化，研究种植结构变化对土壤养分的影响在理论上和实践上具有重要意义[1-6]。

近 30 年来，平谷区的种植结构发生了很大的变化，菜地的种植面积比例有所增加。本文从种植结构调整的角度，研究菜地土壤养分变化的特点和主要影响因素，为该区为科学调整种植结构，合理利用土壤资源和农业可持续发展提供科学依据。

1　研究方法

1.1　样点布设

土壤样本的采集是运用 GPS 技术，采用间距为 400 m 的方形格网与土地利用现状图（只选择农用地，包括耕地和园地）叠加，确定交叉样点。同时，在网格采样的基础上，根据土壤类型、控制面积、土地利用类型、农业种植结构调整、优势农产品区域布局、水源保护区分布情况等因素，并参照第二次土壤普查样点分布图和剖面位置记载表，进行分层抽样。在平谷区布设采集点 1 156 个，其中菜地点 114 个，样点采集深度为 0～20 cm。采样时间在 2005 年 4～6 月。

1.2　调查内容

在采集土壤样本的同时，针对农田管理措施和经营状况进行了农户调查。调查点通过布点形成的经纬度确定的农户 43 个地块，调查内容包括：样点的地理位置、立地条件及地块的权属；样点所在地块全年生产管理情况，包括土地利用方式（果园、粮田、菜地）以及不同利用方式下的种植制度、作物品种、施肥状况、种苗

---

* 基金项目：北京自然科学基金项目（6072017）；国家科技支撑计划（2006BAD10A01）；国家高技术研究发展计划（863 计划）项目（2008AA10Z216，2006AA10Z224）和教育部新世纪优秀人才支持计划（NCET-06-0107）

投入、农药使用、各类肥料施用量、农机投入、农膜或套袋投入、水利设施、灌溉水源、灌溉投入、劳动力投入、种植面积和亩产量、销售价格以及对种地的满意程度等。调查中，以 GPS 仪器确定并记录调查点的地理坐标和海拔高程。

1.3 分析测定办法

土壤基础五项指标：样品风干处理后进行土壤有机质、全氮、碱解氮、有效磷、速效钾等指标分析。土壤有机质采用重铬酸钾容量法；全氮采用半微量凯氏法；碱解氮采用碱解扩散吸收法；有效磷采用 0.5 mol/L 的 NaHCO3 浸提—分光光度法(Olsen 法)；速效钾采用醋酸铵浸提火焰光度计法。

土壤微量元素含量：有效铜、有效锌、有效铁、有效锰等采用 DTPA 提取一原子吸收光谱法分析。

1.4 养分投入计算

养分投入量＝有机肥养分投入量＋化肥养分投入量(氮磷钾)

其中，

化肥养分投入量＝(基肥化肥量＋追肥化肥量)× 氮磷钾养分含量

有机肥养分量＝有机肥用量×有机肥养分含量

不同有机肥养分含量见表 1。有机肥养分数量按照 1 方鲜基有机肥重 1 000 kg，1 方干基有机肥重 600 kg计算。

表 1 有机肥养分含量

Table 1 Nutrient content of different manures in the survey

有机肥种类 Manure	鲜基(%) Fresh weight basis			干基(%) Dry weight basis		
	N	P_2O_5	K_2O	N	P_2O_5	K_2O
鸡粪	1.03	0.95	0.86	2.14	2.01	1.83
猪粪	0.55	0.56	0.35	2.04	1.87	1.30
牛粪	0.38	0.22	0.28	1.56	0.88	1.08
羊粪	1.01	0.50	0.64	1.97	1.05	1.54
马粪	0.44	0.31	0.46	1.35	0.99	1.50
鸭粪	0.71	0.83	0.66	1.64	1.80	1.51
猪圈肥	0.38	0.36	0.36	0.93	1.01	1.14
牛栏粪	0.50	0.30	0.86	1.30	0.74	2.18
羊圈肥	0.78	0.35	0.89	1.26	0.62	1.60
堆肥	0.35	0.25	0.48	0.64	0.49	1.26
有机肥	0.69	0.56	0.54	1.78	1.43	1.46
厩肥	0.55	0.34	0.70	1.16	0.79	1.64

数据来源：中国农业技术推广服务中心编著《中国有机肥料养分志》

Sources:“Chinese Organic fertilizer Nutrient records” compiled by the China agricultural technology extension service center.

1.5 养分平衡指数计算

根据养分平衡方法，计算过程如下：

养分盈余量＝养分投入量－养分吸收量

养分平衡指数＝养分投入量/养分吸收量

其中养分吸收量＝产量(kg/hm^2)/1 000×每形成 1 000 kg 商品作物所需要的养分量，计算需要的产量数据通过调查获得，作物带走养分参数见表 2。

表 2 形成 100 kg 经济产量作物收获带走氮磷钾养分

Table 2 NPK nutrient removal in 100 kg of crop harvest part used in the survey

作物 Crop	带走量(kg/100kg) Nutrient removal		
	N	P_2O_5	K_2O
大葱	0.18	0.06	0.11
萝卜	0.31	0.19	0.58
胡萝卜	0.24	0.08	0.57
荚豆	0.80	0.25	0.70
冬瓜	0.14	0.05	0.22
黄瓜	0.27	0.13	0.35
豇豆	0.41	0.25	0.88
豆角	0.34	0.23	0.59
辣椒	0.51	0.11	0.65
茄子	0.32	0.09	0.45
番茄	0.35	0.10	0.39
小白菜	0.16	0.09	0.39
大白菜	0.19	0.09	0.34
菜心	1.09	0.21	0.49
甘蓝	0.30	0.10	0.22
芹菜	0.20	0.09	0.39
油菜	0.28	0.03	0.21
樱桃番茄	0.25	0.10	0.32
土豆	0.55	0.22	1.06
菠菜	0.30	0.05	0.30

注:参考高祥照《肥料实用手册》等

2 结果与分析

2.1 平谷区种植业结构调整情况

根据北京市国土资源局平谷分局公布的 2004 年土地利用现状统计数据显示,全区土地总面积 95 012.8 hm^2,农用地总面积 71 292.9 hm^2,占全区土地总面积的 75%,土地利用类型以林地、园地、耕地为主,三者面积之和占全区农用地总面积的 95%,占全区土地总面积的 71%。按照 2004 年平谷区 1:10 000 土地利用图的图斑面积统计,总研究面积 25 596.81 hm^2。其中菜田 1 557.50 hm^2,占总研究面积的 6.1%。根据平谷区 1980 年土地利用现状统计数据,当时农用地面积 40 253.42 hm^2。其中,菜地面积 1 053.20 hm^2,占农用地面积的 2.6%。2004 年的菜地面积比例也有所增加,为原来的 2.3 倍。

为探讨种植结构调整对土壤肥力变化的影响,本文进一步对种植结构调整过程中农用地利用方式(园地、菜地、粮田)的变化情况进行分析。图 1 是将 2004 年和 1980 年的平谷区土地利用现状图的农用地部分进行叠加得到的种植结构调整图。

图中,"园地"、"菜地"和"粮田"均指该时间段内种植体系未发生改变的农用地类型,"农地改非农地"是指原为农用地,后改为建设用地或退耕为林地,这里的"非农用地"只包括种植结构结构调整涉及到的土地。对图斑面积进行统计,得到各种农地类型转换结果如表 3 所示。

统计结果表明,2004 年的菜地有 70%以上是由原来粮田调整过来的,而 1980 年的菜地有 75.9%变为非农业用地(主要是建设用地),这主要是由于菜地多位于城镇的周边地带,随着 20 多年的发展,城镇规模不断扩大,占用了大部分的原菜地,而城镇周边新形成的菜地则主要来源于以前的粮田。

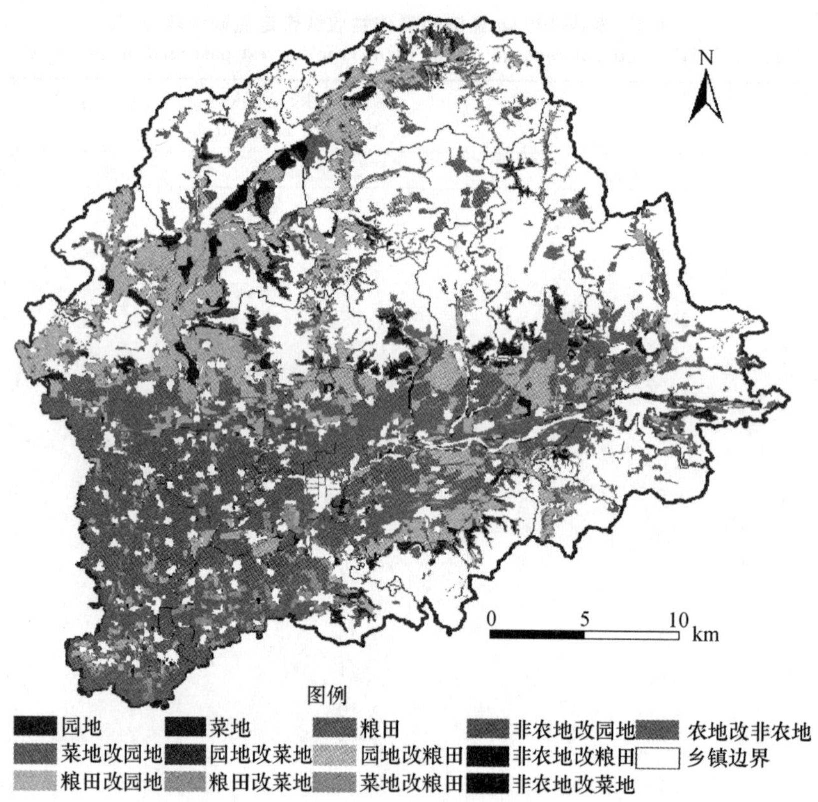

图1 1980—2004年平谷区种植结构调整图

Fig. 1 Adjustment map of cropping systems in Pinggu from 1980 to 2004

表3 1980—2004年平谷区种植结构调整面积变化表(hm^2)

Table 3 Area change of cropping systems change in Pinggu from 1980 to 2004

原有种植类型	调整后种植类型							
	菜地	%*	粮田	%	园地	%	非农用地	%
菜地	85.53	5.49	136.95	1.28	30.95	0.23	799.77	4.50
粮田	1 093.98	70.24	10 039.54	94.09	8 938.66	66.86	12 910.29	72.70
园地	3.41	0.22	87.09	0.82	2 079.14	15.55	4 048.12	22.80
非农用地	374.57	24.05	406.46	3.81	2 320.52	17.36	—	—
合计	1 557.49		10 670.04		13 369.27		17 758.18	

* %—各有关种植结构调整类型面积占调整后种植类型面积的百分比

* %—The range of planter structure change type area in the type area of after the change plants

2.2 菜田养分投入和盈余分析

2.2.1 菜田养分投入量分析

经过对调查数据整理后,得到菜田氮磷钾养分投入状况如表4所示。

农地利用方式直接与施肥、浇水等田间管理措施密切相关,且不同作物对养分的需求量、养分形态及养分间比例等均有较大的差异,也导致了作物从土壤中吸收的养分比例的差异,因此会对土壤养分含量产生十分深远的影响。农户调查发现,菜田由于经济价值较高,管理精细,施肥量较大,因此其土壤养分含量也较高。而大田作物经济价值较低,管理往往比较粗放,养分投入随意性较大,因而土壤养分含量水平也较低。其他一些研究结果也显示果园和菜地种植体系养分投入水平常常高于粮田种植体系[7,8]。进一步论证了对于不同种植体系的研究是区域养分研究管理的重要内容。

表 4 平谷区不同种植体系的氮磷钾养分投入状况

Table 4 The input of NPK in the surveyed farmer's orchard with different cropping system in Pinggu

种植体系 Cropping system	样本数 Number of sample	肥料类型 Fertilizer type	N (kg/hm²)	P_2O_5 (kg/hm²)	K_2O (kg/hm²)	N ∶ P_2O_5 ∶ K_2O
菜地	51	有机肥	1 004.6 (0～5 611.2)*	910.3 (0～5 105.8)	796.5 (0～4 625.3)	1 ∶ 0.91 ∶ 0.79
		无机肥	447.3 (0～3 016.5)	132.0 (0～915.0)	105.0 (0～486.0)	1 ∶ 0.30 ∶ 0.23
		总量	1 451.9 (138～6 223.1)	1 042.3 (0～5 450.8)	901.5 (0～4 625.3)	1 ∶ 0.72 ∶ 0.62

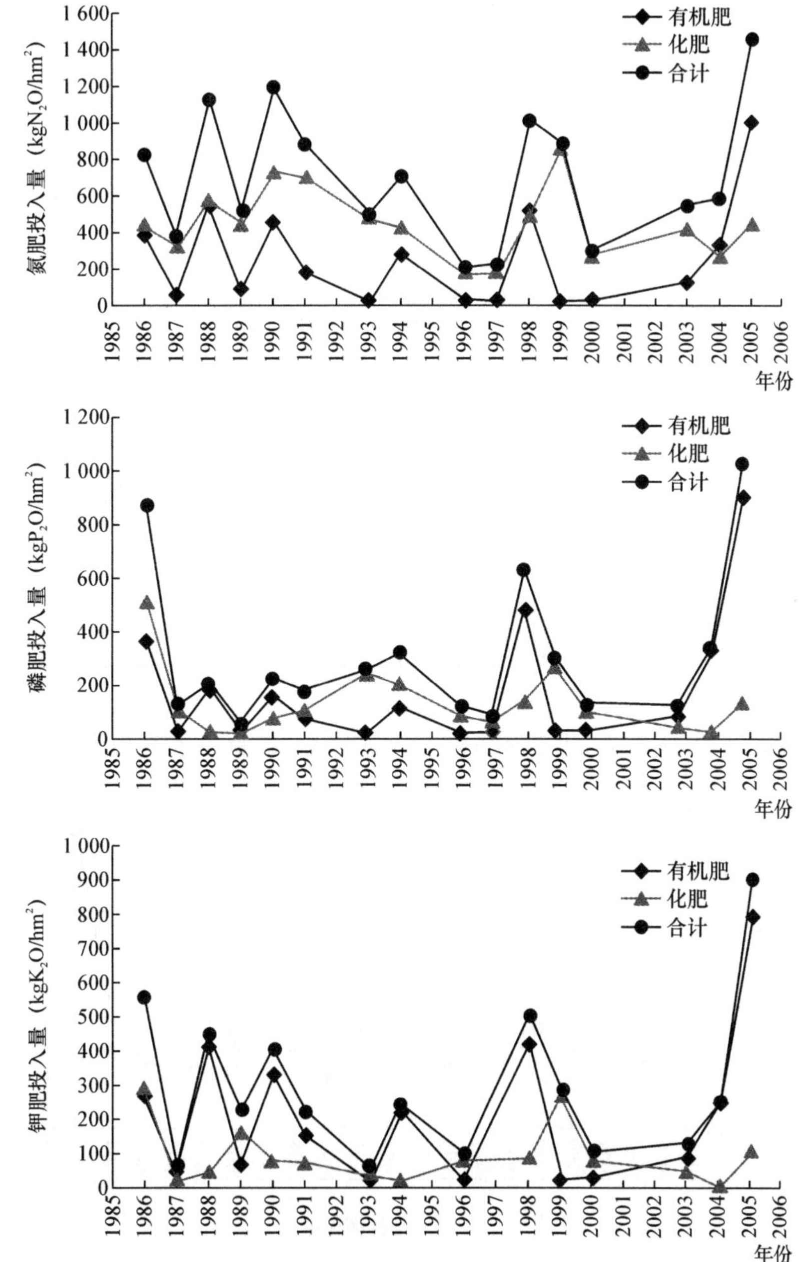

图 2 1986—2005 年菜地种植体系氮磷钾养分投入趋势图

Fig 2 Trendlines of applied N, P_2O_5, K_2O rates in organic manure and chemical fertilizer in vegetable cropping system from 1986 to 2005

养分管理对土壤养分含量的影响是一个长期积累的过程，由于技术水平、经济能力等多方面地影响，养分投入在年际间存在一定差异，因此，本文对多年来平谷区养分投入的规律进行了分析。分析所采用的数据来自于北京市土肥工作站对平谷区典型菜田地块进行的长期监测实验，监测的年份从 1986 年到 2005 年。2 个监测点采用加权平均后得到的平谷区近 20 年的养分投入变化趋势见图 2。

由图 2 可以看出，菜地种植体系中氮、磷、钾养分的投入水平年际间波动较大，调查中发现，菜地养分的投入与上一年蔬菜的供需关系和蔬菜价格有直接关系，一般来说，上一年蔬菜的经济效益高，就会使菜农的管理投入积极性高。根据有关实验资料，平谷区菜地的养分平均需求量为：氮素 244.5 kg/hm^2 N；磷素 79.5 kg/hm^2 P_2O_5；钾素 270.0 kg/hm^2 K_2O[9]。由此看来，养分的投入比例与蔬菜的吸收比例相差很大，虽然 2004—2005 年氮、磷、钾肥料的投入量均有较大幅度的增加，但多年平均氮素的投入量超过吸收量的 2 倍，磷素投入量超过吸收量的 2.7 倍，而钾素的投入量比吸收量低 5%。

2.2.2 菜田养分盈余及平衡指数分析

根据表 5，菜地盈余较大，氮素和磷素分别盈余 1250.5 kg/hm^2 N 和 955.5 kg/hm^2 P_2O_5，按平衡指数分析，投入量分别超过需求量的 7.2 倍和 12 倍，过量现象严重；氮、磷元素，特别是氮素的过量投入，往往会导致蔬菜质量下降，并造成一系列的环境问题，因此必须引起密切关注。钾素在菜种植体系稍有盈余，养分平衡指为 3.1。

表 5 平谷区氮磷钾养分的盈余及平衡指数分析

Table 5 NPK nutrien surplus and nutrient balance index in Pinggu

种植体系 Cropping system	样本数 Sample size	项目	N (kg/hm^2)	P_2O_5 (kg/hm^2)	K_2O (kg/hm^2)
菜地	51	作物吸收量	201.3 (5.5～655.8)	86.8 (1.3～258.4)	286.8 (4.7～839.8)
		养分投入量	1451.9 (138～6 223.1)*	1042.3 (0～5 450.8)	901.5 (0～4 625.3)
		养分盈余	1250.5 (68.9～5 818.8)	955.5 (−99.9～5 381.1)	614.7 (−614.8～4 315.6)
		养分平衡指数	7.21	12.00	3.14

*用量范围； * Range

长期监测点的数据表明(图 3)，在菜地种植体系中，氮磷养分大量盈余，多年平均盈余量分别为 542.7 kg/hm^2 N

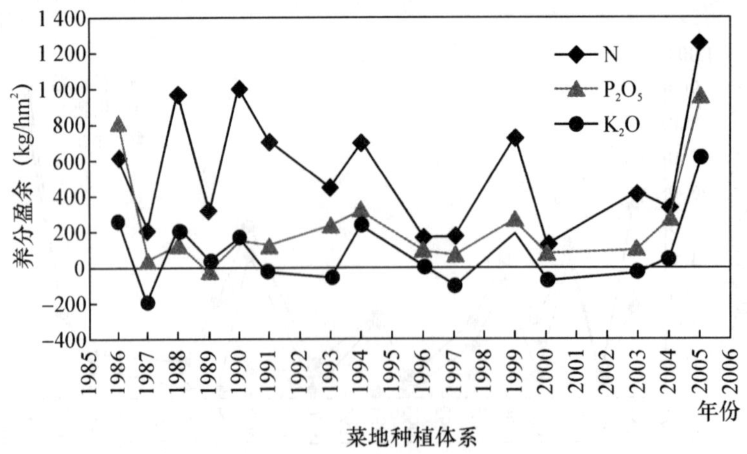

图 3 1986—2004 年粮菜种植体系氮磷钾养分盈余曲线

Fig 3 Trendlines of applied N, P_2O_5, K_2O surplus in organic manure and chemical fertilizer in cereal and vegetable cropping system from 1986 to 2004

和 188.9 kg/hm^2 P_2O_5，钾素有个别年份亏缺，但总体表现为盈余，特别是 2005 年磷、钾养分投入明显增加。多年平均盈余量为 88.2 kg/hm^2 K_2O。氮磷养分投入过量的现象都很明显，一般超过蔬菜需要量的 3～6 倍。钾肥多年投入量与需求量基本持平，并略有盈余，但考虑到并不是所有投入的钾肥都可以为蔬菜利用，因此，仅仅投入产出平衡还不能满足蔬菜的需要，在今后蔬菜生产上还应该加大钾肥的投入量，同时针对不同的地区的实际情况，按科学的方案施肥。

2.3 粮田改菜田对土壤养分含量的影响

2.3.1 粮田改菜田对土壤有机质含量的影响

由调查数据（表 6）可以看出，粮田改菜田，土壤有机质含量总体平均增加 1.39 g/kg，增幅为 12.6%，要小于粮田种植体系中小麦—玉米轮作体系下有机质含量的增幅。其中，温室菜的设施成本最高，养分管理投入也大，尤其是肥效较长的有机肥大量投入，有助于土壤有机质含量的增加。因此，粮田改为温室菜地后，其有机质含量平均增加了 3.53 g/kg，增幅为 30.9%，有机质含量达到中级水平。露地菜和大棚菜地的养分投入虽然也均高于粮田，但是由于蔬菜作物吸收的养分也较多，导致有机质含量总体增幅不大，分别为 7.6% 和 11.3%，有机质含量还是属于低级水平，并且变异系数很大，均在 480%左右，两极分化现象严重，说明养分管理和投入水平存在很大的差距。

表 6 粮改菜对土壤有机质含量的影响

Table 6 Effect of change from cereal to vegetable cropping system on SOM

现利用类型 Landuse pattern	样本数 Sample size	1980 年含量 Content in 1980 (g/kg)	2005 年含量 Content in 2005 (g/kg)	有机质含量变化 Change of SOM (g/kg)				
				最大值 Max	最小值 Min	均值 Men	标准差 MSE	变异系数 Coefficientof variation(%)
露地菜	31	10.92	11.75	7.13	−10.41	0.83	4.06	489.1
大棚菜	7	10.82	12.05	6.83	−10.72	1.23	5.90	479.7
温室菜	9	11.43	14.95	9.49	−0.92	3.53	3.54	100.2
合计(平均)	47	11.00	12.39	9.49	−10.72	1.39	4.31	309.6

2.3.2 粮田改菜田对土壤有效磷含量的影响

与 1980 年的数据相比，菜地种植体系中有效磷含量总体大幅度增加（表 7），平均增加 35.39 mg/kg，增幅达 154.8%。温室菜、大棚菜和露地菜等现利用类型农地土壤有效磷的增幅均超过 100%，大棚菜地甚至达到 223.7%，明显高于粮田种植体系。根据北京市耕地土壤养分分等定级标准，平谷区菜地种植体系中，温室菜、大棚菜土壤的有效磷肥力水平由低等级上升为高等级，露地菜土壤的有效磷肥力水平也由低等级上升中等级。土壤有效磷含量增加，主要原因是菜地，特别是设施菜地磷素养分的投入和盈余量都较大而累积形成的。万其宇(2006)研究提出平谷土壤磷环境临界值为 Olsen-P 50 mg/kg，高磷土壤施磷过量，磷盈余将进一步提高土壤磷水平[10]，按此指标，粮改菜的各类型菜地有效磷含量均超过环境临界值，易造成农田磷流失和损失，因此，应科学进行磷素投入。

表 7 粮改菜对土壤有效磷含量的影响

Table 7 Effect of change from cereal to vegetable cropping system on available P

利用方式 Landuse pattern	样本数 Sample size	1980 年含量 Content in 1980 (g/kg)	2005 年含量 Content in 2005 (g/kg)	有效磷含量变化 Change of available P (mg/kg)				
				最大值 Max	最小值 Min	均值 Men	标准差 MSE	变异系数 Coefficientof variation(%)
露地菜	31	21.95	50.70	163.43	−17.00	28.75	45.89	159.6
大棚菜	7	22.19	71.82	157.54	−22.27	49.63	69.97	141.0
温室菜	9	26.64	74.57	123.66	−0.98	47.93	41.79	87.2
合计(平均)	47	22.86	58.25	163.43	−22.27	35.39	49.00	138.5

2.3.3 粮田改菜田对土壤速效钾含量的影响

根据表 8,菜地种植体系中速效钾含量总体平均下降 51.76 mg/kg,降幅达 36.4%。按下降值计算,下降幅度依次为:露地菜>温室菜>大棚菜。平谷区整个菜地种植体系已普遍由 1980 年的极高等级水平下降到 2005 年的中等级水平。导致钾素养分水平下降的主要原因还是钾素的投入水平不足,钾肥多年投入量与需求量基本持平,并略有盈余,但考虑到并不是所有投入的钾肥都可以为蔬菜利用,因此,仅仅投入产出平衡还不能满足蔬菜的需要,在今后蔬菜生产上还应该加大钾肥的投入量。

表 8 粮改菜对土壤速效钾含量的影响

Table 8 Effect of change from cereal to vegetable cropping system on available K

现利用类型 Landuse pattern	样本数 Sample size	1980 年含量 Content in 1980 (g/kg)	2005 年含量 Content in 2005 (g/kg)	速效钾含量变化 Change of available K (mg/kg)				
				最大值 Max	最小值 Min	均值 Men	标准差 MSE	变异系数 Coefficientof variation(%)
露地菜	31	171.53	117.55	175.43	−145.13	−53.98	65.94	−122.2
大棚菜	7	166.93	127.12	42.64	−171.05	−39.81	69.85	−175.5
温室菜	9	187.97	134.79	43.10	−106.32	−53.18	54.21	−101.9
合计(平均)	47	173.94	122.18	175.43	−171.05	−51.76	63.37	−122.4

2.3.4 粮田改菜田对土壤微量元素含量的影响

菜地种植体系与粮田种植体系相似,土壤有效态铁、铜、锌含量都有所增加,其中增幅最大的为有效态锌,达到 929.0%,增幅要明显高于粮田体系。其次为有效态铜和有效态铁,增幅分别为 35.4%和 16.7%,但后两者的变异系数都较大,不同调查样本间差异很大(表 9)。总体来看,有效态铁的增幅与粮田体系接近,而有效态铜的增加量约为粮田体系的一半。菜地种植体系的土壤有效锰含量呈总体下降趋势,25 年来下降了 38.7%,降幅要大于粮田体系。就种植结构变化来看,温室菜、大棚菜和露地菜土壤的有效态铁、铜、锌含量都有较大幅度的增加,但样本间变异很大。有效态锰的降幅表现为温室菜要大于大棚菜和露地菜。菜地土壤中微量元素除了来自背景环境外,其余途径主要是来自有机肥和农药等管理措施。

表 9 粮改菜对土壤微量元素含量的影响

Table 9 Effect of change from cereal to vegetable cropping system on microelements contents

微量元素 Microelement	种植结构变化 Cropping System change	样本数 Sample size	1980 年含量 Content in 1980 (mg/kg)	2005 年含量 Content in 2005 (mg/kg)	含量变化 Content change (mg/kg)			
					均值 Men	标准差 MSE	变异系数 Coefficientof variation(%)	增幅 Increased range(%)
EDTA-Fe	露地菜	31	12.19	13.49	1.30	6.23	479.5	10.7
	大棚菜	7	11.60	15.55	4.36	6.04	138.5	37.6
	温室菜	9	13.21	16.40	3.19	7.52	235.8	24.1
	合计(平均)	47	12.26	14.31	2.05	6.43	312.9	16.7
EDTA-Cu	露地菜	31	1.43	2.06	0.62	1.11	178.8	43.4
	大棚菜	7	1.33	1.81	0.49	0.84	171.5	36.8
	温室菜	9	1.47	1.99	0.52	0.64	122.2	35.4
	合计(平均)	47	1.42	2.01	0.59	0.99	168.5	41.5
EDTA-Zn	露地菜	31	0.30	2.96	2.66	2.00	75.0	886.7
	大棚菜	7	0.30	3.46	3.17	2.22	70.1	1 056.7
	温室菜	9	0.34	3.82	3.48	2.00	57.5	1 023.5
	合计(平均)	47	0.31	3.19	2.88	2.01	69.7	929.0
EDTA-Mn	露地菜	31	13.09	7.77	−5.32	2.90	−54.5	−40.6
	大棚菜	7	12.70	9.40	−2.91	2.96	−101.9	−22.9
	温室菜	9	13.29	8.75	−4.54	3.95	−86.9	−34.2
	合计(平均)	47	13.03	8.17	−5.04	3.23	−64.1	−38.7

杨丽娟等(2006)在草甸土菜田上的研究结果表明,影响微量元素有效性的首要因素是土壤酸碱度,土壤有效性铁、锰、铜含量与土壤 pH 呈极显著负相关,而土壤有效性锌含量与 pH 相关性比较小。长期施用氮肥能够提高土壤中有效铁、锰、锌、铜含量,而且随着氮肥用量的增加,土壤中微量元素有效性增强。主要是长期施用氮肥导致土壤 pH 值的降低,从而导致土壤微量元素有效性进一步提高。长期施用有机肥对土壤微量元素的影响与配施的化肥种类有关,磷、钾化肥能够提高土壤有效铁、锰含量,对土壤锌有效性不会产生明显影响,在一定范围内可以提高土壤有效性铜含量,但效果不明显[11]。可见,有机肥、化肥对土壤中微量元素有效性的影响是复杂的[12,13]。而本研究中,长期施用有机肥和化肥导致土壤有效态铁、铜和锌增加,而有效态锰的含量降低,与上述结论并不一致。

3 结 论

1)平谷区菜地面积经种植结构调整后有所增加。2005 年菜地面积 1 053.20 hm^2,占农用地面积的 2.6%。2005 年的菜地有 70%以上是由原粮田调整过来的,而 1980 年的菜地有 75.9%变为非农业用地。

2)菜地养分投入量最大,平均投入 1 451.9 kg/hm^2 N、1 042.3 kg/hm^2 P_2O_5、901.5 kg/hm^2 K_2O,氮、磷、钾素分别盈余 1 250.5 kg/hm^2 N、955.5 kg/hm^2 P_2O_5 和 614.7 kg/hm^2 K_2O,按平衡指数分析,投入量分别超过需求量的 7.21 倍、12.00 倍和 3.14 倍。菜田作物种类较多,且不同年份间、不同作物间肥料投入差别较大,不同作物带走的量也差别很大,因此养分盈余的范围也比较宽,氮、磷、钾素分别盈余 68.9～5 818.8 kg/hm^2 N、－99.9～5 381.1 kg/hm^2 P_2O_5 和－614.8～4 315 kg/hm^2 K_2O。土肥站长期监测试验结果表明:在多年菜地种植体系中,氮磷养分大量盈余,多年平均盈余量分别为 542.7 kg/hm^2 N 和 188.9 kg/hm^2 P_2O_5,钾素有个别年份亏缺。

3)粮田改菜田,土壤有机质含量总体平均增加 1.39 g/kg,增幅为 12.6%;有效磷含量总体大幅度增加(表 6.11),平均增加 35.39 m g/kg,增幅达 154.8%;粮田改菜田,速效钾含量有所增加,但与 1980 年相比,由于粮改蔬的时间短,粮食作物长期钾亏缺,是粮改菜地块钾菜地种植体系中速效钾含量总体平均下降 51.76 mg/kg,降幅达 36.4%。但随着蔬菜种植年限的增长,各土壤养分呈增加趋势,从露地菜、发展到大棚菜,最后发展到温室菜,土壤的有机质、全氮、有效磷、速效钾各种养分均增加。

参考文献

[1] 赵其国. 21 世纪土壤科学展望[J]. 地球科学进展,2001,. 16(5):704-709

[2] 马文奇,毛达如,张福锁. 种植结构变化对肥料消费的影响[J]. 磷肥与复肥,2001,16(4):1-3

[3] 孔祥斌,张凤荣,王茹,等. 城乡交错带土地利用变化对土壤养分的影响——以北京市大兴区为例[J]. 地理研究,2005,24(2):213-221

[4] 于林,张民,宋付朋,等. 沿海经济发达区种植结构变化对土壤养分的影响[J]. 水土保持学报,2006,20(4):67-71

[5] Doran J W,Parkin T B. Defining and assessing soil quality[A]. Doran J W(eds.). Defining soil quality for a sustainable environment[C]. Madison:ISSSA Spe,1994,35:3-21

[6] Shen Z Q,Shi J B,Wang K,et al. Nenral network ensemble residual kriging application for spatial variability of soil properties[J]. Pedosphere,2004,14(3):289-296

[7] 马文奇. 山东省作物施肥现状、问题与对策[D]. 北京:中国农业大学,1999

[8] 鲁如坤. 我国的磷矿资源和磷肥生产消费Ⅱ. 磷肥消费和需求[J]. 土壤,2004,36(2):113-116

[9] 贾小红,黄元仿,徐建堂. 有机肥的加工与使用[M]. 北京:化学工业出版社,2003

[10] 万其宇. 平谷土壤测试磷与土壤磷环境临界值研究:[硕士学位论文]. 北京:中国农业大学,2006

[11] 杨丽娟,李天来,付时丰,等.长期施肥对菜田土壤微量元素有效性的影响.植物营养与肥料学报,2006,12(4):549-553

[12] Schwab A P,Owensby C E,Kulyingyong S. Changes in soil chemical properties due to 40 years of fertilization[J]. Soil Science,1990,149(1);35-43

[13] 王辉,董元华,李德成,等.不同种植年限大棚蔬菜地土壤养分状况研究[J].土壤,2005,37(4):460-46

种植结构变化对粮田土壤养分含量的影响*

——以北京市平谷区为例

梁金凤[1]　高如泰[2]　任慧勤[3]　贾小红[1]　陈清[3]　黄元仿[3]

(1.北京市土肥工作站,北京　100029;2.河北农业大学资源与环境科学学院,保定　071001;
3.中国农业大学资源与环境学院,北京　100094)

摘要:本文以北京市平谷区为例,探讨25年来种植业结构变化对粮田土壤养分状况的影响。结果表明:平谷区的粮田种植体系中氮磷钾肥的投入比例明显不平衡,氮素投入过量,磷素基本持平略有盈余,而钾素投入严重不足。粮田种植体系土壤有机质含量总体增加了2.63 g/kg,有效磷含量总体持平,但呈下降趋势,平均下降1.18 mg/kg,土壤速效钾含量急剧下降,平均下降值为76.1 mg·kg^{-1}。粮田种植体系中土壤有效态铁、铜、锌含量都有所增加,其来源主要是来自有机肥和农药等管理措施。

关键词:种植结构;土壤养分;粮田种植系统

土壤养分含量是土壤肥力、土壤生产力的重要基础,土壤肥力的变化对农业可持续发展具有直接影响。包括田间管理措施在内的人为因素是影响土壤养分含量变化的重要因素,自20世纪80年代以来,随着农业集约化程度的不断提高和农业种植结构的调整,由于不同作物的经济效益存在很大差别,生产者对不同种植体系下的养分投入也有很大差异,导致不同种植体系间土壤养分含量产生一定的变化。种植结构变化意味着种植业生产方式和土壤资源利用方式的变化,必然会引起土壤养分等土壤资源环境状态的变化,研究种植结构变化对土壤养分的影响在理论上和实践上具有重要意义[1-6]。

近30年来,平谷区的种植结构发生了很大的变化,粮食作物的种植面积大幅度减少。本文从种植结构调整的角度,研究粮田土壤养分变化的特点和主要影响因素,为该区为科学调整种植结构,合理利用土壤资源和农业可持续发展提供科学依据。

1　研究方法

1.1　样点布设

土壤样本的采集是运用GPS技术,采用间距为400 m的方形格网与土地利用现状图(只选择农用地,包括耕地和园地)叠加,确定交叉样点。同时,在网格采样的基础上,根据土壤类型、控制面积、土地利用类型、农业种植结构调整、优势农产品区域布局、水源保护区分布情况等因素,并参照第二次土壤普查样点分布图和剖面位置记载表,进行分层抽样(图1)。在平谷区布设采集点1 156个,其中粮田布点297个,样点采集深度为0～20 cm,采样时间为在2005年4～6月。

1.2　调查内容

在采集土壤样本的同时,针对农田管理措施和经营状况进行了农户调查。调查点是通过布点形成的经纬度确定的农户地块,调查内容包括:样点的地理位置、立地条件及地块的权属;样点所在地块全年生产管理情况,包括土地利用方式(果园、粮田、菜地)以及不同利用方式下的种植制度、作物品种、施肥状况、种苗投

* 基金项目:北京自然科学基金项目(6072017);国家科技支撑计划(2006BAD10A01);国家高技术研究发展计划(863计划)项目(2008AA10Z216,2006AA10Z224)和教育部新世纪优秀人才支持计划(NCET-06-0107)

入、农药使用、各类肥料施用量、农机投入、农膜或套袋投入、水利设施、灌溉水源、灌溉投入、劳动力投入、种植面积和亩产量、销售价格以及对种地的满意程度等。

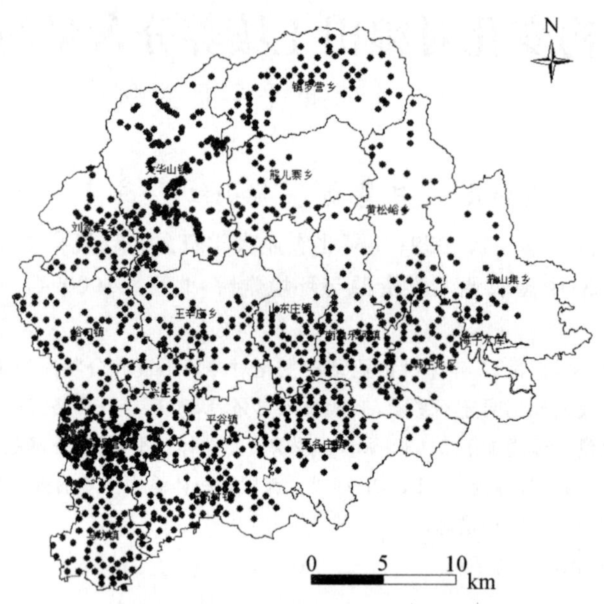

图 1 2005 年平谷区土壤样点分布图
Fig. 1 Soil sampling locations in Pinggu in 2005

1.3 分析测定办法

土壤基础五项指标：样品风干处理后进行土壤有机质、全氮、碱解氮、有效磷、速效钾等指标分析。土壤有机质采用重铬酸钾容量法；全氮采用半微量凯氏法；碱解氮采用碱解扩散吸收法；有效磷采用 0.5 mol/L 的 NaHCO3 浸提—分光光度法(Olsen 法)；速效钾采用醋酸铵浸提火焰光度计法。

土壤微量元素含量：有效铜、有效锌、有效铁、有效锰等采用 DTPA 提取－原子吸收光谱法分析。

1.4 养分投入计算

养分投入量＝有机肥养分投入量＋化肥养分投入量(氮磷钾)

其中：

化肥养分投入量＝(基肥化肥量＋追肥化肥量)× 氮磷钾养分含量

有机肥养分量＝有机肥用量×有机肥养分含量

不同有机肥养分含量见表 1。有机肥养分数量按照 1 方鲜基有机肥重量为 1 000 kg,1 方干基有机肥重量为 600 kg 计算。

表 1 有机肥养分含量
Table 1 Nutrient content of different manures in the survey

有机肥种类 Manure	鲜基 (%)Fresh weight basis			干基 (%)Dry weight basis		
	N	P_2O_5	K_2O	N	P_2O_5	K_2O
鸡粪	1.03	0.95	0.86	2.14	2.01	1.83
猪粪	0.55	0.56	0.35	2.04	1.87	1.30
牛粪	0.38	0.22	0.28	1.56	0.88	1.08
羊粪	1.01	0.50	0.64	1.97	1.05	1.54
马粪	0.44	0.31	0.46	1.35	0.99	1.50
鸭粪	0.71	0.83	0.66	1.64	1.80	1.51
猪圈肥	0.38	0.36	0.36	0.93	1.01	1.14
牛栏粪	0.50	0.30	0.86	1.30	0.74	2.18

续表 1

有机肥种类 Manure	鲜基（%）Fresh weight basis			干基（%）Dry weight basis		
	N	P_2O_5	K_2O	N	P_2O_5	K_2O
羊圈肥	0.78	0.35	0.89	1.26	0.62	1.60
堆肥	0.35	0.25	0.48	0.64	0.49	1.26
有机肥	0.69	0.56	0.54	1.78	1.43	1.46
厩肥	0.55	0.34	0.70	1.16	0.79	1.64

数据来源：中国农业技术推广服务中心编著《中国有机肥料养分志》。

Sources："Chinese Organic fertilizer Nutrient records" compiled by the China agricultural technology extension service center.

1.5 养分平衡指数计算

根据养分平衡方法，养分盈余量＝养分投入量－养分吸收量，养分平衡指数＝养分投入量/养分吸收量，其中养分吸收量＝产量（kg/hm^2）/1 000×每形成 1 000 kg 商品作物所需要的养分量，计算需要的产量数据通过调查获得，作物带走养分参数见表 2。

表 2　形成 100 kg 经济产量作物收获带走氮磷钾养分

Table 2　NPK nutrient removal in 100 kg of crop harvest part used in the survey

作物 Crop	带走量（kg/100kg）Nutrient removal		
	N	P_2O_5	K_2O
春大麦	2.70	0.90	2.20
春玉米	2.50	1.30	2.10
冬小麦	2.70	1.20	2.00
夏玉米	2.30	1.25	1.60
小麦	2.70	1.05	2.10
玉米	2.40	1.30	1.85
水稻	2.00	1.05	2.20

注：参考高祥照《肥料实用手册》等。

2　结果与分析

2.1　平谷区粮田面积变化调整情况

根据北京市国土资源局平谷分局公布的 2004 年土地利用现状统计数据显示，全区土地总面积 95 012.8 hm^2，农用地总面积 71 292.9 hm^2，占全区土地总面积的 75%，土地利用类型以林地、园地、耕地为主，三者面积之和占全区农用地总面积的 95%，占全区土地总面积的 71%。按照 2004 年平谷区 1∶10 000 土地利用图的图斑面积统计，总研究面积 25 596.81 hm^2，其中粮田面积 10 670.05 hm^2，占总研究面积的 41.7%。

根据平谷区 1980 年土地利用现状统计数据，当时农用地面积 40 253.42 hm^2，粮田面积 32 982.47 hm^2，占农用地面积的 81.9%。粮田的面积有较大幅度的下降，仅为 1980 年的 50.8%左右。可见，20 多年以来，平谷区种植结构的面积和比例都发生了较大的变化。

为探讨种植结构调整对土壤肥力变化的影响，本文进一步对种植结构调整过程中农用地利用方式（园地、菜地、粮田）的变化情况进行分析。“园地”、“菜地”和“粮田”均指该时间段内种植体系未发生改变的农用地类型，“农地改非农地”是指原为农用地，后改为建设用地或退耕为林地，这里的“非农用地”只包括种植结构结构调整涉及到的土地。对图斑面积进行统计，得到各种农地类型转换结果如表 3。统计结果表明，2004 年的粮田有 94.1%是继承的原粮田，但总面积仅为 1980 年的 32.3%，下降幅度很大，原粮田中有 39.1%转变为建设用地或者用于退耕还林，另有约 27.1%调整为园地。

表 3 1980 年—2004 年平谷区种植结构调整面积变化表(hm^2)

Table 3 Area change of cropping systems change in Pinggu from 1980 to 2004

原有种植类型	调整后种植类型							
	菜地	%*	粮田	%	园地	%	非农用地	%
菜地	85.53	5.49	136.95	1.28	30.95	0.23	799.77	4.50
粮田	1 093.98	70.24	10 039.54	94.09	8 938.66	66.86	12 910.29	72.70
园地	3.41	0.22	87.09	0.82	2 079.14	15.55	4 048.12	22.80
非农用地	374.57	24.05	406.46	3.81	2 320.52	17.36	—	—
合计	1 557.49		10 670.04		13 369.27		17 758.18	

*:%—各有关种植结构调整类型面积占调整后种植类型面积的百分比

*:%—The range of planter structure change type area in the type area of after the change plants

2.2 粮田养分投入和盈余分析

2.2.1 粮田养分投入量分析

经过对调查数据整理后,得到的平谷区粮田的氮磷钾养分投入状况如表 4 所示。

表 4 平谷区粮田的氮磷钾养分投入状况

Table 4 The input of NPK in the surveyed farmer's orchard in cereal field in Pinggu

样本数 Number of sample	肥料类型 Fertilizer type	N (kg/hm^2)	P_2O_5 (kg/hm^2)	K_2O (kg/hm^2)	$N:P_2O_5:K_2O$
293	有机肥	46.9 (0～1656.5)*	40.2 (0～979.8)	33.0 (0～1225.3)	1:0.86:0.70
	无机肥	298.2 (0～1117.5)	89.9 (0～828.0)	40.6 (0～450.0)	1:0.30:0.14
	总量	345.2 (0～2001.5)	130.1 (0～983.3)	73.0 (0～1225.3)	1:0.38:0.21

用量范围; Range

养分管理对土壤养分含量的影响是一个长期积累的过程,由于技术水平、经济能力等多方面地影响,养分投入在年际间存在一定差异,因此,本文对多年来平谷区养分投入的规律进行了分析。分析所采用的数据来自于北京市土肥工作站对平谷区典型地块进行的长期监测实验,监测的年份从 1986 年到 2005 年,监测点种植制度为冬小麦、夏玉米轮作。粮田监测点有 5 个,采用加权平均后得到的平谷区近 20 年的养分投入变化趋势见图 2。

由图 1 可以看出,近 20 多年来,粮田种植体系中氮、磷、钾养分的投入水平总体呈下降趋势。在 1993 年以前,虽然化肥的用量不大,但得益于有机肥的大量施用,三种养分的投入量还都处于较高水平,其中 1986 年的氮、磷、钾养分投入情况表现的尤为明显。在上述时期,各养分年际投入水平的波动也在很大程度上取决于有机肥的投入。总体来看,氮素化肥的用量近十年来基本持平,投入水平仍低于 20 世纪 90 年代初期,并在 2005 年略呈下降趋势;而 1993 年以后磷肥用量的减少,虽然近年来略有提高,但仍低于 90 年代初期水平,投入水平大体处于下降趋势;钾素养分的投入量也表现出明显不足,总体呈下降趋势。

2.2.2 粮田养分盈余及平衡指数分析

根据表 5,粮田种植体系氮素和磷素也略有盈余,但存在较明显的两极分化现象,钾素总体表现为亏缺,养分平衡指数仅为 0.5,表明投入量仅为需求量的一半,因此,为提高粮田土壤肥力,钾肥施用水平应该得到增加。

长期监测点的数据表明(图 3),在粮田种植体系中,20 多年来氮素呈明显的盈余状态,多年平均盈余量为 221.7 kg/hm^2 N;磷素总体表现为盈余,平均盈余量为 39.5 kg/hm^2 P_2O_5,但有部分年份磷素亏缺,2004 年的亏缺量最大,为 −40.6 kg/hm^2 P_2O_5;钾素在多数年份呈亏缺状态,1993 年至今未出现盈余,多年平均亏缺量为 −57.1 kg/hm^2 K_2O,2005 年调查数据也表明,该区已重视磷、钾亏缺的现状,增大了投入力度。可见,平谷区的粮田种植体系中氮磷钾肥的投入比例明显不平衡,氮素投入过量,磷素基本持平略有盈余,而钾素投入严重不足,在今后的农业生产中应加以调整。

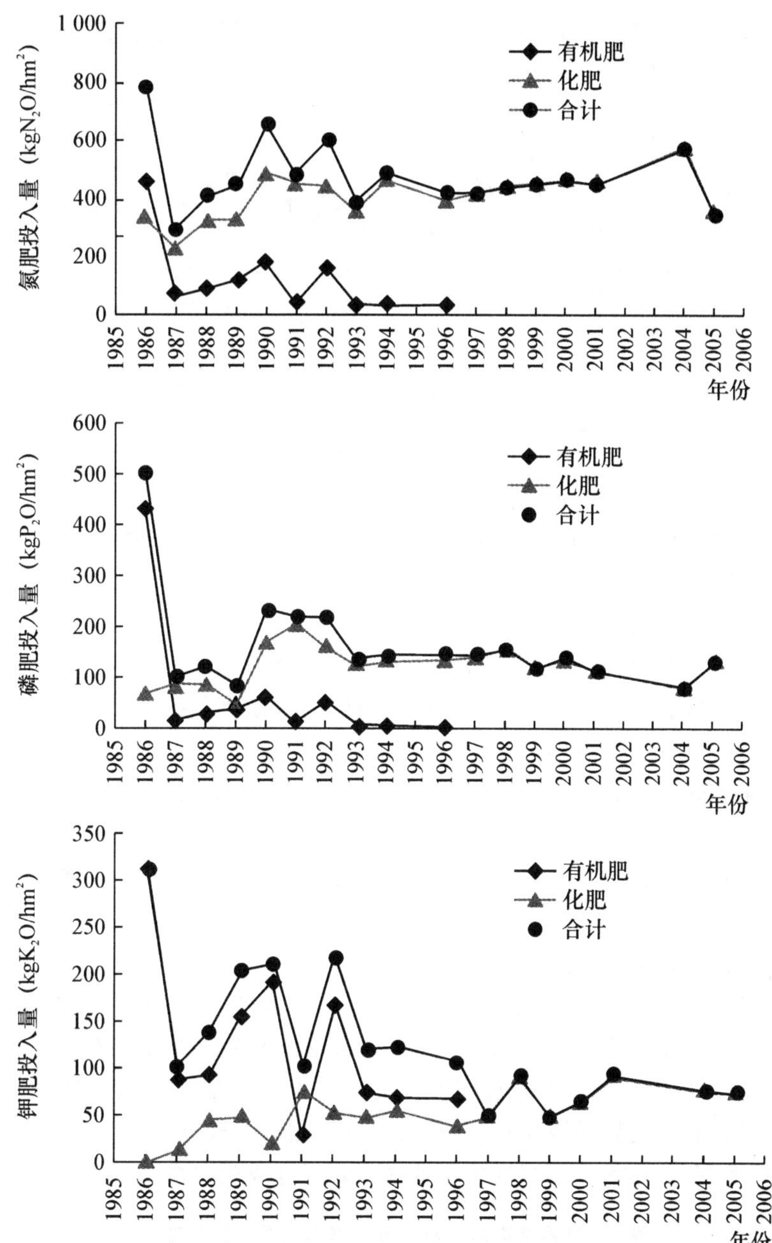

图 2 1986—2005 年粮田种植体系氮磷钾养分投入趋势图

Fig. 2 Trendlines of N, P_2O_5, K_2O application rates in organic manure and chemical fertilizer in cereal cropping system from 1986 to 2005

表 5 平谷区氮磷钾养分的盈余及平衡指数分析

Table 5 NPK nutrien surplus and nutrient balance index in Pinggu

种植体系 Cropping system	样本数 Sample size	项目	N (kg/hm²)	P_2O_5 (kg/hm²)	K_2O (kg/hm²)
粮田	293	作物吸收量	193.3 (33.8～853.1)	89.8 (1.1～307.1)	145.9 (11.3～755.6)
		养分投入量	345.2 (0～2 001.5)*	130.1 (0～983.3)	73.0 (0～1 225.3)
		养分盈余	151.9 (−521.3～1 851.5)	40.3 (−179.4 ～929.7)	−72.3 (−581.3 ～1 099.3)
		养分平衡指数	1.79	1.45	−0.50

* 用量范围；* Range

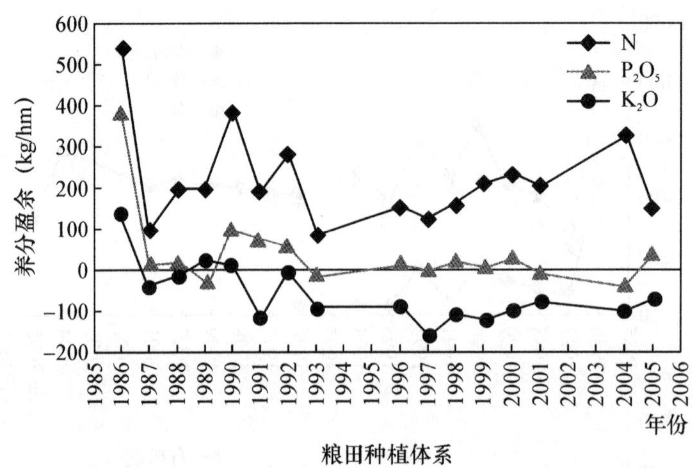

图 3 1986—2004 年粮田植体系氮磷钾养分盈余曲线

Fig. 3 Trendlines of applied N, P_2O_5, K_2O surplus in organic manure and chemical fertilizer in cereal cropping system from 1986 to 2004

2.3 施肥对粮田土壤养分含量的影响

粮田种植体系的种植结构调整是相对于平谷区“冬小麦—夏玉米”轮作的主导耕作制度而言的，种植结构的变化包括：轮作改为种植春玉米、轮作改为种植小杂粮、轮作制度保持不变、菜地调整为粮田、粮田变为林地、粮田改为粮菜间作、粮田改为林豆间作、粮田变为园地后又改为粮田等几种形式。其中，以前三种变化形式为主，后面几种变化形式涉及到的粮田样本数很少，所代表的种植面积也非常有限，不具备典型性，因此不加以讨论。

2.3.1 种植结构调整对粮田有机质含量的影响

有机质是衡量土壤肥力的重要指标，本文以 1980 年第二次土壤普查数据为对照，分析了 2005 年平谷区土壤肥力调查数据(295 个样本)，结果表明(表 6)：25 年来，平谷区粮田种植体系土壤有机质含量总体增加了2.63 g/kg，其中轮作改为种植春玉米结构的有机质变化量最大(2.72 g/kg)，增幅为 24.9%；其次为轮作制度不变的情况，有机质增加了 2.65 g/kg，增幅为 25.3%；轮作改为种植小杂粮的粮田有机质增加了 2.30 g/kg，增幅为 20.2%。虽然近年来粮田养分管理中有机肥的投入不足，但由于秸秆还田等措施的采用也有助于土壤有机质含量的增加，从变异系数来看，有机质含量变化的两极分化现象还十分明显。根据北京市耕地土壤养分分等定级标准，粮田体系土壤有机质含量总体处于低级肥力水平。

表 6 种植结构调整对粮田土壤有机质含量的影响

Table 6 Effect of cropping systems change on SOM of cereal cropping system

种植结构变化 Crop System change	样本数 Sample	1980 年含量 Content in 1980(g/kg)	2005 年含量 Content in 2005 (g/kg)	有机质含量变化 Change of SOM (g/kg)				
				最大值 Max	最小值 Min	均值 Men	标准差 MSE	变异系数 Coefficientof variation(%)
轮作-春玉米	111	10.92	13.64	17.35	−5.65	2.72	3.99	147.0
轮作制度不变	129	10.47	13.13	13.65	−7.49	2.65	3.36	126.6
轮作-小杂粮	55	11.49	13.82	8.19	−6.24	2.32	3.94	169.6
合计(平均)	295	10.79	13.42	17.35	−7.49	2.63	3.69	140.2

2.3.2 种植结构调整对粮田有效磷含量的影响

与 1980 年的数据相比，粮田种植体系中有效磷含量总体呈下降趋势(表 7)，平均下降 1.18 mg/kg，其中轮作改为种植春玉米和轮作改为种植小杂粮两种结构下有效磷含量分别下降了 4.49 mg/kg 和 5.49mg/

kg，而轮作制度不变的情况下，土壤有效磷含量却增加了3.13 mg/kg，同时，在粮田种植体系下，土壤有效磷变化量存在严重的两极分化现象。根据北京市耕地土壤养分分等定级标准，平谷区农田种植体系的土壤有效磷含量普遍偏低，属低级肥力水平。第二次全国土壤普查将土壤有效磷含量分为8级（沈善敏，1998），81.9 %的粮田调查点土壤Olsen-P含量为0～30 mg/kg（土壤有效磷含量1～4级），2.9 %的调查点土壤Olsen-P含量> 80 mg/kg（土壤有效磷含量8级）。土壤有效磷含量下降，主要是由于粮食作物经济效益差，农民的投入积极性较低，磷肥投入也主要施用磷肥，只有8%农户施用有机肥[7]。万其宇（2006）计算认为，在平谷区0～30 cm农田土壤Olsen-P增加1 mg/kg需要施磷180 kg $P_2O_5/hm_2/y$，过量施用磷肥不但不经济，反而会导致作物营养失去平衡，造成或加剧其他养分的缺乏[8]。因此在农田土壤中科学施加磷肥非常重要。

表7 种植结构调整对粮田土壤有效磷含量的影响

Table 7 Effect of cropping systems change on soil available P of cereal cropping system

种植结构变化 Crop System change	样本数 Sample	1980年含量 Content in 1980(g/kg)	2005年含量 Content in 2005 (g/kg)	有效磷含量变化 Change of soil available P (mg/kg)				
				最大值 Max	最小值 Min	均值 Men	标准差 MSE	变异系数 Coefficientof variation(%)
轮作-春玉米	111	22.80	18.33	220.02	−41.7	−4.47	29.13	−651.6
轮作制度不变	129	20.99	24.12	312.85	−33.92	3.12	39.86	1 277.6
轮作-小杂粮	55	22.87	17.38	62.02	−29.02	−5.50	19.42	−353.1
合计(平均)	295	21.99	20.81	312.85	−41.7	−1.18	33.40	−2 830.5

2.3.3 种植结构调整对粮田速效钾含量的影响

平谷区粮田种植体系的土壤速效钾含量整体水平从极高等级（>155 mg/kg）急剧下降到低等级（70～100 mg/kg），平均下降值为76.1 mg/kg，降幅为44.7%。其中降幅最大的为轮作改为种植小杂粮结构，降幅为54.3%，其次为轮作制度不变的结构，降幅43.5%，降幅最低的是轮作改为种植春玉米结构，降幅为39.4%（表8）。产生这种现象的主要原因是平谷区粮田体系中钾肥的投入量不足，造成土壤钾素养分亏缺所导致的。

表8 种植结构调整对粮田土壤速效钾含量的影响

Table 8 Effect of cropping systems change on soil available K of cereal cropping system

种植结构变化 Crop System change	样本数 Sample	1980年含量 Content in 1980(g/kg)	2005年含量 Content in 2005 (g/kg)	速效钾含量变化 Change of soil available K (mg/kg)				
				最大值 Max	最小值 Min	均值 Men	标准差 MSE	变异系数 Coefficientof variation(%)
轮作-春玉米	111	177.32	107.48	255.51	−175.15	−69.84	63.94	−91.5
轮作制度不变	129	167.43	94.62	277.09	−208.54	−72.82	54.10	−74.3
轮作-小杂粮	55	186.56	85.19	−9.17	−180.80	−101.38	39.28	−38.7
合计(平均)	295	174.16	98.06	277.09	−208.54	−76.10	57.05	−75.0

2.3.4 种植结构调整对粮田微量元素含量的影响

由表9可以看出，粮田种植体系中土壤有效态铁、铜、锌含量都有所增加，其中增幅最大的为有效态锌，达到426.3%，其次为有效态铜和有效态铁，但后两者的变异系数都在400%左右，不同调查样本间差异很大。有效锰含量呈总体下降趋势，25年来下降了25.3%。调查结果显示，粮田种植体系中以往曾施用过锌肥，但基本上不曾有意识地施用铜、铁、锰等微肥，土壤中微量元素除了来自环境背景值外，其余途径主要是来自有机肥和农药等管理措施。

表 9 种植结构调整对粮田土壤微量元素含量的影响

Table 9 Effect of cropping systems change on soil microelements contents of cereal cropping system

微量元素 Trace element	种植结构变化 Cropping System change	样本数 Sample size	1980 年含量 Content in 1980 (mg/kg)	2005 年含量 Content in 2005 (mg/kg)	含量变化 Content change (mg/kg)			
					均值 Mean	标准差 MSE	变异系数 Coefficientof variation(%)	增幅 Increased range(%)
DTPA-Fe	轮作-春玉米	111	12.53	14.47	1.93	7.01	363.2	15.4
	轮作制度不变	129	12.43	13.57	1.14	6.74	591.2	9.2
	轮作-小杂粮	55	12.73	15.24	2.51	8.14	324.3	19.7
	合计(平均)	295	12.53	14.18	1.65	7.06	427.9	13.2
DTPA-Cu	轮作-春玉米	111	1.49	1.90	0.40	1.26	315.0	26.8
	轮作制度不变	129	1.46	1.71	0.25	0.91	364.0	17.1
	轮作-小杂粮	55	1.50	1.82	0.32	1.23	384.4	21.3
	合计(平均)	295	1.48	1.80	0.32	1.11	346.9	21.6
DTPA-Zn	轮作-春玉米	111	0.38	2.08	1.70	1.63	95.9	447.4
	轮作制度不变	129	0.37	1.92	1.55	1.63	105.2	418.9
	轮作-小杂粮	55	0.39	1.99	1.60	1.59	99.4	410.3
	合计(平均)	295	0.38	2.00	1.62	1.62	100.0	426.3
DTPA-Mn	轮作-春玉米	111	13.59	10.41	−3.18	3.08	−96.9	−23.4
	轮作制度不变	129	13.34	9.61	−3.73	3.41	−91.4	−28.0
	轮作-小杂粮	55	13.90	10.82	−3.09	2.90	−93.9	−22.2
	合计(平均)	295	13.54	10.10	−3.43	3.22	−93.9	−25.3

王冬梅等(2005)在棕壤上进行的长期定位试验表明,连续施用有机肥料,既能补充锌,又能提高土壤pH和增加有机质含量;随着有机质和pH值增加,土壤有效锰明显减少;不同施肥处理土壤pH和有机质含量的变化对土壤有效铜没有明显的作用;土壤pH对有效铁的影响与对有效锰影响相似,但土壤有效铁含量与有机质含量呈正相关[9]。可见,有机肥、化肥对土壤中微量元素有效性的影响是复杂的[10],不同试验可能得出不同的结果。

3 结 论

1)粮食作物是平谷区主要种植类型,受种植业结构调整影响,近年粮田面积有所减少。

2)在粮田种植体系中,二十多年来氮素呈明显的盈余状态,多年平均盈余量为221.7 kg/hm^2 N;磷素基本持平,多数年份有少量盈余,平均盈余量为39.5 kg/hm^2 P_2O_5,部分年份磷素亏缺,2004年的亏缺量最大,为−40.6 kg/hm^2 P_2O_5,钾素在多数年份呈亏缺状态,1993年至今未出现盈余,多年平均亏缺量为−57.1 kg/hm^2 K_2O。可见,平谷区的粮田种植体系中氮磷钾肥的投入比例明显不平衡,氮素投入过量,磷素基本持平略有盈余,而钾素投入严重不足,在今后的农业生产中应加以调整。

3)二十五年来,平谷区粮田种植体系土壤有机质含量总体增加了2.63 g/kg,粮田种植体系中有效磷含量总体持平,但呈下降趋势,平均下降1.18 mg/kg,土壤速效钾含量整体水平从极高等级(>155 mg/kg)急剧下降到低等级(70~100 mg/kg),平均下降值为76.1 mg/kg^{-1},降幅为44.7%。粮田种植体系中土壤有效态铁、铜、锌含量都有所增加,其来源主要是来自有机肥和农药等管理措施。

参考文献

[1] 赵其国.21世纪土壤科学展望[J].地球科学进展,2001,16(5):704-709

[2] 马文奇,毛达如,张福锁.种植结构变化对肥料消费的影响[J].磷肥与复肥,2001,16(4):1-3

[3] 孔祥斌，张凤荣，王茹，等. 城乡交错带土地利用变化对土壤养分的影响——以北京市大兴区为例[J]. 地理研究，2005，24(2)：213-221

[4] 于林，张民，宋付朋，等. 沿海经济发达区种植结构变化对土壤养分的影响[J]. 水土保持学报，2006，20(4)：67-71

[5] Doran J W，Parkin T B. Defining and assessing soil quality[A]. Doran J W(eds.). Defining soil quality for a sustainable environment[C]. Madison：ISSSA Spe，1994，35：3-21

[6] Shen Z Q，Shi J B，Wang K，et al. Nenral network ensemble residual kriging application for spatial variablity of soil properties[J]. Pedosphere，2004，14(3)：289-296

[7] 沈善敏. 中国土壤肥力[M]. 北京：中国农业出版社，1998：2-40

[8] 万其宇. 平谷土壤测试磷与土壤磷环境临界值研究：[硕士学位论文]. 北京：中国农业大学，2006

[9] 王冬梅，韩晓日，王春枝，等. 长期施肥对棕壤主要养分生物有效性的影响[J]. 沈阳农业大学学报，2005，36(5)：575-579

[10] Schwab A P，Owensby C E，Kulyingyong S. Changes in soil chemical properties due to 40 years of ferilization[J]. Soil Science，1990，149(1)；35-43

紫色丘陵区不同利用方式下土壤有机碳和全氮的垂直分布特征*

高雪松[1]　任秋容[1]　何鹏[2]　邓良基[1]　黄春[1]

（1. 四川农业大学资源环境学院，雅安　625014；
2. 四川省农业科学院　农业信息与农村经济研究所，成都　610066）

摘要：通过实测对比分析了川中紫色土丘陵区三种土地利用方式下不同坡位的土壤有机碳和全氮的垂直分布特征。结果表明：土壤剖面有机碳含量在上坡位和中坡位的垂直分布是疏林地＞坡耕地＞荒草地，下坡位则为坡耕地＞荒草地＞疏林地；有机碳含量在土壤表层（0～5cm）富集，随土层深度的增加而减少；土层深度对有机碳分布的解释度在96.7%～68%之间。土壤全氮含量在上坡位和中坡位均是疏林地最高，其次是坡耕地，荒草地的全氮含量最低，下坡位则是坡耕地的全氮含量高于疏林地和荒草地；土层深度对全氮分布的解释度在83.7%～20.7%之间。土壤有机碳与全氮呈极显著正相关（$p<0.01$），与C/N呈显著正相关（$p<0.05$）；疏林地和荒草地的全氮与C/N呈负相关（$p<0.01$），坡耕地的全氮与C/N呈正相关（$p<0.05$）。由此说明紫色丘陵区土壤的C/N大小主要取决于有机碳含量。

关键词：土壤有机碳；全氮；土地利用方式；分布特征

目前，土地利用变化对全球生物地球化学循环的影响日益受到人们的关注[1,2]，土地利用方式发生变化时，土壤养分含量必将随之改变[3～5]。国内外许多学者对土地利用与土壤有机碳和全氮的关系进行了大量的研究，研究表明，土壤有机碳和全氮的变化与土地利用的方式有密切关系[6,7]。川中丘陵区紫色岩广泛分布，紫色土为该区主要土壤类型[8]。目前在该区域系统地研究土地利用方式对土壤有机碳和全氮影响不多，本文通过研究土地利用方式对土壤有机碳和全氮的垂直分布特征的影响，探讨紫色丘陵区土壤有机碳和全氮的垂直分布特征以及土壤有机碳和全氮之间的关系，为进一步研究紫色丘陵区土壤有机碳和全氮的储量、分布及循环提供参考。

1　材料与方法

1.1　研究区概况

内江市位于川中丘陵区南部，幅员面积5 386 km²，总人口420.7万。该区域属于亚热带季风性湿润气候，年降雨量900～1 000 mm，年均温17～18 ℃，地带性植被应为常绿阔叶林。地形以丘陵为主，东南、西南面有低山环绕，为典型的方山红岩丘陵区。区内主要河流有沱江、球溪河等，沟谷纵横，阶地广布，相对高差仅20～100 m。主要出露侏罗系自流井组（J_{1-2Z}）、沙溪庙组（J_{2S}）、遂宁组（J_{3S}）、蓬莱镇组（J_{3P}）地层。主要土壤类型为紫色土、水稻土和黄壤，其中紫色土占54%，主要有中性紫色土和石灰性紫色土两个亚类。由于人为耕作历史悠久，原生植被破坏严重，极难见到成片林地。耕地面积1 645 km²，以坡耕地为主，占70%左右。

1.2　样点采集及分析方法

2006年间3月上旬，在研究区内按不同土地利用方式（疏林地、荒草地、坡耕地）选取3个丘体，根据

* 基金项目：国家科技支撑计划（2007BAD89B15），国家星火计划（2005EA810087），四川省自然科学重点项目（2006A001）

Brubaker 等划分坡面景观位置方法将丘体分为上坡位(丘顶)、中坡位(丘腰)、下坡位(丘脚)采样,在同一高度间隔 50 m 选取 3 个样地,每个样地在 10 m×10 m 范围内随机选 5 个点(疏林地去掉枯枝落叶层),用土钻按 0～5、5～10、10～15、15～20、20～30、30～40、40～60、60～100 cm 分层采样(丘顶至 20 cm、丘腰至 40 cm、丘脚至 100 cm),再分层混合,四分法取足够量。所有样品均带回实验室,分出杂物,风干,磨碎,过 2 mm 筛(分析时根据测定指标再过不同的筛),装袋待测,未过筛的石砾称重记录。取样时丘体的土地利用和覆盖情况是:疏林地主要生长柏树(*Cupressus funebris*)和少量慈竹(*Neosinocalamus affinis*),地面覆盖少量灌丛;荒草地的植被多为近几年自然恢复形成(部分为坡耕地撂荒),有轻度的人为干扰(放牧、践踏等),优势种为黄茅(*Heteropogon contortus*)和白茅(*Imperata cylindrica*);坡耕地种植作物为小麦(*Triticum hybernum*)和蚕豆(*Vicia faba*)。

表 1 采样丘体特征描述

Table 1 Characteristic of sampling sites

典型丘体 Sites	土地利用 Land use type	地理坐标 Geographic coordinate	母质 Parent material	地貌 Terrain	坡度 Slope gradient	坡向 Slope-aspect
1	疏林地 sloping farmland	E 105°20′29″ N 29°47′23″	蓬莱镇组 J_{2P}	高丘 High hill	34°	SE15°
2	荒草地 wasteland	E 105°05′44″ N 29°31′01″	沙溪庙组 J_{2S}	低丘 Low hill	21°	NE13°
3	坡耕地 sloping farmland	E 104°38′52″ N 29°27′31″	遂宁组 J_{3S}	低丘 Low hill	17°	SW5°

土壤有机碳采用重铬酸钾氧化外加热法;土壤全氮采用半微量凯氏。

1.3 数据分析

统计分析在 SPSS 12.0 中完成,图件采 Microsoft Excel 2003 绘制。

2 结果与分析

2.1 不同土地利用方式下土壤有机碳的垂直分布

从整个剖面的含碳量来看(表 2),上坡位和中坡位的变化趋势均为疏林地>坡耕地>荒草地,下坡位则为坡耕地>荒草地>疏林地。各坡位土壤剖面有机碳含量均是在 0～5 cm 富集,之后随着深度的增加逐渐降低,但在疏林地和坡耕地利用方式下有机碳含量递减速率较慢,而荒草地在 10 cm 深度以下有机碳含量迅速下降。

上坡位土层浅薄,疏林地和荒草地有机碳含量随土层深度变化的趋势不明显,两种利用方式下土壤有机碳均在 0～5 cm 层累积,而在 5～20 cm 深度含量差异并不显著。而坡耕地有机碳含量随深度变化较明显与人为耕作有直接关系。中坡位疏林地和坡耕地在 5～40 cm 深度各层之间土壤有机碳含量差异不显著,两种利用方式 0～20 cm 土壤有机碳含量显著高于荒草地。

研究表明,在 0～5 cm 和 10～15 cm 两种土地利用方式下的土壤有机碳含量差异不大,而在 5～10 cm 和 15～20 cm 荒草地和坡耕地之间差异较小,其有机碳含量都高于疏林地,这与该区土地利用方式转变有关(见表 2)。荒草地多由坡耕地撂荒转化而来,撂荒时间 3～7 年不等,而区内原生的地带性植被由于人为因素破坏严重,在土壤较贫瘠的地方多为次生的柏树,所以坡脚的疏林地有机碳含量低于坡耕地和由坡耕地转化而来的荒草地。在 20～60 cm 坡耕地有机碳含量均高于疏林地和荒草地,但是当土层深度在 60 cm 以下时,各土地利用类型的有机碳含量差异缩小,其中坡耕地由于长期的人为翻耕、施肥等因素扰动,导致有机碳含量的垂直分布递减速率比疏林地小,在 60～100 cm 有机碳含量仍然较高,为(4.55±1.35)g/kg。

表 2 不同土地利用方式下土壤有机碳含量垂直分布

Table 2 Vertical distribution of SOC content under different land use types

	深度 depth(cm)	疏林地 sparse-wood lands($g \cdot kg^{-1}$)	荒草地 wasteland($g \cdot kg^{-1}$)	坡耕地 sloping farmland($g \cdot kg^{-1}$)
上坡位 upper slope position	0～5	16.17±2.87a	13.77±2.86a	12.46±2.24a
	5～10	10.24±1.41a	6.64±0.80a	8.66±1.32a
	10～15	8.84±1.52a	5.05±0.11a	6.39±1.29a
	15～20	8.95±1.19a	3.60±0.06b	3.96±0.51b
中坡位 middle slope position	0～5	18.56±5.76a	8.84±1.73b	13.34±0.53ab
	5～10	10.97±0.61a	6.06±1.88b	9.57±0.88a
	10～15	9.22±1.68a	4.80±0.78b	8.61±0.67a
	15～20	7.63±0.34a	3.68±1.57b	8.15±0.89a
	20～30	7.20±1.08a	2.99±0.92a	7.46±3.20a
	30～40	6.62±0.51a	3.23±0.76a	5.57±2.71a
下坡位 lower slope position	0～5	12.96±3.43a	12.33±1.29a	14.70±1.38a
	5～10	7.22±0.94b	8.46±0.06a	9.42±0.24a
	10～15	6.11±0.86a	6.72±1.16a	8.44±1.14a
	15～20	4.37±0.28b	6.47±0.50a	8.17±1.39a
	20～30	4.38±0.17c	5.89±0.44b	7.73±0.08a
	30～40	4.09±0.52a	5.58±1.17a	5.52±0.35a
	40～60	3.85±0.36b	3.72±0.31b	5.88±0.60a
	60～100	3.98±0.67a	2.98±0.32a	4.55±1.35a

注：每行中不同小写字母代表差异显著，由 Duncan 法求得($p=0.05$)，下同. Different small letters signify significant difference in each line, according to Duncan's multiple range test ($p<0.05$). Similarly hereinafter

为了更加直观的比较不同土地利用方式有机碳含量的垂直分布特征，将实测数据以土壤有机碳含量为横坐标，相应土体深为纵坐标作散点图，利用 SPSS 软件进行统计分析，分上、中、下坡位按不同土地利用方式进行回归拟合(见表 3)。

表 3 不同土地利用方式下有机碳含量拟合方程

Table 3 Fit equation of SOC content under different land use types

土地利用类型 Land use type	丘顶 hilltop		丘腰 middle slope		丘脚 foot slope	
	回归方程 Regression equation	R^2	回归方程 Regression equation	R^2	回归方程 Regression equation	R^2
疏林地 sparse-wood lands	$y=592.4\ x^{-1.6838}$	0.754	$y=827.59\ x^{-1.7627}$	0.845	$y=655.11\ x^{-1.9759}$	0.759
荒草地 wasteland	$y=74.047\ x^{-1.0274}$	0.967	$y=60.778\ e^{-0.2682x}$	0.762	$y=969.39\ x^{-2.072}$	0.925
坡耕地 sloping farmland	$y=-11.472\ln(x)+35.28$	0.866	$y=96.424\ e^{-0.2031x}$	0.680	$y=3\ 198.2\ x^{-2.4214}$	0.881

疏林地从丘顶到丘脚 R^2 分别为 0.754、0.845、0.759，回归方程拟合均为幂函数，说明疏林地的土层深度对有机碳含量的解释程度较高。坡耕地不同坡位 R^2 分别为 0.866、0.680、0.881，在不同坡位上均低于荒草地，说明有机碳含量随土层深度增加而变化的趋势坡耕地不如荒草地明显，并且坡耕地由于人为的翻耕和施用外源肥料造成有机碳在土壤剖面向上并不完全按规律变化，实际变化曲线在横向上还有所延伸。土壤有机碳含量随土层深度变化比较一致，但土层深度对有机碳含量变化的解释度不高。荒草地从

丘顶到丘脚的 R2 较高，分别为 0.967、0.762、0.925，表明受人为干扰较少的土壤剖面有机碳含量分布较有规律。

2.2　不同土地利用方式下土壤全氮的垂直分布

从整个土壤剖面的含氮量来看，不同坡位的变化趋势是疏林地>坡耕地>荒草地，坡耕地与荒草地全氮含量更为接近(见表 4)。疏林地 0～5 cm 的全氮含量均比以下各层高，显示出氮在表层富集，在 10 cm 以下深度全氮含量变化不大，并没有表现出很明显的随上坡位不同土地利用方式下土壤全氮含量在表层均较高，疏林地在 5～20 cm 深度变化不大，荒草地在 5 cm 深度迅速减少 0.20 g/kg 以下，坡耕地的全氮含随深度增加递减较慢。中坡位疏林地和坡耕地在 0～10 cm 全氮含量都高于 0.50g/kg，随土层深度增加在 10～40 cm 全氮含量变化不大，荒草地的全氮含量明显于疏林地，也低于同深度的坡耕地。下坡位整个土壤剖面全氮含量仍然是荒草地最低，在 40 cm 以上土层不同土地利用方式间差异不显著，40 cm 以下荒草地全氮含量低于 0.20 g/kg，疏林地略有上升，坡耕地 40 cm 以下变化幅度不大。

表 4　不同土地利用方式下土壤全氮含量垂直分布

Table 4　Vertical distribution of STN content under different land use types

	深度 depth (cm)	疏林地 sparse-wood lands ($g \cdot kg^{-1}$)	荒草地 wasteland ($g \cdot kg^{-1}$)	坡耕地 sloping farmland ($g \cdot kg^{-1}$)
上坡位 upper slope position	0～5	0.82±0.07a	0.40±0.16a	0.59±0.09a
	5～10	0.53±0.06a	0.21±0.02b	0.42±0.07ab
	10～15	0.50±0.08a	0.18±0.01b	0.35±0.09ab
	15～20	0.50±0.05a	0.15±0.02b	0.22±0.06b
中坡位 middle slope position	0～5	0.78±0.36a	0.41±0.11a	0.78±0.14a
	5～10	0.68±0.06a	0.30±0.15b	0.50±0.09ab
	10～15	0.43±0.10a	0.28±0.15a	0.45±0.08a
	15～20	0.47±0.07a	0.23±0.09b	0.39±0.06ab
	20～30	0.44±0.01a	0.24±0.06a	0.39±0.19a
	30～40	0.42±0.06a	0.22±0.07a	0.33±0.19a
下坡位 lower slope position	0～5	0.69±0.07a	0.37±0.04b	0.58±0.18ab
	5～10	0.41±0.08ab	0.30±0.05b	0.50±0.04a
	10～15	0.30±0.10a	0.28±0.06a	0.48±0.05a
	15～20	0.24±0.17a	0.29±0.05a	0.43±0.06a
	20～30	0.30±0.10a	0.23±0.02a	0.42±0.03a
	30～40	0.27±0.10a	0.19±0.02a	0.36±0.03a
	40～60	0.37±0.05a	0.19±0.01b	0.36±0.03ab
	60～100	0.41±0.00a	0.18±0.04b	0.29±0.06ab

为了更加直观的比较不同土地利用方式下全氮含量的垂直分布特征，也将实测数据分上、中、下坡位按不同土地利用方式进行回归拟合(表 5)，可以看出，全氮在土壤垂直剖面上的分布变异很大，荒草地丘顶的 R^2 最高为 0.837，疏林地丘脚的 R^2 最低为 0.207。疏林地的 R^2 从丘顶到丘脚逐渐降低，分别为 0.732、0.509、0.207，这与其全氮含量不完全随土层深度增加而递减有关，所以土层深度对疏林地全氮含量的解释度较低。荒草地和坡耕地不同坡位 R^2 比较接近，呈现丘顶、丘脚高，丘腰低的 U 型变化特征，这可能与丘陵区的微地貌有关，不同的坡型导致上坡位的物质向下运移时分布不均一，无论是凸坡、凹坡还是复式坡，微地形大都是在坡腰部分变化。相似的决定系数表明荒草地和坡耕地土壤剖面上的全氮含量特征具有相似性，实际上内江市属于川中丘陵区，人口众多农业垦殖指数高，耕地占土地利用类型的绝大部分，所以荒草地多为近年来产生的撂荒地，撂荒年限不长，因此两种土地利用方式下全氮具有部分相似的分布特征。

表 5 不同土地利用方式下全氮含量拟合方程

Table 5 Fit equation of STN content in different land utilization

土地利用 Land use type	丘顶 hilltop		丘腰 middle slope		丘脚 foot slope	
	回归方程 Regression equation	R^2	回归方程 Regression equation	R^2	回归方程 Regression equation	R^2
疏林地 sparse-wood lands	$y=3.591\ x^{-2.0017}$	0.732	$y=5.1251\ x^{-1.7267}$	0.509	$y=67.55\ e^{-2.7833x}$	0.207
荒草地 wasteland	$y=1.7822\ x^{-1.1835}$	0.837	$y=49.838\ e^{-4.0532x}$	0.358	$y=0.3689\ x^{-2.9583}$	0.786
坡耕地 sloping farmland	$y=39.212\ e^{-3.1945x}$	0.794	$y=61.312\ e^{-2.8102x}$	0.564	$y=1.1851\ x^{-3.4347}$	0.745

2.3 土壤有机碳、全氮和 C/N 之间的关系

土壤全氮与土壤有机碳量之间的相关性取决于土壤类型和成因，数学模型可定量模拟出它们之间的相关程度。运用线性回归分析，利用实测的有机碳和全氮值，建立了疏林地、荒草地和坡耕地土壤有机碳量与全氮之间的回归方程（图 1）。对于耕作土壤来说，施用化肥尤其是氮肥，直接影响到土壤氮素富集，它很可能通过根系生物量的贡献而促进土壤中有机碳的积聚[9]。

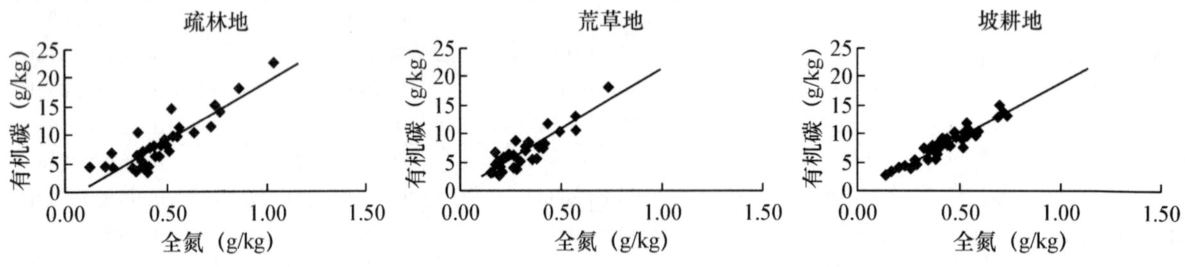

图 1 疏林地、荒草地、坡耕地土壤有机碳与全氮的关系

Fig. 1 The relation of SOC and STN in sparse-wood lands、wasteland and sloping farmland

统计分析显示，疏林地、荒草地和坡耕地土壤有机碳含量与全氮之间有极显著的相关性（见表 6）。其中：疏林地 SOC＝20.546 TN－1.344（$R^2=0.780$）；荒草地 SOC＝21.394 TN－ 0.171（$R^2=0.801$）；坡耕地 SOC＝19.260 TN－ 0.219（$R^2=0.900$），可见关联度都很高，揭示出在紫色土丘陵区土壤氮水平对土壤碳固定有正效应。不同土地利用方式下土壤有机碳与 C/N 之间均呈显著正相关（表 7），相关系数分别为 0.341、0.382 和 0.354；疏林地和荒草地的全氮与 C/N 之间呈负相关，坡耕地的全氮与 C/N 之间呈较弱的正相关，相关系数为 0.053，这说明在紫色土丘陵区，土壤的 C/N 大小主要取决于有机碳含量。

表 6 有机碳与全氮的相关性分析

Table 6 Correlation analysis of SOC and STN

土地利用类型 Land use type	回归方程 Regression equation	相关系数 Correlation coefficients	决定系数 Determinant coefficient	显著性 Significance	标准差 Standard deviation
疏林地 sparse-wood lands	SOC＝20.546 TN－ 1.344	0.883	0.780	$p<0.001$	1.870
荒草地 wasteland	SOC＝21.394 TN－ 0.171	0.895	0.801	$p<0.001$	1.916
坡耕地 sloping farmland	SOC＝19.260 TN－ 0.219	0.949	0.900	$p<0.001$	0.990

表 7 不同土地利用方式下有机碳、全氮及 C/N 之间的关系

Table 7 The relation of SOC、STN and C/N under different land use types

	疏林地 sparse-wood lands			荒草地 wasteland			坡耕地 sloping farmland		
	SOC	STN	C/N	SOC	STN	C/N	SOC	STN	C/N
SOC	1.000			1.000			1.000		
STN	0.883**	1.000		0.895**	1.000		0.949**	1.000	
C/N	0.341*	−0.101	1.000	0.382*	−0.039	1.000	0.354*	0.053	1.000

**,* 表示在 $p<0.01$ 与 $p<0.05$ 水平上差异显著. ** signify significant difference on the $p<0.01$ level, * signify significant difference on the $p<0.05$ level

紫色土全氮含量 0.78 g/kg,碱解氮含量 0.062 g/kg,属于低值水平,因而氮素供应不足,建立稳定的氮素供应系统,包括有机和无机的,是紫色土肥力稳定的关键所在,这无论对于农业增产还是改善土壤碳氮循环均具有重要意义。

3 结论

1)土壤剖面有机碳含量在上坡位和中坡位是疏林地>坡耕地>荒草地,在下坡位是坡耕地>荒草地>疏林地,有机碳含量在土壤表层(0~5 cm)富集,随土壤深度的增加而减少,土壤深度对有机碳分布的解释度较高,从丘顶、丘腰到丘脚,其解释度在疏林地为 75.4%、84.5%、75.9%,荒草地为 96.7%、76.2%、92.5%,坡耕地为 86.6%、68.0%、88.1%。

2)土壤全氮含量在上坡位和中坡位均是疏林地>坡耕地>荒草地,在下坡位则为坡耕地>疏林地>荒草地,坡耕地与荒草地全氮含量更为接近,这两种土地利用方式下全氮的垂直分布特征相似。全氮在土壤垂直剖面上的分布变异很大,土壤深度对全氮垂直剖面分布的解释度不高,从丘顶、丘腰到丘脚,疏林地为 73.2%、50.9%、20.7%,荒草地为 83.7%、35.8%、78.6%,坡耕地为 79.4%、56.4%、74.5%。

3)统计分析表明,疏林地、荒草地和坡耕地土壤有机碳含量与全氮之间有极显著的相关性,相关系数分别为 0.883、0.895、0.949。不同土地利用方式下土壤有机碳与 C/N 之间均呈显著正相关,相关系数分别为 0.341、0.382 和 0.354;疏林地和荒草地的全氮与 C/N 之间呈负相关,坡耕地的全氮与 C/N 之间呈较弱的正相关,相关系数仅为 0.053,这说明在紫色土丘陵区,土壤的 C/N 大小主要取决于有机碳含量。

参考文献

[1] Islam K R, Weft R R. Landuse effects on soil quality in a tropical forest ecosystem of Bangladesh. Agriculture Ecosystems and Environment, 2000, 79: 9-16

[2] 欧维新,杨桂山,于兴修,等. 盐城海岸带土地利用变化的生态环境效应研究. 资源科学,2004,26(3): 76-84

[3] 龙健,黄昌勇,李娟. 喀斯特山区土地利用方式对土壤质量演变的影响. 水土保持学报,2002,16(1): 76-79

[4] 苏永中,赵哈林. 科尔沁沙地不同土地利用和管理方式对土壤质量性状的影响. 应用生态学报,2003,14(10): 1681-1686

[5] 胡玉福,邓良基,张世熔,等. 川中丘陵区不同利用方式的土壤养分特征研究. 水土保持学报,2006,20(6): 75-78

[6] zhang Yu-ge, jiang Yong, liang Wen-ju. et al. Vertical variation and storage of nitrogen in an aquic brown soil under different land uses. Journal of Forestry Research, 2004, 15(3): 192-196

[7] 吕国红,周莉,赵先丽,等. 芦苇湿地土壤有机碳和全氮含量的垂直分布特征. 应用生态学报,2006,17(3): 384-389

[8] 何毓蓉. 中国紫色土. 北京:科学出版社,2003. HE Yu-rong. purple soils in china. Beijing: science press, 2003, in china

[9] Jobbagy E G, Jack son R B. The vertical distribution of soil organic carbon and it's relation to climate and vegetation. *Ecologica lApp lications*, 2002, 10 (2): 423-436

Vertical distribution of soil organic carbon and nitrogen on different land use type in purple soil hilly area

Gao Xue-song[1], Ren Qiu-rong[1], HE Peng[2], Dend liang-ji[1], Huang Chun[1]

(1. Resources and Environment Institute, Sichuan Agricultural University Ya'an 625014)
(2. S ichuan Academy of Agricultural Sciences, Institute of Agricultural Information andRural Economy, Chengdu 610066)

Abstract The vertical distribution characteristics of soil organic carbon and total nitrogen under different slope positions of 3 land use patterns had been contrasted and discussed by sampling and laboratory analysis. The results showed that, the vertical distribution characteristic of SOC was the woodland > sloping land > grassland on the uphill and middlehill slope-place, but was the sloping land > grassland > woodland in the downhill slope-place; SOC contents were accumulated between 0~5cm, and decreased with increasing soil depth; the soil depth explained the distribution of SOC from 96. 7% to 68%. Total nitrogen content in the woodland was higher than the grassland and sloping land both on the uphill and middlehill slope-place, on the downhill slope-place total nitrogen content in the sloping land was highest, the woodland has the lowest nitrogen content; the soil depth explained the distribution of soil total nitrogen from 83. 7% to 20. 7%. Soil organic carbon was significantly positive correlated with total nitrogen ($p<0.01$), as to C/N ratio, the correlation was positively correlated ($p<0.05$); total nitrogen was negatively correlated with C/N ($p<0.01$) in the woodland and grassland, but was positively correlated ($p<0.05$) in the sloping land. The characteristics above suggested that soil C/N ratio in the hilly region purple depending primarily on organic carbon content.

Key words Soil organic carbon; Total nitrogen; land use type; Vertical distribution

图书在版编目(CIP)数据

土壤科学与社会可持续发展(中)——土壤科学与资源可持续利用/中国土壤学会.—北京:中国农业大学出版社,2008.9

ISBN 978-7-81117-271-3

Ⅰ.土… Ⅱ.中… Ⅲ.土壤科学-关系-可持续发展研究 Ⅳ.S15 X22

中国版本图书馆 CIP 数据核字(2008)第 137418 号

书　　名　土壤科学与社会可持续发展(中)——土壤科学与资源可持续利用
作　　者　中国土壤学会

策划编辑　孙　勇　　**责任编辑**　李鸿洲
封面设计　郑　川　　**责任校对**　晓　明
出版发行　中国农业大学出版社
社　　址　北京市海淀区圆明园西路 2 号　　**邮政编码**　100193
电　　话　发行部 010-62731190,2620　　读者服务部 010-62732336
　　　　　编辑部 010-62732617,2618　　出　版　部 010-62733440
网　　址　http://www.cau.edu.cn/caup　　**e-mail** cbsszs@cau.edu.cn
经　　销　新华书店
印　　刷　涿州市星河印刷有限公司
版　　次　2008 年 9 月第 1 版　　2008 年 9 月第 1 次印刷
规　　格　889×1 194　　16 开本　　32 印张　　956 千字
定　　价　本册定价:80.00 元(全套定价:240.00 元)

图书如有质量问题本社发行部负责调换